U0342132

铝合金挤压材生产与应用

廖 健　刘静安　谢水生　姚春明　编著

北　京

冶　金　工　业　出　版　社

2018

内 容 简 介

　　本书在简要介绍国内外铝及铝合金挤压工业与技术发展历史、现状和趋势的基础上，全面、系统地介绍了铝合金挤压材的生产技术和开发应用。全书共分五篇，第一篇绪论，第二篇铝及铝合金挤压材生产技术，第三篇铝及铝合金挤压材深加工技术，第四篇铝合金挤压材的开发与应用，第五篇产品质量控制、缺陷分析及技术标准。全书突出生产技术与应用，关注理论与生产紧密结合，解析大量典型实例中出现的关键技术、质量难题，内容丰富，实用性强。

　　本书适合于从事有色金属加工，特别是铝材挤压生产、应用、设计、科研、管理等方面的工程技术人员、科研人员、管理人员和技术操作人员阅读，也可供大专院校有关专业师生参考。

图书在版编目（CIP）数据

　　铝合金挤压材生产与应用/廖健等编著 . —北京：冶金工业出版社，2018.3
　　ISBN 978-7-5024-7679-3

　　Ⅰ.①铝…　Ⅱ.①廖…　Ⅲ.①铝合金—挤压—生产工艺
Ⅳ.①TG379

　　中国版本图书馆 CIP 数据核字（2018）第 045744 号

出 版 人　谭学余
地　　　址　北京市东城区嵩祝院北巷 39 号　邮编　100009　电话　（010）64027926
网　　　址　www.cnmip.com.cn　电子信箱　yjcbs@cnmip.com.cn
责任编辑　张登科　张熙莹　美术编辑　彭子赫　版式设计　孙跃红
责任校对　王永欣　责任印制　牛晓波
ISBN 978-7-5024-7679-3
冶金工业出版社出版发行；各地新华书店经销；固安华明印业有限公司印刷
2018 年 3 月第 1 版，2018 年 3 月第 1 次印刷
787mm×1092mm　1/16；63 印张；2 彩页；1532 千字；987 页
248.00 元
冶金工业出版社　投稿电话　（010）64027932　投稿信箱　tougao@cnmip.com.cn
冶金工业出版社营销中心　电话　（010）64044283　传真　（010）64027893
冶金书店　地址　北京市东四西大街 46 号（100010）　电话　（010）65289081（兼传真）
冶金工业出版社天猫旗舰店　yjgycbs.tmall.com
（本书如有印装质量问题，本社营销中心负责退换）

前　言

　　铝及铝合金具有一系列优异特性，铝材已广泛应用于现代交通运输、包装容器、建筑工程、航空航天、军工兵器、海洋工程、机械制造、电子电气、家装五金、能源动力、农林轻工、文卫医疗等行业，成为发展国民经济与提高人民物质文化生活水平的重要基础材料。2016 年全球铝（不含再生铝）产、销量已达 6500 万吨左右，铝材产、销量已逾 6000 万吨，其中中国的铝产、销量达 3800 万吨左右，铝材产、销量逾 3500 万吨，均居世界第一，成为名符其实的铝业大国，铝材产、销量大国和出口大国，但还不是强国。

　　挤压材是铝合金加工材中最重要的产品之一，其产、销量占铝加工材的半壁江山，广泛应用于国民经济各部门及人民生活的各方面。2016 年我国铝挤压材产、销量超过 1500 万吨，占全球铝挤压材产、销量的 2/3 左右，早已成为世界铝挤压材产销大国、出口大国。然而，我国对于某些关键的高端铝合金挤压材仍依赖进口，某些综合性的经济技术指标也落后于发达工业国家的先进指标，因此，我国正在积极努力，学习工业发达国家先进经验，不断向铝合金挤压强国迈进。

　　为了充分利用和合理调配资源，加速发展我国铝加工产业和技术，确立我国全球铝加工大国和强国地位，科学地、实事求是地研究世界和中国铝及铝加工业和技术的发展历史、现状和趋势，高瞻远瞩地介绍和预测铝材在国民经济、军工和人民生活各方面的地位及开发应用现状与前景，全面系统总结和分析讨论我国各发展阶段铝加工工业和技术方面取得的经验、成绩、成果及失误与教训，深入分析与讨论铝加工材的生产技术、工艺装备及产品研制开发与应用等问题是十分必要和非常重要的，也是一项有现实意义和深远意义的工作。自 1979 年以来，有关部门及出版单位已组织出版过《轻金属材料加工手册》《铝加工技术实用手册》《铝合金挤压工模具手册》《现代铝加工生产技术丛书》等多部大型手册和系列著作，其中也包括一些专门论述铝挤压材生产技术方面的书籍等，这些著作的出版对我国铝加工业及其技术的进步和发展起到了积极的推动作用。但在国民经济高速发展、科学技术日新月异、工艺装备与产品品种更替频繁的今天，我国的铝加工业，特别是挤压加工业和技术也发生了巨大的变化，产业规模、工艺装备、技术水平、产品品种、质量要求和应用与开发等方面都有了质的飞跃，而且涌现出了大量的新材料、新产品、新技术、新工艺和新设备，同时也出现了不少理论、技术和质量方面的难题。因此，我国从事铝挤压加工的生产、设计、科研、教学人员，铝挤压材深加工与开发应用者及其他广大读者都迫切希望有一本能全面、系统反映世界，特别是中国当今铝挤压加工业与技术及铝合金挤压材开发与应用的实用著作，以进一步推动铝挤压加工科技进步，加速我国铝挤压工业与技术由世界大国向世界强国迈进的步伐。为此，由我国西南地区最大的现代化综合型铝挤压企业——成都阳光铝制品有限公司发起，并广纳人才，组织了业内一批著名的资深专家和教授及长期在生产第一线工作的高级工程师等编撰了本书，以期对行业发展和广大读者有所裨益。

本书主要由全国著名青年企业家、高级经济师、成都阳光铝制品有限公司总经理廖健，铝加工专家刘静安教授、谢水生教授以及长期在生产一线从事挤压生产技术与质量管理工作的姚春明总工等编著。本书历经两年多时间，作者多次开会讨论编写原则和大纲、内容和结构、篇幅和读者对象、进度安排及编辑出版质量要求等，多方搜集资料、几经扩大组稿、改稿、审稿和定稿，不畏辛劳，终于撰写了这本融科学性、系统性、先进性和实用性于一体的新作。本书全面、系统地分析与讨论了铝合金挤压生产工艺、技术与装备，详细介绍和预测了铝合金挤压材开发应用现状和前景，旨在对我国铝合金挤压工业和技术的发展有所促进。

全书内容丰富，取材新颖，理论与实践紧密结合，实用性强。

全书共分五篇20章。第一篇由廖健、刘静安、谢水生、姚春明、刘煜撰写；第二篇由刘静安、姚春明、谢水生、杨启平、邵莲芬撰写；第三篇由谢水生、谢伟滨、邹宏辉、刘静安、杨启平撰写；第四篇由谢水生、廖健、侯德龙、刘静安、吴燕撰写；第五篇由姚春明、廖健、谢水生、杨启平、徐红阳撰写；附录由刘静安、徐红阳选编。全书由廖健、刘静安、谢水生审定。

本书在编撰和出版过程中，得到了成都阳光铝制品有限公司和冶金工业出版社等有关部门和单位的大力支持，参阅或引用了国内外有关专家、学者一些珍贵资料、图表、研究成果、专利或著作，在此一并表示衷心的感谢。

由于内容多、图表多、作者多、取材广，尽管几经统编和反复修改、调整，但在各章节内容协调、叙述及其他方面难免有不妥之处，敬请广大读者指正。

作　者

2017 年 12 月

目 录

第一篇 绪 论

第二篇　铝及铝合金挤压材生产技术

第三篇　铝及铝合金挤压材深加工技术

第四篇　铝合金挤压材的开发与应用

第五篇　产品质量控制、缺陷分析及技术标准

附　　录

第一篇

绪 论

1 铝及铝合金加工工业的发展历史、现状与趋势

1.1 世界铝及铝工业的发展历史、现状与趋势

1.1.1 铝的发现

铝的英文名称"aluminium"一词是从古罗马语"alumen"（明矾）衍生而来的。早在公元前 5 世纪就有了应用明矾作收敛剂、媒染剂的记载。中世纪，在欧洲有好几家生产明矾的作坊。历史学家帕拉塞斯（P. A. T. Paracesus（1493~1541））在铝的历史上写下了新的一页：他研究了许多物质和金属，其中也包括明矾（硫酸铝），证实它们是"某种矾土盐"。这种矾土盐的一种成分是当时还不知道的一种金属氧化物，后来叫做氧化铝。

1754 年，德国化学家马格拉夫（A. S. Marggraf（1709~1782））终于能够分离"矾土"了。这正是帕拉塞斯提到过的那种物质。但是，直到 1807 年，英国人戴维才把"隐藏"在明矾中的金属分离出来，他用电解法发现了钾和钠，却没能分解氧化铝。瑞典化学家贝采尼乌斯进行了类似的实验，但是失败了。不过，科学家还是给这种未知的金属取了一个名字。刚开始贝采尼乌斯称它为"铝土"，后来，戴维又改称它为铝。这是一个奇怪的现象，在没提炼出纯铝时，铝就有了自己的名字：aluminium。

1.1.2 第一块金属铝的炼成

1825 年，丹麦科学家奥斯特发表了一篇文章，宣称他提炼出一块金属，其颜色和光泽有点像锡。他采用的提炼方法是将氯气通入红热的木炭和铝土（氧化铝）的混合物，制得氯化铝；然后让钾汞齐与氯化铝作用，得到了铝汞齐；再将铝汞齐中的汞在隔绝空气的情况下蒸掉，就得到了一种金属。现在看来，他所得到的是一种不纯的金属铝。因刊登文章的杂志不出名，奥斯特又忙于自己的电磁现象研究，这个实验就被忽视了。两年后，首次提炼出金属铝的荣誉就归于了德国年轻的化学家维勒（F. Wohler（1800~1882））。奥斯特与维勒是朋友，他把制备金属铝的实验过程和结果告诉维勒，并表示打算不再继续做提炼铝的实验，而维勒却很感兴趣。他开始重复奥斯特的实验，发现钾汞齐与氯化铝反应以后，能形成一种灰色的熔渣，当将熔渣所含的汞蒸去后，得到了一种与铁的颜色一样的金属块。把这种金属块加热时，它还能产生钾燃烧时的烟雾。维勒给贝采里乌斯写信，告知重复了奥斯特的实验，但制不出金属铝，这不是一种制备金属铝的好方法。于是，维勒从头做起，设计自己提炼铝的方法。他将热的碳酸钾与沸腾的明矾溶液作用，将所得到的氢氧化铝经过洗涤和干燥以后，与木炭粉、糖、油等混合，并调成糊状，然后放在密闭的坩埚中加热，得到了氧化铝和木炭的烧结物。将这种烧结物加热到红热的程度，通入干燥的氯气，就得到了无水氯化铝。然后将少量金属钾放在铂坩埚中，在它上面覆盖一层过量的

无水氯化铝，并用坩埚盖将反应物盖住。当坩埚加热后，很快就达到了白热的程度，等反应完成后，让坩埚冷却，把坩埚放入水中，就发现坩埚中的混合物并不与水发生反应，水溶液也不显碱性，可见坩埚中的金属钾已经完全作用完了。剩下的混合物是一种灰色粉末，它就是金属铝。经过科学家们的多年试验，终于炼出了世界第一块金属铝。

1.1.3　金属铝的冶炼发展历史及工业化生产形成的基础

金属铝的冶炼史经历了两个发展过程：电化学法制铝阶段和电解法制铝阶段。电化学法制铝就是用比铝化学活性更大的金属钠、钾、镁还原铝的化合物。但是由于当时这些金属价格昂贵，限制了铝的发展。后来有人企图用廉价的碳作还原剂，又因反应过程是在2000℃左右进行的，在此温度下被置换出的铝又发生了新的反应，实际上不能生产出纯铝而是铝硅铁合金，几经改进，也只能小规模生产纯铝，故此法也被放弃了。

电解法制铝阶段：1886～1888年法国和美国研究出比较完善适于工业规模生产的电解法，为铝工业的发展提供了有利的条件。例如1886年前后，全世界年产铝只20t左右，到1927年已接近30万吨，2015年全世界电解铝年产量达到5000万吨左右。几经改良、改造和完善，电解法制铝已成为一门先进的现代化的技术，形成了一种大规模的先进的现代化产业。下面简略介绍其发展历史。

1827年末，维勒发表文章介绍了自己提炼铝的方法。当时，他提炼出来的铝是颗粒状的，大小没超过一个针头。但他坚持把实验进行下去，终于提炼出了一块致密的铝块，这个实验用去了他18年时间，并且在实验的过程中发现了铝的许多化学和物理性质。1850年Henri Salnte-Claire和Deville等人用金属钠代替钾作还原剂，成功地制得成铸块的金属铝。但由于钠价格昂贵，用钠作还原剂生产的铝成本比黄金还贵得多。Deville实现了铝的工业化生产，尽管价格不菲，但他还是铸造了一枚铝质纪念勋章，上面铸上维勒的名字、头像和"1827"的字样，以纪念维勒对铝的制备的历史功绩。Deville将这枚勋章送给维勒，以表示敬意。后来他们两人成为亲密的朋友。1885年美国Cowle兄弟首次用电解法生产出含铜和铁的铝合金，从此拉开了电解铝产业的帷幕。1886年美国的霍尔和法国艾鲁特发明了在氟化铝和熔融冰晶石体系中电解生产铝的方法，并申请了专利，这是当今电解铝技术的鼻祖。由于铝具有许多优良性质，用途十分广泛，故发展异常迅速，特别是第二次世界大战后压延和挤压机械的出现，铝在建筑、交通、日用品上得到了广泛的应用，奠定铝工业化生产的基础，为以后铝工业的飞速发展创造了有利条件。

1.1.4　世界铝工业发展历史简述

铝是地壳中分布最广、储量最多的金属元素之一，约占地壳总质量的8.2%，仅次于氧和硅，比铁（约占5.1%）、镁（约占2.1%）和钛（约占0.6%）的总和还多。它的化学元素符号为Al，在门捷列夫周期表中属ⅢA族，相对原子质量为26.98154，面心立方晶系，常见化合价为+3价。

随着生产成本的下降，在美国、瑞士、英国相继建立了铝冶炼厂。到19世纪末期，铝的生产成本开始明显下降，铝本身已成为了一种通用的金属。20世纪初期，铝材除了用于日常用品外，主要在交通运输工业上得到了使用。1901年用铝板制造汽车车体，1903年美国铝业公司把铝部件供给莱特兄弟制造小型飞机。汽车发动机开始采用铝合金铸件，造船工业也开始采用铝合金厚板、型材和铸件。随着铝产量的增加和科学技术的进步，铝材在其他工业部门（如医药器械、铝印刷版及炼钢用的脱氧剂、包装容器等）的应用也越来越广泛，大大刺激了铝工业的发展。1910年世界的铝产量增加到45000t以上。

20世纪20年代铝的各种新产品得到不断发展。1910年已开始大规模生产铝箔和其他新产品，如铝软管、铝家具、铝门窗和幕墙，同时铝制炊具及家用铝箔等也相继出现。使铝的普及化程度向前推进了一大步。

一种新材料的推广应用必须依靠新产品的不断研制与开发、不断提高材料的性能和扩大材料的应用范围。德国的A.维尔姆于1906年发明了硬铝合金（Al-Cu-Mg合金），使铝的强度提高两倍，在第一次世界大战期间被大量应用于飞机制造和其他军火工业。此后又陆续开发了Al-Mn、Al-Mg、Al-Mg-Si、Al-Cu-Mg-Zn、Al-Zn-Mg等不同成分和热处理状态的铝合金，这些合金具有不同的特性和功能，大大拓展了铝的用途，使铝在建筑工业、汽车、铁路、船舶及飞机制造等工业部门上的应用得到迅速的发展。第二次世界大战期间，铝工业在军事工业的强烈刺激下获得了高速增长，1943年原铝总产量猛增到200万吨左右。战后，由于军需的锐减，1945年原铝总产量下降到100万吨，但由于各大铝业公司积极开发民用新产品，把铝材的应用逐步推广到建筑、电子电气、交通运输、日用五金、食品包装等各个领域，使铝的需求量逐年增加，到20世纪80年代初期，世界原铝产量已超过1600万吨，再生铝消费量达到450万吨。铝工业的生产规模和生产技术水平达到了相当高的水平。表1-1列出了1859～1980年世界铝产量及消费量。表1-2～表1-6分别列出了1990年以前各工业发达国家的原铝生产量和消费量以及各种消费比例与再生铝的生产量。

表 1-1   1859～1980 年世界铝产量及消费量   (t)

年份	原铝产量	原铝消费量	再生铝消费量	总计消费量
1859 年	1.7	1.7		1.7
1870 年	1.0	1.0		1.0
1880 年	1.1	1.1		1.1
1890 年	175.0	175.0		175.0
1900 年	7300	7300		7300
1910 年	44400	44400		44400
1920 年	12600	12600	14500	140500
1930 年	269000	269000	40400	309400
1940 年	780000	780000	124000	907000
1950 年	1507000	1507000	400000	1907000
1960 年	4547900	4178900		
1970 年	10302000	10027000	2476500	12503500
1980 年	16064400	15320600	4360100	19680700

表 1-2　1976~1980 年一些国家铝合金材的年人均消费量　　　　（kg）

左半部分：

分类	国家	1976 年	1977 年	1978 年	1979 年	1980 年
半成品	美国	19.80	21.20	23.40	22.80	20.30
	日本	11.10	10.10	11.20	12.90	11.90
	挪威	18.80	20.20	18.50	19.40	23.40
	瑞士	13.90	14.90	15.40	16.60	18.10
	德国	14.10	13.50	13.80	15.80	16.60
	瑞典	14.40	12.50	11.80	13.20	12.10
	芬兰	10.30	10.30	8.80	9.80	11.20
	奥地利	8.40	9.60	8.60	9.40	10.30
	法国	7.90	7.40	7.40	8.50	9.20
	比利时	11.60	10.60	9.60	9.80	8.60
	意大利	5.40	5.80	6.00	7.10	8.60
	荷兰	8.80	8.50	8.50	8.90	8.30
	英国	7.30	7.30	7.70	8.40	6.90

右半部分：

分类	国家	1976 年	1977 年	1978 年	1979 年	1980 年
半成品	西班牙	4.80	5.80	5.10	4.90	5.90
	巴西	2.40	2.40	2.50	2.80	
铝铸件	美国	3.90	4.20	4.10	4.10	3.10
	日本	3.80	4.20	4.50	4.50	5.50
	德国	4.10	4.60	4.80	5.20	5.10
	法国	3.50	3.70	4.50	3.70	3.60
	瑞典	3.30	2.90	3.00	3.10	2.70
	瑞士	2.10	2.20	2.40	2.50	2.60
	英国	2.20	2.20	2.40	2.10	1.80
	西班牙	1.90	1.90	1.80	1.90	1.80
	奥地利	1.30	1.50	1.40	1.60	1.70
	荷兰	0.60	0.60	0.80	0.70	0.70

表 1-3　1980~1989 年主要工业发达国家的原铝产量和消费量　　　　（万吨）

年份		美国	苏联	日本	加拿大	德国	挪威	法国	英国	澳大利亚	意大利	小计
1980 年	产量	405.40	240.00	109.20	107.50	73.10	66.20	43.20	37.40	30.40	27.10	1139.50
	消费量	445.35	185.00	163.90	31.19	104.23			40.93	25.04		995.64
1981 年	产量	414.80	264.60	84.90	123.00	80.40	70.10	48.00	37.90	41.80	30.20	1195.70
	消费量	458.10	205.00	173.10	37.20	112.60		59.40	37.40	27.20	45.50	1155.50
1982 年	产量	360.90	264.60	38.70	117.90	79.70	71.10	43.00	26.50	42.00	25.70	1070.10
	消费量	402.30	201.20	180.70	25.20	110.30		63.80	36.00	25.60	46.30	1090.70
1983 年	产量	335.32	240.00	25.59	109.12	14.34	78.90	39.80	25.25	47.51	21.60	937.43
	消费量	421.80	180.00	180.01	74.80	108.50		67.60	32.34	25.93	47.40	1143.38
1984 年	产量	409.90	240.00	28.67	122.20	77.72	83.90	34.10	28.79	75.48	25.40	1126.16
	消费量	457.28	180.00	174.39	31.10	115.16		63.90	36.95	26.53	48.30	1133.61
1985 年	产量	349.97	185.00	22.65	127.88	74.51	78.50	29.30	21.54	85.17	24.40	819.95
	消费量	440.00		181.56	24.50	115.80		52.60	35.04	28.30	51.00	1120.70
1986 年	产量	303.85	190.00	14.02	136.35	76.54		23.40	27.59	87.68		669.43
	消费量	463.18		184.38	24.50	123.79		59.20	38.34	28.70		1112.09
1987 年	产量	334.60		169.30	154.00	73.77	79.78	32.25	29.44	102.40	54.80	806.24
	消费量	453.90			42.10	118.60		61.60	38.40	31.80		970.50
1988 年	产量	394.50		35.00	153.00	123.30	·	32.70	42.70	114.10	58.10	729.30
	消费量	459.80		211.50	43.70			66.10	32.70			1037.90
1989 年	产量	402.50		36.00	153.70	127.00		67.30	45.00			719.20
	消费量	442.50		215.50								770.30

表 1-4 1981~1986 年世界发达国家铝消费结构及比例

国家	年份	铝消费量/万吨	铝加工材		铝导体		铝铸件		炼钢及其他	
			产量/万吨	占消费量/%	产量/万吨	占消费量/%	产量/万吨	占消费量/%	产量/万吨	占消费量/%
日本	1981 年	241.69	142.98	59.00	12.10	5.00	66.43	28.00	20.18	8.00
	1982 年	248.89	157.23	63.00	10.51	4.00	63.89	26.00	17.35	7.00
	1983 年	270.23	172.43	64.00	10.3	4.00	65.99	24.00	21.08	8.00
	1984 年	273.27	176.18	64.00	10.71	4.00	72.50	27.00	13.88	5.00
	1985 年	284.34	181.38	64.00	8.78	3.00	78.10	27.00	16.08	6.00
	1986 年	265.90	183.80		8.69		79.32			
美国	1981 年	572.47	431.50	75.00	32.04	6.00	71.46	12.00	37.47	7.00
	1982 年	525.66	380.69	73.00	28.42	5.00	59.25	11.00	57.30	11.00
	1983 年	594.91	446.15	76.00	31.34	5.00	68.01	11.00	49.41	8.00
	1984 年	628.34	453.39	72.00	45.67	7.00	80.12	13.00	49.16	8.00
	1985 年	607.58	459.62	76.00	37.87	6.00	87.44	14.00	22.65	4.00
	1986 年	602.54	485.00		28.57		99.19			
德国	1981 年	141.85	92.61	65.00	5.76	4.00	30.00	21.00	13.48	10.00
	1982 年	143.21	95.05	66.00	5.79	4.00	29.34	21.00	13.03	9.00
	1983 年	155.47	106.59	68.00	6.43	4.00	30.62	20.00	11.83	8.00
	1984 年	163.73	109.42	67.00	5.57	3.00	33.09	20.00	15.65	10.00
	1985 年	177.44	109.12	61.00	5.64	3.00	35.66	20.00	27.11	15.00
	1986 年	183.34	110.22				42.66			
意大利	1981 年	72.05	44.58	62.00	2.18	3.00	24.50	34.00		
	1982 年	71.60	47.95	67.00	1.05	1.00	23.10	32.00		
	1983 年	75.90	49.29	65.00	2.00	2.00	25.20	33.00		
	1984 年	81.10	49.02	60.00	3.03	3.00	28.60	35.00		
	1985 年	83.90	45.38	54.00	2.91	3.00	28.30	34.00		
	1986 年	88.70	54.82	62.00	2.72	3.00	30.50	34.00		

表 1-5 1984~1989 年一些国家和地区再生铝产量 （kt）

国家和地区		1984 年	1985 年	1986 年	1987 年	1988 年	1989 年	国家和地区		1984 年	1985 年	1986 年	1987 年	1988 年	1989 年
欧洲	奥地利	21.60	21.10	24.70	19.80	29.40	34.10	欧洲	瑞典	30.80	30.40	32.80	30.00	32.00	33.00
	比利时	2.00	2.00	2.00	3.20	3.20	3.20		瑞士	23.10	26.10	25.50	25.50	28.20	31.70
	丹麦	14.20	16.40	16.40	16.40	16.40	16.40		英国	143.90	127.60	116.40	116.70	105.80	109.70
	芬兰	17.20	21.00	22.20	25.70	29.90	29.90		南斯拉夫	34.10	45.00	46.50	38.40	38.40	38.40
	法国	157.20	164.40	178.40	195.00	211.00	225.20		合计	1273.70	1306.10	1400.10	1487.50	1612.90	1665.10
	德国	442.20	457.30	480.00	501.20	530.70	537.00	亚洲	伊朗	12.00	15.00	15.00	15.00	15.00	15.00
	意大利	283.00	282.00	301.00	335.00	377.80	390.00		日本	818.90	866.10	865.30	1032.30	1308.60	1349.30
	荷兰	59.90	62.30	96.80	101.40	115.90	129.70		中国台湾	26.00	38.00	38.00	38.00	38.00	38.00
	挪威	2.20	6.00	7.20	7.20	7.20	7.20		合计	856.90	919.10	918.30	1085.30	1361.60	1402.30
	葡萄牙	1.70	2.00	2.00	2.00	2.00	2.00								
	西班牙	40.60	42.50	48.20	70.00	85.00	77.60								

国家和地区		1984 年	1985 年	1986 年	1987 年	1988 年	1989 年	国家和地区		1984 年	1985 年	1986 年	1987 年	1988 年	1989 年
美洲	加拿大	66.60	63.20	65.00	65.00	65.00	65.00	大洋洲	澳大利亚	41.00	45.00	55.00	39.00	88.40	76.10
	美国	1606.30	1575.10	1651.80	1733.20	1858.90	1843.80		新西兰	3.70	1.50	4.00	4.00	3.10	3.10
	阿根廷	7.50	3.60	3.60	8.00	7.10	5.30		合计	44.70	46.50	59.00	43.00	91.50	79.20
	巴西	48.90	44.80	48.00	50.30	50.30	50.30								
	墨西哥	19.60	22.30	16.40	8.80	4.50	4.50	总计		3938.20	3994.70	4172.20	4491.10	5061.80	4225.50
	委内瑞拉	14.00	14.00	10.00	10.00	10.00	10.00								
	合计	1762.90	1723.00	1794.80	1875.30	1995.80	1078.90								

表 1-6　1973～1983 年一些国家铝消费量与钢消费量之比　　　　　（%）

年份	美国	日本	德国	法国	意大利	英国	中国
1973 年	4.2	2.30	2.72	2.29	2.30	2.76	
1974 年	4.4	2.10	3.14	2.44	2.45	2.75	
1975 年	3.8	2.50	2.99	2.63		2.55	
1976 年	4.5	3.50	3.29	2.67		2.76	
1977 年	4.6	3.40	3.57	3.44		2.80	
1978 年	4.4	3.60	3.88	3.23		2.67	
1979 年	4.6	3.20	3.76	3.57	3.17	2.58	1.10
1980 年	5.0	3.10	4.01	3.76	2.90	3.52	1.20
1981 年	4.4	3.70	4.21	4.02	3.43	2.89	1.40
1982 年	6.2	3.70	4.90	4.24	3.28	2.79	1.50
1983 年	6.3	4.10	4.75	4.05	3.85	2.87	1.40

1.1.5　1990 年以来铝工业的飞速发展

自从电解炼铝法问世以来，铝的生产量和消费量大约以平均每 10 年增长一倍的规模发展，特别是近几十年来，由于冶炼方法与工艺的不断改进和电力工业的发展，电价的下降，铝工业的发展速度更是十分惊人。1940 年全世界原铝产量不到 100 万吨，到 1970 年已超过 1000 万吨，1980 年达到 1650 万吨，1990 年达 2000 万吨。此后，世界上的铝产量和消费量均以每年 5% 左右的速度增长，到 2000 年世界铝产量（包括原铝和再生铝）和消费量均已超过 3000 万吨，2010 年已突破 4000 万吨大关，预计到 2025 年可达 8000 万吨。世界原铝产地主要集中在北美（美国和加拿大）、西欧（德国和法国等）、俄罗斯、中国、澳洲（澳大利亚）和拉美（巴西）等地，其中美国铝业公司（Alcoa）、加拿大铝业公司（Alcan）、雷诺金属公司（Reynolds）、凯撒铝及化学公司（Kaiser）、彼施涅铝工业公司（Pechiney）、瑞士铝业公司（Alusuisse）、德国联合铝业公司（VAW）、中国铝业公司和俄罗斯铝业公司等9大跨国铝业公司的生产能力和年产量均占全世界原铝产能和年产量的60%以上。此外，再生铝的产量、消费量这些年来也增加很快，而且有逐年增加的趋势。

表1-7是1991~2016年全球原铝产量及消费量，表1-8是2000~2015年世界再生铝产量，表1-9是2007~2016年世界电解铝产量分布，表1-10是2006~2015年世界铝材产品结构，表1-11是2015年世界未锻轧铝进口国家及数量，表1-12是2015年世界未锻轧铝出口国家及占世界的百分比。

表1-7 1991~2016年全球原铝产量及消费量　　　　　（万吨）

年 份	产 量	消 费 量
1991 年	1962.0	1853.2
1992 年	1927.0	1838.7
1993 年	1927.1	1822.2
1994 年	1912.0	1959.3
1995 年	1974.0	2029.9
1996 年	2078.9	2045.1
1997 年	2180.4	2140.6
1998 年	2265.6	2168.8
1999 年	2360.0	2304.0
2000 年	2446.4	2395.0
2001 年	2549.5	2498.0
2002 年	2613.9	2563.5
2003 年	2803	2731.33
2004 年	2992.17	2996.19
2005 年	3202.08	3176.56
2006 年	3396.19	3402.29
2007 年	3810.77	3256.61
2008 年	3921.53	3701.96
2009 年	3605.93	3483.07
2010 年	4042	3907.09
2011 年	4627.5	4267
2012 年	4916.7	4553
2013 年	5229.1	4650
2014 年	5392.7	5330
2015 年	5773.6	5708
2016 年	5889	—

注：资料来源于《世界金属统计》1991~2016年年报。

表 1-8 2000~2015 年世界再生铝产量

年份	2000年	2001年	2002年	2003年	2004年	2005年	2006年	2007年	2008年	2009年	2010年	2011年	2012年	2013年	2014年	2015年
产量/万吨	815	788	784	808	755	769	781	1162	1072	1003	1107	1170	1276	1327	1387	1402

注：资料来源于《世界金属统计》2000~2016 年年报。

表 1-9 2007~2016 年世界电解铝产量分布   （万吨）

地区	非洲	亚洲	海湾地区	北美	南美	西欧	中东欧	大洋洲	其他地区	世界合计
2007 年	181.5	1630.5	0	564.2	255.8	430.5	446	231.5	73.2	3813.2
2008 年	171.5	1750.8	0	578.3	266	461.8	465.8	229.7	73.2	3997.1
2009 年	168.1	1808.4	0	475.9	250.8	372.2	411.7	221.1	62.4	3770.6
2010 年	174.2	1983.1	272.4	468.9	230.5	380	425.3	227.7	73.2	4235.3
2011 年	180.5	2260.5	348.3	496.9	218.5	402.7	431.9	230.6	57.6	4627.5
2012 年	163.9	2606.9	366.2	485.1	205.2	360.5	432.3	218.6	78	4916.7
2013 年	181.2	2897.3	388.7	491.8	190.6	361.6	399.5	210.4	108	5229.1
2014 年	174.6	3074.6	483.2	458.5	154.3	359.6	376.4	203.5	108	5392.7
2015 年	168.7	3451.9	510.4	446.9	132.5	374.5	382.9	197.8	108	5773.6
2016 年	169.1	3508.3	519.7	402.7	136.1	377.9	398.1	197.1	180	5889

表 1-10 2006~2015 年世界铝材产品结构   （万吨）

年份	2006 年	2007 年	2008 年	2009 年	2010 年	2011 年	2012 年	2013 年	2014 年	2015 年
铝板带材	1646	1750	1741	1586	1850	2120	2268	2407	2537	2675
铝 箔	294	320	310	316	352	390	427	475	505	548
铝挤压材	1528	1676	1609	1751	1897	1983	2108	2265	2390	2535

表 1-11 2015 年未锻轧铝进口国家及占世界百分比

国家	德国	美国	英国	加拿大	墨西哥	荷兰	意大利	中国	波兰	其他地区
进口量/万吨	157	87	81	62	60	57	51	45	45	354
百分比/%	13	8	7	5	5	5	4	4	4	30

表 1-12 2015 年未锻轧铝出口国家及占世界百分比

国家	中国	德国	美国	法国	意大利	韩国	土耳其	比利时	西班牙	加拿大	其他地区
出口量/万吨	423	205	131	61	60	57	49	47	46	44	431
百分比/%	27	13	8	4	4	4	3	3	3	3	28

由表 1-11 和表 1-12 可以看出，世界未锻轧铝及铝合金贸易呈现两极分化格局，拥有资源、能源优势以及欠发达的国家主要以生产和出口为主，中国、德国、美国是三个最大的未锻轧铝出口国；而经济发展较快的国家和地区，主要依赖进口以满足自身不断增长的刚性需求，德国作为工业 4.0 国家，既是进口较多的国家，同时也是出口大国，其次依靠进口的国家是美国、英国。

中国尽管电解铝产量占全球比例过半，但主要以满足国内需求为主，且受到电解铝出口关税影响，出口量十分有限。

1.1.6　铝产业链的延伸及铝工业的发展趋向

1.1.6.1　铝产业链的组成及延伸

经过几十年的不断发展和完善，铝工业形成了一条十分完整的产业链并不断延伸，如图 1-1~图 1-3 所示。

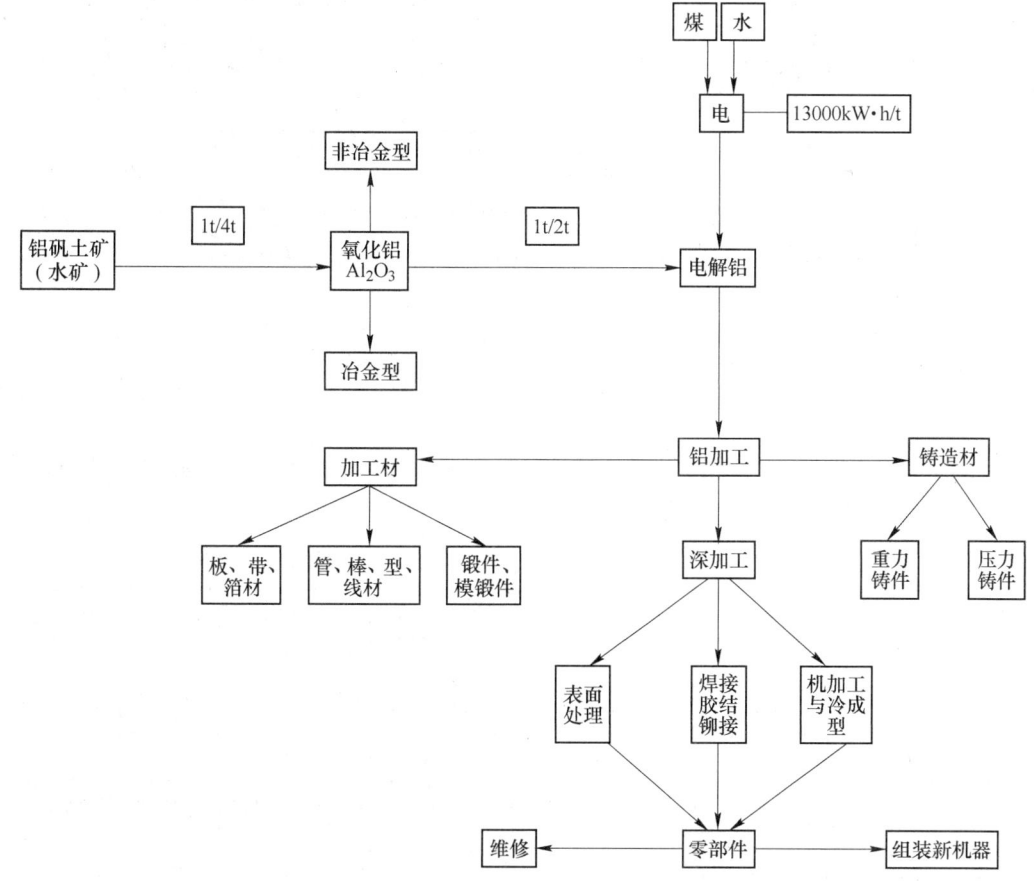

图 1-1　铝产业链的组成及延伸

铝产业链的延伸包括以下几个方面：

（1）原铝（铝加工材）规模迅速扩大。由于铝的冶炼技术不断进步，成本大幅下降，

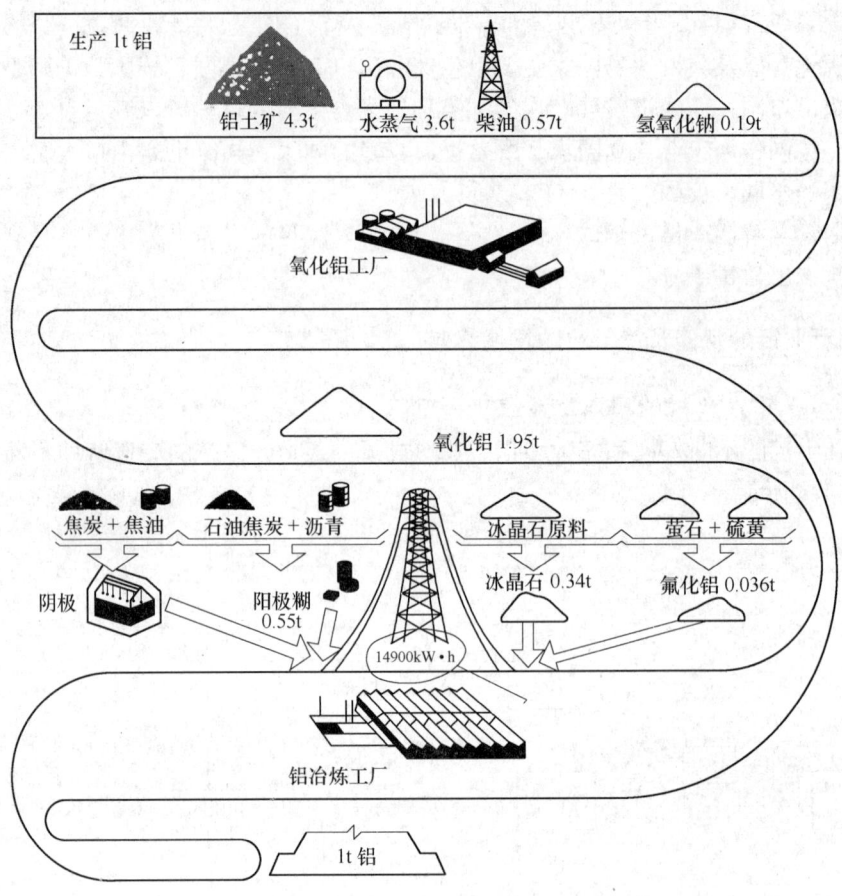

生产 1t 铝

铝土矿 4.3t　　水蒸气 3.6t　　柴油 0.57t　　氢氧化钠 0.19t

氧化铝工厂

氧化铝 1.95t

焦炭＋焦油　　石油焦炭＋沥青　　　　冰晶石原料　　萤石＋硫黄

阴极　　　　阳极糊　　　　　　冰晶石 0.34t　　氟化铝 0.036t
　　　　　　0.55t

14900kW·h

铝冶炼工厂

1t 铝

图 1-2　电解铝的生产流程

而且铝及其合金具有一系列优异特性，品种和规格大幅增多，用途不断拓宽，铝（铝加工材）的生产规模迅速扩大，见表 1-13。

表 1-13　铝（铝加工材）生产规模及预测

年份（大致）	铝（括号内为铝加工材）业绩或规模
1807 年	发现铝元素
1825 年	第一次用电化学法获得金属铝
1886 年	首次用电解法从氧化铝中提炼金属铝
1888 年	发明拜耳法，由铝土矿生产氧化铝及用直流电生产电解铝，并实现产业化
1940 年	约 100 万吨（68 万吨）
1970 年	约 1000 万吨（约 800 万吨）
1980 年	约 1650 万吨（约 1450 万吨）
1990 年	约 2000 万吨（约 1850 万吨）
2000 年	约 3000 万吨（约 2500 万吨）

年份（大致）	铝（括号内为铝加工材）业绩或规模
2010 年	约 4000 万吨（约 3500 万吨）
2015 年	约 5000 万吨（约 4200 万吨）
2025 年（预计）	约 8000 万吨（约 6800 万吨）
2035 年（预计）	约 10000 万吨（约 8500 万吨）

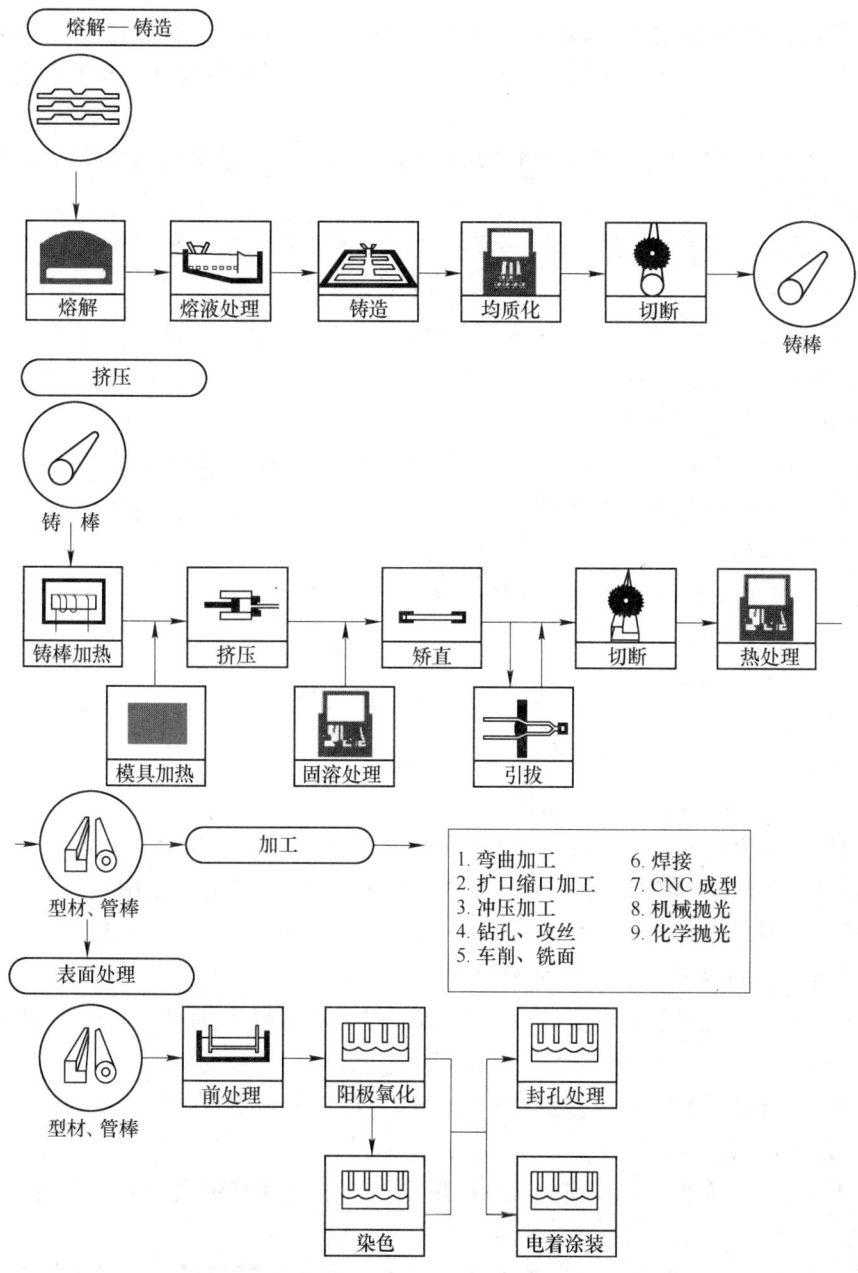

图 1-3 铝及铝合金挤压材及深加工流程

（2）铝及铝合金加工材品种扩大、规格增多。经过几十年的发展，全世界已注册的纯铝及铝合金牌号约 3000 多个，状态 300 多种。铸件、压铸件、管材、棒材、型材、线材、板材、带材、条材、箔材、锻件、模锻件、旋压件、冲压件、粉材、复合材等品种数百大类，各种形状、规格的产品达数百万种。铝工业已成为一种涉及面广、内涵丰富、产销量规模大、附加值高、技术先进，用各种先进技术、工艺和设备研发和生产的不同品种、规格、不同性能、功能和用途的产品，广泛用于国民经济各部门、人民生活各方面的支柱产业。

（3）铝及铝合金材应用领域拓宽。铝及铝合金材料加工早已成为世界许多国家国民经济的支柱产业，其产品已广泛用于军用与民用部门，对人民生活与社会文明起着十分重要的作用。

目前，全世界原铝年产量已逾 5000 万吨，铝加工材的产销量已达 5500 万吨以上。其主要应用领域为：

1）航空航天。军用与民用飞机、火箭、人造卫星、航天飞机和航天器等。

2）交通运输。飞机、火车、高速列车、地铁、轻轨、货车、卡车、轿车、大巴、专用汽车、摩托车、自行车、轮船、军舰、汽艇、快艇、水翼艇、集装箱、桥梁等。

3）包装业。硬包装，如气桶、易拉罐等；软包装，如香烟箔、化妆品与医药包装等。

4）电子通信、家用电器。

5）建筑与施工。如门窗、幕墙、围护板及绿色建筑模板、脚手架、结构材等。

6）空调、散热器等热传输系统。

7）机械电气制造业。

8）石油、矿产、能源、输电系统等。

9）农业机械和轻工业。

10）医疗器械和文体卫生。

11）兵器与军工。

12）化学化工等。

当前，铝及铝合金材料的三大用户为：

1）交通运输用铝材占总产量的 30%~35%（世界），15%~20%（中国）。

2）包装业用铝材占总产量的 15%~20%（世界），8%~12%（中国）。

3）建筑业用铝材占总产量的 15%~21%（世界），25%~35%（中国）。

以铝质轨道车辆为例，逐年增加量如下：

1）2006 年中国已有铝质地铁车辆 900 辆，占地铁车辆的 25%；2010 年已增到 1500 辆，占 30% 以上。

2）2007 年全世界已有铝合金高速车、地铁、轻轨车等 51000 辆，中国拥有 3000 辆，2010 年增至 15000 辆。

3）2015 年全世界拥有铝质车辆 80000 辆以上，中国拥有量超过 40000 辆，占全世界的 50% 以上。

可见，铝及铝合金材料已成为国民经济和人民生活的基础材料，以铝代钢、以铝代木、以铝代塑、以铝代铜的趋势正在形成。

1.1.6.2　铝工业发展趋向

自1990年以来，全球铝工业进入了一个崭新的发展时期，随着科学技术的进步和经济的飞速发展，在全球经济一体化与大力提高投资回报率的经营思想推动下，一方面加大结构调整力度，另一方面开展了一场向科技研发大进军的热潮，以求更合理更均衡地利用与配置自然资源，不断扩大铝工业的规模，增加铝产品的品种与规格，提高产品的科技含量，并拓展其应用范围，大幅度降低电耗、改善环保，大幅度降低成本与提高经济效益，不断加强铝材部分替代钢材成为人民生活和经济部门基础材料的地位。归纳起来，目前世界铝工业正向以下的方向发展：

（1）铝及铝加工业处于高速发展期，铝材应用领域和消费量迅速扩大，在各种材料的激烈竞争中处于优势地位。每年将保持5%左右的增长率，而传统的钢铁产品将平均缩减5%~8%。

（2）铝及铝加工材将以朝阳工业的姿态替代传统的钢铁产品，成为交通运输等工业部门和人民生活各方面的基础材料。交通运输正超过建筑业和包装业，而成为铝及铝加工材的第一大用户。根据报道，1998年，日本汽车工业用铝量已占全国总耗铝量的28.2%，加上铁道车辆、地铁列车、高速列车、轻轨列车以及船舶、集装箱、桥梁和其他运输工具的用铝量，交通运输业总的耗铝量肯定超过日本总耗铝量的35%。欧美和其他工业发达国家也会超过30%，已大大超过建筑用铝的21%和包装用铝的20%，而且这种趋势还在增长，这是不以人们意志为转移的必然趋势，这种趋势和需求将大大促进铝及铝工业的发展，到2020年交通运输耗铝可能占全世界铝产量的40%以上。

（3）铝及铝加工企业正面临重大的变革，进入一个空前剧烈的分化、调整、重组时期，企业两极分化、优胜劣汰的进程将会大大加快，生产要素和市场份额会加速向优势企业及名牌产品集中。大型化、集团化、规模化和国际化成为现代铝及铝加工企业的重要标志之一。例如，1999年，加拿大铝业公司（Alcan）、法国彼施涅铝业公司（Pechiney）、瑞士铝业公司宣布合并，组建成世界最大的A.P.A铝业公司；美国铝业公司（Alcoa）宣布将收购雷诺金属公司（Reynolds Metal Co.），这是它于1998年收购阿卢马克斯铝业公司（Alumax）之后又一次大的兼并行动，还计划收购哥尔登铝业公司（Golden Aluminium）；俄罗斯组建了俄罗斯铝业公司和西伯利亚铝业集团公司；中国铝业公司收购西南铝业集团公司、东北轻合金有限公司和西北铝业公司等。这标志全世界铝工业的企业结构调整已基本完成，大型跨国铝业公司的规模越来越大，全球铝工业一体化程度大大加强，企业之间的竞争更趋激烈，企业间的分工更为明确，研究开发工作会明显加强。

（4）铝及铝加工企业的产品处于大调整时期。产品是企业的龙头和赖以生存的基础。失去了产品优势，企业将会衰败甚至消亡，反之，夺得了名牌和主导产品，企业将欣欣向荣，蒸蒸日上。为了适应科技的进步和经济、社会的发展及人们生活水平的提高，很多传统和低档产品将被淘汰，而新型的、节能的、环保的、多功能、多用途、优质高档的高科技产品不断涌现。产品的更新换代加快、优胜劣汰的竞争局面加剧。品牌和名牌主导市场。

（5）企业发展将主要依靠科技进步、技术创新、信息交流与人才优势。随着信息时代和知识经济时代的到来，这对铝及铝加工企业显得更为重要。大型企业都纷纷成立科技开发中心、信息中心和人才培训中心，集中人力、物力和财力研究开发新技术、新工艺、新材料、新产品、新设备，不断提高产品质量，扩大新品种，提高生产效率、更新设备、节能降耗、降低成本、提高效益，把企业做大、做强，做成高科技含量的国际一流企业。

（6）铝及铝加工企业正面临一场管理革命，体制和机制将不断进行调整，全面实现自动化、科学化、现代化、高效化和全球一体化，更加注重企业形象的塑造和企业文化的培育，以适应社会发展和市场变化的需要。

（7）铝的再生技术、废料回收与综合利用技术将得到高度重视，废铝回收率将超过80%。电解铝厂、铝加工厂、深度加工厂和铝铸件厂纷纷组成大型联合企业，以简化工艺、减少工序、减少污染、节省能源、降低成本、扩大规模、提高效益，使铝及铝加工企业向环保型、可持续发展型方向发展。

（8）不断改进工艺（如新型的拜耳法、改进的霍尔-埃鲁电解法、半固态成型法等）、改进炉型（如高效熔铝炉等）和槽型（如新型电极和电解槽等）、提高电流效率（95%以上）、降低综合能耗强度、改变铝工业耗能大户的形象。

当前，全世界铝工业面临着两大问题的挑战，第一是在环保要求日益严格与污染排放指标不断降低的情况下，如何尽可能地降低生产成本；第二是铝工业必须全面地尽可能多地向使用铝的部门提供有关知识及铝材的各种性能，使用户愿意使用铝材，这样才能在激烈的竞争中不断扩大铝的应用领域。为了应对这种挑战，铝生产正面临第二次革命。霍尔-埃鲁铝电解法的发明，是原铝生产工艺的第一次革命性突破。自20世纪80年代以来，一些国家对惰性阳极与可湿性阴极的研究开发做了大量的工作，目前已获得突破性进展，据称，这是铝生产的第二次革命。采用惰性阳极-可湿性阴极电解槽制取原铝具有巨大的经济效益和社会效益。目前，在电解铝生产方面已获得的突破性进展有：1）开发新型预焙槽，增大电流密度，可大大提高生产效益和使用寿命；2）提高了阴极电流密度，降低铝在电解质中的饱和浓度，减少阴极表面溶解金属的传质系数，全面提高了电解槽的电流效率，使之达到92%～98%；3）研究开发新材料、新结构和新工艺制作的阳极和阴极，使其质量与使用寿命大大提高；4）有利于开发并建立铝电解过程的先进有效而精确的数学模型及电子计算机软件系统，实现铝电解生产的自动化和高效化；5）将生产中的工艺废料转变为有用产品的工艺和装备，以便于综合利用；6）采用新法炼铝，从阳极不再排放二氧化碳，而是排放氧气，对环保极为有利；7）采用惰性阳极-可湿性阴极电解槽炼铝，原铝的生产成本至少可降低35%；8）由于铝生产成本大幅下降，使铝零件成本：钢零件成本降到3:1以下。这样一来，凡是用铝的部门，也就是整个国民经济各部门和人民生活各方面都将受益匪浅，其中受益最大的是汽车工业、制罐工业、包装工业、建筑工业、交通运输工业、钢铁和冶金工业、电力能源工业、电子电器工业、燃料电池工业等。反过来，会大大拓宽铝的应用领域和用量。据初步预计，当铝钢成本比低于3:1时，铝在汽车、交通运输等工业部门及国民经济和人民生活的基材设施市场的用量将提高50%以上，使铝材真正替代部分钢铁产品成为一种重要基础材料。

为了加速铝生产第二次革命的成功和产生巨大的效果，世界许多国家的政府、企业和科技界进行了大量有益的工作。例如美国铝业协会技术咨询委员会在其《为了未来的伙伴关系》的文件中提出了美国铝工业的中期发展战略目标，将其作为制定各项计划、科研课题、各项发展指南的基础。文件的基材内容如下：

（1）成本与生产率目标：

1）与铝生产有关的成本降低 25% ~ 30%；

2）为了推广铝在汽车中的应用，将铝对钢的生产成本比降到小于 3∶1 的水平；

3）提高铝工业的资本生产率；

4）加强技术创新、工艺改进与设备更新改造，降低生产成本及缩短生产周期。

（2）市场目标：

1）在今后 5 年内，使汽车市场的用铝量增加 40%；

2）扩大除汽车以外的现代化交通运输工具市场的铝消费量；

3）使基础设施市场的铝消费量增加 50%；

4）扩大铝在绿色建筑与结构市场中的用量；

5）扩大铝在包装、电子及一般机械制造中的用量。

（3）环境保护目标：

1）回收处理与综合利用铝工业中的各种废弃物；

2）提高废铝回收率；

3）在今后 5 年中，使汽车用变形铝合金废料的回收率达 80%。

（4）节能目标：

1）霍尔-埃鲁电解法的电流效率达 97% 以上；

2）降低铝及铝材生产的综合能源消耗指数。

（5）健康与安全目标：提高工人的健康水平，增强工人的安全意识，改善工作环境。

（6）劳动力目标：

1）提高铝工业现有劳动力的知识水平和技能培训水平；

2）增加可向铝工业输送的有资格的与合格的科学家和工程师的数目。

总之，美国铝工业在最近 5 ~ 10 年内通过研究开发要达到以下 3 个具体目标：

（1）铝的生产成本降低 25% ~ 30%，铝、钢零件成本比小于 3∶1；

（2）铝电解电流的效率大于 97%，使铝和铝加工生产综合能耗大幅度下降；

（3）铝在汽车、交通运输及基础设施市场的用量提高 50%，使之部分替代钢材成为国民经济和人民生活中的基础材料。

这些目标也代表了世界铝及铝加工业的发展方向，如果能实现，将大大促进铝工业的发展。

1.2 中国铝及铝工业的发展历史、现状与趋势

1.2.1 中国铝工业发展历史

1949 年全国铝产量仅 10t。1950 年，中国第一家氧化铝厂（501 厂）开始建设，并于 1954 年投产；第一家电解铝厂抚顺铝厂（301 厂）1949 年开始筹建，1954 年 10 月 1 日建成投产；第一家铝加工厂东北轻合金加工厂（101 厂）1953 年动工建设，1956 年建成投产；第一个氟化盐车间 1954 年在抚顺铝厂建成投产；第一家炭素厂 1955 年在吉林建成投产。到 1958 年，我国初步形成比较完备的铝工业体系，当年氧化铝产量 10.98 万吨，电解铝产量 4.85 万吨，铝材产量 3.93 万吨，实现了中国铝工业从无到有，保障了国防军工和国民经济建设的急需。1958 年，国务院出台《关于大力发展铜铝工业的指示》，确定铝

作为国民经济的第二大金属材料，中国铝工业开始走上了发展轨道。一批铝厂动工建设，形成了山东铝厂、郑州铝厂、贵州铝厂三大氧化铝生产基地，抚顺铝厂、包头铝厂、青铜峡铝厂等八大电解铝生产基地，以及东北轻合金、西南铝、甘肃陇西西北铝等铝加工生产基地。1978 年，中国氧化铝实现产量 77.87 万吨，电解铝产量 29.61 万吨，铝加工材 10.56 万吨。经过新中国成立后近 30 年的艰苦创业，我国初步建成了比较完整的铝工业体系，为进一步发展打下了坚实的基础。

为加快有色金属工业的发展，1983 年，国家组建了中国有色金属工业总公司，并于 1984 年成立了国务院钢铝领导小组，提出了"优先发展铝"的战略，中国铝工业进入了新的发展时期，实现了规模和产量的快速增长。在氧化铝方面，山东铝厂、郑州铝厂、贵州铝厂分别进行二期、三期、四期建设，逐步提高氧化铝产量。在铝资源相对丰富的山西、河南、广西建设了山西铝厂、中州铝厂和平果铝业公司（1991 年），并于 20 世纪 90 年代初陆续投产。各氧化铝企业的技术改造和技术进步以引进国外同期先进技术为主，初步改变了中国氧化铝工业技术和装备落后的面貌。2000 年，中国铝业公司成立，成为中国最大的氧化铝企业。2001 年，中国铝业河南分公司和山西分公司率先成为产量超百万吨的大型氧化铝厂，当年全国六大氧化铝厂总产量达到 465 万吨，是 1978 年的近 6 倍，占全球总产量的 9%，中国成为全球主要的氧化铝生产国。改革开放后，中国电解铝工业步入消化吸收和自主创新相结合的起步时期。1984 年，贵州铝厂、白银华鹭铝业公司及青铜峡铝业公司从日本引进 160kA、154kA 大型预焙槽及上插阳极棒自焙槽技术和装备，提升了我国铝工业技术和装备水平。同时，为优化产业布局，发挥区域优势，在能源富集地区发展了云铝、关铝等一批中小型电解铝企业。到 2001 年，中国电解铝产量迅速发展到 342 万吨，占全球电解铝总产量的 15.7%，中国从 1992 年的世界第六位一跃成为世界第一产铝大国，并首次由原铝的净进口国变为净出口国。由于建筑业大发展的带动，中国铝工业进入快速发展时期。1978 年，营口铝型材厂从日本引进了中国第一台 16.3MN 油压机，成为中国第一个生产建筑铝型材的企业，从此掀起了铝型材企业的第一次建设高潮，民营和股份制铝加工企业迅速发展，外资企业从铝加工入手进入中国市场，中国铝加工业开始呈现出多元发展的态势。20 世纪 90 年代中期以后，随着中国制造业结构调整，以铝板带箔材能力建设为重点，加工技术逐步实现与国际接轨，我国铝加工能力建设再掀高潮。改革开放后的 30 年，中国铝工业从产业规模、关键技术装备、研发能力和产业竞争力等全方位进入全球铝工业大国的行列，为 21 世纪铝工业向世界强国跨越打下坚实的基础。

在氧化铝工业建设伊始，中国铝工业就密切结合国内一水硬铝矿资源特点，创造出一套新的氧化铝制取工业——混合联合法，并首先在郑州铝厂应用成功。之后，在引进技术的基础上，又进一步结合中国资源特点进行了深度开发和推广应用，使混联法逐渐成为中国氧化铝生产的主要方法。进入 21 世纪以后，中国氧化铝企业明显加快了自主创新的步伐，大批具有自主知识产权的核心技术在这时期得到了开发。其中包括：管道化间接加热、停留罐强化溶出工程化技术、高温双流法强化熔出技术、处理中低品位铝土矿的选矿拜耳法和石灰拜耳法新技术、强化烧结法和树脂吸附提取镓技术等。这些技术为中国氧化铝工业的迅猛发展奠定了坚实的基础，中国铝工业也凭此卓然挺立于世界。

在电解铝工艺创新方面，中国铝工业紧跟国际上大型化、预焙化的发展脚步。在电解铝科研和生产方面，20 世纪 60 年代初，沈阳铝镁设计研究院和贵阳铝镁设计研究院自主研发的"一槽三机"技术，开启了我国电解铝科研与设计紧密结合的创新之路。1965 年，我国开始在抚顺铝厂进行 135kA 预焙阳极铝电解槽试验。

20 世纪 80 年代初，贵州铝厂在引进"日轻"160kA 电解技术基础上，自行开发了 160kA 改进型现代化大型预焙阳极铝电解槽成套技术与装备。1996 年，郑州轻金属研究院与贵阳铝镁设计研究院、沈阳铝镁设计研究院合作开发的 280kA 大容量预焙槽技术获得成功，标志着中国铝工业自主创新工作跃上了一个新的台阶。20 世纪 90 年代以后，中国新建和改扩建的电解铝厂普遍开始采用国产化的 180kA 以上预焙槽技术。2000 年由平果铝业公司和贵阳铝镁设计研究院合作开发的 320kA 大型、高效能预焙槽技术获得成功，引起了国际铝业界的广泛关注。随后又开发出了最高达 400kA 的现代化大型预焙阳极铝电解槽成套技术与装备。在铝用炭素与氟化盐技术进步方面，我国开发成功的可湿润阴极、高石墨质、石墨化阴极等一系列铝用炭素阴极新产品，为大型铝电解槽技术的开发和工艺优化奠定了重要的基础。配套制定了原料、阳极、阴极、侧衬、炭糊的系列质量标准和分析方法标准，使铝用炭素的标准基本与国际接轨。以此为基础，经过 1998 年开始的大规模技术改造，到 2005 年，中国在全球率先全部淘汰了自焙槽生产能力，再一次引起了世界的关注。

2000 年以后，节能减排成为铝电解技术发展新的推动力。中国电解铝工业在先进流程控制、节能减排等方面，创新了一系列技术和工艺。如中铝国际的"三度寻优"技术、氧化铝浓相输送和超浓相输送技术、干法净化回收技术以及河南中孚实业股份有限公司研发的铝电解系列不停电启停槽技术等，使中国电解铝工业的生产和控制水平有了大幅度提高。

2005 年，中铝公司 320kA 大型预焙技术输出到印度建设 25 万吨电解铝厂，开创了中国铝电解技术和装备大规模走向世界的新局面。2008 年以后，中国电解铝技术研发水平已走在国际前沿，东北大学开发的 160kA 异型阴极结构电解槽、中国铝业三家研究院开发的新型结构电解试验槽，节能效果显著。2015 年 6 月，全球首条 600kA 电解槽在山东魏桥铝电有限公司开建，"NEUI600kA 级铝电解槽技术开发与产业化应用"项目有力的推动铝行业科技进步，使我国铝电解整体技术达到了国际领先水平。

在铝加工业方面，1959 年，中央决定自行设计、建设西南铝加工厂。1961 年 5 月，国家计委和国家科委向一机部下达了装备工厂的 2800mm 热轧机、2800mm 冷轧机、30000t 模锻水压机和 12500t 挤压水压机四套大型设备的设计和制造任务。这"四大国宝"的研制成功，打破了当时国外对中国的技术封锁，对于中国铝工业后来的发展具有非常重要的意义。经过 20 世纪 80 ~ 90 年代和 21 世纪初的第二次和第三次铝加工大发展高潮之后，我国兴建了大批现代化铝加工厂，配置了大批的现代化先进加工装备，经过几十年艰苦奋斗，我国的铝加工工业终于从无到有、从小到大、从弱到强，建成了名符其实的铝业大国、铝加工大国、铝材产销大国，正在向铝业强国进军。

1.2.2 中国铝工业的现状及发展趋势

1.2.2.1 中国铝工业的现状与发展水平

进入 21 世纪以来，中国铝工业开始进入高速发展阶段，电解铝产业平均递增 15% 以上，而消费量则年均递增 20% 以上。2010 年中国电解铝的产能达 2000 万吨，产量已达 1619 万吨，连续九年超过美国，稳居世界第一。2010 年年底，中国铝加工企业超过 1800 余家，铝加工材生产能力达 2026 万吨，铝加工材年产量已达 1800 万吨以上，居世界首位。2010 年中国再生铝产量突破 450 万吨大关，铝合金铸造产品超过 250 万吨，位居世界前列。此外，由于铝的应用范围不断扩大，铝材深加工业也有了很大发展。2010 年中国铝（含再生铝）消费量达 2000 万吨以上，位居全球第一。而年人均耗铝量也由 20 世纪 80 年代的 0.8kg，猛增到 2010 年的 10.0kg 以上，但仍远远低于世界发达国家的先进水平（如美国达 32kg，日本达 28kg）。

我国拥有发展铝工业的优越条件，铝土矿储量丰富，可供开发电容量 3.8×10^8 kW，动力煤储量 3300 亿吨，以及十分充裕的劳动力后备军，资源居世界前列。只要我们进一步合理配置和使用资源，加强科学管理，强化科技进步，不断开发新技术、新产品，拓展铝材应用范围，最大限度地占领国内外市场，我国的铝工业就一定会在不久的将来赶超世界先进水平，步入世界铝业强国之列。我国加入世界贸易组织以后，进一步融入世界经济，中国铝工业正面临严峻的挑战与难得的机遇。为了更快地适应入世后的形势变化，抓住发展机遇，应对严峻挑战，中国铝工业正在加快产业和产品结构调整步伐，努力增强企业竞争实力；加快企业技术改造进程，早日实现产业升级；巩固和创建大型铝业集团，积极参与国际竞争；加大技术创新力度，不断改进工艺技术，提高生产效率，降低成本，扩大新品种，提高产品质量，拓展铝材应用领域和市场；充分利用和发掘我国的丰富资源优势和有利条件，尽快把我国建成为一个原铝和铝加工材产量、消费量世界大国、出口大国并向强国迈进。

表 1-14~表 1-17 列出了我国 2001 年以来电解铝、再生铝、铝材产能产量、铝消费结构以及经济技术指标。

表 1-14　中国 2007~2016 年电解铝产能和产量

年　份	产能/万吨	产量/万吨	产能利用率/%
2007 年	1401	1259	90
2008 年	1808	1318	73
2009 年	2035	1289	63
2010 年	2230	1624	73
2011 年	2466	2007	81
2012 年	2652	2353	89
2013 年	3188	2653	83
2014 年	3595	2832	79
2015 年	3898	3141	81
2016 年		3187	

表 1-15 2006～2015 年中国再生铝产量

年份	2006 年	2007 年	2008 年	2009 年	2010 年	2011 年	2012 年	2013 年	2014 年	2015 年
产量/万吨	219	275	275	311	401	441	483	527	565	578

表 1-16 2001～2016 年中国铝材产量

年份	2001 年	2002 年	2003 年	2004 年	2005 年	2006 年	2007 年	2008 年	2009 年	2010 年	2011 年	2012 年	2013 年	2014 年	2015 年	2016 年
产量/万吨	234.2	298.8	399.7	439.7	583	814.8	1250.7	1427	1650	1990	2352	2595	3962	4014	4427	4500

表 1-17 2007～2015 年中国铝消费结构 （%）

年份	2007 年	2008 年	2009 年	2010 年	2011 年	2012 年	2013 年	2014 年	2015 年
建 筑	34.7	33.7	32.7	33.7	33.7	33.5	33.6	33.1	32.6
交通运输	15.1	18.0	18.7	18.8	19.0	19.8	20.3	20.8	21.1
电 力	12.4	12.3	12.2	11.8	11.7	11.4	11.6	11.7	11.7
包 装	7.7	8.5	8.9	9.0	9.2	9.6	10.2	10.3	10.7
机械制造	8.7	8.3	8.4	8.3	8.5	8.2	8.0	8.0	7.9
日用消费品	8.9	8.0	8.1	8.1	8.2	8.3	7.9	7.8	7.7
电子通信	4.2	3.9	4.3	4.1	4.2	4.3	3.9	3.8	3.8
其他领域	8.4	7.3	6.8	6.2	5.5	5.1	4.7	4.6	4.6

由表 1-17 可见，建筑是中国铝消费最大领域，消费占比基本稳定，占 32.6%，交通、电力、包装、机械制造分列中国铝消费的第 2～5 位。

2001～2016 年中国铝材出口情况如图 1-4 所示。

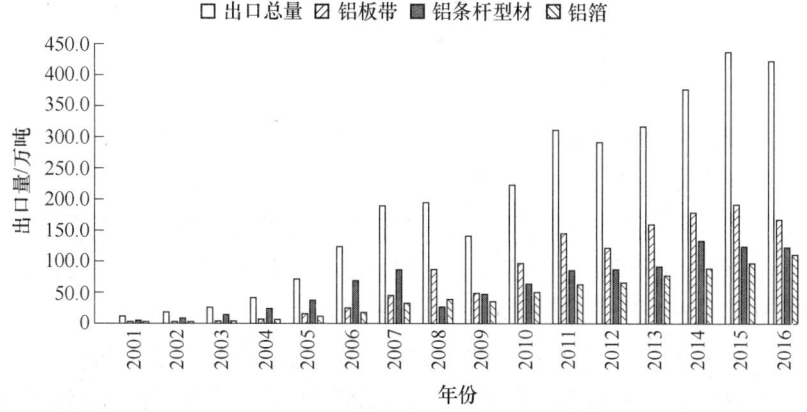

图 1-4 2001～2016 年中国铝材出口情况

铝加工业包括铝加工的熔炼和铸造，铝及铝合金板、带、条、箔材，管、棒、型、线材，锻材。锻材和模锻件，粉材、复合材以及深加工产品的生产与经营，是一个涉及面很广、对国防军工现代化、国民经济发展和人民生活水平提高有重大影响的行业，是一个技术含量和附加值很高的产业。铝加工是整个铝业产业链条中最重要的一环。

近年来，铝加工产业发展十分迅猛，成为很多国家和地区的支柱产业之一。2015 年世界与中国的铝产量（原铝加工再生铝）和铝加工材的生产情况见表 1-18。

表 1-18　2015 年世界与中国铝加工材生产情况　　　　　　　　（万吨）

项　　　目	世　　界	中　　国
电解铝（+再生铝）	6800（+4000）	3100（+500）
铝加工材：合计	6000	3500（电缆线材 400）
其中铝轧制（板、带、箔材）	3500	1000+250=1250
铝挤压材（管、棒、型、线材）	2500	1350+250=1600
铝轧制材：铝挤压材	57：43	43：57
铝合金型材：合计	2000	1250
其中铝建筑材	900	850
铝工业材	1100	400
建筑材：工业材	45：55	68：32
铝铸造材	3500	400
铝及铝材的年平均增长率/%	3~4	6~10

由表 1-18 可知，世界铝及铝加工产业发展很快，已具有相当规模，中国已成为铝业大国，但还不是铝业强国，而且产品的比例仍不够协调，需要加大产品结构调整力度。中国铝业的年增长速度大大高于世界各国，在不久的将来，中国会很快赶上世界先进水平，成为世界的铝业强国、铝加工强国。

1.2.2.2　铝及铝合金加工工业的发展特点与趋势

A　国外铝加工产业的发展特点与趋势

国外铝加工产业的发展特点与趋势：

（1）工艺装备更新换代快，更新周期一般为 10 年左右。设备朝大型化、精密化、紧凑化、成套化、标准化、自动化方向发展。

（2）工艺技术不断推新，朝节能降耗、精简连续、高速高效、广谱交叉的方向发展。

（3）十分重视工具和模具的结构设计、材质选择、加工工艺、热处理工艺和表面处理工艺的不断改进和完善，质量和寿命得到极大提高。

（4）产业结构和产品结构处于大调整时期，为了适应科技的进步和经济、社会的发展及人民生活水平的提高，很多传统和低档的产品将被淘汰，而新型的高档高科技产品将会不断涌现。

（5）十分重视科技进步、技术创新和信息开发，信息时代和知识经济时代的到来，对铝加工技术显得更为重要。

（6）科学管理全面实现自动化，体制和机制将不断进行调整，以适应社会发展和市场变化的需要。

B 我国铝加工产业的发展特点与趋势

到 2015 年年底，我国铝加工企业有 1600 家左右，其中铝板带箔企业有 600 家左右，产能 1800 万吨，产量 1250 万吨左右。铝挤压企业有 950 家左右，产能约 1950 万吨，年产量 1600 万吨左右，占我国铝材总产量的 60% 左右（国际水平约为 40%），除了进口一部分特殊管材、型材和棒材及特殊板、带、箔等工业用材外，建筑型材和铝箔已大批出口，成为净出口国。由此可见，我国铝加工的产业结构和产品结构是极不合理的，需要大力调整。另外，铝加工装备的整体水平还不高，技术自主开发能力还不够强，与国外相比差距较大。虽然近几年新建或在建了一批年产 10 万~20 万吨以上的大型铝板、带、箔企业，如西南铝、南山铝的 1+4 热连轧线及 1+2、1+5 冷连轧生产线等，新建或在建一批大型挤压机生产线，如西南铝的 80/90MN，山东丛林的 100MN，吉林麦达斯的 80MN 及忠望集团的 225MN、125MN、96MN、75MN、55MN，青海国鑫的 100MN，山东兖州铝业和南山铝业的 55MN、75MN 和 160MN 等大型挤压机列等，同时，引进了大批的关键设备和技术，但是要想彻底改变铝板、带、箔的产量、消费量少于挤压材的产量、消费量，大中型工业型材少于建筑型材，高档产品少于中、低档产品，大中型现代化铝加工装备少于小型的、落后的铝加工装备的局面还有大量工作要做。

目前，我国正掀起铝加工产业发展第三次高潮，铝加工产业的发展有以下特点：

（1）加工企业正处在大改组、大合并、上规模、上水平的改造过程。淘汰规模小、设备落后、环保差、开工不足和产品质量低劣的企业，建成几个具有国际一流水平的现代化大型综合性铝加工企业。

（2）产品结构大调整，向中、高档和高科技产品发展。淘汰低劣产品，研制开发高新技术产品，替代进口并打入国际市场，满足市场需求。

（3）大搞科技进步、技术创新和信息开发，建立技术开发中心。更新工艺，使铝加工技术达到国际一流水平。

（4）大力进行体制与机制调整，与国际铝加工工业接轨，把我国铝加工工业和技术推向国际一体化。创建我国完整的铝加工技术体系和自主知识产权体系。

我国铝加工业正在完成从小到大、由弱变强、从粗放式经营向现代化大企业发展的过程。在建和拟建大批的具有一定规模（年产 20 万吨以上）的较高装备水平的铝板、带、箔生产线（如 1+3、1+4、1+5 热连轧生产线等）和大型的（225MN、125MN、100MN、95MN、80MN 挤压机）高水平的挤压生产线，以及多条超宽、高速、特薄连续铸轧和连铸连轧生产线，精密模锻生产线和深加工生产线，同时大力开发新产品和新技术，不断提高产品质量，提高生产效率和经济效益。可以预料在不久的将来，中国很快将成为世界铝及铝加工工业大国和强国。

1.2.3 我国铝产业发展水平与国际先进水平的差距

近年来我国铝产业有了很大的发展，各方面取得了长足的进步，但与世界先进水平相比，仍有较明显的差距，见表 1-19。

表 1-19　国内外铝产业发展水平对比

序号	指标		中国现有水平	世界先进水平
1	铝土矿资源	探矿理论与找矿方法	数据处理技术落后，找矿效果差	理论先进，方法可靠，找矿效果好
		储量	丰富	丰富
		品位	绝大多数为中、低品位一水硬铝石型铝土矿，难溶出，铝硅比偏低	高品位三水铝石型铝土矿丰富，较易溶出，铝硅比高，可较容易获得优质氧化铝
2	氧化铝	生产工艺技术	开始采用拜耳法，但混联法和烧结法仍很普遍	普遍采用先进的拜耳法
		企业规模和生产量	企业规模较小，2015 年产量为 5500 万吨，48%需进口	企业规模大，较集中，2015 年产量达 9500 万吨，大量出口
		综合能耗（标煤）	平果铝为 400kg/t，其他企业为 570~1000kg/t	350kg/t
		品种	品种少，非冶金氧化铝仅 120 种，产量仅占氧化铝总产量的 8%	已开发 500 多种非冶金级氧化铝，占氧化铝总产量的 15%以上
3	电解铝	生产工艺技术	大多数企业仍采用传统的铝电解法，新建企业普遍采用新工艺、新技术，整体技术已达国际领先水平	部分采用霍尔-埃鲁电解法，已普遍采用惰性阳极、可湿性阴极槽电解法
		企业规模	企业多，规模小，平均年产能 10 万吨，最大企业的年产能 160 万吨	现代化大型企业多，平均年产能 20 万吨，最大企业的年产能在 180 万吨以上
		电耗	电流效率低（88%~94%），电耗高（14530~13550kW·h/t）	电流效率高（95%~97%），电耗已降到 12500~13000kW·h/t
		成本	成本高，平均为 12000~12500 元/t	成本已降至 1250~1330 美元/t
		环保（吨铝排氟量）	5kg	1kg
4	铝合金铸造产品	再生铝产量占原铝产量的比例	<30%	>40%
		再生铝企业规模和回收方式	企业规模小，回收方式与技术落后	大企业多，回收方式和技术先进
		一般铸件与压铸件之比	54:46	45:55
		品种与质量	合金状态无完整体系、品种少，质量一般	已有完整的铸造和压铸合金体系，状态多，品种齐全
		汽车铝铸件用量	约 70kg/辆	约 150kg/辆

续表 1-19

序号		指 标	中国现有水平	世界先进水平
5	铝合金加工材料	企业规模与现代化水平	企业数目多，规模小，平均年产能 5.5 万吨，最大企业年产能 75 万吨，大部分企业现代化水平低	现代化大型企业多，平均年产能 10 万吨，最大企业年产能 170 万吨
		设备装机水平	除个别企业外，大部分企业工艺装备落后，辅机不配套，自动化水平低下，更新换代周期长	装机水平先进，自动化水平高，更新换代快
		常用合金/状态数目	120/50	442/150
		产品结构：热轧坯/铸造轧坯 轧制材/挤压材 建筑型材/工业型材	45/55 43/57 68/32	79/21 57/43 45/55
		产品品种和质量水平	品种不全，中、低档产品过剩，优质高档产品短缺，整个产品质量水平不高，综合成品率在 65% 左右	产品品种齐全，整个产品质量水平较高，综合成品率在 74% 左右
		劳动生产率（产值）	较低，平均为 150 万元/（人·a）	较高，平均为 300 万元/（人·a）
6	深加工产品	表面处理工艺与设备	整个水平基本达到国际水平	工艺技术与设备水平高，花色品种齐全，附加值高
		焊接、胶接与机械连接	接合技术达到一定水平，开始研发先进的焊接技术	接合技术达到相当高的水平，先进的摩擦搅拌焊接技术得到快速发展
		冷冲成型与机加工技术	与国际水平相比，有一定差距	可获得高精密、高质量的零部件
		品种、应用与效率	与国际水平相比，有一定差距	品种多，应用广泛，附加值高
7	技术开发应用与综合效率	技术开发与科技创新能力	较弱，缺乏专门机构和人才，平均开发资金不大于 2.5% 产品销售收入	很强，有高水平的大型技术研发中心，先进企业开发资金大于 10% 产品销售收入，对开发新产品、新工艺、新技术、新设备有重大促进作用
		铝及铝材的应用在三大领域中的份额	交通运输：在 15% 左右 包装行业：在 12% 左右 建筑业：在 30% 以上	交通运输：在 35% 左右 包装行业：在 21% 左右 建筑业：在 20% 左右
		年人均耗铝量（2015 年）	原铝：21kg 铝材：20kg	原铝平均 7.2kg，最高 35kg 铝材平均 5.1kg，最高 32kg
		综合水平比较	与国际先进水平相比，工艺装备落后 5~10 年；工艺技术落后 10~15 年；产品品种与质量落后 20~25 年；工模具落后 15~20 年	技术、设备和产品都达到相当高的水平，形成了一种强大的现代化工业产业

序号	指　标	中国现有水平	世界先进水平
7	技术开发应用与综合效率	上、下游产品产业的收入对整个铝产业的贡献率	上游产业：>60% 下游产业：<40%	上游产业：<40% 下游产业：>60%

1.3　铝及铝合金挤压加工业的发展历史、现状与趋势

1.3.1　世界铝及铝合金挤压加工业的发展历史

1.3.1.1　1900 年以前的发展历史

A　世界上第一台挤压机（铅管挤压机）的发明与应用

1797 年，英国人伯拉马（Braman）获得了"制造铅和其他软金属所有尺寸和任意长度管子"的机器专利，将熔融铅注入容室，利用手动柱塞强迫其通过环形缝隙，在出口处凝固并形成管材。

1820 年，帕尔（Barr）设计成功了第一台生产铅管的真正的液压机，他引入了挤压模和随动针挤压管材的概念。

1863 年，英国人夏威（Shaw）设计的铅管挤压机是一个重大的进展，他用预先铸造好的空心铸锭代替熔融铅送入挤压机，因此，大大节省了等待金属凝固的时间。

1870 年，英国人汉利斯（Haines）和威姆斯（Weems）兄弟在立式挤压机上第一次应用反挤压挤压铅管，容室的一端是密封的，并在这一端上用螺纹拧上穿孔针，浇入挤压筒内的铅待凝固后，通过其上固定有模子的空心挤压轴进行挤压。

B　阿勒汉德·迪克（Alexander Dick）的开创性工作

在高温下进行热挤压较硬金属的最初发展是与德国人阿勒汉德·迪克的开创性工作相连的。他于 1874 年在英国建立了磷青铜公司，并成为发展特殊铜合金的学术活动家。为了利用他在这方面的专利，他在伦敦和伯明翰，以后也在杜塞尔多夫成立了 Delta 金属公司。

正好在金属挤压技术 100 周年之际，迪克决定实施一个实验计划，该计划导致了现代热挤压方法的出现。1893 年，根据他早期提出的计划建造了一台铅管挤压机，用 ϕ50mm 的铸锭，成功地挤压出了直径 ϕ19mm、长度 870mm 的黄铜棒。1894 年迪克获得了他的主要德国专利（No. 83388），该专利所使用的一些设备和加工原理一直适用于现代化挤压机的设计（见图 1-5）。

阿勒汉德·迪克主要的和其后的专利还包括挤压机的工作循环，垫片在挤压轴和铸锭之间的定位，挤压时锁键和模子固定装置等。后来他更进一步完成了包括挤压机的组合挤压筒，其中有可更替的钢制环形圆圈和温度隔热材料，挤压筒的电加热系统，管材挤压的各种穿孔针的设计，多孔棒材挤压技术，反挤压装置等工作。在此期间，迪克还把倾斜式挤压筒改成水平放置的挤压筒，并主张单独铸造铸锭，并把它在热状态下送到挤压机上进行挤压。

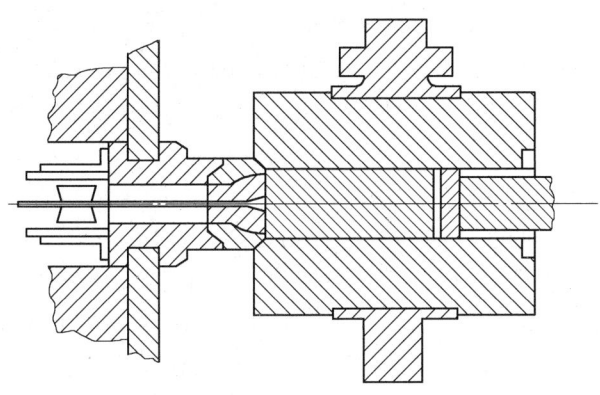

图 1-5 阿勒汉德·迪克的最新挤压机（专利 No. 83388）示意图

第一台迪克型挤压机是在英国制造的，并于 1895 年安装在杜塞尔多夫的 Delta 金属公司，其主柱塞直径为 406mm，水压压力为 35MPa，挤压机能力为 460t。根据需要，迪克于1898 年在杜塞尔多夫又建造和安装了一台 960t 挤压机，值得注意的是，他用这台挤压机来挤压铝合金建筑型材，直至今天仍然是其主要的应用领域之一。迪克生产的型材有民用门、窗和工业用门、窗、栏杆等，此外，还生产为锻造、热锻压用的黄铜棒及类似的工业产品。

C 早期的管材挤压技术及桥式分流组合模的发明

迪克晚期的专利之一是 1897 年的德国专利（No. 99405），包括了一个挤压无缝管材的方法（见图1-6）。

这个设计方案演变成了今天广泛应用于铝管材挤压的且十分流行的桥式模挤压法。这种模具的星形桥固定于模子的前方，并带有一个短的穿孔针伸入模孔内，接近于模子附近的金属流被桥切成几股，然后在焊合室中于高温高压高真空条件下被重新焊合在一起并通过模孔挤出管材。使用这种方法可挤压出质量优良的管材，但对铜合金并不理想，只能生产厚壁管材，而且严重的偏心也难以消除。

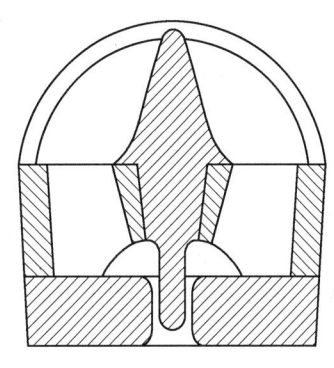

图 1-6 迪克晚期专利 No. 99405 中的桥式分流组合模

这些问题到若干年后才被新的管材挤压的方法所克服。后来，被广泛应用于挤压铝镁合金空心型材与管材，对于挤压模的设计与制造来说具有革命性的历史意义。

D 早期的重有色金属挤压技术及德国克虏伯的 400t 挤压机投产

迪克在英国的挤压机上进行了挤压黄铜的最新试验，1896 年获得成功并在不久找到了一家对其挤压加工方法感兴趣的德国工厂来制造这种易切削黄铜棒。1897 年，他在德国马格得堡的克虏伯-格鲁逊维克厂安装了一台 400t 的挤压机，以后又在德国斯托尔堡使用，几年后，其整个的操作方法被德国乌尔姆城的威尔兰德-维克厂所采用，今天，该厂是欧洲黄铜和青铜加工的主要工厂之一。曾与帕克合作过的威尔兰德已成为最活跃的重有色金属挤压者，并于 1903 年和 1904 年在他的维林根厂又安装了一台新的挤压机。

E　早期的铝挤压技术及铝合金挤压铸锭的生产与使用

与黄铜和青铜相比，当时铝尚属于一种很年轻的金属。阿尔考早期合作者匹兹堡冶炼厂仅在 1888 年才利用由察尔斯·马丁·霍尔发明的电解法炼铝，其中包括美国专利 No. 40076。

阿尔考公司于 1904 年在宾夕法尼亚州的 New Kansington 安装了一台 400t 的铝立式反挤压机，该机由纽约 J. Robertson Brooklyn 公司制造。另一台立式的铝正向挤压机安装于 1907 年，它使用浇入液体铝金属进入挤压筒的方法，在挤压开始前，需要等待金属冷凝。阿尔考公司的第一台欧式挤压机采用预先铸好的铸锭，一直使用到 1918 年。

F　管棒联合挤压机的新发展及用穿孔针法生产无缝管材的出现

直到进入 20 世纪的前夕，挤压机的发展才使无缝黄铜与青铜管的挤压成为可能。由柏林的爱尔隆德·斯奇维根（Arnold Sehwieger）公司与德国曼敦杰出的斯奇摩尔公司（后来为 Kabelmetao 有色金属集团的一部分）的联合发明被授予德国专利 No. 167392。有效期到 1903 年。该专利包括了借助于独立传动的液压系统来实现挤压机内穿孔针的独立运动（即带有独立穿孔装置），在其他方面还利用了迪克的设计特点。在这个专利的基础上，斯奇摩尔公司于 1909 年在曼敦安装了一台真正现代化的，具有独立穿孔系统的 20MN 管棒联合挤压机（见图 1-7），由德国杜斯堡城的液压有限公司（Hydraulik GmbH）制造，该公司今天为在摩思村格拉得堡的曼内斯曼·德马格集团的一部分。

该挤压机可用实心或空心铸锭来生产管材。在使用实心铸锭的情况下，穿孔针可以进行挤压循环中的穿孔工作，斯奇维根系统按下列程序工作（图 1-7）：已加热的铸锭进入挤压筒，模子和模夹具向挤压筒方向移动，楔形锁

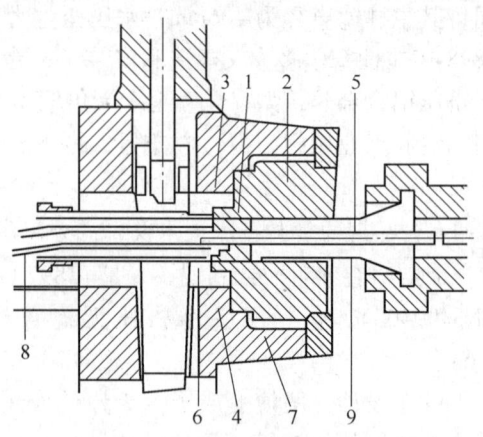

图 1-7　有独立穿孔系统的挤压无缝管材
的斯奇维根法
1—铸锭；2—挤压筒；3—模夹具；4—模子；
5—穿孔针；6—针尖；7—垫片；
8—管子；9—挤压轴

键下降并朝挤压筒方向牢固地压紧模夹具，挤压轴 9 前进，挤压铸锭充满挤压筒内腔，穿孔针 5 前进，直到其针尖正好进入模孔内为止，挤压轴继续前进，挤压金属通过针尖与模孔间的间隙而形成管子 8。铸锭被充分挤压后（除残料外），楔形锁键上升，打开锁着的模夹具，挤压轴将管子、模夹具和残料从挤压机前梁孔中被推出。锯切后，管子从模孔中拉出。用这种方法可生产具有优良同心度的薄壁管材。这些早期的管材机应用"外置"穿孔系统，而现代的管材挤压机趋向于使用"内置"式穿孔系统，并在柱塞的横梁上设有导向板，内置式穿孔系统能使挤压机的总长缩短，它的短行程可使穿孔针有更精确的导向，并可改善管材的同心度。

1.3.1.2　1900 年以后的快速发展情况

进入 20 世纪以后，在欧美的有色工业变成了"挤压主角"，挤压材的产销和应用大大兴旺起来，使德国等国的挤压机制造商有了发展的机会，到 1918 年第一次世界大战结束，

克虏伯·格鲁逊维克制造了 150 台以上的挤压机，而液压有限公司提供了 40 台以上的液压挤压机。

挤压技术大大改善了许多铜加工厂的产品质量，与轧制棒材相比，挤压棒材具有光滑的表面和良好的圆度。挤压机甚至成了冷带厂制造高质量材料的工具。典型的例子是：从铸锭挤压成 100mm×6mm 的铜带后卷取，然后送到冷轧机上精轧成要求厚度的带材。同时，铝及铝合金挤压工业和技术也获得了飞速发展，铝及铝合金的管、棒、型、线材获得了广泛的应用，特别是铝合金型材的品种规格大增，应用领域大大拓展。

A 斯洛曼（Schloman）公司的兴起及万吨挤压机制造成功

斯洛曼公司于 1901 年由爱杜尔德·斯洛曼在杜塞尔多夫成立，并很快成为挤压机的主要制造者。开始它主要涉及液压控制系统，第一次世界大战期间成为供应全套液压机设备的工程公司，与一些主要的重型工程公司有合作协议，例如，为 MAN（Maschinenfabrik Augsburg Nuernberg）和 GHH（Gutehoffnugshuette Oberhausen）建造挤压机、锻压机和轧机。

1914 年，一名有才华的捷克年青工程师鲁德维格·罗维加入了该公司。1915 年，他成为该公司液压机设计部的主任工程师，第一次世界大战后他负责挤压机的销售，并在欧洲、北美和日本得到大宗订单，开拓了美国市场，并于 1927 年在匹兹堡建立了一个子公司，起初的名字叫斯洛曼工程公司，以后改名为菲勒（Feller）工程公司。在美国仅阿尔考公司就从斯洛曼公司购买了约 80 台铝挤压机，包括安装在印第安纳州拉法埃特城的两台 125MN 挤压机。

由于良好的信誉，该公司在 1929～1933 年的经济危机中没有受到损失，反而兴旺发达起来，有 97% 的产品出口销售到世界各地。由于鲁德维格·罗维在公司中有很高的威望，在 1930 年他独自拥有超过 40% 的股份，因此成为该公司的总经理。1933 年，希特勒政府颁布了反犹太法令，罗维于 1936 年 3 月离开了该公司。由 GHH 公司帮助，新任总经理亨驰奇尔能继续从事他所开创的生产挤压机、锻压机和轧机的事业。由于希特勒强调军备，许多订单都涉及大型挤压机和锻压机以生产飞机用铝材。

1945 年，德国战败后，业务暂时下降，但是，斯洛曼的良好声誉再次帮助公司得到了相当多的出口订货。继之，德国金属公司渴望重建他们被毁的工厂，也给公司带来了国内订货。当斯洛曼-西马格 AG 成立后，在 1973 年进行了一次重要的合并，1980 年公司改名为 SMS 斯洛曼-西马格 AG，1979 年匹兹堡的萨顿工程公司、1982 年杜塞尔多夫的哈森克莱维尔（Hasenclever）名下的 Maschinenfanrik 公司也为它所吞并。目前在德国所有挤压机业务采用 Sms Hasenclever 的名字，而在美国的业务活动中使用 Sms Suttor 的名字，控制在 SMS 沙顿名下。

B 19 世纪 20 年代和 30 年代的发展情况及反向挤压的使用

到第一次世界大战结束，由克虏伯格鲁逊维克和液压有限公司提供了差不多 200 台挤压机，基本上是按迪克和斯奇维根的方案建造的。在此后的 20 年，直到 1939 年第二次世界大战在欧洲爆发，没有大的和新的发展。但是，在加工工艺和设备设计上有某些改进，挤压机能力有较大增加，从约 6MN 增到 10MN、15MN、20MN 甚至 50MN。以下的改进措施使挤压机的生产效率和产量有了很大提高：（1）增加预充液系统；（2）改进了蓄势器；

（3）改进了水泵、阀和控制系统；（4）改进了移动模架和锁紧系统；（5）挤压制品的切割剪和精密锯；（6）铸锭供运装置；（7）改善了挤压筒、活动横梁和主缸的对中性。由于特殊合金钢厂发展的优质材料，使挤压轴、挤压筒、模子和穿孔针的使用寿命有相当大的提高。

挤压管材的斯奇维根法被广泛地采用，基本上淘汰了生产铜管的曼内斯曼穿孔轧机。在管材挤压中实现了大挤压速度工序，从而避免了因过热而引起的穿孔针的损坏或偏心。

1921 年，金德尔斯（Genders）在英国进行的反挤压试验引起了人们的很大兴趣，1924 年英国利兹城的挤压机制造者亨利伯雷为印度政府建造了一台反挤压机，1925 年为柏林的一家工厂建造了第二台同样的挤压机。大量试验证实了：用反挤压法其被挤的铸锭仅仅只有 3%的残料损失。

在反挤压的基础上，克虏伯·格鲁逊维克在 1920 年代末期设计并建造了一台具有完全新观念的，可采用正、反挤压法生产管棒材的挤压机，一个新颖的设计特点是取消了常规挤压机的三个或四个柱子，使用了整块的铸钢框架并与主缸、压机横梁结合在一起，这样制造的挤压机有优良的对中性，大的刚度，为装锭和更换工具留出了宽广的空间。

1930 年在柏林举行的德国金属学会的年会上，对正挤压和反挤压进行了广泛的讨论，但未得出统一的结论。在北美的挤压厂，正挤压法一直继续使用了许多年。直到 20 世纪 80 年代，当时的一些主要铜棒材挤压厂商，如芝加哥挤压公司、蔡斯铜公司、挤压金属公司、支罗（Cevro）公司和美国铜公司才转为使用反挤压，铝管生产公司也如此。

C　英国罗维工程公司的成立及对挤压技术的贡献

鲁德维格·罗维和几个合作者离开斯洛曼公司来到伦敦，并于 1936 年 3 月成立了罗维工程公司，实质上，它提供了与斯洛曼公司相同的生产线——液压机和轧机生产线，公司经理与英国金属生产行业有很好的联系，并很快得到了订单，特别是因为铝厂需要新的机器，为战争做好准备。第二次世界大战前三年时间内为欧洲提供了近 40 台挤压机和 20 台轧机。1939 年 6 月战争爆发后，从伦敦撤离到波尔勒予斯，在战争期间，罗维公司的主要工作作为制造飞机和军械生产有关的压机，也包括了为英国冶炼厂制造炭电极的压机。

为了确保英国公司在被破坏的情况下生产的连续性，1940 年在纽约成立了罗维的姐妹公司——罗维液压机公司，并在鲁德维格兄弟爱尔运罗维的领导下工作，在 20 世纪 50 年代该公司被贝尔德运·利马·哈米尔顿公司所吞并，以后又成为维安公司的一部分。

鲁德维格·罗维死于 1942 年 10 月，前斯洛曼公司的考雷德·古特斯丁成为公司的主席，1960 年管材投资集团从罗维家族中购买了该公司，并与英国轧机生产厂商 W. H. A. Robertson 的公司成为伙伴公司，在其后的业务活动中使用 "Loewy Robertson" 的名字。1968 年谢菲尔德城戴维联合公司（Davy United）得到了 "Loewy Robertson" 公司，并几次更名。1978 年英国戴维集团吞并了克利夫兰城的 Artnur G. McKee 公司后成为 Davy McKee 公司。

战后，罗维工程公司为全世界铝挤压生产者提供了许多 "组装" 式挤压机。

D　第二次世界大战期间轻合金挤压和重型挤压技术的发展

第二次世界大战前夕，斯洛曼公司收到全世界各地轻合金或铜合金厂的 50MN 以上大挤压机订单猛增。在轻合金加工方面的主要订户有：德国汉诺威的 VLM 厂、比勒菲尔德城的 IG Farben 厂、Duerencr 金属加工厂、英国的北方铝加工厂、北美的阿尔考（Alcoa）和阿尔坎（Alcan）公司以及日本的 Mitsubishi 厂等。1946 年，阿尔考所订的许多挤压机预计是为美国菲尼克斯城（亚利桑那州）的国防工厂和雷诺金属公司准备的。

随着飞机工业的发展，德国在 1930 年发展了液压技术、镁和铝合金的挤压和锻造技术，积累了设计和制造重型液压锻压机和挤压机的经验。战前，斯洛曼已给比勒菲尔德城提供并安装了一台 150MN 锻压机，随后于 1942 年为汉诺威城提供了第二台这样的液压机，第三台于 1944 年安装在海德尔海姆（Heddernheim）城的 VDM（Vereinigte Deutsche Metallwerke）厂。由于斯洛曼有建造这类机器的丰富经验，因此在战争结束前建造了 300MN 锻压液压机，这台设备后来被前苏联夺走。

第一台斯洛曼公司建造的 125MN 挤压机在战前已投入运行，第二台 125MN 挤压机约建成于 1945 年，战争结束后，进行了 250MN 挤压机的设计工作，但一直未制造安装。

在战争期间，由于美国政府财政紧缩，只有一台 Mesta 公司制造的 180MN 锻压机由 Wyman-Gordon 安装在马萨诸塞州的 North Grafton 厂，但是，第二次世界大战快结束时，美国空军才认识到德国在使用重型卧式挤压机和立式锻压机方面的成效，所以，战后，美国的工业企业家和军事家专家去考察了这些德国设备，就最新的生产方法提出了报告。这些报告帮助和促进了政府利用资金来建造压机的决心，如 20 世纪 50 年代的美国空军重型液压机发展规划（见表 1-20）。

战后，安装在德国东部的重型液压机被运往前苏联，两台重要的重型挤压机作为战争赔偿运到了美国。Hydraulik 公司制造的 125MN 挤压机安装在伊利诺伊州麦迪逊城的 DOW 厂（现属 Spectrulite 财团公司），斯洛曼制造的 125MN 挤压机安装在印第安纳州的拉法埃脱城的阿尔考公司，后来，阿尔考公司用自己的资金购买了第二台斯洛曼的 125MN 挤压机。

1.3.1.3 第二次世界大战以后轻合金挤压工业与技术的飞速发展

A 自给油单独传动"组装式"挤压机的研发成功及铝型材飞速发展与应用

第二次世界大战后，美国经济突然兴旺起来，特别是建筑业。为了生产美观轻巧耐用的建筑用门窗铝型材，创立了一个制造专业化的具有独立传动装置的铝挤压机的行业，主要供应能力为 8～30MN "组装" 挤压机及其配套的辅助设备：铸锭加热炉、出料台、冷床、拉伸矫直机、中断锯和成品锯、人工时效炉等。

战争稳定下来后，阿尔考公司购置了大量的挤压机以生产型材，同时，厚板、薄板、箔材、线材、电缆、管材、锻件等也得到了蓬勃的发展。他们很快成立了一个十分活跃的行业团体：铝挤压者协会，他们的繁荣深受政府的关注。

在战争中，阿尔考公司研制成功了两个十分重要的铝合金：6063 和 6061 合金。两者均系 Al-Mg-Si 系合金，特别是 6063 合金，后来成为最广泛使用的挤压合金，是建筑业和结构工程上最理想的材料。它能够在较低温度下，用较低的挤压力高速生产大挤压系数的薄壁复杂型材，并能在挤压机上在线强制空冷或水冷淬火，具有良好的可淬性，同时，具有高的抗腐性和阳极化处理后具有良好的光亮外表面。

阿尔考公司的另一个重要贡献是研制成功了直冷（DC）铸造工艺，并由威廉·恩脑尔取得专利。威廉·恩脑尔是纽约马森那工厂的冶金学家，他发明的这种工艺特许在阿尔考公司独家生产，并能用其挤压厂的重熔废料来铸造自用的铸锭。

随着经济的发展，大批的多用途的挤压材投入了生产，但大多数用于门窗的加工。从地域上来看，开始在俄亥俄州的 Youngstown 附近，但很快传播到全北美，后来又传播到世界各地。在早期的 1940 年和 1950 年最为活跃的美国挤压机制造厂家为罗维液压机公司、萨顿公司、菲勒尔（Farrel）公司、瓦特逊（Watson）·斯梯尔曼（Stillman）公司、勒克爱尔（Lakerie）公司、罗姆巴德（Lombard）公司和 Youngstown 公司，今天，绝大多数公司已不存在了。

稍后，很多国家都建立了相似的工厂，欧洲（德国、意大利、英国、法国等）和日本的挤压机制造厂商在提供"组装"式挤压机上最为活跃，而且以 16MN 挤压机最为流行。为了便于安装，现在的"组装"挤压机有向"集装"发展的趋势，即机器以完全装配好的形式就位，如斯洛曼公司给 Datch 厂制造的一台 16MN 铝挤压机就安放在低机身的卡车上。

"组装"挤压机的设计比老式的和大型挤压机有了很大的改进，传统的挤压机大都使用水压系统，并配有空气蓄势器，而新型的挤压机均采用自给油压系统，主要使用"Oitgear"径向活塞油泵。此外，还采用了感应加热装置、挤压筒 X 导向装置、活动模架装置、固定垫片装置、工模具快速装卸系统、PLC 控制系统等，有利于实现全机乃至全线连续化、自动化生产。

B　美国重型挤压机发展计划

20 世纪 50 年代，美国空军决定用政府资金建造一系列的重型挤压机和锻压机，被称为美国空军"重型压机计划"。原拟定制造 17 台压机，后削减到 9 台：5 台挤压机和 4 台锻压机，其基本情况列于表 1-20。

表 1-20　美国 20 世纪 50 年代的重型压机计划

压机名称	使用单位	安装地点	吨位×台数	应用范围	制造单位
挤压 水压机	凯撒铝及化学公司	马里兰州 Halethorpe	8000t×2 台	铝挤压材	罗维公司
	Harvey 铝公司	加利福尼亚州 Torrance	12000t×1 台 8000t×1 台	铝挤压材 铝挤压材	Lomband 罗维公司
	Curtiss-Wright 公司	纽约州 Buffalo	12000t×1 台	钢、钛挤压材	罗维公司
锻压 水压机	美国铝业公司	俄亥俄州克里夫兰	35000t×1 台	铝锻件	United
	美国铝业公司	俄亥俄州克里夫兰	50000t×1 台	铝锻件	Mesta 公司
	Wyman-Gordon 公司	马萨诸塞州 NorthGafton	35000t×1 台 50000t×1 台	铝、镁锻件 铝、镁锻件	罗维公司 罗维公司

现有的这些大型挤压机和锻压机对于飞机工业有很大的利用价值，可以用它们生产大型整体零件，可节省机械加工和装配工作量。计划中的 20000t 挤压水压机的工程设计曾在罗维液压机公司和 United 公司中进行，但后来停止了。而前苏联却有两台 20000t 挤压水压机在运行。目前世界上大型的锻压机是法国的 65000t 和前苏联的 70000t 立式模锻水压机。2015 年在中国德阳二重制造安装了一台 80000t 立式模锻油压机，为世界之最。

C　静液挤压机及钢丝缠绕结构框架与挤压筒研制成功

在 20 世纪 60 年代，P. W. Bridgman 在哈尔瓦德及 H. L. D. Pagh 在苏格兰 East Kilbride

城的英国国家工程实验室的早期工作，使静液挤压实现了工业化。对静液挤压机制造有贡献的工厂是：英国菲尔丁·布拉特公司和瑞典的 ASEA 公司（现在的 ABB 冶金厂）。

静液挤压机不仅对脆性金属而且对塑性金属也是适用的，不仅可使用冷锭，也可以使用预热锭。静液挤压和常规挤压法的基本区别是后者在挤压筒上的径向力比挤压轴向力小 20%～30%，而在静液挤压中径向和轴向压力是相等的，因此，工具要能经受得住高压，并且对工具的设计和材料的选用更加严格。由于伸入挤压筒内的模子周围承受液体高压，因此，在结构上其壁要做得相当薄并要有长的导向锥度。

最有名的是英国原子能管理局的菲尔丁制造的 16MN 静液挤压机，挤压筒的液体压力为 1200MPa，挤压筒内径为 φ120mm，使用的铸锭直径为 φ114mm，长度为 510mm。该压机使用空心铸锭和浮动针挤压管材，同时可生产铜和铝合金棒材和型材，使用蓖麻油介质温度可达 300℃，压机的产量为每小时 45 个铸锭。

1971 年 ASEA 公司为日本 Hitachi 电缆公司提供了一台 45MN 静液挤压机，它用于铜包铝线、母线和超导体生产。该机的框架和挤压筒设计采用了预应力钢丝缠绕结构，在张力下绕成矩形断面的钢性结构，该结构以后始终处于受压状态，即使在最大工作压力下也是如此。

在挤压周期开始时，将一个铸锭放入挤压筒内，然后将液体由泵打入挤压筒内，由活动横梁的挤压轴来建立压力，当压力达到 1000～1400MPa 时，铸锭通过模孔挤出。由于铸锭完全被液体介质包围住，避免了铸锭与挤压筒壁之间的接触，使摩擦减至最小，因而损失的能量最小。用静液挤压法可用很长的铸锭以非常大的挤压系数一次成型"无限"长的各种小断面薄壁产品，而且挤压速度可比普通挤压有成 100 倍的增加。但设备和工模具要能安全而可靠地承受 1000～1400MPa 的压力，因此一般采用高强度钢丝缠绕的 Quintus 压机和缠绕式挤压筒。ASEA 公司提供的静液挤压机能力为 12～50MN，并带有压力为 1400MPa 的高压挤压筒。

D　高挤压系数一次成型管材生产技术的研发成功

20 世纪 70 年代的另一成就是在美国安装了几台 60MN 的大型管材挤压机。铸锭直径范围为 φ250～300mm，可用大挤压系数长铸锭一次挤压出外径为 φ50mm、壁厚为 2.5mm 以下的弹壳管材，这些弹壳管材可在挤压机上直接淬火，并能立即运送到一系列的拉伸机上拉至所要求的管材尺寸，因而可取消曼内斯曼型皮尔格轧机上冷轧工序，大大简化了工艺，缩短了生产周期和降低了生产成本。

E　连续挤压技术——Conform 和 Castex 挤压法的研发成功

Conform 连续挤压法由英国原子能管理局的格林于 1972 年发明于 Springfield 实验室，其主要特点是能连续地生产具有精密公差的管材、棒材和型材，其原料主要有连铸棒、轧杆，后来也有使用由废屑经处理的清洁的颗粒料。

荷兰机械公司和英国多塞特郡的 Poole 公司获得了英国原子能管理局授予的制造 Conform 连续挤压机的特许证，是这些设备的主要提供者。连续挤压是一种不间断的加工过程，原材料不断地送入回转的带槽的挤压轮子中，由摩擦力的作用将坯料送至一个固定的靴子中，并产生足够的挤压力和获得变形温度，迫使坯料通过模子挤压成所希望的形状（见图 1-8）。

1982 年在丹麦 NKT 线材-电缆厂安装投产了一台大型的具有工业规模的 Conform 挤压机，使用 φ25mm 的杆料作原料，每小时能生产 2t 实心导线。

不久，霍尔顿研制了一种称之为 Castex 的连铸连挤工艺（见图 1-9），它可将熔融的金属液直接送入被水冷的连续挤压轮子里，薄层金属被凝固在带槽轮子的壁上，并被在模子前面的靴子集聚在模子前部的连续槽内，在回转的槽内由摩擦产生足够的挤压力，使凝固的金属平稳地通过模子而挤压成材。这种方法消除了逆向偏析和成层。因此特别适用于合金导体棒材的生产。最近，在英国 Alfovm 合金厂安装了一台 Castex 生产线，每小时的生产能力为 250kg。

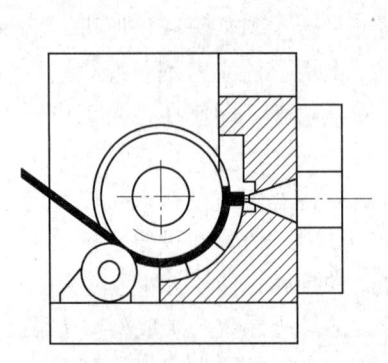

图 1-8　Conform 挤压系统

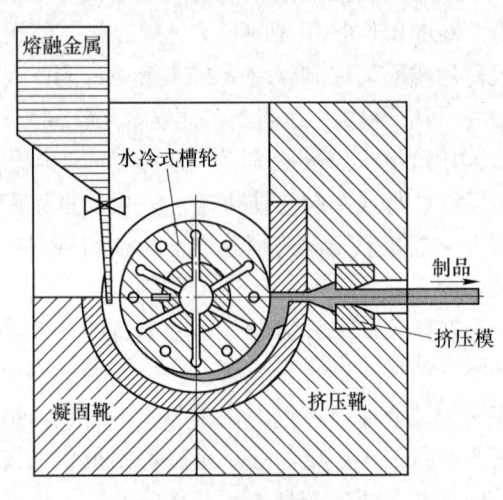

图 1-9　Castex 挤压系统

F　反挤压的重新兴起及普及

今天，虽然正挤压仍然是最流行的方法，但经过设备和工具改进之后，反挤压又有重新兴起的趋势，并找到了某些特殊应用，特别适用于硬铝合金和易切削黄铜的大批量生产。与正压相比，反挤压具有以下优点：

（1）挤压力比正挤压降低 25%～30%；

（2）可在较低的温度下，挤压具有较大挤压系数的小断面制品，而且可使用较高的挤压速度；

（3）挤压力不是铸锭长度函数，因此，可采用长锭挤压长产品；

（4）铸锭和挤压筒之间不产生摩擦热，因而用较高的挤压速度产品的表面和边角也不易产生裂纹；

（5）挤压筒和模具的磨损少，使用寿命长；

（6）整个铸锭横断面上有更均匀的变形，大大减少了形成缩尾和粗晶环的几率。

反挤压的主要缺点是由于挤压筒和模子交界处不存在死区，铸锭表面的油污和缺陷会流到制品的表面而影响其表面质量，因此多数情况下铸锭需进行机械加工或热剥皮。此外，挤压制品的横断面积受到限制。

20 世纪 80 年代在欧洲安装运转的典型反挤压机有：SMS Hasenllever 公司制造的 35MN 棒材和管材反挤压机，安装在瑞士 Chippis 城的 Alusuisse 厂；Clecim 公司制造一台铜棒反挤压机，安装在伊利诺伊州塞克罗城的芝加哥金属挤压公司；Clecim 公司制造的带有 3MN

穿孔装置的 18MN 管材反挤压机，安装在法国 Trefimetauxpot de Cheruy。美国最大的铜棒挤压生产厂俄亥俄州蒙特帕利尔城蔡斯铜公司，1982 年由 Clecim 公司对其 36MN 斯洛曼正挤压机进行改造后，成为了现代化的反挤压机。该机可使用 ϕ254mm×1200mm 重 500kg 的铸锭进行反向挤压。日本于 1973 年建造了一台反挤压机（带热铸锭挤压），安装在 Kobe Steel 公司的 Chofu 厂，由于挤压硬铝合金，1980 年日本又建造了一台 60MN 反挤压机并带有 7.5MN 的热锭剪切机，安装在美国俄亥俄州的 Newark 城的凯萨铝公司。

G 回转型挤压机的研发成功及应用

意大利布特罗城的 Danieli 公司又研制成功了回转型铝挤压机，其特点是带有回转模架，并在整个工作周期，挤压制品的拉出系统使用几台牵引机，该系统的优点是：

（1）辅助停机时间可缩短到 10s；

（2）挤压残料小于 10mm；

（3）无泄漏现象；

（4）模架内壁清洁，改善了制品质量；

（5）新型模夹具配合良好，对中性好，可防止铝的任何泄漏；

（6）操作简便；

（7）设备牢固可靠，刚度大。

H 标准挤压机的普及大大促进了铝挤压工业和技术的发展

20 世纪 80 年代，铝挤压机有向标准化发展的趋势。由于使用标准结构和成套的标准件，能在制造厂进行大量标准部件的备料，并在短时间内安装一台符合要求的机器。目前，最常见的标准铝挤压机有：8MN、10MN、12.5MN、16MN、18MN、20MN、22MN、25MN、28MN、31.5MN、36MN、50MN、60MN、80MN、100MN、125MN 挤压机。

标准挤压机的主要特点是：

（1）有高刚度的预应力框架，因此具有最小的弯曲应力和抗疲劳强度；

（2）上压和卸压快，非生产时间短，可采用短行程前上料或后上料结构；

（3）使用叠层立柱结构，挤压机有良好的对中性，可实现最佳的动力传送和运动部件的优良导向；

（4）挤压筒有"X"导向系统和耐热的平行导轨，可实现固定挤压垫片挤压；

（5）机架上设置若干测量点和传感器，以便快速进行调整和对中；

（6）有一套高刚度的工具和模夹具，增加了工具的寿命，减少了挤压制品的偏差，改善了制品的质量；

（7）设有模具氮冷装置，使模具温度保持在 400℃左右，可实现快速挤压，可提高模具的寿命和制品的表面质量；

（8）设有快速换模系统，可减少换模时间，并在挤压机一侧换模；

（9）有可伸缩的工具导向缸，能有效地对模后的多孔型材进行分离；

（10）具有固体润滑系统，对固定的可膨胀的挤压垫片施以良好的润滑，以减少磨损，便于残料分离；

（11）设有挤压筒和挤压轴的快速锁紧装置，以便缩短安装时间，快速装卸挤压筒和挤压轴；

（12）前横梁开口大，允许挤压极宽断面的型材；

（13）具有一台由两部分组成的供锭机，适于热剪锭子的送进，甚至很短的铸锭也可以挤压；

（14）有一台刚度大带有敲击器的残料剪，便于分离特薄残料，然后移走残料，减少停机时间，减少废品率；

（15）挤压筒可选用感应加热系统，也可选用电阻加热系统；

（16）其液压传动系统通常包含有高压轴向柱塞泵，在总的供液量范围内能进行无级变量，它一般装在挤压机的油箱上或安装在地坪上；这种泵可由宾夕法尼亚 Bbthlem 城的 Rexroth-Bruenighau 公司或威斯康星州 MiLWakkee 城的 Oilgeur 公司提供；

（17）挤压机的电控系统采用具有 PLC 系统的微信息处理机，提高了产品质量，提高了挤压机利用率和产量，减少了停机时间和废品率。该控制系统的主要特点有：

1）备有与高水平数据处理系统相接的终端；

2）增加了挤压轴和挤压筒位置测量；

3）对于挤压工序，具有编程的速度程序；

4）可在控制台上进行泵的换向，可实现不中断运行而进行维护检修；

5）可选用最佳的铸锭长度和残料长度；

6）有挤压过程的集中调节装置；

7）可实现 CAD/CAM/CAE 全系统控制。

目前，在世界上制造这类标准铝挤压机的杰出厂家有：SMS Hasenclever，SMS Sutton，Fielding-Platt，Wean Industvies，Mitsui-Wean，UBE，Clecim 等。

第二次世界大战以后，铝挤压机的最大进展之一是挤压机系统的集成化和输出装置能自动地进入可编程序的逻辑控制器（PLCS）的总系统，PLCS 具有与许多分工序互联的能力，使其成为一个从铸锭加热到挤压制品的叠放和包装的一个完整的生产线。工厂的设备和生产工艺可与一个监督计算机结合起来，以便操纵和监控，提供挤压过程中各方面的管理资料。例如，1983 年在奥地利林茨城的铝加工厂安装了一台高度自动化的斯洛曼制造的 22MN 挤压机，它是 Norsk Hydro 集团的一部分，整个挤压机和出料工序仅由三人操作，可实现全机乃至全生产线的完全自动化。

Ⅰ　几家典型的挤压机公司的发展状况（1990 年以前）

（1）SMS Hasenclever 公司。该公司位于德国的杜塞尔多夫，该公司不仅制造挤压机，还制造出料设备和能提供具有单一控制的成套包装系统。该公司生产的出料系统具有以下特点：

1）具有热剪或热锯部分的无级调节的立式可调引出台；

2）有平稳的可升降的出料台导轨，并带有为后部运输的传送机，或者具有提升装置的链式传送机；

3）配有直流驱动的调整牵引机；

4）具有可装卸料传送机的能自动长度定位的拉伸矫直机；

5）配有电视摄像机，以便按生产程序自动进行监视，自动调节产品长度，伸长率和减少夹头长度；

6）有平稳的横向皮带输送机的间歇式料台，以便传送一批或两批料；

7）精密锯床配有可升降的带辊子的台面，以便于制品的平稳运输，可实现无级调速；

8）具有下夹料器的可下调成品锯，锯片自动润滑并有切屑吸收系统，切割长度能自动控制，并有短料推出器；

9）具有沿长度停止的可下调的测量台，带有长度和断面预选的数字切割和校正平台，切割制品的平稳输送，由可下调工作台保证；

10）设有用于型材收集和堆垛的横向传送机，使用加、减选择方式，使切割型材料层适应于现有料架的宽度；

11）型材堆垛机将型材料层放置于运输料架上，并具有自动的间隔确定装置，对于倍尺长度的堆垛，其间隔确定装置的数量决定于型材的长度和质量；

12）横向运输设备可将装满了的料架从堆垛区运到时效炉，并具有联动装置；

13）运输机将空料架返回到堆积区；

14）根据系统选择的要求选用间隔确定装置返回系统，也可在时效炉上设置一个具有型材料层分离装置的向下卸料的机构。

（2）Elhaus 公司。该公司位于德国 Rielasingen 城，是欧洲的一家提供自动挤压生产线并带有长铸锭加热和热剪装置的杰出公司。该公司提供的挤压生产线包括自给油压机、翻板输送机出料台、牵引机、冷却台输送系统、一人或无人操纵的 Truninger 拉伸机和带有输送装置的成品锯、切割热挤制品的圆盘锯或液压剪。

（3）Granco-Clar 公司。该公司位于美国密执安那州 Belding 城，是一家提供自动挤压处理系统和带有热锭剪切机的圆铸锭加热装置的杰出公司。一个典型的自动处理系统包括如下设备：

1）圆锭加热炉和圆锭剪切机，后者具有充分利用圆锭的补偿切割程序；

2）附带有锯的双牵引机；

3）挤压型材的冷却系统；

4）板式或辊式的石墨出料台；

5）卸料系统；

6）包括有耐高温皮带和往返移动横梁的冷却台；

7）拉伸机加载和卸载系统；

8）一人或无人操作的宽机身拉伸矫直机；

9）挤压批料储存皮带系统；

10）包括有宽给进台的成品锯和可移动的升降型测量台；

11）装运挤压制品和定位架进入热处理滑轨上的挤压堆垛机。

Granco-Clark 公司开发了一个计算机集成挤压制造系统（CIEM），它利用一个监视计算机和一个强有力的软件操作系统来监视、控制和显示挤压的全过程，该计算机与不同的 PLCS 系统联结可立即提供生产线不同部分的各种管理资料，CIEM 系统的原理示于图 1-10 中。

（4）爱德华公司。该公司位于英国的 Middlesex 郡的恩菲尔德城，是一个挤压牵引机和成套挤压处理系统的杰出供应厂商。该公司早在 20 世纪 70 年代开发了有效的自动化铝挤压系统以代替早期的效率低而昂贵的手动系统。爱德华牵引机用作挤压制品的导向，当牵引到要求长度时，能在前梁外自动切断。该牵引机能牵固夹紧型材的夹头，但始终能保

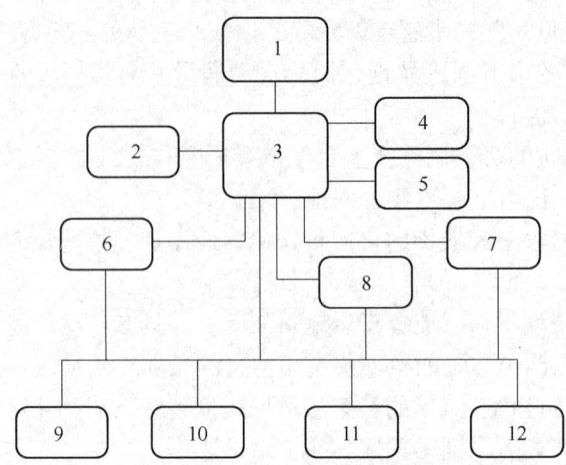

图 1-10　Granco-Clark 公司 CIEM 系统的控制原理图
1—主机计算机；2—调制解调器；3—挤压系统计算机；4—电视终端；5—印刷机；
6~8—输入终端显示；9—炉子，圆锭剪程序逻辑控制；10—挤压机程序控制；
11—双牵引机程序逻辑控制；12—处理设备程序逻辑控制

持型材之间相互的夹紧，以防被牵引的型材沿着工作台扔出的危险。该技术的关键突破是爱德华使用了线性马达，能使牵引机始终与挤压速度同步；另一个显著特点是在非工作时间，牵引机能从工作台端部快速返回到前梁，准备下一个挤压周期。返回速度可达 400mm/s 以上，可在 14~16s 内返回。使用牵引机可提高产品质量，使废品率降低 10% 以上；可大大提高劳动效率，减轻劳动强度，节约人力消耗，在多孔模挤压时更是如此。牵引机很适合于长出料台挤压，目前一般可挤压 36m 到 50~60m 的挤压制品，大大改善了生产状况，挤压速度也可大大提高，挤压机的潜在效率得到进一步发挥。1970 年一台 20MN 挤压机的生产率为 0.8t/h 左右，1980 年增加到 1.4t/h，后来由于使用了牵引机，使该机的生产率在 20 世纪 80 年代后半期提高到 3~4t/h。

爱德华公司的另一成就是改善了多功能拉伸矫直机，它不仅能一人操作，而且可完全自动化。使用改进后的传送皮带与尾座结合起来可处理大批量的挤压料，其尾座能按制品长度自动定位，实现快速拉伸。

微型电路和可编程序逻辑操纵器的出现，对新的皮带输送、锯的测量系统更加完善，这些早在 1980 年在设计上得到实现，使爱德华公司能够达到挤压自动化的总目标。

Nenging 的铝加工厂在 1983 年成为欧洲第一家全自动挤压加工厂，它是加工系统中十年发展工作的顶峰。牵引机的应用不但提供了挤压长度和体积上的精确资料，以便后续工序控制使用，而且也能在工作台末端对型材精确定位，为以后的自动处理做好了准备。

继 Nenging 之后，在欧洲、日本和澳洲又出现了更进一步的自动挤压生产系统。在北美第一个这样的系统建成于 1987 年，它安装在美国佐治亚州纽曼城的 Willianl Bohne Division of Ethyl 公司。到 1990 年总共有 22 家公司的自动化加工系统全面投入生产，还有 7 个这样的系统将于 1991 年投入使用。

1.3.1.4　小结

在过去的 100 年里，金属挤压设备和生产工艺都获得了突破性的进展。挤压机的设计和制造更趋成熟，并提供了大量的精密设备和生产线，大大提高了机械化和自动化程度，达到了高度先进的控制水平。

在铝挤压领域里，所取得的最大进步是全世界目前已有 7000 多台挤压机在运行，标准设计的组装挤压机使成千上万家挤压厂能经济地大批量地生产建筑和结构工程及其他领域使用的各种管、棒、型、线材。近年来，挤压机和成套的挤压加工系统由于使用了可编程序逻辑控制器，已经实现了全自动化。一些工厂进一步与具有高水平的监视计算机相连，由于特殊软件的开发和使用，计算机能够监视、控制挤压工序各部分各方面的报告和资料，能够提供整个工厂的有效管理，从而实现全机、全生产线乃至整个挤压工厂的自动化控制。

1.3.2　世界铝及铝合金挤压加工业的发展现状与趋势

1.3.2.1　世界铝挤压工业的发展

进入 1990 年以来，世界铝工业进入了一个高速发展期，以节能减排为中心的轻量化材料的发展和应用是铝材工业发展的重要特点和趋势。目前，世界铝产能达 7500 万吨/a。铝材产能 6500 万吨/a，产量 6000 万吨/a；到 2030 年，世界铝产能可达 1 亿吨/a，产量 8000 万吨/a，铝加工材产能 8000 万吨/a，产量达 7000 万吨/a 以上。

挤压是最重要的压力加工方法之一，在产量和用途上铝挤压材（管、棒、型、线材）一直是仅次于铝轧制材（板、带、条、箔材）的铝合金材料。在结构、装饰和功能方面，铝合金挤压材，特别是铝合金型材是一种"永不衰败"的材料。随着科学技术的进步和经济的高速发展及人民生活水平的提高，各种合金、品种、规格和高精度、复杂的实心和空心铝合金型材以及管材、棒材和线材在建筑工程、航空航天、交通运输、现代汽车、化学化工、电子电器、动力能源、机械制造等部门已广泛应用。特别是在急需轻量化的现代交通及其他领域，铝合金大中型工业型材，在近年来获得了高速发展。据不完全统计，2015 年全球铝材产量逾 6000 万吨，其中挤压材 2500 万吨（约占 44%）。挤压材中，型材 2000 万吨（约占挤压材的 80% 以上），大中型工业型材 120 万吨左右。尽管如此，铝合金挤压材仍以年均 5% 左右的速率增长，工业型材（占整个铝合金型材的 60% 以上）以 8% 的速率增长，并组建了一大批大型的现代化综合性铝挤压材生产企业（集团），如海德鲁铝挤压（集团）公司和萨帕铝集团公司均拥有上百台大、中、小型挤压机及完整的配套设备，年产能力达 80 万吨以上，主要生产现代化汽车及交通运输工具用铝合金型材和建筑铝型材等挤压产品，销售到世界各地。

1.3.2.2　铝挤压工业的发展现状及水平分析

近年来，国内外铝挤压工业获得了飞速的发展，企业规模、水平、产能、产量成倍增长，产品品种、规格、质量和技术经济指标有了大幅提升，工艺技术与装备有了长足进步，铝挤压工业成了有色工业的主要支柱产业之一。主要表现在以下几个方面：

（1）工艺装备向大型化、现代化、精密化和生产线自动化方向发展。挤压设备主要是指挤压机及其配套装置，是反映产业水平和技术水平的重要指标。粗略统计，世界各国已装备有不同类型、结构、用途、吨位的挤压机达 7000 台以上，其中美国 700 多台，日本 400 多台，德国 300 多台，俄罗斯 500 多台，中国 5000 余台，大部分为 6~25MN 之间的中小型挤压机。随着大型运输机、轰炸机、导弹、舰艇等军事工业和地下铁道、高速列车等现代化交通运输业的发展，需要大量的整体壁板等结构部件，故挤压机向着大型化的方向发展。早在 20 世纪 50 年代，美国空军决定用政府资金建造一系列的重型挤压和锻压机，美空军的"重型压机计划"原拟定制造 17 台大型压机，后削减到 9 台，其中 350MN 立式锻压-挤压机一台，120MN 和 80MN 铝合金卧式挤压机各两台（详见表 1-20）。

经过几十年的发展，目前全世界已正式投产使用的 80MN 级以上的大型挤压机约 70 台，分布在美国、俄罗斯、中国、日本、西欧。最大的是前苏联古比雪夫铝加工厂的 200MN 挤压机，美国于 2004 年将一台 125MN 水压挤压机改造为世界最大的 150MN 双动油压挤压机，日本在 20 世纪 60 年代末期已建造了一台 95MN 自给油压机，德国 VAW 波恩工厂 1999 年投产了一台 100MN 的双动油压挤压机，意大利于 2000 年建成投产了一台 130MN 的铜、铝油压挤压机。据报道，国外几个工业发达国家都在研制压力更大、形式更为新颖的挤压机，如 270MN 卧式挤压机以及 400~500MN 级挤压大直径管材的立式模锻-挤压联合水压机等。我国在近几年已建造 150MN、160MN、200MN 和 225MN 挤压机，已成为世界拥有重型挤压机最多最大的国家。在挤压机本体方面，近年来国外发展了钢板组合框架和预应力"T"形头板柱结构机架及预应力混凝土机架，大量采用扁挤压筒、固定挤压垫片、活动模架和内置式独立穿孔系统。在传动形式方面发展了自给油机传动系统，甚至 100~225MN 挤压机上也采用了油泵直接传动装置。液压系统达到了相当高的水平。现代挤压机及其辅助系统的工作都采用了 PLC（程序逻辑控制）系统和 CADEX 等控制系统，即实现了速度自动控制和等温-等速挤压、工模具自动快速装卸乃至全机自动控制。挤压机的机前设备（如长坯料自控加热炉、坯料热切装置和锭坯运送装置等）和机后设备（如牵引机、精密水雾气在线淬火装置、前梁锯、活动工作台、冷床和横向运输装置、拉伸矫直机、成品锯、人工时效炉等）已经实现了自动化和连续化生产，各种不同形式、功能和用途的挤压机也得到发展和应用。挤压设备正在向组装化、成套化和标准化方向发展。

（2）大型优质圆、扁挤压筒与特种模具技术的突破性进展。从设计计算、结构选择、装卸方法、制模技术、新材料研究到提高模具寿命等方面来看，挤压工模具技术都有很大发展。如研发出了舌型模、平面分流组合模、叉架模、前室模、导流模、可卸模、宽展模、水冷模等，同时出现了多种形式的活动模架和工具自动装卸机构，大大简化了工模具装卸操作，节约了辅助时间。为了生产扁宽、薄壁、大断面铝合金型材，需要高比压的圆挤压筒和优质的扁挤压筒，由于使用寿命短，大型高比压的扁挤压筒的设计与制造成了世界性技术难题。近年来，由于计算机、有限元计算、工模具材料及热处理等技术的进步，大型扁挤压筒的设计制造技术有了突破性发展，俄、美、德、日等国已研制出 850mm×330mm、1100mm×300mm 等比压达 600MPa 以上的大型扁挤压筒，据称使用寿命在 5000 次左右，我国已研制成功了 670mm×270mm×1600mm 的大型优质扁挤压筒。大型挤压工具的装卸自动化、快速化方面也有了很大进展，为全机自动化创造了条件。在工模具材料方面，高合金化的铬镍模具钢，如 2779（德国）、H13、H10A（美国）、SKD8（日本）、4XMBφ（前苏联）等的出现与新型热处理方法，如真空淬火、离子氮化处理、表面硬化处理等的应用，使工模具材料的品质向前推进了一大步。CNC 数控加工中心、电火花加工和电火花线切割加工（快走丝和慢走丝）技术用于制模，不仅提高了模孔的精度、硬度，降低了工作带表面粗糙度，而且大大提高了制模生产效率，为实现制模自动化创造了条件。电子计算机用于挤压工模具的设计和制造（CAD/CAM/CAE 技术），为实现工模具的设计与制造自动化，提高工模具的质量和寿命开辟了一条崭新道路。

（3）挤压工艺不断改进和完善。近年来，除了改进和完善了正反方向挤压方法及其工艺以外，出现了许多强化挤压过程的新工艺和新方法，并获得了实际的应用。像舌型模挤压、平面组合模挤压、变断面挤压、水冷模挤压、扁挤压、宽展挤压、精密气、水（雾）冷在线淬火挤压、半固体挤压、高速挤压、冷挤压、高效反向挤压、等温挤压、特种拉伸—辊矫、变形热处理等新技术新工艺对于扩大铝型材的品种、提高挤压速度和总的生产效率、提高产品品质、发掘铝型材的潜力、减少挤压力、节能节资、降低成本等方面都有积极的意义。

（4）铝挤压材的产品结构有了很大的改进。据不完全统计，目前全世界铝合金挤压材的产能已达 3000 万吨/a 以上，2015 年产量已逾 2500 万吨。由于民用铝型材应用大增，而军用挤压材在铝挤压材的总量比例中已下降到 5% 以下，结果使软合金比重大大增加，硬合金比重大大减少。以 20 世纪 90 年代为例，美国铝挤压材中软硬合金之比为 10:1，日本为 20:1，目前中国已达 18:1。铝合金型材发展最快，其产量大约占整个挤压材的85%。由于铝挤压材正在向大型化、扁宽化、整体化方向发展，大型材的比重日益上升，已达整个型材产量的 10% 左右。目前铝型材品种已有 100000 多种，其中民用建筑型材40000 多种，大、中、小型工业材 60000 多种，包括各种具有复杂外形的型材、逐渐变断面型材和阶段变断面型材、大型整体带筋壁板及异型空心型材。目前，挤压型材的最大宽度可达 2500mm，最大断面积可达 1500cm^2，最大长度可达 25~30m，最重可达 2t。薄壁宽型材的宽厚比可达 150~300，多孔空心型材的孔数可达数十个之多，高精特薄多孔扁管的壁厚达 0.17mm，精度 ±0.01mm。铝合金棒材和管材的最大外径达 800mm，反挤压管材的外径达 1500mm，管材的最小壁厚达 0.1mm，长度可达 1000m。由于铝合金挤压材的产量、品种和规格不断扩大，其应用范围越来越广泛，在国民经济和人民生活中的地位与日俱增。

1.3.2.3 世界铝挤压工业与技术的发展新趋势

铝及铝合金挤压加工材是当今世界铝合金加工材的第二大产品，占铝材总量、销量的40% 以上，应用十分广泛，在国防军工、国民经济和人民生活方面都占有很高的地位，发挥重大作用。挤压法目前仍是铝及铝合金管、棒、型、线材最主要的生产方法，其产量覆盖面大、品种多、效率高、质量优、附加值高，深受人们青睐。近年来，其生产规模、生产工艺技术、产品品种和质量、工艺装备、工模具技术都获得了高速发展，达到了相当高的水平，并正在向大型、复杂、精密、多品种、高性能、高效、节能、环保及现代化、国际一体化方向发展。

1.3.3 中国铝及铝合金挤压工业的发展历史、现状与趋势

1.3.3.1 中国铝及铝合金挤压工业的发展历史

挤压是最重要的压力加工方法之一，在产量上和用途上，挤压材（管、棒、型、线材）一直是仅次于轧制材（板、带、条、箔材）的铝合金材料。但在 1949 年以前，我国的铝挤压工业完全是一片空白。直到 1956 年 101 厂（现东北轻合金有限责任公司）投产

后，中国才有了自己的独立的铝挤压工业。在当时形势下，101厂完全是为了满足国防工业的需求而建设的，从前苏联引进的8台水压挤压机，主要用于生产航空工业和其他军事工业所需的铝及铝合金管、棒、型、线材，1960年产量达1840t。

1968~1977年是我国铝加工业的开拓阶段，自己设计、自己制造、自己建设安装的西北铝加工厂和西南铝加工厂分别于1968年和1970年相继投产，依靠自力更生完成了我国铝加工企业的较合理的布局。在这期间，全国各地建设了一批中小型铝加工厂和铝制品厂，如天津铝制品总厂、北京铝材厂、沈阳铝材厂、成都铝材厂、重庆铝制品厂等近100家铝材厂，全国铝材总产量达7.3万吨，其中挤压材占50%左右。基本上满足了当时国防军工和国民经济对铝材的需求。但在生产规模、工艺装备和工艺技术、产品品种和品质等方面与工业发达国家相比差距甚大，没有形成自己的铝合金产品系列，许多急需的新材料尚属空白，很多高档铝材仍需依赖进口。

1.3.3.2　挤压工业的大发展时期

1978~1999年是中国铝加工工业的振兴与大发展时期，尤其是铝挤压工业和建筑型材工业进入了一个高速大发展的阶段。该时期主要特点是：

（1）用国内外先进技术对东北轻合金加工厂、西南铝加工厂和西北铝加工厂等大型国有企业进行了技术改造，并引进了一大批具有国际先进水平的设备和技术（如从日本宇部兴产株式会社引进8台当时先进的铝合金油压挤压机，但基本上用于挤压工业铝型材），使我国铝挤压工业的技术水平上了一个新台阶。不仅使铝挤压材产能翻了几番，而且形成了铝合金及铝加工材的系列化和标准化，品种大大增加，其中很多产品属高新技术材料，填补国内空白，可代替进口，基本上能满足国防现代化和国民经济的高速发展。

（2）一大批新型的现代化铝加工厂相继投产，其中主要的有华北铝加工厂、青岛铝加工厂、华东铝加工厂以及一大批中外合资企业和集体与民营企业，如兴发铝型材厂、渤海铝业公司、华加日铝业公司等。建筑铝型材工业获得了蓬勃的发展，大批的国有、集体、民营铝型材企业如雨后春笋，遍地开花，但以广东南海为最。高峰时期，全国共有大小铝挤压企业1140余家（其中广东南海就有370多家），大小挤压机2800余台，铝合金挤压材年产能达300万吨以上，这些都为世界之最。

（3）在此期间，铝挤压材产能、产量大幅增加，平均年递增25%左右。2000年全国铝挤压材产量达80万吨以上，有部分出口；铝型材工艺装备总体水平和实力有很大提高，有的已达到国际先进水平，特别是从国外引进来十几条先进的铝挤压油压机生产线和各种表面处理生产线，通过消化吸收与开发，大大提高了国际竞争力。

在此期间，我国铝挤压工业尽管获得了飞速发展，水平有了大幅度提高，但与国际水平仍有很大差距，主要表现在：

（1）挤压机数量虽多，但大吨位的少，高水平的少，95%以上的是低水平中小型挤压机，见图1-11。

（2）产量虽多，但生产效率低，人均年消费量少，与国外差距较大。

（3）铝挤压企业虽多，但规模大的少。全国共有铝挤压企业900余家，但大多数的年产能为10000t以下，年产能大于100000t的不多，与国外形成较大的差距。

（4）产品结构不太合理，中、低档产品多，高档产品少；民用建筑型材（80%以上）多，工业型材少；合金状态品种不配套，仿制的多，自主创新开发的少。

（5）能耗高，废铝回收再生率低，环境保护差。

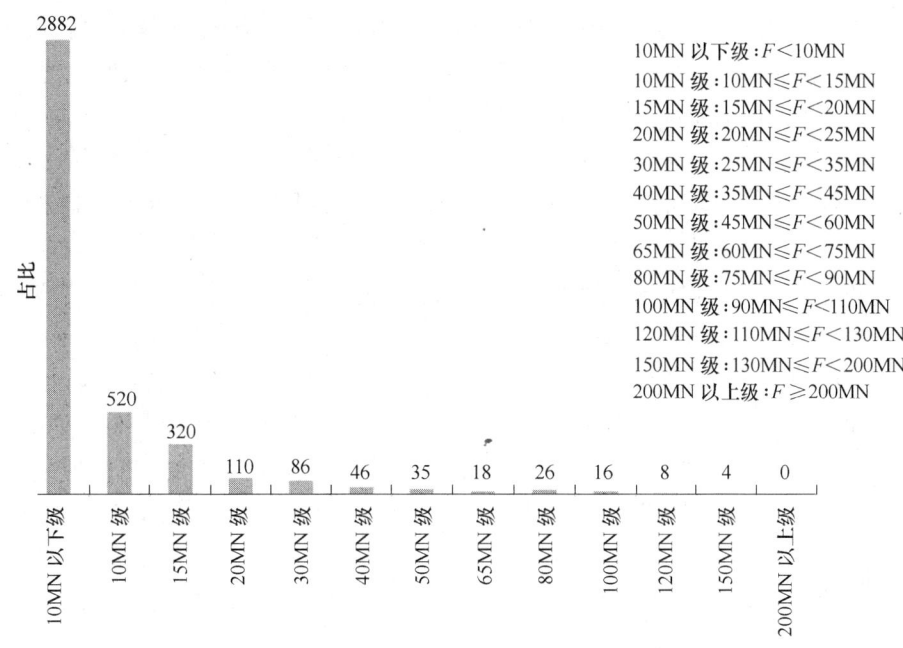

10MN 以下级：$F < 10MN$
10MN 级：$10MN \leqslant F < 15MN$
15MN 级：$15MN \leqslant F < 20MN$
20MN 级：$20MN \leqslant F < 25MN$
30MN 级：$25MN \leqslant F < 35MN$
40MN 级：$35MN \leqslant F < 45MN$
50MN 级：$45MN \leqslant F < 60MN$
65MN 级：$60MN \leqslant F < 75MN$
80MN 级：$75MN \leqslant F < 90MN$
100MN 级：$90MN \leqslant F < 110MN$
120MN 级：$110MN \leqslant F < 130MN$
150MN 级：$130MN \leqslant F < 200MN$
200MN 以上级：$F \geqslant 200MN$

图 1-11   2015 年中国铝挤压机按挤压力大小结构分布图（共 4031 台）

1.3.3.3   中国铝挤压工业的现代化发展

中国铝工业和铝加工业正处于高速持续发展的高潮中。经过 60 年的发展和积累，特别是经过第一次、第二次发展高潮的洗礼，中国铝及铝加工工业已完成了从无到有、由小到大、由低级到中级、高级的发展过程，已成为名副其实的铝业大国、铝加工大国、铝挤压大国、铝挤压材生产销售和出口大国，正在向着铝业强国、铝加工强国、铝挤压强国和出口强国挺进。表 1-21 为 2003~2016 年我国铝挤压材生产能力与产量情况。

表 1-21   2003~2016 年我国铝挤压材年生产能力及产量情况

项　　目	2003 年	2004 年	2005 年	2006 年	2007 年	2008 年	2009 年	2012 年	2016 年
年生产能力/万吨	290	350	439	670	750	780	950	1300	1700
年产量（消费量）/万吨	208	254.4	298.8	484	660	720	860	1050	1350 (1500)
年净出口/万吨	9.66	17.37	30.71	58.6	87	100	约80	约100	约100

2016 年，中国的铝产量达 3000 万吨以上，连续 13 年雄踞世界榜首。铝材产量和消费量由 1980 年不到 30 万吨，增长到 2016 年的 3500 万吨以上，连续十年超过美国，跃居全球第一，而且以比世界年平均增长率（5%~6%）大得多（18%~22%）的速度增长。2016 年，中国铝挤压材产能达 1700 万吨，实际产量达 1350 万吨，消费量达到 1500 万吨，大大超过美国并成为净出口国。

A   发展现状

当前中国有大大小小的铝挤压企业约 900 家，有 4.5~250MN 的挤压机约 5800 台

（250MN 挤压机正在制造，可于 2017 年年底或 2018 年投产），生产能力超过 1700 万吨/a。有只有 1 台挤压机的小厂，也有如忠旺集团铝业公司等大厂。全国有各种各样的铝材表面处理线约 1500 余条，可生产市场所需的各种色调的铝挤压材，从单一阳极氧化银白色、电泳涂漆、静电喷涂、氟碳喷涂到木纹处理等无不应有尽有。

2016 年，中国有 550 万吨挤压材由加工厂深加工成产品，其中 80% 以上为门窗及其他建筑与结构产品，在所生产的产品中深加工率约 45.8%，到 2025 年的目标应是 70% 左右。

近些年及今后一段时间内中国每年有二三十个铝材挤压厂建成投产，当然也会有少数几个厂退出市场，但是新建厂数目远大于停产的，同时新建厂的规模都较大，装机水平也相当高。

对于工业铝材产量与建筑铝材产量的比例来说，没有高好低差的说法，地区不同，国家不同，这个比例也会不同，可根据各自实际情况与市场情况着重发展其中一类产品，或齐头并进都发展。对中国这样发展中的大国来说，无疑都应发展，同时建筑铝材产量一定会大于工业铝材的，因为只有大兴土木才能满足人们日益提高的对居住条件的要求，只有适当建一些楼堂馆所才能满足日益发达的商业和第三产业的要求，以及国际交往日趋频繁的需要。这些需要得到一定的满足后，对建筑铝挤压材的需求才会趋于平稳，工业铝材/建筑铝材产量比自然会有所上升。

2016 年，中国使用的在产挤压机超过 5000 台，拥有挤压力不小于 45MN 的挤压机约 119 台（表 1-22）。除东北轻铝合金有限责任公司、中铝西北铝加工分公司、西南铝业（集团）有限责任公司的水压机外，其他的均为油压。

表 1-22　2016 年中国挤压力不小于 45MN 挤压机一览表（部分）

企　业	挤压力/MN	型　式	投产年度	制　造　者	台数
东北轻合金有限责任公司	50	水，正向单动	1956	苏联乌拉尔重型机器制造厂	1
	55	油，正向双动	2016	德国 SMS	1
中铝西北铝加工分公司	50	水，正向单动	1966	苏联乌拉尔重型机器制造厂	1
	45	双动反向	2011	德国梅尔（Meer）公司	1
西南铝业（集团）有限责任公司	125	水，正向双动	1970	沈阳重型机器制造厂	1
	80/95	油，正向双动	1999	德重制造，波兰、德国改造	1
中铝萨帕铝业公司	110	油，正向单动	2014	西重新·上海	1
天津爱励铝业公司	55	油，正向单动	1988	意大利达澳尔	1
河北力尔铝业公司	75	油，正向单动	2016	中国太重	1
青海金益铝业公司	55	油，正向单动	2008	中国太重	1
忠旺集团铝业有限公司	225	正向短行程	2017	太原重型机器股份有限公司	2
	125	正向双动，短①	2010	太原重型机器股份有限公司	1
	125	正向单动，短	2010	太原重型机器股份有限公司	3
	90	正向单动，短	2011	太原重型机器股份有限公司	5
	75	正向单动，短	2011，2013	太原重型机器股份有限公司	7
	55	正向双动，短	2011	太原重型机器股份有限公司	2

企 业	挤压力/MN	型 式	投产年度	制 造 者	台数
南山铝业有限公司	150	双动正反，短	2012	德国梅尔公司	1
	75	单动正向，短	2007	德国梅尔公司	2
	82	正向，短	2007	德国梅尔公司	2
	125	正向，短	2011	德国梅尔公司	1
	60	单动正向，短	2007	德国梅尔公司	1
兖矿轻合金有限公司	160	双动正反，短	2013	德国梅尔公司	1
	100	单动，正向	2013	上海重型机器股份有限公司	1
	82	单动，正向	2012	太原重型机器有限公司	1
	55	双动，反向	2013	德国梅尔公司	1
	55	单动，正向	2012	德国梅尔公司	1
山东丛林集团铝业公司	100	单动，正向	2002	上海重型机器股份有限公司	1
	75/80	单动，正向	2009	日本宇部兴产公司	1
	72	单动，正向	2010	太原重型机器制造有限公司	2
	63	单动，正向	2012	太原重型机器制造有限公司	1
	55	双动，反向	2009	意大利达涅利公司	1
吉林河南麦达斯铝业有限公司	52	单动，正向	2012	太原重型机器股份有限公司	2
	45	单动，正向	2009	太原重型机器股份有限公司	2
	110	单动，正向	2012	太原重型机器股份有限公司	2
	100	单动，正向	2013	上海重型机器股份有限公司	1
	90	单动，正向	2010	太原重型机器股份有限公司	1
	75/80	单动，正向	2001	德国梅尔公司	1
	55	正向，双动	2007	德国梅尔公司	1
利源精制股份有限公司	55	正反管材	2005	德国梅尔公司	1
	160	正反	2014	德国梅尔公司	1
	100	单动，正向	2011	德国梅尔公司	1
	85	单动，正向	2011	德国梅尔公司	2
	45	正反	2011	德国梅尔公司	1
	60	正向，双动	2008	意大利达涅利公司	1
河南伊川华中铝业有限公司	150	双动正向，短	2012	太原重型机器制造有限公司	1
	110	双动正向，短	2012	太原重型机器制造有限公司	1
	55	单动正向，短	2011	太原重型机器制造有限公司	1
广东兴发铝业公司	55	双动，正向	2010	太原重型机器制造有限公司	1
山东裕航特种合金装备有限公司	125	单动，正向	2013	太原重型机器制造有限公司	1
	90	单动，正向	2013	太原重型机器制造有限公司	1
	75	单动，正向	2012	太原重型机器制造有限公司	1
	55	单动，正向	2012	太原重型机器制造有限公司	1

企　　业	挤压力/MN	型　式	投产年度	制　造　者	台数
山东三星集团铝业 有限公司	75	单动，正向	2012	太原重型机器制造有限公司	1
湖南晟通集团铝业 有限公司	75	单动正向，短	2010	太原重型机器制造有限公司	1
	55	单动正向，短	2011	太原重型机器制造有限公司	1
山东临朐铝业公司	46	单动正向，短	2011	太原重型机器制造有限公司	1
	75	单动正向，短	2011	太原重型机器制造有限公司	1
	100	单动正向，短	2011	太原重型机器制造有限公司	1
广东豪美铝业有限公司	56	单动，正向	2011	中国广州	1
	90	单动正向，短	2011	太原重型机器制造有限公司	1
洛阳麦达斯铝业 有限公司	55	单动正向，短	2011	太原重型机器制造有限公司	1
	75	单动正向，短	2011	太原重型机器制造有限公司	1
亚洲铝厂有限公司	50	单动，正向	2010	从国外买的二手设备[②]	2
广西南南铝加工 有限公司	55	单动反向，短	2012	德国梅尔公司	1
	110	单动正向，短	2013	太原重型机器制造有限公司	1
	75	单动正向，短	2011	太原重型机器制造有限公司	2
青海国鑫铝业有限公司	100	单动，正向	2011	太原重型机器制造有限公司	1
	75	双动，正向	2011	德国梅尔公司	1
	55	单动正向，短	2011	德国梅尔公司	1
山西阳泉铝业公司	75	单动正向，短	2010	太原重型机器制造有限公司	1
广东凤铝铝业有限公司	90	双动，正反	2011	太原重型机器制造有限公司	1
广东伟业铝业有限公司	63	单动，正向	2009	太原重型机器制造有限公司	1
浙江东轻铝业有限公司	55	双动正向，短	2011	太原重型机器制造有限公司	1
天津金鹏铝材制造 有限公司	100	单动正向，短	2015	中国	1
	70	单动正向，短	2015	中国	1
山东临朐伟盛铝业 有限公司	100	单动正向，短	2013	太原重型机器制造有限公司	1
	75	单动正向，短	2013	太原重型机器制造有限公司	1
	50	单动正向，短	2013	太原重型机器制造有限公司	1
洛阳博然铝业有限公司	60	单动正向，短	2011	太原重型机器制造有限公司	1
广东华昌铝业有限公司	50	单动，正向	2011	中国	1
江苏华昌铝业有限公司	70	单动正向，短	2015	太原重型机器制造有限公司	1
哈尔滨中飞新科技股份 有限公司	75	单动正向，短	2015	太原重型机器制造有限公司	1
福建南平铝业有限公司	55	单动，正向	2007	意大利达涅利公司	1
金型铝型材厂有限公司	56	单动，正向	2008	日本宇部兴产公司	1
江苏江阴海虹有色金属 材料公司	65	单动，正向	2013	太原重型机器制造有限公司	1

企 业	挤压力/MN	型 式	投产年度	制 造 者	台数
成都阳光铝制品有限公司	50	单动，正向	2012	太原重型机器制造有限公司	1
北京 SMC 公司	50	单动，正向	2006	日本宇部兴产公司	1
陕西铜川铭帝铝业有限公司	250	单动，正向	2018	中国	1
其他					10
总台数					119

①"短"表示前装锭坯短行程。

②亚洲铝厂有限公司原有 1 台 50MN 的正向单动挤压机，2010 年又购买一台，用以取代原有的。

B 发展的特点、应用需求与市场预测

进入 21 世纪之后，中国的铝挤压工业及其加工产品，在经过开拓、大发展和宏观调控之后，日臻成熟，其生产规模、地域布局、产品结构、工艺装备、技术与品质水平以及科技开发与市场开拓等均步入了一个更高层次的发展阶段，开始与国际铝工业接轨，呈现出持续发展趋势。

（1）1990 年至 21 世纪初期，建成了大批以生产建筑铝材为主的挤压企业。从 2003 年开始，掀起了建设大中型挤压机和挤压企业结构调整浪潮，配置了一大批大中型挤压机和组建了一批世界级挤压企业，年产能和产量大幅度增加，见表 1-21。如我国目前最大的铝挤压企业——忠旺铝业集团有限公司，拥有 90 多台大、中、小型挤压机（其中最大的为 225MN 正向双动油压机两台），年产能 70 万吨，2016 年产量达 60 万吨左右。

凤铝铝业有限公司是一家专业铝挤压企业，占地 2000 多亩，拥有大、中、小型挤压机 70 多台，年产能 50 万吨左右，2016 年产量达 45 万吨，其中工业材占 40%以上，出口材占 40%左右，该公司建有大型的技术研发中心，研发出了大批的新材料、新工艺和新技术，并在世界铝业协会注册了我国第一个自主开发的新型铝合金——无铅、易切削 6043 铝合金。通过了全国军工材料许可认证，是一家有影响的大型综合性铝合金挤压企业。其他像兴发铝业、南山铝业、丛林铝业、亚洲铝业、坚美铝业、豪美铝业、伟业铝业、华昌铝业、罗普斯金铝业、金桥铝业、麦达斯铝业、合新铝业、西南铝业、西北铝业、南平铝业、阳光铝业、南南铝业等都拥有几十台挤压机，产能逾 20 万吨/a 以上，是全国有名的现代化综合性大型铝挤压生产企业，是全国名牌企业。我国目前有各种铝挤压企业 900 家以上，其中产能大于 5 万吨/a 的有 60 家以上，产能大于 10 万吨/a 的有 35 家左右，大于 20 万吨/a 的有 15 家左右。大型的民营挤压企业正在崛起。目前，正在经历大合并、大改组、大调整、大淘汰阶段，估计到 2025 年左右，我国的铝挤压企业会减少到 500 家左右，规模会扩大，企业水平也会迅速提高，全国绝大多数铝挤压企业都会完成从作坊式生产转变为现代化企业的发展过程，一定会建成若干世界一流的现代化、国际化的大型综合性铝挤压联合企业。

（2）大型挤压机建设高潮迭起，反向挤压机数量剧增。到 2016 年底投产的挤压机，吨位大于 45MN 的有 120 台左右，在建和拟建的 10 台以上，到 2017 年，中国将建成世界最大的 225MN 挤压机 2 台（见表 1-22）。目前中国共有铝挤压机 5000 台左右，数量居世界第一，大型挤压机台数可与美国、俄罗斯媲美。到 2016 年年底，中国已有 50 多台反向挤压机，其中 21 台是从德国 SMS 公司引进的现代化水平很高的设备。因此，中国是拥有世界上数量最多、水平最高、吨位最大的反向挤压机的国家。同时，大批小型的落后的挤压机正在被淘汰或改造，各种功能和用途的挤压机获得应用，装机水平大大提高。

（3）加大了产业结构和产品结构的调整力度，加强了科技自主开发能力，拓展了应用领域，开发了大批新产品、新技术、新工艺和新设备。新合金、新状态、新品种的各种性能与用途的新型铝合金挤压材大量涌现。新型的节能环保型的民用建材和高性能高精工业型材获得持续的发展，特别是大飞机、航母以及现代交通运输项目的兴建，2016 年工业材与建筑材的比例由 2000 年的 15：85 提升到 32：68 左右，中高档铝型材与中、低档铝型材的比例由 2000 年的 30：70 提升到 70：30 左右。

国民经济的持续发展，国防军工和民用工业的现代化以及人民生活的不断提高，对铝合金挤压材提出了新的要求。

（1）铝合金民用建筑型材将在调整中持续发展。我国的铝合金民用建筑型材产业也是从无到有、从小到大、从弱到强发展起来的。目前正在经历大刀阔斧的调整。从产能、规模和水平方面来看，大批的落后的企业和产能被淘汰。经过合并、重新组合将大批小型的、分散落后的家族性、作坊式的工厂改造或创建为大型的现代化挤压企业，如忠旺、南山、凤铝、兴发、亚洲、坚美、豪美、麦达斯、丛林、伟业、华昌、阳光等一批跨国的、综合性的具有国际先进水平的大型现代化企业，估计到 2025 年我国的铝生产挤压企业将由最多时的 1000 家左右减少到 500 家左右。但产能将达到 2000 万吨/a 以上，其中铝合金民用建筑型材占 50% 以上。从产品品种来看，正在向多合金、多状态、多规格、多花色、多用途方向调整。除 6063T5 仍占优势外，6063T6、6061T6、6082T6、6005T6、7005T5、5052H 等合金状态；大、中、小门窗、幕墙、扶手、围栏、隔墙、天花板、百叶窗等中、高档铝型材以及建筑结构，如立柱、桁架、屋面结构、跳板、桥梁、城建用各种优质型材；微弧氧化着色、彩色电泳、有机喷涂及特种化学着色等各种花色品种型材；塑铝、木铝、铜铝等复合型材以及仿木纹、仿陶瓷、仿不锈钢等新型高档建筑型材都将得到大的发展，以逐渐替代传统的中、低档铝合金建筑型材。从生产技术与工艺装备上来看也会有大的调整。各种新技术、新材料、新设备将会大量涌入铝建筑型材的生产与加工中，如使该产业在技术和工艺装备水平方面有大的提升。产品品种、质量将向高档调整，以满足国内外市场的需求。

但是，应该清楚地看到，我国仍然是一个发展中国家，我国正处于工业化、城市化的高峰期，也是全面建设小康社会的关键时期，根据我国国民经济发展分三步走的战略，2001~2050 年期间将达到中等发展国家的水平。2008 年我国住宅建设面积 21 亿平方米。仅门窗生产规模就达 60 亿平方米左右。2050 年前我国将新建 250~300 亿平方米住宅，仅门窗一项就约需 700 亿~900 亿平方米。年消耗建筑型材将达 500 万吨以上，这里还不包括其他建筑型材和珠三角、长三角、京津冀、成渝、长株潭等大城区及各级开发区、工业区等的建设以及大地震等自然灾害重建所带来的巨大需求。

由于我国广大农村经济的发展和生活水平的提高，城市化、工业化建设步伐加快，开发区和城乡结合部及大城区的建设以及国民经济高速持续发展的拉动，塑料门窗缺陷的暴露和新型铝合金节能型、环保型等高档门窗的不断涌现等原因，在 20~25 年内，我国民用建筑铝型材仍将有很大的发展空间，估计年增长率为 3%~8%（国外已基本饱和，增长率仅为2%左右）。与铝合金工业型材的比率虽然有下降（从目前的57：43下降到50：50左右），但产量绝对值还会上升，而且会大量出口，占领国际市场，呈现持续发展趋势。

（2）工业铝合金挤压材将在市场刺激下高速发展。我国工业铝挤压材的发展还远远落后于建筑铝型材，也落后于国际先进水平。据工业发达国家统计，铝材的前三大用户是交通运输业、建筑业、包装业，分别占铝材消费的36%、21%和20%，尤其是交通运输业为了实现其高速化、轻量化和现代化，满足现代交通工具高速、安全、节能、环保的车辆、船舶和集装箱的需要，导致铝材在交通运输业中的应用比例具有逐年扩大的趋势。交通运输业主要用工业铝型材，而目前我国工业铝型材的发展还不能满足交通运输及其他国民经济部门发展的需求，这必然蕴藏一个非常有潜力的巨大市场。据发改委发布的有关信息，到2020年，我国将修建30000km高速铁路和15000km地下铁道或轻轨线，以及普通铁路的动车组化（>200km/h）和运煤、矿石和化学药品等货车车辆的铝化等，每年共需大中型精密特种铝合金挤压材几十万吨。近年来，我国兴起的绿色建筑高潮，所需的铝合金模板（脚手架）型材和建筑结构型材用量大增，每年共需30万吨以上。

另外，由于世界制造业转向中国，大大促进了我国飞机、交通运输、汽车、集装箱、机械制造、电子电器、石油化工、能源等工业部门的发展和出口量的逐年增加，工业用铝型材的消耗会大大增加。如三个大飞机项目的启动及大型航母的制造等大型工程的实施，需要大量的高质量精密铝合金型材、管材和棒材。预计在近20年内我国工业用铝合金挤压材将以年均18%的速度增长，因此发展空间很大。表1-23为中国与北美铝合金工业挤压材的消费市场对比情况，表1-24为近期我国对大中型铝合金工业挤压材的需求预测。

由以上分析可知，我国正处于国民经济持续发展时期，对铝挤压材的需求提出了很高的要求，铝挤压材的发展仍有很大的发展空间，开发应用前景十分可观。

表1-23 2006（2016）年中国与北美铝合金工业挤压材消费市场的比较

序号	比较项目	中　国		北　美	
1	工业材	占总量的28%	（35%）	占总量的54.4%	（57%）
2	交通运输	占总量的8%	（18%）	占总量的30.9%	（35%）
3	金属加工或耐用品	金属加工占总量的7%	（18%）	耐用品占总量的9.8%	（9.5%）
4	机械制造	占总量的6%	（6.5%）	占总量的7.5%	（8.5%）
5	电子设备	占总量的5%	（8%）	占总量的6.2%	（7.8%）
6	人均消费	2.93kg	（8kg）	10.1kg	（12.1kg）
7	增长情况	高速发展	（高速发展）	稳中有升	（稳中有升）
8	市场发展阶段	成长时期	（成长时期）	成熟时期	（成熟时期）

表1-24 2020年我国各行业对铝合金大、中型挤压材的需求量（预测）

产品名称	外接圆直径/mm	使用部门	年需要量/万吨
铁道列车型材	200~640	铁路部门	15
地铁和轻轨列车及高速列车型材	200~640	地铁和城建部门	20
飞机及军工材料	180~600	航空航天，军工部门	15
汽车型材	160~450	汽车制造	15

产品名称	外接圆直径/mm	使用部门	年需要量/万吨
冷藏车厢和冷冻板	180~350	汽车制造	5
专用车辆型材	160~400	汽车制造	5
船舶用型材	150~500	船舶制造业	4
集装箱型材	150~400	集装箱制造业	7
硫化机架和矿井设备	150~350	矿山机械	5
空调散热器型材	180~500	电器行业	8
机架、框架、连杆、模板及绿色建筑结构与机械	200~500	机械、建筑行业	30
路灯杆、旗杆、电线杆（三杆）	200~400	城建行业	5
动力能源（含太阳能等新能源）	240~400	能源工业	40
机电制造（含电机外壳等）	180~330	电机制造	5
管母线及电力配件	200~400（500）	电力工业	5
海洋工程（海水淡化、深水钻探平台与管道等）	50~500	海洋工程和钻探工程	15
其他（含棒材）	80~500	各工业部门	40
合　计			240

C　国内主要差距及存在问题

近年来，我国铝挤压工业及技术获得了突破性发展，成了真正的铝挤压大国，但还不是挤压强国，不论在产业规模、产品品种与质量、生产技术与工艺装备等方面，从整体来看，与国际先进水平仍有较大的差距。主要存在问题表现在以下方面：

（1）铝挤压企业数目虽多，但生产集中度低、规模小、低水平重复建设的多，经营分散，未形成综合性的高水平的跨国型的现代化铝挤压企业集团群，国际竞争能力低。

（2）铝挤压机台数虽多，也引进或新建了一批先进的现代化设备，但大多数仍为中小型的传统设备，装机水平不高，机前机后配套不齐全、不够先进，设备品种不全，高精度和特殊类型的挤压设备的研发刚刚起步，整个设备体系急需技术改造或更新换代。

（3）产品品种规格不全，合金和状态数目少，高质量的和特殊用途的产品品种规格等还不能大批量生产，不能满足我国国防现代化和国民经济高速持续发展，有的还需依赖进口。

（4）综合技术水平低，基础研究、科技创新和自主开发能力弱，产品制备技术和工艺装备水平及技改能力低，综合技术经济指标不高、生产效率低、成本高、经济效益不明显。

（5）产品结构不合理。挤压材中软合金与硬合金、6063T5 与其他合金状态、建筑型材与工业型材、产品品种与应用领域等的结构与比例是不够合理的，与国际先进水平、与国内外市场的需求有相当大的差距，与国民经济的发展、与人民生活水平的提高是不相适应的，需要大力调整。

（6）专业化、系统化和标准化程度不高，产业链不强。我国铝挤压行业的地域配置、资源配置与分工不甚明确，会造成资源浪费，运输成本高。产业链不强，分工不合理，标准化不高也会造成资源浪费、成本增高，经营管理困难，使技术质量水平低下，新技术、新工艺难于推广。我国的挤压企业都乐于大而全、小而全，独立的大规模的专业化熔铸厂、工模具厂或表面处理厂、深加工厂不多。由于电解铝直接铸造成挤压铸锭的比例也大大低于工业发达国家。这些都制约着我国铝挤压工业和技术的发展。

（7）与相关部门协调不够，产品开发与应用领域有待拓宽。铝挤压材虽有许多优越特性，但在市场上仍会遇到许多对手，诸如钢铁、塑料、铜材、镁材等的激烈竞争。为了增强竞争力，扩大应用领域，应与相关行业，如航天航空业、汽车行业、交通运输行业、电子电器行业、能源动力行业等结成同盟，共同研发铝材在该行业的应用，这一点与工业发达国家的差距是很大的。

D　高速持续发展我国铝挤压产业的建议与对策

（1）加强宏观调控的力度，充分发挥政府指导和市场调剂相结合的作用。全面创新观念，大胆创新体制和机制，合理利用和调配资源，根据国情国力，重新配置（布局）和构建我国的铝及铝合金材料产业，关、停、并、转一大批规模小、管理差、技术和设备落后、能耗大、环保差、产品质量差、技术含量低、无销路的弱势企业，建造若干个大型的现代化的国际一流的铝业集团，提高我国铝挤压工业的整体水平，真正成为我国基础材料的支柱产业，满足我国国防现代化和国民经济的持续高速发展的需求，同时加强内部核心竞争力的建设，提高国际竞争力。

（2）加强上下游产业的合作与协调，提高企业集团的整体效益。加强上下游企业的合作与协调是世界大型铝业集团的主要特点之一。整合电解铝、铝挤压加工以及深加工产品生产的各个环节，各自发挥优势，上下紧密衔接，一环紧扣一环，可以简化工艺流程，减少工序，节约资源和能耗，减少运输，便于经营和管理等。另外，延伸产业链也是我国当前发展铝产业的一条好途径。如铝产业素有"电老虎"之称，铝业的发展受电价的制约，因此，煤（水）—电—电解铝—铝加工的产业链延伸，大大加强了产业内的联系，不仅便于经营管理，而且可节约资源和能源，降低产品成本。又如铝型材直接深加工成门窗、幕墙、汽车零部件，大型铝合金型材直接组焊成地铁或高速列车车厢等铝合金材料，深加工产品的产业链延伸，是一条多快好省、大大提升铝材附加值、增加企业经济效益的有效途径。

（3）综合国情，加大产业和产品调整力度，重点发展资源丰富、节能环保、科技含量高、附加值和经济效益高、对提升国力有重大作用的产业和产品。在调整产品（产业）结构时，不仅要考虑最大效益原则，还要兼顾提升国力和企业竞争力：产品的技术含量和质量水平、应用前景及国内外市场的需求等。因此，根据我国铝挤压工业现状与发展趋势，应大刀阔斧地调整各类产品（产业）的结构比例，使我国铝挤压工业走上健康高效的发展轨道。

（4）注重节能、环保、再生铝的综合利用，发展循环经济，坚持走持续高速发展的道路。节能与环保的重要措施是改进生产工艺，采用先进的设备和优质原辅材料，加强监视与治理。但大力发展再生铝及其综合利用也是节能与环保的重要措施，而且也是铝挤压产业发展循环经济，实现持续高速发展的有效途径。

（5）开展基础研究，加强科技创新与自主开发的能力，突破关键技术，促进科技成果产业化。在引进、消化、吸收国外先进技术和设备的基础上，大力研发新技术、新工艺、新材料和新设备，不断提高铝挤压产业的综合技术水平。要组建中国铝合金材料技术研发中心和专门研究院所，培训大批高级专业人才，加强超前性和原创性技术研发，为铝挤压产业的大生产提供可靠的技术支持和持续发展提供前瞻性的技术储备。

（6）通过政府部门的协调，密切与相关产业的联系，拓展铝材的应用领域和范围，优化出口结构，减少或限制原铝的出口。由政府出面，促成铝挤压产业与汽车工业、交通运输和电子能源等产业的亲密伙伴关系。成立相应机构和专门的汽车铝合金和零部件技术开发中心或研究院所，形成强大的汽车铝合金材料与零部件产业，在加速我国汽车工业现代化发展的同时，也会促进我国铝产业的发展，对优化铝产品的出口也大有好处。与其他相关行业，如航天航空业、车辆制造业、船舶工业、电子、能源工业等也应加强联系，建立彼此依存共同发展的紧密关系，扩大铝材的应用，加速铝业的发展。

（7）不断调整铝及铝加工企业的体制和机制，全面实现自动化、科学化、信息化、现代化、高效化和全球一体化的管理，更加注重企业形象的塑造和企业文化的培育，以适应社会发展和市场变化的需要。

1.3.3.4　我国典型铝挤压企业发展道路举例分析

目前，我国共有铝材加工企业 1600 家左右，其中铝挤压材加工企业约 900 家。这些企业中除东北轻合金有限公司、重庆西南铝业集团有限责任公司等几家大型综合性国有企业外，绝大多数是在二十世纪八九十年代和 21 世纪初的第二次和第三次发展高潮中兴建起来的民营或股份制企业，他们在艰苦中创业，借国家大发展的东风不断壮大（当然也有不少企业在大风大浪中消失）。今天，现代化的大型民营企业正在崛起，成为了我国铝挤压材的重要生产基地和有生力量。应该看到，这些企业的创业是艰难的，发展道路是不平凡的，发展的前景是光明的。如辽宁的忠旺、山东的南山、广东的凤铝和兴发、四川的成都阳光铝业等都有自己艰苦创业历程和独特的发展道路，都在激烈的竞争中成长，并决心把自己办成世界一流的现代化大型综合性铝加工企业。以下仅以四川成都阳光铝制品有限公司（以下简称成都阳光铝业）为例，分析我国铝挤压企业的创业过程、发展道路和发展趋势。

成都阳光铝业位于四川省成都市国家经济开发区车城东七路 168 号，于 1998 年开始建厂，是西南地区最大的铝挤压材设计、生产、销售和深加工企业，配备国内外先进的熔铸、挤压、氧化、电泳、喷涂、隔热和深加工等生产设备，产品覆盖各类高档节能建筑型材、高性能工业型材、管材、棒材及其深加工产品。阳光铝业的发展史也正是我国铝合金挤压行业从小到大、从弱到强发展历程的一个缩影。

A　肇始篇——沐改革春风，西南地区首个铝合金型材代理商

20 世纪 80 年代，我国迎来铝合金门窗在国内发展第一个转折点，由沈阳黎明航空发动机公司、北京门窗厂、广州铝制门窗厂、沈阳飞机制造公司、西安飞机工业公司等一批军工、国有企业逐步开始涉足铝合金门窗研发。联合国开发署援建中国的铝合金门窗工厂项目，英国人范考特作为铝合金门窗的技术顾问到中国传授技术，我国的铝合金门窗发展开始从懵懂阶段进入到了铝门窗发展初级阶段。全国铝合金门窗的生产主要集中于广东地区。

恰逢改革开放的春风沐浴着全国各地，阳光铝业公司董事长廖弟和勇于尝试，率先承包下了大队的门市部，开始销售各类日用品及建筑材料。刚毕业的儿子廖健朝气蓬勃，敢

闯敢干，开始跟随父亲做建材生意。由于勤跑市场，给客户供货价格公道，服务周到，品
种齐全，廖氏父子经营的门市部日渐红火，规模日益扩大，在当地市场口碑较佳，颇有名
气。广东铝合金型材生产企业入川寻找经销商时首先就找到了廖弟和。廖弟和凭着多年的
经商经验和独到的眼光，坚信铝合金门窗是未来建筑门窗的一大趋势，必定大有可为，一
举签下了四川总代理，成为西南地区首个铝合金型材代理商。之后，他调整思路，将销售
重心转移到铝合金型材的销售上，大力发展各地级市的经销商，迅速拓展了销售渠道，占
领了市场。销售业务越来越红火，渐渐成为四川市场举足轻重的铝制品、铝型材销售商，
业务的规模越来越大，销售的产品种类也越来越丰富。同时，也积累了大量的铝挤压材的
生产知识和经验，为铝挤压生产打下了坚实的基础。

B 创业篇——创办阳光铝业，托起"振兴川铝"的光荣与梦想

有一次廖健和父亲一起到沿海一个铝型材厂购买铝型材，他发现车间里大部分都是背
井离乡的四川人，很多人一年都回不了一次家。当时四川的铝型材生产厂很少，且生产的
产品质量不及沿海。自己销售的广东铝合金型材也经常出问题，路途遥远，产品质量参差
不齐，常常影响质量和交货期。这些都让廖健萌生了自己办厂生产铝合金型材的强烈愿
望。"如果在四川能够建成一个铝型材厂，就能让这些工人回到四川工作，他们拥有沿海
地区的生产技术经验，能改善四川铝型材的产品质量。当时市场的潜力正逐步爆发，而四
川境内却没有成熟的生产铝型材的企业，若兴办一个铝型材加工企业，一定有着广阔的市
场前景，而且四川也该有自己叫得响的铝业品牌。"

1998年，年仅24岁的廖健怀揣着"振兴川铝"的决心和使命感，创办了成都阳光铝
制品有限公司。1999年，阳光铝业在成都龙泉驿区阳光城建成投产，占地50多亩，拥有
2条熔铸生产线、6条挤压生产线、1条氧化生产线，形成年产10000多吨铝挤压材的生产
能力。虽然只是一个很小很小的工厂，但却是他梦想起飞的地方。

公司自成立以来，一直秉持"质量唯先"理念，总经理廖健认为：精工细作不仅是对
当下的追求，也是对企业的未来负责，更是一种一早就该根植于企业血脉中的实践特质。
正是凭着廖健总经理具有前瞻性的质量理念，从上到下有效地贯彻实施，公司产品质量稳
定、优良，公司产品供不应求，市场迅速扩张。很快地，生产能力的限制成为了企业经营
发展的瓶颈，客户订单堆积，无法及时交付产品。

为扩大生产规模，满足市场需求，2002年，阳光铝业在成都龙泉驿界牌工业园区又征
地130亩，建成了阳光铝业的第二个生产厂。至此，阳光铝业拥有4条熔铸生产线、14条
挤压生产线、1条氧化生产线、2条喷涂生产线，形成年产5万吨铝挤压材的生产能力，
逐步在四川乃至西南地区站稳了脚跟，获得了良好的市场声誉和品牌效应。

2004~2006年，随着国民经济的快速发展，房地产行业也迎来了快速发展的机会，铝
合金型材加工行业也获益其中，销量呈爆发式的增长。阳光铝业抓住时机，紧跟市场变化
的需求，采用灵活多变的市场营销模式，使阳光铝业的拳头产品"彩"牌铝合金型材，迅
速占据西南市场，阳光铝业也因此声望大振，成为西南地区著名的铝合金挤压材厂商。

C 发展篇——经得起诱惑，耐得住寂寞，实现企业质的飞跃

当时，身边的朋友很多投资房地产都暴发了，朋友们劝他转行投资房地产，投资回报
周期短、投资回报高，他都婉言拒绝了，因为他始终不曾忘记当初创建企业的初衷和那份

"振兴川铝"的使命感。

2006 年，阳光铝业总经理廖健在他的战略布局图上坚实的迈出了一大步：在成都国家经济技术开发区内，征地 500 余亩，投资 2 亿元建设新的生产企业，打造西南地区最大的铝合金型材生产基地。"针对整个行业不断向'高端化'、'智能化'升级发展的时代需求，阳光的产品也要不断升级，才能在市场立于不败之地。"他是这样说，也是这样脚踏实地的做。2008 年，新的生产基地建成投产，配备了代表国内先进水平的设备，引进了美国技术熔铸节能生产线 4 条、中国台湾梅瑞、日本进口三菱挤压生产线 30 条（其中包括西南地区最大的 5000t 挤压机）、德国瓦格纳尔卧式和立式喷涂线 4 条、日本技术氧化和电泳生产线 2 条、隔热型材穿条生产线 6 条、亚松注胶生产线 2 条以及转印木纹生产线 4 条，使阳光铝业的技术装备和产品质量实现了一个质的飞跃，生产产能达到了年产 16 万吨，解决当地劳动力就业 1200 余人。

总经理廖健认为，传承"工匠精神"绝不能为了眼前的经济利益而投机钻营、粗制滥造，而是要静下心来专心致志、脚踏实地地潜心钻研技术，牢牢掌握核心技术。同时，要善于创新，既不崇外，也不排外，汲取众家所长，在包容中创新，为"工匠精神"注入新内涵。

公司始终以"振兴川铝"为使命，以"科技创新"为导向，依靠团队的实力，攻克了不少产品上、技术革新上的难关，研发更多的高端产品，更多的创新成果，更加增强了阳光铝业在高端产业的竞争实力。已申请了涉及汽车型材、高铁型材、电子电器散热器等多方面的 70 多个专利，其中自主创新知识产权达到 30 多个，大部分专利实现了成果转化并获得收益。阳光铝业的产品不仅广泛用于建筑领域，也拓展到太阳能光伏、航空、高铁、汽车、电器、机械、电子电力、石油化工、医疗卫生等领域。产品销往全国十几个省市自治区，并延伸到东南亚国际市场，连续 9 年在西南市场销售第一。全国各地的标志性建筑，包括世界第一的射电望远镜（简称 FAST）等，都应用了阳光铝业的产品，这些都凝聚着阳光铝业员工的心血。这些荣耀既是对于阳光铝业的最大褒奖，也是对阳光铝业在产品品质上精益求精、在生产技术上不断创新的最高肯定。

精耕铝业 17 年，廖健感到自己深爱这个行业，已经胜过爱这个行业给自己带来的巨大利益。当然，这种对行业执着的热爱和不懈探索，也给他的公司带来了巨大的荣耀。公司与高等院校联合进行"产学研"合作，进行新材料新工艺的研发，多次获得省市科技进步奖；先后荣获"中国建筑铝型材 20 强企业""中国驰名商标""四川省著名商标""四川名牌产品""国家 CNAS 认可实验室""四川省企业技术中心"等称号。同时，感恩反哺社会，阳光铝业始终如一履行企业社会责任，积极参与慈善公益活动，取得了良好的社会效益。

D　未来篇——创建世界一流的现代化大型综合性铝加工企业，树百年品牌

近年来，伴随国内国际经济持续下行的影响，国内诸多产业遭遇深度调整，众多企业面对市场需求不足、产能严重过剩等多重因素的叠加影响，要么收缩战线、抱团发展，要么苦练内功、节能增效，要么因先天不足而倒闭，但阳光铝业却视挑战为机遇，反其道而行之。

2015 年，阳光铝业总经理廖健书写了阳光铝业发展史上，乃至全国铝加工行业发展史上浓墨重彩的新篇章，在四川省眉山市甘眉工业园区投资 40 亿元，占地 2000 亩、建设年产 30 万吨工业和建筑铝挤压材的西南地区最大铝加工生产项目。通过适度扩张，实施品

牌化战略，在问鼎世界、传承百年的征程中高歌猛进。配置当今国内外最先进、自动化程度高且节能环保新设备，包括15000t大型挤压机，以满足市场上对特大复杂断面产品的需求。采用当今国内外最先进的生产技术工艺，以保证产品质量，满足客户要求和环保要求。同时，阳光铝业还致力于打造铝产品产业链，构建铝挤压材深加工产业园，充分发挥企业优势，整合资源，增加产品附加值，创造更多的经济效益和社会效益。项目建成后，将拥有16条熔铸生产线、80多条挤压生产线、4条立式及卧式氧化电泳生产线、12条立式及卧式喷涂生产线等，阳光铝业的总产能将达到年产40万吨铝挤压材，将成为世界一流、全国领先的现代化、特大型、综合性铝挤压材生产企业。

17载耕耘，硕果累累。阳光铝业走过17载，专业、专注、精工制造、包容创新的"匠人"气质，早已融入到每一个阳光人的血脉中，成为一种企业文化。正如廖健所认为的，"工匠精神"既要传承，更要创新，这样企业和产品才能经得起历史的考验和推敲。

不忘初心，方得始终。一个企业要真正走过岁月，超越自己，就必须要保持定力，专注、坚韧、执著，把简单的动作做到极致。自古而今，"工匠精神"一直都在积极改变着世界。崇尚技术与发明创造的"工匠精神"，是每个制造业强国竞争力的源泉。当前中国处于经济转型、产业升级的大时代，国家越来越注重工业产品的品质，中国的创新驱动发展也更加呼唤"工匠精神"的回归。

当下的中国制造业，有一大批企业，多年来坚持精益求精、注重品质制造，为中国制造业培育"工匠精神"、坚守品质制造树立了标杆。阳光铝业公司就是这样的企业，其创始人廖健认为，"工匠精神"必须是阳光铝业每一位员工的标配，阳光铝业每一位员工都须匠心于事。唯有如此，阳光铝业才能向百年企业昂首挺进！

2 铝挤压工作原理、技术特性及发展趋势

2.1 挤压在铝加工中的重要地位和作用

挤压加工在铝合金工业体系中占有特殊的地位。这是因为近些年来随着科学技术的不断进步和国民经济的飞速发展，使用部门对铝合金产品的精度、形状、表面光洁度和组织性能等各种质量指标提出了新的要求。而向用户保证供应符合各种质量要求的铝合金产品，采用挤压加工技术生产比用其他压力加工方法（如轧制、锻造等）有更大的优越性和可靠性。归纳起来，挤压加工有下列不可比拟的优越性，在铝材加工中占有重要地位和不可替代的作用：

（1）在挤压过程中，被挤压金属在变形区能获得比轧制和锻造更为强烈和均匀的三向压缩应力状态，可充分发挥被加工金属本身的塑性。因此，用挤压法可加工那些用轧制法或锻造法加工有困难甚至无法加工的低塑性难变形金属或合金。对于某些必须用轧制或锻造法进行加工的材料，如 7A04、7075、5A06 等合金的锻件等，也常用挤压法先对铸锭进行开坯，以改善其组织，提高其塑性。目前，挤压仍然是可以用铸锭直接生产产品的最优越的方法。

（2）挤压法不但可以生产断面形状较简单的管、棒、型、线产品，而且可生产断面变化、形状极复杂的型材和管材，如阶段变断面型材、逐渐变断面型材、带异型加强筋的整体壁板型材、形状极其复杂的空心型材和变断面管材、多孔管材等。这类产品用轧制法或其他压力加工方法生产是很困难的，甚至是不可能的。异型整体型材可简化冷成型、铆焊、切削、化铣等复杂的工艺过程，这对于减少设备投资、节能、提高金属利用率、降低产品的总成本具有重大的社会、经济效益。

（3）挤压加工灵活性很大，只需要更换模子等挤压工具即可在一台设备上生产形状、规格和品种不同的制品，更换挤压工具的操作简便易行、费时少、工效高。这种加工方法对订货批量小、品种规格多的铝合金材料加工生产厂最为经济适用。

（4）挤压制品的精度比热轧、锻造产品的高，制品表面品质也较好。随着工艺水平的提高和模具品质的改进，现已能生产壁厚为 $0.1 \sim 0.2\,mm \pm 0.05\,mm$、表面粗糙度 R_a 达 $0.8 \sim 1.8\,\mu m$ 的超薄、超高精度、高品质表面的型材。这不仅大大减少总工作量和简化后步工序，同时也提高了被挤压金属材料的综合利用率和成品率。

（5）对某些具有挤压效应的铝合金来说，其挤压制品在淬火时效后，纵向强度性能（R_m、$R_{p0.2}$）远比其他方法加工的同类产品要高。这对挖掘合金材料潜力，满足特殊使用要求具有实用价值。

（6）工艺流程简短、生产操作方便，一次挤压即可获得比热模锻或成型轧制等方法面积更大的整体结构部件，而且设备投资少、模具费用低、经济效益高。

（7）铝合金具有良好的挤压特性，可以通过多种挤压工艺和多种模具结构进行加工。近年来，由于平面分流组合模的不断改进和发展，通过焊合挤压法来生产复杂的空心铝制品获得了广泛的应用和推广。

尽管用挤压法生产铝合金制品仍存在几何废料损伤较大、挤压速度远低于轧制速度、生产效率低、组织和性能的不均匀程度较大、挤压力大、工模具消耗量较大等尚待改进的缺点，但随着现代科技迅猛发展、新挤压工艺、设备和新结构模具的出现，上述缺点也正在被迅速克服之中，尤其对铝合金来说，挤压加工方法仍不失为一种确保产品品质、综合效益最好的先进加工方法。

近30年以来，铝及铝合金的挤压型材和管材的生产能力获得了持续的增长，挤压材在铝合金加工材中所占的比重增长很快，2015年全球铝合金挤压材达2500万吨左右（其中型材1800万吨左右），占世界铝材总量的43%以上。中国是铝挤压大国，2015年铝挤压材产量达1600万吨，占全年铝材产量的57%，成为全国铝加工材的第一大产品。铝挤压材的用途十分广泛，扩展到了所有的产业部门和人民生活的各个方面，成为了国民经济和社会生活的重要基础材料。

2.2 挤压的工作原理及其分类与技术特性

2.2.1 挤压的工作原理及其分类

挤压成型是对盛在容器（挤压筒）内的金属锭坯施加外力，使之从特定的模孔中流出，从而获得所需断面形状和尺寸的一种塑性加工方法，如图2-1所示。

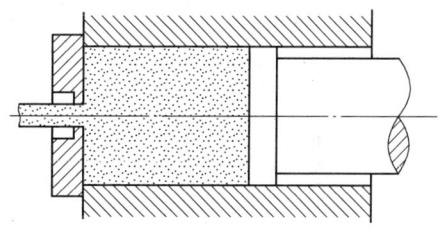

图2-1 挤压加工的工作原理示意图

与其他金属塑性成型方法（如轧制、锻压）相比，挤压法出现较晚。约在1797年，英国人 S. Braman 设计了世界上第一台用于铝挤压的机械挤压机。1820年，英国人 B. Thomas 首先设计制造了一台具有现代管材挤压机基本组成部分的液压式铅管挤压机。从此，管材挤压获得了快速发展。1870年，英国人 Hainer 发明了铅管反向挤压机。1879年，法国人 Borel 和德国人 Wesslau 先后开发成功铅包覆电缆生产工艺，成为世界上采用挤压法制备复合材料的开端。大约在1893年，英国人 J. Robertso 发明了静液挤压法，但直到1955年才得以实用化。1903年和1906年，美国人 G. W. Lee 申请并公布了铝、铜冷挤压专利。1910年，出现了专用的铝材挤压机，铝及铝合金材料的挤压工业和挤压技术获得了飞速的发展。此后，各国科学技术人员又陆续研究开发出了复合坯料挤压、润滑挤压、Conform 连续挤压、等温挤压、水封挤压、冷却模挤压、高速挤压、高效反向挤压、粉末挤压、半固态挤压、多坯料挤压、扁挤压筒挤压、组合模挤压、变断面挤压、固定垫片挤压等多种挤压方法和挤压技术。现代化挤压成型技术在铝及铝合金材料的研制生产中得到了极其广泛的开发与应用。表2-1为各种铝挤压方法在技术上的特点比较。

表 2-1 各种铝材挤压方法在技术上的特点比较

挤压类型	热 挤 压			冷 挤 压	
	无润滑正挤压	有润滑正挤压	反挤压	正挤压	静液挤压
工具形式	直角模,可以使用分流组合模挤压	圆锥形或曲面模,不能使用分流组合模挤压空心件	直角模,不能使用分流组合模挤压	直角模,不能使用分流组合模挤压	直角模,不能使用分流组合模挤压
挤压压力	坯料长时,挤压压力显著增大,由于与挤压筒的摩擦可升高25%~35%	坯料长的要升高一些,很难避免挤压初期阶段的压力峰值	挤压力低而恒定,与正挤压比较要低25%~50%	随原材料长度的增加挤压力要升高一些,由于原材料前端做成适当的形状而可以消除挤压初期的压力峰值	挤压力低而恒定,由于润滑和原材料前端做成适当的形状,可以消除挤压初期的压力峰值
工具寿命	寿命短	较短	寿命短	可用几千次以上	模具寿命长,挤压筒的密封困难
坯料材质	适于挤压铝合金,特别适合挤压纯铝和低强度铝合金	可以挤压硬铝合金和脆的铝-铜合金、复合材料	可以挤压铝合金,空心制品内面可包衬其他金属	各种铝合金	可以挤压各种铝合金和复合材料
坯料尺寸、形状	坯料长度可达直径的3~4倍,当使用穿孔针挤压时,要求空心坯料的同心度高	长度可达直径的5倍,空心坯料同心度高的为好	长度可大于直径的5倍,直径也可选择比无润滑正挤的坯料大	长度为直径的3~5倍,长的空心坯料同心度要保证	长度可达直径的10倍,断面形状任选,也可以是螺旋状,坯料前端为圆锥形
坯料表面精整	一般不用表面精整	表面精整重要	表面要精整	表面要精整	表面要精整
材料变形均匀度	纵向、横向不均匀	比较均匀	比较均匀	比较均匀	纵向、横向均匀
制品尺寸、形状	制品外接圆可接近挤压筒直径,可以挤压多孔、复杂、中空制品,挤压比大小任选(8~100)	制品外接圆可接近挤压筒直径,不能挤压多孔制品,可挤压复合材,形状不能太复杂	制品外接圆是正挤的70%,多孔挤压,调整空心制品的同心度困难。形状不太复杂的制品,挤压比30~40	形状比较单纯,纯铝挤压比为100~300,6063合金挤压比为50~100,6351合金挤压比为25~50	制品外接圆比正挤的小,形状比热挤压单纯,有可能扭转
制品精度、表面	表面没有氧化膜、美观、制品精度较高	表面没有氧化膜、美观、制品精度较高	尺寸较均匀,精度比正挤压高,但表面品质不如正挤压	表面品质好,精度高,可达±0.025mm,粗糙度1μm以下	粗糙度1μm以下,管子的偏心为0.01~0.03mm

挤压类型	热 挤 压			冷 挤 压	
	无润滑正挤压	有润滑正挤压	反挤压	正挤压	静液挤压
制品强度	纵向不均匀，有些合金存在挤压效应	纵向均匀	纵向均匀	因挤压比大而引起软化，可通过固溶化、淬火、挤压、急冷来提高强度	因挤压比大而引起软化
表面缺陷	随材料品种而异，挤压速度或挤压温度高会出现挤压裂纹	坯料有表面缺陷，易出现氧化膜	坯料有表面缺陷，易出现氧化膜	暴露出坯料的表面缺陷	暴露出坯料的表面缺陷
内部缺陷	从坯料断面看，表面缺陷容易向内部延伸，高速挤压会使晶粒变粗，易出现粗晶环和缩尾	用直角模具会生成制品皮下缺陷，若用圆锥形模具情况良好	不易产生内部缺陷	不易产生内部缺陷	不易产生内部缺陷
挤压残料	厚度大（厚到坯料长度的20%或半径大小）	中等程度的厚度	是无润滑正挤厚度的一半，与坯料长度的比例更低些	使加压板面粗糙，挤压残料厚度可减小	为了防止模具圆锥部分飞出，挤压残料体积要大些
挤压速度	受到晶粒粗大化和表面裂纹的限制，对6×××系铝合金为2~25mm/s，用不等温加热可以增加挤压速度	对铝合金，可达到无润滑正挤的2~5倍	对铝合金，挤压速度可达到无润滑正挤的3倍	挤压速度可达到铝合金热挤压的几十倍	挤压速度可达到铝合金热挤压的几十倍
挤压以外的工序	工序短，容易矫正扭曲	需要润滑和挤压后除去润滑剂的工序	坯料装入、取出挤压残料的工序要比正挤多	工序少	工序多，但若用厚膜润滑法就减少了工序
加工装置	在模具附近可设置制品冷却装置	在模具附近可设置制品冷却装置	要改造正挤压机，设计新规程和特殊结构工具与模具	与热挤压比较，要大容量的挤压机，不需要挤压坯料的加热装置	要特殊的装置，但若用厚膜挤压法，则普通的挤压机也行

　　根据挤压筒内金属的应力-应变状态、金属流动方向、润滑状态、挤压温度、挤压速度和设备的结构形式、工模具的种类或结构以及坯料的形状或数目、制品的形状或数目等的不同，挤压成型方法可分为如图2-2所示的多种方法。这些分类方法并非一成不变，许多分类方法可以作为另一种分类方法的细分。例如，正向挤压、反向挤压又可按变形特征进一步分为平面变形挤压、轴对称变形挤压、一般三维变形挤压等。图2-3所示为铝工业上广泛应用的几种主要挤压方法，即正挤压法、反挤压法、管材挤压法、连续挤压法的示意图，它们的主要特点和工作原理简述如下。

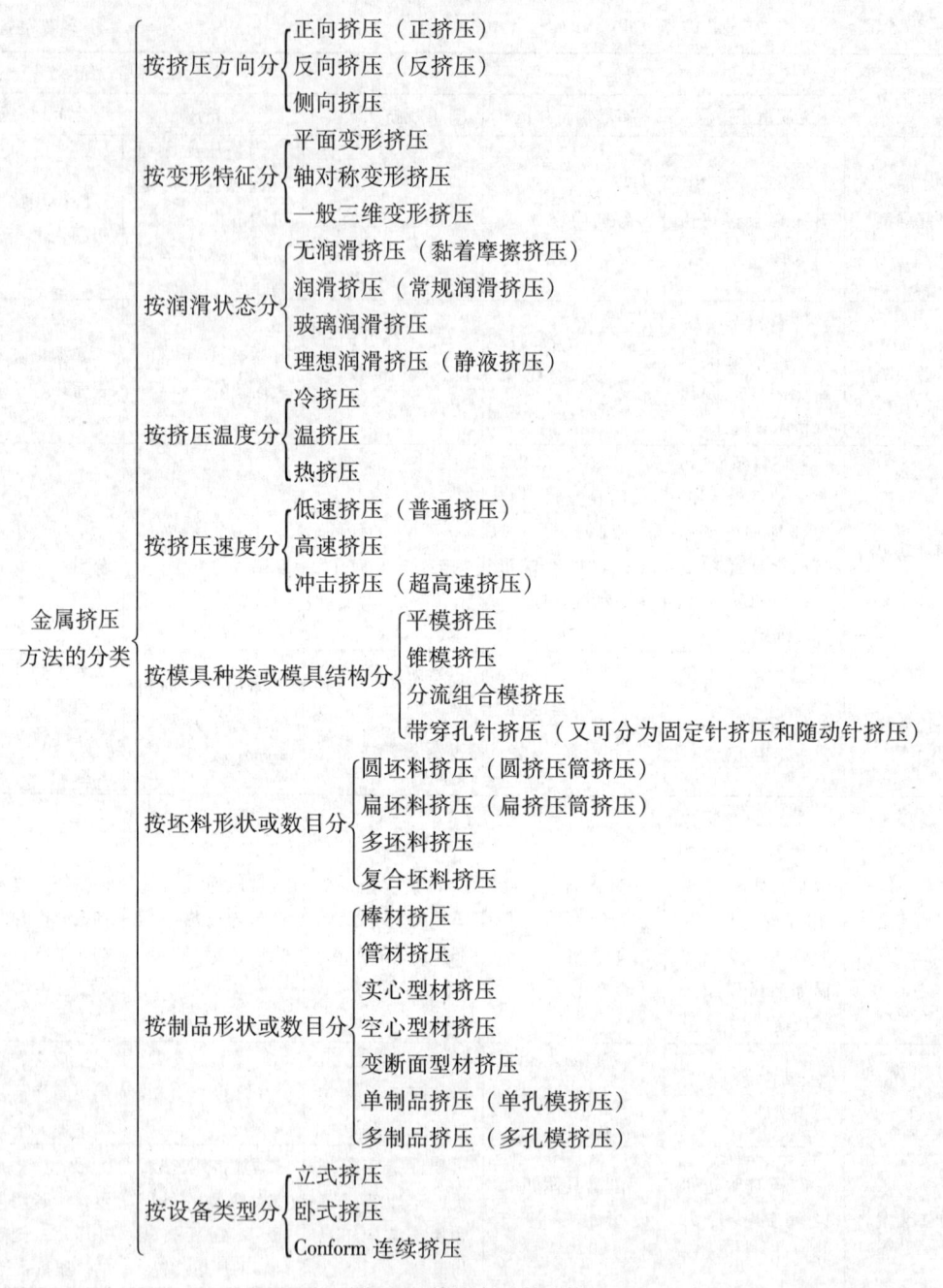

图 2-2　挤压方法的分类

（1）正向挤压（正挤压）。挤压过程中制品流出方向与挤压轴运动方向相同的挤压方法称为正挤压，如图 2-3（a）所示。正挤压是最基本的挤压方法，以其技术成熟、工艺操作简单、生产灵活性大、可获得优良表面的制品等特点，成为铝及铝合金材料成型加工中最广泛使用的方法之一。正挤压又可按照图 2-2 所示的其他分类方法进一步细分，如分为平面变形挤压、轴对称变形挤压和一般三维变形挤压，或分为冷挤压、温挤压和热挤压等。

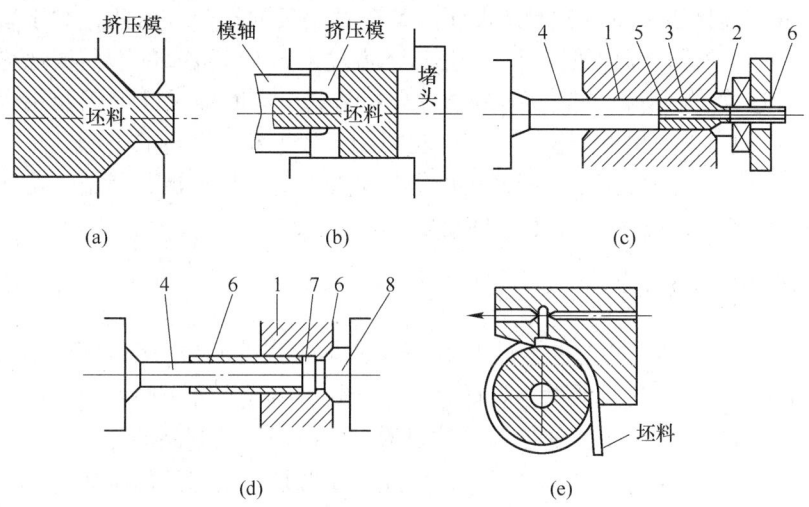

图 2-3 铝加工中常用的挤压方法

（a）正挤压法；（b）型材、棒材反向挤压法；（c）管材正挤压法；（d）管材反挤压法；（e）Conform 连续挤压法
1—挤压筒；2—模子；3—穿孔针；4—挤压轴；5—锭坯；6—管材；7—垫片；8—堵头

正挤压的基本特征是：挤压时坯料与挤压筒之间产生相对滑动，存在有很大的外摩擦，且在大多数情况下，这种摩擦是有害的，它使金属流动不均匀，从而给挤压制品的品质带来不利影响，导致挤压制品头部和尾部、表层部与中心部的组织性能不均匀，容易产生粗晶环缩尾等废品，使挤压能耗增加，一般情况下挤压筒内表面上的摩擦能耗占挤压能耗的 30%～40%，甚至更高；由于强烈的摩擦发热作用，限制了铝及铝合金等中低熔点合金挤压速度的提高，加快了挤压模具的磨损。

（2）反向挤压（反挤压）。金属挤压时制品流出方向与挤压轴运动方向相反的挤压，称为反挤压，如图 2-3（b）所示。反挤压法主要用于铝及铝合金（其中以高强度铝合金的应用相对较多）管材与型材的热挤压成型，以及各种铝合金材料零部件的冷挤压成型。反挤压时，金属坯料与挤压筒壁之间无相对滑动，所需挤压力小，挤压能耗较低，因而在同样能力的设备上，反挤压法可以实现更大变形程度的挤压变形，或挤压变形抗力更高的合金。与正挤压不同，反挤压时金属流动主要集中在模孔附近的区域，因而沿制品长度方向金属的变形是均匀的。但是，反挤压技术操作较为复杂，间隙时间较正挤压长，挤压制品的表面品质难以控制，需要专用的挤压设备和工具等，反挤压的应用受到一定的局限。但近年来，随着专用反挤压机的研制成功和工模具技术的发展，铝合金的反挤压获得了越来越广泛的应用。

（3）Conform 连续挤压。以上所述各种方法的一个共同特点是挤压生产的不连续性，前后坯料的挤压之间需要进行分离压余、充填坯料等一系列辅助操作，影响了挤压生产的效率，不利于生产连续长尺寸的制品。挤压生产真正实现连续化并获得较好的实际应用，是在英国原子能局的 D. Green 于 1971 年发明了 Conform 连续挤压法之后。如图 2-3（e）所示，Conform 连续挤压法是利用变形金属与工具之间的摩擦力而实现挤压的。由旋转槽轮上的矩形断面槽和固定模座所组成的环行通道起到普通挤压法中挤压筒的作用，当槽轮旋转时，借助于槽壁上的摩擦力不断地将杆状坯料送入而实现连续挤压。

Conform 连续挤压时坯料与工具表面的摩擦发热较为显著，因此，对于熔点较低的铝及铝合金，不需进行外部加热即可使变形区的温度上升至 400~500℃ 而实现热挤压。

Conform 连续挤压适合于铝包钢电线等包覆材料、小断面尺寸的铝及铝合金线材、管材、型材的成型。采用扩展模挤压技术，也可用于较大断面型材的生产。

此外，冷挤压、润滑挤压、静液挤压等方法在铝材挤压中也获得了一定的应用。表 2-1 列出各种铝材挤压方法在技术上特性比较。

2.2.2 挤压成型法的特点

挤压加工具有许多特点，主要表现在挤压变形过程的应力应变状态、金属流动行为、产品的综合品质、生产的灵活性与多样性、生产效率与成本等一些方面。

挤压加工与其他一次塑性加工（制取具有一定断面的长制品的加工）在本质上的不同点，就是它近于在密闭的工具内进行的，因此，变形是在很高的静水压力下完成的。这就产生了如图 2-4 的左侧所示的基本特性，并由此而导致如图 2-4 右侧所示的各种技术特性，从而提示了挤压加工在技术上和经济上的优缺点。

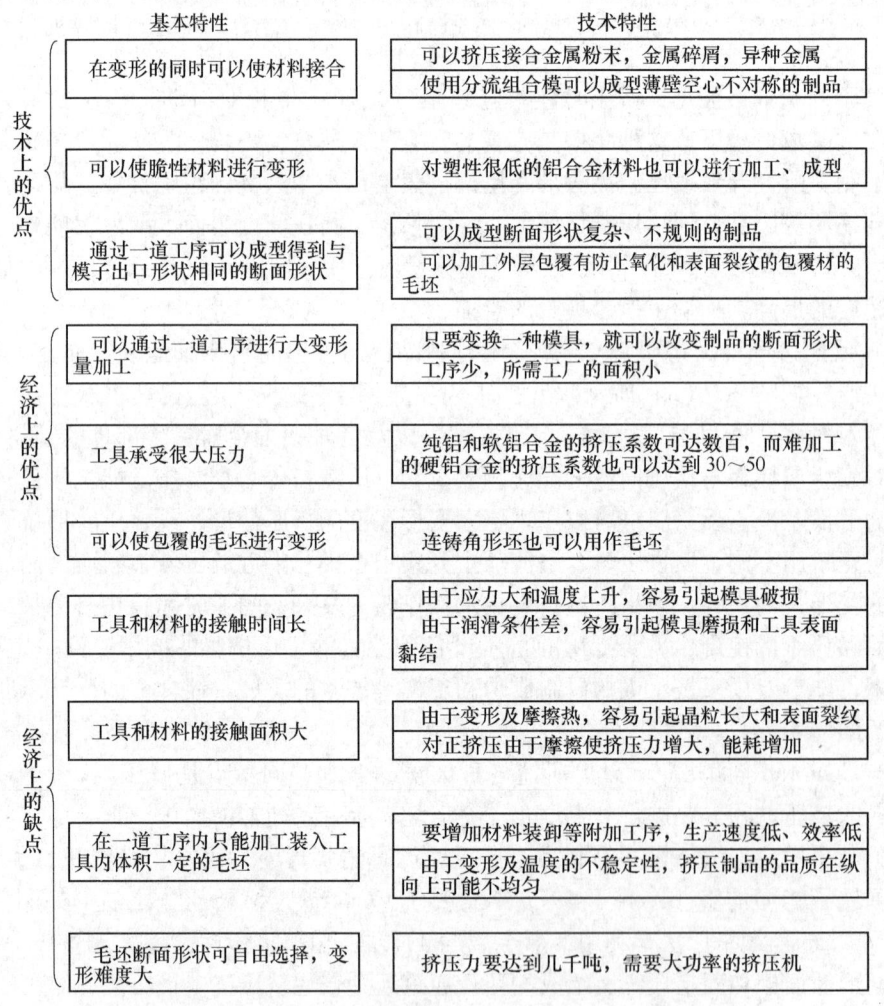

图 2-4　与其他塑性加工方法比较，挤压加工所具有的特点

众所周知，在高的静水压力下实行大变形加工时，金属很容易被压接。挤压就是利用这一点来进行各种压接的。如果两种金属的变形抗力差别不是很大，即便在室温也可以通过挤压来接合，这可从通过静水压挤压制造包铜的铝材中得到证实。

2.3　铝合金挤压成型理论、技术发展现状与趋势

2.3.1　金属挤压成型理论研究的概况

20 世纪初期，人们就开始对金属加工过程的分析，提出了各种理论和分析方法，解决了一些实际问题，但真正取得突破性进展的还是近三十年的事情。随着数学分析方法的发展和计算机的广泛应用，金属压力加工的理论分析方法不断向更深、更广的方向发展。

本来，热挤压所用的坯料是比较短的，而且由于是在高温下进行，从挤压初期到后期均表现出不稳定的变形，这对形成诸多挤压缺陷起了重要的作用。材料的变形抗力和模具工作面上的摩擦，是变形理论的基础，但是用初等的解法来求有关断面上的应力和应变的分布关系是无济于事的，因此，自 1960 年起用得较多的解法有滑移线场法、上限法、下限法，最近也开始用有限元法。可是这些方法的计算都是很费功夫的。现在已经广泛使用电子计算机了，可预测挤压比、摩擦系数、模具角度等对加工应力的影响，可以预测死角金属的大小以及会不会因此而成为卷入缺陷，甚至还可以采用模拟挤压法预测有否内部裂纹，最合适的模具角度或材料内部的温度和应力分布等现象。

目前正在研究开发或已应用的分析研究金属挤压成型和挤压工模具设计的理论方法主要有以下几种：

（1）工程近似法。借助于塑性方程求解平均主应力平衡方程式，虽然在工程中仍有应用，但是它们不能求出变形区的参数，也不能求出挤压过程的温度场、速度场，只能得到近似的挤压力，而且其精确度必须取决于假设条件。因此，只对简单的问题有较好的计算结果，所以，一般只在生产现场使用。

（2）滑移线法。利用滑移线法求平衡方程式。以 Henchey 应力方程为基础，以体积不变条件和最大剪应力学说构造滑移线，从而得到一个速度许可场。在计算工模具局部应力与变形、死区范围、形状以及自由表面轮廓形状的变化等方面能给出非常精确和详细的资料，而且可求出变形金属在平面各点的应力状态及金属流动的趋势。近年来，随着电子计算机技术的迅速发展，使求解滑移线场更迅速更切合实际和更有价值。用较简单的模拟试验就能提供详细的变形模型，还可以展示出应变硬化和偏离平面应变条件是如何影响变形模型的。

（3）初等能量法。根据试验直接观察到的现象，以外力功等于变形能列出方程来求解挤压力。只适用于简单的变形均匀的问题。近年来，由于计算机的应用及有限元法的发展，该方法不再使用。

（4）上限法。该法只能求出挤压力的上限和大致的变形，不能求出应力应变的分布规律，所得结果为平均值，因而限制了它的应用。

（5）变分法。许多学者对此进行了大量的研究，随着大型计算机和相关科学的发展，变分法的计算成果将对挤压模具和大型挤压筒的设计产生积极的效果。

（6）有限元法。分为塑性有限元和刚（黏）塑性有限元等方法。都是应用能量守恒

建立泛函，变分求解。有限元的实质就是在函数的定义域内规定一定有限点，使其整体区域离散，这些离散点的函值和导数值是指定的，称之为结点。因此，函数的定义域近似地用由结点围成的有限单元集合起来表示，在每个这样的单元内用连续函数的局部来表示，单元内的连续函数由单元相关点值来描述，其一般的步骤为：1）问题的提出；2）单元类型的选择；3）建立单元方程；4）组集单元方程；5）数值求解整体方程。

单元方程的建立有四种方法：一是直接法，二是变分法，三是加权剩余法，四是能量平衡法。目前常采用变分法求解，其基础在于根据各种本构关系建立适当的泛函，通过求解泛函的一阶变分为零二次变分问题，从而得到原始边值问题的解答。泛函的局部单元上由其结点值表示，然后把局部的单元方程组装成区域内所有单元之方程，再将泛函取驻值就得到刚度方程。

弹塑性有限元法在理论上较严谨，它将材料看成弹塑性体，根据载荷的增加，逐步地从弹性变形区进入塑性变形区。

刚塑性有限元法是考虑金属成型属于塑性大变形前提下而提出的。该法忽略了材料的弹性变形，简化了本构方程。正因为如此，在计算中（无需受一次增量加载）不受过多单元同时进入屈服的限制。允许在计算中采用较大的增量步长，从而大大缩短了计算时间，可以说塑性有限元法克服了弹塑性有限元法的不足而成了分析金属成型的一个有力工具，此法主要适合于冷成型的过程。

与其他方法不同，在应用有限元法分析挤压工艺和挤压模具问题时运用了能量守恒定律，在给定的挤压边界条件下，通过变分原理来求解。其优点在于不必预先对材料内部的应力应变分布及速度分布作任何假设；在实际使用中不受工件几何形状影响而可广泛适用于种种边界问题；对各种物理量一次计算即可全部求出，只要给出真实的边界条件，就可以得到比较准确的应力应变分布；可考虑热变形等的影响；能详细准确地估计成型过程中不同参数对金属流动的影响等，因此是模拟变形过程的最有效方法之一。

（7）模拟试验法。有限元法、边界元法等均属于数值模拟法，而密栅云纹法、光弹光塑法和软材料实物模拟法等则属于物理模拟方法。一种发展方向是模拟的材料尽可能接近实际的金属材料，以解决它们间的相似性问题，如日本仙台东北大学教授岛田平八采用云纹法测定高温下材料的性能和断裂，进行应力应变分析。另一种发展方向是用氯化银、有机玻璃以及塑泥和蜡泥等软材料作为模拟材料进行变形试验，用光弹光塑试验来观察、分析与研究挤压工模具的结构设计、应力应变分布等对金属流动力学的影响。后者制作简单但测量精度低，不能直接用于实物模拟和高温条件，而前者能克服上述问题，可避免模拟过程中的失真，具有较大的优越性，有进一步研发的价值。

应用密栅云纹和光弹光塑法等物理模拟试验方法能提供挤压过程中模具的局部应力应变及其他参数的详细资料，但没有视塑法和有限元法等数值模拟法提供的那么精密。

总的来说，近十几年来，金属挤压加工理论和挤压模具设计理论有了很大的发展，提供了许多可供应用的有价值的分析方法来获得挤压过程中金属与工模具上的应力-应变、温度-速度等的分布和变化，为合理经济地设计工模具与制订合理工艺提供了有力的保证。特别是近几年来，随着大型计算机的研制和应用，优化设计理论与应用的进一步完善，相关学科的进一步发展和糅合，像有限法、变分法、云纹法等十分复杂但又十分有效的分析方法获得了突破性的发展，并已进入实用阶段。

2.3.2　金属挤压过程的 CAD/CAM/CAE 技术及发展方向

2.3.2.1　发展概况

随着计算机技术的迅猛发展，在金属加工技术方面，很难找出没有"计算机辅助（CA）"的领域。目前，最重要的计算机辅助功能有：CAD/计算机辅助设计，CAP/计算机辅助规划，CAM/计算机辅助制造，CAQ/计算机辅助质量控制，CAS/计算机辅助操作，CAE/计算机辅助工程，CAM/计算机辅助集成制造等。

随着塑性加工理论、数值技术、优化技术和运筹学的发展，CA 技术逐渐应用于压力加工中复杂问题的综合分析规划和过程模拟，促使压力加工 CAP、CAD、CAM、CAS、CAQ 的集成化，形成计算机集成生产系统（CIMS）。CAD、CAP、CAM、CAQ、CAS 等位于同一水平线上，它们都属于"计算机辅助"的范畴，这些功能与过程的互联，即硬件、软件、数据库和交换系统的组合，实现了计算机集成生产系统（CIMS）。

CIMS 包括计算机集成加工系统 CIPS（也称柔性制造系统 FMS）和计算机集成生产管理系统 CIPMS（也称办公室自动化 OA），把设计、制造、生产和管理集成为一个统一体。将计算机高速而精确的计算能力、大容量存储和处理数据能力与人的逻辑判断、综合分析能力以及创造性思维结合起来，既可用专家知识协助设计者进行工具形状及产品性能的优化设计，也可用计算机模拟加速设计进程，减少反复试验次数，同时规划和控制生产过程、生产质量，缩短产品开发和生产周期，降低成本，提高经济效益和社会效益。

2.3.2.2　CAD/CAM 技术在模具设计加工中的应用

近年来，挤压加工企业对 CAD/CAM 用于模具制造和挤压加工过程倍感兴趣，众多企业正在应用 CAD/CAM 系统如 Computervision、Anvil4000 和 Unigraphics 作为设计、绘图和数控加工模具及工具的手段。

目前，市场上有大量 CAD/CAM 系统出售。企业选购时，下列因素应加以考虑：（1）CAD/CAM 的图像系统应包括软、硬件；（2）CAD/CAM 系统必须能利用"线框"（wireframe）逼近来描述三维几何形状，即要求该系统具有雕刻复杂曲面的能力；（3）CAD/CAM 系统必须具有完整而又易于增加尺寸间隙的能力，这样可以修正部分几何尺寸以便完成整个绘图工作，这种软/硬件配置方式能使计算机可以用于其他工程和分析用途。

挤压模 CAD/CAM 的必由之路是由计算机模拟挤压成型过程，利用上限理论和有限元技术模拟挤压件在模具中的流动情况，预测挤压件的精确几何形状，为优化模具结构和挤压工艺奠定基础，从而提高模具设计制造水平，提高模具使用寿命，帮助减少试模次数，以实现一次成功挤压成型高质量制品的理想，然而，复杂形状挤压件的挤压模具的结构及现状也是复杂的，寻找使用的数值方法，建立确切的模型是模拟成型金属在模具中流动情况的基础。如采用基于上限理论的数值方法，首先必须建立合理的运动学许可速度场。

2.3.2.3　金属挤压过程的 CAE 技术的应用与发展

CAE 是 CAD/CAM 向纵深发展的必然结果，它是产品规划、设计、制造、工程模拟分析、试验等信息处理过程的计算机辅助生产的综合系统。由这 5 个部分组成的 CAE 系统可以循环往复，也可独立工作。此外，系统还应包括相应方法库、程序库、数据库和数据库管理系统。塑性加工理论、数值分析方法、优化技术和运筹学的发展，为综合分析规划压力加工中复杂问题和进行过程模拟提供了基础。在此基础上借助于 CA 的各种功能，使压力加工 CAE 成为可能。挤压加工 CAE 过程如图 2-5 所示。

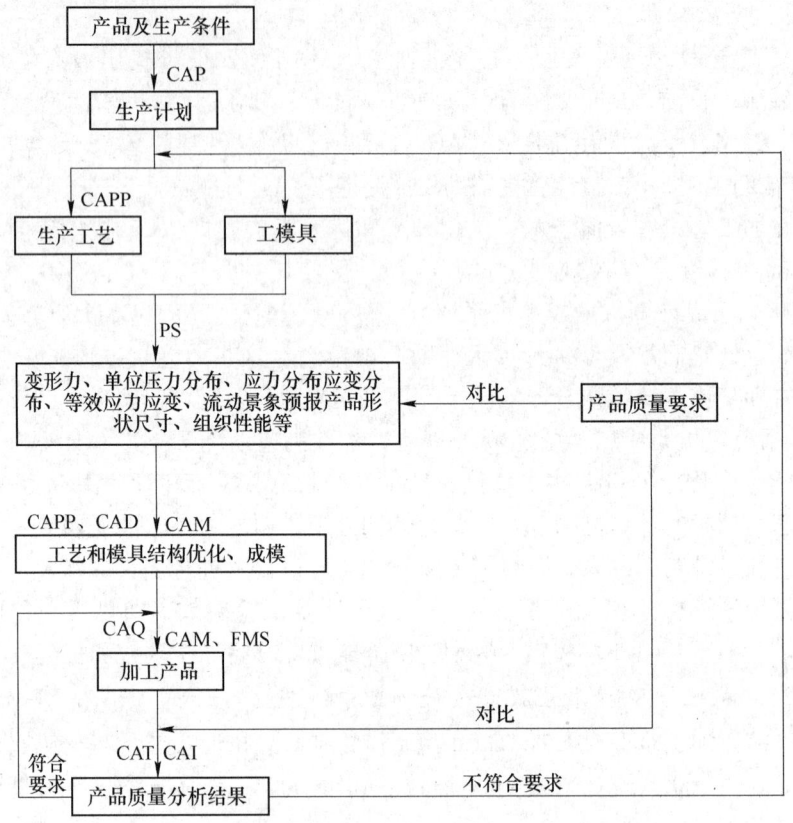

图 2-5 金属挤压加工 CAE 过程图

图 2-5 中示出，根据产品及技术条件用计算机辅助规划 CAP 系统进行生产计划管理，在满足既定要求下，按照一个或多个评价指标来寻求最优方案。CAP 从选出的最优方案出发，依照设计规划和约束条件进行工艺和工模具设计。过程模拟 PS 既是 CAE 的主要功能之一，也是完成其他功能的重要手段，利用上限法、滑移线法和有限元分析计算，从而模拟压力加工过程，进而优化工艺和模具结构。用加工好的模具，利用设计好的工艺，通过计算机辅助质量控制 CAQ 得到加工产品。利用 CAI 和 CAT 按质量要求和标准进行检测。根据检测结果，对生产工艺和工模具进行修正。这样一来可以减少试模和试生产次数，节约时间和材料消耗，提高产品质量，降低生产成本，从而提高工厂的竞争力。可见，金属挤压 CAE 技术是挤压产品生产全过程的电子计算机辅助控制和工程监测系统，很有发展前景。

2.3.3 金属挤压成型技术发展的现状

金属挤压成型技术发展的现状如下：

（1）挤压设备迅速发展，大型化和自动化。具体地说，挤压机台数急剧增加，挤压力不断扩大，结构形式不断更新，自动化程度不断提高，油压挤压机得到广泛应用。挤压设备是反映技术水平的重要指标，粗略统计，各国已装备的不同类型、结构、用途、挤压力的挤压机达 7500 台以上。随着大型运输机、轰炸机、导弹、舰艇等军事工业和地铁、高速列车、轻轨车以及大型豪华汽车等现代化交通运输工业的发展，需要大量的整体壁板等结构部件，故挤压机向着大型化的方向发展。目前，已正式投产使用的 100MN 以上的大挤压机 30 台以上，拥有的国家是美国、前苏联、中国、日本和德国。其中挤压力最大的是中国忠旺集团公司的 225MN 挤压机，其次是前苏联古比雪夫铝加工厂的 200MN 挤压机。在挤压机本体方面，近年来国外发展了钢板组合框架和预应力"T"形头板柱结构机架和预应力混凝土机架，大量采用扁挤压筒、活动模架和内置式独立穿孔系统。在传统形式方面发展了自给油传动系统，甚至 225MN 大型挤压机上也采用了油泵直接传动装置。现代挤压机及其辅助系统都采用了 PLC（程序逻辑控制）系统、记忆磁带和模拟典型的卡片控制系统或穿孔卡片控制系统、CADEX 闭环系统等，即实现了速度自动控制，实现了等温-等速挤压、工模具自动快速装卸乃至全机自动控制。挤压机的机前设备（如长坯料自控加热炉、坯料热切装置和坯锭运送装置等）和机后设备（如牵引装置、在线淬火装置、前梁锯、活动工作台、冷床和横向运输装置、拉伸矫直机、成品锯、人工时效炉等）已经实现了自动化和连续化生产，加之电脑、微机的广泛应用，挤压更加程序化、高质量、高效率，从工艺装备各方面都反映了现代挤压加工技术的新水平。挤压设备正在向组装化、成套化和标准化方向发展。

（2）挤压工模具技术有了突破性进展。总的来说，挤压工模具技术从设计计算、结构选择、装卸方法、制模技术、新材料研制到提高模具寿命等方面都有很大发展。为了促进挤压技术的发展，提高模具寿命，各国对模具结构进行了广泛的研究，研制成功了多种新型结构的挤压模具，如舌型模、平面分流组合模、叉架模、前室模、导流模、可卸模、宽展模、水冷模等，同时出现了多种形式的活动模架和工具自动装卸机构，大大简化了工模具装卸操作，节约了辅助时间。高合金化的铬镍模具钢，如 2779（德），H13、H10A（美），SKD8（日本），4XMBФ（俄）等的出现与新型热处理的方法，如预处理真空淬火处理、离子氮化处理、表面硬化处理等的应用，使模具材料的质量向前推进了一大步。CNC 数控加工中心、电火花线切割加工技术用于制模，不仅提高了模孔的精度、工作带表面光洁度和硬度，而且大大提高了制模生产效率，为实现制模自动化创造了条件。由于电子计算机用于挤压模具的设计和制造，为实现模具的设计与制造自动化、提高模具的质量和寿命开辟了一条崭新的道路。大型高比压、圆、扁挤压筒、固定挤压垫等大型工具也有了突破性进展。

（3）挤压工艺不断改进和完善。近年来，除了改进和完善正反向挤压方法及工艺以外，出现了许多强化挤压过程的新工艺和新方法，对冷挤压、润滑挤压、等温挤压、水冷模挤压、连续挤压、快速挤压、包套挤压、静液挤压等新的挤压技术进行了广泛的研究并获得了实际的应用。1960 年发展起来的静液挤压技术和 1970 年发展起来的有效摩擦挤压法，由于具有很多的优点，获得了突破性的发展。此外，像舌型模挤压、平面组合模挤压、一模多孔挤压、变断面挤压、扁挤压、螺旋挤压、宽展挤压、辊挤、温挤、半固态挤压、连铸连挤、复合挤压、盘管挤压、淬火挤压、粉末挤压、反挤压和高效反挤压等新的挤压工艺也广泛用于金属加工技术。这些先进的挤压方法和新的挤压工艺对于扩大金属材料的品种、提高挤压速度和总的生产效率、提高产品质量、发掘轻合金的潜力、减少挤压力、节能节资、减少工序、降低成本等方面都有积极的意义。

（4）挤压产品的结构发生了根本变化。20 世纪 60 年代以来，轻合金挤压材的增长速度平均每年高达 9.5%，不仅超过了轻合金的其他加工材料（如为轧制材的 2 倍），而且大大超过了钢铁材料的增长速度。据不完全统计，目前轻合金挤压材的年产量已超过 1800 万吨。由于铝挤压材的一半以上用于建筑等民用工业，而军用挤压材已下降到 5% 以下，结果使软合金比重大大增加，硬合金比重大大减少。以 20 世纪 70 年代为例，美国铝挤压材中软硬合金之比为 12：1，日本为 24：1。铝合金型材发展最快，其产量大约占整个挤压材的 80%。目前型材品种已达 10 万多种，其中包括逐渐变断面型材、阶段变断面型材、大型整体带筋壁板和异型空心型材等各种具有复杂外形的型材。挤压型材的最大宽度可达 2500mm，最大断面积可达 1500cm^2，最大长度可达 25~30m，最重可达 2t 左右。超高精度的型材的最薄壁厚已达 0.2mm，最小公差可达 ±0.0127mm。薄壁宽型材的宽厚比可达 150~300 以上，带孔空心型材的孔数可达数十个之多。管材的品种也有了很大发展，除各种不同规格的圆管以外，还生产出各种轻合金异型管、变断面管、螺旋管、翅片管等。挤压圆管的规格范围为 ϕ5mm×0.5mm~ϕ800mm×25mm，最薄壁厚可达 0.38mm。冷挤压管的精度更高，一般不需机械加工，内外表面不需进行任何处理即可装机使用。例如，带 11 条筋的反应堆套管，壁厚公差仅为 ±0.07mm，管材的最大长度已达千米以上。圆棒的规格范围为 ϕ3~800mm，而且可以生产各种规格的异型棒材。由于轻合金挤压材的产量、品种和规格不断扩大，其应用范围也越来越广泛了，在国民经济和人民生活中的地位与日俱增。而且，随着科学技术的进步，国民经济的发展和人民生活水平的提高，轻合金加工材由主要为军工服务转为亦军亦民的方向，除航空航天工业外，建筑、交通运输、电力电器、容器包装、化工、石油、原子能、农机、食品和日常用品等部门对铝的需用量越来越大。铝挤压工业和技术将为人类社会的进步作出更大的贡献。

图 2-6 所示为目前已在国防军工和国民经济各部门、人民生活各方面广泛应用的部分铝及铝合金型材断面。

2.3.4　金属挤压技术的发展前景

挤压加工的优点非常适合今后社会的发展要求，就是说今后对复合材料或者难加工材料的加工会越来越多，还要求能够经济地进行多品种小批量的生产；能用废料作坯料以节省资源和节能；能用铸锭直接进行加工，这对节能以及节省占地面积是有利的；只要对液压泵进行屏蔽，就可以防止液压挤压机的噪声和振动等公害，环保效果很好。

为有效地利用挤压加工的优点，需要进一步研究切割型材并进一步制造机械及器具和配件。即使不是直接制成成品，只要在切割后稍微进行切削加工，或者用作冷、温、热锻的毛坯，也可以减少不少工序。这对于在生产零件过程中尽可能保持连续性来说，在材料处理上是有利的。所以必须优先开发的技术是能够经济地和精密地切割型材的方法。开发耐热和耐磨的工具和润滑剂及后处理的润滑剂，可以大大地提高挤压技术的经济性。提高工具强度可以降低挤压温度，这样既可以避免过热裂纹和晶粒粗大的危险，又可提高挤压速度。

挤压是有希望进入过去受轧制支配的大规模生产领域的加工方法之一。挤压机的大型化，增加工具强度，改进反挤压装置等对于增大用一道工序能够挤出的坯锭的体积是有用

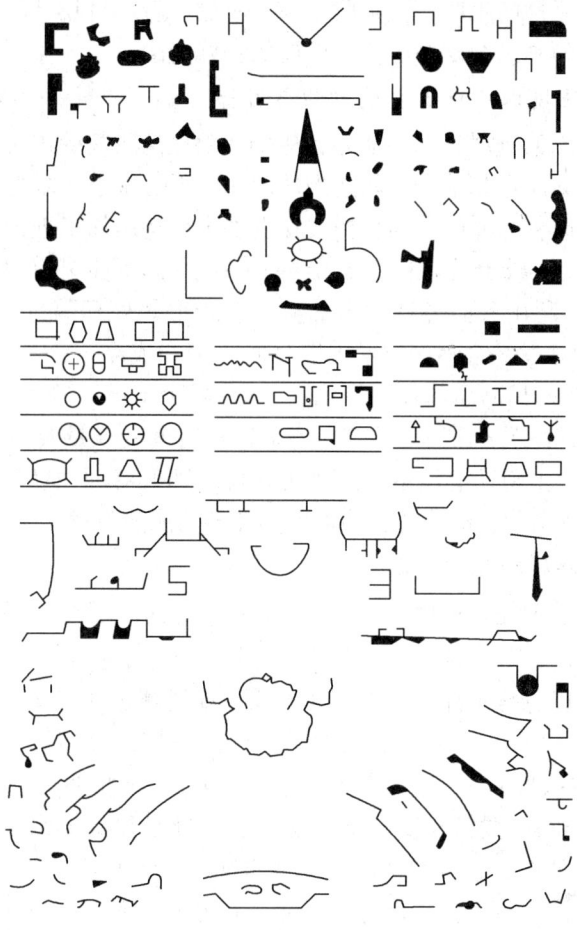

图 2-6 部分铝挤压型材断面

的。另外，挤压的连续化，将会消除挤压加工的最大缺点。所以说，必须充分领会并且熟练地运用塑性变形的基本法则和各种机械技术以促进挤压技术的发展。

在改进这些机器设备（硬件）的同时，对于能有效地操纵这种机器的软件的改进，也是不可缺少的，如果从力学分析的方面来考虑，在确定材料的外形方面，挤压加工不像锻造和旋压那样需要加工的自由表面过多，所以有其容易处理的一面。可是，挤压是在密闭的工具内进行的加工，摩擦及工具内部的温度分布等难以预测的因素，将会对材料内部的力学状况产生重大的影响。为了进一步发展对挤压有用的软件，需要努力使力学与金属学结合起来成为一体。由于在挤压加工过程中材质发生剧烈变化，为了实现高温度、大变形、大的应变速度，不将这两者结合起来是不能得到有用的程序（软件）的。

无论是理论还是实验，应该把主要的精力集中于提取力学及金属学上重要的因素，而不要过多地花费精力去详细地记录在挤压过程的各个地方、各个阶段会产生些什么。当然，对研究工作者来说，另一件有可能做到的是提出对压力和温度的近似理论，以便在实验过程中求解实验数据时用来作指导。只有掌握了充分的实验数据，才有可能相当有效地利用挤压机。事实上已经有了这方面的例子。即对于任何一种挤压制品通过计算机，都可以确定出它们的尺寸和规格，并且能够确定出成品率最高的挤压尺寸。当务之急是应该制定出更先进的具有通用性的程序，让金属学家、机械学者、材料学家和挤压成型与塑性力学家充分交换意见，勾画出金属挤压技术发展的美好蓝图。

2.3.4.1 铝挤压技术的重点发展方向与目标

虽然金属挤压加工的进展有很多地方有待于基础理论研究的进展，但最重要的是把这种基础理论研究与实际应用相结合，以达到增产、降耗、节能、环保、提高生产效率、降低成本、扩大品种、改善品质的共同目标。在发展金属挤压加工理论与技术时需要重点考虑的项目主要有：（1）减少功耗量，节能降耗；（2）减少外部摩擦，提高变形效率；（3）提高精度；（4）利用各向异性、内部应力、变形热处理等方法提高产品综合性能；（5）有效利用废料和开发综合利用技术，提高回收率和成品率；（6）防止产生缺陷或利用缺陷；（7）提高工模具品质和使用寿命；（8）减少工序，研发挤压新方法、新工艺、新技术，提高生产效率、降低成本；（9）增加单位时间的产量及节省劳动力，实现高速化、自动化、连续化；（10）清洁生产，改善环境，降低劳动强度；（11）降低造价，降低成本；（12）发展新用途、新功能、特种性能和多功能的新材料。

2.3.4.2 降低挤压功耗的方向

塑性变形需要的总功耗 A_t 可用式 $A_t = A_p + A_f + A_s + A_e$ 表示，式中 A_p 为纯塑性变形功，A_f 为工具和材料间的摩擦功，A_s 为附加剪切变形功，A_e 为弹性变形功，其中 A_e 与其他各项相比较都非常小，因此可以忽略不计。所以要减少 A_t，就要减少 A_p、A_f、A_s，并且首先要考虑减小 A_p。

如果设 A_p 变形体积为 V，变形量为 h，变形材料的变形抗力为 K_f，那么就可以用 $A_p = V | \varepsilon h | K_f$ 来表示。V 和 εh 是给定值，所以要减小 A_p 就必须减小 K_f。因此要考虑各种因素对 K_f 的影响。为了降低 K_f，使变形速度 ε 变得非常小，就可以大体上达到目的。此技术已广泛用于各种金属的挤压生产中。此外，采用反向挤压、润滑挤压等方法，减少摩擦力，也可大大减少变形功。

2.3.4.3 减少外部摩擦，提高变形效率的研发方向

外面摩擦功 A_f 非常大，而且将转变成摩擦热，使材料与工具产生黏结并使材料变质，还会使附加剪切变形增大。在金属挤压时，大的外面摩擦（挤压筒与坯料之间，变形金属与模具之间等）不仅会使变形功增大 30% 以上，而且还会恶化表面质量，引起裂纹、缩尾、粗晶环等缺陷。当摩擦热使金属温度增高时，不得不减缓变形速度，大大降低了生产效率。为了减少外部摩擦，正在研究和开发的主要技术有：包套挤压、润滑挤压及新型润滑剂、反向挤压和高效反向挤压、有效摩擦挤压、Conform 连续挤压、辊挤、静液挤压、最佳模角与模面优化技术等。

2.3.4.4 提高产品精度的研究与开发

在模具设计和制造方面有如下研究与开发方向：（1）模具结构优化设计与强度校核计算研究；（2）模具新材料及其热处理与表面处理技术开发；（3）机加工 + 电加工 + 热加工三合一模具制造新工艺研究；（4）模具 CAD/CAM/CAE 技术开发；（5）新型修模技术开发。

还可进行冷挤压、反挤压、等温-等速挤压研究，扁挤压、导流模挤压及保护模挤压的开发，精密在线淬火工艺、牵引挤压、可控拉矫技术与拉矫夹卡具、新型辊矫及配辊技术、可控压力矫直技术等的开发。

2.3.4.5 提高产品品质方面的研发方向

提高产品品质方面的研发方向有：

（1）研制开发新型合金材料（如 Al-Li 合金，Al-Fe 合金，粉末冶金，复合材料等），优化合金成分及主要元素的最佳配比，微量元素的合理控制；新型在线熔体净化技术开发，Al-Ti-B 丝等在线细化技术及变质处理技术的开发，电磁铸造、电磁搅拌、真空铸造、热顶等温铸造等新技术开发。

（2）等温挤压、等速挤压、CADEX 技术、TAC 反向挤压以及沸水淬火、在线精密淬火、多级人工时效等热处理新工艺和挤压—冷拉拔—淬火等新型低温形变热处理工艺的研究等。

2.3.4.6 废料及缺陷利用方面的研究与开发

废料及缺陷利用方面的研究与开发有：

（1）废料回收技术、废料重熔技术、感应熔炼技术等的开发以及废料配比的研究。

（2）有效摩擦挤压、Conform 连续挤压技术、Castex 连铸连挤等技术的开发。

（3）残余应力的测试及消除方法，大型多层组合模开发，大型多层预紧扁挤压筒结构设计的研究，各向异性的机理研究及消除方法，二次挤压、复合挤压以及挤压效应的研究。

2.3.4.7 提高生产效率方面的研究开发方向

提高生产效率方面的研究开发方向有：

（1）冲击挤压、辊挤、Conform 和 Castex 连续挤压，半固态挤压，反向挤压和高效反向挤压，一模多孔挤压，高速挤压以及水（液氮）冷却模具挤压等可减少工序、减少加热次数和中间退火次数、增大加工率、实现高速化和连续化的新型挤压方法的研究开发。

（2）提高铸锭质量、优化均匀化处理、优化挤压工艺以及 CADEX 等新型控制技术等提高材料挤压性的研究。

（3）改造挤压设备、优化挤压生产线布置、快速装卸挤压工具和模具、CAD/CAM/CAE 技术以及全线 PLC 控制等简化工序环节、减少辅助时间、实现全线自动化控制等新技术开发。

2.3.4.8 提高成品率方面的开发方向

提高成品率方面的开发方向有：

（1）减少切头尾、减少挤压残料、无残料挤压等工艺的研究。

（2）挤压废料分类、回收及减少烧损方面的研究。

（3）减少粗晶环、缩尾、裂纹、组织性能不均匀、尺寸精度不合格等工艺废品技术的研究。

2.3.4.9 节能降耗、降低成本方面的发展方向

节能降耗、降低成本方面的发展方向有：

（1）新型节能熔化炉及高效喷嘴的研究。

（2）提高挤压工模具使用寿命的技术措施研究。

（3）减少加热次数（或不加热）、减少工序（如连铸连挤等）、缩短辅助时间、提高挤压速度等新型挤压和热处理工艺的研究。

3 铝合金的性能、分类及常用挤压铝合金

3.1 铝的基本特性与应用范围

铝是元素周期表中第三周期主族元素，具有面心立方点阵，无同素异构转变，原子序数为 13，相对原子质量为 26.9815。表 3-1 列出了纯铝的主要物理性能。

表 3-1　纯铝的主要物理性能

性　　能		高纯铝（Al 99.996%）	工业纯铝（Al 99.5%）
原子序数		13	13
相对原子质量		26.9815	26.9815
晶格常数(20℃)/m		4.0494×10^{10}	4.04×10^{-10}
密度/kg·m^{-3}	20℃	2698	2710
	700℃		2373
熔点/℃		660.24	约 650
沸点/℃		2060	
熔解热/J·kg^{-1}		3.961×10^5	3.894×10^5
燃烧热/J·kg^{-1}		3.094×10^7	3.108×10^7
凝固体积收缩率/%			6.6
比热容(100℃)/J·(kg·K)$^{-1}$		934.92	964.74
热导率(25℃)/W·(m·K)$^{-1}$		235.2	222.6（O 状态）
线膨胀系数 /μm·(m·K)$^{-1}$	20~100℃	24.58	23.5
	100~300℃	25.45	25.6
弹性模量/MPa			70000
切变模量/MPa			2625
声音传播速度/m·s^{-1}			约 4900
电导率/S·m^{-1}		64.94	59（O 状态） 57（H 状态）
电阻率(20℃)/μΩ·m		0.0267（O 状态）	0.02922（O 状态） 0.3002（H 状态）
电阻温度系数/μΩ·m·K^{-1}		0.1	0.1
体积磁化率		6.27×10^{-7}	6.26×10^{-7}
磁导率/H·m^{-1}		1.0×10^{-5}	1.0×10^{-5}

续表 3-1

性　　能		高纯铝（Al 99.996%）	工业纯铝（Al 99.5%）
反射率/%	$\lambda = 2500\times10^{-10}\,m$		87
	$\lambda = 5000\times10^{-10}\,m$		90
	$\lambda = 20000\times10^{-10}\,m$		97
折射率（白光）			0.78~1.48
吸收率（白光）			2.85~3.92

铝具有一系列比其他有色金属、钢铁、塑料和木材等更优良的特性，如密度小，仅为 2.7g/cm³，约为铜或钢的 1/3；良好的耐蚀性和耐候性；良好的塑性和加工性能；良好的导热性和导电性；良好的耐低温性能，对光热电波的反射率高、表面性能好；无磁性；基本无毒；有吸音性；耐酸性好；抗核辐射性能好；弹性模量小；良好的力学性能；优良的铸造性能和焊接性能；良好的抗撞击性。此外，铝材的高温性能、成型性能、切削加工性、铆接性、胶合性以及表面处理性能等也比较好。因此，铝材在航天、航海、航空、汽车、交通运输、桥梁、建筑、电子电气、能源动力、冶金化工、农业排灌、机械制造、包装防腐、电器家具、日用文体等各个领域都获得了十分广泛的应用，表 3-2 列出了铝的基本特性及主要应用领域。

表 3-2　铝的基本特性及主要应用领域

基本特性	主要特点	主要应用领域举例
质量轻	铝的密度为 2.7g/cm³，约为铜或铁的 1/3，是轻量化的良好材料	用于制造飞机、航天器、轨道车辆、汽车、船舶、桥梁、高层建筑、重型机械部件和质量轻的容器等
强度好	铝的力学性能不如钢铁，但它的比强度高，可以添加铜、镁、锰、锌、硅等合金元素，制成铝合金，再经热处理，而得到很高的强度。铝合金的比强度较普通钢好，也可以和特殊钢媲美	用于制造桥梁、飞机、船舶、汽车、车厢、压力容器、集装箱、建筑结构材料、小五金等
易加工	铝的延展性优良，易于挤出形状复杂的中空型材和适于拉伸加工及其他各种冷热塑性成型	受力结构部件框架、建筑装饰与结构、一般用品及各种容器、光学仪器及其他形状复杂的精密零件
美观、适于各种表面处理	铝及其合金的表面有氧化膜，呈银白色，相当美观。如果经过氧化处理，其表面的氧化膜更牢固，而且还可以用着色和喷涂等方法，制造出各种颜色和光泽的表面	建筑用壁板、器具装饰、装饰品、标牌、门窗、幕墙、汽车和飞机蒙皮、仪表外壳及室内外装修材料等
耐蚀性、耐气候性好	铝及其合金，因为表面能生成硬而且致密的氧化薄膜，很多物质对它不产生腐蚀作用。选择不同合金，在工业地区、海岸地区使用，也会有很优良的耐久性	门板、车辆、船舶外部覆盖材料、厨房器具、化学装置、屋顶瓦板、电动洗衣机、海水淡化、化工石油、材料、化学药品包装等
耐化学药品	对硝酸、冰醋酸、过氧化氢等化学药品不反应，有非常好的耐药性	用于化学装置、包装及酸和化学制品包装等

基本特性	主要特点	主要应用领域举例
导热、导电性能好	热导率、电导率仅次于铜，约为钢铁的 3~4 倍	电线、母线接头、锅、电饭锅、热交换器、汽车散热器、电子元件等
对光、热、电波的反射性好	对光的反射率，抛光率为 70%，高纯度铝经过电解抛光后为 94%，比银（92%）还高。铝对热辐射和电波也有很好的反射性能	照明器具、反射镜、屋顶瓦板、抛物面天线、冷藏库、冷冻库、投光器、冷暖器的隔热材料
无磁性	铝是非磁性体	船上用的罗盘、天线、操舵室的器具等
无毒	铝本身没有毒性，它与大多数食品接触时溶出量很微小。同时由于表面光滑、容易清洗，故细菌不易停留繁殖	食具、食品包装、鱼罐、鱼仓、医疗机器、食品容器、食品机械
吸音性	铝对声音是非传播体，有吸收声波的性能	用于室内天棚等
耐低温	铝在温度低时，它的强度反而增加而无脆性，因此它是理想的低温装置材料	冷藏室、冷冻库、南极雪上车辆、氧及氢的生产装置

3.2　铝及铝合金的分类

　　纯铝比较软，富有延展性，易于塑性成型。如果根据各种不同的用途，要求具有更高的强度和改善材料的组织和其他各种性能，可以在纯铝中添加各种合金元素，生产出满足各种性能和用途的铝合金。铝合金可加工成板、带、条、箔、管、棒、型、线、自由锻件和模锻件等加工材，也可铸造成各种铸件、压铸件等铸造材。加工材和铸造材又可分为可热处理强化型铝合金材料和不可热处理强化型铝合金材料两大类。铝及铝合金的分类见图 3-1。

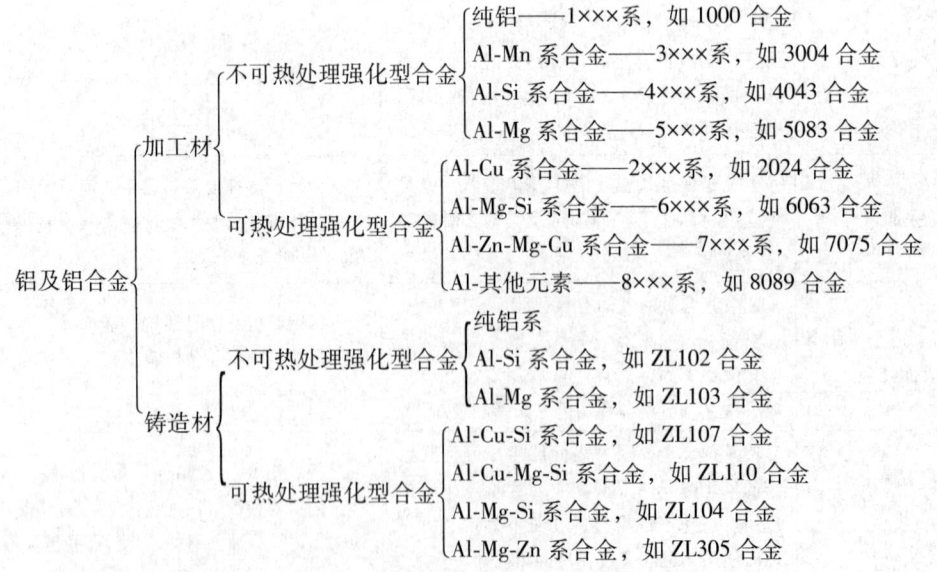

图 3-1　铝及铝合金的分类

3.3 变形铝合金分类、典型性能及主要用途举例

3.3.1 变形铝合金的分类

变形铝合金的分类方法很多，目前，世界上绝大部分国家通常按以下三种方法进行分类：

（1）按合金状态图及热处理特点分为可热处理强化铝合金和不可热处理强化铝合金两大类。

（2）按合金性能和用途可分为：工业纯铝、光辉铝合金、切削铝合金、耐热铝合金、低强度铝合金、中强度铝合金、高强度铝合金（硬铝）、超高强度铝合金（超硬铝）、锻造铝合金及特殊铝合金等。

（3）按合金中所含主要元素成分可分为：工业纯铝（1×××系），Al-Cu 合金（2×××系），Al-Mn 合金（3×××系），Al-Si 合金（4×××系），Al-Mg 合金（5×××系），Al-Mg-Si 合金（6×××系），Al-Zn-Mg 合金（7×××系），Al-其他元素合金（8×××系）及备用合金组（9×××系）。

这三种分类方法各有特点，有时相互交叉，相互补充。在工业生产中，大多数国家按第三种方法，即按合金中所含主要元素成分的 4 位数码法分类。这种分类方法能较本质地反映合金的基本性能，也便于编码、记忆和计算机管理。

3.3.2 中国及国际变形铝合金的牌号、状态表示法及化学成分

3.3.2.1 中国变形铝合金的牌号表示法

根据 GB/T 16474—1996《变形铝及铝合金牌号表示方法》，凡化学成分与变形铝及铝合金国际牌号注册协议组织（简称国际牌号注册组织）命名的合金相同的所有合金，其牌号直接采用国际四位数字体系牌号，未与国际四位数字体系牌号的变形铝合金接轨的，采用四位字符牌号（但实验铝合金在四位字符牌号前加×）命名，并按要求注册化学成分。

四位字符体系牌号的第一、三、四位为阿拉伯数字，第二位为英文大写字母（C、I、L、N、O、P、Q、Z 字母除外）。牌号的第一位数字表示铝及铝合金的组别，如 1×××系为工业纯铝，2×××为 Al-Cu 系合金，3×××为 Al-Mn 系合金，4×××为 Al-Si 系合金，5×××为 Al-Mg 系合金，6×××为 Al-Mg-Si 系合金，7×××为 Al-Zn-Mg 系或 Al-Zn-Mg-Cu 系合金，8×××为 Al-其他元素合金，9×××为备用合金组。

除改型合金外，铝合金组别按主要合金元素来确定，主要合金元素指极限含量算术平均值为最大的合金元素。当有一个以上的合金元素极限含量算术平均值同为最大时，应按 Cu、Mn、Si、Mg、Mg$_2$Si、Zn、其他元素的顺序来确定合金组别。牌号的第二位字母表示原始纯铝或铝合金的改型情况，最后两位数字用以标注同一组中不同的铝合金或表示铝的纯度。

中国的变形铝及铝合金牌号表示方法与国际上较通用的方法基本一致。中国变形铝及铝合金的新、旧牌号对照见表 3-3。

表 3-3　中国变形铝合金新、旧牌号对照表

序号	新牌号	旧牌号	序号	新牌号	旧牌号	序号	新牌号	旧牌号	序号	新牌号	旧牌号
1	1A99	原LG5	39	2A25	曾用225	77	5A01	曾用2101、LF15	115	6005	
2	1A97	原LG4	40	2A49	曾用149	78	5A02	原LF2	116	6005A	
3	1A95		41	2A50	原LD5	79	5A03	原LF3	117	6351	
4	1A93	原LG3	42	2B50	原LD6	80	5A05	原LF5	118	6060	
5	1A90	原LG2	43	2A70	原LD7	81	5B05	原LF10	119	6061	原LD30
6	1A85	原LG1	44	2B70	曾用LD7-1	82	5A06	原LF6	120	6063A	原LD31
7	1080		45	2A80	原LD8	83	5B06	原LF14	121	6066	原LD2-2
8	1080A		46	2A90	原LD9	84	5A12	原LF12	122	6181	
9	1070		47	2004		85	5A13	原L13	123	6082	
10	1070A	代L1	48	2011		86	5A30	曾用2103、LF16	124	7A01	原LB1
11	1370		49	2014		87	5A33		125	7A03	原LC3
12	1060	代L2	50	2014A		88	5A41	原LF33	126	7A04	原LC4
13	1050		51	2214		89	5A43	原LT41	127	7A05	曾用705
14	1050A	代L3	52	2017		90	5A66	原LF43	128	7A09	原LC9
15	1A50	原LB2	53	2017A		91	5005	原LT66	129	7A10	原LC10
16	1350		54	2117		92	5019		130	7A15	曾用LC15、157
17	1145		55	2218		93	5050		131	7A19	曾用919、LC19
18	1035	代L4	56	2618		94	5251		132	7A31	曾用183-1
19	1A30	原L4-1	57	2219	曾用LY19、147	95	5052		133	7A33	曾用LB733
20	1100	代L5-1	58	2024		96	5154		134	7A52	曾用LC52、5210
21	1200	代L5	59	2124		97	5154A		135	7003	原LC12
22	1235		60	3A21	原LF21	98	5454		136	7005	
23	2A01	原LY1	61	3003		99	5554		137	7020	
24	2A02	原LY2	62	3103		100	5754		138	7022	
25	2A04	原LY4	63	3004		101	5056		139	7050	
26	2A06	原LY6	64	3104		102	5356	原LF5-1	140	7150	
27	2A10	原LY10	65	3005		103	5456		141	7055	
28	2A11	原LY11	66	3105		104	5082		142	7075	
29	2B11	原LY8	67	4A01		105	5182		143	7475	
30	2A12	原LY12	68	4A11	原LT1	106	5083		144	8A06	原L6
31	2B12	原LY9	69	4A13	原LD11	107	5183	原LF4	145	8011	曾用LT96
32	2A13	原LY13	70	4A17	原LD13	108	5086		146	8090	
33	2A14	原LD10	71	4004	原LT17	109	5087				
34	2A16	原LY16	72	4032		110	6A02	原LD2			
35	2B16	曾用LY16-1	73	4043		111	6B02	原LD2-1			
36	2A17	原LY17	74	4043A		112	6A51	曾用651			
37	2A20	曾用LY20	75	4047		113	6101				
38	2A21	曾用214	76	4047A		114	6101A				

注：1. "原"是指化学成分与新牌号等同，且都符合 GB 3190—1996 规定的旧牌号。

　　2. "代"是指与新牌号的化学成分相近似，且符合 GB 3190—1996 规定的旧牌号。

　　3. "曾用"是指已经鉴定，工业生产时曾经用过的牌号，但没有收入 GB 3190—1996 中。

3.3.2.2 中国变形铝合金的状态表示法

根据 GB/T 16478—1996 规定，基础状态代号用一个英文大写字母表示。细分状态代号采用基础状态代号后跟一位或多位阿拉伯数字表示。

A 基础状态代号

基础状态代号分为 5 种，见表 3-4。

表 3-4 基础状态代号

代 号	名 称	说 明 与 应 用
F	自由加工状态	适用于在成型过程中，对于加工硬化和热处理条件无特殊要求的产品，该状态产品的力学性能不作规定
O	退火状态	适用于经完全退火获得最低强度的加工产品
H	加工硬化状态	适用于通过加工硬化提高强度的产品，产品在加工硬化后可经过（也可不经过）使强度有所降低的附加热处理。H 代号后面必须跟有两位或三位阿拉伯数字
W	固溶热处理状态	一种不稳定状态，仅适用于经固溶热处理后，室温下自然时效的合金，该状态代号仅表示产品处于自然时效阶段
T	热处理状态（不同于 F、O、H 状态）	适用于热处理后，经过（或不经过）加工硬化达到稳定状态的产品。T 代号后面必须跟有一位或多位阿拉伯数字

B 细分状态代号

a H 的细分状态

H 的细分状态，即在字母 H 后面添加两位阿拉伯数字（称做 H×× 状态），或三位阿拉伯数字（称做 H××× 状态）表示 H 的细分状态。

（1）H×× 状态。H 后面的第一位数字表示获得该状态的基本处理程序，如下所示：

1）H1——单纯加工硬化状态。适用于未经附加热处理，只经加工硬化即获得所需强度的状态。

2）H2——加工硬化及不完全退火状态。适用于加工硬化程度超过成品规定要求后，经不完全退火，使强度降低到规定指标的产品。对于室温下自然时效软化的合金，H2 与对应的 H3 具有相同的最小极限抗拉强度值；对于其他合金，H2 与对应的 H1 具有相同的最小极限抗拉强度值，但伸长率比 H1 稍高。

3）H3——加工硬化及稳定化处理的状态。适用于加工硬化后经低温热处理或由于加工过程中的受热作用致使其力学性能达到稳定的产品。H3 状态仅适用于在室温下逐渐时效软化（除非经稳定化处理）的合金。

4）H4——加工硬化及涂漆处理的状态。适用于加工硬化后，经涂漆处理导致了不完全退火的产品。

H 后面的第二位数字表示产品的加工硬化程度。数字 8 表示硬状态。通常采用 O 状态的最小抗拉强度与表 3-5 规定的强度差值之和来规定 H×8 状态的最小抗拉强度值。对于 O（退火）和 H×8 状态之间的状态，应在 H× 代号后分别添加从 1 到 7 的数字来表示，在 H× 后添加数字 9 表示比 H×8 加工硬化程度更大的超硬状态。

表 3-5　H×8 状态与 O 状态的最小抗拉强度的差值

O 状态的最小抗拉强度/MPa	H×8 状态与 O 状态的最小抗拉强度差值/MPa	O 状态的最小抗拉强度/MPa	H×8 状态与 O 状态的最小抗拉强度差值/MPa
≤40	55	165~200	100
45~60	65	205~240	105
65~80	75	245~280	110
85~100	85	285~320	115
105~120	90	≥325	120
125~160	95		

各种细分状态代号及对应的加工硬化程度见表 3-6。

表 3-6　H×× 细分状态代号与加工硬化程度

细分状态代号	加 工 硬 化 程 度
H×1	抗拉强度极限为 O 与 H×2 状态的中间值
H×2	抗拉强度极限为 O 与 H×4 状态的中间值
H×3	抗拉强度极限为 H×2 与 H×4 状态的中间值
H×4	抗拉强度极限为 O 与 H×8 状态的中间值
H×5	抗拉强度极限为 H×4 与 H×6 状态的中间值
H×6	抗拉强度极限为 H×4 与 H×8 状态的中间值
H×7	抗拉强度极限为 H×6 与 H×8 状态的中间值
H×8	硬状态
H×9	超硬状态，最小抗拉强度极限值超 H×8 状态至少 10MPa

注：当确定的 H×1~H×9 状态抗拉强度值不是以 0 或 5 结尾时，应修正至以 0 或 5 结尾的相邻较大值。

（2）H××× 状态：

1）H111——适用于最终退火后又进行了适量的加工硬化，但加工硬化程度又不及 H11 状态的产品。

2）H112——适用于热加工成型的产品。该状态产品的力学性能有规定要求。

3）H116——适用于镁含量不小于 4.0% 的 5××× 系合金制成的产品。这些产品具有规定的力学性能和抗剥落腐蚀性能要求。

b　T 的细分状态

T 的细分状态，即在字母 T 后面添加一位或多位阿拉伯数字表示 T 的细分状态。

（1）T× 状态。在 T 后面添加 0~10 的阿拉伯数字表示的细分状态称做 T×状态，见表 3-7。T 后面的数字表示对产品的基本处理程序。

表 3-7　T× 细分状态代号说明与应用

状态代号	说 明 与 应 用
T0	固溶热处理后，经自然时效再通过冷加工状态。适用于经冷加工提高强度的产品
T1	由高温成型过程冷却，然后自然时效至基本稳定的状态。适用于由高温成型过程冷却后，不再进行冷加工（可进行矫直、矫平，但不影响力学性能极限）的产品

状态代号	说　明　与　应　用
T2	由高温成型过程冷却，经冷加工后自然时效至基本稳定的状态。适用于由高温成型过程冷却后，进行冷加工或矫直、矫平以提高强度的产品
T3	固溶热处理后进行冷加工，再经自然时效至基本稳定的状态。适用于在固溶热处理后，进行冷加工或矫直、矫平以提高强度的产品
T4	固溶热处理后自然时效至基本稳定的状态。适用于固溶热处理后，不再进行冷加工（可进行矫直、矫平，但不影响力学性能极限）的产品
T5	由高温成型过程冷却，然后进行人工时效状态。适用于由高温成型过程冷却后，不经过冷加工（可进行矫直、矫平，但不影响力学性能极限），予以人工时效的产品
T6	固溶热处理后进行人工时效的状态。适用于固溶热处理后，不再进行冷加工（可进行矫直、矫平，但不影响力学性能极限）的产品
T7	固溶热处理后进行过时效的状态。适用于固溶热处理后，为获取某些重要特性，在人工时效时，强度在时效曲线上越过了最高峰点的产品
T8	固溶热处理后经冷加工，然后进行人工时效的状态。适用于经冷加工或矫直、矫平提高强度的产品
T9	固溶热处理后人工时效，然后进行冷加工的状态。适用于经冷加工提高强度的产品
T10	由高温成型过程冷却后，进行冷加工，然后人工时效的状态。适用于经冷加工矫直、矫平以提高强度的产品

注：某些6×××系的合金，无论是炉内固溶热处理，还是从高温成型过程急冷以保留可溶性组分在固溶体中，均能达到相同的固溶热处理效果，这些合金的T3、T4、T5、T6、T7、T8和T9状态可采用上述两种。

（2）T××状态、T×××状态（消除应力状态除外）。在T×状态代号后面再添加一位阿拉伯数字称做T××状态，或添加两位阿拉伯数字称做T×××状态，表示经过了明显改变产品特性（如力学性能、抗腐蚀性能等）的特定工艺处理的状态，见表3-8。

表3-8　T××及T×××细分代号说明与应用

状态代号	说　明　与　应　用
T42	适用于自O或F状态固溶热处理后，自然时效到充分稳定状态的产品，也适用于需方任何状态的加工产品热处理后，力学性能达到T42状态的产品
T62	适用于自O或F状态固溶热处理后，进行人工时效的产品，也适用于需方对任何状态的加工产品热处理后，力学性能达到T62状态的产品
T73	适用于固溶热处理后，经过时效以达到规定的力学性能和抗应力腐蚀性能指标的产品
T74	与T73状态定义相同。该状态的抗拉强度大于T73状态，但小于T76状态
T76	与T73状态定义相同。该状态的抗拉强度分别高于T73、T74状态，抗应力腐蚀断裂性能分别低于T73、T74状态，但其抗剥落腐蚀性能仍较好
T7×2	适用于自O或F状态固溶热处理后，进行人工过时效处理，力学性能及抗腐蚀性能达到T7×状态的产品
T81	适用于固溶热处理后，经1%左右的冷加工变形提高强度，然后进行人工时效的产品
T87	适用于固溶热处理后，经7%左右的冷加工变形提高强度，然后进行人工时效的产品

（3）消除应力状态。在上述T×或T××或T×××状态代号后面再添加"51""510""511""52"或"54"表示经历了消除应力处理的产品状态代号，见表3-9。

表 3-9　消除应力状态代号说明与应用

状态代号	说　明　与　应　用
T×51 T××51 T×××51	适用于固溶热处理或自高温成型过程冷却后，按规定量进行拉伸的厚板、轧制或冷精整的棒材以及模锻件、锻环或轧制环，这些产品拉伸后不再进行矫直。厚板的永久变形量为 1.5%~3%；轧制或冷精整棒材的永久变形量为 1%~3%；模锻件、锻环或轧制环的永久变形量为 1%~5%
T×510 T××510 T×××510	适用于固溶热处理或自高温成型过程冷却后，按规定量进行拉伸的挤制棒、型和管材，以及拉制管材，这些产品拉伸后不再进行矫直。挤制棒、型和管材的永久变形量 1%~3%；拉制管材的永久变形为 1.5%~3%
T×511 T××511 T×××511	适用于固溶热处理或自高温成型过程冷却后，按规定量进行拉伸的挤制棒、管和管材，以及拉制管材，这些产品拉伸后略微矫直以符合标准公差。挤制棒、型和管材的永久变形量 1%~3%；拉制管材的永久变形为 1.5%~3%
T×52 T××52 T×××52	适用于固溶热处理或高温成型过程冷却后，通过压缩来消除应力，以产生 1%~5% 的永久变形量的产品
T×54 T××54 T×××54	适用于在终锻模内通过冷整形来消除应力的模锻件

　　c　W 的消除应力状态

　　正如 T 的消除应力状态代号表示方法，可在 W 状态代号后面添加相同的数字（如 51、52、54），以表示不稳定的固溶热处理及消除应力状态。

　　中国变形铝及铝合金化学成分详见附录一。变形铝及铝合金国际注册牌号及化学成分详见附录二。

3.3.3　变形铝合金的典型特性及主要用途举例

3.3.3.1　变形铝合金的典型性能

　　表 3-10~表 3-15 列出了常用变形铝合金的一般特性与典型性能，其中表 3-14 列出了主要变形铝合金的典型特性及主要用途举例。各系铝合金主要特性、产品品种、状态、性能与典型用途分别叙述如下。

表 3-10　常用变形铝合金的物理性能

合　　金		密度（20℃）/t·m⁻³	熔化温度范围/℃	电导率（20℃）IACS/%	热导率（20℃）/kW·(m·℃)⁻¹
牌号	状态	密度（20℃）/t·m^{-3}	熔化温度范围/℃	电导率（20℃）IACS/%	热导率（20℃）/kW·(m·℃)$^{-1}$
1060	O	2.70	646~657	62	0.23
	H18			61	0.23
1100	O	2.71	643~657	59	0.22
1200	H18			57	0.22
2011	T3	2.82	541~638	39	0.15
	T8			45	0.15
2014	O	2.80	507~638	50	0.19
	T4			34	0.13
	T6			40	0.15

合　金		密度（20℃）	熔化温度范围/℃	电导率（20℃）	热导率（20℃）
牌号	状态	/t·m⁻³		IACS/%	/kW·(m·℃)⁻¹
2017	O	2.79	513~640	50	0.19
	T4			34	0.13
2018	T61	2.80	507~638	40	0.15
2024	O	2.77	502~638	50	0.19
	T3、T4			30	0.12
	T6、T81			38	0.15
2117	T4	2.74	510~649	40	0.15
2218	T72	2.71	532~635	40	0.15
2219	O	2.68	543~643	44	0.17
	T3			28	0.11
	T6			30	0.12
3003	O	2.68	643~654	50	0.19
	H18			40	0.15
3004		2.70	629~654	42	0.16
3105		2.71	638~657	45	0.17
4032	O	2.69	532~571	40	0.15
	T6			36	0.14
4043	O	2.68	575~630	42	0.16
5005		2.70	632~652	52	0.20
5050		2.69	627~652	50	0.19
5052		2.68	607~649	35	0.14
5154		2.66	593~643	32	0.13
5454		2.68	602~646	34	0.13
5056	O	2.64	568~638	29	0.12
	H38			27	0.11
5083	O	2.66	574~638	29	0.12
5182	O	2.65	577~638	31	0.12
5086	O	2.66	585~640	31	0.13
6061	O	2.70	582~652	47	0.18
	T4			40	0.15
	T6			43	0.17
6N01	O	2.70	615~652	52	0.21
	T5			46	0.19
	T6			47	0.19
6063	O	2.69	615~655	58	0.22
	T5			55	0.21
	T6			53	0.20
6151	O	2.70	588~650	58	0.20
	T4			42	0.16
	T6			45	0.17
7003	T5	2.79	620~650	37	0.15
7050	O	2.83	524~635	47	0.18
	T76			40	0.15

续表 3-10

合　金		密度（20℃）	熔化温度范围/℃	电导率（20℃）	热导率（20℃）
牌号	状态	/t·m^{-3}		IACS/%	/kW·(m·℃)$^{-1}$
7072	O	2.72	646~657	59	0.22
7075	T6	2.80	477~635	33	0.13
7178	T6	2.83	477~629	32	0.13
7N01	T6	2.78	620~650	36	0.14

表 3-11　变形铝合金的平均线膨胀系数　　　　（℃$^{-1}$）

合金	温　度　范　围				
	−196~−60℃	−60~20℃	20~100℃	100~200℃	200~300℃
1200	16.1×10^{-6}	21.8×10^{-6}	23.6×10^{-6}	24.7×10^{-6}	26.6×10^{-6}
3003	15.8×10^{-6}	21.4×10^{-6}	23.2×10^{-6}	24.1×10^{-6}	25.0×10^{-6}
3004	15.8×10^{-6}	21.4×10^{-6}	23.9×10^{-6}	24.8×10^{-6}	25.9×10^{-6}
2011	15.7×10^{-6}	21.2×10^{-6}	22.9×10^{-6}		
2014	15.3×10^{-6}	21.4×10^{-6}	23.0×10^{-6}	23.6×10^{-6}	24.5×10^{-6}
2017	15.6×10^{-6}	21.6×10^{-6}	23.6×10^{-6}	23.9×10^{-6}	25.0×10^{-6}
2018		20.9×10^{-6}	22.7×10^{-6}	23.2×10^{-6}	24.1×10^{-6}
2024	15.6×10^{-6}	21.4×10^{-6}	23.2×10^{-6}	23.9×10^{-6}	24.7×10^{-6}
2025	15.2×10^{-6}	21.6×10^{-6}	23.2×10^{-6}	23.8×10^{-6}	24.5×10^{-6}
2117	15.9×10^{-6}	21.6×10^{-6}	23.8×10^{-6}		
2218	15.3×10^{-6}	20.7×10^{-6}	22.3×10^{-6}	23.2×10^{-6}	24.1×10^{-6}
4032	13.3×10^{-6}	18.4×10^{-6}	20.0×10^{-6}	20.3×10^{-6}	21.1×10^{-6}
5005		21.9×10^{-6}	23.8×10^{-6}	24.8×10^{-6}	25.7×10^{-6}
5052	16.1×10^{-6}	22.0×10^{-6}	23.8×10^{-6}	24.8×10^{-6}	25.7×10^{-6}
5056	16.2×10^{-6}	22.3×10^{-6}	24.3×10^{-6}	25.4×10^{-6}	26.3×10^{-6}
5083		22.3×10^{-6}	24.2×10^{-6}		
6061	15.9×10^{-6}	21.6×10^{-6}	23.6×10^{-6}	24.3×10^{-6}	25.4×10^{-6}
6N01	16.0×10^{-6}	21.2×10^{-6}	23.5×10^{-6}	24.3×10^{-6}	25.3×10^{-6}
6063	16.0×10^{-6}	21.8×10^{-6}	23.4×10^{-6}	24.3×10^{-6}	25.2×10^{-6}
7003			23.6×10^{-6}		
7N01			23.6×10^{-6}	24.1×10^{-6}	
7075	15.9×10^{-6}	21.6×10^{-6}	23.6×10^{-6}		25.9×10^{-6}

表 3-12　实用铝合金的相对腐蚀敏感性

名　称	合　金　系	实　用　合　金	状态、敏感性
热处理不可强化合金	纯铝 Al	1100	所有：1
	Al-Mn	3003	所有：1
	Al-Mg	5005、5050、5154 5055、5356	所有：1 H：4
	Al-Mg-Mn	3004、3005、5086、5454 5083、5456	所有：1 H：1

名　　称	合　金　系	实　用　合　金	状态、敏感性
热处理可强化合金	Al-Mg-Si	6063	所有：1
	Al-Mg-Si-Cu	6061	T4：2，T6：1
	Al-Si-Mg	6151、6351	T4：2，T6：1
	Al-Si-Mg-Cu	6066、6070	T6：2
	Al-Cu	2017、2219	T3、T4：2
		2219	T6、T8：2
	Al-Cu-Si-Mn	2014	T3：3，T6：3
	Al-Cu-Mg-Mn	2024	T3：3，T8：2
	Al-Cu-Li-Ca	2020	T6：2
	Al-Cu-Fe-Ni	2618	T61：3
	Al-Cu-Pb-Bi	2011	T3：4，T6、T8：2
	Al-Zn-Mg	7039	T6：3
	Al-Zn-Mg-Cu	7075、7079	T6：3
		7075、7078	T73：2

注：1—在使用中和实验室均不产生开裂；2—在使用中短横向产生开裂；3—在使用中短横向产生开裂和实验室中长横向产生开裂；4—在短横向和长横向上产生开裂。

表 3-13　常用变形铝合金的工艺性能比较

合金	状态	挤压性能（铸锭状态）	切削性能	成型性能	抗蚀性	抗应力腐蚀开裂性	焊　接　性　能			
							钎焊	气焊	氩弧焊	电阻焊
纯铝	O	A	D	A	A	A	A	A	A	A
	H18		D	A	A	A	A	A	A	A
2A12	T4	D	B	B	D	D	D	D	B	B
	T6		B	B	E	E	D	D	B	B
2A14	T4	C	B	C	D	C	D	D	B	B
	T6		B	D	D	C	D	D	B	B
2A70 2A80	T6	C	C	D	C	C				
3A21	O	A	E	A	A	A	A	A	A	B
	H18		D	B	A	A	A	A	A	A
4A11	T6	D	B	D	C	B	D	D	B	C
5A02 5A03	O	A	D	A	A	A	D	C	A	B
	H18		C	C	A	A	D	C	A	A
5A05 5A06	O	D	D	A	A	B	D	C	A	B
	H18		C	C	A	C	D	C	A	A
6061	T4	B	C	B	B	A	A	A	A	A
	T6		C	C	B	A	A	A	A	A
6063	T5	A	C	C	A	A	A	A	A	A
	T6		C	C	A	A	A	A	A	A
7A04	T6	E	B	B	C	C	C	D	C	B

注：A 优→E 差。

表 3-14　主要变形铝合金的典型特性与用途举例

合金	标准成分/%	性能					应用实例
		抗蚀性能[①]	切削性能[①]	可焊性[①②]	硬质材料强度/MPa	软质材料强度/MPa	
EC	Al≥99.45	A-A	D-C	A-A	190	70	导电材料
1200	Al≥99.00	A-A	D-C	A-A	169	91	钣金、器具
1130	Al≥99.30	A-A	D-C	A-A	183	84	反射板
1145	Al≥99.45	A-A	D-C	A-A	197	84	铝箔、钣金
1345	Al≥99.45	A-A	D-C	A-A	197	84	线材
1060	Al≥99.60				141	70	化工机械、车载贮罐
2011	5.5Cu、0.5Bi、0.5Pb、0.4Mg	C-C	A-A	D-D	422		切削零件
2014	4.4Cu、0.8Si、0.8Mn	C-C	B-B	B-C	492	190	载重汽车、框架、飞机机构
2017	4.0Cu、0.5Mn、0.5Mg	C	B	B-C	436	183	切削零件、输送管道
2117	2.5Cu、0.3Mg	C	C	B-C	302		铆钉、拉伸钢材
2018	4.0Cu、0.6Mg、2.0Ni	C	B	B-C	420		气缸盖、活塞
2218	4.0Cu、1.5Mg、2.0Ni	C	B	B-C	337		喷气式飞机机翼、环状零件
2618	2.3Cu、1.6Mg、1.0Ni、1.1Fe	C	B	B-C	450		飞机发动机200℃以下
2219	6.3Cu、0.3Mn、0.1V、0.15Zr	B	B	A	492	176	高温（320℃以下）的结构、焊接结构
2024	4.5Cu、1.5Mg、0.6Mn	C-C	B-B	B-B	527	190	卡车车身、切削零件、飞机结构
2025	4.5Cu、0.8Si、0.8Mn	C-D	B-B	B-B	413	176	锻件、飞机螺旋桨
3003	1.2Mn	A-A	D-C	A-A	211	112	炊事用具、化工装置、压力槽、钣金零件、建筑材料
3004	1.2Mn、1.0Mg	A-A	D-C	A-A	288	183	钣金零件、贮罐
4032	12.2Si、0.9Cu、1.1Mg、0.9Ni	C-D	D-C	B-C	387		活塞
4043	5.0Si						焊条、焊丝
4343	7.5Si						板状和带状的硬钎焊料
5005	0.8Mg	A-A	D-C	A-A	211	127	器具、建筑材料、导电材料
5050	1.4Mg	A-A	D-C	A-A	225	148	建筑材料、冷冻机的调整蛇形管、管道
5052	2.5Mg、0.25Cr	A-A	D-C	A-A	295	197	钣金零件、水压管、器具
5252	2.5Mg、0.25Cr	A-A	D-C	A-A	274	197	汽车的调整蛇形管
5652	3.5Mg、0.25Cr	A-A	D-C	A-A	295	197	焊接结构、压力槽、过氧化氢贮罐

合金	标准成分/%	性能					应用实例
		抗蚀性能①	切削性能①	可焊性①②	硬质材料强度/MPa	软质材料强度/MPa	
5154	0.8Mn、2.7Mg、0.10Cr	A-A	D-C	A-A	337	246	焊接结构、压力槽、贮罐
5454	0.1Mn、5.2Mg、0.10Cr	A-A	D-C	A-A	300	253	焊接结构、压力容器、船舶零件
5056	0.1Mn、5.0Mg、0.10Cr	A-C	D-C	A-A	433	295	电缆皮、铆钉、挡板、铲斗
5356	0.8Mn、5.1Mg、0.10Cr						焊条、焊丝
5456	0.8Mn	A-B	D-C	A	457	380	高强焊接结构、压力容器、船舶零件
5657	0.7Mn、4.5Mg、0.15Cr	A-A	D-C	A-A	225	134	经阳极化处理的汽车,机器外部装饰零件
5083	0.5Mn、4.0Mg、0.15Cr	A-C	D-C	A-B	366	295	不受热的焊接压力容器、船、汽车和飞机零件
5086	0.5Si、0.6Mg	A-C	D-C	A-B	352	267	电视塔、搬运工具、导弹零件、低温装置
6101	1.0Si、0.7Mg、0.25Cr	A-B	B-C	A-B	225	98	高强汇流排材料
6151	0.7Si、1.3Mg、0.25Cr	A-B	C	A-B	337		形状复杂的机械或汽车零件
6053	0.6Si、0.25Cu、1.0Mg、0.20Cr	A-B	C	B-C	295	112	铆钉材料、线材
6061	0.6Si、0.25Cu、1.0Mg、0.09Cr	A-A	B-C	A-A	316	127	抗蚀性结构、载重汽车、船舶、车辆、家具
6262	0.6Pb、0.6Bi	A-A	A-A	B-B	408		管路、切削零件
6063	0.4Si、0.7Mg	A-A	D-C	A-A	295	116	管状栏杆、家具、框架、建筑用挤压型材
6463	0.4Si、0.7Mg	A-A	D-C	A-A	246	155	建筑材料、装饰品
6066	1.3Si、1.0Cu、0.9Mg、1.1Mg	B-C	D-C	A-A	411	155	锻件或型材的焊接结构
7001	2.1Cu、3.0Mg、0.3Cr、7.4Zn	C	B-C	D	689	225	重型结构
7039	0.2Mn、2.7Mg、0.2Cr、4.0Zn	A-C	B	A	422	225	低温、导弹等焊接结构
7072	1.0Zn	A-A	D-C	A-A			机翼材料、包铝板的表层材料
7075	1.6Cu、2.5Mg、0.3Cr、5.6Zn	C	B	D	584	232	飞机及其他结构零件
7178	2.0Cu、2.7Mg、0.3Cr、6.8Zn	C	B	D	619	232	飞机及其他结构零件
7179	0.6Cu、0.2Mn、3.3Mg、0.20Cr、4.4Zn	C	B	D	548	225	飞机结构零件

① A、B、C 和 D 表示合金性能的优劣顺序,"D-C"中的"-"的左边表示软质材料,右边表示硬质材料。

② A—可以采用普通的方法进行电弧焊;B—焊接有一定困难,但经试验可以焊接;C—容易产生焊接裂纹,并且抗蚀性或强度下降;D—采用现有的方法不能进行焊接。

表 **3-15**　变形铝合金材料的典型力学性能（室温性能）

材　质	拉　伸　性　能[①]			布氏硬度 HBS10/500	疲劳强度 /MPa
	R_m/MPa	$R_{p0.2}$/MPa	A/%		
1060-O	70	30	43	19	20
1060-H12	85	75	16	23	30
1060-H14	100	90	12	26	35
1060-H16	115	105	8	30	45
1060-H18	130	125	6	35	45
1100-O	90	25	25	23	35
1100-H12	110	105	12	28	40
1100-H14	125	115	9	32	50
1100-H16	145	140	6	38	60
1100-H18	165	150	5	44	60
1350-O	85	30			
1350-H12	95	85			
1350-H14	110	95			
1350-H16	175	110			
1350-H18	185	165			
2011-T3	380	295	13	95	125
2011-T78	405	310	12	100	125
2014-O	185	95	16	45	90
2014-T4，T451	425	290	18	105	145
2014-T6，T651	485	415	11	135	125
包铝 2014-O	170	70	21		
包铝 2014-T3	435	275	20		
包铝 2014-T4，T451	421	255	22		
包铝 2014-T6，T651	470	415	10		
2017-O	180	70		45	90
2017-T4，T451	425	275		105	125
2018-T61	420	315		105	125
2024-O	185	75	20	47	90
2024-T3	485	345	18	120	140
2024-T4，T351	470	325	20	120	140
2024-T361	495	395	13	130	125
包铝 2024-O	180	75	20		
包铝 2024-T3	450	310	18		
包铝 2024-T4	440	290	19		
包铝 2024-T361	460	365	11		
包铝 2024-T81	450	325	6		
包铝 2024-T861	480	395	6		
2025-T6	400	255		110	125
2036-T4	300	195			125
2117-T4	295	165	24	70	95
2218-T72	330	255		95	

材　质	拉 伸 性 能[①]			布氏硬度 HBS10/500	疲劳强度 /MPa
	R_m/MPa	$R_{p0.2}$/MPa	A/%		
2219-O	170	75	18		
2219-T42	360	185	20		
2219-T31，T351	360	250	17		
2219-T37	395	315	11		
2219-T62	415	290	10		105
2219-T81，T851	455	350	10		105
2219-T87	475	395	10		105
2618-T61	625	530		115	18
3003-O	110	40	30	28	50
3003-H12	130	125	10	35	55
3003-H14	150	145	8	40	60
3003-H16	175	170	5	47	70
3003-H18	200	185	4	55	70
包铝 3003-O	110	40	30		
包铝 3003-H12	130	125	10		
包铝 3003-H14	150	145	8		
包铝 3003-H16	175	170	5		
包铝 3003-H18	200	185	4		
3004-O	180	70	20	45	95
3004-H32	215	170	10	52	105
3004-H34	240	200	9	63	105
3004-H36	260	230	5	70	110
3004-H38	285	250	5	77	110
包铝 3004-O	180	70	20		
包铝 3004-H32	215	170	10		
包铝 3004-H34	240	200	9		
包铝 3004-H36	260	230	5		
包铝 3004-H38	285	250	5		
3105-O	115	55	24		
3105-H12	150	130	7		
3105-H14	170	150	5		
3105-H16	195	170	4		
3105-H18	215	195	3		
3105-H25	180	160	8		
4032-T6	380	315		120	110
5005-O	125	40	25	28	
5005-H12	140	130	10		
5005-H14	160	150	6		
5005-H16	180	170	5		
5005-H18	200	195	4		
5005-H32	140	115	11	36	
5005-H34	160	140	8	41	
5005-H36	180	165	6	46	
5005-H38	200	185	5	51	

材　质	拉　伸　性　能[①]			布氏硬度 HBS10/500	疲劳强度 /MPa
	R_m/MPa	$R_{p0.2}$/MPa	A/%		
5050-O	145	55	24	36	85
5050-H32	170	145	9	46	90
5050-H34	190	165	8	53	90
5050-H36	205	180	7	58	95
5050-H38	220	200	6	63	95
5052-O	195	90	25	47	110
5052-H32	230	195	12	60	115
5052-H34	260	215	10	68	125
5052-H36	275	240	8	73	130
5052-H38	290	255	7	77	140
5056-O	290	150		65	140
5056-H118	435	405		105	150
5056-H38	415	345		100	150
5082-O	275	135	22		
5082-H34	330	215	16		
5082-H38	365	300	8		
5083-O	290	145			
5083-H321、H116	315	230			130
5086-O	260	115	22		
5086-H32、H116	290	205	12		
5086-H34	325	255	10		
5086-H112	270	130	14		
5154-O	240	115	27	58	115
5154-H32	270	205	15	67	125
5154-H34	290	230	13	73	130
5154-H36	310	250	12	78	140
5154-H38	330	270	10	80	145
5154-H112	240	115	25	63	115
5182-O	290	145	21		
5182-H34	330	230	18		
5182-H38	380	310	9		
5252-H25	235	170	11	68	
5252-H38、H28	285	240	5	75	
5254-O	240	115	27	58	115
5254-H32	270	205	15	67	125
5254-H34	290	230	13	73	130
5254-H36	310	250	12	78	140
5254-H38	330	270	10	80	145
5254-H112	240	115	25	63	115

材　质	拉 伸 性 能①			布氏硬度	疲劳强度
	R_m/MPa	$R_{p0.2}$/MPa	A/%	HBS10/500	/MPa
5454-O	250	115	22	62	
5454-H32	275	205	10	73	
5454-H34	305	230	10	81	
5454-H111	260	180	14	70	
5454-H112	250	125	18	62	
5456-O	310	160			
5456-H112	310	165			
5456-H321、H116	350	255		90	
5457-O	130	50	22	32	
5457-H25	180	160	12	48	
5457-H38、H28	205	185	6	55	
5652-O	195	90	25	47	110
5652-H32	230	195	12	60	115
5652-H34	260	215	10	68	125
5652-H36	275	240	8	73	130
5652-H38	290	255	7	77	140
5657-H25	160	140	12	40	
5657-H38、H28	195	165	7	50	
5N01-O	100	40	33		
5N01-H24	145	115	12		
5N01-H26	175	150	8		
5N01-H28	195	175	3		
6061-O	125	55	25	30	60
6061-T4、T451	240	145	22	65	95
6061-T651	310	275	12	95	95
包铝6061-O	115	50	25		
包铝6061-T4、T451	230	130	22		
包铝6061-T6、T651	290	255	12		
6063-O	90	50		25	
6063-T1	150	90	20	42	55
6063-T4	170	90	22		60
6063-T5	185	145	12	60	
6063-T6	240	215	12	73	70
6063-T83	255	240	9	82	70
6063-T831	205	185	10	70	
6063-T832	290	270	12	95	
6066-O	150	85		43	
6066-T4、T451	360	205		90	
6066-T6、T651	395	360		120	110

材　质	拉 伸 性 能[①]			布氏硬度 HBS10/500	疲劳强度 /MPa
	R_m/MPa	$R_{p0.2}$/MPa	A/%		
6070-T6	380	350	10		95
6101-H111	95	75			
6101-T6	220	195	15	71	
6262-T9	400	380		120	90
6463-T1	150	90	20	42	70
6463-T5	185	145	12	60	70
6463-T6	240	215	12	74	70
6N01-O	100	55		29	
6N01-T5	270	225		88	95
6N01-T6	285	255		95	100
7001-O	255	150		60	
7001-T6、T651	675	625		160	150
7049-T73	515	450		135	
7049-T7352	515	435		135	
7050-T7351、T73511	495	435			
7050-T7451	525	470			
7050-T7651	550	490			
7075-O	230	105	17	60	
7075-T6、T651	570	505	11	150	160
包铝 7075-O	220	95	17		
包铝 7075-T6、T651	525	460	11		
7178-O	230	105	−15		
7178-T6、T651	605	540	10		
7178-T6、T7651	570	505			
包铝 7178-O	220	95	16		
包铝 7178-T6、T651	560	490	10		
7003-T5	315	255	15	85	125
7N01-T4	355	220	16	95	
7N01-T5	345	290	15	100	305
7N01-T6	360	295	15	100	305
8176-H24	160	95	15		

① 国家标准 GB/T 228—2002 中符号，R_m 为 σ_b，$R_{p0.2}$ 为 $\sigma_{0.2}$，A 为 δ。

3.3.3.2　非热处理强化铝合金的品种、状态、性能与典型用途

A　纯铝系合金（1×××系）

纯铝系合金的主要用途是：成型性好的 1100、1050 等合金多用来制作器皿；表面处理性好的 1100 等合金，多用来制作建筑用镶板；耐蚀性优良的 1050 合金，多用来制作盛放化学药品的装置等。另外，此系列合金又是热和电的良好导体，特别适于作导电材料

（多使用 1060 合金）。

1×××系铝合金的品种、状态、性能与典型用途列于表 3-16 中。

表 3-16 1×××系铝合金的品种、状态和典型用途

合金	品　种	状　态	典型用途
1050	板、带、箔材 管、棒、线材 挤压管材	O、H12、H14、H16、H18 O、H14、H18 H112	导电体、食品、化学和酿造工业用挤压盘管，各种软管，船舶配件，小五金件，烟花粉
1060	板、带材 箔材 厚板 拉伸管 挤压管、型、棒、线材 冷加工棒材	O、H12、H14、H16、H18 O、H19 O、H12、H14、H112 O、H12、H14、H18、H113 O、H112 H14	要求耐蚀性与成型性均高的场合，但对强度要求不高的零部件，如化工设备、船舶设备、铁道油罐车、导电体材料、仪器仪表材料、焊条等
1100	板、带材 箔材 厚板 拉伸管 挤压管、型、棒、线材 冷加工棒材 冷加工线材 锻件和锻坯 散热片坯料	O、H12、H14、H16、H18 O、H19 O、H12、H14、H112 O、H12、H14、H16、H18、H113 O、H112 O、H12、H14、F O、H12、H14、H16、H18、H112 H112、F O、H14、H18、H19、H25、H111、H113、H211	用于加工需要有良好的成型性和较高的抗蚀性，但不要求有高强度的零部件，例如化工设备、食品工业装置与贮存容器、炊具、薄板加工件、深拉或旋压凹形器皿、焊接零部件、热交换器、印刷版、铭牌、反光器具、卫生设备零件和管道、建筑装饰材料、小五金件等
1145	箔材 散热片坯料	O、H19 O、H14、H19、H25、H111、H113、H211	包装及绝热铝箔、热交换器
1350	板、带材 厚板 挤压管、型、棒、线材 冷加工圆棒 冷加工异型棒 冷加工线材	O、H12、H14、H16、H18 O、H12、H14、H112 H112 O、H12、H14、H16、H22、H24、H26 H12、H111 O、H12、H14、H16、H19、H22、H24、H26	电线、导电绞线、汇流排、变压器带材
1A90	箔材 挤压管	O、H19 H112	电解电容器箔、光学反光沉积膜、化工用管道

B Al-Mn 系合金（3×××系）

Al-Mn 系合金的加工性能好，与 1100 合金相比，它的强度要好一些，所以其使用范围和用量比 1100 合金要广得多。

3003 是含有 1.2%Mn 的合金，比 1100 合金强度高一些。在成型性方面，特别是拉伸性好，广泛用于低温装置、一般器皿和建筑材料等。

3004 和 3105 是 Al-Mn 系添加镁的合金，添加镁有提高强度的效果，又有抑制再结晶晶粒粗大化的倾向，能够使铸块加热处理简单化，所以能在板材的制造上起有利的作用。这些合金适用于制作建筑材料和电灯灯口，广泛用作易拉罐坯料。

3×××系铝合金的品种、状态、性能与典型用途列于表 3-17 中。

表 3-17　3×××系铝合金的品种和典型用途

合金	品　种	状　态	典　型　用　途
3003 和 3A21	板材	O、H12、H14、H16、H18	用于加工需要有良好的成型性能、高的抗蚀性或可焊性好的零部件，或既要求有这些性能又需要有比 1×××系合金强度高的工件，如运输液体产品的槽和罐、压力罐、储存装置、热交换器、化工设备、飞机油箱、油路导管、反光板、厨房设备、洗衣机缸体、铆钉、焊丝
	厚板	O、H12、H14、H112	
	拉伸管	O、H12、H14、H16、H18、H25、H113	
	挤压管、型、棒、线材	O、H112	
	冷加工棒材	O、H112、F、H14	
	冷加工线材	O、H112、H12、H14、H16、H18	
	铆钉线材	O、H14	
	锻件	H112、F	
	箔材	O、H19	
	散热片坯料	O、H14、H18、H19、H25、H111、H113、H211	
包铝 3003	板材	O、H12、H14、H16、H18	房屋隔断、顶盖、管路等
	厚板	O、H12、H14、H112	
	拉伸管	O、H12、H18、H25、H113	
	挤压管	O、H12	
3004	板材	O、H32、H34、H36、H38	全铝易拉罐身，要求有比 3003 合金更高强度的零部件，化工产品生产与储存装置，薄板加工件，建筑挡板、电缆管道、下水管，各种灯具零部件等
	厚板	O、H32、H34、H112	
	拉伸管	O、H32、H36、H38	
	挤压管	O	
包铝 3004	板材	O、H131、H151、H241、H261、H341、H361、H32、H36、H38	房屋隔断、挡板、下水管道、工业厂房屋顶盖
	厚板	O、H32、H34、H112	
3105	板材	O、H12、H14、H16、H18、H25	房屋隔断、挡板、活动房板，檐槽和落水管，薄板成型加工件，瓶盖和罩帽等

C　Al-Si 系合金（4×××系）

Al-Si 系合金，可用来做充填材料和钎焊材料，如汽车散热器复合铝箔；也可用做加强筋和薄板的外层材料，以及活塞材料和耐磨耐热零件。此系列合金的阳极氧化膜呈灰色，属于自然发色的合金，适用于建筑用装饰及挤压型材。

4043 合金由于制造条件所限，薄膜的颜色容易不均匀，因此近年来使用不多。在这一点进行改良的产品，如日本轻金属公司研制的板材 4001 合金和挤压材 4901 合金。

另外，4901-T5 与 6063-T5 有相同的强度，可用作建筑材料。4×××系铝合金的品种、状态、性能与典型用途列于表 3-18 中。

表 3-18　4×××系铝合金的品种和典型用途

合金	品　种	状　态	典　型　用　途
4A11	锻件	F、T6	活塞及耐热零件
4A13	板材	O、F、H14	板状和带状的硬钎焊料，散热器钎焊板和箔的钎焊层
4A17	板材	O、F、H14	板状和带状的硬钎焊料，散热器钎焊板和箔的钎焊层
4032	锻件	F、T6	活塞及耐热零件
4043	线材和板材	O、F、H14、H16、H18	铝合金焊接填料，如焊带、焊条、焊丝
4004	板材	F	钎焊板、散热器钎焊板和箔的钎焊层

D　Al-Mg 系合金（5×××系）

Al-Mg 系合金耐蚀性良好，不经热处理而由加工硬化可以得到相当高的强度。它的焊接性好，故可研制出各种用途的合金。

Al-Mg 系合金，大致可分为光辉合金、含镁 1% 的成型加工用材、含镁 2%～3% 的中强度合金及含镁 3%～5% 的焊接结构用合金等。

（1）光辉合金。这种合金是在铁、硅比较少的铝锭中，添加 0.4% 左右的镁，可用作轿车的装饰部件等。

为了发挥它的光辉性，可用化学研磨的方法，磨出良好的光泽后，再加工出 4μm 左右的硫酸氧化薄膜。另外，在化学研磨时添加铜，有加强光辉性的效果。

（2）成型加工用材。5005、5050 是含有 1% 左右的镁的合金，强度不高，但加工性良好，易于进行阳极氧化，耐蚀性和焊接性好。可用作车辆内部装饰材料，特别是用作建筑材料的拱肩板等低应力构件和器具等。

（3）中强度合金。5052 是含有镁 2.5% 与少量铬的中强度合金，耐海水性优良，耐蚀性、成型加工性和焊接性好，具有中等的抗拉强度，而疲劳强度较高。应用范围比较广。

（4）焊接结构用合金。5056 是添加镁 5% 的合金，5×××系合金中，它具最高的强度。切削性、阳极氧化性良好，耐蚀性也优良。适于用作照相机的镜筒等机器部件。在强烈的腐蚀环境下，有应力腐蚀的倾向，但在一般环境下没有多大的问题。在低温下的静强度和疲劳强度也高。

5083、5086 是为降低对应力腐蚀的感应性，而减少镁含量的一种合金。耐海水性、耐应力腐蚀性优良，焊接性好，强度也相当高，广泛用作焊接结构材料。

5154 的强度介于 5052 与 5083 之间。耐蚀性、焊接性和加工性都与 5052 相当。

此系列合金，具有在低温下增加疲劳强度的性能，所以被应用在低温工业上。5083 作为低温构造材料的实例很多。5×××系铝合金的品种、状态与典型用途列于表 3-19 中。

表 3-19　5×××系铝合金的品种、状态和典型用途

合金	品　种	状　态	典　型　用　途
5005	板材	O、H12、H14、H16、H18、H32、H34、H36、H38	与 3003 合金相似，具有中等强度与良好的抗蚀性。用作导体、炊具、仪表板、壳与建筑装饰件。阳极氧化膜比 3003 合金上的氧化膜更加明亮，并与 6063 合金的色调协调一致
	厚板	O、H12、H14、H32、H112	
	冷加工棒材	O、H12、H14、H16、H22、H24、H26、H32	
	冷加工线材	O、H19、H32	
	铆钉线材	O、H32	
5050	板材	O、H32、H34、H36、H38	薄板可作为制冷机与冰箱的内衬板，汽车气管、油管、建筑小五金、盘管及农业灌溉管
	厚板	O、H112	
	拉伸管	O、H32、H34、H36、H38	
	冷加工棒材	O、F	
	冷加工线材	O、H32、H34、H36、H38	
5052	板材	O、H32、H34、H36、H38	此合金有良好的成型加工性能、抗蚀性、可焊性、疲劳强度与中等的静态强度，用于制造飞机油箱、油管，以及交通车辆、船舶的钣金件、仪表、街灯支架与铆钉线材等
	厚板	O、H32、H34、H112	
	拉伸管	O、H32、H34、H36、H38	
	冷加工棒材	O、F、H32	
	冷加工线材	O、H32、H34、H36、H38	
	铆钉线材	O、H32	
	箔材	O、H19	
5056	冷加工棒材	O、F、H32	镁合金与电缆护套、铆接镁的铆钉、拉链、筛网等；包铝的线材广泛用于加工农业捕虫器罩，以及需要有高抗蚀性的其他场合
	冷加工线材	O、H111、H12、H14、H18、H32、H34、H36、H38、H192、H392	
	铆钉线材	O、H32	
	箔材	H19	
5083	板材	O、H116、H321	用于需要有高的抗蚀性、良好的可焊性和中等强度的场合，诸如船舶、汽车和飞机板焊接件；需要严格防火的压力容器、制冷装置、电视塔、钻探设备、交通运输设备、导弹零件、装甲等
	厚板	O、H112、H116、H321	
	挤压管、型、棒、线材	O、H111、H112	
	锻件	H111、H112、F	
5086	板材	O、H112、H116、H32、H34、H36、H38	用于需要有高的抗蚀性、良好的可焊性和中等强度的场合，诸如舰艇、汽车、飞机、低温设备、电视塔、钻井设备、运输设备、导弹零部件与甲板等
	厚板	O、H112、H116、H321	
	挤压管、型、棒、线材	O、H111、H112	
5154	板材	O、H32、H34、H36、H38	焊接结构、贮槽、压力容器、船舶结构与海上设施、运输槽罐
	厚板	O、H32、H34、H112	
	拉伸管	O、H34、H38	
	挤压管、型、棒、线材	O、H112	
	冷加工棒材	O、H112、F	
	冷加工线材	O、H112、H32、H34、H36、H38	

合金	品 种	状 态	典 型 用 途
5182	板材	O、H32、H34、H19	薄板用于加工易拉罐盖，汽车车身板、操纵盘、加强件、托架等零部件
5252	板材	H24、H25、H28	用于制造有较高强度的装饰件，如汽车、仪器等的装饰性零部件，在阳极氧化后具有光亮透明的氧化膜
5254	板材 厚板	O、H32、H34、H36、H38 O、H32、H34、H112	过氧化氢及其他化工产品容器
5356	线材	O、H12、H14、H16、H18	焊接镁含量大于 3% 的铝镁合金焊条及焊丝
5454	板材 厚板 拉伸管 挤压管、型、棒、线材	O、H32、H34 O、H32、H34、H112 H32、H34 O、H111、H112	焊接结构，压力容器，船舶及海洋设施管道
5456	板材 厚板 锻件	O、H32、H34 O、H32、H34、H112 H112、F	装甲、高强度焊接结构、贮槽、压力容器、船舶材料
5457	板材	O	经抛光与阳极氧化处理的汽车及其他设备的装饰件
5652	板材 厚板	O、H32、H34、H36、H48 O、H32、H34、H112	过氧化氢及其他化工产品贮存容器
5657	板材	H241、H25、H26、H28	经抛光与阳极氧化处理的汽车及其他设备的装饰件，但在任何情况下必须确保材料具有细的晶粒组织
5A02	板材 厚板 拉伸管 冷加工棒材 冷加工线材 铆钉线材 箔材	O、H32、H34、H36、H38 O、H32、H34、H112 O、H32、H34、H36、H38 O、F、H32 O、H32、H34、H36、H38 O、H32 O、H19	飞机油箱与导管、焊丝、铆钉、船舶结构件
5A03	板材 厚板	O、H32、H34、H36、H38 O、H32、H34、H112	中等强度焊接结构件，冷冲压零件，焊接容器、焊丝，可用来代替 5A02 合金
5A05	板材 挤压型材 锻件	O、H32、H34、H112 O、H111、H112 H112、F	焊接结构件，飞机蒙皮骨架
5A06	板材 厚板 挤压管、型、棒材 线材 铆钉线材 锻件	O、H32、H34 O、H32、H34、H112 O、H111、H112 O、H111、H12、H14、H18、H32、 H34、H36、H38 O、H32 H112、F	焊接结构，冷模锻零件，焊接容器受力零件，飞机蒙皮骨架部件，铆钉

合金	品　种	状　态	典　型　用　途
5A12	板材	O、H32、H34	焊接结构件，防弹甲板
	厚板	O、H32、H34、H112	
	挤压型、棒材	O、H111、H112	

3.3.3.3　可热处理强化铝合金品种、状态、性能与典型用途

A　Al-Cu 系合金（2×××系）

Al-Cu 系合金作为热处理型合金，已有很悠久的历史。素有硬铝（飞机合金）之称。

2014 是在添加铜的同时又添加硅、锰和镁的合金。此种合金的特点是具有高的屈服强度，成型性较好，广泛用作强度比较高的部件。经 T6 处理的材料，具有高的强度。要求韧性的部件，可使用 T4 处理的材料。

2017 和 2024 合金称为硬铝。2017 合金在自然时效（T4）下可得到强化，2024 合金是比 2017 合金在自然时效下性能更高的合金，强度也更高。

这些合金适于做飞机构件、各种锻造部件、切削和车辆的构件等。

2011 合金是含有微量铅、铋的易切削合金，其强度大致与 2017 合金相同。

2×××系铝合金的品种、状态和典型用途见表 3-20。

表 3-20　2×××系铝合金的品种、状态和典型用途

合金	品　种	状　态	典　型　用　途
2011	拉伸管 冷加工棒材 冷加工线材	T3、T4511、T8 T3、T4、T451、T8 T3、T8	螺钉及要求有良好切削性能的机械加工产品
2014 和 2A14	板材 厚板 拉伸管 挤压管、棒、型、线材 冷加工棒材 冷加工线材 锻件	O、T3、T4、T6 O、T451、T651 O、T4、T6 O、T4、T4510、T4511、T6、T6510、T6511 O、T4、T451、T6、T651 O、T4、T6 F、T4、T6、T652	应用于要求高强度与硬度（包括调温）的场合。重型锻件、厚板和挤压材料用于飞机结构件，多级火箭第一级燃料槽与航天器零件，车轮、卡车构架与悬挂系统零件
2017 和 2A11	板材 挤压型材 冷加工棒材 冷加工线材 铆钉线材 锻件	O、T4 O、T4、T4510、T4511 O、H13、T4、T451 O、H13、T4 T4 F、T4	是第一个获得工业应用的 2×××系合金，目前的应用范围较窄，主要为铆钉、通用机械零件、飞机、船舶、交通、建筑结构件、运输工具结构件，螺旋桨与配件
2024 和 2A12	板材 厚板 拉伸管 挤压管、型、棒、线材 冷加工棒材 冷加工线材 铆钉线材	O、T3、T361、T4、T72、T81、T861 O、T351、T361、T851、T861 O、T3 O、T3、T3510、T3511、T81、T8510、T8511 O、T13、T351、T4、T6、T851 O、H13、T36、T4、T6 T4	飞机结构（蒙皮、骨架、肋梁、隔框等）、铆钉、导弹构件、卡车轮、螺旋桨元件及其他各种结构件

合金	品 种	状 态	典 型 用 途
2036	汽车车身薄板	T4	汽车车身钣金件
2048	板材	T851	航空航天器结构件与兵器结构零件
2117	冷加工棒材和线材铆钉 线材	O、H13、H15 T4	用作工作温度不超过 100℃ 的结构件铆钉
2124	厚板	O、T851	航空航天器结构件
2218	锻件 箔材	F、T61、T71、T72 F、T61、T72	飞机发动机和柴油发动机活塞,飞机发动机汽缸头,喷气发动机叶轮和压缩机环
2219 和 2A16	板材 厚板 箔材 挤压管、型、棒、线材 冷加工棒材 锻件	O、T31、T37、T62、T81、T87 O、T351、T37、T62、T851、T87 F、T6、T852 O、T31、T3510、T3500、T62、T84、T8510、T8511 T851 T6、T852	航天火箭焊接氧化剂槽与燃料槽,超音速飞机蒙皮与结构零件,工作温度为 −270~300℃。焊接性好,断裂韧性高,T8 状态有很高的抗应力腐蚀开裂能力
2319	线材	O、H13	焊接 2219 合金的焊条和填充焊料
2618 和 2A70	厚板 挤压棒材 锻件与锻坯	T651 O、T6 F、T61	厚板用作飞机蒙皮,棒材、模锻件与自由锻件用于制造活塞,航空发动机汽缸、汽缸盖、活塞、导风轮、轮盘等零件,以及要求在 150~250℃ 工作的耐热部件
2A01	冷加工棒材和线材铆钉 线材	O、H13、H15 T4	用作工作温度不超过 100℃ 的结构件铆钉
2A02	棒材 锻件	O、H13、T6 T4、T6、T652	工作温度 200~300℃ 的涡轮喷气发动机的轴向压气机叶片、叶轮和盘等
2A04	铆钉线材	T4	用来制作工作温度为 120~250℃ 结构件铆钉
2A06	板材 挤压型材 铆钉线材	O、T3、T351、T4 O、T4 T4	工作温度 150~250℃ 的飞机结构件及工作温度 125~250℃ 的航空器结构铆钉
2A10	铆钉线材	T4	强度比 2A01 合金的高,用于制造工作温度不大于 100℃ 的航空器结构铆钉
2A10	铆钉线材	T4	用作工作温度不超过 100℃ 的结构件铆钉
2A17	锻件	T6、T852	工作温度 225~250℃ 的航空器零件,很多用途被 2A16 合金所取代
2A50	锻件、棒材、板材	T6	形状复杂的中等强度零件

续表 3-20

合金	品　种	状　态	典　型　用　途
2B50	锻件	T6	航空器发动机压气机轮、导风轮、风扇、叶轮等
2A80	挤压棒材 锻件与锻坯	O、T6 F、T61	航空器发动机零部件及其他工作温度高的零件，该合金锻件几乎完全被2A70取代
2A90	挤压棒材 锻件与锻坯	O、T6 F、T61	航空器发动机零部件及其他工作温度高的零件，合金锻件逐渐被2A70取代

B　Al-Mg-Si 系合金（6×××系）

Al-Mg-Si 系合金是热处理型合金，耐蚀性好，近年来大量用来作框架和建筑材料，6063 合金是此系合金的代表。

6063 合金的挤出性、阳极氧化性优良，大部分用来生产建筑用框架，是典型的挤压合金。

6061 合金是具有中等强度的材料，耐蚀性也比较好。作为热处理合金，有较高的强度。优良的冷加工性，广泛用作结构材料。

6662 合金化学成分和力学性能都相当于 6061 合金。它只是在制造上有所改善，而对挤出材料没有特别的限制。6351 合金又称 B51S，在欧美广泛使用。它与 6662 合金的性能和用途相类似。

6963 合金的化学成分和力学性能，都与 6063 相同。它比 6063 合金的挤压性差一些，但能用于强度要求较高的部件，如建筑用脚架板、混凝土模架和温室构件等。6901 合金，化学成分与 6063 不同，强度与 6963 合金相同或稍高，挤压性能优良。6×××系铝合金的品种、状态与典型用途列于表 3-21 中。

表 3-21　6×××系铝合金的品种和典型用途

合金	品　种	状　态	典　型　用　途
6005	挤压管、棒、型、线材	T1、T5	挤压型材与管材，用于要求强度大于6063合金的结构件，如梯子、电视天线等
6009	板材	T4、T6	汽车车身板
6010	板材	T4、T6	汽车车身板
6061	板材 厚板 拉伸管 挤压管、棒、型、线材 导管 轧制或挤压结构型材 冷加工棒材 冷加工线材 铆钉线材 锻件	O、T4、T6 O、T451、T651 O、T4、T6 O、T1、T4、T4510、T4511、T51、T6、T6510、T6511 T6 T6 O、H13、T4、T541、T6、T651 O、H13、T4、T6、T89、T913、T94 T6 F、T6、T652	要求有一定强度、可焊性与抗蚀性高的各种工业结构件，如制造卡车、塔式建筑、船舶、电车、铁道车辆、集装箱、家具等用的管、棒、型材

合金	品 种	状 态	典 型 用 途
6063	拉伸管 挤压管、棒、型、线材 导管	O、T4、T6、T83、T831、T832 O、T1、T4、T5、T52、T6 T6	建筑型材，灌溉管材，供车辆、台架、家具、升降机、栅栏等用的挤压材料，以及飞机、船舶、轻工业部门、建筑物等用的不同颜色的装饰构件
6066	拉伸管 挤压管、棒、型、线材 锻件	O、T4、T42、T6、T62 O、T4、T4510、T4511、T42、T6、 T6510、T6511、T62 F、T6	焊接结构用锻件及挤压材料
6070	挤压管、棒、型、线材 锻件	O、T4、T4511、T6、T6511、T62 F、T6	重载焊接结构与汽车工业用的挤压材料与管材，桥梁、电视塔、航海用元件、机器零件、导管等
6101	挤压管、棒、型、线材 导管 轧制或挤压结构型材	T6、T61、T63、T64、T65、H111 T6、T61、T63、T64、T65、H111 T6、T61、T63、T64、T65、H111	公共汽车用高强度棒材、高强度母线、导电体与散热装置等
6151	锻件	F、T6、T652	用于模锻曲轴零件、机器零件与生产轧制环，水雷与机器部件，供既要求有良好的可锻性能、高的强度，又要有良好抗蚀性之用
6201	冷加工线材	T81	高强度导电棒材与线材
6205	板材 挤压材料	T1、T5 T1、T5	厚板、踏板与高冲击的挤压件
6262	拉伸管 挤压管、棒、型、线材 冷加工棒材 冷加工线材	T2、T6、T62、T9 T6、T6510、T6511、T62 T6、T651、T62、T9 T6、T9	要求抗蚀性优于 2011 和 2017 合金的有螺纹的高应力机械零件（切削性能好）
6351	挤压管、棒、型、线材	T1、T4、T5、T51、T54、T6	车辆的挤压结构件，水、石油等的输送管道，控压型材
6463	挤压棒、型、线材	T1、T5、T6、T62	建筑与各种器械型材，以及经阳极氧化处理后有明亮表面的汽车装饰件
6A02	板材 厚板 管、棒、型材 锻件	O、T4、T6 O、T4、T451、T6、T651 O、T4、T4511、T6、T6511 F、T6	飞机发动机零件，形状复杂的锻件与模锻件，要求有高塑性和高抗蚀性的机械零件

C Al-Zn-Mg-Cu 系合金（7×××系）

Al-Zn-Mg-Cu 系合金大致可分为焊接构造材料（Al-Zn-Mg 系）和高强度合金材料（Al-Zn-Mg-Cu 系）两种。

（1）焊接构件材料（Al-Zn-Mg 系）。此系合金有以下三个特点：1）热处理性能比较好，与 5083 合金相比，挤压型材的制造容易，加工性和耐蚀性能也良好，采用时效硬化可以得到高强度；2）即使是自然时效，也可达到相当高的强度，对裂纹的敏感性低；3）焊接的热影响部分，由于加热时被固溶化，故以后进行自然时效时，可以恢复强度，从而提高焊接缝的强度。此类合金被广泛应用于焊接构件的制作。

此外，该系合金在焊接性和耐应力的腐蚀性方面有以下两个特点：1）添加微量的锰、钪、铬、锆、钛等元素，有较强的强化效果；2）调整包括热处理在内的工艺条件，可以获得具有良好使用性能的材料。

日本开发的 7N01 合金，就是含有锌 4%~5%、镁 1%~2% 的中强度焊接构件材料。日本轻金属公司研制的 7904（R74S）合金，具有耐蚀性优良，对热影响较强的特点。

7904（R74S）合金对裂纹的敏感性与 5083 相近，焊接条件也差不多。考虑到焊接性和焊接缝的强度，以 5556 合金作为填充材料最为合适。

7904 合金的挤压加工性比 5083 合金好，但是，挤压性更为优良的，还是要数日本轻金属公司研制的 7704（W74S）合金。该公司开发的 7804（N74S）合金，作为焊接及其构件材料不太适宜，但挤压性与 7704 合金相同，适于制造强度较高的部件。

（2）高强度合金材料（Al-Zn-Mg-Cu 系）。此系合金，用作飞机材料的，以超硬铝合金 7075 合金为代表。近年来，滑雪杖、高尔夫球的球棒等体育用品，也采用这种合金来制作。7075 合金的热处理，多用 T651，这种处理可使 T6 处理后的残余应力，经拉伸矫正而均匀化，以防止加工时工件发生歪扭变形。T73 处理，会使力学性能有所降低，但却有减轻应力腐蚀倾向的效果。

7×××系铝合金的品种、状态与典型用途列于表 3-22 中。

表 3-22　7×××系铝合金的品种、状态和典型用途

合金	品　种	状　态	典　型　用　途
7005	挤压管、棒、型、线材板材和厚板	T53 T6、T63、T6351	挤压材料，用于制造既要有高的强度，又要有高的断裂韧性的焊接结构与钎焊结构，如交通运输车辆的桁架、杆件、容器；大型热交换器以及焊接后不能进行固溶处理的部件；还可用于制造体育器材如网球拍与垒球棒
7039	板材和厚板	T6、T651	冷冻容器、低温器械与贮存箱，消防压力器材，军用器材、装甲、导弹装置
7049	锻件 挤压型材 薄板和厚板	F、T6、T652、T73、T7352 T73511、T76511 T73	用于制造静态强度既与 7079-T6 合金的相同，又要求有高的抗应力腐蚀开裂能力的零件，如飞机与导弹零件——起落架、齿轮箱、液压缸和挤压件。零件的疲劳性能大致与 7075-T6 合金的相等，而韧性稍高

合金	品 种	状 态	典 型 用 途
7050	厚板 挤压棒、型、线材 冷加工棒、线材 铆钉线材 锻件 包铝薄板	T7451、T7651 T73510、T73511、T74510、T74511、 T76510、T76511 H13 T73 F、T74、T7452 T76	飞机结构件用中厚板，挤压件、自由锻件与模锻件。制造这类零件对合金的要求是：抗剥落腐蚀、应力腐蚀开裂能力、断裂韧性与疲劳性能都高。飞机机身框架、机翼蒙皮、舱壁、桁条、加强筋、肋、托架、起落架支承部件、座椅导轨、铆钉
7072	散热器片坯料	O、H14、H18、H19、H23、H24、 H241、H25、H111、H113、H211	空调器铝箔与特薄带材；2219、3003、3004、5050、5052、5154、6061、7075、7475、7178 合金板材与管材的包覆层
7075	板材 厚板 拉伸管 挤压管、棒、型、线材 轧制或冷加工棒材 冷加工线材 铆钉线材 锻件	O、T6、T73、T76 O、T651、T7351、T7651 O、T6、T73 O、T6、T6510、T6511、T73、T73510、 T73511、T76、T76510、T76511 O、H13、T6、T651、T73、T7351 O、H13、T6、T73 T6、T73 F、T6、T652、T76、T7352	用于制造飞机结构及其他要求强度高、抗蚀性能强的高应力结构件，如飞机上、下翼面壁板、桁条、隔框等。固溶处理后塑性好，热处理强化效果特别好，在 150 以下有高的强度，并且有特别好的低温强度，焊接性能差，有应力腐蚀开裂倾向，双级时效可提高抗 SCC 性能
7175	锻件 挤压件	F、T74、T7452、T7454、T66 T74、T6511	用于锻造航空器用的高强度结构件，如飞机翼外翼梁、主起落架梁、前起落架动作筒、垂尾接头、火箭喷管结构件。T74 材料有良好的综合性能，即强度、抗剥落腐蚀与抗应力腐蚀开裂性能、断裂韧性、疲劳强度都高
7178	板材 厚板 挤压管、棒、型、线材 冷加工棒材、线材 铆钉线材	O、T6、T76 O、T651、T7651 O、T6、T6510、T6511、T76、 T76510、T76511 O、H13 T6	供制造航空航天器用的要求抗压屈服强度高的零部件
7475	板材 厚板 轧制或冷加工棒材	O、T61、T761 O、T651、T7351、T7651 O	机身用的包铝的与未包铝的板材。其他既要有高的强度，又要有高的断裂韧性的零部件，如飞机机身、机翼蒙皮、中央翼结构件、翼梁、桁条、舱壁、T-39 隔板、直升机舱板、起落架舱门、子弹壳

续表3-22

合金	品　种	状　态	典　型　用　途
7A04	板材 厚板 拉伸管 挤压管、棒、型、线材 轧制或冷加工棒材 冷加工线材 铆钉线材 锻件	O、T6、T73、T76 O、T651、T7351、T7651 O、T6、T73 O、T6、T6510、T6511、T73、T73510、 T73511、T76、T76510、T76511 O、H13、T6、T651、T73、T7351 O、H13、T6、T73 T6、T73 F、T6、T652、T73、T7352	飞机蒙皮、螺钉，以及受力构件如大梁桁条、隔框、翼肋、起落架等
7150	厚板 挤压件 锻件	T651、T7751 T6511、T77511 T77	大型客机的上翼结构，机体板梁凸缘，上面外板主翼纵梁，机身加强件，龙骨梁，座椅导轨。强度高，抗腐蚀性（剥落腐蚀）良好，是7050的改良型合金，在T651状态下比7075的高10%～15%，断裂韧性高10%，抗疲劳韧性好，两者的抗SCC性能相似
7055	厚板 挤压件 锻件	T651、T7751 T77511 T77	大型飞机的上翼蒙皮、长桁、水平尾翼、龙骨梁、座轨、货运滑轨。抗压和抗拉强度比7150的高10%，断裂韧性、耐腐蚀性与7150的相似

D　Al-其他元素合金（8×××系）

Al-Li系合金超轻铝合金，其密度仅为$2.4\sim2.5t/m^3$，比普通铝合金轻15%～20%，主要用作要求轻量化的航天、航空材料，交通运输材料和兵器材料等，8090合金是一种典型的中强耐损伤Al-Li合金，有很好的低温性能和韧性，可加工成厚板、中厚板、薄板、挤压材和锻件。8090-T81合金的抗疲劳性、抗应力腐蚀性和剥落腐蚀性都优于2024-T6合金，而力学性能和焊接性能与2219合金相当。

8×××系铝合金的品种、状态与典型用途列于表3-23中。

表3-23　Al-其他元素合金的品种、状态和典型用途

合金	品　种	状　态	典型用途
2090	薄板、厚板、挤压材、锻件	O、T31、T3、T6、T81、T83、T84、 T86、T351、T851	目前 Al-Li 系铝合金材料主要用于航天航空工业，如飞机蒙皮、舱门、隔板、机架、翼梁、翼肋、燃料箱、舱壁、甲板、桁架、上下桁条、座椅、导管、框架、行李箱等。在汽车工业、导弹、火箭和兵器工业上都获得应用
2091	薄板、厚板、挤压材、锻件	O、T3、T8、T84、T851、T8X51、 T83、T351、T851、T86	
2094	薄板、厚板、挤压材、锻件	O、T3、T31、T8、T83、T86、T851、 T351、T86	
2095	薄板、厚板、挤压材、锻件	O、T3、T31、T351、T8、T83、T86、 T851	
2195	薄板、厚板、挤压材、锻件	O、T3、T351、T8、T851、T86	

合金	品 种	状 态	典型用途
X2096	薄板、厚板、挤压材、锻件	O、T3、T351、T8、T851、T86	
2097	薄板、厚板、挤压材、锻件	O、T3、T351、T8、T85、T86	
2197	薄板、厚板、挤压材、锻件	O、T3、T351、T8、T851、T86	目前 Al-Li 系铝合金材料主要用于航天航空工业，如飞机蒙皮、舱门、隔板、机架、翼梁、翼肋、燃料箱、舱壁、甲板、桁架、上下桁条、座椅、导管、框架、行李箱等。在汽车工业、导弹、火箭和兵器工业上都获得应用
8090	薄板、厚板、挤压材、锻件	O、T8、T8X、T81、T8771、T651、T8E70	
8091	薄板、厚板、挤压材、锻件	T8151、T8E51、T6511、T8511、T8510、T7E20、T8X、T810	
8093	薄板、厚板、挤压材、锻件	O、T852、T8、T81、T351、T851、T86、T652、T8551	
Veldalite	薄板、厚板、挤压材、锻件	O、T3、T4、T6、T8、T86、T851、T351	
BAA23	板材、挤压材、锻件	O、T3、T4、T6、T8、T851、T351	

3.4 常用挤压铝合金及其特性

3.4.1 常用挤压铝合金

挤压铝合金可按以下几个主要特性进行分类：

（1）按照抗拉强度的高低分为：低强度（$\sigma_b < 294$MPa）、中等强度（$\sigma_b = 294 \sim 441$MPa）和高强度（$\sigma_b > 441$MPa）铝合金；

（2）按照热处理强化程度分为：热处理强化铝合金和热处理不强化铝合金；

（3）按照焊接性能分为：可焊铝合金，在熔化焊接时，能够保持或者仅稍微改变其力学性能；不可焊铝合金，在熔化焊接时，合金的强度性能显著降低；

（4）按照抗腐蚀性能分为：高抗蚀性（在大气条件下和在海水中抗一般腐蚀性能和抗应力腐蚀性能高）、中等抗蚀性和低抗蚀性铝合金。

上述分类方法在很大程度上是有条件的，因为某些合金根据变形条件和热处理制度的不同可以划分为不同类型。例如，一次挤压 2A12 合金半成品，淬火和自然时效以后要保持未再结晶组织，其强度大于 441MPa，属于高强度铝合金。但经过二次挤压或用轧制方法生产的 2A12 合金则具有完全的或者部分的再结晶组织，其抗拉强度低于 441MPa，属于中等强度合金。在淬火和人工时效状态下的 6A02 合金半成品，其抗拉强度高于 294MPa，属于中等强度合金；而在淬火和自然时效状态下，其抗拉强度低于 294MPa，属于低强度铝合金。

低强度铝合金（工业纯铝、3A21、5005、5A02、5A03、5086）热处理后不强化，其半成品在退火状态下和冷作硬化后使用。某些 Al-Mg-Si 合金，例如 6063、6061，也属于低强度铝合金。但是这些合金热处理后可强化，其型材在淬火和人工时效时或自然时效后使用。这类合金具有良好的可焊性和高的抗蚀性。上述合金在冷作硬化状态下进行熔焊时，焊缝和靠近焊缝区的强度明显降低。因此，对于制造等强度的结构来说，焊接区的壁板部分应该加厚。

中等强度的合金可以分为两组：热处理不强化合金，5A05、5A06、5B06；热处理强化铝合金：6A02、2A11、2A70、2A06 等。第一组合金的半成品只是在退火状态下使用，具有良好的可焊性和高抗蚀性。第二组合金的半成品在淬火和自然时效或人工时效后使用。该组合金抗蚀性和可焊性不同，2A02 合金属于高抗蚀性和可焊性合金，而 2A11 合金的抗蚀性和可焊性则低。

高强度铝合金 7A04 和 2A12 在热处理时可急剧强化。7A04 合金的半成品在淬火和人工时效后使用，而 2A12 合金半成品通常在淬火和自然时效后使用。这组合金的抗蚀性不高，必须采用专门的保护方法（包铝、阳极氧化、涂油漆层）。7A04 合金的一般抗蚀性比 2A12 合金略微高一些。但是 2A12 合金具有很高的塑性性能和热强性。

当焊接热处理强化铝合金时，其焊缝和靠近缝区的强度大大减弱，其抗蚀性能下降。所以这些合金属于不可焊的。这些合金的结构装配采用铆接，而很少采用螺栓连接。

7A04、2A12 以及 2A06 合金主要用于制造承受力结构所需的壁板。7A04 合金制造的结构可在不超过 100℃温度下长期工作。例如：飞机的蒙皮、桁条、隔框、大梁、建筑上用的承力构架，载重汽车的框架、车身，铁路车厢的骨架和地板等。利用 2A06 合金制造成 150~250℃温度下工作的型材结构。2A06 合金的大型型材和壁板在淬火和自然时效状态下，与 2A12 合金不同，它没有晶间腐蚀和腐蚀破裂现象。2A06 合金可用于制造蒙皮、大梁、隔框、在使用时承受剧烈加热的其他结构零件。

2A70、2A50、5A05、5A06 合金主要用于制造承受中等负荷结构的壁板，2A70 和 2A50 合金在淬火和人工时效后使用，5A05 和 5A06 合金在退火后使用。可用这些合金制造铁路车厢的框架和车身、焊接油箱、建筑上承受载荷的吊棚、隔板、船舶的甲板、上层建筑的隔板等。

采用淬火和自然时效状态下的 6A02 和 6063 合金制造装饰壁板和民用建筑结构。在这种状态下，上述合金具有高抗蚀性，能很好的抛光和阳极化处理。此外，在某些情况下，利用 5A06 和 5A03 合金制造民用建筑结构。

在某些情况下，采用 1035 工业纯铝和 3A21 合金壁板制造建筑结构用的装饰部件。

表 3-24 列出了我国常用挤压材铝合金化学成分及与美、俄、日本相应牌号对照表。表 3-25 为挤压材用铝合金的挤压性及典型力学性能。

表 3-24　我国部分挤压型材用铝合金化学成分及美、俄、日本相应牌号对照表

合金名称	化学成分（质量分数）/%										其他杂质		国外相应牌号		
	Cu	Mg	Mn	Fe	Si	Zn	Ti	Be	Cr	Fe+Si	单个	合计	美国	俄罗斯	日本
1070A	0.01			0.16	0.16					0.26	0.03			A00	
1060	0.01			0.25	0.20					0.36	0.03			A0	
1050	0.015			0.30	0.30					0.45	0.03			A1	
1035	0.05			0.35	0.40					0.60	0.03			A1	

合金名称	化学成分（质量分数）/%										其他杂质		国外相应牌号		
	Cu	Mg	Mn	Fe	Si	Zn	Ti	Be	Cr	Fe+Si	单个	合计	美国	俄罗斯	日本
1200	0.05			0.5	0.5					0.90	0.05		1435	A2	
1200A	0.10	0.10	0.10	0.5	0.55	0.10				1.0	0.05	0.15			
3A21	0.20	0.05	1.0~1.6	0.7	0.6	0.10	0.15				0.05	0.10	3003	AMц	A3003
5A02	0.10	2.0~2.8	0.15~0.4	0.4	0.4		0.15			0.6	0.05	0.15	5052	AMг	A5052
5A03	0.10	3.2~3.8	0.3~0.6	0.5	0.5~0.8	0.20	0.15				0.05	0.10	5154	AMг₃	A5054
5A05	0.10	4.8~5.5	0.3~0.6	0.5	0.5	0.20					0.05	0.10	5056	AMг₅	A5056
5A06	0.10	5.8~6.8	0.5~0.8	0.4	0.4	0.20	0.02~0.1	0.0001~0.005			0.05	0.10		AMг₆	
5083	0.10	4.0~4.9	0.4~1.0	0.4	0.4	0.25	0.15		0.05~0.25		0.05	0.15	5083		A5083
2A01	2.2~3.0	0.2~0.5	0.20	0.5	0.5	0.10	0.15				0.05	0.10	2217	д18п	A2117
2A02	2.6~3.2	2.0~2.4	0.45~0.7	0.3	0.30	0.10	0.15				0.05	0.10		Вд17	
2A06	3.8~4.3	1.7~2.3	0.5~1.0	0.5	0.50	0.10	0.03~0.15	0.0001~0.005			0.05	0.10		д19	
2A11	3.3~4.8	0.4~0.8	0.4~0.8	0.7	0.7	0.30	0.15	Ni0.10		Fe+Ni 0.7	0.05	0.10	2017	д1	A2017
2A12	3.8~4.9	1.2~1.8	0.3~0.9 或 Cr	0.5	0.5	0.30	0.15	Ni0.10		Fe+Ni 0.5	0.05	0.10	2024	д16	A2024
2A14	3.9~4.8	0.4~0.8	0.4~1.0	0.7	0.6~1.2	0.30	0.15	Ni0.10			0.05	0.10	2014	AK8	A2014
6A02	0.2~0.6	0.45~0.9	0.15~0.35	0.5	0.5~1.2	0.20	0.15				0.05	0.10	6151	AB	A6151
6063	0.10	0.45~0.9	0.10	0.35	0.2~0.6	0.10	0.10		0.10		0.05	0.15	6063	Aд31	A6063
6061	0.15~0.4	0.8~1.2	0.15	0.7	0.4~0.8	0.25	0.15		0.04~0.35		0.05	0.15	6061	Aд33	A6061
6005	0.10	0.4~0.6	0.10	0.35	0.6~0.9	0.10	0.10		0.10		0.05	0.15	6005A		A6005
6005A	0.30	0.4~0.7	0.50	0.35	0.5~0.9	0.20	0.10		0.30	0.12~0.5 Mn+Cr	0.05	0.15	6005A		A6N01
6082	0.10	0.6~1.2	0.4~1.0	0.50	0.7~1.3	0.20	0.10		0.25		0.05	0.15	6082		A6082

续表 3-24

合金名称	化学成分（质量分数）/%											国外相应牌号		
	Cu	Mg	Mn	Fe	Si	Zn	Ti	Be	Cr	Fe+Si	其他杂质 单个	其他杂质 合计	美国	俄罗斯	日本
6070	0.15~0.40	0.5~1.2	0.40~1.0	0.50	1.0~1.7	0.20	0.15		0.10		0.05	0.15	6070		A6070
6066	0.70~1.2	0.80~1.4	0.60~1.1	0.50	0.90~1.8	0.20	0.20		0.40		0.05	0.15	6066		A6066
6053	0.10	1.1~1.4		0.35	0.50~0.9	0.10			0.15~0.35		0.05	0.15	6053		A6053
6N01	0.35	0.40~0.80	0.50	0.35	0.40~0.9	0.25			0.30	0~0.5	0.05	0.15	6005A		A6N01
6351	0.10	0.40~0.80	0.4~0.8	0.50	0.7~1.3	0~20	0.20								
7A03	1.8~2.4	1.2~1.6	0.10	0.20	0.20	6.0~6.7	0.02~0.08		0.05		0.05	0.10	7178	B94	A7178
7A04	1.4~2.0	1.8~2.8	0.2~0.6	0.5	0.5	5.0~7.0		0.1~0.25			0.05	0.10		B95	
7A09	1.2~2.0	2.0~3.0	0.15	0.5		5.1~6.1		0.16~0.30	0.10		0.05	0.10	7075	B95ч	A7075
7005	0.10	1.0~1.8	0.20~0.70	0.40	0.35	4.0~5.0	0.01~0.06		0.03~0.2	0.08~0.20Zr	0.05	0.15	7005	1915	A7005
7N01	0.20	1.0~2.0	0.20~0.70	0.35	0.30	4.0~5.0	0.20		0.30	0.10V 0.25Zr	0.05	0.15		1915	A7N01
7020	0.20	1.0~1.4	0.05~0.50	0.40	0.35	4.0~5.0			0.1~0.35	0.08~0.20Zr	0.05	0.15	7020		A7020
7050	2.0~2.6	1.8~2.6	0.10	0.15	0.12	5.7~6.7	0.06		0.04			0.15	7050	B96ч	A7050
7150	1.8~2.5	2.0~2.7	0.10	0.15	0.12	5.9~6.9	0.06		0.04		0.05	0.15	7150	B95-1	A7150
7055	2.0~2.6	1.8~2.3	0.05	0.10	0.10	7.6~8.4	0.06		0.04		0.05	0.15	7055	B96	A7055

表 3-25　挤压材用铝合金的挤压性及典型的力学性能

合金	挤压性指数 （6063＝100）	可否挤压 空心型材	典型状态	力学性能标准值		
				抗拉强度 R_m/MPa	屈服强度 $R_{p0.2}$/MPa	伸长率 A/%
1100	150	可	H112	90	40	40
1200	140	可	H112	98	43	35
2014	20	不可	T4	440	310	19
2017	20	不可	T4	430	290	20
2024	15	不可	T4	490	340	18

合金	挤压性指数 （6063＝100）	可否挤压 空心型材	典型状态	力学性能标准值		
				抗拉强度 R_m/MPa	屈服强度 $R_{p0.2}$/MPa	伸长率 A/%
3003	110	可	H112	110	45	35
3203	110	可	H112	110	45	35
5052	60	不可（难）	H112	200	100	25
5454	40	不可（难）	H112	260	130	22
5083	20	不可（难）	H112	300	155	20
6061	65	可	T6	320	280	13
6N01	75	可	T5	280	240	13
6063	100	可	T5	195	155	13
7003	50	可	T5	320	260	15
7N01	40	可	T5	350	300	15
7075	10	不可	T6511	590	520	9

3.4.2　几种典型挤压铝合金及其特性

3.4.2.1　1035 合金

1035 合金是含 0.7% 以下杂质的工业纯铝，其中主要杂质是铁和硅。1035 合金的半成品在退火和热挤压状态下供应。但是，不管什么样的供应状态，挤压型材最后加工工序是拉伸矫直，或在辊式矫直机上矫直。矫直时，强度性能略有提高，但塑性剧烈降低。此外，在冷变形时合金的导电性能稍有提高。因此在型材性能要求严格时，则需要考虑矫直时上述性能的变化。

当提高温度时，1035 合金的强度性能下降，而塑性则急剧升高。当温度低于零度时，合金的强度和塑性性能都显著提高。

3.4.2.2　3A21 合金

3A21 合金是 Al-Mn 二元系中的变形铝合金。它具有高抗蚀性，实际上与 1035 合金的抗蚀性没有差别。3A21 合金的半成品能够很好地进行气焊、氩弧焊和接角焊。焊缝的抗蚀性与基体金属相同。在冷状态和热状态下，合金的变形性能好，热变形的温度很宽（320~470℃）。该合金用热处理方法不可以强化，型材在退火或热挤压状态下供应。变形温度和变形速度对 3A21 合金变形抗力的影响要比工业纯铝小很多。

3.4.2.3　6×××系合金

6×××系（Al-Mg-Si）合金是最重要的挤压合金，目前全世界有 70% 以上的铝挤压加工材是用 6×××系合金生产的，其成分范围为：0.3%~1.3%Si，0.35%~1.4%Mg。在此极限范围内，各国研制开发出了几百种不同成分的合金。美国 AA 标准合金表中列有 46 种不同成分的 6×××系合金，而在 1980 年 10 月出版的国际合金成分手册中列出了 252 种不同成分的 6×××系合金。经过几十年的实践应用和筛选，证明 6063、6082、6061、6005 等 4 种合金及其变种已经占据了6×××系合金的统治地位（80%以上），它们涵盖了抗拉强度 σ_b 从 180~360MPa 整个范围的所有合金。

（1）6063 型合金。6063 型合金（含 6063、6063A、6463、6463A、6763、6963 等）是当今世界最典型的应用最广泛的挤压合金，其全球产量仅次于 3004-H19 合金罐料带材。2015 年世界产量达 1000 万吨，而中国的产量约为 800 万吨，其中 90%以上为建筑型材。这类合金的成分见表 3-26。

表 3-26　6063 型合金的化学成分　　　　　　　（%）

牌号	Si	Fe	Cu	Mn	Mg	Cr	Zn	Ti	其他杂质		Al
									每个	总计	
6063	0.20~0.60	0.35	0.10	0.10	0.45~0.90	0.10	0.10	0.10	0.05	0.15	余量
6063A	0.30~0.60	0.15~0.35	0.10	0.15	0.60~0.90	0.05	0.15	0.10	0.05	0.15	余量
6463	0.20~0.60	0.15	0.20	0.05	0.45~0.90	—	0.15	—	0.05	0.15	余量
6463A	0.20~0.60	0.15	0.25	0.05	0.30~0.90	—	0.10	—	0.05	0.15	余量
6763	0.20~0.60	0.03	0.04~0.16	0.03	0.45~0.90	—	0.10	—	0.05	0.15	余量
6963	0.40~0.60	0.25	0.15~0.25	0.05	0.35~0.90	0.10	0.10	0.10	0.05	0.15	余量

6063 合金是 Al-Mg-Si 系合金中典型代表，具有特别优良的可挤压性和可焊接性，是建筑门窗型材的首选材料。它的特点是在压力加工的温度-速度条件下，塑性性能和抗蚀性高；没有应力腐蚀倾向；在焊接时，其抗蚀性实际上不降低。

6063 合金在热处理时剧烈强化。合金中的主要强化相是 Mg_2Si 和 AlSiFe。如果 6063 合金挤压型材在退火状态下的抗拉强度为 98~117.6MPa，那么在淬火和自然时效后可提高到 176.4~196MPa，此时相对伸长率下降不大（由 23%~25%下降到 15%~20%）。合金在 160~170℃下，经过人工时效可以得到更大的强度效果，此时，抗拉强度可提高到 269.5~285.2MPa，甚至可达 300MPa。但是，在人工时效时，塑性性能剧烈下降（δ = 10%~12%）。淬火与人工时效之间的间隔时间对 6063 合金（在人工时效时）的强化程度有显著的影响，随着间隔时间由 15min 增加到 4h，抗拉强度和屈服强度降低 29.4~39.2MPa。人工时效的保温时间对 6063 合金半成品的力学性能没有重大影响。

（2）6A02 合金。普通的 6A02 合金（不限制铜含量）属于 Al-Mg-Si-Cu 系合金。它在压力加工的温度-速度条件下以及在室温下具有很高的塑性性能。6A02 合金的化学成分组织与性能与 6061 合金相近。

生产 6A02 合金挤压半成品时，虽然其锰含量比较少，但在热处理后却能保持着未再结晶的组织，因此，可以显著提高强度性能。和 6063 合金一样，6A02 合金在热处理时急剧强化，其主要强化相为 Mg_2Si 和 $W(Al_xMg_5Si_4Cu)$。

淬火后用自然时效的方法可以提高抗拉强度，该性能与退火状态下的相比提高一倍，而淬火后再人工时效的大约可提高两倍。但是，在人工时效时塑性性能却明显下降（相对伸长率大约降低 1/2，而相对压缩率降低 2/3 以上）。6A02 合金的典型力学性能见表 3-27。

表3-27 在不同状态下6A02合金挤压材的力学性能

合金状态	力 学 性 能			
	R_m/MPa	$R_{p0.2}$/MPa	A/%	ψ/%
退火	127.4	24	65	
淬火及自然时效	225.4	117.6	22	50
淬火及人工时效	323.4	274.4	12	20

6A02合金在人工时效状态下的抗蚀性明显下降，并出现晶间腐蚀倾向。6A02合金中的铜含量越高，则抗蚀性下降越多。通常把合金中的铜含量控制在0.1%以下。

6A02合金可以点焊、滚焊和氩弧焊。焊接接头的强度为基体金属强度的60%~70%。焊接后淬火和时效可使焊接接头的强度达到基体金属强度的90%~95%。

3.4.2.4　5A06合金

5A06合金属于Al-Mg-Mn系合金。无论在室温下，还是在高温下，它都具有很高的塑性，在各种介质中，包括在海水中都具有很高的抗蚀性。该合金的良好抗蚀性和可焊性使它在造船工业中得到广泛应用。该合金的焊缝具有高的强度和塑性性能。在室温下，焊接接头的强度可达到基体金属强度的90%~95%。

5A06合金和5A02、5A03、5A05一样，都属于热处理不强化的铝合金。其半成品通常是在退火状态下供应。在较低的温度下（310~335℃）进行退火，并在空气中冷却。当退火温度较高或者在热挤压状态下供应半成品时，如果在使用时需要加热到60℃以上，则过饱和固溶体将发生分解，沿晶粒边界析出β(Al_3Mg_2)相质点，因而急剧地提高了合金的应力腐蚀和晶间腐蚀倾向性。如果在高温加热之前先经过冷变形时，那么过饱和固溶体分解的倾向性将增大。因此，需要进行冷变形（例如矫直）的半成品，进行低温退火具有特殊的意义。

3.4.2.5　2A70合金

2A70合金属于复杂的Al-Cu-Mg-Ni-Fe系合金。它是一种热强铝合金，近来在高温工作的结构中获得了十分广泛的应用。合金在热状态下能够很好地变形，变形的温度范围为350~470℃。2A70合金通过热处理可以剧烈强化。主要强化相是S(Al_2CuMg)相。热挤压型材经过淬火和人工时效后，合金的抗拉强度可达到421.4~444MPa，屈服强度可达到294~372.4MPa。因此，该合金的力学性能接近于高强度铝合金的性能。

2A70合金的挤压型材在淬火和人工时效状态下没有腐蚀破裂倾向，但是，合金的一般抗蚀性不高。因此，该合金型材最好进行阳极化处理或者涂上油漆。该合金可以满意地进行点焊、滚焊和切削加工。淬火和人工时效状态的（在195℃±5℃，保温9~12h）2A70合金挤压壁板型材的力学性能列于表3-28。

表3-28 2A70合金挤压壁板型材力学性能

试样的切取方向	σ_b/MPa	$\sigma_{0.2}$/MPa	δ/%
顺着底板	406.7	343	13
横着底板	411.6	347.9	11
沿筋条高度	372.4	333.2	7

3.4.2.6　2A12合金

2A12是应用最广泛的一种硬合金，它属于 Al-Cu-Mg-Mn 系四元合金。2A12合金可以用热处理方法剧烈强化。主要强化相是 S(Al_2CuMg) 和 $CuAl_2$。合金在热状态和冷状态下均能很好地变形。热变形可以在很宽的温度范围内（350~450℃）进行。无论在退火状态下还是在淬火状态下，合金都可以在室温下进行变形。

淬火和自然时效后半成品的力学性能在很大程度上取决于预加工的条件。例如，用铸锭挤压的壁板和型材，保留未再结晶组织（挤压效应），热处理后的强度性能具有最大值：σ_b = 450.8~490MPa。用预变形的毛料挤压的型材，其强度性能降低很多：σ_b = 392~421.4MPa，它大致和轧制厚板的强度性能相同。

挤压时，挤压系数大小对挤压型材的力学性能也有很大的影响。当挤压系数为9~12时，强度性能达到最大值。因此，大型型材的强度指标通常比用大的挤压系数所挤压的小断面型材高。

在生产缘板厚度不同的型材时，其力学性能也有差别。由厚缘板上切取的试样，其σ_b和$\sigma_{0.2}$的数值比由薄缘板上所切取的高。如果用含铜量和含锰量为上限即4.5%~4.85%Cu，0.65%~0.85%Mn 的合金生产挤压半成品，并将挤压温度提高到430~460℃时，那么在塑性指标没有明显下降的情况下，其强度性能大约可提高10%。

2A12合金的抗拉强度和屈服强度也和自然时效的时间有关。强度的提高主要是在第一昼夜内，当继续时效时，强度性能的增长就不大了。因此，试样淬火后经过1~2昼夜进行试验。淬火和时效的半成品，由于冷变形的结果，其强度性能（特别是屈服强度）得到了显著提高。2A12合金挤压半成品在淬火和自然时效状态下抗蚀性低，甚至在短时间加热到150℃以上时，抗晶间腐蚀性能急剧下降。将淬火的半成品进行人工时效（加热到190℃，保温6~8h）时，可以提高抗蚀性和强度性能（特别是屈服强度），但是，在这种情况下，却大大降低了塑性。例如，相对伸长率降低了1/2~2/3。因此，当必须采用人工时效时，所有工艺操作（弯曲、矫直）都应当在自然时效以后进行完毕，对成品零件只进行人工时效。

2A12合金薄壁型材和壁板的纵向和横向力学性能的各向异性很小。当型材的厚度增大时，随着挤压系数减小，其各向异性增大并一直保持到高温。在加热温度下的保持时间实际上对各向异性的大小没有影响。

2A12合金可以进行点焊和滚焊，但氩弧焊和气焊的效果不好。尽管焊接接头的强度系数具有中等数值（60%~70%），但该合金在熔焊时，在焊缝处经常出现结晶裂纹。因此，不用2A12合金制造密封结构，该合金的半成品（其中包括型材和壁板）通常用铆接方法连接，很少采用点焊连接。

3.4.2.7　2A06合金

2A06合金和2A12合金一样，是 Al-Cu-Mg-Mn 系四元合金代表。该合金在热处理时的主要强化相同 2A12 合金一样，也是 S(Al_2CuMg) 和 $CuAl_2$ 相，但是，在 2A12 合金中没有的 Al_3Ti 相，对 2A06 合金的强化作用具有一定影响。该合金在热状态和冷状态下均能很好地变形，最适宜的热变形温度范围为400~470℃，2A06合金挤压型材和壁板在室温下的力学性能与上述的 2A12 合金大致相等。

2A06 合金属于热强性硬铝型合金，与 2A12 合金不同的是 2A06 合金半成品在高温下，无论在自然时效状态下或在人工时效状态下，都具有近似的强度性能。此外，2A06 合金的型材和壁板在自然时效状态下比 2A12 合金型材和壁板具有更高的抗蚀性。因此，2A06 合金壁板在自然时效状态下使用。

2A06 合金的主要优点是在自然时效状态下的强化速度比 2A12 合金低。这可以使 2A06 合金壁板比 2A12 合金壁板经过更长的时间进行冷加工（例如矫直、弯曲）。在可焊性方面，2A06 合金超过了 2A12 合金。但是，在焊接时，靠近焊缝区合金的抗蚀性明显下降。因此，也像 2A12 合金一样，不用 2A06 合金制造密封结构，其半成品中主要是用铆接方法和点焊方法进行连接。

3.4.2.8　7A04 合金

7A04 合金是目前强度最高的铝合金之一，因此，在生产壁板和型材时应用广泛，其比强度是决定因素。该合金属于 Al-Zn-Mg-Cu 四元系，用热处理方法可使合金剧烈强化。主要强化相是 $MgZn_2$ 和 Al_2MgZn 相。

与 2A12 和 2A06 合金不同，7A04 合金挤压半成品只能在淬火和人工时效状态下供应。因为 7A04 合金在自然时效状态下的抗蚀性能低。此合金的特点是淬火的温度范围宽（460~480℃），淬火前在上述温度范围内改变加热温度时，合金的力学性能没有影响。但是 7A04 合金与其他合金相比，它对从炉内向冷却介质的转移时间具有更高的敏感性。当转移时间由 3~5s 增加到 20s 时，抗拉强度下降 9.8~10.7MPa，屈服强度降低 29.4~39.2MPa。

在 135~145℃温度下，保温 16h 进行人工时效处理，可得到强度性能最高的挤压半成品。淬火与人工时效之间的放置时间对 7A04 合金挤压产品的力学性能没有重大影响。

挤压时，挤压系数的大小对 7A04 合金的影响，与 2A12 合金相似。例如，在挤压阶段变断面型材时大头部分和型材部分的抗拉强度之间的差别达到 49MPa。在屈服强度之间也有大致相同的差别。

挤压 7A04 合金时和挤压 2A12 合金时一样，如果采用含锌和镁量为上限即 6.0%~6.9%Zn 和 2.4%~2.8%Mg 的合金，将挤压温度提高到 420~450℃，那么强度性能可以稳定地提高 19.6~29.4MPa。

7A04 合金可进行点焊，但不能进行氩弧和气焊。像 2A12 合金一样，在熔焊时，7A04 合金在焊缝区有产生晶间裂纹的倾向。因此，在半成品（厚板、型材和壁板）连接时，常用铆接方法，而对于薄板可以采用点焊方法连接。

3.4.3　变形铝合金的可挤压性和可挤压条件分析

定性地评价金属挤压能力可以用综合指标——可挤压性来表示。可挤压性的含义是指合金以高的流出速度与变形程度和低的压力挤压的相对能力。此值与合金的化学成分以及型材的外形有关。有的研究者以 6063 合金为一个单位，与其他的合金相比较。该法由于挤压条件的不同，得出的结果也不一样。下面给出一个可挤压性 Z 与挤压过程基本因素数值间关系式：

$$Z = A \ln v_t \frac{C}{\sqrt{K}} \tag{3-1}$$

式中　A——比例系数；

　　　v_t——流出速度，m/min；

　　　K——合金的变形抗力，MPa；

　　　C——型材断面的复杂程度系数。

同样也取 6063 合金的可挤压性为 100，则按式（3-1）计算出的最广泛应用的铝合金的可挤压性列于表 3-29。

表 3-29　部分工业铝合金的可挤压性

合　金		v_t /m·min^{-1}	K /MPa	Z 点数		
				棒材、条材	简单型材	复杂型材
易挤压合金	1050	75	18	200	160	120
	3A21	60	20	180	145	110
中等挤压合金	6063	50	35	100	90	80
	7005	12	50	70	55	42
	5A03	7	60	60	50	40
难挤压合金	2A11	4.5	75	35	28	21
	2A12	2.5	100	18	14	11
	7A04	2.0	110	13	11	8
	5A06	1.7	120	10	8	6

由表 3-29 可见，按可挤压性数值大小 Z 可分为三组：易挤压合金（$Z>100$），中等挤压合金（$Z=100\sim50$），难挤压合金（$Z<50$）。

比较不同铝合金型材挤压条件，可以确定出一个变形抗力与流出速度之间的近似经验关系式为：

$$v_t = a\,\frac{1}{K^2} \tag{3-2}$$

式中　a——经验系数。

即合金的变形抗力 K 越高，可达到的最大挤压流出速度 v_t 就越小。

可挤压性除了与合金的特性有关外，还与型材断面形状的复杂程度有关。这是由于变形不均匀增加，会导致挤压力增大，流出速度减小。型材的复杂程度一般是用型材的周长与断面积或质量之比来表征，此比值被称为形状系数。也可以将铝型材根据挤压的难易程度分成若干组（参见表 3-30）。但是，用形状系数来表示型材的复杂程度只是在型材断面形状比较简单时才与实际结果符合。随着断面形状的复杂化，此比值关系被破坏。因此，式（3-1）中的型材断面复杂程度用一个系数 C 来反映：对棒材和条材，$C=1$；对等壁厚对称实心断面型材，$C=1.25$；对不等壁厚非对称空心型材，$C=1.65$；对宽厚比大于 100 的非对称空心或实心壁板型材，$C=1.7\sim1.80$。

表 3-30　铝型材挤压难易程度排列

型材类型	形状类型	示　例
A	简单断面棒材	▬　■　●

型材类型	形状类型	示　例
B	异型断面棒材	
C	标准型材	
D	简单实心型材	
E	半空心型材	
F	薄壁型材	
G	舌比大的型材	
H	管材	
T	简单空心型材	
J	多孔空心型材	
K	外翅片空心型材	
M	内翅片空心型材	
N	大腔空心型材	

表 3-29 中所列数据，可以根据变形抗力值来确定新的铝合金的流出速度和可挤压性，而不必进行挤压实验。用此表中的数据还可以评价用不同合金获得型材的可能性和挤压的相对难度。

可挤压性对一种合金来说也不是一个固定不变的特性，而与许多冶金因素有关，主要的影响因素有化学成分、铸锭的热处理制度、晶粒度的大小等。部分铝合金的挤压指数及可焊接挤压性能见表 3-31。

表 3-31　部分铝合金相对可挤压性能评价及可否焊接挤压性能

合金	挤压指数	可否进行焊接挤压	合金	挤压指数	可否进行焊接挤压
1060	150	可	6061	60	可
1100	150	可	6063	100	可
1200	150	可	6066	50	可
2011	30	否	6082	55	可
2014	20	否	6101	100	可
2017	20	否	6463	100	可
2024	15	否	7005	45	可
3003	120	可	7004	60	可
5052	60	否	7003	80	可
5054	20	否	7001	7	否
5083	20	否	7075	10	否
5086	25	否	7079	10	否
5056	20	否	7178	7	否

　　金属的可挤压性体现在挤压力的大小、最大挤压速度（生产效率）、挤压制品的质量、成品率、模具寿命等指标上。影响金属可挤压性的因素有挤压坯料、挤压条件、模具质量等，如图 3-2 所示。

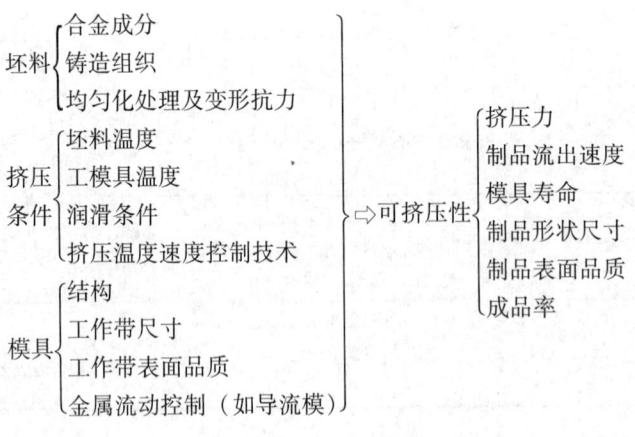

图 3-2　影响金属可挤压性的因素

　　表 3-32 为各种铝合金的可挤压性指数（也称可挤压性指标）与挤压条件范围。可挤压性指数是以 6063 合金的指数为 100 时的相对经验数值，不同的生产厂家，尤其是不同的挤压条件（包括型材的断面形状与尺寸、挤压模的设计等）下，可挤压指数的大小存在一定程度的差异。

表 3-32 铝及铝合金的可挤压性与可挤压条件

合　金	可挤压性指数[1]	挤压温度/℃	挤压比压	制品流出速度 /m · min^{-1}	分流模挤压
1060、1100	150	400~500	约 500	20~100	可
1200	125	400~500	约 500	25~100	可
2011	30	370~480			
2014、2017	20		6~40	1.5~6 ⎫	不可
2024	15			⎭	
3003、3004	100	400~480	6~60	1.5~30	可
3203	100	400~480	6~60	1.5~30	可
5052	60	400~500		1.5~30	较难
5056、5083	25	420~480		1.5~10 ⎫	
5086	30	420~480	6~50	1.5~10 ⎪	不可
5454	50	420~480		1.5~30 ⎬	
5456	20	420~480		1.5~10 ⎭	
6061、6151	70	450~520	30~60	1.5~30 ⎫	
6N01	90	460~520	30~80	15~80 ⎬	可
6063、6101	100	480~520	30~100	15~100 ⎭	
7001、7178	7	430~500	6~30	1.5~5.5	不可
7003	80	430~500	6~30	1.5~30	可[2]
7075	10	360~440		1.5~5.5	不可
7079	10	360~500	6~30	1.5~5.5	不可
7N01	60	430~500		1.5~30	可[2]

① 以 6063 合金的可挤压指数为 100 时的相对值。

② 大断面型材的挤压较困难。

4 铝及铝合金挤压产品的分类、生产方式及工艺流程

4.1 铝及铝合金材料的分类与生产方式

4.1.1 铝及铝合金材料的分类

为了满足国民经济各部门和人民生活各方面的需求，世界原铝（包括再生铝）产量的85%以上被加工成板、带、箔、管、棒、型、线、粉、自由锻件、模锻件、铸件、压铸件、冲压件及其深加工件等，见图4-1。

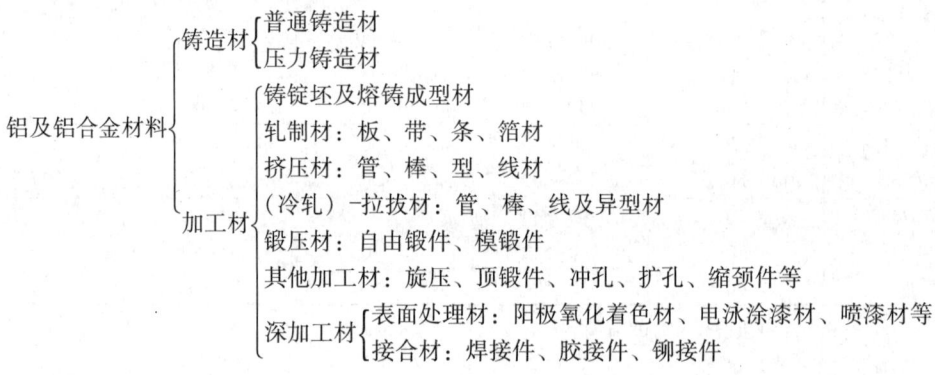

图 4-1 铝及铝合金材料分类图

4.1.2 铝及铝合金材料的生产方法

目前生产铝及铝合金材料的主要方法有铸造法、塑性成型法和深加工法。

4.1.2.1 铸造法

铸造法就是利用铸造铝合金的良好流动性和可填充性，在一定温度、速度和外力条件下，将铝合金熔体浇铸到各种模型中以获得具有所需形状与组织性能的铝合金铸件和压铸件的方法。图4-2示出了铝合金铸造的主要方法。

4.1.2.2 塑性成型法

铝及铝合金的塑性成型法就是利用铝及铝合金的良好塑性，在一定的温度、速度条件下，施加各种形式的外力，克服金属对变形的抵抗，使其产生塑性变形，从而得到各种形状、规格尺寸和组织性能的铝及铝合金板、带、箔、管、棒、型、线材和锻件等的加工方法。铝及铝合金的主要塑性成型法有轧制法、挤压法、拉拔法、锻压法、冲压法等。

4.1.2.3 深加工法

深加工就是将铸造法和塑性成型法所获得的半成品通过表面处理和表面改性处理、机械加工或电加工、焊接或其他接合方法、剪断、冲切、拉伸、变异或其他冷加工方法、复

合或腐蚀等方法进一步加工成成品零件或部件的方法。

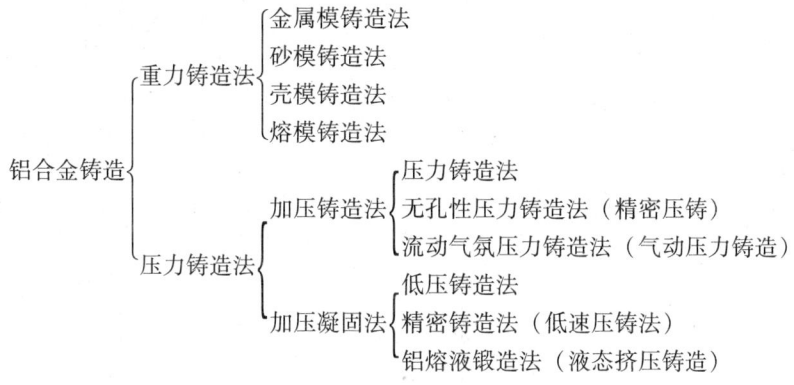

图 4-2　铝合金铸造的主要方法

4.2　铝及铝合金加工材的品种、规格与分类

目前，世界上已拥有不同合金状态，形状规格，品种型号，各种功能、性能和用途的铝及铝合金加工材 10 余万种。科学的分类对于发展铝加工技术，提高产品质量和生产效率，发掘产品的潜能和合理使用铝材，加强质量、储运和使用的管理等都有重大意义。

4.2.1　按合金成分与热处理方式分类

铝及铝合金材料按合金成分与热处理方式分类见表 4-1。

表 4-1　铝及铝合金材料按合金成分与热处理方式分类

类　别	合金名称	主要合金成分（合金系）	热处理和性能特点	举　例
铸造铝合金	简单铝硅合金	Al-Si	不能热处理强化，力学性能较差，铸造性能好	ZL102
	特殊铝合金	Al-Si-Mg	可热处理强化，力学性能较好，铸造性能良好	ZL101
		Al-Si-Cu		ZL107
		Al-Si-Mg-Cu		ZL105、ZL110
		Al-Si-Mg-Cu-Ni		ZL109
	铝铜铸造合金	Al-Cu	可热处理强化，耐热性好，铸造性和耐蚀性差	ZL201
	铝镁铸造合金	Al-Mg	力学性能好，抗蚀性好	ZL301
	铝锌铸造合金	Al-Zn	能自动淬火，宜于压铸	ZL401
	铝稀土铸造合金	Al-RE	耐热性好，耐蚀性高	ZL109RE

续表 4-1

类　别		合金名称	主要合金成分（合金系）	热处理和性能特点	举　例
变形铝合金	不能热处理强化铝合金	工业纯铝	≥99.90%Al	塑性好、耐蚀、力学性能差	1A99、1050、1200
		防锈铝	Al-Mn	力学性能较差，抗蚀性好、可焊，压力加工性能好	3A21
			Al-Mg		5A05
	可热处理强化铝合金	硬铝	Al-Cu-Mg	力学性能好	2A11、2A12
		超硬铝	Al-Cu-Mg-Zn	室温强度最高	7A04、7A09
		锻铝	Al-Mg-Si-Cu	锻造性能好，耐热性好	6A02、6061、
			Al-Cu-Mg-Fe-Ni		2A70、2A80

4.2.2　按生产方式分类

铝及铝合金材料按生产方式分类，可分为铝铸件和铝及铝合金加工半成品。

4.2.2.1　铝铸件

在各国的工业标准中明确规定了铝铸件可分为金属模铝铸件、砂模铝铸件、压力铸造铝铸件、蜡模铝铸件等。

如果在铸造时，施加外力，铸件很容易成型。按适用于铸模的压力方式，压力铸造可分为以下几种：

（1）常压浇铸方式，适用于砂模铸造和金属模铸造。

（2）加压浇铸方式，可分为低压铸造法（压力小于 20MPa），中压铸造法（压力小于 300MPa）和高压铸造法（压力大于 300MPa）。

（3）减压铸造方式，如真空吸引铸造法等。

（4）减压—常压浇铸方式。

（5）减压—加压浇铸方式，如真空压铸法等。

（6）加压下凝固方式，如高压凝固铸造法（如液体模锻法）、离心铸造法等。

在砂模铸件中根据铸件砂使用的黏结剂、铸模的造型、凝固方法等可分为砂模铸造法、壳模铸造法、碳酸气型铸造法、自硬性铸造法和蜡铸造法等。

4.2.2.2　铝及铝合金加工半成品

用塑性成型法加工铝及铝合金半成品的生产方式主要有平辊轧制法、型辊轧制法、挤压法、拉拔法、锻造法和冷冲法等。

（1）平辊轧制法。主要产品有热轧厚板、中厚板材、热轧（热连轧）带卷、连铸连轧板卷、连铸轧板卷、冷轧带卷、冷轧板片、光亮板、圆片、彩色铝卷或铝板、铝箔卷等。

（2）型辊轧制法。主要产品有热轧棒和铝杆、冷轧棒、异型材和异型棒材、冷轧管材和异型管、瓦棱板（压型板）和花纹板等。

（3）热挤压和冷挤压法。主要产品有管材、棒材、型材、线材及各种复合挤压材。

（4）拉拔法。主要产品有棒材和异型棒材、管材和异型管材、型材、线材等。

（5）锻造法。主要产品有自由锻件和模锻件。

（6）冷冲法。主要产品有各种形状的切片、深拉件、冷弯件等。

4.2.3 按产品形状分类

铝及铝合金材料按产品形状分类如下：

（1）按断面面积或质量大小分类。铝及铝合金材料可分为特大型、大型、中型、小型和特小型等几类。如投影面积大于 $2m^2$ 的模锻件，断面面积大于 $400cm^2$ 的型材，质量大于 $10kg$ 的压铸件属于特大型产品；而断面面积小于 $0.1cm^2$ 的型材，质量小于 $0.1kg$ 的压铸件和模锻件称为特小型产品。

（2）按产品的外形轮廓尺寸、外径或外接圆直径的大小分类，铝及铝合金材料也可分为特大型、大型、中型、小型和特小型等几类。如宽度大于 $250mm$、长度大于 $10m$ 的型材称为大型型材，宽度大于 $800mm$ 的型材称为特大型型材，而宽度小于 $10mm$ 的型材称为超小型精密型材。

（3）按产品的壁厚分类，铝及铝合金产品可分为超厚、厚、薄、特薄等几类。如厚度大于 $270mm$ 的板材称为特厚板，厚度大于 $150mm$ 的称为超厚板，厚度大于 $8mm$ 的称为厚板，厚度为 $4\sim8mm$ 的称为中厚板，厚度在 $3mm$ 以下的称为薄板，厚度小于 $0.5mm$ 的板材称为特薄板，厚度小于 $0.2mm$ 的称为铝箔等。

目前，世界各国常生产的铝及铝合金加工产品品种、形状与规格范围大致如下：

（1）铸锭：

1）圆锭：$\phi60\sim1500mm$，长 L。

2）扁锭：$20mm\times100mm\sim700mm\times3000mm\times L$。

（2）板带材：

1）中厚板：厚度 $4\sim8mm$，宽度 $500\sim5000mm$，长度 $0.5\sim36m$。

2）厚板：厚度 $8\sim80mm$，宽度 $500\sim5000mm$，长度 $0.5\sim36m$。

3）超厚板：厚度 $80\sim270mm$，宽度 $500\sim4000mm$，长度 $0.5\sim30m$。

4）特厚板：厚度大于 $270mm$，宽度 $500\sim3000mm$，长度 $2\sim30m$。

5）薄板：厚度 $0.2\sim3mm$，宽度 $500\sim4000mm$，长度：成卷。

6）特薄板：厚度 $0.2\sim0.5mm$，宽度 $500\sim4000mm$，长度：成卷。

（3）箔材：厚度 $0.2mm$ 以下的带材。

1）无零箔：厚度 $0.1\sim0.9mm$，宽度 $30\sim2000mm$，长度：成卷。

2）单零箔：厚度 $0.01\sim0.09mm$，宽度 $30\sim2000mm$，长度：成卷。

3）双零箔：厚度 $0.004\sim0.009mm$，宽度 $30\sim2000mm$，长度：成卷。

（4）管材：$\phi5mm\times0.5mm\sim800mm\times150mm$（最大 $\phi1500mm\times150mm$），长 $500\sim30000mm$。

（5）棒材：$\phi7\sim800mm$，长 $500\sim30000mm$。

（6）型材：宽 $3\sim2500mm$，高 $3\sim500mm$，厚 $0.17\sim50mm$，长 $500\sim30000mm$。

（7）线材：$\phi6\sim0.01mm$，长：成卷。

（8）自由锻件和模锻件：$0.1\sim5m^2$。

（9）粉材：铝粉、铝镁粉，分粗、中、细、微米级、纳米级粉。

（10）铝基复合材料：加碳化硅、碳化硼等纤维（颗粒、短纤维、长纤维）强化材，双金属或多金属层压材，多金属复合加工材等。

（11）粉末冶金材。

（12）深加工产品：

1）表面处理产品（各种花色产品）。如阳极氧化着色材，电泳涂装材，静电喷涂材，氟碳喷涂材，其他表面处理铝材。

2）铝材接合产品。如焊接件，胶接件，铆接件，其他接合部件。

3）铝材机（冷）加工产品。如门窗幕墙等加工产品，零部件加工与组装件，冲压、冷弯成型件等。

4.3　铝及铝合金挤压产品分类、品种、规格和适用范围

4.3.1　铝及铝合金挤压型材的品种与规格

4.3.1.1　铝合金挤压型材的分类

据不完全统计，目前全世界铝合金型材的年消耗量在 2000 万吨以上，规格品种达 80000 种以上。对铝合金型材进行科学合理的分类，有利于科学合理地选择生产工艺和设备、正确地设计与制造工模具以及迅速地处理挤压车间的专业技术问题和生产管理问题。

按照用途或使用特性，铝合金型材可分为通用型材和专用型材。专用型材按用途可分为：

（1）航天航空用型材。如整体带筋壁板、工字大梁、机翼大梁、梳状型材、空心大梁型材等，主要用作飞机、宇宙飞船等航天航空器的受力结构部件以及直升机异型空心旋翼大梁和飞机跑道等。

（2）车辆用型材。主要用作高速列车、地铁列车、轻轨列车、双层客车、豪华大巴、小轿车和乘用车辆、专用车、特种车以及货车等车辆的整体外形结构件和重要受力部件以及装饰部件。

（3）舰船、兵器用型材：主要用作船舶、舰艇、航空母舰、汽艇、水翼艇的上层结构和甲板、隔板、地板以及坦克、装甲车、运兵车等的整体外壳、重要受力部件，火箭和中远程弹的外壳，鱼雷、水雷的壳体等。

（4）电子电器、家用电器、邮电通信以及空调散热器用型材。主要用作外壳、散热部件等。

（5）石油、煤炭、电力、太阳能、风能、水能、核能等能源工业以及机械制造工业用型材。主要用作管道、支架、矿车架、输电网、汇流排以及电机外壳和各种机器的受力部件等。

（6）交通运输、集装箱、冷藏箱以及公路桥梁用型材。主要用作装箱板、跳板、集装箱框架、冷冻型材以及轿车面板等。

（7）民用建筑、绿色建筑及农业机械用型材。如民用建筑门窗型材、装饰件、围栏以及模板、脚架、大型建筑结构件、大型幕墙型材和农用喷灌器械部件等。

（8）其他用途型材：如文体器材、跳水板、家具构件型材等。

按形状与尺寸变化特征，型材可分为恒断面型材和变断面型材。恒断面型材可分为通用实心型材、空心型材、壁板型材和建筑门窗型材等，见图4-3。变断面型材分为阶段变断面和渐变断面型材，见图4-4。

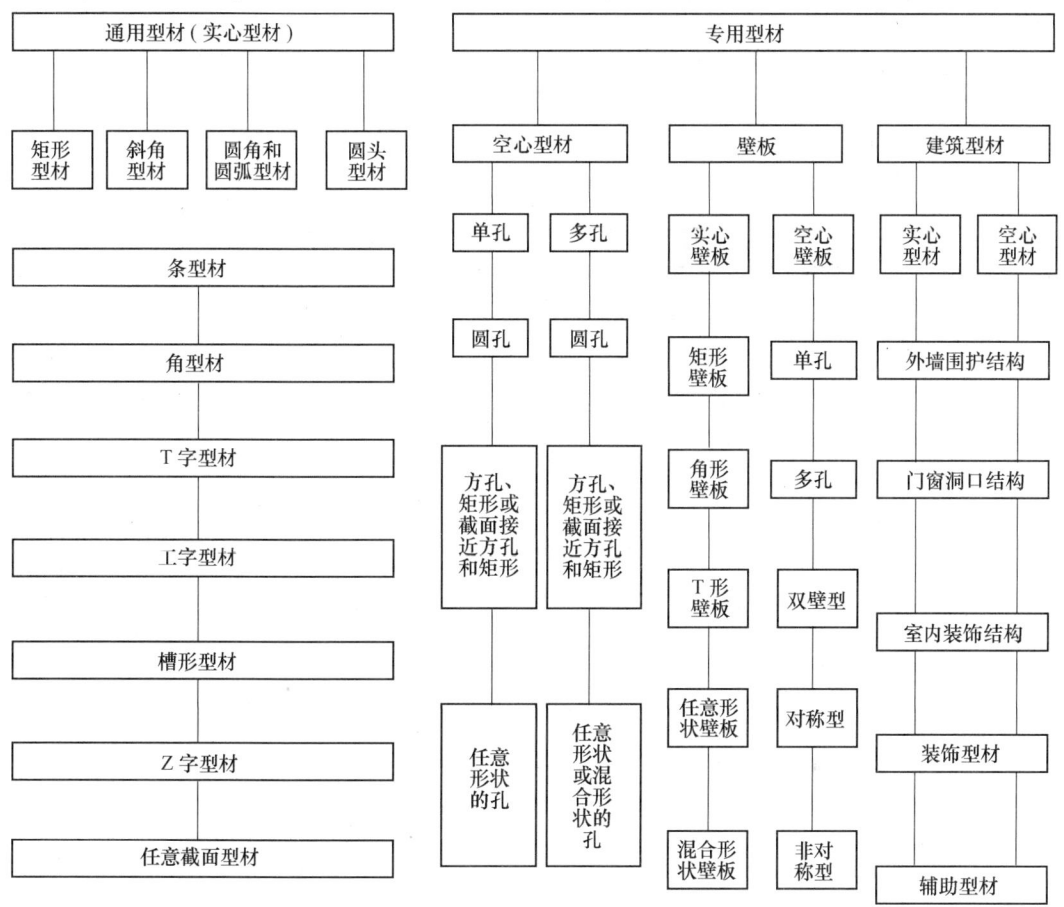

图4-3 铝合金恒断面型材的几种分类

4.3.1.2 铝合金型材的规格范围

铝合金挤压制品的断面尺寸主要是根据用户的要求而定。常规挤压条件下6063铝合金型材的较为合理的挤压尺寸范围如图4-5所示。图中各曲线表示其最小可挤压壁厚尺寸。这里所说的最小可挤压壁厚，是指在一般情况下综合考虑合金的可挤压性、挤压生产效率、模具寿命以及生产成本等诸多因素而言的。不同的合金其最小可挤压壁厚不同，表4-2为各种合金的最小壁厚系数。将表4-2中的最小壁厚系数乘以6063的最小壁厚即为各种合金的最小可挤压壁厚。最小可挤压壁厚还与制品的断面形状、对表面品质（粗糙度等）的要求有关。所以，由图4-5及表4-2所确定的最小可挤压壁厚只不过是常规挤压条件下的一个大概值。实际上，采用一些新的挤压技术，或者为了一些特殊的需要，可以成型壁厚尺寸更小的制品。例如，采用硬质合金模具，一些特殊的薄壁精密型材的成型也是可能的。表4-3列出了美国铝挤压件的标准制造尺寸极限。

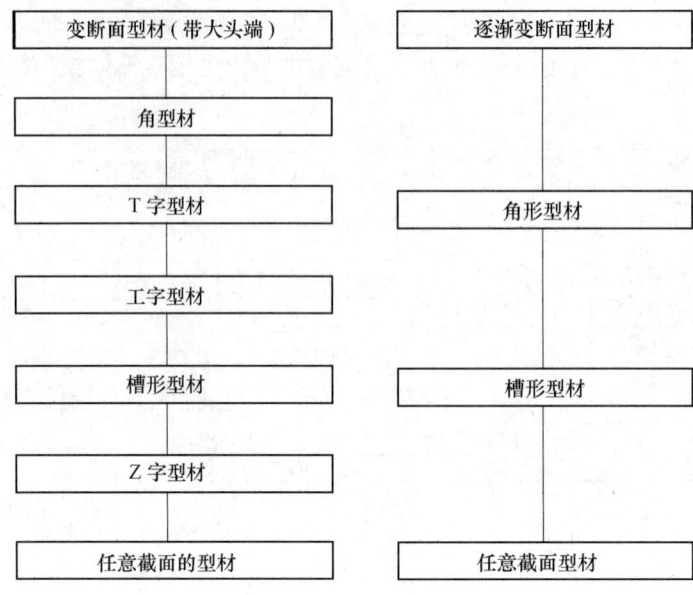

图 4-4　变断面型材分类

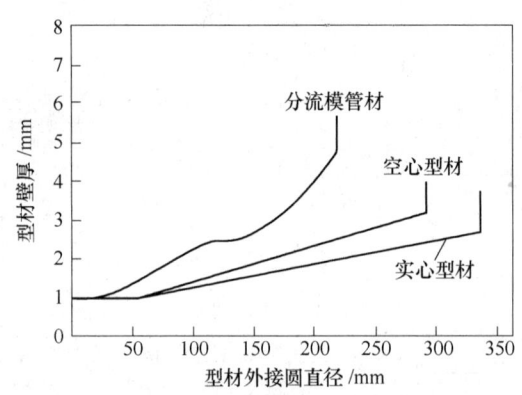

图 4-5　6063 铝合金型材与分流模管材的挤压生产范围（各曲线表示其最小壁厚）

表 4-2　型材与分流模挤压管材的最小壁厚系数（大概值）

合　金	系　数	
	实心型材	空心型材
10××、11××、12××	0.9	0.9
6063、6101	1.0	1.0
6N01	1.0	1.0
3003、3203	1.2	1.2
6061	1.4	1.4
5052、5454	1.6	空心型材或分流模管材
5086、7N01	1.8	
2014、2017、2024	2.0	
5083、7075	2.0	

注：由图 4-5 求得 6063 的最小壁厚后乘以表中系数，即得各种合金型材或分流模管材的最小可挤压壁厚。

表 4-3 美国铝挤压件的标准制造尺寸极限值

外接圆直径 /mm		不同合金的最小壁厚/mm				
		1060、1100、3003	6063	6061	2014、5086、5454	2024、2219、5083、7001、7075、7079、7178
实心与半空心型材、棒材（包括圆棒）	12.5~50	1.00	1.00	1.00	1.00	
	50~76	1.15	1.15	1.15	1.25	
	76~100	1.25	1.25	1.25	1.25	
	100~125	1.60	1.60	1.60	1.60	
	125~150	1.60	1.60	1.60	1.60	
	150~180	2.00	2.00	2.00	2.00	
	180~200	2.40	2.40	2.40	2.40	
	200~250	2.77	2.77	2.77	2.77	
	250~280	3.17	3.17	3.17	3.17	
	280~300	3.96	3.96	3.96	3.96	
	300~430	4.78	4.78	4.78	4.78	4.78
	430~500	4.78	4.78	4.78	4.78	6.35
	500~610	4.78	4.78	4.78	6.35	12.74
第1级空心型材[①]	32~76	1.25	1.60	—	—	—
	76~100	1.25	1.60	2.40	—	—
	100~125	1.60	1.60	2.77	3.96	6.35
	125~150	1.60	2.00	3.17	4.78	7.14
	150~180	2.00	2.40	3.96	5.56	7.92
	180~200	2.40	3.17	4.78	6.35	9.52
	200~230	3.17	3.17	5.56	7.14	11.12
	230~250	3.96	4.78	6.35	7.92	12.74
	250~325	4.78	5.50	7.92	9.52	12.74
	325~355	5.56	6.35	9.52	11.12	12.74
	355~405	6.35	9.52	11.12	11.12	12.74
	405~515	9.52	11.12	12.74	12.74	18.75
第2与第3级空心型材[②]	12.5~25	1.25	1.62	1.60	—	—
	25~50	1.40	1.60	1.60	—	—
	50~76	1.60	2.00	2.00	—	—
	76~100	2.00	2.40	2.40	—	—
	100~125	2.40	2.77	2.77	—	—
	125~150	2.77	3.17	3.17	—	—
	150~180	3.17	3.90	3.96	—	—
	180~200	3.90	4.78	4.78	—	—
	200~250	4.78	6.35	6.35	—	—

① 最小内径是外接圆直径的一半，但对前三栏的合金而言，不小于 25.0mm；或对最后两栏而言，不小于 50mm。

② 所有合金的最小孔的尺寸：面积为 71mm^2，或直径为 9.52mm。

型材的最大可成型断面外形尺寸主要取决于挤压设备的能力。一般情况下，硬铝合金实心型材的外接圆直径的上限为 300mm，其余合金与 6063 大致相同。采用超大型设备及必要的辅助设备，可以生产外接圆直径在 350~2500mm 及其以上的大断面型材。

4.3.2　铝合金管材的品种与规格

4.3.2.1　铝合金管材的品种与用途

铝及铝合金管材可用热挤压、冷挤压、冷轧制、冷拉拔（包括盘管拉伸）、冷弯、焊接（冷弯成型+高频焊接）、旋压、连续挤压等方法生产。目前铝合金管材品种已达几千个以上。

按管材的壁厚可分为薄壁管和厚壁管。厚壁管主要用热挤压法生产，壁厚一般为 5~35mm，大型挤压机生产的最大壁厚可达 150mm 以上。薄壁管可用热挤压、冷挤压、冷轧制、冷拉拔及其他冷变形方法制造，壁厚一般为 0.5~5mm，随着冷轧管机的不断改进，旋压法和焊管法的出现，铝合金的最小壁厚可小至 0.1mm 以下。

按规格可分为大径厚壁管、大径薄壁管和小径薄壁管等。按断面形状可分为圆形管、椭圆形管、滴形管、扁圆管、方形管、矩形管、六角管、八角管、五角形管、梯形管、带筋管及其他异型管（见图 4-6）。沿长度方向断面变化情况可分为恒断面管和变断面管材。

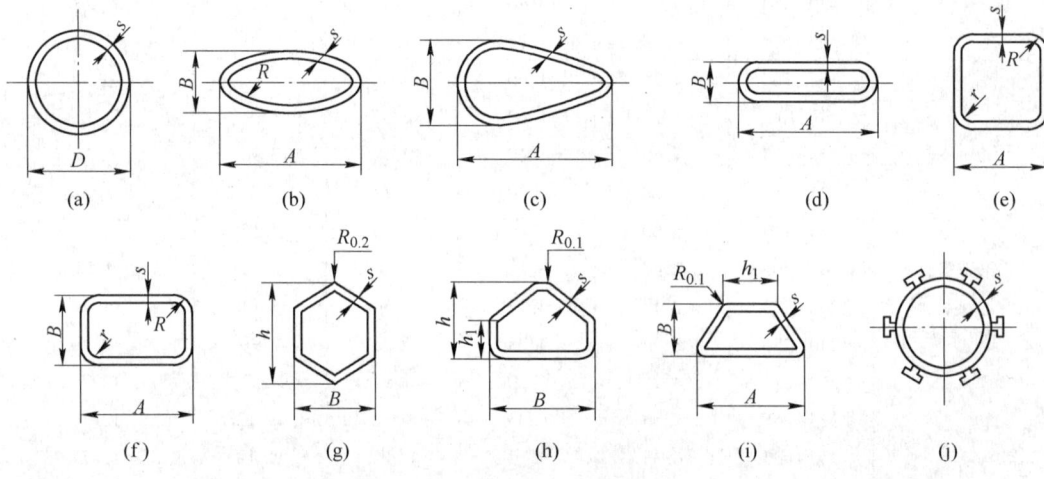

图 4-6　管材横断面形状举例

（a）圆形；（b）椭圆形；（c）水滴形；（d）扁椭圆形；（e）方形；（f）矩形；
（g）六角形；（h）五角形；（i）梯形；（j）带筋管

按生产方法可分为热挤压管、冷挤压管、康福姆挤压管、热轧管、冷轧管、旋压管、冷弯管、焊接管、螺旋管、盘管拉伸管、双金属管、粘接管等。

按用途可分为军用和民用导管、壳体管、容器管、钻探管、套管、波导管、散热管、冷凝管、蒸发器管、喷嘴管、农业灌溉管、旗杆、电线杆、集电弓杆以及其他各种结构件管和装饰管、生活用品等管。

4.3.2.2　铝合金管材的规格范围

管材的可挤压尺寸范围随挤压方法的不同而异。常规的穿孔针挤压法挤压管材的最大外径为 600~800mm，最小内径为 5~15mm，最小壁厚为 2~5mm。由于穿孔针的强度与刚性上的原因，挤压管材的最小内径与壁厚受到较大的限制。其中，软铝合金管材的最小内径与最小壁厚可取上述范围的下限，硬铝合金则取其上限。此外，当管材的外径较大时，管材的最小壁厚通常以不小于管材外径的5%为宜。外径500mm以上的管材多采用反挤压法成型。

采用Conform分流组合模挤压，可以成型与穿孔针挤压法相比壁厚薄而均匀、偏心小的管材。但考虑到焊缝品质问题，在同一挤压设备上所能成型的最大管材外径或用同一挤压筒所能挤压的管材外径比穿孔针挤压法挤压时要小。6063铝合金管材采用分流模挤压的尺寸与最小壁厚关系如图4-5所示。采用Conform连续挤压技术，可生产外径10mm、壁厚0.5mm以下的管材。

随着冷轧管和拉拔管技术的不断改进，铝合金管的最小壁厚可达0.1~0.2mm或更薄。目前在350MN大型立式挤压机上（反挤压）生产挤压管的最大直径可达1500mm，在196MN卧式挤压机上可达1000mm。挤压管的最小外径可达5mm。冷轧薄壁管最大直径可达120mm以上，最小直径在15mm以下。冷拉薄壁管的直径为3~500mm，用旋压法则可轧出直径达3000mm的薄壁大管。用连续自动化的生产线或盘管拉伸方法，可生产长度达1000m以上的铝合金管材。

表4-4和表4-5是常用铝及铝合金管材的品种和规格范围，表4-6为常用铝及铝合金管材技术标准名称、代号、合金状态和尺寸，表4-7为铝及铝合金冷拉矩形管的品种、规格范围和用途。

表4-4 铝及铝合金管材的品种和规格范围（典型）

品种	外径或内径/mm	壁厚/mm	合　　金	状态	交货长度/m
厚壁圆管	250~1500	5.0~150	1070、1100、5052、5154、5056、3003	F、O	1~6
			2017、2024、6351、7075、6061、7A09	T4、T6、F、O	
薄壁圆管	6~120	0.5~5.0	1070~1100、5052、5154、5056、5456、3003	H14、H18、O	1~8
			2017、2024、6151、6061	T4、T6、O	
矩形管	10~70	1.0~5.0	1070~1100、5052、5154、5056、5454、3003	O、H14、H18	1~8
			2A11、2024、5A02、6A02、2017、6351、6061	T4、T6、O	
滴形管	2.7×11.5~115×45	1.0~2.5	1070×1100、5052、5154、5056、5454、3003	O、H14、H18	1~8
			2017、2024、6351、6061	T4、T6、O	

表4-5 铝及铝合金管材的品种、规格和用途（按技术标准）

技术标准代号	品种	规格范围 外径/mm	规格范围 壁厚/mm	合　　金	状态	用途
GB/T 6893—1995	薄壁管材	6~120	0.5~5	1035、1050、1050A、1060、1070、1070A、1100、1200、8A06、3003、3A21、5052、5A02	O、H14	适用于一般用途铝及铝合金拉（轧）制无缝管材
				2017、2024、2A11、2A12	O、T4	
				5A03	O、H34	
				5A05、5056、5083	O、H32	
				5A06	O	
				6061、6A02	O、T4、T6	
				6063	O、T6	

技术标准代号	品种	规格范围		合　金	状态	用途
		外径/mm	壁厚/mm			
GB/T 4437.1—2000	厚壁管材	25~400	5~50	1070A、1060、1100、1200、2A11、2017、2A12、2024、3003、3A21、5A02、5052、5A03、5A05、5083、5086、5454、6A02、6061、6063、7A09、7075、7A15、8A06	H112、F	适用于一般工业用铝及铝合金热挤压无缝圆管
				1070A、1060、1050A、1035、1100、1200、2A11、2017、2A12、2024、5A06、5454、5086、6A02	O	
				2A11、2017、2A12、6A02、6061、6063	T4	
				6A02、6061、6063、7A04、7A09、7075、7A15	T6	
GB/T 4437.2—2000	有缝管	8~350	0.5~40	1070A、1060、1050A、1035、1100、1200、3003、5A06、5083、5454、5086	O、H12、F	适用于公路、桥梁和建筑等行业用铝及铝合金有缝管
				5A02、5A03、5A05	H112	
				5052	O、F	
				2A11、2017、2A12、2024	O、H112、F、T4	
GB/T 4437.2—2000	有缝管	8~350	0.5~40	6A02	O、H112、F、T4、T6	适用于公路、桥梁和建筑等行业用铝及铝合金有缝管
				6061	F、T4、T6	
				6005A、6005	T5、F	
				6063	F、T4、T5、T6	
YS/T 97—1997	凿岩机管材	65~85	4.5~5	2A11、2A12	T4	适用于凿岩机用铝合金拉制管材
GJB 1744—93	薄壁管材	6~120	1~5	2A14	T4、T6、O	适用于航天工业
GJB 1745—93	厚壁管材	25~185	5~32.5	2A14	H112、T6	适用于航天工业
GJB 2379—95	薄壁管材	6~120	0.5~5	1070A、1060、1050A、1035、1200、8A06、5A02、5A03、5A05、5A06、3A21、6A02、2A11、2A12	O	适用于航空、航天用铝及铝合金拉（轧）制无缝管材、矩形管及多边形管
				6A02、2A11、2A12	T4	
				6A02	T6	
				5A02、5A03、5A05、3A21	H34	
				1070A、1060、1050A、1035、1200、8A06、5A02、3A21	H18	

技术标准代号	品种	规格范围		合 金	状态	用途
		外径/mm	壁厚/mm			
GJB 2381—95	厚壁管材	25~250	5~35	1070A、1060、1050A、1035、1200、8A06	H112	适用于航空、航天工业用铝及铝合金热无缝圆管
				5A02、5A03、5A05、5A06、3A21	H112、O	
				2A11、2A12	H112、O、T4	
				6A02	H112、O、T4、T6	
				7A04、7A09	T112、T6	
				7075	T73	

表4-6 铝及铝合金管材技术标准名称、代号、合金状态和尺寸

技术标准代号和技术标准名称	合 金	状态	规格范围	用途
GBn 221—84 铝及铝合金冷拉管	1070~1100、5A02、5A03、5A05、5A06、5083、3A21、6A02、2A11、2A12、6061	O	见标准	飞机、导弹、火箭、雷达、军工用品
	6A02、2A11、2A12	T4		
	6A02、6061	T6		
	5A02、5A03、5083、5A05	H14		
	1070~1100、5A02、3A21	H18		
GB/T 4437.1—2000 铝及铝合金热挤压管 第1部分：无缝管材	1070~1100、5A02、5A03、5A05、5A06、5083、3A21、2A11、2A12、6A02、7A04、7A09	F	见标准	管坯、石化输导管、管母线、高压容器等
	2A11、2A12、6A02、5A06	O		
	2A11、2A12、6A02	T4		
	6A02、7A04、7A09	T6		
GB/T 6893—2000 工业用铝及铝合金拉（轧）制管	1070~1100、5A02、5A03、5A05、5A06、5083、3A21、2A11、2A12、6A02	O	见标准	一般工业用
	2A11、2A12、6A02	T4		
	6A02	T6		
	1070~1100、5A02、3A21	H18		
	5A02、5A03、5A05、5A06、5083	H14		
	2A11、2A12（型管）	T6		

表4-7 铝及铝合金冷拉矩形管材的品种、规格范围和用途

技术标准代号	品种	规格范围		合 金	状态	用途
		公称边长 $a \times b$ /mm×mm	壁厚/mm			
GB/T 6893—1995	冷拉矩形管	（14×10）~（70×50）	1~5	1035、1050、1050A、1060、1070、1070A、1100、1200、8A06、3003、3A21、5052、5A02	O、H14	适用于一般用途铝及铝合金拉（轧）制无缝管材

续表 4-7

技术标准代号	品种	规格范围		合　　金	状态	用途
		公称边长 $a \times b$ /mm×mm	壁厚/mm			
GB/T 6893—1995	冷拉矩形管	(14×10) ~ (70×50)	1~5	2017、2024、2A11、2A12	O、T4	适用于一般用途铝及铝合金拉（轧）制无缝管材
				5A03	O、H34	
				5A05、5056、5083	O、H32	
				5A06	O	
				6061、6A02	O、T4、T6	
				6063	O、T6	

4.3.3　铝合金棒材的品种规格

棒材是实心产品。在美国，当横截面是圆的或接近圆的而且直径超过 10mm 时，就称为圆棒。当横截面是正方形、矩形或正多边形时，以及当两个平行面之间的垂直距离（厚度）至少有一个超过 10mm 时，可称为非圆形棒。线材是指这样一种产品：不管它具有什么形状的横截面，它的直径或两个平行面之间的最大垂直距离均应小于 10mm。棒材（包括圆棒和非圆棒）可由热轧或热挤压方法生产，并且经过或不经过随后的冷加工制成最终尺寸。线材通常经过一个或多个模子拔制生产。只有某些合金用以生产包铝的圆棒或线材，以增加抗腐蚀性，很多铝合金直接加工成棒材及线材。在这些合金中，2011 与 6262 是专门设计供制作螺钉机的产品，而 2117 与 6053 则用于制铆接件与零配件。2024-T4 合金是螺栓与螺丝的标准材料。1350、6101 与 6201 合金广泛用作电线。5056 合金用作拉链，而 5056 包铝合金可制作防虫纱窗丝。5083、4043、5056、6061、7005 等合金可制成焊丝。

表 4-8 和表 4-9 为常用铝及铝合金棒材（包括线材坯料）的技术标准和合金状态，表 4-10 为常用铝及铝合金棒材（包括线材坯料）的品种、合金状态、规格和用途；表 4-11 为铝及铝合金矩形棒的品种、规格和用途；表 4-12 和表 4-13 为铝及铝合金冷拉棒的品种、规格和用途。

表 4-8　铝及铝合金棒材技术标准和合金状态（按技术标准）

合　　金	状态	执行标准
1070、1060、1050A、1035、1100、1200、5A02、5A03、5A05、5A06、5083、5056、3A21	F、O	GB/T 3191—1998
6A02、2A50、2A07、2A08、2A09、2A14、2A02、2A16、4032	F	
2A11、2A12、2A13	F、T4	
7A04、7A09	F、T6	
7A04、7A09、2A11、2A12、2A50、2A14、6A02、2A05、2A14	F	
2A11、2A12	T4	
7A04、7A09、6A02、2A50、2A14	T6	

表4-9　常用铝及铝合金棒材品种和规格范围（典型）

品种	外径或壁厚/mm	合金	状态	交货长度/m
圆棒	9.0~610	1070~1100、5052、5154、5056、5454、3003	F、O	0.5~6
方棒	10~300	6351、2618、2014	O、F、T4、T6	0.5~6
六角棒	5~300	2024、2014、6061、7075	F、T6	0.5~6

表4-10　铝及铝合金棒材的品种、合金状态、规格和用途（按技术标准）

执行标准代号	合金	供应状态	规格/mm 圆棒直径 普通棒材	圆棒直径 高强度棒材	方棒、六角棒内切圆直径 普通棒材	方棒、六角棒内切圆直径 高强度棒材	用途
GB/T 3191—1998	1070、1060、1050A、1035、1200、8A06、5A02、5A03、5A05、5A12、5052、5083、3003	H112、F、O	5~600		5~200		适用于挤压圆棒、正方形棒、六角形棒
GB/T 3191—1998	2A70、2A80、2A90、4A11、2A02、2A06、2A16	H112、F	5~600		5~200		适用于挤压圆棒、正方形棒、六角形棒
		T6	5~150		5~120		
	7A04、7A09、6A02、2A50、2A14	H112、F	5~600	20~160	5~200	20~100	
		T6	5~150	20~120	5~120	20~100	
	2A11、2A12	H112、F	5~600	20~160	5~200	20~100	
		T4	5~150	20~120	5~120	20~100	
	2A13	H112、F	5~600		5~200		
		T4	5~150		5~120		
	6063	T5、T6	5~25		5~25		
		F	5~600		5~200		
	6061	H112、F	5~600		5~200		
		T6	5~150		5~120		
		T4					
GJB 2054—1994	5A02、5A03、5A05、5A06、3A21	H112、O	5~350	5~200			适用于航空、航天用挤压圆棒、方棒、六角棒
	2A11、2A12	H112	5~350	5~200	20~150	20~100	
		T4	5~150	5~120	20~150	20~100	
	2A02、2A16	H112、T6	5~150	5~120			
	2A70、2A80	H112	5~350	5~120			
		T6	5~150	5~120			
	6A02、2A50、2A14、7A04、7A09	H112	5~350	5~200	20~150	20~100	
		T6	5~150	5~120	20~150	20~100	

执行标准代号	合　金	供应状态	规格/mm				用途
			圆棒直径		方棒、六角棒内切圆直径		
			普通棒材	高强度棒材	普通棒材	高强度棒材	
GJB 1137—1991	2219	O	5~300				适用于航天用圆棒
		T6	5~120				
GJB 2920—1997	2214	F	30~220				适用于航空用圆棒、方棒、六角棒
	2014	F、T4、T6	50~100				
	2024	T3、T4	10~120		10~120		
	2017A	T4	18~135		27		
YS/T 493—2005	4A11、4032	H112F	100~300				适用于活塞用棒材
YS/T 589—2006	7A15	H112、T6	90~180				适用于工业用棒材

表 4-11　铝及铝合金矩形棒的品种、规格和用途

技术标准代号	合　金	供应状态	规格/mm				用途
			普通扁棒		高强度扁棒		
			宽度	厚度	宽度	厚度	
YS/T 439—2001	1070A、1070、1060、1050A、1050、1035、1100、1200	H112	10~600	2~150	10~600	2~150	适用于工业用矩形棒材
	2A11、2A12	H112、T4					
	2017、2024	T4					
	2A50、2A70、2A80、2A90、2A14	H112、T6					
	3A21、3003	H112					
	5052、5A02、5A03、5A05、5A06、5A12	H112					
	6101	T6					
	6A02、6061、6063	H112、T6					
	7A04、7A09、7075	H112、T6					
	8A06	H112					
YS/T 689—2009	2004、2A12	T4	5~85	5~85			适用于衡器用扁棒

表 4-12 铝及铝合金拉制棒材的品种、规格和用途

技术标准代号	合金	供应状态	规格/mm					用途
			圆棒直径	方棒边长	扁棒			
					厚度	宽度		
YS/T 624—2007	1060、1100	O、F、H18	5~100	5~50	5~40	5~60		适用于一般工业用拉制圆棒、矩形棒
	2024	O、F、T4、T351						
	2014	O、F、T4、T351、T651						
	3003、5052	O、F、T14、T18						
	7075	O、F、T6、T651						
	6061	F、T6						

表 4-13 铝及铝合金冷拉椭圆形管材的品种、规格和用途

技术标准代号	品种	规格范围		合金	状态	用途
		长轴 a×短轴 b /mm×mm	壁厚/mm			
GB/T 6893—1995	冷拉椭圆形管	(14×10) ~ (70×50)、(27×11.5) ~ (114.5×48.5)	1~2.5	1035、1050、1050A、1060、1070、1070A、1100、1200、8A06、3003、3A21、5052、5A02	O、H14	适用于一般用途铝及铝合金拉(轧)制无缝管材
				2017、2024、2A11、2A12	O、T4	
				5A03	O、H34	
				5A05、5056、5083	O、H32	
				5A06	O	
				6061、6A02	O、T4、T6	
				6063	O、T6	

4.3.4 铝及铝合金线材的品种、规格和用途

《铝及铝合金术语 第1部分：产品及加工处理工艺》（GB/T 8005.1—2008）中对棒材、线材、管材给出了定义：棒材产品可以通过挤压或挤压后拉伸（又称冷拔）获得，为实心压力加工产品，并呈直线形交货。棒材产品沿其纵向全长，横截面对称、均一，且呈圆形、椭圆形、正方形、长方形、等边三角形、正五边形、正六边形、正八边形等正多边形。

线材产品可以通过挤压或挤压后拉伸（又称冷拔）获得，为实心压力加工产品，并成卷交货。线材产品沿其纵向全长，横断面对称、均一，且呈圆形、椭圆形、正方形、长方形、等边三角形、正五边形、正六边形、正八边形等正多边形。

棒材（包括圆棒和非圆棒）可由热轧或热挤压方法生产，并且经过或不经过随后的冷加工制成最终尺寸。线材通常经过一个或多个模子拉制生产。只有某些合金用以生产包铝的圆棒或线材，以增加抗腐蚀性，很多铝合金直接加工成棒材及线材。在这些合金中，2011 与 6262 是专门用于制作螺钉机的材料，而 2117 与 6053 则用于制造铆接件与零配件。

2024-T4 合金是制造螺栓与螺丝的标准材料。1350、6101 与 6201 合金广泛用作电线。5056 合金用作拉链，而 5056 等合金可制作防虫纱窗丝。5083、4043、5056、6061、7005 等合金可制成焊丝。

表 4-14 为铝及铝合金线材的品种、规格和用途。

表 4-14　铝及铝合金线材的品种、规格和用途（按技术标准）

技术标准代号	合　金	状态	规格/mm	用　途
GB 3195—1982	1050A	H18、O	0.8~5	适用于导电用拉制线材
GB/T 3196—2001	1035	H18	1.6~3	适用于铆钉用拉制线材
		H14	3~10	
	2A01、2A04、2B11、2B12、2A10、3A21、5A02、7A03	H14	1.6~10	
	5A06、5B05	H12	1.6~10	
GB/T 3197—2001	1070A、1060、1050A、1035、1200、8A06	H18、O	0.8~10	适用于焊条用拉制线材
		H14、O	3~10	
	2A14、2A16、3A21、4A01、5A02、5A03	H18、H14、O	0.8~10	
		H12、O	7~10	
	5A05、5B05、5A06、5A33、5183	H18、H14、O	0.8~7	
		H12、O	7~10	
GJB 1138A—1999	1070A、1060、1050A、1035、1200、1100、8A06、3A21、5A02、5A03、6061、6A02	H8	0.8~1.6	适用于航空、航天、兵器、船舶工业用焊丝
		H14、O	2~7	
		H18		
	2A14、2A16、2A20、4A01、4043、5A05、5B05、5A06、5B06、5A33、5356、5554、5A56、5B01、5556	H14、O	2~7	
		H18		
GJB 2055—1994	1035、5A02、5A05、5A06、5B05、3A21、2A01、2A04、2B11、2B12、2A10、2B16、7A03	H18	1.6~10	适用于航空、航天用铆钉线材

4.4　铝及铝合金挤压产品的生产方式和工艺流程

4.4.1　铝及铝合金型、棒、线材的生产方法和工艺流程

普通型材、棒材、壁板型材一般都可以用正向挤压机和反向挤压机生产。阶段变断面

铝型材和逐渐变断面型材只用正向挤压机生产。铝合金线材主要用正向挤压机进行多孔挤压线坯，然后进行多模（配模）拉伸，经过退火再拉伸成铝合金线材。各种挤压方法在生产铝及铝合金管、棒、型、线材的应用见表4-15，铝及铝合金挤压材生产工艺流程见图4-7~图4-10。

表4-15 各种挤压方法在铝合金管、棒、型、线材生产中的应用情况

挤压方法	制品种类	所需设备特点	对挤压工具要求
正挤压法	棒材、线毛料	普通型、棒挤压机	普通挤压工具
	普通型材	普通型、棒挤压机	普通挤压工具
	管材、空心型材	普通型、棒挤压机	舌形模组合模或随动针
		带有穿孔系统的管、棒挤压机	固定针
	阶段变断面型材	普通型、棒挤压机	专用工具
	逐渐变断面型材	普通型、棒挤压机	专用工具
	壁板型材	普通型、棒挤压机	专用工具
		带有穿孔系统的管、棒挤压机	专用工具
反挤压法	管材	带有长行程挤压筒的型、棒挤压机	专用工具
	棒材	带有长行程挤压筒，有穿孔系统的管、棒挤压机	专用工具
	普通型材、壁板型材	专用反挤压机	专用工具
正反向联合挤压法	管材	带有穿孔系统的管、棒挤压机	专用工具
Conform 连续挤压	小型型材和管材	Conform 挤压机	专用工具
冷挤压	高精度管材	冷挤压机	专用工具

4.4.2 铝及铝合金管材的生产方法

由于用挤压法生产铝及铝合金管材和管毛料具有许多优点，如生产周期短、效率高、品种规格范围广等，因此，生产铝及铝合金管材应用最广泛的方法还是挤压法，并配合其他冷加工方法可以生产多种品种和规格的管材。详见表4-16。

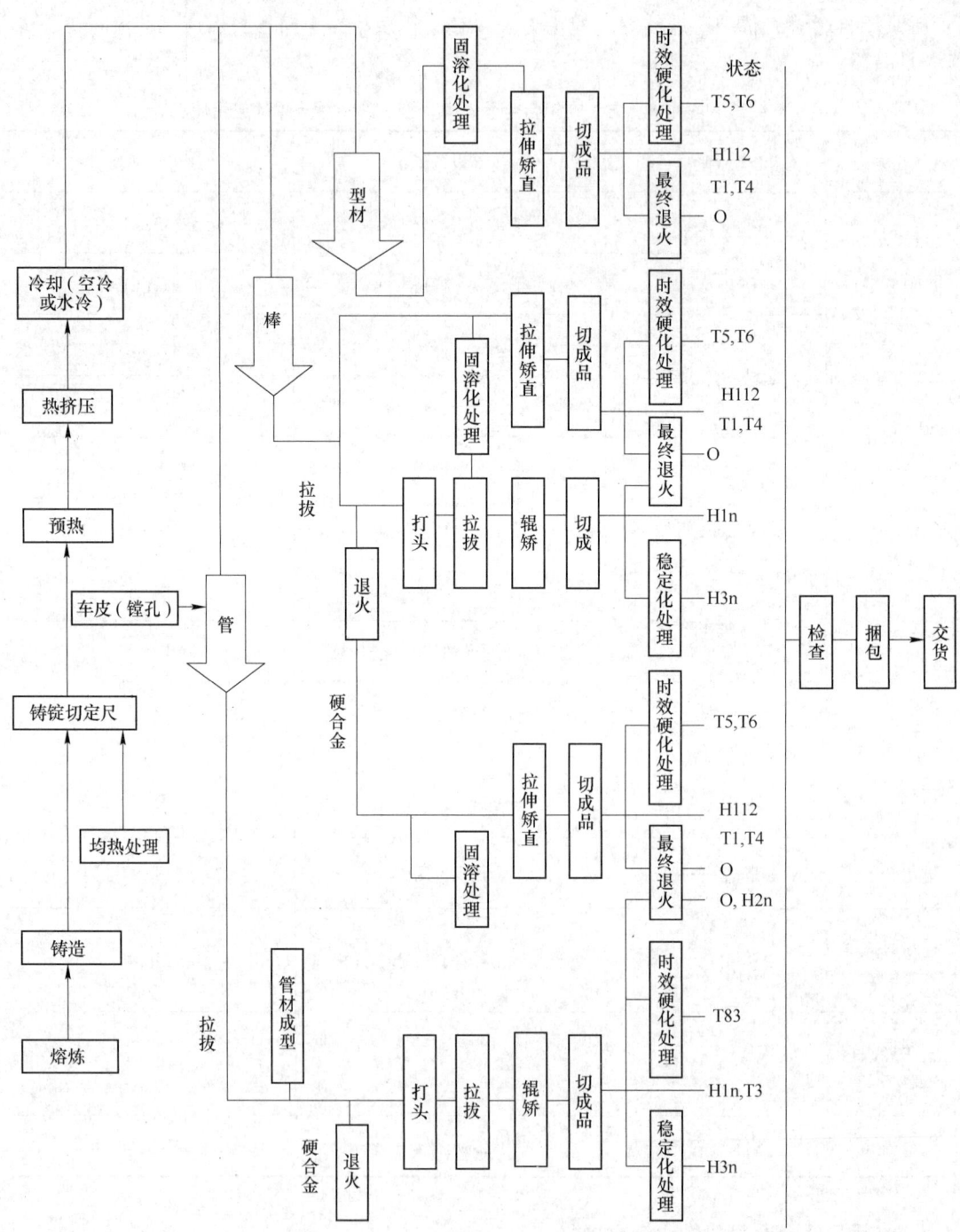

图 4-7　铝及铝合金挤压材生产工艺流程（典型）

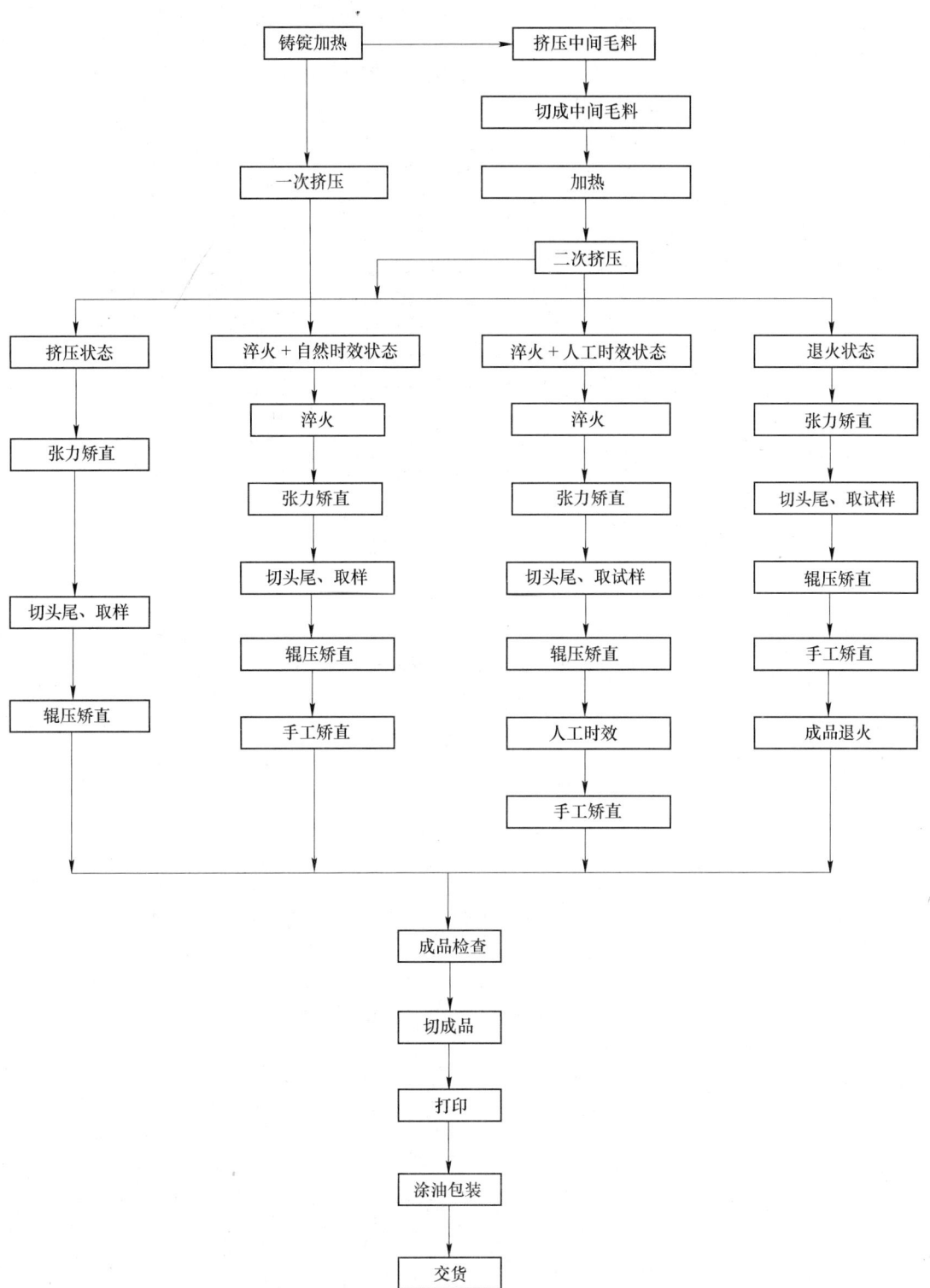

图 4-8 铝及铝合金型材生产工艺流程图（通用）

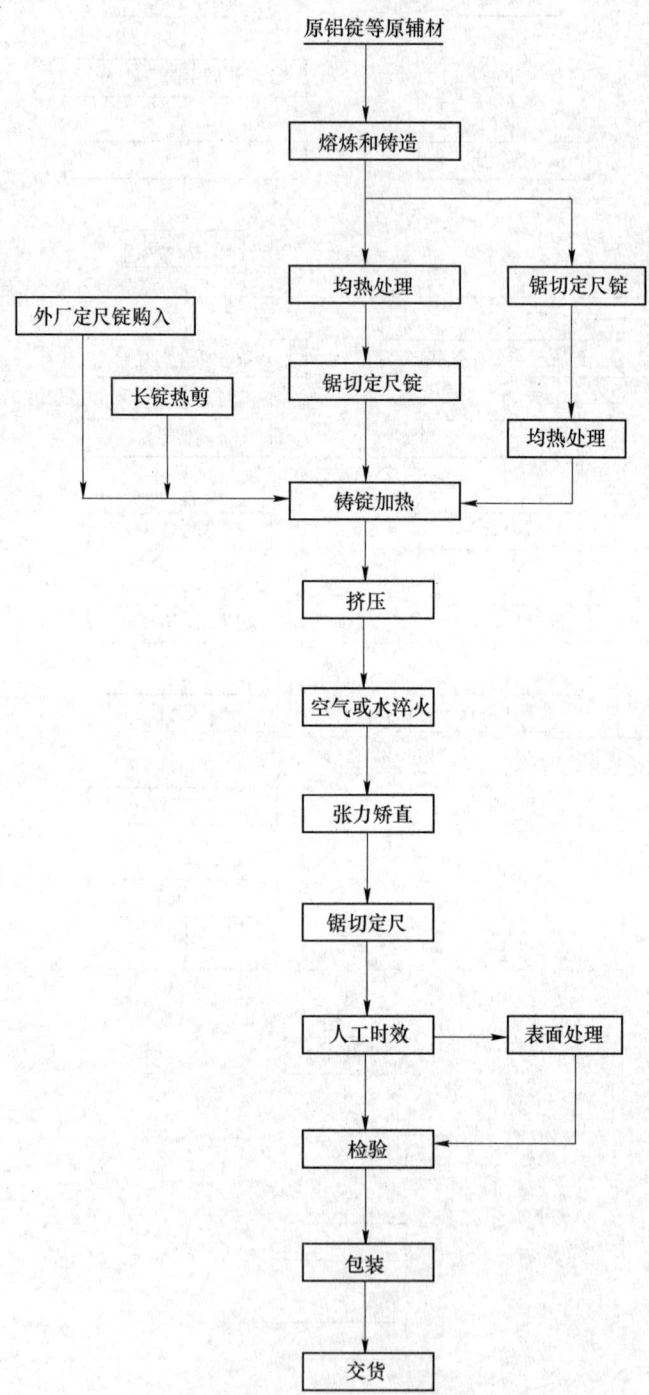

图 4-9　铝及铝合金民用建筑型材生产工艺流程图（专用）

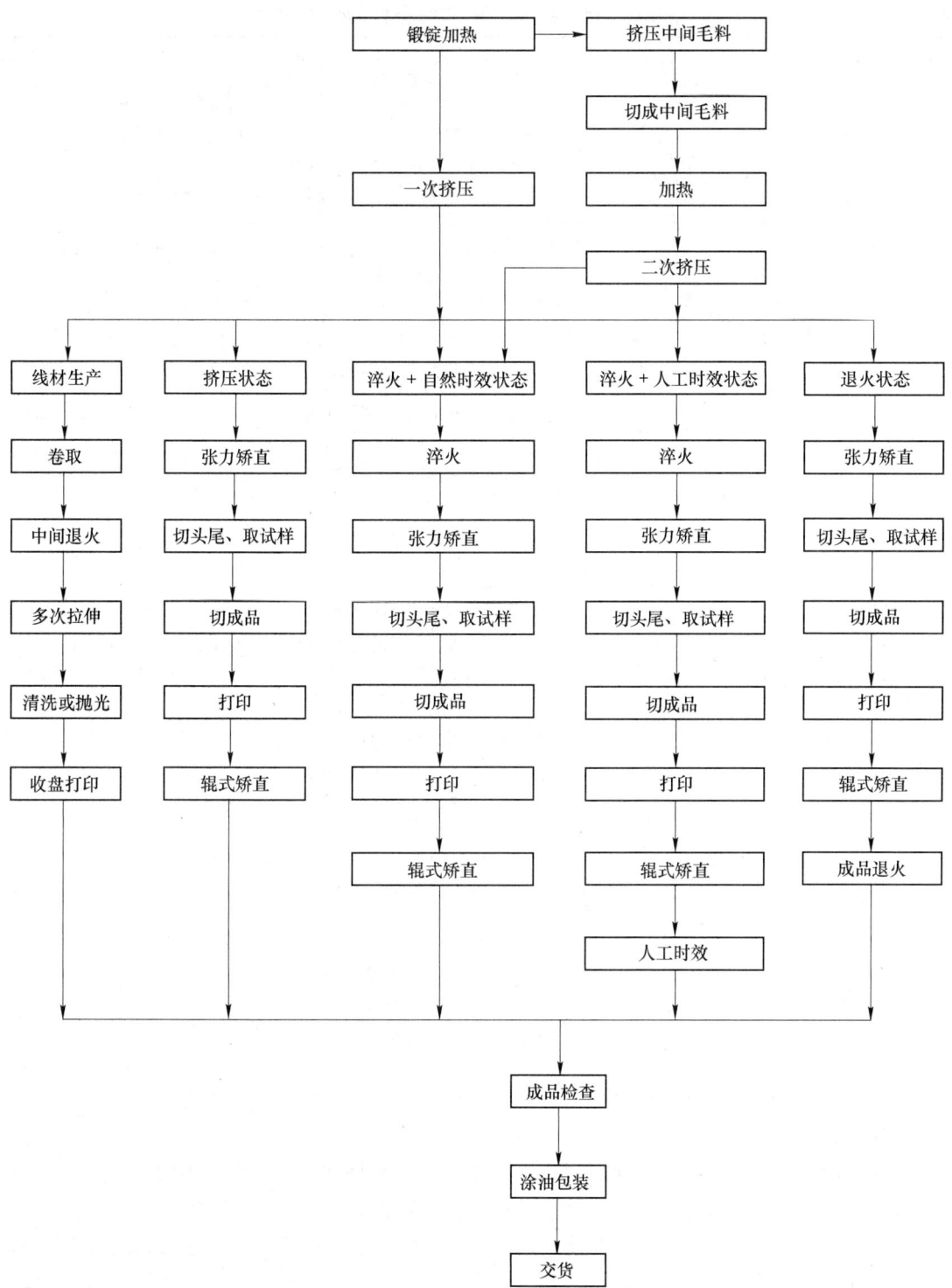

图 4-10　铝合金棒（线坯）材生产工艺流程图（通用）

表 4-16　铝及铝合金挤压管材的主要生产方法

主要加工方法	适用范围	主 要 优 缺 点
热挤压法（包括穿孔挤压）	厚壁管、复杂断面管、异型管、变断面管、钻探管	（1）生产周期短，效率高、成品率高、所需设备少，成本较低； （2）品种规格范围广，可生产复杂断面的异型管和变断面管； （3）管材的尺寸精度和内外表面较差； （4）可生产各种合金的阶段变断面和逐渐变断面管材
热挤压—拉伸法	直径较大且壁厚较厚的薄壁管	（1）与冷轧法相比，设备投资少，成品率高，成本低； （2）可生产所有规格薄壁管； （3）生产壁厚较厚的铝合金管时，生产效率比冷轧法高； （4）生产硬合金和小直径薄壁管时，效率低，生产周期长； （5）机械化程度差，劳动强度大，适用于小工厂
热挤压—冷轧—减径拉伸法和热挤压—冷轧—盘管拉伸	中、小直径薄壁管和长管	（1）能生产所有规格的薄壁管； （2）冷变形量大，生产周期短； （3）机械化程度高，与热挤压配合，适于大、中型工厂； （4）设备多且复杂、投资大； （5）盘管拉伸法可生产中、小直径任意长度薄壁管，生产效率高
热挤压空心锭横向旋压法、旋压拉伸法	特大直径薄壁管、中小型异型管、变断面管如旗杆管	（1）设备简单； （2）能生产较大直径薄壁管； （3）生产效率低、产品质量不稳定，不适于大批生产普通管； （4）旋压拉伸法适于生产软合金大、中、小异型管和逐渐变断面管，专用设备生产效率高
连续挤压法（Conform 和 Casfex 连续挤压法）	小直径薄壁长管、软合金异型管	（1）设备简单、投资少； （2）工艺简单，周期短，效率高，成品率高，成本低； （3）无残料挤压，不需要加热设备，能耗低； （4）可生产无限长的小直径薄壁管； （5）自动化程度高，可实现全自动连续生产； （6）不能生产大规模异型管和硬合金管
冷挤压法	中小直径薄壁管	（1）设备少，效率高； （2）生产周期短，成品率高； （3）生产硬合金有困难，需要大冷挤压机； （4）工具寿命短，损耗大，设计与制造困难； （5）产品精度和表面品质高，但品种规格有限

工艺特点有：

（1）用于生产管材的铝合金种类很多，按其强度特性和加工性能的不同，一般可分为纯铝、软铝合金和硬铝合金三大类。纯铝和软合金管材加工容易，道次加工量大，而且表面品质也较好。硬铝合金管材加工较困难，每道次的冷、热加工量不宜过大，需要较大的设备能力，表面易出现各种缺陷。因此操作技术要求较高、工序较多、生产周期较长、成品率较低、工模具损耗较大、成本较高。

（2）各种用途的铝合金管材，对内、外表面品质都有较高的要求，由于铝合金本身的硬度不高，在生产过程中极易磕、碰、擦划和划道，因此各道工序均应轻放，保护表面。

（3）铝及铝合金管材在冷、热加工中发黏，易黏附在工具上形成各种表面缺陷，在加工中应进行良好的工艺润滑。工模具的表面光洁度和表面硬度都要求较高。

（4）除纯铝可不控制挤压速度外，其他合金都有各自合适的挤压速度范围。因此应选择速度可调的挤压机，同时要严控挤压过程的温度、速度规范，以免产生裂纹。

（5）纯铝和许多铝合金在高温、高压、高真空条件下都易焊合在一起，因而给生产管材创造了有利条件。平面组合模和舌型模挤压就是利用该特性来生产管材的。这不仅扩大了管材的品种和用途，而且可利用普通型棒材挤压机和实心铸锭来挤压断面十分复杂的管材和多孔管材。

（6）在穿孔和挤压过程中，挤压筒和挤压针表面都有一层完整的金属，形成均匀的铝套。操作过程中应使这层铝套保持干净和完整，否则会恶化管材的内外表面品质。

（7）为保证管材的尺寸精度，减少偏心，防止断针和损坏其他元件，应尽量保证设备和工具的对中性。

（8）适当的工艺条件下，可采用穿孔挤压、无润滑挤压等方法，来生产高内表面品质的管材。

铝及铝合金管材生产工艺流程见表 4-17。

表 4-17　铝及铝合金管材生产流程

工序名称	热挤压厚壁管				挤压—拉伸薄壁管			挤压—冷轧—拉伸薄壁管		
	F	T4	T6	O	HX3	T4	O	HX3	T4	O
坯料加热		•	•	•	•	•	•	•	•	•
热挤压	•	•	•	•	•	•	•	•	•	•
锯切	•	•	•	•	•	•	•	•	•	•
车皮、镗孔		•	•	•	•	•	•	•	•	•
毛料加热		•	•		•	•	•	•	•	•
二次挤压		•	•		•	•	•	•	•	•
张力矫或辊式矫					•	•	•	•	•	•
切夹头					•	•	•	•	•	•
中间检查					•	•	•	•	•	•
退火					•	•	•	•	•	•
蚀洗					•	•	•	•	•	•
刮皮修理					•	•	•	•	•	•
冷轧制								•	•	•
退火								•	•	•
打头					•	•	•	•	•	•
拉伸					•	•	•	•	•	•
淬火	•	•	•		•	•		•	•	
整径		•	•		•	•		•	•	
精整矫直	•	•	•	•	•	•	•	•	•	•
切成品取试样	•	•	•	•	•	•	•	•	•	•
人工时效			•			•			•	
成品退火				•			•			•
检查、验收	•	•	•	•	•	•	•	•	•	•
涂油、包装	•	•	•	•	•	•	•	•	•	•
交货	•	•	•	•	•	•	•	•	•	•

第二篇
铝及铝合金挤压材生产技术

5 铝及铝合金挤压用铸锭的熔炼与铸造技术

5.1 概述

5.1.1 铝合金的化学成分、合金元素与微量元素的作用及主要相组成

5.1.1.1 铝合金的化学成分

按 GB/T 3190—1996 标准制定的中国变形铝及铝合金的化学成分,见附录一。此表适用于以压力加工方法生产的铝及铝合金加工产品(板、带、箔、管、棒、型、线和锻件)及其所用的铸锭和板坯。附录一中,含量有上下限者为合金元素;含量为单个数值者,铝为最低限,其他杂质元素为最高限。"其他"一栏是指未列出或未规定数值的金属元素。表头未列出的某些元素,当有极限含量要求时,其具体规定列于空白栏中。

中国的变形铝合金牌号及与之近似对应的国外牌号,见附录三。

5.1.1.2 合金元素及微量元素在铝合金中的作用

变形铝合金中的各种添加元素在冶金过程中相互之间会产生物理化学作用,从而改变材料的组织结构和相组成,得到不同性能、功能和用途的新材料,合金化对变形铝合金材料的冶金特性起重要的作用。以下简要介绍铝合金中主要合金元素和杂质对合金组织性能的影响。

A 铜元素

铜是重要的合金元素,有一定的固溶强化效果,此外,时效析出的 $CuAl_2$ 相有着明显的时效强化效果。铝合金中铜含量通常在 2.5% ~ 5%,铜含量在 4% ~ 6.8% 时效强化效果最好,所以大部分硬铝合金的含铜量处于这个范围。

铝铜合金中可以含有少量的硅、镁、锰、铬、锌、铁等元素。

B 硅元素

在共晶温度 577℃时,硅在固熔体中的最大溶解度为 1.65%。尽管溶解度随温度降低而减少,但这类合金一般是不能热处理强化的。铝硅合金具有极好的铸造性能和抗蚀性。

若镁和硅同时加入铝中形成铝镁硅系合金,强化相为 Mg_2Si。镁和硅的质量比为 1.73:1。设计 Al-Mg-Si 系合金成分时,基本上按此比例配置镁和硅的含量。有的 Al-Mg-Si 合金,为了提高强度,加入适量的铜,同时,加入适量的铬以抵消铜对抗蚀性的不利影响。

变形铝合金中,硅单独加入铝中只限于焊接材料,硅加入铝中也有一定的强化作用。

C 镁元素

镁在铝中的溶解度随温度下降而迅速减小,在大部分工业用变形铝合金中,镁的含量均小于 6%,而硅含量也低,这类合金是不能热处理强化的,但可焊性良好,抗蚀性也好,并有中等强度。

镁对铝的强化是明显的，每增加1%镁，抗拉强度大约升高34MPa。如果加入1%以下的锰，可起补充强化作用。因此加锰后可降低镁含量，同时可降低热裂倾向，另外，锰还可以使 Mg_5Al_5 化合物均匀沉淀，改善抗蚀性和焊接性能。

D　锰元素

在共晶温度658℃时，锰在 α 固熔体中的最大溶解度为1.82%。合金强度随溶解度增加不断增加，锰含量为0.8%时，伸长率达最大值。Al-Mn 合金是非时效硬化合金，即不可热处理强化。

锰能阻止铝合金的再结晶过程，提高再结晶温度，并能显著细化再结晶晶粒。再结晶晶粒的细化主要是通过 $MnAl_6$ 化合物弥散质点对再结晶晶粒长大起阻碍作用。$MnAl_6$ 的另一作用是溶解杂质铁，形成（Fe、Mn）Al_6，减小铁的有害影响。

锰是铝合金的重要元素，可以单独加入形成 Al-Mn 二元合金，更多的是和其他合金元素一同加入，因此大多铝合金中均含有锰。

E　锌元素

锌单独加入铝中，在变形条件下对合金强度的提高十分有限，同时存在应力腐蚀开裂倾向，因而限制了它的应用。

在铝中同时加入锌和镁，形成强化相 $MgZn_2$，对合金产生明显的强化作用。$MgZn_2$ 含量从0.5%提高到12%时，可明显增加抗拉强度和屈服强度。镁的含量超过形成 $MgZn_2$ 相所需要的量时，还会产生补充强化作用。

由于调整锌和镁的比例，可提高抗拉强度和增大应力腐蚀开裂抗力，所以在超硬合金中，锌和镁的比例控制在2.7左右时，应力腐蚀开裂抗力最大。

如在 Al-Zn-Mg 基础上加入铜元素，形成 Al-Zn-Mg-Cu 合金，其强化效果在所有铝合金中最大，它们也是航天、航空工业、电力工业上重要的铝合金材料。

F　微量元素和杂质的影响

a　铁和硅

铁在 Al-Cu-Mg-Ni-Fe 系锻铝合金中，硅在 Al-Mg-Si 系锻铝中和在 Al-Mg-Si 系焊条及铝硅铸造合金中，均作为合金元素加入，在其他合金中，硅和铁是常见的杂质元素，对合金性能有明显的影响。它们主要以 $FeAl_3$ 和游离硅存在。当硅大于铁时，形成 β-$FeSiAl_5$（或 $Fe_2Si_2Al_9$）相，而铁大于硅时，形成 α-Fe_2SiAl_8（或 Fe_3SiAl_{12}）。当铁和硅比例不当时，会引起铸件产生裂纹，铸铝中铁含量过高时会使铸件产生脆性。

b　钛和硼

钛是铝合金中常用的添加元素，以 Al-Ti 或 Al-Ti-B 中间合金形式加入。钛和铝形成 $TiAl_3$ 相，成为结晶时的非自发核心，起细化铸造组织和焊缝组织的作用。Al-Ti 系合金产生包晶反应时，钛的临界含量约为0.15%，如果有硼存在，则减小到0.01%。

c　铬

铬是在 Al-Mg-Si 系、Al-Mg-Zn 系、Al-Mg 系合金中常见的添加元素。在600℃时，铬在铝中溶解度为0.8%，室温时基本上不溶解。

铬在铝中形成（CrFe）Al_7 和（CrMn）Al_{12} 等金属间化合物，阻碍再结晶的形核和长大过程，对合金有一定的强化作用，还能改善合金韧性和降低应力腐蚀开裂敏感性。但会增加淬火敏感性，使阳极氧化膜呈黄色。

铬在铝合金中的添加量一般不超过 0.35%，并随合金中过渡族元素的增加而降低。

d　锶

锶是表面活性元素，在结晶学上锶能改变金属间化合物相的行为。因此用锶元素进行变质处理能改善合金的塑性加工性能和最终产品质量。由于锶具有变质有效时间长、效果和再现性好等优点，近年来在 Al-Si 铸造合金中取代了钠的使用。对挤压用铝合金中加入 0.015%~0.03%锶，使铸锭中 β-AlFeSi 相变成 α-AlFeSi 相，减少了铸锭均匀化时间 60%~70%，提高材料力学性能和塑性加工性，改善制品表面粗糙度。对于高硅（10%~13%）变形铝合金加入 0.02%~0.07%的锶元素，可使初晶硅减少至最低限度，力学性能也显著提高，抗力强度 σ_b 由 233MPa 提高到 236MPa，屈服强度 $\sigma_{0.2}$ 由 204MPa 提高到 210MPa，伸长率 δ_5 由 9%增至 12%。在过共晶 Al-Si 合金中加入锶，能减小初晶硅粒子尺寸，改善塑性加工性能，可顺利地热轧和冷轧。

e　锆元素

锆也是铝合金的常用添加元素。一般在铝合金中加入量为 0.1%~0.3%，锆和铝形成 $ZrAl_3$ 化合物，可阻碍再结晶过程，细化再结晶晶粒。锆也能细化铸造组织，但比钛的效果小。有锆存在时，会降低钛和硼细化晶粒的效果。在 Al-Zn-Mg-Cu 系合金中，由于锆对淬火敏感性的影响比铬和锰小，因此宜用锆来代替铬和锰细化再结晶组织。

f　稀土元素

稀土元素加入铝合金中，使铝合金熔铸时增加成分过冷，细化晶粒，减少二次枝晶间距，减少合金中的气体和夹杂，并使夹杂相趋于球化。还可降低熔体表面张力，增加流动性，有利于浇注成锭，对工艺性能有着明显的影响。

各种稀土加入量约 0.1%为好。混合稀土（La-Ce-Pr-Nd 等混合）的添加，使 Al-0.65%Mg-0.61%Si 合金时效 GP 区形成的临界温度降低。含镁的铝合金，能激发稀土元素的变质作用。

g　杂质元素

在铝合金中有时还存在钒、钙、铅、锡、铋、锑、铍及钠等杂质元素。这些杂质元素由于熔点高低不一，结构不同，与铝形成的化合物也不相同，因而对铝合金性能的影响各不一样。

钒在铝合金中形成难熔化合物，在熔铸过程中起细化晶粒作用，但比钛和锆的作用小。钒也有细化再结晶组织、提高再结晶温度的作用。

钙在铝中固溶度极低，与铝形成 $CaAl_4$ 化合物，钙又是铝合金的超塑性元素，大约5%钙和5%锰的铝合金具有超塑性。钙和硅形成 $CaSi_4$，不溶于铝，由于减小了硅的固溶量，可稍微提高工业纯铝的导电性能。钙能改善铝合金切削性能。$CaSi_2$ 不能使铝合金热处理强化。微量钙有利于去除铝液中的氢。

铅、锡、铋元素是低熔点金属，它们在铝中固溶度不大，略降低合金强度，但能改善切削性能。铋在凝固过程中膨胀，对补缩有利。高镁合金中加入铋可防止钠脆。

锑主要用作铸造铝合金中的变质剂，变形铝合金中很少使用。仅在 Al-Mg 变形铝合金中代替铋防止钠脆。锑元素加入 Al-Zn-Mg-Cu 系合金中，能改善热压与冷压工艺性能。

铍在变形铝合金中可改善氧化膜的结构，减少熔铸时的烧损和夹杂。铍是有毒元素，能使人产生过敏性中毒。因此，用于制造食品和饮料器皿的铝合金中不能含有铍。焊接材料中的铍含量通常控制在 $8×10^{-4}$% 以下。用作焊接基体的铝合金也应控制铍的含量。

钠在铝中几乎不溶解，最大固溶度小于 0.0025%，熔点低（97.8℃）。合金中存在钠时，在凝固过程中，钠吸附在枝晶表面或晶界；热加工时，晶界上的钠形成液态吸附层，产生脆性开裂，即"钠脆"。当有硅存在时，形成 NaAlSi 化合物，无游离钠存在，不产生"钠脆"。当镁含量超过 2% 时，镁夺取硅，析出游离硅，产生"钠脆"。因此高镁铝合金不允许使用钠盐溶剂。防止"钠脆"的方法有氯化法，使钠形成 NaCl 排入渣中，加铋使之生成 Na_2Bi 进入金属基体；加锑生成 Na_2Sb 或加入稀土也可起到相同的作用。

氢气在固态熔点的条件下比在固态的条件下溶解度要高，所以在液态转化固态的时候就会形成气孔，氢气也可以用铝还原空气中水气而产生，也可以从分解碳氢化合物中产生。固态铝和液态铝都能吸氢，尤其是当某些杂质，如硫的化合物在铝表面上或在周围空气中最为明显。在液态铝中能形成氢化物的元素能促进氢吸收，但其他元素如铍、铜、锡和硅则会降低氢的吸收量。

除了在浇铸中形成孔隙外，氢又导致次生孔隙、起泡以及热处理中高温变坏（内部气体沉积）。氢在铝合金中是一种极其有害的杂质，熔体中的氢含量应采用在线除气装置加以限制。

5.1.1.3　铝合金中的主要相组成

工业变形铝合金及铝合金半连续铸造状态下的相组成如表 5-1 和图 5-1 所示。

表 5-1　工业变形铝合金及铝合金半连续铸造状态下的相组成

合　金			主要相组成（少量的或可能的）
类别	系	牌号	
1×××系合金	Al	1A85~1A99	$\alpha+FeAl_3$、$Al_{12}Fe_3Si$
		1070A~1235	$\alpha+Al_{12}Fe_3Si$
2×××系合金	Al-Cu-Mg	2A01	$\theta(CuAl_2)$、Mg_2Si、$N(Al_7Cu_2Fe)$、$\alpha(Al_{12}Fe_3Si)$、[S]
		2A02	$S(Al_2CuMg)$、Mg_2Si、N、$(FeMn)_3SiAl_{12}$、[S]、$(FeMn)Al_6$
		2A04	$S(Al_2CuMg)$、Mg_2Si、N、$(FeMn)_3SiAl_{12}$、[S]、$(FeMn)Al_6$
		2A06	$S(Al_2CuMg)$、Mg_2Si、N、$(FeMn)_3SiAl_{12}$、[S]、$(FeMn)Al_6$
		2A10	$\theta(CuAl_2)$、Mg_2Si、$N(Al_7Cu_2Fe)$、$(FeMn)_3SiAl_{12}$、$S(Al_2CuMg)$、$(FeMn)Al_6$
		2A11	$\theta(CuAl_2)$、Mg_2Si、$N(Al_7Cu_2Fe)$、$(FeMn)_3SiAl_{12}$、[S]、$(FeMn)Al_6$
		2B11	$\theta(CuAl_2)$、Mg_2Si、$N(Al_7Cu_2Fe)$、$(FeMn)_3SiAl_{12}$、[S]、$(FeMn)Al_6$
		2A12	$S(Al_2CuMg)$、$\theta(CuAl_2)$、Mg_2Si、$N(Al_7Cu_2Fe)$、$(FeMn)_3SiAl_{12}$、[S]、$(FeMn)Al_6$
		2B12	$S(Al_2CuMg)$、$\theta(CuAl_2)$、Mg_2Si、$N(Al_7Cu_2Fe)$、$(FeMn)_3SiAl_{12}$、[S]、$(FeMn)Al_6$
		2A13	$\theta(CuAl_2)$、Mg_2Si、$N(Al_7Cu_2Fe)$、$\alpha(Al_{12}Fe_3Si)$、[S]

合金			主要相组成（少量的或可能的）
类别	系	牌号	
2×××系合金	Al-Cu-Mn	2A16	$\theta(CuAl_2)$、$N(Al_7Cu_2Fe)$、$(FeMn)_3SiAl_{12}$、$[(FeMn)Al_6$、$TiAl_3$、$ZrAl_3]$
		2A17	$\theta(CuAl_2)$、$N(Al_7Cu_2Fe)$、$(FeMn)_3SiAl_{12}$、Mg_2Si、$[S]$、$(FeMn)Al_6$
	Al-Cu-Mg-Si-Mn	2A50	Mg_2Si、W、$\theta(CuAl_2)$、$AlFeMnSi$、$[S]$
		2B50	Mg_2Si、W、$\theta(CuAl_2)$、$AlFeMnSi$、$[S]$
		2A14	Mg_2Si、W、$\theta(CuAl_2)$、$AlFeMnSi$
	Al-Cu-Mg-Fe-Ni-Si	2A70	$S(Al_2CuMg)$、$FeNiAl_9$、$[Mg_2Si$、$N(Al_7Cu_2Fe)$ 或 $Al_6Cu_3Ni]$
		2A80	$S(Al_2CuMg)$、$FeNiAl_9$、$[Mg_2Si$、$N(Al_7Cu_2Fe)$ 或 $Al_6Cu_3Ni]$
		2A90	$S(Al_2CuMg)$、$\theta(CuAl_2)$、$FeNiAl_9$、Mg_2Si、Al_6Cu_3Ni、$\alpha(Al_{12}Fe_3Si)$
3×××系合金	Al-Mn	3A21	$(FeMn)Al_6$、$(FeMn)_3SiAl_{12}$
4×××系合金	Al-Si	4A01	Si（共晶）、$\beta(Al_5FeSi)$
		4A13	Si（共晶）、$\beta(Al_5FeSi)$、$AlFeMnSi$
		4A17	Si（共晶）、$\beta(Al_5FeSi)$、$AlFeMnSi$
		4A11	Si（共晶）、$S(Al_2CuMg)$、$FeNiAl_9$、Mg_2Si、$\beta(Al_5FeSi)$、（初晶硅）
		4043	Si（共晶）、$\alpha(Fe_2SiAl_8)$、$\beta(Al_5FeSi)$、$FeAl_3$
5×××系合金	Al-Mg	5A02	Mg_2Si、$(FeMn)Al_6$、$[\beta(Al_5FeSi)]$
		5A03	Mg_2Si、$(FeMn)Al_6$、$[\beta(Al_5FeSi)]$
		5082	Mg_2Si、$(FeMn)Al_6$、$[\beta(Al_5FeSi)]$
		5A43	Mg_2Si、$(FeMn)Al_6$、$[\beta(Al_5FeSi)]$
		5A05	$\beta(Mg_5Al_8)$、Mg_2Si、$(FeMn)Al_6$
		5A06	$\beta(Mg_5Al_8)$、$(FeMn)Al_6$
		5B06	$\beta(Mg_5Al_8)$、$(FeMn)Al_6$、$[TiAl_2]$
		5A33	$\beta(Mg_5Al_8)$、Mg_2Si、$[(FeMn)Al_6]$
		5A12	β（大量）、Mg_2Si
		5A13	β（大量）、Mg_2Si、$(FeMn)Al_6$
		5A41	$\beta(Mg_5Al_8)$、Mg_2Si、$(FeMn)Al_6$
		5A66	$[\beta]$
		5183	Mg_2Si、W、$(FeMn)_3Si_2Al_{15}$、$[(FeCr)_4Si_4Al_{13}]$
		5086	Mg_2Si、W、$(FeMn)_3Si_2Al_{15}$
6×××系合金	Al-Mg-Si 及 Al-Mg-Si-Cu	6061	Mg_2Si、$(FeMn)_3Si_2Al_{15}$、$CuAl_2$
		6063	Mg_2Si、$(FeMn)_3Si_2Al_{15}$
		6070	Mg_2Si、$(FeMn)_3Si_2Al_{15}$

合金			主要相组成（少量的或可能的）
类别	系	牌号	
7×××系合金	Al-Zn-Mg	7003	η、T($Al_2Mg_3Zn_3$)、Mg_2Si、AlFeMnSi、[$ZnAl_3$初晶]
	Al-Zn-Mg-Cu	7A03	η、T($Al_2Mg_3Zn_3$)、S、[AlFeMnSi、Mg_2Si]
		7A04	T[AlZnMgCu]、Mg_2Si、AlFeMnSi、[η]
		7A09	T[AlZnMgCu]、Mg_2Si、AlFeMnSi、[$CrAl_7$]
		7A10	T[AlZnMgCu]、Mg_2Si、AlFeMnSi
8×××系合金	Al-其他元素	8A06	$FeAl_3$、α(AlFeSi)、β
		8011	η、T($Al_2Mg_3Zn_3$)、S、[AlFeMnSi、Mg_2Si]
		8090	α(Al)、Al_3Li、Al_3Zr

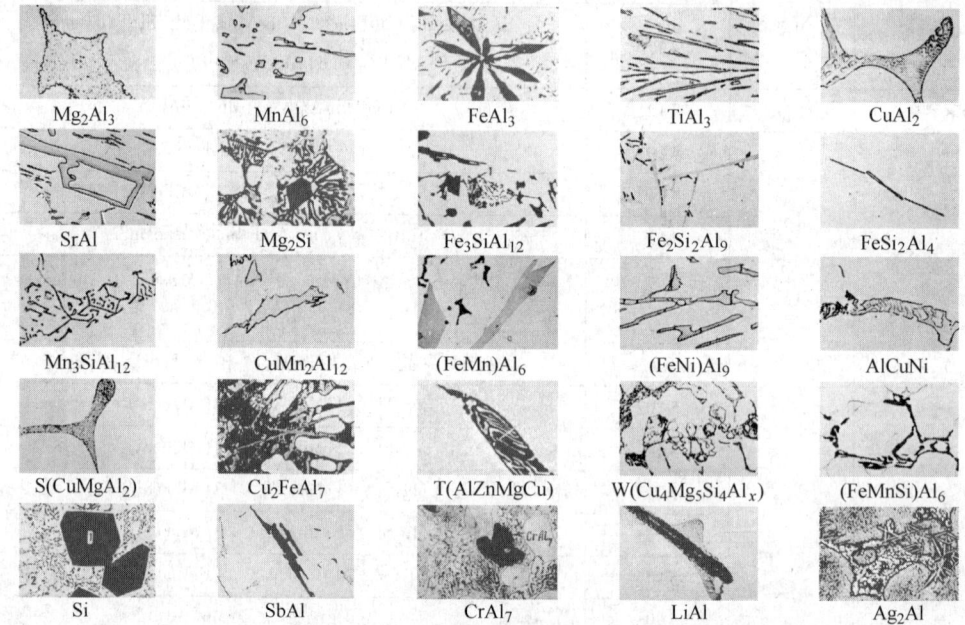

图 5-1　变形铝合金中的主要相组成

5.1.2　变形铝合金产品对锭坯提出了越来越高的要求

随着铝加工技术的发展以及科技进步对材料要求的不断提高，铝合金铸锭质量对铝合金材料性能至关重要，因而铝合金材料对铸锭组织、性能和质量提出了更高要求，尤其对铸锭的冶金质量提出越来越高的要求。

5.1.2.1　对化学成分的要求

随着铝合金材料组织、性能均匀和一致性的要求，材料对合金成分的控制和分析提出了很高的要求。首先为了使组织和性能均匀一致，对合金主元素采取更加精确控制，确保熔次之间主元素一致，铸锭不同部位成分偏析最小。同时为了提高材料的综合性能，对合金中的杂质和微量元素进行优化配比和控制。其次，对化学成分分析的准确性和控制范围要求越来越高。

5.1.2.2　对冶金质量的要求

铸锭的冶金质量对材料后序加工过程和最终的产品质量有着决定作用。长期生产实践表明约50%缺陷是铸锭带来的，铸锭的冶金缺陷必将对材料产生致命的影响。因此，铝合金材料对铝锭体的纯化、净化质量提出了更高的要求，主要是以下三个方面：

（1）铸锭氢含量要求越来越低，根据不同材料要求，其氢含量控制有所不同，一般来说普通制品要求的产品氢含量控制在每 100gAl 0.15~0.30mL 以下，而对于特殊要求的航空、航天材料，双零箔等氢含量应控制在每 100gAl 0.1mL 以下，当然由于检测方法的不同，所测氢含量值会有所差异，但其趋势是一致的。

（2）对于非金属夹杂物要求降低到最大限度，要求夹杂物数量少而小，其单个颗粒应小于 $10\mu m$；而对于特殊要求的航空、航天材料，双零箔等制品非金属夹杂的单个颗粒应小于 $5\mu m$。非金属夹杂一般通过铸锭低倍和铝材超声波探伤定性检测，或通过测渣仪定量检测。当今发展可以通过电子扫描等手段对非金属夹杂物组成进行分析和检测。

（3）碱金属控制。碱金属主要是金属钠对材料的加工和性能造成一定危害，要求在熔铸过程要尽量降低其含量，因此碱金属钠（除高硅合金外）一般应控制在 $5\times10^{-4}\%$ 以下，甚至更低，达 $2\times10^{-4}\%$ 以下。

5.1.2.3　对铸锭组织的要求

铸锭组织对铝及铝合金材料性能有着直接的影响，一般说来铸锭组织缺陷有光晶、白斑、花边、粗大化合物等组织缺陷，这些缺陷对材料性能造成相当大的影响，材料不能有这些组织缺陷。但随着铝加工技术的发展，材料对铸锭组织提出更高的要求，一是铸锭晶粒组织更加细小和均匀，要求铸锭晶粒一级以下，甚至比一级还小，使铸锭晶粒尺寸（直径）达到 $160\mu m$ 以下，仅为一级晶粒的一半以下，对于铸锭生产来说是很难达到的；其二是铸锭的化合物尺寸不仅要求小而弥散外，而且对化合物形状也提出不同的要求；此外，随着铝材质量要求不断提高，对铸锭的组织提出更新更高的要求。

5.1.2.4　对铸锭几何尺寸和表面质量要求

随着铝加工技术的发展，为了提高铝材的成材率，对铸锭几何尺寸和表面质量提出了更高的要求，铸锭表面要求平整光滑，减少或消除粗晶层、偏析瘤等表面缺陷，铸锭厚差尽可能小，减少底部翘曲和肿胀等，使铸锭在热轧前尽可能少铣面。挤压等加工前减少车皮或不车皮。

5.2　铝及铝合金熔炼技术

5.2.1　概述

5.2.1.1　熔炼目的

熔炼的目的为：

（1）获得化学成分均匀并且符合要求的合金。合金材料的组织和性能，除受生产过程中的各种工艺因素影响外，在很大程度上取决于它的化学成分。化学成分均匀指的是金属熔体的合金元素分布均匀，无偏析现象；化学成分符合要求指的是合金的成分和杂质含量应在国家标准范围内，此外，为保证制品的最终性能和加工过程中的工艺性能（包括铸造性能），应将某些元素含量和杂质控制在最佳范围内。

（2）获得纯洁度高的合金熔体。熔体纯洁度高是指在熔炼过程中通过熔体净化手段，降低熔体中的含气量，减少金属氧化物和其他非金属夹杂物，尽可能避免在铸锭中形成气孔、疏松、夹渣等破坏金属连续性的缺陷。

（3）复化不能直接回炉使用的废料使其得到合理使用。不能直接回炉使用的废料包括部分外购废料、加工工序产生的碎屑、被严重污染或严重腐蚀的废料、合金混杂无法分清的废料等。这些废料通过复化重熔，一方面可以提高金属纯洁度，避免直接使用合金污染熔体，另一方面可以获得准确的化学成分，以利于使用。

5.2.1.2　熔炼特点

铝是非常活泼的金属，能与气体发生反应，如：

$$4Al+3O_2 \longrightarrow 2Al_2O_3 \tag{5-1}$$

$$2Al+3H_2O \longrightarrow Al_2O_3+3H_2 \tag{5-2}$$

而且这些反应都是不可逆的，一经反应金属就不能还原，因此会造成金属的损失。而且生成物（氧化物、碳化物等）进入熔体，将会污染金属，造成铸锭的内部组织缺陷。

因此在铝合金的熔炼过程中，应严格选择工艺设备（如炉型、加热方式等），制度严谨的工艺流程，并严格进行操作，以减少金属损失和造成质量缺陷。

（1）熔化温度低，熔化时间长。铝合金的熔点低，可在较低的温度下进行熔炼，一般熔化温度在700~800℃。但铝的比热容和熔化潜热大，熔化过程中需要热量多，因此熔化时间较长。与铁相比，虽然铝比铁的熔点低得多，但熔化同等数量的铝和铁所需热量几乎相等。

（2）容易产生成分偏析。铝合金中各元素密度偏差较大，在熔化过程中容易产生成分偏析。因此在合金熔炼过程中应加强搅拌，并针对添加合金元素的不同，采用不同的搅拌方法。

（3）铝非常活泼，能与氧气发生反应。铝与氧在熔体表面生成 Al_2O_3。这层表面薄膜在搅拌、转注等操作过程中易破碎，并进入熔体中。铝及铝合金的氧化，一方面容易造成熔炼过程中的熔体烧损，使金属造成损失，另一方面因 Al_2O_3 的密度与金属熔体的接近，其中质点小、分散度大的 Al_2O_3 在熔体中呈悬浮状态难以除去，易随熔体进入铸锭造成夹渣缺陷。

因此在熔化过程中应加强对熔体的覆盖，减少氧化物的生成。

（4）吸气性强。铝具有较强的吸气性，特别在高温熔融状态下，金属熔体与大气中的水分和一系列工艺过程接触的水分、油、碳氢化合物等，都会发生化学反应。一方面可增加熔体的含气量，另一方面其生成物可污染熔体。

因此在熔化过程中必须采取一切措施尽量减少水分，并对工艺设备、工具和原辅材料等都严格保持干燥和避免污染，并在不同季节采取不同形式的保护措施。

（5）任何组元加入后均不能除去。铝合金熔化时，任何组元一旦进入熔体，一般都不能去除，所以对铝合金的加入组元必须严格注意。误加入非合金组元或组元加入过多或过少，都可能出现化学成分不符，或影响制品的铸造、加工或使用性能。

如误在高镁铝合金中加入钠含量较高的溶剂，则会引起"钠脆性"，造成铸造时的热裂性和压力加工时的热脆性；向 7075 合金中多加入硅，则会给铸锭成型带来一定的困难。

（6）熔化过程易产生粗大晶粒等组织缺陷。铝合金的熔炼过程中容易产生粗大晶粒、粗大化合物一次晶等组织缺陷，熔铸过程中产生的缺陷在加工过程无法补救，严重影响材料的使用性能。

适当地控制化学成分和杂质含量以及加入变质剂（细化剂），可以改善铸造组织，提高熔体质量。

5.2.1.3 熔炼炉

按加热能源分类有：

（1）燃料加热式。燃料加热式包括天然气、石油液化气、煤气、柴油、重油、焦炭等，以燃料燃烧时产生的反应热能加热炉料。

（2）电加热式。电加热式由电阻组件通电发出热量或者让线圈通交流电产生变磁场，以感应电流加热磁场中的炉料。

按加热方式分类有：

（1）直接加热式。燃料燃烧时产生的热量或电阻组件产生的热量直接传给炉料的加热方式，其优点是热效率高，炉子结构简单。但是燃烧产物中含有的有害杂质对炉料的质量会产生不利影响；炉料或覆盖剂挥发出的有害气体会腐蚀电阻组件，降低其使用寿命；由于以前燃料燃烧过程中燃料/空气比例控制精度低，燃烧产物中过剩空气（氧）含量高，造成加热过程金属烧损大，现在随着燃料/空气比例控制精度的提高，燃烧产物中过剩空气（氧）含量可以控制在很低的水平，减少了加热过程的金属烧损。炉料熔化过程中容易产生熔体局部过热。

（2）间接加热式。间接加热方式有两类：第一类是燃烧产物或通电的电阻组件不直接加热炉料，而是先加热辐射管等传热中介物，然后热量再以辐射和对流的方式传给炉料；第二类是让线圈通交流电产生交变磁场，以感应电流加热磁场中的炉料，感应线圈等加热组件与炉料之间被炉衬材料隔开。间接加热方式的优点是燃烧产物或电加热组件与炉料之间被隔开，相互之间不产生有害的影响，有利于保持和提高炉料的质量，减少金属烧损。感应加热方式对金属熔体还具有搅拌作用，可以加速金属熔化过程，缩短熔化时间，减少金属烧损。但是由于热量不能直接传递给炉料，所以与直接加热式相比，热效率低，炉子结构复杂。

按操作方式分类有：

（1）连续式。连续式炉的炉料从装料侧装入，在炉内按给定的温度曲线完成升温、保温等工序后，以一定速度连续地或按一定时间间隔从出料侧出来。连续式炉适合于生产少品种大批量的产品。

（2）周期式。周期式炉的炉料按一定周期分批加入炉内，按给定的温度曲线完成升温、保温等工序后将炉料全部运出炉外。周期式炉适合于生产多品种、多规格的产品。

按炉内气氛分类有：

（1）无保护气体式。炉内气氛为空气或者是燃料自身燃烧气氛，多用于炉料表面在高温能生成致密的保护层，能防止高温时被剧烈氧化的产品。

（2）保护气体式。如果炉料氧化程度不易控制，通常把炉膛抽为低真空，向炉内通入氮、氩等保护气体，可防止炉料在高温时剧烈氧化。随着产品内外质量要求不断提高，保护气体式炉的使用范围不断扩大。

生产中可根据生产规模、能源情况及对产品质量的要求等因素具体选择。

5.2.1.4　熔炼方法

A　分批熔炼法

分批熔炼法是一个熔次一个熔次的熔炼，即一炉料装炉后，经过熔化、扒渣、调整化学成分、精炼处理，温度合适后出炉，炉料一次出完，不允许剩有余料，然后再装下一炉料。

这种方法适用于铝合金的成品生产，它能保证合金的化学成分均匀性和准确性。

B　半分批熔炼法

半分批熔炼法与分批熔炼法的区别，在于出炉时炉料不是全部出完，而留下 1/5~1/4 的液体料，随后装入下一熔次炉料进行熔化。

此法的优点是所加入的金属炉料浸在液体料中，从而加快了熔化速度，减少烧损；可以使沉于炉内的夹杂物留在炉内，不至于混入浇铸的熔体之中，从而减少铸锭的非金属夹杂；同时炉内温度波动不大，可延长炉子寿命，有利于提高炉龄。但是，此法的缺点是炉内总有余料，而且这些余料在炉内停留时间过长，易产生粗大晶粒而影响铸锭质量。

半分批熔炼法适用于中间合金以及产品要求较低、裂纹倾向较小的纯铝制品的生产。

C　半连续熔炼法

半连续熔炼法与半分批熔炼法相仿。每次出炉量为 1/3~1/4，即可加入下一熔次炉料。与半分批熔炼法有所不同的是，留于炉内的液体料为大部分，每次出炉量不多，新加入的料可以全部搅入熔体之中，以致每次出炉和加料互相连续。

此法适用于双膛炉熔炼碎屑或复化料的生产。由于加入炉料浸入液体中，不仅可以减少烧损，而且还使熔化速度加快。

D　连续熔炼法

连续熔炼法加料连续进行，间歇出炉，连续熔炼法灵活性小，仅适用于纯铝的熔炼。

铝合金熔炼时，应尽量缩短熔体在炉内停留时间。熔体停留时间过长，尤其在较高的熔炼温度下，大量的非自发晶核活性衰退，容易引起铸锭晶粒粗大缺陷，同时也增加了熔体吸气和氧化倾向，使熔体中非金属夹杂和含气量增加，再加上液体料中大量地加入固体料，严重污染金属，为铝合金熔炼所不可取。因此，分批熔炼法是最适合于铝合金成品铸锭生产的熔炼方法。

5.2.2　熔炼过程中的物理化学作用

铝合金的熔炼，若在大气下的熔炼炉中进行，则随着温度的升高，金属表面与炉气或大气接触，会发生一系列的物理化学作用。由于温度、炉气和金属性质不同，金属表面可能产生气体的吸附和溶解或产生氧化物、氢化物、氮化物和碳化物。

5.2.2.1　炉内气氛

炉内气氛指熔炼炉内的气体组成，包括空气、燃烧物及燃烧产物的气体。炉内气氛一般为氢（H_2）、氧（O_2）、水蒸气（H_2O）、二氧化碳（CO_2）、一氧化碳（CO）、氮（N_2）、二氧化硫（SO_2），各种碳氢化合物（主要是以 CH_4 为代表）等。熔炼炉炉型、结构，以及所用燃料的燃烧或发热方式不同，炉内气氛的比例也不相同。大气熔炼条件下几种典型炉内气氛见表5-2。

表5-2　几种典型熔化炉炉气成分

炉　型	气体组成（质量分数）/%						
	O_2	CO_2	CO	H_2	C_mH_n	SO_2	H_2O
电阻炉	0~0.40	4.1~10.30	0.1~41.50	0~1.40	0~0.90		0.25~0.80
燃煤发射炉	0~22.40	0.30~13.50	0~7.00	0~2.20		0~1.70	0~12.60
燃油反射炉	0~5.80	8.70~12.80	0~7.20	0~0.20		0.30~1.40	7.50~16.40
外热式燃油坩埚炉	2.90~4.40	10.80~11.60				0.40~2.10	8.00~13.50
顶热式燃油坩埚炉	0.20~3.90	7.70~11.30	0.40~4.40			0.40~3.00	1.80~12.30

从表5-2可以看出，炉气组成中除氧气及碳氧化合物外，还有大量的水蒸气。此外，火焰反射炉中的水蒸气比电阻炉中的水蒸气要多得多。

5.2.2.2　液体金属与气体的相互作用

A　氢的溶解

氢是铝及铝合金中最易溶解的气体之一。铝所溶解的气体，按其溶解能力，其顺序为H_2、C_mH_n、CO_2、CO、N_2（见表5-3）。在所溶解的气体中，氢占90%左右。

表5-3　铝合金溶解的气体组成（体积分数）　　　　　（%）

气体	H_2	CH_4	H_2O	N_2	O_2	CO_2	CO
体积分数	92.2	2.9	1.4	3.1	0	0.4	
	95.0	4.5		0.5			
	68.0	5.0		10.0		1.7	15.0

a　氢的溶解机制

凡是与金属有一定结合力的气体，都能不同程度溶解于金属中，而与金属没有结合力的气体，一般只能进行吸附，但不能溶解。气体与金属之间的结合能力不同，则气体在金属中的溶解度也不相同。

金属的吸气由三个过程组成：吸附、扩散、溶解。

吸附有物理吸附和化学吸附两种。物理吸附是不稳定的，单靠物理吸附的气体是不会溶解的。然而当金属与气体有一定结合力时，气体不仅能吸附在金属之上，而且还会离解为原子，其吸附速度随温度升高而增大，达到一定温度后才变慢，这就是化学吸附。只有能离解为原子的化学吸附，才有可能进行扩散或溶解。

由于金属不断的吸附和离解气体，当气体表面某一气体的分压达到大于该气体在金属内部的分压时，气体在分压差及与金属结合力的作用下，便开始向金属内部进行扩散，即溶解于金属中。其扩散速度与温度、压力有关，金属表面的物理、化学状态对扩散也有较大的影响。

气体原子通过金属表面氧化膜（或熔剂膜），其扩散速度比在液态中慢得多。氧化膜和熔剂膜越致密、越厚，其扩散速度越小。气体在液态中扩散速度比固态中快得多。

在金属液体表面无氧化膜的情况下，气体向金属中的扩散速度，与金属厚度成反比，与气体压力平方根成正比，并随温度升高而增大。其关系式如下：

$$v = \frac{n}{d} \sqrt{p_H} e^{-E/(2RT)} \tag{5-3}$$

式中　　v——扩散速度；

　　　　n——常数；

　　　　d——金属厚度；

　　　　E——激活能；

　　　　p_H——气体分压；

　　　　R——气体常数；

　　　　T——铝液温度。

气体在金属中的溶解是通过吸附、扩散、溶解而进入金属中，但溶解速度主要取决于扩散速度。

b　溶解

由于氢是结构比较简单的单质气体，其原子或分子都很小，较易溶于金属中，在高温下也容易迅速扩散。所以氢是一种极易溶解于金属中的气体。

氢在熔融态铝中的溶解过程为：物理吸附→化学吸附→扩散（H_2）→2H→2[H]。

氢与铝不起化学反应，而是以离子状态存在于晶体点阵的间隙内，形成间隙式固溶体。

因此，在达到气体的饱和溶解度之前，熔体温度越高，则氢分子离解速度越快，扩散速度也就越快，故熔体中含气量越高。在压力为 0.1MPa 下，不同温度时氢在铝中的溶解度见表 5-4。

表 5-4　不同温度下氢在铝中的溶解度表　（0.1MPa）

温度/℃	氢在 100g 铝中的溶解度/mL
850	2.01
658（液态）	0.65
658（固态）	0.034
300	0.001

表 5-4 说明，在一定的压力下，温度越高，氢在铝中的溶解度就越大；温度越低，氢在铝中的溶解度越小。在固态时，氢几乎不溶于铝。表 5-4 也说明，在由液态到固态时，氢在铝中的溶解度发生急剧的变化。因此，在直接水冷铸造条件下，由于冷却速度快，氢原子从液态铝中析出成为分子氢，分子氢来不及排出熔体最后以疏松、气孔的形式存在于铸锭中。因此，也说明了铝及铝合金最容易吸收氢而造成疏松、气孔等缺陷。

B　与氧的作用

在生产条件下，无论采用何种熔炼炉生产铝合金，熔体都会直接与空气接触，也就是和空气中的氧和氮接触。铝是一种比较活性的金属，它与氧接触后，必然产生强烈的氧化作用而生成氧化铝。其反应式为：

$$4Al + 3O_2 = 2Al_2O_3 \tag{5-4}$$

铝一经氧化，就变成了氧化渣，成了不可挽回的损失。氧化铝是十分稳定的固态物质，如混入熔体内，便成为氧化夹渣。

由于铝与氧的亲和力很大，因此氧与铝的反应很激烈。但是，表面铝与氧反应生成 Al_2O_3，Al_2O_3 的分子体积比铝的分子体积大，即

$$\alpha = \frac{V_{Al_2O_3}}{V_{Al}} > 1 \quad (\alpha = 1.23) \tag{5-5}$$

因此表面的一层铝氧化生成的 Al_2O_3 膜是致密的，它能阻止氧原子透过氧化膜向内扩散，同时也能阻止铝离子向外扩散，因而就阻止了铝的进一步氧化。此时金属的氧化将按抛物线的规律变化，其关系式如下：

$$W^2 = KT \tag{5-6}$$

式中　W——氧化物质量；

　　　K——氧化反应速度常数；

　　　T——时间。

金属在其氧化膜的保护下，氧化率随时间增长而减慢。铝、铍属于这类金属。某些金属固态时的 α 值见表 5-5。

表 5-5　某些金属固态时 α 的近似值

金属	Mg	Al	Zn	Ni	Be	Cu	Si	Fe	Li	Ca	Pb	Ce
氧化物	MgO	Al_2O_3	ZnO	NiO	BeO	Cu_2O	SiO_2	Fe_2O_3	Li_2O	CaO	PbO	Ce_2O_3
α	0.78	1.23	1.57	1.60	1.68	1.74	1.88	3.16	0.60	0.64	1.27	2.03

若 $\alpha<1$，则氧化膜容易破裂或呈疏松多孔状，氧原子和金属离子通过氧化膜的裂缝或空隙相接触，金属便会继续氧化，氧化率将随时间增长按直线规律变化，其关系式如下：

$$W = KT \tag{5-7}$$

镁和锂即属于此类，即氧化膜不起保护作用，因而在高镁铝合金中加入铍，改善氧化膜的性质，则可以降低合金的氧化性。

在温度不太高时，金属多按抛物线规律变化；高温时多按直线规律变化。因为温度高时原子扩散速度快，氧化膜与金属的线膨胀系数不同，强度降低，因而易于被破坏。例如铝的氧化膜强度较高，其线膨胀系数与铝相近，其熔点高，不溶于铝，在 400℃ 以下呈抛物线规律，保护性好。但在 500℃ 以上时，则按直线规律氧化，在 750℃ 时易于断裂。

炉气性质要由炉气与金属的相互作用性质决定。若金属与氧的结合力比碳、氢与氧的结合力大，则含 CO_2、CO、H_2O 的炉气会使金属氧化，这种炉气是氧化性的；否则，便是还原性的。

生产实践表明，炉料的表面状态是影响氧化的一个重要因素。在铝合金熔炉一定时，氧化烧损主要取决于炉料状态和操作方法。例如在相同的条件下熔炼铝合金时，大块料时烧损为 0.8% ~ 2.0%；打捆片料时烧损为 2% ~ 10%；碎屑料的烧损可高达 30%。另外熔池表面越大，熔炼时间长，都会增加烧损。

降低氧化烧损主要应从熔炼工艺着手。一是在大气下的熔炉中熔炼易烧损的合金时尽量选用熔池表面积小的炉子，如低频感应电炉；二是采用合理的加料顺序，快速装料以及高温快速熔化，缩短熔炼时间，易氧化烧损的金属尽可能后加；三是采用覆盖剂覆盖，尽

可能在熔剂覆盖下的熔池内熔化，对易氧化烧损的高镁铝合金，可加入 0.001%~0.004% 的铍；四是正确地控制炉温及炉气性质。

C　与水的作用

a　铝与水的反应

熔炉的炉气中虽然含有不同程度的水蒸气，但以分子状态（H_2O）存在的水蒸气并不容易被金属所吸收，因为 H_2O 在金属中的溶解度很小，而且水在 2000℃ 以上才开始离解。水蒸气之所以是造成铸锭内部疏松、气孔的根源，是因为在金属熔融状态这样的高温下，分子 H_2O 要被具有比较活性的铝所分解，而生成原子状态的［H］。

$$3H_2O+2Al \longrightarrow Al_2O_3+6[H] \tag{5-8}$$

所分解出的［H］原子，很容易地溶解于金属熔体内，而成为铸锭内疏松、气孔缺陷的根源。这种反应即使是在水蒸气分压力很低的情况下，也可以进行。

据资料介绍，在 $1m^3$ 的空气中若有 10g 水，则可折合成 1g 氢，而 1g 氢则足以使 1t 铝的体积增大 2%~3%。

b　水的来源

水的来源包括以下几点：

（1）空气中的水分。空气中有大量的水蒸气，尤其在潮湿季节，空气中水蒸气含量更大。空气中的水分含量受地域和季节因素影响。

我国北方较干燥，南方相对潮湿。尤其在夏季高温的季节，空气绝对湿度更大。铝合金在这样条件下生产时如不采取措施，将会增加合金中气体的溶解量。根据西南某厂历年生产统计资料证明，每年 5 月到 10 月是空气中湿度较大的季节，在净化条件差的情况下，在这个季节里生产的铸锭，易产生疏松、气孔，7 月、8 月、9 月 3 个月尤为严重。

如某厂某年对 2017 合金熔体做过的测定，在一般熔炼温度下，气体含量和大气温度的关系见表 5-6。

表 5-6　2017 合金熔体的气体含量与大气湿度的关系

月份	1	2	3	4	5	6	7	8	9	10	11	12
温度（平均）/℃	30	32	34	38	38	40	52	60	46	40	32	30
每 100gAl 中含气量（平均）/mL	0.11	0.11	0.12	0.125	0.13	0.14	0.155	0.16	0.14	0.12	0.10	0.10

（2）原材料带来的水分。用于生产铝合金的原材料以及精炼用的溶剂或覆盖剂，如潮湿，熔炼时蒸发出来的大量水蒸气必定成为铸锭疏松、气孔的根源，因此生产中严禁使用潮湿的原材料。对于极易潮湿的氯盐熔剂，尤应注意其存放保管。有些容易受潮熔剂，入炉前应在一定温度下进行烘烤干燥。

（3）燃料中的水分及燃烧后生成的水分。当采用反射炉熔炼铝合金时，燃料中的水分以及燃烧时所产生的水分，是气体的主要来源。燃料中的水分指的是燃料原料吸附的水分。燃烧产生的水分指的是燃烧中所含的氢或碳氢化合物与氧燃烧后生成的水分。

（4）新修或大修的炉子耐火材料上的水分。炉子新修或大修后，耐火材料及砌砖泥浆表面吸附有水分，在烘炉不彻底时，熔炼的前几熔次甚至几十熔次，熔体中气体含量将明显升高。

我国幅员辽阔，由于所在地点不同，一年四季温度和湿度都不一样，在铝加工厂环境湿度还未能控制的条件下，自然界的湿度是有明显影响的。因此，由原材料保管到工艺过程和工艺装备，都要进行严格选择和控制。

D　与氮的作用

氮是一种惰性气体元素，它在铝中的溶解度很小，几乎不溶于铝。但也有人认为，在较高的温度时，铝可能与氮结合成氮化铝。

$$2Al+N_2 \longrightarrow 2AlN \tag{5-9}$$

同时氮还能和合金组元镁形成氮化镁。

$$3Mg+N_2 \longrightarrow Mg_3N_2 \tag{5-10}$$

在一些金属中形成氮化物的过程，表现为首先是激烈的溶解 N_2，而随着温度升高，N_2 的溶解度减小。氮还能溶解于铁、锰、铬、锌和钒、钛等金属中，形成氮化物。

氮熔于铝中，与铝及合金元素反应，生产氮化物，形成非金属夹渣，影响金属的纯净度。

有些人还认为，氮不但影响金属的纯净度，还能直接影响合金的抗腐蚀性和组织上的稳定性，这是由于氮化物不稳定，它遇到水后，马上由固态分解产生气体：

$$Mg_3N_2+6H_2O \longrightarrow 3Mg(OH)_2+2NH_3 \uparrow \tag{5-11}$$
$$AlN+3H_2O \longrightarrow Al(OH)_3+NH_3 \uparrow \tag{5-12}$$

E　与碳氢化合物的作用

任何形式的碳氢化合物（C_mH_n）在较高的温度下都会分解为碳和氢，其中氢溶解于铝熔体中，而碳则以元素形式或以碳化物形式进入液态铝，并以非金属夹杂物形式存在。其反应式如下：

$$4Al+3C \longrightarrow Al_4C_3 \tag{5-13}$$

例如天然气中的 CH_4 燃烧，在熔炼温度下则发生下列反应：

$$CH_4+2O_2 \longrightarrow CO_2+2H_2O \tag{5-14}$$
$$3H_2O+2Al \longrightarrow Al_2O_3+3H_2 \tag{5-15}$$
$$3CO_2+2Al \longrightarrow 3CO+Al_2O_3 \tag{5-16}$$
$$3CO+6Al \longrightarrow Al_4C_3+Al_2O_3 \tag{5-17}$$

5.2.2.3　影响气体含量的因素

A　合金元素的影响

金属的吸气性是由金属与气体的结合能力所决定的。金属与气体的结合力不同，气体在金属中的溶解度也不同。

蒸气压高的金属与合金，由于具有蒸发吸附作用，可降低含气量。与气体有较大的结合力的合金元素，会使合金的溶解度增大。与气体结合力较小的元素则与此相反，增大合金凝固温度范围，特别是降低固相线温度的元素，易使铸锭产生气孔、疏松。

铜、硅、锰、锌均可降低铝合金中气体溶解度，而钛、锆、镁则与此相反。

B　温度的影响

熔融金属的温度越高，金属和气体分子的热运动越来越快，气体在金属内部的扩散速度也增加。因而，在一般情况下，气体在金属中的溶解度随温度升高而增加。

C　压力的影响

压力和温度是两个互相关联的外界条件。对于金属吸收气体的能力而言，压力因素也有很重要的影响。随着压力增大，气体溶解度也增大。其关系式如下：

$$S = K\sqrt{p} \tag{5-18}$$

式中　S——气体的溶解度（在温度和压力一定的条件下）；

K——平衡常数，表示标准状态时金属中气体的平衡溶解度，也可称为溶解常数；

p——气体的分压力。

式（5-18）表明，双原子气体在金属中溶解度与其分压平方根成正比。真空处理熔体以降低其含气量，就是利用了这个规律。

D　其他因素

由于金属熔体表面有氧化膜存在，而且致密，它阻碍了气体向金属内部扩散，使溶解速度大大减慢。如果氧化膜遭到破坏，就必然加速金属吸收气体。所以在熔铸过程中，任何破坏熔体表面氧化膜的操作，都是不利的。

其次，对任何化学反应，时间因素总是有利于一种反应的连续进行，最终达到它对气体溶解于金属的饱和状态。因此，在任何情况下暴露时间越长，吸气就越多。特别是熔体在高温下长时间的暴露，就增加了吸气的机会。

因而，在熔炼过程中，总是力求缩短熔炼时间，以尽量降低熔体的含气量。

在其他条件相同时，熔炉的类型对金属含氢量有一定的影响。在使用坩埚煤气炉熔炼铝合金时的含气量可高达 0.4mL/100gAl 以上，有溶剂保护时为 0.3mL/100gAl 左右；电阻炉为 0.25mL/100gAl 左右。

5.2.2.4　气体溶解度

熔炼时，铝液和水气发生反应的结果，氢溶于铝液中，氢在铝液中的溶解度 S 和熔体温度 T，炉气中的水分压 p_{H_2O} 服从下列关系（sievert 方程）：

$$S = K_0\sqrt{p_{H_2O}}\exp^{-\Delta H/2RT} \tag{5-19}$$

式中　ΔH——氢的摩尔溶解热，J/mol；

K_0——常数；

T——铝液绝对温度，K；

R——气体常数；

S——氢在 100g 铝液中的溶解度，mL；

p_{H_2O}——铝液面上的水分压，Pa。

氢在铝液中的溶解度是吸热反应，ΔH 是正值，因此，水气分压 p_{H_2O} 越大，熔体温度 T 越高，则氢在铝液中溶解度 S 也越大。式（5-19）也可改写成对数形式。

$$\lg S = -\frac{A}{T} + B + \frac{1}{2}\lg p \tag{5-20}$$

对纯铝为：

$$\lg S = -\frac{2760}{T} + \frac{1}{2}\lg p + 1.356 \tag{5-21}$$

溶解度公式中常数 A，B 的数值见表 5-7，铝液中气体检测方法就是根据这一原理进行的。

表 5-7 铝及铝合金气体溶解度方程常数

合金成分/%	A	B	合金成分/%	A	B
Al99.9985（液态）	2760	1.356	Al+3%Mg	2695	1.506
Al99.9985（固态）	2080	-0.625	Al+3.5%Mg	2682	1.521
Al+2%Si	2800	1.35	Al+4%Mg	2670	1.535
Al+4%Si	2950	1.47	Al+5%Mg	2640	1.549
Al+6%Si	3000	1.49	Al+5.5%Mg	2632	1.563
Al+8%Si	3050	1.51	Al+6%Mg	2620	1.574
Al+10%Si	3070	1.52	1×××、3003	2760	1.356
Al+2%Cu	2950	1.46	2219、2214	2750	1.296
Al+4%Cu	3050	1.50	6070、2017	2750	1.296
Al+6%Cu	2720	1.50	2024、2618、2A80	2730	1.454
Al+2%Mg	2720	1.469	5052、7075	2714	1.482
Al+2.5%Mg	2710	1.491			

5.2.3 熔炼工艺流程及操作工艺

铝合金的一般熔炼工艺过程如下：

熔炼炉的准备 → 装炉熔化（加铜或锌） → 扒渣与搅拌（加镁、铍） → 调整成分 → 出炉 → 清炉
                                                              └→ 精炼 ─┘

熔炼工艺的基本要求是：尽量缩短熔炼时间，准确地控制化学成分，尽可能减少熔炼烧损，采用最好的精炼方法以及正确地控制熔炼度，以获得化学成分符合要求且纯净度高的熔体。

熔炼过程的正确与否，与铸锭的质量及以后加工材的质量密切相关。

5.2.3.1 熔炼炉的准备

为保证金属和合金的铸锭质量，尽量延长熔炼炉的使用寿命，并且要做到安全生产，必须事先对熔炼炉做好各项准备工作。这些工作包括烘炉、洗炉及清炉。

A 烘炉

凡新修或中修过的炉子，在进行生产前需要烘炉，以便清除炉中的湿气。不同炉型采取不同的烘炉制度。

B 洗炉

a 洗炉的目的

洗炉的目的就是将残留在熔池内各处的金属和炉渣清除出炉外，以免污染另一种合金，而确保产品的化学成分。另外对新修的炉子，可清出大量非金属夹杂物。

b 洗炉原则

洗炉原则为：新修、中修和大修后的炉子生产前应进行洗炉；长期停歇的炉子，可以

根据炉内清洁情况和要熔化的合金制品来决定是否需要洗炉；前一炉的合金元素为后一炉的杂质时，应该洗炉；由杂质高的合金转化熔炼纯度高的合金需要洗炉。

表 5-8 列出了常用铝合金转换的洗炉制度。

表 5-8　常用铝合金转换的洗炉制度

上熔次生产之合金	下熔次生产下述合金前必须洗炉	根据具体情况选择是否洗炉
1×××系（1100 除外）	所有合金不洗炉	
1100	1A99、1A97、1A93、1A90、1A85、1A50、5A66、7A01	
2A02、2A04、2A06、2A10、2A11、2B11、2A12、2B12、2A17、2A25、2014、2214、2017、2024、2124	1×××系、2A13、2A16、2B16、2A20、2A21、2011、2618、2219、3×××系、4×××系、5×××系、6101、6101A、6005、6005A、6351、6060、6063、6063A、6181、6082、7A01、7A05、7A19、7A52、7003、7005、7020、8A06、8011、8079	2A01、2A70、2B70、2A80、2A90、2117、2118、6061、6070
2A13	1×××系、2A16、2A20、2219、3×××系、4×××系、5×××系、6101、6101A、6005、6005A、6351、6060、6063、6181、6082、7A01、7A05、7A19、7A52、7003、7005、7020、8A06、8011、8079	2011
2A16、2B16、2219	1×××系、2A13、2A20、2A21、2011、2618、3×××系、4×××系、5×××系、6101、6101A、6005、6351、6060、6063、6181、7A01、7A05、7A19、7A33、7A52、7003、7005、7020、7475、8A06、8011、8079	2A70、2B70、2A80、2A90、6061、6070、7A09
2A70、2B70	除 2A80、2A90、2618、4A11、4032 外的所有合金	
2A80、2A90	除 2618、4A11、4032 外的所有合金	2A70
3A21、3003、3103	1×××系、2A13、2A20、2A21、2011、2618、4A01、4004、4032、4043、5A33、5A66、5052、6101、6101A、6005、6005A、6060、6063、7A01、7A33、7050、7475、8A06	2A70、2A80、2A90、5082、6061、6063A、7A09、8011
3004、3104	1×××系、2A13、2A16、2B16、2A20、2A21、2011、2618、3A21、3003、4A01、4A13、4A17、4004、4032、4043、5A33、5A66、5052、6101、6101A、6005、6005A、6060、6063、7A01、7A33、7050、7475、8A06、8011	2A70、2A80、2A90、3103、5082、6061、6063A、7A09
4A11、4032	其他所有合金	2A80、2A90
4A01、4A13、4A17	除 4A11、4004、4032、4043、4047 外的所有合金	2A14、2A50、2B50、2A80、2A90、2014、2214、5A03、6A02、6B02、6101、6005、6060、6061、6063、6070、6082、8011
4004	除 4A11、4032、4043A 外的所有合金	2A14、2A50、2B50、2A80、2A90、2014、2214、4047、6A02、6B02、6351、6082

续表5-8

上熔次生产之合金	下熔次生产下述合金前必须洗炉	根据具体情况选择是否洗炉
5×××系、6063	1×××系、2A16、2B16、2A20、2011、2219、3A21、3003、4A01、4A13、4A17、4043、5A66、7A01、8A06、8011	
2A14、2A50、2B50、6A02、6B02、6061、6070	1×××系、2A02、2A04、2A10、2A13、2A16、2B16、2A17、2A20、2A21、2A25、2011、2219、2124、3A21、3003、4A01、4A13、4A17、4043、5A66、6101、6101A、7050、7075、7475、8A06、8011	2A12、2A70、2B70
7A01	除2A11、2A12、2A13、2A14、2A50、2B50、2A70、2A80、2A90、2011、5A33、7×××系外的所有合金	2014、2214、2017、2024、2124、3004、4A11、4032、5A01、5A30、5005、5082、5182、5083、5086、6061、6070
7×××系	7A01及其他所有合金	5A33

c　洗炉时用料原则

洗炉时用料原则为：向高纯度和特殊合金转换时，必须用100%的原铝锭；新炉开炉，一般合金转换时，可采用原铝锭或纯铝的一级废料；中修或长期停炉后，如单纯为清洗炉内脏物，可用纯铝或铝合金的一级废料进行。洗炉时洗炉料用量一般不得少于炉子容量的40%，但也可根据实际酌情减少。

d　洗炉要求

洗炉时的要求为：装洗炉料必须放干、大清炉；洗炉后必须彻底放干；洗炉时的熔体温度控制在800~850℃，在达到此温度时，应彻底搅拌熔体，其次数不少于三次，每次搅拌间隔时间不少于0.5h。

C　清炉

清炉就是将炉内残存的结渣彻底清除炉外。每当金属出炉后，都要进行一次清炉。当合金转换，普通制品连续生产5~15炉，特殊制品每生产一炉，一般都要进行大清炉。大清炉时，应先均匀向炉内撒入一层粉状熔剂，并将炉膛温度升到800℃以上，然后用三角铲将炉内各处残存的结渣彻底清除。

D　煤气炉（或天然气炉）烟道清除制度

a　清扫目的

集结在烟道内的升华物含有大量的硫酸钾和硫酸钠盐，在温度高于1100℃时能和熔态铝发生复杂的化学反应，可能产生强烈爆炸，使炉体遭受破坏。

集结在烟道内的大量挥发性熔剂，会降低烟道的抽力，从而影响炉子的正常工作，因此必须将这些脏物定期清除出去。

b　爆炸原因

熔炼铝合金时需要用大量的NaCl、KCl等制作的熔剂，这些熔剂在高温时易于挥发，并与废气中的SO_2起反应，即

$$2NaCl+SO_2+H_2O+1/2O_2 \longrightarrow Na_2SO_4+2HCl \qquad (5\text{-}22)$$

$$2KCl+SO_2+H_2O+1/2O_2 \longrightarrow K_2SO_4+2HCl \qquad (5\text{-}23)$$

生成的硫酸盐随温度升高而增加，凝结在炉顶及炉墙上，并大量地随炉气带出集聚在烟道内。上述硫酸盐产物若与熔态铝作用，则其反应为：

$$3K_2SO_4+8Al \longrightarrow 3K_2S+4Al_2O_3+3511.2kJ \qquad (5\text{-}24)$$

$$3Na_2SO_4+8Al \longrightarrow 3Na_2S+4Al_2O_3+3247.9kJ \qquad (5\text{-}25)$$

以上反应为放热反应，反应时放出大量的热能，反应温度可达 1100℃ 以上。因此，在一定的高温条件下，当硫酸盐浓度达到一定值时，遇到熔态铝，就存在爆炸的危险。

c　清扫制度

在前一次烟道清扫及连续生产一季度时，应从烟道内取烟道灰分析硫酸根含量，以后每隔一月分析一次；当竖烟道内硫酸根含量超过表 5-9 规定时，应停炉清扫烟道。

表 5-9　竖烟道硫酸根允许含量表

温度/℃	硫酸根允许含量/%
1000	≤45
1000~1200	≤38

此外，竖烟道温度不允许超过 1200℃；要经常检查烟道是否有漏铝的现象，如果漏铝应立即停炉进行处理。

5.2.3.2　熔炼工艺流程和操作

A　装炉

熔炼时，装入炉料的顺序和方法不仅关系到熔炼时间、金属的烧损、热能消耗，还会影响到金属熔体的质量和炉子的使用寿命。装料的原则有：

(1) 装炉料顺序应合理。正确的装料要根据所加入炉料性质与状态而定，而且还应考虑到最快的熔化速度，最少的烧损以及准确的化学成分控制。

装炉时，先装小块或薄块废料，铝锭和大块料装在中间，最好装中间合金。熔点低易氧化的中间合金装在下层，高熔点的中间合金装在最上层。所装入的炉料应当在熔池中均匀分布，防止偏重。

小块或薄板料装在熔池下层，这样可减少烧损，同时还可保护炉体免受大块料的直接冲击而损坏。中间合金有的熔点高，如 Al-Ni 和 Al-Mn 合金的熔点为 750~800℃，装在上层，由于炉内上部温度高容易熔化，也有充分的时间扩散；使中间合金分布均匀，则有利于熔体的成分控制。

炉料装平，各处熔化速度相差不多，这样可以防止偏重时造成的局部金属过热。炉料应尽量一次入炉，两次或多次加料会增加非金属夹杂物及含气量。

(2) 对于质量要求高的产品（包括锻件、模锻件、空心大梁和大梁型材等）的炉料除上述的装炉要求外，在装炉前必须向熔池内撒 20~30kg 粉状熔剂，在装炉过程中对炉料要分层撒粉状熔剂，这样可提高炉体的纯净度，也可减少烧损。

(3) 电炉装料时应注意炉料最高点距电阻丝的距离不得少于 100mm，否则容易引起短路。

B　熔化

炉料装完后即可升温熔化。熔化是从固态转变为液态的过程。这一过程的好坏，对产品质量有决定性的影响。

a　覆盖

熔化过程中随着炉料温度的升高，特别是当炉料开始熔化后，金属外层表面所覆盖的氧化膜很容易破裂，将逐渐失去保护作用。气体在这时候很容易侵入，造成内部金属的进一步氧化。并且已熔化的液滴或液流要向炉底流动，当液滴或液流进入底部汇集起来的液体中时，其表面的氧化膜就会混入熔体中。所以为了防止金属进一步氧化和减少进入熔体中的氧化膜，在炉料软化下塌时，应适当向金属表面撒上一层粉状覆盖，其用量见表5-10。这样也可以减少熔化过程中的金属吸气。

表 5-10　覆盖剂种类及用量

炉型及制品		覆盖剂用量（占投料量)/%	覆盖剂种类
电炉熔炼	普通制品	0.4~0.5	粉状熔剂
	特殊制品	0.5~0.6	
煤气炉熔炼	普通制品	1~2	KCl 与 NaCl 按 1∶1 混合
	特殊制品	2~4	

注：对于高镁铝合金，应一律用2号粉状熔剂进行覆盖。

b　加铜、锌

当炉料熔化一部分后，即可向液体中均匀加入锌锭或铜板，以熔池中的熔体刚好能淹没住铜板和锌锭的时候为宜。

这里应该强调指出的是，铜板的熔点为1083℃，在铝合金熔炼温度范围内，铜是溶解在铝合金熔体中。因此，铜板如果加得过早，熔体未能将其盖住，这样将增加铜板的烧损；反之如果加得过晚，铜板来不及溶解和扩散，将延长熔化时间，影响合金的化学成分控制。

电炉熔炼时，应尽量避免更换电阻丝带，以防脏物落入熔体中，污染金属。

c　搅动熔体

熔化过程中应注意防止熔体过热，特别是天然气炉（或煤气炉）熔炼时炉膛温度高达1200℃，在这样高的温度下容易产生局部过热。为此，当炉料熔化平之后，应适当搅动熔体，以使熔池里各处温度均匀一致，同时也利于加速熔化。

C　扒渣与搅拌

当炉料在熔池里已充分熔化，并且熔体温度达到熔炼温度时，即可扒除熔体表面漂浮的大量氧化渣。

a　扒渣

扒渣前应先向熔体中均匀撒入粉状熔剂，以使渣与金属分离，有利于扒渣，可以少带出金属。

扒渣要求平稳，防止渣卷入熔体内。扒渣要彻底，因浮渣的存在会增加熔体的含气量，并弄脏金属。

b　加镁加铍

扒渣后便可向熔体内加入镁锭，同时要用2号粉状熔剂进行覆盖，以防镁的烧损。

对于高镁铝合金，为防止镁的烧损，并且改变熔体及铸锭表面氧化膜的性质，在加镁后须向熔体内加入少量（0.001%～0.004%）的铍。铍一般以 Al-Be 中间合金形式加入，为了提高铍的实收率，Na_2BeF_4 与 2 号粉状熔剂按 1∶1 混合加入，加入后应进行充分搅拌。

$$Na_2BeF_4 + Al \longrightarrow 2NaF + AlF_2 + Be \qquad (5\text{-}26)$$

为防止铍的中毒，在加铍操作时应戴好口罩。另外，加铍后扒出的渣滓应堆积在专门的堆放场地或作专门处理。

c　搅拌

在取样之前，调整化学成分之后，都应当及时进行搅拌。其目的在于使合金成分均匀分布和熔体内温度趋于一致。这看起来似乎是一种极简单的操作，但是在工艺过程中是很重要的工序。因为，一些密度较大的合金元素容易沉底，另外合金元素的加入不可能绝对均匀，这就造成了熔体上下层之间，炉内各区域之间合金元素的分布不均匀。如果搅拌不彻底（没有保证足够长的时间和消灭死角），容易造成熔体化学成分不均匀。一般加入密度大的纯金属（如铜、锌）后应贴近炉底最低处向上搅拌，以使成分均匀；密度小的纯金属（如镁）应向下搅拌。补料量小时应多搅拌数分钟，以保证使成分均匀。

搅拌应当平稳进行，不应激起太大的波浪，以防氧化膜卷入熔体中。

D　取样与调整成分

熔体经充分搅拌之后，在熔炼温度中限进行取样，对炉料进行化学成分快速分析，并根据炉前分析结果调整成分。

E　精炼

工业生产的铝合金绝大多数在熔炼炉不设气体精炼过程，而主要靠静置炉精炼和在线处理，但有的铝加工厂仍设有熔炼炉内精炼，其目的是提高熔体的纯净度。这些精炼方法可分为两类：气体精炼法和熔剂精炼法。其精炼原理和操作工艺详见熔体净化一章。

F　出炉

当熔体经过精炼处理，并扒出表面浮渣，待温度合适时，即可将金属熔体转注到静置炉，以便准备铸造。

G　清炉

清炉操作前面已论述，此处不再重复。

5.2.3.3　熔炼时温度控制和火焰控制

A　温度控制

熔炼过程必须有足够高的温度以保证金属及合金元素充分熔化及溶解。加热温度过高，熔化速度越快，同时也会使金属与炉气、炉衬等相互有害作用的时间缩短。生产实践表明，快速加热以加速炉料的熔化，缩短熔化时间，对提高生产率和质量都是有利的。

但是另一方面，过高的温度容易发生过热现象，特别是在使用火焰反射炉加热时，火焰直接接触炉料，以强热加于熔融或半熔融状态的金属，容易引起气体浸入熔体。同时，温度越高，金属与炉气、炉衬等互相作用的反应也进行得越快，因此会造成金属的损失和熔体质量的降低。过热不仅容易大量吸收气体，而且易使在凝固后铸锭的晶粒组织粗大，增加铸锭裂纹的倾向性，影响合金性能。因此，在熔炼操作时，应控制好熔炼温度，严防熔体过热。图 5-2 所示为熔体过热温度与晶粒度、裂纹倾向之间的关系。

但是过低的熔炼温度在生产实践中没有意义。因此，在实际生产中，既要防止熔体过热，又要加速熔化，缩短熔炼时间。熔炼温度的控制极为重要。目前，大多数工厂都是采用快速加料后高温快速熔化，使处于半固体、半液体状态时的金属较短时间暴露于强烈的炉气及火焰下，降低金属的氧化、烧损和减少熔体的吸气。当炉料熔化平后出现一层液体金属时，为了减少熔体的局部过热，应适当地降低熔炼温度，并在熔炼过程加强

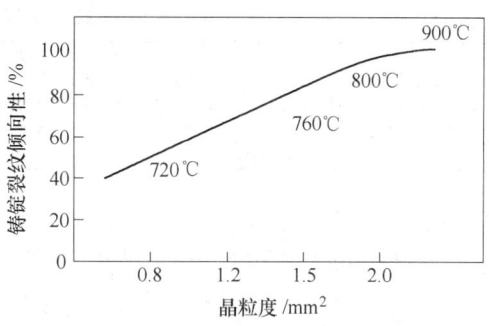

图 5-2　熔体过热与晶粒度、裂纹倾向之间的关系（Al-4%Cu 合金）

搅拌以利于熔体的热传导。特别要控制好炉料即将全部熔化完的熔炼温度。因金属或合金有熔化潜热，当炉料全部熔化完后温度就回升，此时如果熔炼温度控制过高就要造成整个熔池内的金属过热。在生产实践中，发生的熔体过热大多数是在这种情况下温度控制不好所造成的。

实际熔化温度的选择，理论上应该根据各种不同合金的熔点温度来确定。各种不同合金具有不同的熔点，即不同成分的合金，在固体开始被熔化的温度（称为固相线温度）及全部熔化完毕的温度（称为液相线温度）也是不同的。在这两个温度之间的温度范围内，金属是处于半液半固状态。表 5-11 是几种铝合金的熔融温度。

表 5-11　几种铝合金的熔融温度

合金	熔融温度/℃	
	开始熔化（固相线温度）	熔化完成（液相线温度）
1070	643	657
3003	643	654
5052	643	650
2017	515	645
2024	502	630
7075	475	638

在工业生产中要准确地控制温度就必须对熔体温度进行测定，测定熔体温度最准确的方法，仍然是借助于热电偶-仪表方法。但是，有实践经验的工人在操作过程中，能够通过许多物理化学现象的观察，来判断熔体的温度。例如从熔池表面的色泽、渣滓燃烧的程度以及操作工具在熔体中黏铝或者软化等现象，但是，这些都不是绝对可靠的，因为它受到光线和天气的影响常常会影响其准确性。

由表 5-11 可知，多数合金的熔化温度区间是相当大的，当金属是处于半固体、半液体状态时，如长时间暴露于强热的炉气或火焰下，最易吸气。因此在实际生产中多选择高于液相线温度 50~60℃ 的温度为熔炼温度，以迅速避开这半熔融状态的温度范围，是合适的。常用铝合金的熔炼温度见表 5-12。

表 5-12　常用铝合金的熔炼温度

合　金	熔炼温度范围/℃
3A21、3003、3104、3004、2618、2A70、2A80、2A90	720~770
其余铝合金	700~760

B　火焰控制

气体燃烧火焰反射炉大部分使用煤气或天然气，要使这些可燃气体燃烧后达到适当的炉膛温度，需要相应的火焰控制，以实现合理的加热或熔化。

层流扩散火焰，由于燃烧与空气的混合主要靠分子扩散，火焰可明显地分成四个区域：纯可燃气层，可燃气加燃烧层，空气加燃烧产物层，纯空气层，如图 5-3 所示。燃料浓度在火焰中心为最大，沿径向逐渐减小，直至燃烧前沿面上减为零。在工业上，常见的是紊流扩散火焰，在层流的条件下，增加煤气和空气的流速，可使层流火焰过渡到紊流火焰。紊流火焰是紊宽而破碎的，其浓度分布比较复杂，各区域之间不存在明显的分接口。

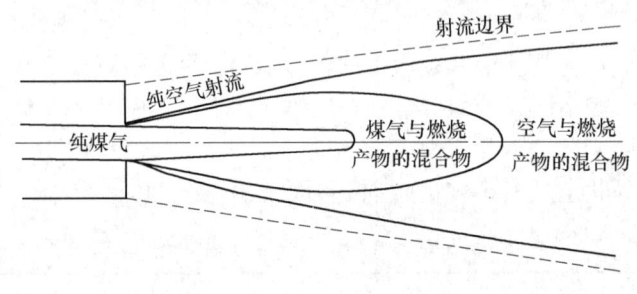

图 5-3　层流扩散火焰的结构

火焰是可见的高温气流，火焰长度的调节与控制有重要的实际意义，影响火焰长度的因素很多，主要有：

（1）可燃气和空气的性质。发热量越高的可燃气在燃烧时，要求的空气量越多，混合不易完成，在其他条件相同的情形下，所得火焰越长。

（2）过剩空气量。通常以过剩空气系数表示，适当加大过剩空气系数可缩短火焰。

（3）喷出情形。改善喷出情形，增加混合能力，可以缩短火焰；有一种火焰长度可调式烧嘴，通过改变中心煤气与外围煤气或中心空气与外围空气的比例，来得到不同长度的火焰。

现代化的大生产，熔铝炉的燃烧组织实现自动化的控制，燃气流量，空气，燃气配比，点火，探火以及炉温、炉压的操作均由计算机自动完成。针对当今普遍采用的圆形熔铝炉，在设计选用燃烧器方面，可考虑适当的火焰长度，安装烧嘴和设计烧嘴砖时，应设计合适的下倾角和侧倾角，在熔炼炉的熔化期，高压全流量开启燃烧器，利用火焰长度，实现强化对流冲击加热，并形成旋转气流。实现快速加热和熔化。在保温期，以及静置炉的保温，则小流量燃烧，依靠火焰和炉壁的辐射来均匀和维持炉温，以减少铝液烧损和防止过烧。

在生产实践中要防止回火的产生。所谓回火即可燃气混合物从烧嘴喷出的速度小于火焰的传播速度，此时燃烧火焰会向管内传播而引起爆炸。但是可燃气混合物从烧嘴喷出的速度过大，则混合来不及加热到着火温度，火焰将脱离烧嘴喷出，最后甚至熄灭。为确保火焰的稳定性，目前的主要措施是采用火焰监视装置和保焰措施，以便及时发现火焰的熄灭和确保燃烧的稳定。

5.2.4　化学成分的调整

5.2.4.1　成分调整

在熔炼过程中，由于各种原因都可能会使合金成分发生改变，这种改变可能使熔体的真实成分与配料计算值发生较大的偏差。因而须在炉料熔化后，取样进行快速分析，以便根据分析结果确定是否需要调整成分。

A　取样

熔体经充分搅拌之后，即应取样进行炉前快速分析，分析化学成分是否符合标准要求。取样时的炉内熔体温度不低于熔炼温度中限。

快速分析试样的取样部位要有代表性，天然气炉（或煤气炉）在两个炉门中心部位各取一组试样，电炉在1/2熔体的中心部位取两组试样，取样前试样勺要进行预热，对于高纯铝及铝合金，为了防止试样勺污染，取样应采用不锈钢试样勺并涂上涂料。

B　成分调整

当快速分析结果和合金要求成分不相符时，就应调整成分——冲淡或补料。

a　补料

快速分析结果低于合金要求的化学成分时需要补料。为了使补料准确，应按下列原则进行计算：

（1）先计算量少者后计算量多者。

（2）先计算杂质后计算合金元素。

（3）先计算低成分的中间合金，后计算高成分的中间合金。

（4）最后计算新金属。

一般可按式（5-27）近似地计算所需补加的料量，然后予以核算：

$$X = \frac{(a-b)Q + (C_1 + C_2 + \cdots)a}{(d-a)} \tag{5-27}$$

式中　X——所需补加的料量，kg；

　　　Q——熔体总重（即投料量），kg；

　　　a——某成分的要求含量，%；

　　　b——该成分的分析量，%；

C_1，C_2——分别为其他金属或中间合金的加入量，kg；

　　　d——补料用中间合金中该成分的含量（如果是加纯金属，则$d=100$），%。

举例说明其计算方法。

【例5-1】　如有2024合金装炉量为24000kg，该合金的控制成分为：

Cu	Mg	Mn	Fe	Si	Zn	Ti	Ni	Al
4.65%	1.65%	0.55%	≤0.5%	≤0.5%	≤0.3%	≤0.15%	≤0.005%	余量

但取样实际分析结果为：

Cu	Mg	Mn	Fe	Si	Zn	Ti	Ni	Al
4.4%	1.50%	0.50%	0.25%	0.24%	≤0.15%			余量

计算其补料量。

因 Al-Fe、Al-Mn 和 Al-Cu 所含杂质含量较少，在补料时虽然可能带入一些，但对于 2024 合金装炉量为 24000kg 的情况下，所带入的杂质对该合金的成分影响不大，故为了计算简单起见，将这些中间合金所带入的杂质忽略不计。

铁对该合金属于杂质，其含量应越少越好。但根据熔制车间长期生产实践统计，当铁大于硅 0.05% 以上时，就可以使 2024 合金的裂纹倾向性大大降低，故应补入 $w(Fe)$ 0.04%，以满足铁、硅之比的要求。即：

Al-Fe：$\quad 24000 \times (0.29-0.25)/(10-0.29) = 96kg$

Al-Mn：$\quad 24000 \times (0.55-0.50)/(10-0.55) = 120kg$

因铜、镁为该合金的主要元素，故补料量还应考虑上述补入量的含量。即

Mg：$\quad \dfrac{24000 \times (1.65 - 1.50) + 1.65 \times (96 + 120)}{100 - 1.65} = 40kg$

Al-Cu：$\quad \dfrac{24000 \times (4.65 - 4.40) + 4.65(96 + 120 + 38)}{40 - 4.65} = 200kg$

b　冲淡

快速分析结果高于国家标准，交货标准等的化学成分上限时就要冲淡。

在冲淡时含量高于化学成分标准的合金元素要冲淡至低于标准要求的该合金元素含量上限。

我国的铝加工厂根据历年来的生产实践，对于铝合金都制定了厂内标准，以便使这些合金获得良好的铸造性能和力学性能。因此，在冲淡时一般都冲淡至接近或低于厂内标准上限所需的化学成分。

在冲淡时一般可按照式（5-28）计算出所需的冲淡量。

$$X = Q(b - a)/a \tag{5-28}$$

式中　b——某成分的分析量，%；

　　　a——该成分的（厂内）标准上限的要求含量，%；

　　　Q——熔体总重，kg；

　　　X——所需的冲淡量，kg。

【例 5-2】　根据上炉料熔化后快速分析结果如下：

Cu	Mg	Mn	Fe	Si	Zn	Ti	Ni
5.2%	1.60%	0.60%	0.30%	0.20%	≤0.05%		

由分析结果看出铜含量比要求的高，厂内标准上限为 $w(Cu)$ 4.8%，而快速分析 $w(Cu)$ 已高达 5.2%，于是冲淡量为：

$$\frac{(5.2\%-4.8\%)\times24000}{4.8\%}=2000kg$$

C 调整成分时应注意的事项

调整成分时应注意的事项有：

（1）试样有无代表性。试样无代表性是因为某些元素密度较大，溶解扩散速度慢，或易于偏析分层。故取样前应充分搅拌，以均匀其成分。由于反射炉熔池表面温度高，炉底温度低，没有对流传热作用，取样前要多次搅拌，每次搅拌时间不到少于 5min。

（2）取样部位和操作方法要合理。由于反射炉熔池大而深，尽管取样前进行多次搅拌，熔池内各部位的成分仍然有一定的偏差，因此试样应在熔池中部最深部位的 1/2 处取出。

取样前应将试样模充分加热干燥，取样时操作方法正确，使试样符合要求，否则试样有气孔、夹渣或不符合要求，都会给快速分析带来一定的误差。

（3）取样时温度要适当。某些密度大的元素，它的溶解扩散速度随着温度的升高而加快。如果取样前熔体温度较低，虽然经过多次搅拌，其溶解扩散速度仍然缓慢，此时取出的试样仍然无代表性，因此取样前应控制熔体温度适当高些。

（4）补料和冲淡时一般都用中间合金，避免使用熔点较高和较难熔化的新金属料。

（5）补料量或冲淡量在保证合金元素要求的前提下应越少越好。且冲淡时应考虑熔炼炉的容量和是否便于冲淡的有关操作。

（6）在加入冲淡量较多的情况下，还应补入其他合金元素，使这些合金元素的含量不低于相应的标准值和要求。

5.2.4.2 1××× 系铝合金的成分控制

A 控制铁、硅含量，降低裂纹倾向

1××× 系铝合金工业纯铝部分，当其品位较高时，应控制 $w(Fe)>w(Si)$，以降低铸锭的热裂纹废品率。这是因为当纯铝中 $w(Fe)>w(Si)$ 时，其有效结晶温度范围区间比 $w(Si)>w(Fe)$ 的情况缩小 34℃，合金的热脆性降低，因而合金的热裂纹倾向也降低。

生产 1035 品位以下纯铝时，可不控制铁、硅含量，这是因为合金中的铁硅总量增加，不平衡共晶量增加，合金在脆性区的塑性提高，裂纹倾向低。

此外，在 1070、1060 合金 $w(Si)>w(Fe)$，调整铁、硅比会造成纯铝品位降级的情况下，也可不调整铁、硅比，而是采用加晶粒细化剂的方法来弥补，提高合金抵抗裂纹的能力。

B 控制合金中钛含量

钛能急剧降低纯铝的导电性，因此，用作导电制品的纯铝不加钛。

5.2.4.3 2××× 系铝合金的成分控制

A Al-Cu-Mg 系合金的熔炼及合金中铁、硅含量的控制

2A11 和 2A12 是 2××× 系里比较有代表性的合金。下面以 2A11、2A12 合金为例，介绍铁、硅含量对裂纹倾向的影响及其含量控制。

2A12 合金处于热脆性曲线的上升部分，合金形成热裂纹的倾向随硅含量增加而增大。同时，合金中铁、硅杂质数量越多，铸态塑性越低，形成冷裂纹的倾向越大，因此，为了消除 2A12 合金热裂和冷裂倾向，应尽量降低硅含量，并控制 $w(Fe)>w(Si)$。一般大直径

圆锭和扁锭控制 $w(\mathrm{Si})<0.30\%$，$w(\mathrm{Fe})$ 比 $w(\mathrm{Si})$ 多 0.05% 以上。2A11 合金处于热脆性曲线的下降部分，具有较大的热裂纹倾向。为减少热裂纹，通常控制合金中 $w(\mathrm{Si})>w(\mathrm{Fe})$。

B　Al-Cu-Mg-Fe-Ni 系合金的熔炼及铁、镍含量的控制

2A70 成分控制上，尽量控制 $w(\mathrm{Fe})$ 及 $w(\mathrm{Ni})$ 小于 1.25%，并尽量控制 $w(\mathrm{Fe})$：$w(\mathrm{Ni})$ 约为 $1:1$。

5.2.4.4　3×××系铝合金的成分控制

A　抑制粗大化合物一次晶缺陷

3×××系部分合金（如 3003、3A21），在合金中锰含量过高时在退火板材中容易产生 $\mathrm{FeMnAl_6}$ 金属化合物一次晶缺陷，恶化合金的组织和性能。为抑制 $\mathrm{FeMnAl_6}$ 金属化合物的产生，生产中采取控制合金中锰含量的措施，一般控制合金中 $w(\mathrm{Mn})<1.4\%$。此外，适量的铁可显著降低锰在铝中的溶解度，生产中一般控制 $w(\mathrm{Fe})$ 在 $0.4\%\sim0.6\%$，同时使 $w(\mathrm{Fe+Mn})<1.8\%$。

B　减少裂纹倾向

为减少裂纹倾向，控制合金中 $w(\mathrm{Fe})$ 大于 $w(\mathrm{Si})$，并在熔体中添加晶粒细化剂细化晶粒。

5.2.4.5　4×××系铝合金的成分控制

成分接近共晶成分时，控制 $w(\mathrm{Si})<12.5\%$，避免初晶硅缺陷。

5.2.4.6　5×××系铝合金的成分控制

控制合金中 $w(\mathrm{Na})<10\times10^{-6}$，避免钠脆性。

5.2.4.7　6×××系铝合金的成分控制

$\mathrm{Mg_2Si}$ 是该系合金的强化相，该系合金在成分控制上是 Si 剩余，因此一般将硅控制在中上限。

5.2.4.8　7×××系铝合金的成分控制

7×××系合金具有极大的裂纹倾向。以 7A04 合金为例，合金中的主成分及杂质几乎都对裂纹具有重要的影响。在成分控制上，应将铜、锰含量控制在下限，以提高固、液区的塑性；镁控制上限，使合金中的镁与硅形成 $\mathrm{Mg_2Si}$，从而降低游离硅的数量；该合金处于热脆性曲线的上升部分，因此对扁锭或大直径圆锭，应控制 $w(\mathrm{Si})<0.25\%$，并保证 $w(\mathrm{Fe})$ 比 $w(\mathrm{Si})$ 多 0.1% 以上。

5.2.5　主要铝合金的熔炼特点

5.2.5.1　1×××系铝合金的熔炼

1×××铝合金在熔炼时应保持其纯度。1×××铝合金杂质含量低，因此在原材料的选择上对品位高的合金制品使用原铝锭。在熔炼时，为避免晶粒粗大，要求熔炼温度不超过 750℃，液体在熔炼炉（尤其火焰炉）停留不超过 2h。熔制高精铝时，要对与熔体接触的工具涂料，避免引起熔体铁含量增高。

5.2.5.2　2×××系铝合金的熔炼

A　Al-Cu-Mg系合金的熔炼

（1）减少铜的烧损，避免成分偏析。2×××系合金中的Al-Cu-Mg合金的铜含量较高，熔炼时铜多以纯铜板形式直接加入。在熔炼时应注意以下问题：为减少铜的烧损，并保证其有充分的溶解时间，铜板应在炉料熔化下塌，且熔体能将铜板淹没时加入，保证铜板不露出液面。为保证成分均匀，同时防止铜产生重度偏析，铜板应均匀加入炉内，炉料完全熔化后在熔炼温度范围内搅拌，搅拌时先在炉底搅拌数分钟，然后彻底均匀地搅拌熔体。

（2）加强覆盖、精炼操作，减少吸气倾向。2×××系合金一般含镁，尤其2A12、2024合金镁含量较高，合金液态时氧化膜的致密性差，同时因为结晶温度范围宽，因此产生疏松的倾向性较大。为防止疏松缺陷的产生，熔炼时应加强对熔体的覆盖，并采用适当的精炼除气措施。

B　Al-Cu-Mg-Fe-Ni系合金的熔炼

2×××系合金中Al-Cu-Mg-Fe-Ni合金中因铁、镍在铝中的溶解度小，不易溶解，因此熔炼温度一般控制在720~760℃。

C　Al-Cu-Mg-Si系合金的熔炼

2×××系合金中的Al-Cu-Mg-Si合金熔炼制度基本同于2A11合金的。

5.2.5.3　3×××系铝合金的熔炼

3×××系铝合金的主要成分是锰。锰在铝中的溶解度很低，在正常熔炼温度下$w(Mn)$为10%的Al-Mn中间合金其溶解速度是很慢的，因此，装炉时Al-Mn中间合金应均匀分布于炉料的最上层。当熔体温度达到720℃后，应多次搅动熔体，以加速锰的溶解和扩散。应该注意的是一定保证搅拌温度，否则如搅动温度过低，取样分析后的锰含量往往要比实际含量偏低，按此分析值补料可能会造成含量偏高。

5.2.5.4　4×××系铝合金的熔炼

4×××系铝合金硅含量较高，硅是以Al-Si中间合金形式加入的。为保证Al-Si中间合金中硅的充分溶解，一般将熔炼温度控制在750~800℃，并充分搅拌熔体。

5.2.5.5　5×××系铝合金的熔炼

A　避免形成疏松的氧化膜

5×××系铝合金含镁较多，因V_{MgO}/V_{Mg}为0.78，因此该系合金表面的氧化膜是疏松的，氧化反应可继续向熔体内进行。合金中镁含量越高，熔体表面氧化膜的致密性越差，抗氧化能力越低。氧化膜致密度差会造成以下危害：氧化膜失去保护作用，合金烧损严重，镁更易烧损；氧化膜致密性差，使合金吸气性增加；易形成氧化夹杂，降低铸锭质量，在铸锭表面存在氧化夹杂易引起应力集中，导致铸锭裂纹倾向增加。

为此，采取的措施是：合金加镁后及炉料熔化下塌时应在熔体表面均匀撒一层2号熔剂进行覆盖；在熔体中加镁后要加入少量的铍，以改变氧化膜性质，提高抗氧化能力，铍含量因合金中镁含量不同而不同，一般控制在$w(Be)0.001\%~0.004\%$。但加铍后合金晶粒粗大，因此在加铍后应加钛来消除铍的有害作用。

B　选择正确的加镁方法

镁的密度小，在高温下遇空气易燃，不易加入熔体。因此，加镁时将镁锭放在特制的加料器内，迅速浸入铝液中，往复搅动，使镁锭逐渐熔化于铝液中，加镁后立即撒一层 2 号熔剂覆盖。

C　避免产生钠脆性

所谓钠脆性，是指合金中混入一定量的金属钠后，在铸造和加工过程中裂纹倾向大大提高的现象。高镁铝合金钠脆性产生的原因是合金中的镁和硅先形成 Mg_2Si，析出游离硅钠的缘故，见式（5-29）反应。

$$NaAlSi+2Mg \longrightarrow Mg_2Si+Na（游离）+Al \qquad (5-29)$$

钠只有在合金中呈游离状态时，才会出现钠脆性。钠的这种影响是因为钠的熔点低，在铝和镁中均不溶解，在合金凝固过程中，被排斥在生长着的枝晶表面，凝固后分布在枝晶网络边界，削弱了晶间联系，使合金的高温和低温塑性都急剧降低。在晶界上形成低熔点的吸附层，降低晶界强度，影响铸造和加工性能，在铸造或加工时产生裂纹。

在不含镁的铝合金中，钠不以游离态存在，总是以化合态存在于高熔点化合物 NaAlSi 中，不使合金变脆。在含镁量少的合金中也没有或很少有钠脆性。因为虽然镁对硅的亲和力比钠的大，镁与硅能优先形成 Mg_2Si，但合金中的含镁量有限，而硅含量相对过剩，合金中的镁一部分要固溶到铝中（镁在铝中的最小溶解度在室温时约为 2.3%），另一部分又要以 1.73：1 的比例与硅化合，因此，镁消耗殆尽，过剩的硅仍可与钠作用生成 NaAlSi 化合物，所以不使合金呈现钠脆性。但在高镁铝合金中，杂质硅被镁全部夺走，使钠只能以游离态存在，因而显现出很大的钠脆性。生产实践证明，当高镁铝合金中 $w(Na)>10\times10^{-6}$ 时，铸锭在铸造和加工时裂纹倾向就急剧增大。

抑制钠脆性的措施就是在熔炼时严禁使用含钠离子的熔剂覆盖或精炼熔体，一般使用 $MgCl_2$、KCl 为主要成分的 2 号熔剂。为避免前一熔次炉子内残余钠的影响，生产高镁铝合金时，一般提前一到两熔次使用 2 号熔剂。控制 $w(Na)$ 的量为 10×10^{-6} 以下。

5.2.5.6　6×××系铝合金的熔炼

6×××系铝合金中的熔炼温度在 700~750℃。

5.2.5.7　7×××系铝合金的熔炼

A　保证成分均匀

7×××系合金中的成分复杂，且合金元素含量总和较高，元素间密度相差大，为使成分均匀，在操作时应注意以下事项：为减少铜、锌的烧损和蒸发，并保证纯金属有充分的溶解时间，铜板、锌锭应在炉料熔化下塌、且熔体能将其淹没时加入，加入时铜板、锌锭不能露出液面。为保证成分均匀，并防止铜、锌产生重度偏析，铜板、锌锭应均匀加入炉内，炉料完全熔化后在熔炼温度范围内搅拌，搅拌时先在炉底搅拌数分钟，然后再彻底均匀地搅拌熔体。

B　加强覆盖精炼操作，减少吸气倾向

7×××系合金中的成分复杂，且合金中镁、锌含量较高，因此熔炼中吸气、氧化倾向很大。此外，结晶温度范围宽，产生疏松的倾向性也较大。因此，在操作时应加强对熔体的覆盖和精炼操作（$w(Mg)>2.5\%$ 时，采用 2 号熔剂）；对镁含量高、熔炼时间长的合金制品可适当加铍；保证原材料清洁。

5.2.6 铝合金废料复化

废料复化的目的是将无法直接投炉使用的废料重新熔化，从而获得准确均匀的化学成分，消除废料表面油污等污染，获得纯洁度高的熔体，以减少熔制成品合金时的烧损，供配制成品合金使用。复化后的复化锭也便于管理和使用。

5.2.6.1 废料复化前的预处理

废料中一般含有油、乳液、水分等，易使金属强烈地吸气、氧化，甚至还有爆炸的危险。不宜直接装炉，因此复化前应对废料进行预处理。预处理工序如下：

(1) 通过离心机进行净化，去掉油类。

(2) 通过回转窑或其他干燥形式干燥器进行干燥，去掉水分等。

(3) 通过打包机或制团机，制成一定形状的料团，便于装炉和减少烧损。

5.2.6.2 废料的复化

废料复化多在火焰炉中进行，为减少烧损，一般采用半连续熔化方式。具体操作如下：

(1) 第一炉先装入部分大块废料作为底料，底料用量约为炉子容量的35%~40%。

(2) 第一炉加料前，应先将覆盖剂用量的20%，撒在炉底进行熔化。覆盖剂用量见表5-13。

(3) 炉料应分批加入，彻底搅拌，防止露出液面。前一批搅入熔体后再加下一批料。

(4) 熔化过程中可根据炉内造渣情况适时扒渣，并覆盖。

(5) 熔炼温度为750~800℃。

表5-13 覆盖剂用量

类　别	用量（占投料量的比例）/%
小碎片	6~8
碎屑	10~15
渣子	15~20

炉料全部熔化，并经充分搅拌后即可铸造，铸造时取一个有代表性分析试样。

5.2.6.3 复化锭的标识、保管和使用

复化锭可分为高锌、高硅、低硅、高镍、混合等组别。每块复化锭应有清晰的组别、炉号、熔次号等标识，并按组别、炉号、熔次号进行分组保管。复化锭按成分单进行使用。

5.3 铝及铝合金的熔体净化

5.3.1 铝及铝合金熔体净化概述

随着科学技术和工业生产的发展，特别是宇航、导弹、航空和电子工业技术等的飞速发展，对铝合金的质量要求日益严格，大多变形铝合金材料，除要求合格的化学成分和力学性能，还要求有合格的内在质量和表面质量。然而传统的熔铸工艺，因其所含气体和非金属夹杂物超标，不能完全满足这些要求。为减少气体和非金属夹杂物的影响，人们一方

面对配制合金的原材料及熔炼过程提出了严格要求，另一方面致力于研试应用先进的熔体净化新技术。净化成为铝合金材料极其重要的生产工艺环节。先进的净化技术对于确保铝合金材料的冶金质量，提高产品的最终使用性能具有非常重要的意义。

铝合金在熔炼过程中易于吸气和氧化，因此在熔体中不同程度存在气体和各种非金属夹杂物，使铸锭产生疏松、气孔、夹渣等缺陷，显著降低铝材的力学性能、加工性能、疲劳抗力、抗蚀性、阳极氧化性能等性能，甚至造成产品报废。此外，受原辅材料的影响，在熔体中可能存在一些对熔体有害的其他金属，如 Na、Ca 等碱及碱土金属，部分碱金属对多数铝合金的性能有不良影响，如钠在含 Mg 高的铝-镁系合金中除易引起"钠脆性"外，还降低熔体流动性而影响合金的铸造性能。因此，在熔炼过程中需要采取专门的工艺措施，去除铝合金中的气体、非金属夹杂物和其他有害金属，保证产品质量。

过去几十年，冶金工作者采用精炼的措施提高熔体质量。所谓精炼，就是向熔体中通入氯气、惰性气体或某种氯盐去除铝合金中的气体、夹杂物和碱金属。随着现代科学技术的发展，出现了许多新的铝合金熔体净化的方法，这些方法的内容已超出了精炼一词所包含的意义，因此现代科学技术引进了熔体净化的概念。所谓熔体净化，就是利用一定的物理化学原理和相应的工艺措施，去除铝合金熔体中的气体、夹杂物和有害元素的过程，它包括炉内精炼、炉外精炼及过滤等过程。

铝及铝合金对熔体净化的要求，根据材料用途不一样而有所不同，一般说来，对于一般要求制品，其氢含量宜控制在 $0.15 \sim 0.2 \text{mL}/100 \text{gAl}$ 以下，非金属夹杂的单个颗粒应小于 $10 \mu \text{m}$；而对于特殊要求的航空材料，双零箔等氢含量应控制在 $0.1 \text{mL}/100 \text{gAl}$ 以下，非金属夹杂的单个颗粒应小于 $5 \mu \text{m}$。当然由于检测方法的不同，所测氢含量值会有所差异。非金属夹杂一般通过铸锭低倍和铝材超声波探伤定性检测，或通过测渣仪定量检测。碱金属钠（除高硅合金外）一般应控制在 $5 \times 10^{-4} \%$ 以下。

5.3.2　铝及铝合金熔体净化原理

5.3.2.1　脱气原理

A　分压差脱气原理

利用气体分压对熔体中气体溶解度影响的原理，控制气相中氢的分压，造成与熔体中溶解气体浓度平衡的氢分压和实际气体的氢分压间存在很大的分压差，这样就产生较大的脱气驱动力，使氢很快排除。

如向熔体中通入纯净的惰性气体，或将熔体置于真空中，因为最初惰性气体和真空中的氢分压 $p_{H_2} \approx 0$，而熔体中溶解氢的平衡分压 $p_{H_2} \gg 0$，在熔体与惰性气体的气泡间及熔体与真空之间，存在较大的分压差。这样熔体中的氢就会很快地向气泡或真空中扩散，进入气泡或真空中，复合成分子状态排出。这一过程一直进行到气泡内氢分压与熔体中氢平衡分压相等，即处于新的平衡状态时为止，该方法是目前应用最广泛最有效的方法。

然而上述关于吹入惰性气体脱氢的理论分析还不够完整，因为它仅涉及热力学理论而未涉及到流体力学和除气反应的动力学研究。

B　预凝固脱气原理

影响金属熔体中气体溶解度的因素除气体分压力之外，就是熔体温度。气体溶解度随着金属温度的降低而减小，特别在熔点温度变化最大。根据这一原理，让熔体缓慢冷却到凝固，这样就可使溶解在熔体中的大部分气体自行扩散析出。然后再快速重熔，即可获得气体含量较低的熔体。但此时要特别注意熔体的保护，以防止重新吸气。

C 振动脱气原理

金属液体在振动状态下凝固时，能使晶粒细化，这是由于振动能促使金属中产生分布很广的细晶核心。实验也表明振动也能有效地达到除气的目的，而且振动频率越大效果越好。一般使用 5000~20000Hz 的频率，可使用声波、超声波、交变电流或磁场等方法作为振动源。

用振动法除气的基本原理是液体分子在极高频率的振动下发生移位运动。在运动时，一部分分子与另一部分分子之间的运动是不和谐的，所以在液体内部产生无数显微空穴都是真空的，金属中的气体很容易扩散到这些空穴中去，结合成分子态，形成气泡而上升逸出。

5.3.2.2 除渣原理

A 澄清除渣原理

一般金属氧化物与金属本身之间密度总是有差异的。如果这种差异较大，再加上氧化物的颗粒也较大，在一定的过热条件下，金属的悬混氧化物渣可以和金属分离，这种分离作用也称为澄清作用，可以用斯托克斯（Stokes）定律来说明，杂质颗粒在熔体中上升或下降的速度为：

$$u = \frac{2r^2(\rho_2 - \rho_1)g}{9\eta} \tag{5-30}$$

上升或沉降的时间为：

$$t = \frac{9\eta H}{2r^2(\rho_2 - \rho_1)g} \tag{5-31}$$

式中　u——颗粒平均升降速度，cm/s；

　　　t——颗粒升降时间，s；

　　　η——介质（熔融金属）的黏度（或内摩擦系数），g/(cm·s)；

　　　H——颗粒升降的距离，cm；

　　　r——颗粒的半径，cm；

　　　ρ_1——颗粒的密度，g/cm³；

　　　ρ_2——介质的密度，g/cm³；

　　　g——重力加速度，g/cm³。

根据斯托克斯定律可知，在一定的条件下，可以通过介质的黏度、密度，以及悬浮颗粒的大小控制杂质颗粒的升降时间。通常温度高，介质的黏度减小，从而缩短了升降的时间。因此，在熔炼过程中采用稍稍过热的温度，增加金属的流动性，对于利用澄清法除渣是有利的。杂质颗粒直径的大小，对升降所需时间有很大的影响。较大的颗粒，特别是半径大于 0.01cm 以上，而且密度差也较大的颗粒，其沉浮所需时间很短，极有利于采用澄清法除渣。但是实际上，在铝合金熔炼时氧化铝的状态十分复杂，它有几种不同的形态。固态时其密度为 3.53~4.15g/cm³。在熔融状态时为 2.3~2.4g/cm³。而且在氧化铝中必然会存在或大或小的空腔和气孔，此外，氧化物的形状也不都是球形的，通常多以片状或树枝状存在，薄片状和树枝状就难于采用斯托克斯公式计算。

澄清法除渣对许多金属，特别是轻合金不是主要有效的方法，还必须辅以其他方法。但是，根据物理学基本原理，它仍不失为一种基本方法。在铝合金精炼过程中，首先仍要用这一简单方法来将一部分固体杂质和金属分开。一般静置炉的应用就是为了这个目的，在静置炉内已熔炼好的金属起着静置澄清的作用。当然，静置炉的作用不只是为澄清分渣，还有保温和控制铸造温度的作用，所以有时也称保温炉。

B　吸附除渣原理

吸附净化主要是利用精炼剂的表面作用，当气体精炼剂或熔剂精炼剂在熔体中与氧化物夹杂相遇时，杂质被精炼剂吸附在表面上，从而改变了杂质颗粒的物理性质，随精炼剂一起被除去。若杂质能自动吸附到精炼剂上，根据热力学第二定律，熔体、杂质和精炼剂三者之间应满足以下关系：

$$\sigma_{金杂} + \sigma_{金剂} > \sigma_{剂杂} \tag{5-32}$$

式中　$\sigma_{金杂}$——熔融金属与杂质之间的表面张力；

　　　$\sigma_{金剂}$——熔融金属与精炼剂之间的表面张力；

　　　$\sigma_{剂杂}$——精炼剂与杂质之间的表面张力。

因为铝液和氧化物夹杂 Al_2O_3 是相互不润湿的。即金属与杂质之间的接触角 $\theta \geqslant 120℃$，如图5-4所示。其力的平衡应有如下关系：

$$\cos\theta \frac{\sigma_{杂剂} - \sigma_{金杂}}{\sigma_{金剂}} < 0 \tag{5-33}$$

因 $\sigma_{金剂}$ 为正值，故符合热力学的表面能关系。所以，铝液中的夹杂物 Al_2O_3 能自动吸附在精炼剂的表面上而被除去（见图5-4）。

C　过滤除渣原理

上述两类方法都不能将熔体中氧化物夹杂分离得足够干净，常给铝加工材的质量带来不良影响，所以近代采用了过滤除渣的方法，获得良好的效果。

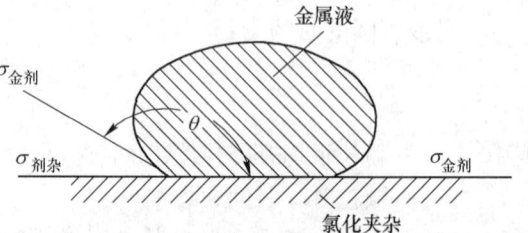

图5-4　氧化夹杂、铝液、精炼剂三相间
表面张力示意图

过滤装置种类很多，从过滤方式的除渣机理来看，大致可分机械除渣和物理化学除渣两种。机械除渣作用主要是靠过滤介质的阻挡作用、摩擦力或流体的压力使杂质沉降及堵滞，从而净化熔体，物理化学作用主要是介质表面的吸附和范德华力的作用。不论是哪种作用，熔体通过一定厚度的过滤介质时，由于流速的变化、冲击或者反流作用，杂质较容易被分离掉。通常，过滤介质的空隙越小，厚度越大，金属熔体流速越低，过滤效果越好。

5.3.3　炉内净化处理

炉内处理也称为分批处理。根据净化机理，炉内处理可分为吸附净化和非吸附净化两大类。

5.3.3.1 吸附净化

依靠精炼剂产生的吸附作用达到去除氧化夹杂和气体的目的。

A 浮游法

a 惰性气体吹洗

惰性气体指与熔融铝及溶解的氢不起化学反应，又不溶解于铝中的气体。通常使用氮气或氩气。

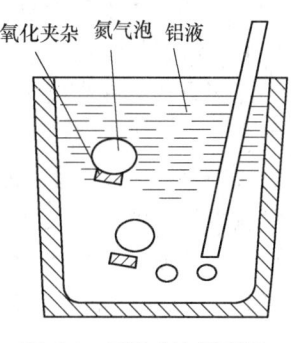

根据吸附除渣原理，氮气被吹入铝液后，形成许多细小的气泡。气泡在从熔体中通过的过程与熔体中的氧化物夹杂相遇，夹杂被吸附在气泡的表面并随气泡上浮到熔体表面。已被带至液面的氧化物不能自动脱离气相而重新熔入铝液中，停留于铝液表面就可聚集除去，如图 5-5 所示。

由于吸附是发生在气泡与熔体接触的界面上，只能接触有限的熔体，除渣效果受到限制。为了提高净化效果，吹入精炼气体产生的气泡量越多，气泡半径越小，分布越均匀，吹入的时间越长效果越好。

图 5-5 浮游出渣原理图

氮气的除气是根据分压差脱气原理，如图 5-6 所示。由于氮气泡中最初 $p'_{H_2} \approx 0$，在气泡和铝液中的氢的平衡分压间存在差值，使溶于金属中的氢不断扩散进气泡中。这一过程直至气泡中氢的分压和铝液中的氢的平衡分压相等时才会停止。气泡浮出液面后，气泡中的 H_2，也逸出而进入大气中。因此，气泡上升过程中既带出氧化夹杂，也带出氢气。通氮时的温度宜控制在 $710 \sim 720℃$，以避免氮和铝液反应形成氮化铝。

b 活性气体吹洗

对铝来说，实用的活性气体主要是氯气。氯气本身也不溶于铝液中，但氯和铝及溶于铝液中的氢都迅速发生化学反应，如图 5-7 所示。

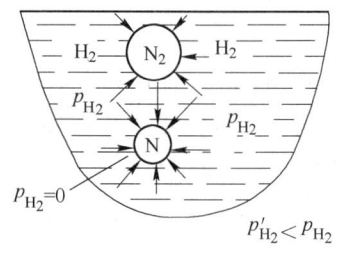

图 5-6 氮气泡除气原理图

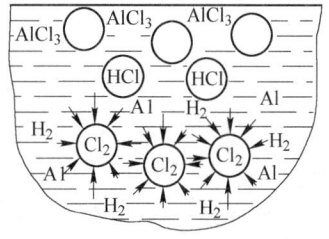

图 5-7 吹 Cl_2 精炼示意图

$$Cl_2 + H_2 \longrightarrow 2HCl \tag{5-34}$$

$$3Cl_2 + 2Al \longrightarrow 2AlCl_3 \tag{5-35}$$

反应生成物 HCl 和 $AlCl_3$（沸点 183℃）都是气态，不溶于铝液，它和未参加反应的氯气一起能起精炼作用，如图 5-7 所示。因此，净化效果比吹氮要好得多，同时除钠效果也显著。氯气虽然精炼效果好，但其对人体有害，污染环境，易腐蚀设备及加热组件，且易使合金铸锭结晶组织粗大，使用时应注意通风及防护。

c　混合气体吹洗

单纯用氮气等惰性气体精炼效果有限，而用氯气精炼虽效果好但又对环境及设备有害，所以将二者结合采用混合气体精炼，既提高精炼效果，又减少其有害作用。

混合气体有两气体混合，如 N_2-Cl_2；也有三气体混合，如 N_2-Cl_2-CO，N_2-Cl_2 的混合比采用 9∶1 或 8∶2 效果较好，N_2-Cl_2-CO 混合比为 8∶1∶1。现在为减少环境污染，世界发达国家普遍采用 2%~5%Cl_2 作为混合气体的组成部分，从使用效果来看几乎没有差异，这对于减少环境污染是极有利的。

d　氯盐净化

许多氯化物在高温下可以和铝发生反应，生成挥发性的 $AlCl_3$ 而起净化作用：

$$Al+3MeCl \longrightarrow AlCl_3 \uparrow +3Me \tag{5-36}$$

式中 Me 表示金属。但不是所有的氯盐都能发生上述反应，需要看其分解压力而定。一般氯盐的分解压需大于氯化铝的分解压，或它的生成热小于氯化铝的生成热，这种氯盐在高温下才能与铝发生反应。常用氯盐有氯化锌（$ZnCl_2$）、氯化锰（$MnCl_2$）、六氯乙烷（C_2Cl_6）、四氯化碳（CCl_4）、四氯化钛（$TiCl_4$）等。在熔体中反应如下：

$$3ZnCl_2+2Al \longrightarrow 2AlCl_3 \uparrow +3Zn \tag{5-37}$$

$$3MnCl_2+2Al \longrightarrow 2AlCl_3+3Mn \tag{5-38}$$

$$3TiCl_4+4Al \longrightarrow 4AlCl_3+3Ti \tag{5-39}$$

因氯盐皆有吸潮特点，使用时应注意脱水和保持干燥；Zn 对部分铝合金含量有限制，使用时应注意用量。C_2Cl_6 为白色晶体，密度为 $2.091g/cm^3$，升华温度 185.5℃，它不吸湿，不必脱水处理，使用、保管都很方便，为一般工厂所使用。C_2Cl_6 加入熔体后发生如下反应：

$$C_2Cl_6 \longrightarrow C_2Cl_4+Cl_2 \uparrow \tag{5-40}$$

$$2Al+3Cl_2 \longrightarrow 2AlCl_3 \uparrow \tag{5-41}$$

$$C_2Cl_4 \longrightarrow CCl_4+C \uparrow \tag{5-42}$$

$$CCl_4 \longrightarrow 2Cl_2 \uparrow +C \tag{5-43}$$

$$H_2+Cl_2 \longrightarrow 2HCl \uparrow \tag{5-44}$$

C_2Cl_4 沸点 121℃，不溶于铝，熔炼温度下为气态，未完全反应的 C_2Cl_4 也和 $AlCl_3$ 一起参与精炼。由于产生气体量大，因此精炼效果好。但因 C_2Cl_6 密度小，反应快不好控制，近来制成一种自沉精炼剂，压制成块，使用较方便。使用 C_2Cl_6 的缺点是分解出的 C_2Cl_6 和 Cl_2，有部分未反应即逸出液面，有强烈的刺激性气味，因此应采用较好的通风装置。

e　无毒精炼剂

几种无毒精炼剂的典型配方见表 5-14。无毒精炼剂的特点是不产生有刺激气味的气体，并且有一定的精炼作用。它主要由硝酸盐等氧化剂和碳组成，在高温下产生反应：

$$4NaNO_3+5C \longrightarrow 2Na_2O+2N_2 \uparrow +5CO_2 \uparrow \tag{5-45}$$

表 5-14　几种无毒精炼剂的成分　　　　　　　　　　（%）

序号	NaNO$_3$	KNO$_3$	C	C$_2$Cl$_6$	Na$_3$AlF$_6$	NaCl	耐火砖屑	Na$_2$SiF$_6$
1	34	—	6	4	—	24	32	—
2	—	40	6	4	—	24	26	—

序号	NaNO₃	KNO₃	C	C₂Cl₆	Na₃AlF₆	NaCl	耐火砖屑	Na₂SiF₆
3	34	—	6	—	20	10	30	—
4	—	40	6	—	20	10	—	20
5	36	—	6	—	—	28	30	—

反应产生的 N_2 和 CO_2 起精炼作用，加入六氯乙烷、冰晶石、食盐及耐火砖粉是为了提高精炼效果和减慢反应速度。

B　熔剂法

铝合金净化所用的熔剂主要是碱金属的氯盐、氟盐和氟盐的混合物。工业上常用的几种熔剂见表 5-15。

表 5-15　常用熔剂的成分和用途

熔剂种类	主要组元	主要成分/%	主　要　用　途
覆盖剂	NaCl	39	Al-Cu 系、Al-Cu-Mg 系、Al-Cu-Si 系、Al-Cu-Mn-Zn 系合金
	KCl	50	
	Na₃AlF₅	6.6	
	CaF₆	4.4	
	KCl、MgCl₂	80	Al-Mg 系、Al-Mg-Si 系合金
	CaF₂	20	
精炼剂	KCl	47	除 Al-Mg 系及 Al-Mg-Si 系以外的其他系合金
	NaCl	30	
	Na₃AlF₆	23	
	KCl、MgCl₂	60	Al-Mg 系、Al-Mg-Si 系合金
	CaF₂	40	

熔剂的精炼作用主要是吸附和溶解氧化夹杂的能力。其吸附作用根据热力学应满足如下条件：

$$\sigma_{金杂} + \sigma_{金熔} > \sigma_{熔杂} \tag{5-46}$$

式中　$\sigma_{金杂}$——熔融金属与杂质之间的表面张力；

　　　$\sigma_{金熔}$——熔融金属与熔剂之间的表面张力；

　　　$\sigma_{熔杂}$——熔剂与杂质之间的表面张力。

即要求 $\sigma_{金杂}$、$\sigma_{金熔}$ 越大，$\sigma_{熔杂}$ 越小，熔剂的精炼效果就越好。但是单一的盐类很难满足上述要求，所以常常根据熔剂的不同用途和对其工艺性能的要求，用多种盐类配制成各种成分的熔剂。实践证明，氧化钾和氧化钠等氯盐的混合物对氧化铝有极强的润湿及吸附能力。氧化铝特别是悬混于铝液中的氧化膜碎屑，为富凝聚性及润湿性的熔剂吸附包围后，便改变了氧化物的性质、密度及形态，从而通过上浮而更快的被排除。如 45%NaCl+55%KCl 构成的熔剂，熔点只有 650℃，且表面张力较小，是常用的覆盖剂。加入少量的氟（NaF、Na₃AlF₆、CaF₂ 等）增加了 $\sigma_{金熔}$，提高了熔剂的分离性，防止产生熔剂夹杂，是常用的铝合金精炼剂。

某些熔盐的性质见表 5-16。

表 5-16　某些熔盐的性质

物质名称	化学式	密度 /g·cm^{-3}	熔点 /℃	沸点 /℃	熔化潜热 /kJ·mol^{-1}	$-\Delta H_{298}^{\ominus}$ /kJ·mol^{-1}
氯化铝	AlCl$_3$	2.44	193	187 升华	35.4	707.1
氯化硼	BCl$_3$	1.43	−107	13	—	404.5
氯化钡	BaCl$_2$	4.83	962	1830	16.8	862.7
氯化铍	BeCl$_2$	1.89	415	532	8.7	498.1
木炭	C	2.25	3800	—	—	—
四氯化碳	CCl$_4$	1.58	−23.80	77	30.7	136.1
碳酸钙	CaCO$_3$	2.90	—	825 分解		1211.3
萤石	CaF$_2$	2.18	1418	2510	29.8	1226.4
氯化铜	CuCl$_2$	3.05	498	993	—	205.8
氯化铁	FeCl$_3$	2.80	304	332	43.3	405.5
氯化钾	KCl	2.00	771	1437	26.5	438.5
氟化钾	KF	2.48	857	1510	28.6	569.5
氯化锂	LiCl	2.07	610	1383	19.7	409.9
氟化锂	LiF	2.60	848	1093	27.3	615.3
氯化镁	MgCl$_2$	2.30	714	1418	43.3	643.9
光卤石	MgCl$_2$,KCl	2.20	487	—		
氟化镁	MgF$_2$	2.47	1263	2332	58.8	1127.7
氯化锰	MnCl$_2$	2.93	650	1231	37.8	483.8
氯化铵	NH$_4$Cl	1.53	520			315.8
冰晶石	Na$_3$AlF$_6$	2.90	1006	—	112.1	3318.0
脱水硼砂	Na$_2$B$_4$O$_7$	2.37	743	1575 分解	83.3	3100.4
氯化钠	NaCl	2.17	801	1465	28.2	412.9
脱水苏打	NaCO$_3$	2.50	850	960 分解	29.8	1135.3
氟化钠	NaF	2.77	996	1710	33.2	575.8
工业玻璃	Na$_2$O·CaO·6SiO$_2$	2.50	900~1200	—	—	—
氯化硅	SiCl$_4$	1.48	−70	58	8.0	589.6
石英砂	SiO$_2$	2.62	1713	2250	30.7	914.4
氯化锡	SnCl$_4$	2.23	−34	115	9.2	513.2
氯化钛	TiCl$_4$	1.73	−24	136	10.8	807.2
氯化锌	ZnCl$_2$	2.91	3.8	732	10.9	417.9

　　一般氯盐对氧化铝的溶解能力并不大，通常为 1%~2%，如在熔剂中加入冰晶石（Na$_3$AlF$_6$），就使熔剂对氧化物的溶解能力大大加强，冰晶石的化学分子结构和某些性质与氧化铝相似，因此它们在一定温度下就可能互溶，在 960℃时形成共晶，冰晶石最大可

溶解 18.5%Al_2O_3。值得注意的是溶解温度较高，尽管如此，熔剂中添加冰晶石会大大增加熔剂的精炼能力。

5.3.3.2 非吸附净化

根据熔体中氢的溶解度与熔体上方氢分压的平方根关系，在真空下铝液吸气的倾向趋于零，而溶解在铝液中的氢有强烈的析出倾向，生成的气泡在上浮过程中能将非金属夹杂吸附在表面，使铝液得到净化。非吸附净化（真空处理）有三种方法。

（1）静态真空处理。此法是将熔体置于 1333.3～3999.9Pa 的真空度下，保持一段时间。由于铝液表面有致密的 γ-Al_2O_3 膜存在，往往使真空除气达不到理想的效果，因此在真空除气之前，必须清除氧化膜的阻碍作用。如在熔体表面撒上一层熔剂，可使气体顺利通过氧化膜。

（2）静态真空处理加电磁搅拌。为了提高净化效果，在熔体静态真空处理的同时，对熔体施加电磁搅拌。这样可提高熔体深处的除气速度。

（3）动态真空除气。动态真空除气是预先使真空处理达到一定的真空度（约1333.3Pa），然后通过喷嘴向真空炉内喷射熔体。喷射速度约为 1～1.5t/min，熔体形成细小液滴。这样熔体与真空的接触面积增大，气体的扩散距离缩短，并且不受氧化膜的阻碍。所以气体得以迅速析出。与此同时钠被蒸发烧掉，氧化夹杂聚集在液面。真空处理后熔体的气体含量低于 0.12mL/100gAl，氧含量低于 6×10^{-4}%，钠含量也可降低到 2×10^{-4}%。真空处理炉有 20 吨、30 吨、50 吨级三种，其装置如图 5-8 所示。

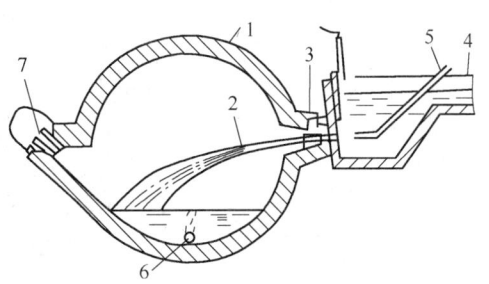

图 5-8　动态真空处理装置
1—真空炉；2—喷射铝液；3—喷嘴；4—流槽；
5—塞棒；6—气体入口；7—浇注口

动态真空处理不但脱气速度快，净化效果好，而且对环境没有任何污染，是一种很有前途的净化方法。但这些方法由于受一些条件限制，应用较少。

5.3.4 炉外在线净化处理

一般而言，炉内熔体净化处理对铝合金熔体的净化是相当有限的，要进一步提高铝合金熔体的纯洁度，更主要的是靠炉外在线净化处理，才能更有效去除铝合金熔体中的有害气体和非金属夹渣物。炉外在线净化处理根据处理方式和目的，又可分为除气为主的在线除气，以除渣为主的在线熔体过滤处理，以及两者兼而有之的在线处理，根据产品质量要求不同，可采用不同的熔体在线处理方式，下面分别就实践中最常见的几种在线处理方式做简要介绍。

5.3.4.1 在线除气

在线除气是各大铝加工企业熔铸重点研究和发展的对象，种类繁多，典型的有采用透气塞的过流除气方式 Air-Liquide 法，采用固定喷嘴方式的 MINT 法，以及应用更广泛，除气稳定而有效可靠的旋转喷头除气法，如联合碳化公司（现为 Pyrotek 公司）最早研制的旋转喷头除气装置 SNIF，法国的 Alpur 除气装置，我国西南铝自行开发的旋转喷头除气装置 DFU、DDF 等，这些除气方式都采用 N_2 或 Ar 作为精炼气体或 Ar（N_2）+少量的 Cl_2（CCl_4）等活性气体，不仅能有效除去铝熔体中的氢，而且还有很好除去碱金属或碱土金属，同时还可提高渣液分离效果，下面就几种常见的在线除气方式使用方式和效果加以简介。

A　Air-Liquicle 法

Air-Liquicle 法是炉外在线处理的一种初级形式，其装置如图 5-9 所示，装置的底部装有透气砖（塞），氮气（或氮氯混合气体）通过透气砖（塞）形成小气泡，在熔体中上升，气泡在和熔体接触及运动的过程吸附气体，同时吸附夹杂，带出表面，产生净化效果，此法也有除渣作用，但效果不是很理想，一般除气率达 15%～30%，其最佳的处理量一般在 30～100kg/min 范围内。

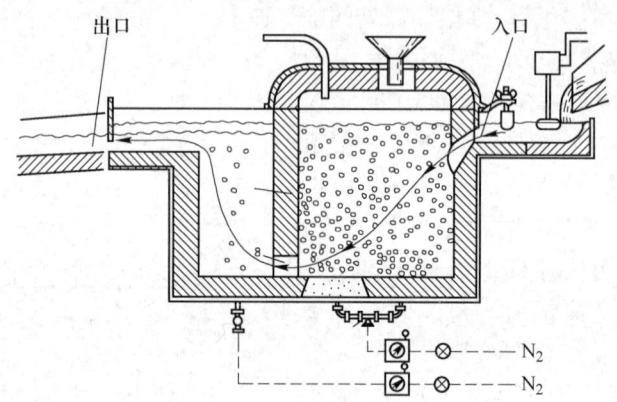

图 5-9　Air-Liquicle 法熔体处理装置

B　MINT 法

MINT 法（melt in-line treatment system）是美国联合铝业公司（Conalco）于 1982 年发明的一种熔体炉外在线处理装置，如图 5-10 所示，铝熔体从反应器的入口以切线进入圆形反应室，使熔体在其中产生旋转。反应室的下部装有气体喷嘴，分散喷出细小气泡。靠旋转熔体使气泡均匀分散到整个反应器中，产生较好的进化效果，熔体从反应室进入陶瓷泡沫过滤器，可进一步除去非金属夹杂物，净化气体一般为 Ar 气，也可添加 1%～3% 的 Cl_2 气。生产中使用的

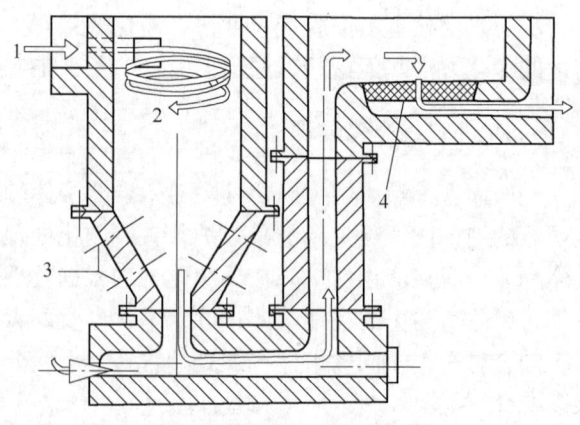

图 5-10　MINT 法熔体处理装置
1—熔体入口；2—反应器；
3—嘴子中心线；4—陶瓷泡沫过滤器

MINT 装置，有几种不同型号，目前国内使用过的 MINT 装置有 MINT Ⅱ 型和 MINT Ⅲ。MINT Ⅱ 型其反应器的锥形底部有 6 个喷嘴，气体流量为 15m^3/h，铝熔体处理量为 130～

320kg/min 反应室静态容量为 200kg，MINTⅢ型其反应器锥型底部有 12 个喷嘴，气体流量 25m³/h，铝熔体处理量为 320~600kg/min，反应室静态容量为 350kg，MINT 法除气的缺点在于金属熔体在反应室旋转有限，除气率波动较大，且金属翻滚可能产生较多氧化夹渣物。

C SAMRU 法

SAMRU 型除气装置是西南铝吸收 MINT 装置的一些优点，独立开发的装置，该装置采用矩形反应室，其梯形底部装有 12~18 个喷嘴，反应室静态容量为 1~1.5t，处理能力一般为 320~600kg/min，最好与泡沫陶瓷板联合使用。

D SNIF 旋转喷头法

SNIF 法（spinning nozzle inert flotation）为旋转喷嘴惰性气体浮游法的简称，是美国联合碳化物公司（Union Carbide，现为 Pyrotek 公司）研制的一种铝熔体炉外在线处理装置，如图 5-11、图 5-12 所示。此装置在两个反应室设有两个石墨的气体旋转喷嘴，气体通过喷嘴转子形成分散细小的气泡，同时转子搅动熔体使气泡均匀地分散到整个熔体中去，从而产生除气、除渣的熔体净化效果。此法避免了单一方向吹入气体造成气泡的聚集，上浮形成气体连续通道，使气体与熔体接触时间缩短，而影响净化效果，吹入气体为 Ar 或 N_2（Ar 为最佳），为了提高净化效果可混入 2%~5%Cl_2，也可添加少量熔剂。

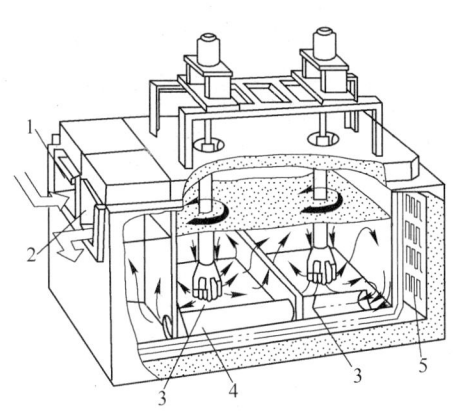

图 5-11 SNIF 法熔体处理装置
1—入口；2—出口；3—旋转喷嘴；
4—石墨管；5—发热体

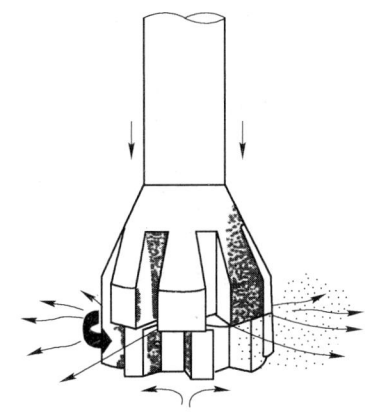

图 5-12 SNIF 法旋转喷嘴

SNIF 法装置有两种型号，其中一种，一个旋转喷嘴的处理能力 11t/h，两个旋转喷嘴的处理能力为 36t/h，如 SNIF T-4 型主要技术参数为：

装置的静态容量：1450kg

净化处理速度：9~36t/h

炉子功率：100kW

转子转速：400~600r/min

Ar（N_2）气压力：0.333MPa

Ar（N_2）消耗量：22.4m^3/h

Cl_2气消耗量：0.84m^3/h

石墨转子使用平均寿命：3个月

炉衬使用寿命：6个月

E　Alpur旋转除气法

Alpur法是法国彼西涅公司研制的在线熔体处理装置，如图5-13所示。也是利用旋转喷嘴，使精炼气体呈微细小气泡喷出分散于熔体中，但与SNIF的喷嘴不同（见图5-14），它同时能搅动熔体进入喷嘴内与气泡接触，使净化效果提高。

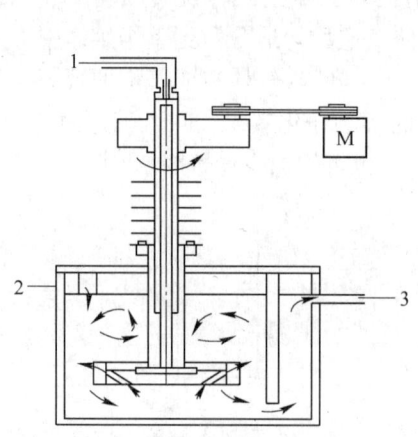

图5-13　Alpur装置示意图

1—气体入口；2—熔体入口；3—熔体出口

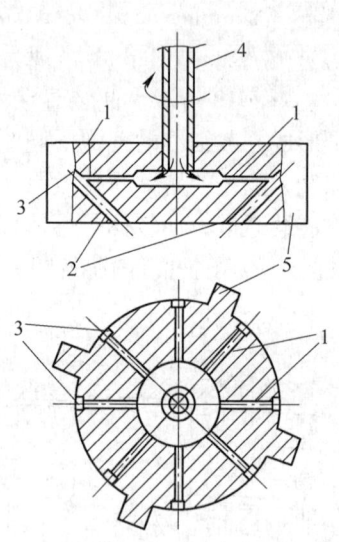

图5-14　旋转喷头示意图

1—气体排出孔；2—熔体通过孔；
3—气体、熔体接触处；4—回转轴；5—回转轮叶

Alpur-500型的主要技术参数为：

装置容量：500kg

处理方式：15kW浸没式加热器

处理能力：1~5t/h

气体消耗：Ar压力0.2MPa 5m^3/h

　　　　　Cl_2压力0.2MPa 0.25m^3/h

装置总量：6t

如含气量处理前为100gAl 0.32mL，处理后可达100gAl 0.14mL。

F　DFU旋转喷头除气法

DFU（degassing and filtration unit）是西南铝业（集团）有限责任公司在我国内最先开发应用的旋转喷头除气与泡沫陶瓷过滤相结合的铝熔体净化装置，如图5-15所示，它除气原理和方法与 SNIF 法和 Alpur 法相近，其除气箱采用单旋转喷头法除气，内部由隔板分为除气和静置区，内置浸入式加热器，可在铸造或非铸造期间对金属熔体进行加热和保温，它采用的是 Ar 气（或 N_2 气），加 1% ~ 3% 的 Cl_2（或 CCl_4）气体，可提高熔体净化效果。主要技术参数见表 5-17。

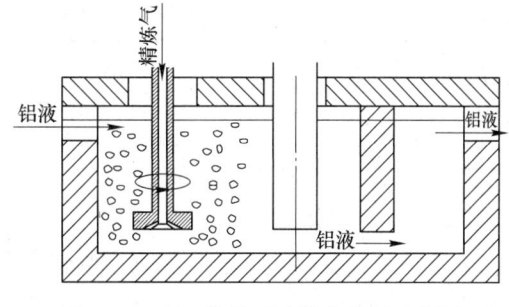

图 5-15　DFU 旋转喷头除气装置示意图

表 5-17　DFU 的主要技术参数

序　号	名　称	参　数
1	除气箱外形尺寸/mm×mm×mm	1000×1550×1450
2	过滤箱外形尺寸/mm×mm×mm	1000×1200×940
3	机架行程/mm	1680
4	机架高度/mm	5100
5	处理能力/kg·min⁻¹	30 ~ 100
6	除气效率/%	50 ~ 70

G　DDF 旋转喷头除气法

DDF（double degassing and filtration unit），也是西南铝业（集团）有限责任公司在国内最早开发应用的一种旋转喷头法除气和泡沫陶瓷相结合的铝熔体净化装置之一，如图 5-16 所示，其原理和方法与 DFU 旋转除气法基本相同，不同之处是采用双旋转喷头，其处理量增大，主要参数见表 5-18。

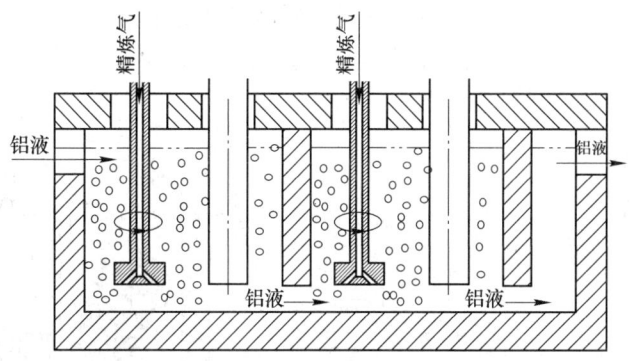

图 5-16　DDF 旋转喷头除气装置示意图

表 5-18　DDF 的主要技术参数

序　号	名　称	参　数
1	除气箱外形尺寸/mm×mm×mm	1000×1550×1450
2	过滤箱外形尺寸/mm×mm×mm	1000×1200×940
3	机架行程/mm	1680
4	机架高度/mm	5100

序　号	名　称	参　数
5	处理能力/kg·min^{-1}	30~100
6	除气效率/%	50~70

5.3.4.2　熔体过滤

过滤是去除铝熔体中非金属夹杂物最有效和最可靠的手段，从原理上讲有饼状过滤和深过滤之分。过滤方式有多种多样，最简单的是玻璃丝布过滤，效果最好的是过滤管和泡沫陶瓷过滤板，下面就各种过滤方式及常见过滤装置（器）做简要介绍。

A　玻璃丝布过滤

用玻璃丝布过滤铝熔体在国内外已广泛应用，一般用于转注过程和结晶器内熔体过滤，国产玻璃丝布孔眼尺寸为 1.2mm×1.5mm，孔目数 30 目/cm^2，过流量约为 200kg/min，此法特点是适应性强，操作简便，成本低，但过滤效果不稳定，只能拦截而除去尺寸较大的夹杂，对微小夹杂几乎无效，所以适用于要求不高的铸锭生产，且玻璃丝布只能使用一次，图 5-17 所示是底注玻璃丝布过滤器。

B　床式过滤器

床式过滤器是一种过滤效果较好的过滤装置，它的体积庞大，安装和更换过滤介质费时费力，仅适用于大批量单一合金的生产，因而使用厂家较少，在我国目前还未开发研究，目前世界上应用的主要有两种：一是 FILD 法和另一种 Alcoa 法。

a　FILD 法

FILD 法（fumeless in-line degassing），是英国铝业公司（BACO）研制成功的连续净化方法。其装置如图 5-18 所示，中间用隔板将装置分为两个室，熔体通过表层熔剂进入第一室，从其他扩散吹入氮气对熔体进行吹洗，然后熔体通过第一室涂有熔剂的氧化铝球和第二室未涂熔剂的氧化铝球过滤，使熔体净化。这种装置的处理量有：230kg/min，340kg/min，600kg/min 三种标准型号。

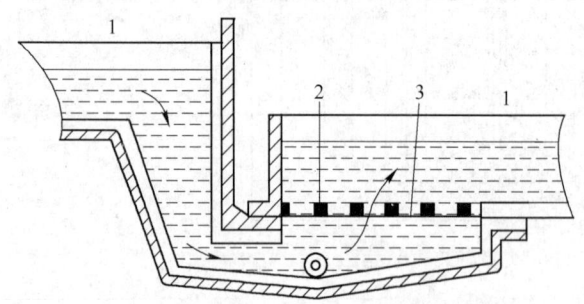

图 5-17　底注玻璃丝布过滤器

1—流槽；2—格子；3—玻璃丝布

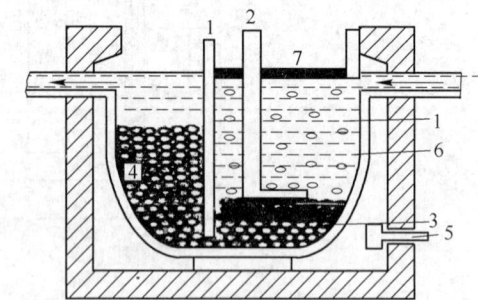

图 5-18　FILD 法熔体处理装置

1—熔体；2—气体扩散器；3—涂有熔剂的氧化铝球；4—氧化铝球；5—加热烧嘴；6—坩埚；7—熔剂

b　Alcoa 法

Alcoa 法是美国铝业公司（Alcoa）研究成功的熔体在线处理装置，如图 5-19 所示，在此装置中通过两次氧化铝球的过滤，在两次过滤装置的底部设有气体扩散器，熔体在过滤的同时吹入 N_2 或 Ar，也可加入少量（1%~10%） Cl_2 进行清洗。使用 Cl_2 的目的是除 Na，可使钠含量降低到 $1×10^{-4}$%，此法处理量为 23t/h，过滤球使用寿命为处理 1000~3000t 铝，适用于大批量单一合金生产。

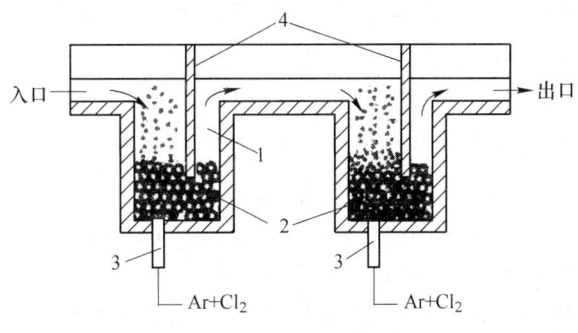

图 5-19 Alcoa 469 法熔体处理装置
1—熔体；2—氧化铝球；3—气体扩散器；4—隔板

C 刚玉管过滤

刚玉管过滤器效率高，能有效去除熔体较小的非金属夹杂物，适合于加工锻件、罐料和双零箔等产品使用，但刚玉管过滤使用价格昂贵，使用不方便。在日本使用较多，世界上其他地方使用较少，1980 年代西南铝曾研究成了刚玉管过滤器如图 5-20 所示。

过滤器中装有外径 100mm，内径 60mm，长度 500~900mm 的刚玉管数根，熔体通过陶瓷管的大小不等，曲折的微孔细孔道，熔体中杂质被阻滞，沉降及介质表面对杂质产生吸附和范德华力作用，将熔体中杂质颗粒滤除，20 目（0.9mm）陶瓷管能滤除 5μm 以上的夹杂颗粒，16 目（1.18mm）的可滤除 8~10μm 的夹杂颗粒，过滤开始的起始压头用式（5-47）计算：

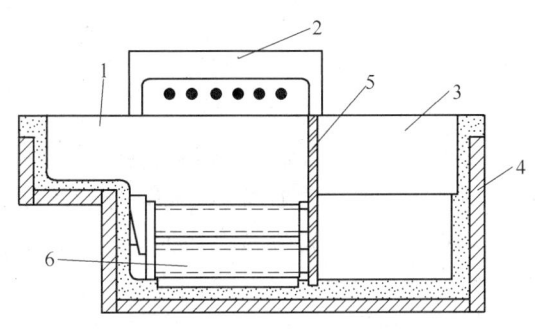

图 5-20 西南铝刚玉制的刚玉微孔过滤装置
1—流入口；2—加热器；3—流出口；
4—炉体；5—隔板；6—陶瓷过滤器

$$\rho = \frac{2\sigma\cos\theta}{r} \tag{5-47}$$

式中 ρ——熔体压头，Pa；

σ——熔体表面张力，Pa；

r——毛细孔道半径，cm；

θ——铝液与介质颗粒界面接触角。

过滤速度用式（5-48）计算：

$$Q = KS(\Delta H/\delta) \tag{5-48}$$

式中 Q——单位时间过滤量，cm^3/s；

S——过滤介质有效面积，cm^2；

ΔH——过滤前后的熔体压头差，Pa；

δ——过滤介质厚度，cm；

K——过滤系数，$cm^3 \cdot s/g$。

陶瓷管的使用寿命，一般通过量为 300~600t，适用单一合金批量生产，加工锻件与饮料罐薄板，双零箔等适用此法净化。此法的最大缺点是刚玉管价格昂贵，装配质量要求高。

　　D　泡沫陶瓷过滤板

　　泡沫陶瓷过滤板因使用方便，过滤效果好，价格低，在全世界被广泛使用，在发达国家中50%以上铝合金熔体都采用泡沫陶瓷过滤板过滤，泡沫陶瓷过滤板一般厚度为50mm，长宽为200~600mm 的过滤片，孔隙度高达 0.8~0.9mm，其装置如图 5-21 所示，它在过滤不需很高的压头，初期为 100~150mm，过滤后只需 2~10mm，过滤效果好且价格低，但是泡沫陶瓷过滤板较脆，易破损，一般情况只使用一次，若要使用二次及以上，必须采用熔体保温措施，但使用一般不允许超过七次，48 小时内必须更换新的过滤板。

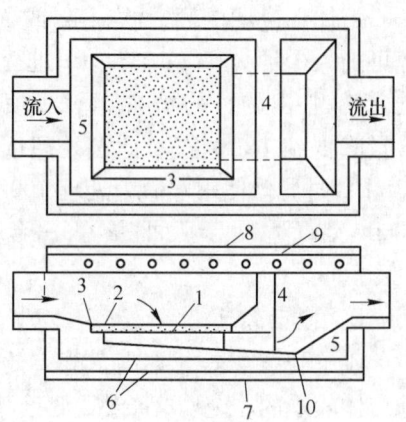

图 5-21　泡沫陶瓷过滤示意图
1—过滤体；2—垫圈；3—框架；
4—隔墙；5—耐火材料；6—绝热材料；
7—外壳；8—盖；9—发热体；
10—排放孔

5.3.4.3　除气+过滤

　　任何熔体处理过滤和除气都是相辅相成的，渣和气不能截然分开，一般情况往往渣伴生气，夹渣物越多，必然熔体中气含量越高，反之亦然。同时在除气过程必然同时去除熔体中的夹杂物，在去除夹杂物的同时，熔体中的气含量必然要降低。因此，把除气和熔体结合起来使用，对于提高熔体纯洁度是非常有益的，前面介绍的除气装置有许多都是除气与过滤相结合的熔体在线处理装置。这也是许多铝加工企业铝熔体在线处理所采用的方式，所以，这里就不再单独介绍除气与过滤在线处理相结合的方式，这需要广大铝加工业根据产品的质量要求及生产状况加以应用。

　　几种炉外在线除气装置效果列于表 5-19。

表 5-19　几种常见炉外在线处理装置除气效果

处理方法	采用气体	吹入气体量 /dm³·h⁻¹	熔体流量 /kg·h⁻¹	每千克熔体用气量 /dm³·h⁻¹	处理前 100gAl 中氢含量/mL	处理后 100gAl 中氢含量/mL	除气率 /%
Alcoa469	Ar+ (2~5) %Cl₂	3115	7938	0.39	0.24	0.08	66.7
		5664	8165	0.69	0.45	0.15	
Alcoa622	Ar+ (2~3) %Cl₂	2830	9000	0.31	0.40~0.45	0.22	48.8
		8550	9000	0.96	0.40~0.45	0.15	65.1
Alpur	Ar+ (2~3) %Cl₂	3000	5000	0.60	—	—	60~65
		10000	12000	0.83	—	—	60~65
MINT	Ar+ (1~3) %Cl₂	15000	—	0.7~0.9	0.35~0.40	0.14~0.16	约60
		12000	—	0.7~0.9	0.30~0.35	0.15~0.16	约50
SINF	Ar (Cl₂)	8000	(12000)	(0.67)	0.28	0.09	68
					0.23	0.08	65
					0.22	0.11	56

表格中的采用气体、吹入气体量、除气率单位：
- 吹入气体量 /dm³·h⁻¹
- 熔体流量 /kg·h⁻¹
- 每千克熔体用气量 /dm³·h⁻¹

处理方法	采用气体	吹入气体量 /dm³·h⁻¹	熔体流量 /kg·h⁻¹	每千克熔体用气量 /dm³·h⁻¹	处理前 100gAl 中氢含量/mL	处理后 100gAl 中氢含量/mL	除气率 /%
DFU	Ar+（1~3）%Cl₂或 Ar	—	—	—	0.25~0.30	0.10~0.15	50~70
DDF	Ar+（1~3）%Cl₂或 Ar	—	—	—	0.30~0.40	0.12~0.20	50~70

注：表中数据仅供参考。

5.4　铝及铝合金铸锭的铸造技术

5.4.1　铝及铝合金铸锭铸造方法的分类、特点与适用范围

铸造是将符合铸造要求的液体金属通过一系列转注工具浇入到一定形状的铸模中，冷却后得到一定形状和尺寸的铸锭的过程。要求所铸出的铸锭化学成分和组织均匀、冶金质量好、表面和几何尺寸符合技术标准。

铸锭质量的好坏不仅取决于液体金属的质量，还与铸造方法和工艺有关。目前国内应用较多的是不连续铸造（锭模铸造）、连续铸造及半连续铸造法。

5.4.1.1　锭模铸造特点及适用范围

锭模铸造，按其冷却方式可分为铁模和水冷模。铁模是靠模壁和空气传导热量而使熔体凝固，水冷模模壁是中空的，靠循环水冷却，通过调节进水管的水压控制冷却速度。

锭模铸造按浇注方式可分为平模、垂直模和倾斜模三种。锭模的形状有对开模和整体模，目前国内应用较多的是垂直对开水冷模和倾斜模两种。

对开水冷模一般由对开的两侧模组成。两侧模分别通冷却水，为使模壁冷却均匀，在两侧水套中设有挡水屏，为改善铸锭质量，使铸锭中气体析出，同时减缓铸模的激冷作用，常把铸模内表面加工成浅沟槽状。沟槽深约 2mm，宽约 1.2mm，沟槽间的齿宽约 1.2mm。

倾斜模铸造中，首先将锭模与垂直方向倾斜成 30°~40°角，液流沿锭模窄面模壁流入模底，浇注到模内液面至模壁高的 1/3 时，便一边浇注一边转动模子，使在快浇到预定高度时模子正好转到垂直位置。倾斜模浇注减少了液流冲击和翻滚，提高了铸锭质量。

锭模铸造是一种比较原始的铸造方法，铸锭晶粒粗大，结晶方向不一致，中心疏松程度严重，不利于随后的加工变形，只适用于产品性能要求低的小规模制品的生产，但锭模铸造操作简单、投资少、成本低，因此在一些小加工厂仍广泛应用。

5.4.1.2　连续及半连续铸造

A　概述

连续铸造是以一定的速度将金属液浇入到结晶器内并连续不断地以一定的速度将铸锭拉出来的铸造方法。如只浇注一段时间把一定长度铸锭拉出来再进行第二次浇注称为半连续铸造。与锭模铸造相比，连续（半连续）铸造其铸锭质量好、晶内结构细小、组织致密，气孔、疏松、氧化膜废品少，铸锭的成品率高。缺点是硬合金大断面铸锭的裂纹倾向

大，存在晶内偏析和组织不均等现象。

B　连续（或半连续）铸造的分类、特点及适用范围

a　按其作用原理分类

连续（或半连续）铸造按其作用原理，可分为普通模铸造、隔热模铸造和热顶铸造。普通模铸造是采用铜质、铝质或石墨材料做结晶器内壁，结晶槽高度有100~200mm，也有小于100mm的。结晶器起成型作用，铸锭冷却主要靠结晶器出口处直接喷水冷却，适用于多种合金、规格的铸造。

隔热模铸造用结晶器是在普通模结晶器内壁上部衬一层保温耐火材料，从而使结晶器内上部熔体不与器壁发生热交换，缩短了熔体到达二次水冷的距离，使凝壳水冷，减少了冷隔、气隙和偏析瘤的形成倾向。结晶器下部为有效结晶区。与普通模铸造相比，同水平多模热顶铸造装置在转注方面采用横向供流，热顶内的金属熔体与流盘内液面处于同一水平，实现了同水平铸造。同时取消了漏斗，可铸更小规格的铸锭（国外大规格硬合金园锭也有），简化了操作工艺。这两种方法所铸造出的铸锭表面光滑、粗晶晶区小、枝晶细小而均匀，操作方便，可实现同水平多根铸造，生产效率高。但由于铸锭接触二次水冷的时间较早，这两种方法在铸造硬铝、超硬铝扁锭和大直径圆锭时，铸锭中心裂纹倾向大，故一般用于小直径圆锭和软合金扁锭的生产。

b　按铸锭拉出来方向分类

连续及半连续铸造按铸锭拉出来的方向不同，可分为立式铸造和卧式铸造，上述三种铸造方法均可用在立式铸造上，后两种铸造方法可以用于卧式铸造。

立式铸造的特征是铸锭以竖直方向拉出，可分为地坑式和高架式，通常采用地坑式。立式半连续铸造方法在国内有着广泛的应用，这种方法的优点是生产的自动化程度高，改善了劳动条件。缺点是设备初期投资大。卧式铸造又称水平铸造或横向铸造，铸锭沿水平方向拉出，如配以同步锯，可实现连续铸造。其优点是熔体二次污染小，设备简单，投资小，见效快，工艺控制方便，劳动强度低，配以同步锯时，可连铸连切，生产效率高，但由于铸锭凝固不均匀，液穴不对称，偏心裂纹倾向高，一般不适于大截面铸锭的铸造。

由于连续及半连续铸造的优越性及其在现代铝加工中不可替代的作用，因此，本章主要介绍连续及半连续铸造。

5.4.2　铸锭的结晶和组织

5.4.2.1　铸锭的典型组织

铸锭的典型组织有：

（1）表面细等轴晶区。细等轴晶区是在结晶器壁的强烈冷却和液体金属的对流双重作用下产生的。当液体金属浇入低温的结晶器内，与结晶器壁接触的液体受到强烈的冷却，并在结晶器壁附近的过冷液体中产生大量的晶核，为细等轴晶区的形成创造了热力学条件；同时由于浇注时，液流引起的动量对流及液体内外温差引起温度起伏，使结晶器壁表面晶体脱落和重熔，增加了凝固区的晶核数目，因而形成了表面细等轴晶区。

细等轴晶区的宽窄与浇注温度、结晶器壁温度及导热能力、合金成分等因素有关。浇注温度高、结晶器壁导热能力弱时，细等轴晶区窄；适当地提高冷却强度可使细等晶区变

宽，但冷却强度过大时，细等轴晶区减小，甚至完全消失。

（2）柱状晶区。随着液体对流作用的减弱，结晶器壁与凝固层上晶体脱落减少，加上结晶潜热的析出使界面前沿液体温度升高，细等轴晶区不能扩展。这时结晶器壁与铸锭间形成气隙，降低了导热速度，使结晶前沿过冷减小，结晶只能靠细等轴晶的长大来进行。这时那些一次晶生成的方向与凝固方向一致的晶体，由于具有最好的散热条件而优先长大，其析出的潜热又使其他枝晶前沿的温度升高，从而抑制其他晶体的长大，使自己向内延伸成柱状晶。

（3）中心等轴晶区。中心等轴晶区的形成有三种形式。一种是表面细等轴晶的游离，即凝固初期在结晶器壁附近形成的晶体，由于其密度与熔体密度的差异以及对流作用，浮游至中心成为等轴晶；第二种是枝晶的熔断和游离。柱状晶长大时，在枝晶末端形成溶质偏析层，抑制枝晶的生长，但此偏析层很薄，任何枝晶的长大都要穿过此层，因而形成缩颈，该缩颈在长大枝晶的结晶潜热作用下，或在液体对流作用下熔断，其碎块游离至铸锭的中心，在温度低时可能形成等轴晶；第三种是液面的晶体组织。在浇注过程中，大量的晶体在对流作用下或发展成表面细等轴晶，或被卷至铸锭中部悬浮于液体中，随着温度下降，对流的减弱，沉积在铸锭下部的晶体越来越多，形成中部等到轴晶区。

应该指出，在实际生产条件下，不一定三个晶区共存，可能只有一个或两个晶区。除上述三种晶粒组织外，还可能出现一些异常的晶粒，如粗大晶粒、羽毛晶粒等。

5.4.2.2 铸锭组织特征

在直接水冷半连续铸造条件下生产的铝合金铸锭，由于强烈的冷却作用引起的浓度过冷和温度过冷，使凝固后的铸态组织偏离平衡状态，这些组织主要有以下特点。

（1）晶界和枝晶界存在不平衡结晶。以含 Cu 4.2% 的 Al-Cu 二元合金为例（见图 5-22）。在平衡结晶时，合金到 b 点完全凝固，在 $a \sim d$ 点组织为均匀的 a 固溶体，温度降至 d 点以下时，a 固溶体分解，在 a 固溶体上析出 $CuAl_2$ 质点。若在非平衡条件下（图 5-22 中虚线部分），晶体的实际成分也不能按平衡固相线变化，而是按非平衡固相变化，含 Cu 4.2% 的合金必须冷却到 c 点才能完全凝固。这时合金受溶质再分配的影响，在晶界和枝晶上有一定数量的不平衡共晶组织。冷却速度越大，不平衡结晶程度越严重，在晶界和枝晶界上这种不平衡结晶组织的数量越多。

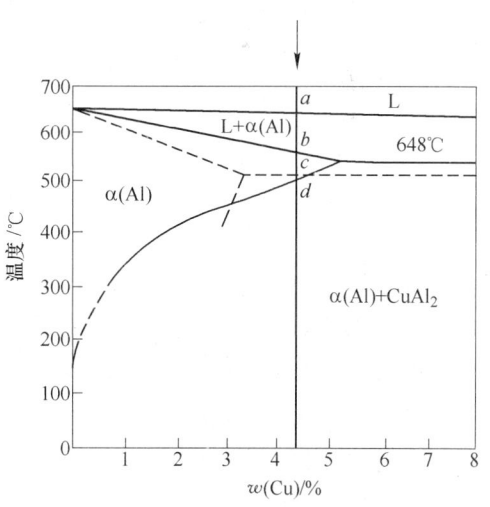

图 5-22 Al-Cu 二元共晶平衡与非平衡
结晶示意图

（2）存在着枝晶偏析。枝晶偏析的形成和不平衡共晶的形成相似。由于溶质元素来不及析出，在晶粒内部造成成分不均匀现象，即枝晶偏析。枝晶内合金元素偏析的方向与合金的平衡图类型有关。在共晶型的合金中，枝晶中心的元素含量低，从中心至边缘逐渐增多。

（3）枝晶内存在着过饱和的难溶元素。合金元素在铝中的溶解度随温度的升高而增加。在液态下和固态下溶解度相差很大。在铸造过程中，当合金由液态向固态转变时，由于冷却速度很大，在熔体中处于溶解状态的难溶合金元素，如 Mn、Ti、Cr、Zr 等，由于来不及析出而形成该元素的饱和固溶体。冷却速度越大，合金元素含量越高，固溶体过饱和程度越严重。

5.4.3 晶粒细化

理想的铸锭组织是铸锭整个截面上具有均匀、细小的等轴晶，这是因为等轴晶各向异性小，加工时变形均匀、性能优异、塑性好，利于铸造及随后的塑性加工。要得到这种组织，通常需要对熔体进行细化处理。凡是能促进形核、抑制晶粒长大的处理，都能细化晶粒。铝工业生产中常用以下几种方法。

5.4.3.1 控制过冷度

形核率与长大速度都与过冷度有关，过冷度增加，形核率与长大速度都增加，但两者的增加速度不同，形核率的增长率大于长大速度的增长率，如图 5-23 所示。在一般金属结晶时的过冷范围内，过冷度越大，晶粒越细小。

铝及铝合金铸锭生产中增加过冷度的方法主要有降低铸造速度、提高液态金属的冷却速度、降低浇注温度等。

5.4.3.2 动态晶粒细化

动态晶粒细化就是对凝固的金属进行振动和搅动，一方面依靠从外面输入能量促使晶核提前形成，另一方面使成长中的枝晶破碎，增加晶核数目。目前已采取的方法有机械搅拌、电磁搅拌、音频振动及超声波振动等。利用机械或电磁

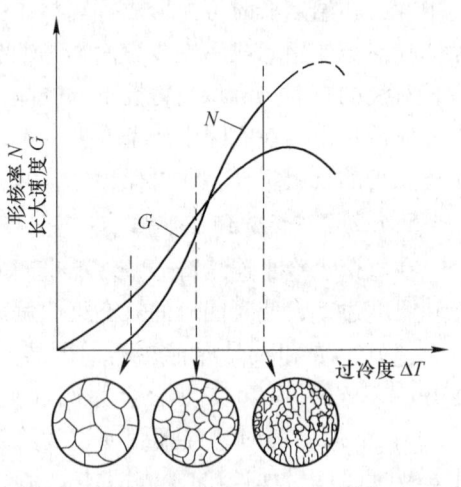

图 5-23 金属结晶时形核率、长大速度与
过冷度的关系

感应法搅动液穴中的熔体，增加了熔体与冷凝壳的热交换，液穴中熔体温度降低，过冷带增大，破碎了结晶前沿的骨架，出现了大量可作为结晶核的枝晶碎块，从而使晶粒细化。

5.4.3.3 变质处理

变质处理是向金属液中添加少量活性物质，促使液体金属内部生核或改变晶体成长过程的一种方法，生产中常用的变质剂有形核变质剂和吸附变质剂。

A 形核变质剂

形核变质剂的作用机理是向铝熔体中加入一些能够产生非自发晶核的物质，使其在凝固过程中通过异质形核而达到细化晶粒的目的。

a 对形核变质剂的要求

要求所加入的变质剂或其与铝反应生成的化合物具有以下特点：晶格结构和晶格常数与被变质熔体相适应；稳定；熔点高；在铝熔体中分散度高，能均匀分布在熔体中；不污染铝合金熔体。

b 形核变质的种类

变形铝合金一般选含 Ti、Zr、B、C 等元素的化合物做晶粒细化剂，其化合物特征见表 5-20。

表 5-20 铝熔体中常用细化质点特征

名 称	密度/g·cm⁻³	熔点/℃
TiAl₃	3.11	1337
TiB₂	3.2	2920
TiC	3.4	3147

Al-Ti 是传统的晶粒细化剂，Ti 在 Al 中包晶反应生成 $TiAl_3$，$TiAl_3$ 与液态金属接触的 (001) 和 (011) 面是铝凝固时的有效形核基面，增加了形核率，从而使结晶组织细化。

Al-Ti-B 是目前国内公认的最有效的细化剂之一。Al-Ti-B 与 Re、Sr 等元素共同作用，其细化效果更佳。

在实际生产条件下，受各种因素影响，TiB_2 质点易聚集成块，尤其在加入时由于熔体局部温度降低，导致加入点附近变得黏稠，流动性差，使 TiB_2 质点更易聚集形成夹杂，影响净化、细化效果；TiB_2 质点除本身易偏析聚集外，还易于氧化膜或熔体中存在的盐类结合造成夹杂；7×××系合金中的 Zr、Cr、V 元素还可以使 TiB_2 失去细化作用，造成粗晶组织。

由于 Al-Ti-B 存在以上不足，于是人们寻求更为有效的变质剂。近年来，不少厂家正致力于 Al-Ti-C 变质剂的研究。

c 变质剂的加入方式

变质剂的加入方式有：

(1) 以化合物方式加入。如 K_2TiF_6、KBF_4、K_2ZrF_6、$TiCl_4$、BCl_3 等。经过化学反应，被置换出来的 Ti、Zr、B 等，再重新化合而形成非自发晶核。这些方法虽然简单，但效果不理想。反应中生成的浮渣影响熔体质量，同时再次生成的 $TiCl_3$、KB_2、$ZrAl_3$ 等质点易聚集，影响细化效果。

(2) 以中间合金形式加入。目前工业用细化剂大多以中间合金形式加入，如 Al-Ti、Al-Ti-B、Al-Ti-C、Al-Ti-B-Sr、Al-Ti-B-RE 等。中间合金做成块状或线状。

d 影响细化效果的因素

影响细化效果的因素有：

(1) 细化剂的种类。细化剂不同，细化效果也不同。实践证明，Al-Ti-B 比 Al-Ti 更为有效。

(2) 细化剂的用量。一般来说，细化剂加入越多，细化效果越好。但细化剂加入过多易使熔体中金属间化合物增多并聚集，影响熔体质量。因此在满足晶粒度的前提下，杂质元素加入的越少越好。

从包晶反应的观点出发，为了细化晶粒，Ti 的添加量应大于 0.15%，但在实际变形铝合金中，其他组元（如 Fe）以及自然夹杂物（如 Al_2O_3）也参与了形成晶核的作用，一般只加入 0.01%~0.06%便足够了。

熔体中 B 含量与 Ti 含量有关。要求 B 与 Ti 形成 TiB_2 后熔体中有过剩 Ti 存在。B 含量与晶粒度关系如图 5-24 所示。

在使用 Al-Ti-B 作为晶粒细化剂时，500 个 TiB_2 粒子中有一个使 α-Al 成核，TiC 的形核率是 TiB_2 的 100 倍，因此一般将加入 TiC 质点数量分数定为 TiB_2 质点的 50% 以下，粒子越少，每个粒子的形核机会就越高，同时也防止粒子碰撞、聚集和沉淀。此外，TiC 质量分数 0.001%～0.01%，晶粒细化就相当有效。

（3）细化剂质量。细化质点的尺寸、形状和分布是影响细化效果的重要因素。质点尺寸小，比表面积小（以点状、球状最佳），在熔体中弥散分布，则细化效果好。以 $TiAl_3$ 为例，块状 $TiAl_3$ 比针状 $TiAl_3$ 细化效果好，这是因为块状 $TiAl_3$ 有三个面面向熔体，形核率高。

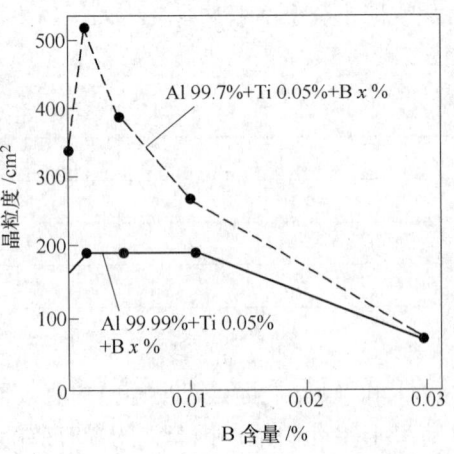

图 5-24　B 含量与晶粒度的关系

（4）细化剂添加时机。$TiAl_3$ 质点在加入熔体中 10min 时效果最好，40min 后细化效果衰退。TiB_2 质点的聚集倾向随时间的延长而加大。TiC 质点随时间延长易分解。因此，细化剂最好铸造前在线加入。

（5）细化剂加入时熔体温度。随着温度的提高，$TiAl_3$ 逐渐溶解，细化效果降低。

B　吸附变质剂

吸附变质剂的特点是熔点低，能显著降低合金的液相线温度，原子半径大，在合金中固溶量小，在晶体生长时富集在相界面上，阻碍晶体长大，又能形成较大的成分过冷，使晶体分枝形成细的缩颈而易于熔断，促进晶体的游离和晶核的增加。其缺点是由于存在于枝晶和晶界间，常引起热脆。吸附性变质剂常有以下几种。

a　含钠的变质剂

钠是变质共晶硅最有效的变质剂，生产中可以钠盐或纯金属（但以纯金属形式加入时可能分布不均，生产中很少采用）形式加入。钠混合盐组成为 NaF、NaCl、Na_3AlF_6 等，变质过程中只有 NaF 起作用，其反应如下：

$$6NaF+Al \longrightarrow Na_3AlF_6+3Na \tag{5-49}$$

加入混合盐的目的，一方面是降低混合物的熔点（NaF 熔点 992℃），提高变质速度和效果，另一方面对熔体中钠进行熔剂化保护，防止钠的烧损。熔体中钠质量分数一般控制在 0.01%～0.014%，考虑到实际生产条件下不是所有的 NaF 都参与反应，因此计算时钠的质量分数可适当提高，但一般不应超过 0.02%。

使用钠盐变质时，存在以下缺点：钠含量不易控制，量少易出现变质不足，量多可能出现过变质（恶化合金性能，夹渣倾向大，严重时恶化铸锭组织）；钠变质有效时间短，要加保护性措施（如合金化保护、熔剂保护等）；变质后炉内残余钠对随后生产合金的影响很大，造成熔体黏度大，增加合金的裂纹和拉裂倾向，尤其对高镁合金的钠脆影响很大；NaF 有毒，影响操作者健康。

b　含锶（Sr）变质剂

含锶变质剂有锶盐和中间合金两种。锶盐的变质效果受熔体温度和铸造时间影响大，应用很少。目前国内应用较多的 Al-Sr 中间合金。与钠盐变质剂相比，锶变质剂无毒，具有长效性，它不仅细化粗晶硅，还有细化共晶硅团的作用，对炉子污染小。但使用含锶变质剂时，锶烧损大，要加含锶盐类熔剂保护，同时合金加入锶后吸气倾向增加，易造成最终制品气孔缺陷。

锶的加入量受下面各因素影响很大：熔剂化保护程度好，锶烧损小，锶的加入量少；铸件规格小，锶的加入量少；铸造时间短，锶烧损小，加入量少；冷却速度大，锶的加入量少。生产中锶的加入量应由实验确定。

c　其他变质剂

钡对共晶硅具有良好的变质作用，且变质工艺简单、成本低，但对厚壁件变质效果不好。

锑对 Al-Si 合金也有较好的变质效果，但对缓冷的厚壁铸件变质效果不明显。此外，对部分变形铝合金而言，锑是有害杂志，须严加控制。

变形铝合金常用变质剂见表 5-21。

表 5-21　变形铝合金常用变质剂

金属	变质剂一般用量/%	加入方式	效果	附　注
1×××系合金	0.01~0.05Ti	Al-Ti 合金	好	晶核 TiAl$_3$ 或 Ti 的偏析吸附细化晶粒
	0.01~0.03Ti+ 0.003~0.01B	Al-Ti-B 合金或 K$_2$TiF$_6$+KBF$_4$	好	晶核 TiAl$_3$ 或 TiB$_2$、(Ti, Al)B$_2$，B 与 Ti 质量分数之比为 1∶2 效果好
3×××系合金	0.45~0.6Fe	Al-Fe 合金	较好	晶核 (FeMn)$_4$Al$_6$
	0.01~0.05Ti	Al-Ti 合金	较好	晶核 TiAl$_3$
含 Fe、Ni、Cr 的 Al 合金	0.2~0.5Mg	纯镁		细化金属化合物初晶
	0.01~0.05Na 或 Li	Na 或 NaF、LiF		
5×××系合金	0.01~0.05Zr 或 Mn、Cr	Al-Zr 合金或锆盐、Al-Mn、Cr 合金	好	晶核 ZrAl$_3$，用于高镁合金
	0.1~0.2Ti+0.02Be	Al-Ti-B 合金	好	晶核 TiAl$_3$ 或 TiAl$_x$，用于高镁铝合金
	0.1~0.2Ti+0.15C	Al-Ti 合金或炭粉	好	晶核 TiAl$_3$ 或 TiAl$_x$、TiC，用于各种 Al-Mg 系合金
需变质的 4×××系合金	0.005~0.01Na	纯钠或钠盐	好	主要是钠的偏析吸附细化共晶硅、并改变其形貌；常用 67%NaF+33%NaCl，变质时间少于 25min
	0.01~0.05P	磷粉或 P-Cu 合金	好	晶核 Cu$_2$P，细化初晶硅
	0.1~0.5Sr 或 Te、Sb	锶盐或纯碲、锑	较好	Sr、Te、Sb 阻碍晶体长大
6×××系合金	0.15~0.2Ti	Al-Ti 合金	好	晶核 TiAl$_3$ 或 TiAl$_x$
	0.1~0.2Ti+0.02B	Al-Ti 或 Al-B 合金或者 Al-Ti-B 合金	好	晶核 TiAl$_3$ 或 TiB$_2$(Al, Ti)B$_2$

最近的研究发现，不只晶粒度影响铸锭的质量和力学性能，枝晶的细化程度及枝晶间的疏松、偏析、夹杂对铸锭质量也有很大影响。枝晶的细化程度主要取决于凝固前沿的过

冷，这种过冷于铸造结晶速度有关，如图 5-25 所示。靠近结晶前沿区域的过冷度越大，结晶前沿越窄，晶粒内部结构就越小。在结晶速度相同的情况下，枝晶细化程度可采用吸附型变质剂加以改变，形核变质剂对晶粒内部结构没有直接影响。

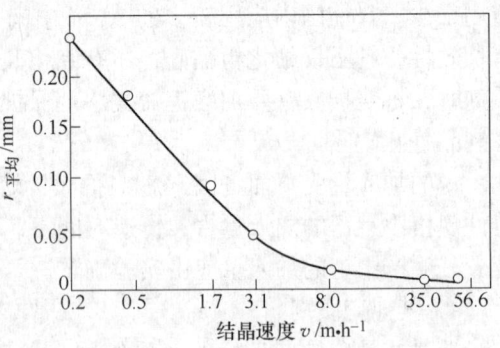

图 5-25　结晶速度对枝晶细化程度的影响

5.4.4　铸造工艺对铸锭质量的影响

半连续及连续铸造中，影响铸锭质量的主要因素有冷却速度、铸造速度、铸造温度、结晶器高度等。

5.4.4.1　冷却速度对铸锭质量的影响

A　冷却速度对铸锭质量的主要影响

冷却速度对铸锭质量的主要影响有：

（1）对组织结构的影响。在直接水冷半连续铸造中，随着冷却强度的增加，铸锭结晶速度提高，熔体中溶质元素来不及扩散，过冷度增加，晶核增多，因而所得晶粒细小；同时过渡带尺寸缩小，铸锭致密度提高，减小了疏松倾向。此外提高冷却速度，还可以细化一次晶化合物尺寸，减小区域偏析的程度。

（2）对力学性能的影响。合金成分不同，冷却强度对铸锭力学性能的影响程度也不一样。对同一种合金来说，铸锭的力学性能随冷却强度的增大而提高。

（3）对裂纹倾向的影响。随着冷却强度的提高，铸锭内外层温差大，铸锭中的热应力相应提高，是铸锭的裂纹倾向增大。此外，冷却均匀程度对裂纹也有很大影响。水冷不均会造成铸锭各部分收缩不一致，冷却弱的部分将出现曲率半径很小的液穴区段，该区段局部温度高，最后收缩时受较大拉应力而出现裂纹。

（4）对表面质量的影响。在普通模铸造条件下，随着冷却强度的提高，在铸造速度慢时会使冷隔的倾向变大，但会使偏析浮出物和拉裂的倾向降低。

B　冷却水量的确定

连续铸造条件下，冷却水量可按式（5-50）估算：

$$w = \frac{c_1(t_3 - t_2) + L + c_2(t_2 - t_1)}{c(t_4 - t_5)} \tag{5-50}$$

式中　w——单位质量金属的耗水量，m^3/t；

c_1——金属在（$t_3 \sim t_2$）温度区间的平均比热容，$J/(kg \cdot ℃)$；

c_2——金属在（$t_2 \sim t_1$）温度区间的平均比热容，$J/(kg \cdot ℃)$；

t_1——金属最终冷却温度，℃；

t_2——金属熔点，℃；

t_3——进入结晶器的液体金属温度，℃；

t_4——结晶器进水温度，℃；

t_5——二次冷却水最终温度,℃;

c——水的比热容,J/(kg·℃);

L——金属的熔化潜热,J/kg。

在结晶器和供水系统结构一定的情况下,冷却水的流量和流速是通过改变冷却水压来实现的,应注意:

(1)扁锭的铸速度高,单位时间内凝固的金属量大,故需冷却水多,水压应大些;圆锭和空心锭水压小些。

(2)铸锭规格相同,冷却水压由大到小的顺序是软合金→锻铝→硬铝系合金→高镁合金→超硬铝合金。但硬铝扁铸锭小面水压大,以消除侧面裂纹。

(3)同一合金,随着铸锭规格变大(圆铸锭直径增大,扁铸锭变厚),要降低水压,以降低裂纹倾向。但对软合金和裂纹倾向小的合金,也可随规格增大加大水压,才能保证良好的铸态性能。

(4)采用隔热膜、热顶和模向铸造时其冷却速度基本同于普遍模铸造相应冷却强度。

C　对冷却水的要求

半连续铸造时对冷却用水的要求见表5-22。此外,为保证冷却均匀,要保证水温基本不波动、冷却水尽可能均匀、冷却水流量稳定,防止结晶器二次水冷喷水孔堵塞。

表 5-22　半连续铸造用冷却水的要求

水温/℃		水压/MPa	结垢物质量		pH	SO_4^{3-}/mg·L^{-1}	PO_4^{3-}/mg·L^{-1}	悬浮物量		
出水孔	入水孔		含量/%	硬度/mg·L^{-1}				总量/mg	单个大小/mm^3	单个长度/mm
<35	≤25	1.5~3.0	≤0.01	≤55	7~8	<400	≤3	≤100	≤1.4	<3

5.4.4.2　铸造速度对铸锭质量的影响

铸造速度的快慢直接影响铸锭的结晶速度、液穴深度及过渡宽窄,是决定铸锭质量的重要参数。

A　铸造速度对铸锭质量的主要影响

铸造速度对铸锭质量的主要影响有:

(1)对组织的影响。在一定范围内,随着铸造速度的提高,铸锭结晶内结构细小。但过高的铸造速度会使液穴变深($h_{液穴}=kv_{铸}$),过渡带尺寸变宽,结晶组织粗化,结晶时的补缩条件恶化,增大了中心疏松倾向,同时铸锭的区域偏析加剧,使合金的组织和成分不均匀程度增大。

(2)对力学性能的影响。随着铸造速度的提高,铸造的平均力学性能如图5-26的曲线变化,且其沿铸锭截面分布的不均匀程度增大。

(3)对裂纹倾向的影响。随着铸造速度的提高,

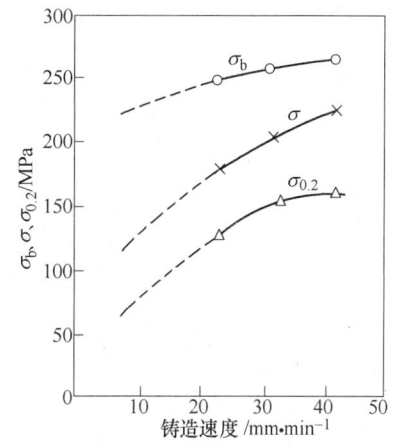

图 5-26　5A06 合金 φ405 铸锭的平均力学性能与铸造速度的关系

铸锭形成冷裂纹的倾向降低，热裂纹倾向升高。这是因为提高铸造速度时，铸锭中已凝固部分温度升高，塑性好，因此冷裂倾向低。但铸锭过渡带尺寸变大，脆性区几何尺寸变大，因而热裂倾向升高。

（4）对表面质量的影响。提高铸造速度，液穴深，结晶壁薄，铸造产生金属瘤、漏铝和拉裂倾向变大；铸造速度过低易造成冷隔，严重的可能成为低塑性大规格铸锭冷裂纹的起因。

B　铸造速度选择

选择铸造速度的原则是在满足技术标准的前提下，尽可能提高铸造速度，以提高生产效率。

（1）扁铸锭铸造速度的选择以不形成裂纹为前提。对冷裂倾向大的合金，随铸锭宽厚比增大，应提高铸造速度，对冷裂倾向小的软合金，随铸锭宽厚比的增大适当降低铸造速度。在铸锭厚度和宽度比一定时，随合金热裂向的增加，铸造速度应适当降低。

（2）实心圆铸锭铸造速度选择一般遵循以下原则：对同种合金，随直径增大，铸造速度逐渐减小；对同规格不同合金，铸造速度应按照软合金→锻造铝合金→高镁合金→硬合金→超硬铝合金的顺序逐步递减。

（3）空心锭铸造速度的选择。对同一种合金，外径或内径相同时，铸造速度随壁厚增加而降低。在其他条件相同时，软合金空心锭的铸造速度约比同外径的实心圆锭的高30%，比硬合金高50%~100%。

（4）对同合金、同规格铸锭，采用隔热模、热顶、横向铸造时，其铸造速度一般比普通模高出20%~160%。

此外，铸造速度的选择还与合金的化学成分有关。对同一种合金，其他工艺参数不变时，调整化学成分，使合金塑性提高，铸造速度也可以相应提高。

5.4.4.3　铸造温度对铸造质量的影响

A　铸造温度对铸锭质量的主要影响

铸造温度对铸锭质量的主要影响有：

（1）对组织的影响。提高铸造温度，使铸锭晶粒粗化倾向增加。在一定范围内提高铸造温度，铸锭液穴变深，结晶前沿温度梯度变陡，结晶时冷却速度大，晶内结构细化，但同时形成柱状晶、羽毛晶组织的倾向增大。提高铸造温度还会使液穴中悬浮晶尺寸缩小，因而形成一次晶化合物倾向变低，排气补缩条件得到改善，致密度得到提高。降低铸造温度，熔体黏度增加，补缩条件变坏，疏松、氧化膜缺陷增多。

（2）对力学性能的影响。在一定范围内提高铸造温度，硬合金铸锭的铸态力学性能可相应提高，但软合金铸锭的铸态力学性能受晶粒度的影响，有下降的趋势。无论硬合金还是软合金铸锭，其纵向和横向力学性能差别很大。降低铸造温度可能导致体积顺序结晶而降低力学性能。

（3）对裂纹倾向的影响。其他条件不变时，提高铸造温度，液穴变深，柱状晶形成倾向增大，合金的热脆性增加，裂纹倾向变大。

（4）对表面质量的影响。随着铸造温度的提高，铸锭的凝壳壁变薄，在熔体静压力作用下易形成拉痕、拉裂、偏析物浮出等缺陷，但形成冷隔倾向降低。

B　铸造温度的选择

铸造温度应保证熔体在转注过程中有良好的流动性，选择铸造温度应根据转注距离、转注过程降温情况、合金、规格、流量等因素来确定。一般来说，铸造温度应比合金液相线温度高50~110℃。

扁铸锭热裂倾向高，铸造温度相应低些，一般为680~735℃。

圆铸锭的裂纹倾向低，为保证合金有良好的排气补缩能力。创造顺序结晶条件，提高致密度，一般铸造温度偏高。直径在350mm以上的铸锭铸造温度一般为730~750℃，对形成金属化合物一次晶倾向大的合金可选择740~755℃，对小直径铸锭，因其过渡带尺寸小，力学性能好，一般以满足流动性和不形成光亮晶为准，一般温度为715~740℃。

空心铸锭铸造温度可参照同合金相同外径的实心圆铸锭下限选取。

隔热模热顶、横向铸造时，其铸造温度基本与普通模铸造温度相当。

5.4.4.4　结晶器高度对铸锭质量的影响

A　结晶器高度对铸锭质量的主要影响

结晶器高度对铸锭质量的主要影响有：

（1）对组织的影响。随着结晶器高度的降低，有效结晶区短，冷却速度快，溶质元素来不及扩散，活性质点多，晶内结构细。上部熔体温度高，流动性好有利于气体和非金属夹杂物的上浮，疏松倾向小。

（2）对力学性能的影响。随着有效结晶区的缩短，晶粒细小，有利于提高平均力学性能。

（3）对裂纹倾向的影响。采用矮结晶器时，铸锭表面光滑，这是因为铸锭周边逆偏析程度和深度小，凝壳无二次重熔现象，抑制了偏析瘤的生成。

B　结晶器高度的选择

对软合金及塑性好的纵向压延扁锭、小规格圆锭和空心锭，因其裂纹倾向小，宜采用矮结晶器铸造，结晶器高度一般在20~80mm；对塑性低的横向压延扁锭、大直径圆锭及空心锭采用高结晶器铸造，结晶器高度一般为80~200mm。

5.4.5　铸造工艺流程与操作技术

先进的操作是采用倾翻式静置炉，通过液位传感器控制液流，采用挡板控制液体流向，结晶器与底座间隙小，无需塞底座，铸造过程采用计算机控制，一旦发生异常自动停止供流。但这种操作目前国内应用较少，本节就目前国内应用较多的连续及半连续铸造工艺流程及操作介绍如下。

5.4.5.1　工艺流程

铝及铝合金半连续（连续）铸造工艺流程如图5-27所示。

5.4.5.2　操作技术工艺

A　铸造前的准备

铸造前的准备如下。

a　静置炉的准备

检查静置炉加热组件是否处于完好状态，导炉前保持炉内清洁。

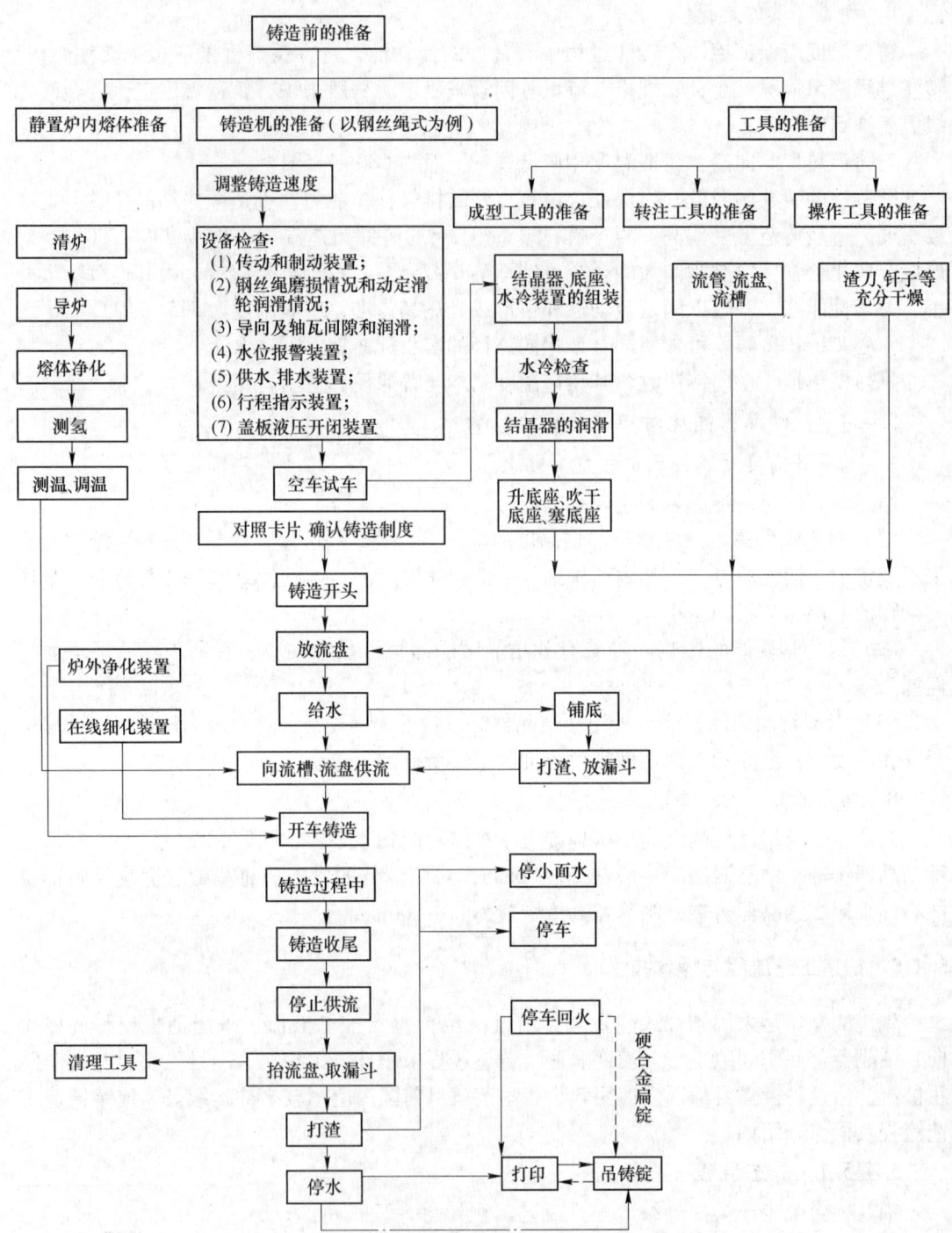

图 5-27　铝及铝合金铸锭半连续（连续）铸造工艺流程

b　熔体的准备

熔体的准备包括：

（1）倒炉。将熔体从熔炼炉转入静置炉的过程称为倒炉。倒炉过程中应封闭各落差点，严禁翻滚造渣。

（2）测温。倒炉前测熔炼炉内熔体温度，要求熔体既要有良好的流动性，又要避免熔体过热，一般出炉温度不低于铸造温度的上限，也不能高于熔炼温度的上限。对某些铸造温度上限达 750~760℃ 的合金，其出炉瞬间温度允许比铸造温度高 10~15℃。倒炉过程中及倒炉后仍要测温并调整静置炉内熔体温度在铸造温度范围内。测温前检查仪表、热电偶是否正常，测温时将热电偶插入熔体 1/2 深度处。

（3）熔体净化处理。

c　工具的准备

工具的准备包括：

（1）转注及操作工具的准备。流管、流槽、流盘等使用前糊制、喷涂并干燥；渣刀、钎子等使用前干燥、预热。

（2）成型工具的准备。结晶器和芯子工作表面应光滑，没有划痕和凹坑，并进行润滑处理；冷却水应符合技术条件要求，定期清理过滤网。保证水路清洁无水垢，水冷系统连续严密不漏水。为保证水冷均匀，应做到：出水孔角度符合要求并保持一致；给水前用压缩空气将水路系统中赃物吹净，保证水孔畅通，必要时定期将水冷系统拆开，彻底进行清理；出水孔无阻塞现象；扁锭结晶器外一表面光滑平直，无卷边、刀痕、磕伤、变形、水垢、油污，防止水流分叉；扁锭结晶器与水冷系统间隙一致，保证二次水喷在结晶器下缘或稍低一点的水平线上。有挡水板时，使两侧挡水板角度一致，并保证流经挡水板的水喷在铸锭上；圆锭内外套严密配合，组合水孔不能有缝隙；空心锭结晶器与芯子的出水孔应保持在同一水平面上，芯子要对中。

d　检查设备

检查传动和制动装置，钢丝绳磨损情况，滑轮润滑情况，导向轮轴瓦间隙及润滑，水位报警装置，供水、排水装置，行程指示装置，盖板液压开闭装置，电气控制装置等。

e　确认铸造制度

根据所铸合金、规格，参照规程选用水冷系统、底座、芯子、结晶器及与之匹配的漏斗、漏斗架等工具，确认工艺参数，如铸造温度、铸造速度、冷却水压、铺底、回火等。

B　铸造的开头

a　铺底

铺底是在基体金属注入结晶器之前，在底座和结晶器内注入纯铝，在纯铝未完全凝固前浇入基体金属的操作。铺底的目的是为了防止底部裂纹，这是因为纯铝塑性好，线收缩系数大，能以有效变形来抵抗底部的拉应力。大部分的横向压延扁锭都需要铺底，直径 φ290mm 以上的硬合金和超硬合金圆锭也要求铺底。

铺底用的纯铝品味一般不低于 99.5%，其中 Fe 大于 Si，温度一般为 700~740℃，扁锭铺底厚度不小于 30mm，圆锭不小于 50mm。铺底铝浇入结晶器中并打出氧化夹渣，待铺底铝周边凝固 20mm 左右时浇入基本金属。

对不需纯铝铺底而有一定裂纹倾向的合金可采用本合金做铺底材料，以增加铸锭抵抗底部拉应力的金属厚度，降低裂纹倾向。这种操作称为铺假底。它一般适用于顺向压延铸锭及小规格圆锭。其操作是在放入基体金属后，迅速用预热好的渣刀将液态金属在底座上扒平并打净氧化渣，待周边金属凝固 20~30mm 后放入分配漏斗和过滤袋，继续浇入基本金属。

b　放入基体金属

放入基体金属后，要及时封闭各落差点，并用适量的粉状熔剂覆盖在流槽、流盘的液体上。

在放入基体金属前，通常应开车少许，让结晶器内液面水平稍稍下降，当基体金属注入结晶器中，铺满底座或铺满铝底时应及时打渣，渣刀不要过于搅动金属，动作要轻而快。打渣时要先打掉边部的硬壳，后打中心的渣子。

在铸造开头时，一般采用低水平、慢放流的操作法，其目的是降低底部裂纹的倾向性，防止底部漏铝、悬挂和抱芯子。但这种方法降温快，易造成底部夹渣，故操作过程中应及时打渣。

C　铸造过程

铸造过程要求：

（1）流盘及结晶器内液面控制平稳。当结晶器中金属液面偏低，应使液面缓慢升高；当液面偏高时，也应缓慢降下去。铸造过程中液面控制不应过低，否则可能产生成层和漏铝现象，在使用普通模铸造时液面不要过高，否则二次加热现象严重，可导致表面裂纹。铸造过程中的液面水平应根据合金、规格、铸造方法及结晶器高度确定。

（2）在铸造过程中尽可能不要用渣刀搅动金属表面的氧化膜，但是当液面存在渣子或者渣子卷入基本金属时要及时打出。

（3）及时润滑。

（4）取最终成分分析取样。

（5）注意观察铸锭表面，发现异常及时采取措施。

（6）铸造过程中控制好铸造温度。

D　铸造的收尾

a　取漏斗

大直径实心圆锭待浇口部凝固至接近漏斗周边时取出，取漏斗时注意漏斗上的结渣不要掉入浇口部；对于扁锭和小直径圆锭，因其冷却强度大，收尾时应立即取出漏斗和过滤袋。

b　回火

对需回火的铸锭，在铸锭未脱离结晶器下缘之前停车停水，将铸锭浇口部依靠液穴内液态金属的余热加热到350℃以上，这种操作称为自身回火。回火是为了提高浇口部的塑性，防止浇口部冷裂纹。

进行回火操作时，应注意以下问题：掌握好停水、停车时间。扁锭在停止供流后，当铸锭上表面下降到距小面下缘15~20mm时停小面水，距大面下缘尚有15~20mm时停车，当浇口部未凝固金属尚有铸锭厚度的1/2~1/3时停大面水，严禁过早回火。回火过早会恶化浇口性能；对直径在某种程度上405mm以下圆锭，当浇口未凝固金属有铸锭直径的1/2左右时停车停水；对直径在405mm以上的圆锭，当浇口未凝固金属有铸锭直径的1/3左右时停水停车。回火操作时，严禁水淌落到浇口部。

对不需回火的铸锭，在浇口下降到快见水的情况下停车，待浇口完全凝固并冷却到室温时停水，严禁在未充分冷却之前下降铸锭让浇口部直接见水。

c　打印

铸造完毕后，在铸块上打上合金、炉号、熔次号、顺序号等，以示区别。

5.4.6　铝及铝合金圆锭铸造

5.4.6.1　圆锭铸造的基本操作

A　铸造前的准备

铸造前的准备为：

（1）结晶器工作表面光滑，用普通模铸造时内表面用砂纸打光。保证水冷均匀，当同时铸多根时，应使底座高度一致，结晶器和底部安放平稳、牢固。

（2）流槽、流盘充分干燥。

（3）漏斗是分配液流，减慢液流冲击的重要工具，铸造前根据铸锭规格选择合适的漏斗。漏斗过小使液流供不到边部，而产生冷隔、成层等缺陷，严重时导致中心裂纹和侧面裂纹。漏斗过大会使漏斗底部温度低，从而产生光晶、金属间化合物缺陷。如果漏斗偏离中心，会因供流不均而造成偏心裂纹。

当使用不锈钢或铸铁漏斗时，外表面应打磨光滑，喷涂料前将其加热至150~200℃，喷涂后不能急冷急热。所有漏斗在使用前都需充分预热，使用漏斗架的应事先把漏斗架调整好。

（4）调整好熔体温度，控制在浇注温度的中上限。

B　铸造与操作

铸造开头操作为：

（1）一般圆锭的铸造，其开始的浇注温度以中上限为宜，大直径圆锭的浇注温度以其上限开头。

（2）对需铺底的合金规格应事先铺好纯铝底，铺底后立即用加热好的渣刀将表面渣打干净，周边凝固20mm后，放入基本金属。对大直径圆锭使用环形漏斗时，应同时放入环形漏斗，使液面缓慢上升并彻底打渣。当液面上升到漏斗底部把漏斗抬起，打出底部渣，打渣时渣刀不能过分搅动金属。使用其他自动控制漏斗时，当液面升到锥度区开车，同时放入自动控制漏斗。不铺底的合金及规格，准备好后直接放入基本金属。

（3）开车后调整液面高度，漏斗放在液面中心，保证能均匀分配液流。

铸造过程为：

（1）铸造过程中控制好温度，一般在中限。

（2）封闭各落差点。

（3）控制好流槽、流盘、结晶器内液面水平，避免忽高忽低，尽量平稳。

（4）做好润滑工作。使用油类润滑时，润滑油应事先预热。

铸造的收尾操作为：

（1）铸造收尾前温度不要太低，否则易产生浇口夹渣。

（2）收尾前不得清理流槽、流盘的表面浮渣，以免浮渣落入铸锭。

（3）停止供流后及时抬走流盘，并小心取出自动控制漏斗；对使用手动控制漏斗或环形漏斗的，当液面脱离漏斗后即可取出漏斗。浇口不打渣。

（4）要回火的合金，当液面还有直径的1/2~1/3时停冷却水，并开快车下降，当铸锭脱离结晶器 10~15mm 时停车，待浇口完全凝固后即可吊出。不需回火的合金在浇口不见水的情况下停车越晚越好，待浇口部冷却至室温时停水。小直径铸锭距结晶器下缘 10~15mm 时停车，防止铸锭倒入井中。

5.4.6.2　小直径圆锭的铸造工艺特点

直径在 270mm 以下的小直径圆径形成冷裂倾向小。同时由于冷却强度大，过渡带尺寸小，形成疏松倾向小。因此浇注速度可高些，温度不宜太高，保持在 715~740℃ 即可。使用带燕尾槽的底座，不铺底。操作时防止浇口和底部夹渣。

5.4.6.3　大直径圆锭的铸造工艺特点

大直径圆锭的铸造工艺特点为：

（1）为降低形成疏松倾向、减少冷隔，一般采用高温铸造。

（2）铸速偏低。

（3）软合金因没有冷裂倾向，故不需铺底回火；硬合金大直径铸锭均需铺底，对铸态低温塑性差的合金浇口部需回火。

（4）可不使用带燕尾槽的底座。

（5）操作时注意防止成层、裂纹、羽毛晶、疏松、光晶、化合物偏析等缺陷。

5.4.6.4　锻件用铸锭的铸造工艺特点

锻件用铸锭在铸造时主要是防止氧化膜，除上述要求外，在操作中还应注意以下几点：

（1）浇注温度比同合金、同规格的普通铸锭高些，有利于气体、夹杂物的分离。

（2）炉外在线净化系统温度应与浇注温度相适应。

（3）铸造过程中保证温度在中上限。

5.4.6.5　铸造工艺参数

工业上常用变形铝合金圆锭的铸造工艺参数见表 5-23。

表 5-23　工业常用变形铝及铝合金圆锭铸造工艺参数

合金	圆锭直径 /mm	浇注速度 /mm·min⁻¹	浇注温度 /℃	冷却水压 /MPa	铺底	回火
1×××系	81~145	130~180	720~740	0.05~0.10	-	-
	162	115~120	720~740	0.05~0.10	-	-
	192	105~110	720~740	0.05~0.10	-	-
	242	95~100	720~740	0.05~0.10	-	-
	280±10	80~85	720~740	0.08~0.15	-	-
	360±10	70~75	720~740	0.08~0.15	-	-
	405	60~65	720~740	0.08~0.15	-	-
	482	45~50	720~740	0.08~0.15	-	-
	550	40~45	720~740	0.04~0.08	-	-
	630	30~35	725~745	0.04~0.08	-	-
	775	25~30	725~745	0.04~0.08	-	-

合金	圆锭直径 /mm	浇注速度 /mm·min⁻¹	浇注温度 /℃	冷却水压 /MPa	铺底	回火
3A21	81~145	110~130	720~740	0.05~0.10	–	–
	162	100~105	720~740	0.05~0.10	–	–
	192	90~95	720~740	0.05~0.10	–	–
	242	70~75	720~740	0.05~0.10	–	–
	280±10	70~75	720~740	0.08~0.15	–	–
	360+10	55~60	720~740	0.08~0.15	–	–
	405	45~50	720~740	0.08~0.15	–	–
	482	40~45	720~740	0.04~0.08	–	–
	550	35~40	725~745	0.04~0.08	–	–
	630	30~35	725~745	0.04~0.08	–	–
	775	25~30	725~745	0.04~0.08	–	–
2A01 2A10	91~145	110~130	705~735	0.05~0.08	–	–
	162	90~95	705~735	0.05~0.08	–	–
	192	80~85	705~735	0.05~0.08	–	–
	215	75~80	705~735	0.05~0.08	–	–
	242	70~75	705~735	0.05~0.08	–	–
	290	65~70	705~735	0.05~0.08	+	–
	360	50~55	720~740	0.05~0.08	+	–
5A02 5A03	81~145	110~130	715~735	0.05~0.10	–	–
	162	95~100	715~735	0.05~0.10	–	–
	192	90~95	715~735	0.05~0.10	–	–
	242	85~90	715~735	0.05~0.10	–	–
	280±10	70~75	715~735	0.08~0.15	–	–
	360±10	60~65	715~735	0.08~0.15	–	–
	405	50~55	715~735	0.08~0.15	–	–
	482	45~50	715~735	0.08~0.15	+	–
	550	35~40	720~740	0.04~0.08	+	–
	630	25~30	725~745	0.04~0.08	+	–
	775	20~25	725~745	0.04~0.08	+	–
2A11	91~145	110~140	715~735	0.05~0.10	–	–
	162	95~100	715~735	0.05~0.10	–	–
	192	85~90	715~735	0.05~0.10	–	–
	242	60~65	715~735	0.05~0.10	–	–
	280±10	60~65	715~735	0.08~0.12	+	–
	360±10	50~55	720~740	0.08~0.12	+	–

合金	圆锭直径 /mm	浇注速度 /mm·min⁻¹	浇注温度 /℃	冷却水压 /MPa	铺底	回火
2A11	405	35~40	720~740	0.08~0.12	+	−
	482	25~30	720~740	0.04~0.08	+	−
	550	22~25	725~745	0.04~0.06	+	−
	630	19~21	725~745	0.04~0.06	+	−
	775	15~17	725~745	0.04~0.06	+	−
2A02 2A06 2A12 2A16 2A17	91~145	110~160	720~740	0.05~0.10	−	−
	162	90~95	720~740	0.05~0.10	−	−
	192	80~85	720~740	0.05~0.10	−	−
	242	60~65	720~740	0.05~0.10	−	−
	280±10	50~55	720~740	0.05~0.10	+	+
	360±10	30~35	725~745	0.05~0.10	+	+
	405	25~30	730~750	0.05~0.10	+	+
	482	22~25	730~750	0.04~0.06	+	+
	550	20~22	730~750	0.04~0.06	+	+
	630	18~20	730~750	0.04~0.06	+	+
	775	14~16	730~750	0.04~0.06	+	+
2A50 2A14	91~143	110~130	715~730	0.05~0.10	−	−
	162	95~100	715~730	0.05~0.10	−	−
	242	70~75	715~730	0.05~0.10	−	−
	360	50~55	725~740	0.05~0.10	+	−
	482	25~30	725~740	0.05~0.10	+	−
	630	20~25	725~740	0.04~0.06	+	−
	775	15~20	740~750	0.04~0.06	+	−
2A70 2A80	91~143	100~120	725~745	0.05~0.10	−	−
	162	80~85	725~745	0.05~0.10	−	−
	242	70~75	725~745	0.05~0.10	−	−
	360	40~45	740~755	0.05~0.10	+	−
2A70 2A80	482	25~35	740~755	0.05~0.10	+	−
	630	20~25	740~755	0.04~0.06	+	−
	775	15~20	740~755	0.04~0.06	+	−
7A04 7A09 7075	91~143	90~95	715~730	0.04~0.08	−	−
	162	80~85	715~730	0.04~0.08	−	−
	242	55~60	715~730	0.04~0.08	+	−
	360	25~30	740~750	0.04~0.08	+	+
	482	18~20	740~750	0.04~0.08	+	+

合金	圆锭直径/mm	浇注速度/mm·min⁻¹	浇注温度/℃	冷却水压/MPa	铺底	回火
7A04 7A09	630	15~16.5	740~750	0.03~0.05	+	+
7075	775	13~15	740~750	0.03~0.05	+	+

注：1. 采用隔热模或热顶铸造时，浇注速度可适当提高。

　　2. 浇注温度可根据转注过程中的温降自行调节。

　　3. +为铺底、回火，-为不铺底、不回火。

5.4.7　铝及铝合金空心圆锭铸造

5.4.7.1　工艺特点

空心锭与同外径的实心锭相比，有以下特点：

（1）在铸造工具上，多了一个内表面成型用的锥形芯子。芯子通过一个固定在结晶器上口圆槽处的芯子支架而安放在结晶器的中心部位，且芯子可以转动和上下移动。

（2）采用二点供流的弯月形漏斗或叉式漏斗，手动控制液面。

（3）产生成层、冷隔倾向大，故浇注速度较高。

（4）浇注温度较低，一般为 700~720℃。

（5）冷却水压较高，一般为 0.03~0.12MPa；芯子水压平均为 0.02~0.03MPa。

（6）操作重点在熔铸开头和收尾时防止与芯子粘连。

此外，应尽量减少夹渣，防止液面波动。

5.4.7.2　铸造与操作工艺

A　铸造前的准备

铸造前的准备有：

（1）外圆水冷系统的检查与实心圆锭的相同。芯子安放在芯子支架上，平稳、不晃动、不偏心。

（2）根据合金、规格选择芯子锥度。保证芯子工作表面光滑，当使用普通模铸造时，芯子壁用砂纸打磨光滑，无划痕和凹坑等。

（3）芯子下缘与结晶器出水孔水平一致或稍高一些，但要保证不上水。芯子出水孔过高，会使铸造开头顺利，但易出现环形裂纹或放射状裂纹；太低易抱芯子形成内壁拉裂，严重时使铸造无法进行。

（4）检查芯子接头处有无漏水，芯子出水孔有无堵塞，保证水冷均匀。连接芯子的胶管，不要拉得太紧，以利于开头收尾时摇动芯子。

（5）芯子水比外圆结晶器水压要小，能使芯子充满水即可。如芯子水压过大，会造成在铸造开头时抱芯子，而且易产生内壁裂纹。芯子水压过小，铸锭内壁冷却不好，容易黏芯子而产生拉裂，甚至烧坏芯子，同时也使内壁偏析浮出物增多。

B　铸造工艺特点

a　铸造开头

铸造开头的工艺特点为：

（1）铸造开头时要慢慢放流，使液面均匀上升。

（2）液体金属铺满底座即可打渣，待液面上升至结晶器上缘 20~30mm 后开车，同时要轻轻转动芯子，同时润滑和打渣。这是因为开始时，底部收缩快，如液流上升太快易抱芯子，使铸造无法进行。

（3）一旦芯子被抱住，应立即降低芯子水压，减少铸锭内孔的收缩程度，从而使芯子与铸锭内壁凝固层间形成缝隙而脱离，但应注意防止烧坏芯子。

（4）对易出现底部裂纹的合金应先铺底。对大直径空心锭，开车可适当早些，更要注意水平的上升。

b　铸造过程

铸造过程中关键是控制好液面水平，不能忽高忽低，并做好润滑。

c　铸造收尾

铸造收尾前，严禁清理流槽、流盘和漏斗里的表面浮渣，以防止掉入浇口部。停止供流后立即取出漏斗，浇口部不许打渣（外部掉入者除外）。收尾时轻轻摇动芯子，不回火的合金在浇口部不见水的情况下，停车越晚越好。对于回火的合金应进行回火。

5.4.7.3　铸造工艺参数

工业上常用的空心铸造工艺参数见表 5-24。

表 5-24　工业上常用的空心锭的铸造工艺参数

合金	规格（外径/ 内径）/mm	浇注速度 /mm·mim⁻¹	浇注温度 /℃	冷却水压 /MPa	铺底	回火
5A02 3A21	212/92	80~85	720~740	0.08~0.12	-	-
	270/106	85~100	720~740	0.08~0.12	-	-
	270/130	8~5100	720~740	0.08~0.12	-	-
	360/160	70~75	720~740	0.08~0.12	-	-
	360/165	80~85	720~740	0.08~0.12	-	-
	405/155	70~75	720~740	0.06~0.10	-	-
	405/215	75~80	720~740	0.06~0.10	-	-
	482/215	70~75	720~740	0.06~0.10	-	-
	482/255	70~75	720~740	0.06~0.10	-	-
	482/308	75~80	720~740	0.06~0.10	-	-
	630/255	40~45	725~745	0.04~0.08	-	-
	630/308	45~50	725~745	0.04~0.08	-	-
	630/368	55~60	725~745	0.04~0.08	-	-
	775/440	30~35	730~750	0.04~0.08	-	-
	775/520	40~45	730~750	0.04~0.08	-	-
2A02 2A12	212/92	100~105	710~730	0.08~0.12	-	-
	242/100	80~85	710~730	0.08~0.120	-	-
	242/140	80~85	710~730	0.08~0.12	-	-
	360/106	60~65	710~730	0.08~0.12	+	+

合金	规格（外径/内径）/mm	浇注速度/mm·mim^{-1}	浇注温度/℃	冷却水压/MPa	铺底	回火
2A02 2A12	360/210	70~75	710~730	0.08~0.12	+	+
	405/155	65~70	725/740	0.04~0.08	+	+
	405/215	70~75	725/740	0.04~0.08	+	+
	482/215	50~55	725/740	0.03~0.06	+	+
	482/255	50~55	725/740	0.03~0.06	+	+
	482/308	55~60	725/740	0.03~0.06	+	+
	630/255	30~35	730/750	0.03~0.06	+	+
	630/308	30~35	730/750	0.03~0.06	+	+
	630/368	35~40	730/750	0.03~0.06	+	+
	775/440	35~40	730/750	0.03~0.05	+	+
	775/520	35~40	730/750	0.03~0.05	+	+
2A50	270/106	90~95	710~730	0.08~0.12	−	−
	360/130	60~65	710~730	0.08~0.12	+	+
2A14	480/210	60~65	710~730	0.08~0.12	+	−
	630/368	40~45	725~740	0.04~0.08	+	−
	775/520	35~40	725~740	0.04~0.08	−	−
2A70 2A80	270/106	90~95	720~740	0.08~0.12	−	−
	270/130	90~95	720~740	0.08~0.12	−	−
	360/210	80~85	720~740	0.08~0.12	+	−
7075	270/106	70~75	710~730	0.03~0.06	+	+
	270/130	70~75	710~730	0.03~0.06	+	+
	360/106	50~55	710~730	0.03~0.06	+	+
	360/210	60~65	710~730	0.03~0.06	+	+
	482/308	55~60	725~740	0.03~0.06	+	+
	630/368	35~40	725~740	0.03~0.06	+	+

注：1. 采用隔热模或热顶铸造时，浇注速度可适当提高。

2. 浇注温度可根据转注过程中的温降自行调节。

3. +为铺底、回火，−为不铺底、不回火。

5.4.8　铸造技术的发展趋势

5.4.8.1　电磁铸造技术

A　电磁铸造的优缺点

电磁铸造是利用电磁力来代替普通半连续铸造法的结晶器支撑熔体，然后直接水冷形成铸锭。它的突出特点是：在外部直接水冷、内部电磁搅动熔体的条件下，冷却速度大，并且不用成型模，而以电磁场的推力来限制铸锭外形和支持其上方液柱。其优点是：改善了铸锭组织，使铸锭晶粒和晶内结构都变得更加微细，并提高了锖锭的致密度；使铸锭的化学成分均匀，偏析度减少，力学性能提高，尤其是铸锭表皮层的力学性能提高更为显著；而且熔体是在不与结晶器接触的情况下凝固，不存在凝壳和气隙的影响，所以不产生偏析瘤、表面黏结等缺陷，铸锭的表面光洁程度提高，不车皮即可进行压力加工，硬合金扁锭的铣面量和热轧裂边力量也大为减少，提高了成品率并减少了重熔浇损。此法的主要缺点是：设备投资较大，电能消耗较多，变换规格时工具更换较复杂，操作较为困难。

　　B　电磁铸造原理及结构特点

　　电磁铸造用结晶器铸造系统的结构如图5-28所示。其工作原理是：当交变电流 I 经过感应线圈6时，在铸锭液穴5中产生感应电流 I_2，这样在电流 I_1 与 I_2 的磁场间便产生了一个从液柱外周（不管电流怎样交变）始终向内的推力 F，这就是所谓"电磁压力"，或"电磁推力"。液态金属便依靠这个推力成型。因此，只需设计不同形状和尺寸的感应圈，便能铸成各种截面尺寸的铸锭。电磁推力的表达式为：

$$F = (IW/L)Q(w, \beta, \alpha) \qquad (5\text{-}51)$$

式中　W——感应线圈匝数；

　　　　I——电流；

　　　　L——感应线圈高度；

　　　　Q——自由变量；

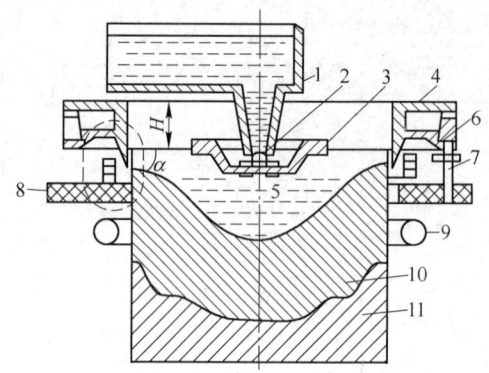

图 5-28　电磁结晶器结构简图

1—流盘；2—节流盘；3—浮漂漏斗；4—屏蔽；
5—液体合金；6—感应线圈；7—调节螺栓；
8—盖板；9—二次水环；10—铸锭；11—底座

w，β，α——度的函数，它与电流频率、电磁结晶槽的结构和铸锭直径有关。

　　因为感应线圈中流过的电流相等，无法使电磁推力沿高度上适应静压力的变化，因此，在装置中还要附加上一个电磁屏蔽4。电磁屏蔽用非磁性材料制成，是壁厚带有锥度的圆环。它的作用是：靠其带锥度的壁厚变化局部遮挡磁场，来调控电磁推力沿液穴高度上的变化，使其与液穴高度方向的熔体静压力的变化相平衡，以得到规定的铸锭尺寸。

5.4.8.2　脉冲水和加气铸造

　　在铸造开始阶段，采用脉冲水冷却，降低直接水冷强度，可减少铸锭底部翘曲和缩颈，该技术产生于20世纪60年代中期，当今的脉冲水，采用自动化控制和最新旋转脉冲阀，具有快的脉冲速度而无水锤现象。

　　加气铸造与脉冲水铸造具有同样的效果，即在铸造开头阶段，在冷却水中加入二氧化碳或空气，氮气，将这种加气冷却喷到铸锭表面上时在铸锭表面上形成一层气体隔热膜，从而减缓了冷却强度，之后再逐步减少气体量，不断增加冷却效率。这两项技术在国外应用普遍，在我国目前还没有。

5.4.8.3　气滑铸造

　　1980年代初研制成功的热顶铸造，使铸锭表面质量和生产效率大为提高，为铸造技术的发展带来了一次新的革命。气滑铸造是在热顶铸造的基础上增加油气润滑系统而成，该技术的优点是铸造速度快、铸锭表面光滑，与电磁铸造铸锭接近，较为著名是 Wagstaff 圆锭气滑铸造工具，国内也有一些铝型材帮购买了这种铸造工具。此外，在扁锭铸造工具中，AIRSOL WEIL 扁锭铸造系统也采用气滑铸造技术。一般认为扁锭热顶铸造效果不如圆锭，所以在扁锭铸造中使用热顶或气滑铸造技术的厂家不多，国内还没有。

5.4.8.4　低液位铸造核技术（LHC）

低液位铸造技术是 Wagstaff 1990 年代中期的研究成果，上市不久，使用的厂家不多，国内应用还不多，该技术是在传统 DC 结晶器内壁衬镶一层石墨板而成，石墨板采用连续渗透式润滑或在铸造前涂油脂均可，铸造过程要使用液面自动控制系统，使用该技术生产的铸锭表面光滑，粗晶层厚约 1mm。可减少铣面量 50%以上，同时可大大提高铸造速度。

5.4.8.5　自动液位技术的应用

自 20 世纪 80 年代以为，自动液位技术在发达国家被广泛应用扁锭铸造，这不仅使金属液位实现自动稳定控制，而且使扁锭铸造得以实现低液位铸造。提高板锭内部质量和表面质量，从而减少铣面量，提高成材率。

总之，随着铝加工技术的发展铝合金铸造技术也在不断进步。广大熔铸工作者围绕提高铸锭质量和提高成材率开展技术公关，并不断取得新的突破。

5.5　铝及铝合金铸锭均匀化与机加工

5.5.1　铝合金铸锭均匀化退火

5.5.1.1　均匀化退火的目的

均匀化退火的目的是使铸锭中不平衡共晶组织在其中分布趋于均匀，过饱和固溶元素从固溶体中析出，以消除铸造应力，提高铸锭塑性，减小变形抗力，改善加工产品的组织和性能。

5.5.1.2　均匀化退火对铸锭组织与性能的影响

产生非平衡结晶组织的原因是结晶时扩散过程受阻，这种组织在热力学上是亚稳定的，若将铸锭加热到一定温度，提高铸锭内能，使金属原子的热运动增强，不平衡的亚稳定组织逐渐趋于稳定组织。

均匀化退火过程，实际上就是相的溶解和原子的扩散过程。空位迁移是原子在金属和合金中的主要扩散方式。

均匀化退火时，原子的扩散主要是在晶内进行的，使晶内化学成分均匀。它只能消除晶内偏析，对区域偏析影响很小。由于均匀化退火是在不平衡固相线或共晶线以下温度中进行的，分布在铸锭各晶粒间不溶物和非金属夹杂缺陷，不能通过溶解和扩散过程消除，因此，均匀化退火不能使合金中基体晶粒的形状发生明显的改变。在铸锭均匀化退火过程中，除原子的扩散外，还伴着组织上的变化，即富集在晶粒和枝晶边界上可溶解的金属间化合物和强化相的溶解和扩散，以及过饱和溶体的析出及扩散，从而使铸锭组织均匀，加工性能得到提高。

表 5-25 列出了不同均匀化制度对 5A06 合金组织和性能的影响。5A06 合金非平衡固相线温度约为 451℃，平衡固相线温度约为 540℃。

表 5-25　不同均匀化制度对 5A06 合金组织和性能的影响

名称	均火温度 /℃	保温时间 /h	第二相体积 分数/%	SR	力学性能		
					$\sigma_{0.2}$/MPa	σ_b/MPa	δ/%
铸态			6.2	2.336	163	268	16.9
原工艺	460~475	24	2.5	1.049	165	276	13.4
试验工艺	485~500	9	2.1	1.040	233	291	13.6

注：SR 表示枝晶内元素偏析程度，SR 大偏析程度大，SR 小表示没有偏析。

5.5.1.3　均匀化退火温度及时间

A　温度

均匀化退火基于原子的扩散运动。根据扩散第一定律，单位时间通过单位面积的扩散物质量（J）正比于垂直该截面 X 方向上该物质的浓度梯度，即

$$I = -D\frac{\partial c}{\partial x} \tag{5-52}$$

扩散系数 D 与温度关系可用阿伦尼乌斯方程表示

$$D = D_o \exp(-Q/RT) \tag{5-53}$$

式（5-53）表明，温度稍有升高将使扩散过程大大加速。因此，为了加速均匀化过程，应尽可能提高均匀化退火温度。通常采用的均匀化退火温度为（0.9~0.95）$T_熔$，$T_熔$ 表示铸锭实际开始熔化温度，它低于平衡相图上的固相线（见图5-29 Ⅰ）。

有时，在低于非平衡固相线温度进行均匀退火难以达到组织均匀化的目的，即使能达到，也往往需要极长保温时间。因此，探讨了在非平衡固相线温度以上进行均匀化退火的可能性（见图5-29 Ⅱ）。这种在非平衡固线温度以上但在平衡固相线温度以下的退火工艺，称为高温均匀化退火。铝合金铸锭

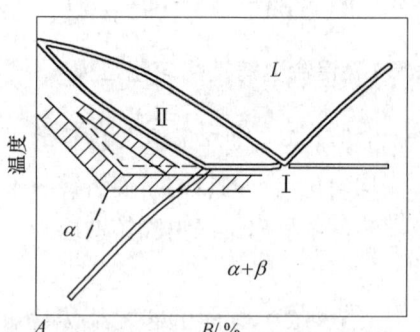

图 5-29　均匀化退火温度范围
Ⅰ—普通均匀化；Ⅱ—高温均匀化

在高温均匀化退火时，非平衡共晶在开始阶段熔化，但保温相当长时间后，液相消失，熔质元素进入固溶体中，在原来生成液相的部位（晶间及枝晶网胞间）留下显微孔穴。若铸锭氢含量不超过一定值或不生产晶间氧化，则这些显微缺陷可以修复，不会影响制品质量。2A12 及 7A04 等合金在实验室条件下进行过过高温均匀化试验，证明了此种工艺的可行性。

B　保温时间

保温时间基本上取决于非平衡相溶解及晶内偏析消除所需的时间。由于这两个过程同时发生，故保温时间并非此两个过程所需时间的代数和。实验证明，铝合金固溶体成分充分均匀化的时间仅稍长于非平衡相完全溶解的时间。多数情况下，均匀化完成时间可按非平衡相完全溶解的时间来估计。

非平衡相在固溶体中溶解的时间（t_s）与这些相的平均厚度（m）之间有如下经验关系式，a 及 b 为系数，依均匀化温度及合金成分而改变。对铝合金，指数 b 为 1.5~2.5。

$$t_s = am^b \qquad (5\text{-}54)$$

随着均匀化过程的进行，晶内浓度梯度不断减小，扩散的物质量也会不断减少，从而使均匀化过程有自动减缓的倾向。图 5-30 所示例子证明，2A12 铸锭均匀化退火时，前 30min 非平衡相减少的总量较后 7h 的和多得多。说明过分延长均匀化退火时间不但效果不大，反而会降低炉子生产能力，增加热能消耗。

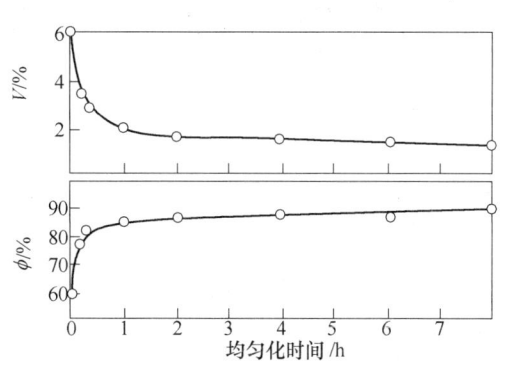

图 5-30　ϕ150mm 2A12 铸锭在 500℃均匀化时，溶解的过剩体积百分数（V）及 100℃时面缩率（ϕ）与均匀化时间的关系

C　加热速度及冷却速度

加热速度的大小以铸锭不生产裂纹和不发生大的变形为原则。冷却速度值得注意。例如，有些合金冷却太快会生产淬火效应；而过慢冷却又会析出较粗大第二相，使加工时易形成带状组织，固液处理时难以完全溶解，因此减小了时效强化效应。对生产建筑型材用 6063 合金，最好进行快速冷却或甚至在水中冷却，这有利于在阳极氧化着色处理时获得均匀的色调。

D　常见均匀化制度

表 5-26 列出了工业上常用的铝合金圆铸锭均匀化退火制度。

表 5-26　工业上常用铝合金圆铸锭均匀化退火制度

合金牌号	规格/mm	铸锭种类	制品名称	金属温度/℃	保温时间/h
2A02		空心、实心	管、棒	470~485	12
2A04、2A06		所有	所有	475~490	24
2A11、2A12、2A14		空心	管	480~495	12
2017、2024、2014		实心	锻件变断面	480~495	10
2A11、2A12、2017	ϕ142~290	实心		480~495	8
2024	<ϕ142		要求均匀化	480~495	8
2A16、2219	所有	实心	型、棒、线、锻	515~530	24
2A10	所有	实心	线	500~515	20
3A21	所有		空心管、棒	600~620	4
4A11、4032、2A70、2A80、2A90、2218、2618		所有	棒、锻	485~500	16
2A50	所有	实心	棒、锻	515~530	12
5A02、5A03		实心	锻件	460~475	24
5A05、5A06、5B06、5083		空心、实心	所有	460~475	24
5A12、5A13		空心、实心	所有	445~460	24
6A02		空心、实心	锻件、商品棒	525~540	12
6A02、6063		空心、实心	管、棒、型	525~540	12

合金牌号	规格/mm	铸锭种类	制品名称	金属温度/℃	保温时间/h
7A03	实心		线、锻	450~465	24
7A04			锻、变断面	450~465	24
7A04	实、空		管、型、棒	450~465	12
7A09、7075	所有		棒、锻、管	455~470	24
7A10	>φ400		棒、锻、管	455~470	24

5.5.2　铸锭的机械加工

铸锭机械加工的目的是消除铸锭表面缺陷，使其成为符合尺寸和表面状态要求的铸坯，它包括锯切和表面加工。

5.5.2.1　圆铸锭的锯切

通过熔铸生产出的方、圆铸锭多数情况是不能直接进行轧制、挤压、锻造等加工，一方面是由于铸锭头尾组织存在很多硬质点和铸造缺陷，对产品质量和加工安全有一定的影响，另一方面受加工设备和用户的需求的制约，因此锯切是机械加工的首要环节。锯切的内容有切头、切尾、切毛料、取试样等，如图 5-31 所示。

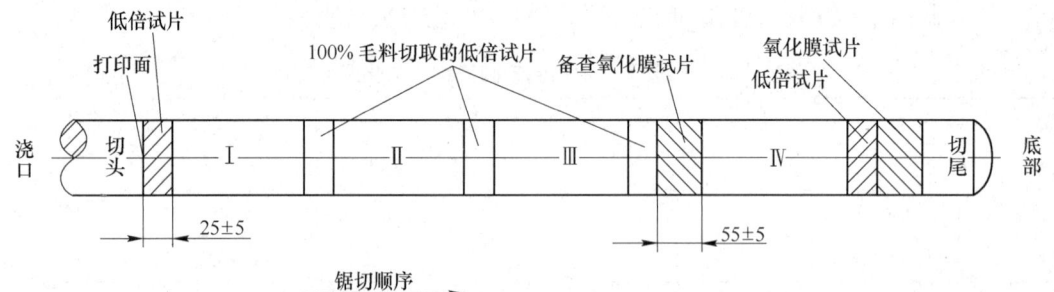

图 5-31　圆铸锭锯切示意图（图中Ⅰ、Ⅱ、Ⅲ、Ⅳ为毛料顺序号）

与方铸锭一样，圆铸锭头尾组织存在很多铸造缺陷，因此需要经过锯切将头尾切掉，与方铸锭加工有一定差别的是，一根圆铸锭一般需要加工为多个毛坯，并且在试片的切取方面有更多的要求。圆铸锭锯切一般从浇口部开始，顺序向底部进行，浇口部，底部的切取及试片切取量根据产品规格、制品用途以及用户要求而有所区别，锯切方法见图 5-31。

为了防止加工中发生铸锭裂纹或炸裂，部分合金和规格的铸锭必须先均热或加热，消除内应力后才能锯切，见表 5-27。

表 5-27　需先均热或加热后才能锯切的部分合金和规格

合　　金	规格/mm
7×××系、LC88	所有空心锭
	≥φ260 实心锭
2A13、2A16、2B16、2A17、2A20	≥φ405 空、实心锭

合　　金	规格/mm
2A02、2A06、2B06、2A70、2D70、2A80、2A90、2618、2618A、LF12、4A11、4032	≥φ482 空、实心锭
2A50、2B50、2A14、2014、2214、6070、6061、6A02、6B02	≥φ550 空、实心锭
2A11、2017、2A12、2024、2D12	≥φ405 空、实心锭
	所有空心锭

由于圆铸锭在铸造过程中液体流量小，铸造时间长，可能产生更多的冶金缺陷，因此对试片的切取有严格的要求，一般试片包括低倍试片，氧化膜试片，固态测氢试片等。见表 5-28。

表 5-28　铝及铝合金圆锭的锯切尺寸要求　　　　　　　　（mm）

序号	合　　金	≤φ250		φ260~482		≥φ550	
		切浇口部	切底部	切浇口部	切底部	切浇口部	切底部
1	1×××、3A21、3003	100	120	120	120	120	150
2	2A01、2A04、2A06、2A16、2B16、2A17 及 6××× 系	100	120	120	120	120	150
3	5A02、5052、5A03、5083、5086、5082、5A05 5056、5A06、LF11、5A12、2A12、2024、2A13、2A17、7A19、7A04、7A09、7075、7A10、7A12、7A15、7A52、7A31、7A33、7003、7005、7020、7022、7475、7039、LC88	100	120	120	120	150	150
4	2A14、2014、2A50、2B50、2A70、2A80、2A90、2618、2214、2A02 大梁，以及 2A12、2024、6A02、7A04、7075、7050 要求一级疏松、一级氧化膜的锻件	250	250	200	250	170	250
5	探伤及型号工程制品	350	350	300	350	250	300

注：1. 上面表中的数值为最少锯切量。

　　2. 序号"4"中的锯切长度系指这些合金中有锻件要求的铸锭。

　　3. 其他一般制品（6A02、2A12、2D12 及 7A04、7B04 除外）的锯切长度可比表中规定的长度少 50mm。

对低倍试片要求：

（1）所有不大于 φ250mm 的纯铝及部分 6××× 系小圆锭可按窝切取低倍试片。

（2）7A04、7A09、2A12 大梁型材用锭；6A02、2A14、2214 空心大梁型材用锭；2A70、2A02、2A17、7A04、7A09、7075 合金直径不小于 405mm 的一类一级锻件用锭必须 100% 切取低倍试片。

对氧化模试片要求：

（1）用于锻件（纺织锻件除外）的所有合金锭，用于大梁型材的 7A04、7A09、7075、2A12 合金以及挤压棒材的 2A02、2B50、2A70 合金的每根铸锭都必须按图 5-31 圆锭锯切示意图的规定部位和顺序切取氧化膜及备查氧化膜试片。

（2）备查氧化膜试片在底部毛料的另一端切取，但对于长度小于 300mm 的毛料应在底部第二个毛料的另一端切取。

（3）氧化膜试片厚度为 55mm±5mm。

（4）氧化膜及备查氧化膜试片的印记应与其相连毛料印记相同。

固态测氢试片的锯切一般是根据制品要求或液态测氢值对照需要进行切取。

圆锭通过低倍试验会检查出一些低倍组织缺陷，如：夹渣、光晶、花边、疏松、气孔等，这些组织缺陷将直接影响产品性能，因此必须按规定切除一定长度后再取低倍复查试样，根据产品的不同要求分为废毛料切低倍复查和保毛料低倍复查，直至确认产品合格或报废。

5.5.2.2　圆铸锭表面加工

圆铸锭经过锯切后需要进行表面加工处理，表面加工方法主要是圆锭的车皮、镗孔等。

A　车皮质量要求

车皮后的圆锭坯料表面应无气孔、缩孔、裂纹、成层、夹渣、腐蚀等缺陷及无锯屑、油污、灰层等脏物，车皮的刀痕深度不大于 0.5mm。为消除车皮后的残留缺陷，圆锭坯料表面允许过渡的铲槽，其数量不多于 4 处，其深度对于直径不大于 405mm 的铸锭不大于 4mm，直径不小于 482mm 的铸锭不大于 5mm。若通过上述修伤处理仍不能消除缺陷时，允许再车皮按条件成品交货。

B　镗孔质量要求

所有空心锭都必须镗孔，当空心锭壁厚超差大于 10mm 时，外径不大于 310mm 的小空心锭壁厚超差大于 5mm 时，镗孔应注意操作，防止壁厚不均匀超标，同时修正铸造偏心缺陷。镗孔后的空心锭内孔应无裂纹、成层、拉裂、夹渣、氧化皮等缺陷，以及无铝屑、乳液、油污等脏物，镗孔刀痕深度不大于 0.5mm。镗孔至条件品后，不能消除铸锭裂纹、成层、拉裂、夹渣、氧化皮等缺陷，可以通过切掉缺陷方法处理。经过车皮和镗孔后，铝及铝合金圆铸锭成品锭尺寸标准要求见表 5-29。

表 5-29　铝及铝合金圆铸锭成品锭尺寸标准要求

直径/mm	直径（外径）公差/mm	内径公差/mm	长度公差/mm	切斜度/mm	壁厚不均度/mm
775	+2~-10		±8	≤10	
800（模压）	±5		±8	≤10	
630	+2~-10		±8	≤10	
550	+2~-8		±8	≤10	
482	+2~-6		±6	≤8	
310~405	±2		±6	≤8	
262~290	±2		±5	≤6	
≤250	±2		±5	≤5	
775/520、775/440	+2~-10	±2	±8	≤10	≤3.0

直径/mm	直径（外径）公差/mm	内径公差/mm	长度公差/mm	切斜度/mm	壁厚不均度/mm
630/370、630/310、630/260	+2~-10	±2	±8	≤10	≤3.0
482/310、482/260、482/215	+2~-6	±1.5	±6	≤8	≤2.0
405/215、405/115	+2~-6	±1.5	±6	≤8	≤2.0
360/170、360/138、310/138、310/106	+2~-6	±1.5	±6	≤8	≤2.0
262/138、262/106	±2	±1	±5	≤6	≤2.0
222/106、222/85、192/85	±2	±1	±5	≤5	≤2.0

6 铝及铝合金管、棒、型、线材挤压加工技术

6.1 铝及铝合金挤压加工技术概述

6.1.1 铝合金挤压时金属的流动特性

研究金属在挤压时的塑性流动规律是非常重要的，因为它与挤压制品的组织、性能、表面品质、外形尺寸和形状精确度以及工模具设计原则、工模具的寿命等具有十分密切的关系。金属的性能、挤压方法、工艺条件和模具结构等不同，挤压时金属的流动景象有很大的差异，可用坐标网格法、观测塑性法、组合试样法、低倍组织法、光塑法、"莫尔条纹"法以及硬度法等来研究挤压时的金属流动景象。铝合金挤压生产一般用观察制品和未挤压完的铸锭断面的低倍组织变化和金属流线特点来评定金属的流动景象，图6-1所示为挤压时金属流动坐标网格变化图。

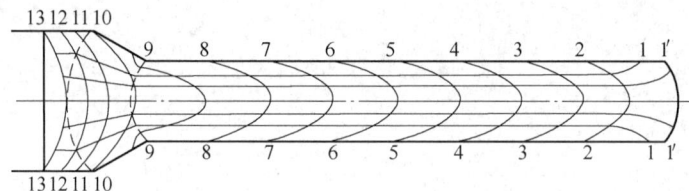

图 6-1 挤压时坐标网格变化示意图

(1~13 为铸锭中坐标网格的编号)

6.1.1.1 挤压时金属流动的基本阶段

挤压时金属的流动情况一般可分为三个阶段。第一阶段为开始挤压阶段，又称填充挤压阶段。金属受挤压轴的压力后，首先充满挤压筒和模孔，挤压力直线上升直至最大。在卧式挤压机上采用正挤压法挤压时，其填充过程如图6-2所示。第二阶段为基本挤压阶段，也称平流挤压阶段，如图6-3所示。当挤压力达到突破压力（高峰压力）时，金属开始从模孔流出瞬间即进入此阶段。一般来说，在此阶段中金属的流动相当于无数同心薄壁圆管的流动，即铸锭的内外层金属基本上不发生交错或反向的紊乱流动，铸坯在同一横断面上的金属质点均以同一速度或保持一定的速度进入变形区压缩锥。靠近挤压垫片和模子角落处的金属不参与流动而形成难变形的阻滞区或死区，在此阶段中挤压力随着锭坯的长度减少而下降。第三阶段为终了挤压阶段，或称紊流挤压阶段。在此阶段中，随着挤压垫片（已进入变形区内）与模子间距离的缩小，迫使变形区内的金属向着挤压轴线方向由周围向中心发生剧烈的横向流动，同时，两个死区中的金属也向模孔流动，形成挤压加工所特有的"挤压缩尾"等缺陷，如图6-4所示。在此阶段中，挤压力有重新回升的现象。此时应结束挤压操作过程。图6-5所示为铝材挤压时不同挤压阶段金属坐标网格变形示意图。

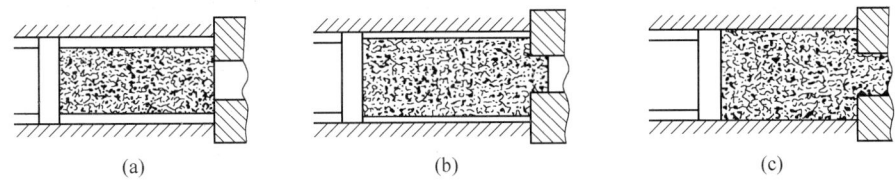

图 6-2 平面模正向挤压时铸锭的填充挤压过程示意图

（a）填充开始阶段；（b）填充中间阶段；（c）填充终了阶段

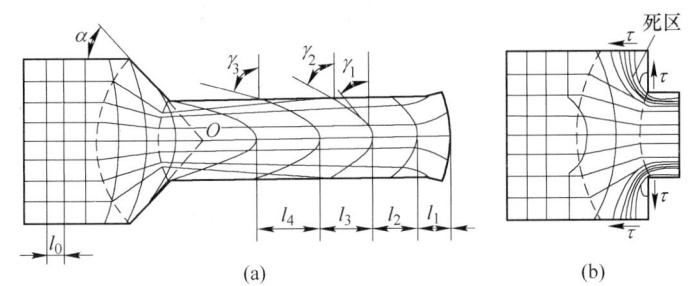

图 6-3 铝合金圆棒正挤压时金属的流动特征（基本挤压阶段）示意图

（a）锥模挤压；（b）平模挤压

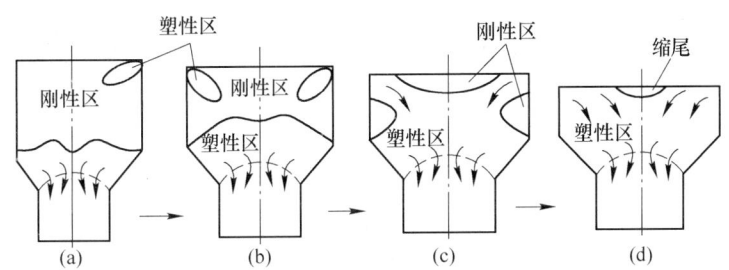

图 6-4 终了挤压阶段塑性区的变化与金属流动示意图

（a）~（d）塑性区的变化与金属流动情况

6.1.1.2 主要因素对金属流动特征的影响

A 接触摩擦与润滑的影响

挤压时流动的金属与工具间存在接触摩擦力，其中以挤压筒壁上的摩擦力对金属流动的影响最大。当挤压筒内壁上的摩擦力很小时，变形区范围小且集中在模孔附近，金属流动比较均匀，而当摩擦力很大时，变形区压缩锥和死区的高度增大，金属流动则很不均匀，以致促使锭坯外层金属过早地向中心流动形成较长的缩尾。可见，接触摩擦力对金属的流动均匀性产生不良的影响。但是，在某些情况下，可以有效地利用金属与工具之间接触摩擦和冷却作用来改善金属的流动，如在挤压管材时，锭坯中心部分的金属受到穿孔针摩擦作用和冷却作用，而使其流速减缓，从而使金属流动变得较为均匀，减小产生缩尾的长度；在挤压断面壁厚变化急剧的复杂异形型材时，在设计模孔时利用不同的工作带长度对金属产生不同的摩擦作用来调节型材断面上各部分的流速，从而减少型材的扭拧、弯曲

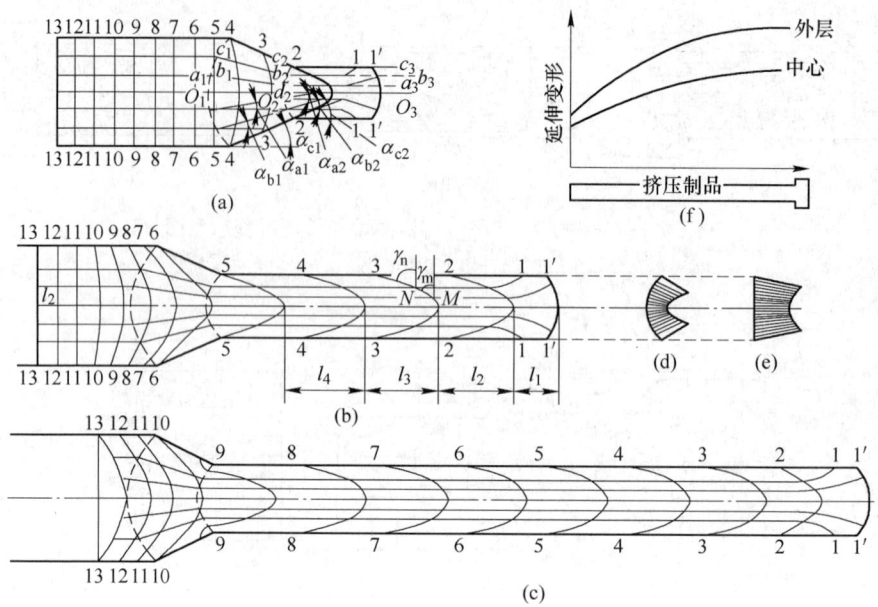

图6-5　挤压时坐标网格变形示意图

（a）开始挤压阶段；（b）基本挤压阶段；（c）终了阶段；（d）塑性变形区压缩锥出口处主延伸变形图；
（e）制品断面上的主延伸变形图；（f）主延伸变形沿制品长度方向上的分布

度，提高产品的精度；近年来发展起来的"有效摩擦挤压"，则是利用摩擦力作为一种推动力来实现挤压过程。

B　合金本性的影响

金属及合金的强度与塑性对流动景象也有很大的影响，一般来说，强度越高，黏性越小；挤压温度越低则金属流动性越均匀。对于同一种金属或合金来说，其铸锭在挤压前加热条件对金属流动性也有一定的影响。当锭坯加热不均匀时会影响其横断面上变形抗力的均匀性，从而导致金属流动不均匀。

C　挤压方法的影响

一般来说，反向挤压比正向挤压流动均匀，润滑挤压比不润滑挤压流动均匀，冷挤压比热挤压流动均匀，有效摩擦挤压比其他挤压方法流动均匀。不同挤压过程中金属流动的情况如图6-6所示。正向挤压铝合金型材时铸锭中的金属流动景象如图6-7所示。

在润滑挤压筒表面和穿孔针的条件下，用空心锭挤压管材和空心型材时，其金属流动类似于润滑挤压实心型材时的金属流动，即变形集中于模孔附近（见图6-8（a））。在不润滑挤

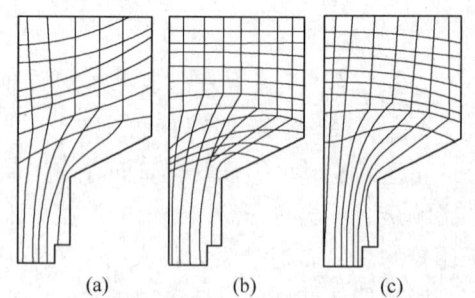

图6-6　不同挤压过程中的网格变化示意图

（a）正向挤压；（b）反向挤压；

（c）活性摩擦挤压

压筒表面的条件下，表面层产生强烈的剪切变形，而且塑性变形扩展到锭坯的整个体积内（见图6-8（b）），这类似于不润滑挤压实心型材时的情况。用穿孔针挤压时，由于穿孔针

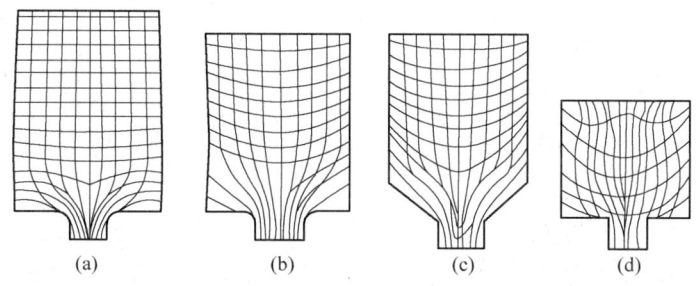

图 6-7 正向挤压铝合金型材时铸锭中金属的流动景象示意图

（a）润滑挤压（平面模）；（b），（d）无润滑挤压（平面模）；（c）无润滑挤压（锥形模）

占据了锭坯的中心部分和穿孔针表面上的摩擦力的作用，减少了金属中心层的超前运动，因而减少了变形的不均匀性，而且可避免中心缩尾的形成。

用组合模挤压空心型材时，其金属流动景象无本质上的区别。金属进入焊合室以前，其流动情况类似于用多孔模挤压圆棒时的情况。多股金属流焊合后，其金属流动相当于用穿孔针挤压管材时的情况。当挤压过程继续进行时，实际上形成了稳定的弹性区，开始稳定流动阶段，在这一阶段中，锭坯表面上的各种缺陷很难进入焊合区。在挤压过程的最好阶段，当挤压垫片接近模桥时，围绕模桥的中心层金属，沿挤压垫片移动较慢，而径向上的金属流动速度较快，锭坯表面层金属可能流入焊合腔，因此为了保证产品的焊合质量，应留足够长的挤压残料。

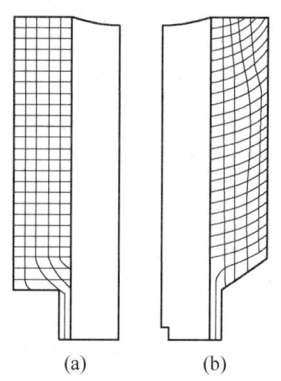

图 6-8 挤压管材时锭坯中的金属流动景象示意图

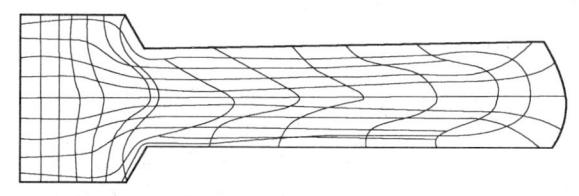

图 6-9 有效摩擦挤压棒材的坐标网格图示

在有效摩擦挤压时，利用金属与挤压筒间的摩擦力使金属流入模孔。当金属进入塑变区之前，坐标网格的横线就发生了与正向挤压所观察到的相反方向的弯曲（见图 6-9）。锭坯周边层的金属比中心层流动得快，在挤压时，金属流迅速地向挤压制品的中心部分移动，同时锭坯接触层也流入模孔，产生附加压缩，增大中心层的变形。在有效摩擦挤压时，难变形区仅分布在挤压筒与平面模连接处以及挤压垫片的中心处。当用锥形模挤压时，则不产生前端难变形区。沿挤压制品长度方向的变形分布比较均匀，其前端变形量不足的长度比正挤压时大约减小 50%~75%，而在整个过程中，每一层的变形量实际上是不变的，沿挤压制品横断面上变形的不均匀性不超过 8%。

有效摩擦挤压时，其产品的组织与力学性能的分布情况与反向挤压时相似，而锭坯周边层在塑变区压缩部分产生附加拉应力比反挤压时要小，这就有可能显著地提高金属的流动速度。

反向挤压时塑变区集中在模孔附近，变形区比较稳定，金属流动比较均匀，如图 6-10

所示。

　　D　挤压工模具的影响

　　挤压工模具的结构形状、表面状态、模孔排列、加热温度对金属的流动有很大的影响，设法提高金属流动的均匀性，是设计、制造挤压工模具的一个十分重要的问题。

　　a　工模具结构和形状的影响

　　挤压铝合金时，最常采用的模子主要有平面模和锥形模。模角 α 增大，则金属流动越不均匀，用平面模挤压时，出现变形不均匀性的最大值。同时，随着模角的增大，死区的高度也逐渐增加。模角对金属流动的影响如图 6-11 所示，由图 6-11 可见，锥模较平模的流动均匀。但是，当 $\alpha \leqslant 60°$ 时，易于把铸锭表面的赃物、缺陷带入制品而影响产品的表面品质。为了保证产品品质，同时兼顾金属流动均匀和挤压力不过分增大，在挤压管材和中间毛料时，通常取锥形模的 α 为 $60° \sim 65°$，而对于表面品质要求特别高的棒材和型材来说，一般采用平面模（$\alpha = 90°$）来进行挤压。

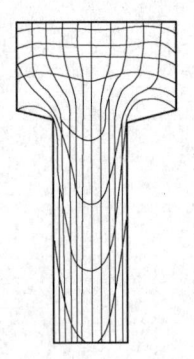

图 6-10　反向挤压时铸锭中的金属流动景象示意图

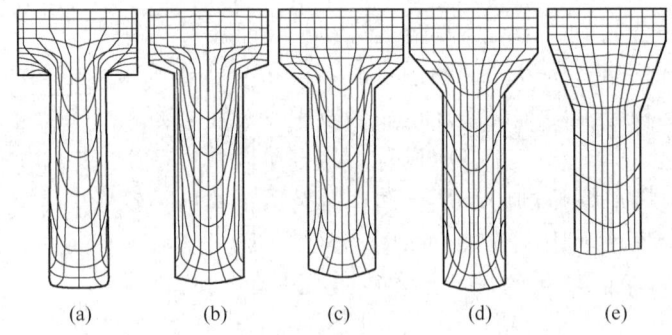

　　　　(a)　　　　　(b)　　　　　(c)　　　　　(d)　　　　　(e)

图 6-11　不同模角对金属流动的影响示意图
(a) $\alpha = 90°$；(b) $\alpha = 75°$；(c) $\alpha = 60°$；(d) $\alpha = 45°$；(e) $\alpha = 30°$（$\lambda < 10$）

　　为了减小非接触变形，获得精确形状和尺寸的产品，在模子压缩锥到工作带的过渡处应做成一定的圆角，而且要有一定长度的工作带。在挤压断面形状复杂和异形材时，为了获得均匀的流速，调整工作带的形状和长度是有益的，这也是设计型材模具的关键技术之一。

　　此外，在挤压管材和空心型材时，穿孔针的结构和形状及锥度，舌形模和平面分流组合模的结构、分流孔的大小和形状、焊合室的形状和尺寸、宽展模的宽展角、变断面模子中过渡区的结构和形状等都对金属的流动有很大的影响。在设计模子时应特别注意选择合理的结构和形状，以获得较均匀的金属流动。图 6-12 所示为用分流组合模挤压铝合金空心型材时的金属流动景象。

　　为了增大铸锭和产品的几何相似性，改善金属流动的均匀性，减小挤压力，一般采用扁挤压筒来挤压宽厚比大的扁宽薄壁型材和整体带筋壁板。图 6-13 示出了用扁挤压筒挤压 2A12 合金带筋壁板时铸锭大面坐标网格的变化图。由图可见，金属的流动要比圆挤压筒挤压时均匀得多，铸锭中心部分的网格横向线基本上未发生弯曲，仅外层金属由于受挤压筒壁摩擦阻力的影响而发生了横向弯曲，而在挤压末期，铸锭中心部分的金属流速减慢，使网格线呈 W 形，从而减少缩尾的形成。

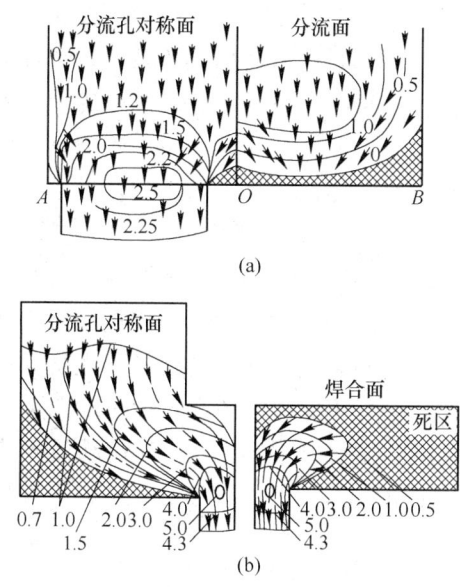

图 6-12 平面分流组合模挤压铝合金空心型材时
金属流动对称面上的流速分布
（a）分流过程（挤压筒内）；（b）焊合过程（焊合腔内）
（图中数值为挤压轴速度和分流孔内刚性流动速度之比）

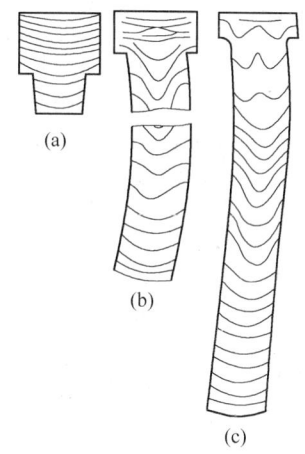

图 6-13 用扁挤压筒挤压 2A12 壁
板时铸锭大面坐标网格变化图
（a）刚挤出时；（b）挤出一段长度以后；
（c）正常挤压过程

挤压垫片的结构和形状对金属的流动也有一定的影响。采用凹形垫片可以稍许增加金属的流动均匀性，但因挤压残料增大，加之也较麻烦，故除了连续挤压之外，一般用平垫片进行挤压。

b 模孔排列的影响

模孔的排列从两个方面来影响金属的流动特性。一是距离挤压筒中心的远近，接近中心的部分，金属流动快，而远离中心的部分受到挤压筒壁摩擦阻力的影响而使金属流速减慢；二是塑性变形区内供给模孔或模孔各部分的金属量的分配。供应充足的部分流速较快，反之，供应不足的部分则金属流速减慢。因此，为了增加金属流动的均匀性，模孔应尽量对称地布置在模子平面上。在设计多孔模时，各模孔的中心应布置在距离中心某一合适距离的同心圆上。在设计异形材模时，应使易流出的厚壁部分远离中心，而把难以流动的薄壁部分靠近中心。模孔在模子平面上的合理布置，可以大大改善各部分金属的流动均匀性，从而减少产品的弯曲、扭拧和各产品的流速差以及每根产品因流速不同而产生的表面擦伤。

c 表面状态的影响

工模具表面越光洁、过渡越圆滑、表面硬度越高、润滑条件越好，则挤压时的金属流动越均匀。

d 加热温度的影响

在挤压时，锭坯横断面上的温度越均匀，则挤压时的流动也越均匀，因此，应尽量减小挤压筒、挤压垫片和穿孔针、模子与变形金属之间的温度差。在挤压过程中，挤压筒加热保温、工模具预热等措施是十分重要的。

e　其他因素的影响

铸锭长度、变形程度、挤压速度等对金属的流动均匀性也有一定的影响，如铸锭前端长度为 $1\sim1.5D_{筒}$ 的部分，金属流动极不均匀；变形程度过大或过小时，金属流动都不均匀；金属的流速过快，会增大金属流动的不均匀性等。

根据以上分析可知，各种因素错综复杂的影响，使挤压时金属的流动特性表现出多种多样的形式。归纳起来，可分为如图 6-14 所示的四种基本类型。类型（a）为反挤压、静液挤压、有效摩擦挤压时所具有的流动景象，流动最均匀；类型（b）为润滑挤压和冷态挤压时所具有的流动景象，与类型（a）相近，变形区集中在模孔附近，因此，不产生中心缩尾；类型（c）为受锭坯内、外抗力不同和外摩擦的影响，使金属流动不太均匀的景象，由变形区扩展到整个锭坯体积，死区高度比较高，但在基本挤压阶段尚未发生外部金属向中心流动时的情况，在挤压后期出现不太长的缩尾；类型（d）为流动最不均匀的景象，在挤压一开始，外层金属即向中心区流动，死区高度显著增加，故产生很长的缩尾。

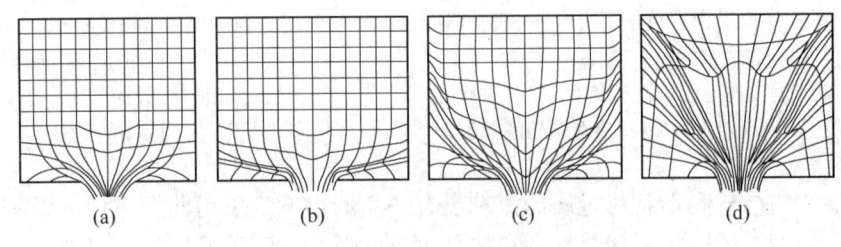

图 6-14　平模挤压时金属的典型流动类型
(a) 最均匀；(b) 均匀；(c) 不太均匀；(d) 最不均匀

在一般情况下，纯铝和软铝合金的流动景象属于类型（b），硬铝合金的流动景象属于类型（c），而黏性高、挤压温度高、导热性能差的合金的流动景象属于类型（d）。铝合金反向挤压和润滑挤压或静液挤压时可能获得（a）型的流动景象。但是，当挤压条件改变时，金属流动的上述类型可能产生变化。

6.1.2　铝合金挤压时的润滑条件与工艺润滑剂

在铝和铝合金材的挤压过程中，同样很需要使用润滑剂来降低金属与挤压筒壁、穿孔针以及模子表面之间的摩擦，减少它们之间的黏性与工模具的磨损。

但正如前所述，润滑剂的使用往往会导致制品表面污染，以及润滑剂可能流入制品中心，形成更加明显的"挤压缩尾"。因此，在铝和铝合金棒材的挤压中，多年来一直采用"无润滑挤压"。在管材及空心材挤压中也只是对模面及穿孔针表面进行润滑。近年来，世界各国为了能在吨位有限的挤压机上挤压大且复杂的硬铝合金型材，同时也为了提高挤压速度以及获得组织性能较均匀的挤压材，对润滑挤压方法进行了较广泛的研究，并在工模具结构、润滑剂研究方面有了突破，使润滑挤压法也有了很大的发展。

表 6-1 列出了无润滑挤压与润滑挤压铝合金型棒材的有关参数比较，由此可见，润滑挤压可以较大幅度地降低挤压力，提高挤压速度以及提高制品的组织性能。有人认为，模

具表面黏铝是由于其表面上的三氧化二铁颗粒层与高温铝反应生成三氧化二铝，进而再由它有效地黏集金属流中更多的三氧化二铝形成的。因此，三氧化二铁是引起工模具黏铝的原因。从这一角度也可充分说明，在润滑挤压时，润滑涂层具有防止模具与铝直接接触、减少工模具表面氧化的作用，从而起到了防黏降摩、提高制品表面品质的作用。

表 6-1　铝合金型棒材润滑挤压与无润滑挤压的比较

项　目 （流动速度 17.7×10^{-6} m/s）		比较指数值	
		无润滑挤压	润滑挤压
2A12	圆棒材	4~5	10~15
	异型材	2~4	6~8
2A14	圆棒材	5~6	15~20
	异型材	3~4	8~10
7A04	圆棒材	2~3	5~7
	异型材	1.5~2.5	4~6
粗晶环		可能形成	不形成
型材长向组织		不均匀	实际均匀
型材长向力学性能		不均匀	实际均匀
几何尺寸最高精度等级		7	5
挤压时最大单位压力/%		100	50~60
压力与毛坯长度的关系		大	不大

为了得到具有高表面品质的制品，在润滑挤压时，必须采取以下措施以预防润滑层的破坏：

（1）在润滑剂成分中加入活性吸附的组分。

（2）加入在工作温度范围内具有高黏度的组分。

（3）加入有助于保持润滑膜完整性的细微弥散组分。

（4）设计合理的工模具结构，避免或减少"死区"的形成。

在铝及铝合金热挤压时的润滑剂可分为两大类：第一类是用于热挤压管材和空心型材时涂抹穿孔针的润滑剂；第二类是热挤压型材和管材时用于润滑挤压筒工作表面和坯料外表面的润滑剂。二硫化铝涂覆穿孔针表面可提高管材和异型空心型材内表面质量。

对于热挤压铝合金管材和异型空心型材有的已规定采用以下成分的润滑剂：

Ⅰ：片状石墨	20%
氯化锂和氯化钠的共晶混合物	20%
750 号苯甲基硅油	余量
Ⅱ：二硫化铝	80%
黄蜡	20%
Ⅲ：颗粒尺寸为 1μm 左右的细铝粉	20%
黄蜡	80%

在冷挤压的情况下，当制品的温度不超过 240～300℃，而变形区的平均温度更低时，采用轻矿物油、黄蜡、脂肪酸 C_8～C_{16}、脂肪酸醇 C_{10}～C_{20} 作润滑剂获得了良好的效果。含有 3%～5%脂类的合成脂肪醇 C_{10}～C_{20} 可作为冷挤压的润滑剂。

目前在我国的实际生产中，挤压铝剂铝合金棒、型材仍在较广泛地采用无润滑挤压法，只是在管材和无缝异型空心型材挤压时，考虑到模子以及穿孔针工作条件异常恶劣，易于黏铝或损坏，对其表面间接性地涂抹润滑剂。这些润滑剂以及润滑挤压时润滑剂的组成列于表 6-2 中。

表 6-2　铝合金挤压工艺润滑剂组成

序号	润滑剂配比	使用范围
1	30%～40%粉状石墨+60%～70%国产 1 号汽缸油	润滑挤压筒
2	10%石墨+10%滑石粉+10%铅丹+70%汽缸油	
3	10%～20%片状石墨+70%～80%汽缸油+10%～20%铅丹	
4	30%～40%硅油+60%～70%粉状石墨	润滑穿孔针

6.1.3　铝合金挤压时的应力应变状态

6.1.3.1　挤压时金属的应力应变状态的特点

挤压时，金属的应力和变形是十分复杂的，并随着挤压方法和工艺条件而变化。简单的挤压过程，即单孔平模正挤压圆棒材时的外力、应力和变形状态如图 6-15 所示。

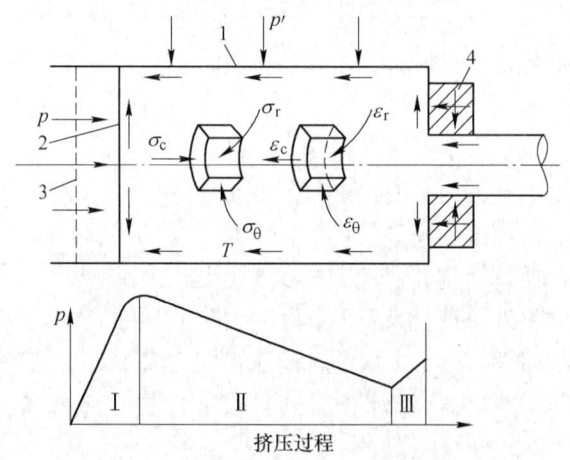

图 6-15　挤压时的外力、应力和变形状态图

p—挤压力；Ⅰ—填充挤压阶段；Ⅱ—平流阶段；Ⅲ—紊流阶段；

1—挤压筒；2—挤压垫片；3—填充挤压前垫片的原始位置；4—模子

挤压金属所受外力有：挤压轴的正压力 p；挤压筒壁和模孔壁的作用力 p'；在金属与垫片挤压筒及模孔接触面上的摩擦力 T，其作用方向与金属的流动方向相反。这些外力的作用解决了挤压时基本应力状态的三向压应力状态。这种应力状态对利用和发挥金属的塑性是极其有利的。轴向压应力 σ_c、径向压应力 σ_r、周向或环形压应力 σ_θ，如图 6-15 所示。

挤压时的变形状态为：一维延伸变形，即轴向变形 ε_e；二维压力变形，即径向变形 ε_r 及周向变形 ε_θ。

挤压过程是轴对称问题，所以 $\sigma_r = \sigma_\theta$，$\varepsilon_r = \varepsilon_\theta$。为了说明金属的变化情况，分析其应力分布如图6-16所示。在挤压过程中，由于模孔的存在，金属内部的应力状态可分为对着模孔的区域 I 和在 I 区周围的区域 II。在 I 区的应力分布是 $|\sigma_e| < |\sigma_r| = |\sigma_\theta|$。在 II 区内侧 $|\sigma_e| > |\sigma_r| = |\sigma_\theta|$。在中心线上部与下部分别表示 I 区的 σ_r 及 σ_e 的分布。

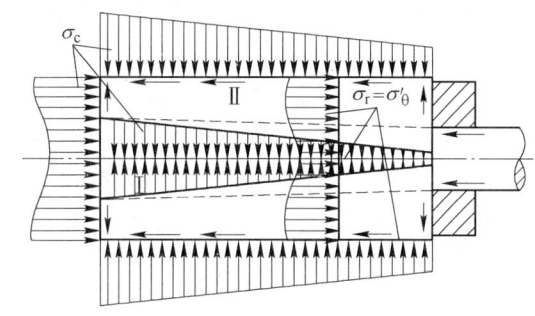

图6-16　应力分布示意图

在 II 区的 σ_e 及 σ_r 相应表示在上、下两周边线上，σ_e 及 σ_r 在横断面的分布是中心部分小而靠周边部分大。

6.1.3.2　变形不均匀性与残余应力

如果挤压制品在挤压过程结束以后不经受外力作用的话，那么，变形状态的不均匀是产生残余应力的基本原因。由于塑性变形区各部分的温度不均，在挤压制品中也会产生残余应力。但是，因为这种温度的不均匀性比较小，所以，由此而产生的残余应力值也不大。因此可以认为，挤压制品从塑性变形区流出瞬间的应力状态主要取决于由变形不均所引起的残余应力。

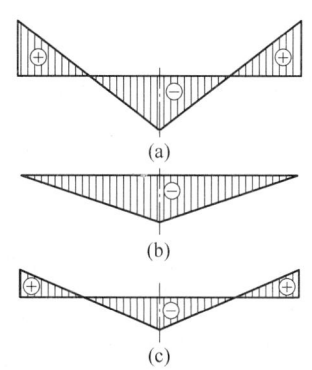

图6-17　挤压棒材中残余
应力的分布示意图
（a）纵向；（b）径向；（c）切向

在大多数挤压过程中，周边层的主拉伸变形要比中心层大。因此，周边层的拉伸弹性变形大于中心层的拉伸弹性变形。按照内力相互平衡的条件，这就会导致周边层为完全消除弹性变形而产生的收缩要小一些。而中心层为完全消除弹性变形而产生的收缩要大一些。结果，从模孔中流出来的挤压制品内，中心层产生了纵向压缩应力，而其周边层则产生残余拉伸应力。在挤压（未进行随后加工）的圆棒中，纵向残余应力的分布特征如图6-17（a）所示。

应注意到，在挤压型材时，其各部分流动速度的不均匀性是产生残余应力的另一个原因。这些残余应力被型材各个部分的相互作用力所平衡，因而可能改变上述纵向残余应力的分布图形。实践经验证明，棒材从塑性变形区流出以后，由于弹性变形的缘故，其径向尺寸稍有增加。由于径向尺寸的这种增加，势必对各同心环层之间造成一种径向压缩应力，这种应力状态正如同一组承受有内、外压力逐渐降低为零的同心管中的应力状态一样。图6-17（b）所示为径向应力的分布示意图。由于应力呈对称分布，所以，尽管都为负号，但彼此之间仍可得到平衡。两个已示出的纵向和径向残余应力分布图形，确定了圆周应力图的分布形式，如图2-17（c）所示。图中示出了外周环形层的横向拉伸力和中心层的横向压缩力的分布。实际上，由于产生了径向压缩应力，在外周环形层中的横向应力只能是拉伸应力，因此，为了平衡各层之间的应力，内环形层中心的横向应力必须是压缩应力。

热挤压时，由于挤压制品的随后冷却，往往会改变上述的应力状态，这种改变有时是十分明显的。例如，当缓慢冷却时，常可导致类似于进行低温退火时的结果，即可能使残余应力几乎完全消除。在此表面积不大的型材中，由于热惯性大，出现这种缓慢冷却形式的可能性就较大。

在挤压大直径棒材和厚壁型材时，除了因组织转变所引起的应力状态的改变外，由于周边层和中心层冷却的不均，也可能产生新的残余应力。

周边层的快速冷却，起初会导致周边层的收缩和纵向拉伸应力的增加，而后，由于内层热量的影响，这种应力可能会消失。然后，内层金属由于受到冷却而产生收缩，从而在周边层引起纵向压缩应力，在内层则引起拉伸应力。同时，也可能出现圆周应力。

在这里，应该注意到直径（或壁厚）的影响。显然，直径（或壁厚）越小，热惯性就越小，纵向层的温度就均衡得越快，出现温度残余应力的可能性就越小。在不对称变形的条件下，由于出现了一种不对称型的残余应力，所以，增大了总的残余应力值。

不对称残余应力的直接结果是使挤压制品产生翘曲。在温度不均匀的条件下，也可能产生不对称型残余应力。当挤压已变凉了的管材时，由于冷管包住了热针，所以，会产生更大的应力。这种应力可能在管材上引起纵向裂纹。因此，减少变形区中的变形和温度的不均匀性具有十分重要的意义。

6.1.4　铝合金挤压制品的组织和性能

6.1.4.1　铝合金挤压制品的组织

A　挤压制品组织不均匀性

就实际生产中广泛采用的普通热挤压而言，挤压制品的组织与其他加工方法（例如轧制、锻造）相比，其特点是在制品的断面与长度方向上都不均匀，一般是头部晶粒很大，尾部晶粒细小；中心晶粒粗大，外层晶粒细小（热处理后产生粗晶环的制品除外）。

但是，在挤压铝和铝合金一类低熔点合金时，也可能制品中后段的晶粒度比前端大。挤压制品组织部均匀性的另一个特点是部分铝合金挤压制品表面出现粗大晶粒组织。铝合金挤压制品的前端中心部分，由于变形不足，特别是在挤压比很小（$\lambda < 5$）时，常保留一定程度的铸造组织。因此，生产中按照型材壁厚或棒材直径的不同，规定在前端切去 $100 \sim 300mm$ 的几何废料。

在挤压制品的中段主要部分上，当变形程度较大（λ 为 $10 \sim 12$）时，其组织和性能基本上是均匀的。变形程度较小（λ 为 $6 \sim 10$）时，其中心和周边上的组织特征仍然是不均匀的，而且变形程度越小，这种不均匀性越大。

挤压制品的组织在断面上和长度上出现不均匀性，主要是由不均匀变形而引起的。根据挤压流动变形特点的分析可知，在制品断面上，外层金属在挤压过程中受模子形状约束和摩擦阻力作用，使外层金属主要承受剪切变形，且一般情况下金属的实际变形程度由外层向内逐渐减少，所以在挤压制品断面上会出现组织的不均匀性；在制品长度上，同样是由于模子形状约束和外摩擦的作用，金属流动不均匀性逐渐增加，所承受的附加剪切变形程度逐渐增加，从而使晶粒遭受破碎的程度由制品的前端向后端逐渐增大，导致制品长度上的组织不均匀。

　　造成均匀制品不均匀性的另一因素是挤压温度与速度的变化。在挤压纯铝和软铝合金时，坯料的加热温度与挤压筒温度相差不大，当挤压比较大或挤压速度较快时，由于变形热与坯料表面摩擦效应较大，挤压中后期变形区温度明显升高，因此也可能出现制品中后段的晶粒度比前端大的现象。

　　B　粗晶环组织

　　如上所述，挤压制品组织的不均匀性还表现在某些铝合金在挤压或随后的热处理过程中，在其外层出现粗大晶粒组织，通常称为粗晶环，如图6-18所示。

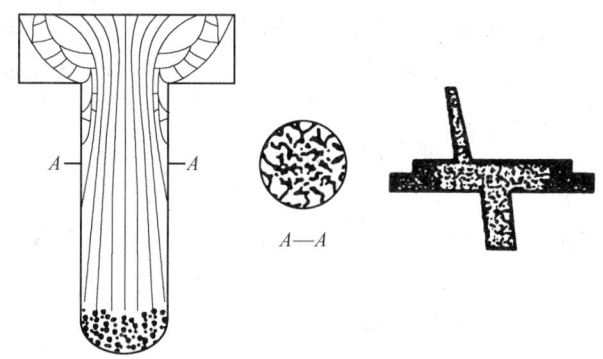

图6-18　2A11合金挤压棒材和2A12合金挤压型材淬火后的粗晶环组织

　　根据粗晶环的时间，可将其分为两类。第一类是在挤压过程中即已形成的粗晶环，例如纯铝挤压制品的粗晶环等。这类粗晶环的形成原因是，金属的再结晶温度比较低，可在挤压温度下发生完全再结晶。如前所述，模子形状约束与外摩擦的作用造成金属流动不均匀，外层金属所承受的变形程度比内层大，晶粒受到剧烈的剪切变形，晶格发生严重的畸变，从而使外层金属再结晶温度低，容易发生再结晶并长大，形成粗晶组织。由于挤压不均匀变形是从制品的头部到尾部逐渐加剧的，因而粗晶环的深度也由头部到尾部逐渐增加。

　　由于挤压不均匀变形是绝对的，所以任何一种挤压制品均有出现第一类粗晶环的倾向，只是由于有些合金的再结晶温度比较高，在挤压温度下不易产生再结晶和晶粒长大（例如3A21等挤压制品在锻造前的加热过程中同样会产生粗晶环），或者因为挤压流动相对较为均匀，不足以使外周层金属的再结晶温度明显降低，而不容易出现粗晶环。

　　第二类粗晶环是在挤压制品的热处理过程中形成的，例如含Mn、Cr、Zr等元素的热处理可强化铝合金（2A11、2A12、2A02、6A02、2A50、2A14、7A04等）。这些铝合金制品在淬火后，常可出现严重的粗晶环组织。这类粗晶环的形成原因除与不均匀变形有关外，还与合金中含Mn、Cr等抗再结晶元素有关。Mn、Cr等元素因溶于铝合金中能提高再结晶温度，合金中的化合物$MnAl_6$、$CrAl_7$、Mg_2Si、$CuAl_2$等可阻止再结晶晶粒的长大，挤压时，模具几何约束与强烈的摩擦作用，使外层金属流动滞后于中心部分，外层金属内呈很大的应力梯度和附加拉应力状态，因此促进Mn的析出，使固溶体的再结晶温度降低，产生一次再结晶，但因第二相由晶内析出后呈弥散质点状态分布在晶界上，阻碍了晶粒的集聚长大。因此，在挤压后铝合金制品外层呈现细晶组织。在淬火加热时，由于温度高，析出的第二相质点又重新溶解，使阻碍晶粒长大的作用消失，在这种情况下，一次再结晶的一些晶粒开始吞并周围的晶粒迅速长大，形成粗晶组织，即粗晶环。而在挤压制品的中心区，挤压时呈稳定流动状态，变形比较均匀，又受附加压应力作用，不利于锰的析出，使中心区金属的再结晶温度较高，不易形成粗晶。影响粗晶环的主要因素有以下几点：

（1）挤压温度的影响。随着挤压温度的增高，粗晶环的深度增加。这是由于挤压温度升高后，金属的 σ_s 降低，变形不均匀性增加，坯料外层金属的结晶点阵遭到更大的畸变，促进了再结晶的进行；高温挤压有利于第二相的析出与集聚，减弱了对晶粒长大的阻碍作用。

（2）挤压筒加热温度的影响。当挤压筒加热温度高于坯料温度时将促使不均匀变形减小，从而可减小粗晶环的深度。例如，挤压 6A02、2A50、2A14 合金时采用此制度，对减小粗晶环深度有明显的效果。

（3）均匀化的影响。均匀化对不同铝合金的影响不一样。由于均匀化温度一般为 470~550℃，在此温度范围内，6A02 一类合金中的 Mg_2Si 相将大量熔入基体金属可以阻碍晶粒的长大；而对于 2A12 一类合金，却会促使其中的 $MnAl_6$ 从基体中大量析出。这是由于在铸造过程中，冷却速度快，$MnAl_6$ 相来不及充分地从基体中析出。因此，在均匀时，$MnAl_6$ 相进一步由基体中析出。在长时间高温的作用下，$MnAl_6$ 弥散质点集聚长大，从而使再结晶温度和阻止再结晶的能力降低，导致粗晶环深度增加。

（4）合金元素的影响。合金中锰、铬、钛、铁等元素的含量与分布状态对粗晶环有明显影响。实验研究证明，当 2A12 合金中 Mn 的含量（质量分数）为 0.2%~0.6% 时，挤压制品在淬火后易形成粗晶环，而当 2A12 合金中 Mn 的含量提高到 0.8%~0.9% 时，可以完全消除粗晶环的产生。

（5）应力状态的影响。实验证明，合金中存在的拉应力将促进扩散速度的增加，而压应力则能降低扩散速度。在挤压时，由于不均匀变形外层金属沿流动方向受拉应力作用，从而促进了 $MnAl_6$ 等相的析出，降低了锰一类元素对再结晶的抑制作用。

（6）热处理加热温度和保温时间的影响。一般来说，热处理加热温度越高，保温时间越长，粗晶环的深度越大。例如，淬火温度越高，将使 Mg_2Si、$CuAl_2$ 等第二相弥散质点溶解增加，$MnAl_6$ 弥散质点聚焦长大，抑制再结晶作用减弱，粗晶环深度增加；而适当地降低淬火加热温度能使粗晶环减小，甚至不发生。延长淬火保温时间会产生与提高淬火温度相类似的影响。

粗晶环是铝合金挤压制品的一种常见组织缺陷，它引起制品的力学性能和耐蚀性能的降低，例如可使金属的室温强度降低 20%~30%，见表 6-3。

减少或消除粗晶环的最根本方法，应该围绕两个方面采取措施：一是尽可能减少挤压时的不均匀变形；二是控制再结晶的进行。

C　层状组织

所谓层状组织，也称片层组织，其特征是制品被折断后，呈现出与木质相似的断口，分层的断口表面凹凸不平，分层方向与挤压制品轴向平行，继续塑性加工或热处理均无法消除这种层状组织。

表 6-3　2A12T4 合金型材粗、细晶区力学性能比较

取样部位	取样区	取样方式	典型性能			图例
			σ_b/MPa	$\sigma_{0.2}/MPa$	$\delta/\%$	
1	粗晶区	纵向	446	354	3.6	
2	粗晶区	纵向	545	438	15.4	
3	粗晶区	纵向	419	349	16.4	
4	粗晶区	纵向	540	446	12.9	
5	粗晶区	纵向	462	372	16.1	
6	粗晶区	长横向	415	326	13.2	
7	过渡区	长横向	421	320	12.2	
8	细晶区	长横向	449	378	10.2	

层状组织对制品纵向（挤压方向）力学性能影响不大，而使制品横向力学性能降低，例如，用带有层状组织的材料做成的衬套所能承受的内压要比无层状组织的材料低 30%左右。

实际生产经验证明，产生层状组织的基本原因是在坯料组织存在大量的微小气孔、缩孔，或是在晶界上分布着未被溶解的第二相或者杂质等，在挤压时被拉长，从而呈现层状组织。层状组织一般出现在制品的前端，这是由于在挤压后期金属变形程度大且流动紊乱，从而破坏了杂质薄膜的完整性，使层状组织程度减弱。

在铝合金中容易出现层状组织的是 6A02、2A50 等，7A04、2A12、2A11 等合金中较少。防止层状组织出现的措施，应从坯料组织着手：减少坯料柱状晶区，扩大等轴晶区，同时使晶间杂质分散或减少。另外，对于不同的合金还有一些相应的解决层状组织的办法。例如，有的研究认为，使 6A02 合金的 Mn 含量超过 0.18%时，层状组织可消失。

6.1.4.2　铝合金挤压制品的力学性能

A　力学性能的不均匀性

挤压制品的变形和组织不均匀性必然相应地引起力学性能不均匀性。一般来说，实心制品（未经热处理）的心部和前端的强度（σ_b、σ_s）低，伸长率高，而外层和后端的强度高，伸长率低。

但对于挤压纯铝、软铝合金（3A21 等）来说，由于挤压温度较低，挤压速度较快，挤压过程中可能产生温升，同时挤压过程中所产生的位错和亚结构较少，因而挤压制品力学性能不均匀特点有可能与上述情况相反。

挤压制品力学性能的不均匀性也表现在制品的纵向和横向性能差异上（即各向异性）。一般认为，制品的纵向和横向力学性能不均匀，主要是由于受变形织构的影响，但还有其他方面的原因。如挤压后的制品晶粒被拉长；存在于晶粒间金属化合物沿挤压方向被拉长；挤压时气泡沿晶界析出等。

B　挤压效应

挤压效应是指某些铝合金挤压制品与其他加工制品（如轧制、拉伸和锻造等）经相同的热处理后，前者的强度比后者高，而塑性比后者低。这一效应是挤压制品所独有的特征，表 6-4 所示为几种铝合金以不同加工方法经相同淬火时效后的纵向抗拉强度值。

表 6-4　几种铝合金以不同加工方法经相同淬火时效后的纵向强度值　　　　（MPa）

制品合金	6A02	2A14	2A11	2A12	7A04
轧制板材	312	540	433	463	497
锻件	367	612	509	—	470
挤压棒材	452	664	536	574	519

挤压效应可以在硬铝合金（2A11、2A12）、锻铝合金（6A02、2A50、2A14）和 Al-Cu-Mg-Zn 高强度铝合金（7A04、7A06）中观察到。应该指出的是，这些合金挤压效应应只是用铸造坯料挤压时才十分明显。在经过二次挤压（即用挤压坯料进行挤压）后，这些合金的挤压效应应减少，并在一定条件下几乎完全消除。

当对挤压棒材横向进行变形，或在任何方向进行冷变形（在挤压的热处理之前）时，挤压效应也降低。

产生挤压效应的原因，一般认为有以下两个方面：

（1）挤压使制品处在强烈的三向压应力状态和二向压缩一向延伸变形状态，制品内部金属流动平稳，晶粒皆沿挤压方向流动，使制品内部形成较强的［111］织构，即制品内部大多数晶粒的［111］晶向和挤压方向趋于一致。对面心立方晶格的铝合金制品来说，［111］方向是强度最高的方向，从而使制品纵向的强度提高。

（2）Mn、Cr 等高再结晶元素的存在，使挤压制品内部在热处理后仍保留着加工织构，而未发生再结晶。Mn、Cr 等元素与铝组成的二元系状态图的特点是，结晶温度范围窄，在高温下固溶体中的溶解度很小，因此形成的过饱和固溶体在结晶过程中分解出 Mn、Cr 等金属间化合物 $MnAl_6$、$CrAl_7$ 弥散质点，并发布在固溶体内树枝状晶的周围构成网状膜。又因 Mn、Cr 在铝中的扩散系数很低，且 Mn 在固溶体中也妨碍着金属自扩散的进行，这也就阻碍了合金再结晶过程的进行，使制品内部再结晶温度提高，在进行热处理加热时制品内部发生不完全再结晶，甚至不发生再结晶，所以挤压制品内部的随后热处理仍保留着加工组织。应特别指出，挤压效应只显现在制品的内部，至于其外层，常因有粗晶环而使挤压效应消失。

在大多数情况下，铝合金的挤压效应是有益的，它可保证构件具有较高的强度，节省材料消耗，减轻构件质量。但对于要求各个方向力学性能均匀的构件（如飞机大梁型材），则不希望有挤压效应。

影响挤压效应的因素如下：

（1）坯料均匀化的影响。坯料均匀化可减弱或消除挤压效应。因在均匀化时，一般情况下化合物被溶解，包围着枝晶的网膜组织消失，而剩余的化合物发生聚集，这就破坏了产生挤压效应的条件。

（2）挤压温度的影响。随着挤压温度的升高，制品的强度极限 σ_b 显著增加。例如，6A02 合金，挤压温度由 320℃ 升到 420℃；强度极限 σ_b 提高近 100MPa；2A12 合金挤压温度由 300℃ 升高到 340℃，强度极限 σ_b 提高近 20MPa。挤压温度低，会使金属产生冷作硬化，使晶粒间界破碎和在淬火前加热中 Al-Mn 固溶体分解加剧，产生再结晶，其结果使挤压效应消失。

（3）变形程度的影响。对于不含 Mn 或含 Mn 少的（如 0.1%）2A12 合金来说，增大变形程度，会使挤压效应降低。例如，当变形程度从 72% 增加到 95% 时，σ_b、σ_s、δ 分别从 451MPa、308MPa、14% 变为 406MPa、255MPa 和 21.4%。

当 2A12 合金中 Mn 含量增加时，增加变形程度，挤压效果显著。如当 Mn 含量为 0.36%~1.0% 的范围内，变形程度为 95.5% 时，合金的强度 σ_b 最大；变形程度为 85.3% 时，合金的强度 σ_b 中等；变形程度为 72.5% 时，合金的强度 σ_b 最低。当 Mn 含量为 0.5%~0.8% 时，变形程度对强度有最大的影响。

（4）二次挤压的影响。二次挤压使所有硬铝及锻铝合金的强度降低，而伸长率 δ 有某些提高，大大降低挤压效应。

6.1.5　挤压时的温度-速度条件

6.1.5.1　挤压过程中的温度变化

挤压温度和挤压速度是挤压过程中的两个基本参数。塑性变形区的温度必须与金属塑性最好的温度范围相适应。

塑性变形区的温度取决于坯料和工具的加热温度、变形热以及被周围介质所吸收的热量。挤压速度或金属流动速度越大，被周围介质吸收的热量就越少，则塑性变形区的温度就越高，反之亦然。在一定的变形程度下，或者是选择合适的预热温度，或者是选择合适的变形速度，都可以使塑性变形区的温度保持在规定的范围内，当变形速度较小时，必须提高预热温度。而变形速度较大时，则必须降低预热温度。因此，利用"锥形"加热和冷却模具的方法可获得较高的挤压速度。

随着挤压条件的变化，挤压过程中的挤压温度和挤压速度是不断变化的。

在挤压铝合金时，挤压温度较低（400~500℃），挤压速度很慢（低于 25mm/s），而且铝合金的导热性很高，所以在计算塑变区的温度场时必须考虑由挤压金属的热传导和金属与挤压工具之间的热交换而引起的温度变化。

6.1.5.2　挤压时的温度条件

在确定挤压的温度制度时，应该考虑以下一些因素：

（1）合金的塑性图与状态图，了解合金最佳塑性温度范围和相变情况，避免在多相和相变温度下变形。

（2）挤压过程温度条件的特点，影响温度条件变化的因素和调节方法以及温升情况。

（3）尽可能地降低变形抗力，减小挤压力和作用在工模具上的载荷。

（4）保证挤压制品中的温度分布均匀。

（5）保证最大的流出速度。

（6）保持温度不超过该合金的临界温度，以免塑性降低产生裂纹。

（7）保证挤压时金属不黏结工具，恶化制品表面品质。

（8）保证制品的组织均一和力学性能最佳。

（9）保证制品的尺寸精度。

在确定挤压时的最佳温度制度时，还应该考虑铸锭的冶金学特点：

（1）结晶组织的特点。

（2）合金化学成分的波动。

（3）金属间化合物的特点。

（4）疏松程度、气体和其他的非金属杂质的含量等。

常用铝合金挤压时锭坯的加热温度-速度规程见表 6-5，可供制定工艺和设计模具时参考。

表 6-5　常用铝合金挤压时锭坯的温度-速度规程（参考值）

合金	制品	温度/℃		平均流出速度/m·min⁻¹
		锭坯	挤压筒	
2A14	圆棒、方棒、六角棒及通用型材	380~440	360~440	1~2.5
2A12		380~440	360~440	1~3.5
2A50		380~440	360~400	3~6
2A80、2A70、5A02		320~430	350~400	3~15
7A04		350~430	330~400	1~2
1050A、1035		390~440	360~430	40~250
3A21		390~440	360~430	25~100
5A05、5A06		400~450	440~480	1~2
6A02、6063、6061		450~520	450~480	3~15，6063 合金可达 120 以上
2A12	一般用途型材、高负载型材、空心型材、大头型材、壁板	380~460	360~440	1~2.5
		430~460	400~440	0.8~2
		420~470	400~450	0.5~1.2
2A11	一般用途型材	330~460	360~440	1~3
7A04	等断面型材、大头型材、壁板	370~450	360~430	0.8~2
		390~440	390~440	0.5~1
5A02、5A03、5A05、5A06、5B06	实心和空心型材、壁板	420~480	400~460	0.6~2
6063	装饰型材	450~500	450~480	约 120
6063、6A02	空心建筑型材	480~530	450~480	3~60，6063 合金可达 100 以上
6A02	重要用途型材	490~510	460~490	3~15

6.1.5.3　挤压时的速度条件

挤压时的速度有三种：挤压速度 v_j，表示挤压机主柱塞、挤压轴和挤压垫的移动速度；金属流出速度 u_i，表示金属流出模孔时的速度，$u_i = \lambda \cdot v_j$；变形速度 ε，也称变形速率，即单位时间内变形量变化的大小：

$$\varepsilon = \frac{\partial \delta}{\partial t} \tag{6-1}$$

在生产中，最常用的是挤压速度 v_j 和流出速度 u_i。了解挤压速度便于正确控制挤压时的挤压轴前进速度。流出速度反映合金可挤压性的高低。

挤压时的速度与温度是联系在一起的。一般来说，提高挤压速度则必须降低锭坯的加热温度；反之，提高挤压温度则必须降低挤压速度。

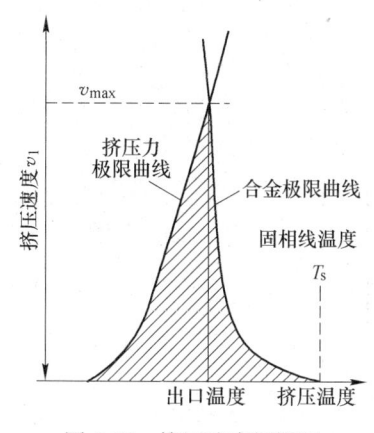

图 6-19 挤压速度极限图

挤压力是被挤压合金变形抗力的函数。热加工的目的是为了利用金属材料在高温下屈服应力下降这一现象来实现大的变形量，具有高变形抗力的合金必须加热到很高的变形的温度。但是，如果锭坯原始温度和挤压速度导致制品出口温度非常接近该合金的固相线温度时，则表面将产生裂纹、粗糙、质量变坏。图 6-19 所示为最大速度和出口温度之间的关系曲线，图中给出了两条极限曲线：一条表示设备能力的最大挤压力曲线，超过它不可能实现挤压；另一条表示合金制品开始开裂的冶金学极限。两条曲线之间的面积提供了该合金挤压时所有的加工工艺参数，特别是在交点上提供了理论上最大速度和相应的最佳出口温度。应强调的是这个最佳值只是从挤压速度角度出发，不一定能满足制品的物理-冶金性能要求。

在确定常规挤压时的实际金属流出速度时，可在已知挤压温度的基础上综合考虑材料与工艺参数（如金属变形抗力与塑性、挤压系数、流动不均匀的特性、工模具结构形式及预热条件）以及设备条件的影响。

表 6-5 给出了常用一些铝合金挤压各种型材时的锭坯、挤压筒加热温度和平均的流出速度。

6.1.6 铝合金挤压时的力学条件及挤压力计算方法

6.1.6.1 挤压力-挤压轴行程曲线（示功图）

挤压力是指在挤压过程中为实现某一工艺程序所需设备最大的全压力。

挤压是挤压过程中最重要的参数之一。为了选择合适的设备，拟订合理的工艺，设计先进而合理的模具和工具等，都必须精确的计算挤压力的大小。

在挤压过程中，力学条件是随着金属体积、金属与挤压筒之间的接触表面状态、接触摩擦应力、挤压的温度速度规范以及其他条件变化而不断发生变化的。这势必会引起金属对挤压轴的全压力发生变化，这种变化可用挤压力-挤压轴行程图来表示，这种图形通常称做"示功图"，如图 6-20 所示，图中 1 和 2 分别表示正挤压时和反挤压时的力与功的消耗曲线。比较两条曲线的变化情况，明显地反映了挤压过程中摩擦力的变化规律。反挤压时，由于摩擦力减小，所以其最大挤压力比正挤压力小。同时，根据这种实测曲

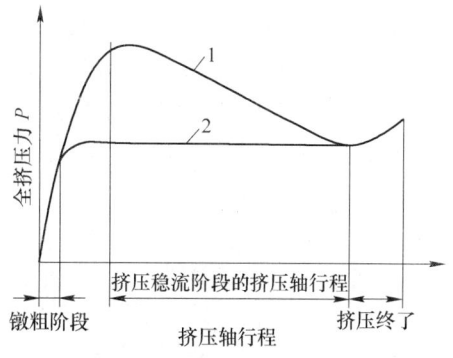

图 6-20 全挤压力变化图（示功图）
1—正挤压；2—反挤压

线，可以说明挤压力是由克服金属变形所需的力和克服各种摩擦所需的力两大部分组成的。

6.1.6.2　挤压受力状态分析及挤压力的组成

A　挤压时受力分析

铝合金在稳流阶段（基本挤压阶段）的受力
状态如图 6-21 所示，包括挤压筒壁、模子锥面和
定径带表面作用在金属上的正压力和摩擦力，以及
挤压轴通过挤压垫片作用在金属上的挤压力。这些
外力因挤压方式不同而异：反向挤压时，挤压筒壁
与金属间的摩擦力为零；有效摩擦挤压时，筒壁与
金属间的摩擦力与图 6-21 所示的方向相反而成为
挤压力的部分。不同挤压条件下，接触表面的应力
分布也不相同，但不一定按线性变化。但用测压针
测定筒壁和模面受力情况的实验结果表明，当挤压
条件不变时，各处的正压力在挤压过程中基本上
不变。

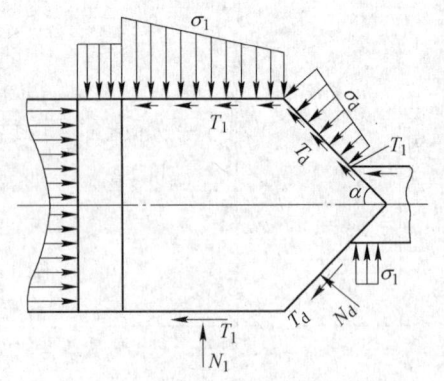

图 6-21　铝合金正挤压基本
阶段受力状态图

基本挤压阶段变形区内部的应力分布也是非常复杂的。大量的试验结果表明，轴向应
力 O_z，就其绝对值大小而言，在靠近挤压轴线的中心部小，而靠近挤压筒壁的外周大；
剪切应力在中心线（对称轴）上为零，沿半径方向至坯料与挤压筒（或挤压模）接触表
面呈非线性变化；沿挤压方向的逆向，各应力分量的绝对值随着离开挤压模出口距离的增
加而上升。

B　挤压力的组成

根据以上分析可知，在一般情况下，全挤压力 P 主要由以下各分力组成。

$$P = R_锥 + T_锥 + T_筒 + T_定 + T_垫 + Q + I \tag{6-2}$$

式中　$R_锥$——用以平衡阻碍金属基本变形的内摩擦力，即基本变形力；

　　　$T_锥$——在存在摩擦力的情况下，用以平衡挤压筒和穿孔针侧表面所产生的摩擦力；

　　　$T_筒$——在存在摩擦力的情况下，挤压筒内壁和坯料表面所产生的摩擦力；

　　　$T_定$——用以平衡挤压模具的工作带表面上所产生的摩擦力；

　　　$T_垫$——用以平衡金属与挤压垫片接触表面上所产生的摩擦力；

　　　Q——用以平衡反压力或拉力的一种分力；

　　　I——在高速冲击挤压过程中，用以平衡惯性力。

因为在一般的铝合金挤压过程中，$T_垫$、Q、I 三个分力可以忽略不计，所以式（6-2）
可简化为：

$$P = R_锥 + T_锥 + T_筒 + T_定 \tag{6-3}$$

6.1.6.3　影响挤压力的主要因素

A　合金的本性和变形抗力

一般来说，挤压力与挤压时合金的变形抗力成正比。但由于合金性质的不均匀性，往
往不能保持严格的线性关系。

B　坯料的状态

坯料内部组织性能均匀时，所需的挤压力较小；经充分均匀化退火的铸锭比不进行均

匀化退火的挤压力较低；经一次挤压后的材料作为二次挤压的坯料时，在相同的工艺条件下，二次挤压时所需的单位挤压力比一次挤压时的大。

C 坯料的形状与规格

坯料的形状与规格对挤压力的影响实际上是通过挤压筒内坯料与筒壁之间的摩擦阻力而产生作用的。坯料的表面积越大，与筒壁的摩擦阻力就越大，因而挤压力也就越大，因为在不同挤压条件下坯料与筒壁之间的摩擦状态不同，坯料的形状与规格对挤压力的影响规律也不同。正向无润滑热挤压时，坯料与筒壁之间处于常摩擦应力状态，随坯料长度的减小，挤压力线性减小，但当挤压过程中坯料长度上有温度变化时，一般为非线性曲线。

带润滑正挤压、冷挤压、温挤压时，由于接触表面正压力没轴向非均匀分布，故摩擦应力也非均匀分布，挤压力与坯料长度之间一般为非线性关系。

反向挤压时，坯料与筒壁之间无相对滑动，不产生摩擦阻力，故挤压力与坯料长度无关。

D 工艺参数的影响

工艺参数的影响包括以下几点：

(1) 变形程度。挤压力与变形程度的对数值成正比。

(2) 变形温度。变形温度对挤压力的影响是通过变形抗力的大小反映出来的。一般来说，随变形温度升高，变形抗力下降，所需挤压力减小，但一般为非线性关系。

(3) 变形速度。变形速度也是通过变形抗力的变化影响挤压力的。冷挤压时，挤压速度对挤压力的影响较小。热挤压时，在挤压过程无温度、外摩擦条件等的变化条件下，挤压力与挤压速度（对数比例）之间呈线性关系。

E 外摩擦条件的影响

随着摩擦的增加，金属流动不均匀程度增加，因而所需的挤压力增加。同时，由于金属和挤压筒、挤压模、挤压垫片之间的摩擦阻力增加，而大大增加挤压力。一般来说，正向热挤压铝合金时，因坯料与挤压筒之间的摩擦阻力而比反向热挤压时的挤压力高30%~40%。

F 模子形状与尺寸的影响

a 模角的影响

模角对挤压力的影响，主要表现在变形工及变形区锥表面，而克服金属与筒壁间摩擦力及定径带上的摩擦力所需的挤压力与模角无关。在一定的变形条件下，随着模角 a 的增大，变形区内变形所需的挤压力分量 R_M 增大，但用于克服模子锥面上摩擦阻力的分量 T_M 由于摩擦面积的减小而下降。以下两个方面因素综合作用的结果，使 $R_M + T_M$ 在某一模角 a_{opt} 下为最小，从而总的挤压力也在 a_{opt} 处为最小，a_{opt} 称为最佳模角。挤压最佳模角一般为45°~60°，最佳模角与挤压变形程度（$\varepsilon = \ln \lambda$）之间具有如下关系：

$$\alpha_{opt} = \arccos \frac{1}{1 + \varepsilon_e} = \arccos \frac{1}{1 + \ln \lambda} \qquad (6\text{-}4)$$

b 模面形状

采用合适的模面形状能大大改善金属流动的均匀性，降低挤压力。对于铝及铝合金，由于大多数情况下为无润滑剂挤压，一般采用平面模或大角度锥模挤压；而对于各种材料零部件的冷挤压、温挤压成型，采用合适形状的曲面模挤压，以改善金属的挤压性，降低挤压生产能耗，有其重要意义。

c　定径带长度的影响

随着定径带长度的增加，克服定径带摩擦阻力所需要的挤压力增大。消耗在定径带上的挤压力分量为总挤压力的 5% ~ 10%。

d　其他因素的影响

挤压模的结构、模孔排列位置等对挤压力也有较大的影响。当挤压条件相同时，采用桥式模挤压空心材比采用分流模挤压的挤压力下降 30%。采用多孔模挤压时，模孔实物排列位置对挤压力也有一定的影响。

G　制品断面形状的影响

在挤压变形条件一定的情况下，制品断面形状越复杂，所需的挤压力越大。制品断面的复杂程度可用系数 f_1、f_2 来表示。

$$f_1 = \frac{型材断面周长}{等断面圆周长} \tag{6-5}$$

$$f_2 = \frac{型材的外切圆面积}{型材断面面积} \tag{6-6}$$

f_1、f_2 称为型材断面形状复杂系数。只有当 $f_1 > 1.5$ 时，制品断面形状对挤压力才有明显的影响。此外，如以 $f_1 \cdot f_2$ 的大小来衡量，则当 $f_1 \cdot f_2 \leqslant 2.0$ 时，断面形状对挤压力的影响很小。例如，挤压正方形棒（$f_1 \cdot f_2 = 1.77$）和六角棒（$f_1 \cdot f_2 = 1.27$）所需的挤压力，与挤压等断面圆棒的挤压力几乎相等。

H　挤压方法

不同的挤压方法所需的挤压力不同。反挤压比同等条件下正挤压所需的挤压力低 30% ~ 40%；侧向挤压比正挤压所需的挤压力大。此外，采用有效的摩擦挤压、静液挤压、连续挤压比正挤压所需的挤压力要低得多。

I　挤压操作

除了上述影响挤压力的因素外，实际挤压生产中，还会因为工艺操作和生产技术等方面的原因而给挤压力的大小带来很大的影响。例如，加热温度不均匀、挤压速度太慢或挤压筒加热温度太低等因素，可导致挤压力在挤压过程中产生异常的变化。

6.1.6.4　挤压力的计算

目前，计算挤压力的公式很多，根据假设和推导方法不同，可分为：平均应力法；滑移线法；有限元法和经验系数法。在实际生产中，常用经验公式来计算挤压力。

经验算式是根据大量实验结果建立起来的，其最大优点是算式结构简单，应用方便；其缺点是不能准确反映各挤压工艺参数对挤压的影响，计算误差较大。在工艺设计中，经验算式可用来对挤压力进行估计。最典型的经验算式为：

$$p = a + b\ln\lambda \tag{6-7}$$

式中　p——单位挤压力；

　　a，b——与挤压条件有关的实验常数；

　　λ——挤压系数。

由于式（6-7）中 a、b 的正确选定往往比较困难，推荐采用以下经验算式进行估计：

$$p = abK_f\sigma_s\left(\ln\lambda + \mu\frac{4L_t}{D_t - d_z}\right) \qquad (6-8)$$

式中　σ_s——变形温度下静态拉伸时的屈服应力，按表 6-6 选取；

　　　μ——摩擦系数（见表 6-7），无润滑热挤压可取 $\mu = 0.5$，带润滑热挤压可取 $\mu = 0.25 \sim 0.5$，冷挤压可取 $\mu = 0.1 \sim 0.15$；

　　　D_t——挤压筒直径；

　　　d_z——穿孔针的直径，棒材或实心型材挤压时 $d_z = 0$；

　　　L_t——坯料填充后的长度，作为近似估算，可用坯料的原始 L_0 计算；

　　　λ——挤压系数；

　　　a——合金材质修正系数，可取 $a = 1.3 \sim 1.5$，其中硬合金取下限，软合金取上限；

　　　b——制品断面形状修正系数，简单断面棒材或圆管挤压时，取 $b = 1.0$。

表 6-6　计算挤压力用的各种铝合金的屈服应力 σ_s　　　（MPa）

金属与合金	变形温度/℃						
	200	250	300	350	400	450	500
纯铝	59	37	28	22	12.5	8	6
6A02	72	52	39	33	29	16	8
5A03			65	55	45	30	10
5A05			80	75	58	37	20
5B06			80	75	60	37	23
3A21	54	48	42	36	32	24	21
2A11			55	45	35	30	25
2A12			70	50	40	35	28
7A04			90	70	55	40	35
2A50				57	40	32	25

表 6-7　确定挤压力的摩擦系数 μ 值

合金	变形温度/℃		
	250~350	350~450	450~500
铝	0.3~0.35	0.25~0.28	0.2~0.25
铝合金		0.30~0.35	0.25~0.30

对于断面形状较为复杂的异型材挤压，根据上述型材断面复杂程度系数 f_1（式（6-7））的大小，参考表 6-8 中修正系数 K_f 的取值方法，取 $b = 1.1 \sim 1.6$。

表 6-8　型材挤压力计算时的修正系数 K_f

型材断面复杂程度系数 f_1	≤1.1	1.2	1.5	1.6	1.7	1.8	1.9	2.0	2.25	2.5	2.75	≥4.0
修正系数 K_f	1.0	1.05	1.1	1.17	1.27	1.35	1.4	1.45	1.5	1.53	1.55	1.6

6.1.7　确定铝合金最佳挤压工艺制度的基本原则

6.1.7.1　挤压方法的选择

在各种不同的挤压过程中，挤压工具和被挤压金属之间的摩擦力增大了挤压力的消耗和变形的不均匀性。因此，所选择的挤压方法应在满足给定的条件下，保证消耗于接触摩擦上的功最小，在选择挤压方法时，应满足的主要给定条件包括：

（1）挤压设备所具有的工艺的可能性。

（2）在挤压状态下被挤压金属的塑性。

（3）满足挤压制品的质量要求。

6.1.7.2　坯料形状与尺寸的确定

坯料的形状和尺寸是决定整个挤压过程中技术经济指标的最重要的工艺因素。确定坯料形状和尺寸的原始条件是挤压制品的规定形状和尺寸。显然，在所有的情况下，采用体积尽可能大的坯料是最合理的。选择坯料的形状，横断面尺寸和长度时，应考虑能保证挤压制品的质量优良（几何尺寸精度最高，允许的变形不均匀性最小），挤压工具所允许的应力和允许的总压力（根据挤压机的力学特性而定）。根据挤压制品的横断面形状，坯料可选为圆形断面，也可选为矩形断面（带圆弧形侧面）。为了减少挤压制品力学性能的不均匀性，坯料的横断面积在填充挤压之后应保证具有允许的最小挤压系数。如上所述，通常挤压系数值应不小于8，而对于需进一步经受塑性变形的制品，应不小于5。最大的挤压系数值受挤压工具上所允许的应力值限制。

在润滑挤压时，坯料的长度对于挤压制品的质量不产生影响，其力学条件也与坯料长度的关系不大。因此，最好采用尽可能长的坯料（需考虑制品的定尺）。

在与润滑挤压时，随着坯料的增长，变形的不均匀性增大。此外，在这种条件下，随着坯料长度的增加，为克服摩擦力（分力 $T_筒$）所消耗的挤压力也增大。但是，若缩短铸锭的长度，则消耗于挤压残料上的比金属量会增多。

应根据上述各点，考虑选择合理的坯料长度。

6.1.7.3　挤压温度范围的确定原则

挤压的温度范围取决于合金本身的物理性能和化学成分，坯料的状态、挤压方法、温度规范、变形程度与变形速度，工具所允许承受的压力，对产品表面品质的要求，宏观组织和显微组织，对产品力学性能和物理-化学性能的要求，产品的断面形状与尺寸，对挤压过程的生产率的要求及其他因素。其中有许多因素对于选择挤压温度的影响表现出相互矛盾的倾向。目前尚无法得出考虑所有影响因素和满足全部要求的最佳挤压温度范围的分析方法，但是，在各种具体条件下的问题已个别地获得了解决。挤压温度范围的选择大部分是根据基本理论原则在实验条件下进行的。

6.1.7.4　挤压速度的确定原则

对于铝合金来说，在选定的热挤压温度范围内，根据合金成分和挤压制品类别的不同，其流动速度可在 0.5~100m/min 或更大的范围内变化。

确定允许的最大金属流动速度的准则是：不出现表面裂纹，不形成划道、不黏结工具，不产生其他表面缺陷，保证制品横断面几何尺寸稳定，不出现皱纹、波纹及其他缺陷。

此外，合金成分和塑性变形区的金属温度，坯料的原始状态，变形的不均匀程度，制品横断面的形状与尺寸，型材各部分的尺寸比例，工具结构，挤压方法，接触摩擦条件等都对流动速度有影响。

从某种意义上来说，可以相对地把所有的铝合金分为以下三类：

第一类是工业纯铝和低合金化型的铝合金，如1100、6063、3004等。这类合金无润滑挤压时，若其他条件相同，在整个挤压温度范围内，都允许采用很高的流动速度（50~250m/min）而不会产生表面裂纹。

第二类是6061、7005、5A02及其他一些合金。这类合金允许有电等的流动速度（5~15m/min）。

第三类是高合金化的合金和含铜量高的合金，其特点是易于形成裂纹。在无润滑挤压时，仅允许有低的流动速度（0.5~5m/min）。这一类的典型合金有5A06、2A12、7A04等。

6.1.7.5　挤压工具的结构选择

模具结构，特别是模孔形状，穿孔针和挤压垫片的结构会对挤压制品和表面品质，尺寸精度，允许流动速度和其他工艺要素产生很大的甚至是决定性的影响。

工具结构的工艺要素是：

（1）模孔型腔出口断面的形状与尺寸。

（2）模孔工作带的形状与长度。

（3）模孔的出口端与入口端的圆角半径。

（4）模孔工作带的入口角（或称"阻碍角"）。

（5）止推角。

（6）模子工作表面母线的倾角（即模角）和从挤压筒表面到模子表面的过渡区。

（7）挤压阶段变断面型材的模子中，被称为"料兜"的过渡区模孔及其形状，尺寸和圆角半径。

（8）型材在模子工作平面相对于挤压轴线的相关尺寸。

（9）多孔模上各模孔之间的距离及其相对于挤压轴线的部分。

（10）模子外形尺寸和厚度。

（11）用于生产空心型材组合模的凸脊结构、金属分流孔的个数、形状、尺寸和分布，以及"焊合腔"的体积等。

（12）穿孔针的结构和锥度。

（13）挤压垫片的结构尺寸和形状。

6.2　铝及铝合金型材挤压生产方法与工艺技术

6.2.1　铝合金型材挤压生产方法与工艺原理

6.2.1.1　铝合金型材挤压生产方法

铝及铝合金型材的生产方法可分为挤压和轧制两大类。铝合金型材品种规格繁多，断面形状复杂，尺寸和表面要求严格，大多采用挤压方法生产。仅在生产形状简单型材时，才使用轧制方法。

生产型材的挤压方法有正向挤压和反向挤压两种。正向挤压是型材最基本、最广泛采用的生产方法，几乎所有的铝合金型材都可以用正向挤压法生产。与正向挤压相比，反向挤压可节能30%~40%，制品的组织性能均匀，纵向尺寸均匀，粗晶环深度很浅，成品率高，但是，由于受空心挤压模轴的限制，同吨位挤压机制品的规格较小，不易实现分流模和舌型模挤压。

6.2.1.2　铝合金挤压型材生产工艺流程

铝合金型材的工艺流程一般根据制品的品种、规格、材料状态、质量要求以及型材的生产工艺方法、设备条件等因素来确定。

6.2.2　铝合金型材挤压工艺的编制原则和步骤

6.2.2.1　铝合金挤压成型过程的变形指数

A　挤压系数 λ

挤压生产中，通常用挤压系数 λ 或变形程度 ε 来表示金属变形量的大小。挤压系数 λ 为挤压筒断面积与挤压制品断面积的比值，λ 大于1。

$$\lambda = F_{筒}/F_{制} \tag{6-9}$$

$$\varepsilon = \left[(F_{筒} - F_{制})/F_{筒} \right] \times 100\% \tag{6-10}$$

式中　$F_{筒}$，$F_{制}$——挤压筒和挤压制品的断面面积。

λ 与 ε 之间的关系为：

$$\varepsilon = 1 - 1/\lambda \tag{6-11}$$

B　填充系数

一般把挤压筒断面面积 $F_{筒}$ 与铸锭断面面积 $F_{锭}$ 之比（K）称为填充系数或镦粗系数，即：

$$K = F_{筒}/F_{锭} \tag{6-12}$$

在选择铸锭直径时，应考虑其直径偏差和加热后的热膨胀。铸锭的外径必须小于挤压筒的直径，才能保证铸锭加热后，顺利进入挤压筒进行挤压。铸锭与挤压筒的间隙与铸锭的合金类别、热膨胀量、挤压机类型等有关，一般取2~30mm，小挤压机取下限，大挤压机取上限。

在铝型材挤压生产过程中，K 值一般取1.02~1.12，K 值过小，加热后的铸锭与挤压筒间隙较小，铸锭装入就较困难。K 值过大，则有可能增加制品低倍组织和表面缺陷。但有时为了提高挤压制品的横向力学性能，需要增大预变形量，此时 K 值可以达到1.6左右。

选取 K 值时，还应考虑合金的性质，一般来说，软合金取上限，硬合金取下限。

C　分流比

通常把各分流孔的断面面积与型材断面面积之比称为分流比（K_1），即：

$$K_1 = \sum F_{分} / \sum F_{型} \tag{6-13}$$

式中　$\sum F_{分}$——各分流孔的总断面面积，mm^2；

$\sum F_{型}$——型材的总断面面积，mm^2。

有时为了反映分流组合模挤压二次变形的本质，先求出分流孔断面面积 $\sum F_{分}$ 与焊合腔断面面积 $\sum F_{焊}$ 之比 K_2，$K_2 = \sum F_{分} / \sum F_{焊}$，然后求出焊合腔断面面积 $\sum F_{焊}$ 与型材断面面积 $\sum F_{型}$ 之比 K_3，即：

$$K_3 = \sum F_{焊} / \sum F_{型}$$

$$K_1 = K_2 K_3$$

K_1 值越大，越有利于金属流动与焊合，也可减小挤压力。因此，在模具强度允许的范围内，应尽可能选取较大的 K_1 值。在一般情况下，对于生产空心型材时，取 $K_1 = 10 \sim 30$。

6.2.2.2　主要工艺参数

挤压工艺的主要参数有挤压温度、挤压速度、挤压变形程度等。这些参数的选择是否合理、准确，对挤压制品的组织、性能及经济技术指标都有很大的影响。

确定挤压工艺参数时，要综合考虑被挤压金属的可挤压性和制品质量的要求，在满足产品质量要求的前提下，尽可能提高成品率和生产效率，降低生产成本。

铝合金挤压速度与其可挤压性有密切关系。伴随挤压速度的增加，挤压力上升。软合金挤压速度一般可达 20m/min 以上。中高强度的铝合金速度一般不超过 20m/min。

6.2.2.3　编制铝合金型材挤压工艺的原则

制定工艺的主要原则为：采用挤压法生产铝及铝合金型材，制定工艺的主要原则是在保证制品表面质量和组织、性能的前提下，尽量提高产品成品率和生产效率，降低材料消耗和能源消耗，并合理分配设备负荷。

普通型材挤压工艺的制定程序为：

（1）根据产品的几何尺寸和技术要求，选择合理的生产方法和方式，确定满足工艺要求的挤压机及配套设备，选择合适的挤压筒预选模孔数。

（2）根据预选模孔数和制品断面面积初算挤压系数。

（3）根据制品在挤压筒上排列的最大外接圆直径，按表6-9检验多模孔的排列是否合理。

（4）最后确定挤压筒、模孔数并准确计算挤压系数。

对于具体产品，合理工艺的确定并不是一目了然的事情，许多情况下，应制定几个方案，通过分析比较，综合平衡，有时还需经生产实际考验，才能确定。

6.2.2.4　铝合金型材挤压工艺编制的步骤

A　挤压工艺参数的选择

a　挤压系数的选择

挤压系数的大小对产品的组织、性能和生产效率有很大的影响。当挤压系数过大时，则铸锭长度必须缩短（挤出长度一定时），几何废料也随之增加。同时，挤压系数增大，挤压力也要增大。过大的挤压系数常使挤压力超过挤压机的负荷能力而发生闷车的现象，造成生产效率降低。如果挤压系数选择过小，金属变形程度不足，残留有铸造组织，产品的组织和性能也不均匀，且满足不了技术要求。生产实践经验表明，一般要求挤压系数

$\lambda \geqslant 8$。型材的挤压系数 λ 为 $10 \sim 45$，在特殊情况下，对直径为 200mm 及以下的铸锭，可以采用挤压系数 $\lambda \geqslant 4$；对于直径 200mm 以上的铸锭，可以采用挤压系数 $\lambda \geqslant 6.5$。挤压小截面型材时，根据挤压的合金不同，可以采用较大的挤压系数，如纯铝和 6063 合金小型材，可以采用挤压系数 λ 为 $80 \sim 200$。此外还必须考虑到挤压机的能力。

b　挤压筒的确定

对于生产多品种型材的挤压厂，一般均配有挤压能力由大到小的多台挤压机和一系列不同直径的挤压筒。在编制挤压工艺时，关键选择合适的挤压筒，选择时应保证模孔至模外缘以及模孔之间必须留有一定的距离，否则会造成不应有的废品以及成层、波浪、弯曲、扭拧与长度不齐等缺陷。

根据制品断面面积和外形尺寸选择挤压筒时，如果是单孔型材则将其放置在模孔中心上，看其外形是在哪一个挤压筒所规定的直径范围内。如果是双孔型材，则应分别对称地布置在模孔中心上各挤压机允许的模孔排列最小间距。如果是四孔型材，则应将模孔布置在一个同心圆上，同时还应使互相间的孔距相等，且保证模孔之间的最小间距。按这种排法就会有许多挤压筒均可满足，究竟选择哪一个更合理，还需验算挤压系数。看哪一个筒的挤压系数接近于 $\lambda_{合理}$，则认为该挤压筒就是合适的。

模孔距模筒边缘和各模孔之间的最小距离要求，见表 6-9。为排孔时方便与直观起见，可绘制 1∶1 的排孔图。

表 6-9　模孔距模筒边缘和各模孔之间的最小距离

挤压机/MN	挤压筒直径/mm	孔-筒边最小距离/mm	孔-孔最小距离/mm
50	500	30	40
	420	30	40
	360	30	40
	300	30	40
20	200	15	25
	170	15	25
12	130	10	20
	115	10	20
7.5	95	10	20
	85	10	20

注：变断面型材原则上与上述规定相同。

c　模孔个数的确定

模孔个数主要由型材外形复杂程度、产品质量、生产效率和生产管理情况来确定。对形状简单、外接圆较小的型材尽量采用多孔模挤压，以降低挤压系数，增大铸锭长度，提高产品成品率和挤压效率；对形状复杂、质量要求较高的型材，宁肯降低一些几何成品率，也要采用单孔大挤压系数挤压，以减小大量的技术废料和缩短挤压时的调整时间。

一般来说，多模孔挤压比单模孔挤压时金属的流动均匀，效率也高。但是，多模孔挤压时，每个制品的流动速度存在差异。金属出模孔后互相扭绞在一起易造成互相擦伤和扭伤，增加了操作困难和模子流速调整的难度，反而降低设备的生产效率。同时，模孔多也影响模子强度。因此，模孔数目应根据产品具体情况确定。

（1）对于尺寸、形状简单的型材，可以采用多孔挤压，一般简单型材为1~4孔，最多6孔；复杂型材1~2孔；在正常情况下，小断面简单角材宜选4孔，扁宽的型材宜选双孔，T字、Z字型材也可采用双孔。

（2）对于尺寸、形状复杂的空心和高精级型材，最好采用单孔。

（3）模型选择。一般的型材可选择平面模；空心型材或悬壁太大的半空心型材，硬合金采用桥式模，软合金采用平面分流模或桥式模。对于宽度大的软铝合金型材可选用宽展模。

（4）考虑模具强度以及模面布置是否合理。

（5）模孔试排。模孔排列时，其模孔至模子外缘以及模孔之间均须留有一定的距离，否则不仅会降低模子强度，还会造成不应有的质量废品（成层、波浪、弯曲、扭拧、裂纹、粗晶环厚度增加）与长短不齐等缺陷，因此，根据经验各生产厂都规定了不同机台、不同挤压筒的模孔距模子边缘和各模孔之间的最小距离。

模孔数目 n 可按式（6-14）确定：

$$n = \frac{F_0}{\lambda F_1} \tag{6-14}$$

式中　F_0——挤压筒断面面积，cm^2；

　　　　F_1——制品的断面面积，cm^2；

　　　　λ——挤压系数。

挤压系数可根据挤压机吨位的大小、挤压筒大小、比压和合金变形抗力大小来确定。表6-10列出了不同挤压筒挤压制品时的一般选取值，其中软合金取上限，硬合金取下限。

表6-10　不同挤压筒合理挤压系数的选取范围（适合于硬铝合金）

挤压筒直径/mm	500	420	360	300	260	200、170	130、115	95
挤压系数 λ	10~15	11~20	11~25	11~30	15~40	18~35	25~40	30~45

d　挤压残料长度的确定

为了保证制品的尾部组织和性能满足技术标准要求，挤压完了时，要留一部分铸锭在挤压筒内，称为挤压残料。挤压残料分为基本残料长度和增大残料长度两种，分别见表6-11、表6-12。

表6-11　型材（硬合金）正向挤压基本残料长度

挤压筒直径/mm	500	420	360	300	200	170	130	115	95	85
一般制品基本残料/mm	85	85	65	65	40	40	25	25	20	20

表6-12　型材正常规定切尾长度

壁厚或直径/mm	$L_{正}$/mm	$L_{余}$/mm
≤4.0	500	200
4.1~10.0	600	300
>10.0	800	500

为了提高生产效率，一般采用增大残料长度法计算残料长度。当挤压软合金型材时，低倍、性能均不检查，残料取基本残料；对桥式舌模挤压残料长度按桥高+(20~30)mm；对变断面型材按基本残料计算。

增大残料和正常残料之间关系式如下：

$$H_{增} = H_{正} + (L_{正} - 300)\lambda^{-1} \tag{6-15}$$

式中　$L_{正}$-300——表6-12中$L_{余}$值；

　　　　$H_{增}$——增大残料；

　　　　$H_{正}$——基本残料；

　　　　$L_{正}$——正常规定切尾长度；

　　　　λ——挤压系数。

反向挤压由于挤压筒与铸锭相对摩擦较小且变形发生在模孔附近，制品组织均匀，缺陷较小，所以残料长度较短，$\phi260$mm挤压筒残料长度为35mm，$\phi320$mm、$\phi420$mm挤压筒残料长度均为50mm。

e　挤压长度的确定

挤压制品按用户的使用要求，可分为定尺产品和不定尺产品。不定尺产品生产时按挤压、热处理、矫直机的能力确定合理生产长度，最终按产品标准的规定长度交货。

(1) 定尺产品的定尺余量的确定。为了保证产品的交货长度要求，压出长度要比定尺长度长一部分，简称定尺余量。定尺余量选择要适当。过大会浪费工时，增加几何废料，降低生产效率和成品率。过小则不能满足定尺要求，造成全部报废，浪费更大。

一般情况下，定尺产品的压出长度包括定尺制品本身的交货长度、切头切尾长度、试样长度、多孔挤压时的流速差和必要的工艺余量等几个方面。

在实际生产中，为了方便计算，根据实践经验归纳出总的定尺余量，见表6-13。

表6-13　挤压型材定尺余量

孔　　数	1	2	4	≥6
型材定尺余量/mm	1000~1200	1200~1500	1500~1700	1800~2500

对于特殊的产品，工艺余量应适当增加。具体生产中，下列几种情况应具体考虑增加挤压定尺余量：

1) 高精级型材，角度要求比较严格，靠近夹头附近辊矫后角度一般不容易合格，应多留600mm。

2) 壁厚差大的角材，挤压时易出弯头，淬火时易出刀弯，辊矫时易出波浪，应多留500~800mm。

3) 易扩、缩口的型材靠夹头尺寸不容易合格，应多留500~800mm。

4) 空心型材前端不容易合格，多留800~1500mm，空心部位小的取下限，大的取上限。

5) 外形小而壁厚大（大于10mm）的型材易出缩尾，应多留400mm。

6) 对要求粗晶环的大梁型材（梳状件）应多留800~1500mm。

7) 宽厚比大的型材，淬火时易出现波浪，一般多留800~1000mm。

挤压制品的切头、切尾长度见表6-14，试样长度按有关质量检测标准中挤压制品圆力学性能试样长度和扁平力学性能试样长度确定。

多孔挤压时的流速差的规定：2孔为小于500mm，3~6孔为小于800mm，6孔以上为小于1500mm。

表6-14　铝合金型材切头、切尾长度

型材壁厚/mm	前端切去的最小长度/mm	基本残料挤压时的最小切尾长度/mm		增大残料挤压时的切尾长度/mm
		硬合金	软合金	
≤4.0	100	500	500	300
4.1~10.0	100	600	600	300
>10.0	300	800	800	300

注：1. 硬合金指7A04、7A09、2A11、2A12、2A14、2A80、2A90、2A50、高镁合金等。

　　2. 软合金指6A02、3A21、5A02、6061、6063、1100等。

　　3. 散热器型材，只切掉两端拉伸夹头，即切去的头、尾长度应最小。

（2）定尺长度和定尺倍数的设定。挤压生产中，为了提高生产效率和成品率，应尽可能合理地设定挤压长度，然后经下道工序处理合格后，再按定尺或倍尺要求切取制品的长度。在确定压出长度时，首先，要考虑制品的挤压系数和合金的变形抗力是否能够满足挤压机的生产能力；其次，要考虑后续工序的设备能力和操作方便情况。在没有冷床装置的挤压机上生产时，一般压出长度应控制在8~9.5m为宜。对于在具有冷床装置的长出料台的挤压机上生产，其压出长度可在冷床工作台长度内任意选择。生产中，定尺的长度和倍数按表6-15控制。

表6-15　定尺型材的压出定尺倍数

定尺长度/m	1.0	1.5	2.0	3.0~3.5	4~4.5	≥5.0
定尺倍数	不限	4~5	3~4	2	1~2	1

（3）制品压出长度按以下方式计算：

$$L_{定出} = \frac{L_{锭} - K_1 H}{K} \times \lambda \approx \left(\frac{L_{锭}}{K} - H \right) \lambda \tag{6-16}$$

$$L_{出} = \left(\frac{L_{锭}}{K_1} - H \right) \lambda \tag{6-17}$$

$$K = K_1 K_2 \tag{6-18}$$

$$K_2 \frac{F_1 + \Delta F}{F_1} = 1 + \frac{\Delta F}{F_1} \approx 1 + \frac{\Delta F}{S} \tag{6-19}$$

$$K_1 = \frac{F_0}{F} \tag{6-20}$$

式中　$L_{定出}$——定尺制品挤压出的总长度，mm；

　　　$L_{出}$——非定尺制品的压出长度，mm；

　　　$L_{锭}$——铸锭的长度，mm；

　　　K_1——镦粗系数；

　　　K_2——型材正公差面积系数，mm²；

K——补正系数；

H——挤压残料（对低倍组织有要求时按增大残料计算，无要求时按基本残料计算），mm；

λ——挤压系数；

F_1——型材的名义断面面积，mm^2；

F_0——挤压筒截面面积，mm^2；

F——铸锭截面面积，mm^2；

ΔF——型材截面正公差面积与公称面积之差的增量，mm^2；

S——型材的名义壁厚，mm。

镦粗系数 K_1、正公差面积系数 K_2、定尺制品补正系数 K 和各挤压机的制品合理压出长度见表 6-16。

表 6-16　制品合理压出长度和 K、K_1、K_2 参数值

挤压机/MN	50（老式机）	45（反挤）	25（反挤）	20	16	12	8
工作台长度/m	16.5	30	26.4	13.2	13	13	12.5
挤压筒直径/mm	500、420、360、300	420、320	260	200、170	200、170	130、115	95、85
K_1	1.07	1.05	1.04	1.1	1.1	1.1	1.1
K_2	1.03	1.03	1.02	1.06	1.06	1.1（1.2）	1.1（1.2）
K	1.1	1.08	1.06	1.16	1.16	1.2（1.32）	1.2（1.32）
制品的合理压出长度/m	10	≤28	≤24	9	9	8	8

注：型材壁厚小于等于 1.0mm 时选用括号内数据。

f　挤压铸锭长度的确定

根据制品挤压出长度来确定铸锭长度，其计算方法为：

（1）对于不定尺型材挤压铸锭的长度可按如下方式计算：

$$L_{锭} = \left(\frac{L_{出} K_2}{\lambda} + H \right) K_1 = \left(\frac{L_{出}}{\lambda} + \frac{H}{K_2} \right) K_1 K_2 \tag{6-21}$$

若 $K_2 \approx 1$，则

$$L_{锭} \approx \left(\frac{L_{出}}{\lambda} + H \right) K_1 \tag{6-22}$$

（2）对于定尺型材挤压铸锭的长度可按如下方式计算：

$$L_{锭} = \left(\frac{L_{定出}}{\lambda} K_2 + H \right) K_1 = \left(\frac{L_{定出}}{\lambda} + \frac{H}{K_2} \right) K_1 K_2 = \left(\frac{L_{定出}}{\lambda} + \frac{H}{K_2} \right) K \tag{6-23}$$

$$\approx \left(\frac{L_{定出}}{\lambda} + H \right) K \tag{6-24}$$

若 $K_2 \approx 1$，可忽略不计，则

$$L_{定出} = M L_{制} + L_1 + L_2 + L_3 \tag{6-25}$$

式中　M——定尺个数；

L_1——切头、切尾总长度，mm；

L_2——试样长度，mm；

L_3——工艺余量，mm，见表6-17；

$L_{制}$——定尺产品长度，mm。

表6-17 工艺余量

模子孔数	1	2	4	≥6
工艺余量/mm	500	800	1000	1200

g 挤压温度的确定

挤压温度包括铸锭温度、挤压筒温度和模具温度。它们对挤压制品的组织、性能、表面质量、尺寸公差、工模具寿命、生产效率以及能源消耗都具有很大影响。因此，应严格控制挤压温度。

合理的温度范围，应当使材料具有最好的塑性、较低的变形抗力以及保证制品能获得均匀良好的组织结构和力学性能。

（1）铸锭加热温度。挤压温度的下限是以能够挤动铸锭为限，上限是以稍低于合金低熔点共晶熔化温度为限。

1）挤压温度对热加工状态制品的组织和性能的影响。铝及不可热处理强化合金随着挤压温度的升高，晶粒逐渐变大。抗拉强度、屈服强度和硬度下降，伸长率增大。当温度升到500℃以上时，伸长率开始下降，这是晶粒过分长大所致。热处理可强化且具有明显挤压效应的合金，通常随着挤压温度的升高，其力学性能（抗拉强度、屈服强度）也相应明显提高；对挤压效应不明显的合金，如锻件用铝合金，挤压温度对产品性能影响不大，一般不控制挤压温度。但在使用温度较高时，为了保证耐热性，提高其再结晶温度，应采用较高的挤压温度。

2）挤压温度对表面质量、尺寸公差、工具寿命及能量消耗的影响。挤压温度高时，模子工作带易黏金属，使制品表面不光滑，出现麻面，并降低制品的表面质量和尺寸精度。随着挤压温度的不断提高，挤压速度逐渐下降，造成生产效率降低。同时，挤压设备的控制泵、电动机能力以及加热设备的生产率都需要相应增大。

3）合理的挤压温度范围应保证：制品的最终组织和性能满足技术要求，应保证具有最高温度和最小的晶粒不均匀性；使金属具有高的塑性，以便采用较高速度挤压而不产生裂纹；挤压金属的变形抗力尽可能的小，以便采用大的挤压系数和较长的铸锭时，挤压力不致超过挤压机的能力或损坏挤压工具；在确定挤压温度上限时，还有一个挤压过程中存在的不可忽略的因素，即变形热和摩擦热。在挤压过程中挤压机主柱塞所做的功，除了部分使制品成型外，很大一部分以变形热的形式释放出来转变为热量，从而进一步提高了变形区内金属的温度，这种现象称为变形热效应。摩擦热包括模孔部分和挤压筒部分，其中挤压筒部分热量占有较大比例。变形热和摩擦热所产生热量与铸锭长度成正比。其大小一般用温升来衡量，即变形后的温度比变形前升了多少摄氏度。温升的大小与合金本身的变形温度、变形程度、变形速度、铸锭长短、摩擦系数、热量散失条件等因素有关。

一般来说，挤压软合金时，由于变形速度快，温升值为50~100℃；硬合金由于挤压速度较慢，变形发热量散逸较多，温升较低，温升值为20~50℃。

铸锭加热时，不允许过烧。在挤压变形过程中，金属温度不应超过过烧温度，即实际挤压温度再加上变形热效应引起的温升，应低于该合金的过烧温度。这样，原则上把过烧温度减去最大温升就作为挤压温度的上限，而铸锭最高允许加热温度应低于过烧温度。

（2）挤压筒温度和模具温度。挤压筒温度和模具温度的高低对金属流动的好坏和生产效率的高低起着十分重要的作用。挤压筒温度与铸锭温度适当配合，可以改善金属流动情况。在2A12合金大梁型材粗晶环试验中曾证明，提高挤压筒温度，有利于金属流动均匀性的增加，缩小剪切变形区域范围，减小粗晶环深度，但增加了形成成层缺陷的机会。在生产中，为了提高产品质量和生产效率，挤压筒温度应比铸锭温度低为宜，但不能低于挤压温度的下限，一般采用挤压筒温度比挤压温度低30~50℃；挤压筒温度加热过高时会产生回火。模具温度一般比挤压筒温度高10~20℃。

（3）制定挤压温度的原则。应根据合金相图、塑性图和变形抗力图来确定。具体从以下几个方面来考虑：

1）加热温度的上限稍低于合金低熔点共晶熔化温度10~15℃。其铸锭最高允许加热温度见表6-18。

表 6-18　常用铝合金过烧温度及挤压温度上限

合金牌号	状　态	过烧温度/℃	最高允许加热温度/℃	最高挤压温度/℃
1×××	铸态或均匀化	659	550	480
5A02	铸锭均匀化	560~575	500	480
	二次毛料	565~585		
3A21	铸锭均匀化	635~645	500	480
	二次毛料	645~655		
2A11	铸锭均匀化	500~510	500	450
	二次毛料	505~515		
2A12	铸锭均匀化	500~502	490	450
	二次毛料	500~510		
2A50	铸锭均匀化	530~545	520	450
	二次毛料	530~560		
2A14	铸锭均匀化	500~510	490	450
	二次毛料	505~515		
2A80	铸锭均匀化	535~550	520	450
	二次毛料	540~560		
7A04	铸锭均匀化	490~500	455	450
	二次毛料	505~515		

2）制品组织和性能无要求且挤压机能力又允许的情况下，应尽量降低温度，一般下限温度为320℃。

3）为保证型材具有良好的挤压效应，应采用高的挤压温度，挤压筒温度和模具温度400~450℃，铸锭温度380~450℃，如：2A11、2A12、6A02、2A50、2A14、7A04合金等。

4）可热处理强化但挤压效应不明显的合金，如：2A70、2A80、2A90 等，挤压温度对制品的性能影响不大，一般不需要控制挤压温度，其温度范围可为 320~450℃。

5）考虑粗晶环深度和晶粒度要求。当产品对粗晶环和晶粒度有一定要求时，挤压筒温度为 400~450℃，铸锭温度因合金不同而异：2A11、2A12、7A04 为中、上限温度（440℃左右），6A02 合金为 320~370℃。

6）对要求耐热性能的合金，为保证其性能，挤压温度为 440~460℃。

7）2A50 合金挤压时，如果发现制品表面有气泡，可采用铸锭出炉后降温至 380~420℃再挤压。

8）挤压 6061、6063 合金型材时，为了保证挤压热处理效果，应采用高温挤压，温度为 480~520℃。

9）采用舌模或分流模生产时，为了保证焊合性能，挤压温度应采用上限。如 2A12 为 420~480℃，6A02 为 460~530℃。

10）为了保证挤压 1××× 系具有高的力学性能，应采用低温挤压，温度为 250~300℃。其性能和温度的关系见表 6-19。

表 6-19　1××× 系型材力学性能与挤压温度的关系

挤压温度/℃	抗拉强度/MPa		伸长率/%	
	前端	尾端	前端	尾端
230	150	86	14.0	21.2
250	123	83	21.6	20.2
280	118	74	27.0	20.8
300	115	77	27.1	20.1
350	98	74	23.5	23.4
370	78	73	26.4	24.6

11）为了保证退火和挤压准状态交货的纯铝、3A21、5A02、8A06 合金型材具有高的伸长率和低的强度，应采用高温挤压，其温度为 420~480℃。而对强度要求较高时，就必须采用低的挤压温度，即在 250~350℃范围内进行挤压。表 6-20 列出了常用铝合金型材铸锭加热温度。

表 6-20　常用铝合金型材铸锭加热温度

合　　金	制品种类	交货状态	铸锭加热温度/℃	挤压筒加热温度/℃
所有	毛料		320~450	320~450
2A11、2A12、7A04、7A09、1A07~8A06	型材	T4、T6、F	320~450	320~450
5A02、3A21	型材	O、F	420~480	400~500
5A03、5A05、5A06、5A12	型材	O、F	330~450	400~500
2A50、2B50、2A70、2A80、2A90	型材	所有	370~450	400~500
6A02	型材	所有	320~370	400~450
1A70~8A06	型材	F	250~320	250~400
6A02、1A70~8A06、3A21	空心型材	F、T4、T6	460~530	420~480

合　金	制品种类	交货状态	铸锭加热温度/℃	挤压筒加热温度/℃
2A11、2A12	实心型材	T4、F	420~480	400~450
2A14	型材	T4、O	370~450	400~450
2A12	大梁型材	T4、T42	420~450	420~450
2A12	大梁型材	F	400~440	400~450
6061、6063	型材	T5、T6	480~520	400~480

h　挤压速度的确定

挤压速度的确定包括以下几方面内容：

（1）挤压速度对制品的质量、组织、性能及尺寸的影响：

1）挤压速度低、金属热量逸散多、造成挤压制品尾部出现加工组织。挤压速度过快，金属流动得越不均匀，使铸锭表面的氧化物、脏污的提前流入制品内部而形成缩尾。因此，当进入结尾阶段时，应降低挤压速度。

2）挤压速度高，热量来不及逸散，加之变形热和摩擦热的作用，使金属的温度不断升高，其结果导致在制品的表面上出现裂纹。或由模子工作带和流出金属制品外层之间的摩擦作用所引起的外层金属的附加拉应力也随着增大，但与基本应力叠加后所得的应力值超过金属在该温度下的抗拉强度时，使制品表面出现裂纹。因为附加拉应力的产生—积累—达到极值—开裂释放是周期性的，所以表面裂纹也与之相应呈周期性变化，挤压速度的上限应以下产生挤压裂纹为准。所以，在保证产品组织、性能的前提下，适当降低挤压温度，则可以有效地提高挤压速度，从而提高挤压机的生产效率。但是，挤压速度过快时，变形时的热效应也随之增高，易造成模子工作黏金属，导致金属表面产生麻面和外形精度变劣。

3）挤压速度过快或控制不当时，挤压筒内金属的平衡供给与模孔阻力不相适应将使制品产生波浪、扭拧、间隙或尺寸不均（如制品宽厚比较大时），型材的扩口和并口等缺陷严重，甚至报废。

（2）影响挤压速度的因素。挤压时合理的挤压速度与铝及铝合金的性质、铸锭的状态、挤压温度、变形程度及制品的形状尺寸、模子结构和工艺润滑等因素有关。

1）不同的合金具有不同的挤压速度、合金的塑性越好，则允许的挤压速度越高，合金成分越复杂，合金元素总含量越高，其塑性越差，允许的挤压速度越低。如：1×××系的挤压速度不限；3A21、6063 合金可达 100m/min；5A02 等软合金的挤压速度不大于 10m/min；5A05、5A06、2A12、7A04 等合金的挤压速度不大于 3~5m/min。

2）铸锭均匀化处理后可以提高塑性，其挤压速度比不经过均匀化处理的提高 15%~30%。

3）挤压时，因变形不均匀性与产生裂纹的倾向性随挤压温度的提高而提高，所以提高挤压温度时必须相应地降低挤压速度。同时，同一铸锭在挤压过程中，由于变形热和摩擦热的作用，变形区内的温度随着挤压过程中进行而逐渐升高，其挤压速度越快，温度越高，有时，此温度可达100℃左右。当变形区内金属温度超过其最高许可的临界温度时，则金属进入热脆状态而开始形成裂纹。所以，为了获得沿长度方向和断面上组织、性能的均匀，表面质量良好的制品，挤压速度在挤压后期应逐渐降低，或采用梯度加热法。合理的加热梯度制度不仅可以在制品长度上获得组织与力学性能，而且制品的表面质量好，生产效率高。

4）变形程度越大，变形热效应越高，允许的挤压速度越低。制品的外形越复杂、尺寸精度越高，挤压速度越低。

5）模子工作带越宽，摩擦阻力越大，对制品表面产生的附加拉应力也越大，产生裂纹的倾向性也越大，挤压速度也必须随之降低。若模子硬度低，工作带不光，易黏金属，制品表面质量差，也要降低挤压速度。

（3）合理选择挤压速度的原则。首先要考虑保证制品的表面质量（如表面裂纹、金属豆、扭拧、波浪、间隙）、扩（并）口以及尺寸精度等，在设备能力允许的前提下，挤压速度应越快越好。挤压速度的大小与合金、状态、铸锭大小、挤压方法、工具、挤压系数、制品断面复杂程度、模孔个数、挤压温度、润滑条件等因素有关。其遵循的一般规律如下：

1）挤压速度按下列合金顺序逐渐递增：5A06、7A09、7A04、2A12、2A14、5A05、2A11、2A50、5A03、6A02、6061、5A02、6063、1070A、8A06、1060、1050A、1035、1200。但其临界挤压速度受铸锭状况和挤压工艺的限制。

2）减少挤压时金属流动的边界摩擦和不均匀性：如采用反向挤压，正确的模具设计等也可以提高金属的挤压速度。

3）制品外形尺寸、挤压筒尺寸、挤压系数增大，均会降低挤压速度。

4）挤压制品的外形越复杂、尺寸精度要求越高，挤压速度越低。多孔挤压速度比单孔挤压速度低。

5）挤压温度越高，挤压速度越低，见表6-21。

6）挤压空心型材时，为了保证焊缝质量，要采用较低的挤压速度。

7）铸锭均匀化退火后，其挤压速度比不均匀化退火的挤压速度高。

8）各种合金的平均挤压速度见表6-22。

表 6-21　铸锭加热温度与挤压速度的关系

合金	高温挤压		低温挤压	
	铸锭加热温度/℃	金属流出速度/m·min^{-1}	铸锭加热温度/℃	金属流出速度/m·min^{-1}
6A02	480~500	2.0~2.5	260~300	12~15
2A50	380~450	3.0~3.5	280~300	8~12
2A11	380~450	1.5~2.5	280~320	7~9
2A12	380~450	1.0~1.7	330~350	4.5~5
7A04	370~420	1.1~1.5	300~320	3.5~4

表 6-22　各种合金挤压制品的挤压温度及平均挤压速度

合　金	制　品	加热温度/℃		金属平均流出速度/m·min⁻¹
		铸锭	挤压筒	
2A12、2A06	一般型材	380~460	360~440	1.2~2.5
	高强度和空心型材	430~460	400~440	0.8~2
	壁板和变断面型材	420~470	400~450	0.5~1.2
2A11	一般型材	330~460	360~440	1~3
6A02、6061、6063、3A21	一般型材	430~510	400~480	5~15, 3A21、6063 为 15~120
6A02、6061、6063	固定断面和变断面型材	370~450	360~430	0.8~2
	壁板	390~440	390~440	0.5~3
5A02、5A03、5B06、5A05	实心、空心和壁板型材	420~480	400~460	2~8　0.6~2.0
6061	装饰型材	320~500	300~450	5~10
6061、6A02	空心建筑型材	400~510	380~460	5~20, 6063 为 20~120
6A02	重要型材	490~510	460~480	3~10

i　挤压过程的温度-速度控制

挤压温度和速度之间有着紧密的联系。在挤压温度高而速度快的情况下，不均匀流动严重，附加应力大，制品容易出现裂纹，尤其是塑性较差的合金，对挤压速度特别敏感。高温塑性好的金属，挤压速度大时虽不出现裂纹，但往往因为流出速度很大而出现漏斗状缩尾，成品率降低。因此在挤压温度高时，需要适当控制挤压速度；温度低时，可以提高挤压速度。要保证制品质量和提高生产效率，关键是控制金属出模孔时的温度均匀，即实现等温挤压。实现等温挤压的主要方法有以下几种：

（1）锭坯梯温加热。使锭坯在长度上或断面上的加热温度有一梯度，最常采用的是沿长度上的梯温加热。由于在挤压过程中的机械能转换为热量，摩擦生热引起的锭坯热量增加未能及时散发出去，导致挤压过程中变形区中的温度逐渐升高，使制品出模孔处温度也逐渐上升，从而造成制品沿长度方向上的前后尺寸不一致，组织性能不一致，为此，对锭坯进行梯温加热，使其前端的温度高出一定的值，一般为 50~80℃/m，就可以使制品在挤压过程中温度变化不大。合理的梯温加热制度可以在长度上获得组织和力学性能比较均一的制品。表 6-23 列出采用均匀加热和不同梯温加热制度的 2A12 锭坯挤压的力学性能。

表 6-23　2A12 合金锭坯不同加热方式挤压制品的力学性能

加热方式	锭坯温度/℃		允许流出速度 /m·min⁻¹	抗拉强度/MPa			屈服强度/MPa			伸长率/%		
				取样部位								
	头	尾		头	中	尾	头	中	尾	头	中	尾
均匀加热	320	320	4.95	494	544	558	327	385	393	15.0	11.9	11.1
梯温加热	400	250	6.0	567	570	573	405	411	414	11.2	11.3	10.9
	450	150	6.0	558	544	562	400	385	499	10.2	12.0	11.0

从表 6-23 可以看出，虽然两种加热方法沿制品长度方向上均存在性能差，但采用梯温加热的性能差较小。

目前，梯温加热比较先进的是采用多线圈工频感应炉直接加热，加热时间短且节省能源，无污染。感应炉采用多段加热，各段之间加热功率可以分别独立调整，各段中装热电偶进行温度检测，根据检测值来调整加热线圈的加热功率，使锭坯被加热到各段的预设值。铸锭获得合适的温度梯度后，可以满足等温挤压的要求。

（2）控制工具温度。采用挤压筒和模子水冷的方法将变形区中的变形热和摩擦热通过工具逸散掉。实验证明，用水冷模挤压硬铝时可使金属流出速度提高 20%～30%。但是由于结构上和技术上的困难以及对减少热效应并不显著等原因，水冷模没有获得实际应用。目前，采用冷却挤压筒内衬端部，即冷却在挤压过程中发热量最大的变形区部位或冷却模支撑。

近 20 年来，国外开始采用液氮或用氮气冷却挤压模。挤压时液氮流经模支撑对挤压模的出口端和制品进行冷却，提高了挤压速度和模具寿命，同时还可以保护制品使其表面不产生氧化。对 2000 系、5000 系、7000 系铝合金的研究结果表明，采用液氮冷却挤压模，可以使制品的极限流出速度提高 50%～80%，6063 等软铝合金可实现高速（大于 60m/min）挤压。

（3）调整挤压速度。挤压速度快时，变形剧烈，产生的热量由于不能及时地通过工具等散发出去而导致变形去温度升高；相反，挤压速度慢时，锭胚散发的热量由于不能及时地由变形产生的热量来补充而导致变形去的温度下降。因此，可以通过调整挤压速度控制变形区内金属的温度。在挤压硬铝时，过去常采用的方法就是在挤压后期调整节流阀，降低挤压速度，以免因变形区温升过高而使制品出现裂纹，这种方法的主要缺点是挤压周期延长，生产率降低。也可以采用低温加热或不加热的锭胚配合以高的挤压速度的方法，例如目前发展的铝合金温挤压与冷挤压即属此类。但是采用这种方法在开始挤压阶段必须施加较大的挤压力。

（4）模拟等温挤压。根据大量实际生产数据进行统计分析，找到挤压速度与制品出模孔温度的关系和挤压过程中模孔温度的变化规律，用有限元软件对挤压过程进行数值模拟，通过边界条件的改变即挤压速度的变化，分析变形过程中的温度场，模拟出变形区出口处温度恒定的挤压边界条件，用软件的后处理功能，获得等温挤压的速度曲线，然后输入到电气系统中的 PLC 进行速度设定，调整液压系统中的变量泵，使挤压速度按获得的等温挤压速度曲线进行挤压。用此方法挤压硬合金时，可使生产效率提高 20%。

B　挤压铸锭的质量要求

供挤压型材用的胚料有两种，即一次挤压铸锭和二次挤压毛料。采用二次挤压可使挤压效应消失，所以铝合金型材生产大多使用一次挤压铸锭。只在生产小截面型材即选用 ϕ130mm 及以下规格挤压筒时部分采用二次挤压毛料。

一次挤压铸锭，大都是采用半连续水冷铸造法生产的。

铸锭质量的好坏直接影响挤压制品的组织、性能、成品率和生产效率。铸锭质量主要包括化学成分、内部组织、表面质量、尺寸偏差等内容。

a　铸锭的化学成分和内部组织的要求

铸锭的化学成分必须符合国家标准要求。同时还应满足企业内部标准的要求。

铸锭的内部组织应均匀致密无裂纹，不允许有超过标准规定的偏析、夹渣、气孔缺陷。铸锭中的疏松、粗大晶粒等组织缺陷也必须控制在标准规定范围之内。

b　挤压铸锭尺寸偏差与表面质量的要求

挤压铸锭尺寸偏差应满足挤压工艺的要求，即铸锭外径的上限偏差主要考虑热膨胀，使铸锭加热后能顺利地送入挤压筒内；下限偏差应考虑制品的质量要求，使产品表面不产生气泡与起皮等。其尺寸偏差如下：

（1）实心圆铸锭及二次挤压毛料尺寸公差规定为：

1）直径公差：$\phi77 \sim 134mm$ 为 ±1mm；$\phi142 \sim 410mm$ 为 ±2mm；$\phi482 \sim 775mm$ 为 ±3mm。

2）长度公差：$\phi77 \sim 241mm$ 为±5mm；$\phi290 \sim 775mm$ 为±10mm。

（2）铸锭表面质量的好坏影响产品的表面质量和低倍组织，如产生缩尾、成层等缺陷。铸锭直径超过允许负偏差，挤压制品表面易产生气泡、起皮。

按照合金和用途不同，挤压用的铸锭可采用车皮和不车皮两种。反向挤压及用途重要、表面质量要求较高的正向挤压产品采用车皮铸锭。对一般用途，表面质量要求不十分严格的正向挤压产品制品，可采用不车皮铸锭挤压。车皮铸锭表面必须无气孔、缩孔、裂纹、成层、夹杂等缺陷。车皮后仍有不符合要求的，可以按规定铲除。车刀痕深度不得大于 0.5mm，不车皮铸锭表面质量标准和应用范围分别见表 6-24 和表 6-25。

表 6-24　不车皮铸锭表面质量标准

铸锭直径/mm	成层与缩孔深度/mm	偏析瘤高度/mm
200 以下	≤1.5	≤1.0
270 ~ 290	≤2.0	≤1.0
290 以上	≤2.5	≤1.5

表 6-25　不车皮铸锭的应用范围

制品名称	铸锭类别	铸锭规格/mm	牌　　号
型材	实心锭	所有规格	1×××系、8A06
型材	实心锭	$\phi124mm$ 及以下	所有合金
型材	实心锭	$\phi200mm$ 及以下	2A04、2A06、2A14、3A21
型材	实心锭	$\phi290mm$ 及以下	5A02、5A03、2A50、2A11、2A12、6A02、6063、6061、6005

注：对用作大梁、变断面型材及其他有特殊要求的制品，$\phi290mm$ 及以下铸块（直径 $\phi124mm$ 及以下铸块除外）不包括在本表中。

对不符合上述的铸锭，可按照一定的要求进行车皮处理，仍不符合要求的，可以按规定铲槽。

c　铸锭的均匀化退火

用 DC 法生产的铸锭，其化学成分和组织是很不均匀的。主要表现在：晶粒内部存在化学成分不均匀（称晶内偏析或枝晶偏析）；铸锭内部存在残余应力；晶粒组织不均匀；塑性较差，使压力加工生产发生困难等。同时这些差异在挤压加工过程中，一般是不能被消除的，为了改善铸锭的组织性能，满足生产工艺和产品质量要求，通常，需对铸锭进行均匀化退火。

均匀化退火的优点是:

(1) 改善铸锭的塑性,并使冷、热变形工艺、性能得到改善。提高挤压制品的挤压速度(硬铝合金铸锭经均匀化后,可提高挤压速度 15%~30%)。

(2) 均匀化退火可降低变形抗力,减少变形功消耗,提高设备生产效率。

(3) 均匀化退火还可消除金属内部的残余应力,改善铸锭的加工性能。

(4) 可改善铸锭的异向性能。如对挤压效应比较明显的制品,铸锭经均匀后,挤压出的制品大大减少其各向异性,从而提高制品的横向性能。

(5) 可达到组织均匀化。均匀化退火时,主要的组织变化是枝晶偏析消除、非平衡相溶解和过饱和的过渡元素沉淀,溶质的浓度逐渐均匀化。

但是,在实际生产中,为了达到获得某些特殊的组织和性能要求,对铸锭可不进行均匀化处理。如为了减少粗晶环或获得高强度(保持挤压效应)的制品,对铸锭就不进行均匀化退火。

均匀化退火是温度较高、时间较长、耗电量大的热处理操作,所以铸锭是否进行均火处理应综合分析后确定,常用铝合金铸锭均匀化退火制度见表6-26。

表 6-26 常用铝合金铸锭均匀化退火制度

序号	合金牌号	铸锭或铸块种类	金属温度/℃	保温时间/h
1	2A06	实心锭	475~490	20~24
2	2A11、2A12	实心锭	480~495	8~12
3	2A16	实心锭	515~530	20~24
4	2A17	实心锭	505~520	20~24
5	2A50	实心锭	480~495	20~24
6	2A14	实心锭	485~500	10~12
7	5A02、5A03、5A05、5A06、5056、5083	实心锭	460~475	20~24
8	6005、6061、6063、6082	实心锭	550~570	6~8
9	7A04、7A09	实心锭	450~465	10~12

6.2.3 铝合金型材挤压生产工艺及举例

6.2.3.1 普通型材挤压工艺及举例

铝合金普通型材的生产工艺按其特性可分为硬铝合金挤压和软铝合金挤压,硬铝合金需离线热处理,软铝合金可在挤压机上进行在线淬火。软、硬合金挤压工艺比较,见表6-27。

表 6-27 软、硬合金挤压工艺比较

项 目	软铝合金	硬铝合金
制品的表面及尺寸精度	较高	一般
制品的组织及性能	一般	较高
挤压筒单位压力/MPa	≥250	≥400

项　目	软铝合金	硬铝合金
挤压速度/m·min⁻¹	5~120	0.5~10
挤压温度	较高	适中
制品挤压长度/m	≤100	≤30
成品率/%	78~90	50~70
生产方式	自动化连续生产线	间断式生产
对设备要求	快速的、自动化程度高的油压机及配套设备	慢速的、一般的水压机或油压机
铸锭加热方式	电、油、气炉均可	一般电炉
20MN 挤压生产线生产效率/t·a⁻¹	4000~8000	800~1000

普通型材的外形有一定的复杂性，尺寸公关要求也较高。在制定工艺时除按前述原则外，还应注意以下几点：

（1）全面了解制品的外形、壁厚的尺寸与公差，整个制品的精度要求（如扭拧和弯曲度等），以及制品的性能和表面质量要求。

（2）制品是否与其他部件配合使用，其配合度必须要满足要求。

（3）制品最大长度要求是否满足所选挤压筒铸锭长度的要求。

（4）制品的最大外接圆直径是否能够满足挤压筒允许的最大外接圆直径或宽展模最大外接圆直径要求。

（5）高镁合金制品的头尾尺寸变化较大，制品挤压时不宜过长。

（6）对外形尺寸较大、断面很小的制品，应该用较大的挤压筒、较大的挤压系数生产。对挤压时外形易于扩口的型材应采用较大挤压系数生产；而对挤压时外形易于并口的型材应采用小挤压系数生产。对于外形特别复杂，孔腔数目较多，悬臂过大，模具加工精度要求很高的型材，宜采用单孔模生产。

（7）一般的实心型材可选用平面模，对于空心型材或悬臂太大的半空心型材，硬合金采用桥式模，软合金采用平面分流模；对于形状简单的特宽软合金型材也可以选用宽展模。

（8）当拟定工艺时：

1）要仔细地研究型材图纸和技术要求，分析认定生产的难易程度，根据经验确定模孔数。

2）工艺试排。确定模孔数，把型材外形（按1:1）放置在模子排孔图上。分析和选择合理的排孔方案。

3）验算挤压系数。对各个可能排下挤压筒均计算一下挤压系数，看哪一个筒的挤压系数接近于合理，则该挤压筒可以认为是最合适的。

4）计算残料长度。根据所确定的参数，按增大残料厚度，即所有型、棒材切尾一律按 300mm 切除。

5）按相关公式计算铸锭长度并确定铸锭尺寸。为取得最佳经济效果，新制订的工艺，除了在技术上合理以外，同时经济效益还必须尽可能提高，即尽可能减少几何废料，提高成品率。

（9）2A12T42 型材挤压工艺举例。为了使 2A12T42 型材性能满足技术标准要求，还应采取以下工艺措施：

1）铸锭的化学成分应按标准中上限要求控制。

2）型材采用一次挤压成型；挤压温度应取上限，挤压温度400~440℃，挤压筒温度400~440℃。

3）因制品要进行两次拉伸变形，为了保证制品的尺寸，挤压公差取上限。

（10）利用挤压余热在线淬火的6×××系铝合金型材，一般要求在挤压过程中通过水冷或风冷，进行淬火处理，因此，必须采用高温挤压。通常6×××系合金型材挤压温度在500℃以上。

铝及铝合金普通型材挤压工艺举例见表6-28所示。

表6-28 普通型材挤压工艺举例（硬铝合金）

型号	示意图型	单孔断面面积 F_1/cm^2	最大壁厚 /mm	模孔数 n	挤压筒直径 D/mm	挤压系数 λ	残料长度 /mm	铸锭尺寸 $D_0 \times L_0$/mm×mm	压出长度 $L_出$/m	形状及尺寸 /mm×mm×mm
XC111-1		0.234	1.0	6	95	50.5	25	91×210	7.90	角形 12×12×1
XC111-60		2.920	3.0	1	115	35.6	30	110×290	7.90	角形 50×50×3
				4	200	26.9	50	192×420	8.93	
XC113-21		1.802	4.0	1	115	28.8	30	110×340	8.04	角形 27×22×4
XC114-48	见型材样本	3.025	9.0	2	170	37.4	50	162×300	8.40	角形 40×2.5×25×9
XC211-2		1.378	2.0	2	115	37.8	30	110×270	8.14	丁字形 19×50×2
					95	25.8	30	91×380	8.14	
XC211-47		3.274	4.0		170	34.7	45	162×340	9.16	丁字形 40×45×4
XC212-45		9.670	10.0	1	170	23.4	55	162×480	8.92	丁字形 39×7×76×10
					200	32.5	50	192×360	9.01	
XC411-16		6.080	4.0	1	170	37.3	50	162×320	9.03	Z 字形 40×80×4
				2	200	25.8	50	192×440	9.03	
XC511-5		11.600	6.0		170	19.5	55	162×570	9.03	工字形 86×60×6

6.2.3.2 空心型材挤压工艺及举例

空心型材是指在型材断面上具有一个或几个圆形孔或异形孔的型材。空心型材的挤压方法分为两大类：管式挤压法和组合模挤压法。

A 管式挤压法

管式挤压法与挤压圆管的方法相似，在带有穿孔机构的挤压机上生产；不同处是模孔是异形，模子采用平面模。这种方法的优点是：工艺简单，工具容易加工，修模方便，几何废料少，成本较低，制品无焊缝。其缺点是制品的同心度较差，内孔的形状和尺寸受到一定限制。

B 组合模挤压法

组合模的结构分为两种，即桥式组合模（又称舌型模）和平面分流组合模。

（1）桥式组合模。根据舌头的不同，可分为突刀式、半突刀式和稳刀式三种结构，如图6-22所示。桥式模的优点：制品尺寸精确，壁厚偏差小，内表面质量好，可用实心锭生产空心型材等。其缺点是制品上存在焊缝，挤压力较一般平模挤压时高20%～25%，挤压残料较长。

（2）平面分流组合模。由分流孔、分流桥、焊合腔、模芯、工作带等部分组成。分流孔的数目可以分为单孔、双孔、三孔、四孔和多孔等，形状有圆形、双锥体形和锥体形三种。单孔平面分流模的主要结构形式有四个圆分流孔圆柱形模芯、四个异形分流孔双锥体模芯、四个腰形分流孔锥形模芯和四个异形分流孔插入式模芯四种，如图6-23所示。分流桥结构可分为固定式和可拆式两种形式。带可拆式分流桥的模子又称为叉架式分流模，用这种形式的模子可挤压多根空心型材。分流桥的断面最好做成水滴形，但水滴形不易加工。故常采用矩形断面加倒角的形式。平面分流组合模与桥式舌形模相比，具有结构简单、加工容易、操作简便和易于分离残料等优点。

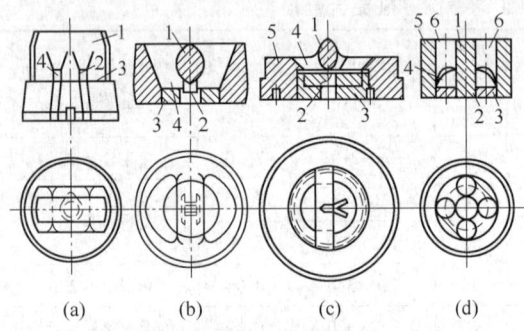

图6-22　桥式模的结构类型

（a）突刀式；（b）稳刀式；（c）半突刀式；（d）平刀式

1—桥；2—舌芯；3—模子；4—进料孔；

5—模套；6—分流孔

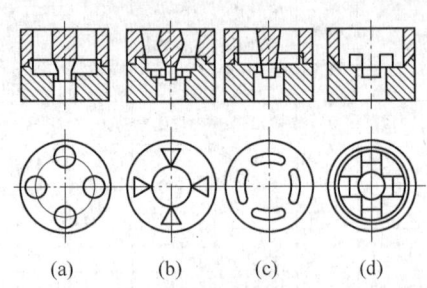

图6-23　单孔平面分流组合模的基本结构形式

（a）四个圆分流孔圆柱形模芯；

（b）四个异形分流孔双锥体模芯；

（c）四个腰形分流孔锥形模芯；

（d）四个异形分流孔插入式模芯

组合模方法生产工艺的主要特点是：金属在进入模孔之前，根据组合模的结构形式不同，金属被分为两股或多股后再进入模孔的焊合室相汇合，金属在高温、高压、高真空的作用下，在汇合的同时被焊合，再流出模孔而形成所要求的空心型材。用这种方法生产的型材，在组织上可明显看到焊缝，焊缝的数目等于铸锭被分成的金属股的数目。在型材上保留有焊缝是组合模生产的主要特点，因此又称焊合挤压。如何保证焊缝质量就成了组合模挤压的主要技术问题，为此，在焊合室内必须建立一个超过承受变形金属屈服强度10～15倍的高压区，同时对焊合室高度也要有具体要求，这是组合模在设计时必须考虑的，表6-29列出了焊合室高度与挤压筒直径之间的关系。焊合室太浅，摩擦力小，不能建立起足够的反压力，使焊接区压力不足，导致焊接不良，同时还限制了挤压速度的提高；焊合室太深，分离压余后易积存金属。

表6-29　焊合室高度与挤压筒直径间的关系

挤压筒直径/mm	115	130	170	200～270	≥300
焊合室高度/mm	10	15	20	30	40

挤压工艺的选择原则为：应采用较大的挤压系数、较高的挤压温度和较低的挤压速度，以保证焊缝质量。对控制焊缝质量的空心型材，其切头长度应不小于500～1000mm。表6-30列出了挤压空心型材时的温度与速度规范。

表 6-30　挤压空心型材时的温度与速度规范

合金牌号	铸锭加热温度/℃	挤压筒温度/℃	金属流出速度/m·min⁻¹
6063、6A02、3A21、1070A、1060、8A06	460~530	420~480	5~25
2A14、2A02、2A11、2A12	420~480	400~450	0.5~2.0
5A02、5A03	420~500	400~450	3~8

另外，为了获得优质的焊缝，在模腔内不得有油污和脏物，在操作中严禁在模孔附近抹油，工作现场尽量保持干净。舌形模为了获得优质焊缝，在每个料挤压完后，必须把模腔内残留的金属清理干净。

空心型材的生产工艺特点及工艺要求与普通型材基本相同。典型实心型材工艺举例列于表 6-31。

表 6-31　空心型材工艺举例（在冷床工作台挤压机上挤压）

型号	示意图	合金牌号	截面面积/mm²	挤压方法	筒径/mm	模孔数	挤压系数	残料长度/mm	铸锭规格/mm×mm(×mm)	压出长度/mm
XC02-2	见型材样本	2A12	0.455	舌模	85	1	125.0	60	81×140	8400
XC049-1		2A12	16.125	管式模	280	1	33.3	50	270×106×350	8000
XC050-1		2A14	52.4	管式模	370	1	16.7	50	360×170×620	7800
XC051-1		6A02	108.5	平面分流组合模	500	1	18.1	25	485×1050	16200
XC053-1		6A02	5.7	舌模	200	1	55.1	100	192×280	8500
XC054		2A14	7.6	舌模	170	1	29.9	100	162×450	9200

6.2.3.3　阶段变断面型材挤压工艺及举例

阶段变断面型材是指其横断面尺寸、形状沿长度上发生阶段式变化的一种特殊型材。一般由基本型材、过渡区、大头部分组成，如图 6-26 所示。但也有无过渡区而同基本型材和大头部分组成的，这主要与生产方法有关。大多数阶段变断面型材的断面只有一个阶段的变化，也有的是具有两个或两个以上阶段的变化。

阶段变断面型材主要有八字型材、工字型材、丁字型材三大类型（见图 6-24）。铝合

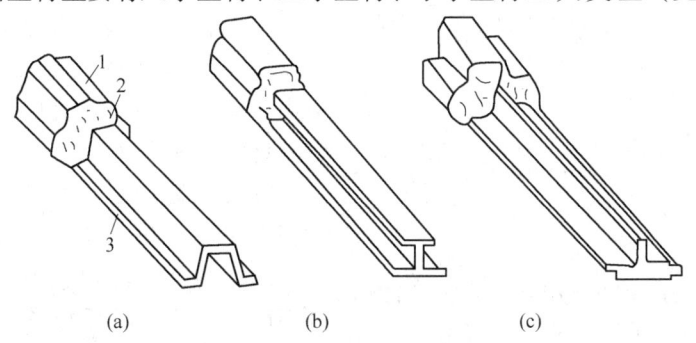

图 6-24　典型的阶段变断面型材

（a）八字型材；（b）工字型材；（c）丁字型材

1—大头型材；2—过渡区；3—基本型材

金阶段变断面型材主要用于大型运输飞机的机翼、尾翼上。大头经机械加工后与大梁型材铆接，基本型材则与蒙皮铆接而形成整体的机翼和尾翼。因此阶段变断面型材是一种十分重要的受力构件，对组织和性能的要求很高。必须选用高强度变形铝合金。目前生产变断面型材的合金主要有两种：2A12T4、7A04T6。

A　变断面型材的挤压方法

挤压方法主要有两种：一种是分步挤压基本型材和大头型材方法，这是国内主要的生产方法；另一种是一次挤压基本型材和大头型材的方法。

a　分步挤压基本型材和大头型材方法

采用分瓣模，分别将大头模和型材模单独设计成分瓣模，如图 6-25 所示。

型材分瓣模是按型材的形状来确定

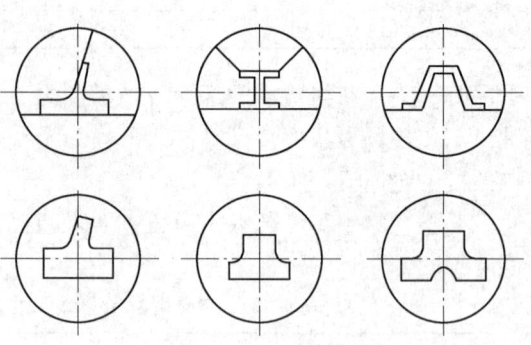

图 6-25　挤压大头型材的分瓣模

的，分开面的位置是便于拆卸和安装，在保证制品尺寸的同时又不损伤制品表面。型材模一般分成三瓣（丁字、八字型材）和四瓣（工字型材），大头模目前采用从中间左、右两瓣的形式分开。挤压时将它们装在模支撑里，形成所需要的模孔。为了减少挤压大头前端型材附近过渡区部分的变形，过渡区设计在型材模上。型材模比大头模厚 15~20mm，模子前端与挤压筒有 10°的配合角，后面与模支撑有 3°~5°的配合角，以便于换模。每瓣型

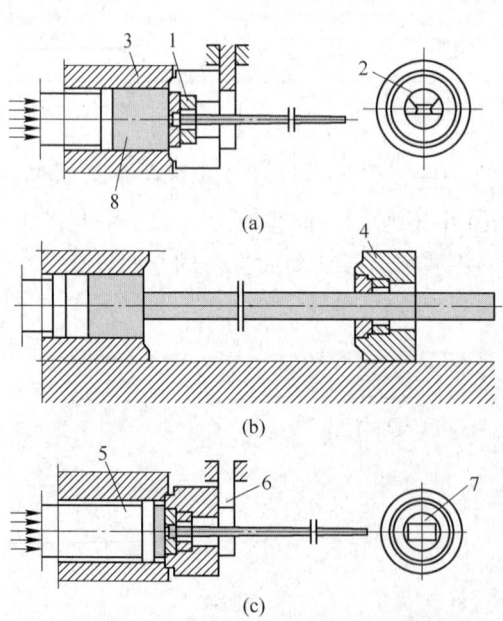

图 6-26　用两套分瓣模挤压大头型材操作过程示意图

(a) 挤压基本型材；(b) 停车换模；(c) 挤压大头部分

1—模垫；2—基本型材模；3—挤压筒；4—模支撑；

5—压轴；6—锁键；7—大头模；8—铸锭

材模背面均有一 φ20mm 的孔，用专用钩子卸模。过渡区的长度一般为 20~45mm，其入口尺寸小于大头模孔尺寸，与型材模连接部分采用较大曲率的圆滑过渡形式。圆滑过渡曲线趋势应接近铝合金挤压时的金属自然流动角。当圆滑过渡曲率半径较小时，挤压进将形成死角。

采用两套分瓣模分段挤压阶段变断面型材，是目前生产中使用最多的一种方法。第一套模在挤压型材部分的同时过渡区也形成了。第二套模子挤压大头部分。如果采用三套分瓣模，就可以生产带有两个阶段变化的变断面型材。

其挤压特点是：型材部分和大头部分分两次挤压，图 6-26 所示生产方法为：先把三瓣或四瓣的型材模装入模支撑内，开进锁键仓，锁紧后开始挤压基本型材部分。当压到距过渡区 300~500mm 处时，逐渐减速直到过渡区进速度降为零，然后卸压、

打开锁键仓、挤压轴前进5mm将模子推离挤压筒后，挤压筒离开，把模子从模支撑内带出来，用专用钩子将分瓣型材模取出，再用专用夹钳换上两瓣大头模在模支撑中，进行大头部分挤压。挤压大头时开始速度尽量慢些，以防止型材根部产生波浪、扩口、拉细和大头歪脖，当压出约100mm长以后开始过渡到正常的挤压速度。大头部分挤压完后卸压、压型嘴离开并剪切残料，取出大头模重新换上型材模进行下一个生产周期。

这种挤压法的优点是：可在带有压型嘴的任何挤压机上使用，并能挤压生产各种形状复杂的阶段变断面型材；工具结构比较简单；当使用两套分瓣模分段挤压时，由于过渡区与基本型材同时形成，保证了型材靠近过渡区根部的型材尺寸精度和成品率。其缺点是：由于需中间停车换模，制品的表面质量难以保证；手工换模，操作工序多，生产效率低等。

b 一次挤压基本型材和大头型材的方法

一次挤压基本型材和大头型材的特点是：在模支撑内一次装入大头模和型材分瓣模。挤压时中间不需要换模，一次完成大头型材和基本型材的挤压。

B 使用专用支撑垫和专用挤压筒

根据三种型材形状配有相应的专用支撑垫。其出口尺寸和形状与尾端模相似。使用专用支撑垫的目的是保证型材尺寸的稳定性。

为了保证型材模和大头模的同心度以及尺寸稳定性，变断面型材挤压采用专用挤压筒。变断面型材专用挤压筒接触挤压模的一端有两个锥度，这样还能保证挤压筒和模子最紧密的配合，防止挤压过程中金属从缝隙中流出，因为变断面型材用高强度铝合金生产，挤压系数一般较大，所以需要的挤压力较大。

C 生产工艺及特点

a 铸锭质量要求

铸锭质量要求为：

(1) 铸锭的化学成分应符合2A12、7A04合金工厂内部技术标准。

(2) 铸锭应车皮，表面不允许有油污、灰尘、表面腐蚀等。

(3) 铸锭应全部进行低倍检查，其要求应符合厂内技术标准要求。

(4) 铸锭必须进行均匀化退火。

b 挤压系数 λ 的确定

阶段变断面型材在同一个挤压筒上，一次同时完成挤压两个断面面积相差很大的型材，尤其是型材部分与大头部分之间断面面积比值越大，各部分的变形程度差别越大，即挤压系数差别越大。所以，选择合理挤压系数就十分困难。

当大头部分的挤压系数过小时，大头部分易出现性能和组织不合格。大头部分的挤压系数过大，造成型材部分的挤压系数也相应增大，挤压系数太大，则挤压力增大，对于高强度铝合金易造成闷车，会增大挤压过程的难度，降低生产效率。因此为了满足性能和组织以及挤压过程不闷车的要求，在两者必须同时兼顾的情况下，根据经验，为了保证大头部分有足够的变形量，大头挤压系数选择：对于2A12合金，要大于4，7A04合金要大于5；型材部分挤压系数选择：一般为20~45，最大应小于50。

c　大头和型材断面面积比

断面面积比（$S_{大头}/S_{型材}$）一般为 4~8，原则上小一些为佳。断面面积比太大时生产很困难。因为在同一个挤压筒上，同时满足两个断面面积相差很大的型材生产，从技术上讲是很困难的。特别是当大头部分断面面积和型材部分断面面积之比大于 9 时，实际生产就很困难。对于各种不同大头部分和型材部分断面面积比，其大头部分各型材部分挤压系数选择范围见表 6-32。

表 6-32　大头部分和型材部分挤压系数选择范围

大头部分和型材部分断面面积比	2A12 合金		7A04 合金	
	$\lambda_{大头}$	$\lambda_{型材}$	$\lambda_{大头}$	$\lambda_{型材}$
3~5	4~6	12~30	5~7	15~35
5~8	4~5	20~40	5~6	25~48
8~10	3.5~5.7	28~51.5		

d　铸锭长度的确定

阶段变断面型材由三部分组成，但计算铸锭的长度时过渡区部分的长度与大头部分的长度，合计为大头部分的长度。其铸锭长度 $L_{锭}$ 可按式（6-26）计算：

$$L_{锭} = \left(\frac{L_{型} + L_{切头}}{\lambda_{型}} + \frac{L_{头} + L_{切尾}}{\lambda_{头}} + H_1 \right) K \tag{6-26}$$

式中　$L_{型}$——在图纸或订货合同中要求的基本型材长度，mm；

　　　$L_{切头}$——基本型材切头和取试样的长度，mm；

　　　$\lambda_{型}$——基本型材挤压系数；

　　　$L_{头}$——在图纸或订货合同中要求的基本大头（包括过渡区）长度，mm；

　　　$L_{切尾}$——在大头部分切尾及取试样长度，mm；

　　　H_1——基本残料，mm；

　　　$\lambda_{头}$——基本大头挤压系数；

　　　K——综合修正系数（主要考虑镦粗和型材公差）。

$L_{切头}$ 为 800~1000mm，$L_{切尾}$ 为 500~600mm。一般 $L_{切头}$ 取下限值，$L_{切尾}$ 取上限值。

对采用加大镦粗挤压的铸锭的直径 D 可按式（6-27）计算：

$$D = \frac{D_0}{\sqrt{K}} \tag{6-27}$$

式中　D_0——挤压筒直径，mm；

　　　D——铸锭直径，mm；

　　　K——镦粗系数。

e　挤压工艺特点

由于变断面型材是用高强度铝合金挤压的，又因型材部分的挤压系数又较大，所需要的挤压力就较大；同时，在挤压生产时中间又要更换模子，模子易冷却；另外，为了减少大头部分的粗晶环，一般均采用高温挤压。

生产时应注意在靠近过渡区采用低速挤压，并逐渐将速度降为零。挤压大头时，开始应缓慢上压，以使金属流速均匀，尽可能减少挤压大头前端对型材根部尺寸和形状的影响。大头挤出 200mm 以后可用正常挤压速度挤压。一般来说，2A12 合金的挤压速度，型材部分小于 0.8m/min，大头部分小于 1m/min；7A04 合金的挤压速度型材部分小于 0.6m/min，大头部分小于 0.8m/min。

6.2.3.4　壁板型材挤压工艺及举例

A　壁板型材的特点

壁板型材是一种新型的整体结构材料，具有质量轻、结构强度高的优点，其特点是宽度很宽（最大宽度可达 2500mm），厚度很薄（即宽厚比很大，宽厚比可达 150 以上），且带有纵向加强筋。在航空航天、交通运输、电子电器、机械制造等各部门得到了广泛应用。如飞机机翼壁板、舰船甲板、大型散热器材和跳水板型材等。目前用于壁板型材的铝合金主要有 2A12、7A04、7A09、5A06、7005、6005A 等。

根据断面形状和生产难易程度不同，壁板型材可分为对称型、不对称型和完全不对称型三类。由于壁板外形尺寸大，需要大型挤压机来生产。

图 6-27 所示为几种典型的带筋壁板型材断面。

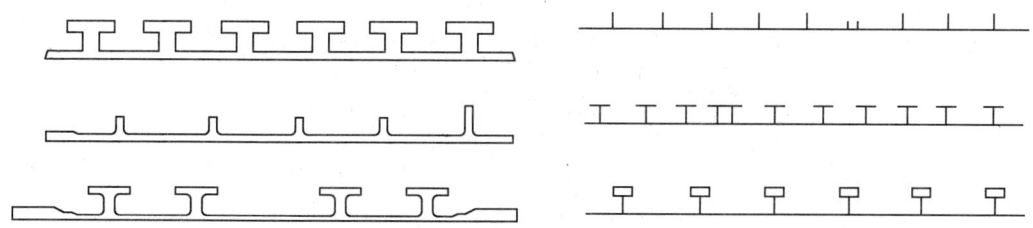

图 6-27　几种挤压的大型带筋壁板型材断面

因为壁板型材的宽厚比大（一般在 50 以上），形状十分复杂，单位横截面上的表面积又很大所以是一种十分难挤压的型材。特别是对于宽厚比大于 100、壁厚小于 3mm、宽度大于 800mm、长度大于 10m 的实心和空心壁板及硬铝合金壁板型材，在挤压时必须采取一些特殊的工艺措施和采用特殊结构的工、模具，才能生产出合格的产品。

B　壁板型材的挤压方法

壁板型材由于形状和尺寸多不对称，所以是一种比较难挤的型材。挤压壁板型材时要特别注意两个因素：一个是几何因素，即型材的宽度大，也就是外接圆直径大，必须考虑型材在挤压筒和模子平面上的位置以及能否顺利通过挤压机的前梁出口；另一个因素是型材的壁薄，宽厚比大，挤压系数大，所需的成型压力高，金属流动不均匀，成型困难，必须考虑挤压机的吨位、挤压筒的比压、工模具的结构和强度等。因此在确定壁板的挤压方案时，必须合理选择设备与工模具的结构、规格及装配形式。

壁板型材挤压的方法很多，根据产品的类型、规格、合金牌号以及设备与工、模具等的不同情况，可分别采用圆筒挤压、扁桶挤压、宽展挤压及空心壁板挤压等方法。

a　圆筒挤压法

圆筒挤压法是一种较早采用的生产带筋壁板型材的方法，20 世纪 50 年代以前，几乎都是采用这种方法。圆筒挤压法通常分为圆筒平板法、圆筒"V"形法和圆筒圆管法三种，前两种方法用实心断面铸锭挤压，后一种方法用空心铸锭挤压，如图 6-28 和图 6-29 所示。

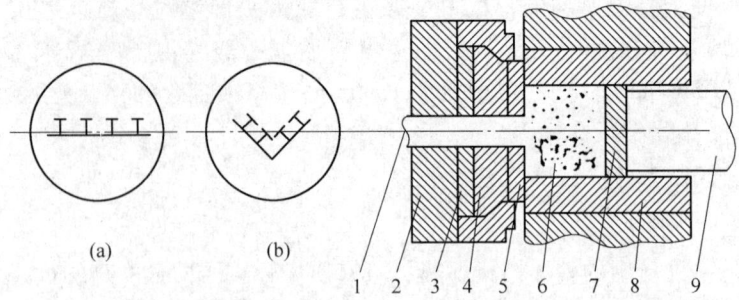

图 6-28　圆筒平板和圆筒 "V" 形挤压筒挤压壁板示意图

(a) 圆筒平板挤压；(b) 圆筒 "V" 形挤压

1—导路；2—压型嘴；3—支撑环；4—模垫；5—模子；6—铸锭；

7—挤压垫；8—挤压筒；9—挤压轴

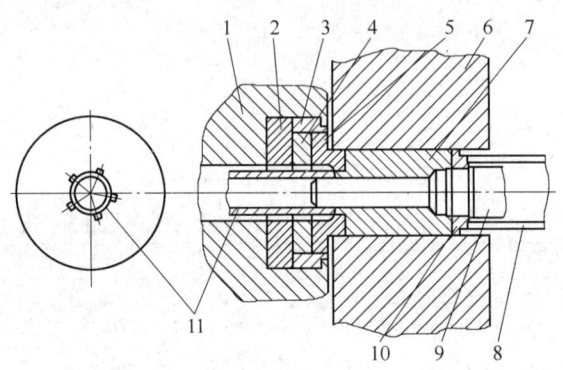

图 6-29　用圆筒挤压带筋管法生产壁板型材示意图

1—压型嘴；2—压型嘴垫块；3—横支撑；4—支撑环；5—模子；6—挤压筒；

7—铸锭；8—挤压轴；9—穿针孔；10—挤压垫片；11—带筋管

　b　扁筒挤压法

　扁筒挤压是生产扁宽薄壁型材最先进的方法之一。图 6-30 所示为扁筒挤压法示意图。

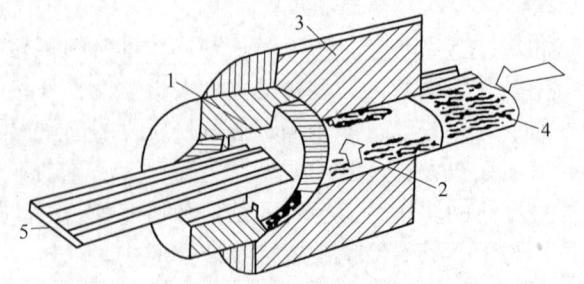

图 6-30　用扁挤压筒挤压壁板型材示意图

1—挤压模；2—铸锭；3—挤压筒；4—挤压轴；5—壁板

　c　宽展挤压法

　宽展挤压法是一种新型的挤压方法，其实质是在圆挤压筒工作端加设一个宽展模，使圆锭产生预变形，厚度变薄，宽度逐渐增加到大于圆筒直径，它是起到扁筒作用的一种方法（见图6-31）。用此法可部分代替扁筒挤压实心或空心壁板，其宽度可比圆筒直径宽10%~30%，宽展率以15%~30%为宜，宽展角一般取30°左右。但宽展挤压的总挤压力比一般挤压要高20%~25%，因此生产挤压系数大、长度尺寸大的硬铝合金薄壁板是比较困难的。表6-33列出了宽展挤压的变形参数。

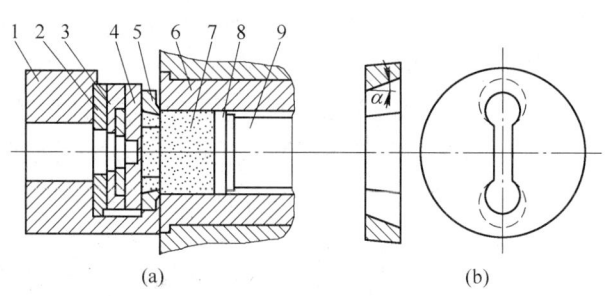

图6-31 宽展挤压法

（a）示意图；（b）模具图

1—压型嘴；2—后环；3—前环；4—型材模；5—宽展模；6—挤压筒；

7—铸锭；8—挤压垫；9—挤压轴

表6-33 宽展挤压变形参数

序号	挤压机能力/MN	型材宽度/mm	型材壁厚/mm	型材断面面积/cm²	挤压筒直径/mm	比压/MPa	挤压系数	宽展量/mm	宽展变形率/%	宽展角/(°)	宽展厚度/mm	宽展模外径/mm
1	7.5	100	6	6	95	1050	12.8	15	17.6	13.2	32	148
2	50	426	4	51.96	360	505	19.8	90	26.4	20.5	120	543
3	50	520	4	60.28	420	362	22.9	125	31.5	27.1	120	543
4	50	497	4	57.37	420	362	24.2	97	24.2	22	120	543
5	50	520	4	65.10	420	360	21.3	125	31.5	27.1	120	543
6	125	680	3.5	63.9	650	376	约55	110	17.4	23	130	900

6.2.3.5 挤压工艺程序及要点分析

A 挤压铸锭准备

a 铸锭的装炉及要求

装炉前按生产卡片规定的批次、熔次、合金、规格、个数等对铸锭进行认真检查，确认无误后才能进行装炉。普通型材允许混熔次生产，按国标、军标生产的型材，所有的二次毛料、大梁型材、阶段变断面型材及2A12T42型材，每批必须按同一熔次装炉，不允许混熔次。

为了保证制品的质量，装炉前铸锭的表面应清洁，无油污、灰尘、碎屑及其他脏物。批与批之间要有明显的标示。

b 铸锭的加热

挤压制品的铸锭按表6-20要求进行加热。

B 工具准备

在挤压过程中，制品是通过挤压工具成型的，因此挤压工具的形状、尺寸、表面质量、力学性能等质量因素将直接影响制品的质量。同时，挤压工具是在高温、高压和交变负荷下工作的，工具的使用和管理是否合理，将直接影响挤压工具的寿命。

a　挤压工具的种类及其技术要求

挤压工具包括挤压模具、挤压筒、挤压轴和挤压垫片。此外，还有其他一些工具配件，如模支撑、模垫、支撑环、导路等。

（1）挤压模。挤压模是决定制品的形状、尺寸和表面质量的主要工具。因此，其表面应光滑，不黏金属，无毛刺、锈蚀、磕碰伤、凹陷、裂纹，入口处应圆滑，以免划伤制品表面，另外，模子的断面也应光滑。

正确选择和设计挤压模的结构形状、材料、模孔尺寸和工作带尺寸以及模孔排列等，是获得合格制品和模子安全寿命的主要保证。一般挤压普通型材时采用平面模，挤压空心型材时采用舌型模或平面分流组合模，挤压变断面型材时采用分瓣模。

（2）挤压筒。挤压筒是容纳铸锭和承受压力的容器，是挤压生产中的重要工具之一。挤压筒的加热方法有电阻法或工频感应加热。挤压式挤压筒内将承受很高的压力，为了减少铸锭与挤压筒之间的摩擦力，同时使金属流动均匀和挤压筒免受过于剧烈的热冲击，挤压筒在工作室，应进行预先加热，挤压筒温度应比铸锭温度低 $30 \sim 50 ℃$，但不应低于允许的挤压温度。在特殊情况下可采用高温挤压筒进行挤压。一般加热温度应为 $320 \sim 450 ℃$。为了保证挤压产品的质量，挤压筒内径的工作部分与非工作部分的直径差不应大于下列数值：50MN、35MN 挤压机，不大于 1mm；25MN 挤压机，不大于 0.8mm；20MN、16MN 挤压机，不大于 0.7mm；12MN、8MN 挤压机，不大于 0.5mm。

（3）挤压垫。挤压垫挤压生产中，挤压轴通过挤压垫将挤压力施于铸锭。挤压垫除对挤压筒具有封闭作用防止金属倒流外，同时还对挤压筒内壁进行清理，以实现挤压和保证挤压产品的质量。挤压垫与挤压筒要求严格配合。

挤压垫与挤压筒内衬之间的间隙不应过大，其直径差不应超过下列数值：$20 \sim 50$MN 挤压机，不大于 0.8mm；$8 \sim 12$mn 挤压机，不大于 0.6mm。

挤压垫片要保持清洁，无油污、啃伤，便于残料分离，同时使用的垫片直径差应小于 0.3mm。

b　挤压工具的加热

挤压工具中，挤压筒，模具及垫片在使用前应进行加热，以免堵模、闷车和损坏挤压工具。

挤压工具的加热温度：一般挤压工具预热温度为 $350 \sim 480 ℃$，保温时间为 $3 \sim 6$h。大型复杂型材的挤压模和组合模等要采用上限温度加热和较长的保温时间。

挤压时为了防止制品扭曲，还应安装合适的导路。

c　挤压模具的试模和调整

对新设计和制造的模子，或者生产复杂断面型材用的模子，当模子加热好并装到挤压机模座中之后应进行试模，试模料的合金和尺寸应和挤压料相同。对试模挤出的制品，待冷却后应全面测量制品的头尾尺寸，如制品不符合图纸和挤压公差规定时，应按具体情况进行修模。修模时必须注意相关尺寸的变化，防止调整了这个尺寸又影响了另一个尺寸或引起制品的扭拧、弯曲、波浪等缺陷。修理、调整模孔尺寸的重点和程序大致如下：

（1）修理制品的边长和壁厚部分的尺寸，扩大或缩小。

（2）调整制品空间尺寸部分的模孔，改变工作带长度或阻碍角大小。

（3）修正制品扭拧、弯曲、波浪部分的工作带长度或阻碍角大小。

（4）砂光工作带表面。

d 模具的装配

模具的装配方式有固定模式和活动模式两种。

（1）卧式型材挤压机上工模具的装配结构。利用模具后端面的销子将挤压模与模垫固定在一起，然后装入模支撑。当采用带压型嘴的挤压机时（见图6-32、图6-33），将安放了模子和模垫的模支撑以及前环、中环和后环等装入压型嘴中，并用锁键把它们固定。

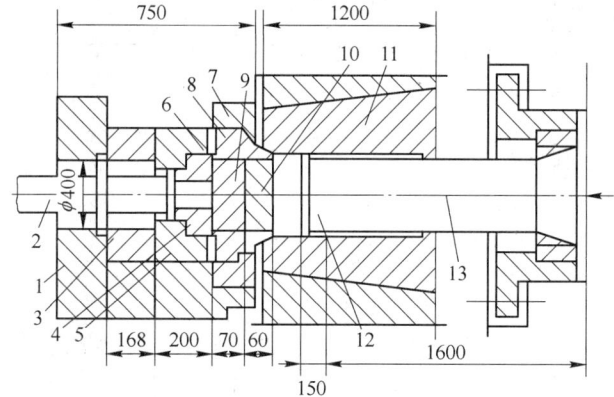

图6-32 50MN卧式挤压机工具装配图（带压型嘴结构）

1—压型嘴；2—导路；3—后环；4—中环；5—前环；6—销；7—压紧环；8—模支撑；9—模垫；

10—挤压模；11—挤压筒；12—挤压垫片；13—挤压轴

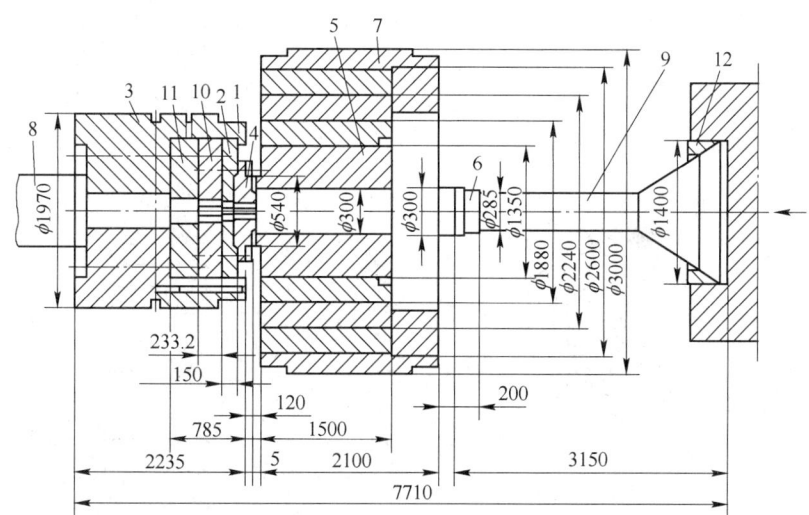

图6-33 200MN挤压机挤压壁板示意图（扁挤压工具装配结构）

1—挤压模；2—垫板；3—压型嘴；4—压型嘴盖板；5—挤压筒工作衬套；6—挤压垫片；7—扁挤压筒；

8—导路；9—扁挤压轴；10—中环；11—后环；12—挤压轴中心压套

当采用不带压型嘴的挤压机时（见图6-34），将组装好的模具安放在专用模套（模支撑）内，然后将模套安放在移动滑板或旋转式模架的马蹄槽中。挤压模、模套（模支撑）之间，一般用键和销子连接。导向装置的内腔形状与所导向的制品形状相似，而尺寸较制品尺寸均匀放大8~10mm，便于制品顺利通过又不致产生扭拧和纵向弯曲。导向装置安装在前梁的出口孔道内，一端紧靠模子的垫环，并用压紧装置将其固定在挤压机前梁的出口料槽上。

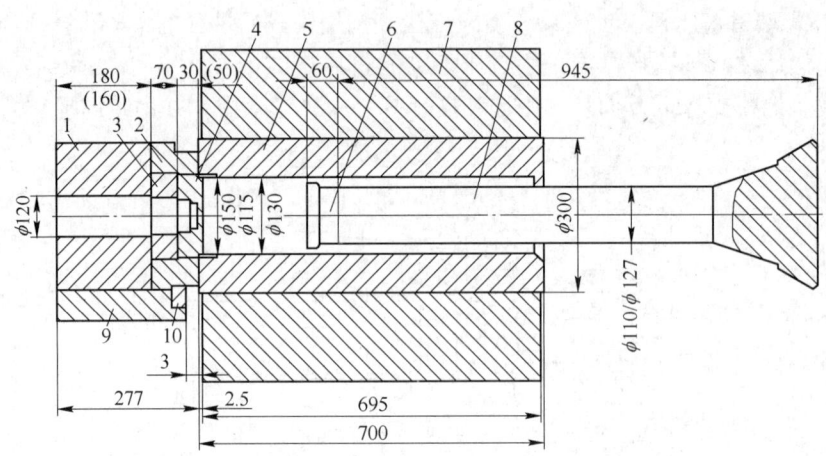

图6-34　12.5MN卧式挤压机工具装配图（不带压型嘴结构）

1—后环；2—模支撑；3—模垫；4—挤压模；5—内套筒；6—挤压垫片；7—外套；
8—挤压轴；9—模架子；10—挡环

（2）卧式管型挤压机上的工具装配结构，如图6-34所示。

（3）空心制品组合模挤压工具装配结构。用组合模（平面分流组合模、桥模和叉架模）挤压的工具装配结构与挤压普通型材的装配方式基本相同，不同之处在于模具结构。图6-35所示为用平面分流组合模挤压管材和空心型材的工具装配。组合模挤压时通常把针尖（模芯）与模桥（分流桥或称上模）做成一个整体，这样就不需要独立的穿孔系统，实现在普通型棒材挤压机上用实心轴（实心胚料）挤压空心型材。

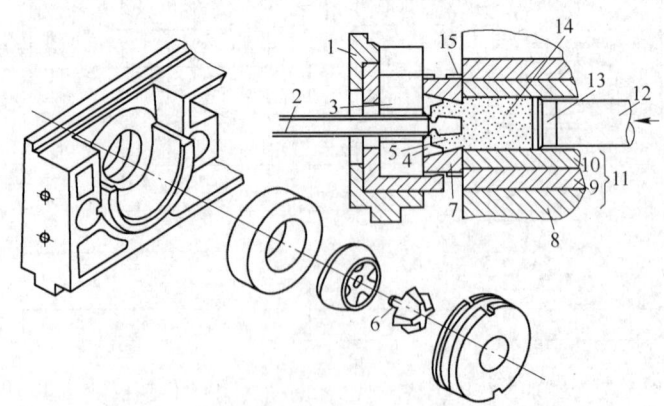

图6-35　用组合模挤压空心制品工具装配图

1—模架；2—空心制品；3—支撑环；4—挤压模；5—分流器；6—模芯；7—模套；8—外衬；
9—中衬；10—内衬；11—挤压筒；12—挤压轴；13—挤压垫片；14—铸锭；15—平面封

（4）阶段变断面型材挤压工具装配结构。可以用多种方法来挤压变断面型材。其中最常用的方法就是采用更换挤压模的方法，即先采用具有较小模孔的挤压模进行挤压，当挤压进行到一定时候更换具有较大模孔的挤压模继续进行挤压。由于挤压中途更换模子的需要，这种方法要求挤压模为可拆分式结构。另一种较为常用的阶段变断面型材挤压方法为双工位锁键法，挤压工具装配图如图 6-36 所示。当所需小断面型材长度挤压完成后，松开锁键 9，型材模随制品流动，大头部分由大头模 5 挤压成型。

（5）逐渐变断面型材挤压工具装配结构。一般用带锥度的异形针法（见图 6-37）和可动模法（见图 6-38）来挤压逐渐变断面型材。前者的工具装配结构与普通的正向随动挤压管

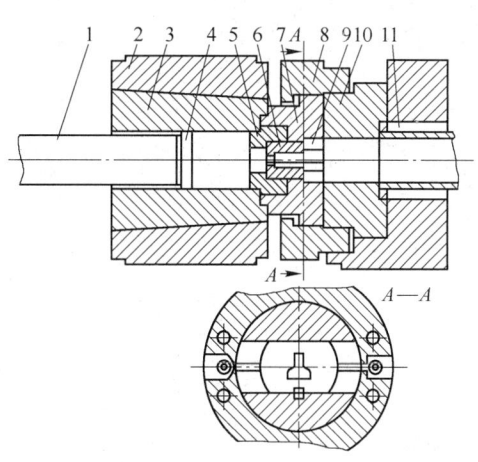

图 6-36　双工位锁键法挤压阶段变断面型材
的工具装配结构图
1—挤压轴；2—挤压筒；3—挤压筒工作衬套；
4—挤压垫片；5—大头模；6—型材模；7—模支撑；
8—压环；9—锁键；10—垫圈；11—导向装置

材法相似，不同之处是把挤压模的一部分做成可上下自由滑动的零件，借助仿形尺的作用实现逐渐上升或下降的运动，从而逐渐改变模孔形状和尺寸，以达到使型材断面逐渐变化的目的。

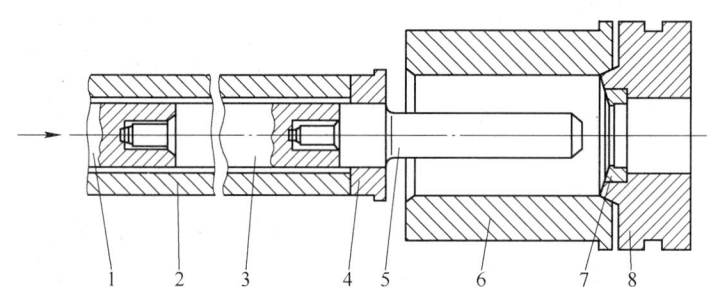

图 6-37　带锥度异形挤压逐渐变断面型材的工具装配结构图
1—针支撑；2—挤压轴；3—导径接头；4—挤压垫片；5—穿针孔；
6—挤压筒工作衬套；7—挤压模；8—模支撑

C　挤压操作要点与注意事项

挤压操作要点及注意事项有：

（1）按前述要求控制好挤压速度。充填阶段速度要慢，挤出一段之后，再转入正常速度挤压。为了防止闷车，开车时采用中上限温度挤压，挤压 3~5 个料后可转入正常温度挤压。

（2）挤压筒锁紧，以防压"大帽"。

（3）挤压过程中应经常检查制品的表面和尺寸情况，尺寸不符合时应进行修模。

（4）挤压制品出模孔后，大截面制品应在距前端 1000mm 处，按制品工艺卡片要求做标记。小截面制品每批至少拴两个标记铝牌。

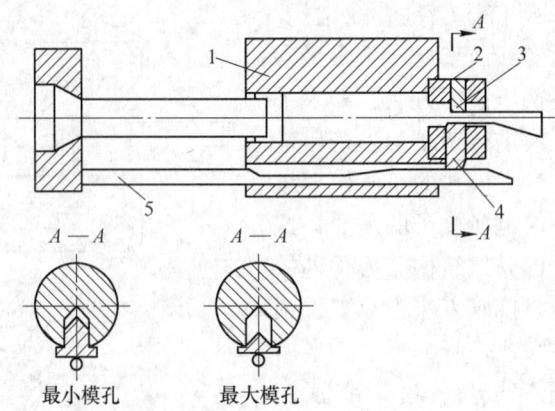

图 6-38　仿形尺挤压逐渐变断面型材的装配工具结构图
1—挤压筒；2—导环；3—挤压模的固定件；4—挤压模的活动件；5—仿形尺

（5）为防止产生挤压缩尾、成层、起皮等缺陷，挤压时不得润滑挤压垫片和挤压筒。

（6）在挤压过程中应经常对模子表面进行光模、清洁处理。

（7）挤压完每批制品后，制品装筐转运。

6.2.3.6　民用建筑铝合金型材生产技术

A　概述

顾名思义，民用建筑铝合金挤压型材，就是用于建筑工业或民用建筑工业上的铝合金挤压型材。实际上，建筑工业也属于整个大工业体系中的一部分，建筑或民用建筑用型材也应归属于工业型材。但由于中国建筑铝合金型材的特殊发展历史及特殊发展环境，人们习惯于把建筑铝合金型材从工业铝材中分离出来，形成目前常见的建筑铝合金挤压型材（GB/T 5237—2010）和普通工业铝合金型材（GB/T 6891，6892—2008）两大类。两类型材没有本质上的区别，都是基于相同的工艺原理和基本变形条件，可用相同的方法和设备及相似的工艺规范进行生产。但是，由于建筑用铝合金型材的产量规模大（占所有铝合金型材的60%以上），所用合金状态单一（6×××T5/T6），用途局限于民用建筑及基础设施等方面，所使用的挤压成型方法（正向实心锭平模挤压或焊合挤压）、挤压设备（正向单动卧式油压机）、模具（平模或平面分流组合模）与生产工艺及后续表面处理工艺比较专业，易于实现连续化生产等，因此，单列本节对民用建筑铝合金型材的生产技术进行讨论。

建筑用铝合金型材主要用于建筑物构架、屋面和墙面的围护结构、骨架、门窗、幕墙、吊顶、饰面、天花板、遮阳等装饰方面；保存粮食的仓库，盛酸、碱和各种液态、气态燃料的大罐，蓄水池的内壁及输送管路；公路、韧性和铁路桥梁的跨式结构、护栏，特别是通行大型船舶的江河上的可分开式桥梁；市内立交桥和繁华市区横跨街道的天桥；建筑施工脚手架、踏板和水泥预制模板等。本节重点介绍和论述6×××T5/T6门窗、幕墙、围栏、吊顶灯民用建筑装饰铝合金型材的生产技术，其他材料只做简略的说明。

B　民用建筑铝合金挤压型材的特点

经济的发展和人民生活水平的提高，促使民用建筑铝合金型材的品种和数量迅速增长。目前，世界各国建成了数千条民用建筑型材生产线。其工艺装备、生产工艺和模具的设计与制作均已基本定型，具有标准化、系列化的特点。

（1）民用建筑型材绝大多数采用 6063-T5/T6 铝合金生产，这是因为 6063 铝合金质量轻，有良好的塑性，工艺成型性能好，表面处理性能优良。可以用它生产出轻巧、美观、耐用的优质型材。

（2）世界上已研制出上万种建筑铝型材，其横截面面积为 $0.1 \sim 100 \mathrm{cm}^2$，外接圆直径为 $\phi 8 \sim 350 \mathrm{mm}$，腹板厚度为 $0.6 \sim 15 \mathrm{mm}$。

（3）型材壁薄，绝大多数型材的壁厚为 $0.6 \sim 2 \mathrm{mm}$，形状十分复杂，且断面变化剧烈，相关尺寸精度要求高，技术难度大，大多数为超高精度薄壁型材。

（4）建筑铝型材中的空心制品比例很大，空心型材与实心型材的比例大约为 1:1，而且多为异形孔，有的常常为多孔异形薄壁空心制品。

（5）一组建筑型材需要组装成不同的门窗系列或其他的建筑结构，因此配合面多，装配尺寸多，装饰面多。为了减少型材品种，要求型材具有通用性和互换性及装饰性，这就提高了型材的精度要求和表面品质要求。

由于民用建筑铝型材具有上述特点，加大了模具设计与制造的难度。

C 民用建筑铝合金型材挤压生产技术

a 挤压工模具的准备及加热

挤压工具通常是指挤压轴、挤压筒、挤压垫片。生产前最重要的工作是调整好挤压轴、挤压筒、模具和送料机械手的中心。挤压轴与挤压筒的中心最大允许偏差不大于 0.2mm，挤压轴、挤压筒、模具、送料机械手的最大允许中心偏差小于 1.5mm，一般要求在 1.2mm 以内。中心偏差太小，设备难以调整、控制。中心偏差太大，模具偏离中心会造成金属流动不均，制品易产生壁厚不均、弯曲、扭拧等缺陷。图 6-39 和图 6-40 所示分别为日本宇部生产制造的 16MN 油压挤压机实心模具和分流组合模装配图，生产前一定严格按图检查和组装。

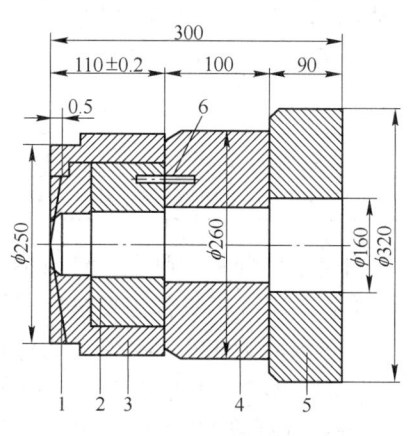

图 6-39 实心模具装配图
1—楔子；2—模垫；3—模套；
4—模座；5—模后座；6—定位销

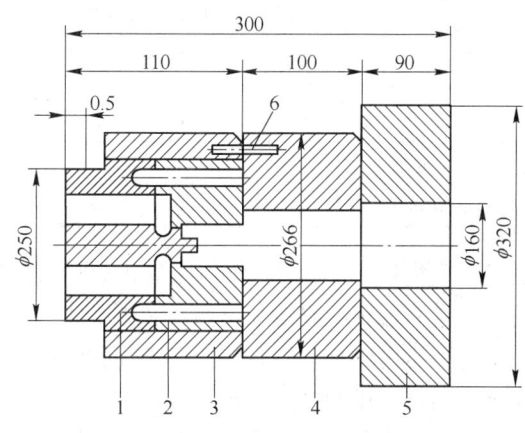

图 6-40 分流组合模装配图
1—阳模；2—阴模；3—模套；
4—模座；5—模后座；6—定位销

挤压轴的直径是根据挤压筒的内径来决定的，一般应比挤压筒直径小 $3 \sim 12 \mathrm{mm}$，挤压筒直径小的取下限，直径大的取上限。挤压轴的轴干长应比挤压筒的长度大 $15 \sim 25 \mathrm{mm}$。

挤压轴的断面对轴中心线的不垂直度不得大于 0.1mm。

挤压轴内衬（又称内套）在挤压过程中不断摩擦会使挤压筒内衬的工作部分逐渐变大，与非工作部分的直径产生一定的偏差。当其偏差较大时，需要更换挤压筒的内衬。挤压筒工作部分与非工作部分直径允许偏差见表 6-34。

表 6-34　挤压筒工作部分与非工作部分直径允许偏差

挤压能力/MN	5.0~7.0	7.5~12.0	16.3~20.0	35.0~50.0
允许偏差/mm	<0.3	<0.5	<0.7	<1.0

更换挤压筒的内衬需要热装，一般将挤压筒外层衬套加热至一定温度，使其尺寸热膨胀，然后将外径比外套内径稍大的内层衬套装入其中，待外衬套冷却后，由于收缩对内套产生预紧装配压应力，其方向与挤压时产生的张应力方向相反，因而大大降低了挤压时挤压筒内径的拉应力，提高了挤压筒的许用强度。当过盈量选择合适时，可使挤压筒的使用寿命提高 2~4 倍。过盈量越大，产生预紧压应力也越大，有时甚至可以完全抵消纵向应力。但过盈量太大，会使更换挤压筒内衬产生困难，难以将旧的内衬退出。因此选择合适的过盈量十分重要。表 6-35 给出了某些挤压筒过盈量的选用范围。

表 6-35　挤压筒过盈量选择范围

挤压筒结构	装配对直径/MN	过盈量/mm
双层结构	200~300	0.3~0.5
	310~700	0.5~0.6
	510~700	0.6~1.0
三层结构	800~1130	1.05~1.35
	1500~1810	1.4~2.35

挤压筒的加热：新挤压筒装配好以后，从冷状态加热到使用温度，为避免加热不均，产生热应力，防止挤压筒产生裂纹，甚至开裂，需要进行梯度加热，见表 6-36。

表 6-36　新挤压筒加热升温制度

加热温度/℃	200	250	300	350	400	420
保温时间/h	4	4~6	6~8	8~10	10~12	12~14

建筑铝型材主要采用 6063 合金和 6061 合金，在挤压时为了防止铸锭降温，造成闷车和损坏工具，保证铝材组织、性能的均匀性，凡与铝铸锭接触的工、模具都需要进行充分的预热。挤压筒的加热保温温度一般为 400~460℃，模具加热温度为 420~480℃。为保证模具充分加热，平模的加热时间应大于 1.5h，空心模的加热时间应大于 2.5h。为防止模具在加热炉中时间过长引起退火，所有模具在加热炉中的加热时间不应超过 24h。具体的挤压筒和模具的加热温度见表 6-37。一般挤压制品挤压系数大的取上限温度，挤压系数小的取下限温度。

b　铝合金铸锭的加热

建筑铝型材绝大部分使用 6063 合金，这里仅以其为例进行分析。

表 6-37　挤压筒和模具的加热温度

挤压筒	实心材：400~440℃	空心材：420~460℃
模具	实心材：420~460℃	空心材：430~480℃

（1）6063 合金铸锭加热温度的选择。一个铝合金型材加工厂每天生产铸锭的化学成分并不完全相同，也不可能在每个熔次都进行 Mg_2Si 含量计算后再来确定每个熔次的加热温度，这样既不方便，也不现实。因此每个企业为保证质量的稳定性，都制定一个企业的内部标准。根据这个内部标准可以计算出 Mg_2Si 的上、下限含量。如某企业 6063 合金的内部标准规定 Mg 含量为 0.55%~0.65%，Si 含量为 0.38%~0.46%，按上述方法可以计算出 Mg_2Si 含量为 0.87%~1.03%，其与固溶线相交点对应温度为 465~495℃。选择加热温度时要高 15~25℃，则可确认 6063 合金铸锭加热温度为 480~520℃。

一般铸锭加热温度不宜太高，因为加热温度过高不仅增加热能耗，而且不利于提高挤压速度，通常都不高于540℃。铸锭加热温度低于465℃，强化相 Mg_2Si 不能充分固溶，影响制品的力学性能，有可能达不到国标规定的力学性能要求。

（2）铸锭的加热方式。铸锭的加热方式根据能源的不同可分为电加热（电感应加热和电阻炉加热）、燃料加热（燃油炉加热、燃气炉加热和燃煤炉加热）。根据各企业的设备、能源供应的渠道不同，可以采用各自的加热方式。几种加热方式的比较见表 6-38。

表 6-38　铸锭几种加热方式比较

加热方式	加热速度	加热成本	操作	温度控制	对制品的影响	对环境的影响
电感应炉	快	较高	方便	好	好	无
电阻炉	一般	高	方便	较好	一般	无
燃油炉	较快	较低	一般	一般	较好	影响小
燃气炉	较快	较低	一般	一般	较好	影响小
燃煤炉	较慢	低	较差	较差	较差	有影响
长棒热剪炉	快	较低	方便	较差	较好	影响小

以上几种加热方式虽然都可以基本满足铝型材挤压生产的需要，但从对铝型材的组织与性能来考虑，电感应加热比燃油炉、燃气炉加热效果更好一些。因为它们的加热速度快，能保证 Mg_2Si 不会在加热过程中从过饱和固溶体中析出，对至今的挤压性能和力学性能都有好处。上述的铸锭加热都是事先切好的定尺短棒进行加热。现代常用长锭加热，其加热方式有电感应加热、燃油或燃气加热，配上热剪，操作十分方便，没有锯口铝屑的浪费，可以使成品率提高3%~5%，是比较理想的加热方式。这种用热剪的长锭加热方式应用日益广泛。它的缺点是一次投资较大，需要增加一台价格不菲的热剪机。

（3）挤压过程中的温度变化。挤压温度是挤压工艺中重要的工艺参数。为了降低金属的变形抗力，减小挤压力，需要提高挤压温度。但挤压温度提高到一定温度时，容易出现热脆现象，产生裂纹等缺陷。为避免这种现象，为提高挤压速度，需要降低挤压温度。这两个条件是相互矛盾的，为了既能降低挤压抗力，又能采用较大的挤压速度，必须选择一个金属塑性最好的温度范围。

但是在挤压过程中，金属与挤压筒内衬、模具、垫片产生摩擦，以及金属本身产生变形等，会使金属的温度升高，往往会突破实现选好的挤压温度范围。实验证明：在整个挤压过程中挤压温度是逐渐升高的，挤压速度随着铸锭金属的减少而逐渐加快，因为经常出现制品的尾端由于挤压温度提高、挤压速度加快而产生裂纹的现象。挤压过程中挤压温度的升高与合金的本性及挤压条件有关。对于铝合金而言，金属在模子出口处前后温度差为10~60℃。

为了使挤压温度恒定在金属塑性最好的温度范围内，最好实行等温挤压。这是多年来工程技术人员探索的新工艺。要实行等温挤压需要具备很多条件，在挤压过程中各个环节都能自动调节，如铸锭温度、挤压筒温度都能梯度加热，模具进行冷却且可以调节温度，挤压速度能自动变化或采用等速挤压。另外更换模具后，由于挤压系数改变，上述各项条件也能做相应调整。可见等温挤压是个很复杂的工艺。目前多采用对铸锭进行梯度加热（锥形加热）的方法，做到近似等温挤压，也可大大提高挤压速度和改善产品品质。

随着电脑和数字自动化编程技术在工业上应用的逐步深入发展，现代挤压机也随之更新换代，配备有 F1 控制的等速挤压和 TIPS 控制的等温挤压。操作者只要选择按钮，依靠设备的自动化编程技术就可以获得所需要的等速挤压或等温挤压。

　　c　挤压速度的选择

挤压速度也是挤压工艺中的一个重要参数。它对发挥挤压机的生产效率和挤压制品的品质都有很大的影响。挤压速度有两种表示方法：一种是以挤压轴的行程速度 v 表示（也即主柱塞的前进速度），单位为 mm/s；另一种是以金属从模孔中流出的速度 u 来表示，单位为 m/min。通常挤压速度指的是金属从模孔中流出的速度 u。

两者的关系为：

$$u = v\lambda \tag{6-28}$$

将式（6-28）中的单位变为 m/min，即：

$$u = \frac{6}{100}v\lambda \tag{6-29}$$

式中　v——挤压轴行程速度，mm/s；

　　　　λ——挤压系数；

　　　　u——挤压速度，m/min。

（1）挤压速度的选择原则。在保证挤压制品尺寸合格、不产生挤压裂纹、扭拧、波浪等缺陷的前提下，设备能力许可时，尽量选用较大的挤压速度。一般挤压制品断面外接圆大、挤压系数大、挤压筒直径大，应降低挤压速度；制品形状复杂，精度要求高，挤压速度应低。为保证焊合质量，空心型材挤压速度应比实心型材低，多孔模挤压速度应比单孔模挤压低，未经均匀化的铸锭比均匀化铸锭的挤压速度低。6063 合金实心型材一般为 15~50m/min，最大可到 100m/min 以上，空心型材一般为 10~30m/min。为保证挤压制品的几何尺寸、表面品质和力学性能，最好采用等速挤压。

（2）挤压速度的影响因素。挤压速度与合金的成分及本性有关。同一种合金，合金组元成分越高，挤压速度越低。合金的塑性越好，挤压速度越大。如 1030、IA30、3A21、6063 等塑性很好的合金，挤压速度可达 100m/min，塑性较差的 2A12、7A04 等合金挤压速度不超过 5m/min。

挤压速度与挤压温度有关。一般挤压温度越高，挤压速度越低。因为挤压温度较高时，快速挤压会引起摩擦力增大，变形能增加，使变形区金属温度剧烈升高，变形区内金属温度容易超过其最高临界温度，进入热脆状态而开始形成裂纹。通常只有降低挤压速度才能防止出现这种现象。

挤压速度与型材制品断面的复杂程度有关。型材断面复杂时，过大的挤压速度难以保证制品断面每处流速一致，易使制品产生扭拧、弯曲、开口或收口等现象，因而要降低挤压速度。一般对于复杂断面、有较大开口和壁厚差的，都要降低挤压速度。形状较复杂、壁厚不大的空心型材，为保证良好的焊合，也需要降低挤压速度。所以空心型材要比实心型材的挤压速度低。

铸锭的状态也是影响挤压速度的因素。铸锭均匀化可以提高挤压速度。除此之外，挤压速度与挤压系数、挤压方法、润滑条件、模具温度等因素都有关。

（3）快速挤压。包括以下几点：

1）快速挤压的基本条件。如前所述，6063 合金的挤压速度一般都在 50m/min 以下。快速挤压通常是指挤压制品从模孔的流出速度在 60m/min 以上的挤压。由于挤压速度大幅提高，应注意产品质量和操作安全。因此快速挤压应具备一定的条件。

①应有优质的经均匀化处理的铸锭。即铸锭的合金成分、组织应具有最佳的可挤压性。

②应有合理设计、精心加工的挤压模具，确保用正确工艺加热的铸锭能顺利通过挤压模具形成合格的制品。并应有模具的冷却系统。

③实现快速挤压必须具备挤压机有等速挤压和等温挤压的控制系统，至少应有基本等温挤压的条件。

④应有牵引机，最好是双牵引机，报纸挤压制品流出模具后能沿着挤压中心线的纵向平衡而快速前进。现在欧洲（如意大利）对快速挤压的后部设备采用双长度导出台和双牵引机。如果冷床为 45m 的话，导出台为 90m，两台牵引机交替牵引，可以满足快速挤压的要求，同时又可以利用飞锯在两个制品的交接处切断，使成品率有所提高。

⑤为保证挤压制品从模孔流出后不会因为操作失误，快速流出的制品造成人身伤害，要求对出料冷却台进行封闭。

⑥对于没有等速挤压和等温挤压的挤压机，快速挤压可能出现后端的型材壁厚剪薄的现象。如果型材本身要求的壁厚较薄，则易发生后端型材壁厚剪薄而不符合技术要求的现象。因此型材壁厚在 1.4mm 以上才比较适合于快速挤压。

2）实现快速挤压的措施。快速挤压不仅能充分发挥挤压机的能力，而且可以大大提高生产效率，降低能耗。一般快速挤压比普通挤压的生产效率提高 2~4 倍，因此多年来许多挤压加工技术人员都在考虑如何控制合金成分、组织、加工工艺，改善模具设计、制造等，形成最优化的加工系统，达到快速挤压的目的。6063 是主要的挤压合金，日本不少学者、专家对 6063 合金的快速挤压进行专题研究，已取得不少经验或成果。我国的工程技术人员对此也在进行研究。兴发集团有限公司的技术研发中心等对此也进行了尝试，并积累了一些经验。总的来说，实现快速挤压应从以下几个方面着手。

①适当调整合金成分。6063 合金中的 Mg_2Si 含量为 0.6%~1.4%。一般控制为 0.8%~1.1%。为提高合金的可挤压性，在保证合金的力学性能的前提下，控制 Mg、Si 和 Fe 的

含量，调整其 Mg_2Si 含量为 $0.65\% \sim 0.85\%$。日本学者认为 6063 合金应控制 Mg 为 0.5%，Si 为 0.4%，Fe 为 0.2%。其 $Al\text{-}Mg_2Si$ 共晶温度为 595℃。$Al\text{-}Mg_2Si\text{-}Si$ 的三元共晶温度为 555℃，$Al\text{-}\beta(AlFeSi)\text{-}Si$ 三元共晶温度为 578℃。型材温度高于 555℃，易产生裂纹。图 6-41 所示为 Mg 和 Si 含量对变形产生的影响。由图可知，Mg 在 0.4% 以下对变形抗力的影响比较明显。用 6063 合金含量 $0.5\%Mg$、$0.4\%Si$ 和含 $0.45\%Mg$、$0.43\%Si$ 进行比较，实践证明，在挤压速度为 50m/min 的情况下，前者升温 110℃，后者升温 90℃。而最大挤压速度前者为 120m/min，后者为 140m/min。

②微量元素的控制。实验证明，6063 合金中微量的 Na 对挤压制品缺陷有明显影响，特别是在快速挤压情况下容易产生裂纹。图 6-42 所示为 6063 合金，挤压温度为 480℃，挤压速度为 40m/min 时，不同 Na 含量对挤压制品的影响。Na 含量应控制在 $(1 \sim 2) \times 10^{-4}\%$ 以下，Na 含量在 $7 \times 10^{-4}\%$ 以上会明显增加快速挤压时的缺陷。

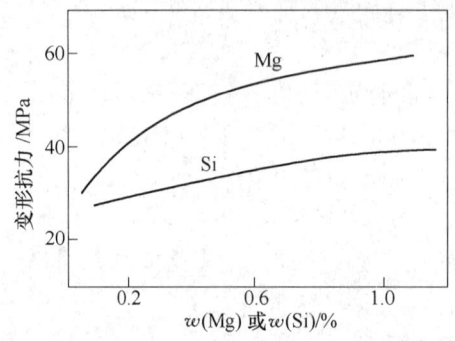

图 6-41　Mg、Si 含量对变形抗力的影响

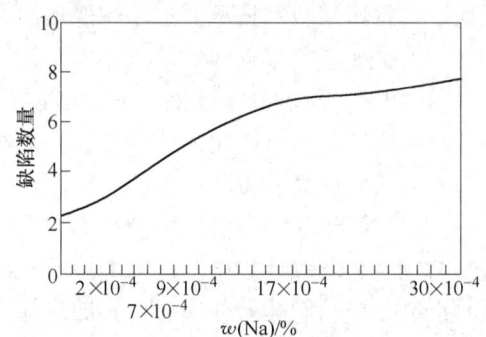

图 6-42　6063 合金中 Na 对挤压制品缺陷的影响

③铸锭均匀化组织的控制。铸锭均匀化尽可能减少或消除由于铸锭组织冷却快造成的枝晶偏析，使化合物 Mg_2Si 的分散状态最佳化。实验证明，铸锭均匀化在 585℃ 保温 2h，使 Mg_2Si 基本上溶解可消除枝晶偏析。要使 Mg_2Si 析出呈最佳的分布状态，均匀化加热保温后的冷却速度非常重要。铸锭在 565℃ 保温 6h，快速冷却至 220℃ 停留 0.5h，再快速冷却，如图 6-43 所示。使铸锭有充分的过饱和固溶度，并

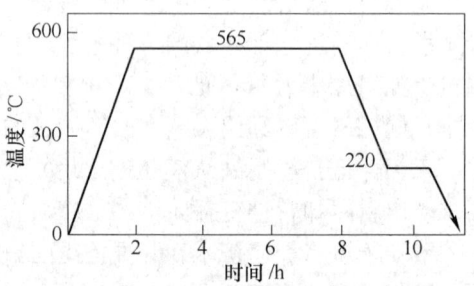

图 6-43　铸锭均匀化加热冷却曲线

有少量的 Mg_2Si 弥散析出，可以提高合金的可挤压性。

铸锭均匀化加热保温后的冷却速度与挤压速度的关系见表 6-39（表中均匀化制度为 550℃×4h）。

表 6-39　铸锭均匀化冷却速度与挤压速度的关系

铸锭冷却速度/℃·h⁻¹	挤压速度/m·min⁻¹					
	35	42	52	60	66	72
约 500	○	○	○	○	○	○
250~300	○	○	○	○	○	○

铸锭冷却速度/℃·h⁻¹	挤压速度/m·min⁻¹					
	35	42	52	60	66	72
100~150	○	○	○	○	△	×
40~60	×	×	×	×	×	×

注：○—可以达到的挤压速度；△—难以达到该挤压速度；×—不能达到该挤压速度。

当铸锭均匀化的冷却速度小于 100℃/h 时，缓慢冷却速度会使粗大的化合物析出，严重影响合金的可挤压性，无法提高合金的挤压速度。

④适当降低挤压温度。对铸锭进行梯度加热，可以提高挤压速度。挤压温度控制为 470~490℃，铸锭温度保持前段（靠模具一段）高、后端低，形成前后相差 10~50℃ 的温度梯度。由于挤压时会产生温升，可以平衡铸锭的温度差，实现近似的等温挤压。现代先进的挤压机通过 TIPS 控制可以实现等温挤压，为快速挤压提供了有利的条件。但目前绝大多数挤压机做不到等温挤压，只能依靠梯度加热的办法来改善挤压过程中的温度变化，实现基本恒温挤压，提高挤压速度，改善挤压制品的组织和性能。

⑤优质模具及控制。除了要保证模具的材质外，还必须保证模具在快速挤压条件下温度不会持续升高，因此必须采取措施对模具进行冷却，如对模具用水或氮气进行冷却。同时还要改进模具的设计，如合理的模孔排列、分流比，选择最佳的分流孔，焊合室形状与尺寸，调整模孔工作带长度等，尽可能降低挤压力和减少挤压的摩擦力，有利于提高挤压速度。

d 挤压制品的冷却（淬火）

许多热处理强化铝合金挤压制品的冷却速度可以不必考虑，因为他们在挤压过程中不能进行在线淬火，需要在专用淬火炉中重新加热淬火和时效，才能获得较高的力学性能。而 Al-Mg-Si 系的铝合金（如 6063 合金，6063A 和 6005A 合金），热挤压后的冷却速度即可阻止合金强化相 Mg_2Si 的析出，相当于淬火。如 Mg_2Si 含量为 0.8% 的 6063 合金，从 454℃ 冷却到 204℃ 的临界冷却温度范围内，最小冷却速度为 38℃/min 即可获得淬火效果。表 6-40 列出了不同 Mg_2Si 含量时的最小冷却速度参考值。

表 6-40 6063 合金不同 Mg_2Si 含量的最小冷却速度

Mg_2Si 含量（质量分数）/%	0.27	0.8	1.1	1.2	1.4
相应固相线温度/℃	300	454	505	520	530
最小冷却速度/℃·min⁻¹		38	47	56	65

由表 6-40 可知，6063 合金挤压后的冷却速度只要大于 65℃/min，即可获得淬火效果（称风冷淬火或在线淬火）。实际上 6063 合金中 Mg_2Si 含量大多为 0.8%~1.1%，风冷的速度大于 55℃/min 就可获得淬火效应。

铝合金的热容量较大，要使冷却速度大于上述数值，需要在挤压机的出料台上方安装 6~15 台冷却风机，以与地面垂直呈 30°~60° 角顺着挤压方向对着挤压制品吹风。由于挤压速度较快，型材很快就通过出料台，因此还要在出料台或冷床底下安装 10~30 台小型风扇进行补充冷却。以促使挤压制品迅速冷却，在拉伸矫直前使制品冷却到 60℃ 以下，从而获得较好的淬火效果。

由于合金不同，要求的状态不同，制品的大小、壁厚不同，要求的冷却速度也不同。因此，在出料台上方除安装一定的冷却风机外，还应安装喷雾或喷水装置，以调整挤压制品流出后不同的冷却速度，满足不同合金、不同状态对制品组织性能的要求。对于壁厚较大（大于 4mm）的 6063T5、T6 型材和 6061/6082/6005A 等 T6 型材，则应安装精密水雾器淬火装置，才能获得 T6 状态的型材。

e　挤压制品的矫直

挤压制品的矫直包括：

（1）出模后的矫正。型材在挤压出模孔后，为矫正扭拧、弯曲、波浪，让高温下有很高塑性的铝型材及时得到矫正，往往要紧靠模子出料口设置导路。导路的大小、形状应根据制品断面大小、形状而定，一般都是与制品形状相似。有的不用导路，可以用石墨条在出料口附近将型材强迫导向一定的方向、角度前进，使其型材在热状态下得到初步矫直。

近年来型材出模孔后，一般多采用牵引机来牵引型材实现出模后的矫正。牵引机多为直线马达式，它实际上是一种单位面积上拉伸力很小的拉伸矫直机。工作时给挤压制品一定张力的同时，与其制品的流出速度保持同步移动。可以防止型材出模后产生扭拧、弯曲、波浪等缺陷。同时对于多孔制品可以防止产生长短不一的现象。牵引机是由牵引头、装有直线电动机的驱动装置和运动轨道所组成。牵引机的牵引力应与挤压机能力大小相匹配。一般牵引力为 200~8000N，对于重型挤压机（大于 100MN 挤压机）牵引力可超过 10000N，每种牵引机的牵引力又分为若干档次，根据型材断面大小进行选择。近年来，双牵引或三牵引技术也获得了广泛应用。

（2）拉伸矫直。拉伸矫直是使铝型材在张力作用下产生轻微塑性变形而实现矫直。因此，最小拉伸力 P 必须符合 $P > P_1$ 的要求。

$$P_1 = \sigma_{0.2} F \tag{6-30}$$

式中　P_1——型材实现矫直所需要的最小拉伸力，kN；

　　　$\sigma_{0.2}$——型材的屈服强度，MPa；

　　　F——型材的断面积，mm^2。

考虑材料力学性能不均匀性的安全系数 K，则：

$$P = KP_1 = K\sigma_{0.2} F \tag{6-31}$$

式中　K——安全系数，一般为 1.1~1.3。

拉伸变形指数用伸长率 δ 表示，δ 的大小可用式（6-32）计算：

$$\delta = \frac{L_U - L_0}{L_0} \times 100\% \tag{6-32}$$

式中　L_0——拉伸前制品长度；

　　　L_U——拉伸后制品长度。

由式（6-32）可以定义伸长率 δ 为拉伸后与拉伸前的长度差和拉伸前长度之比的百分率。

拉伸矫直对型材尺寸，表面及力学性能会产生一定的影响。

1）拉伸矫直对型材尺寸的影响。根据金属体积不变的原理，为便于计算，假设制品断面为正方形，拉伸前后体积可用式（6-33）表示：

即
$$L_0 a_0^2 = L_U a_U^2 \tag{6-33}$$

式中 a_0，a_U——拉伸前、后断面的边长。

用式（6-33）可以计算出拉伸后边长 a_U：

$$a_U = \sqrt{\frac{L_{a0}^2}{L_U}} = \sqrt{\frac{L_0}{L_U}} \times a_0 = \frac{a_0}{\sqrt{1+\delta}} \tag{6-34}$$

式（6-34）中因为 $\sqrt{1+\delta} > 1$，所以 $a_U < a_0$，即可知拉伸后断面边长变小了。另外，挤压时从热状态变成冷状态，根据热胀冷缩原理，制品断面尺寸也会轻微变小。因此为保证挤压制品在拉伸后尺寸在允许公差范围内，拉伸前的挤压型材必须有一个合理的允许公差（称为挤压偏差）。

此外，拉伸时还会引起断面的几何尺寸发生改变，如型材的开口部分产生张口或收口的现象。为克服这些现象，必须注意控制伸长率，选择适当的夹持方向，以及采用添加矫直垫块的方法解决。

2）拉伸矫直对型材表面及力学性能的影响。拉伸采用过大的伸长率后，会使型材表面产生橘皮状现象，俗称"橘皮"缺陷，影响型材表面的光亮度和后部表面处理品质。

适当的拉伸变形，可以加速时效过程，使制品的强度略有提高。过大的拉伸量除产生"橘皮"外，还会改变断面尺寸，以及容易引起过时效，反而会使制品强度降低。对于 6063 合金而言，拉伸率 δ 控制为 0.5% ~ 2%。一般 0.5% 就够了，最大不能超过 3%。

f 成品锯切

锯切工序最重要的是两点，一是注意安全，因铝合金是非磁性物质，铝屑一旦飞进眼睛里很难弄出来，所以锯切时要十分小心；二是注意定尺长度，一旦定尺搞错，前功尽弃，制品要报废或做其他处理，损失很大。定尺长度应根据合同确定，公称长度要小于6m 时，允许偏差为 +15mm。一般控制在 5~10mm。长度大于 6m 时，由供需双方商定。以倍尺交货的型材，总长度允许偏差 +20mm，锯切时锯片与型材要垂直，型材端头切斜度不能超过 2°，型材切头、尾长度见表 6-41。

表 6-41 铝合金挤压制品切头、尾长度

制品种类	型材壁厚或棒材直径 /mm	前段切去最小长度 /mm	尾部切去最小直径/mm	
			硬合金	软合金
型材	≤4.0	200	500	500
	4.1~10.0	250	600	600
	>10.0	300	800	800
棒材	≤26	100	900	1000
	27~38	100	800	900
	39~110	150	700	800
	111~250	230	600	700

不同定尺型材或不同壁厚的型材在装入同一料框时，应定尺长的、壁厚大的放底层，

定尺短的、壁厚薄的放上层。每层放满后应放垫条隔开，两头和中间应均匀放置。

D　民用建筑铝合金挤压型材典型生产工艺规程举例

本规程适用于 6063 和 6063T5、T6 合金在单动卧式紧压机上用实心铸锭挤压管、棒、型材的工艺操作。

a　引用标准

国标：GB 5237.1—2010《铝及铝合金建筑型材基材》。

企标：XFQ/B ××—2010《铝合金建筑型材内控标准》。

b　生产工艺流程

铝合金挤压型材生产工艺流程如图 6-44 所示。

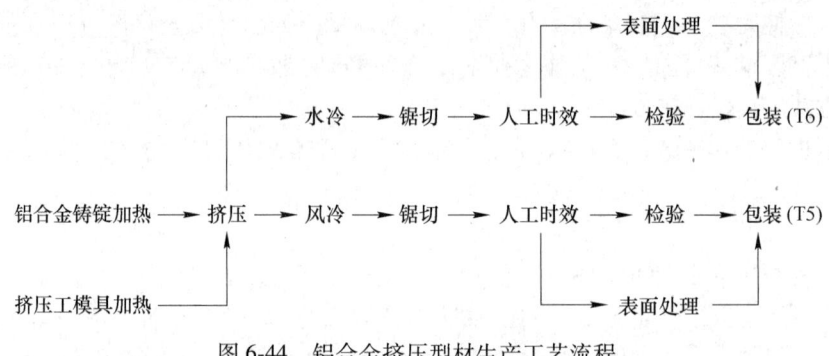

图 6-44　铝合金挤压型材生产工艺流程

c　生产设备主要技术参数

挤压机主要技术参数见表 6-42～表 6-44。

表 6-42　挤压机主要技术参数

参　　数	挤压机能力/MN							
	5.0	6.0	8.0	18.0	22.0	27.5	36.0	50.0
挤压速度/mm·s^{-1}	11	11.5	9.5	13	13	16	17.8	19~21
挤压筒尺寸/mm	$\phi95\times L$	$\phi120\times L$	$\phi127\times L$	$\phi184\times L$	$\phi235\times L$	$\phi265\times L$	$\phi275\times L$	$\phi400\times L$
最大工作压力/MPa	420	480	560	750	900	1050	1050	1300
主电功率/kW	21	21	22.5	22.5	22.5	22.5	22.5	22.5
加热功率/kW	15	18	25	45	54	60	90	120

注：L 为挤压筒长度。

表 6-43　拉伸矫直机主要技术参数

参　　数	挤压机能力/MN							
	5.0	6.0	8.0	18.0	22.0	27.5	36.0	50.0
拉伸力/MN	150	200	250	650	750	850	1200	1800
工作长度/m	26	26	26	45	45	49	54	60

表 6-44 时效炉技术参数

参 数	1 号炉	2 号炉	3 号炉	4 号炉
装机功率/kW	17	17	25	50
燃烧器型号	B40	B40		
炉膛尺寸/m×m×m	6.5×1.4×1.6	6.5×1.4×1.6	7.5×1.8×1.8	13.0×2.5×3.0
最高温度/℃	230	230	250	250
升温速度/℃·h⁻¹	150	150	150	150

d 铸锭的验收及保管

铸锭的验收及保管包括以下工作:

(1) 熔铸车间交货时,必须有成分化验单,经质检部门确认其成分、表面品质、尺寸均符合企业内控标准后方可验收。

(2) 熔铸必须按合金、熔次、规格分别堆放,并做出标识,严禁混料。

(3) 铸锭的直径、长度、切斜度按表 6-45 中的规定执行。

表 6-45 铸锭尺寸允许偏差

挤压筒直径/mm	铸锭直径/mm	长度公差/mm	切斜度/(°)
φ95	φ89±1	±5	4
φ115	φ110±1	±5	4
φ127	φ122±1	±5	4
φ184	φ178±1	±5	4
φ235	φ227±2	±5	5
φ275	φ265±2	±5	8
φ400	φ390±3	±5	8

e 挤压生产前的准备

挤压生产前的准备工作有:

(1) 按设备安全使用规程要求,对挤压机电控系统、油路系统、机械部分进行全面检查、润滑,挤压机的挤压轴、挤压筒、模具的中心偏差应小于 1.5mm。

(2) 模具必须按生产计划单准备模具,对形状相似、壁厚相近的模具必须认真检查,以免加错模具,耽误生产。

(3) 新挤压筒应按升温制度加热,正常生产时的挤压筒加热温度、模具加热温度按表 6-46 中的规定执行。

(4) 用挤压垫片生产的机台,两个挤压垫之间的直径差应不大于 0.1mm。挤压垫片与挤压筒内径差,8.0MN(含 8.0MN)以下的挤压机应为 0.3mm,8.0MN 以上的挤压机应为 0.3~0.8mm,大挤压机取上限。

使用很久的挤压机应检查筒内衬磨损情况,挤压筒的工作部分与非工作部分直径允许偏差 φ130mm 以下的挤压筒应小于 0.5mm,φ140~275mm 的挤压筒应小于 0.8mm,φ320~400mm 的挤压筒应小于 1.0mm。

表 6-46　挤压筒和模具的加热温度

型材类别	实心型材	空心型材
挤压筒加热温度/℃	380~450	420~460
模具加热温度/℃	430~500	440~480

f　铸锭加热

铸锭加热工作为：

（1）铸锭加热金属的实际温度为 450~530℃。表面简单、挤压系数小的实心型材偏下限，表面复杂、挤压系数大的实心型材和空心型材偏上限。

（2）铸锭表面应清洁、不沾泥沙，检验合格的铸棒才能装炉加热。

（3）使用固定挤压垫片的挤压轴头的机台，入炉加热的铸棒，接触轴头的端面，应均匀喷一层较薄的高效分离剂。

（4）铸棒温度应用经过检测的测温表实际测量，不符合温度要求的铸棒不准上机生产。出炉准备挤压的铸棒最多允许两根，室温低于 20℃时，最多允许一根。

g　挤压及在线淬火

挤压及在线淬火工作包括：

（1）要正确选用专用模垫、底垫，防止专用垫装反。

（2）挤压时要注意观察压力，最高压力不许超过 21MPa。

（3）认真执行首料必检制度。每次生产时挤压的首料必须经质检员认真检查，确认合格后方能继续生产。

（4）开始挤压后要用快速测温仪测量流出口制品的温度，确保达到 470~540℃，并以此来调整加热温度和挤压速度。根据制品形状、大小，将制品流出速度控制为 10~60m/min。

（5）所有挤压制品在挤压出口时根据不同要求实行风冷、水雾冷或水冷，实现在线淬火。

（6）制品容易开口或收口、弯曲、扭拧的，要准备适合的石墨导路，使制品消除上述缺陷，以达到合格。

（7）挤压残料厚度按表 6-47 中的规定执行。

表 6-47　正常残料厚度

挤压筒直径/mm	94	127	160	173	185	210	235	275
残料厚度/mm	12	15	20	20	20	25	25	30

h　拉伸矫直

拉伸矫直工作包括：

（1）型材在冷床上冷却至 50℃以下才能拉伸。

（2）型材的伸长率应控制为 0.5%~2.0%。第一、第二根型材拉伸后，质检员应进行检查，看拉伸后的表面尺寸变化，以确定拉伸量是否合适。

（3）拉伸时要防止拉伸量过大，造成大量的"橘皮"，甚至拉断型材。

（4）拉伸机的夹具应夹在距端头 150mm 范围内，大断面的制品可适当增长夹持长度。

（5）对于有扭拧的型材，拉伸时应先转动夹头，矫正扭拧后，再进行拉伸矫直。

i　成品锯切

成品锯切工作为：

（1）锯切前应首先确认制品的定尺长度，校核定尺，锯切第一根料要复核定尺长度。

（2）锯切前应检查表面品质和形位定尺，将有缺陷的制品做出标记，锯切时先将缺陷切出，然后再进行定尺锯切。

（3）锯切时端头切斜度不得超过 1.5°，定尺长度允许偏差为+10mm。

（4）锯切时应保持锯台面清洁，不许有大量的铝屑存在，不许将型材重叠起来锯切，以免擦伤型材表面。

（5）为防止锯片发热，锯切时应有油冷却润滑。

（6）型材装框时端头要摆齐，每层之间用横条隔开，每层横条的厚薄要一致，不能少于 4 条。

（7）摆放密度较大或较厚的制品，隔层间必须有 50~100mm 的间距。

（8）型材装满框后，应清点根数，放上随行卡，并在卡上注明框号、型号、长度、根数、品质情况、生产日期、机长姓名及排产要求。

j　人工时效

人工时效工作包括：

（1）经质检员确认合格并验收后的型材，方可装车入时效炉。

（2）尽量按大料、细料、厚料、薄料、实心料、空心料分别装炉时效，形状大小、厚薄相近的框料尽量在同一炉时效，并尽量遵守先挤压先入炉的原则。

（3）人工时效工艺参数为：（180±5）℃，保温时间为 5~8h。薄料偏下限，厚料偏上限。6063 合金允许采用快速时效工艺。

（4）入炉的料应快速升温到达保温温度，并开始记录保温时间。

（5）到保温时间后，打开炉门将型材拖出炉外自然冷却，并放上已时效的标示牌。

k　质量检验

按批、按根全检或抽查产品的化学成分、内部组织、力学性能、内外表面与尺寸公差及形位精度，符合技术标准的产品可送包装。

l　包装交货

符合技术标准的产品按根或按捆进行包装（按有关技术标准进行），按合同交货。

m　装箱与运输

按合同要求进行装箱与运输。

6.3　铝及铝合金棒材、线材挤压工艺技术

6.3.1　挤压系数和模孔个数的选择

挤压系数的大小对产品的组织、性能和生产效率有很大的影响。当挤压系数过大时，锭坯长度必须缩短（压出长度一定时），几何废料也随之增加。同时，由于挤压系数的增加会引起挤压力的增加，对硬合金可能造成闷车而无法实现正常挤压。如果挤压系数选择过小，因金属变形程度小，力学性能满足不了技术要求。生产实践经验表明，为了满足组

织和力学性能要求，应选择挤压系数 $\lambda \geqslant 8$。考虑到力学性能及生产效率，一般将挤压系数 λ 控制在 $10 \sim 25$。在特殊情况下，对于 $\phi 200mm$ 以上的锭坯可以采用 $\lambda \geqslant 6.5$。挤压小规格软合金时，可以采用 λ 为 $100 \sim 200$。此外，还必须考虑到挤压机的能力，对于一定能力的挤压机，不同挤压筒允许的最大挤压系数随合金不同而不同。

模孔个数主要由棒材外形复杂程度、产品品质和生产管理情况来确定。主要考虑以下因素：

（1）从提高尺寸精度及表面质量考虑，最好采用单孔。

（2）若选择多孔模，应尽量减少模孔的数量，一般控制在 4 孔以内。

（3）从提高生产效率考虑，应选择多孔模挤压。

（4）考虑模具强度以及模孔布置是否合理。

6.3.2　挤压筒直径的选择——模孔试排图

对于大型挤压工厂，一般均配有挤压能力由大到小的多台挤压机和一系列不同直径的挤压筒，因此，工艺选择范围很宽。此外，模孔排列时，其模孔至模外缘以及模孔之间必须留有一定的距离。否则会造成不应有的废品（成层、波浪、弯曲、扭拧）与长度不齐等缺陷。因此，根据经验，各生产厂都规定了不同机台与不同挤压筒模孔距模边缘和各模孔之间的最小距离（见表6-48）。为了排孔时简单与直观起见，可绘制成以下排孔图（按 $1 : 1$ 绘制）。其绘制方法是：以挤压筒外径减去两倍模孔边缘距离为直径，按 $1 : 1$ 绘制一系列同心圆。在 x、y 轴上截取 $ox1$、$ox'1$、oy、$oy'1$，使其等于 1/2 模孔与模孔之间的距离。做成三个正方形，在各同心圆和正方形上标出各挤压筒直径和挤压机名称。用这种工艺试排图确定工艺十分方便（见图6-45）。

表 6-48　模孔距模边缘和各模孔之间最小距离

挤压机/MN	挤压筒直径/mm	模直径/mm	压型嘴出口径/mm	孔-边最小距离/mm	孔-孔最小距离/mm	总计/mm
49	500	360	400	50	50	150
	420	360、265	400	50	50	150
	360	360、265	400	50	50	150
	300	300、265	400	50	50	150
19.6	200	200	155	25	24	74
	170	200	155	25	24	74
11.67	130	148	110	15	20	50
	115	148	110	15	20	50
7.15	95	148	110	15	20	50
	85	148	110	15	20	50

注：软铝合金可减少。

6.3.3　制定工艺

为取得最佳经济效益，要制订好的工艺，除了在技术上合理以外，同时还必须使其经

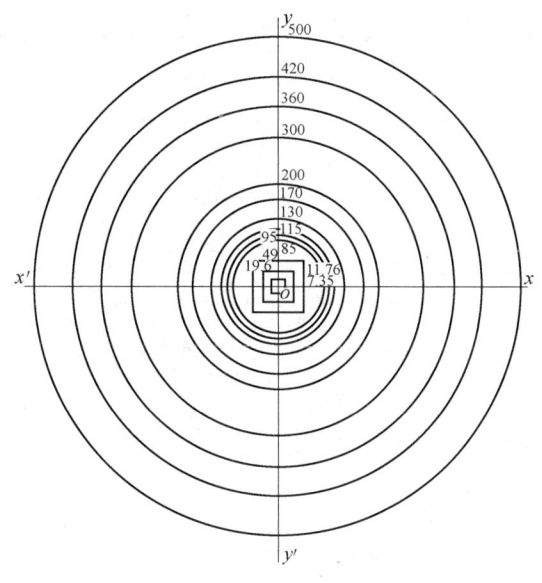

图 6-45 模孔试排图

济效益尽可能提高，即尽可能减少几何出料。

在拟定工艺时：

（1）根据经验确定采用的模孔数。

（2）验算挤压系数。对每个可能排下的挤压筒均计算其挤压系数，若筒的挤压系数接近于 λ 合理，符合表 6-48 规定，则认为该挤压筒是合适的。

（3）工艺试排。确定了模孔数及挤压筒直径后，计算模孔排列是否合理。

（4）计算残料厚度。根据所确定的参数，按增大残料厚度计算。增大残料厚度即正常残料厚度（见表 6-49）加上规定的正常切尾长度（见表 6-50）减 300mm 所推算出的残料厚度。300mm 切尾长度是考虑成品切尾方便而统一规定的切尾长度：

$$H_{增} = H_{正} + (L_{正} - 300)\lambda^{-1} \tag{6-35}$$

式中　$H_{增}$——增大残料厚度，mm；

　　　$H_{正}$——正常残料厚度，mm；

　　　$L_{正}$——规定正常切尾长度，mm。

表 6-49　正常残料厚度

挤压筒直径/mm	$H_{正}$/mm	
	棒材	纯铝带材
85	20	15
95	20	15
115	25	20
130	25	20
170	40	25
200	40	25

挤压筒直径/mm	$H_正$/mm	
	棒材	纯铝带材
300	65	55
360	65	55
420	85	65
500	85	65

注：直径大于 500mm 的挤压筒，其 $H_正$ 的厚度参考本表适当增加。

表 6-50　棒材正常切尾长度

品　种	厚度或直径/mm	$L_正$/mm	余数/mm
棒材、带材	≤26	900	600
	28～38	800	500
	40～105	700	400
	110～125	600	300
	130～150	500	200
	155～200	400	100
	225～300	300	0

6.3.4　锭坯长度计算

不定尺产品锭坯长度可按式（6-36）计算：

$$L = \left(\frac{L_制}{\lambda} + H_增 \right) K \tag{6-36}$$

定尺产品锭坯长度可按式（6-37）计算：

$$L = \left(\frac{ML_制 + L_{切头尾} + L_{试样} + L_{工艺余量}}{\lambda} + H_增 \right) K \tag{6-37}$$

式中　M——定尺个数；

$L_{切头尾}$——切头、切尾总长度，mm；

K——镦粗系数；

$L_制$——定尺长度，mm；

$L_{试样}$——取试样长度，mm；

$L_{工艺余量}$——挤压工艺余量，随模孔数变化（见表 6-51），mm。

表 6-51　工艺余量随模孔数变化关系

模孔数	1	2	4	≥6
工艺余量/mm	500	800	1000	1200

6.3.5　棒材、线材工艺参数

表 6-52~表 6-54 中列出了圆棒、方棒、六角棒挤压工艺参数，棒材正向挤压和反向挤压工艺比较列于表 6-55 中，线材毛坯挤压工艺参数列于表 6-56 中。

表 6-52 铝及铝合金圆棒挤压工艺参数

棒材直径 /mm	模孔数 /个	挤压筒直径 /mm	挤压系数 λ	填充系数 K	残料厚度 H/mm	压出长度 L/mm	锭坯尺寸 D×L/mm×mm
6	10	115	36.7	1.06	41	7500	112×260
25	4	200	16.0	1.09	78	7559	192×600
30	2	170	16.0	1.10	71	7620	162×600
40	1	170	18.0	1.10	62	8731	162×600
60	3	360	12.0	1.06	98	9013	350×900
100	1	360	12.9	1.06	96	9760	350×900
150	1	420	7.8	1.08	111	5663	405×900
200	1	500	6.2	1.08	101	5156	485×1000
250	1	650	6.7	1.08	120	8576	625×1500
300	1	800	7.1	1.08	150	8808	770×1500

注：适用于 1060、2A70、6061、7A04 等。

表 6-53 铝及铝合金方棒挤压工艺参数

方棒规格 /mm×mm	单孔断面积 /cm²	模孔数/个	挤压筒直径 /mm	挤压系数 λ	填充系数 K	残料厚度 H/mm	压出长度 L/mm	锭坯尺寸 D×L/mm×mm
6×6	0.36	6	95	32.8	1.07	38	7337	92×280
35×35	12.25	1	170	18.5	1.07	67	8011	162×550
40×40	16.0	1	200	19.6	1.09	60	8714	192×550
50×50	25.0	2	300	14.1	1.07	93	9231	290×900
60×60	36.0	2	300	9.8	1.07	106	7204	290×900
100×100	100.0	1	360	10.2	1.07	104	7600	350×900

注：适用于 1070、2A11、6061、3003、5A03、7075 等。

表 6-54 铝及铝合金六角棒挤压工艺参数

六角棒规格 /mm	单孔断面积 /cm²	模孔数/个	挤压筒直径 /mm	挤压系数 λ	填充系数 K	残料厚度 H/mm	压出长度 L/mm	锭坯尺寸 D×L/mm×mm
六角 6	0.31	6	95	37.9	1.07	36	7491	92×250
六角 30	7.79	2	200	20.1	1.09	65	8836	192×550
六角 50	21.65	1	200	14.5	1.09	68	7000	192×600
六角 60	31.17	2	300	11.3	1.07	100	8375	290×900
六角 80	55.42	1	300	12.8	1.07	96	9538	290×900

注：适用于 5A03、2A02、6A02、7A04 等。

表 6-55　2A12 合金棒材正挤压与反挤压工艺比较

棒材直径 /mm	反向挤压				正向挤压			
	挤压系数 λ/模孔数 n	锭坯尺寸 D×L/mm×mm	残料厚度 H/mm	成品率 /%	挤压系数 λ/模孔数 n	锭坯尺寸 D×L/mm×mm	残料厚度 H/mm	成品率 /%
150	7.8/1	405×1000	30	85.0	7.8/1	405×900	114	75.2
120	12.3/1	405×900	30	88.0	9.0/1	350×900	99	78.4
110	14.6/1	405×900	30	89.2	10.7/1	350×900	92	80.6
85	12.2/2	405×900	30	88.5	9.0/2	350×900	110	75.5
65	10.5/4	405×900	30	82.5	10.2/3	350×900	104	76.6

表 6-56　铝及铝合金线材毛坯挤压工艺参数

线材毛坯规格 /mm	单孔断面积 /cm²	模孔数 /个	挤压筒直径 /mm	挤压系数 λ	填充系数 K	残料厚度 H/mm	压出长度 L/mm	锭坯尺寸 D×L/mm×mm
12	1.13	4	170	50.2	1.07	65	26857	162×600
10.5	0.865	4	170	65.5	1.07	65	31767	162×550

6.4　铝合金管材的挤压技术

6.4.1　管材热挤压主要方法

　　热挤压技术因其金属变形抗力小，适用范围宽，工艺技术成熟而被广泛应用于管材生产。热挤压管材可采用空心锭-挤压针法、实心锭-穿孔针法，也可用实心锭-组合模法进行挤压。管材主要采用正向挤压生产法生产，但近年来，由于反挤压技术的快速发展，生产的管材尺寸精度高，壁厚薄，生产效率高，成品率高，被各厂家普遍认可。挤压管材时，可采用润滑挤压或无润滑挤压工艺，润滑挤压可降低挤压力，降低穿孔针的负荷，而无润滑挤压有利于穿孔挤压的实现。挤压时金属需经过弯曲变形方可流出模孔，提高了金属变形程度，有利于金属力学性能的提高。由于被挤压金属与挤压针之间存在摩擦力，减少了内层金属的超前流动，其金属流动比挤压棒材时均匀，减少了缩尾废品的产生。图 6-46 所示为空心锭挤压管材示意图。

6.4.1.1　空心锭正向挤压管材

　　挤压时金属制品的流动方向与挤压轴运动方向相同的挤压方法，称为正挤压。正向挤压是管材最基本的，也是最广泛采用的生产方法。正向挤压可以在卧式挤压机上进行，也可以在立式挤压机上进行。空心锭正向挤压就是将内径大于穿孔针的空心锭坯放入挤压筒中，穿孔针在穿孔的过程中，锭坯不发生变形的挤压方法。该工艺主要应用在穿孔针润滑挤压，可大大降低穿孔针的拉力，有利于降低工具损耗。按照穿孔针的结构形式，可分为固定针挤压和随动针挤压。

　　固定针挤压是将挤压针固定在具有独立穿孔系统的双动挤压机的针支撑上。生产过程中，固定针的位置相对模子是固定不变的。当更换产品规格时，一般只需要更换针尖及模子。固定针正向挤压管材的特点如下：穿孔针只受拉应力的作用，提高了穿孔针的稳定性，可使用较长的穿孔针；使用较长的空心锭，可提高生产效率，提高成品率；灵活性较

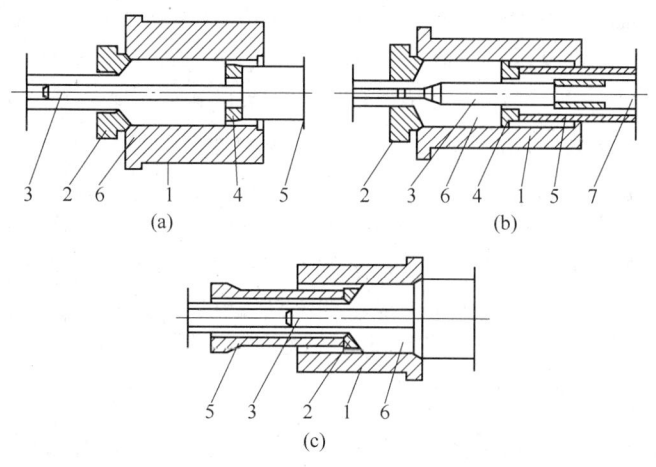

图 6-46　空心锭挤压管材示意图

（a）随动针挤压；（b）用固定的圆锥-阶梯针挤压；（c）反向挤压

1—挤压筒内套；2—模子；3—挤压针；4—挤压垫片；5—挤压轴；6—锭坯；7—针支承

大，可生产各种规格的管材，适用性较宽。但空心锭铸造困难，特别是铸造性能差的合金及大规格的空心锭因裂纹倾向性较大而难以生产，小规格空心锭因内镗孔困难也不能生产；空心锭需镗孔，使锭坯的成品率下降5%左右；镗孔质量较差时，润滑挤压容易产生螺旋状擦伤。

随动针挤压是将挤压针固定在无独立穿孔系统挤压机的挤压轴上。生产过程中，由于随动针是固定在挤压轴上，随着挤压过程的进行，挤压针也随着挤压轴同步移动，因而随动针与模孔工作带的相对位置是随着挤压过程的进行而变动的。当改变挤压管材规格时，必须更换整根挤压针，同时还需要相应地变更铸坯的内孔尺寸。随动针挤压的特点有，锭坯与挤压针无相对移动，降低了摩擦力；工具和设备简单，操作简便；其不足之处有生产的产品主要以小规格为准，适应范围较小；随动针带有锥度，生产的管材前端和尾端的壁厚不一致；挤压中心调整困难，对挤压机的整体对中要求较高。

6.4.1.2　穿孔挤压管材

穿孔挤压分全穿孔挤压和半穿孔挤压，其主要特点是所用的锭坯是实心的或内径小于挤压针外径的空心铸锭。在穿孔（半穿孔）时，首先对锭坯进行镦粗变形，使其充满整个挤压筒中，随后穿孔针穿入锭坯内部，直到正常挤压的位置。在穿孔过程中，因穿孔针进入到锭坯内部，根据体积不变原理，金属将从模孔部分挤出，另一部分将向垫片方向运动，故在此阶段，挤压轴不能给予锭坯挤压力，以便金属向后端运动。在穿孔挤压时，应降低穿孔速度，提高锭坯的加热温度，防止断针，减少因穿孔针不稳定造成穿孔偏心而影响产品质量。在正常挤压过程中，穿孔针表面粘有一层与挤压筒内表面基本相同的均匀铝套，铸锭内、外表面摩擦条件基本相似，所以流动比较均匀，即使到挤压最后阶段，管材中间层仍然不会卷入油污、赃物，因此不容易产生点状擦伤、气泡、缩尾等缺陷。

穿孔挤压的优点主要是：采用实心锭坯或空心锭坯，减少了锭坯的加工量，简化了工艺，缩短了生产周期，减少了几何废料，从而降低了成本；金属流动均匀，可减少缩尾、气泡等缺陷，提高了组织性能的均匀性；管材内、外表面质量好；采用无润滑挤压工艺，穿孔针不用涂润滑油，可减轻劳动强度，降低对人员和环境的影响；与组合模挤压相比，穿孔挤压所用的工具和模具设计、制造简单，使用寿命较长，而且产品无焊缝，适于制造重要受力部件。但在管材生产中穿孔挤压仍存在很大的局限性。该方式适用于挤压纯铝和软铝合金异形管和管坯毛料，而且多适于采用短锭、高温、慢速的挤压工艺，对于硬合金以及大直径管材，采用穿孔挤压比较困难。实心锭穿孔挤压时，前端金属被挤出而将管材封闭，造成挤压管材内孔为真空态，挤压出来的管材容易变形，使后续加工困难而容易造成报废。因管材前端为实心棒材，所占比重较大，几何废料大，产品率低，穿孔针在穿孔时受到压应力的作用，容易产生弯曲变形而使产品偏心，所以对穿孔针的强度提出了更高的要求。

6.4.1.3　反挤压管材

图 6-47 所示为反挤压管材原理示意图。反挤压管材的主要优点是：挤压筒与锭坯无相对运动，可降低挤压力，增大挤压系数，提高设备挤压能力；可采用长锭挤压，减少几何废料，提高成品率；金属受力状况较好，可提高挤出速度，减少能耗和提高生产效率；金属流动较均匀，制品在纵向上尺寸、组织及性能较均匀，可生产出无粗晶环产品，有利于后续加工。但是用实心锭穿孔反挤压时，不利于发挥长锭坯的优势，尽量不采用穿孔挤压。因穿孔针较长，为提高其稳定性，对锭坯的偏心及内、外径尺寸要求较高。锭坯表面应保持清洁，以提高制品表面质量。由于反挤压技术起步较晚，工模具的设计与制造比较复杂，挤压机造价较高，生产成本大，受挤压模轴限制，挤压范围较窄，在生产中的应用远不如正挤压法。

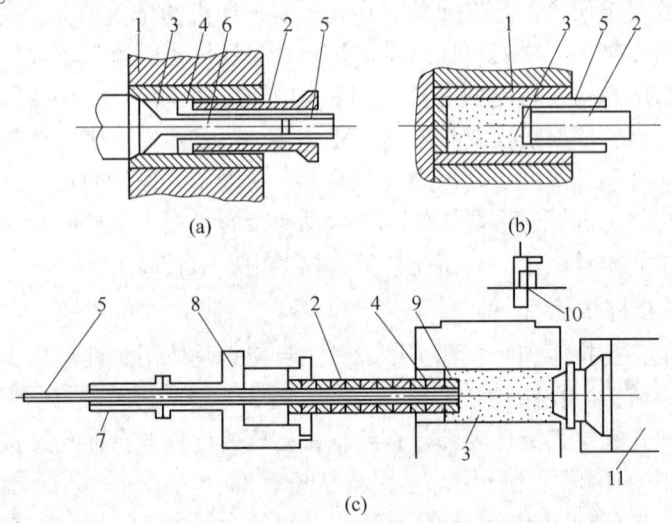

图 6-47　反挤压管材原理示意图

（a）空心锭反向挤压；（b）实心锭穿孔反向挤压；（c）TAC 反向挤压

1—挤压筒；2—挤压模轴；3—锭坯；4—挤压模；5—管材；6—挤压针；7—导路；8—压型嘴；
9—模支撑；10—残料分离冲头；11—主柱塞

6.4.1.4　管材的焊合挤压（分流组合模挤压）法

焊合挤压又称为组合模挤压，是利用挤压轴把作用力传递给金属，流动的金属通过模子的前端模桥被分劈成两股或多股金属流，然后在模子焊合室内重新组合，并在高温、高压、高真空条件下焊合获得的管材。用这种方法可在各种形式的挤压机上采用实心铸锭获得任何形状的管材，所以，在软铝合金挤压及对焊缝没有严格要求的民用产品上得到广泛的应用。由于组合模的芯头与模子为一个整体，并能稳定地固定在模子中间，因此可以生产内孔尺寸小、壁薄、精度高、内表面质量好、形状复杂的管材。挤压过程中应尽量采用大的挤压比，提高焊合室的焊合效果，以保证焊缝质量。图 6-48 所示为不同结构的组合模挤压示意图。平面组合模主要用于挤压纯铝及软铝合金管材。舌形模挤压的挤压力较平面分流组合模低 15% ~ 20%，主要用于挤压硬合金管材。

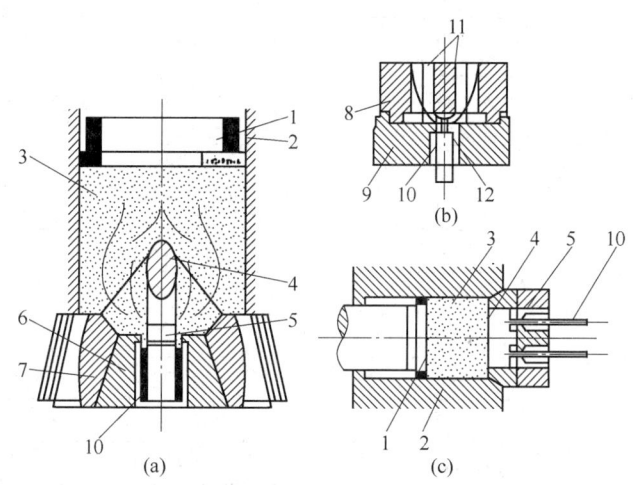

图 6-48　不同结构的组合模挤压示意图

（a）舌形模挤压管材；（b）平面分流组合模挤压管材；（c）星形分流组合模挤压管材

1—挤压垫片；2—挤压筒；3—锭坯；4—模桥；5—芯头（针）；6—模内套；7—模外套；8—上模；
9—下模；10—管子；11—分流孔；12—芯子（舌头）

6.4.2　热挤压管材工艺制定

6.4.2.1　锭坯种类的选择

铝及铝合金管材可用空心锭坯挤压，也可以用实心锭坯挤压。空心锭坯可用铸造方法直接铸成空心锭坯，也可以用实心锭坯通过机械加工方式获得。采用实心锭坯主要应用在对焊缝要求不高的民用产品上，而对焊缝有要求的则采用空心锭坯进行挤压。另外，铸造的工艺水平高低，设备的形式和能力等也决定着采用何种锭坯进行挤压。采用固定针挤压时，考虑到挤压针的成本及规格的分布，一般在一个挤压筒上配置 2~4 个挤压针，在挤压针上配置多个挤压针尖，在更换规格时，只需要更换挤压针尖，所以锭坯的规格相对较少。采用随动针挤压时，每一个挤压规格均配置随动针，故锭坯的尺寸随着成品的规格变化而变化。

6.4.2.2　挤压系数的选择

用挤压针法挤压管材时，只能进行单孔挤压，不能用孔数调整挤压系数，所以管材允许的挤压系数范围很宽。由于挤压系数较宽，在工艺制定上就有多种选择，故应考虑工作台的长度及锭坯的长度，从中选出更合理的挤压系数。各种挤压管材的挤压系数范围可参考表 6-57。二次挤压毛料的挤压系数一般为 10 左右，考虑到力学性能的要求，厚壁的管材的挤压系数不应小于 8，但也不宜过大，否则锭坯过短影响成品率，或挤压时容易造成闷车而影响正常生产。管毛料的合理挤压系数是：当挤压壁厚较薄的硬合金管材时，挤压系数应取下限；挤压软铝合金管材时，挤压系数可超出表中的最大值，但应保证表面品质。

表 6-57　热挤压管材的合理挤压系数范围

挤压能力/MN	挤压筒直径/mm	合适的挤压系数范围	
		硬合金	软铝合金[①]
6.3	100	12~25	12~30
	120	12~20	12~23
	135	10~16	10~25
12	115	20~40	30~50
	130	20~35	30~50
	150	15~30	20~35
16.3	140	30~45	30~60
	170	20~40	20~50
	200	15~30	20~40
25	260	25~27	30~117
35	230	10~50	10~60
	280	10~45	10~55
	370	10~20	10~40
45	320	10~50	10~75
	420	10~30	10~45

①纯铝和 6063 等软铝合金的挤压系数最大可达 80~120。

　　挤压系数为挤压筒断面积减挤压针断面积，再除以制品的断面积。在实际生产中，为了工艺计算简便，挤压管材时的挤压系数可以用下列近似公式计算：

$$\lambda = \frac{F_0}{F_1} = \frac{(D_0 - S_0) S_0}{(D_1 - S_1) S_1} \tag{6-38}$$

式中　D_0——空心锭坯外径，mm；

　　　　D_1——管材外径，mm；

　　　　S_0——空心锭坯壁厚，mm；

　　　　S_1——管材壁厚，mm。

　　用组合模挤压管材时，因多数情况下为纯铝和软铝合金，所以挤压系数可达到 100 以上。某些情况下，为防止挤压系数过大，可同时挤压多根管材，用以调节挤压系数的范围。但是，为了保证管材的焊缝质量，挤压系数应大于 25。

6.4.2.3　锭坯断面尺寸的确定

　　锭坯断面尺寸与被挤压合金、产品规格、挤压机能力、挤压筒大小以及所需的挤压力有关。在生产实际中，一般是根据经验，以挤压系数作为重要依据，先确定挤压筒直径后，再按表 6-58 数据确定铸锭断面尺寸。一般小规格锭坯选下限，大规格锭坯选上限。同规格挤压筒，反向挤压的尺寸应小于正向挤压的尺寸。

表 6-58 管坯断面尺寸

挤压机类型	挤压筒直径-坯料外径/mm	坯料内径-挤压针直径/mm
卧 式	4-20	4-15
立 式	2-5	3-5

6.4.2.4 铸锭长度的确定

在挤压系数已确定的情况下，根据挤压管材挤出长度，可按以下方式计算铸锭的长度。

不定尺管材铸锭长度计算公式：

$$L_0 = \frac{L_i}{\lambda} + H \tag{6-39}$$

定尺管材铸锭长度计算公式：

$$L_0 = \frac{nL_{定} + L_{切}}{\lambda} + H \tag{6-40}$$

式中　λ——挤压系数；

　　L_i——挤压长度，mm；

　　$L_{定}$——成品管材的定尺长度，mm；

　　L_0——铸锭的长度，mm；

　　n——倍尺个数；

　　H——管材挤压残料的长度，按表 6-59 确定，mm；

　　$L_{切}$——留作切除的工艺余量（其中包括切头、切尾、试样长度并考虑挤压偏差），其数值应根据实际生产条件灵活确定，mm。一般厚壁管材为 800mm，管毛料为 600mm。

表 6-59 铝及铝合金管材热挤压残料长度

挤压筒直径/mm	挤压管材种类	挤压残料长度/mm
420~800	所有品种	60~80
150~230	所有品种	20~30
80~130	所有品种	10~15
所有挤压筒	所有品种	$(0.1~0.15)D_{筒}$ 或桥高的 1.5~2 倍（组合模）
280~370	中间毛料	50
	厚壁管	40
	管毛料	30

6.4.2.5 对锭坯的质量要求

对锭坯的质量要求包括：

（1）表面质量。锭坯的内、外表面经过车皮、镗孔、加工后表面粗糙度应小于 6.3μm，不应有气孔、裂纹、起皮、气泡、成层、外来压入物、油污、端头毛刺和严重碰伤等；车削刀痕深度不大于 0.5mm，表面可用锉刀修理局部，但锉刀痕要均匀过渡，且深度不大于 4mm。对半穿孔用锭坯，可不对内表面进行车削加工。用于分流模挤压的实心锭坯，可不车皮。

（2）尺寸偏差。为了保证锭坯与设备、工具间的同心度，减少管材的偏心，穿孔用实心锭坯尺寸公差可参见表 6-60，空心锭坯和中间毛料尺寸公差可参见表 6-61。

（3）内部组织。低倍试片不允许有夹渣、裂纹、气孔、疏松、氧化膜、偏析聚集物、光亮晶粒、金属间化合物、缩尾、分层等缺陷。

（4）为消除铸造过程中产生的晶内成分偏析和锭坯的内应力，改善锭坯的工艺性能，提高金属的塑性，降低变形抗力，对硬合金及内应力较大的合金锭坯应进行均匀化退火处理。

表 6-60　穿孔用实心锭坯尺寸公差

种 类	偏差值/mm		
	外径	长度	切斜度
实心锭坯	±1.0	±4	2~5

表 6-61　空心锭坯和中间毛料尺寸公差

种 类	偏差值/mm				
	外径	内径	长度	切斜度	壁厚不均度
空心锭坯	±2.0	±1.0	+8~+10	1~5	1.0~1.5
中间毛料	−1.5	±0.5	+4	1.5~2.0	0.75

6.4.2.6　挤压温度-挤压速度规范

挤压温度和挤压速度是挤压过程中的重要参数，挤压温度过高，表面容易产生裂纹，降低表面质量；挤压温度过低，容易产生挤压闷车，影响生产效率。提高挤压速度，虽可提高生产效率，但需要的挤压力较大；管材表面受到的拉应力增大，容易产生挤压裂纹；挤压后的尺寸变化较大，容易产生尺寸不合格；挤压速度过慢，降低了生产效率；对采用润滑挤压针挤压的润滑效果不利，恶化了内表面质量。所以，挤压温度和挤压速度对制品的表面质量、尺寸精度、力学性能、生产效率、成品率及设备性能、工模具的损耗都有影响。表 6-62 列出了无润滑正向挤压时锭坯的典型挤压系数、挤压温度和金属流速。表 6-63 列出了采用随动针和固定针挤压时的金属流动速度，表 6-64 列出了冷却或不冷却工具挤压时的金属流动速度。表 6-65 列出了一次挤压锭坯和挤压筒的加热制度，表 6-66 列出了二次毛料和挤压筒温度制度，表 6-67 列出了铝及铝合金的平均挤压速度。

表 6-62　无润滑正挤压时锭坯的挤压系数和挤压温度、金属流速

合金牌号	挤压温度/℃		挤压系数 λ	金属流动速度 /m·min^{-1}
	锭坯	挤压筒		
1×××系、6A02、6063	300~500	300~480	15~120	15~100
2A50、3A21	350~430	300~380	10~100	10~20
5A02	350~420	300~350	10~100	6~10
5A06、5A05	430~470	370~400	10~50	2~2.5

合金牌号	挤压温度/℃		挤压系数 λ	金属流动速度 /m·min⁻¹
	锭坯	挤压筒		
2A11、2A12	330~400	300~350	10~60	2~3
7A04、7A09	420~460	380~420	10~45	0.5~2.5

表 6-63 用随动针和固定针挤压时的金属流动速度

合金牌号	尺寸		坯料加热温度/℃		金属流动速度/m·min⁻¹	
	锭坯/mm×mm×mm	管材/mm×mm	固定针挤压	随动针挤压	固定针挤压	随动针挤压
2A12	150×64×340	29×22	400	380	2.7	3.3
5A06	256×64×260	44×38	470	440	2.45	3.2
2A11	225×94×430	76×66	330	300	4.4	6.0

表 6-64 用随动针和固定针挤压时在冷却或不冷却模具条件下的金属流动速度

合金牌号	尺寸		挤压条件	金属流动速度/m·min⁻¹		流动速度 /m·min⁻¹
	锭坯/mm×mm×mm	管材/mm×mm		固定针挤压	随动针挤压	
2A12	156×64×290	29×23	不冷却/冷却	400/420	350/380	3.2/4.25
6A05	156×64×360	50×40	不冷却/冷却	400/430	350/360	4.1/5.1
6A06	156×64×230	45×37	不冷却/冷却	430/400	340/400	3.2/4.5

表 6-65 一次挤压锭坯和挤压筒的加热制度

合金	铸锭加热温度/℃	加热炉仪表温度/℃	挤压筒温度/℃
2A11、2A12、2A50、2A14、5A02、5A03、5052	350~450	490	350~450
5A04、5A05、5A06、3A21	350~450	470	350~450
7A04、7A09、157	360~440	460	350~450
1070、8A06、6A02、3A21、6063	350~450	550	350~450
6A02 厚管（H112、T4、T6）	460~520	550	400~450
1070、8A06、5A02、5052、3A21 厚管	400~450	500	400~450
1070、8A06、6A02、3A21、穿孔挤压	400~480	550	400~450
6063（T5）	500~530	550	400~450

表 6-66 二次毛料和挤压筒温度制度

合金	二次毛料加热温度/℃	加热炉仪表温度/℃	挤压筒温度/℃
1070、8A06	350~450	500	350~450
5A02、5A03、2A11、2A12、5052	350~450	490	
5A04、5A05、5A06、3A21	350~450	470	
7A04、7A09	350~440	460	
6A02、3A21、6063	350~480	500	
6063（T5）	500~530	550	400~450

注：如铸锭或二次毛料加热温度达不到规定温度时，可适当调整炉子定温。对有特殊要求的制品，其加热温度应
　　在加工卡片上注明。

表 6-67　铝及铝合金的平均挤压速度

合　　金	制品	加热温度/℃		金属平均挤压速度 /m·min⁻¹
		锭坯	挤压筒	
6A02、6061、6063	管材	490~510	450~480	10~15, 6063 可达 100 以上
3A21、纯铝		300~450	320~400	15~30, 最大可达 100 以上
5A02、5A03		350~430	350~400	6~8
5A05		430~460	370~400	0.8~6
2A11、2A14		330~400	300~380	1.0~4.0
2A12		330~400	300~380	0.8~3
5A06、7A04、7A09		360~440	360~440	0.5~3

6.4.2.7　工艺润滑

为了获得内表面质量良好的管材，必须采用有效的工艺润滑以保证挤压针和金属间保存有一层良好的润滑膜。表 6-68 为目前热挤压管常用的润滑剂。涂抹方法仍以手工操作为主，但某些挤压机上已出现了机械涂抹方式，如采用干粉喷涂法对穿孔针喷涂。用组合模挤压管材时，为了保证焊缝质量，禁止润滑或弄脏模子、挤压筒和锭坯。

表 6-68　管材热挤压常用的润滑剂

序号	润滑剂名称	质量分数/%
1	71 号或 72 号汽缸油	60~80
	山东鳞片状土墨（0.038mm 以上）	20~40
2	750 号苯甲基硅油	40~60
	山东鳞片状土墨（0.038mm 以上）	60~70

6.4.2.8　工艺操作要点

工艺操作要点有：

（1）挤压之前应把挤压针、挤压模、垫片等工具预先在专用加热炉中加热。挤压工具的加热温度不应低于 350℃，保温时间不少于 2~3h。难挤压产品及组合模挤压时，加热温度不应低于 450℃，挤压筒温度一般为 450~480℃。

（2）挤压针的润滑应均匀，并应防止流淌到挤压筒中及锭坯表面，避免锭坯产生起皮、气泡、成层等缺陷。润滑挤压时应使用合适的润滑剂，并均匀涂抹。使用组合模挤压时应严禁使用润滑剂润滑锭坯、模子和其他工具。

（3）挤压前用较干的润滑剂薄薄地涂抹模子工作带及附近模面，但挤压垫片上不应润滑。

（4）模子工作带和挤压针上粘有金属屑时，可用刮刀和砂布清理，但不要破坏均匀的铝套。

（5）锭坯可用工频感应电炉、电阻炉、燃油或燃气炉加热，加热时应严格测温和控温。

（6）挤压铝合金管材时，特别是挤压硬合金管材和用组合模挤压管材时，应采用高温、慢速挤压工艺。

（7）为保证管材的直线度，可采用与管子外形一致的导路装置。导路的相应尺寸每边应比管材大 10~30mm。在现代化挤压机上，可采用牵引装置降低管材的弯曲度。

（8）挤压纯铝和软铝合金管材，可在现代化的由 PLC（程序逻辑控制）装置控制的全自动连续挤压生产线上进行。

（9）在立式挤压机上进行润滑挤压时，挤压残料用冲头来分离。冲头直径较模孔小 0.5~1mm。

（10）更换工具时，若需要敲击必须使用铝制锤，严禁用钢铁锤或钢铁件击打工具。

（11）为了防止挤压闷车，开始挤压或更换工具时，前几块铸锭的挤压温度控制在中、上限，待挤压 3~5 块料后转入正常挤压温度。

（12）当发现制品产生起皮、气泡、成层等缺陷时，应及时用工具清理挤压筒。

6.4.2.9 挤压管材的质量控制

A 挤压管材的尺寸偏差

热挤压管材是通过热挤压的加工方法一次成型的管材。在随后的加工工序中，管材的断面几何形状和尺寸不再发生变化，也就是说除对管材进行适当矫直外，不再进行加工。

GB/T 4437.1—2000 技术标准是 2000 年发布的热挤压管材技术标准。其尺寸控制特征为：管材外径尺寸、管材壁厚尺寸。

管材的外径尺寸除控制任一外径与公称外径的偏差之外，还要控制平均外径与公称外径的偏差。管材壁厚除控制任一壁厚与平均壁厚的壁厚不均度外，同时还要控制平均壁厚与公称壁厚的偏差。

B 二次挤压中间毛料尺寸偏差及表面质量

中间毛料尺寸偏差符合表 6-69 标准。

表 6-69 中间毛料尺寸偏差

外径允许偏差/mm	内径允许偏差/mm	壁厚不均/mm
100^{-2}		
120^{-2}	±1.0	≤2.0
135^{-2}		

表面不允许有裂纹。允许有深度不大的机械加工余量的起皮、气泡、擦伤、划沟、压入物及其他缺陷。但用于挤压厚壁管材的中间毛料，内表面允许有上述缺陷，但其深度不得大于 0.5mm。

C 挤压管毛料尺寸偏差及表面质量

挤压管毛料可分为两种：冷轧管毛料和冷拉管毛料，其尺寸偏差及表面质量如下：

（1）直径偏差。冷轧管毛料的外径允许偏差为 ±0.5mm。内径允许偏差为 +0.5mm 或 -0.2mm。拉伸毛料的外径允许偏差一般不要求。内径允许偏差为 ±2.0mm。

（2）平均壁厚偏差。管毛料的平均壁厚按式（6-41）计算，冷轧管毛料和冷拉管毛料的平均壁厚允许偏差均为 ±0.25mm。

$$平均壁厚=（最大壁厚+最小壁厚）/2 \tag{6-41}$$

（3）允许最大壁厚偏差。管毛料壁厚应从最大壁厚逐渐过渡到最小壁厚。其壁厚偏差允许值按式（6-42）计算：

$$管毛料壁厚允许偏差 \leqslant \frac{毛料的名义壁厚}{成品的名义壁厚} \times 成品壁厚公差 \tag{6-42}$$

因壁厚不均形成的壁厚不均度按式（6-43）计算：

$$壁厚不均度 = 管毛料的最大壁厚 - 管毛料的最小壁厚 \tag{6-43}$$

管毛料壁厚允许偏差根据铝合金薄壁管标准不同，产品壁厚偏差及管毛料允许最大壁厚偏差应符合 GB/T 221—84 和 GJB 2379—95 及 GB/T 6893—86 和 GB/T 6893—2000 标准的要求。

（4）椭圆度。冷轧管毛料和冷拉管毛料的椭圆度不应超过其直径偏差。

（5）弯曲度。冷轧管毛料挤压后，应进行辊矫，矫直后的弯曲度每米不大于 1mm，全长不大于 4mm。冷拉管毛料可不矫直，但弯曲度应尽量小些，以不影响装入拉伸芯头及拉伸转筒为原则。

（6）端头质量和切斜度。管毛料端头应切正直，无毛刺和飞边。冷轧管毛料的切斜度应小于 2mm。

（7）内表面质量。管毛料内表面应清洁光滑，无起皮、裂纹、成层、深沟、重擦伤、气泡等；允许有能蚀洗掉的轻微压坑、擦伤、划道和石墨压入。

（8）外表面质量。管毛料内表面不允许有裂纹、严重起皮、气泡及大面积的缺陷存在，但允许有个别能清理掉的不太深的表面缺陷，例如挤压生产的起皮、气泡、擦伤、金属压入、刮伤、磕碰伤等缺陷，缺陷面积应不超过 10%，在冷加工之前必须清除。

6.4.2.10　挤压卡片的编制与举例

表 6-70 为热挤压管材工艺举例，表 6-71 为 ϕ40mm×30mm×5.0mm，2A11-T4 管材热挤压工艺卡片举例。

表 6-70　热挤压管材工艺举例

合金牌号	管材品种	管材规格 /mm×mm×mm	挤压筒直径 /mm	挤压系数	残料长度 /mm	铸锭规格 /mm×mm×mm	压出长度 /m	备注
2A11	厚壁管	25×15×5.0	100	24	10	97×18×200	4.6	6MN 挤压机
		40×30×5.0	135	24.7	10	132×33×190	4.5	
		80×60×10	280	24.4	40	270×106×450	10.0	
2A12	拉伸毛料	107×96×5.5	280	27.5	30	270×140×400	10.2	35MN 挤压机
		129×117×6.0	280	20.8	30	270×140×500	9.8	
5A02	拉伸毛料	31×23×4.0	100	21.9	10	97×26×210	4.4	6MN 挤压机

表 6-71　热挤压厚壁管工艺卡片举例

工序名称	主要设备	主要工艺参数	每道工序制品尺寸/mm			每块质量 /kg	几何废料 /kg	工艺废料 /kg
			外径	内径	长度			
空心锭加热	电阻加热炉	温度 400～460℃	133	33	250	8.8		
热挤压	6MN 立式挤压机，ϕ135mm 挤压筒	挤压温度 400～450℃，挤压速度 2～3m/min，λ=24.7，工艺润滑	40	30	4500	6.8	1.0	1.0

工序名称	主要设备	主要工艺参数	每道工序制品尺寸/mm			每块质量 /kg	几何废料 /kg	工艺废料 /kg
			外径	内径	长度			
淬火	立式淬火炉	淬火温度 498℃±3℃，保温时间 40min，水温 30~40℃，最大装炉量 600kg	40	30	4500	6.7		0.1
切头、切尾取样	圆盘锯床	切头 200mm（取样 180mm）切尾 300mm（取样 50mm）	40	30	4100	6.08	0.6	0.02
矫直	矫直机	矫直速度 30m/min，调整角度 30°	40	30	4106	6.0		0.08
切成品	圆盘锯床	中断	40	30	2000+50	2.9×2	0.02	
检查验收	实验室检查平台	检验化学成分、性能、尺寸、精度、表面质量、内部组织等	40	30	2000+50	2.9×2		
涂油、包装	油槽、包装车间	FA101 防锈油，60~80℃	40	30	2000+50	2.9×2		
交货	成品库	合格证，交货单	40	30	2000+50	2.9×2		

注：1. 制品：热挤压壁厚 ϕ40mm×30mm×5.0mm，GB/T 4437—2000。
    2. 合金状态 2A11-T4，GB/T 3190—1998，GB/T 4437—2000。
    3. 坯料：空心铸锭 ϕ133mm×33mm×ϕ250mm。
    4. 成品率：每吨成品的坯料消耗定额为 1520kg，管材成品率为 65.8%。

6.4.3 管材冷挤压技术

6.4.3.1 管材冷挤压的特点

管材冷挤压时，工模具需要承受比热挤压大得多的压力。由于剧烈的体积变形，变形热往往会使模具的温度达到 250~300℃。与热挤压一样，管材冷挤压也可分为正向、反向和正反联合挤压。

铝及铝合金管材冷挤压的优点是：可大大提高挤压速度，生产效率比热挤压高 5~10 倍；尺寸精度高，可与冷轧和冷拉管相比；表面粗糙度可小于 0.8μm；成品率可达 70%~85%；投资少，设备少，生产周期短，可减少很多繁杂的中间工序。用冷挤压法生产管材的主要问题有：变形抗力高，对模具材质、结构及加工制造等提出了更高要求；模具使用寿命短；必须选择良好的润滑剂和润滑方法；对毛坯的要求较高。

用冷挤压法可生产不同用途、多种类型和规格的铝及铝合金管材。目前，已生产的规格范围是：直径 4~400mm；壁厚最薄达 0.1mm；长度最长为 24mm。

6.4.3.2 管材冷挤压工艺

A 工艺流程

冷挤压管材的典型工艺流程如图 6-49 所示。

B 坯料准备

可用空心铸锭，也可用热挤压中间毛料。铸造坯料应进行均匀化处理以提高其塑性，

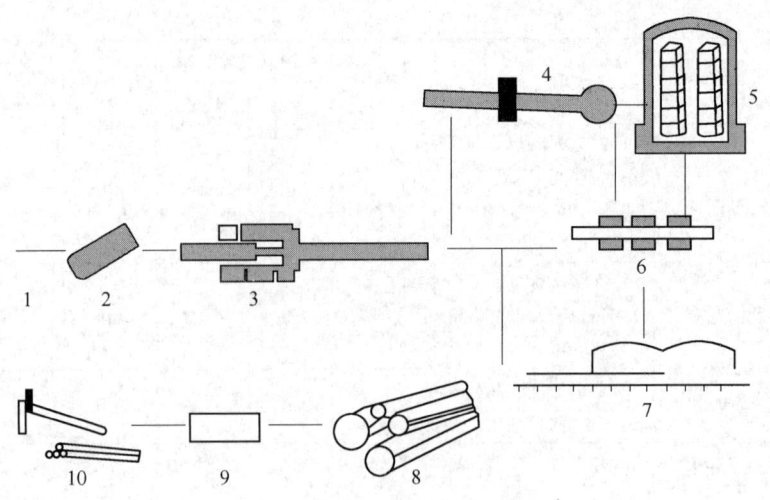

图 6-49　冷挤压管材的工艺流程

1—毛坯制备；2—润滑；3—冷挤压；4—减轻（冷拉伸）；5，6—热处理；

7—辊式矫直；8—切成品；9—检验；10—包装交货

而挤压坯料应在挤压后或退火后使用。

　　为获得最高力学性能的挤压制品，纯铝和 5A02 合金应选用铸锭坯料，而淬火、时效后使用的 6A02 合金应选用挤压坯料。为清洗表面和改善润滑条件，坯料最好用碱液蚀洗。为保证管材尺寸的高精度，坯料的几何尺寸精度也应较高。挤压直径小于 $\phi20mm$ 的管材时要求坯料的壁厚差在 0.5mm 以内。

　　C　挤压温度-挤压速度条件

　　在冷挤压条件下，金属的强度越高，变形程度越大，挤压速度越快，则金属温升越剧烈。表 6-72 为用冷坯料挤压管材时金属变形区内的最高温度。

表 6-72　冷挤压时金属变形区内的最高温度

金属牌号	品种	挤压系数	初始挤压速度/mm·s^{-1}	金属最高温度/℃
1×××		11~23		185~238
5A02	管材	11~23	150	314~358
2A11		17~23		373~378

　　D　冷挤压的力学条件

　　当初始挤压速度为 150mm/s，并采用高分子再生醇作润滑剂，冷挤压铝合金管材时所需挤压力见表 6-73。

表 6-73　冷挤压管材所需单位挤压力（比压）

合金牌号	最大单位挤压力/MPa		
	挤压系数 15	挤压系数 22	挤压系数 40
6A02	980.0	999.6	1078.0
5A02	1146.6	1225.0	1303.4

合金牌号	最大单位挤压力/MPa		
	挤压系数 15	挤压系数 22	挤压系数 40
2A11	1215.2	1225.8	1303.4
2A12	1254.4	1283.8	1391.4
7A04	1274.0	1323.0	1440.6

在一般情况下，可用式（6-44）计算冷挤压力 P：

$$P = 2R_m \left(\ln\lambda + \mathrm{e}^{\frac{2f}{S}L_{定}} \right) F_K Z \tag{6-44}$$

式中 R_m——坯料的抗拉强度，MPa；

$L_{定}$——定径带长度，mm；

S——管材壁厚，mm；

F_K——管材断面积，mm^2；

Z——系数，锥形模取 $Z = 0.85$，平面模取 $Z = 1$；

f——摩擦系数。

E 挤压系数的确定

冷挤压管材时，挤压系数的大小在很大程度上取决于合金牌号和坯料状态。在一般情况下，建议采用如下的挤压系数范围：1×××合金的挤压系数为 40~100；5A02、2A11 合金的挤压系数为 20~50；2A12、7A04、7A09 合金的挤压系数为 15~30。

F 金属流动

冷挤压管材时金属流动的特点与带润滑的热挤压相似，而且润滑效果更好，其塑性变形直接靠近模子，变形和流动速度的不均匀性比热挤压时小很多，金属流动的不均匀性也很小，因此，产生成层、粗晶环、缩尾及其他缺陷的可能性大大减少。

G 润滑

冷挤压管材通常采用润滑挤压，常用的有效润滑剂有：高分子再生醇混合物；双层润滑剂-鲸油和硬脂酸钠水溶液等。

6.4.4 Conform 管材挤压技术

6.4.4.1 原理及特点

Conform 连续挤压法是 1971 年由英国原子能局（UK-AEA）斯普林菲尔德研究所的 D. Green 发明的，同年申请英国专利，后经过该研究所的先进金属成型技术研究室开发成功的。

Conform 连续挤压法的基本原理如图 6-50 所示。其设备主要由四大部件构成：

（1）轮缘车制有凹形沟槽的挤压轮，由驱动轴带动旋转。

（2）挤压靴。它是固定的，与挤压轮接触的部分为一个弓形的槽封块。该槽封块与挤压轮的包角一般为 90°，起到封闭挤压轮凹形沟槽的作用，构成一个方形的挤压型腔，相当于常规挤压筒。这一方形挤压筒的三面为旋转挤压轮凹槽的槽壁，第四面是固定的槽封块。

（3）固定在挤压型腔出口端的堵头。其作用是把挤压型腔出口端堵住，迫使金属只能从挤压模孔流出。

（4）挤压模。可以安装在堵头上，实行切向挤压，或者安装在靴块上实行径向挤压。多数情况下，挤压模安装在靴块上，由于这里有较大的空间，允许安装较大的挤压模，以便挤压尺寸规格较大的管材。

当从挤压型腔的入口端连续喂入挤压坯料时，在摩擦力的作用下，轮槽牵引着

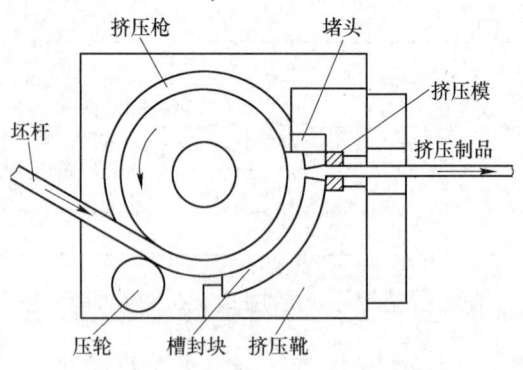

图 6-50　Conform 连续挤压法原理图

坯料向模孔移动，当夹持长度足够长时，摩擦力的作用足以在模孔附近产生巨大应力，迫使金属从模孔流出。Conform 连续挤压是巧妙地利用轮凹槽槽壁与坯料之间的摩擦力作为挤压力，只要挤压型腔的入口端能连续地喂入坯料，便可达到连续挤压出无限长制品的目的。

采用 Conform 生产铝合金管材和常规挤压方式相比具有以下特点：

（1）能耗低。Conform 连续挤压过程中，由于摩擦和变形热的共同作用，可使铝材在挤压前无需加热，直接喂入冷料，而使变形区的温度达到铝材的挤压温度，从而挤压出热态制品，大大降低能耗。据估计，比常规挤压可节省约 3/4 的能耗费用。

（2）尺寸精度高。由于挤压力恒定，产品尺寸偏差几乎保持不变，如 $\Phi 10mm \times 1mm$ 的铝管，外径公差在 ±0.050mm 以内，壁厚公差在 ±0.025mm 以内。

（3）材料利用率高。Conform 连续挤压生产过程中，除了坯料的表面清洗处理、挤压过程的工艺泄漏量以及工具模更换时的残料外，由于无挤压压余，切头切尾量很少，因而材料利用率很高。Conform 连续挤压薄壁软铝合金盘管材时，材料利用率高达 96% 以上。

（4）制品长度大。管材可卷绕起来，可生产任意长度的管材产品，在所需长度内无接头。

（5）模具寿命长。由于连续挤压，启动次数有限，挤压模不会受到频繁启动冲击负载的作用，模具寿命长。

6.4.4.2　产品品种、规格和用途

随着连续挤压技术的不断发展，Conform 连续挤压机可生产的管材品种已由最初的铝光面管扩展到了内螺纹管、汽车空调用口琴管、D 形管、冰箱管等。表 6-74 给出了 Conform 铝管连续挤压主要产品及用途。

表 6-74　Conform 铝管连续挤压主要产品及用途

类型	材　料	材料规格 /mm×mm 或 mm×mm×mm	主要用途
圆管	1050、1060、1100、3033、5052 等铝及铝合金	$\phi(5\sim20) \times (0.5\sim2.5)$	冰箱冷凝管、汽车空调散热器管、天线管
多孔薄壁管	1050、1060、1100、3033、3104、D97 等铝合金	$(2\sim8) \times (16\sim48) \times (0.4\sim1.0)$，3~15 孔	汽车空调散热器管、水箱散热器管
D 形管	1050、1060 等工业纯铝	$\phi(6\sim8) \times (11\sim12) \times 1.0$	冰箱冷凝管、冰柜管

连续挤压方法生产的圆管主要应用于冰箱冷凝管、汽车空调散热器管、天线管等。

多孔薄壁管广泛应用于汽车空调冷凝器，采用铝合金连续挤压制成的多孔薄壁管具有耐蚀、热传导性好、强度适中、热成型性好、冷弯成型性好、承受压力大的诸多优点。多孔管挤压的模孔位置如图 6-51 所示。

D 形管（见图 6-52）是一种新兴的散热器管，主要应用于冰箱、冰柜的管板式蒸发器中。由于它较普通光面圆管与散热板的贴合接触面大，从而大大改善了散热条件，可实现快速制冷的目的。采用常规挤压方式生产这类管材生产率低，产品的质量不能得到保证，因而制品成本高。采用 Conform 技术生产 D 形管，该技术特有的金属流动特点使管壁的厚度可以不断减薄；模具和金属的特有受力状态使制品质量、组织结构得以保证，模具寿命得以提高。此外，连续性生产也为进一步降低成本、节省能源提供了条件。

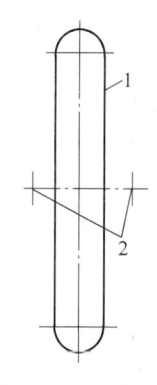

图 6-51 多孔管挤压
的模孔布置
1—模孔；2—进料孔
中心投影位置

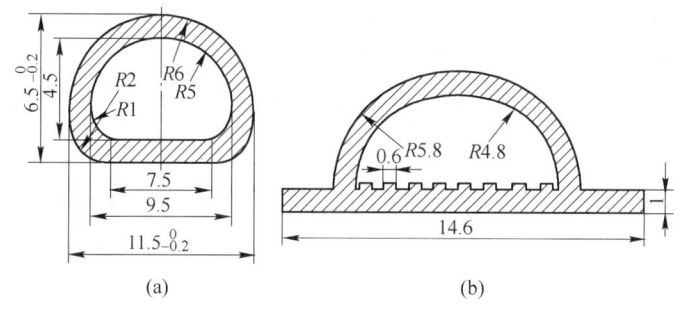

图 6-52 D 形管示意图
（a）普通 D 形管；（b）带翼内凸 D 形管

6.4.4.3 Conform 管材挤压工艺

Conform 铝管材连续挤压法的一般生产工艺为：坯料表面预处理—放料—矫直—在线清洗—连续挤压—制品冷却—张力导线—卷曲—检验—包装入库。

A 对铝及铝合金圆杆料的要求

对铝及铝合金圆杆料的要求为：

（1）杆料表面要求在生产或储运中所沾油污极少。

（2）杆料在生产过程中所沾油污在高温下焦化，留下残迹以及润滑石墨残迹少。

（3）内部含有杂质和气体含量低。

（4）表面无严重的宏观裂纹、飞边、轧制花纹、折叠等缺陷。

B 杆料表面的处理

进入连续挤压变形区的杆料表面干净、干燥，以防止挤压制品出现气泡、气孔和焊合不良等。常用的几种杆料表面处理方法有：碱洗、碱洗+钢丝刷、碱洗+超声波在线清洗、碱洗+钢丝刷+超声波在线清洗等。

C 运转间隙的调整

运转间隙的调整工作有：

（1）运转间隙是挤压轮面与槽封块弧面之间的间隙，它是连续挤压生产中一个极为重要的工艺因素，直接影响到连续挤压过程的稳定、运行负荷、挤压轮速度、工具模的使用寿命及产品质量等。运转间隙过大，泄铝量大，挤压轮与槽封块之间的摩擦面增大，温升过高；运转间隙过小，当挤压轮、槽封块热膨胀后，容易导致挤压轮与槽封块之间钢对钢的直接摩擦，损坏轮面、堵头和槽封块，甚至使运行负荷剧增。因此，在生产之前，必须认真调整运转间隙。

（2）合理的运转间隙控制以挤压轮面与槽封块弧面之间不出现钢对钢的直接摩擦，泄铝量轻微（1%~5%）为原则。挤压过程中，运转间隙的大小是通过靴体底部和靴体背部的垫片厚度来调节，垫片厚度从 0.1mm 到 1mm 不等。

（3）运转间隙的控制范围为 0.8~1.2mm。

（4）一般情况下，材料的变形抗力越大，加压制品的挤压比越大，其运行间隙应越小，因此在生产不同合金、不同规格的产品时，应及时调整运转间隙，见表 6-75。

表 6-75　确保 LJ300 铝材连续挤压过程稳定的主要参数

制品规格 /mm×mm 或 mm×mm×mm	主机电流/A	最高挤压轮转速/r·min^{-1}	轮靴间隙调整/mm
$\phi8×1$	160~170	24	δ
$\phi10×1$	150~160	24	$\delta-0.1$
11.5×6.5×1	165~175	22	$\delta+0.15$
5×22×0.8，5 孔	175~185	20	$\delta+0.20$
5×44×0.8，15 孔	180~190	18	$\delta+0.30$

注：δ 为靴体调整垫的厚度，它是以连续挤压 ϕ8mm×1mm 纯铝管的轮靴间隙为基准。

（5）在实际生产过程中，启动后，若运行电流超高，工具发出刺耳的声响，或喂铝后有泄铝声响，说明运转间隙或工模具装配不当，应立即停机检查，并根据进料板与轮面的接触情况，减少或增加调整垫片厚度。

（6）调整运转间隙还应根据工模具，特别是挤压轮的使用时间长短来决定，轮子使用时间长，表面出现磨损，应适当增加调整垫片厚度。

D　挤压温度-速度关系

Conform 连续挤压过程中，工模具的预热挤压温度是喂入金属与挤压轮之间的摩擦和金属塑性变形热的共同作用而产生的。合理控制连续挤压过程的挤压轮速，对于维持挤压温度的恒定，保持产品组织性能与表面质量，提高工模具使用寿命等，都是十分重要的。

（1）升温挤压阶段。每次开始挤压时，都必须间断地向挤压轮槽内喂入短料，让挤压轮在低速（7~8r/min）下运转升温，以保证工模具逐渐均匀地达到所需的挤压温度，尤其是挤压模腔的温度必须达到挤压温度。升温挤压阶段，挤压轮速不宜太高，否则，虽然挤压轮槽温度很快达到挤压温度，但挤压模腔的温度并没有达到所要求的挤压温度，反而难以建立稳定挤压阶段。

（2）稳定挤压阶段。影响稳定挤压阶段的挤压温度-速度关系的主要因素有：合金性质、制品品种规格、运转间隙、槽封块包角、挤压比和冷却系统冷却强度等。通常稳定挤压过程的主要工艺参数为：轮槽温度为 400~450℃；模口温度为 350~400℃；靴体温度应小于400℃；挤压轮转速应小于24r/min；制品流出速度应小于70m/min；运行电流应小于300A；运行电压应小于400V。

6.4.4.4　常见的产品缺陷、产生的原因及处理方法

Conform连续挤压常见的产品缺陷、产生的原因及处理方法见表6-76。

表6-76　常见的产品缺陷、产生原因及处理方法

缺陷类型	产 生 原 因	处 理 方 法
表面气泡、穿透性气孔	(1) 杆料表面有油污、水分及其他脏物； (2) 挤压轮或喂料轮上有水分或油污； (3) 冷却水溅到杆料或挤压轮上； (4) 杆料组织疏松和含气体	(1) 加强杆料清洗； (2) 减少冷却水流量； (3) 加强熔炼过程精炼、除气措施； (4) 加强杆料生产过程控制，防止裂纹及铸造疏松的形成
夹杂	(1) 杆料夹渣、表面有脏物； (2) 外来夹杂	(1) 加强杆料熔铸过程的精炼、扒渣、过滤措施，提高铝锭品位； (2) 文明运输和保管
表面发黑	(1) 制品表面残留冷却水； (2) 保管、运输不当，使产品沾水或受潮	(1) 降低冷却水流量，增加吹气量，保证制品卷取前有40~50℃的温度； (2) 改进包装方法及运输条件，禁止成品露天堆放
壁厚不均	(1) 模具偏心； (2) 芯杆与叉架不同心	(1) 更换模具； (2) 重新装配上下模或者更换芯杆
尺寸超差	(1) 模具尺寸精度不够； (2) 浮动臂质量过轻或过重； (3) 挤压速度过快	(1) 更换模具； (2) 调节浮动臂质量； (3) 降低挤压速度
内外表面拉道	(1) 模具及芯杆工作带光洁度不够； (2) 模具工作带及出口粘有坚硬物	(1) 更换模具； (2) 旧模抛光
焊合不良	(1) 杆料表面有油污脏物； (2) 温度低、速度快	(1) 重新清洗杆料； (2) 提高挤压温度，降低挤压速度
表面橘皮	(1) 挤压速度过快； (2) 挤压温度过低； (3) 浮动臂过重	(1) 降低制品出口速度； (2) 提高挤压温度； (3) 减轻浮动臂质量
波浪	(1) 模具和进料板装配不当，运转间隙过大； (2) 供料不均	(1) 重新装配模具，调整运转间隙； (2) 调节进料轮
表面白斑	(1) 变形不够，挤压速度过快，温度低； (2) 泄料严重	(1) 降低速度，升高温度； (2) 清理靴体堵料
不焊合	(1) 模子内有硬物； (2) 进料不够	(1) 换模； (2) 调节进料轮，清理靴体堵料

7 铝及铝合金挤压材热处理与精整矫直技术

7.1 铝及铝合金挤压材热处理技术

7.1.1 变形铝合金热处理分类及其对加工材组织性能的影响

7.1.1.1 概述

热处理是利用固态金属材料在加热、保温和冷却处理过程中发生相变，来改善金属材料的组织和性能，使它具有所要求的力学性能和物理性能。这种将金属材料在一定介质或空气中加热到一定温度并在此温度下保持一定时间，然后以某种冷却速度冷却到室温，从而改变金属材料的组织和性能的方法，称为热处理。

热处理是根据金属材料组织与温度间的变化规律，来研究和改善产品质量和性能变化规律的一门生产技术学科。热处理方法与其他加工方法不同，它是在不改变工件尺寸和形状的条件下，赋予产品以一定的组织和性能，是"质"的改变。因此，金属材料经过适当的热处理，质量可以大幅度地提高。

在机械制造和金属材料生产中，热处理是一项很重要的和要求很严格的生产工序，也是充分发挥材料潜力的重要手段，因此，必须掌握各种热处理的基本原理和影响因素，才能正确制定生产工艺，解决生产中出现的有关问题，做到优质高产。

7.1.1.2 变形铝合金热处理的分类

变形铝合金热处理的分类方法有两种：一种是按热处理过程中组织和相变的变化特点来分，另一种是按热处理目的或工序特点来分。变形铝合金热处理在实际生产中是按生产过程中热处理的目的和操作特点来分类的，没有统一的规定，不同的企业可能有不同的分类方法，铝合金材料加工企业最常用的几种热处理方法如图 7-1 所示。

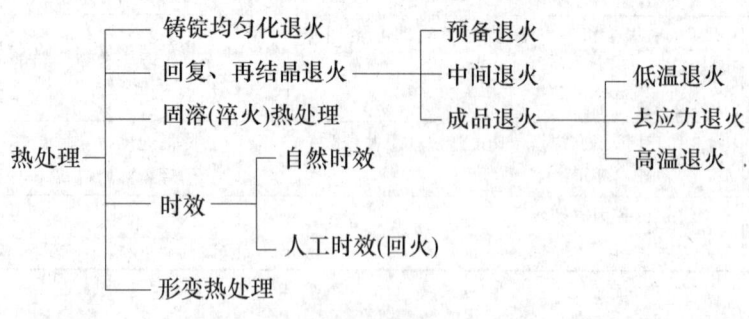

图 7-1 变形铝合金热处理分类

热处理过程都是由加热、保温和冷却三个阶段组成的，分别介绍如下：

（1）加热。加热包括升温速度和加热温度两个参数。由于铝合金的导热性和塑性都较好，可以采用较快的速度升温，这不仅可提高生产效率，而且有利于提高产品质量。热处理加热温度要严格控制，必须遵守工艺规程的规定，尤其是淬火和时效时的加热温度，要求更为严格。

（2）保温。保温是指金属材料在加热温度下停留的时间，其停留的时间以使金属表面和中心部位的温度相一致以及合金的组织发生变化为宜。保温时间的长短与很多因素有关，如制品的厚薄、堆放方式及紧密程度、加热方式和热处理以前金属的变形程度等都有直接影响。在生产中往往是根据实验来确定保温时间的。

（3）冷却。冷却是指加热保温后，金属材料的冷却，不同热处理的冷却速度是不相同的。如淬火要求快得冷却速度，而具有相变得合金的退火，则要求慢得冷却速度。

A　铸锭均匀化退火

铸锭均匀化退火是把化学成分复杂、快速非平衡结晶和塑性不好的铸锭加热到接近熔点的温度长时间保温，使合金原子充分扩散，以消除化学成分和组织上的不均匀性，提高铸锭的塑性变形能力。这种退火的特点是组织和性能的变化是不可逆的，只能朝平衡方向转变。铝及铝合金挤压材用铸锭的均匀退火工艺详见本书第5章。

B　再结晶退火

再结晶退火又可分为：

（1）再结晶退火。这种退火是以回复和再结晶现象为基础的。冷变形的纯金属和没有相变的合金，为了恢复塑性而进行的退火，就属于这类退火。再结晶退火过程中，由于回复和再结晶的结果，合金的强度降低，塑性提高，消除了内应力，恢复了塑性变形能力。这种退火一般只需制定最高加热温度和保温时间，加热和冷却速度可以不考虑。这种退火的特点为组织和性能是单向不可逆变化。

（2）相变（重）再结晶退火。这种退火是以合金中的相变或（重）再结晶现象为基础的，目的是得到平衡组织或改善产品的晶粒组织。与上述再结晶退火不同，其组织和性能是由相变引起的，是可逆的，只要进行适当的加热或冷却，不进行冷加工变形即可重复得到所需的组织和性能。（重）再结晶退火温度是由状态图或相变温度来决定的，一般约高于相变温度30~50℃，制定退火制度时除考虑加热温度和保温时间外，还要规定加热和冷却速度，尤其是冷却速度对组织性能的影响大，冷却速度必须极其缓慢。

（3）预备退火。这是指热轧板坯退火。热轧温度降低到一定温度后，合金即产生加工硬化和部分淬火效应，不进行退火则塑性变形能力低，不易于进行冷变形。这种退火可属于相变再结晶退火，主要是消除加工硬化和部分时效硬化效应，给冷轧提供必要的塑性。

（4）中间退火。这是指两次冷变形之间的退火，目的是消除冷作硬化或时效的影响，得到充分的冷变形能力。

（5）成品退火。这是指出厂前的最后一次退火。如生产软状态的产品，可在再结晶温度以上进行退火，这种退火称为“高温退火”。其退火制度可以与中间退火制度基本相同。如生产半硬状态的产品，则在再结晶开始和终了温度之间进行退火，以得到强度较高和塑性较低并符合性能要求的半硬产品，这种退火称为“低温退火”。还有一种在再结晶温度以下进行的退火，目的是利用回复现象消除产品的内应力，并获得半硬产品，称为“去应力退火”。

C　固溶处理（淬火）

固溶处理又称淬火，对第二相在基体相中的固溶度随温度降低而显著减小的合金，可将它们加热至第二相能全部或最大限度地溶入固溶体的温度，保持一定时间，以快于第二相自固溶体中析出的速度冷却。固溶处理的目的是获得在室温下不稳定的过饱和固溶体或亚稳定的过渡组织。固溶处理的可热处理强化铝合金热处理的第一步，随后应进行第二步——时效，合金即可得到显著强化。

　　D　时效

固溶处理后获得的过饱和固溶体处于不平衡状态，因而有发生分解和析出过剩熔质原子（呈第二相形式析出）的自发趋势，有的合金在常温下即开始进行析出，但由于温度低，只能完成析出的初始阶段，这种处理称为"自然时效"。有的合金则需要在高于常温的某一特定温度下保持一定时间，使原子活动能力增大后才开始析出，这种处理称为"人工时效"。

　　E　形变热处理

形变热处理也称热机械处理，是一种把塑性变形和热处理联合进行的工艺，其目的是改善过度析出相的分布及合金的精细结构，以获得较高的强度、韧性（包括断裂韧性）及抗蚀性。

以上热处理过程是以单一现象为基础的，但实际上，许多热处理过程都是由几种现象组成的，并且存在着复杂的交互作用。如冷轧高强铝合金板材的退火，就同时发生再结晶和强化相的溶解——析出过程，而铝合金的淬火过程也同时是一个再结晶过程。尽管如此，上述的分类方法在分析热处理过程发生的组织变化方面还是很方便的。

7.1.1.3　热处理对铝合金加工材组织与性能的影响

变形铝合金材料的研发主要是围绕提高材料的强度、塑性、韧性、耐蚀性以及疲劳性能等综合性能来开展的，而合金的性能又是由其组织决定的，因此必须研究和掌握变形铝合金在各种状态下的宏观和显微组织，以及这些组织对性能的影响，并深入研究组织调控技术，而组织调控技术最主要的手段是热处理。

　　A　变形铝合金的组织变化

变形铝合金的组织主要由 $\alpha(Al)$ 固溶体、第二相、晶界、亚晶界、位错，以及各种缺陷组成，而变形铝合金的各种性能就取决于这些组织，并且很大程度上取决于第二相质点的种类、大小、数量和分布形态。因此有必要了解和掌握铝合金相的基本知识，以便于通过控制相来调控性能。

　　a　铝合金相的分类

尽管铝合金相分类的尺寸范围和各类的名称不同，但其分类原则基本一致，即按相的生成温度和特征把铝合金的相分为结晶相、弥散相（高温析出相）和沉淀相（时效析出相）。变形铝合金基体内第二相化合物的特征见表7-1。

表 7-1　Al-Zn-Mg-Cu 系合金基体内第二相化合物的特征

化合物	第一类 结晶相	第二类 弥散相	第三类 沉淀相
大小	$1 \sim 10 \mu m$	$0.03 \sim 0.6 \mu m$	$<0.01 \mu m$
形成	结晶过程等	均匀化、淬火和热加工等	时效处理

化合物	第一类 结晶相	第二类 弥散相	第三类 沉淀相
组成	主要为共晶化合物： Al_7Cu_2Fe、$\alpha(AlFeSi)$、$\beta(Al_5FeSi)$ Mg_2Si、$(Fe，Mn，Cu)Al_6$、$AlFeMnCr$、 $AlMnFeSi$、$(Mg，Cu)Zn_2$、T 相、$CuMgAl_2$、 $CuAl_2$、$\beta(Mg_5Al_8)$、$Si(共晶)$	含有 Cr、Mn、Ti、Zr、Sc 等 元素的化合物： $Al_{18}Mg_3Cr_2$、$Al_{12}Mg_2Cr$、Al_{20} Cu_2Mn_3、$MnAl_6$、$ZrAl_3$、$CrAl_7$、 $TiAl_3$、$ScAl_3$	析出强化相：G.P 区、 $\eta'\theta'S'\beta'$相、η、T、θ、S、 β 相（长至 $0.5\mu m$）
性质	非常脆，低应力即可开裂，产生孔穴	化合物与基体非共格	强化相与基体有共格关系 （稳定相除外）

　　b　变形铝合金的显微组织及其变化

　　变形铝合金的显微组织主要由基体析出相（MPt）、晶间析出相（GBP）、晶界无析出带（PFZ）、弥散相、残留相、晶界、亚晶界、位错等组成，其中前三项构成了描述显微组织最主要的三个不均匀性参数，第四项也存在着分布的不均匀性，以及影响位错分布的不均匀性，进而影响再结晶。图 7-2 所示为基体析出相、晶间析出相、晶界无析出带、弥散相共存的状况。

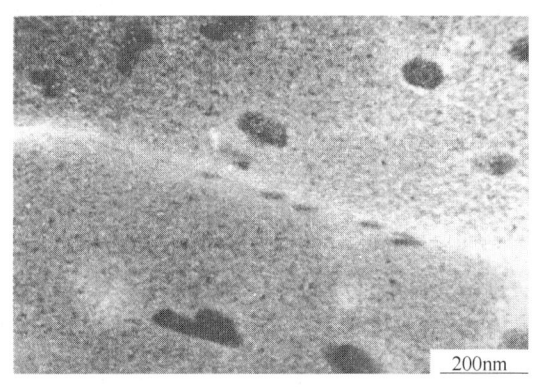

图 7-2　7B04 合金 T74 状态厚板的透射电镜组织

　　对于热处理可强化铝合金来说，这些主要的不均匀性参数控制主要通过热处理手段来实现，即通过热处理调控显微组织中前四项不均匀性参数，达到要求的热处理状态，进而控制合金的各种性能。如 Al-Zn-Mg-Cu 系合金的热处理状态主要有 T6、T76、T74、T73 和 T77，它们分别表示一级时效（T6 峰值时效）、二级时效（T76、T74、T73 过时效）和三级时效（T77 过时效），其中 T77 状态应该可以由特殊三级时效、RRA 处理和 FTMT 变形热处理三种方法实现，这些状态也同时代表着不同的性能特点。从综合性能的角度出发，希望时效后显微组织具有如下特征：基体为均匀弥散的 G.P 区加过渡相，以保证合金较高的强度；宽度适当、溶质浓度较高的PFZ，以保证较好的韧性；尺寸适度、间隔较大的晶间析出相，以保证具有良好的抗腐蚀性能；细小分布均匀的弥散相，再结晶组织细小或为部分再结晶，以保证合金具有良好的综合性能。

　　对于不可热处理强化合金来说，主要是控制 $\alpha(Al)$ 固溶体的固溶度、残留相、弥散相、再结晶程度以及位错（变形程度），通过控制这些显微组织达到控制性能的目的。

　　B　变形铝合金的性能变化

　　a　变形铝合金的强化方法

　　现代工业和科学技术的迅速发展，对铝合金材料的性能提出了较高要求，如何利用强化理论，实现对工业铝合金材料的有效强化，以满足各个领域的新要求，是材料科学领域的重要研究课题。铝合金强化以加工硬化和沉淀强化为重点，而其强化效果的判断则以铝合金材料在常温和高温下的强度、塑性指标为主要依据。

铝合金在常温和中等应力作用下产生塑性变形，主要由位错滑移所致，而高温和低应力作用下产生塑性变形则由位错蠕动和扩散流动产生。总的来说，不管工作温度高低，合金抵抗变形能力主要由位错运动难易所决定。因而，把增加铝合金对位错运动的抗力称为铝合金强化。

铝合金的强化及其分类方法很多，一般将其分为加工硬化和合金化强化两大类。铝合金强化方法可细分为加工硬化、固溶强化、异相强化、弥散强化、沉淀强化、晶界强化和复合强化七类。在实际应用过程中往往是几种强化方法同时起作用。

（1）加工硬化。通过塑性变形（轧制、挤压、锻造、拉伸等）使合金获得高强度的方法，称为加工硬化。塑性变形时增加位错密度是合金加工硬化的本质。据统计，金属强化变形后，位错密度可由 106 根/cm^3 增至 1012 根/cm^2 以上。因为合金中位错密度越大，继续变形时位错在滑移过程中相互交割的机会越多，相互间的阻力也越大，因而变形抗力也越大，合金即被强化。

金属材料加工强化的原因是：金属变形时产生了位错不均匀分布，先是较纷乱地成群纠缠，形成位错缠结，随变形量增大和变形温度升高，由散乱分布位错缠结转变为胞状亚结构组织，这时变形晶粒由许多称为"胞"的小单元组成；高密度位错缠结集中在胞周围形成包壁，胞内则位错密度很低。这些胞状结构阻碍位错运动，使不能运动的位错数量剧增，以至需要更大的力才能使位错克服障碍而运动。变形越大，亚结构组织越细小，抵抗继续变形的能力越大，加工强化效果越明显，强度越高。由于产生亚结构，故也称亚结构强化。

加工强化的程度因变形率、变形温度及合金本身的性质不同而异。同一种合金材料在同一温度下冷变形时，变形率越大则强度越高，但塑性随变形率的增加而降低。合金变形条件不同，位错分布也有所不同。当变形温度较低（如冷轧）时，位错活动性较差，变形后位错大多呈紊乱无规则分布，形成位错缠结，这时合金强化效果好，但塑性也强烈降低。当变形温度较高时，位错活动性较大，并进行交滑移，位错可局部集聚、纠结、形成位错团，出现亚结构及其强化，届时强化效果不及冷变形，但塑性损失较少。

加工硬化或亚结构强化在常温时是十分有效的强化方法，适用于工业纯铝、固溶体型合金和热处理不可强化的多相铝合金，但在高温时通常因回复和再结晶而对强度的贡献显著变小。

某些铝合金冷变形时能形成较好的织构而在一定方向上强化，称为织构强化。

（2）固溶强化。合金元素固溶到基体金属（熔剂）中形成固溶体时，合金的强化、硬度一般都会得到提高，称为固溶强化。所有可溶性合金化组元甚至杂质都能产生固溶强化。特别可贵的是，对合金进行固溶强化时，在强度、硬度得到提高的同时，塑性还能保持在良好的水平上，但仅用这一种方法不能获得特别高的强度。

合金元素溶入基体金属后，使基体金属的位错密度增大，同时晶格发生畸变。畸变所产生的应力场与位错周围的弹性应力场交互作用，使合金元素的原子聚集到位错线附近，形成所谓"气团"，位错要运动就必须克服气团的钉扎作用，带着气团一起移动，或者从气团中挣脱出来，因而需要更大的切应力。另外，合金元素的原子还会改变固溶体的弹性系数、扩散系数、内聚力和原子的排列缺陷，使位错线变弯，位错运动阻力增大，包括位错与溶质原子间的长程交互作用和短程交互作用，从而使材料得到强化。

固溶强化作用大小取决于溶质原子浓度、原子相对尺寸、固溶体类型、电子因素和弹性模量。一般来说，溶质原子浓度越高，强化效果越大；原子尺寸差别越大，对置换固溶体的强化效果也可能越大；溶质原子与铝原子的价电子数相差越大，固溶强化作用也越大；弹性模量大小的差异度越大，往往强化效果越好。

在采用固溶强化的合金化时，要挑选那些强化效果高的元素作为合金元素。但更重要的是要选那些在基体金属中固溶度大的元素作为合金元素，因为固溶体的强化效果随固溶元素含量的增大而增加。只有那些在基体金属中固溶度大的元素才能大量加入。例如，铜、镁是铝合金的主要合金元素，铝、锌是镁合金的主要合金元素，都是因为这些元素在基体金属中的固溶度较大的缘故。

进行固溶强化时，往往采用多元少量的复杂合金化原则（即多种合金元素同时加入，但每种元素加入量少），使固溶体的成分复杂化，这样可以使固溶体的强化效果更高，并能保持到较高的温度。

（3）过剩相强化。过量的合金元素加入到基体金属中去，一部分溶入固溶体，超过极限溶解度的部分不能溶入，形成过剩的第二相，简称过剩相。过剩相对合金一般都有强化作用，其强化效果与过剩相本身的性能有关，过剩相的强度、硬度越高，强化效果越大。但硬脆的过剩相含量超过一定限度后，合金变脆，力学性能反而降低。此外，强化效果还与过剩相的形态、大小、数量和分布有关。第二相呈等轴状、细小和均匀分布时，强化效果最好。第二相很大、沿晶界分布或呈针状，特别是呈粗大针状时，合金变脆，合金塑性损失大，而且强度也不高，常温下不宜大量采用过剩强化，但高温下的使用效果可以很好。另外，强化效果还与基体相与过剩相之间的界面有关。

过剩相强化和沉淀强化有相似之处，只不过沉淀强化时，强化相极为细小，弥散度大，在光学显微镜下观察不到；而在利用过剩相强化合金时，强化相粗大，用光学显微镜的低倍即能清楚看到。

过剩相强化在铝合金中应用广泛，几乎所有在退火状态使用的两相合金都应用了过剩相强化。或者更准确地说，是固溶强化与过剩相强化的联合应用。过剩相强化有时也称复相强化或异相强化。

（4）弥散强化。非共格硬颗粒弥散物对铝合金的强化称弥散强化。为取得好的强化效果，要求弥散物在铝基体中有低的溶解度和扩散速率、高硬度（不可变形）和小的颗粒（$0.1\mu m$ 左右）。这种弥散物可用粉末冶金法制取或由高温析出获得，产生粉末冶金强化和高温析出强化。

由弥散质点引起的强化包括两个方面：弥散质点阻碍位错运动的直接作用，弥散质点为不可变形质点，位错运动受阻后，必须绕越通过质点，产生强化，弥散物越密集，强化效果就越好；弥散质点影响最终热处理时半成品的再结晶过程，部分或完全抑制再结晶（对弥散粒子的大小和其间距有一定要求），使强度提高。弥散强化对常温或高温下均适用，特别是粉末冶金法生产的烧结铝合金，工作温度可达 $350℃$。弥散强化型合金的应变不太均匀，在强度提高的同时，塑性损失要比固溶强化或沉淀强化的大。熔铸冶金铝合金中采用高温处理，获得弥散质点使合金强化，越来越得到人们关注。在铝合金中添加非常低的溶解度和扩散速率的过渡族金属和稀土金属元素，如含 Mn、Cr、Zr、Sc、Ti、V 等，铸造时快速冷却，使这些金属保留在 α(Al) 固溶体中，随后高温加热析出非常稳定的 0.5μm 以下非共格第二相弥散粒子，即第二类质点。其显微硬度可大于 5000MPa，使合金获得弥散强化效果。

这些质点一旦析出，很难继续溶解或聚集，故有较大的弥散强化效果。以 Al-Mg-Si 系合金为例，加入不同量的过渡元素可使抗力强度增加 6%~29%，屈服强度提高最多，达 52%。此外，弥散质点阻止再结晶即提高再结晶温度，使冷作硬化效果最大限度保留，尤以 Zr 和 Sc 提高 Al 的再结晶温度最显著。

(5) 沉淀强化。从过饱和固溶体中析出温度的第二相，形成溶质原子富集亚稳区的过渡相的过程，称为沉淀。凡有固溶度变化的合金从单相区进入两相区时都会发生沉淀。铝合金固溶处理时获得过饱和固溶体，再在一定温度下加热，发生沉淀产生共格的亚稳相质点，这一过程称为时效。由沉淀或时效引起的强化称沉淀强化或时效强化。第二相的沉淀过程也称析出，其强化称析出强化。铝合金时效析出的质点一般为 G. P 区，共格或半共格过渡相，尺寸为 0.001~0.01μm，属第三类质点。这些软质点有三种强化作用即应变强化、弥散强化和化学强化。时效强化的质点在基体中均匀分布，使变形趋于均匀，因而时效强化引起塑性损失都比加工硬化、弥散强化和异相强化的要小。通过沉淀强化，合金的强度可以提高百分之几十至几百倍。因此，沉淀强化是 Ag、Mg、Al、Cu 等有色金属材料常用的有效强化手段。

沉淀强化的效果取决于合金的成分、淬火后固溶体的过饱和度、强化相的特性、分布及弥散度以及热处理制度等因素。强化效果最好的合金位于极限溶解度成分，在此成分下可获得最大的沉淀相体积分数。

(6) 晶界强化。铝合金晶粒细化，晶界增多，由于晶界运动的阻力大于晶内且相邻晶粒不同取向使晶粒内滑移相互干涉而受阻，变形抗力增加，即合金强化。晶粒细化可以提高材料在室温下的强度、塑性和韧性，是金属材料最常用的强韧化方法之一。

晶界上原子排列错乱，杂质富集，并有大量的位错、孔洞等缺陷，而且晶界两侧的晶粒位向不同，所有这些都阻碍位错从一个晶粒向另一个晶粒的运动。晶粒越细，单位体积内的晶界面积就越大，对位错运动的阻力也越大，因而合金的强度越高。晶界自身强度取决于合金元素在晶界处的存在形式和分布形态，化合物的优于单质原子吸附的，化合物为不连续、细小弥散点状时，晶界强化效果最好。晶界强化对合金的塑性损失较少，常温下强化效果好，但高温下不宜采用晶界强化，因高温下晶界滑移为重要形变方式，使合金趋向沿晶界断裂。

变形铝合金的晶粒细化的方法主要有三种：

1) 细化铸造组织晶粒。熔铸时采用变质处理，在熔体中加入适当的难溶质点（或与基体金属能形成难熔化合物质点的元素）作为（或产生）非自发晶核，由于晶核数目大量增加，熔体即结晶为细晶粒。例如，添加 Ti、Ti-B、Zr、Sc、V 等都有很好的细化晶粒的作用；另外，在熔体中加入微量的，对初生晶体有化学作用从而改变其结晶性能的物质，可以使初生晶体的形状改变，如 Al-Si 合金的钠变质、锶变质处理就是一个很好的例子。用变质处理方法，不仅能细化初生晶粒，而且能细化共晶体和粗大的过剩相，或改变它们的形状。

此外，在熔铸时，采取增加一级优质废料比例、避免熔体过热、搅动、降低铸造温度、增大冷却速度、改进铸造工具等措施，也可以（或有利于）获得细晶粒铸锭。

2）控制弥散相细化再结晶晶粒。抑制再结晶的弥散相 $MnAl_6$、$CrAl_7$、$TiAl_3$、$ScAl_3$、VAl_3 和 $ZrAl_3$ 质点，在显微组织中它们有许多都是钉扎在晶界上，使晶界迁移困难，这不仅阻碍了再结晶，而且增加了晶界的界面强度，它们可以明显细化再结晶晶粒。这些弥散相的大小和分布，是影响细化效果的主要因素，越细小越弥散，细化效果越好。弥散相的大小和分布主要受高温热处理和热加工的影响。获得细小弥散相的方法主要有：在均匀化时先进行低温预处理形核，然后再进行正常热处理；对含 Sc 的合金采用低温均匀化处理；对含 Mn、Cr 的合金采用较高温度均匀化处理；还可以采用热机械加工热处理的方法获得细小弥散相，即对热加工后的铝合金进行高温预处理，然后再进行正常的热加工，如7175-T74 合金锻件就采用过这种工艺；此外，也可以通过热加工的加热过程和固溶处理过程来调控弥散相。

3）采用变形及再结晶方法细化再结晶晶粒。采用强冷变形后进行再结晶，可以获得较细的晶粒组织；采用中温加工可以获得含有大量亚结构的组织；采用适当的热挤压并与合理的再结晶热处理相结合，可以获得含有大量亚结构的组织，得到良好的挤压效应；在再结晶处理时，采用高温短时，或多次高温短时固溶处理均可以获得细小的晶粒组织。

（7）复合强化。采用高强度的粉、丝和片状材料和压、焊、喷涂、溶浸等方法与铝基体复合，使基体获得高的强度，称为复合强化。按复合材料形状，复合强化可分为纤维强化型、粒子强化型和包覆材料三种。晶须和连续纤维常作纤维强化原料，粒子强化型有粉末冶金和混合铸造两类。对烧结铝合金属粒子复合强化合金，多数学者认为是弥散强化的典型合金。复合强化的机理与异相强化相近。这种强化在高温下强化效果最佳，在常温下也可显著强化，单塑性损失大。

可以用作增强纤维的材料有碳纤维、硼纤维、难熔化合物（Al_2O_3、SiC、BN、TiB_2 等）纤维和难熔金属（W、Mo、Be 等）细丝等。这些纤维或细丝的强度一般为 2500～3500MPa。此外，还可用金属单晶须或 Al_2O_3、B_4C 等陶瓷单晶须作为增强纤维，它们的强度就更高。但晶须的生产很困难，成本很高。

铝合金是一种典型的基体材料。以硼纤维增强和可热处理强化的合金（如 Al-Cu-Mg、Al-Mg-Si）或弥散硬化的 $Al-Al_2O_3$ 系为基的金属复合材料，其比强度和比刚度为标准铝合金的 2～3.5 倍，已被用于航空及航天工业。

金属基体复合材料的强化机理与上述固溶强化及弥散强化等机理不同，这种强化主要不是靠阻碍位错运动，而是靠纤维与基体间良好的浸润性紧密黏结，使纤维与基体之间获得良好的结合强度。这样，由于基体材料有良好的塑性和韧性，增强纤维又有很高的强度，能承受很大的轴向负荷，因此整个材料具有很高的抗力强度及优异的韧性。此外，这种材料还能获得很高的比强度、很高的耐热性及抗腐蚀性，是目前材料发展的一个新方向。

b　各种强化方法在铝合金生产中的应用

（1）不可热处理强化铝合金的强化。纯铝、Al-Mg、Al-Mg-Sc、Al-Mn 合金属于不可热处理强化铝合金，主要靠加工硬化和晶界强化获得高强度，辅助强化机制还有固溶强化、过剩相强化、弥散相强化等。加工硬化可通过热变形、冷变形、冷变形后部分退火而不同程度地获得。热变形产生亚结构强化，变形温度越高，亚晶尺寸越粗大，强化效果越差，但塑性相当高。经完全退火的材料进行不同程度的冷变形，冷变形率越大，制品强度越高，但塑性也越低。冷变形的加工硬化效果最大。充分冷变形的制品在不同温度下退火，控制回复和再结晶阶段，可保留不同程度的加工硬化量即不同的强化效果。

（2）可热处理强化铝合金的强化。工业生产的可热处理强化铝合金有 Al-Cu-Mg、Al-Cu-Mn、Al-Mg-Si、Al-Zn-Mg 和 Al-Zn-Mg-Cu 合金，以及 Al-Cu-Li 和 Al-Mg-Li 合金等。这些合金普遍采用淬火时效，并主要通过沉淀强化方法来获得很高的强度，辅助强化机制也有固溶强化、过剩强化、弥散相强化、晶界强化等。自然时效时 G. P 区为主要强化相，人工时效主要是 G. P 区加过渡相起强化作用，过时效才出现稳定相，出现稳定相后强度降低。

（3）形变时效与挤压效应强化。在 Al-Cu 系和 Al-Mg-Si 系合金中，较多采用形变时效方法获得高强度，该方法包括 T3、T8 和 T9 三种状态，都是利用时效强化和冷作硬化的交互作用及强化在一定程度上的叠加作用。2124-T8 厚板因冷变形产生的大量滑移线，滑移线上成排分布着时效析出相，二者的联合作用使塑性变形更为困难，即强度进一步提高。

可热处理强化铝合金挤压制品淬火时效后的强度比其他方法生产的同一合金相同热处理状态下的强度高，这一现象称为挤压效应。其组织观察发现全部或部分保留了冷作硬化效应，基体中保留了大量亚结构，故强化是时效强化和亚结构强化的叠加。

（4）Al-Si 合金的强化。Al-Si 系变形铝合金，特别适合于生产活塞等模锻件，合金中硅的质量分数为 12% ~ 13%，还含有一定量的 Cu、Mg、Ni 等。组织中有较多的结晶时生成的共晶硅，均布在软的 $\alpha(Al)$ 基体上，尺寸大都为 $5\mu m$，硬且脆。这种共晶硅是铝合金中异相强化的典型例子。由于异相强化具有耐高温、耐磨和中强等特点，故特别适合于制作活塞。

c　变形铝合金的疲劳和断裂性能

金属材料的疲劳和断裂性能对其制品的安全使用寿命具有十分重要的影响。随着线弹性和弹塑性断裂力学的发展以及破损安全设计原则在实际生产中的应用，人们对结构材料，特别是对高强合金的疲劳和断裂韧性的重要性的认识也更加清晰。目前，疲劳强度及断裂韧性已经和常规强度及抗蚀性并列为铝合金的四项主要考核指标，只有在这几方面都能满足设计和使用要求时，才称得上具备了良好的综合性能。

铝合金的显微组织由基体和各种性质的第二相构成。根据现有实验结果，其中与疲劳和断裂韧性关系比较密切的有以下几方面：

（1）组织中尺寸较大的难溶性硬相质点，尺寸为 $0.1 ~ 10\mu m$，它们主要是含 Fe、Si 等组元的杂质相，也包括一些热处理中未溶解的强化相，如 $CuAl_2$、Mg_2Si。这种粗大硬相质点，其数量和分布主要决定于合金的成分、纯度以及铸锭的凝固速度。

（2）中等尺寸的硬相质点，尺寸为 $0.05 ~ 0.5\mu m$，通常是富含 Mn、Cr、Zr 等元素的金属间化合物。这类组元在铝锭结晶后大多以过饱和形式固溶在基体内，均匀化及热加工时析出，故尺寸比第一类质点小。其形态分布特点则主要取决于均匀化退火和压力加工制度。

（3）细小的时效沉淀相，尺寸为 $0.01 ~ 0.5\mu m$。如高强度铝合金中的 S′相和高强铝合金中的 η′相。沉淀相结构受合金成分及热处理（包括形变热处理）的控制。

（4）基体的晶粒结构，包括晶粒尺寸、形态、晶界性质及晶内位错结构等。

（5）合金中的钠和氢的含量对合金的断裂有很大的影响，增加氢脆和钠脆的现象，使合金变脆。此外，夹杂和氧化膜对合金的断裂的影响更大，因此要获得良好的疲劳强度及断裂韧性，必须要保证合金具有良好的冶金质量。

影响铝合金断裂韧性的内在和外在因素的示意图（"韧性树"）如图7-3所示。

不同合金系对以上诸因素的敏感性不同，如高强铝合金的断裂韧性对时效组织比较敏感，而超高强铝合金的晶粒结构是比较关键的因素。但有些是共同的，例如，随着合金化程度的提高，即屈服强度的增加，断裂韧性总是下降的；减少杂质元素含量和提高合金的冶金质量，则有利于改善疲劳和断裂性能。

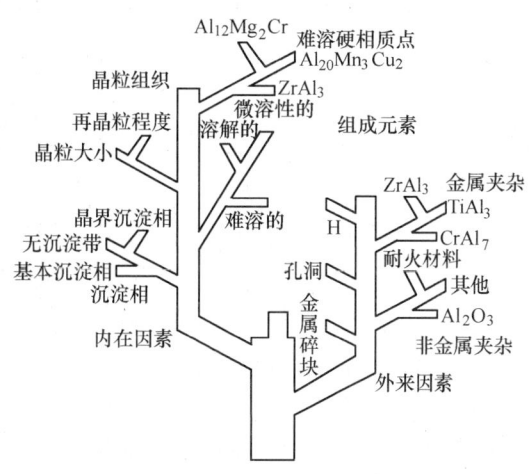

图 7-3　影响铝合金断裂韧性的因素

d　变形铝合金的腐蚀性能

自 20 世纪初第一批铝合金问世以来，铝合金腐蚀问题就一直困扰着人们。纯铝是极耐蚀的，但它的强度很低。用 Cu、Mg、Zn 等元素对铝进行合金化，虽能提高强度，但在承受应力或暴露在海水或工业性环境中时，常常因腐蚀而产生破坏，给社会带来巨大的经济损失。到目前为止，人们对铝合金腐蚀问题虽进行了深入而广泛的研究，但大多数研究都集中在 2××× 系和 7××× 系铝合金的抗应力腐蚀问题上。

铝合金腐蚀的分类与基本特征

根据腐蚀形态，铝合金腐蚀可分为全面腐蚀（均匀腐蚀）和局部腐蚀。其中局部腐蚀又可分为点蚀、晶间腐蚀、剥落腐蚀、应力腐蚀、选择腐蚀、电偶腐蚀、腐蚀疲劳、湍流腐蚀和磨损腐蚀等。

（1）点蚀。点蚀是铝合金中最常见的腐蚀形态。在大气、淡水、海水和其他一些中性和近中性水溶液中都会发生点蚀。但从总体来看，它是处于钝态、耐蚀的情况下发生的局部腐蚀。大气中产生的铝合金点蚀没有在水中产生的点蚀严重。

含 Cu 的铝合金（如 Al-Cu 合金）耐点蚀性能最差，Al-Mn 和 Al-Mg 合金的耐点蚀性能较好。对耐点蚀性不好的合金，可采用包覆纯铝或 Al-Mg 层（制复合板）的办法来防止点蚀。图 7-4 为 6A60 合金经 535℃/30min 固溶处理后的点蚀照片。

（2）晶间腐蚀。晶间腐蚀从表面开始，沿晶粒边界向金属内部扩展，直至遍及整个基体，因而大大削弱了晶粒之间的结合和制品的承载能力，极易引起脆性断裂。

晶间腐蚀的起因主要是合金中的第二相沿晶界析出，并在晶界邻近区形成溶质元素的贫化带。这种晶体结构和成分上的差异，使晶界沉淀相、溶质贫化带及晶粒本体具有不同的电极电位。当存在腐蚀介质时，即构成三级微电池，阳极溶解，造成沿晶的选择性腐蚀。

例如，Al-Mg 合金中的 Mg_5Al_8 相的电极电位比基体低（见表 7-2），当它从固溶体中沿晶界呈连续析出时，在微电池里成为阳极面被腐蚀，在晶界形成连续的腐蚀通道。由于此时晶界面积和基体相比要小得多，放电流密度很高，集中腐蚀速度很快。对于 Al-Cu 系，铜提高铝的电极电位，$CuAl_2$ 相在晶界析出时，$CuAl_2$ 和基体的电位均高于晶界贫化带，因

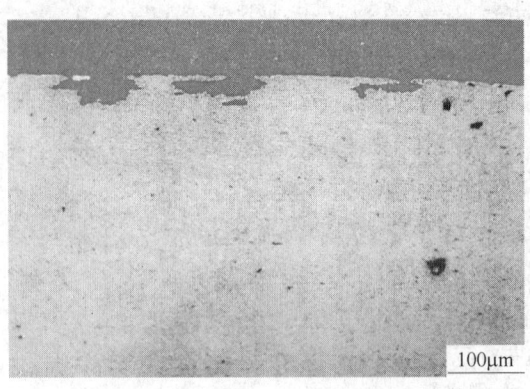

图 7-4   6A60 合金板材经 535℃/30min 固溶处理后的点蚀照片

此前两者为阴极，贫化带为阳极而发生溶解，故腐蚀仍沿晶粒边界发展。由此可见，无论晶界相是作为阳极还是阴极，均造成晶间腐蚀。对于既定的合金系，晶间腐蚀倾向主要取决于显微组织类型，特别是第二相的性质、尺寸和分布，因此和材料的加工历史及热处理状态有密切关系。

表 7-2   某些铝合金相组成的电极电位

合 金 相	电极电位/mV	合 金 相	电极电位/mV
99.99%Al	-850	Al+4%Zn	-1050
Al+2%Cu	-690	Al+1%Zn	-960
Al+2%Cu	-750	Al+4%MgZn$_2$	-1070
CuAl$_2$	-730	MgZn$_2$	-1050
Al+7%Mg	-890	Mg$_5$Al$_8$	-1240
Al+3%Mg	-870		

注：53g/L 的 NaCl+3g/L 的 H$_2$O 溶液，参比电极为 0.1mol/L 的甘汞电极。

在实际应用中，产生晶间腐蚀的铝合金有 Al-Cu 合金、Al-Cu-Mg 合金、Al-Zn-Mg 合金及 w(Mg)>3%的 Al-Mg 合金。这些铝合金的晶间腐蚀是由不适当的热处理引起的。晶间腐蚀敏感性较大的是 Al-Cu 合金、Al-Cu-Mg 合金和 Al-Zn-Mg 合金。Al-Mn 合金或 Al-MgSi 合金的析出相 MnAl$_6$ 或 Mg$_2$Si，因电化学性质同合金基体相近，故没有晶间腐蚀倾向。但如果 Al-Mg-Si 合金中硅与镁的含量比值大于形成 Mg$_2$Si 相所需比值时（有过剩硅），则使合金产生晶间腐蚀倾向。具有晶间腐蚀倾向的铝合金在工业大气、海洋大气中，或在海水中，都可能产生晶间腐蚀。晶间腐蚀限制在晶界区域，肉眼可能看不见。晶间腐蚀扩展速度比点蚀快，由于氧和腐蚀介质在狭窄的腐蚀通道传输困难，它的腐蚀深度有限。当向深处浸蚀停止时，晶间腐蚀就向整个表面扩展，而点蚀处往往是不连续的。图 7-5 为 6A60 合金板材在 130℃/12h

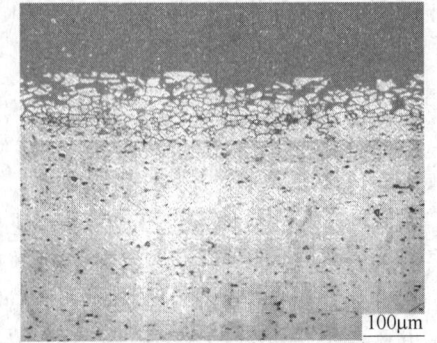

图 7-5   6A60 合金板材在 130℃/12h
时效后的晶间腐蚀照片

时效后的晶间腐蚀照片。

（3）剥落腐蚀。剥落腐蚀也称层状腐蚀，是一种特殊形式的晶间腐蚀。形成这类腐蚀的条件是：1）适当的腐蚀介质；2）合金具有晶间腐蚀倾向；3）合金具有层状晶粒结构；4）晶界取向与表面趋向平行。

Al-Cu-Mg 系、Al-Zn-Mg-Cu 和 Al-Mg 系合金具有比较明显的剥落腐蚀倾向，Al-Mg-Si 系和 Al-Zn-Mg 系合金也有发生的，但 Al-Si 系合金不发生剥落腐蚀。剥落腐蚀多见于挤压材。采用牺牲阳极对合金进行阴极保护，能有效地防止剥落腐蚀。

有剥落腐蚀倾向的合金板材及模锻件制品，因其加工变形的特点，晶粒沿变形放行展平，即晶粒的长宽尺寸远大于厚度，并且与制品表面接近平行。在适当的介质中产生晶间腐蚀，因腐蚀产物（$AlCl_3$ 或 $Al(OH)_3$）的体积均大于基体金属的，发生膨胀。随着腐蚀过程的进行和腐蚀产物的积累，使晶界受到张应力，这种楔入作用会使金属成片地沿晶界剥离，故称剥落腐蚀。严重时，即使在不受外载作用的情况下，金属制件也会完全解体。图 7-6 为 7150 合金经 $120℃/6h + 155℃/12h$ 时效后剥落腐蚀试样的光学显微组织照片。

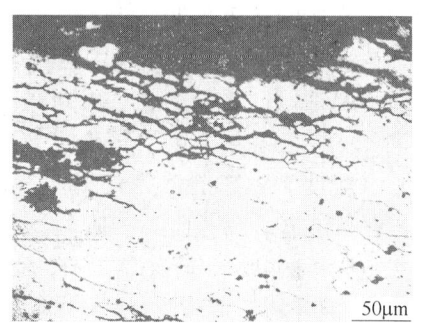

图 7-6　7150 合金经 $120℃/6h + 155℃/12h$ 时效后的剥落腐蚀照片

剥落腐蚀发生在具有高度方向性的晶粒组织中，它的扩展方向平行于金属表面。它是一种十分有害的腐蚀方式，因为它迅速地剥离未腐蚀的金属，降低承载能力。这种剥离行为继续腐蚀暴露的自由金属。剥落腐蚀是在拉长的晶粒、敏感的晶界条件和相当恶劣的环境下发生的。最有破坏性的自然环境是含有高浓度的 Cl^-，如防冻盐和海洋大气，而有无应力的影响不大。

（4）应力腐蚀。应力腐蚀是在拉应力和腐蚀环境共同作用下所引起的一种低应力腐蚀性断裂。应力腐蚀裂纹的起始与扩展难以预料，有时突然发生灾难性破坏。因此，应力腐蚀问题长时期以来受到人们的重视，一些学者从合金成分、热处理、生产工艺及破坏机理等方面进行了大量的研究试验，并已取得了一定的进展。

应力腐蚀开裂的形成条件和基本特征：

1）合金内必须有拉应力。拉应力越大，则断裂时间越短，反之，压应力有抑制应力腐蚀开裂的作用。这种拉应力可以使由外载直接产生的，也可以来源于装配应力、热应力或残余应力。

2）存在一定的腐蚀环境。对于铝合金，潮湿大气、海水和氯化物水溶液是典型的应力腐蚀介质。温度和湿度越高，Cl^- 离子浓度越高，pH 值越低，则应力腐蚀敏感性越大。

3）应力腐蚀裂纹扩展速度在 $0.001 \sim 0.3mm/h$ 范围内，既远大于无应力时的腐蚀速度，又远小于单纯的机械断裂速度。

4）应力腐蚀断裂一般属低应力脆断，铝合金大多为沿晶断裂。

关于应力腐蚀开裂的机理，目前尚无统一的理论，不同的学者提出了许多差异性很大的观点和假说，其中具有代表性的有阳极溶解理论、钝化膜破裂理论和氢制破裂理论等。这些理论对于大多数材料/环境系统都有很强的适用性，但又都不完善，因此这仍是一个有待进一步研究的重要领域。

热处理对腐蚀性能的影响

热处理不仅与合金的力学性能有密切关系，而且试验证明它对应力腐蚀和晶间腐蚀也是一个关键因素。一般在固溶状态下，合金具有较高的应力腐蚀抗力，在随后的时效过程中，强度提高，但应力腐蚀敏感性增大。在达到峰值强度时，合金的应力腐蚀抗力最低，进入过时效阶段后，抗蚀性重新提高，图 7-7 所示为这种沉淀硬化过程与应力腐蚀倾向之间的关系。同样，在应力扩张速率 $\mathrm{d}a/\mathrm{d}t$ 与应力强度因子 K 的关系曲线上，过时效一般使裂纹扩展速率的第一阶段向右推移，即提高 K_{1ss} 值，或者使第二阶段向下移动，即减小稳定阶段的 $\mathrm{d}a/\mathrm{d}t$ 值（见图 7-8 及图 7-9）。

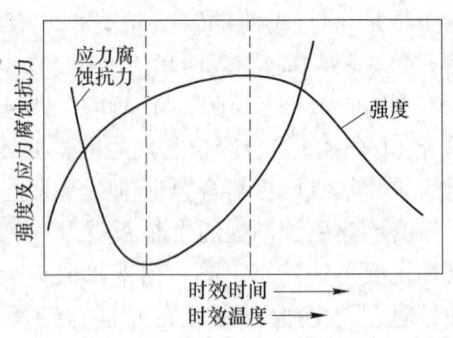

图 7-7　铝合金沉淀硬化过程与应力腐蚀抗力的关系

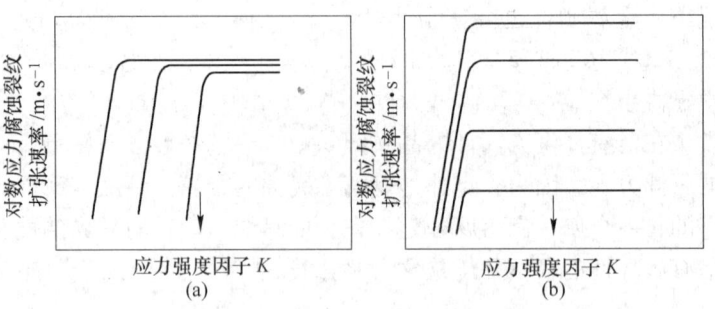

(a)　　　　　　　(b)

图 7-8　应力腐蚀扩展速率与强度因子 K 之间的关系
(a) Al-Cu-Mg 系合金；(b) Al-Zn-Mg-Cu 系合金

图 7-10 为各种超高强铝合金的 $\mathrm{d}a/\mathrm{d}t$-K 关系曲线，从图 7-10 可见，如果以二级过时效处理（T73、T736）代替普通的单级峰值时效（T6），则应力腐蚀裂纹开展速率可大大降低，临界应力也相应提高，图 7-9 也表明了过时效可以非常明显地降低应力腐蚀裂纹开展速率，但同时也指出过时效处理只对 7××× 系合金中铜含量较高的合金，如 7075（$w(\mathrm{Cu}) = 1.6\%$）等合金有效，而对铜含量较低的合金，如 7079（$w(\mathrm{Cu}) = 0.6\%$）合金无明显效果。

沉淀硬化过程与应力腐蚀抗力之间的关系实际上反映了显微组织的影响。现在有一种倾向性意见认为，自然时效或不充分的人工时效，其沉淀产物以共格性的 G.P 区为主，塑性变形时，位错切过

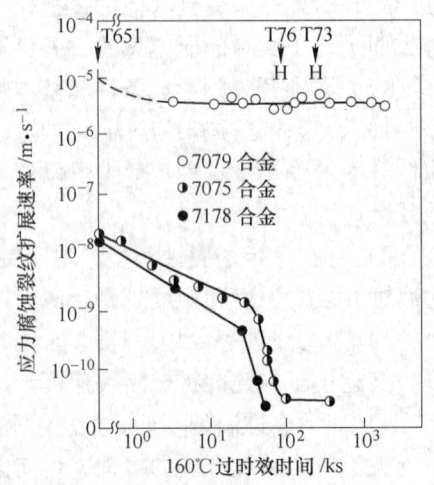

图 7-9　过时效对超高强铝合金应力腐蚀裂纹扩展速率的影响

G.P 区，当头一个位错被切割后，后续位错容易沿同一滑移面滑动，这样塑性变形只集中在少数滑移带上，提高了滑移带中的位错密度，在晶界造成大量位错塞积，使滑移带与晶界的交切点很容易成为应力腐蚀的开裂点，因而增大了合金的应力腐蚀断裂倾向。反之，过时效的基体组织以半共格的沉淀相为主，位错难以切过，而是绕过。此时，只产生位错的缠结而不出现高位错密度的交切点，因而抗应力腐蚀能力较好。

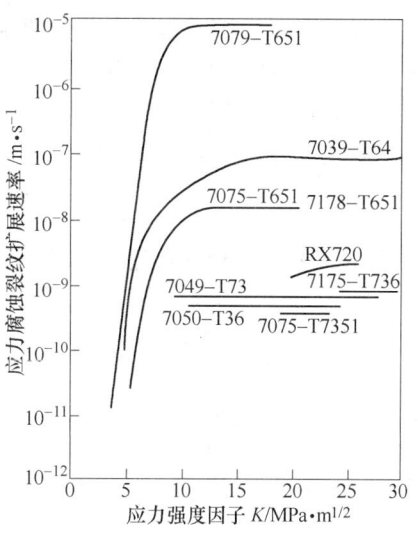

图 7-10　各种超高强铝合金的
da/dt-K 关系曲线

时效处理除影响基体沉淀相的结构外，还改变了晶界的结构。当第二相在晶界是连续析出或质点间距过小时，容易构成阳极腐蚀通道而加大应力腐蚀倾向。过时效组织中，晶界第二相往往呈单独的颗粒状，而且尺寸较大，间隔较宽，并改变了析出物的性质（出现稳定析出物颗粒和 G.P 区消失），补偿了电化学电位，使晶体和晶界附近区晶粒之间的电化学电位得到平衡，同时又阻断了阳极溶解通道，因此过时效能有效改善铝合金的抗应力腐蚀性能。

至于无沉淀带的影响，目前存在几种彼此对立的观点。一是认为无沉淀带增加应力腐蚀倾向；二是与前一种意见相反，认为有助于提高应力腐蚀抗力；三是认为无直接影响。从发展趋势来看，最后一种意见可能比较切合实际，因为在实验中当通过调整热处理参数来改变无沉淀带宽度时，晶界沉淀相和基体组织也会发生变化，因此所得结果并不能确切地反映无沉淀带的单独影响。例如，过时效处理的无沉淀带可以较宽，但同时晶界第二相也比较粗大稀疏。许多试验已证明后者是更关键的因素，在晶界有沉淀相分布带，同时单独增加无沉淀带宽度，并不能改善应力腐蚀特性。

总之，对于高强及超高强铝合金，自然时效状态的应力腐蚀敏感性最高，一般的人工时效次之，过时效最低。特别是把成核处理和过时效结合起来的分级时效更为理想，不仅保持了过时效的优点，还进一步提高了显微组织的均匀性，成为目前改善应力腐蚀性能最有效的一种热处理。其唯一缺点是屈服强度降低，如 7075-T6 合金的屈服强度约下降 14%。

关于改善超高强铝合金抗腐蚀性能的热处理工艺研究，在 7075 合金 T73 状态开发之后，很久没有出现特别引人注目的进展，直到 1989 年美国 Alcoa 公司开发出 T77 状态，才有了很大的突破。为解决合金强度和应力腐蚀之间的矛盾，1974 年，以色列人 Cina 发明了一种三级时效工艺，简称 RRT（retrogression and reageing treatment），即在峰值时效后加一短时间的高温处理（回归），使晶内强化相重溶，然后再进行峰值时效（再时效），使 Al-Zn-Mg-Cu 系合金在保持 T6 状态的强度的同时获得了接近 T76、T74 状态的抗应力腐蚀能力。1989 年美国 Aloca 公司以 T77 为名注册了第一个 RRA 处理工艺实用规范，并使之开始走向实用阶段。T77 处理由于中间加了回归处理（或一级高温时效），使合金在保证晶内析出相的特征与峰值时效相似的同时，晶界具有与过时效相似的晶界特性，故有很好的抗应力腐蚀性能，同时强度和断裂韧性也好，见图 7-11。

晶间腐蚀、剥落腐蚀与应力腐蚀的特点有所不同，电化学的均匀性影响较大，而滑移变形方式的影响较小。因此，自然时效的晶间腐蚀倾向低于人工时效，但在过时效状态，两者又比较一致。

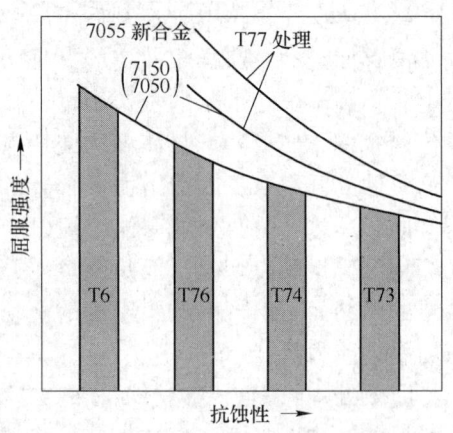

图 7-11　7055 与 7150、7050 合金的强度和抗腐蚀性能（SCC）对比

7.1.2　铝及铝合金挤压型材热处理技术

7.1.2.1　退火

铝合金的退火根据用途不同可分为预备退火、中间退火、成品退火三种。铝合金型材主要进行成品退火。

成品退火也称最终退火或完工退火。其目的是使制品的组织和性能达到技术条件所规定的要求。按对加工硬化的消除程度，成品退火可分为高温退火（O 态制品）、低温退火和去应力退火。

高温退火应保证材料获得完全再结晶组织和良好的塑性。在保证材料获得良好组织和性能的条件下，退火温度不宜过高，保温时间不宜过长。可热处理强化的合金，要防止空气淬火效应，要严格控制冷却速度，铝合金型材的退火多数是再结晶软化退火，在一般情况下，退火制度的确应保证制品能获得晶粒细小的再结晶组织。

一般金属的冷变形量越大，再结晶温度也越低。金属的纯度越高，再结晶过程进行得越快，再结晶温度也越低，只要稍微提高退火温度，就能加速再结晶的进行。当其他条件一定时，退火加热时间短（快速加热），一般可得到细小的晶粒；而退火加热时间长（慢速加热），其晶粒易于长大。再结晶时所选用的退火温度越高和保温时间越长，所得到的金属晶粒越大。再结晶的晶粒大小关系到退火后材料的力学性能好坏，必须合理确定加热速度、加热温度、保温时间等工艺制度。

典型铝及铝合金成品退火制度见表 7-3。

表 7-3　铝合金型材退火制度

合　　金	炉子定温/℃	金属温度/℃	保温时间/h	冷却方式
1060、1035、8A06、5A02、3A21	500~510	495±10	1.5	不限
5A03、5A05、5A06	370~410	370~390	1.5	不限
2A14、2A11、2A12、6061、6063	400~460	400~450	3.0	以不大于 30℃/h 的速度冷却到 270℃后，出炉空气冷却
7A04、7A09	400~440	400~430	3.0	以不大于 30℃/h 的速度冷却到 150℃后，出炉空气冷却

7.1.2.2　淬火

铝合金的淬火就是把要淬火的制品置于温度比较均匀的加热炉中，加热到规定的淬火温度，并在这个温度下保温一段时间，使之组织发生变化。一些能溶于铝中的合金元素，因在高温下溶解度增加，溶于固溶体中，然后迅速浸入水中冷却，把高温时的组织以过饱和固液体的形式在室温下固定下来。这便是淬火的全过程。

由此可知，强化相随温度的增高溶入固溶体中也增多，淬火后强化效果也好。但是，温度太高会使合金中低熔点共晶体熔化，这种现象称为过烧。因此，淬火温度不能过高，也不能过低。

淬火的目的是为了得到高浓度的过饱和固溶体，给自然时效和人工时效创造了必要条件。淬火工艺主要指淬火温度、淬火加热及保温时间、淬火冷却速度等。

A　淬火加热温度的选择

淬火加热温度主要是根据合金中低熔点共晶的最低熔化温度来确定的。在淬火加热过程中，要求合金中起强化作用的溶质，如铜、镁、硅、锌等能够最大限度地溶入铝固溶体中。因此，在不发生局部熔化（过烧）及过热的条件下，应尽可能提高淬火加热温度，以便时效时达到最佳强化效果。

淬火加热温度的上限是合金的开始熔化温度。有些合金含有少量共晶（如 2A12），溶质具有最大溶解度的温度相当于共晶温度，为防止过烧，固溶处理温度必须低于共晶温度，即必须低于最大固溶度的温度。有些合金按其平衡状态不存在共晶组织（如 7A04 等），在选择加热温度上限时，虽然有相当大的余地，但也应考虑非平衡熔化的问题。图 7-12 表示两个合金的示差热分析（DTA）曲线。可以看出，7A04 合金未经均匀化的试样在 490℃出现吸热尖峰，这是在 S（Al₂CuMg）相局部集中区域产生非平衡熔化所致。试样经均匀化后则不存在这种现象。与 7A04 合金不同，均匀化不能使 2A12 合金熔化温度改变，但可减少液相的数量。非平衡熔化同样可能出现过烧特征，因此应予以注意。

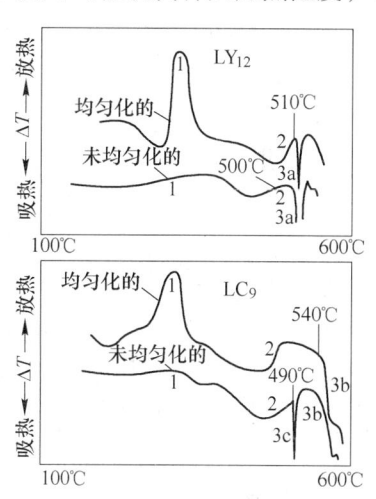

图 7-12　以 20℃/min 速度加热的 DTA 曲线（垂直箭头表示熔化开始）
1—过饱和固溶体脱溶；2—脱溶相重熔；
3a—2A12 平衡共晶熔化；
3b—7A04 平衡固相线熔化；
3c—7A04 非平衡共晶熔化

晶粒尺寸是淬火处理时需要考虑的另一重要组织特征。对于变形铝合金来说，淬火前一般为冷加工状态，在加热过程中，除了发生强化相溶解外，也会发生再结晶或晶粒长大过程。热处理可强化铝合金的力学性能，对晶粒尺寸相对不敏感，但过大的晶粒对性能仍是不利的。因此对高温下晶粒长大倾向性大的合金（如 6A02 等），应限制最高淬火加热温度。

许多铝合金挤压制品都有挤压效应。为了获得具有较高纵向力学性能的制品，需要保持较强的挤压效应，这时的淬火加热温度以取下限为宜。

表 7-4 列举了部分合金的淬火温度范围。

表 7-4　各种铝合金型材的淬火制度

合　金	工作室温度/℃			加热室温度/℃
	合适温度	允许温度	开始温度	
2A11	501～504	500～505	500	503±5
2A12	498～501	497～502	497	500±5

合　金	工作室温度/℃			加热室温度/℃
	合适温度	允许温度	开始温度	
2A14	501~504	500~505	500	503±5
2A50	510~514	510~515	510	512±5
6A02	517~520	516~521	516	518±5
6063、6061	527~530	526~531	526	528±5
7A04、7A09	473~476	472~477	472	477±5

B　淬火加热及保温时间

保温的目的在于使相变过程能够充分进行（强化相应充分溶解），使组织充分转变到淬火需要的状态。保温时间的长短主要与化学成分、组织状态、加热温度、装炉量、制品厚度和加热介质等因素有关。

随着淬火加热温度的提高，其相应的保温时间就要短些。通常状态合金中的第二相较粗大，溶解速率较小，所需的保温时间远比加工型材的长。就同一合金来说，变形程度大的要比变形小程度小的所需时间短。在已退火的合金中，强化相尺寸较已淬火—时效的合金粗大，故退火状态合金淬火加热保温时间较重新淬火的保温时间长得多。对于挤压制品，如果淬火加热的保温时间过长，将由于再结晶过程的发生，而导致局部或全部挤压效应消失，挤压制品的强度降低。装炉越多，制品越厚，则保温的时间越长。盐浴炉加热比空气介质加热（包括风循环炉）速度快，保温时间短。因此，在满足强化相要求的前提下，淬火加热时间及保温时间越短越好，以便得到较细的晶粒。

表 7-5 为型材的淬火加热保温时间和最大装炉量。

表 7-5　铝合金型材淬火加热保温时间和最大的装炉量（空气炉淬火）

型材最大壁厚/mm	保温时间/min	最大装炉量/kg
≤3.0	45	500
3.1~5.0	60	750
5.1~10.0	75	800
10.1~20.0	90	1000
20.1~30.0	120	1200
30.1~40.0	135	1200
40.1~60.0	150	1500
60.1~100.0	180	1500
>100.0	210	1500

C　淬火的冷却介质和速度

一般来说，采用最快的淬火速度，可以得到最高的强度以及强度和韧性的最佳组合，也会提高腐蚀及应力腐蚀抗力。但淬火速度越大，淬火制品的翘曲、扭拧的程度以及残余变形也越大，显然这是对产品不利的因素。降低冷却速度或采用拉伸矫直（伸长率1%~3%）可消除淬火残余应力。水是最常用且最有效的淬火介质，为了改变冷却速度可以采用不同的水温。水中加入不同物质也可使冷却速度改变，如加入盐及碱可使冷却速度提高，加入某些有机物（如聚二醇）可使冷却速度变得缓和。所以，淬火条件及淬火制品的尺寸和形状均会影响到淬火冷却速度，从而给制品的最终性能带来影响。合理的淬火冷却速度应能使制品淬火后的强度高、晶间腐蚀敏感性小且变形最小。一般规定，铝合金的淬火转移时间从出炉到入水不得超过30s。

D 铝合金型材淬火工艺要求及操作要点

（1）对有严重弯曲和扭拧的制品，淬火前应进行预矫直处理。变断面型材的淬火前必须进行严格的预矫正。

（2）在立式热空气循环淬火炉中淬火时，应使制品挤压前端朝上。对于厚度不大于3mm的型材和二次挤压制品应尾端朝上。变断面型材应大头朝上。

（3）淬火制品进炉前必须用铝线打捆，但不能捆得太紧。变断面型材大头部分不能互相贴紧，以免影响热空气流通，造成加热不均。

（4）相邻规格制品可以合炉淬火，但保温时间应按大规格计算。

（5）装炉前的炉温应该接近热处理加热温度，不允许在炉温高于规定下装炉。

（6）为了保证加热均匀，应控制淬火加热时的升温时间。淬火加热时的升温时间一般为30~35min。

（7）制品淬火前的水温一般为10~35℃。对于厚度等于或大于60mm的制品以及形状复杂、壁厚差别大的型材、变断面型材，淬火水温可适当提高，一般为30~50℃。

（8）淬火冷却时，制品应以最快速度全部侵入水中，并应上下摆动3次以上。

7.1.2.3 时效

合金经淬火呈亚稳定状态的过饱和固溶体，有发生分解和析出过剩溶质原子的趋势，在一定条件下，这种过饱和固溶体发生分解和析出的热处理阶段称时效。在室温条件下的时效称自然时效，需将制品加热一定温度并保持一定时间的时效称人工时效。

一般来讲，大多数铝合金在室温下就产生脱溶过程即发生自然时效，自然时效可在淬火后立即开始，也可经过一定的"孕育期"才开始。不同合金自然时效的速度相差很大，有的合金仅需数天，如硬铝合金（2A11、2A12等）在淬火后室温停放48h以后，性能开始趋于稳定；有的合金需经过数月或数年性能才能趋于稳定，如7A04合金即使自然时效3个月也难以达到稳定状态，只有在升高温度（通常高于120℃）的条件下，过饱和固溶体的分解和析出才可能加速。

时效硬化过程是过饱和固溶体分解和析出的过程，这个过程在时效整个阶段可分为三个阶段：第一个阶段是溶质原子沿基体的一定晶面产生富集，形成浓度偏聚，即G.P区的阶段。这个阶段中，G.P区域母相共格，结构与母相之间的表面能小，合金的强度、硬度开始升高。第二个阶段G.P区长大并转化为一种中间相（θ″）。θ″相完全与基体共格，在基体中均匀分布。但θ″相的结构与基体有差别，在相的周围会产生较大的晶格畸变，导致合金显著强化，其强化效果比G.P区要大。第三个阶段是中间过渡相（θ″）转变为具有独立晶体结构的稳定相，合金的强度，硬度开始降低，也就是过时效开始。如果时效时间再延长或温度升高，平衡相 θ″ 聚集长大，合金就会过时效，过时效的制品强度、硬度显著降低。

铝合金的时效硬化能力与固溶体的浓度和时效温度有关。理论上固溶体的浓度越高，时效效果越强烈，以接近极限溶解度的合金强化效果最大；反之，则效果越低。时效温度对时效效果的影响可用不同温度下的等温时效曲线来表示，见图 7-13。

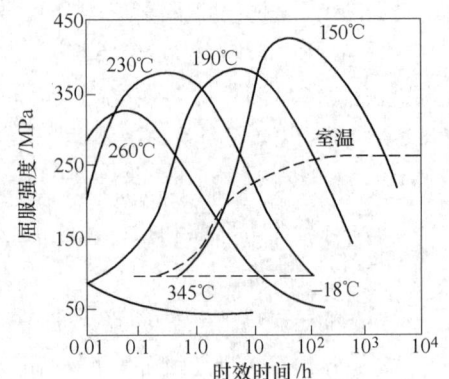

图 7-13　Al-4.5Cu-0.5Mg-0.8Mn
合金等温时效曲线

从图 7-13 中的曲线上可观察到以下特点：

（1）降低时效温度，可以阻碍或抑制时效硬化效应（如在 -18℃ 时）。

（2）时效温度提高，则时效硬化速度加快，时效时间缩短，但硬化峰值后的软化速度也加快。

（3）在具有强度峰值的温度范围内，强度最高值随时效温度升高而降低。

（4）在人工时效时，强度才会出现峰值。当制品的强度达到最高值时，如果继续延长时效时间，强度不仅不会升高，反而开始下降，出现"过时效"。

（5）自然时效不会出现过时效现象。

时效的目的是使淬火得到的过饱和固溶体发生分解并均匀析出，用来提高合金的强度性能。根据时效硬度化曲线可以确定时效工艺制度，也可避免过时效现象。

从时效硬度化曲线得知，在时效初期合金强度升高很慢或不升高且塑性很高，可利用这一特性对型材进行矫直操作，对生产非常有利。

对一般铝合金制品来说，采用自然时效时，其屈服强度稍低，而耐腐蚀性能较好。采用人工时效时，合金的屈服强度较高，而伸长率和耐腐蚀性能都降低，但对于 Al-Zn-Mg-Cu 系合金（7A04）则相反，当采用人工时效时，合金的耐腐蚀性能反而比自然时效的高。人工时效时，屈服强度较抗拉强度有更大的提高，因此，与同一合金的自然时效状态比较，人工时效后有更高的强度和较低的塑性。过时效降低抗拉强度及屈服强度，但塑性不能相应成比例升高。

铝合金经过时效后会发生时效硬化。铝合金的时效硬化是可逆的，若将经过自然时效的合金放在比较高的温度（但低于淬火加热温度）下短时间加热，然后再迅速冷却到室温，这时其强度将立即下降到和刚淬火时的差不多，即又回复到新淬火状态，其他性质的变化也往往相似，这种现象称回归。回归后的合金还能进行自然时效，可以重复多次。这种可逆效应称"回归效应"。但应指出，回归操作每重复一次，都会发生一部分不可逆的分解，使再时效的能力减弱。硬铝合金自然时效后在 200~250℃ 短时间加热后迅速冷却，其性能变化如图 7-14 所示。

自然时效后合金一般只生成 G.P 区，但 G.P 区是热力学不稳定的沉淀相，如在较高温度下短时间加热，即会迅速固溶体中回溶而消失，冷却后又变成过饱和固溶体而恢复再

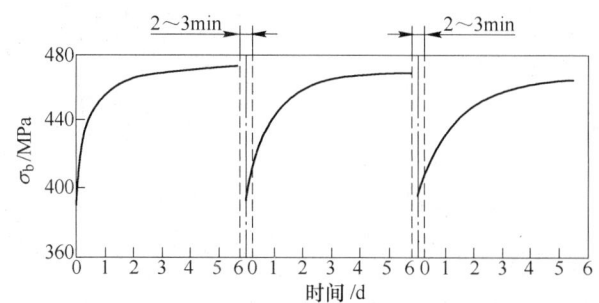

图 7-14　硬铝的回归现象（处理温度 214℃）

时效的能力，这就是回归效应产生的原因。

回归效应在工业生产中很有实用价值。例如对自然时效后因塑性降低零件的整形与修复处理困难，可以利用回归处理来恢复塑性。但应注意以下几点：

（1）回归处理的温度必须高于原先的时效温度，两者差别越大，回归越快、越彻底。相反，如果两者差别很小，则回归很难发生，甚至不发生。

（2）回归处理的加热时间一般很短，只要低温脱溶相完全溶解即可。如果时间过长，会使硬度重新升高或过时效，达不到回归效果。

（3）在回归过程中，仅预脱溶期的 G.P 区重新溶解，脱溶期产物往往难以溶解。由于低温时效时不可避免地总有少量脱溶期产物在晶界等处析出，因此，即使在最有利的情况下合金也不可能完全回归到新淬火状态，总有少量性质的变化是不可逆的。这样，既会造成力学性能一定的损失，也易使合金产生晶间腐蚀，使合金耐蚀性有所降低。因而有必要控制回归处理的次数。

对于某些铝合金制品来说，淬火和人工时效之间的间隔时间对其时效效果有一定的影响，如 Al-Mg-Si 系合金，在淬火后必须立即进行人工时效，才能得到高的强度，如果在室温停放一段时间再时效，对强度有不利影响。$w(Mg_2Si)>1\%$ 的合金在室温停放 24h 后再时效，强度比淬火后立即时效的低约 10%，这种现象称"停放效应"或"时效滞后现象"。因此，对于有"停放效应"的合金，应尽可能缩短淬火与人工时效的间隔时间，表 7-6 列出了某些铝合金型材的时效工艺制度。

表 7-6　铝合金型材的时效工艺制度

合　金	时效种类	时效规范		时效后状态
		金属温度/℃	时效时间/h	
2A11、2A12	自然时效	室温	96	T4
6A02	自然时效	室温	96	T4
	人工时效	155~165	8~10	T6
2A50	自然时效	室温	96	T4
	人工时效	150~160	8~12	T6
2A14	自然时效	室温	96	T4
	人工时效	155~165	8~15	T6

合　金	时效种类	时效规范		时效后状态
		金属温度/℃	时效时间/h	
6061	人工时效	160~170	8~10	T6
6063	人工时效	195~205	1.5~2	T6
7A04、7A09	人工时效	135~145	12~16	T6

7.1.3　铝及铝合金管、棒、线材的热处理技术

7.1.3.1　退火

退火就是通过消除金属或合金冷加工产生的加工硬化，或使金属或合金再结晶和（或）可溶组分从固溶体中聚集析出，使金属或合金软化的热处理。按其所要达到的不同目的，可将退火分为再结晶软化退火、不完全退火和稳定化退火。再结晶软化退火主要指坯料退火、中间工序退火及完全软化的成品退火。不完全退火是指使冷加工后的金属或合金的强度降低到控制指标，但未完全软化的成品退火。稳定化退火是将硬状态下不稳定的性能通过退火达到稳定状态的成品退火。

A　再结晶的基本过程

金属在加热的条件下，从某一退火温度开始，冷变形金属显微组织发生明显变化，在放大倍数不太大的显微镜下也能观察到新生的晶粒，这种现象称为再结晶。再结晶时不仅由新的等轴的晶粒代替旧的被拉长的晶粒，更重要的是内部结构更为完善，位错密度降至 $10^6 \sim 10^8 cm^{-2}$。再结晶的驱动力是变形时与位错有关的储能，再结晶使这部分储能基本释放。再结晶晶粒与基体间的界面一般为大角度界面，这是再结晶晶粒与多边化等过程所产生的亚晶间最重要的区别。

再结晶晶粒的必备条件是它们能以界面移动方式"吞食"周围基体而形成一定尺寸的新生晶粒，故只有与周围变形基体有大角度界面的亚晶才能成为潜在的再结晶晶核。因此，再结晶晶核一般优先在原始晶界、夹杂物界面附近、变形带、切变带等处生成。再结晶形核有两种主要机制。

(1) 晶界迁移机制。由于界面张力的作用，在原始晶粒大角度界面中的一小段（尺寸约几微米）突然向一侧弓出，这种弓出的晶界具有更高的能量，弓出的部分即作为再结晶晶核，它"吞食"周围基体而长大，故又称为晶界弓出形核机制。此过程的驱动力来自因变形不均匀而导致的晶界两侧的位错密度差。

(2) 长大形核机制。亚晶界的位向差取决于位错壁中同号位错的数量。同号位错过剩量越大，则亚晶界间的位向差越大。当亚晶长大时，原分属各亚晶界的同号位错都集中在长大后的亚晶界上，使其与周围基体向差角增大，逐渐演变成大角度界面。此时，界面迁移速度突增，开始真正的再结晶过程。亚晶长大的可能方式有两种，即亚晶的成组合并及个别亚晶选择性增长。

以上两种形核机制主要作用是扩散过程。因此，再结晶形核随温度升高而加速，晶粒长大速度随温度升高而加速。

B 影响再结晶温度的因素

发生再结晶的温度称为再结晶温度。再结晶温度不是一个物理常数，在合金成分一定的情况下，它与变形程度及退火时间有关。若是变形程度及退火时间恒定，则再结晶既有开始温度，也有完成温度。目前我国习惯将开始再结晶温度定为再结晶温度。再结晶终了温度总比再结晶开始温度高，但影响它们的因素是相同的。

a 冷变形程度对再结晶温度的影响

冷变形程度是影响再结晶温度的重要因素。当退火温度一定（一般取 1h）时，变形程度与再结晶开始温度的关系如图 7-15 所示。随着变形程度增加，金属储存的能量也就愈多，有更大的推动力促使金属进行再结晶，造成再结晶开始温度降低。同时，随着变形程度的增加，完成再结晶过程所需的时间也相应地缩短。当变形程度达到一定值后，再结晶开始温度趋于一定值（$T_{再}$）。通常将变形程度在 60%~70% 以上，退火 1~2h 的最低再结晶开始温度 $T_{再}^{开}$ 视为金属的一种特性，可用来表示金属的再结晶温度。

b 退火时间对再结晶温度的影响

退火时间是影响再结晶温度的另一重要因素。随着退火时间延长，再结晶温度降低。图 7-16 示出了两者之间的关系。

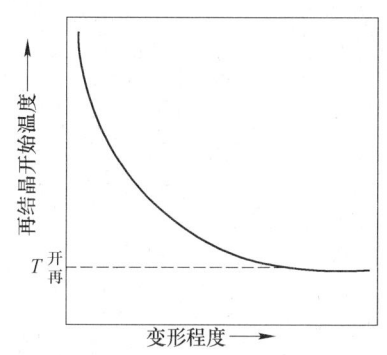

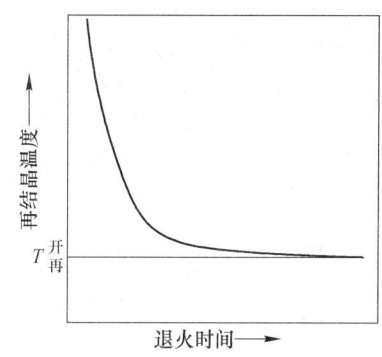

图 7-15 变形程度对再结晶开始温度的影响 　　图 7-16 退火时间对再结晶温度的影响

c 原始晶粒及退火加热速度对再结晶温度的影响

原始晶粒小，金属变形储能高，再结晶温度就低。加热速度过慢或过快均有升高再结晶温度的趋势。前者是回复过程的影响，后者则与再结晶来不及进行有关。

d 合金成分对再结晶温度的影响

在固溶体范围内，加入少量元素通常能急剧调高再结晶温度。金属越纯，再结晶温度越低，如高纯铝在室温下就会发生再结晶，故金属中含有少量元素，其作用即已明显。随着元素浓度继续增加，再结晶温度的增量逐渐减小，并在达到一定浓度后基本不再改变，有时甚至开始降低，在固溶线附近可能达到再结晶温度的极小值。

少量元素急剧提高再结晶温度的原因在于它们易于集聚在位错周围形成柯垂耳气团，阻碍位错重新组合，因而阻碍再结晶形核及晶粒长大。只有在更高温度下通过强烈的热扰动破坏柯垂耳气团后，再结晶过程才得以进行。

e 冷、热变形对再结晶温度的影响

冷变形与热变形对再结晶温度的影响是不一样的，对于同一合金，在退火制度相同的条件下，由于热挤压过程有很强的回复功能，材料内的位错密度始终保持较低的水平，使热变形的再结晶温度明显提高。因此，热挤压制品的再结晶温度高，而冷变形制品的再结晶温度低。表7-7列出了部分铝合金不同制品的再结晶参数。

表 7-7　铝合金不同制品的再结晶参数

合金	品种	规格/mm	工艺条件				再结晶温度/℃		备注
			挤压或冷加工		退火方式				
			温度/℃	变形率/%	盐浴炉或空气炉	保温时间/min	开始温度	终了温度	
1060	棒材	φ10.5	350	98					
1035	板材	φ10	350	92					
1035	二次挤压管材	φ50×4.5	350	96					挤压状态已完全再结晶
1035	排材	60×6	350	96	盐浴炉	10		455~460	挤压状态已开始再结晶
1035	冷轧管	φ18×1	室温	59		10	280~285	355~360	
3A21	棒材	φ110	380	90	空气炉	60	520~525	555~560	不完全
3A21	棒材	φ110	380	90	盐浴炉	60	520~525	555~560	完全
3A21	冷轧管	φ37×1	室温	85	盐浴炉	10	330~335	525~530	
2A11	棒材	φ60	370~420	97	空气炉	20	360~365	535~540	
2A11	冷轧管	φ18×1.5	室温	98	空气炉	20	270~275	315~320	
2A12	棒材		370	94	空气炉	20	380~385	530~535	
2A12	挤压管	φ83×28	370~420	89	空气炉	20	380~385	535~540	
2A50	棒材	φi50	350	87	盐浴炉	20	380~385	550~555	
6A02	棒材	φ10	350	98.6	盐浴炉	20		445~450	挤压状态已开始再结晶

C　再结晶晶粒长大

当变形基体完全由新生的再结晶晶粒取代时，就意味着再结晶过程终结。若继续保温或提高加热温度，还会发生进一步的组织变化，即再结晶晶粒长大。再结晶晶粒长大可能有以下两种形式。

（1）晶粒均匀长大——聚集再结晶。晶粒均匀长大又称为正常的晶粒长大或聚集再结晶。在这个过程中，一部分晶粒的晶界向另一部分晶粒内迁移，结果一部分晶粒长大而另一部分晶粒消失，最后得到相对均匀的较为粗大的晶粒组织。由于一方面无法精确掌握再结晶恰好完成的时间，另一方面在整个体积中再结晶晶粒绝不会同时互相接触，因此，通常退火所得到的晶粒都发生了一定程度的长大。

（2）晶粒选择性长大——二次再结晶。在晶粒较为均匀的再结晶基体中，由于某些再结晶晶粒具备了一定的有利条件，其晶界的迁移速率较快，使这些晶粒可能急剧长大，这种现象称为二次再结晶。可以说二次再结晶的必要条件是基体稳定化，即正常晶粒长大受阻。在此前提下，由于某种原因使个别晶粒长大不受阻碍，则它们就会成为二次再结晶的核心。因此，凡阻碍正常晶粒长大的因素均对二次再结晶有影响。

铝合金的二次再结晶首先与合金元素有关。铝合金中含有铁、锰、铬等元素时，由于生成 $FeAl_3$、$MnAl_6$、$CrAl_3$ 等弥散相，可阻碍再结晶晶粒均匀长大。但加热至高温时，有少数晶粒晶界上的弥散相因溶解而首先消失，这些晶粒就会率先急剧长大，形成少数极大的晶粒。由此可知，锰、铬等元素在一定条件下可细化晶粒组织，但在另一种条件下，则可能促进二次再结晶，从而形成粗大的或不均匀粗大的组织。

退火后产生的再结晶织构存在"织构制动效应"。在明显择优取向的材料中总存在少数不同位向的晶粒（如原始晶界附近），这些晶粒若尺寸较小或与平均尺寸相等，则会被周围晶粒吞并。若这些位向的晶粒尺寸较平均晶粒尺寸大，就好发生长大而开始二次再结晶过程。原始再结晶织构越完善，则因正常长大更受抑制而使二次再结晶越明显。

再结晶晶粒大小是重要的组织特征，直接影响材料的使用性能和表面质量等。影响再结晶晶粒大小的主要因素有以下几种：

（1）合金成分的影响。一般来说，随合金元素及杂质含量的增加，晶粒尺寸减小。因为不论是合金元素溶入固溶体中，还是生成弥散相，均阻碍界面的迁移，有利于形成细晶粒组织。但某些合金，若固溶体成分不均匀，则反而可能出现粗大晶粒组织，如 3A21 合金加工材的局部粗大晶粒。

（2）原始晶粒尺寸的影响。在合金成分一定时，变形前的原始晶粒尺寸大小对再结晶的晶粒尺寸也有影响。一般情况下，原始晶粒越细，原有大角度界面越多，因而增加了晶核的形核率，使再结晶后的晶粒尺寸细小。但随变形程度的增加，原始晶粒的影响程度逐渐减弱。

（3）变形程度的影响。变形程度对退火后晶粒尺寸的大小影响较大，如图 7-17 所示，在大于临界变形程度时，随着变形程度的增加，退火后的再结晶晶粒逐渐减小。

由某一变形程度开始发生再结晶并且得到极粗大的晶粒（有时达几厘米），这一变形程度称为临界变形程度或临界应变，用 ε_c 表示。在一般条件下，ε_c 为 1% ~ 15%。

当变形程度小于 ε_c 时，退火时只发生多边化过程，原始晶界只需做短距离迁移（约为晶粒尺寸的数百万分之一至数十分之一）就足以消除应变的不均匀性。当变形程度达到 ε_c 时，个别部位变形不均匀性很大，

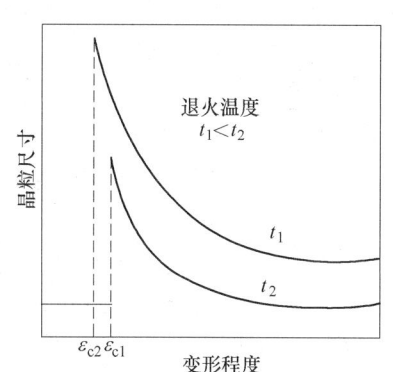

图 7-17 变形程度对退火后
晶粒尺寸的影响
ε_c—临界变形程度

其驱动力足以引起晶界大规模移动而发生再结晶。但由于此时形核率 N 小，形核率与晶核长大速度的比值 N/G 值也小，因而得到粗大晶粒。此后，在变形程度增大时，N/G 值不断增大，再结晶晶粒不断细化。

退火温度越高，临界变形程度越小，如图 7-17 所示。因为在相同驱动力下，退火温度升高使原子热激活的概率增加，易于打破驱动力与阻力之间的平衡，使晶粒尺寸减小。

变形温度升高，变形后退火时所呈现的临界变形程度也增加，如图 7-18 所示。这是因为高温变形的同时会发生动态回复，使变形储能降低。这一现象表明，为得到较细化晶

粒，高温变形可能需要更大的变形量。

金属越纯，临界变形程度越小，如图 7-19 所示，但加入不同元素影响程度不同。如铝中加入少量锰元素可显著提高铝的临界变形程度，但加入锌和铜时，即使加入量较大，其影响也较微弱，这与锰能生成阻碍晶界迁移的弥散质点 $MnAl_6$ 有关。

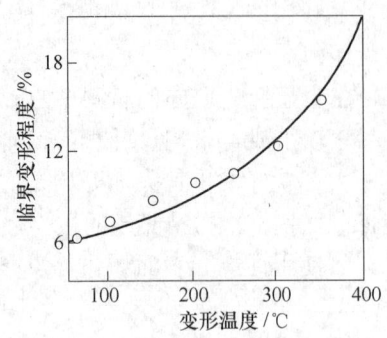

图 7-18　铝的临界变形程度与
变形程度的关系
（450℃退火 30min）

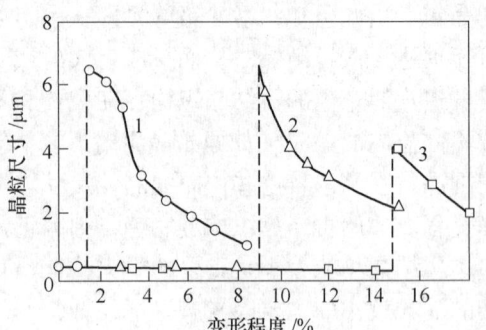

图 7-19　不同锰含量和变形程度对
铝合金再结晶晶粒尺寸的影响
1—99.7%Al；2—Al+0.3%Mn；3—Al+0.6%Mn

临界变形程度 ε_c 有重要的实际意义。为了退火时能得到细小均匀的晶粒，应避免变形程度发生在临界变形程度 ε_c 附近。但有时为了得到粗晶、两晶粒晶体或单晶体，也可应用临界变形程度 ε_c 这一特性来实现。

（4）退火工艺参数的影响。退火温度升高，形核率 N 和晶核长大速度 G 增加。若形核率 N 和晶核长大速度 G 以相同的规律随温度变化而变化，则再结晶完成的瞬间，其再结晶晶粒尺寸应与退火温度无关；若形核率 N 随温度升高而增大的趋势比晶核长大速度 G 增长的趋势强，则退火温度越高，再结晶完成瞬间的晶粒尺寸越小。但许多情况下晶粒会随着退火温度的升高而粗化，这是因为实际退火时都已进入晶粒长大阶段，这种粗化实质上是晶粒长大的结果。温度越高，再结晶完成时间越短，在相同保温时间下，晶粒长大时间更长，高温下晶粒长大速率也越大，因而最终得到更为粗大的晶粒，如图 7-20 所示。

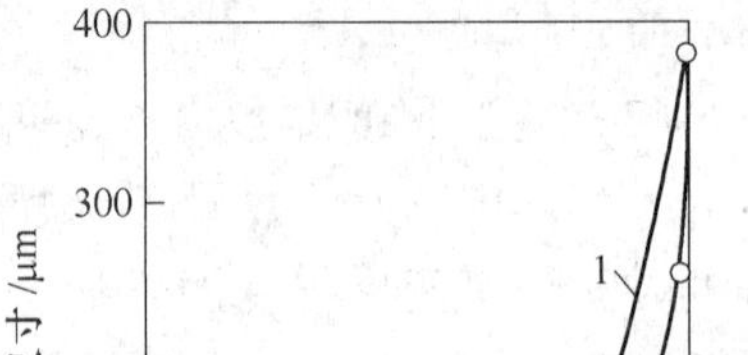

（5）保温时间的影响。在一定退火温度下，随着退火时间的延长，晶粒逐渐长大，并在达到一定尺寸后，晶粒长大的速率基本终止。这是因为晶粒尺寸与时间的规律呈抛物线形，所以在一定温度下晶粒尺寸会有一极限值。

图 7-20　铝和铝合金退火后晶粒尺寸
与退火温度关系（保温 1h）
1—99.7%Al；2—Al+1.2%Zn；
3—Al+0.6%Mn；4—Al+0.55%Fe

若晶粒尺寸达到极限值后，再提高退火温度，晶粒还会继续长大直到下一温度的极限值，这是因为：1）原子扩散能力提高了，打破了晶界迁移力与阻力的平衡关系；2）温度升高破坏了晶界附近杂质偏聚区，并促进弥散相部分溶解，使晶界迁移更易于进行。

（6）加热速度的影响。提高加热速度，可使再结晶后的晶粒细小，这是因为：1）快速加热时，回复过程来不及进行或进行得很不充分，因而不会使冷变形储能大幅度降低；2）快速加热提高了实际开始发生再结晶的温度，使形核率增大；3）快速加热使晶粒长大趋势减弱，这也是加热速度对多项合金更为敏感的原因。

正确情况下，再结晶晶粒尺寸在整个材料体积中应该大致均匀相等，但有时也可能出现不均匀的再结晶组织。这些不均匀的再结晶组织的基本形式及产生条件大致如下：

（1）均匀的晶粒尺寸不均匀性。其特征是在整个体积中粗晶粒群及细晶粒群大致均匀交替分布。这种不均匀性可能产生于二次再结晶未完成阶段。

（2）局部的晶粒尺寸不均匀性。其特征是粗晶粒分布在某一特定区域中。这种情况往往发生在强烈局部变形时，此时变形程度由强烈变形区的最大值一直过渡到远离该区的未变形状态。在过渡区中必然会存在处于临界变形程度附近的区域，退火时该区域就会成为粗晶区。假若这种局部变形情况在工艺上无法避免，则应采用回复退火以防止粗晶出现。

（3）岛状的晶粒尺寸不均匀性。其特征是粗晶粒群与细晶粒群在整个体积中无规律地分布。这种不均匀性可能产生原因之一是铸锭中成分偏析，造成变形不均匀及再结晶不均匀，因而型材变形程度不等的粗、细晶粒群。

（4）带状的晶粒尺寸不均匀性。其特征是粗、细晶粒分别沿主变形方向呈带状分布。当变形制品中，弥散质点呈纤维状分布时，再结晶退火时可能造成带状的晶粒尺寸不均匀性。

晶粒尺寸的不均匀性是多种多样的，它对材料的性能不利。一旦发生这些不均匀组织，不论随后采取何种热处理措施都不能将其消除，所以，应力求避免发生。

D　退火工艺制定

a　选择退火工艺的基本原则

按退火时的组织变化，退火可分为回复退火和再结晶退火两大类。回复退火一般作为半成品退火，以消除应力。再结晶退火可分为完全退火及不完全退火。完全退火主要用于热变形后冷变形前坯料的预备退火，冷变形过程中的中间退火以及获得软制品的最终退火。不完全再结晶退火一般用作最终退火以得到半硬制品，主要用于热处理不强化的合金。

在实际生产中往往将退火分为高温退火及低温退火两大类。高温退火通常为完全再结晶退火。在半成品生产过程中，预备退火（坯料退火）、中间退火控制不如成品退火那么严格。此外，坯料退火是为了消除热变形后的部分加工硬化及淬火效应，因而从某种意义上讲，热处理可强化铝合金的坯料退火可认为属于基于固态转变的退火范围。

低温退火主要用于纯铝及热处理不可强化铝合金，以稳定性能、消除应力以及获得半硬化制品。纯铝及 Al-Mg 系合金的低温退火主要是回复退火，Al-Mn 系等合金在低温退火时可能会发生部分再结晶。

退火工艺的主要参数为退火温度和保温时间，有些情况下加热速度和冷却速度对最终性能也有很大的影响。

b　铝及铝合金管、棒、线材退火工艺制度

铝及铝合金管、棒、线材退火工艺参数见表 7-8~表 7-11。

表7-8　铝及铝合金管材退火工艺参数

制　品	合金牌号	退火温度/℃	保温时间/h	冷却方式
轧制毛坯、拉伸毛坯、拉伸中间毛坯、厚壁管成品	2A11、2A12、2A14、2017、2024	430~460	2.0~3.0	冷却速度不大于30℃/h，冷却到270℃以下出炉
轧制毛坯	5A02、5A03、5A05、5052、5056、5083	370~400	1.0~1.5	空冷
	5A06	315~335		
拉伸毛坯、拉伸中间毛坯	3A21、5A02、5052	470~500		
	5A03、5A05、5A06、5056、5083	450~470		
	1070A、1060、1050A、1035、1200、8A06、6A02、6061、6063	410~440	1.0~2.5	
薄壁管成品、二次轧制毛坯	2A11、2A2、2A14、2024	350~370	1.0~2.0	冷却速度不大于30℃/h，冷却到340℃以下出炉
	5A02、5A03、5083	370~390	1.0~2.0	
成品管材	1070A、1060、1050A、1035、1200、8A06、5A02、5A03、5A05、5056、5083、6A02、3A21	370~390	1.0~1.5	空冷
半冷作硬化管材	5A06、2A14	315~335	0.5~1.0	
	5A12、5A03	230~250		
	5A05、5A06、5056、5083	270~290	1.5~2.5	
减径前低温退火	2A11、5A03	270~290	1.0~1.5	
	2A12、5B05	270~290	1.5~2.5	
	5A05、5A06	315~335	0.5~1.0	
	5056	440~460	1.0~1.5	
稳定化退火	5056	115~135	1.0~2.0	

表7-9　铝及铝合金棒材退火工艺

合　金	金属温度/℃	保温时间/h	冷　却　方　式
1060、1035、8A06、5A02、3A21	380~400	1.5	不限
	490~500①	0.5	
5A03、5A05、5A06	370~390	1.5	不限
2A11、2A12、2A14	400~450	3.0	冷却速度不大于30℃/h，冷却到270℃以下出炉
7A04、7A09、7075	400~430	3.0	冷却速度不大于30℃/h，冷却到150℃以下出炉

①此制度适用于在空气淬火炉中退火。

表 7-10 铝及铝合金线材退火制度

合 金	金属温度/℃	保温时间/h	冷 却 方 式
1070A、1060、1050A、1035、1200、8A06	370~410	1.5	出炉冷却
1050A（退火状态导线）	270~300	1.5	出炉冷却
2A04、2B11、2B12、2A10、2A16（直径不小于 8mm）	370~390	1.5	冷却速度不大于 30℃/h，冷却到 270℃以下出炉
2A01、2A10（直径大于 8mm）	370~410	2.0	出炉冷却
7A03、7A04	320~350	2.0	冷却速度不大于 30℃/h，冷却到 250℃以下出炉

表 7-11 铝及铝合金管、棒、线材推荐的退火工艺制度

合 金	退火温度[①]/℃	保温时间/h
1070A、1060、1050A、1035、1100、1200、3004、3105、3A21、5005、5050、5052、5056、5083、5086、5154、5254、5454、5456、5457、5652、5A02、5A03、5A05、5A06、5B05	345	[②]
2036	385	2~3
3003	415	2~3
2014、2017、2024、2117、2219、2A01、2A02、2A04、2A06、2B11、2B12、2A10、2A11、2A12、2A16、2A17、2A50、2B50、2A70、2A80、2A90、2A14、6005、6053、6061、6063、6066、6A02	405[③]	2~3
7001、7075、7175、7178、7A03、7A04、7A09	405[④]	2~3

① 退火炉内金属温度变化不应大于 +10~-15℃ 范围。

② 考虑到金属的厚度和直径，炉内的停留时间不应超过达到制品中心所需温度必须的时间。冷却速度可不考虑。

③ 退火消除了固溶热处理的作用。冷却速度以不大于 30℃/h 的速度冷却到 260℃以下出炉空冷。

④ 以一种非控制速度，在空气中冷却到 205℃以下，随后重新加热到 230℃，保温 4h，出炉在室温下冷却。通过这种退火方式可消除固溶热处理作用。

c 铝合金管、棒、线材退火工艺操作要点

（1）成品管、棒材退火前必须进行精整矫直，其尺寸符合成品要求。

（2）带夹头的管材退火时，必须在紧靠夹头处打眼，便于热空气循环流动。打眼孔的大小应适当，以后续拉伸既不断头又不影响空气流通为宜。对于中小规格的管、棒材，应尽量按层装炉，层与层之间应用隔板隔开，以利于加热均匀。

（3）装筐时，长制品放在下面，短制品放在上面；壁厚相同，直径小的放在下面，直径大的放在上面；直径相近的管材，壁厚大的放在下面，壁厚小的放在上面。棒材应大规格的放在下面，小规格的放在上面。

（4）外径较小（一般小于 20mm）或壁厚较薄（一般小于 1.0mm）的管材退火时，应用玻璃丝带打捆，以防止退火后管材变软，造成出料困难或管材弯曲。

（5）退火前应将表面润滑油清理干净，防止温度高时产生过烧，或温度低时，润滑油

挥发不掉而造成表面油斑，使管材无法继续加工。

（6）低温退火时，不得冷炉装炉。

（7）装炉时应尽量热炉装炉，提高升温速度，可提高生产效率，减少能源消耗，降低晶粒长大速率。对于要求晶粒度3A21、5A02、5A03等合金，应采用快速加热和装炉量少的方式，减少升温时间。

（8）退火制品应摆放整齐，不允许来回交错堆放，防止因制品软化而产生大的变形。

（9）制品装、出炉（筐）时应选择合适的吊具，防止吊运不当造成管材压扁变形或制品弯曲。

（10）退火后的制品表面润滑油已清理干净，无润滑效果，搬运中应注意减少制品之间相互摩擦而产生的擦划伤。

7.1.3.2　淬火与时效

A　淬火

淬火是将合金在高温下所具有的状态以过冷、过饱和状态固定至室温，使其基体转变成晶体结构与高温状态不同的亚稳定状态的热处理形式。

淬火获得的过饱和固溶体有自发分解，即脱溶的倾向。大多数铝合金在室温下就可产生脱溶过程，这种现象称为自然时效。自然时效可在淬火后立即开始，也可经过一定的孕育期才开始。不同合金自然时效的速度有很大区别，有的合金仅需数天，而有的合金则需数月甚至数年才能趋近于稳定态（用性能的变化衡量）。若将淬火得到的基体为过饱和固溶体的合金在高于室温的温度下加热，则脱溶过程可能加速，这种操作称为人工时效。

淬火后性能的改变与相成分、合金原始组织及淬火状态组织特征、淬火条件、预先热处理等一系列因素有关。一些合金淬火后，强度提高，塑性降低；而另一些合金则相反，经处理后强度降低，塑性提高，还有一些合金强度与塑性均提高。

多数铝合金淬火后，一般是保持高塑性的同时强度提高，其塑性可能与退火合金相差不大，如2A11、2A12合金的退火性能与淬火性能比较见表7-12。

表7-12　淬火态与退火态力学性能比较

合金牌号	抗拉强度/MPa		伸长率/%	
	退火	淬火	退火	淬火
2A11	196	294	25	23
2A12	255	304	12	20

淬火对强度及塑性的影响主要取决于固溶强化的程度以及过剩相对材料的影响。若过剩相质点对位错运动的阻滞不大，则过剩相溶解造成的固溶强化效果必然会超过溶解而造成的软化效果，使合金强度提高。若过剩相溶解造成的软化超过基体的固溶强化效果，则合金强度降低。若过剩相属于硬而脆的大尺寸质点，它们的溶解也必然伴随塑性提高。

对于热处理可强化合金，淬火与时效联合使用，可提高铝合金的强度，一般为最终处理。对于热处理不可强化的合金，可采用淬火来达到材料软化的目的，对于纯铝及3A21等合金，由于淬火温度高，升速度快，降温速度快，晶粒来不及长大，从而可获得晶粒较细的退火性能。

a　变形铝合金系的脱溶过程

铝-铜-镁系合金

铝-铜-镁系合金的脱溶序列为：G. P 区 →S′(Al_2CuMg) →S(Al_2CuMg)。

自然时效时形成 G. P 区。与铜含量相同的 Al-Cu 合金比较，G. P 区形成速率与自然时效强化值均要大些。可以认为，Al-Cu-Mg 系合金中的 G. P 区是由富集在 $\{110\}_\alpha$ 晶面上的镁原子和铜原子群所组成，铜和镁原子预先形成某种原子偶，这种原子偶以钉扎位错的机制使合金强化。

2A12 合金在高温下时效产生过渡相 S′，此相在基体 $\{021\}$ 晶面上与基体共格。平衡相 S 形成使共格性消失而导致过时效。

铝-镁-硅系合金

铝-镁-硅系合金的脱溶序列可表示为：G. P 区 →β′(Mg_2Si) →β(Mg_2Si)。

该系合金可发生自然时效强化，说明形成了 G. P 区。合金在不大于 200℃ 短时效后，用 X 射线及电子衍射可证明存在着非常细小的针状 G. P 区，针的位向平行于基体<001>晶向，G. P 区直径大约有 $60×10^{-10}$m，长 $200×10^{-10} \sim 1000×10^{-10}$m。也有研究证明，G. P 区开始为球状，在接近时效曲线最高强度处转变成针状。进一步时效时，G. P 区产生明显的三锥长大，形成杆状 β′质点，其结构相当于高度有序的 Mg_2Si。在更高温度下，过渡相 β′将无扩散转变成 β(Mg_2Si) 相。

无论是 G. P 区还是过渡相阶段，都没有直接证据证明有共格应变产生。由此可以认为，强化的原因是位错运动时与 G. P 区相遇，需要增加能量以打断 Mg—Si 键。

硅含量超过 Mg_2Si 比例的合金中，在时效的早期阶段，发现有硅质点在晶界脱溶的现象。

铝-锌-镁及铝-锌-镁-铜系合金

比较快的速度淬火后，铝-锌-镁系合金在较低的温度（包括室温）下进行时效，将形成近似球状的 G. P 区，时效时间延长，G. P 区尺寸增大，合金强度也增加。在室温下长期时效后，G. P 区直径可达 $12×10^{-10}$m，屈服强度达到标准人工时效屈服强度的 95%，说明该系合金的自然时效速度较铝-铜-镁系合金低得多。$w(Zn)/w(Mg)$ 比值较高的合金，在高于室温的温度下长期时效可使 G. P 区转变成 η′（或称 M′）过渡相。η′相为六方结构，晶面与基体 $\{111\}$ 面部分共格，但 c 轴方向与基体是非共格的。在人工时效达到最高强度时，脱溶产物为 G. P 区及部分 η′相，其中 G. P 区平均直径为 $20×10^{-10} \sim 35×10^{-10}$m。随时间延长或温度升高，η′相转变成 η($MgZn_2$)。当成分处于平衡条件下有 T($Mg_3Zn_3Al_2$) 相存在的相区时，η′相则被 T 相取代。在 $w(Zn)/w(Mg)$ 比值较低的合金中，在较高温度及较长时效时间下，可能产生 T′过渡相，所以，脱溶序列表示为：G. P 相（球状）→η′ →η($MgZn_2$) →T′→T($Mg_3Zn_3Al_2$)。

若将已低温时效的铝-锌-镁系合金在较高的温度下进一步时效，则小的 G. P 区溶解，大的 G. P 区长大并转变成 η′相。若控制在较理想的温度，大多数 G. P 区将长大并转变成 η′相，使 η′相能更均匀地分布，达到更好的时效效果。

向铝-锌-镁系合金中加入铜，对该系合金的脱溶过程有影响。当 $w(Cu) \leqslant 1\%$ 时，基本上不改变该系合金的脱溶机制，铜的强化作用基本上属于固溶强化。当铜含量更高时，铜原子可进入 G. P 区，提高 G. P 区温度的温度范围；在 η′相及 η 相中，铜原子及铝原子取代锌原子，形成与 $MnZn_2$ 同晶型的 MgAlCu 相。铜原子进入 η' 相可以提高合金的抗应力腐蚀开裂能力，因此具有较大的实际意义。

b　铝合金淬火工艺制定原则

合理的淬火工艺能够赋予材料优良的使用性能。不同的使用环境对材料的使用要求也不同，一般结构件，最主要的是强度特性。常温下使用的材料，应使材料获得高的强度性能。高温下使用的材料，则必须考虑其热强度，所以淬火工艺决定了材料的最终要求。

淬火加热温度

加热的目的是使合金中起强化作用的溶质，如铜、镁、硅、锌等元素最大限度地溶入铝固溶体中。因此，在合金不发生局部熔化（过烧）的加热条件下，应尽可能提高加热温度，使强化相充分溶解到固溶体中，以便时效时达到最强化效果。

淬火加热温度的下限是固溶度曲线，而上限为开始熔化温度。有些合金在平衡状态下含有少量共晶组织，如 2A12 合金，溶质具有最大溶解度的温度相当于共晶温度，所以加热必须低于共晶温度，即必须低于具有最大固溶度的温度。有些合金在平衡状态时不存在共晶组织，如 7A04 合金，在选择上限温度时，其余量范围很大，但也应考虑非平衡相熔化问题。

淬火温度的要求比较严格，允许的温度波动范围小，一般控制在 ±2～±3℃ 范围内。加热过程中应保证金属温度具有较好的均匀性，悬挂在空气炉中时，应使制品之间有一定的间隙，以便于空气循环，提高温度的均匀性。如果制品之间靠得过紧，中间部分加热速度低于边部金属，会使制品加热温度不均匀，造成各部位性能不均匀。

淬火加热时，除发生强化相溶解外，还会发生再结晶或晶粒长大过程，这些变化对淬火后合金的性能造成一定的影响。在确定淬火温度时，应根据不同的合金特点、加工工艺及最终要求予以考虑。如高温下晶粒长大倾向大的合金（6A02、6061），应限制最高加热温度。为了提高强化效果，在不发生过烧的前提下，尽量提高淬火温度。如 2A12 合金淬火温度分别为 495℃ 和 475℃，同样保温 10min，则抗拉强度可相差 30MPa。

过烧是淬火时易于出现的一种缺陷，对金属的性能影响较大。所谓过烧就是热处理时金属温度过高，使合金中低熔点共晶体熔化的现象。轻微过烧时，表面特征不明显，显微组织可观察到晶界稍变粗，并有少量球状易熔组成物，晶粒也较大。反映在性能上，冲击韧性明显降低，腐蚀速度大大增加。严重过烧时，处理晶界出现易熔物薄层，晶内出现球状易熔物外，粗大的晶粒晶界平直、严重氧化，三个晶粒的衔接点呈黑色三角形，有时出现沿晶界的裂纹。在制品表面颜色发暗，有时甚至出现气泡等凸出颗粒，图 7-21 所示为 7A04 合金淬火过烧组织。

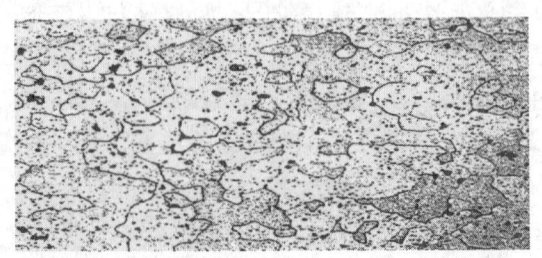

图 7-21　7A04 合金淬火过烧组织（×200）

淬火加热保温时间

保温的目的在于使相变过程能够充分进行（强化相充分溶解），使组织充分转变到淬火需要的形态。保温时间的长短主要取决于合金成分、原始组织及加热温度。温度越高，相变数几率越大，所需保温时间越短。如 2A12 合金在 500℃ 加热，只需保温 10min 就足以使强化相溶解，自然时效后的强度较高。而在 485℃ 下保温 15min，虽强化相已溶解，但自然时效后的强度有所降低。

材料的预先处理和原始组织（包括强化相尺寸、分布状态等）对保温时间也有很大的影响。就同一合金来说，变形程度大的要比变形程度小的所需时间短。已退火的合金，强化相尺寸较已淬火—时效后的合金粗大，故退火状态合金淬火加热保温时间较重新淬火的保温时间长得多。

保温时间与装炉量、制品厚度及排列密度、加热方式等因素有关。装炉量越多、制品厚度越厚、制品排列密度越大，保温时间越长。盐浴炉加热比空气循环炉加热速度快，加热时间短。保温时间应从炉料最冷部分达到淬火温度的下限算起，但在工业化大生产条件下，由于测量金属温度难度较大，可采用通过计算金属吸热时间和实际测量金属升温所需的时间，来确定金属保温时间。

淬火加热速度

淬火加热速度对晶粒尺寸有一定影响。大的加热速度可以保证再结晶过程在第二相溶解前发生，从而有利于提高形核率，获得细小的再结晶晶粒。但也应注意，当装炉量较大、制品厚度较厚、制品排列密度较大时，如果加热速度过快，可能会出现加热不透或加热不均匀的现象，影响材料性能的均匀性。

淬火冷却速度

淬火的目的是使合金快速冷却至某一较低温度（通常为室温），使在固溶处理时形成的固溶体固定成室温下熔质和空位均呈过饱和状态的固溶体。一般来说，采用最快的淬火冷却速度可得到最高的强度以及强度和韧性的最佳组合，提高制品抗腐蚀及应力腐蚀的能力。

图 7-22 示出了临界冷却速度 v_r，即合金从淬火温度下以不同冷却速度冷却，和与 C 形曲线相切的冷却速度 v_c。临界冷却速度与合金系、合金元素含量和淬火前合金组织有关。不同系的合金，原子扩散速率不同，基体与脱溶相间表面能以及弹性应变能不同。因此，不同系中脱溶相形核速率不同，使固溶体稳定性有很大差异。如 Al-Cu-Mg 系合金中，铝基固溶体稳定性低，因而临界冷却速度大，必须在水中淬火；而中等强度的 Al-Zn-Mg 系合金，铝基固溶体稳定性高，可以在流动空气中淬火。同一合金系中，当合金元素浓度增加，基体固溶体过饱和度增大时，固溶体稳定性降低，因而需要更大的冷却速度。

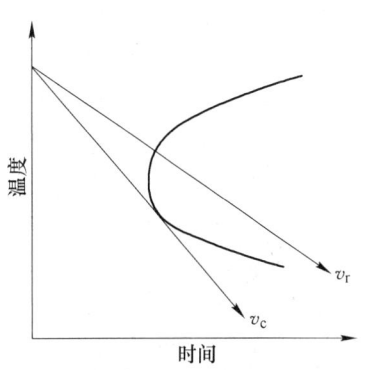

图 7-22　临界冷却速度

若淬火温度下合金中存在弥散的金属相和其他夹杂相，这些相可能诱发固溶体分解而降低过冷固溶体的稳定性。如铝合金中加入少量的锰、铬、钛，在熔体结晶时，这些元素就以饱和状态存在于固溶体中，随后的均匀化退火、变形前加热以及淬火加热，均可从固溶体中析出这些元素的弥散化合物。这些化合物本身可作为主要脱溶相的晶核，它们的界面也是主要脱溶相优先形核的场所，因而使固溶体稳定性降低。对于这类合金，淬火需要采用较大的冷却速度。

冷却速度的大小，对制品影响较大。当冷却速度增大，制品中产生残余应力的大小也会增大，对精整矫直增加了困难，甚至产生矫直开裂。如果制品中存在较大的残余应力，会降低其拉伸性能；在腐蚀环境中使用时，会降低其抗应力腐蚀性能；在进行机械加工过程中易发生变形甚至开裂。如果降低冷却速度，虽然可减小残余应力及引起的变形，但影响材料的力学性能；在冷却过程中也容易发生局部脱溶，使晶间腐蚀倾向性增大。

影响淬火冷却速度的因素是多方面的。大直径薄壁管材或小直径棒材，冷却速度快，有利于力学性能的提高；厚壁管材或大直径棒材，冷却速度慢，对材料性能有一定影响。淬火介质不同对淬火冷却速度也有一定的影响。水是最广泛且最有效的淬火介质，在水中加入不同物质也可使冷却速度改变，如水中加入盐或碱可使冷却速度提高；加入某些有机物（如聚二醇）可使冷却变得缓和。对于低合金化的 Al-Mg-Si 系合金，由于对淬火敏感性较低，壁厚较薄的管材及小规格棒材可采用流动空气淬火冷却。淬火介质温度不同时，淬火冷却速度也不同，温度越高，冷却速度越慢，制品冷却后的变形程度越小，有利于精整矫直。淬火介质的容量越大，其热容量越大，对制品的冷却能力越强，有利于提高制品的力学性能。

淬火转移时间也是一个重要参数，从热处理炉转移至淬火介质中的这段时间内，若固溶体发生部分分解，则不仅会降低时效后强度性能，而且对材料晶间腐蚀抗力也有不利影响。一般规定淬火转移时间，Al-Zn-Mg 合金不宜超过 30s，Al-Zn-Mg-Cu 系合金不宜超过 15s。

c　铝合金制品淬火工艺操作要点

（1）淬火前整径的管材，在淬火前应切去拉伸夹头；带夹头淬火的管材（淬火后整径的管材），应在淬火前擦去夹头处的润滑油，端头必须打上通风孔；厚壁管淬火前必须把不通风的挤压尾端切除。

（2）制品淬火前应用铝线打捆，但不能捆得过紧，尽量使制品之间不相互接触，以免影响热空气流动，造成加热不均匀。

（3）相邻规格的制品可以合炉淬火，但保温时间应按相对较长时间的制度计算。

（4）装炉前的炉温应该接近淬火加热温度，可使制品升温速度加快，但不允许在炉温高于规定淬火温度时装炉。

（5）淬火前的淬火水温一般为 10~35℃。为减少制品变形，淬火水温可适当提高到 50~80℃或更高。

（6）淬火冷却时，制品应以最快的速度全部浸入水中，以使淬火转移时间最短。同时将制品在淬火介质中上下搅动，以达到快速冷却的目的。对于壁厚较厚的厚壁管材及大规格棒材，应在淬火介质中停留一定时间，以便制品能充分冷却，提高淬火效果。

（7）淬火介质的容量应足够大，并充分搅拌，使其温度均匀一致，提高淬火效果，减少性能差异。

（8）淬火冷却介质为水，因含有 Cu^{2+}、HCO_3^-、O^{2-}、Cl^- 等离子，对铝制品有腐蚀作用。为减少水的腐蚀，应采用去离子水，也可以在普通水中加入 $0.2\% \sim 0.3\% K_2CrO_7$ 以抑制腐蚀。

（9）淬火制品弯曲度较大时，应采用拉伸矫直或辊矫方式，以减少制品原始弯曲度。

（10）对于有挤压效应的铝合金挤压制品，淬火加热温度及保温时间应取下线，以保持挤压效应。

B 时效

时效过程就是过饱和固溶体的分解过程，其分解过程一般为过饱和固溶体→G.P 区→过渡相→平衡相。过饱和固溶体分解是原子扩散过程，所以分解程度、脱溶相类型、脱溶相的弥散度、形状及其他组织特征将与时效温度及保温时间有关。

过饱和固溶体在分解过程中，不直接沉淀出平衡相的原因是由于平衡相一般与基体形成新的非共格界面，界面能大，而亚稳定的过渡相往往与基体完全或部分共格，界面能小。相变初期新相比表面积大，因而界面能起决定性作用，界面能小的相，形核功小，容易形成。

G.P 区是合金中预脱溶的原子偏聚区。G.P 区的晶体织构与基体的结构相同，它们与基体完全共格，界面能很小，形核功也小，故在空位帮助下，在很低的温度中即能迅速形成。

过渡相与基体可能有相同的晶格结构，也可能结构不同，往往与基体共格或部分共格，并有一定的晶体学位向关系。由于过渡相的结构与基体差别较 G.P 区与基体差别更大一些，故过渡相形核功较 G.P 区的大得多。为降低应变能和界面能，过渡相往往在位错、小角度界面、堆垛层错和空位团处不均匀形核。由于过渡相的形核功大，需要在较高的温度下才能形成。在更高温度或更长的保温时间下，过饱和固溶体会析出平衡相。平衡相是退火产物，一般与基体相无共格结合，但也有一定的晶体学位向关系。平衡相形核是不均匀的，由于界面能非常高，因此往往在晶界或其他较明显的晶格缺陷处形核以减小形核功。

a 影响时效过程的因素

（1）合金成分的影响。随着固溶体浓度的增加，时效效果越强，当接近极限固溶体浓度时，合金时效后将获得最大强化值；当浓度超过极限固溶度时，在同一淬火温度下淬火，并在同一时效温度下时效后，虽然基体中脱溶相密度相同，但整个强化相增量降低，使强化效果下降。

（2）塑性变形的影响。在实际生产中，制品在淬火后及时时效前需进行辊矫或张力矫直，其变形率控制率控制在 $1\% \sim 3\%$，虽然变形量不大，但对以后的时效过程却有较大的影响。

对于淬火迅速冷却的合金，时效前的冷变形会加速合金在较高温度下的脱溶过程（主要脱溶产物为过渡相及平衡相），但延缓了在较低温度下的脱溶过程（主要脱溶产物为 G.P 区）。也就是说，在淬火时冷却速度很大的合金，冷变形有利于过渡相及平衡相形核，但不利于生成 G.P 区。因为生成 G.P 区必须依靠空位和溶质原子迁移，合金淬火快速冷却后，通常保留大量剩余空位（约 $10^{-4} cm^3$），时效前冷变形可提高空位密度，使空位逸入位错而消失的可能性增加。冷变形本身虽然也产生空位，但空位生成数一般小于消失数。所以冷变形必然会减慢 G.P 区的生产速率，但与 G.P 区不同，过渡相及平衡相的形核率主要取决于位错密度。冷变形使位错密度增加，促进过渡相及平衡相形核。所以，主要依靠弥散过渡相强化的合金，时效前的冷变形会使时效强化效果提高。

（3）固溶处理制度的影响。在不发生过烧或过热的前提下，提高固溶处理温度可以加速时效过程，提高硬度峰值。其原因是：

1）随固溶处理温度升高，空位数量增加，淬火后就能保留更高的过饱和空位浓度，加速扩散过程，促进过饱和固溶体分解。

2）固溶处理温度越高，强化相在固溶体中溶解越彻底，因而淬火后固溶体的过饱和度越大，使随后时效时脱溶加速，并使合金得到更大的硬度和强度。

3）提高固溶处理温度还可使合金成分变得更均匀，晶粒变粗，晶界面积减小，有利于时效时普遍脱溶。

（4）时效温度和时间的影响。一般情况下，随着时效时间增加，合金抗拉强度、屈服强度及硬度值不断增大。随着时效温度的提高，其合金抗拉强度、屈服强度及硬度值快速上升。继续延长保温时间，这些性能达到最大值后开始下降（图7-23中T_2及T_3曲线），此时就进入了过时效阶段。过时效产生的原因有：

1）早先形成的脱溶相发生聚集粗化，间距加大；

2）数量较少的更稳定脱溶相代替了数量较多得稳定性较低的脱溶相；

3）共格脱溶相开始由半共格，然后由非共格的脱溶相所取代，因而使基体中弹性应力场减小或消失。

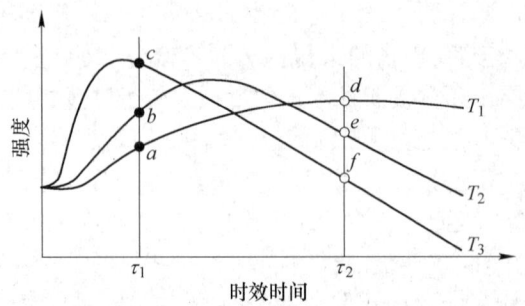

图 7-23　在不同温度（$T_1 < T_2 < T_3$）下时效，其强度与时效时间的关系

若时效温度相对低，则不会发生过时效，合金因共格脱溶相密度增大并长大变粗而不断强化，但这一过程及相应的强化达到一定程度后基本停止发展（图7-23中T_1曲线）。例如，硬铝合金在室温下时效（自然时效）的过程。

在相同时效时间的条件下，随着时效温度升高，强度逐渐增强，当达到一极大值后又降低。当时效温度足够高时，有些合金的强度可低于新淬火的合金强度，这种强烈的过时效是由于脱溶相明显聚集以及基体中合金元素浓度大大降低所致。

　b　铝合金时效工艺制定原则

时效工艺可分为等温时效（或单级时效）和分级时效。等温时效就是选择一定的温度，并保温一定时间，以达到所要求的性能。分级时效就是先于某一温度时效一定时间后，再提高（或降低）时效温度并保温，完成整个时效过程。

等温时效

等温时效分自然时效及人工时效两类。在室温条件下进行的时效称为自然时效，人工时效则表示必须将淬火后的制品加热到某一温度进行的时效。扎哈洛夫通过大量实验发现，合金达到最大硬度及强度值的人工时效温度 $T_{时}$ 与合金熔化温度 $T_{熔}$ 之间存在着一定关系，即

$$T_{时} = (0.5 \sim 0.6) T_{熔} \tag{7-1}$$

对于淬火后稳定性小的材料，如变形状态，特别是淬火后还进行一定变形量的材料，采用下限温度；稳定性大，扩散缓慢的材料，如铸态及耐热合金等，采用上限温度。

图 7-24 给出了 Al-Cu-Mg-Mn 合金管材的等温时效曲线。从图中可以看出，降低时效温度，可以阻碍或抑制时效硬化效应（如在 -18℃ 时）；时效温度增高，则时效硬化速率增大，但硬化峰值后的软化速率也增大；在具有强度峰值的温度范围内，强度最高值随时效温度增高而降低；在人工时效时，强度才会出现峰值。

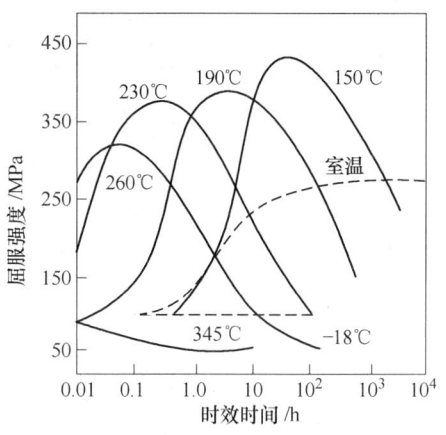

图 7-24　Al-Cu-Mg-Mn 合金管材的等温时效曲线

为获得不同的强度、韧性、塑性、抗应力腐蚀能力等性能，可采用不同的人工时效方式，即完全人工时效、不完全人工时效、过时效及稳定化时效等。完全人工时效是要求最高强化时选择的工艺，相当于图 7-24 的峰值曲线。不完全人工时效相当于图 7-24 曲线的上升段，与完全人工时效相比，温度较低，保温时间较短，虽强度性能未达到最高值，但塑性较好。

过时效相当于图 7-24 中曲线的下降段，与不完全人工时效比较，过时效后组织稳定，具有较好的综合力学性能及抗应力腐蚀能力。稳定化时效是过时效的一种形式，其特点是时效温度更高或保温时间更长，目的在于使材料的性质和尺寸更稳定。

分级时效

分级时效的第一阶段温度一般较第二阶段低，即先低温后高温。低温阶段合金过饱和度大，脱溶相晶核尺寸小而弥散，这些弥散的脱溶相可作为进一步脱溶的核心。高温阶段的目的是达到必要的脱溶程度以及获得尺寸较为理想的脱溶相。与高温一次时效相比较，分级时效使脱溶相密度更高，分布更均匀，合金有较好的抗拉、抗疲劳、抗断裂以及抗应力腐蚀等综合性能。如 Al-Zn-Mg 系合金，若先于 100~120℃ 时效，然后再在 150~170℃ 时效，则可增加 η' 相的密度及均匀性，与在 150~170℃ 一次时效相比，合金不仅强度较高，且应力腐蚀抗力变好。

淬火与人工时效的间隔时间

对于某些合金，淬火和人工时效之间的间隔时间对其时效效果有一定的影响，一般停留时间在 4~30h 之间危害最大。如 Al-Mg-Si 系合金，在淬火后必须立即进行人工时效，才能得到高的强度，其原因是人工时效时亚稳过渡相 β' 质点粗化；如 $w(Mg_2Si) > 1\%$ 的合金在室温停留 24h 后再时效，其强度比淬火后立即进行时效的低约 10%，这种现象称为"停放效应"或"时效滞后现象"。因此，对于有"停放效应"的合金材料，应尽可能缩短淬火与人工时效的间隔时间。

c　回归现象

合金经时效后，会发生时效硬化现象。若把经过低温时效的合金放在比较高的温度（但低于固溶温度）下短时间加热并迅速冷却，那么它的硬度将立即下降到和刚淬火时差不多，其他性质的变化也常常相似，这个现象称为回归。经过回归处理的合金，不论是保持在室温还是在较高的温度下保温，它的硬度及其他性质的变化都和新淬火的合金类似，只是变化速度减慢。硬铝合金自然时效后在 200~250℃ 短时加热，然后迅速冷却，其性能如图 7-25 所示。从图中可以看出，回归后的硬铝合金又可重新发生自然时效。

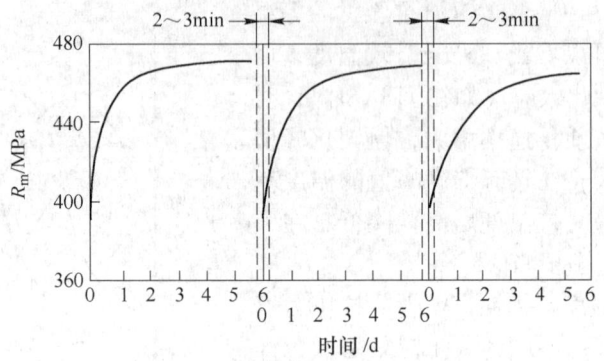

图 7-25　硬铝合金在 214℃ 经回归处理的回归现象

合金回归后再在同一温度时效时，时效速率比直接淬火后时效要慢几个数量级。这是因为回归温度比淬火温度低得多，冷却后保留的过剩空位少，使扩散速率减小，因而时效速率减慢。

利用回归热处理恢复塑性时应注意以下几点：

（1）回归热处理的温度必须高于原先的时效温度，两者差别越大，则回归越快，越彻底。相反，则回归现象很难发生，甚至不发生。

（2）回归热处理的加热时间一般很短，只要低温脱溶相完全溶解即可。如果时间过长，则会出现对应于该温度下的脱溶相，使硬度重新升高或过时效，达不到回归的效果。

（3）在回归过程中，仅预脱溶期的 G.P 区重新溶解，脱溶期产物往往难以溶解。

由于低温时效不可避免地总有少量脱溶期产物在晶界处析出，因此，即使在最有利的情况下，合金也不会完全回归到刚淬火的状态，总有少量性质的变化是不可逆的，这样，会降低力学性能，也易使合金产生晶间腐蚀，因而必须控制回归处理的次数。

　　d　铝合金时效工艺操作要点

（1）时效前应对制品的尺寸、完全度、扭拧度等外形尺寸进行控制，当符合要求后方可进行时效。人工时效后的制品不再进行张力矫直及辊矫等产生塑性变形的处理，防止制品内部产生裂纹等缺陷。

（2）制品时效前应切去头尾等几何废料，定尺料应切到定尺。

（3）制品应整齐摆放到料筐中，避免相互叠压，造成制品弯曲、扭拧等缺陷。

（4）制品之间应相互隔开，提高热空气流通，避免因升温速度和保温时间不一致而造成性能不均匀。

（5）对有"停放效应"的合金，淬火后到人工时效之间的时间应严格控制，避免因"停放效应"造成性能下降。如需要具有较高的性能，应控制在淬火后 4h 内进行人工时效。

（6）尽量采用热电偶直接测量金属温度方式，防止因升温及保温时间控制不当造成欠时效或过时效。

e 铝合金管、棒、线材固溶热处理工艺制度

铝合金管、棒、线材淬火、时效工艺制度见表 7-13。表 7-14 列出了部分铝合金实测金属过烧温度。表 7-15 列出了铝合金淬火保温时间。表 7-16 列出了铝合金淬火转移时间。

表 7-13 铝合金管、棒、线材淬火、时效工艺制度

合金	淬火温度/℃	时 效	
		金属温度/℃	保温时间/h
2A01	495~505	室温	96（最低）
2A02	495~505	165~175	16
		185~195	24
2A04	502~508	室温	240（最低）
2A06	495~505	室温	120~240
2A10	510~520	室温	96（最低）
2A11	495~505	室温	96（最低）
2A12	490~500	185~195 或室温	6~12 或 96（最低）
2B11	495~505	160~170	16
2B12	490~500	180~190	16
2007	500~510	室温	
2014	496~507	170~180	10（最低）
2A14	497~503	160 或室温	8 或 96（最低）
2017	496~510	120~140	12~24
		分级时效一级 115~125	3
		二级 155~165	3
2024	487~499	185~195 或室温	8~12 或 96（最低）
2A16	530~540	185~195 或室温	12~18 或 96（最低）
2117	496~510	185~195 或室温	5~15 或 96（最低）
2A17	520~530	180~190	12~16
2219	535~541	185~195	18
2224	490~500	室温	
2A50	510~520	150~160	6~15
		室温	96（最低）
2B50	510~520	150~160	6~15
2A70	525~535	185~195	8~12
2A80	525~535	165~175	10~16
2A90	512~522	155~165	4~15
4A11、4032	525~535	170~180	8

合金	淬火温度/℃	时效	
		金属温度/℃	保温时间/h
6A02	515~525	155~165 或室温	8~15 或 96（最低）
6005	520~530	175~185	6~8
6005A	525~535	170~180	8
6013	566~571	191 或室温	4 天或 2 周
6061	515~579	170~180 或室温	8~12 或 96（最低）
6063	515~527	175~185 或室温	6~8 或 96（最低）
6066	515~543	170~180 或室温	8 或 96（最低）
6082	515~525	170~180	8~15
6101	525~535	195~205	4~6
6262	515~566	170~180 或室温	8~12 或 96（最低）
7001	406~471	115~125	24
7A03	465~475	95~105 或 163~173	3
7A04	465~475	135~145	16
7A09	465~475	135~145	16
7A19	455~465	155~165	12
7049 7149	460~474	室温	48（最低）
		115~125	24
		165~175	12~21
7050	471~482	115~125 或 155~165	3~8 或 15~18
7055	470	120	30 或 105、130
7075	460~471	100~110 或 155~165	6~8 或 24~30
7150	471~482	115~125 或 155~165	8 或 4~6
7178	460~474	115~125 或 155~165	24 或 18~21
LB733	460~470	135~145	16

表 7-14　部分铝合金实测金属过烧温度

合金	品种	规格/mm	变形程度 ε/%	加热方式	保温时间 /min	过烧温度 /℃
2A02	棒材	ϕ22	99.4	强制空气循环炉	40	515
2A06	棒材			盐浴炉	20	515
2A11	棒材	ϕ14	94.5	强制空气循环炉	40	514
	冷拉管材	ϕ110×3	9.0	盐浴炉	20	512
2A12	棒材	ϕ15	94.3	强制空气循环炉	40	505
	冷拉管材	ϕ40×1.5	73.3	盐浴炉	20	507
	冷拉管材	ϕ80×2.0	24.0	盐浴炉	20	505

合金	品种	规格/mm	变形程度 ε/%	加热方式	保温时间 /min	过烧温度 /℃
2A16	棒材	φ12	95.0	空气循环炉	40	547
2A17	棒材	φ30		盐浴炉	30	535
6A02	棒材	φ22	95	空气循环炉	40	565
2A50	棒材	φ22	95	空气循环炉	40	545
2A70	棒材	φ22	94.4	空气循环炉	40	545
2A14	棒材	φ20	94.4	空气循环炉	40	515

表 7-15　铝合金淬火保温时间

管材壁厚或棒材、线材 直径/mm	保温时间/min	
	盐浴槽	空气炉
≤1	7~25	10~35
1.1~3.0	10~40	15~50
3.1~5.0	15~45	25~60
5.1~10.0	20~55	30~70
10.1~20.0	25~70	35~100
20.1~30.0	30~90	45~120
30.1~50.0	45~110	60~150
50.1~75.0	60~130	100~180
75.1~100	80~150	140~210
≥100.1	100~180	160~240

表 7-16　铝合金淬火转移时间

管材壁厚或棒材直径/mm	最大淬火转移时间/s	管材壁厚或棒材直径/mm	最大淬火转移时间/s
≤0.4	5	2.31~6.50	15
0.41~0.80	7	>6.50	20
0.81~2.30	10		

7.2　铝及铝合金挤压材精整矫直技术

7.2.1　铝及铝合金挤压型材精整矫直技术

经过挤压、淬火后的型材不可避免地存在一定的弯曲度，型材同时还存在扭拧、扩口、并口、间隙等缺陷，产生的主要原因是型材断面形状较复杂，挤压时金属流动不均匀较严重，以及淬火时制品内部应力变化不均匀，而使制品产生弯曲和扭拧等。所以经挤压或热处理后的铝及铝合金型材，为了消除弯曲、扭拧、扩口、并口、间隙等不合格现象，需进行矫直处理，才能使制品的纵向和横向的几何尺寸满足技术标准要求。同时，通过一定程度的冷变形，使制品的抗拉强度和屈服强度也有一定程度的提高，内应力得到消除或减少。因此它也是制品在生产过程中必不可少的环节。由于多数型材的外形是不规则的，因此型材的精整和矫直比较复杂和困难。

矫直的原理是给制品施加一变形力，让其发生塑性变形，使制品平直，以达到矫直的目的。

矫直可分为拉伸矫直（也称张力矫直）、辊式矫直、压力矫直、扭拧矫直及手工矫直等。不同矫直方法有各自的特点及应用范围，应根据不同制品弯曲变形程度，在保证矫直质量的前提下，按照尽可能提高生产效率，减少金属损失，提高成品率的原则来选择。

对于各种断面的型材，宜采用拉伸矫直法；对于型材中存在的角度、开口度及平面间隙不合格等，通过拉伸矫直消除弯曲和扭拧后，则还需要在辊式矫直机上，通过合理配辊，利用递减反弯矫直方法进行矫正。

7.2.1.1　拉伸矫直技术及实例

拉伸矫直是在专用的拉伸矫直机上进行的，一般所用的拉伸矫直机拉伸力为 10 ~ 2500t。它的用途最广泛，适用于各种形状的型材、管材、棒材、板带材的生产。拉伸矫直时通过在制品的两端施加一外力，不管材料的原始弯曲形态如何，只要拉伸变形超过金属的屈服极限，并达到一定程度，使各条纵向纤维的弹复能力趋于一致，在弹复后各处的残余弯曲量都不超过允许值。采用拉伸矫直，既能矫直制品的弯曲、消除波浪，也能矫直制品的扭拧，起到整形的作用，这对于断面形状非常复杂的铝型材来说，是一种最为有效的矫直方法。拉伸矫直机的结构如图 7-26 所示。

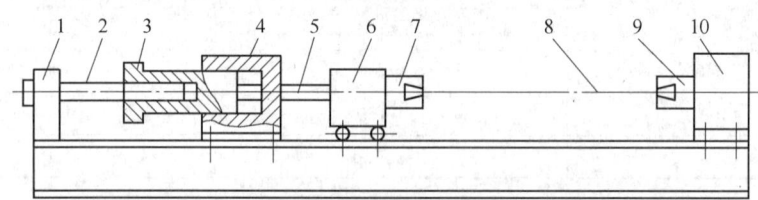

图 7-26　拉伸矫直机结构简图

1—尾架；2—回程柱塞；3—单回程油缸柱塞；4—带工作油缸的固定架；
5—双拉杆；6—活动机架；7，9—活动夹头；8—矫直材料；10—固定架

材料的拉伸变形曲线如图 7-27 所示，当条件因原始弯曲造成纵向纤维单位长度的差为 oa 时，经较大的拉伸变形后，原来短的纤维拉长为 ob，原来长的纤维拉长为 ab。卸载后，各自的弹复量为 bd 及 bc。这时残留的长度差变为 cd，它明显小于 oa，使材料的平直度得到很大改善。如果材料的强化特性越弱，这种残留的长度差越小，即矫直质量越高。当材料的强化性能较高时，一次拉伸后有可能达不到矫直目的，即 cd 大于允许值，则应该进行二次拉伸。如果在第二次拉伸之

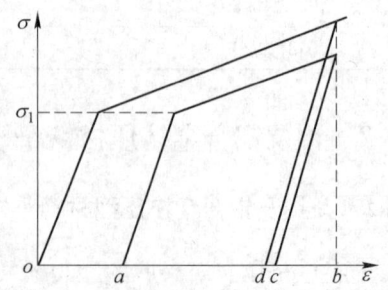

图 7-27　原始长度和拉伸变形的关系

前对材料进行时效处理，则矫直效果会更显著。由于材料的实际强化特性并不是完全线性的，越接近强度极限，应力与应力之间的线性关系越减弱，因此在接近强度极限的变形条

件下，可以得到很好的矫直效果，但易出现表面粗糙，且易拉断。

A 设备吨位的选择

张力矫直时，对使用设备的选择，根据所矫直制品的合金、状态、断面面积、断面外形尺寸、制品长度及难易程度等因素来确定。

在张力矫直时，制品所用设备的最小吨位应满足下列要求：

$$P > P_1 \tag{7-2}$$
$$P_1 = \sigma_s F \approx \sigma_{0.2} F \tag{7-3}$$

式中 P——矫直机的最大拉伸力，N 或 MN；

P_1——制品实现张力矫直所需的力，N 或 MN；

F——制品的断面面积，mm^2；

σ_s——制品张力矫直时的屈服点，对铝及铝合金制品在实际计算中可采用屈服强度 $\sigma_{0.2}$，MPa。

另外，在最小拉伸力满足的情况下，还要根据制品的断面外形尺寸、制品长度及扭拧程度等因素来确定选用哪台拉伸机最为合理。

B 伸长率的控制

拉伸机确定后，在拉伸时还要控制伸长率的大小，这对于拉伸后的制品质量起决定性作用。伸长率（相对伸长量）即制品的绝对伸长量与拉伸制品长度的比，可用下式计算：

$$\delta = \frac{\Delta L}{L_0} = \frac{L_1 - L_0}{L_0} \times 100\% \tag{7-4}$$

式中 δ——伸长率，%；

ΔL——制品的绝对伸长量，mm；

L_1——拉伸后制品的长度，mm；

L_0——拉伸前制品的长度，mm。

生产中，常用的伸长率为 0.5% ~ 3%。建筑铝型材的伸长率一般不得超过 1.5%。具体行程的伸长率要根据其实际尺寸、弯曲、扭拧和表面不产生橘皮现象等来决定。

由于挤压时，根据制品实际生产工艺和拉伸设备的情况，对挤压制品规定了挤压偏差，拉伸时应根据制品的实测挤压偏差值进行拉伸：

挤压上限偏差 = 成品（图纸或标准中要求的）正偏差 + 拉伸余量

挤压下限偏差 = 成品（图纸或标准中要求的）负偏差 + 工艺余量

式中 拉伸余量——超过成品正偏差而又经拉伸收缩掉的允许最大值；

工艺余量——距离成品负偏差所允许的最小值。工艺余量包括拉伸余量和表面缺陷深度允许值。

因此，伸长率的大小应根据制品的合金、状态、断面外形尺寸及偏差要求、扭拧和实际弯曲程度的大小来确定。一般来说，首先考虑加工余量，在制品实际尺寸偏小，而弯曲度较大时，为了保证制品尺寸合格，应采用小的伸长率，这时，制品的弯曲度往往不能保证，可采用其他方法解决。在加工余量许可的情况下，再考虑扭拧、弯曲，但伸长率不应过大，过大时，不仅易造成制品断面尺寸超出偏差下限要求，而且易使制品的塑性降低，强度升高，尤其对屈服强度的影响更为明显，有时也可造成力学性能不合格的废品。型材的伸长率过大时，还可能使表面晶粒粗化，产生橘皮。

对壁厚差较大的型材，在挤压和淬火后，波浪和扭拧度比较大，伸长率太小，消除不了波浪，而造成废品，为此伸长率可控制为2%~3%。

对退火状态交货的型材制品，预矫直时伸长率应根据制品的实际工艺余量、弯曲、扭拧情况控制，其伸长率一般不大于2%，特殊情况可达到3%以内。完工拉伸时，为了保证制品的力学性能，应控制在不大于1%。

对挤压状态交货的制品，伸长率按1%~3%控制，在硬合金加工余量允许的情况下可采用上限；对于高镁合金要小些，一般为1%~2%；对纯铝伸长率不大于1.5%。

对变断面型材、大梁型材、高精度型材以及挤压变形很大的复杂型材，根据制品的实际情况，在淬火前进行预矫直工艺，伸长率控制在1.0%以下。

C　型材拉伸矫直工艺要求及操作要点

拉伸矫直前根据加工卡片的要求检查制品的实际尺寸以及波浪、扭拧、弯曲程度，确定适当的伸长率大小。

拉伸矫直时，制品的夹持方法与矫直效果和切头长度有很大关系，制品装入矫直机的钳口时，要夹牢、夹正，前后应在同一中心线上，夹持长度要适当，过长会造成浪费，过短易造成断头，一般应在100~200mm范围内，大断面制品可适当增长。

夹持制品时，夹具与制品的接触面积越大越好。对壁厚不等的制品，应夹持壁厚较大的地方，对于外形复杂、空心或易于夹扁的型材，应视具体情况选择合适的铝制副垫或芯子。

对淬火制品，为了达到矫直的目的，应根据不同合金孕育期的长短，合理控制淬火完了至拉伸矫直的间隔时间，一般情况下不超过8h。对形状复杂的特殊制品（如变断面型材），间隔时间不超过8h。时间间隔过长，由于时效作用，制品的强度会升高，塑性降低，在拉伸时，容易出现断裂和矫直困难现象，使成品率降低。

对于7A04和7A09合金制品，人工时效后不允许进行拉伸矫直，只允许在立式压力机上或用手工进行微量矫直。

D　拉伸矫直中的主要缺陷及消除方法

挤压制品的张力矫直中产生的主要缺陷废品及其消除方法见表7-17。

表7-17　张力矫直中产生的主要缺陷废品及其消除方法

序号	废品种类	产生原因	消除方法
1	尺寸超出偏差的下限	伸长率过大	拉伸前后测量尺寸，合理给定伸长率
2	波浪	制品断面夹持部位选择不正确，夹持长度过短。制品淬火后停放时间过长，造成突然断裂。拉伸终了时，张力矫直机的活动夹头未做微小的返回动作，就突然拆开钳板	应正确选择夹持部位和长度。制品淬火后，应及时进行张力矫直。拉伸终了时，张力矫直机的活动夹头应做一微小的返回动作
3	刀形弯曲、角度过小、平面间隙过大	钳板选择不合理，夹持制品的部位不正确	应合理选择钳板及夹持部位
4	制品间尺寸差大	伸长率大小控制的不一致	控制伸长率，使之尽量相同

7.2.1.2 辊压矫直技术及配辊实例

型材的辊压矫直是拉伸矫直的一种辅助矫直方法，主要用于消除经拉伸矫直尚未消除或新产生的纵向弯曲、角度、平面间隙、扩（并）口以及纵向弯曲不合格等缺陷。

型材辊压矫直是在专用的型材辊压矫直机上进行的。

辊压矫直机的矫直过程是：根据不同规格的型材外形尺寸和所存在的不同缺陷，通过不同规格的辊片和垫片，在悬臂轴或龙门式轴上配置不同的辊型，再施加一定的压力，使制品通过辊型时发生塑性变形，以达到矫直的目的。

A 矫直工艺及操作要点

型材辊压矫直时，应在制品拉伸并切去头、尾后进行。辊矫前应掌握型材尺寸变化规律，然后进行配辊和试矫，直至尺寸合格，方可进行正常矫直。辊压矫直必须按型材的形状或缺陷部位来配辊。具体的操作要点如下：

（1）一般情况下，角度、平面间隙、扩口、并口等缺陷，应采用上、下对辊的孔型矫正，纵向弯曲应采用上、下交错辊（即三点压力法）矫直。

（2）当需要配两对及两队以上的多孔型（矫直角度、扩口、并口等）时，为了防止产生扭拧缺陷，其前、后孔型必须保证在同一中心线上。为了防止产生波浪及擦伤缺陷，必须保持所有辊的直径相同。

（3）凡配有挡料辊的孔型，应留有必须空隙，其值应视制品宽度和缺陷程度而定。

（4）当型材同时存在多个缺陷时，在一般情况下，应当首先矫直平面间隙，然后矫直角度、扩（并）口，最后矫直纵向弯曲。应避免先压弯曲。

（5）当制品同一截面壁厚不一样时，一般先压厚壁处，再压薄壁处。

B 配辊实例

图 7-28~图 7-31 所示为型材辊矫的配辊实例。

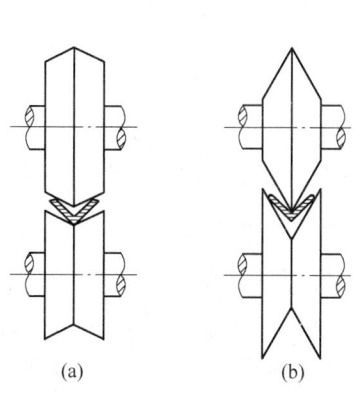

图 7-28 矫直角度的配辊方法
（a）增大角度；（b）减小角度

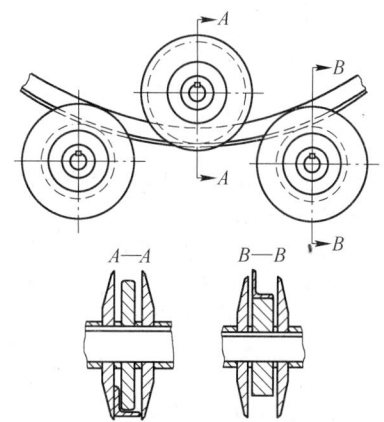

图 7-29 角形型材纵向弯曲辊压矫直示意图

C 型材辊压矫直时的主要缺陷及消除方法

型材辊压矫直时的主要缺陷有扭拧、波浪、压痕、裂纹、擦伤等。其产生原因及消除方法见表 7-18。

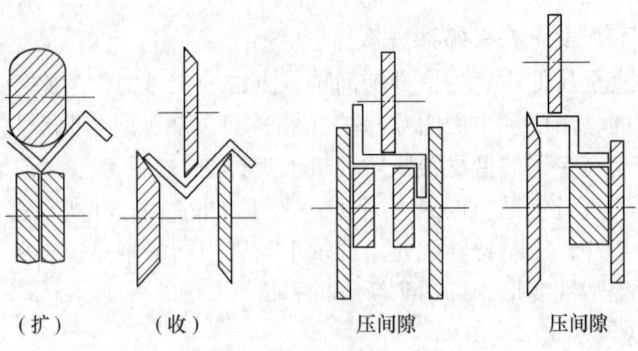

图 7-30　Z 字型材矫直示意图

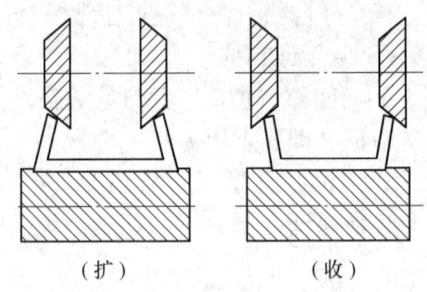

图 7-31　槽形型材扩口、并口矫直示意图

表 7-18　型材辊压矫直时的主要缺陷及其产生原因和消除方法

缺陷名称	产　生　原　因	消　除　方　法
扭拧	上、下辊不垂直或前、后孔型不在同一中心线上，造成作用于型材上的压力不平衡，形成一个不平衡的力矩	调整辊片，使上、下辊垂直或前后孔型处于同一中心线上
	施加在型材上的压力过大	适当调整压力
波浪	出料孔型的辊片直径小于进料孔型的辊片，或同一孔型上、下辊片的直径相差太大。辊片大的制品前进速度快，辊片小的制品前进速度慢，如果大辊片在后，小辊片在前，那么后辊跑得快，硬向前挤就容易出现波浪。如果把大辊片放在前面，那么，大辊片拉着制品向前走，就不容易出现波浪。压薄壁型材时最容易出现波浪，应特别注意	调整前、后、上、下孔型的辊片，使之直径相同，或使出料孔型的辊片直径稍大与进料孔型的辊片
	压尖孔型有空隙或支撑辊间距太大，压力过大	压尖孔型的垫片与型材的接触处必须靠近，压紧程度要适当，或调整支撑辊的间距和压力
	辊片不圆，造成压力波动	更换辊片
	矫直机的悬臂轴有轴向窜动，或轴有弯曲，造成压力波动	更换轴
	未配导向辊，使制品在孔型中左右摆动	配导向辊
	孔型太紧，硬挤造成	适当加垫片，使其孔型具有合适的变形间距

缺陷名称	产　生　原　因	消　除　方　法
压痕	辊片与制品的接触面太小	更换辊片
	施于制品的压力过大	调整上、下辊的间距，减小压力
	辊片有磕碰伤或粘有金属	更换或修磨辊片
裂纹	压力过大或辊压次数过多	减小压力，辊压次数不多于 3 次
	淬火与辊矫的间隔时间过长	在合金的孕育期内进行矫直，使制品易于塑性变形
擦伤	辊片不光滑，有磕碰伤或粘有金属	更换辊片
	没有及时润滑致使辊片粘上金属	及时润滑
	孔型间隙小或未留出间隙	间隙适度调整
	出料孔型的辊片直径小于进料孔型的辊片，或同一孔型上、下辊片的直径相差太大。辊片大的制品前进速度快，辊片小的制品前进速度慢，如果大辊片在后，小辊片在前，那么后边跑得快，硬向前挤就容易出现波浪。如果把大辊片放在前面，那么，大辊片拉着制品向前走，就不容易出现波浪。压薄壁型材时最容易出现波浪，应特别注意	调整前、后、上、下孔型的辊片，使之直径相同，或使出料孔型的辊片直径稍大与进料孔型的辊片

7.2.1.3　压力矫直和手工矫直

A　压力矫直

压力矫直是为了消除经拉伸矫直大断面型材时所留下的局部弯曲和矫直由于设备性能所限不能用拉伸矫直的制品。

压力矫直是在立式压力机上进行的，采用的是三点压力矫直法，如图 7-32 所示。

矫直时将制品放在具有一定距离的两个支撑架 A、B 点上，在重负荷压力 P 的作用下，压在制品的凸起面上，使制品产生一定量的塑性变形，从而达到消除弯曲缺陷的目的。

B　手工矫直

手工矫直是用手或手矫工具在平台上对中小断面型材经过拉伸矫直、辊压矫直后仍未消除的扭拧、间隙、波浪等缺陷进行矫直。

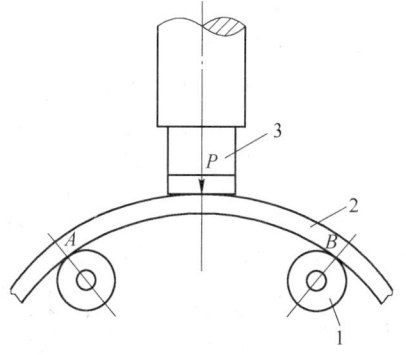

图 7-32　压力矫直机示意图
1—支撑架；2—制品；3—压杆

在矫直前应先找出扭拧点，当制品上只有一个扭拧点时，则由制品的一端向另一端逐渐矫正。当有两个或多个扭拧点时，则由扭拧最大处开始向制品的两端逐渐排除扭拧缺陷。

手工矫直的主要工具是矫直扭拧用的扳子和副垫。生产中，常用扳子的断面形状及矫直部位如图 7-33 所示。

变断面型材局部的轻微波浪和间隙，允许用手锤通过衬垫（铝合金或夹布胶木）矫正，手工矫正与修正用的硬铝锤和钢锤（使用衬垫）质量应在 3kg 以下。

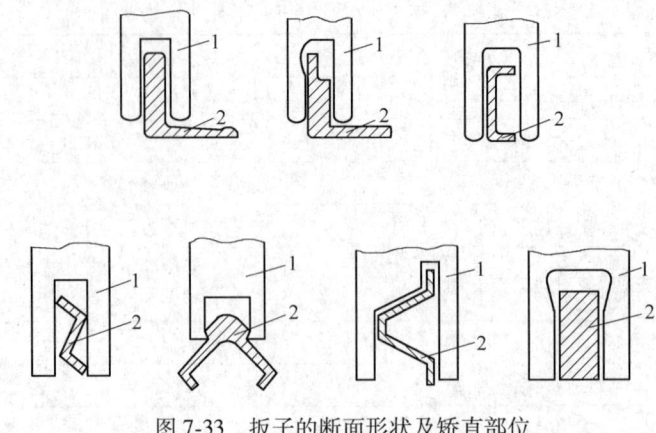

图 7-33　扳子的断面形状及矫直部位
1—扳子；2—型材

7.2.1.4　切成品、打印记

（1）只有在制品的全部试验合格并经成品检验之后才能切成品。对不定尺的制品要全部打上前、尾端标记后方可切成品。

（2）成品的切断长度按加工卡片的规定进行。对于切定尺或倍尺的制品，在切第一根成品时一定要认真进行测量。认为准确无误时才能进行锯切，并在以后的锯切过程中不断地进行抽查。定尺或倍尺的长度允许偏差为+20mm。倍尺长度应加入锯切余量，每个锯口为 5mm。

（3）切断后的成品应在端头端面上或者距端头 30mm 范围的表面上打印。打印要求如下：

1）按 GBn 222—1984 技术标准生产的型材。在验收的型材前端 30mm 长度内应打上合金牌号、供应状态、批号、检印。但对于宽度不大于 20mm 的型材以及由于形状不易打印的型材，允许在每箱型材前端拴挂不少于两个注明合金牌号、供应状态、批号和检验印记的小牌或标签代替上述印记。

2）GB/T 6892—2015 技术标准生产的型材。在每箱验收的型材上应挂有两个以上的铝牌（也可以在型材端头 30mm 内打印），其上注明合金牌号、状态、批号、检印。

3）按 GJB 2507—1995 技术标准生产的型材。在已检验的型材前端 30mm 长度内打上合金牌号、交货状态、型材代号、批号和检验印记打在小牌上挂在型材前端，每箱不少于 2 个。对易打印的挤压型材尾端打"W"字样。

4）制品两端头要切平整。制品端部切斜度应符合表 7-19 中的规定。

表 7-19　端部切斜度

标　准	普通级	高精级	超高精级
GJB 2507—1995 GB/T 6892—2015	≤5°	≤3°	≤1°
GBn 222—1984	≤3°		
GB 5237.1—2008	≤2°		
GJB 2054—1994	≤5°		

7.2.1.5   预检、检查验收

A   预检

对于退火、人工时效状态交货的型材，应在退火或人工时效前进行预检，检查型材的表面质量和尺寸偏差是否满足相关标准或技术协议要求。

B   检查验收

按照有关标准或技术协议要求，对需检验的项目进行全面检查验收。检验合格即可包装入库。

7.2.2   铝及铝合金挤压管材和棒材精整矫直技术

经过挤压、拉伸、热处理等工序生产的制品，存在着一定的弯曲度和扭拧度，无法满足技术标准及最终使用要求，需采用一定的矫直手段，来消除弯曲和扭拧。对于使用要求较高的制品，要求减小或消除制品中残存的内应力，以尽量减小加工过程中产生的变形，一般可采用拉伸矫直方式来降低内应力。有些管材由于加工过程中产生较大的变形，椭圆度超标，也可以采用辊矫方式来减小椭圆度超标现象。因此，矫直是管、棒、线材生产过程中不可缺少的工序。矫直的主要方法有双曲线多辊式矫直、张力矫直、型辊矫直、正弦矫直和手工矫直等。

7.2.2.1   双曲线多辊式矫直

A   矫直原理

双曲线多辊式矫直是矫直铝及铝合金圆管、棒材的主要方法之一。矫直过程中，矫直辊子的位置与被矫直制品运动方向呈某种角度，主动辊由电动机带动做同方向旋转，从动辊作为压力辊，它们是靠旋转着的管、棒材与从动辊之间产生的摩擦力旋转的。当工作辊旋转时，制品在主动辊的作用下，一面做旋转运动，一面向前做直线运动。在不断地做直线和旋转运动的过程中，制品承受各方面的压缩、弯曲、压扁等变形，最后达到矫直目的。

旋转矫直时，制品在矫直辊之间一面旋转着向前运动，一面进行反复弯曲矫直。制品轴向纤维经受较大的弹塑性变形后，弹性回复能力逐渐趋于一致，各条纤维都经过一次以上的由小到大再由大到小的拉伸压缩变形，即使原始弯曲状态不同，受到的变形量有差异，只要变形都是较大的，则弹性回复能力就必将接近。这种变形反复次数越多，弹性回复能力越接近一致，矫直质量越好。

图 7-34 所示为制品旋转矫直过程中所受到的弯矩及变形情况。

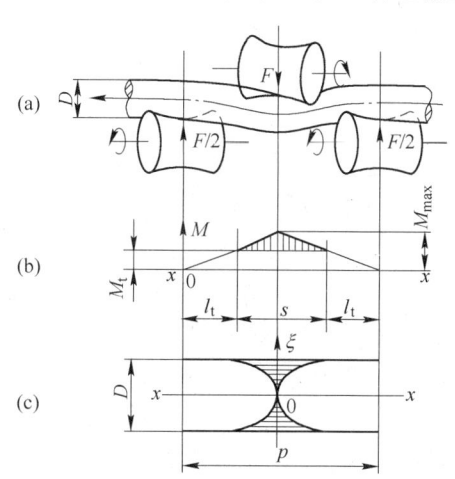

图 7-34   旋转矫直的弯矩与塑性变形区

图 7-34（a）表示制品一面弯曲变形，一面旋转前进的情况。图 7-34（b）表示在弯曲平面内的弯矩。其 $M\text{-}x$ 关系为：

$$M = xF/2 \qquad\qquad (7\text{-}5)$$

在 $x=l_t$ 处，$M=M_t=Fl_t/2$；在 $x=l_t\sim p/2$ 区间内，M 为弹塑性变形区内的弯矩，这个区间用 s 表示，则 s 代表弹塑性变形区长度。s 以外部分称为弹性变形区。这个区间的长度用 l_t 表示，而且两端是对称的。

图 7-34（c）为弹性区边界曲线（ξ-x 曲线）。阴影线以外部分为弹性变形区，阴影线部分为塑性变形区。可以看出，在塑性变形区内随 x 的减小，ξ 值迅速减小，相对地说塑性变形迅速加深，直到管材内壁或棒材中心。制品通过矫直辊的过程恰好是塑性区由小到大，再由大到小的变化过程。因此，每条轴向纤维的变形是不一致的，但随着前进中旋转次数的增加，这种不一致性将明显减小。

B　辊数配置与摆放方式

斜辊矫直机按辊子数目分为二辊、三辊、五辊、六辊、七辊、九辊等，一般选用七辊、九辊矫直机。矫直机的矫直质量与辊子数量有一定关系，但主要取决于矫直辊的摆放方式，矫直辊的摆放方式决定了矫直机的功能、矫直质量、制品的尺寸精度等技术指标。根据矫直辊的摆放方式，可以分为以下四种类型，如图 7-35 所示。图 7-35（a）称为 1-1 辊系，其特点是上下辊 1-1 交错；图 7-35（b）称为 2-2 辊系，其特点是上下辊成对排列，常见的辊数为六辊；图 7-35（c）称为复合辊系，其复合方式多种多样，有 2-1-2 式、2-1-2-1 式、1-2-1-2-1 式、2-2-2-1-1-1 式等；图 7-35（d）称为 3-1-3 辊系，由 3 个矫直辊组成一组，这种辊系都是 7 个辊子。

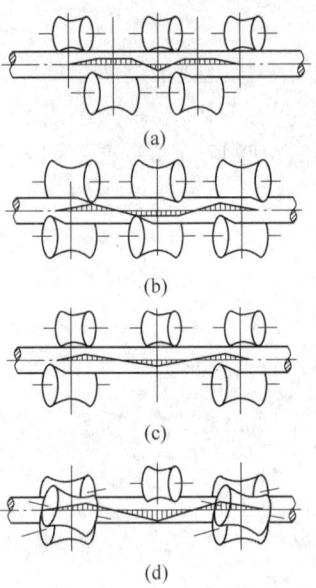

图 7-35　辊系摆放方式与弯矩分配情况

1-1 辊系选择长短两种长度的矫直辊，长矫直辊直径大，为主动辊，一般数量少于被动辊。被动辊为短辊，直径小于主动辊。如七辊矫直机有两个主动辊，五个从动辊，主动辊的直径比从动辊直径大一倍。圆管、棒材在矫直辊之间受到弯曲变形，中间的矫直辊施加的压力较大，两边的矫直辊施加给制品的压力较小。由于施加的力相当于两点为支撑力，中间为压下力，管材只受到辊子从一个方向施加的压力，对消除管材的椭圆度效果稍差一些。对于软铝合金管、棒材或壁厚较薄的管材，矫直时容易产生矫直环线。由于矫直机入口端的第一个辊子是被动辊，制品必须越过第一个辊，与其主动辊接触后才可被咬入，其咬入条件较差，对弯头较大的制品或端头太扁的管材，矫直时就很难被主动辊咬入，所以当弯头太大或端头太扁时，必须切掉端头。

2-2 辊系一般上下辊都是主动辊，因此咬入条件好，对制品的弯头和端头要求较低，可以较容易实现矫直。成对配置的两个辊子可以给管材同时施加方向相同的一对压力，管材在长轴方向被压缩，短轴方向变长，使管材的椭圆减小直至消除。由于咬入条件好，辊子的压下力可适当小一些，故矫直时不容易产生矫直环线，对于大直径薄壁管材效果更好。由于上下辊均为主动辊，对辊子加工精度及装配要求较高，要求包装辊子表面线速度一致，否则导致制品表面产生擦划伤。

各种复合辊系常兼备上述两种辊系的优点，根据不同的使用要求，调整辊子的摆放方式，以达到最佳效果。如 2-2-2-1-1-1 辊系，在 3 个对辊的作用下，管材的椭圆度被很好地校整，同时在 6 个辊子的相互作用下，管材多次弯曲变形，达到了矫直目的。该种辊系主要用来矫直管材，直径 200mm 管材的直线度可控制在 1mm/m 之内。

3-1-3 辊系是一种较新的辊系，其特点是咬入条件好，工作稳定，圆度校整性好，矫直鹅头弯的效果好。这种辊系矫直鹅头弯主要依靠前后两组 3 辊的作用，前鹅头弯将在后 3 辊处矫直；后鹅头弯将在前 3 辊处矫直；驱动辊只有两个，使转动得到简化；所有的调节辊都不驱动，使调节方便。

C 制品直径与矫直辊倾斜角

制品直径与矫直辊倾斜角有相互关系，当矫直机的矫直范围一定时，矫直机的辊子直径确定。在矫直直径范围内，随着制品直径增大，矫直辊倾斜角逐渐增大。因为矫直辊曲面呈双曲线形式，当辊子与矫直机轴线方向的倾斜角较小时，辊子在矫直机轴线方向的曲率半径大，而在垂直方向的曲率半径小，与小直径制品可以有较长的接触区，使制品变形均匀，有利于提高矫直质量。当倾斜角较大时，辊子在矫直机轴线方向的曲率半径减小，而大直径制品的曲率半径较大，与矫直辊的曲率半径相适应，适合于矫直大规格制品。

若矫直辊的倾斜角调整不合适，矫直辊在垂直矫直机轴线方向的曲率半径与制品的曲率半径将无法很好地配合。当矫直辊大于制品的曲率半径时，制品与矫直辊的接触面积减小，制品表面单位压力增大，表面容易产生矫直环线。当矫直辊小于制品的曲率半径时，制品与矫直辊之间的接触面不是全接触，而是辊子两端与制品接触，中间没有接触。在矫直辊的压力下，接触点压力大，有塑性变形，同时在两个方向的压力作用下，金属向中间未接触面方向变形，使矫直后的圆度和表面质量下降，严重时可呈多边形。

D 矫直速度

当辊子直径和辊子转数确定后，矫直速度 v_x 与辊子倾斜角 α 的关系式为：

$$v_x = v_g \sin\alpha \tag{7-6}$$

式中 v_g——辊子的线速度。

矫直速度的大小影响着制品的表面质量，因为制品经挤压、拉伸、淬火等工序，存在着均匀弯曲或方向不一致的复合弯曲。当制品被咬入矫直辊中间时，制品边旋转边向前做直线运动。矫直机在入口端和出口端的料台是开放式的，对制品左右摆动不起限制作用，制品在旋转过程中受到离心力的作用，甩动较大。当矫直软铝合金制品或壁厚较薄的管材时，容易产生辊子硌伤。矫直速度越快，旋转的制品甩动越大，缺陷越严重。所以对软铝合金制品或壁厚较薄的管材，矫直速度选择低速。

E 辊式矫直工艺控制

辊式矫直工艺控制如下：

(1) 矫直辊表面应光滑，不允许有磕碰伤、擦划伤等缺陷。

(2) 矫直辊表面不应有起棱、凹陷等缺陷，应及时对缺陷进行处理，对曲面应采用样板控制，以保证整体曲面均匀一致。

(3) 各主动辊的直径、曲面应均匀一致，从动辊直径、曲面也应均匀一致，以保证各辊的线速度一致。

(4) 矫直辊表面应有较高的硬度，以防止长时间使用产生变形。

（5）冷却润滑油应保持清洁，不允许有铝屑、杂质等脏物，防止金属或非金属压入。

（6）被矫直的制品表面应清洁，不允许粘有金属屑等脏物。对表面存在的磕碰伤、擦划伤等缺陷，应及时清理后再矫直。

（7）矫直制品直径应与矫直机适用范围相一致。

（8）对热处理自然时效的制品，在淬火后应及时矫直，一般控制在 12h 内矫直。对热处理需采用人工时效的制品，一般在淬火后 24h 内矫直。

（9）对弯曲度较大的制品，尽量采用 2~4 遍矫直，防止 1 遍矫直时，因矫直压力过大而产生矫直缺陷。

7.2.2.2　张力矫直

A　矫直原理

张力矫直也称为拉伸矫直。其矫直原理是将管材或棒材的两端夹住，并向两边施加拉伸力，使其沿纵向拉伸变形，拉伸变形量超过金属的弹性变形，并达到一定变形量，一般伸长变形量控制在 1%~3%，使各条纵向纤维的弹性回复能力趋于一致，在弹性恢复后各处的残余变形弯曲量不超过允许值。张力矫直机结构示意图如图 7-36 所示。

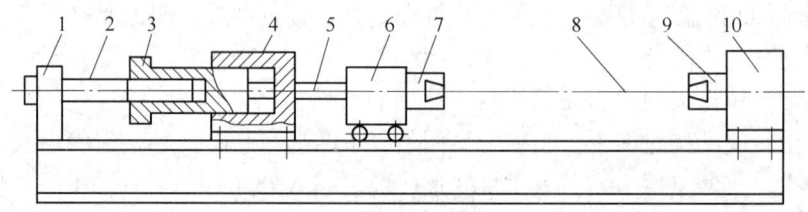

图 7-36　张力矫直机结构示意图

1—尾架；2—回程柱塞；3—单回程油缸柱塞；4—带工作油缸的固定架；5—拉杆；
6—活动机架；7—活动夹头；8—被矫直管材；9—固定夹头；10—固定架

管材、棒材的拉伸变形曲线如图 7-37 所示。当制品因原始弯曲造成纵向纤维单位长度的差为 oa 时，经较大的拉伸变形后，原来短的纤维拉长为 ob，原来长的纤维拉长为 ab。卸载后，各自的弹性恢复量为 bd 及 bc，这时残留的长度差变为 cd，cd 明显小于 oa，使制品的平直度得到很大改善。如果制品的强化特性越弱，这种残留的长度差越小，即矫直质量越高。当制品的强化性较大时，一次拉伸后有可能达不到矫直目的，即 cd 大于允许值，则应该进行二次拉伸。如果在第二次拉伸之前对材料进行时效处理，则矫直效果会

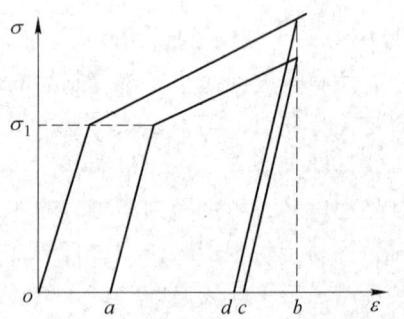

图 7-37　原始长度与拉伸变形的关系

更显著。另外，由于制品的实际强化特性并不是完全线性的，越接近强度极限，应力与应变之间的线性关系越减弱。因此在接近强度极限的变形条件下，可以得到很好的矫直效果，但这样的做法是比较危险的，不仅易出现表面粗糙，而且容易拉断。

张力矫直主要适用于异型管、棒材和需张力拉伸的管材和棒材。在拉伸管材时，由于拉伸钳口夹住管材两端，管材两端将被夹扁，随着外形尺寸增大，端头变形长度也将增长，使几何废料增多，所以张力矫直时应装入拉伸芯头，以减少端头的变形量，减少切

头量。

张力矫直可以减少甚至消除制品中因挤压、热处理等工序产生的内应力，减少制品在后续的机械加工中产生的变形，提高机械加工精度，故对需要降低制品内应力的产品，一般选用张力矫直。

B 张力矫直工艺控制

张力矫直工艺控制如下：

（1）拉伸速度应均匀、慢速，防止因速度过快造成拉伸变形不均匀。

（2）厚壁管、棒材的拉伸变形量可适当控制在上限，有利于拉伸矫直和减小内应力。当拉伸异型管或软铝合金管材、棒材时，应将拉伸变形量控制在下限，以防止异型管变形造成尺寸超差，或软铝合金制品变形不均匀，造成局部尺寸超差。

（3）对有粗晶环或晶粒粗大的制品，应将拉伸变形量控制在下限，防止表面产生橘皮现象。

（4）淬火制品在淬火后应立即进行拉伸矫直，一般应控制在 6h 之内。

（5）人工时效制品应在时效前进行张力矫直，时效后不允许进行张力矫直。

（6）退火制品应在退火进行张力矫直，管材在退火后不再进行张力矫直。棒材退火后可进行微量的张力矫直，但应控制最终尺寸。

（7）张力矫直非圆形管、棒材，应同时控制扭拧度。

（8）拉伸管材时，应在管材内孔插入芯子，以减少端头压扁程度。

7.2.2.3 型辊矫直

A 矫直原理

非圆形管材、棒材经张力矫直后，其弯曲度很难完全达到技术条件的要求，须经过型辊矫直或手工矫直工序。型辊矫直机采用十辊和十二辊的较多，一般采用上下两排辊，上下辊相互错开的方式。矫直时下面两个辊与上面在两个辊之间的一个辊形成一组矫直辊，非圆形管、棒材放在三个辊之间，其凸起处向上；下面两个辊为支撑点，而上面一个辊向下施加一个力，使其凸起部位向下弯曲。当施加压力产生的变形与凸起的变形大小相当时，其两个变形相互抵消，达到矫直目的。由于制品在主动辊的作用下向前运动，形成连续压弯，而使制品整体矫直。但制品的弯曲不是均匀的，实际矫直中这一段矫直了，而另一段又产生新的弯曲，因此在矫直时，应同时施加一反方向的弯曲力，即第一组辊子为两下一上，第二组则为两上一下，使其在两次弯曲变形中的弯曲变形相反，相当于同时按两个方向各矫直了一遍，有利于提高生产效率。

矫直辊一般不全部使用，根据弯曲的特点来选择，一般采用 6~8 辊的较多。矫直质量与合金特性、外形尺寸等因素有关。合金刚性越大，施加的压力也越大，压弯后的残余曲率的均一性越差，而这种差值将随着反弯次数的增加而减小。对于刚性较小的软铝合金，应施加较小的压力，否则产生局部变形而无法恢复，造成局部弯曲。

B 型辊矫直工艺控制

型辊矫直工艺控制如下：

（1）矫直辊表面应光滑，不允许有磕碰伤、擦划伤等缺陷。

（2）矫直辊内外圆应同心，不允许有椭圆等不圆现象。

（3）矫直辊的压下力应适当，可反复几遍，避免一次加压过大而造成局部弯曲。

（4）退火状态制品，应在退火前进行矫直，退火后不再进行辊矫。

（5）型辊矫直应在张力矫直后进行，不允许弯曲过大而直接进行辊矫。

（6）对容易产生应力裂纹的 7A04、7A09 等合金，不允许在淬火人工时效后进行型辊矫直。

7.2.2.4　扭拧矫直

A　矫直原理

非圆形管、棒材经型辊矫直、张力矫直等方式，只能对弯曲进行校正，而对扭拧缺陷则无法消除，需经设备或手工扭拧矫直。扭拧矫直就是对存在扭拧的制品，在制品上找到两个支点，在两支点处施加选择方向的力矩，两力矩方向相反。在两相反方向力矩的作用下，制品沿其轴线进行扭转变形，其扭转方向与原有制品的扭转方向相反，当扭转变形达到一定程度后，即抵消原扭拧变形，实现了扭拧矫直。

扭拧矫直的关键是找到扭拧点，点找不准则容易产生新的扭拧点，形成一段一段的扭拧缺陷。矫直时扭转角度应适当，扭转变形应控制在一定范围内，否则在力矩点产生急剧变形，造成局部扭拧。对于长度较长的扭拧制品，应分段矫直，每次变形量要小。扭拧变形过大，变形量超过原始扭拧度，造成新的扭拧度不合格，所以在生产中必须根据实际情况控制力矩点及力矩大小。

B　扭拧矫直工艺控制

扭拧矫直工艺控制如下：

（1）扭拧矫直用钳口或垫块表面应光滑，应能与制品很好地配合。

（2）钳口压下力应适当，避免损伤制品表面。

（3）扭拧力矩应与制品扭拧的方向相反，力矩大小应适当，应逐渐加力，避免因力矩过大造成向另一方面扭拧。

（4）软铝合金弹性小，容易产生局部扭拧变形，应适当控制变形量。

8　铝及铝合金挤压工模具技术

8.1　铝合金挤压工模具的工作条件及材料的合理选择

8.1.1　铝合金挤压工模具的工作条件

一般来说，在挤压铝合金制品时，模具要承受长时间的高温高压、激冷激热、反复循环应力的作用，承受偏心载荷和冲击载荷作用，承受高温高压下的摩擦作用等恶劣因素，工作条件是十分严峻的。

8.1.2　对挤压工模具材料的要求

对挤压工模具材料的要求如下：

（1）高的强度和硬度值。挤压工模具一般在高比压条件下工作，在挤压铝合金时，要求模具材料在常温下 σ_b 大于 1500MPa。

（2）高的耐热性。即在高温（挤压铝合金的工作温度为 500℃ 左右）下，有抵抗机械负荷的能力（保持形状的屈服度以及避免破断的强度和韧性），而不过早地（一般为 550℃ 以下）产生退火和回火现象。在工作温度下，挤压工具材料的 σ_b 不应低于 850MPa；模具材料的 σ_b 不应低于 1200MPa。

（3）在常温和高温下具有高的冲击韧性和断裂韧性值，以防止模具在应力条件下或在冲击载荷作用下产生脆断。

（4）高的稳定性。即在高温下有高抗氧化稳定性，不易产生氧化皮。

（5）高的耐磨性。即在长时间的高温高压和润滑不良的情况下，表面有抵抗磨损的能力，特别是在挤压铝合金时，有抵抗金属的"黏结"和磨损模具表面的能力。

（6）具有良好的淬透性。以确保工具的整个断面（特别是大型模具的横断面）有高的且均匀的力学性能。

（7）具有激冷、激热的适应能力。抗高热应力和防止工具在连续、反复、长时间使用中产生热疲劳裂纹。

（8）高导热性。能迅速地从工具工作表面散发热量，防止被挤压工件和工模具本身产生局部过烧或过多地损失其力学强度。

（9）抗反复循环应力性能强。即要求高的持久强度，防止过早疲劳破坏。

（10）具有一定的抗腐蚀性和良好的可氮化特性。

（11）具有小的膨胀系数和良好的抗蠕变性能。

（12）具有良好的工艺性能。即材料易熔炼、锻造、加工和热处理。

（13）容易获取，并尽可能符合最佳经济原则，即价廉物美。

8.1.3　挤压工模具材料的发展概况和主要品种

近几十年来对挤压工模具材料进行了广泛的研究并取得了很大的进展，研发出了不少有用的工模具钢种。但各国模具钢化学成分不一，牌号名目繁多。前苏联常用的工模具钢有 5ХНМ、5ХгМ、5ХНВ、3Х2В8ф、4Х2В2фС、4Х2В5фМ、4Х4НМВф、эи929М、эи867А、ВМ2 等；美英等国常用的有 H10、H10A、H11~H14、H19、H21、H23、H24、H26、V57、A286、inco718 NiMonk90 等；日本常用的有 SKT4、SKT6、SKD8、SKD61、SKD62 等；德国常用的有 X30WCrV53、X38CrMoV51、X32CrMoW33、30WCrV3411、50NiCrMoV7、GX170CoCrW3325、X28CrCoWMo1010 等，我国常用的有 3Cr2W8V、5CrNiMo、5CrMnMo、5CrMnSiMoV1、4CrSiMnMoV、5CrNiMoSiV1、4Cr5MoSiV、4Cr5MoSiV1、SRM-1、SRM101 等。

8.1.4　铝型材挤压工模具材料合理选择

为了提高模的使用寿命，降低生产成本，提高产品质量，应根据产品的批量大小、工模具的结构、形状和大小、工作条件以及钢材本身的熔铸、锻造、加工和热处理工艺性能，钢材的价格和资源等方面的情况，综合权衡利弊，选择经济而合理的工模具钢材。归纳起来，选择铝合金挤压工模具材料时一般应考虑被挤压金属或合金的性能，挤压材的批量、品种形状、规格，挤压方法，工艺条件和设备的结构，挤压工模具的结构、形状与尺寸，材料价格、产地及其他因素等。

根据被挤压合金的性能来选择最合理、最经济的工模具材料。美国、英国、日本等国主要选用 H12、H13、H10A、H21、SKD8 等合金钢。俄罗斯在挤压铝合金时，模具的材料一般推荐采用 эи383、3Х2В8ф、эи431、4Х2В2С。我国主要采用 3Cr2W8V、4CrMoSiV1、4Cr5MoSiV 钢作为挤压铝合金的模具材料，选择 3Cr2W8V、SRM、4Cr5MoSiV1、5CrNiMo、5CrMnMo 作为基本工具的材料。表 8-1~表 8-3 分别列出了常用工模具钢的化学成分、力学性能及线膨胀系数。

表 8-1　常用工模具钢的化学成分与力学性能

钢材牌号	化学成分（质量分数）/%							力学性能				
	C	Mn	Si	Cr	Mo	W	V	R_m/MPa	$R_{p0.2}$/MPa	A/%	ψ/%	a_k/J·cm^{-2}
H11	0.40	0.30	1.00	5.00	1.30		0.50	1512	1407	12	43.5	210
H12	0.35	0.30	1.00	5.00	1.60	1.30	0.30	1505	1400	12	42.5	150
H13	0.40	0.40	1.00	5.00	1.20		1.00	1526	1428	12	42.5	210
3Cr2W8V	0.40	0.40	0.40	2.0		8.5	0.50	1900	1750	7.0	25.0	40
4Cr5MoSiV1	0.36	0.35	1.00	4.85	1.40		1.00	1752	1560	6.8	46.3	34.6
5CrMnMo	0.55	1.40		0.65	0.23			1380	1180	9.5	42	183.5
5CrNiMo	0.55	0.65	0.40	0.65	0.23	1.6		1460	1380	9.5	42.5	186

表 8-2　常用模具钢的化学成分与不同温度下的力学性能

钢材牌号	化学成分（质量分数）/%	实验温度/℃	R_m/MPa	$R_{p0.2}$/MPa	A/%	ψ/%	a_k/J·cm^{-2}	硬度 HB	热处理工艺
5CrNiMo	0.5C 0.66Cr 1.5Ni 0.36Mo	20	1460	1380	42	9.5	38	418	820℃油淬 500℃回火
		300	1370	1060	60	17.1	42	363	
		400	1110	900	65	15.2	48	351	
		500	860	780	68	18.8	37	285	
		600	470	410	74	30.0	125	109	

续表 8-2

钢材牌号	化学成分 （质量分数）/%	实验温度 /℃	R_m/MPa	$R_{p0.2}$/MPa	A/%	ψ/%	a_k/J·cm^{-2}	硬度 HB	热处理工艺
5CrMnMo	0.55C 1.51Mn 0.67Cr 0.26Mo	20	1180	970	37	9.3	38	351	850℃油淬
		300	1150	990	47	11.0	65	351	
		400	1010	860	61	11.1	49	311	
		500	780	690	86	17.5	32	302	600℃回火
		600	430	410	84	26.7	38	235	
3Cr2W8V	0.30C 2.3Cr 8.65W 0.29V	20	1900		25.0	7.0	30	481	1100℃油淬 或水淬
		300		1750				429	
		400	1520				61.9	420	
		450	1500	1400			61.6	410	
		500	1430	1390			66.1	405	
		550	1340	1330			58.1	365	550℃回火
		600	1280	1230			58.3	325	
		650					63.3	290	
H13	4Cr5MoSiV1	550	1058	902	51	6.5			
		600	1117	960	51	6.5			
		650	1078	980	52	7.0			
		700	500	451	80	11.0			

表 8-3 常用模具钢的线膨胀系数

钢材牌号	在不同温度下的线膨胀系数/K^{-1}			
	373~523K	523~623K	623~873K	873~973K
5CrNiMo	12.55×10^{-6}	14.10×10^{-6}	14.2×10^{-6}	15.0×10^{-6}
4Cr5MoSiV1	9.7×10^{-6}	10.5×10^{-6}	12.0×10^{-6}	12.2×10^{-6}
3Cr2W8V	10.28×10^{-6}	13.05×10^{-6}	13.20×10^{-6}	13.30×10^{-6}

8.2 铝挤压工具及其优化设计

8.2.1 铝挤压工具的分类及组装形式

8.2.1.1 挤压工模具的分类

挤压工模具包括挤压工具、挤压模具和辅助工具三大类，主要是指那些直接与产品的挤压变形有关，在挤压过程中易于损坏或需要经常更换的工具，而不是设备本身的易损件和用于设备维护检修的工具。因此，挤压工模具一方面要与特定的设备结构相适应，另一方面又有相对的独立性，即根据工艺过程与产品类型的需要，在同一设备上可以配备多种不同的工具，并组成不同的挤压工具系统。

挤压工具有挤压筒、挤压轴、模轴、轴套、轴座、挤压垫片、模支撑、支撑环、压型嘴、针支撑、针座等，其特点是尺寸较大，通用性强，不易损坏，使用寿命较长。对于挤压筒、挤压轴、模轴、压型嘴等大型工具，一般每种规格配置 2~4 个；挤压垫片、模支撑等小型工具由于损坏较快，消耗量较大，应根据情况增加配置数量。

挤压模具包括挤压模、挤压模垫、穿孔针、针尖等，是直接参与金属塑性成型的工具，其特点是规格多、需经常更换、工作条件极为恶劣、消耗量很大。因此，应千方百计选用高温条件下强度高、韧性好的材料，以提高模具寿命、减少消耗、降低成本。

辅助工具主要包括导路、吊钳、键、销钉、修模工具等，这些工具对提高生产效率和产品质量有直接的关系。

8.2.1.2　挤压工模具的组装形式

铝合金液压挤压机上工具装配形式一般可按设备类型、挤压方法和挤压产品的不同分为8种基本形式，图8-1~图8-4为应用最广的四种组装形式举例。

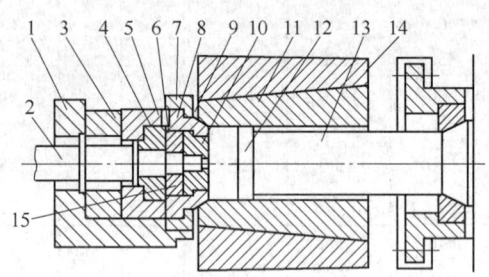

图 8-1　卧式挤压机正向挤压型材、棒材工具装配形式（带压型嘴结构）

1—压型嘴；2—导路；3—后环；4—前环；5—中环；6，15—键；7—压紧环；8—模支撑；
9—模垫；10—模子；11—挤压筒内套；12—挤压垫片；13—挤压轴；14—挤压筒外套

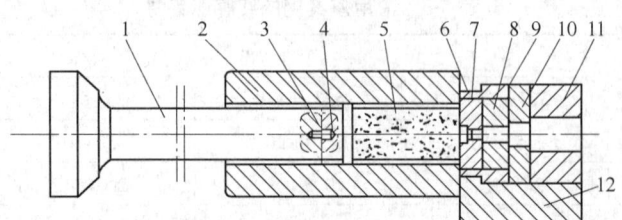

图 8-2　卧式挤压机正向挤压型材、棒材工具装配形式（不带压型嘴结构）

1—挤压轴；2—挤压筒内套；3—连接销；4—挤压垫片；5—铸锭；6—模套；
7—模子；8—模垫；9—定位销；10—前环；11—后环；12—模架

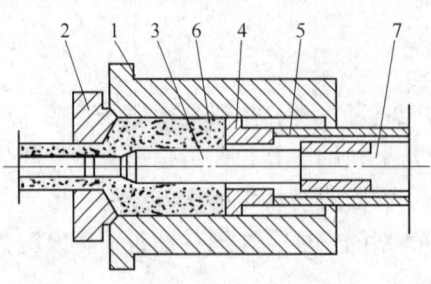

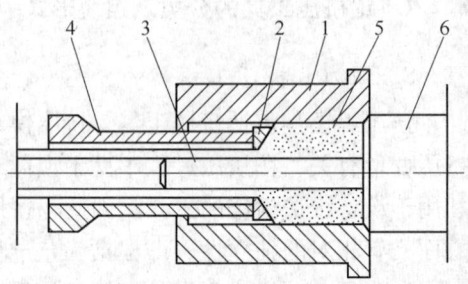

图 8-3　用固定的圆锥-阶梯针正向挤压管材工具装配图

1—挤压筒内套；2—模子；3—挤压针；4—挤压垫片；
5—挤压轴；6—铸锭；7—针支撑

图 8-4　反向挤压管材工具装配图

1—挤压筒内套；2—模子；3—挤压针；
4—挤压轴；5—铸锭；6—堵头

8.2.2　挤压筒的设计

8.2.2.1　挤压筒工作条件

挤压筒是挤压过程中最重要的挤压工具之一。挤压时，依靠挤压筒盛装高温坯料，从挤压筒一端施加压力，使坯料从挤压筒另一端挤出。从坯料镦粗开始直至挤压终了，挤压筒需要承受高温（内表面温度可达600℃）、高压（由热挤压纯铝的150MPa到挤压高强铝合金的1500MPa以上）、高摩擦（工作表面黏附一层变形金属，形成一个完整的金属套，金属与挤压筒内壁之间服从摩擦力定律）、长时间的作用，工作条件十分恶劣。

由于挤压筒工作环境恶劣，受力状态非常复杂，在生产中容易失效。其失效形式主要表现为：

(1) 内衬套内表面掉渣、起皮、划沟，磨损严重，超出允许偏差。

(2) 内衬套或中衬套中部变形，产生严重的"鼓肚"现象。

(3) 工作端面压塌、掉渣或产生严重缺口。

(4) 由于设计不合理或热处理不当，工作时可能产生局部裂纹或纵向裂纹。

8.2.2.2　挤压筒的结构形式

为了改善受力条件，使挤压筒中的应力分布均匀，增加承载能力，提高使用寿命，绝大多数挤压筒采用两层以上的衬套，以过盈配合用热装组合构成。采用多层套组合式结构，在因磨损或变形等因素使挤压筒失效后，只需更换内衬套就可达到使用要求，由此减少了材料消耗，节省了加工工作量和降低了成本。每层套的质量和厚度减少，使材料的选择具有更大的灵活性和合理性。

挤压筒衬套层数应根据工作内套所承受的最大单位应力（可近似为比压）来确定。在工作温度的条件下，当最大应力不超过挤压筒材料屈服强度的40%~50%时，挤压筒一般由两层衬套组成。当应力大于材料屈服强度的70%时，应由三层套或四层套组成。随着层数的增加，各层的厚度变薄。由于各层套间的预紧压应力的作用，其内部的应力分布越趋均匀。

8.2.2.3　挤压筒的加热方式

为了使温度尽快达到挤压温度，减少挤压筒在挤压设备上的停留时间，提高生产效率，同时也便于使挤压筒、挤压轴等保持在一条轴线上，挤压筒在工作前应进行预热。预热温度应接近挤压温度，一般铝合金挤压温度为400~480℃。挤压筒预热方法有：（1）在挤压筒加热炉内预热；（2）采用电阻元件从挤压筒外部加热；（3）用预先设置在挤压筒中间的加热元件进行电阻加热或感应加热。

目前，一般采用两种方式对挤压筒进行保温加热：

(1) 工频感应加热，即将加热元件系统经包覆绝缘层后插入沿挤压筒圆周分布的轴向孔中，然后将它们串联起来通电，靠磁场感应产生的涡流加热挤压筒。

(2) 电阻加热。在中衬与外套之间加入电阻加热元件加热，一般用于两层衬套的挤压筒；或在中衬与外衬之间的轴向孔中插入电阻加热元件加热，一般用于三层衬套的挤压筒。由于挤压筒两端与大气接触，散热速度快，造成温度不均匀，近年来，为了更精确地控制挤压筒和铸锭的温度，开发出了分区控制电阻加热，并有冷却孔，保证了挤压筒温度的均匀性。

8.2.2.4　挤压筒各衬套的结构

在管材、棒材、线材生产中采用圆形挤压筒，其内衬按外表面结构形式可分为圆柱形、圆锥形和台肩圆柱形，如图 8-5 所示。在中小型挤压机上主要采用圆柱形内衬。20MN 以上的挤压机一般采用圆锥形内衬。近几年大型挤压机上也普遍采用圆柱形内衬。

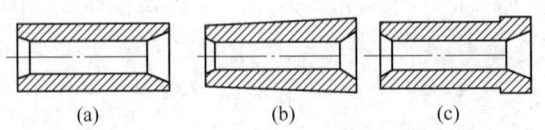

图 8-5　挤压筒内衬套的结构形式
(a) 圆柱形；(b) 圆锥形；(c) 台肩圆柱形

圆柱形内衬易于加工和测量尺寸，更换衬套时尺寸配合问题较少，工作部分磨损后可以掉头使用，有利于提高使用寿命。但更换时退下内衬套较困难，对过盈尺寸要求高，装配时对中性较差。如果过盈较小，内衬与衬套之间的摩擦力小，挤压时内衬容易被挤出挤压筒。圆锥形内衬套（锥度一般为 3°~5°）便于更换，损坏时易于从挤压筒中退出。但锥面不易加工，对较长的内衬套外锥面的平直度不易保证，锥面各断面的尺寸也不易测量。为了使锥形内衬套能很好地与中衬或外衬配合，可将内衬套制作得长一些，待组装好后，再将多余的长度加工掉，以保证工作部分获得更大的过盈。台肩圆柱形内衬套和圆柱形内衬套相当，对过盈要求不严。

8.2.2.5　挤压筒与模具的配合方式

挤压筒内衬与模具之间的配合方式与产品品种、挤压机结构、挤压方法等有关系。在正向卧式挤压机上，一种是锥封密闭结构，即模子有一锥台突出模支撑，与挤压筒前端的锥台相配合，既可以方便地使模子和挤压筒很好地对中，防止管材偏心以及多孔模金属流速差相同；又可以提高挤压筒与模子之间的压紧力，避免挤压筒锁紧力不足而使金属流出，即产生"大帽"现象。另一种是平面封闭结构，即挤压筒端面与模子端面之间以平面接触方式密封，挤压筒锁紧力较小，同时模具与挤压筒对中性较差，多孔模流速差大。对于立式挤压机和反向挤压机，使用的模子都是在挤压筒中，只要求模子外形尺寸与挤压筒内壁很好地配合，防止因模子外形过大"啃伤"挤压筒内壁，或模子外形过小而使金属流出造成无法挤压。

8.2.2.6　挤压筒尺寸设计

A　挤压筒内衬直径的设计

挤压筒内衬的内孔直径 $D_筒$ 主要根据挤压机的挤压能力及其前梁结构、挤压制品允许挤压系数 λ 的范围以及被挤压合金变形所需的单位压力等确定。内孔直径 $D_筒$ 的最大直径应保证作用在挤压垫片上的单位压力 $p_比$ 不低于被挤压材料的变形抗力及挤压针与金属之间、挤压筒与金属之间的摩擦力之和。一般将单位压力 $p_比$ 最大控制在 750MPa。内孔直径 $D_筒$ 的最小直径应保证挤压工具的强度，特别是挤压轴、挤压针及模轴的强度。根据挤压机的挤压方式及挤压针等因素，一般正向挤压机配备 2~3 种规格的挤压筒，反向挤压机配备 1~2 种规格的挤压筒。表 8-4 列出了部分常用挤压筒的规格。

表 8-4　各种挤压机上配备的挤压筒规格

挤压机/MN	挤压筒内孔直径/mm	挤压筒内孔长度/mm	比压/MPa
6	85~115	450	947~519
8	95~135	560	1158~410
12	125~180	750	980~455
16	140~200	750	1060~520
16.3	170~200	600	718~519
20	150~225	815	1130~500
25	200~300	800	796~354
35	280~370	900	569~327
45	320~420	1800	560~325
50	300~500	1250	708~255
80	300~600	1000	786~283
94	400~650	1800	760~280
120	500~800	1500	611~239
196	650~1200	2100	600~174
225	700~1300	2250	584~170

B　挤压筒长度 $L_筒$ 的确定

挤压筒长度 $L_筒$ 与挤压筒直径 $D_筒$ 的大小、挤压力的大小、挤压机的结构形式、挤压轴和挤压针强度等因素有关。挤压筒越长，可以采用较长的铸锭进行挤压，因而可以提高生产效率和成品率，但同时也增大了挤压力，恶化了挤压筒与穿孔针的使用条件，削弱了挤压工具的强度，所以挤压筒长度不宜过长，一般情况下可采用以下公式计算：

$$L_筒 = L_{max} + l + t + s \tag{8-1}$$

式中　L_{max}——铸锭的最大长度，一般棒材、线毛料（实心锭）控制在（3~4）$D_筒$ 之内，管材（空心锭）为（2~3）$D_筒$。但反向加压时因不受挤压筒与铸锭之间的摩擦力，挤压力下降，可选取长一些铸锭；

　　　　l——铸锭穿孔时金属向后倒流所增加的长度；

　　　　t——模子进入挤压筒的深度；

　　　　s——挤压垫片的厚度，一般取（0.4~0.6）$D_筒$，小挤压机取上限，大挤压机取下限。

在实际生产中，挤压筒长度与直径之比一般不超过3~4，反向挤压可达到5。

C　挤压筒衬套厚度的确定

挤压筒衬套的层数、各层的厚度及其比值对挤压筒的装配应力、挤压应力和等效应力均有很大的影响。挤压筒衬套层数越多，各层厚度比值越合理，挤压筒内的内应力就越低。

挤压筒各层衬套的厚度，一般先凭经验确定一数值，然后通过强度校核进行修正。一般挤压筒外径为内径的3~5倍，每层衬套的厚度是根据内部受压多层空心圆筒，当各层衬套直径比值（外径/内径）相等时的强度最大原则来确定。例如，取挤压筒外径和内径的比值为 4 时，对 2 层挤压筒为 $D_2/D_1 = D_1/D_0 = 2$，对 3 层挤压筒则是 $D_3/D_2 = D_2/D_1 = D_1/D_0 = 1.587$。但在实际生产中，考虑到外层套中有加热孔以及键槽等引起的强度降低，各层直径比应保持为 $D_3/D_2 > D_2/D_1 > D_1/D_0$ 的关系。

D　挤压筒各衬套间配合过盈量的确定

挤压筒装配前，外套内径略小于内套外径，其差值即为过盈量。装配时须将挤压筒外套加热，然后将常温下的内套装入加热的外套中，冷却后则两套之间紧密配合，保证两层套成为一体。装配后的挤压筒，内衬受到外衬的作用产生压应力，外衬受到内衬的作用产生拉应力。当挤压时，内衬受到工作压力，抵消一部分装配时产生的压应力，使实际总应力减小；外套受到工作压力，与装配时产生的拉应力叠加，使实际总拉应力增加。过盈量选择是否合适，直接影响各层套之间的应力分布，合理的过盈量可使挤压筒的使用寿命提高 3~4 倍。

合理的过盈量与挤压筒的比值、各层厚度和层的数量等因素有关。挤压筒的比压越大，过盈量也应选大些。多层套挤压筒越靠近内层的层次，其过盈量也越大。装配对的尺寸越大，衬套的厚度越厚，则过盈量越大。一般由过盈量引起的热装应力以不超过挤压工作时最大单位挤压力的 70% 为宜。过盈量过小不能有效降低等效应力值，在挤压时还容易使内衬掉出来。表 8-5 列出了几种挤压筒的过盈量范围。

表 8-5　几种挤压筒的过盈量范围

挤压筒装配结构	装配对直径/mm	过盈量/mm
二层套	200~300	0.45~0.55
	310~500	0.55~0.65
	510~700	0.70~1.0
三层套	800~1130	1.05~1.35
	1500~1810	1.40~2.35
四层套	1130	1.65~2.20
	1500	2.05~2.30
	1810	2.50~3.00

E　挤压筒强度校核

单层挤压筒和多层挤压筒均可看成是一个厚壁圆筒，强度校核可按承受内外压力的厚壁圆筒各层同时屈服的条件来计算。为了简化计算，设定以下几个初始条件：

（1）沿挤压筒长度方向单位压力等于挤压垫片上的比压 $p_{比}$；

（2）轴向压应力可忽略不计；

（3）挤压筒内外各层温度均匀；

（4）不考虑加热孔、键槽对挤压筒衬套强度的影响；

（5）把挤压筒的应力状态看做平面问题。

则：

$$\sigma_t = p_{比} \frac{r^2}{R^2 - r^2}\left(1 + \frac{R^2}{\rho^2}\right) \tag{8-2}$$

$$\sigma_r = p_{比} \frac{r^2}{R^2 - r^2}\left(1 - \frac{R^2}{\rho^2}\right) \tag{8-3}$$

式中　σ_t——挤压筒壁上的切向应力；

　　　σ_r——挤压筒壁上的径向应力；

　　　$p_{比}$——挤压筒比压；

　　　r——挤压筒的内孔半径；

　　　R——挤压筒的外圆半径；

　　　ρ——从挤压筒轴线到所求应力点距离。

根据第三强度理论，等效应力 $\sigma_{等效}$ 为：

$$\sigma_{等效} = \sigma_t - \sigma_r = \frac{p_{比} \, 2R^2 r^2}{(R^2 - r^2)\rho^2} \tag{8-4}$$

由上式看出，在挤压筒内表面上（$\rho = r$）出现应力最大值：

$$\sigma_t^{内} = p_{比} \frac{R^2 + r^2}{R^2 - r^2} \tag{8-5}$$

$$\sigma_r^{内} = - p_{比} \tag{8-6}$$

$$\sigma_{等效}^{内} = p_{比} \frac{2R^2}{R^2 - r^2} \tag{8-7}$$

用 $K = \dfrac{r}{R}$ 表示挤压筒的壁厚系数，则式（8-5）和式（8-7）可写成以下形式：

$$\sigma_t^{内} = p_{比} \frac{1 + K^2}{1 - K^2} \tag{8-8}$$

$$\sigma_{等效}^{内} = p_{比} \frac{2}{1 - K^2} \approx [\sigma] \tag{8-9}$$

整个挤压筒最大允许压力 p_{max} 为：

$$p_{max} = \frac{1 - K^2}{2}[\sigma] \tag{8-10}$$

由式（8-10）可得出以下结论：

（1）挤压筒最大允许压力 $p_{max} < 0.5[\sigma]$。

（2）挤压筒壁厚系数 K 取 0.35～0.50 较为合理。

（3）单层挤压筒受力状态不合理。当最大应力超过材料屈服强度极限时，应由 2～4 层套组装而成。

8.2.2.7　挤压筒衬套的更换

A　卸内衬

将挤压筒置于专用加热炉，将其加热至 400～450℃，保温 8～24h，然后悬空吊放一定高度。在内衬的内孔中通入冷水，冷水的水量要足够大，使内衬快速冷却收缩，从而产生间隙，在自重的作用下脱离外套，完成卸筒。

B　装内衬

将挤压筒外套加热到 450℃，保温 6～12h，使外筒充分受热膨胀后，把常温下的内衬放入到外套中，冷却后则两层套紧密配合在一起，完成装筒。

8.2.3　挤压轴的设计

挤压轴用来传递主柱塞产生的压力使金属在挤压筒中产生变形，所以挤压轴承受非常大的压应力。根据挤压机的结构形式可分为带穿孔系统的空心挤压轴和不带穿孔系统的实心挤压轴。按挤压轴的装配结构可分为整体挤压轴、装配圆柱挤压轴、阶梯型挤压轴等。按挤压方法可分为正向挤压轴和反向挤压轴。

8.2.3.1　挤压轴尺寸的确定

A　挤压轴外廓尺寸

挤压轴的设计如图 8-6 所示。挤压轴外径尺寸应根据挤压筒内孔直径 $D_筒$ 来确定。为了使挤压轴便于出入挤压筒，而挤压轴的强度又不受损失，选择原则是：空心轴 d_2 比 $D_筒$ 小 2~20mm，对立式挤压机和小直径挤压筒应取下限值（2~8mm）；卧式挤压机和大直径挤压筒取上限值（6~20mm）。实心轴外径 d 比 $D_筒$ 小 2~30mm，对小直径挤压筒按下限取值（2~4mm）；卧式挤压机和大直径挤压筒则按上限取值（4~20mm）；50MN 以上的大型挤压机一般取 10~30mm。

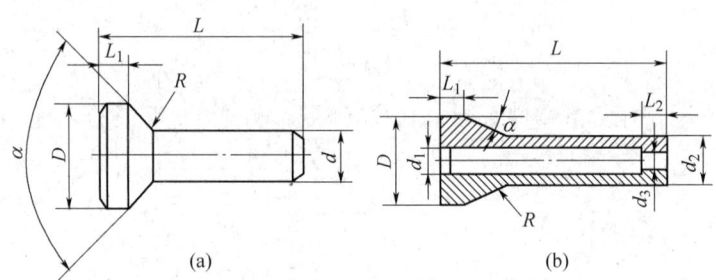

图 8-6　挤压轴设计示意图
（a）实心挤压轴；（b）空心挤压轴

空心挤压轴内孔直径 d_1 的最大值应根据空心轴的环形面积所承受的压力不超过材料的许用应力来确定。

$$d_{1\max} = \sqrt{d_筒^2 + \frac{4\rho_比}{\pi[\sigma_s]}} \qquad (8-11)$$

空心挤压轴内孔直径 d_1 的最小值由挤压针后端的尺寸来确定。一般来说，d_1 应比针后端的外径大 5mm，以便于穿孔针移动。一般挤压轴按每种规格挤压筒配备 2~4 种规格的挤压针。

B　挤压轴长度

挤压轴的总长度：

$$L = L_1 + L_3 + L_4 \qquad (8-12)$$

式中　L_1 ——轴支撑圆台的长度；

　　　L_3 ——轴支撑圆锥的长度；

　　　L_4 ——挤压轴杆的长度。

　　为了保证挤压轴能将残料和挤压垫片从挤压筒中推出来，挤压轴杆 L_4 的长度应比挤压筒的长度长 10~20mm。

　　为防止挤压轴与垫片接触的端面在长时间高压下被压堆，影响挤压轴在挤压筒中和挤压针后端在挤压轴中正常移动，应将挤压轴靠端面处的外径和内径均加工出一个锥度。为保证垫片不倾斜，防止管材偏心及垫片倾斜啃伤挤压筒，挤压轴端面对轴中心线的垂直度不大于 0.1mm，轴杆与轴支撑的同心度不大于 0.1mm。挤压轴工作部分的表面粗糙度 R_a 应不低于 1.6μm。表 8-6 和表 8-7 列出了几种挤压轴的主要尺寸。

表 8-6　空心挤压轴的主要尺寸

挤压机/MN	筒直径/mm	挤压轴尺寸					
		D/mm	d_1/mm	d_2/mm	L/mm	L_1/mm	α/(°)
125	ϕ420	800	230	410	2760	40	30
	ϕ500	800	310	490		40	
	ϕ650	1000	385	640		80	
	ϕ800	1000	530	790		80	
35	ϕ280	660	165	274	1615	185	30
	ϕ320		185	314			
	ϕ370		205	364			
25	ϕ200	440	100	195	1260	35	25
	ϕ220		120	215			
	ϕ280		150	275			
16	ϕ170	355	76	165	960	30	30
	ϕ200		96	195			

表 8-7　实心挤压轴的主要尺寸

挤压机/MN	筒直径/mm	挤压轴尺寸				
		D/mm	d/mm	L/mm	L_1/mm	α/(°)
125	ϕ420	1000	410	2760	80	60
	ϕ500		490			60
	ϕ650		630			30
	ϕ800		780			30
50	ϕ300	685	290	1600	40	60
	ϕ360		350			
	ϕ420		410			
	ϕ500		490			
20	ϕ150	300	145	1020	50	90
	ϕ170		165			
	ϕ200		195			
12	ϕ115	295	110	945	25	60
	ϕ130		125			
6	ϕ90	203	88	500	10	60
	ϕ100		98			

8.2.3.2　挤压轴的强度校核

A　端面压力计算

$$p_{\text{面}} = \frac{P}{F} \leq [\sigma_{\text{压}}] \tag{8-13}$$

式中　P——挤压机名义压力，MN；

　　　F——挤压轴杆横截面积（空心挤压轴为圆环面积），mm^2；

　　$[\sigma_{\text{压}}]$——挤压轴材料的许用压应力，MPa。

在 400℃时，3Cr2W8V 钢 $[\sigma_{\text{压}}]$ =1000MPa；H13 钢 $[\sigma_{\text{压}}]$ =950MPa。

B　纵向弯曲应力的计算

在挤压时，挤压轴所受到的全应力等于由挤压力 P 和弯曲力矩 M 所产生的应力总和，即：

$$\sigma = \sigma_1 + \sigma_2 \tag{8-14}$$

式中　σ_1——由挤压力 P 产生的应力，MPa；

　　　σ_2——由弯曲力矩 M 产生的应力，MPa。

考虑挤压针受拉应力较大，强度较弱，挤压轴的长度通常不超过挤压筒直径的 4~5 倍，所以对挤压轴的稳定性可以不进行单独计算而把挤压轴看成是压缩杆，把强度和稳定性的条件结合起来，按下式校核强度。

（1）压力产生的应力：

$$\sigma_1 = \frac{P}{\phi F} \leq [\sigma_{\text{许}}] \tag{8-15}$$

式中　ϕ——许用压缩应力折减系数，取决于挤压轴的细长比 λ 和挤压轴材料，一般取 $\phi = 0.9$；

　　　F——挤压轴的横截面积，mm^2；

　　$[\sigma_{\text{许}}]$——稳定条件下的许用应力，MPa，$[\sigma_{\text{许}}] \approx \phi[\sigma]$。

$$\lambda = \frac{\mu L}{i} \tag{8-16}$$

式中　μ——泊松系数；

　　　L——挤压轴的工作长度，mm；

　　　i——断面的惯性半径，mm，取 $i = \frac{1}{4}\sqrt{d_{\text{外}}^2 - d_{\text{内}}^2}$。

（2）弯曲力矩 M 产生的应力：

$$\sigma_2 = \frac{M}{W} = \frac{PL}{W} \tag{8-17}$$

式中　W——截面系数，$W = 0.1 \times \left(1 - \frac{d_{\text{内}}^4}{d_{\text{外}}^4}\right)^3$。

8.2.4　穿孔系统的设计

8.2.4.1　穿孔系统的结构与分类

穿孔系统适用于生产无缝管材。按管材的生产方法不同，挤压针可分为两种基本类型，即固定在有独立穿孔系统挤压针支撑上的固定针和固定在无独立穿孔系统挤压轴上的随动针。随动针主要应用在立式挤压机上，铸锭短，规格小，适合于生产小管材。固定针主要应用在卧式挤压机上，挤压针规格可大一些，适合于中等规格和大规格管材的生产。

卧式挤压机的穿孔系统主要包括针前端（针尖）、针后端（挤压大针）、针支撑、导套和背帽等，图8-7为典型穿孔系统示意图。

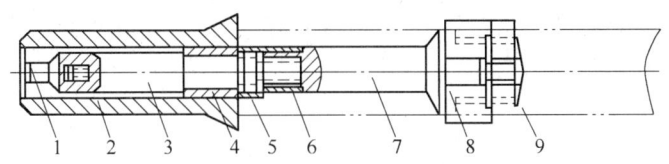

图 8-7　典型穿孔系统示意图

1—针前端（针尖）；2—挤压轴；3—针后端（大针）；4—铜套；5—背帽；
6—导套；7—针支撑；8—压杆背帽；9—穿孔压杆

穿孔系统一般采用螺纹连接，可选用直螺纹或锥螺纹。直螺纹装卸困难，劳动强度大，与锥螺纹相比抗拉伸能力较低，但容易加工，目前采用直螺纹的较多。锥螺纹对中性好，可以很好地与针支撑配合成整体，提高了螺纹连接处的强度。装卸容易，但加工困难，对机加工精度要求高，除特殊要求外，一般不采用锥螺纹连接。

穿孔针工作表面粗糙度要求高，应控制在 $1.6\mu m$ 以上，以减小穿孔针与铸锭之间的摩擦力。螺纹与工作部分之间应有过渡区，以减少应力集中。工作表面的硬度应适当，不宜过高，以免产生龟裂，但硬度低容易拉细，一般 H13 钢的硬度约为 44~48HRC。穿孔针各部分直径的同心度应不大于 0.1mm。

8.2.4.2　针前端（针尖）尺寸确定

A　针前端（针尖）尺寸

针前端（针尖）直径：

$$d_{针} = d_{内} - 0.7\%d_{内} \tag{8-18}$$

式中　$d_{内}$——管材的名义内径，mm。

针前端（针尖）工作部分长度：

$$l_{尖} = h_{定} + l_{出} + l_{余} \tag{8-19}$$

式中　$h_{定}$——模子工作带长度，mm；

　　　$l_{出}$——针前端（针尖）伸出模子工作带的长度，mm；

　　　$l_{余}$——余量，mm。

$l_{出}$ 的长度一般取 10~20mm，过短，管材尺寸不稳定；过长，影响管材内表面质量。$l_{余}$ 的长度一般不大于残料的厚度，以免金属倒流。

B　针前端（针尖）工作部分与针后端之间的过渡区

挤压大针（针后端）直径只有几种规格，而针尖工作部分的直径随着管材的内径不同而变化，两者之间有直径差，一般采用30°~45°的过渡锥角连接。过渡区的长度视直径差而定，但这种直径差不宜过大。

C　针后端（挤压大针）尺寸

针后端的最大直径取决于挤压轴的最大内孔直径 d_{1max}。为了便于挤压针出入，针后端

直径 $d_后$ 一般比挤压轴的最大内孔直径 d_{1max} 小 5mm 以上。针后端的最小直径由所承受的最大拉力和稳定性来确定，然后根据挤压工具的系列化，将针后端的直径进行规整，一般每种规格的挤压轴上配备 1~2 种规格的挤压针。图 8-8 为针后端和针前端示意图，表 8-8~表 8-10 分别列出了某些挤压机上配针规格表。

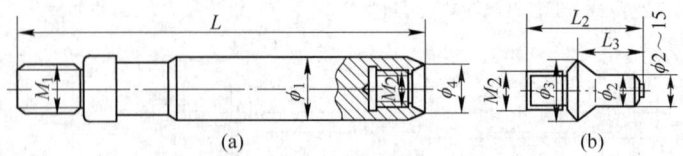

图 8-8　穿孔针尺寸设计示意图
(a) 针后端；(b) 针前端

表 8-8　125MN 卧式挤压机的配针表

挤压筒直径/mm	针后端直径/mm	针前端直径/mm
800	510	490~415
	430	410~345
650	360	335~280
	300	270~230
	250	225~185
500	300	285~230
	250	220~160
	210	180~110
420	210	180~135
	150	130~85

表 8-9　35MN 挤压机单一针的结构尺寸

挤压筒直径/mm	针后端直径/mm	针规格/mm	M_1	M_2	L_1/mm	L_2/mm	ϕ_3/mm	ϕ_4/mm
280	$\phi_1 100$	$\phi_2 13~49$（间隙 1）	M100	13/8″	1585	220	56	57
	$\phi_1 100$	$\phi_2 50~78$（间隙 1）	M100	M52×3	1585	240	79	80
	$\phi_1 125$	$\phi_2 79~125$（间隙 1）	M130	M130	1585	300	119	120

表 8-10　35MN 挤压机单一针的结构尺寸

筒直径 D/mm	d/mm	d_1/mm	M
370	200	135	M130
	125	135	M130
280	125	104.6	M130

针后端长度 $L_后$ 主要由稳定性校核来确定，与挤压方式、挤压合金、产品规格等因素有一定关系。当采用润滑挤压时，其挤压大针的长度比无润滑挤压时的长；采用实心铸锭

穿孔挤压时的长度比采用空心铸锭挤压的长度短。

其他穿孔系统工具主要包括针支承、压杆套和压杆以及导筒、背帽等。这些工具主要根据挤压机的结构、装卸方式、稳定性校核来设计，一般来说，每种挤压筒应选配一种规格的工具。

8.2.4.3 穿孔系统的强度校核

穿孔系统在挤压过程中主要考虑弯曲变形和拉伸变形。采用实心锭穿孔挤压或采用空心锭半穿孔挤压时，挤压刚开始，挤压针承受压缩应力，挤压针容易产生弯曲变形，应考虑挤压针的抗弯强度；当穿孔完毕正式挤压时，挤压针在摩擦力的作用下承受拉应力作用，应考虑挤压针的抗拉强度。采用空心锭挤压时，挤压针只承受挤压过程中的拉应力，所以只校核挤压针的抗拉强度是否满足要求即可。穿孔针的抗拉强度和抗弯强度可参照材料力学有关公式进行计算。

穿孔针一般采用组合式，即针前端（针尖）、针后端（大针）、针支撑等相连接，连接采用螺纹方式，所以还应校核螺纹处的强度，一般小规格的挤压针采用细螺纹连接，中等规格的挤压针采用粗螺纹连接，而大规格的挤压针采用梯形螺纹连接。还可以选用带锥度的锥螺纹方式，其螺纹最大外径即大针直径，可以有效提高大针的强度，但加工困难，成本较高，一般不采用。

8.2.5 挤压垫片的设计

8.2.5.1 挤压垫片的结构设计

在挤压铝合金时，为了减少挤压垫片与金属之间的粘接摩擦，一般采用带凸缘（工作带）的垫片。图 8-9 示出了一般挤压机上常用的实心垫片和空心垫片结构示意图。图 8-10 则示出了某些特殊挤压方法用挤压垫片结构图。近年来，为了简化工艺，提高生产效率和减少残料，提高成品率，研制成功了一种先进的固定垫生产方法，如图 8-11 所示。目前，90%以上的单动挤压机均采用固定挤压垫片和挤压。

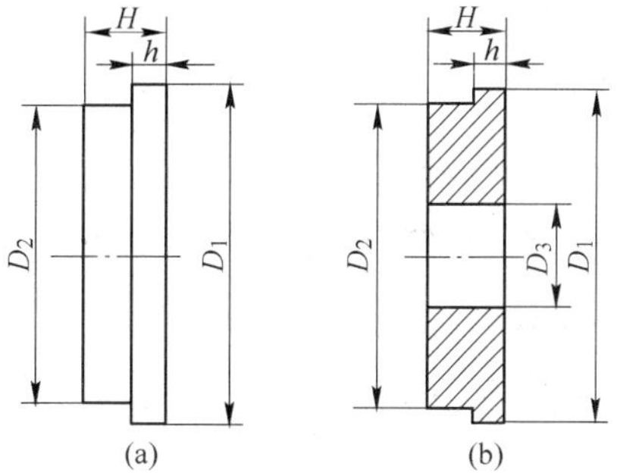

图 8-9 挤压垫片结构示意图
（a）实心垫片；（b）空心垫片

8.2.5.2 挤压垫片的尺寸确定

A 空心挤压垫片外圆直径

空心挤压垫片外圆直径 $D_外$ 主要取决于挤压筒直径，挤压筒与挤压垫外径的差值 ΔD 与挤压机的技术特性、能力和筒径均有关系。在卧式挤压机上，ΔD 值一般取 0.15~1.15mm；在立式挤压机上，ΔD 值一般取 0.15~0.4mm。大直径挤压筒的取上限，小直径挤压筒的取下限。

ΔD 必须合适才能使挤压生产顺序进行。ΔD 过大会引起金属倒流，有时会把垫片和挤压轴包住，造成分离残料（压余）困难，挤压轴粘有金属还会影响制品的表面质量。用粘铝较多的挤压轴进行生产，铝型材成层和起皮等废品会明显增加。

ΔD 过小时，往挤压筒送垫片困难，挤压筒的磨损增加，操作者稍有失误就可能啃伤

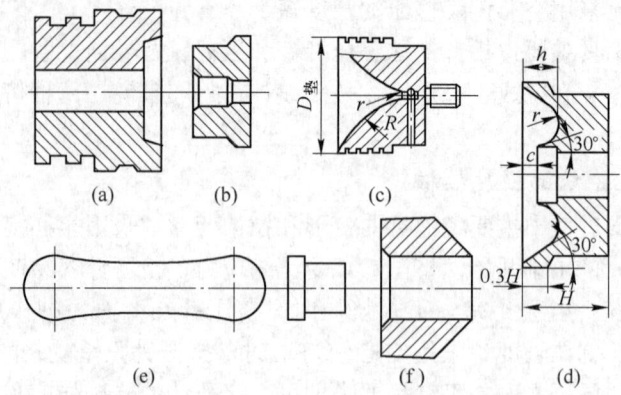

图 8-10　特殊挤压方法用挤压垫片示意图

（a）反向挤压用；（b）穿孔挤压用；（c）无残料连续挤压实心产品用；

（d）无残料连续挤压空心产品用；（e）扁挤压用；（f）立式挤压管材用

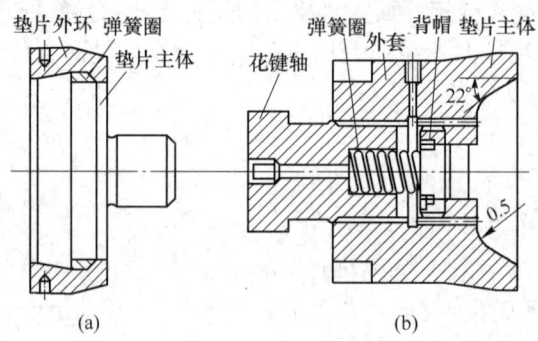

图 8-11　固定式挤压垫片结构示意图

（a）弹簧式；（b）锥塞式

挤压筒内壁，或卡在挤压筒中很难弄出来。因此，确定合适的 ΔD 值，对于提高生产效率、减少停机的时间、减轻劳动强度、保护挤压筒和挤压轴前端、提高工具使用寿命都十分重要。

在确定 ΔD 值之前，必须对挤压筒的内孔尺寸进行仔细地测量和分析，应根据挤压筒的内孔尺寸的最小值来配备挤压垫。当挤压筒磨损严重时，必须进行修复后重新配垫片。

扁挤压垫片的尺寸除了要考虑挤压筒的内孔尺寸外，还需考虑挤压筒的断面位置。由于扁挤压筒在热装配后加热使用过程中，内孔形状尺寸会发生变化。当长轴和短轴方向存在很大温差时，变形更加严重，所以，在设计扁挤压垫片时，其 ΔD 值应从两侧半径部分的 0.5~0.6mm，逐渐过渡到垫片中间部分的 1.0~1.5mm。图 8-12 示出了 125MN 和 50MN 挤压机上□850mm×250mm 和□570mm×170mm 扁挤压筒用垫片的设计尺寸。

有时为了提高挤压机效率，节省垫片的传递时间，挤压时要用两个以上挤压垫倒换使用。这里必须保证同时使用的几个垫片的外径大体一致，对使用的两个以上垫片的直径差做明确的规定，见表 8-11。

脱皮挤压时，ΔD 值取 2~3mm，其值大一些可以保证脱皮充分。有时铸锭表面品质不好，有夹杂物、偏析等缺陷，脱皮挤压可将 ΔD 值取大一些。

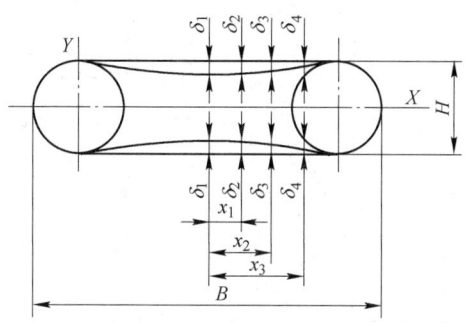

扁筒规格 /mm×mm	扁垫设计尺寸/mm								
	B	H	x_1	x_2	x_3	δ_1	δ_2	δ_3	δ_4
□850×250 （125MN）	848.5	249.2	100	200	300	1.8	1.2	0.8	0.4
□570×170 （50MN）	569.2	169.4	70	140	210	1.2	0.9	0.6	0.2

图 8-12 扁挤压筒用垫片的设计尺寸

表 8-11 同时使用几块垫片的直径允许差值

挤压机/MN	5.88	7.35	11.78	19.6	34.1	49
垫片径差/mm	0.05	0.08	0.1	0.1	0.1	0.15

B 空心挤压垫片内腔直径

空心挤压垫片内腔直径 $D_内$ 主要取决于后端直径 $D_后^针$，若 $D_后^垫 - D_后^针 = \Delta D$，则 ΔD 的数值与挤压机能力有关。对卧式挤压机，ΔD 一般取 0.3~1.2mm，对立式挤压机 ΔD 一般取 0.15~0.5mm。

ΔD 过大，不仅起不到调节挤压针中心的作用，同时可能会引起金属回流，严重时会把针包住，使挤压不能顺利进行。ΔD 过小，针后端进出困难，操作不便，有时可能卡伤挤压针，所以必须慎重选取值 ΔD。

C 挤压垫厚度

挤压垫厚度 $H_垫$ 主要根据挤压筒直径和比压来确定，一般情况下，$H_垫 \approx (0.2 ~ 0.4) D_外^垫$。$H_垫$ 过厚，较笨重，浪费钢材；$H_垫$ 过小容易变形和损坏。

D 挤压垫工作带厚度的确定

一般情况下，挤压垫工作带厚度取 $h_垫 \approx (1/3~1/4) H_垫$。$h_垫$ 过小，容易磨损压塌；过大时，磨损阻力增大，容易黏金属。

表 8-12 和表 8-13 分别列出了圆形挤压筒实心垫片和空心垫片的外形尺寸。

表 8-12　圆形实心挤压垫片的外形尺寸

挤压机能力 /MN	挤压筒直径 $D_筒$ /mm	垫片尺寸/mm					
		D_1	D_3	D_2	h	H
6.3	85	84.7	D针后端+0.2mm	82	20	50
	95	94.7	D针后端+0.2mm	92	20	50
7.5	90	89.7	—	85	20	50
	100	99.7	—	95	20	50
12.5	130	129.6	—	125	30	70
20	170	169.6	—	165	30	70
	200	199.5	—	195	30	70
30	280	279.50	130.5	275	30	90
35	320	310.50	130.5	315	40	100
50	300	299.5	—	290	40	120
	360	359.6	—	350	40	120
	420	419.4	211, 151	412	50	150
125	500	499.2	301, 251, 211	490	50	150
	650	649	361.2, 301, 251	640	50	150
	800	798.8	511.2, 431.2	790	50	150

表 8-13　圆形空心挤压垫片的外形尺寸

挤压机能力/MN	挤压筒直径/mm	d_1/mm	d_2/mm	d_3/mm	h/mm	H/mm
6.17	85	84.4	81	30.4	20	50
24.5	280	279.5	275	130.5	30	90
34.3	320	319.5	315	130.5	40	100
122.5	800	798.8	790	511.2	50	150

8.2.5.3　挤压垫片的强度校核

挤压垫片的变形与损坏的程度与挤压力的大小、挤压温度和连续挤压时间等有关。当挤压垫片承受的压力超过材料允许应力时，其工作就会产生压溃变形。因此，必须进行压缩强度校核。

$$\sigma_压 = \frac{P_{max}}{F_垫} \leqslant [\sigma_压] \qquad (8-20)$$

式中　P_{max}——最大挤压力；

　　　$F_垫$——垫片工作部分的断面积；

　　　$[\sigma_压]$——材料的许用抗压强度，$[\sigma_压] \approx (0.9 \sim 0.95)\sigma_s$；

　　　σ_s——材料的屈服强度。

对于内孔直径大的空心垫片，还应按薄板计算公式校核弯曲应力。

8.2.6　其他挤压工具的设计

大型挤压工具还包括模支撑、模座、压型嘴、活动模架、剪刀、冲头、分离器、切割模、夹料装置、堵头以及导路等，其设计应根据挤压机的结构、装配特点、用途、产品类别和规格的不同，以及挤压条件的差异等予以综合权衡考虑。

8.3　铝及铝合金挤压模具及其优化设计

8.3.1　挤压模具的类型及组装方式

8.3.1.1　挤压模具的分类

挤压模具可以按以下方法分类：

（1）按模孔压缩区断面形状可分为：平模、锥形模、平锥模、流线型模和双锥模等，如图 8-13 所示。

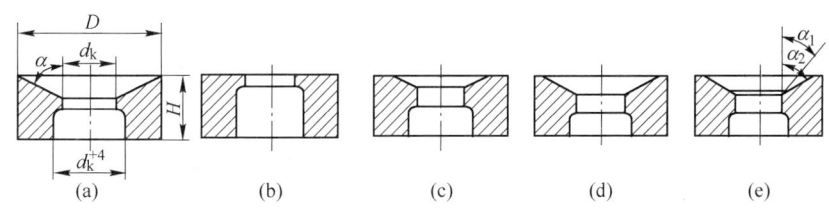

图 8-13　挤压模的模孔压缩区断面形状
（a）锥形模；（b）平模；（c）平锥模；（d）流线型模；（e）双锥模

（2）按被挤压的产品品种可分为棒材模、普通实心模、壁板模、变断面型材和管材模、空心型材模等。

（3）按模孔数目可分为单孔模和多孔模。

（4）按挤压方法和工艺特点可分为热挤压模、冷挤压模、静液挤压模、反挤压模、连续挤压模、水冷模、宽展模、卧式挤压机用模和立式挤压机用模等。

（5）按模具结构可分为整体模、分瓣模、可卸模、活动模、舌型组合模、平面分流组合模、镶嵌模、叉架模、前置模和保护模等。

（6）按模具外形结构可分为带倒锥体的锥模、带凸台的圆柱模、带正锥体的锥模、带倒锥体的锥形-中间锥体压环模、带倒锥体的圆柱-锥形模和加强式模具等，如图 8-14 所示。

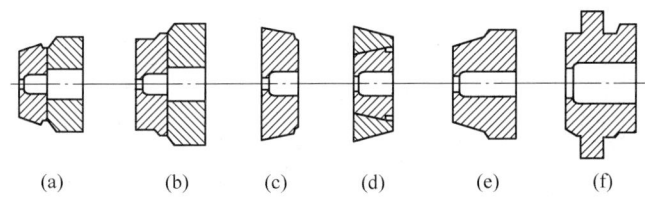

图 8-14　挤压模的外形结构图
（a）带倒锥体的锥形模；（b）带凸台的圆柱形模；（c）带正锥体的锥形模；
（d）带倒锥体的锥形-中间压环锥形模；（e）带倒锥体的圆柱-锥形模；（f）外形加强模

上述分类方法是相对的，往往是一种模具同时具有上述分类中的几种特点。此外，一种模具形式又可根据具体的工艺特点、产品形状等因素分成几个小类，如棒模又可分为圆棒模、方棒模、六角棒模和异型棒模等，组合模又可分成如图 8-15 所示的多种类型。

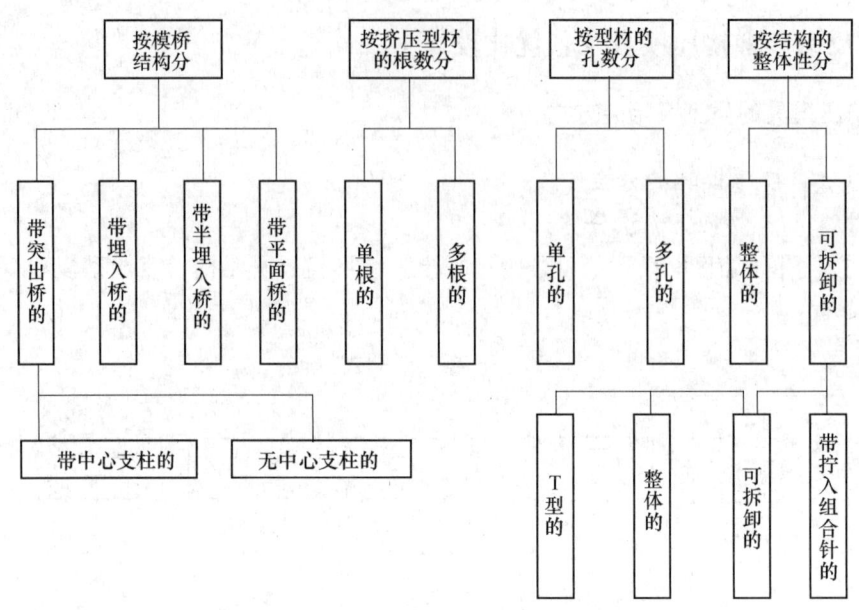

图 8-15　组合模的分类

8.3.1.2　挤压模具的组装方式

模具组件一般包括模子、模垫以及固定它们的模支承或模架（在挤压空心制品时，模具组件还包括针尖、针后端、芯头等）。根据挤压机的机构和模座形式（纵动式、横动式和滚动式等）的不同，模具的组装方式也不一样。

在带压型嘴的挤压机上，在模具支承内或直接在压型嘴内固定模具，主要有三种方式：

（1）将模具装配在带倒锥体的模支承内，锥体母线的倾斜角为 3°~10°，见图 8-16（a）。这种固定方法能保证模子与模垫的牢固结合，增大模具端部的支承面，可简化模具装卸的工作量。模子和模垫用销子固定，并用制动销将模具固定在模支承上。

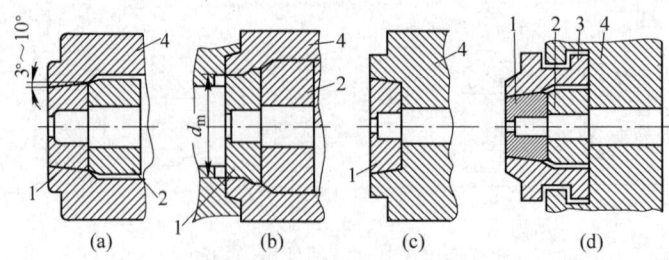

图 8-16　挤压模具组装图
（a）装配在倒锥体的模支承内；（b）装配在圆柱形的模支承内；
（c）装配在带正锥体的模支承内；（d）不带压型嘴挤压机上的模具组装方式图
1—模子；2—模垫；3—压环；4—模支承

（2）将模具装配在带环形槽的模支承内。直径大于挤压筒工作内套内孔直径的模具宜用这种方法固定（见图8-16（b））。

（3）将模具装配在带正锥体的模支承内，如图8-16（c）所示，采用此种方法固定需制造专用工具。因此，只有在挤压大批量断面形状复杂的型材时，才使用这种组装方式。

在不带压型嘴的挤压机上安装矩形或方形断面的压环，将模子和模垫装入压环内，再将压环安装在横向移动模架或旋转架中。模具在模架中的固定方式如图8-17和图8-18所示。

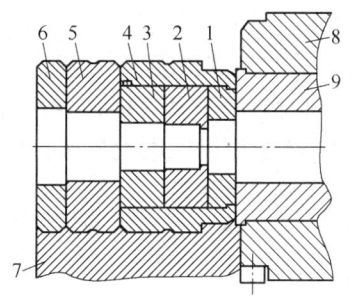

图8-17 模具在模架中的组装方式（1）
1—导流模；2—模子；3—模垫；4—模套；
5—前支承环；6—后支承环；7—模架；
8—挤压筒外套；9—挤压筒内套

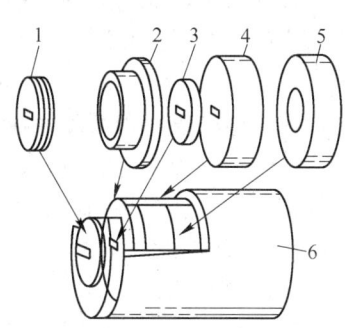

图8-18 模具在模架中的组装方式（2）
1—模子；2—模座；3—模垫；4—前支承环；
5—后支承环；6—模架

8.3.2 挤压模具的典型结构要素及外形标准化

8.3.2.1 挤压模结构要素的设计

A 模角

模角 α 是挤压模设计中的一个最基本的参数，它是指模子的轴线与其工作端面之间所构成的夹角，如图8-19所示。

模角 α 在挤压过程中起着十分重要的作用，其大小对挤压制品的表面品质与挤压力都有很大影响。平模的模角 α 等于90°，其特点是在挤压时形成较大的死区，可阻止铸锭表面的杂质、缺陷、氧化皮等流到制品表面上，以获得良好制品表面。采用平模挤压时，消耗的挤压力较大，模具容易产生变形，使模孔变小或者将模具压坏。从减少挤压力、提高模具使用

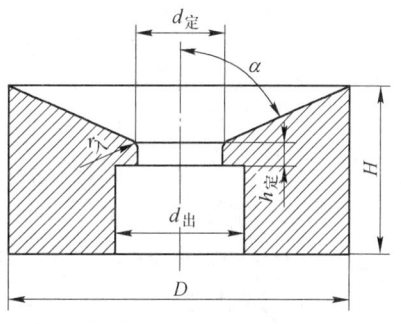

图8-19 挤压模的结构要素设计图示

寿命的角度来看，应使用锥形模。根据模角 α 与挤压力的关系，当 $\alpha = 45° \sim 60°$ 时，挤压力出现最小值，但当 $\alpha = 45° \sim 50°$ 时，由于死区变小，铸锭表面的杂质和脏物可能被挤出模孔而恶化制品的表面品质。因此，挤压铝合金用锥形模的模角 α 一般可取 $45° \sim 65°$。

为了兼顾平面模和锥形模的优点，出现平锥模和双锥模。双锥模的模角为 $\alpha_1 = 60° \sim 65°$，$\alpha_2 = 10° \sim 45°$。在挤压铝合金管材时，为提高挤压速度，最好取 $\alpha_2 = 10° \sim 13°$。

挤压铝合金型材多采用平面模，因其加工比较简单；锥模主要用来挤压铝合金管材。

B　定径带长度和直径

定径带又称工作带，是模子中垂直模子工作端面并用以保证挤压制品的形状、尺寸和表面质量的区段。

定径带直径 $d_{定}$ 是模子设计中的一个重要基本参数。设计 $d_{定}$ 大小的基本原则是：在保证挤压出的制品冷却状态下不超出图纸规定的制品公差范围的条件下，尽量延长模具的使用寿命。影响制品尺寸的因素很多，如温度、模具材料和被挤压金属的材料，制品的形状和尺寸，拉伸矫直量以及模具变形情况等，在确定模具定径带直径时一般应根据具体情况着重考虑其中的一个或几个影响因素。

定径带长度 $h_{定}$ 也是模具设计中的重要基本参数之一。定径带长度 $h_{定}$ 过短，制品尺寸难于稳定，易产生波纹、椭圆度、压痕、压伤等废品。同时，模子易磨损，会大大降低模具的使用寿命。定径带长度 $h_{定}$ 过长时，会增大与金属的摩擦作用，增大挤压力，易于黏结金属，使制品的表面出现划伤、毛刺、麻面、搓衣板形波浪等缺陷。

定径带长度 $h_{定}$ 应根据挤压机的结构形式（立式或卧式）、被挤压的金属材料、产品的形状和尺寸等因素来确定。

C　出口直径或出口喇叭锥

模子的出口部分是保证制品能顺利通过模子并保证高表面品质的重要参数。若模子出口直径 $d_{出}$ 过小，则易划伤制品表面，甚至会引起堵模；出口直径 $d_{出}$ 过大，则会大大削弱定径带的强度，引起定径带过早地变形、压塌，明显地降低模具的使用寿命。因此，在一般情况下，出口带尺寸应比定径带尺寸大 3~6mm，对于薄壁管或变外径管材的模子此值可适当增大。为了增大模子的强度和延长模具的使用寿命，出口带可做成喇叭锥。出口喇叭锥角（从挤压型材离开定径带开始时）可取 1°30′~10°（此值受锥形端铣刀角度的限制）。特别是对于壁厚小于 2mm 而外形十分复杂的型材模子，为了保证模具的强度必须做成喇叭出口。有时为了便于加工，也可设计成阶梯形的多级喇叭锥。

为了增大定径带的抗剪强度，定径带与出口带之间可以 20°~45° 的斜面或以圆角半径为 1.5~3mm 的圆弧连接。

D　入口圆角

模子的入口圆角 $r_{入}$ 是指被挤压金属进入定径带的部分，即模子工作端面与定径带形成的端面角。制作入口圆角 $r_{入}$ 可防止低塑料合金在挤压时产生表面裂纹和减少金属在流入定径带时的非接触变形，同时也减少在高温下挤压时模子棱角的压塌变形。但是，圆角增大了接触摩擦面积，可能引起挤压力增高。

模子入口圆角 $r_{入}$ 值的选取与金属的强度、挤压温度和制品尺寸、模子结构等有关。挤压铝及铝合金时，端面入口角应取锐角，但近来也有些厂家，在平面模入口处做成 $r_{入}=$ 0.5~5mm 的入口角。

E　其他结构要素

除了上述几个最基本的结构要素以外，铝合金挤压模具设计结构要素还包括有：阻碍角，止推角（或促流角），阶段变断面型材模中的"料兜"，过渡区，组合模的凸脊结构，分流孔和焊合室的形状、结构和尺寸，以及穿孔针的锥度和过渡形式，模子的外廓形状和尺寸等。

8.3.2.2 模具的外形尺寸及其标准化

本小节主要论述常用棒材模、管材模以及实心断面型材模的外形结构、尺寸及其标准化。空心型材用模具及其他特殊结构和用途的模具将在有关章节中专门讨论。

A 外形结构

根据挤压机的结构形式、吨位、模架结构、制品的种类和形状不同，目前广泛采用的有以下几种不同外形结构的挤压模：

(1) 带倒锥体的锥形模。它与模垫一起安装在模支承内（见图 8-14（a）），广泛应用在 7.5~20MN 卧式挤压机上挤压各种断面形状的型材，其优点是具有足够的强度，可节省模具的材料。

(2) 带凸台圆柱形模具。它直接安装在压型嘴内而不需使用模垫（见图 8-14（b））。主要用于挤压横断面形状不太复杂的型材。虽然在制造时消耗的钢材略有增加，但使用寿命可大大延长。

(3) 带正锥体的锥形模。它直接安装在压型嘴内而不需要使用模垫（见图 8-14（c））。主要用于挤压横断面上带有凸出部分的型材。为了增大支承面，需要制造专用的异型压型嘴。其主要缺点是模具在压型嘴内装配时，需要带有自锁锥体（约 40°的锥度），这会使得模孔的修理和挤压后由压型嘴内取出模子的操作变得复杂化。

(4) 带倒锥体的锥形-中间压环锥体模（见图 8-14（d））。主要用于挤压横断面积相当大的简单型材。因为不带模垫，模具直接安装在普通的非异型压型嘴内，增大了模子的弯曲和压缩应力，可能导致模子的损坏。这种结构的模具应用范围较窄。

(5) 带倒锥的圆柱-锥形模。模子与模垫做成一个整体（见图 8-14（e）），主要用来挤压断面带有悬臂部分（悬臂的高度比由 3∶1 到 6∶1）的型材。由于悬臂较长，型材断面的外接圆应超过挤压筒直径的 0.6 倍。在 7.5~20MN 吨卧式挤压机上，这种结构的模子与专用的异型压型嘴配套使用。

(6) 按模支承的外形尺寸制造的加强式整体模具（见图 8-14（f））。主要用来挤压带有长悬臂部分的型材，与异型压型嘴或专用垫、环配合使用。因为加工复杂，成本较高，只有在特殊情况下才使用。

B 外形尺寸的确定原则

模具的外形尺寸是指模子的外接圆直径 $D_{模}$ 和 $H_{模}$ 以及外形锥角。模具外形尺寸主要由模具的强度确定，同时，还应考虑系列化和标准化，以便管理和使用。具体来说，应根据挤压机的结构形式和挤压力、挤压筒的直径、型材在模子工作平面上的布置、模孔外接圆的直径、型材断面上是否有影响模具和整套工具强度的因素等来选择模具外形尺寸。

为了保证模具所必须的强度，推荐用以下的公式来确定模具的外接圆直径：

$$D_{模} \approx (0.8 \sim 1.5)D_{筒}$$

模具的 $H_{模}$ 取决于制品的形状、尺寸和挤压力，挤压筒的直径以及模具和模架的结构等。在保证模具组件（模子+模垫+垫环）有足够的强度的条件下，模具的厚度应尽量薄，规格应尽量少，以便于管理和使用。一般情况下，对中、小型挤压机 $H_{模}$ 可取 25~80mm，对于 80MN 以上的大型挤压机，$H_{模}$ 可取 80~150mm。

模子的外形锥度有正锥的和倒锥的两种，带正锥的模子在装模时顺着挤压方向放入模支承里。为便于装卸，锥度不能太小，但锥度过大，则模架靠紧挤压筒时，模子容易从模支承中掉出来，因此一般取为 1°30′~4°。带倒锥体模子在操作时，逆着挤压方向装到模支承中，其外圆锥度为 3°~15°，一般情况下可取 6°~10°，为了便于加工，在锥体的尾部一般加工出 10mm 左右的止口部分。

C　外形尺寸的标准化和系列化

在实际生产中，在每台挤压机上规整为几种规格的模具，即挤压模具实现了标准化和系列化。

外形尺寸的标准化、系列化有以下必要性：

（1）减少模具设计与制造的工作量，降低产品成本，缩短生产周期，提高生产效率。

（2）通用性大，互换性强，只需配备几种规格的模支承或模架，可节省模具钢，容易备料，便于维修和管理。

（3）标准化有利于提高产品的尺寸精度。

确定模具系列的基本原则为：

（1）便于装卸、大批量生产，能满足大生产的要求。

（2）能满足该挤压机上允许生产的所有规格产品品种模具的强度要求。

（3）能满足制造工艺的要求。

一般情况下，每台挤压机均采用 2~4 种规格的外圆直径 $D_模$ 和厚度 $H_模$ 的标准模子，见表 8-14。

表 8-14　模具外形标准尺寸（参考用）

挤压机能力/MN	挤压筒直径/mm	外径 $D_模$/mm	厚度 $H_模$/mm	外锥度 α/(°)
7.5	105，115，130	135，150，180	20，35，50	3
12~15	115，130，150	150，180，210，250	35，50，70	3
20~25	170，200，230	210，250，360，420	40，70，90	3
30~36	270，320，370	250，360，420，560	50，70，90	3
50~60	300，320，420，500	360，420，560，670	60，80，90	6
80~95	420，500，580	500，600，700，900，1100	70，120，150	10
120~125	500，600，800	570，670，900，1300	80，120，150，180	10
200	650，800，1100	570，670，900，1300，1500	120，150，200，260	10，15

8.3.3　模具设计原则与步骤

8.3.3.1　挤压模具设计时应考虑的因素

挤压模具设计是介于机械加工与压力加工之间的一种工艺设计，除了应参考机械设计所需遵循的原则以外，还需考虑热挤压条件下的各种工艺因素：

（1）由模子设计者确定的因素。挤压机的结构，压型嘴或模架的选择或设计，模子的结构和外形尺寸，模子材料，模孔数和挤压系数，制品的形状、尺寸及允许的公差，模孔的形状、方位和尺寸，模孔的收缩量、变形挠度，定径带与阻碍系统的确定，以及挤压时的应力、应变状态等。

（2）由模子制造者确定的因素。模子尺寸和形状的精度，定径带和阻碍系统的加工精度，表面粗糙度，热处理硬度，表面渗碳、脱碳及表面硬度变化情况，端面平行度等。

（3）由挤压生产者确定的因素。模具的装配及支承情况，铸锭、模具和挤压筒的加热温度，挤压速度，工艺润滑情况，产品品种及批量，合金及铸锭品质，牵引情况，拉矫力及拉伸量，被挤压合金铸锭规格，产品出模口的冷却情况，工模具的对中性，挤压机的控制与调整，导路的设置，输出工作台及矫直机的长度，挤压机的能力和挤压筒的比压，挤压残料长度等。

在设计前，拟定合理的工艺流程和选择最佳的工艺参数，综合分析影响模具效果的各种因素，是合理设计挤压模具的必要和充分条件。

8.3.3.2　模具设计的原则与步骤

在充分考虑了影响设计的各种因素之后，应根据产品的类型、工艺方法、设备与模具结构来设计模腔形状和尺寸，但是，在任何情况下，模腔的设计均应遵守如下的原则与步骤：

（1）确定设计模腔参数。确定设计模腔参数包括：设计正确的挤压型材图，拟订合理的挤压工艺，选择适当的挤压筒尺寸、挤压系数和挤压机的挤压力，决定模孔数。这一步是设计挤压模具的先决条件，可由挤压工艺人员和设计人员根据生产现场的设备条件、工艺规程和大型基本工具的配备情况共同研究决定。

（2）模孔在模子平面上的合理布置。所谓合理的布置就是讲单个或多个模孔，合理地分布在模子平面上，使之在保证模子强度的前提下获得最佳金属流动均匀性。单孔的棒材、管材和对称良好的型材模，均应将模孔的理论重心置于模子中心上。各部分壁厚相差悬殊和对称性很差的产品，应尽量保证模子平面 X 轴和 Y 轴的上下左右的金属量大致相等，但也应考虑金属在挤压筒中流动特点，使薄壁部分或难成型部分尽可能接近中心。多孔模的布置主要应考虑模孔数目、模子强度（孔间距及模孔与模子边缘的距离等）、制品的表面质量、金属流动的均匀性等问题。一般来说，多孔模应尽量布置在同心圆周上，尽量增大布置的对称性（相对于挤压筒的 X、Y 轴），在保证模子强度的条件下（孔间距应大于 $20 \sim 50\text{mm}$，模孔距模子边缘应大于 $20 \sim 50\text{mm}$），模孔间应尽量紧凑和尽量靠近挤压筒中心（离挤压筒边缘大于 $10 \sim 40\text{mm}$）。

（3）模孔尺寸的合理计算。计算模孔尺寸时，主要考虑被挤压合金的化学成分、产品的形状和公称尺寸及其允许公差，挤压温度及在此温度下模具材料与被挤压合金的热膨胀系数，产品断面上的几何形状的特点及其在挤压和拉伸矫直时的变化，挤压力的大小及模具的弹塑性变形情况等因素。对于型材来说，一般用以下公式进行计算：

$$A = A_0 + M + (K_Y + K_P + K_T)A_0 \tag{8-21}$$

式中　A_0——型材的公称尺寸；

　　　M——型材公称尺寸的允许偏差；

　　　K_Y——对于边缘较长的丁字形、槽形等型材，考虑由于拉力作用而使型材部分尺寸减小的系数；

　　　K_P——考虑到拉伸矫直时尺寸缩减的系数；

　　　K_T——管材的热收缩量，由下式计算：

$$K_T = ta - t_1 a_1 \tag{8-22}$$

式中　　t, t_1——分别为坯料和模具的加热温度；

　　　　a, a_1——分别为坯料和模具的线膨胀系数。

对于壁厚差很大的型材，其难于成型的薄壁部分及边缘尖角区应适当加大尺寸。对于宽厚比大的扁宽薄壁型材及壁板型材的模孔，桁条部分的尺寸可按一般型材设计；而腹板厚度的尺寸，除考虑式（8-21）所列的因素外，还需考虑模具的弹性变形与塑性变形及整体弯曲，以及距离挤压筒中心远近等因素。此外，挤压速度、有无牵引装置等对模孔尺寸也有一定的影响。

（4）合理调整金属的流动速度。所谓合理调整就是在理想状态下，保证制品断面上每一个质点应以相同的速度流出模孔。尽量采用多孔对称排列，根据型材的形状、各部分壁厚的差异和比周长的不同及距离挤压筒中心的远近，设计长度不等的定径带。一般来说，型材某处的壁厚越薄，比周长越大，形状越复杂，离挤压筒中心越远，则此处的定径带应越短。当用定径带仍难于控制流速时，对于形状特别复杂，或壁厚很薄，或离中心很远的部分可采用促流角或导料锥来加速金属流动。相反，对于那些壁厚大得多的部分或离挤压筒中心很近的地方，就应采用阻碍角进行补充阻碍，以减缓此处的流速。此外，还可以采用工艺平衡孔、工艺余量或者采用前室模、导流模，改变分流孔的数目、大小、形状和位置来调节金属的流速。

（5）保证足够的模具强度。由于挤压时模具的工作条件十分恶劣，因此模具强度是模具设计中的一个非常重要的问题。除了合理布置模孔的位置，选择合适的模具材料，设计合理的模具结构和外形之外，精确地计算挤压力和校核各危险断面的许用强度也是十分重要的。目前计算挤压力的公式很多，但经过修正的别尔林公式仍有工程价值。挤压力的上限解法，也有较好的适用性，用经验系数法计算挤压力比较简便。至于模具强度的校核，应根据产品的类型、模具结构等分别进行。一般平面模只需要校核剪切强度和抗弯强度。舌型模和平面分流模则需要校核抗剪、抗弯、抗压强度，舌头和针尖部分还需要考虑抗拉强度等。强度校核时的一个重要的基础问题是选择合适的强度理论公式和比较精确的许用应力，对于特别复杂的模具可用有限元法来分析其受力情况与校核强度。此外，由于CAD/CAM/CAE 系统的日趋成熟，电子计算机技术、虚拟技术和模拟设计技术的高速发展以及实用软件的成功开发和大型数据库、专家库的建立，铝合金挤压工模具的模拟设计与零试模技术等有了突破，挤压工模具技术进入了一个新的发展时期。

8.3.3.3　模具设计的技术条件及基本要求

模具的结构、形状和尺寸设计计算完毕之后，要对模具的加工品质、使用条件提出基本要求。这些要求主要是：

（1）有适中而均匀的硬度，模具经淬火、回火处理后，其硬度值 HRC 为 45~51（根据模具的尺寸而定，尺寸越大，要求的硬度越低）。

（2）有足够高的制造精度，模具的形位公差和尺寸公差符合图纸的要求（一般按负公差制造），配合尺寸具有良好的互换性。

（3）有足够低的表面粗糙度，配合表面粗糙度 R_a 值应达到 3.2~1.6μm，工作带表面粗糙度 R_a 值达到 1.6~0.4μm，表面应进行氮化处理、磷化处理或其他表面热处理，如多元素共渗处理及化学热处理。

（4）有良好的对中性、平行度、直线度和垂直度，配合面的接触率应大于80%。

（5）模具无内部缺陷，一般应经过超声波探伤和表面品质检查后才能使用。

（6）工作带变化处及模腔分流孔过渡区、焊合腔中的拐接处应圆滑均匀过渡，不得出现棱角。

8.3.4　棒材模的设计

棒材（圆棒、方棒、方角棒）模具是一种简单的挤压模具。铝合金棒材均用平面模进行挤压，棒模的入口角为直角。

8.3.4.1　模孔数目的选择

多孔棒模模孔数目可按以下原则选择：

（1）合理的挤压系数 λ。根据挤压机的挤压力及挤压机受料台和冷却台的长度、挤压筒规格、对制品的力学性能与组织要求、被挤压合金的变形抗力大小等因素来确定。对于铝合金棒材，λ 可取 8~40，其中软合金取上限，硬合金取下限。

（2）足够的模子强度。为提高模具使用寿命，模孔离模子外圆的距离和模孔间的距离都应保持一定的数值。对于 50MN 以下的挤压机，一般取 15~50mm，小吨位挤压机取下限，大吨位挤压机取上限。对于 80MN 以上的大型挤压机应加大到 30~80mm。

（3）良好的制品表面质量。为了防止铸锭表面上的脏物流入挤压制品中，应使模孔与挤压筒的边缘保持一个最小的距离，一般取为挤压筒直径的 10%~30%（大挤压机取下限，小挤压机取上限）。此外，为了防止制品表面擦伤和扭伤，减少工人的劳动强度和废品量，模孔的数目也不能过多。

（4）金属流动尽可能均匀。

目前有的棒模最多开有 32 个模孔，但一般为 10~12 个，常用 2、3、4、6、8 孔棒模。

8.3.4.2　模孔在模子平面上的布置

采用单孔棒模时，应将模孔的重心置于模子中心上。采用多孔模挤压时，应将多孔模模孔的理论重心均匀分布距模子重心和挤压筒边缘有合适距离的同心圆周上。同心圆直径与挤压筒直径 $D_筒$ 之间的关系由以下经验公式来确定：

$$D_同 = \frac{D_筒}{a - 0.1(n - 2)} \tag{8-23}$$

式中　$D_同$——多孔模模孔理论重心的同心圆直径；

　　　$D_筒$——挤压筒直径；

　　　n——模孔数（$n \geqslant 2$）；

　　　a——经验系数，铝合金挤压时取 2.5~2.8，n 值大时取下限，$D_筒$ 值大时取上限，一般取 2.6。

$D_同$ 求出之后，还必须综合考虑模具钢材的节约和工模具规格的系列化和互换性（如模支承、模垫、导路等的通用性等），以及提高生产效率和制品质量等因素，然后对 $D_同$ 进行必要的调整。

8.3.4.3　模孔尺寸的确定

棒材模孔尺寸可由下式求出：

$$A = A_0 + KA_0 \tag{8-24}$$

式中　A_0——棒材的公称尺寸，圆棒为直径，方棒为边长，六方棒为内切圆直径；

　　　　K——经验系数，它是考虑了上述各种影响模孔尺寸因素后的一个综合系数；对于铝及铝合金来说，一般取 0.007 ~ 0.01，其中纯铝、Al-Mg、Al-Mn、Al-Mg-Si 系合金取上限，而硬铝合金如 2A11、2A12、7A04、2A14 等取下限；在挤压高精度（9 级以上）棒材时，该值应取上限；

　　　KA_0——尺寸增量，即模孔设计尺寸与棒材公称尺寸之差。

常见的铝合金圆棒与六角棒挤压模的模孔尺寸分别见表 8-15 和表 8-16。

表 8-15　铝合金圆棒模孔尺寸

棒材直径 d_0/mm	挤压筒直径 $D_筒$/mm	挤压孔数 n/个	挤压系数 λ	同心圆直径/mm 计算值	同心圆直径/mm 采用值	尺寸增量 KA_0/mm	模外圆直径 $D_外$/mm	工作带长度 $h_定$/mm
3.5 ~ 4	85	12	37 ~ 49	57	70	0.05	148	2
4.5 ~ 5.5	95	10	30 ~ 44	56	80	0.05	148	3
6.5 ~ 7.0	115	10	37 ~ 31	68	80	0.05	148	3
6 ~ 9	130	8	26 ~ 31	69	80	0.05 ~ 0.07	148	3
9.5 ~ 11.5	130	6	21 ~ 31	63	68	0.08	148	3
10 ~ 13	170	10	17 ~ 31	100	110	0.06 ~ 0.08	200	3
14	170		18.5	90	100	0.10	200	3
15 ~ 17	170	6	16 ~ 21	81	80	0.15	200	3
18	170	5	18	78	80	0.15	200	3
19 ~ 25	170	4	16 ~ 20	74	70	0.20	200	3
26 ~ 28	200	3	17 ~ 19	83	65	0.30	200	3
29 ~ 37	200	2	14 ~ 20	68	60	0.25 ~ 0.30	200	3
39 ~ 43	170	1	15 ~ 20	—		0.30	200	4
44 ~ 60	200	1	14 ~ 20	—		0.3 ~ 0.4	200	4
50 ~ 68	300	2	10 ~ 13	120	130	0.50	265	5
70 ~ 81	360	2	9.8 ~ 13	130	130	0.60	265	5
82 ~ 95	300		10 ~ 13			0.80	265	5
100 ~ 125	360	1	8 ~ 13	—	—	0.90 ~ 1.20	265	5
130 ~ 160	420	1	7 ~ 13			1.30 ~ 1.60	265	6
170 ~ 280	500	1	3 ~ 8.5	—		1.70 ~ 2.80	265	6 ~ 8
250 ~ 300	500	1	4 ~ 2.75			1.75 ~ 2.10	300	6 ~ 8
300 ~ 350	650	1	4.69 ~ 3.45	—		2.10 ~ 2.45	420	6 ~ 8
350 ~ 400	800	1	5.22			2.45 ~ 2.80	640	8 ~ 10
400 ~ 500	800	1	4.00 ~ 2.56			2.80 ~ 3.50	800	8 ~ 10
500 ~ 600	940	1	3.53 ~ 2.45			3.50 ~ 4.20	900	8 ~ 10
600 ~ 670	1100	1	3.36 ~ 2.70	—	—	4.20 ~ 4.69	1000	10 ~ 12

表 8-16 铝合金六角棒挤压模模孔尺寸

六角棒内切圆直径 d/mm	挤压筒直径 $D_筒$/mm	模孔个数 n/个	挤压系数 λ	同心圆直径/mm 计算值	同心圆直径/mm 采用值	尺寸增量 KA_0/mm	模子外圆直径 $D_外$/mm	工作带长度 $h_定$/mm
5~6	95	6	38~54	45	80	0.05	148	3
15~17	170	6	15~17	81	80	0.2	200	3
18~24	170~200	4	14~20	74~87	70	0.2	200	3
35~55	170~200	1	11~20	—	—	0.3~0.4	200	4
75~80	360	2	9~10	130	130	0.75~0.8	265	6
80~90	420	1	8~12	—	—	0.9~1.5	360	8
90~140	500	1	12~30	—	—	1.5~1.9	420	8
150~180	650	1	13~20	—	—	1.7~1.9	640	8
180~200	800	1	16~24	—	—	1.9~2.0	800	10
>200	800~1100	1	15~30	—	—	2.0~2.2	880	12

8.3.4.4 工作带长度确定

在实际生产中，工作带的长度主要根据棒材的断面尺寸和合金性质及挤压机的挤压力等来确定。挤压铝合金棒材时，工作带长度一般取 2~8mm，最大不超过 10mm。表 8-17 和表 8-18 分别为常见的铝合金棒模模孔尺寸。

8.3.4.5 棒模的强度校核

棒模是一种较简单的挤压模，相对来说，它的工作条件与受力状态要比其他挤压模好，因此，其强度问题基本上已在模具外形标准化、系列化时做了安全的考虑。但是，对于多孔模，特别是异型的多孔棒模来说，仍然需要对模孔间和模边缘间的强度进行校核。配有专用模垫和垫环时只需要校核抗压强度，而在使用通用的大径模垫和垫环时，还需要计算抗剪和抗弯强度。

8.3.5 无缝圆管材挤压模具的设计

无缝圆管材挤压模具主要是指借助于穿孔针用空心铸锭或实心铸锭挤压管材的模子和针尖。在挤压管材时，由于穿孔针必须置于挤压机的中心线上，因此只能进行单孔模挤压。此时，模孔的理论重心也应置于挤压机的中心线上。

8.3.5.1 管材模的尺寸设计

如前所述，铝合金管材主要采用模角 $\alpha = 60° \sim 70°$ 的锥形模进行挤压，圆管模的结构比较简单，而且多已标准系列化了。图 8-20 所示为卧式和立式挤压机上用管材模简图。

管材挤压模子的定径带直径的设计比棒材模的要复杂一些，因为管模孔尺寸不仅与管材的精度等级、尺寸偏差、冷却时的收缩量、模具的热膨胀、拉伸矫直时的断面缩减量等有关，而且还要考虑管材的偏心度和壁厚差。管材的壁厚越大，则管材壁厚的收缩量越大，从而管材的直径收缩率也越大，以致趋近于棒材的收缩率。例如，按有关标准规定，管材直径的允许偏差约为公称直径的±1%，壁厚允许偏差约为其公称壁厚的±10%。当管材模孔的直径和壁厚均按正偏差考虑时，挤出的管材的直径虽然合格，但壁厚可能超出正

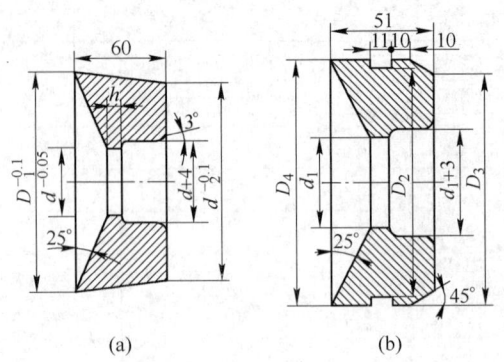

图 8-20　管材模具简图

（a）卧式挤压机上用；（b）立式挤压机上用

偏差。而且，当管材出现偏心时，其直径的正偏差越大，则穿孔针允许的偏移量就越小。由此可见，在确定管材直径的偏差时，必须同时考虑壁厚尺寸和它的偏心。管材公称直径和公称厚度的比值越大，直径的正偏差就越要加以控制，以防壁厚超出正偏差。根据我国某些工厂的生产经验，提出下式确定管材挤压模定径带直径：

$$d_{定} = Kd_0 + 4\%t_0 \tag{8-25}$$

式中　　$d_{定}$——管材挤压模定径带直径；

$\quad d_0$，t_0——分别为管材的公称直径和公称厚度；

$\quad\quad K$——考虑各种因素对模孔直接影响的综合经验系数，对纯铝、防锈铝，K 取 0.01～0.012；对超硬铝、锻铝合金，K 取 0.007～0.01。

对于某些对壁厚和偏心要求不严的铝合金管材，其模孔的定径带直径也可以用下式来确定：

$$d_{定} = d_0 + 正偏差 + Kd_0 \tag{8-26}$$

式中，K 的取值范围与式（8-25）相同。

管材模子定径带长度对管材的尺寸精度、表面质量等均有重要的影响，应根据挤压机的挤压力、产品的规格、被挤压合金的性质来确定合理的定径带长度。一般来说，圆管模的工作带长度应短于同外径的棒材模，但为了不致使管材产生椭圆度，保持尺寸稳定和保证模子有足够的寿命，工作带也不能取得过短，对中、小规格的管材，一般取 2～6，对于大规格的管材，一般取 5～10。表 8-17 和表 8-18 分别列出了卧式挤压机和立式挤压机上常用管材模的设计尺寸。

表 8-17　卧式挤压机用锥形模的结构尺寸

挤压机吨位/MN	挤压筒直径 $D_{筒}$/mm	模孔尺寸 d/mm	D_1/mm	D_2/mm	$h_{定}$/mm
35	220	30～90	160	158	3
	280	41～145	230	228	4
	370	143～250	330	328	5～6
25	200～260	30～150	250	248	3～4
16.3	140～200	15～100	150	148	2～3

表8-18　立式挤压机用锥形模的结构尺寸　　　　　　（mm）

挤压筒直径 $D_筒$	模子尺寸				$h_定$
	d_1	$D_2 \geqslant D_筒 - 10$	$D_3 \geqslant D_筒 - 4$	D_4	
85	29~46	75	81	34.6~84.75 $D_筒 - (0.25~0.4)$	2
100	23~54	90	96	99.6~99.75 $D_筒 - (0.25~0.4)$	2
120	28~78	110	116	119.4~119.75 $D_筒 - (0.25~0.6)$	3
135	30~83	124	131	134.4~134.75 $D_筒 - (0.25~0.6)$	3

8.3.5.2　挤压针的设计

挤压针是在高温高压下对铸锭进行穿孔和确定制品内孔尺寸的重要工具，它对保证管材内表面质量和尺寸精度起着重要的作用，其结构形式不断发展，应用范围不断扩大，用穿孔针法不仅可生产无缝圆管、无缝异型管，而且还可以生产，变断面管材。

挤压铝合金管材用挤压针主要有两种基本类型，即固定针和随动针。固定针在生产过程中，针的位置相对模子工作带是固定不变的，更换产品规格时，只需要更换针尖就行了。而随动针随挤压行程而前后移动，因此针与模子工作带的相对位置是不断变化的，当变换管材规格时必须更换整根挤压针和铸锭的内孔尺寸。

为了减少因金属流动产生的摩擦力而使穿孔针受到的拉应力和提高其使用寿命，沿针的长度上应设计成一定的锥度。在卧式挤压机上，采用随动针时，其锥度应以管材壁厚的负公差为限；当采用固定针时，在针前端20~60mm或整个工作长度上的直径差为0.5~1.5mm。立式挤压机上的挤压针锥度一般取0.2~0.5mm。

在挤压内孔直径小于20~30mm的厚壁管，特别是用空心铸锭挤压铝合金管材时，最好采用组合式瓶状针。瓶状针可提高针的强度，延长其使用寿命，减少料头，提高成品率。

瓶状针由定径部分（针前端）和针后端组合而成。针前端的直径较小，而工作时与模孔工作带配合决定管材的内孔尺寸。针后端的直径较粗，以增加抗弯曲的能力。针前端和针后端用螺纹连接装配，过渡区的锥度为30°~45°，也可以做成圆滑过渡。

挤压针针前端的直径取决于管材的内径及其精度要求，以及被挤压合金的性质等。挤压铝合金管材时，一般可用下式确定：

$$d_针 = D_0 - 0.7\%D_0 \tag{8-27}$$

式中　$d_针$——挤压针针前端工作带长度上的直径；
　　　D_0——管材的公称尺寸。

挤压针针前端的工作长度可用下式计算：

$$L_尖 = h_定 + L_出 + L_余 \tag{8-28}$$

式中　$L_尖$——挤压针针前端的工作长度；
　　　$h_定$——管模工作带长度；
　　　$L_出$——针前端伸出工作带的长度，一般取10mm；

$L_{余}$ ——余量，此余量不能大于挤压残料的长度，以免金属倒流入空心挤压轴中，
一般为 20～30mm。

中小型挤压机的挤压针连接部分一般采用细牙螺纹连接，而大型挤压机上采用梯形螺
纹连接。连接部分和工作部分之间应有均匀的过渡区。

挤压针的工作表面必须光滑（$R_a = 0.8～1.6\mu m$）和具有足够的硬度，否则易产生划
伤、起皮等废品，但挤压针工作表面的硬度不宜过高，以免产生龟裂而降低使用寿命。一
般用 3Cr2W8V 或 4Cr5MoSiV1 钢制造挤压针，其工作部分在热处理后的硬度 HRC 为 46～
50（螺纹部分的硬度 HRC 为 35～42）。针的直径不同心度不大于 0.1mm。图 8-21 和表
8-19 分别列出了 6MN 立式挤压机用随动挤压针的结构和尺寸。图 8-22 和表 8-20 分别列出
了 35MN 卧式挤压机用组合针的结构和尺寸。

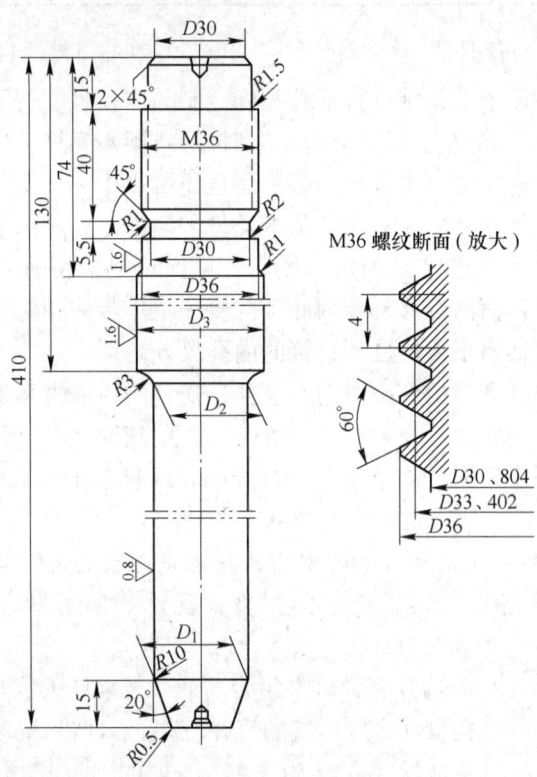

图 8-21　6MN 立式挤压机用随动挤压针的结构

表 8-19　6MN 立式挤压机用随动挤压针的尺寸　　　　　　　　　　　（mm）

管材内径 d	D_1	D_2	D_3
11～15	$d-0.3$	$d+0.3$	30
26～35	$d-0.2$	$d+0.3$	40
36～40	$d-0.2$	$d+0.3$	50
41～45	$d-0.2$	$d+0.4$	50
46～55	$d-0.2$	$d+0.4$	60
56～65	$d-0.2$	$d+0.4$	70
66～75	$d-0.2$	$d+0.4$	80

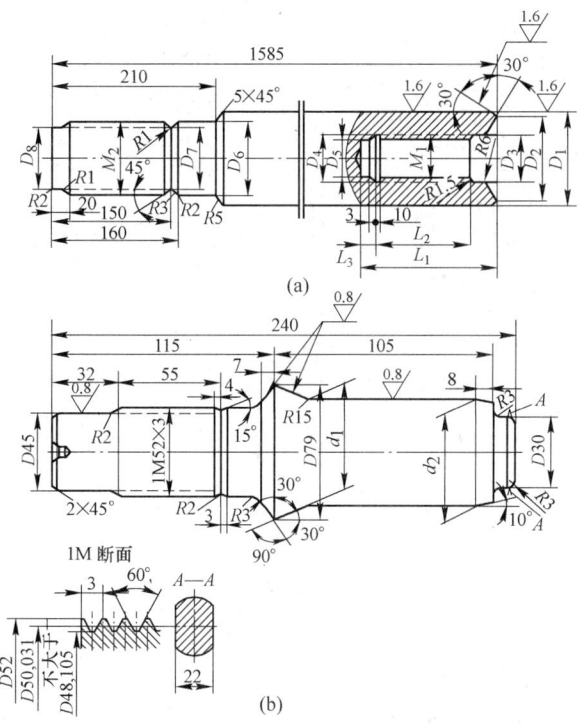

图 8-22　35MN 卧式挤压机组合针结构图

（a）针后端；（b）针前端材料：3Cr2W8V，热处理：淬火回火，硬度：HRC＝48~52

d_1—挤出管材内径名义尺寸减 1mm；$d_2＝d_1-0.5$mm

表 8-20　35MN 卧式挤压机组合针后端的部分尺寸　　　　（mm）

挤压筒直径	D_1	D_2	D_3	D_4	D_5	D_6	D_7	D_8	M_1	M_2	L_1	L_2	L_3
220	85	57	35.9	36.5	30.25	57.6	48	46	螺纹 $1\frac{3}{8}''$	M56×5.5	95.5	38.1	25.4
280	100	57	35.9	36.5	30.25	101.6	91	89.6	螺纹 $1\frac{3}{8}''$	M100×6	95.5	38.1	25.4
	100	80	53.15	53.15	45.15	101.6	91	89.6	M52×3	M100×6	154	95	25.4
	125	120	78	78	70	101.6	91	89.6	M72×3	M100×6	154	95	25.4
370	160	155	102	102	92.5	135	121	120	M100×4	M130×6	174	120	20
	230	225	135.2	135	120.2	135	121	120	M130×6	M130×6	230	170	32

8.3.5.3　管材模具的强度校核

A　管材模具的强度校核

管材模具的受力情况与棒材相似，用校核压缩强度的方法来确定其外径与厚度，然后以挤压机的吨位及管规格范围加以标准化、系统化。此外，管材模一般使用通用的大孔径模垫，还需校对弯曲强度，如图 8-23 所示。

在 AB 线上的抗弯截面系数：

$$W = \frac{2rh^2}{6}$$

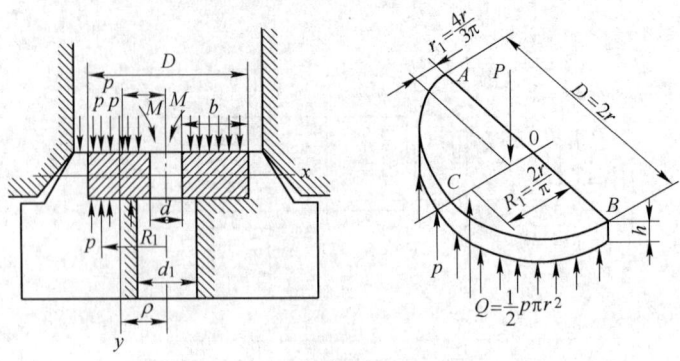

图 8-23　大孔径管材模垫受力示意图

$$M = Q\frac{2r}{\pi} - P\frac{4}{3} \times \frac{r}{h} = P \times \frac{\pi r^2 \times 2r}{2\pi} - P\left(\frac{\pi r^2}{2} \times \frac{4r}{3\pi}\right) = P\frac{r^3}{3}$$

所以

$$\sigma_{弯} = \frac{M}{W} = \frac{P \times \dfrac{r^3}{3}}{\dfrac{2rh^2}{6}} = \frac{Pr^2}{h^2} \qquad\qquad (8-29)$$

从式（8-29）可知，管材模所受的剪切力主要取决于模子直径和模支承出口径之差。当 $\sigma_{弯} \leqslant [\sigma_{弯}]$ 时，模子是安全的。

B　穿孔针强度校核

挤压针是在高温高压条件下工作的，在穿孔过程中，由于金属沿挤压针的表面向前流动，必然引起金属与挤压针之间的接触摩擦力。这种力对挤压针来说就是向前拽的拉伸力。生产实践证明，最大前拽力是在管材刚从模子挤出不长的时候，当无润滑穿孔挤压时，这种力往往成为拉断针的主要原因。前拽力的计算公式为：

$$P_{前} = \pi d_{针} l_{锭} \tau_{针} \qquad\qquad (8-30)$$

式中　　$P_{前}$——作用于针上的前拽力，N；

　　　　$d_{针}$——挤压针直径，mm；

　　　　$l_{锭}$——计算瞬间挤压筒内的铸锭长度，mm；

　　　　$\tau_{针}$——挤压针表面的平均摩擦应力，MPa，取 $\tau_{针} = \tau_{t}$，τ_{t} 为挤压筒接触摩擦应力，铝合金的 τ_{t} 可由图 8-24 查出。

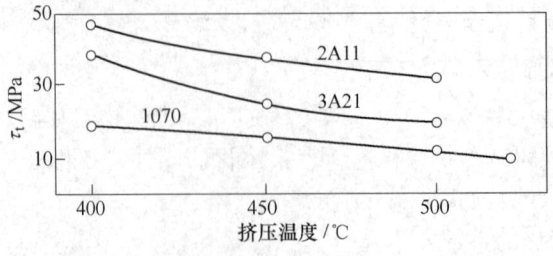

图 8-24　铝合金挤压时 τ_{t} 与挤压温度的关系

当 $\sigma_{前} = \dfrac{P_{前}}{F_{针}} \leq [\sigma_{拉}]$ 时，穿孔针是安全的（式中，$\sigma_{前}$ 为由于前拽力引起的拉应力；$[\sigma_{拉}]$ 为挤压针材料的许用抗拉应力，对 3Cr2W8V 钢在 450℃ 取 $[\sigma_{拉}]$ 为 900MPa，4Cr5MoSiV1 钢取 $[\sigma_{拉}]$ 为 800MPa）。

必须说明，当采用瓶状挤压针（或叫阶梯状挤压针）时，将出现一个与前拽力相反的压缩应力，力的大小可由下式计算：

$$P_{反} = (F_{针后} - F_{针前})\sigma_{挤} \tag{8-31}$$

式中　　$P_{反}$——反向压力，N；

　　　　$F_{针后}$——挤压针后端圆柱状部分的断面积，mm^2；

　　　　$F_{针前}$——挤压针前端决定管材内径部分的面积，mm^2；

　　　　$\sigma_{挤}$——挤压应力，MPa，可由有关公式及图表计算得出。

当 $P_{反} > P_{前}$ 时（$P_{前}$ 为作用于针上的前拽力），将发生挤压针后退的现象，这种现象经常发生在润滑针挤压并且铸锭较短的情况下。此时，应改变挤压条件或另选直径较大的针后端。

挤压针的弯曲强度、剪切强度和抗拉强度的校核，可参见 8.2.4 节的有关内容。

8.3.6　实心型材模具的设计

实心型材主要用单孔或多孔的平面模来进行挤压。在挤压断面比较复杂、不对称性很强或型材各处的壁厚尺寸差别很大的型材时，往往由于金属流出模孔的速度不均匀而造成型材的扭拧、波浪、弯曲及裂纹等废品。因此，为了提高挤压制品的品质，在设计型材模具时，除了要选择有足够强度的模具结构以外，还需要考虑模孔的配置、模孔制造尺寸的确定和选择保证型材断面各个部位的流动部位均匀的方法。

8.3.6.1　模孔在模子平面上的合理配置

A　单孔挤压型材时的模孔配置

型材的横断面形状和尺寸是合理配置模孔的重要因素之一。根据对于坐标轴的对称程度可以将型材分成三类，即横断面对称于两个坐标轴的型材，此种型材对称性最好；横断面对称于一个坐标轴的型材，此种型材的对称次之；横断面不对称的型材，此种型材对称性差。

在设计单孔模时，对于横断面和两个坐标轴的相对称（或近似对称）的型材，其合理的模孔配置是应使型材断面的重心和模子的中心相重合。

在挤压横断面尺寸对于一个坐标轴相对称的型材时，如果其缘板的厚度相等或彼此相差不大时，那么模孔的配置应使型材的对称轴通过模子的一个坐标轴，而使型材断面的中心位于另一个坐标轴上（见图 8-25）。

对于各部分壁厚不等的型材和不对称型材，必须将型材的重心相对于模子的中心做一定距离的移动，应尽可能地使难以流动的壁厚较薄的部位靠近模子中心，尽量使金属在变形时单位静压力相等（见图 8-26）。

对于缘板厚度比不大，但截面形状十分复杂的型材应将型材外接圆的中心布置在模子中心线上（见图 8-27（a））。对于挤压系数很大，挤压有困难或流动很不均匀的某些型材

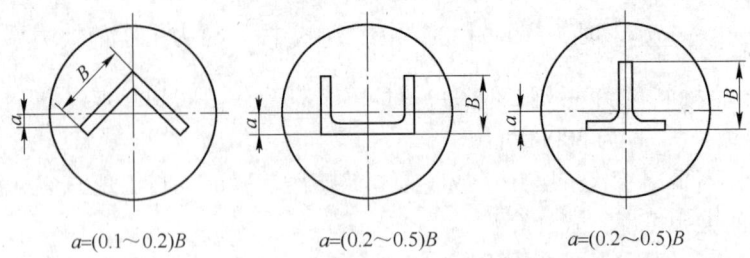

$a=(0.1\sim0.2)B$　　$a=(0.2\sim0.5)B$　　$a=(0.2\sim0.5)B$

图 8-25　对称于一个坐标轴而缘板的厚度比不大的型材模模孔的位置示意图

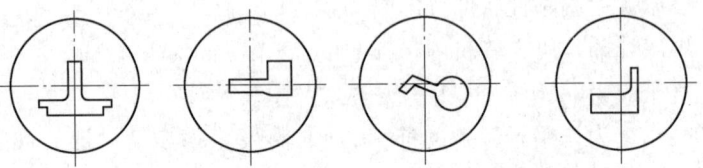

图 8-26　不对称和缘板的厚度比大的型材模模孔的配置图

可采用平衡模孔（在适当位置增加一个辅助模孔的方法，见图 8-27（b））或增加工艺余料的方法（见图 8-27（c））或采用合理调整金属流速的其他措施来改善挤压条件，保证薄壁缘板部分的拉力最小，改善金属流动的均匀性，以减少型材横向和纵向几何形状产生弯曲、扭拧、波浪及撕裂等现象。为了防止型材由于自重二产生扭拧和弯曲，应将型材大面朝下，增加型材的稳定性（见图 8-27（d））。

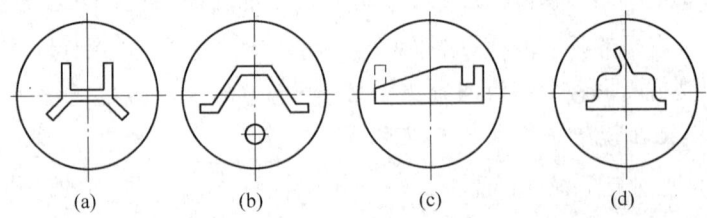

　　　　(a)　　　　　　(b)　　　　　　(c)　　　　　　(d)

图 8-27　复杂不对称单孔型材模模孔的配置图
（a）对称型材；（b）增加工艺孔；（c）增加工艺余料；（d）增加型材稳定性

　　总之，单孔型材模孔的布置，应尽量保证型材各部分金属流动均匀，在 X 轴上下方和 Y 轴左右方的金属供给量应尽可能相近，以改善挤压条件，提高产品的品质。同时，也应考虑模具的强度和寿命，尽可能使用通用模具。

　　B　多孔挤压型材的模孔配置

　　采用多孔模挤压实心型材的目的，是为了提高挤压机的生产率和成品率，降低挤压系数和减少挤压力，减短挤出长度以适应挤压机的工作台的结构等，在生产非对称的复杂型材时，为了均衡金属的流速，有时也采用多孔模挤压。

　　a　模孔数目的选择原则

　　多孔型材模模孔数目的选择原则与多孔棒模的选择基本相同，主要应考虑挤压系数，保证模子强度、金属流动的均匀性和制品的表面品质。与多孔棒模相比，在选择多孔型材模模孔时应注意：

（1）应保证有足够大的挤压系数。为了保证制品的力学性能，挤压型材时挤压系数应大于12。

（2）型材的形状比棒材复杂得多，而且壁厚较薄且不均匀，所以金属流动的均匀性比棒材差得多，很容易产生挤出长度不齐、波浪、扭曲等缺陷，因此模孔数目不宜过多，一般取2、3、4、6个模孔。在特殊情况下，或采取了特殊的工艺措施之后也可多至12个孔。

（3）型材的形状较复杂，模孔的尖角部分容易引起应力集中，因此在选择模孔数目时要注意模子强度，避免模孔间距和模孔边缘间距过小。

b　多孔型材模的布置

挤压两孔或多孔型材时，模孔的布置必须遵守中心对称的原则，而可以不遵守轴对称原则。

在配置模孔时，应考虑到模孔离挤压筒中心的距离不同，金属流动速度有差异的现象，因此型材断面上薄壁部分应向着模子的中心，而壁厚部分应向着模子的边缘，这种布置还可提高连接部分的强度。

对于对称性较好，且断面上各自的壁厚相差不大的型材，可将型材模孔的重心均匀地布在以模子中心为圆心的圆周上。

为了保证模子的强度，多孔型材模孔之间应保持一定的距离，在实际生产中对于80MN以上的大型挤压机取60mm以上，50MN挤压机取35~55mm。而对于20MN以下的挤压机可取20~30mm。

为了保证制品的品质，配置多孔模模孔时还必须考虑模孔边缘与挤压筒壁之间的距离。当这个距离太小时，制品边缘会出现成层等缺陷。表8-21列出了模孔与挤压筒壁间的最小允许距离。

模孔间距和模孔边缘与挤压筒壁之间的距离也应系列化，以利于模垫、前环等大型基本工具及导路等有互换性和通用性。

表8-21　模孔与挤压筒间的最小距离

挤压筒直径 ϕ/mm	85~95	115~130	150~200	200~280	300~500	>500
模孔边缘与挤压筒壁间最小距离/mm	10~15	15~20	20~25	30~40	40~50	50~60

8.3.6.2　实心型材模孔形状与加工尺寸的设计

如前所述，型材模孔尺寸主要与被挤压合金型材的形状、尺寸及其横截面尺寸公差等因素有关，此外还必须考虑型材断面的各个部位几何形状的特点及其在挤压和拉伸矫直过程中的变化。在生产中一般按式（8-32）选取，即：

$$A = A_0 + M + (K_Y + K_P + K_T)A_0 \tag{8-32}$$

对于铝及其合金来说，式（8-32）中的系数可按表8-22选取。

在设计铝合金普通型材的模孔尺寸时，有时分别计算型材模孔的外形尺寸（指型材的宽和高）和壁厚尺寸。

表 8-22　式 (8-32) 中的系数 K_Y、K_P 值

型材断面尺寸/mm	K_Y	K_P
1~3	0.04~0.03	0.03~0.02
4~20	0.02~0.01	0.02~0.01
21~40	0.006~0.007	0.007~0.008
41~60	0.005~0.006	0.0065~0.0075
61~80	0.004~0.005	0.006~0.007
81~120	0.003~0.004	0.005~0.006
121~200	0.002~0.003	0.0035~0.0045
>200	0.001~0.0015	0.002~0.003

型材模孔的外形尺寸为：

$$A = A_0 + (1 + K)A_0 \tag{8-33}$$

式中　A——型材外形模孔尺寸；

　　　A_0——型材外形的公称尺寸；

　　　K——综合经验系数，铝合金取 0.007~0.01。

型材壁厚的模孔尺寸为：

$$\delta = \delta_0 + M_1 \tag{8-34}$$

式中　δ——型材壁厚的模孔尺寸；

　　　δ_0——型材壁厚的公称尺寸；

　　　M_1——型材壁厚的正偏差。

为了获得负偏差型材，可将式 (8-32) 改写为

$$A = A_0 + (K_Y + K_P + K_T)A_0$$

由于目前尚缺乏生产负偏差范围内型材的生产经验，因此挤压生产中应对模孔的加工尺寸进行修改，直至合格为止。

8.3.6.3　控制型材各部分流速均匀的方法

控制型材各部分流速均匀的方法有：

(1) 通过改变模孔工作带的几何形状和尺寸。对于外形尺寸较小、对称性较好、各部分壁厚相等或近似相等的简单型材来说，模孔各部分的工作带可取相等的长度。依金属种类、型材品种和形状不同，一般可取 2~8mm。对于断面形状复杂、壁厚差大、外形轮廓大的型材，在设计模孔时，要借助于不同的工作带长度来调节金属的流速。

计算型材模孔工作带长度的方法有多种，根据补充应力法可得出如下公式：

$$h_{F_2} = \frac{h_{F_1} f_{F_2} n_{F_1}}{n_{F_2} f_{F_1}} \tag{8-35}$$

或

$$\frac{h_{F_1}}{h_{F_2}} = \frac{f_{F_1}}{f_{F_2}} = \frac{n_{F_2}}{n_{F_1}} \tag{8-36}$$

式中　h_{F_1}，h_{F_2}——分别为型材某断面 F_1 和 F_2 处的模孔工作带长度，mm；

　　　f_{F_1}，f_{F_2}——分别为型材某断面 F_1 和 F_2 处的型材断面积，mm^2；

　　　n_{F_1}，n_{F_2}——分别为型材某断面 F_1 和 F_2 处的型材周长，mm。

当型材宽厚比小于30时，或者当型材的最大宽度小于挤压筒直径的1/3时，使用上述公式可获得比较理想的结果。当宽厚比大于30或型材最大宽度大于挤压筒直径的1/3时，计算模孔工作带长度时除考虑上述因素之外，还需考虑型材区段距挤压筒中心的距离，即模孔中心区的工作带应加长以增大阻碍。

用上述方法计算型材各区段的模孔工作带长度时，应先给定一个区段上工作带长度值作为计算的参考值（一般给定型材壁厚最小为工作带长度）。可根据型材的规格和挤压机能力来确定工作带最小长度（见表8-23），工作带最大长度按挤压金属与模孔工作带之间的最大有效接触长度来确定，一般来说，型材模子工作带的长度为3~15mm，最大不超过25mm。

表8-23 模孔工作带最小长度值

挤压机能力/MN	125	50	35	16~20	6~12
模孔工作带最小长度/mm	5~10	4~8	3~6	2.5~5	1.5~3
模孔空刀尺寸/mm	3	2.5	2	1.5~2	0.5~1.5

（2）阻碍角的补充阻碍作用。模孔入口锥角与挤压力的大小有关，如图8-28所示。

根据这一规律，在平面模模孔处制作小于15°的入口锥角就能起到阻碍金属流动的作用。这个入口锥角就称为阻碍角。

根据补充应力法，可用下式确定阻碍角：

$$\tan\alpha = \frac{3\sqrt{3}\,\sigma_{m补} - 2\mu_B\sigma_{st}}{6\sigma_{st}} \tag{8-37}$$

式中　α——阻碍角，（°）；

　　$\sigma_{m补}$——补充应力，MPa；

　　μ_B——金属与模孔工作带之间的摩擦系数；

　　σ_{st}——在挤压温度下被挤压金属的真实变形抗力，MPa。

用平面模挤压实心型材时，阻碍角一般不大于

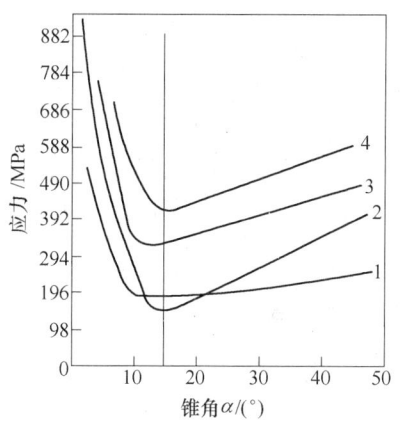

图8-28 模孔入口锥角与单位
挤压力之间的关系曲线
1—纯铝；2—镁合金，$\lambda = 2$；3—2A11，
$\lambda = 2$；4—5A05，$\lambda = 2$

10°，而3°~10°最为有效。

（3）采用促流角（助力锥或供料锥）均衡金属流速。在挤压各部分壁厚差异很大的难挤压型材时，为减少金属流速的不均匀性，可在阻力大、难以成型的薄壁部分做一能有助于金属流动的所谓促流角，以使金属向薄壁部分流动。

（4）采用平衡孔或工艺余量均衡金属流速。在挤压形状特别复杂、对称性很差或各部分壁厚差很大而在模面上只能布置一个模孔型材时，为了均衡流速，保证制品尺寸、形状的准确性或为了减少挤压系数，可以在模子平面的适当位置附加一个或多个平衡孔，或者以工艺余量的形式在型材的适当位置附加筋条或增大壁厚，待制品挤出后用机加法或化铣法除去，以恢复型材的成品形状和尺寸。

（5）采用多孔对称布置模孔法均衡金属流速。该法是解决形状极其复杂、对称性极差的型材流速不均问题的最有效的可靠办法之一。

8.3.6.4　型材模具的强度校核

用平模挤压双孔扁条型材或悬臂部分很多的半空心槽形型材时，必须对模子进行抗弯曲强度校核。校核方法可参阅刘静安编著的《轻合金挤压工具与模具（上）》（冶金工业出版社，1995）一书。

8.3.6.5　普通实心型材模具设计举例

普通实心型材模具设计举例分别如图 8-29～图 8-31 所示。

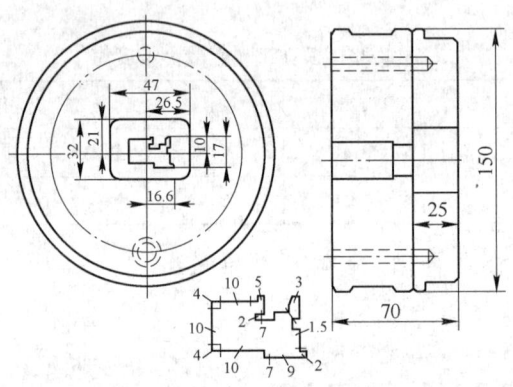

图 8-29　工作带急剧变化的实心型材平面模示意图

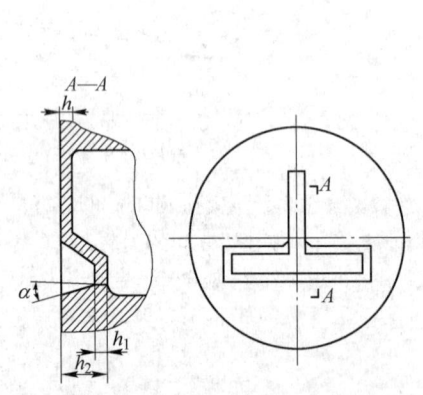
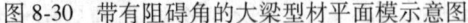
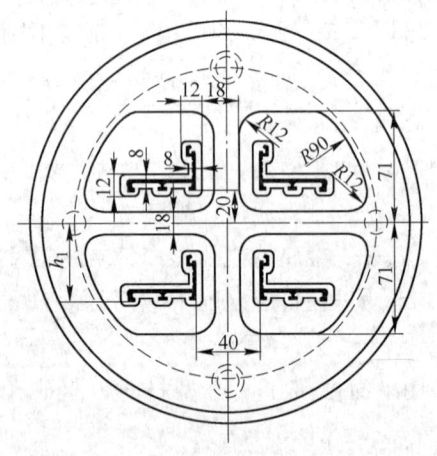

图 8-30　带有阻碍角的大梁型材平面模示意图　　图 8-31　带导流槽的多孔实心型材平面模示意图

8.3.7　分流组合模的设计

8.3.7.1　分流组合模的结构特点与分类

分流组合模是挤压机上生产各种管材和空心型材的主要模具形式，其特点是将针（模芯）放在模孔中，与模孔组合成一个整体，针在模子中有如舌头一样。图 8-32 所示为桥式舌形模。为保证模子强度，在实际生产中还需配做一个模子垫，以支持模子不被退出模子套外。

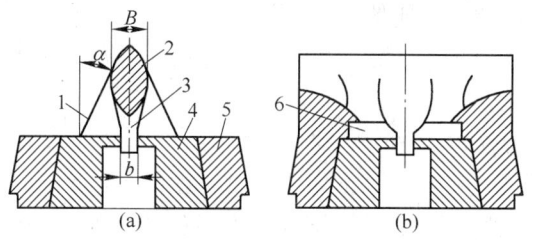

图 8-32 桥式舌形模结构图

(a) 正视图；(b) 侧视图

1—支承（柱）；2—模桥（分流器）；3—组合针（舌头）；

4—模子内套；5—模子外套；6—焊合室

按桥的结构不同，分流组合模可以分为如图 8-33 所示的各种类型。

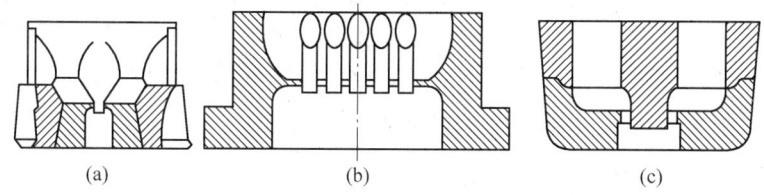

图 8-33 分流组合模的结构形式示意图

(a) 桥式；(b) 叉架式；(c) 平面式

带突出桥的模子（桥式舌形模）如图 8-33（a）所示，加工比较简单，所需挤压力较小，型材各部分的金属流动速度较均匀，可以采用较高的挤压速度，主要用来挤压硬铝合金异型空心型材。用这种形式的模子可挤压一根型材，也可以同时挤压几根型材。带突出桥的模子的主要缺点是挤压残料较长，模桥和支承柱的强度不如其他结构的模子，需要仔细地调整工具部件与挤压筒的中心。

带叉架式的模子（见图 8-33（b）），可以分开加工，损坏时只需要更换损坏的部分；可同时加工多根型材，但装卸比较困难，因此其使用范围受到限制。

平面分流组合模（见图 8-33（c））是在桥式舌形模基础上发展起来的，实质是桥式舌形模的一个变种，即把突桥改为平面桥，所以又称为平刀式舌形模。近年来平面分流组合模获得了迅速的发展，并广泛用于不带独立穿孔系统的挤压机上生产各种规格和形状的管材和空心型材，特别是 6063 合金民用建筑型材及纯铝和软铝合金型材和管材。

平面分流组合模的主要优点是：

（1）可以挤压双孔或多孔的内腔十分复杂的空心型材或管材，也可以同时生产多根空心制品，所以生产效率高，这一点是桥式舌形模很难实现甚至无法实现的。

（2）可以挤压悬臂梁很大、用平面模很难生产的半空心型材。

（3）可拆换，易加工，成本较低。

（4）易于分离残料，操作简单，辅助时间短，可在普通的型棒挤压机上用普通的工具完成挤压周期，同时残料短，成品率高。

（5）可实现连续挤压，跟库需要截取任意长度的制品。

（6）可以改变分流孔的数目、大小和形状，使断面形状比较复杂、壁厚差较大，以及难以用工作带、阻碍角等调节流速的空心型材成型。

（7）可以用带锥度的分流孔，实现小挤压机上挤压外形较大的空心制品，而且能保证有足够的变形量。

但是，平面分流组合模也有一定的缺点：

（1）焊缝较多，可能会影响制品的组织和力学性能。

（2）要求模子的加工精度较高，特别是对于多孔空心型材，上下模要求严格对中。

（3）与平面模和桥式舌形模相比，变形阻力较大，所以挤压力一般比平面模高30%～40%，比桥式舌形模高15%～20%，因此，目前只限于生产一些纯铝、纯锰系、铝-镁-硅系等软合金。为了用平面分流组合模挤压强度较高的铝合金。可在阳模上加一个保护模，以减少模桥的承压力。

（4）残料分离不干净，有时会影响产品质量，而且不便于修模。

总的来说，平面分流组合模的应用范围要比舌形模广泛得多。舌形模主要用来生产组织和性能要求较高的军工产品和挤压力较高的硬铝合金产品。由于平面分流模和舌形模的工作原理相同，结构基本相似，所以下面主要讨论平面分流组合模的设计技术。

8.3.7.2　平面分流组合模的结构与分类

平面分流组合模一般是由阳模（上模）、阴模（下模）、定位销、连接螺钉四个部分组成。如图8-34所示，上下模组装后装入模支承中。为了保证模具的强度，减少或消除模子变形，有时还要配备专用的模垫和环。

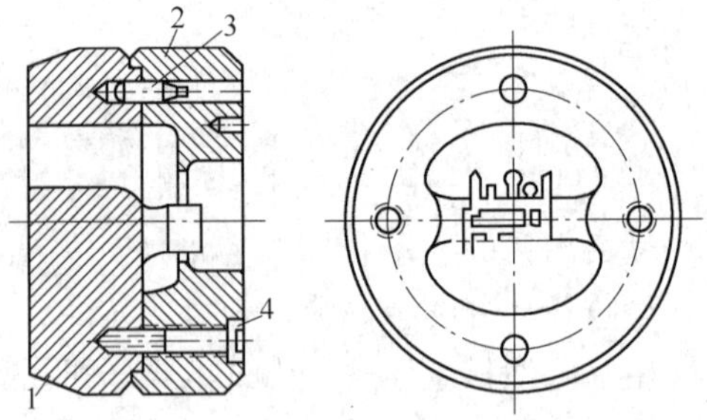

在上模上有分流孔、分流桥和模芯。分流孔是金属通往型孔的通道，分流桥是支承模芯（针）的支架，而模芯（针）用来行程型材内腔的形状和尺寸。

图8-34　平面分流组合模的结构示意图
1—上模；2—下模；3—定位销；4—连接螺钉

下模上有焊合室、模孔型腔、工作带和空刀。焊合室是把分流孔流出来的金属汇集在一起重新焊合起来形成以模芯为中心的整体胚料，由于金属不断聚集，静压力不断增大，直至挤出模孔。模孔型腔的工作带部分确定型材的外部尺寸和形状以及调节金属的流速，而空刀部分是为了减少摩擦，使制品能顺利通过，免遭划伤，以保证产品表面品质。

定位销用来进行上下模的装配定位，而连接螺钉是把上下模牢固地连接在一起，使平面分流组合模形成一个整体，便于操作，并可增大强度。

此外，按分流桥的结构不同，平面分流组合模又可分为固定式和可拆式两种。带可拆式分流桥的模具又被称为叉架式分流模。用这种形式的模子，可同时挤压多根空心制品，如图8-33（b）所示。

8.3.7.3　平面组合模的结构要素设计

A　分流比的选择

分流比K的大小直接影响到挤压阻力的大小、制品成型和焊合品质。K值越大，越有利于金属流动与焊合，也可减少挤压力。因此，在模具强度允许的范围内，应可能选

取较大的 K 值。在一般情况下，对于生产空心型材时，取 $K = 10 \sim 30$；对于管材，取 $K = 5 \sim 15$。

B　分流孔形状、断面尺寸、数目及分布

分流孔断面形状有圆形、腰子形、扇形和异型等。分流孔数目、大小、排列如图 8-35 所示。为了减少压力，提高焊缝品质或者当制品的外形尺寸较大，扩大分流比受到模子强度限制时，分流孔可做成内斜度为 $1° \sim 3°$、外锥度为 $3° \sim 6°$ 的斜形孔。

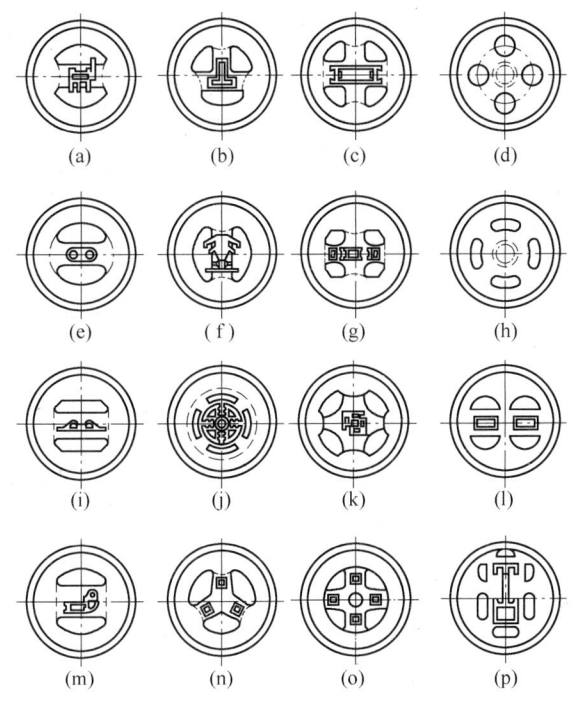

图 8-35　分流孔的数目、大小、形状与分布方案举例

(a) 1孔2分1芯；(b) 1孔3分1芯；(c) 1孔4分1芯；(d) 1孔4分1芯；
(e) 1孔2分2芯；(f) 1孔2分2芯；(g) 1孔4分2芯；(h) 1孔4分1芯；
(i) 1孔2分2芯；(j) 1孔4分5芯；(k) 1孔4分5芯；(l) 2孔4分2芯；
(m) 1孔2分3芯；(n) 3孔3分3芯；(o) 4孔5分4芯；(p) 1孔6分1芯

(1孔、2孔、……表示模孔数；1分、2分、……表示分流孔数；1芯、2芯、……表示模芯数)

分流孔在模子平面上的合理布置，对于平衡金属流速、减少挤压力、促进金属的流动与焊合，提高模具寿命等都有一定影响。对于对称性较好的空心制品，各分流孔的中心圆直径应大于或等于 $0.7D_筒$。对非对称空心型材或异型管材，应尽量保证各部分的分流比基本相等，或型材断面积稍大部分的 $K_分$ 值略低于其他部分的 $K_分$ 值。此外，分流孔的布置应尽量与制品保持几何相似性。为了保证模具强度和产品品质，分流孔不能布置得过于靠近挤压筒或模具边缘，但为了保证金属的合理流动及模具寿命，分流孔也不宜布置得过于靠近挤压筒中心。

C　分流桥

按结构分流桥可分为固定式和可拆式（叉架式）两种。分流桥宽 B 一般取为：

$$B = b + (3 \sim 20) \qquad (8\text{-}38)$$

式中　b——模芯宽度;

3~20——经验系数,制品外形及内腔尺寸大的取下限,反之取上限。

分流桥截面形状主要有矩形的、矩形倒角的和水滴形的三种(见图 8-36),后两种广为采用。分流桥斜度(焊合角)θ 一般取 45°,对难挤压的型材取 $\theta = 30°$,桥底圆角 $R = 2 \sim 5$mm。在焊室高度 $h_{焊} = (1/2 \sim 2/3)B$ 的条件下,θ 均小于 45°。θ 可按下式计算:

$$\tan\theta = \frac{\dfrac{1}{2}B}{h_{焊}} \qquad (8\text{-}39)$$

式中　$h_{焊}$——焊合室高度,mm;

　　　B——分流桥宽度,mm。

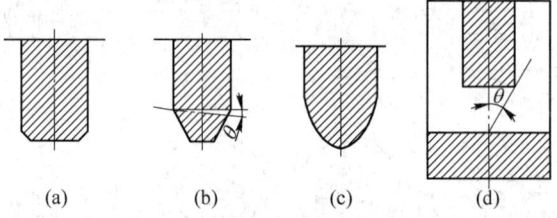

图 8-36　分流桥截面形状示意图

(a) 矩形;(b) 矩形倒角;(c) 水滴形;(d) 焊合角 θ 示意图

　　D　模芯(舌头)

模芯相当于穿孔针,其定径区决定制品的内腔形状和尺寸,其结构直接影响模具强度、金属焊合品质和模具加工方式。最常见的是圆柱形模芯(多用于挤压圆管)、双锥体模芯(多用于挤压方管和空心型材)。模芯的定径带有凸台式、锥台式和锥式三种,如图 8-37 所示。模芯宜短,对于小挤压机可伸出模子定径带 1~3mm,对大挤压机可伸 10~12mm。

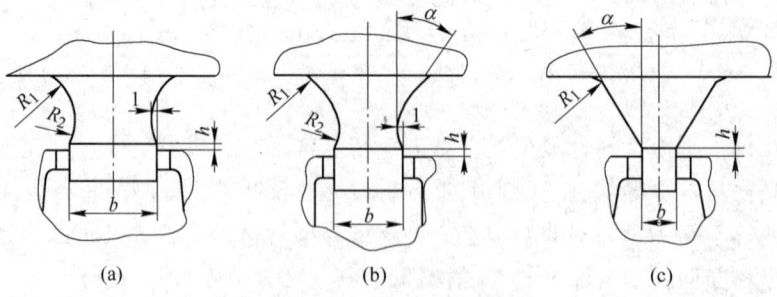

图 8-37　模芯结构形式图

(a) 凸台式;(b) 锥台式;(c) 锥式

为了增加模桥强度,通常在桥的两端添置桥墩。蝶形桥墩不仅增加了桥的强度,而且改善了金属流动,避免死区产生。

E   焊合室形状与尺寸

焊合室形状有圆形和蝶形两种。当采用圆形焊合室（见图 8-38（a））时，在两分流孔之间会产生一个十分明显的死区，不仅增大了挤压阻力，且会影响焊缝质量。蝶形焊合室（见图 8-38（b））有利于消除这种死区，提高焊缝品质。为消除焊合室边缘与模孔平面间接合处的死区，可采用大圆弧过渡（$R = 5 \sim 20mm$），或将焊合室入口处做成 15°左右角度。同时，在与蝶形焊合室对应的分流桥根部也做成相应的凸台，这样就改善了金属流动，减少了挤压阻力。因此，应尽量采用蝶形截面焊合室。当分流孔形状、大小、数目以及分布状态确定以后，焊合室断面形状和大小也基本确定了。合理设计焊合室高度有重大意义，一般情况下，焊合室高度应大于分流桥宽度的 1/2；对中小型挤压机可取 10 ~ 20mm，或等于管壁厚的 6 ~ 10 倍。在很多情况下，可根据挤压筒直径确定焊合室高度。焊合室高度与挤压筒直径的关系如下：

挤压筒直径/mm	95 ~ 130	150 ~ 200	200 ~ 280	300 ~ 500	≥500
焊合室高度/mm	10 ~ 15	20 ~ 25	30 ~ 35	40 ~ 50	40 ~ 80

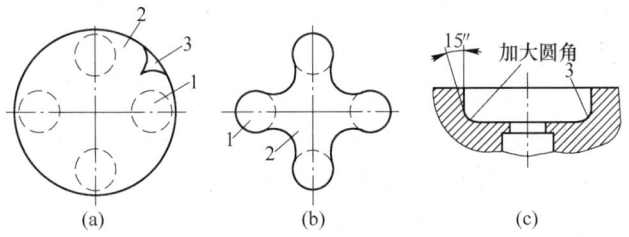

图 8-38   平面分流组合模焊合室形状图

（a）圆形焊合室；（b）蝶形焊合室；（c）焊合室剖面

1—分流孔；2—焊合室；3—死区

F   模孔尺寸

用平面分流组合模产生的产品，绝大多数为民用空心型材和管材。这些材料形状复杂，外廓尺寸大，壁很薄并要求在保证强度的条件下尽量减轻质量，减少用材和降低成本。一般情况下，模孔外形尺寸 A 可按下式确定：

$$A = A_0 + KA_0 = (1 + K)A_0 \tag{8-40}$$

式中 A_0——制品外形的公称尺寸，mm；

K——经验系数，一般取 0.07 ~ 0.015。

制品壁厚的模孔尺寸 B 可由下式确定：

$$B = B_0 + \Delta \tag{8-41}$$

式中 B_0——制品壁厚的公称尺寸，mm；

Δ——壁厚模孔尺寸增量；mm，当 $B_0 \leqslant 3mm$ 时，取 $\Delta = 0.1mm$；当 $B_0 > 3mm$ 时，取 $\Delta = 0.2mm$。

G   模孔工作带长度

确定平面分流组合模的模腔工作带长度要比平面模复杂得多，因为确定不仅要考虑型材壁厚差与挤压筒中心的远近，而且必须考虑模孔被分流桥遮住的情况以及分流孔的大小和分布。在某些情况下，从分流孔中流入的金属量的分布甚至对调节金属流动起主导作用。处于分流桥底下的模孔由于金属流出困难，工作带必须减薄。平面分流组合模的幕墙工作带长度一般要比平面模长些，这对金属的焊合有好处。

　　H　模孔空刀结构设计

　　平面分流组合模的空刀结构如图 8-39 所示。对于壁厚较厚的制品，多采用直角空刀形式，此种空刀容易加工；对于壁厚较薄或带有悬臂的模孔处，多采用斜空刀形式，此种空刀能提高模具强度。目前国外不少工厂都采用斜空刀或阶梯式的喇叭形空刀。

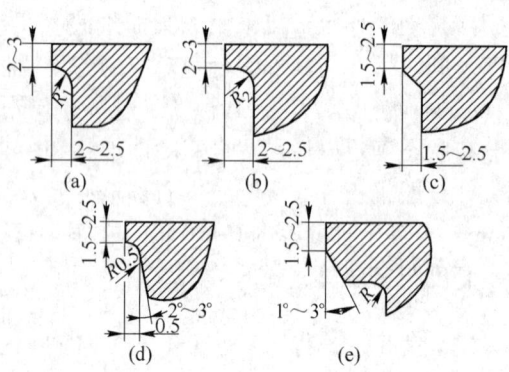

图 8-39　分流模模孔工作带出口处的空刀结构
（a）直线切口；（b）圆弧切口；
（c）斜度切口；（d）圆弧与斜度相组合切口；
（e）工作带有斜度的圆弧切口

8.3.7.4　平面分流组合模的强度校核

　　平面分流模工作时，其最不利的承载情况发生在分流孔和焊合室尚未进入金属，以及金属充满焊合室而刚要流出模孔之时。要针对模子的分流桥进行强度校核，主要校核由于挤压力引起的分流桥弯曲应力和剪切应力。对于双孔或四孔分流模，可将一个或两个分流桥视为受均布载荷的简支梁，并对其进行危险断面的抗弯和抗剪强度校核，如图 8-40 所示。

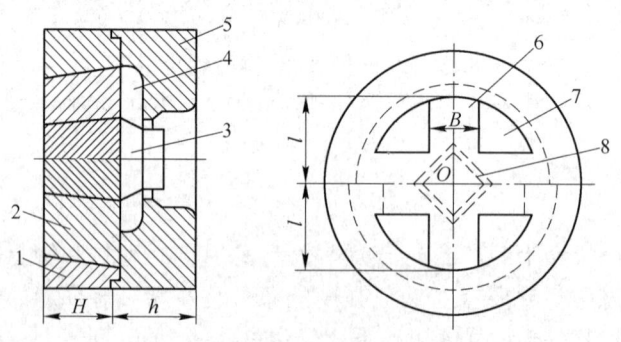

图 8-40　分流模简图
1—模外套；2—分流桥；3—模芯；4—焊合室；5—模子；
6—固定式分流桥；7—分流孔；8—挤压制品

　　A　抗弯强度校核

　　从抗弯强度校核公式可推导出计算模子分流桥最小高度的公式：

$$H_{\min} = L\sqrt{\frac{p}{2[\sigma_{弯}]}} \qquad (8\text{-}42)$$

式中　$H_{\min}$——模子危险断面处的计算厚度，即分流桥的计算高度，mm；

　　　　L——分流桥两桥墩之间的距离，mm；

　　　　p——挤压筒最大比压，MPa；

$\sigma_{弯}$——模具材料在工作温度下的许用弯曲应力，MPa；对 3Cr2W8V 钢或 4Cr5MoSiV1 钢，在 450～500℃时，取 $\sigma_{弯}=800\sim900$MPa。

实际设计时，所采用的分流桥高度不得低于由式（8-42）计算得出的值。

B　抗剪强度校核

抗剪强度校核公式如下：

$$\tau = \frac{P}{nF} \leqslant [\tau] \tag{8-43}$$

式中　τ——剪应力，MPa；

P——分流桥端面上所受的总压力，可近似为挤压机的公称压力，N；

$[\tau]$——模具材料在工作温度下的许用抗剪强度，MPa；一般情况，可取 $[\tau]=(0.5\sim0.6)\sigma_b$，对 3Cr2W8V 钢或 4Cr5MoSiV1 钢，在 450～500℃时，$[\sigma_b]=1000\sim1100$MPa；

F——以分流孔间最短距离为长度、以模子厚度为高度所组成的断面面积，mm^2；

n——分流孔的个数。

8.3.7.5　常用的铝型材分流组合模优化设计举例

（1）直升机旋翼大梁型材（6061-T6）舌形模，如图 8-41 所示。

（2）硬铝合金（2024-T4）铰链型材用舌形模，如图 8-42 所示。

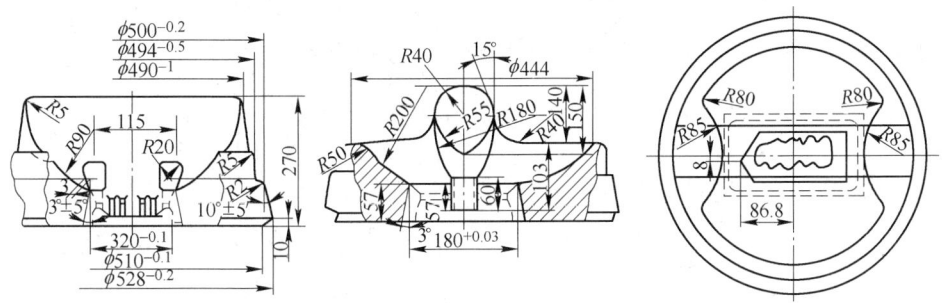

图 8-41　直升机旋翼大梁型材（6061-T6）用舌形模示意图

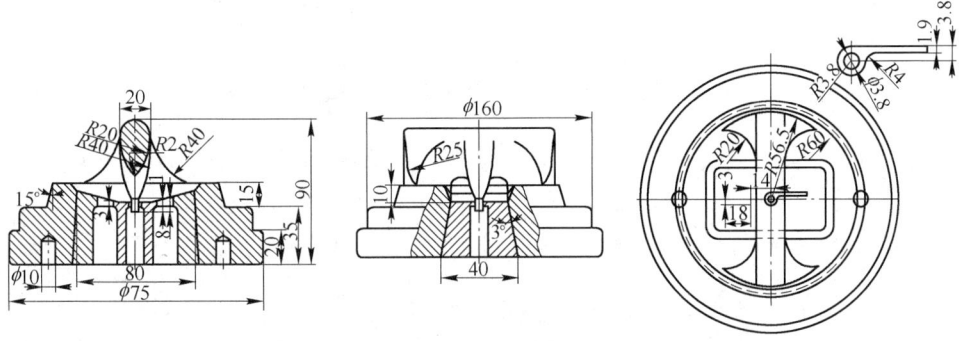

图 8-42　硬铝合金（2024-T4）铰链型材用舌形模示意图

（3）9 孔高筋异型空心型材（6061-T6）平面分流组合模，如图 8-43 所示。

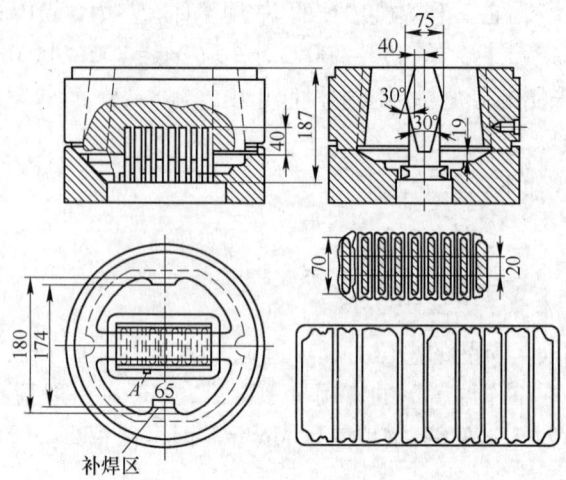

图 8-43　9 孔高筋异型空心型材（6061-T6）平面分流组合模示意图

（4）单孔管材（6063-T5）平面分流组合模，如图 8-44 所示。

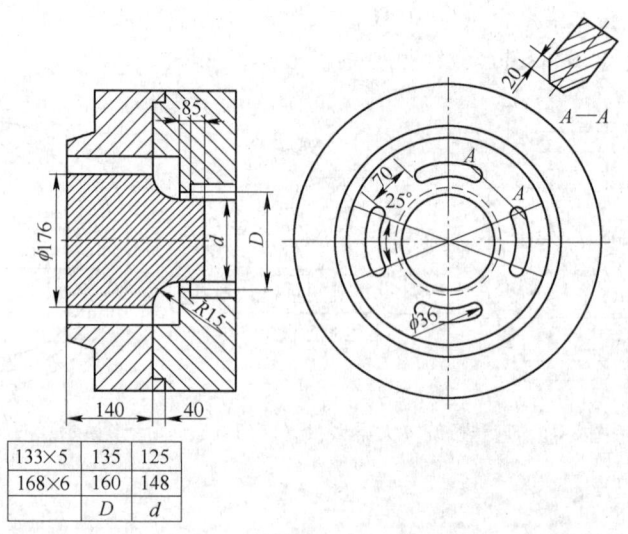

133×5	135	125
168×6	160	148
	D	d

图 8-44　单孔管材（6063-T5）平面分流组合模示意图

（5）单根多孔异型空心型材平面分流组合模，如图 8-45 所示。

（6）多根空心型材平面分流组合模，如图 8-46 所示。

（7）口琴管空心型材平面分流组合模，如图 8-47 所示。

8.3.8　几种重要的工业铝合金型材挤压模的优化设计

8.3.8.1　阶段变断面型材模的设计要点

A　阶段变断面型材模具的结构要素与设计特点

用两套分瓣模分步挤压基本型材部分和大头部分的方法是挤压阶段变断面型材的最常

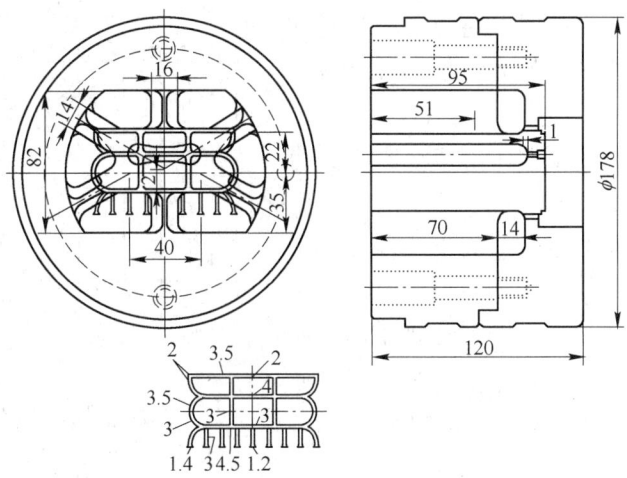

图 8-45　单根多孔异型空心型材平面分流组合模示意图

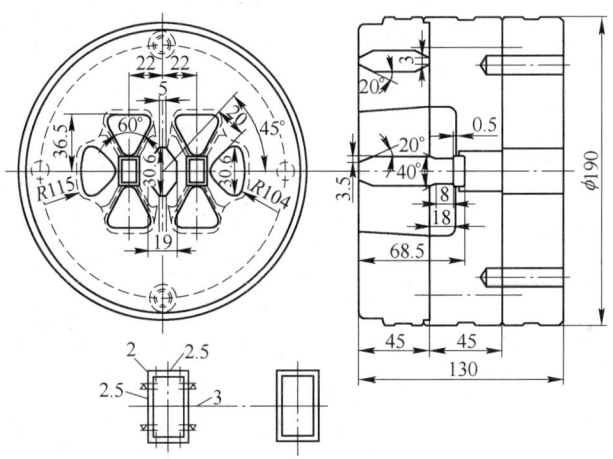

图 8-46　多根空心型材平面分流组合模示意图

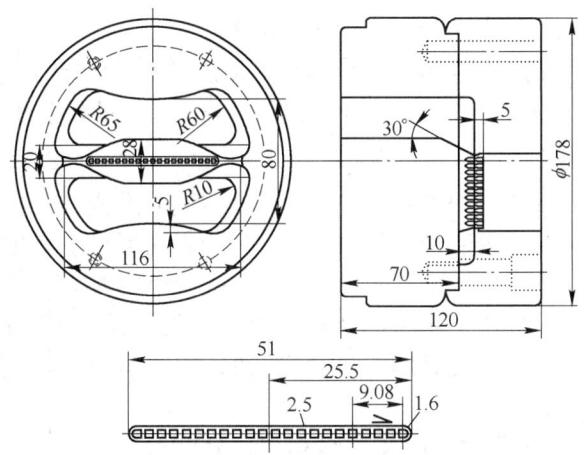

图 8-47　口琴管空心型材平面分流组合模示意图

用的方法。这种挤压用模具的特点是，型材和过渡区设计成一套模子，而大头部分设计成另一套模子。

用两套可拆开的模子挤压阶段变断面型材时，要求其模具的拆开与装配应十分方便。同时，在挤压过程中要保持一定的完整性和稳定性，即在挤压时尺寸不发生任何变化，因此模具的外形结构和尺寸与一般型材模具不同，而应适应于阶段变断面型材挤压的特点。阶段变断面型材模具的外形结构和尺寸如图 8-48 和表8-24 所示。

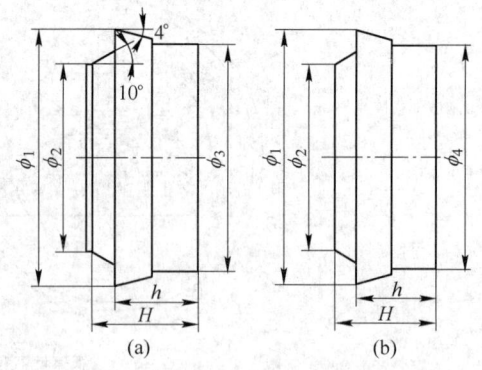

图 8-48　阶段变断面型材模具的外形结构图
（a）挤压基本型材部分的型材模；
（b）挤压尾端大头部分的尾端模

表 8-24　阶段变断面型材模具的外形尺寸

挤压机挤压力/MN	挤压筒直径/mm	模子种类	模子尺寸/mm					
			ϕ_1	ϕ_2	ϕ_3	ϕ_4	H	h
20	200	型材模	225	200	216	—	125	93
		尾端模	225		216	205.5	105	93
20	170	型材模	195	170	187	—	125	93
		尾端模	195		187		105	93
12.5	130	型材模	195	130	187	175.3	110	82
		尾端模	195		187	133.4	95	82

为了方便更换模具，可拆开的型材模的厚度应比尾端"大头"模厚 15~20mm。为使模具在拆换过程中的操作方便，在每瓣型材模块的背面均钻有一个 ϕ20~30mm 的孔。

为了保持模具在挤压过程中的完整性，采用前后锥角同时配合的方法，其前锥角为10°，与挤压筒套衬相配合；其后锥为10°，与压型嘴（模支承）相配合；并应相应设计一套挤压阶段变断面型材专用的压型嘴和挤压筒内套。

压型嘴（模支承）的出口尺寸与形状与变断面型材大头部分的形状相似，在保持大头能顺利通过的条件下，其尺寸应尽量缩小，以提高模孔尺寸的稳定性。

B　模子分模面的确定

型材模分瓣形式和块数根据型材形状来确定。分模面的位置应当是便于拆卸和安装，既保证制品的尺寸，又不损伤型材表面。型材模一般可分成三瓣（对于⊥、Ⅱ形型材）或四瓣（对于工字形型材）。对于工字形型材来说，为了方便卸模，其上下平面之间应做成 1°~2°的倾角，即拔模角，如图 8-49 所示。

大头（尾端）模的模孔形状应与型材相似，分瓣的形式应便于装卸，不损伤制品表面。一般来说，尾端模可分成左右对称的两瓣，如图 8-50 所示。

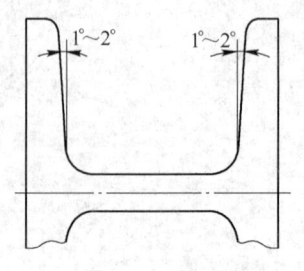

图 8-49　工字形型材的
拔模角示意图

C 过渡区的设计

在型材模上有一端长约 25mm 的连接大头和基本型材断面的过渡区，其入口尺寸小于尾端模孔尺寸（沿周边缩小 2mm），而用均匀圆滑过渡的曲线与基本型材模孔相连，图 8-51 所示为带有过渡区的 Π 形型材的模孔立体剖视图。图 8-52 所示为工字形型材模的过渡区，25mm 为过渡区深度。如过渡区入口与型材模孔之间的连接圆弧的曲率半径 R 较小时，将形成一段死区。如 a—a 剖面 Ⅱ 侧所示，可能在型材过渡区部位出现粗晶。为了减少这种粗晶的出现，

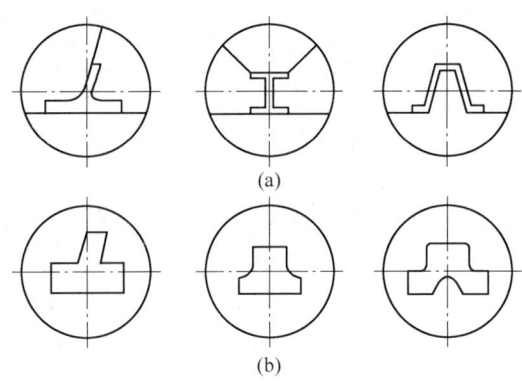

图 8-50 分模面示意图
（a）型材模；（b）尾端模

可把过渡区连接圆弧的曲率半径 R 增大，使之近似等于金属的自然流动角，如 a—a 剖面 Ⅰ 侧所示。

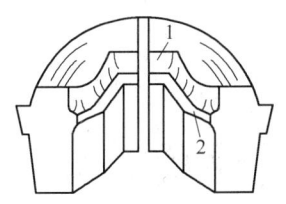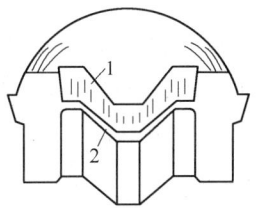

图 8-51 阶段变断面型材模立体剖视图
1—过渡区；2—模孔

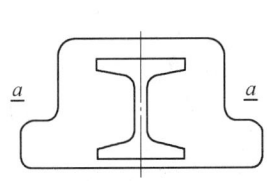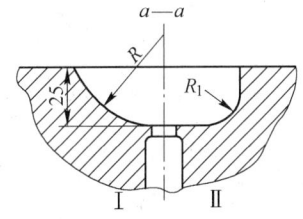

图 8-52 阶段变断面型材的过渡区示意图
（R 较大，形成自然流动角；R_1 较小，易形成死区）

D 模孔尺寸的确定

影响阶段变断面型材模和尾端模的模孔尺寸与工作带长短的因素及计算原则与普通型材模基本相同，但是考虑到阶段变断面型材模具的结构特点，其模孔尺寸均应比普通型材模小 0.1~0.2mm。为了保证大头部分挤压时的金属流动均匀性，以减少其对型材部分根部的影响，尾端模的工作带长度可在很宽（2~25mm）的范围内变化。

模孔尺寸的具体计算可参照以下公式进行，外形轮廓尺寸、高度和宽度 B 的计算方法同一般型材模的计算方法。

$$B_1 = B(1 + \mu) + K \tag{8-44}$$

$$H_1 = H(1 + \mu) + K \tag{8-45}$$

式中　B_1，H_1——分别为模孔尺寸；

　　　B，H——分别为型材公称尺寸；

　　　　　μ——综合修正系数，考虑到热收缩量、拉矫变形量、模子本身的弹塑性弯曲
　　　　　　　　等因素的影响，对铝合金来说，取 $0.7\% \sim 1.0\%$；

　　　　　K——尺寸正公差。

$$b_1 = b + K \tag{8-46}$$

式中　b_1——模孔尺寸；

　　　b——型材壁厚尺寸；

　　　K——尺寸正公差。

$$L_1 = L - \frac{1}{2}K \tag{8-47}$$

式中　L_1——扩口处模孔尺寸；

　　　L——型材扩口处尺寸；

　　　K——扩口尺寸正公差。

　　E　阶段变断面型材模具设计举例

　　图 8-53~图 8-55 分别为某分级上用的 7075-T6 合金阶段变断面型材的产品图、型材模具图和尾端模具图。

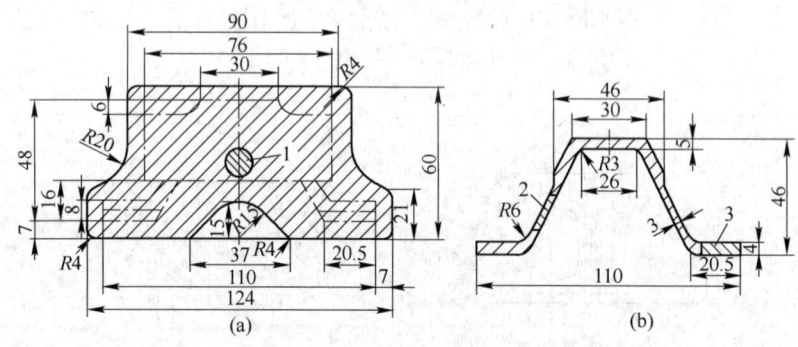

图 8-53　7075-T6 合金变断面型材图
(a) 大头部分；(b) 型材部分
1~3—分别为大头、型材和过渡区取样处

8.3.8.2　大型扁宽壁板型材挤压模具设计技术

　　A　大型扁宽壁板型材挤压模具结构及其特点

　　模具结构较为常用的有扁模结构系统、圆模结构系统、宽展模结构系统、分流组合模结构系统和带筋管挤压工具结构系统。

　　a　扁模结构系统

　　扁模挤压的主要优点是可节约大量贵重的高级合金模具钢材，由于模子的体积减小，

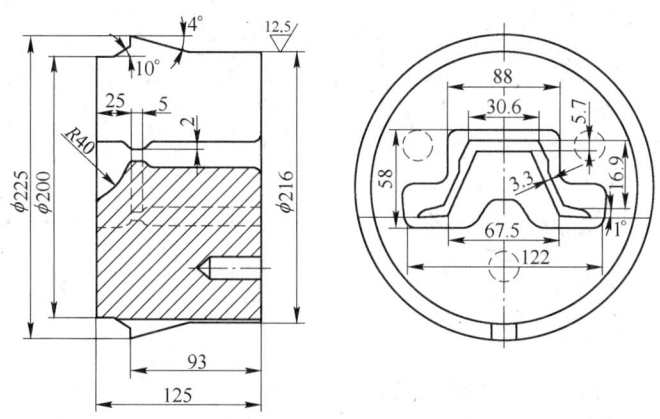

图 8-54　变断面型材模具图

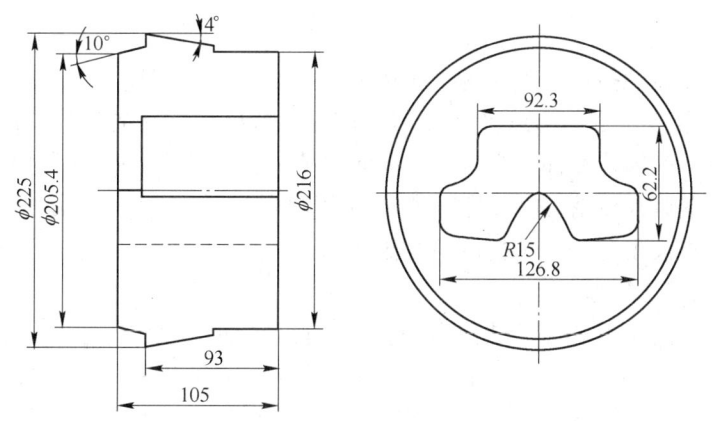

图 8-55　变断面型材的尾端（大头部分）模具图

质量变轻，在加工制造时比较轻巧。但用这种模子挤压时，壁板的腹板会明显变薄，其中心部位尤为严重。这是作用于模子端面上的摩擦应力（等于塑性变形区的单位流动压力），使模子产生了弯曲变形。

由于单位流动压力的方向与摩擦力的方向相反，模孔断面上受的力在很大程度上可用模子端面上行成的倾斜度来平衡。模子端面的倾角通常不应大于 7°~10°。

因为在挤压过程中引起模孔收缩的力是不均匀的，因而模孔变形可出现明显的差异，这种差异沿壁板宽度方向可达 0.3mm 以上。

b　圆模结构系统

与扁模结构系统相比，圆模结构系统具有比扁挤压筒长轴方向上大得多的抗弯矩能力。所以，在大多数情况下，用圆模结构系统来挤压带筋壁板。图 8-56 所示为用于 50MN和 1254MN 挤压机上挤压宽带筋壁板的圆模结构系统及尺寸。

圆模结构系统包括圆形模子、模垫、模环及与之相配的模支承。在挤压过程中，把安装在圆形模支承中的圆模子靠近挤压筒的端面。为了确保接触紧密和防止金属溢出，要尽量减少模子与挤压筒的接触面，增大接触应力。圆模子的变形比扁模子的变形小得多，尽管如此，圆模子仍然会发生相当大的弹性变形，在很多情况下，挤压时还会发生塑性

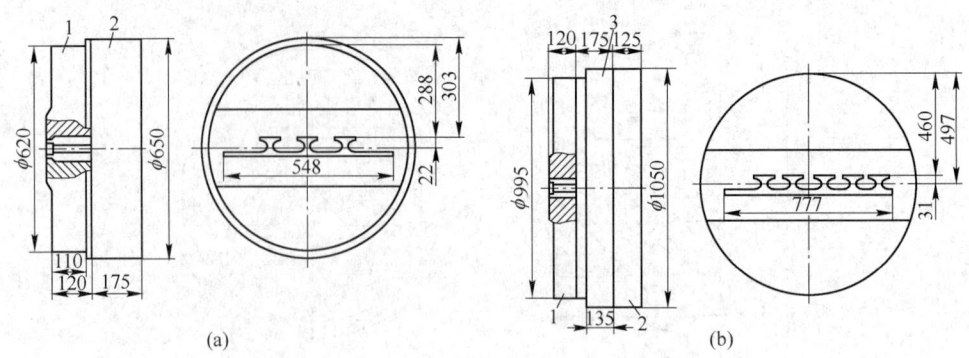

图 8-56　用扁挤压筒挤压壁板的圆形模具结构组件图

（a）挤压 A 型材的模具结构图；（b）挤压 B 型材的模具结构图

变形。

c　宽展模结构系统

在没有扁挤压筒的挤压机上，为了挤压外接圆直径大于圆筒直径的扁宽型材或壁板，可以在一般的成型模（平面模或者组合模）前边，靠近挤压筒的工作端，增设一个宽展模。宽展模腔具有哑铃形断面，呈喇叭形向前扩展。当圆形铸锭镦粗后通过宽展模时，产生第一次变形，其厚度变薄，宽度逐渐增大到大于圆挤压筒直径，然后通过成型模产生二次变形，这样，宽展模起到了扁挤压筒的作用。

d　空心壁板挤压模系统

随着挤压技术的发展和模具结构的改进，出现了用舌形模挤压法、叉架模挤压法和平面分流模挤压法生产多孔空心壁板的方案。从扩大产品品种范围、提高生产效率和成品率等方面来看，平面分流组合挤压法是生产多孔空心壁板最有效的方法。用这种方法可以在普通棒挤压机上用实心铸锭通过圆筒法、扁筒法和宽展法获得托尼盖彩料、不同宽度、形状复杂、内外表面光洁的多孔空心壁板。

e　带筋管挤压工具结构系统

在圆挤压筒上用挤压圆带筋管并随后剖分、展开、精整的方法可以生产宽度 2m 以上的特大型整体带筋壁板。因采用空心铸锭和穿孔针，故提高了挤压筒的比压，但相应减少了铸锭的体积，从而使壁板的长度受到了限制。

带筋管挤压一般在 50MN 以上的大型挤压机上进行，为了提高产品品质，减少挤压力，提高生产效率，带筋管的反挤压法获得了广泛的应用。

带筋管挤压工具结构与无缝管挤压的工具结构基本相同，主要包括穿孔针系统和模子组件。如果生产内带筋管，则在穿孔针上应开出筋槽，针的加工和修理十分困难。如果生产外带筋管，则筋槽开在模子上，这与普通型材模生产相似，加工、装配和修理都比较方便，因此，在生产中均采用后一种工具结构。

B　模具设计及举例

a　模具设计

用平板法挤压壁板时的应力应变状态十分复杂，金属流动极不均匀，基础产品的前端与尾端、中心与边缘的尺寸往往相差很大（有时达 0.8~1.0mm）；易产生波浪、扭拧、刀弯等废品，模子易开裂变形。因此，除了合理设计型材、严格控制工艺因素之外，对型材在平面模子上的布置、模腔尺寸以及工作带（阻碍角或助推角）、模子外形等应做合理的考虑。

为了调整流速，合理分配金属流量，改善流动特性，对称型壁板应尽量使模孔截面中心与挤压筒截面中心相吻合；不对称型壁板应适当增加工艺余量，以减少其不对称性。对于腹板厚度不同的壁板，应使较薄的部分靠近挤压筒的中心。

在确定模孔尺寸时，主要考虑热收缩、模孔的弹性与塑性变形，模子的整体弯曲和拉伸矫直时制品尺寸变化等因素。在挤压壁板时，由于各部分的尺寸变化规律有很大差异，因此在设计时，模孔尺寸应分成几部分来进行计算。比如，带 T 形筋条的壁板，可以分为两部分——底板部分和筋条部分来考虑。宽厚比大的底板尺寸（包括相关尺寸），由于模子的弹性和塑性变形、模子整体弯曲的影响，挤压时有严重的减薄现象，减薄的程度与合金成分、壁板形状、规格、宽厚比、工艺制度、模子强度（模子材料和外形尺寸）等有关，有时达 3mm 以上。所以在确定底板部分的模孔尺寸时，名义尺寸应加上技术条件所允许的最大正公差；为补偿弹性和塑性变形，根据壁板宽度及其与挤压筒的相对位置，应把模孔尺寸增大 0.8~1.3mm；为了补偿模子的整体弹性弯曲，模孔尺寸应从两边向中部均匀地增加 1~1.65mm。

生产实践表明，模孔的整体弯曲主要取决于壁板底板模孔的宽度、厚度及相对于挤压筒中心的位置。在设计模孔尺寸时，一般来说，中心部分应比壁板的名义尺寸大 2.5mm 左右，而两侧边的尺寸应比名义尺寸大 5mm 左右。

除了底板以外的筋条部分，受弹性、塑性压缩以及整体弯曲的影响极小，可按普通型材的变化规律来设计这些部分的模腔尺寸。为了调节金属流速，改善变形条件，必须合理设计模子的工作带长度，它主要与型材设计的部位距挤压筒中心的距离有关，一般取 5~15mm。经验证明，对宽厚比大的壁板，阻碍角的意义并不大。

为了加速金属向窄流动，弥补挤压模孔的变形，有时在模子工作端面上做 6°~8° 的助推角，如图 8-57 所示。

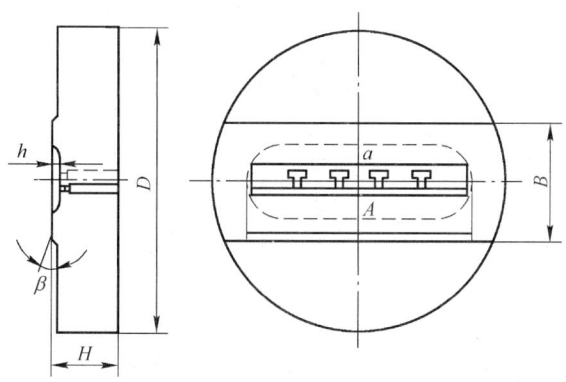

图 8-57　壁板模子设计中的助推角 β 示意图
（β 取 6°~8°）

模子强度对壁板的成型和尺寸精度有很大影响，所以要选择合理的模子外形、优质的模具材料和适当的热处理硬度。对于大型挤压机，一般采用如图 8-58 所示的模子外形结构和尺寸，选用 3Cr2W8V 钢或 4Cr5MoSiV1 钢作为模具材料，热处理后硬度 HRC 为 46~50。

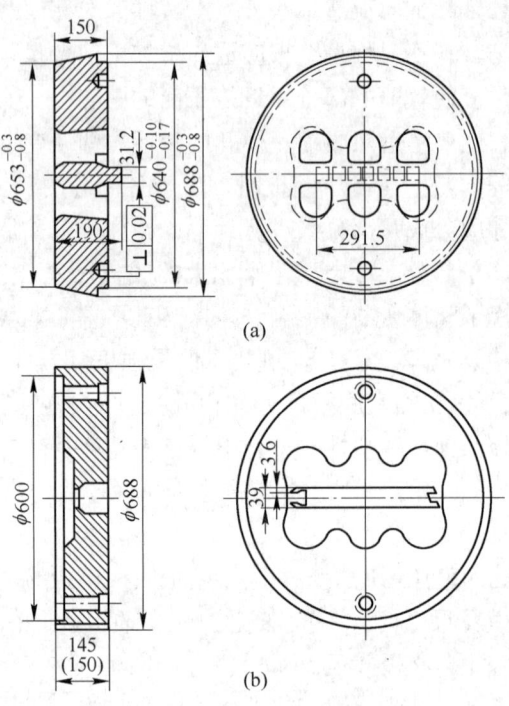

图 8-58　大型七孔空心壁板模具结构图
(a) 上模；(b) 下模

b　典型大型壁板模具设计案例

图 8-59 和图 8-60 分别为用扁挤压筒法和圆挤压筒法，挤压壁板及带筋空心管的模具设计方案图。

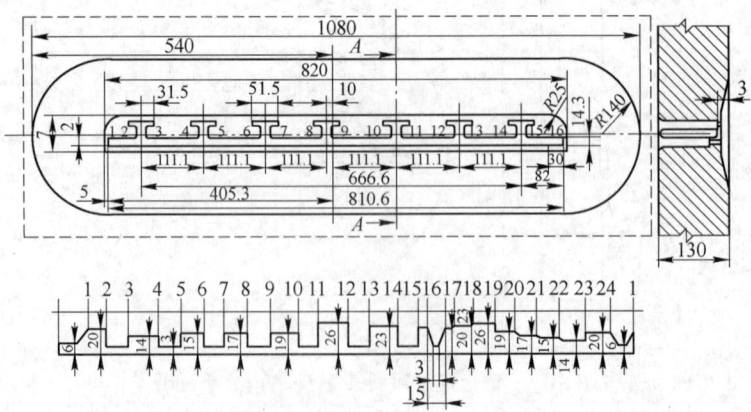

图 8-59　在 200MN 挤压机上用 1100mm×300mm 扁挤压筒
挤压壁板的模孔尺寸和工作带示意图（平模平板法）

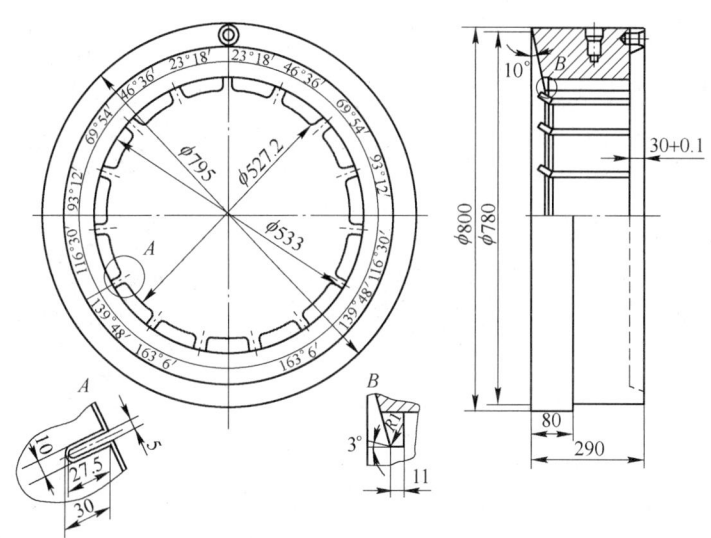

图 8-60　125MN 挤压机上 ϕ800mm 挤压筒挤压
带筋管模具图（反向穿孔针挤压法）

8.3.8.3　航空航天、交通运输用大型特种铝型材挤压模的设计技术

A　航空航天用大型特种铝型材挤压模的设计

航空航天用大梁型材是承受重载的关键结构部位，主要用 2×××系硬铝合金和 7×××系超硬铝合金制造，近年来，越来越广泛地使用 6061、6063 等 6×××系合金和 5056、5083 等 5×××系合金。这些铝合金的变形抗力较大，挤压性较差，很难用焊接挤压法生产空心制品。同时，这类型材的断面尺寸大，外形轮廓大而且形状复杂，壁厚变化剧烈，对称性很差。这些都给挤压模具的设计带来困难。

航空航天用大型铝合金特种型材种类很多，挤压模具的设计方法也各异。图 8-61 所示为典型的飞机机翼大梁型材模具设计方案图。图 8-62 所示为典型的飞机用整体带筋壁板型材挤压模具设计图。图 8-63 和图 8-64 所示为飞机用无缝异型空心型材挤压模具设计图示。

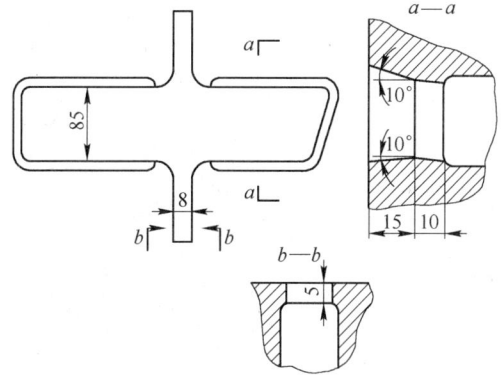

图 8-61　飞机机翼实心大梁型材挤压模具设计示意图
（125MN 挤压机，ϕ650mm 挤压筒，2024-T4，阻碍角 10°，圆筒平模正向挤压）

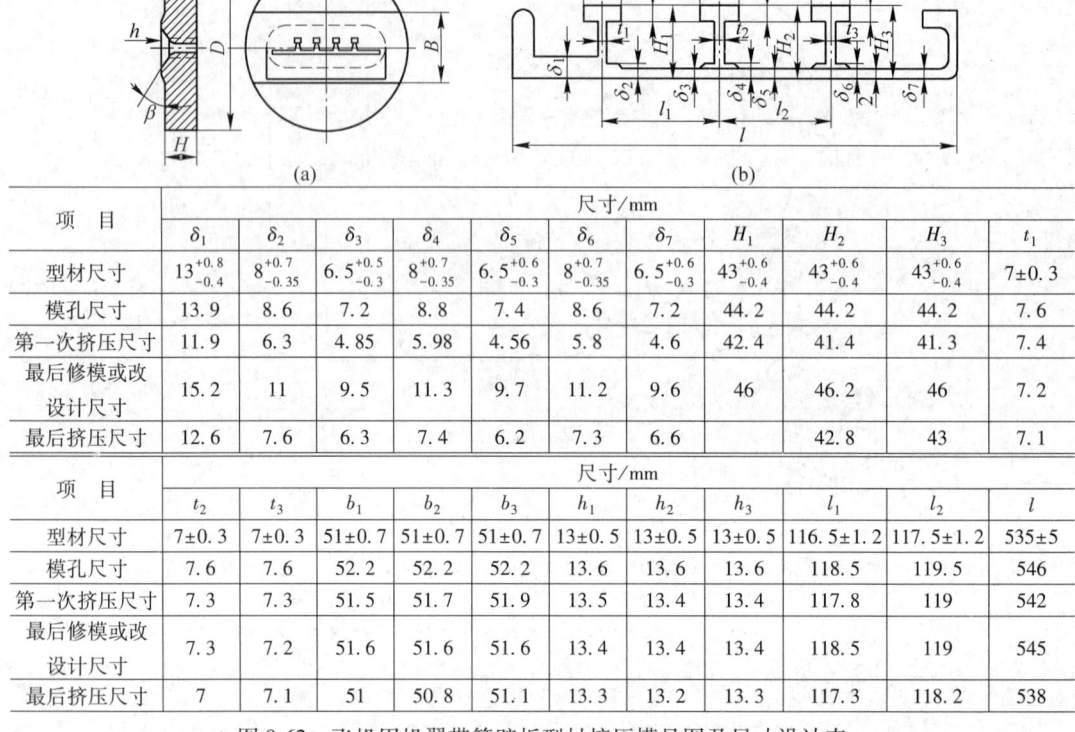

(a)　(b)

项　目	尺寸/mm										
	δ_1	δ_2	δ_3	δ_4	δ_5	δ_6	δ_7	H_1	H_2	H_3	t_1
型材尺寸	$13^{+0.8}_{-0.4}$	$8^{+0.7}_{-0.35}$	$6.5^{+0.5}_{-0.3}$	$8^{+0.7}_{-0.35}$	$6.5^{+0.6}_{-0.3}$	$8^{+0.7}_{-0.35}$	$6.5^{+0.6}_{-0.3}$	$43^{+0.6}_{-0.4}$	$43^{+0.6}_{-0.4}$	$43^{+0.6}_{-0.4}$	7 ± 0.3
模孔尺寸	13.9	8.6	7.2	8.8	7.4	8.6	7.2	44.2	44.2	44.2	7.6
第一次挤压尺寸	11.9	6.3	4.85	5.98	4.56	5.8	4.6	42.4	41.4	41.3	7.4
最后修模或改设计尺寸	15.2	11	9.5	11.3	9.7	11.2	9.6	46	46.2	46	7.2
最后挤压尺寸	12.6	7.6	6.3	7.4	6.2	7.3	6.6		42.8	43	7.1

项　目	尺寸/mm										
	t_2	t_3	b_1	b_2	b_3	h_1	h_2	h_3	l_1	l_2	l
型材尺寸	7 ± 0.3	7 ± 0.3	51 ± 0.7	51 ± 0.7	51 ± 0.7	13 ± 0.5	13 ± 0.5	13 ± 0.5	116.5 ± 1.2	117.5 ± 1.2	535 ± 5
模孔尺寸	7.6	7.6	52.2	52.2	52.2	13.6	13.6	13.6	118.5	119.5	546
第一次挤压尺寸	7.3	7.3	51.5	51.7	51.9	13.5	13.4	13.4	117.8	119	542
最后修模或改设计尺寸	7.3	7.2	51.6	51.6	51.6	13.4	13.4	13.4	118.5	119	545
最后挤压尺寸	7	7.1	51	50.8	51.1	13.3	13.2	13.3	117.3	118.2	538

图 8-62　飞机用机翼带筋壁板型材挤压模具图及尺寸设计表

(a) 设计方案图;(b) 尺寸设计图示

(80/95MN,□670mm×270mm,扁挤压筒 7075-T6,扁桶平模平板法)

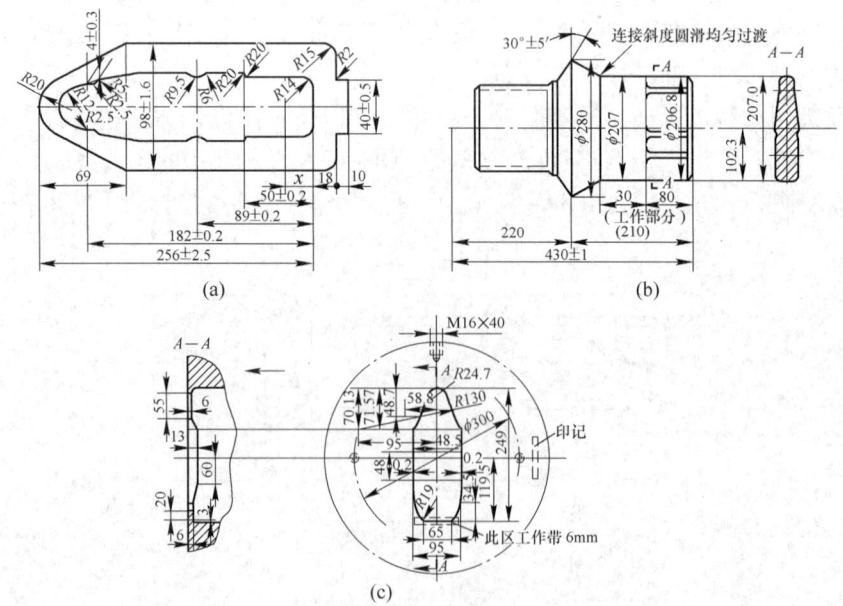

图 8-63　航天用无缝异型空心大梁型材挤压模具设计示意图

(a) 型材图;(b) 针尖设计图;(c) 模具设计图

(80/95MN,φ500mm 挤压筒,6061-T6,圆筒正向穿孔挤压法)

B　交通运输用大型特种型材挤压模的设计

交通运输用大型材主要用作车体和其他重要受力部件。一般用 6005A、6061、6082 和 7005 铝合金制造。这些中等强度铝合金，其挤压性大大低于 6063 合金。同时，交通运输大型材品种多，大多为大型、薄壁、高精、复杂的空心和实心铝合金型材，断面尺寸大，精度要求高，壁厚变化急剧，而且长度一般在 12~30mm，形位公差很严。这些都给模具设计与制造带来了很大的困难，因此，轨道车辆大型材都要求用专用模具来挤压。不仅设计要采用特殊措施和进行精确核对，而且其制造加工业要求采用特种设备和专用工艺。材料一般用 4Cr5MoSiV1 或 3Cr2W8V 高强耐热模具钢，经特殊热处理后，HRC 达 45~50。图 8-65 和图 8-66 为典型的交通运输铝合金型材挤压模设计方案图。

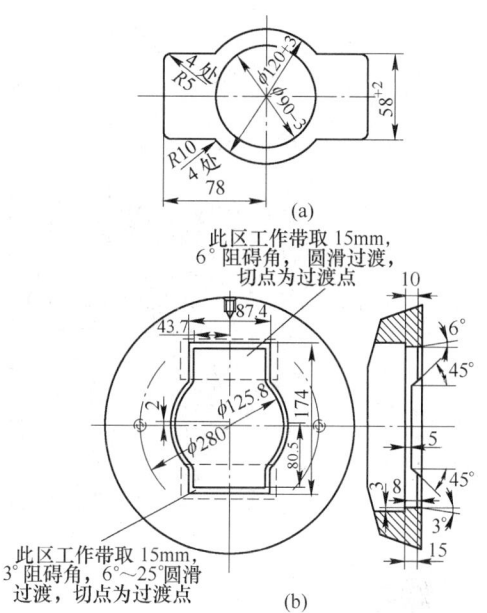

图 8-64　飞机用无缝空心异型材
挤压模具设计示意图
（35MN，φ320 挤压筒，7075-T6，
圆筒正向穿孔挤压法）

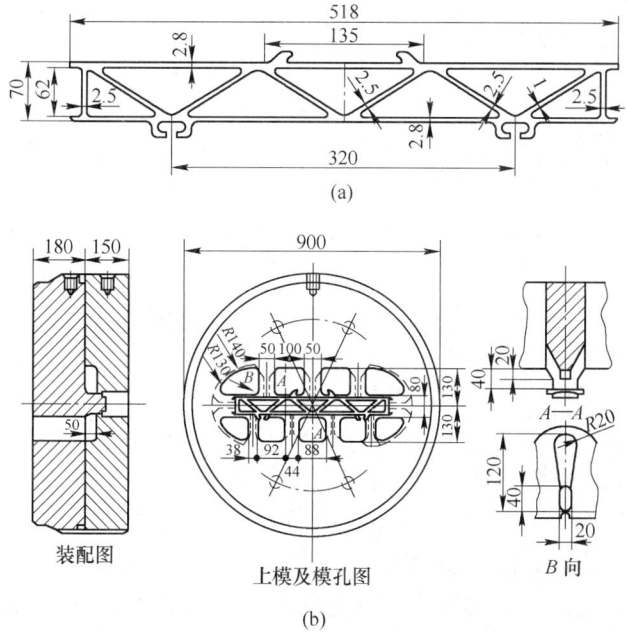

图 8-65　高速列车车厢用地板铝合金型材挤压模具设计示意图
（a）型材图；（b）模具设计方案图
（80/95MN，670mm×270mm 扁挤压筒，6005A-T6，扁挤压筒平面分流模挤压法）

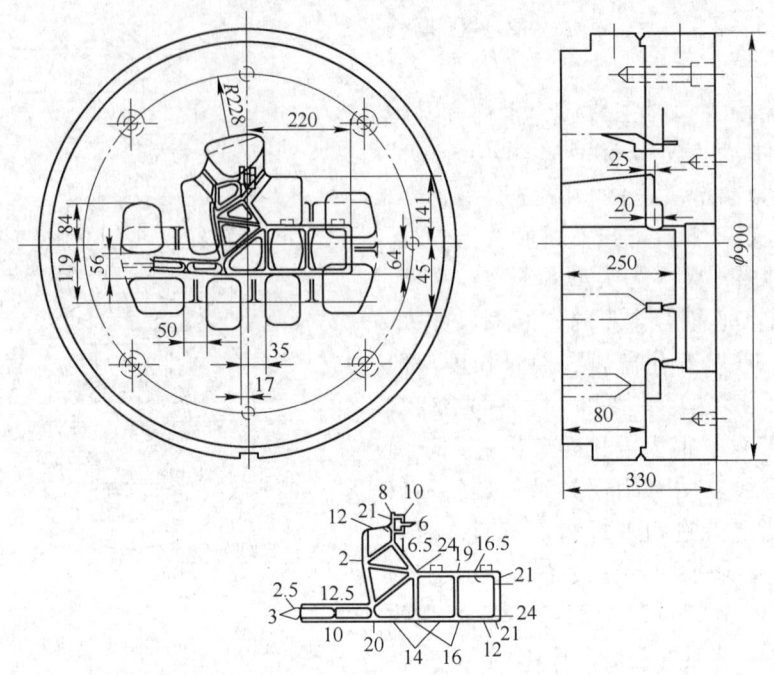

图 8-66　地铁车厢转角铝合金型材挤压模具设计示意图

（80/95MN，ϕ580mm 挤压筒，6005A-T6，圆筒平面分流模挤压法）

8.3.8.4　其他几种常见的挤压模设计技术

A　宽展模设计技术

宽展模的设计既要考虑金属易流动，能充分填充，尽可能减少挤压力，又要保证有足够的强度，能作为圆挤压筒的延伸部分，在恶劣的条件下进行工作。因此，在设计宽展模时主要考虑：宽展量 ΔB、宽展变形率 δ_B、宽展角 β、宽展模的内腔尺寸、宽展模的外径 D_B 和厚度 H_B。计算示意图如图 8-67 所示。

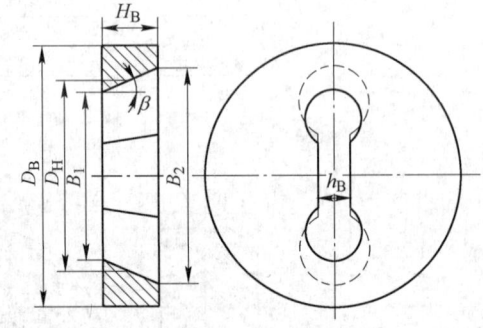

图 8-67　宽展模设计计算示意图

a　宽展量 ΔB、宽展变形率 δ_B 和宽展角 β 的确定

宽展量 ΔB 是铸锭经宽展变形后的最大宽度与圆挤压筒直径之差：

$$\Delta B = B_2 - D_H$$

为了发挥宽展挤压的作用，ΔB 应越大越好，但 ΔB 的大小又受金属流动、压力的角度传递损失和模子强度等因素的影响，不宜过大。ΔB 的值可根据挤压筒尺寸和挤压机吨位取 20～180mm，10MN 以下的挤压机取下限，80MN 以上的挤压机取上限。

宽展变形率

$$\delta_B = \frac{B_2 - B_1}{B_1} \times 100\% \tag{8-48}$$

式中　B_1，B_2——分别为宽展模入口和出口处的宽度。

根据挤压筒的尺寸和比压以及型材宽度，δ_B 可取 15%～35%。

宽展角 β 由宽展量和模子厚度来确定：

$$\tan\beta = \frac{(B_2 - B_1)/2}{H_B}$$

为了便于金属流动，减少挤压力，一般应使 β 与金属的自然流动角相吻合，在 λ = 10～30 的情况下，β 可取 30°左右。

b　宽展模尺寸的确定

（1）入口宽度 B_1 一般比挤压筒直径小 10mm 左右，B_1 过大会影响产品品质，B_1 过小则发挥不了宽展挤压的作用。

（2）出口宽度 B_2 应根据挤压型材尺寸、宽展量、模子外径和厚度等因素来选择。

（3）宽展孔的高度 h_B 应根据型材高度、第一次变形量大小 μ_1 和模子强度等来确定。一般应保证 $\mu_1 \leqslant 3 \sim 5$。

（4）宽展模的厚度 H_B，主要决定于模子强度、宽展角以及挤压力等因素。

c　强度校核与材料选择

宽展模是圆挤压筒的延伸部分，其受力状态和工作条件基本上与圆挤压筒相似，而且没有挤压筒的多层预紧力作用，所以应选择优质高强耐热合金钢制造。一般采用3Cr2W8V或4Cr5MoSiV1。保证在 500℃ 的条件下 $[\sigma_b] \geqslant 1000\text{MPa}$，HRC = 44～52。为了保证宽展模的强度，必须校对宽展模危险断面处的抗压强度，满足 $\sigma_{压} \leqslant 0.7[\sigma_b]$。

d　宽展模设计举例

图 8-68 所示为 LX725 型材的宽展模与型材模孔图，表 8-25 列出了其模孔设计尺寸。

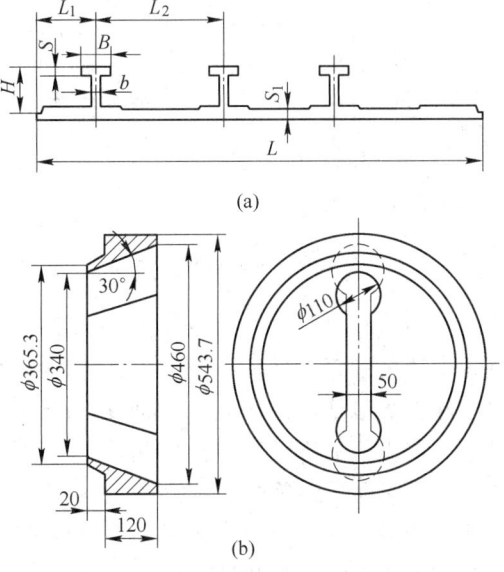

图 8-68　LX725 型材宽展模设计图

(a) 型材图；(b) 宽展模设计图

表 8-25　LX725 型材宽展模模孔设计尺寸

尺　寸	L	H	B	b	S	S_1	L_1	L_2
型材名义尺寸/mm	429+10	43±0.6	51±0.6	7±0.3	13±0.4	6.5±0.25	$57^{+0.25}_{-0.5}$	116±1.2
模孔设计尺寸/mm	439+1	43.8	51.8	7.5	13.4	6.9	60	118.5
挤压型材实际尺寸/mm	436	43.5	50.9	6.9	13.1	6.3	59	118

B　导流模的设计

导流模又称前室模，其实质是在型材模前面加放一个型腔，其形状为与型材外形相似的异型或与型材最大外形尺寸相当的矩形（见图 8-69）铸锭镦粗后，先通过导流模产生预变形，金属进行第一次分配，形成与型材相似的坯料，然后再进行第二次变形，挤压出各种断面的型材。采用导流模不仅可增大坯料与型材的几何相似性，便于控制金属流动特别是当挤压截面差别很大的型材时能起到调节金属流速的作用，使壁薄、形状复杂、难度大的型材易成型，而且能挤压外接圆尺寸较大的型材（加宽展挤压），减少产品扭拧和弯曲变形，改善模具的受力条件，实现连续挤压，大大提高成品率和模具寿命。特别是对于舌比大于 3 的散热片型材及其他形状异常复杂的型材来说，用普通平面模几乎无法挤压，而采用导流模可使模具寿命提高十几倍。

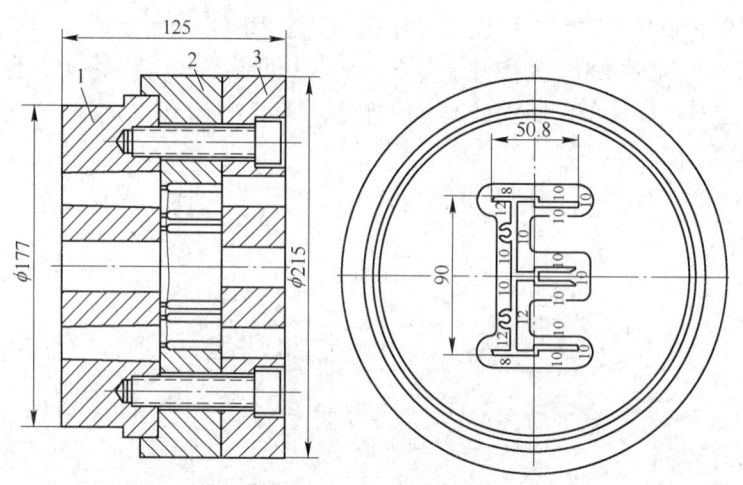

图 8-69　导流模结构图
1—导流模；2—型材模；3—模垫

这种模具的主要缺点是金属需经二次变形，挤压力高于一般平面模，因此，主要用于挤压纯铝，或软合金型材。除了难以成型的散热片型材以外，6063 民用建筑型材也常用这种形式的模子挤压。导流模与挤压机后部的牵引机构配合，可最大限度地减少型材的弯扭变形，简化工艺流程，节省工艺装备，从而大大提高了型材的生产效率和产品品质。

导流模的基本结构形式有两种：一种是将导流模和型材模分开制造，然后组装成一个整体进行使用；另一种是直接将导流模和型材模加工成一个整体。可以根据挤压机的结构、产品特点以及模具装配结构的不同，选择不同的模具结构。

导流模的设计原则是有利于金属预分配和金属流速的调整，一般来说，导流模的轮廓尺寸应比型材的外形轮廓尺寸大 6~15mm；导流孔的深度可取 15~25mm，导流孔的入口最好做成 3°~15°的导流角；导流模腔的各点应均匀圆滑过渡，表面应光洁，以减少摩擦阻力。

当导流模（槽）主要起焊合作用时，导流模（槽）的厚度按表 8-26 设计，以保证型材衔接处焊接缝具有一定的力学性能，使挤压牵引型材和随后的拉伸矫直时不拉断，而能安全的连续的作业。图 8-70 所示为导流模设计的两个实例。图 8-71 所示为双孔等壁型材导流模设计方案图。

表 8-26 导流模（槽）的厚（深）度 H

筒径 ϕ/mm	115	130	170	225	250	≥360
H/mm	10	15	20	25	30	40

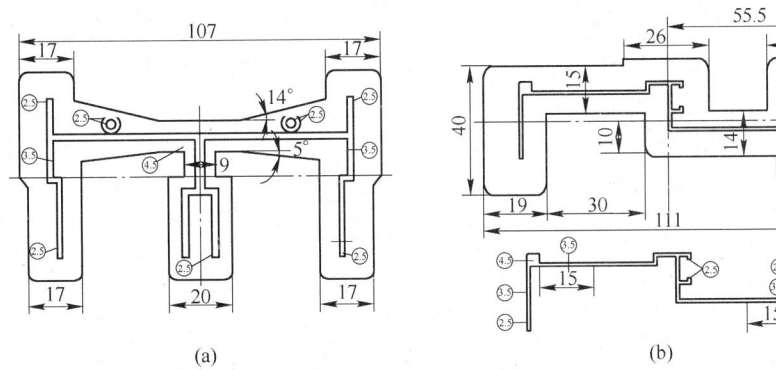

(a)   (b)

图 8-70 导流模设计两个实例
（未注工作带为 0.4mm）

导流孔的外形应光滑（见图 8-72），目前有两种意见，一种是外形不允许保留尖角，另一种是内圆角处可以是尖角。一般来说，导流孔外形不光滑，金属在模面上会发生紊流而产生表面应力，或不能同步导流而出现流线，型材经氧化后出现色差。而内圆角处做成尖角的理由是因为这种形式能更好地控制金属流动，当出现表面品质问题时再修成圆角也很方便，所以很多工厂采用如图 8-72(a) 所示的形式。

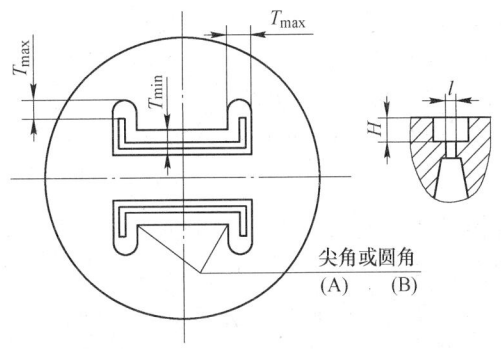

图 8-71 双孔等壁型材导流槽的设计方案图
（$H = 0.7T_{max}$；$T_{min} = H$）

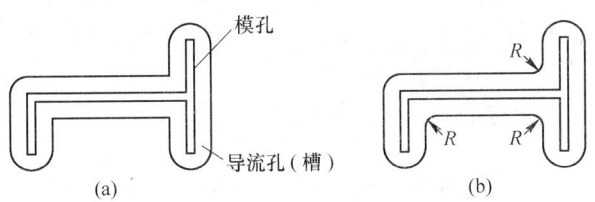

(a)   (b)

图 8-72 导流孔的模腔图

导流腔壁一般是垂直模子平面的。切残料往往把导流腔内的金属拉出，使端面出现洞穴，再挤下一个锭时就把空气封闭在洞穴里，而使型材表面出现气泡，影响表面品质。当出现这种情况时，可将导流孔做成如图 8-73 所示的形式。导流孔壁与挤压方向呈 3°~5°。

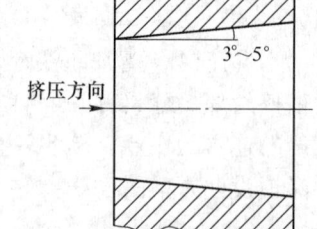

图 8-73　锥式入口导流模图

C　异型空心型材穿孔挤压用模具的设计

a　异型空心型材的挤压方法

目前生产铝合金异型空心型材的方法主要有两种：一种是用空心圆锭，在挤压力的作用下，迫使挤压筒中的金属从针尖与模孔的间隙中流出而形成无缝异型空心型材；另一种是用实心圆锭，在挤压力的作用下，迫使挤压筒中的金属通过平面分流模或桥式舌形模被劈成两股或多股流入焊合室，然后在高温、高压、高真空的条件下重新焊合并流经舌头与模孔间的间隙形成异型空心型材。前者是目前生产单孔管材最常用的方法，但不宜生产异型空心型材。因为用此法需要严格的工艺润滑，产品内表面不光滑，易产生擦伤、划伤、气泡、起皮等缺陷，壁厚偏差也难以控制，因此，成品率较低。后者虽内表面品质好，壁厚均匀，但存在焊缝，产品断面组织性能不均匀，焊缝品质不稳定，所以成品率也很低。

为了克服上述方法的缺点，最近几年来，开始研究用穿孔挤压法生产大型无缝异型空心型材。用该法生产的产品，形状复杂，无焊缝，组织性能均匀稳定，内表面光滑，成品率大为提高。例如直升机空心旋翼大梁，国内外的传统方法是用舌形模挤压有缝空心型材，不仅模具的设计、制造十分困难，残料长且分离不便，成品率较低，而且因有焊缝，组织性能不稳定。特别是整体疲劳性能低，所以旋翼的飞行寿命短（仅 400h 左右）。用穿孔法挤压的无缝空心旋翼大梁，可使旋翼的飞行寿命延长到 1600h 左右。当然，用穿孔法生产异型空心型材仍有不少问题，如偏心、断针、"袋形管"的真空度等。

b　工具装配图及模具设计特点

穿孔挤压的工具装配简图

穿孔挤压就是在带独立穿孔系统的挤压机上，穿孔针在穿孔力的作用下强制穿透实心铸锭，然后把针尖固定在模孔工作带的适当位置，用挤压轴将挤压筒中的金属挤出针尖与模孔间的间隙而形成空心制品的方法。在 125MN 挤压机的 ϕ650mm 挤压筒上用穿孔法挤压 Z8X-3 的工具装配简图如图 8-74 所示。

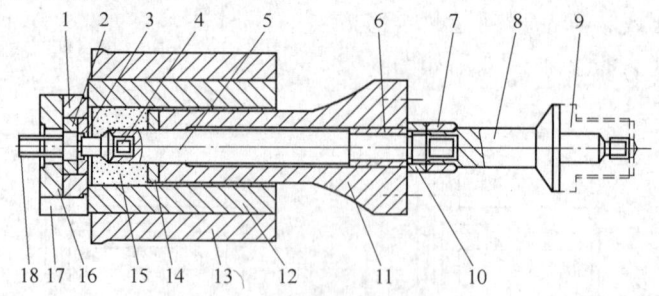

图 8-74　穿孔挤压工具装配简图

1—模套；2—模垫；3—模子；4—针前端；5—针后端；6—铜套；7—导套；8—针支承；9—压杆背帽；10—背帽；11—空心挤压轴；12—筒内套；13—筒外套；14—挤压垫片；15—铸锭；16—支承环；17—八方套；18—导路

模具设计特点

穿孔挤压法的工具装配和模具结构与普通无缝管材挤压法相似，但穿孔挤压时的金属流动特点和应力应变状态以及变形过程中的挤压力和穿孔力的变化有其独特之处，故其大型工具和模具较之一般空心挤压的工模具也有一些差别。以下 Z8X-3 型材为例来说明一下这些差别要点：

（1）Z8X-3 是一种直升机用的异型空心旋翼大梁型材，其断面积较大（约 140cm²），定尺长（9.5~11m），形状复杂，尺寸多，公差要求高，加之采用无润滑穿孔挤压工艺，要求防止断针和减少偏心，因此给工模具的设计带来了很大困难。

（2）导向铜套与挤压轴内孔间以及挤压垫片与针后端间的间隙较小，以保证对正中心。

（3）应调整各螺纹连接部分的公差，确保在紧固状态下工作，使穿孔系统能承受拉、压应力。

（4）为减缓针后端向针尖的突变，防止针尖变形和断裂，用特制木模在仿形铣床上进行特殊过渡，同时将针尖工作部分由 200mm 缩短到 80mm 左右。

（5）为减少穿孔力，减少偏心，改善内表面质量和便于清理残料，对穿孔针、挤压垫片和模子的结构、尺寸进行了适当的修改。

（6）为减少偏心，模具与压型嘴间的间隙公差较一般挤压要小 1~2mm。

（7）针尖是控制内孔尺寸、形状和表面质量的关键工具。根据型材内腔尺寸及其公差，考虑到线膨胀系数和拉伸量等，Z8X-3 型材用针尖的形状、结构与工作尺寸。

（8）模子用来控制型材外形，模腔尺寸应根据型材尺寸、公差、线膨胀系数和拉伸量来确定。为防止扭曲、刀弯等，对其工作带进行了严格的计算。

（9）大型工具用 5CrNiMo 合金钢制造，淬火后硬度 HRC 为 42~46，针尖和模子用 4Cr5MoSiV1 或 3Cr2W8V 钢制造，淬火后硬度 HRC 为 44~48。为提高针尖和模子的精度，制作了精度极高的样本；为了提高其表面硬度和降低表面粗糙度，热处理后进行了软氮化处理，氮化层为 0.1~0.2mm，表面硬度 HV 为 900~1200。

（10）模具和工具加热时，为降低穿孔力和挤压力，防止断针，防止表面粘金属和提高内表面质量，针尖应加热到 350~400℃。

D　半空心型材模的设计

型材所包围的面积 A 与型材开口宽度 W 的平方之比 A/W^2 称为舌比 R。当 R 大于表 8-27 所示数值的型材称为半空心型材或大悬臂型材（见图 8-75）。这类型材在挤压时模子的舌头悬臂面要承受很大的正向压力，当产生塑性变形时会导致舌头断裂而失效。因此，这类型材的模具强度很难保证，而且也增大了制造的难度。为了减少作用在悬臂表面的正压力，提高悬臂的承受能力，挤压出合格的产品又能提高模具寿命，各国挤压工作者近年来开发研制了不少新型模具。现将常用的几种结构介绍如下。

表 8-27　舌比 $R=A/W^2$ 的允许值

W	$R=A/W^2$	W	$R=A/W^2$
1.0~1.5	2	6.4~12.6	5
1.6~3.1	3	12.7 以上	6
3.2~6.3	4		

（1）保护模或遮蔽式模（见图 8-76）。这种模子的设计是用分流模的中心部分遮蔽或保护下模模孔的悬臂部分，下模的悬臂部分向上突起，其突起的部分与悬臂内边的空刀量为 a，悬臂突起部分的顶面与上模模面留有间隙 b，用来消除因上模中心压陷后对悬臂的压力，从而稳定了悬臂支撑边的对边壁厚的偏差，较好地保证了型材的质量。但由于悬臂部分相对增大了摩擦面积，悬臂承受的摩擦力增加，仍有一定的压塌。

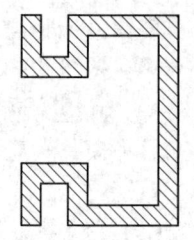

图 8-75　大悬臂半空心型材示意图

（2）镶嵌式结构模（见图 8-77）。这种模具结构是将上模舌头的中间部分挖空，而下模悬臂相对的位置向上突起，镶嵌在舌头中空部分里。悬臂突起部分的顶面与上模舌头中空腔部分的顶面有间隙 a，其值与舌头的表面和下模空腔表面的间隙值相等，这样可消除因上模压陷而造成对下模悬臂的压迫。悬臂突起部分的垂直表面（相对于模面而言）与舌头空腔的垂直表面有间隙 c，两表面处于动配合。舌头底端与悬臂内边的空刀量为 b。这种结构的模具克服了上述遮蔽式分流模具的缺点，悬臂受力状况得到进一步改善，只要合理选取空刀量 b 和 a、c 值，便能获得合格的产品。

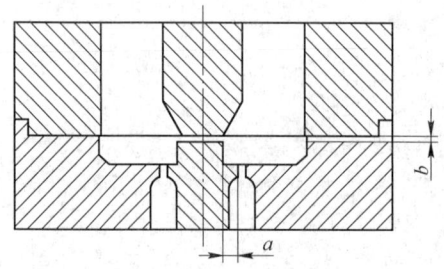

图 8-76　保护模或遮蔽式模结构简图

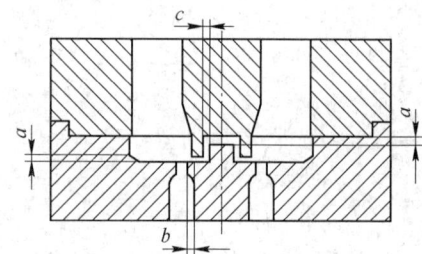

图 8-77　镶嵌式结构模简图

（3）替代式结构模具（见图 8-78）。这种结构完全将下模的悬臂取消，而以上模的舌头取而代之，在原悬臂的根部处，采用舌头与下模空腔表面互相搭接，完成悬臂的完整性，其形式与分流模完全相同。这种结构的模具加工简便，使用寿命高，更适合挤压那些"舌比"很大而用以上两种模具难以挤压的型材。

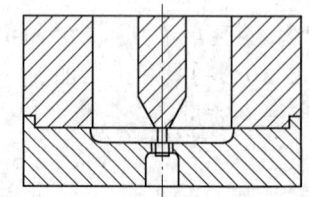

图 8-78　替代式结构模示意图

E　铝合金散热器型材挤压模具设计技术

a　铝合金散热器型材的特点与分类

铝合金的导热性能本来就很好，如果增大型材的表面积，那么散热效果会更佳，因此，铝合金散热器型材在空调、电子等需要控温的工业中获得了广泛的应用。目前，铝合金散热器型材主要分为集中空调和交通运输业用的大型铝合金散热器型材和电子及精密机械与仪表工业中使用的小型精密高倍齿散热器型材。前者的断面尺寸大，舌比 R 一般不大于 10，宽度为 200~800mm，需要在大型挤压机上生产；后者一般断面尺寸较小，而精度更严，舌比 R 一般大于 10，有的甚至大于 30，是一种难度很大的挤压型材。

铝合金散热器型材多用纯铝或软铝合金生产，因此允许使用宽展导流模挤压。

b　大型散热器型材模的设计结构特点与方法

大型散热器上用铝合金挤压型材多为实心，其特点是外接圆尺寸大，断面形状复杂，壁厚相差悬殊，散热齿距小而悬臂大。当同一截面的断面比值和舌比（悬臂长∶齿距＝舌比）值及型材外接圆直径超过一定范围时，用平面模挤压很难使金属流动均匀，且极易损坏模具。为了解决上述问题，开发研制了几种典型结构的模具：

（1）宽展导流模。宽展导流模（见图 8-79）是在 25MN 挤压机上用 $\phi260mm$ 的挤压筒挤压的外接圆直径为 $\phi200\sim340mm$ 的大型梳状散热器型材的特种型材模具。这些型材的平面间隙要求极为严格，舌比较大，而且筋板与齿的壁厚相差悬殊。该种模具采用了宽展结构和导流结构，导流板中心部位比较靠近模孔，而边部呈扇形扩大以调整金属流速。

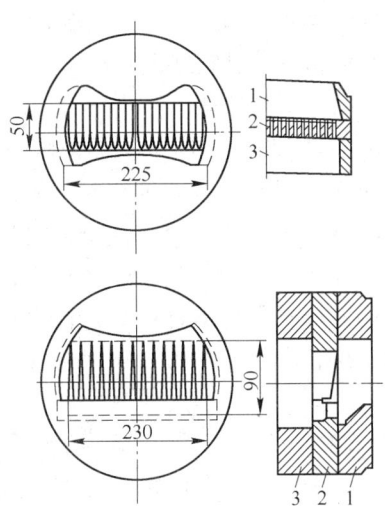

图 8-79 两种大型梳状散热型材的
宽展导流模结构方案
1—进料板；2—模子；3—模垫

（2）分流组合模结构。该种结构可挤压如图 8-80 和图 8-81 所示的复杂断面的散热型材。这类型材的壁厚差过于悬殊，断面比值超过 100 以上；放射型齿顶处于挤压筒边缘，中心与边部流速差悬殊，难以控制；齿多且为波纹状，增大了表面积，加剧了流速控制和成型难度；舌比大，悬臂长和支承刚度难以保证。按常规的方法设计与加工模具显然难以获得合格的产品。为此，在充分研究了金属流动规律、模具各结构要素的作用及其对流动速度的影响与互相作用关系之后，人们研制出了如图 8-82 和图 8-83 所示的结构。

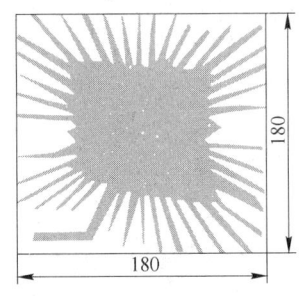

图 8-80 放射状散热器型材

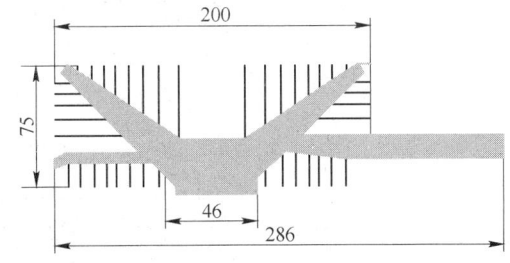

图 8-81 大型非对称散热器型材

图 8-82 所示结构模具主要用于挤压放射形散热型材，其特点是：

（1）按断面形状进行一次金属流量预分配。扩大靠近挤压筒边缘的分流面积，使之呈扇形按一定的范围向中心缩小过渡，以适应中心部分金属重新焊合速度的需要。分流孔边部沿模子直径方向呈一定角度扩展，以加快齿尖的流速，便于在分流空间上为二次填充挤压创造条件。

（2）由于型材中心面积过大，为控制该部分的

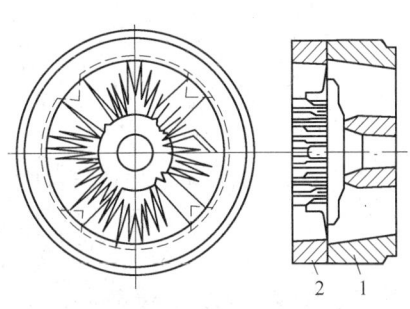

图 8-82 放射状散热器型材模具结构图
1—进料板；2—模子

流速，在设计 4 个分流孔的基础上，再在中心部位加一个 ϕ40mm 并带有螺纹状的分流孔，以适应金属二次焊合的流量需要。

c　电子用高倍齿散热器型材模的设计特点与方法

电子用高倍齿散热器型材属高精度高难度型材，必须采用特殊的工艺和设计制造特种模具才能挤压成功。模具材料一定要为优质的高强耐热合金钢，必须经过锻造、预处理和探伤。模具硬度不宜过高，且不宜氮化处理。模具设计可根据其形状和技术要求，采用特种导流模、宽展模及平面组合模等方式，对每个尺寸、每个部位的结构和尺寸进行精密计算和调配。如工作带、出口带以及宽展角、导流模尺寸等都要进行精密设计，以精密分配金属流量和流速。此外，在制模时一定要按图纸处处到位，并保证公差。在生产此类散热器型材时，修模和挤压工艺的控制也十分重要。

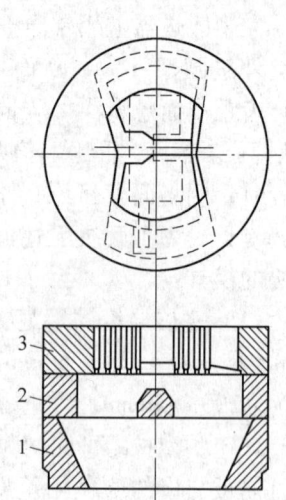

图 8-83　大型非对称散热器
型材模具结构图

1—1 号进料板；2—2 号进料板；
3—模子

d　铝合金散热器型材模子设计举例

图 8-84 ~ 图 8-86 为各类铝合金散热器型材挤压模的设计方案。这些设计图都是经生产实践考验过的，但在选用时应结合本企业的使用条件。

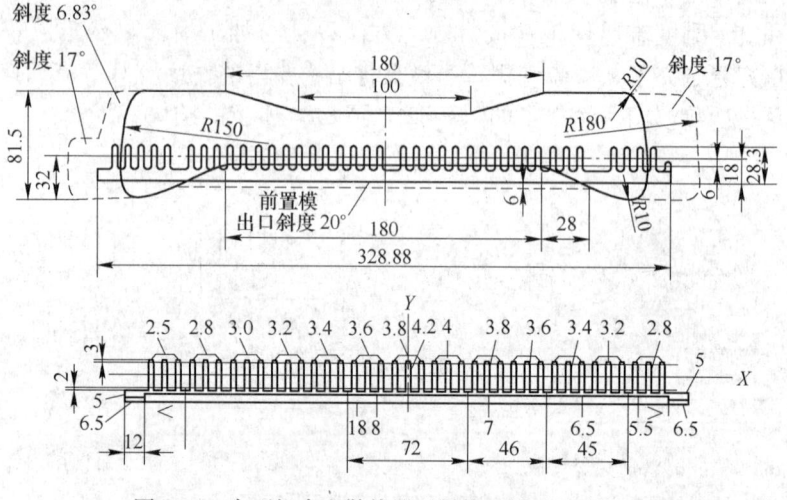

图 8-84　大型铝合金散热器型材挤压模设计方案图

（36MN，ϕ320mm 挤压筒，1070-F 或 6063-T5）

F　子母模的设计

子母模就是在一个大尺寸的母体模上，按型材的形状与规格将其划分成若干区域，在每个区域上设计子模系统。母体模相对于子模除完成金属流动功能外，实际起第二模支承作用。子母模主要用在大中型挤压机上挤压小截面型材。图 8-87 所示为小截面实心型材用字母模结构图，图 8-88 ~ 图 8-90 分别为大悬臂半空心型材和空心型材用字母模结构图。

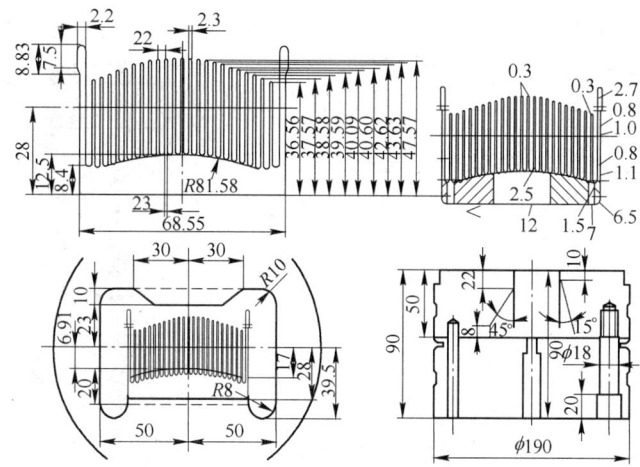

图 8-85 实心不对称铝合金散热器型材挤压模设计方案图

（18MN，ϕ180mm 挤压筒，6063-T5）

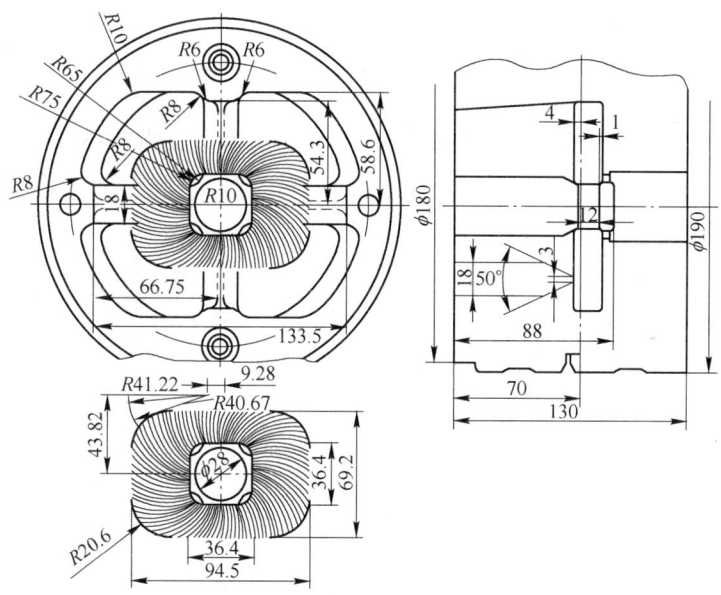

图 8-86 高倍齿异型空心散热器型材挤压模具设计方案

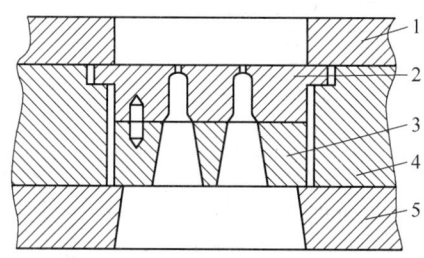

图 8-87 小截面实心型材子母模结构图

1—上压垫；2—子模；3—模垫；

4—母模主体；5—母模模垫

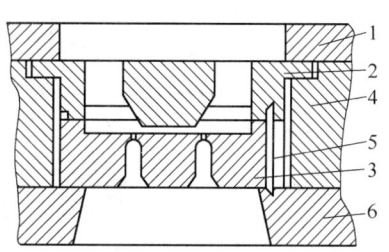

图 8-88 大悬臂半空心型材用子母模结构图

1—上压垫；2—子模的上模；3—子模的下模；

4—母模；5—销钉；6—母模垫

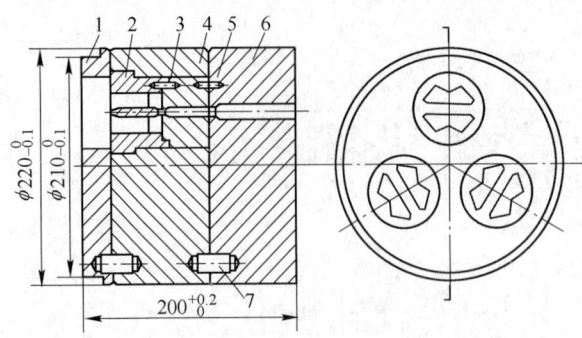
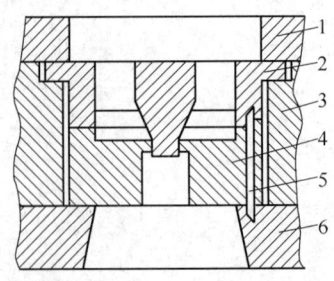

图 8-89　空心型材子母模组合示意图
1—上压垫；2—子模的上模；3—子模的下模；4—母模；
5—子模、母模、模垫圆柱销；6—母模专用垫；7—母模圆柱销

图 8-90　空心型材用子模结构图
1—上压模；2—子模上模；3—子模下模；
4—母模体；5—销钉；6—母模模垫

子母模的主要优点为：

（1）能实现高速挤压和连续挤压。

（2）子模的工作部分损坏时便于更换，子模体积小，可节省昂贵的合金钢材，缩短制模时间，减少热处理和表面处理费用，从而大大降低成本。

（3）小体积的子模可用硬质合金、陶瓷材料等新型模具材料。

这种新结构的模子将两模芯设置得较紧密，尽量减短连接梁，以使中间部分获得良好的刚性，使其相对于其他四桥成为一刚性整体。这样，模子在受压时，中间刚性部分只会因其他四桥构成的柔性支座的变形而整体下沉，而其本身不会产生挠曲。同时因分流桥处于模圆周同位置，变形均匀，所以中间部分不会产生倾斜，即模具的弹性变形不影响型材的壁厚精度，不会引起流速不均，从而保证了型材的良好成型。由于两模芯设置紧凑以及采用部分共同的分流孔形式，因此分流孔可以开得较大，因而挤压阻力较小。

G　Conform 连续挤压用工模具的设计特点

图 8-91 所示为 Conform 挤压法的工具装配示意图。把坯料送入送料辊，坯料沿着模槽（模槽长度大约为送料辊周长的 1/4）方向前进，然后进入模具。图 8-92 所示为扇形腔体形成的模槽。

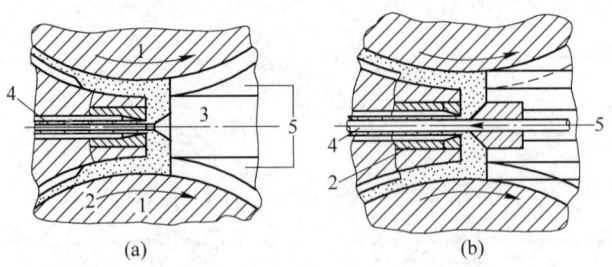

图 8-91　Conform 挤压法的工具装配图
（a）挤压包覆形成装配图；（b）挤压管材装配图；
1—送料辊；2—模具；3—挤压轴或芯棒；4—挤压制品；5—供坯限制器

当坯料通过送料辊与扇形体的模槽进行拔长时，坯料即产生压缩应力和剪应力。在双辊挤压机中，送料辊分别按正、反时针方向相对旋转，坯料从两边进入挤压模（见图 8-

91）。Conform 挤压机可生产棒材、线材、空心型材、管材以及两种不同金属包覆的型材。Conform 挤压机的模具和芯棒一般用硬质合金制造。

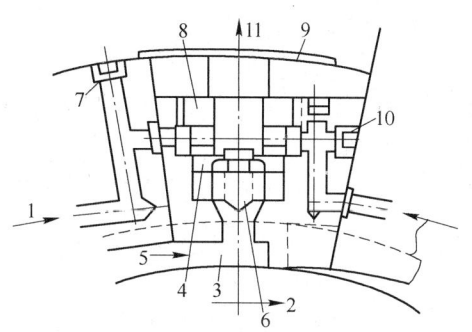

易于更换的扇形模具安装在扇形体模槽内，只要更换扇形模具的种类，就可以挤压出不同类型的制品。挤压管材用的扇形模具的内部结构如图 8-92 所示，沿转盘的切线方向运行的坯料，进入模座的进料孔，变为径向运行，而后在出口处被分隔成两部分，在舌芯和模具环绕的空间内挤压成管材。

图 8-92　扇形模具内部结构图

1—冷却水；2—旋转轮体；3—模座；4—模具；
5—坯料；6—舌芯；7—舌芯夹紧装置；
8—干燥器；9—固定轨道；10—支架；11—制品

在 Conform 连续挤压机上挤压管材所用的组合模一般为锥形叉架模，如图 8-93 所示。

锥形桥是锥形叉架模中最容易损坏的部件，一般做成十字形或 Y 字形，如图 8-94 所示。十字形臂或 Y 字形臂最小截面处受到最大的压应力作用，而锥形桥与接触处受到最大的压应力作用，为了不使锥形桥与外模接触处压溃，锥形桥的下底面做成如图 8-95 所示的形式。

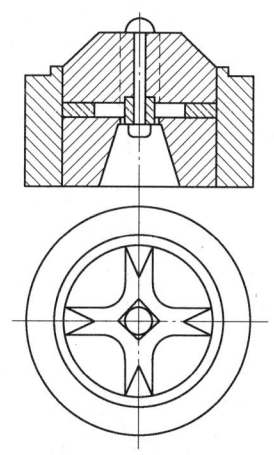

图 8-93　锥形叉架模结构图

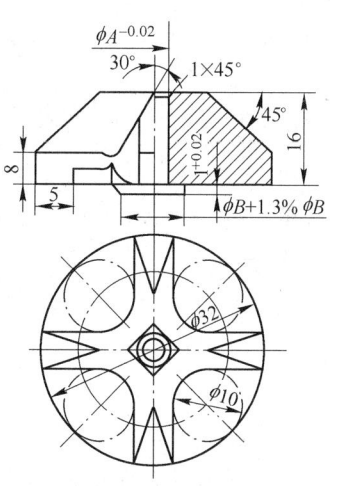

图 8-94　十字形锥形桥示意图

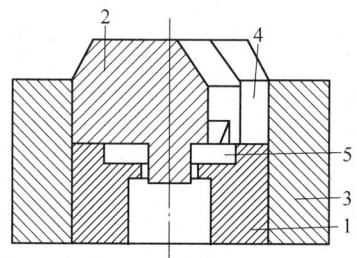

图 8-95　锥形分流模结构图

1—锥形分流桥；2—下模；3—模套；4—分流孔；5—焊合腔

在 Conform 连续挤压机上生产实心型材一般采用平模来挤压。模具外形尺寸较小，模的应用较多。在 Conform 连续挤压机上挤压空心型材所用的组合模一般为锥形分流模，如图 8-95 所示，单孔空心型材模的具体结构如图 8-96 所示。

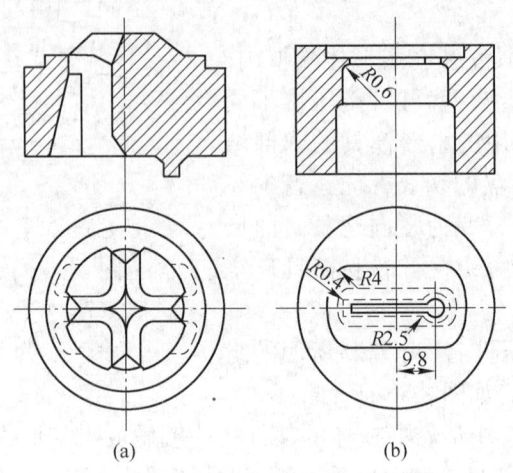

图 8-96　单孔空心型材模具结构图
（a）上模结构；（b）下模结构

8.4　铝及铝合金挤压工模具制造技术

8.4.1　挤压工模具的加工特点及其对制模技术的要求

与工模具的设计一样，挤压工模具的制造也是决定其品质和使用寿命的关键因素之一。由于铝合金挤压工模具具有一系列特点，因此对制模技术提出了一些特殊要求：

（1）由于铝合金挤压工模具的工作条件十分恶劣，在挤压过程中需要经受高温、高压、高摩擦的作用，因此，要求使用高强耐热合金钢，而这些钢材的熔炼、铸造、锻造、热处理、电加工、机械加工和表面处理等工艺过程都非常复杂，这给模具加工带来了一系列的困难。

（2）为了提高工模具的使用寿命和保证产品的表面品质，要求模腔工作带的粗糙度 R_a 达到 $0.8 \sim 0.4 \mu m$，模子平面的粗糙度 R_a 达到 $1.6 \mu m$ 以下，因此，在制模时需要采取特殊的抛光工艺和抛光设备。

（3）由于挤压产品向高、精、尖方向发展，有的型材和管材的壁厚要求降到 0.5mm 左右，其挤压制品公差要求达到 ±0.05mm，为了挤压这种超高精度的产品，要求模具的制造精度达到 0.01mm，采用传统的工艺是根本无法制造出来的，因此，要求更新工艺和采用新型专业设备。

（4）铝合金型材十分复杂，特别是超高精度的薄壁空心型材和多孔空心壁板型材，要求采用特殊的模具结构，往往在一块模子上同时开设有多个异型孔腔，各截面的厚度变化急剧，相关尺寸复杂，圆弧拐角很多，这给模具的加工和热处理带来了很多麻烦。

（5）挤压产品的品种繁多，批量小，换模次数频繁，要求模具的适应性强，因此，要求提高制模的生产效率，尽量缩短制模周期，能很快变更制模程序，能准确无误地按图纸加工出合格的模子，把修模的工作量减少到最低程度。

（6）由于铝合金挤压产品应用范围日趋广泛，规格范围十分宽广，因此，有轻至数千克的外形尺寸为 $\phi100mm\times25mm$ 的小模子，也有重达 2000kg 以上的外形尺寸为 $\phi1800mm\times450mm$ 的大模子。有轻至几千克的外形尺寸为 $\phi65mm\times800mm$ 的小型挤压轴，也有重达 100t 以上外形尺寸为 $2500mm\times2600mm$ 的大型挤压筒。工模具的规格和品质上的巨大差异，要求采用完全不同的制造方法和程序，采用完全不同的加工设备。

（7）挤压工模具的种类繁多，结构复杂，装配精度要求很高，除了要求采取特殊的加工方法和采用特殊的设备以外，还需采用特殊的工装卡具和刀具以及特殊的热处理方法。

（8）为了提高工模具的品质和使用寿命，除了选择合理的材料和进行优化设计以外，还需采用最佳的热处理工艺和表面强化处理工艺，以获得适中的模具硬度和高的表面品质，这对于形状特别复杂的难挤压制品和特殊结构的模具来说显得特别重要。

由此可见，挤压模具的加工工艺不同于一般的机械制造工艺，而是一门难度很大涉及面很广的特殊技术。为了制造出高质量和高寿命的模具，除了要选择和制备优质的模具材料外，还需要制定合理的冷加工工艺、电加工工艺、热处理工艺和表面处理工艺。

8.4.2 铝挤压工模具的制造技术

8.4.2.1 挤压工模具的制造方法与制造工艺

20 世纪 50 年代以前，挤压模具的制造方法主要是采用陈、铣、刨、钻、磨等机械加工方法和手工钳锉的方法，模子孔型靠手工锉削对照样板来进行加工，最常用的传统制模方法的流程如下：备料及坯料复检（锻坯、超声波探伤）→粗车外形→铣印口→划型孔线→钻型孔轮廓→手工锉型或者铣型孔→对样板锉修型孔→热处理→磨面端面→精车外圆→对样板钳工锉修型孔→与相关件配合（或组装）→交验。这种制模方法既费工又费力，加工周期长，生产效率很低，而且品质得不到保证。因此，阻碍了挤压工业的发展。

20 世纪 60 年代以后，由于电加工技术的发展，出现专门用于加工模具的先进的电火花机床和电火花线切割机床，把制模技术推向了一个新的水平。模孔加工用电加工来完成，操作方法由过去的手工钳削发展到机械化加工和自动化加工。综合利用机械加工、电火花加工和电火花线切割加工形成了一种先进的挤压模具制造工艺。比较典型的工艺流程如下：备料及坯料复检（锻坯、超声波探伤）→粗车外形→铣印口→划模子中心线、型孔线→钻工艺孔→热处理→磨面端面→精车外形→划模具、型孔中心线→线切割加工工作带→电火花加工出口带→钳工锉修型孔→与相关件配合（或组装）→交验。

为了提高模具表面硬度和耐磨性，挤压模具的软氮化或辉光离子氮化技术及其他模具表面处理技术获得了广泛的应用，可使模具寿命提高 2~3 倍。

挤压工具大多是用 5CrNiMo、5CrMnMo、3Cr2W8V 或 4Cr5MoSiV1 等合金钢制造，而且挤压筒、挤压轴、挤压针等大型挤压工具有特殊要求，因此，必须选择合理的热处理制度和合适的机加工工艺。如挤压筒应采用多层红装的厚壁筒加工工艺来制造，而挤压轴、挤压针等细长件则应采用加工杆状零件的工艺来进行加工。

综合上述情况，挤压工模具的基本加工方法主要有三种：冷加工法（机械加工法）、热加工法（热处理及表面处理）和电加工法（电火花和线切割等）。应该根据挤压工模具的种类、结构形式、规格大小、精度和硬度要求、批量大小、设备条件和技术水平等因素来选择不同的制模方法和拟订不同的制模工艺流程。

8.4.2.2　铝型材挤压模具加工工艺流程

A　从制模角度对铝型材挤压模具的分类

挤压模具可分为平面模（或整体模）和组合模两大类。平面模包括棒材模、管材模和型材模。型材模按型材的壁厚可分为厚壁型材模（$\delta>3mm$）和薄壁型材模（$\delta\leqslant3mm$）；按模块大小可分为小型模（$\phi200mm\times50mm$ 以下），中型模（$\phi260\sim460$）mm×（$50\sim80$）mm，大型模（$\phi500\sim1800$）mm×（$80\sim400$）mm；按型材的用途可分为军工及其他工业用型材模、民用建筑型材模以及带板与异型棒材模；按型材断面变化可分为阶段变断面型材模和逐渐变断面型材模等。组合模可分为平面分流组合模、舌形模或桥式模、星形模或叉架模。

B　典型的挤压模具加工工艺流程

图 8-97 示出了一般的型材挤压模生产过程及其信息反馈系统。图 8-98 示出了挤压模通用加工工艺流程；图 8-99 和图 8-100 分别列出了平面模和分流组合模的工艺流程。

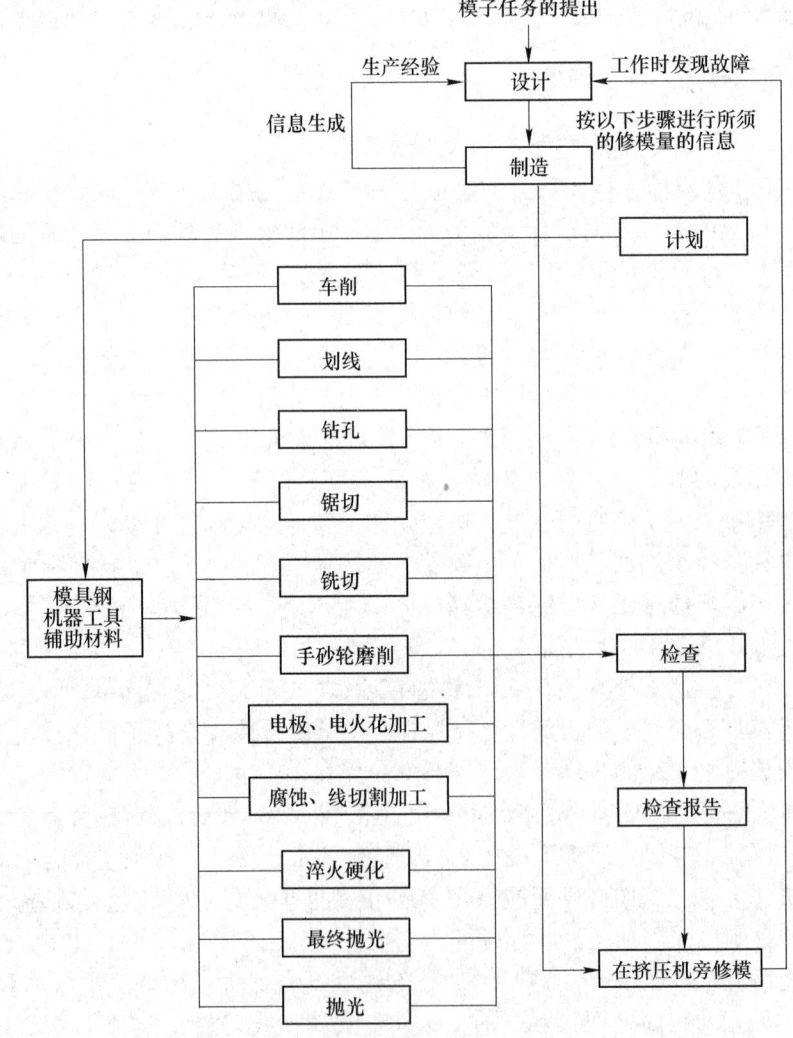

图 8-97　铝合金型材挤压模的生产过程及其信息反馈系统图

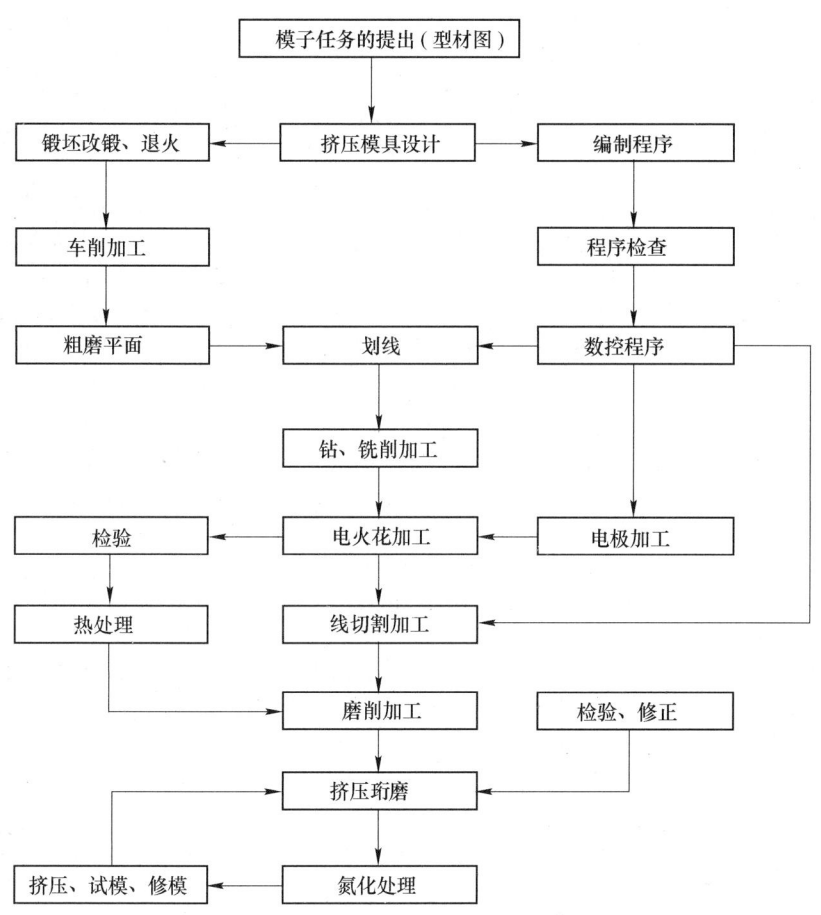

图 8-98 挤压模具通用加工工艺流程图

各类模具加工工序流程举例分析如下：

（1）厚壁型材模加工工序流程分析：

1）设计图纸和编写工艺卡片：设计员和工艺员。

2）编程：自动编程机。

3）备料：3Cr2W8V 或 4Cr5MoSiV1 锻坯。

4）粗车：用普通车床加工外形，留精加工余量。

5）铣：印记口。

6）划线：划模子中心线，以模子中心线为基准划型孔出口带线及钼丝孔的坐标位置线，并划出销钉孔，打好印记。

7）铣：加工出口带、型孔宽度加工到名义尺寸，深度加工到工作带最高处为止。

8）钳：钻钼丝孔、定位销孔，清除型孔残渣。

9）热处理：淬火与多次回火，硬度 HRC 达到 46~50。

10）磨：平磨模子两端面，使之两端面的不平行度及轴线的不垂直度允许差为 0.03mm；表面粗糙度 R_a 为 1.6μm。

11）精车：精车外圆，其公差为公称尺寸的下偏差，外圆与两端面的不垂直度允差

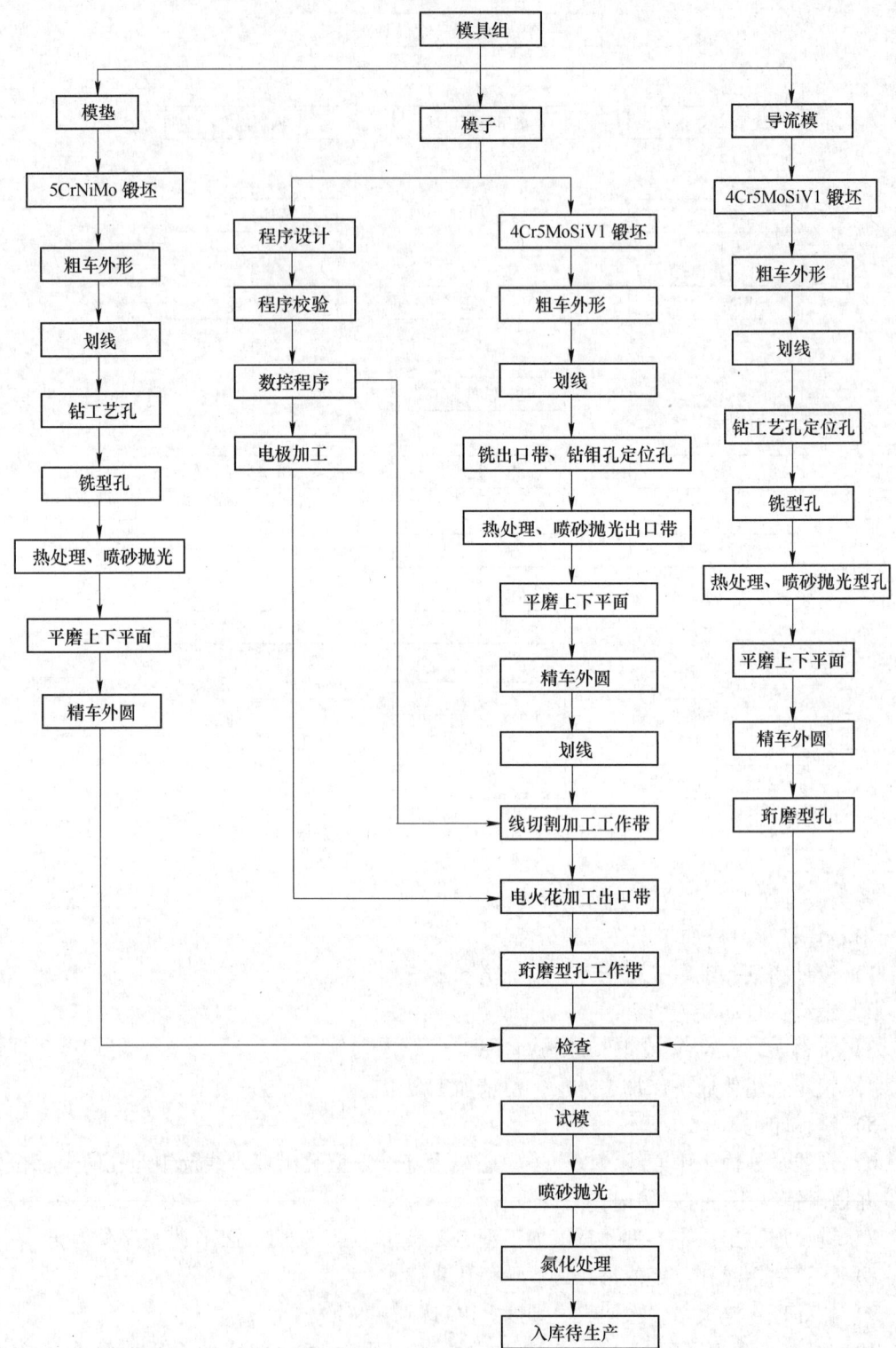

图 8-99　平面挤压模模组加工工序流程图

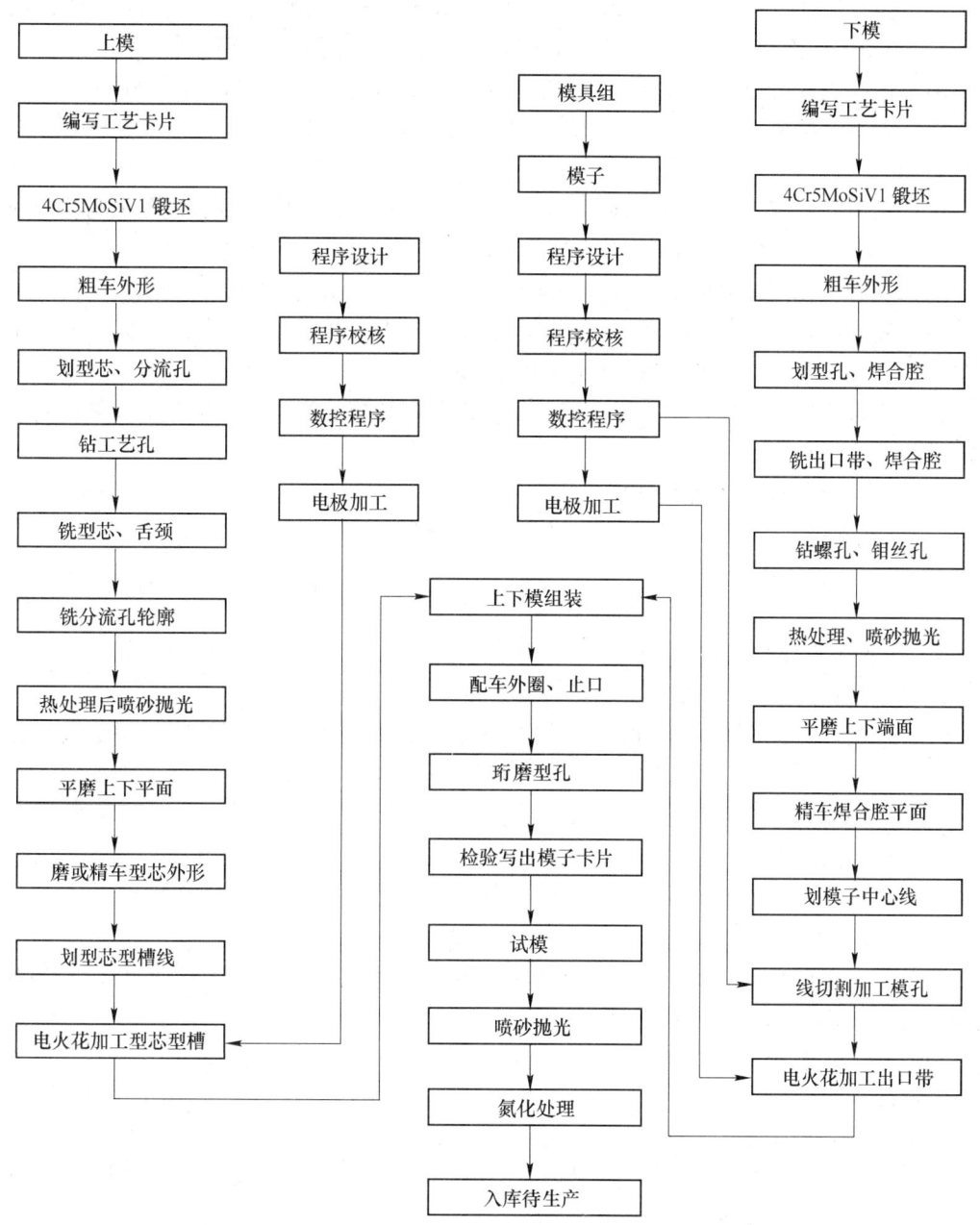

图 8-100　分流组合模加工工艺路线图

为 0.01mm。

12）划线：划模子中心线。

13）线切割：按模子坐标将工件装卡的工作台上、输入程序切割型孔工作带时，工人按工作带高度调节电流的大小，以防烧损工作带壁面和断丝，型孔尺寸公差一般要求为 $-0.08 \sim -0.1$mm；表面粗糙度 R_a 为 $3.2 \sim 1.6$μm。

14）电火花：用石墨作阳极加工出口带，工作带各区域应圆滑过渡，防止出现棱角。

15）钳：用什锦锉、粗细纱布、金相砂纸依次修整并抛光型孔，型孔尺寸精度为 $-0.05 \sim -0.01$mm，表面粗糙度 R_a 为 1.6μm，最后加工出金属流动阻碍角。

16）珩磨：在挤压珩磨机上磨型孔工作带，表面粗糙度 R_a 值达 $0.8 \sim 0.4\mu$m。

17）检查：按模子标准检验模子外形；按设计图纸检验型孔尺寸及表面粗糙度，写出模子卡片。

18）试模与修模：生产工与修模工配合，在挤压机上试挤压，然后按图纸与技术条件检查挤压产品。当产品不合格时，应进行修模，直至合格为止。

19）抛光：在液体喷砂机床上去除模子各处的残渣和氧化皮。

20）氮化：对型孔宽度 $\delta > 3$mm 的模子在辉光氮化炉内氮化，对模孔宽度 $\delta < 3$mm 的模子在软氮化炉内氮化，氮化后的模子表面硬度 HRC 为 $61 \sim 62$，氮化层深度为 $0.15 \sim 0.25$mm。

21）交货使用：制模技术员可随时到生产部门统计模子实际使用情况，以便确定和改进模子加工工艺。

（2）薄壁型材模加工流程分析：

1）设计图纸和编写工艺卡片：设计员和工艺员。

2）编程：自动编程程序。

3）备料：3Cr2W8V 或 4Cr5MoSiV1 锻坯。

4）粗车：用普通车床加工外形，留精加工余量。

5）铣：铣印记口（对模子，印记口设计在模子出口带一面）。

6）划线：划模子中心线，以中心线为基准划出钼丝孔的坐标位置，销钉孔，打好记号。

7）钳：钻钼丝孔、销钉孔，并清除切屑。

8）热处理：淬火与多次回火，硬度 HRC 达到 $46 \sim 50$。

9）抛光：在液体喷砂机床上，清除钼丝孔内氧化皮，以防加工型孔时发生绝缘现象。

10）磨：平磨模子两端面，使之两端面的不平行度及轴线的不垂直度允许差为 0.03mm；表面粗糙度 R_a 为 1.6μm。

11）精车：精车外圆，其精度为公称尺寸的下偏差，外圆与两端面的不垂直度允差为 0.01mm。

12）划线：划模子中心线。

13）线切割：按模子坐标找正夹紧后，穿丝切割型孔，型孔尺寸公差控制在 $-0.07 \sim -0.08$mm；表面粗糙度 R_a 为 $3.2 \sim 1.6\mu$m。

14）电火花：用成型石墨作阳极加工出口带，当出口带加工到型孔工作带最高处时，将电极取下，按工作带高度的不同进行修整后重新找正夹紧，继续加工型孔出口带，保证工作带高度方向各过渡区圆滑过渡，空刀尺寸加工到位。

15）钳工：用什锦锉、粗纱布、金相砂纸依次修平型孔工作带线切割后的钼丝并抛光到 R_a 为 $1.6 \sim 0.8\mu$m，型孔尺寸公差为 $0 \sim -0.05$mm。

16）珩磨：在挤压珩磨机上磨模子型孔，表面粗糙度 R_a 为 0.4μm 以下。

17）检查：按模子标准检验模子外形；按设计图纸检验型孔尺寸及表面粗糙度并写出模子卡片。

18）试模与修模：生产工与修模工配合，在挤压机上试挤压，然后按图纸与技术条件检查挤压制品。当产品不合格时，应进行修模，直至合格为止。

19）氮化：薄壁型材模需采用软氮化炉进行气体氮化处理，型孔各区域的渗氮层深度应均匀，表面硬度适中（HRC 为 61~62）。

20）交货使用：制模技术员可随时到生产部门统计模子实际使用情况，以便确定和改进模子加工工艺。

（3）平面分流组合模加工流程分析：

1）编写工艺卡片：工艺员按图纸和技术要求编写上下模加工卡片。

2）备料：3Cr2W8V 或 4Cr5MoSiV1 锻坯。

3）上模加工流程：

①粗车：粗车外形，留精加工余量 1.5~2mm，同时粗车出芯头的最大外接圆，表面粗糙度 R_a 为 12.6μm。

②划线：划模子中心线，以中心线为基准划出芯头外形，分流孔，打印记。

③铣或刨：芯头外形。

④钳：钻分流孔、钻铰螺钉孔。

⑤铣：铣分流孔、桥部、表面粗糙度 R_a 为 12.5μm。

⑥钳：修正分流孔、桥部、表面粗糙度 R_a 为 6.3μm。

⑦热处理：淬火与多次回火，硬度 HRC 达到 46~50。

⑧平磨：平磨模子两端面，两端面的不平行度允差 0.01mm，尺寸公差按图纸设计加工，芯头顶部磨光，表面粗糙度 R_a 为 1.6μm。

⑨划线：划模子中心线为基准划芯头中心线（对偏芯头和多芯头而言），划模子芯头上的型槽线。

⑩刃磨：磨芯头外形，尺寸公差为 +0.05mm，表面粗糙度 R_a 为 1.6μm。

⑪电火花：用粗、精电极加工芯头上的型槽工作带，尺寸公差 -0.05mm，表面粗糙度 R_a 为 3.2μm，用石墨电极加工型槽出口带及金属入口。

⑫钳工：抛光芯头、分流孔、桥部，芯头及芯头上的型槽，表面粗糙度 R_a 为 1.6μm；分流孔、桥部表面粗糙度 R_a 可为 3.2μm，最后与下模相配合。

4）下模加工流程：

①粗车：粗车外形，留精加工余量 1.5~2mm。

②划线：划焊合腔轮廓、型孔出口带、螺栓孔、定位孔，打印。

③铣：铣焊合腔、型孔出口带。

④钳工：钻钼丝孔、螺栓孔、定位孔。

⑤热处理：淬火与多次回火，硬度 HRC 达到 46~50。

⑥磨：平磨两端面，其不平行度允差 0.01mm，尺寸公差按图纸设计要求。

⑦精车：精车止口及模子结合面，表面粗糙度 R_a 为 1.6μm，结合面与两端面不平行度允差 0.01mm。

⑧划线：划模子中心线。

⑨线切割：按坐标找正并装紧后卡在工作台上切割型孔，尺寸公差为 -0.07~ -0.08mm，表面粗糙度 R_a 为 3.2~16mm。

⑩电火花：用石墨电极加工出口带，表面粗糙度 R_a 为 1.6μm，工作带各区圆滑过渡。

⑪钳工：修整型孔，工作带尺寸公差-0.05mm，表面粗糙度 R_a 为 1.6μm。与上模装配，上下模装配后形成型孔尺寸公差-0.05mm，配定位销后螺栓把紧，送车工精车。

⑫精车：在普通车床上用四爪卡盘找正，卡紧后精车上下模外径、上下模止口，尺寸公差按模具标准，表面粗糙度 R_a 为 3.2μm。

⑬珩磨：装配好的模子在挤压珩磨机上磨型孔，表面粗糙度 R_a 为 0.4μm。

⑭检查：上下模装配好后做整体检查，外形按模子标准检查、型孔尺寸公差、表面粗糙度都按图纸检查并写出报告卡片。

⑮试模：生产工与修模工配合，在挤压机上试挤压，然后按图纸和产品技术条件检验挤压产品。当产品不合格时，应进行修模，直至合格为止。

⑯抛光：在液压喷砂机床上去除模子外形、分流孔、焊合腔、出口带、桥部的残渣和氧化皮。

⑰氮化：上下模分炉氮化，模子工作带表面硬度 HRC 为 61~62，氮化层深度为 0.18~0.2mm。

⑱交货使用：分流模的加工、设计是密切相关的，只有设计合理、加工方法得当，才能有好的使用效果。生产当中模子出现开裂、塌腔等现象时，设计员、制模工艺员都要认真分析损失原因，做到有的放矢改进设计方案或加工方法。

（4）挤压工具的加工流程。挤压工具的加工流程都较模子简单，如挤压垫、前后环、模支承、挤压轴、挤压筒、针支承等工具的加工流程基本相似，因此不一一写出，下面仅以挤压筒和挤压轴为例，对铝合金挤压大型基本工具的加工工序流程做一简单说明。

1）挤压筒内外套的加工流程分析：

①编写工艺卡片：工艺员按图纸和技术条件编写工艺卡片。

②备料：3Cr2W8V 或 4Cr5MoSiV1 锻坯。

③镗或车：平面端头、表面粗糙度 R_a 达 6.3μm 时进行超声波探伤，检查内部组织，如内部陷（夹渣、气孔、疏松等）超技术标准时，则不能使用。

④粗车：粗车，外径+(4~5)mm，内孔-(3~4)mm，不同心度不大于 0.5~1.0mm，长度+(3~4)mm，表面粗糙度 R_a 达 12.5μm。

⑤划线：起吊孔、测温孔。

⑥镗：钻起吊孔底孔、测温孔。

⑦钳工：套起吊孔丝扣。

⑧热处理：首先退火，然后淬火与多次回火，外套 HRC 为 38~42，内套 HRC 为 44~47。

⑨精车：精车内外圆，尺寸公差按图纸设计要求，长度锥度不超出内外径公差的 1/3，内外圆的不同心度允差为 0.02mm；精车两端面，不平行度允差为 0.02mm，与轴线的不垂直度为 0.02mm，表面粗糙度 R_a 为 3.2μm。

⑩珩磨：磨内套的内外圆和外套内圆，同时在车床上一次装卡完成，表面粗糙度 R_a 为 1.6μm。

⑪检查：检查员按图纸和技术标准检查并写出报告卡片。

⑫热处理：将检查合格的挤压筒装炉进行低温回火，消除内部应力。

2）挤压轴的加工工艺流程分析：

①编写工艺卡片：工艺员按图纸和技术条件编写工艺卡片。

②备料：3Cr2W8V 或 4Cr5MoSiV1 锻坯。

③镗或车：平端头，钻顶针孔，顶针孔的直径根据加工件的质量而定。

④粗车：工作杆和尾部外径+(3~4)mm，总长度+3mm，表面粗糙度 R_a 为 12.5μm 以下，工作端面的起吊孔应同时加工好。

⑤划线：以轴的中心线为基准划尾部配合键槽和定位键槽线。

⑥刨和插：尾部配合键槽。

⑦热处理：淬火与多次回火，硬度 HRC 达到 44~47。

⑧精车：首先精车出尾部的夹位，然后掉头夹紧，精车工作杆，工作杆尺寸公差 -0.1mm，表面粗糙度 R_a 为 3.2μm；最后调头精车尾部配合部位，其外径要求与工作杆同心。

⑨钳工：手工抛光尾部键槽，表面粗糙度 R_a 为 3.2μm。

⑩检查：检查员按图纸和技术标准检查并写出报告卡片。

3）模垫加工工艺。模垫加工工艺为锻坯→粗车→划线→钻孔→铣削→热处理→型孔喷砂→钳修→平磨→检验。

制造挤压模具的工艺流程、工序和工艺参数及设计要素在国外已标准化，我国已拟草标准，但未定稿。由佛山永信模具有限公司根据日本标准制定出了挤压模具原材料（QW/YX-NK01）、热处理（QW/YX-NK02）、成品模具（QW/YX-NK03）、机加工（QW/YX-NK05）、电加工（QW/YX-NK04）等内部控制标准，可供参考。具体的加工工艺和参数可参阅刘静安编著《铝合金挤压工艺模具手册》（冶金工业出版社，2012）。

8.4.2.3　主要制模设备

制模设备主要包括冷加工（机械加工）设备、电加工设备和热加工（热处理）设备。以下仅对几种常用的或必须使用的主要设备做简略介绍。

A　机械加工设备

（1）车床。用来加工型材模子外圆和端面、单孔棒模和管材模，也是加工挤压筒、挤压轴、挤压针和其他工具的主要设备。常用的有卧式车床和立式车床，先进的制模工厂还有数控车床。

（2）镗床。主要用来加工挤压筒、挤压轴及带有内孔的工具和多孔模子。为了提高加工精度和生产效率，有的工厂还配备了数控坐标镗床。

（3）铣床。铣床是加工模子的主要设备之一，主要用来加工模子型孔的出口带、焊合腔、分流孔、键槽和厚壁型材模子的工作带等。经常使用的铣床有立式升降铣床、卧式升降铣床、万能工具铣床、仿形铣床和数控铣床等。

（4）磨床。主要用来磨模子两端面、模子芯头、管模内孔、挤压针、针前端及其他工具等。常使用的磨床有平面磨床、圆盘磨床、万能工具磨床和万能内外圆磨床。

（5）刨床。主要用来加工模子芯头和其他工具，采用液压刨和牛头刨即能满足加工挤压工具的要求。

（6）数控加工中心。这是现代挤压模具加工必备的设备之一，主要用于加工复杂多孔的分流组合模及多型腔模具，其加工精度高、生产效率高，可同时进行多轴多刀加工，大有替代铣床、镗床、钻床等传统机加工机床之势。

B　电加工设备

（1）自动制图机。主要用于挤压工模具的设计和制图，以提高工作效率和图纸精度。其特点有：可根据程序绘制透视图、投影图等多种图形；提高描图速度；可同时计算横断面积和周长。缺点是描绘时间比数据输入时间要长。

（2）自动编程机。根据产品图纸或挤压工模具图纸有关的技术文件自动编制加工程序，并输出纸带或磁带，用于加工电火花电极、线切割模孔或模垫型腔等。

（3）电火花加工机床。主要用来加工挤压模的工作带和出口带。其特点是采用和工件形状相同的石墨电极或紫铜电极进行放电加工。

（4）自动石墨电极成型机。主要用来加工电火花机床用的石墨电极。其特点是加工精度高、速度快、表面光洁。

（5）电火花线切割机床。主要用于加工模子的工作带。其特点是使用金属丝作电极，按工件所需的形状像移动线锯那样自动地进行电火花加工。其主要优点是：不需要制作电极；用数控控制形状，加工精度高；经常送入新的金属丝，电极消耗少，放电不带斜度；总的加工周期短。主要缺点是只能加工通孔。

（6）电解加工机床。它是利用所需形状的电极作为阴极，以工件作为阳极，当阴、阳极非常接近时（一般为 0.02~0.7mm），则通过电解液进行放电，使阳极溶解而加工成所需形状，所以现加工硬化。缺点是加工精度差，加工表面较粗糙。

C　热处理设备

（1）淬火装置。主要有高温、中温淬火炉，气体淬火炉，盐浴炉，可控气氛淬火炉，真空淬火炉，连续淬火炉，火焰淬火炉，淬火槽等。

（2）回火装置。目前，工厂里主要用电炉或燃气炉进行回火处理。

（3）表面处理设备。目前应用较广的有辉光离子氮化炉、气体氮化炉、气体软氮化炉以及渗碳、渗硫、多元工渗和 PVD、CVD 等表面处理装置。

D　其他设备

（1）检测设备。主要为各种硬度计、工具显微镜、光谱仪及其他理化检测设备等。

（2）模孔检验设备。主要有模孔形状与尺寸光学投影仪、表面粗糙度测定仪、表面层深度及表面显微硬度测定仪等。

（3）修模与抛光设备。主要有手动抛光机、机械抛光机、电动抛光机、挤压磨机、液体喷丸机和复合修模抛光机等。

E　制模生产线设备举例

工模具生产设备的种类、型号、台数应根据工模具的种类、生产规模的大小、制模工艺水平来确定，举例如下：

（1）日本高取制作所年产 700 套大中型型材模具生产线设备见表 8-28。

表 8-28　日本高取制作所年产 700 套大中型型材模具生产线设备

序号	工　序	设备名称	设备制造厂	型　号	台数
1	材料切割	带锯	阿玛古	H-400	1
2	毛坯加工	车床	池贝铁工	A25-1000	1
3	编程序	数控编程机	贾帕克斯	EJAPT	1
4	程序检查	自动绘图机	贾帕克斯	DF12	1
5	划线	平台	那贝雅	2000×1000×150	1
6	模子钻孔	钻床	吉田铁工所	YD394CIN	1
7	模具粗加工	铣床	牧野铣	KGAP-55	1
8	模具加工	铣床	牧野铣	KGAP-55	1
9	模具加工	数控加工中心	日本	KGAP-55	1
10	线切割	线切割机	贾帕克斯	DXC30（NP10）	1
11-1	热处理	气体淬火炉	东海高热工业	F6160	1
11-2	热处理	装炉，出炉托盘	东海高热工业		1
11-3	热处理	EN 气体发生炉	东海高热工业	EN5E	1
11-4	热处理	回火炉	东海高热工业	EN5E	1
11-5	热处理	氮化炉	东海高热工业	1184B01	1
12-1	W/C 线切割	W/C 线切割机	贾帕克斯	LXE35	1
12-2	模子钻孔	螺孔线切割机	贾帕克斯	SDX-10NC	1
13-1	平面磨	旋转工平面磨床	市川制作所	1CD-603	1
13-2	精加工	车床	池贝铁工	A25-1000	1
14-1	检查	硬度计（洛式）	明石制作所	AR10	1
14-2	检查	硬度计（维式）	明石制作所	MVK-F	1
15-1	电火花加工	电火花机床	阿玛古	V-500	1
15-2	电火花加工	锉床	矢代工厂	YH-500	1
16-1	电极加工	电极成形机	电帕克斯	EMM30	1
16-2	电极加工	铣床	牧野铣	MH20	1
16-3	电极加工	台式钻床	芦品铁工	ASD-360	1
17-1	模子修理	交直流两用电焊机	大阪变压器厂	AES-3001	1
17-2	模子修理	辅助工具			

（2）我国某厂年产 5000 套型材模具生产线，如图 8-101 所示。

（3）兴发集团年产 15000 套型材模配套的主要设备，见表 8-29。

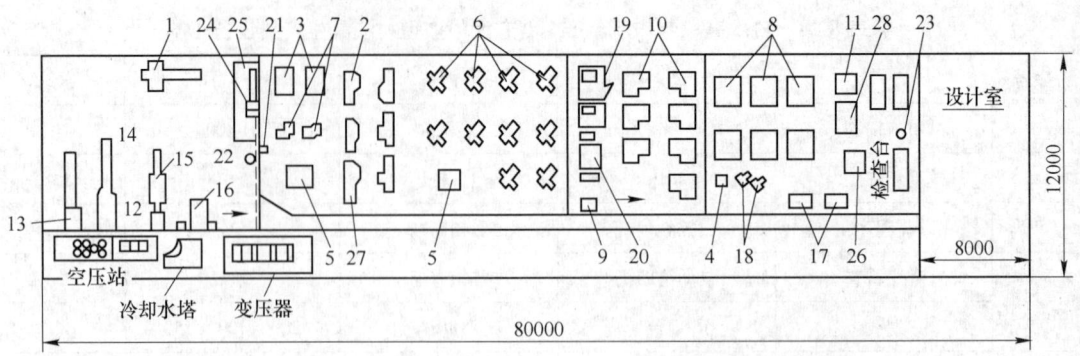

图 8-101　我国某厂年产 5000 套型材模具生产线的设备平面布置图

1—半自动带锯；2—车床；3—立钻；4—台钻；5—划线台；6—转动铣床及多轴多数控加工中心；7—带锯；
8—万能电火花机床；9—数控电火花机床；10—线切割机床；11—旋转磨床；12—淬火炉；13—保护气体发生器；
14—转换装置；15—回火炉；16—氮化炉；17—电极成型机；18—立式铣床；19—数控磁带编程机；
20—自动绘图机；21—万向工具磨床；22—洛氏硬度计；23—韦氏硬度计；24—电焊机；25—刀具间；
26—信息处理系统；27—车床；28—挤压珩磨机

表 8-29　兴发集团年产 15000 套型材挤压模具生产线设备配置

设 备 名 称	型号规格	台 数	制 造 厂 家
电火花成型机床	CD-90M	1	中国台湾庆鸿机电公司
可编程式放电加工机	E46P	7	中国台湾庆鸿机电公司
可编程式放电加工机	E46PM	2	中国台湾庆鸿机电公司
可编程式放电加工机	EA22		日本
数控加工中心	MV. 760		中国台湾丽伟
数控加工中心	MCV-760BPDD		中国台湾丽伟
电火花线切割机	K7732A	10	广东省乐昌机床厂
电火花数控线切割机	DK7740	4	泰州市雄峰机械厂
电火花数控线切割机	DK7732	1	长风机械厂
慢走丝线切割机床	FA20	3	日本三菱重工株式会社
硬度计	HR150-A		杭州仪器厂
液氮瓶	1944		常州飞机制造厂
立式万能带锯			日本
普通车床	C6132A1	2	广州机床厂
卧式车床	CW6180A	1	广东省机床厂
普通车床	C6246A	2	广州机床厂
马鞍车床	CA6250B	1	沈阳第一机床厂
牛头刨床	B665	1	佛山市农机修造厂
钻铣机床	ZX32	1	江西重型机床厂
台式攻丝机	S4016	1	腾州机床厂
台式钻床	S4013A	1	广东中山机床厂
台式钻床		1	杭州西湖机床厂
高速精密台式钻床	Z4004	1	广州机械工具分厂
电焊机		1	广州遇焊机厂
摇臂钻床	Z3050×16	1	沙市第一机床厂

设 备 名 称	型号规格	台　数	制 造 厂 家
十字工作台立式钻床	Z5940	1	云南第三机床厂
摇臂钻床	Z3050×16	1	沙市第一机床厂
立式钻床	ZQ5035	2	浙江海门机床厂
仿形摇臂万能铣床	XF6325	1	南通机床厂
万能升降台铣床	XA6132	1	北京市第一机床厂
数控立式升降台铣床	X5032A	2	长征机床厂
万能回转头铣床	XQ6225A	2	杭州铣床厂
松顺铣床	N-5M	1	松顺精密机械有限公司
卧轴矩台平面磨床	M7130G	1	四川磨床厂
卧轴矩台平面磨床	GB004	1	桂北磨床厂
卧轴矩台平面磨床	M7130G	1	桂北磨床厂
卧轴矩台平面磨床	MYS7115	2	裕海工贸有限公司
普通车床	6132A1	1	广州机床厂
松顺铣床	S-55	1	松顺精密机械有限公司
立式升降台铣床	X5032A	3	长征机械有限公司
低压配电柜	BFC-20	1	汕头红卫电器厂
马鞍车床	C6256A	1	广州机床厂
万能回转头铣床	XA6132		浙江启新机床厂
台式仪表车床	CJ0630-300	2	上海先发机床厂
万能回转头铣床	XA6132		北京第一机床厂
立式带锯床	5-360		中国台湾
吊机	2T	2	南海市南桂起重机械厂
双室真空热处理炉	ZC2-65	1	首都航天机械厂
双室真空热处理	ZC2-100	1	首都航天机械厂
真空热处理炉	KH-VFB600	1	韩国 KPT 公司
回火炉	KH-PT850	1	韩国 KPT 公司
氮化炉	KH-GP9000	1	韩国 KPT 公司
井式氮化炉	FS-77-1	1	佛山电炉厂
可控井式氮化炉	FN-60-6K	1	南京摄山电炉厂
井式氮化炉	PSL-77-14	1	佛山电炉厂
井式氮化炉	FS-77-15	1	佛山电炉厂
脉冲真空井式氮化炉	FN-75-6KM	1	南京摄山电炉厂
空气压缩机	GA37P-8	1	无锡阿特拉斯、科普柯公司
变压吸附制氮机	FD-55-39	1	广州加保利工业设备公司
氮气纯化装置	DCZ-50/5	1	广州加保利工业设备公司
再热再生干燥器	HQZ-1/8	1	南通三维气体设备公司

9 铝及铝合金管、棒、型、线材主要生产设备

9.1 概述

9.1.1 铝及铝合金挤压材主要加工工艺装备的分类、组成与特点

铝及铝合金挤压材主要加工工艺装备的分类、组成与特点有：

（1）熔铸设备。主要包括熔铝炉、静置炉、铸造机、铸锭机加工设备、均匀化炉等机器配套辅助设备。

（2）挤压、轧管与拉拔机列。包括立式或卧式的正反向单动或双动挤压机列、冷轧管机列和冷拉拔机机列及其配套的辅助设备。目前，世界上最大的立式反向挤压机为美国的360MN 挤压机，俄罗斯的 200MN 卧式水压机和中国的 225MN 和 160MN 卧式油压挤压机。

（3）热处理精整设备。主要包括立式或卧式淬火装置、人工时效炉、拉矫机、辊矫机、纵切与横切机列、退火装置、分切机列等及其辅助设备。

（4）工模具制造设备。主要包括机加工、电加工、热加工、磨辊机床等及其辅助设备。

（5）表面处理设备。主要包括阳极氧化着色、电泳涂装、静电喷涂、氟碳喷涂、化学着色等机列及其配套辅助设备。

（6）铝材深加工设备。主要包括焊接设备、铆接设备、机加工设备、冷成型设备等。

（7）产品质量检测。主要包括各种产品检验、测量设备、仪表、仪器等，如板形仪、测厚仪、电子拉力机、金相显微镜、硬度计、激光测量机、各种量卡具等。

本章主要论述铝及铝合金挤压、热处理、精整机列及制备挤压铸锭的熔铸机列等生产设备与主要配套设备。

9.1.2 铝及铝合金挤压材加工工艺装备的发展特点

9.1.2.1 技术装备的发展特点

铝及铝挤压加工工艺技术不断创新，向节能降耗、环保安全、精简连续、高速高效方向发展，必然促使其工装设备加速更新换代，向大型化、整体化、精密化、紧凑化、自动化和标准化方向发展。新材料、新技术和新工艺的研发过程，一定伴随着新装备的开发。每种技术的开发成功都是以新装备为基础来实现的。近年来我国铝及铝挤压加工装备包括大容量高效节能环保的新型熔炼炉，各种新型铸造机、均质设备，大型的新功能的挤压设备及其配套的辅助装置，新型的热处理设备与产品检测仪器仪表，深加工设备等都有了很大的发展。

9.1.2.2 我国铝挤压加工工艺装备的发展现状

随着我国铝挤压加工工业的迅速发展，铝挤压加工装备的科研、设计和制造业得到了很

大的发展。经过近几十年的艰苦奋斗，我国铝挤压加工装配已完成了从辅机到主机、从单体设备到整条生产线，从仿制到创新等过程的重大转变，而且在这一重大转变过程中。出现了一批注明的加工装备科研、设计和制造的企业。

到目前为止，从熔铸、挤压生产线机列、精整机列到在线分析、检测装备，国内都能设计制造。国产加工装备由于具有优良的性价比，在保证基本功能优良的情况下，可以显著降低项目投资，已为铝加工企业广泛采用，铝加工完全依靠引进国外技术装备的局面已经被基本改变。目前，国产铝加工装备不仅用于中国铝加工企业，而且已成线、成套出口国外，深受世界各国铝加工企业的欢迎。

9.1.3 铝及铝合金挤压加工工艺装备的发展方向

9.1.3.1 铝挤压加工工艺的高速发展对工艺装备提出的要求

铝挤压加工工艺的高速发展对工艺装备提出了越来越高的要求，包括：

（1）由于铝合金挤压工艺材的产销量逐年增加，年平均增长率超过 10%，因此，加工装备的数量也逐年增加。近几年，我国每年增加的铝挤压加工工艺装备平均为 15% 左右，约 1000 台（套）。

（2）铝及铝合金挤压加工材的品种多，规格广，性能、功能和用途各异，因此，也要求加工装备形式、特性、功能和用途多种多样。除了常规的铝加工装备外，还需研发具有新结构、新功能、新用途、新特色的设备以满足铝加工工业发展的需要。

（3）铝合金加工材向大型、扁宽、薄壁、复杂化发展，因此要求加工设备向大型化发展，如 200MN 以上的卧式双动油压挤压机，360MN 以上的立式反向锻压—挤压机等。

（4）铝及铝合金挤压加工材向精密化、小型化、复杂化发展，因此，要求加工工艺设备精密设计、精密控制、精密加工、精密对中和精密装配。

（5）国民经济的高速发展和社会文明程度的提高，对铝挤压加工工艺装备的机械化和自动化及智能化水平提出了越来越高的要求，科学技术的进步和 CAD/CAM/CAE 技术以及智能化技术的研发和普及，为铝挤压加工工艺装备自动化水平的提高提供了有利条件。

（6）对铝挤压加工生产线装备系列化、集成化、标准化和成套性能提出了更高的要求，对机前机后辅助设备配套成龙、前后协调，以保证整个铝挤压加工生产的高产、优质、低成本、高效益提出了更高的要求。

9.1.3.2 我国铝挤压加工工艺装备的发展趋势

近年来，我国在铝及铝挤压加工设备的设计与制造技术方面，在引进、消化、吸收的基础上有了很大的提高，研发出了不少新设备和新工艺，但整体水平上，特别是自主创新和开发方面与国际先进水平相比仍有较大差距。根据铝及铝合金新材料、新技术、新工艺的发展水平，我国的制备技术和装备应朝以下方向发展：

（1）加速设备更新与技术改造。淘汰大批技术和配置落后的设备，如小型挤压机。并对大、中型设备进行现代化改造，主要是对液压系统、电控系统、计算机系统等进行更新、配置先进的机前机后辅助设备，以提高铝挤压加工设备的装机水平、自动化水平，提高生产效率和产品质量。

（2）向大型化、重型化方向发展。在淘汰小型落后设备的同时，大中型、高档次、先进的工艺装备会大幅度增加，其主要原因是：一方面满足我国航空航天、国防军工、现代交通运输及新能源动力和机电制造业对大型材的需求，另一方面可提高设备的生产效率和产品质量，增加品种，提高经济效益。

（3）向多品种、多规格、多形式、多功能、多用途的方向发展，以满足铝挤压加工材在各方面的需求。

（4）向特殊化、专业化方向发展。针对某种特殊产品或特种功能，研发某些专用的特殊形式的挤压机，如专用扁挤压机、专用钻探管挤压机、专用 T. A. C 反向挤压机、半固态或液态挤压机、高温静液挤压机和润滑挤压机等。

（5）向精密化、自动对中和自动快速装卸方向发展。为了满足高精度薄壁型材和大径薄壁管材需求，正研发大型的立式挤压机、冷挤压机和温挤压机、等温挤压机及可自动调心的大型卧式双动挤压机等及其配套设备。

（6）向高度机械化、自动化和智能化方向发展。随着计算机技术的进步和普及，CAD/CAM/CAE 技术的开发，大型的数据库、专家库的建立以及数字模拟、有限元分析、模拟挤压与实用软件的开发及 PLC 智能技术的研发成功，并将这些技术应用和一直到挤压机及其机前机后设备上，将使加工装备及其生产的自动化和智能化水平大大提高。

（7）高效、高性能、节能、环保型机前机后辅助配套设备的研发。目前我国正在研发并已基本研制成功高效、高性能、节能、环保型长棒热剪并有梯度加热（冷却）功能的铸棒加热装置；精密水、气、雾淬火装置；高效精密随动热锯装置、自动可控拉矫装置；精密成品锯床及大型节能、环保和高性能的时效炉和退火炉与高性能拉矫装置、辊矫设备、自动模型仪、测厚仪等，为生产线自动化创造了条件。

（8）向标准化、通用化、成套化和装配式方向发展。根据品种和形式将设备的设计与制造标准化、系列化，逐步实现零部件的通用化和成套供应，实现装配式安装，以降低成本和缩短安装、调试周期。

9.1.3.3　新型铝及铝合金挤压加工工艺装备的研发目标

新型铝及铝合金挤压加工工艺装备的研发目标为：

（1）大型（大于150t）、高效（热效率大于85%）、节能、环保型熔铸炉，电磁搅拌系统，在线溶体净化/细化装备和新型铸造设备，复合铸造设备，大型等温均匀化炉及新型分级连续均匀化炉等新设备。

（2）电解铝直接铸造大型高合金圆锭的自动生产线的研制开发。

（3）组装式全自动现代化挤压生产线及大型油压挤压机（150～250MN）机列的研制开发。

（4）半固态和液态金属成型及新型 Conform 连续挤压、连铸连挤、电磁铸轧以及高速轧管、多线拉拔等新装备的研制开发。

（5）大型全自动卧式与立式淬火炉、气垫式热处理炉、强磁场和超声波处理设备、新型热处理设备以及大型铸锭梯度加热和多功能形变热处理装备的研制开发。

（6）大型的高质量新型挤压工、模具制造与修理设备的研制开发。

（7）新型铝焊接（如摩擦搅拌焊）及表面处理和机加工、冲压弯曲加工等加工设备的研制开发。

（8）大型、高精、高效全自动化铝合金材料在线质量检测装置的研制开发。

（9）其他大型、高效、精密、节能、环保型铝及铝合金先进挤压加工设备的开发。

9.2 铝及铝合金熔铸主要设备

9.2.1 铝及铝合金熔铸生产线的组成与布置

目前，半连续熔铸生产线一般配置为两种：

（1）1台熔炼炉、1台保温炉、1台半连续铸造机，即1+1+1方式。

（2）两台熔炼炉、两台保温炉、1台半连续铸造炉，即2+2+1方式。

原材料有两种形式：固体料、电解铝液。

9.2.1.1 固体原料

A　1+1+1方式

具体配置为：一台加料车、一台熔炼炉、一台保温炉、除尘系统（可选）、一台电磁搅拌装置（可选）、一套在线除气装置、一套过滤装置、一台铸造机。

工作过程简述：装有固体料的加料车移动至熔炼炉前，炉门打开，料槽在外力推动的作用下把料加入炉内，加满料后炉门关闭。之后熔炼炉的燃烧系统启动，在炉内铝液达到熔池1/3左右时，使用炉底电磁搅拌装置进行搅拌使铝液温度和成分均匀，待铝液满足要求后通过传输流槽转入到保温炉内进行静置、保温，然后保温炉在液压系统的作用下倾翻，把铝液倒入传输流槽内，经在线除气装置除气，然后进入过滤装置过滤，最后通过铸造机上的分流槽流入结晶器内，进行铸造。其平面配置如图9-1所示。

B　2+2+1方式

具体配置为：共用一台加料车、两台熔炼炉、两台保温炉、共用除尘系统（可选）、共

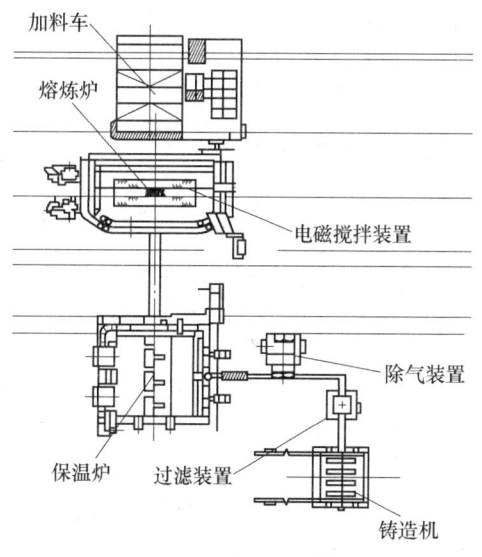

图9-1　1+1+1方式固体原料
半连续铸造生产线示意图

用一套电磁搅拌装置（可选）、两台在线除气装置、两套过滤装置、一台铸造机。

工作过程简述：装有固体料的加料车移动至熔炼炉前，炉门打开，料槽在外力推动的作用下把料加入炉内，加满料后炉门关闭，此时，加料车可移至另外一台熔炼炉处进行加料。之后，熔炼炉的燃烧系统启动，在炉内铝液达到熔池1/3左右时，使用炉底电磁搅拌装置进行搅拌使铝液温度和成分均匀，搅拌完后搅拌器可移至另外一台熔炼炉底部进行搅拌。待铝液满足要求后通过传输流槽转入保温炉内静置、保温，然后保温炉在液压系统作用下倾翻，把铝液倒入传输流槽内，经在线除气装置除气，然后进入过滤装置过滤，最后通过铸造机上的分配流槽流入结晶器内，进行铸造。如此，两套炉组交替进行上料、熔炼、保温、在线处理、铸造过程。其平面配置如图9-2所示。

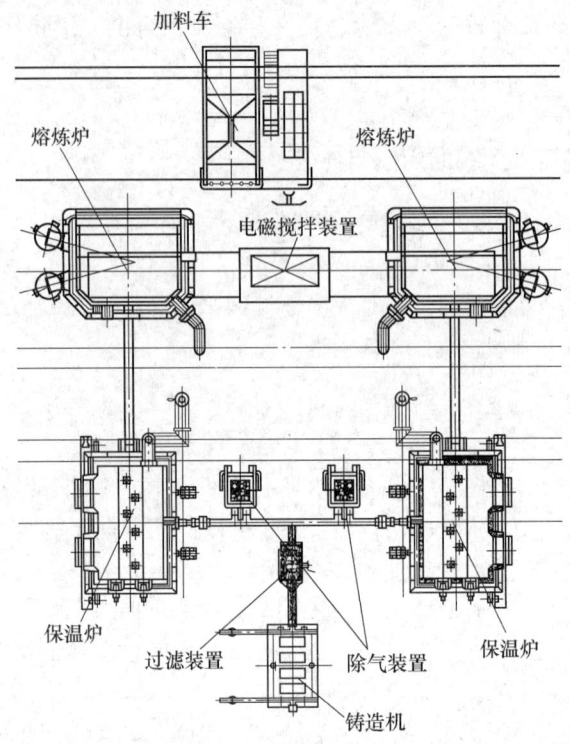

图 9-2　2+2+1 方式固体原料半连续铸造生产线示意图

9.2.1.2　电解铝液原料

A　1+1+1 方式

具体配置为：数个铝液包、一台熔炼炉、一台保温炉、除尘系统（可选）、一台电磁搅拌装置（可选）、一套在线除气装置、一套过滤装置、一台铸造机。

工作过程简述：装有电解铝液料的铝液包运至熔炼炉前的加料口，通过虹吸方式将电解铝液加入炉内，之后，熔炼炉的燃烧系统启动，在炉内铝液达到熔池 1/3 左右时，使用炉底电磁搅拌装置搅拌 20 多分钟至铝液成分均匀，通过传输流槽转入到保温炉内进行静置、保温，然后保温炉在液压系统的作用下倾翻，把铝液倒入传输流槽内，经在线除气装置除气，然后进入过滤装置过滤，最后通过铸造机上的分流槽流入结晶器内，进行铸造。其平面配置如图 9-3 所示。

B　2+2+1 方式

具体配置为：数个铝液包、两台熔炼炉、两台保温炉、共用除尘系统（可选）、共用一套电磁搅拌装置（可选）、两台在线除气装置、两套过滤装置、一台铸造机。

工作过程简述：装有电解铝液料的铝液包运至熔炼炉前的加料口，通过虹吸方式将电解铝液加入炉内，之后，熔炼炉的燃烧系统启动，在炉内铝液达到熔池 1/3 左右时，使用炉底电磁搅拌装置搅拌 20 多分钟至铝液成分均匀，通过传输流槽转入到保温炉内进行静置、保温，后保温炉在液压系统的作用下倾翻，把铝液倒入传输流槽内，经在线除气装置除气及过滤装置过滤，最后通过铸造机上的分配流槽流入结晶器内，进行铸造。如此，两套炉组交替进行上料、熔炼、保温、在线处理、铸造过程。其平面配置如图 9-4 所示。

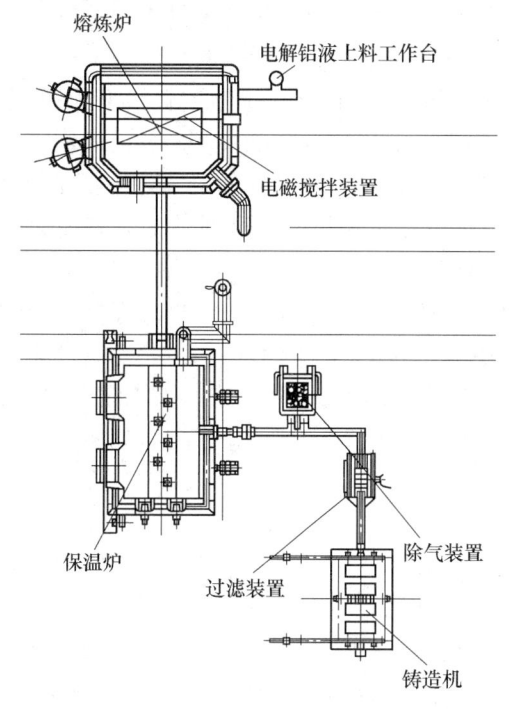

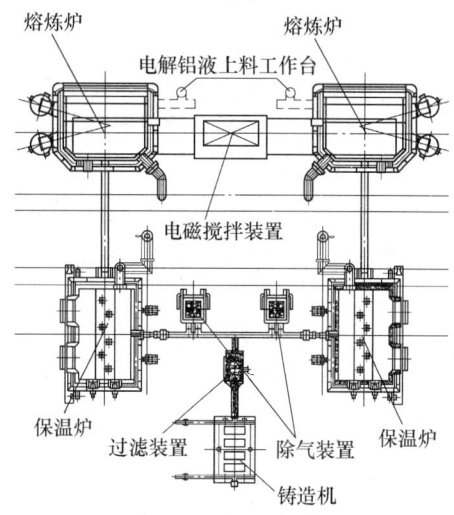

图 9-3　1+1+1 方式液体原料半连续
铸造生产线示意图

图 9-4　2+2+1 方式液体原料半连续
铸造生产线示意图

9.2.2　铝合金熔炼设备

熔炼和保温设备对铝合金的熔炼铸造速度和质量的影响很大，根据铝及铝合金的熔炼铸造特点，熔炼、保温设备应满足以下要求：

（1）熔化速度要快，尽量提高炉子的生产率，并减少合金元素的烧损和吸气、氧化。

（2）热效率高，燃料、电能消耗少。

（3）炉体或坩埚的耐火材料的化学稳定性和热稳定性好，强度大，寿命长。

（4）炉内温度均匀，易于控制。

（5）便于操作、维护，劳动卫生条件好。

9.2.2.1　铝合金熔炼设备的分类

铝合金熔炼设备中常用的炉型有熔化炉和静置保温炉等。

按加热能源分类有：

（1）燃料（包括天然气、石油液化气、煤气、柴油、重油、焦炭等）加热式。以燃料燃烧时产生的反应热能加热炉料。

（2）电加热式。由电阻元件通电发出热量或者线圈通交流电产生交变磁场，以感应电流加热磁场中的炉料。

按加热方式分类有：

（1）直接加热方式。直接加热方式是燃料燃烧时产生的热量或电阻元件产生的热量直接传给炉料的加热方式，其优点是热效率高，炉子结构简单。但是燃烧产物中含有的有害杂质对炉料的质量会产生不利影响；炉料或覆盖剂挥发出的有害气体会腐蚀电阻元件，降低其使用寿命。由于以前燃料燃烧过程中燃料/空气比例控制精度低，燃烧产物中过剩空气（氧）含量高，造成加热过程金属烧损大；现在随着燃料/空气比例控制精度的提高，燃烧产物中过剩空气（氧）含量可以控制在很低的水平，减少了加热过程的金属烧损。

（2）间接加热方式。间接加热方式有两类，第一类是燃烧产物或通电的电阻元件不直接加热炉料，而是先加热辐射管等传热中介物，然后热量再以辐射和对流的方式传给炉料；第二类是让线圈通交流电产生交变磁场，以感应电流加热磁场中的炉料，感应线圈等加热元件与炉料之间被炉衬材料隔开。间接加热方式的优点是燃烧产物或电加热元件与炉料之间被隔开，相互之间不产生有害的影响，有利于保持和提高炉料的质量，减少金属烧损。感应加热方式对金属溶体还具有搅拌作用，可以加速金属熔化过程，缩短熔化时间，减少金属烧损。但是由于热量不能直接传递给炉料，所以与直接加热式相比，热效率低，炉子结构复杂。

9.2.2.2　熔化炉和静置保温炉

熔化炉和静置保温炉可分为固定式和倾动式。

固定式炉结构简单，价格相对便宜。但必须依靠液体差放出铝液，因此要求熔化炉和静置保温炉分别配置两个不同高度的操作平台，这样既不利于生产操作又增加了厂房高度；放流口靠近熔池底部，致使放流时沉底的炉渣易随铝液流出，造成铸锭的夹渣缺陷。倾动式炉靠倾动炉子放出铝液，因此增加了液压式或机械式倾动装置，炉子结构较复杂，造价高，但保证了铝液在熔池上不固定高度流出，减少了沉底炉渣造成的铸锭夹渣缺陷。

熔化炉可分为圆形炉顶加料和矩形炉侧加料，基本采用成对配置的蓄热式燃烧器来提高热效率。随着炉子容量的加大和技术进步，当前，熔化炉和保温炉的主要炉型采用燃料燃烧的加热形式，例如，天然气或燃料油。炉子的吨位也朝着大型化方向发展，目前国外炉子最大吨位达180t，国内炉子最大吨位为90t。

110t熔铝炉、50t圆形火焰熔铝炉、70t矩形保温炉主要技术参数见表9-1~表9-3，其结构如图9-5~图9-8所示。

表 9-1　110t 熔铝炉主要技术参数

项　目	参　数	项　目	参　数
制造单位	德国 GKI 公司	烧嘴型号	低 NO_x 蓄热式（Bloom 公司）
使用单位	德国 VAW 公司 Rheinwerk 工厂	烧嘴数量/对	3
容量/t	110	烧嘴安装功率/MW	5.5×3
炉子形式	矩形侧加料	燃料	天然气
熔池面积/m^2	62	熔化率/$t \cdot h^{-1}$	28
熔池深度/m	1	加料方式	加料机
熔池搅拌	电磁搅拌器（ABB 公司）	料斗容量/t	10
炉门规格/m×m	8×2	溶体倒出方式	液压倾动炉体，溶体倒入 10t 坩埚内，然后送往保温炉

表 9-2　50t 圆形火焰熔铝炉主要技术参数

项　目	参　数
吨位/t	50
用途	铝及铝合金熔炼
炉子形式	固定式顶开盖
炉膛工作温度/℃	最高 1150
铝液温度/℃	720~760
熔化期熔化能力/t·h^{-1}	8~10
燃料种类	柴油
燃料发热量/kJ·kg^{-1}	40128
燃料最大消耗量/kg·h^{-1}	600
烧嘴形式	蓄热式
烧嘴数量/个	4
开盖机提升能力/t	60

注：矩形炉与圆形炉主要技术参数相同，但开盖机需要换成专用的加料车。

表 9-3　70t 矩形保温炉主要技术参数（英国戴维公司）

项　目	参　数	项　目	参　数
容量/t	70	烧嘴安装功率/kJ·h^{-1}	1570×10^4
熔池面积/m^2	39	燃料	煤气
熔池深度/m	0.8	控制方式	PLC 自动控制
铝液温度/℃	710~750	液压油箱容积/L	800×2
铝液温度控制精度/℃	±5	液压油泵压力/MPa	13
炉门规格/m×m	6.6×1.89	液压油缸数量/个	2
加料门开启方式	液压		

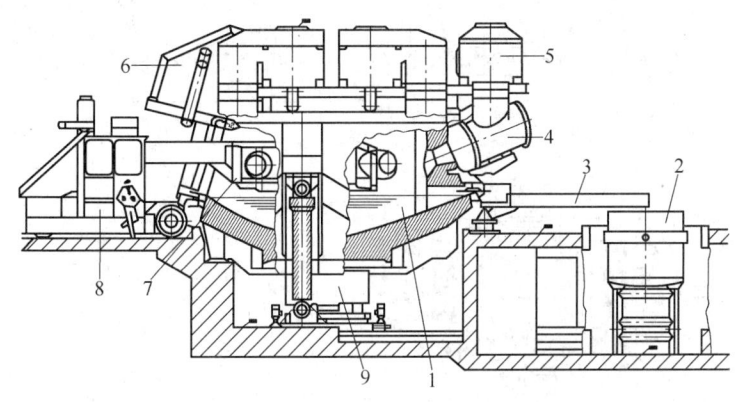

图 9-5　110t 熔铝炉结构简图

1—熔池；2—坩埚；3—流槽；4—烧嘴；5—蓄热体；6—排烟罩；
7—加料斗；8—加料车；9—电磁搅拌器

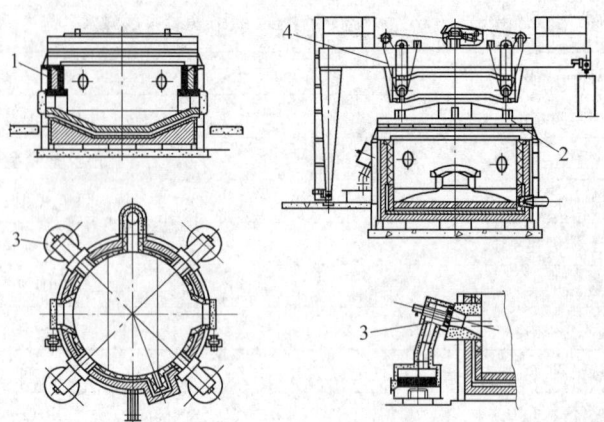

图 9-6　50t 圆形火焰熔铝炉（燃油蓄热式烧嘴）结构简图

1—炉体；2—炉盖；3—蓄热烧嘴；4—开盖机

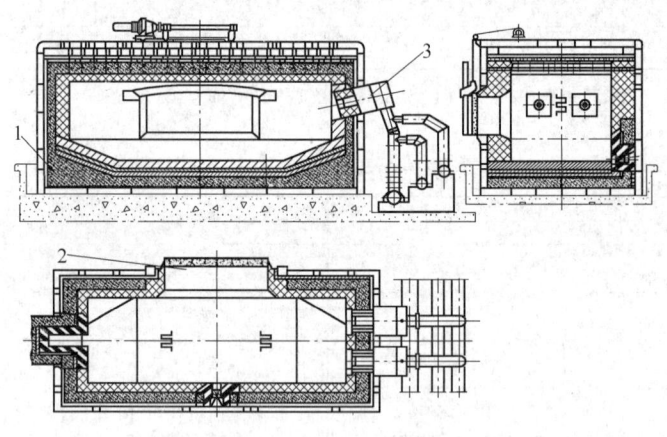

图 9-7　矩形火焰熔铝炉

1—炉体；2—炉盖；3—烧嘴

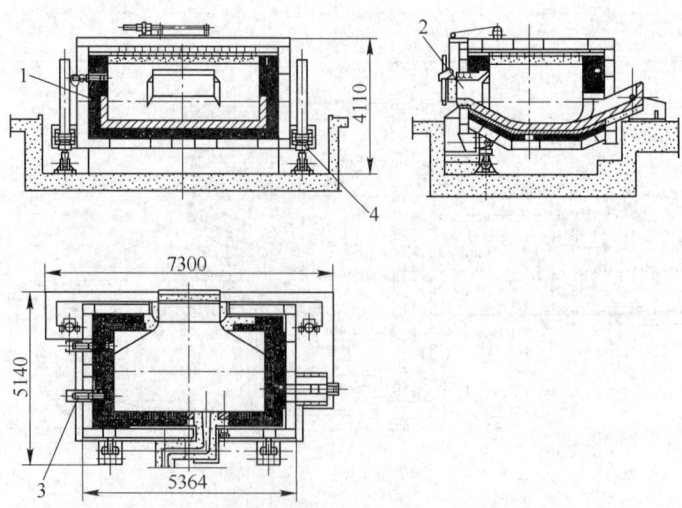

图 9-8　倾动式矩形火焰保温炉结构简图

1—炉体；2—扒渣炉门；3—烧嘴；4—倾动油缸

9.2.2.3　电阻式熔化炉和静置保温炉

电阻式反射炉利用炉膛顶部布置的电阻加热体通电产生的辐射热加热炉料，常作为熔化炉和静置保温炉。

电阻式熔化炉和静置保温炉可分为固定式和倾动式。两种形式的主要结构特点与火焰反射式熔化炉和静置保温炉相同。12t 矩形电阻熔化炉和 25t 矩形电阻保温炉主要参数见表 9-4 和表 9-5，其结构如图 9-9 和图 9-10 所示。

表 9-4　12t 矩形电阻熔化炉主要参数（苏州新长光工业炉公司）

项　目	参　数
吨位/t	12
用途	铝及铝合金熔炼
炉子形式	固定式矩形电阻熔化炉
炉膛工作温度/℃	1000~1100
铝液温度/℃	720~760
熔化期熔化能力/t·h^{-1}	1
加热器功率/kW	700
加热器材质	Cr20Ni80
加热器表面负荷/W·cm^{-2}	1.0~1.2
加热器形式	电阻带
加热区数/区	3
电源	380V　50Hz　3φ

表 9-5　25t 矩形电阻保温炉主要技术参数

项　目	参　数
吨位/t	25
用途	铝及铝合金熔体保温
炉子形式	固定式矩形电阻保温炉
炉膛工作温度/℃	900~1000
铝液温度/℃	720~760
熔体升温能力/℃·h^{-1}	30
加热器功率/kW	450
加热器材质	Cr20Ni80
加热器表面负荷/W·cm^{-2}	1.2~1.4
加热器形式	电阻带
加热器区数/区	2
电源	380V　50Hz　3φ

电阻式反射炉电阻带加热体多置于炉膛顶部，其炉型及加料方式多为矩形炉侧加料。电阻加热体的加热形式可分为电阻带直接加热和保护套管辐射式加热。当炉子加热功率增加时电阻加热体要相应加长，炉膛面积也相应增加，从方便加料、扒渣、搅拌等工艺操作和提高能源利用率、降低能耗和方便工艺操作的角度考虑，炉膛面积不能过大。因此，电阻式反射炉不适合用于大容量、大功率的炉型。国外已很少有电阻式反射熔化炉和静置保温炉，国内的老厂还有使用电阻式反射熔化炉和静置保温炉的，新建厂一般不用于熔化炉，只用于保温炉，吨位不超过30t。

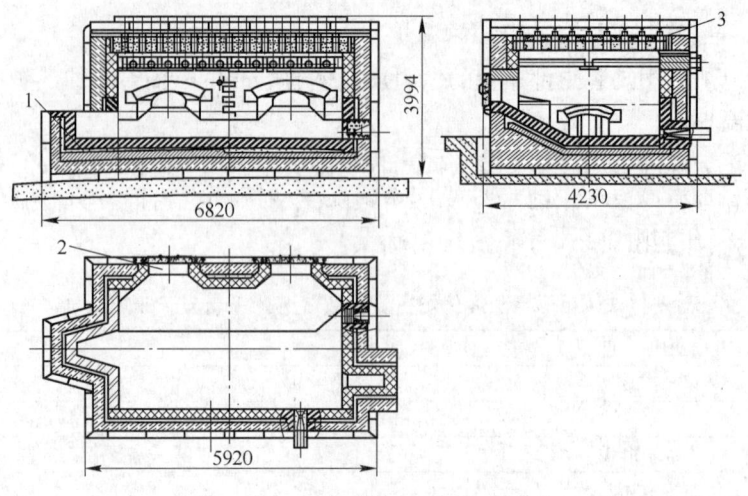

图 9-9 12t 电阻熔化炉结构简图
1—炉体；2—加料炉门；3—电阻加热带

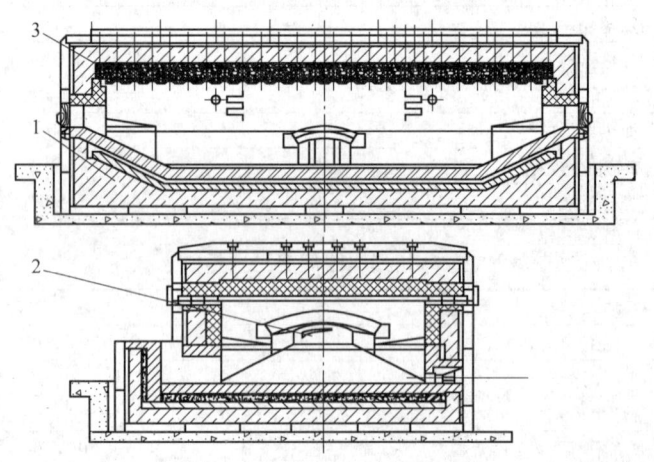

图 9-10 25t 电阻保温炉结构简图
1—炉体；2—扒渣炉门；3—电阻加热带

9.2.2.4 双室炉

双室炉主要用于铝屑和废铝回收。用普通熔炼炉（反射炉）进行铝屑（铝刨花）熔化回收最大的难题是铝屑极易被加热的火焰氧化，导致回收率低，所以现在大部分企业的回收工艺仍采用坩埚炉的回收方式。坩埚炉回收方式的回收率比普通熔炼炉（反射炉）的回收率高，但是污染严重，政府对此回收方式的取缔力度越来越大，而且该工艺场地占用面积大，所需人员多，生产效率低等缺点加大了企业的成本支出。

普通熔铝炉的优势是生产率高，缺点是烧损大。如何在既有的高生产率的基础上提高铝屑回收率，是铝屑回收的关键。双室炉在生产率和回收率上满足了对铝屑回收的要求，称为当今世界上一项成熟的先进技术。60t 双室炉主要技术参数见表 9-6，其工作原理和结构如图 9-11 和图 9-12 所示。双室炉改变了反射炉集加工和熔化于一室的模式，将加热和熔化的功能分置于加热室和废料室。加热室对铝液进行加热，加热过程中尽可能少地破坏熔体表面的氧化膜，由于火焰不直接与待熔化金属接触，所以降低了加热过程中的烧损。

废料室担负预热和熔化任务，实现铝屑在无火焰接触情况下的预热和熔化，最大可能地实现铝屑的低烧损。两室之间的能量（铝液）循环通过铝液泵将加热室内的高温铝液带到废料熔化室给废料熔化室的铝屑熔化提供能量。双室式废铝回收熔化炉的优点是：

（1）不需要添加熔盐。

（2）不需要对废料进行预处理（铁除外）。

（3）对废料进行预热处理并配有蓄热式换热器，能耗低。

（4）配有废屑加料井和电磁循环泵，烧损少，熔化效率高；合金化、取样及成分调整可以直接在加料井进行，不必开启炉门，既节约能源，又缩短熔化周期。

（5）对裂解产物进行二次燃烧，符合环保要求。

表 9-6　60t 双室炉主要技术参数

项　目	参　数
炉子容量/t	60
每次铝液转注量/t	30
熔池剩余铝液/t	30
日产量/t	120
加热室炉门规格/mm×mm	6800×1700
废料室炉门规格/mm×mm	6800×1700
铝液温度/℃	720~760
加热室温度/℃	1100
废料室温度/℃	850
电磁泵铝液循环流量/t·min⁻¹	8
加料井内径/mm	900
加料井加料能力/t·h⁻¹	8

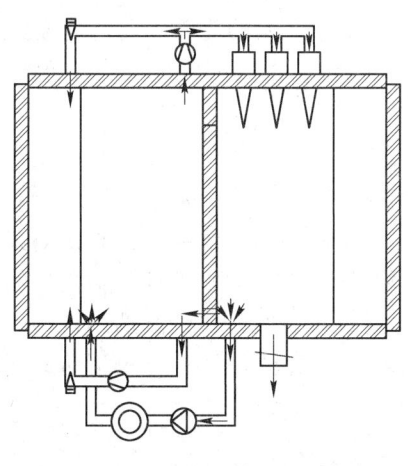
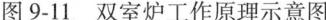

图 9-11　双室炉工作原理示意图

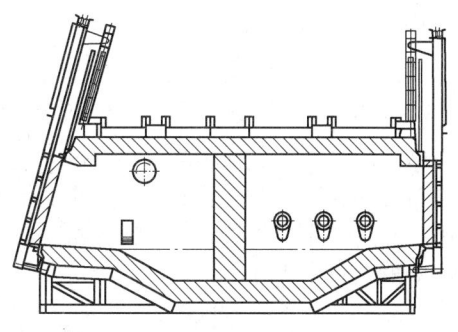

图 9-12　双室炉结构示意图

双室熔铝炉炉膛被气冷悬挂隔板分为直接加热室和间接加热室。直接加热室受烧嘴的直接加热，间接加热室则是利用直接加热室流出的高温烟气间接加热。此烟气经隔板上的孔流入间接加热室，烟气量由挡板调节，以获得对废料进行预热、裂解和熔化的温度。污染物裂解后的烟气由循环风机打入直接加热室进行燃烧，形成对环境无害的燃烧产物。双室熔铝炉装有旋转蓄热式换热器，预热助燃空气温度可达 900℃，出炉烟气温度降至 190~

230℃；两室之间装有电磁循环泵，将碎料加入到铝液中。

双室熔铝炉主要特点是：

（1）由于控制炉内为还原性气氛，且废料不与火焰直接接触，从而大大降低了氧气损耗，金属烧损少。

（2）采用了先进的蓄热技术和废气燃烧技术，对废料燃烧时产生的废气进行二次燃烧，大大降低了燃料用量，热效率较高能耗低。

（3）可装废料种类多、范围大。

（4）无需熔盐，熔炼中产生的废渣很少，处理费用较低，环境污染较轻。

（5）采用炉门封闭加料，无烟气泄漏。

双室熔铝炉在欧洲再生铝企业被广泛采用，但其设备投资较大。双室熔铝炉的工作原理和结构特点是：

（1）有两个室，废料室和加热室，两室之间由一个带有空气冷却的悬挂隔墙隔开，两室的熔池是相通的。

（2）配备在炉外的电磁泵使两室之间的铝液通过炉外管路循环起来，使铝液和成分非常均匀。

（3）细小的铝屑可以直接加入到电磁泵下游的加料井中，因而可以立即浸入熔融铝液内部，减少烧损，提高金属回收率。

（4）大块废料直接加入加热室直接加热熔化，相对较小的废料加入废料室的预热斜坡上，由熔化室的烟气直接加热，部分熔化，部分下次加料时推入熔池中。

（5）烟气通过隔墙上的孔进入废料室，烟气的流量由挡板进行调节，并由两台循环风机使废料室的气流对准废料高速循环喷出，以获得所需的对废料（含有油污、油漆、塑料、橡胶和少量乳液）进行预热、裂解和熔化的温度。附加的小烧嘴烧掉裂解后产生的烟气并始终控制废料室的气氛为还原气氛，由循环风机送到熔化室的烧嘴内进行焚烧。

（6）燃烧产物通过蓄热式换热器，可以使助燃空气温度加热到800℃以上，燃烧产物温度降到250℃以下。

9.2.2.5　回转炉

回转炉主要用于废铝回收。回转炉根据炉体结构的不同，可分为水平式回转炉和倾斜式回转炉两种。铝合金废料在熔盐的保护下通过炉体的转动完成熔炼的。回转炉对来料洁净度几乎没有要求，它可以处理碎杂铝、薄壁铝废料等任何铝合金废料，能充分回收铝渣、铝屑中的铝，另外铝在熔盐保护下熔炼时金属损耗较小。回转炉因其适应性强、热效率和生产效率高等优点，在欧美国家的再生铝企业得到了广泛的应用。16t 倾动式回转炉主要技术参数见表9-7。

表9-7　16t 倾动式回转炉主要技术参数（OXY-燃料）

项　　目	参　　数
上料孔直径/mm	2000
额定容量/kg	16000
最大加料质量/kg	17250
融化率/kg·h⁻¹	5750
天然气耗量（标态）/m³·h⁻¹	200

项　目	参　数
氧气耗量（标态）/m³·h⁻¹	400
熔化时间（浇注就绪）/h	3
上料时间/min	20
浇注时间/min	20
放渣时间/min	20
每一熔炼循环时间/h	4
每吨天然气消耗（标态）/m³	35
每吨氧气消耗（标态）/m³	70

水平式回转炉结构简单，易于操作，维护工作量少，但是其熔盐的加入比例较高（约为20%），给熔盐的回收和处理带来困难，且由于烧嘴和烟气出口是相对布置的，含可燃物质的烟气几乎没有被二次燃烧，其热效率相对来说较低，污染大。倾斜式回转炉是在水平式回转炉的基础上发展起来的，它将炉体、烧嘴和排烟管道的布置进一步完善，使烧嘴燃烧的火焰在炉内被向后引导180°，烟气通过烧嘴上方的路口排除。烟气在反向流动排烟的过程中，产生二次燃烧，从而提升了炉子的热效率，减少了烟气对环境的污染，同时降低了熔盐的用量。采用全氧燃烧器（喷嘴），火焰温度高，烟气量小。

9.2.3　铸造设备

铸造机的用途是把化学成分、温度合格的铝液铸造成规定截面形状、内部组织均匀、致密、具有规定晶粒组织结构、无缺陷的铸锭。

9.2.3.1　铸造机的分类

按照铸锭成型时冷却器的结构特点可分为冷却器固定不动的直接水冷（direct chill）结晶器铸造机和铁模铸造机；冷却器随铸锭运动的有双辊式铸造机、双带式铸造机和轮带式铸造机。按照铸造周期可分为连续式铸造机和半连续式铸造机。按照铝液凝固成铸锭被拉出铸造机的方向可分为立式（垂直式）铸造机、倾斜式铸造机和水平式铸造机。

目前，应用最多的是直接水冷（DC）立式半连续铸造机，它可以生产各种合金牌号、规格的扁锭以及实心和空心圆铸锭。直接水冷水平式连续铸造机和轮带式铸造机一般用于生产小规格圆铸锭和小规格方锭。

9.2.3.2　直接水冷（DC）式铸造机

在直接水冷（DC）式铸造中，与铝液接触的结晶器壁带走铝液表面少量热量并形成凝壳，结晶器底部喷射到铝液凝壳上的冷却水（被称为二次冷却水）带走了铝液结晶凝固产生的热量。

直接水冷（DC）式铸造机以铸锭被拉出结晶器的方向分类，可分为立式和水平式。

直接水冷（DC）式铸造机按照铸造周期可分为连续式和半连续式。连续式铸造机能够在保持铸造的过程连续的前提下，利用锯切机和铸锭输送装置把铸造出来的铸锭切成定尺长度，然后送到下道加工工序。半连续式铸造机则没有锯切机和铸锭输送装置，铸锭铸至最大长度后须终止铸造过程，把铸锭吊离铸造机后，重新开始下一铸造过程。

9.2.3.3　立式半连续铸造机

铸造过程中铝液质量基本作用在引锭座上,对结晶器壁的侧压力较小,凝壳与结晶器壁之间的摩擦阻力较小,且比较均匀。牵引力稳定可保持铸造速度稳定,铸锭的冷却均匀度容易控制。

立式半连续铸造机按铸锭从结晶器中拉出来的牵引动力可分为液压油缸式、钢丝绳式和丝杠式。液压铸造机牵引力稳定,可按照工艺要求设定各种不同的牵引速度模式,速度控制精度高,但要求液压系统和电控系统运行可靠度高,铸造井深度比其他形式的铸造机大,国外铝加工厂大多采用液压油缸式铸造机。目前,许多大型铸造机采用了液压油缸内部导向技术,取消了铸造井壁安装的引锭平台导轨,避免了因导轨黏铝或者磨损而影响引锭平台的正常上下运动,提高了运动精度。据报道,国外最大吨位的液压铸造机达160t。钢丝绳式铸造机结构简单,但由于钢丝绳磨损快,需经常更换,并且易被拉长变形而引起引锭平台牵引力和铸造速度稳定性较差,影响铸锭质量。25t立式半连续液压铸造机主要技术参数见表9-8,其结构如图9-13所示。钢丝绳式铸造机主要技术参数见表9-9,其结构如图9-14所示。

表 9-8　25t 立式半连续液压铸造机主要技术参数

项　　目	参　　数
吨位/t	25
铸锭最大长度/mm	6500
铸造平台最大行程/mm	7000
满载提升速度/mm·min⁻¹	1~600
空载平台上升和下降速度/mm·min⁻¹	0~1500
铸造速度/mm·min⁻¹	15~250
铸造长度精度/%	±1
铸造速度精度/%	±0.5
柱塞直径/mm	带陶瓷涂层的柱塞式
工作压力/MPa	4

表 9-9　钢丝绳式铸造机主要技术参数

项　　目	参　　数		
吨位/t	6.5	12	23
铸锭最大长度/mm	6.5	6.5	6.7
最大质量/t	6.5	12	23
断面尺寸	150mm×420mm	ϕ104~254mm	300mm×2000mm 或 ϕ800mm
同时铸造根数/根	6	12	2
铸造速度/mm·min⁻¹	35~200	30~285	8.3~167
快速升降速度/mm·min⁻¹	2200	2000	5200
电动机功率/kW	1.1	4	1.75
机组外形尺寸（长×宽×高）/m×m×m	12.6×4.3×11.5	1.35×4.6×7.6	12×6.94×11
机组质量/t	16.9	22.6	76.8

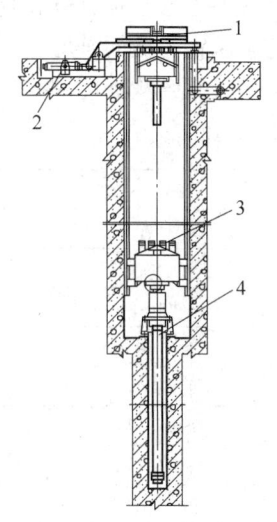

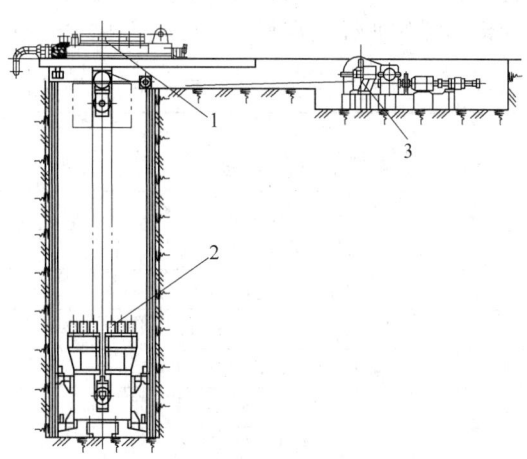

图 9-13　液压铸造机结构简图

1—结晶器平台；2—倾翻机构；

3—引锭平台；4—液压油缸

图 9-14　钢丝绳式铸造机结构简图

1—结晶器平台；2—引锭器平台；3—钢丝绳卷扬机

9.2.3.4　水平式连续铸造机

水平连续铸造机组由前箱、结晶器、牵引机、压紧辊、同步锯、自动堆垛机构、自动打捆机构等组成。它具有如下优点：

（1）整个铸造过程均是在铝溶体表面氧化膜的保护下进行，铸锭中氢含量低，氧化夹杂物含量低。

（2）铝熔体在水平连铸机组中冷却速度快，所铸造的铸锭组织致密、枝晶细小、无偏析、产品质量高。

（3）产品的尺寸、平直度和质量均十分稳定，易于堆垛、捆扎。

水平连续铸锭机组在铸造开始和铸造结束时需切头、切尾，并且在整个生产过程中，需将铸锭锯切成所要求的长度，因而成品率较链式铸锭机组低，设备投资较大，适合于较大规模的连续化生产。

与立式铸造机相比，水平式铸造机具有以下几个优点：

（1）不需要深的铸造井和高大的厂房，可减少基建投资。

（2）生产小截面铸锭时容易操作控制。

（3）设备结构简单，安装维护方便。

（4）容易将铸锭铸造、锯切、检查、堆垛、打包和称重等工序连在一起，形成自动化连续作业线。

但是，铝液在重力作用下，对结晶器壁下半部分压力较大，凝壳与结晶器壁下半部之间的摩擦阻力较大，影响铸锭下半部表面质量。冷却过程中收缩的凝壳与结晶器壁的上半部产生间隙，造成上下表面冷却不均匀，影响铸锭内部组织均匀性，铸造大规格的合金锭容易产生化学成分偏析。因此，水平连续铸造机多用于生产纯铝小截面铸锭。国外也有厂家用此法铸造 530mm×1750mm 的 3×××系和 5×××系大截面合金锭。

水平式连续铸造机包括铝液分配箱、结晶器、铸锭牵引机构、锯切机和自动控制装置，可以与检查装置、堆垛机、打包机、称重装置和铸锭输送辊道装置连在一起，形成自动化连续作业线。水平式连续铸造机主要技术参数见表9-10，其结构如图9-15所示。

表 9-10　水平式连续铸造机主要技术参数

项　目	参　数
铸造合金牌号	ADC12 等
产量/t·h⁻¹	6~8
铸造速度/mm·min⁻¹	400~550
同时铸造根数/根	24
铸锭断面/mm×mm	74×54
锯切机：可锯切铸锭定尺长度/mm	650~760
堆叠高度/mm	480~920
堆叠质量/kg	435~1050

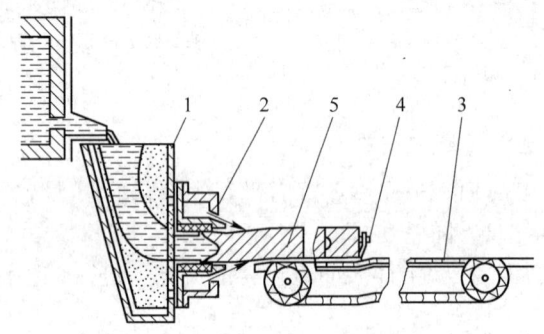

图 9-15　水平式连续铸造机结构简图
1—中间包；2—结晶器；3—铸锭牵引机构；4—引锭杆；5—铸锭

9.2.4　精炼与除气净化装置

铝合金液在熔炼、转注和铸造过程中吸收了气体，产生了夹杂物，使合金液的纯度降低，铸造后使产品产生多种缺陷，影响其力学性能、加工性能、抗腐蚀性能、气密性能、阳极氧化性能及外观质量，所以必须在铸造前，对其做精炼和净化处理，目的是排除这些气体和夹杂物，提高铝合金液的纯净度。

9.2.4.1　除气精炼装置

除气精炼装置分为炉内和炉外两种。炉内精炼装置应用比较广泛的主要是炉底喷吹气体精炼装置，俗称透气砖，是保温炉设计时整合的一体化装置，而不是一种单独的装置。炉外精炼除气装置主要是针对炉内精炼除气效果不好，铝合金液有二次污染的可能而开发出来的装置。根据生产实践，可以认为炉外在线精炼除气装置是获得良好铸造产品所必不可少的精炼手段，炉内除气装置只是对炉外在线精炼的补充。

炉内精炼装置应用较多的有炉底喷吹气体精炼装置。在保温炉炉底均匀安装多个可更换的透气塞，通过透气塞向熔体中吹入精炼气体（N_2、Ar、Cl 等）可有效地使精炼气体散布于熔体中，上浮的精炼气体微小气泡吸附聚集了熔体中有害气体和夹杂物（如 H_2、各种氧化物等），并随气泡被带出熔体，获得较好的除气精炼效果。与传统的人工操作精炼方式相比，由计算机控制精炼气流流量和时间，可以达到降低有害气体含量、去除夹杂和稳定净化熔体效果的目的，较好地解决了人工操作精炼效果波动较大的问题。

炉外除气装置的主要原理是在铝液通过相对封闭的精炼室时，惰性气体通过旋转的喷嘴，以微小气泡形式进入铝液，并分散在整个铝液的各个部位，与铝液充分接触，吸附铝液中的氢气和氧化夹杂物，然后上浮。虽然，各公司生产的除气装置在具体结构和喷嘴的结构上有些差异，但除气原理是相同的。双转子在线除气装置的主要技术参数见表 9-11，结构如图 9-16 所示。

表 9-11　双转子在线除气装置主要参数

项　目	参　数
外形尺寸（长×宽×高）/mm×mm×mm	2400×2100×1520
金属流量/t·h^{-1}	25~35
除气效率/%	≥50
熔池静态铝液容量/kg	1300
液态金属加热速度/℃·h^{-1}	20
加热器形式	浸入式
石墨转子转速/r·h^{-1}	200~700
石墨转子数量/个	2
惰性气体最大流量（标态）/m^3·h^{-1}	14
动力供应/kW	50

9.2.4.2　过滤精炼装置

过滤精炼装置主要是依靠机械阻挡原理，过滤铝液中的氧化夹杂物。目前，应用广泛的是过滤介质采用泡沫陶瓷过滤板的炉外在线过滤装置，一般布置在除气装置的下游。通用型的过滤装置采用一片 20~50ppi 的过滤板，30ppi 是一种常用规格。该装置的特点是由于它与铝液之间有比较大的接触面，不需要铝液有很高的压头，便可得到较好的过滤效果。对于某些有特殊要求的产品，为了达到更好的过滤效果，可以采用多级过滤的方式，即在过滤箱上安装上下两层过滤板，一般采用 30ppi 和 50ppi 两种规格，已达到更好的过滤效果。Novelis PAE 公司为此目的专门开发了一种深床过滤器。表 9-12 为在线过滤装置主要技术参数，其结构如图 9-17 所示。

图 9-16　双转子除气精炼装置

表 9-12　在线过滤装置主要参数

项　目	参　数
外形尺寸（长×宽×高）/mm×mm×mm	1900×1705×1765
金属流量/t·h^{-1}	25~35
熔池静态铝液容量/kg	225
预热能耗/kJ·h^{-1}	836
动力供应/kW	15

9.2.5　均匀化退火炉组

铸锭均匀化退火处理可消除铸锭内部组织偏析和铸造应力，细化晶粒，改善铸锭下一步压力加工状态和最终产品的性能。

9.2.5.1　均匀化退火炉组的类型

均匀化退火炉组由均匀化退火炉、冷却室组成；周期式炉组中还包括一台运输料车，连续式炉组则包括一套链式输送装置。

均匀化退火炉组按加热能源可分为电阻式和火焰式。加热方式有两种：一种是间接加热，火焰燃烧产物不直接加热铸锭，而是先加热辐射管等传热中介物，然后热量靠炉内循环气流传给铸锭；第二种是直接加热，电阻加热元件通电产生的热量靠炉内的循环气流传给铸锭。

图 9-17　过滤精炼装置

均匀化退火炉组按操作方式可分为周期式与连续式。常用的是周期式。铸锭由加料车送入均匀化退火炉，完成升温保温后，整炉铸锭被运到冷却室内按照设定的速度冷却至室温，即完成了一个均匀化退火处理周期。国外周期式均匀化退火炉组最大吨位达 75t。

连续式炉组的工艺过程为：铸锭被传送机构连续地送入均匀化退火炉，通过炉内不同区段完成升温、保温后，进入冷却室内，按照设定的速度冷却至室温，然后铸锭被传送机构连续地从冷却室运出。连续式炉组多用于产量较大和退火工艺稳定的中小直径圆铸棒。国外连续式均匀化退火炉组最大处理能力可达 20 万吨/年。

9.2.5.2　几种均匀化退火炉组

A　电加热周期式均匀化退火炉组

50t 均热炉主要技术参数见表 9-13，结构如图 9-18 和图 9-19 所示。

表 9-13　50t 电加热周期式均匀化退火炉组主要技术参数

项　目	参　数
吨位/t	50
用途	铝及铝合金铸锭均热
炉子形式	电阻加热空气循环
炉膛工作温度/℃	650（最高）
铸锭加热温度/℃	550~620
装出料方式	复合料车

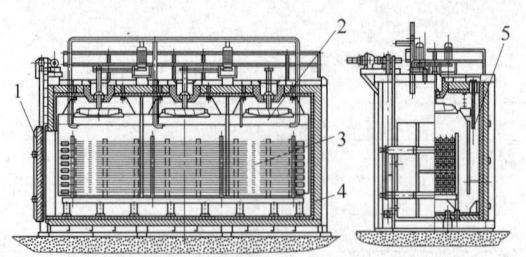

图 9-18　50t 电加热周期式均匀化退火炉组结构示意图
1—炉体；2—炉门；3—循环风机；4—电阻加热器；5—炉料

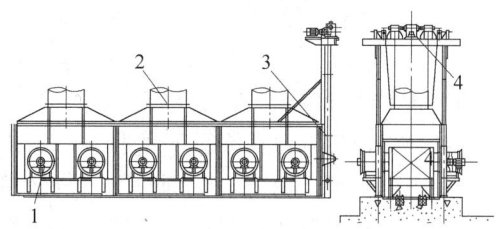

图 9-19 50t 电加热周期式均匀化退火炉组配套冷却室结构示意图

1—冷却风机；2—排风罩；3—进出料门；4—门提升结构

B 连续式均匀化退火炉组

连续式均匀化退火炉主要用于圆铸锭的连续、大批量均匀化退火。连续式均热炉主要技术参数见表 9-14，结构如图 9-20 所示。

表 9-14 连续式均匀化退火炉组主要技术参数

项　　目	参　　数
炉子用途	铝及铝合金圆铸锭均热
炉子形式	连续式火焰加热，空气循环
每炉装料量/t	13
铸锭规格/mm×mm	$\phi(178\sim203)\times6200$（可根据工艺要求确定）
炉膛工作温度/℃	650（最高）
铸锭加热温度/℃	$550\sim620$
热负荷/kg·h^{-1}	130
均热时间	按工艺要求
加热式装出料方式	液压式进式
铸锭冷却速度/℃·h^{-1}	200
铸锭冷却时间/h	$2\sim2.5$
铸锭冷却终了温度/℃	150
冷却室装料量/t	13

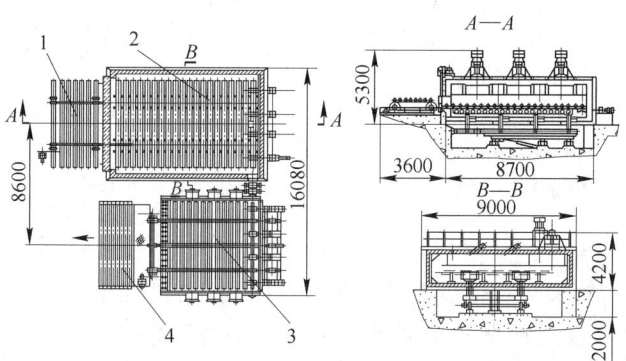

图 9-20 加热连续式均匀化退火炉组结构示意图

1—上料机构；2—步进式连续均热炉体；3—连续冷却室；4—出料机构

9.2.6 其他辅助设施

9.2.6.1 直接水冷（DC）结晶器

直接水冷（DC）结晶器按照结晶器水冷内套的结构，可分为传统式、热顶式和电磁式；按照结晶器二次冷却水流控制方式，可分为传统式、脉冲式、加气及双重喷嘴等改进式；按照供给结晶器铝液的流量控制，可分为接触式浮标液位控制和非接触式（电感应、激光等）传感器加塞棒执行机构液位控制两种方式。几种结晶器的结构如图 9-21～图 9-27 所示。

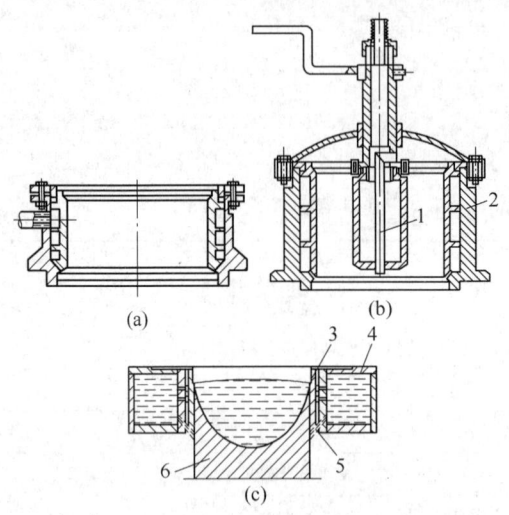

图 9-21 传统式结晶器结构示意图
（a）普通结晶器；（b）带芯结晶器；（c）半连铸过程
1—芯子；2—结晶器本体；3—内套；4—水套；
5—二次冷却水；6—铸锭

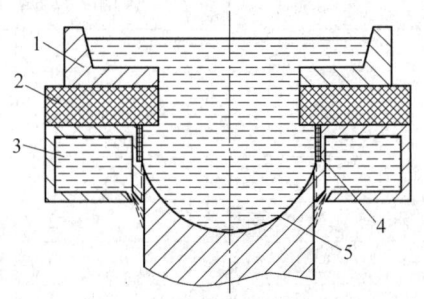

图 9-22 热顶式结晶器结构示意图
1—流槽；2—热顶；3—结晶器；
4—石墨环；5—铸锭

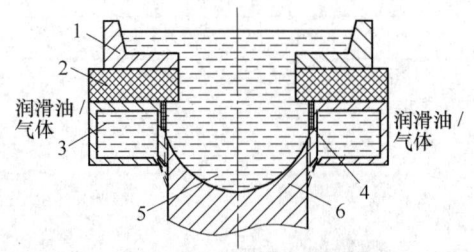

图 9-23 气滑热顶式结晶器结构示意图
1—流槽；2—热顶；3—结晶器；
4—石墨环；5—铝熔体；6—铸锭

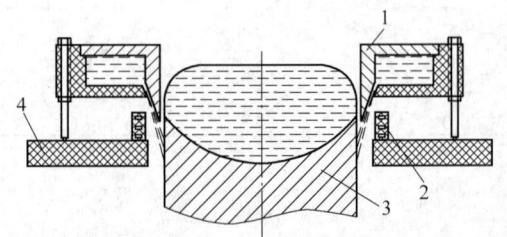

图 9-24 电磁式结晶器结构示意图
1—电磁屏蔽；2—感应线圈；
3—铸锭；4—盖板

9.2.6.2 压渣机

在铝及铝合金的熔炼、重熔以及废杂铝的再生利用过程中，炉渣的产生是不可避免的。锅炉渣的处理不仅是回收铝的课题，更是一个资源回收利用再循环与环境保护的课题。

目前，国外一些国家开发出了集中有效的工艺，例如 IGDC 法、AROS 法、挤压法、

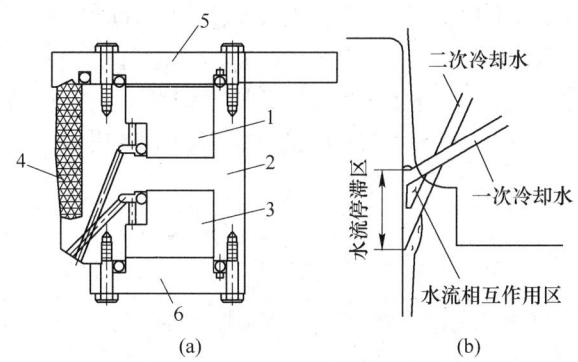

图 9-25 安装双重喷嘴的低液位结晶器（LHC）结构示意图

（a）双重喷嘴结晶器；（b）冷却水流示意图

1—二次冷却水；2—结晶器；3——次冷却水；4—石墨衬板；5—上盖板；6—下盖板

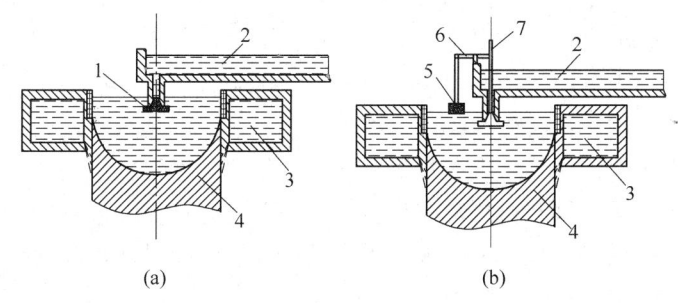

图 9-26 接触式铝液流量控制装置

（a）浮标流量直接控制装置；（b）浮标-杠杆流量控制装置

1—浮标漏斗；2—流槽；3—结晶器；4—铸锭；5—浮标；6—杠杆；7—控流塞棒

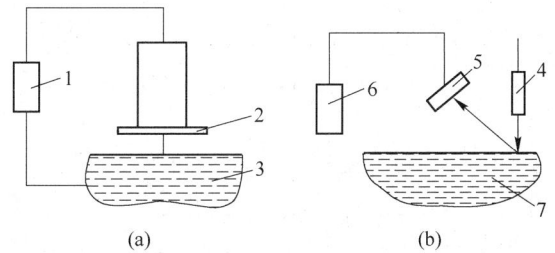

图 9-27 非接触式铝液流量控制装置

（a）电感应非接触式传感器；（b）激光非接触式传感器

1—铝业流量控制机构；2—电感应非接触式传感器（电容器的一极）；3—铝液（电容器的另一极）；

4—激光发射器；5—非接触式液位传感器；6—铝液流量控制机构；7—铝液

等离子体速熔法、ECOCENT 法、ALUREC 法、改进的 MRM 法和 Tumble 法等。采用上述方法，可以大大提高铝的回收率，同时对环境有较大改善。压渣机是通过对热态铝渣进行压制，强制冷却，减少铝液氧化的时间和强度，减少了铝渣在冷却过程中的金属损耗，提高了金属回收率。表 9-15 为压渣机主要技术参数。它具有装备比较简单、投资小、维修容易、操作技术要求不高的特点。热铝炉渣通过压滤，可达到以下效果：

（1）热铝炉渣温度迅速降低，可迅速终止金属的氧化过程，从而减少金属铝的损失；同时避免产生大量的灰尘和烟雾，减少了对环境的污染。

（2）内部金属回收率高，可直接在场内回炉重新熔化。

（3）压滤后的冷炉渣中，金属与灰分分离，金属再回收更容易，并且压制成块的铝炉渣也为后期的运输、二次处理带来了方便。

表 9-15　压渣机主要技术参数

项　目	参　数
金属回收率	其中：总体回收率≥50%，现场金属回收率≥30%，残灰金属回收率≥20%
单次处理量/kg	500~700
单次处理时间/min	10~15
铝渣处理温度/℃	680~1000
最大压制力/MN	100

9.2.6.3　扒渣车

扒渣车主要用于大型熔铝炉和保温炉的搅拌、扒渣和清炉。扒渣车由一名操作员进行所有操作。扒渣车在需要进行作业时，在操作员操作下，依靠自身动力，自行行走到炉前工作位置；在炉前预定位置停好后，扒渣车上部工作部分旋转到适合的位置；待扒渣刮板的扒渣臂进入炉膛，扒渣臂在扒渣车操作员的操作下通过伸缩、倾斜、升降等动作，完成炉内铝液表面铝渣的扒出工作、铝液搅拌工作和炉膛液面线以下炉膛内壁及炉底的清理工作。表 9-16 为扒渣车主要技术参数。

表 9-16　扒渣车主要技术参数

性能项目	分项指标	指标数值和说明
扒渣系统性能	伸缩形成	最大行为为 11m
	伸缩速度/m·min^{-1}	0~60（速度范围内可调）
	垂直形成/mm	≥1400
	提升速度/m·s^{-1}	0~150
	倾斜角度/(°)	+2~25
	倾斜速度/(°)·s^{-1}	0~5（范围内可调）
	旋转范围/(°)	±180
	旋转速度/(°)·s^{-1}	0~10（范围内可调）
	水平推拉力/N	0~10000（范围内可调）
	下推力/N	0~10000（范围内可调）
	作业范围	覆盖炉膛内铝液表面、铝液面线下所有炉膛内壁和炉底
走行台车性能	移动速度/m·min^{-1}	0~160
	最大爬坡能力/%	≥10
	回转	原地
	斜行功能	有
	柴油消耗量/L·h^{-1}	20
	行走炉规格	实心橡胶轮

9.2.6.4　炉底电磁和永磁搅拌装置

安装于反射炉底部的电磁感应搅拌装置产生交变磁场，对铝液产生搅拌作用。在搅拌力作用下，铝液表面的热量快速向下传导，减少了铝液表面过热，使其上下温差小，化学成分均匀。电磁感应搅拌铝液过程与炉子加热过程可同时进行，不需要打开炉门，提高了炉子的生产效率，避免了炉内热量的散失和开炉门时铝液表面与空气反应造成的金属损失。电磁搅拌装置可在熔化炉和保温炉下面行走，1个电磁搅拌器可以兼顾熔化炉和保温炉两台炉子。安装电磁搅拌装置时，炉体结构须在传统结构的基础上进行适当改变，以防止炉体钢结构产生感应电流，影响对铝液的搅拌效果。图9-28所示为ABB公司炉底电磁搅拌装置工作原理图。

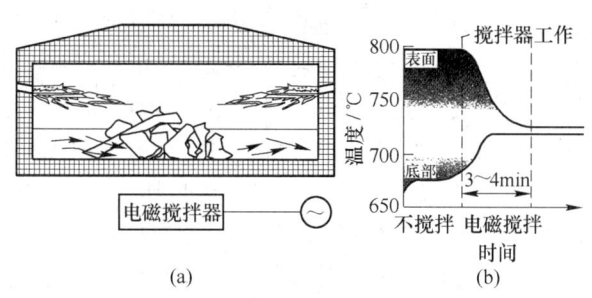

图9-28　炉底电磁搅拌装置工作原理图
（a）搅拌器布置图；（b）铝熔炼过程中搅拌对熔体温度的影响

电磁搅拌器主要由变频电源和感应器组成，变频器把50/60Hz的工频交流电编程频率为0.8~3.5Hz的两相或三相低频电源。该电源通入感应器线圈后将产生一个行波磁场，此行波磁场穿透炉底作用于铝溶液，使铝溶液产生水平方向的移动，从而达到搅拌的目的。改变变频电源的电压、频率和相位，即可改变搅拌力的大小和方向。

永磁搅拌是靠永磁铁磁力场对金属液体进行非接触搅拌。永磁搅拌器相当于一个气隙很大的使用永磁体磁场的电动机。感应器相当于电动机的定子，铝溶液相当于电动机的转子，磁场和熔池中的金属液体相互作用产生感应电势和感生电流，感生电流又和磁场作用产生电磁力，从而推动金属液体做定向运动，起到搅拌的作用。由此可见，永磁搅拌是非接触搅拌，不会污染铝溶液。由于感应器置于铝熔炉底部或侧面，熔体底部的铝溶液获得的搅拌力较大，顶部的搅拌力较小。合理设置搅拌强度，既可获得充分均匀的搅拌效果，又不破坏熔体表面的氧化膜，可减少烧损。减少熔体吸气，获得高质量熔体。

永磁搅拌系统由特殊永磁铁组成的永磁场，高效简练的风冷却系统，支持远程控制的控制系统组成。

9.3　铝及铝合金挤压设备

9.3.1　管、棒、型、线材生产线的组成与布置

以铝及铝合金铸锭为原料，通过挤压加工，生产铝及铝合金管、棒、型、线材。依据合金品种不同，制品有热挤压状态、淬火—时效状态、软状态和不同程度的硬状态。根据不同的工艺流程，管、棒、线、型材生产线的组成也不同。

9.3.1.1 工艺流程选择

铝管、棒、型材主要采用挤压法生产，线材主要采用拉伸法生产。最常用的挤压工艺有正向挤压和反向挤压两种。正向挤压在设计、生产中应用最广泛；反向挤压可降低挤压力 30% ~ 40%，挤压速度比较高，制品的组织和性能均匀，但设备结构、工具装配、生产操作都比较复杂，限制了它的使用范围。

挤压管、棒材和型材，采用铸锭加热—挤压—精整的生产流程；对于热处理可强化的铝合金材，还要进行淬火—时效处理。建筑型材采用挤压后在线风（水）冷淬火和精整的生产工艺。薄壁管采用先挤压生产出管坯再冷加工的生产工艺；对硬合金小直径管，常用二次挤压法先生产出小规格的挤压管坯，再冷加工的生产工艺。管坯的冷加工有冷轧和拉伸两种方法。冷轧法每道次变形量大（延伸系数最大可达 8 ~ 10），可一次从坯料轧至接近成品厚度，但设备价格高，工具制造也较复杂。拉伸法的设备和工具都比较简单，生产时变换规格容易、制品尺寸精确、表面光洁，但每道次变形量小（延伸系数在 2 以内）、生产工序多，成品率较低。硬合金和高镁铝合金管材，一般采用先将挤压管坯冷轧，然后拉伸出成品的生产工艺。纯铝和软合金管材，多采用挤压后拉伸的生产工艺。ϕ30mm 以下的纯铝机软合金管，可采用生产效率和成品率都很高的盘管拉伸工艺，并成盘出厂。在冷轧、拉伸过程中，一般要进行几次中间退火。加工到成品尺寸后，须根据交货要求进行成盘热处理和精整。

铝合金线材采用热挤压—拉伸—热处理—精整的生产工艺。导体用的铝线材主要在电线厂生产，一般采用先连铸连轧生产出铝盘条再拉伸的生产工艺。

9.3.1.2 设备选择

设备选择包括铸锭加热炉、挤压机或连续挤压机、冷轧管机、拉伸机、热处理炉、精整设备以及建筑铝型材生产机列的选择。

A 铸锭加热炉

通常选用连续进出料的炉型，加热方式有感应加热、电阻加热和火焰直接加热。

（1）感应加热电路。加热速度快，操作方便灵活，占地少。

（2）炉内带空气循环的电阻加热炉。加热时间长，加热温度均匀，适用于各种铝合金铸锭的加热。

（3）火焰加热炉。采用火焰直接加热铸锭，加热速度快，常用于生产建筑型材的长铸锭加热；配以热剪，可提高成品率。为了使加热均匀，并降低加热成本，对于与 20MN 以上的建筑型材挤压机配套的加热炉，可选择火焰加热和电加热相结合的加热方式。铸锭在炉内输送方式有推进式、步进式和链带式等。

B 挤压机

挤压机一般分为立式挤压机和卧式挤压机两种。60MN 的立式挤压机使用空心锭，生产 ϕ50mm 以下的挤压管。8MN 以上的卧式挤压机，又分为单动式和双动式两种。单动式挤压机适用于挤压型、棒、线材及采用舌形模生产软合金管材；带穿孔系统的双动式挤压机适用于挤压硬合金管坯及特殊空心型材。20MN 以上的大、中型挤压机，有特殊要求时可具备正反两种挤压功能。铝及铝合金挤压机大部分采用油压直接传动。

连续挤压机（Conform）主要使用铝线杆为原料，其特点是通过坯料（不加热）与送料辊之间的摩擦作用使坯料升温并沿着模槽前进，进入挤压模成型。生产机列由坯料开卷机、坯料矫直机、连续挤压机、冷却台灯设备组成，可连续生产纯铝及一部分铝合金的小规格管材和型材。

C 冷轧管机

冷轧管机常用的有周期二辊式和多辊式两种。周期二辊式冷轧管机道次加工率大，适于生产 $\phi16 \sim 120mm$、壁厚为 $0.5 \sim 2mm$ 的铝合金管。多辊式冷轧管机轧出的管材壁厚与直径之比可达 $1/100 \sim 1/200$，几何尺寸精确，内外表面粗糙度较小，但生产效率比二辊式低，常用于生产 $\phi50mm$ 以下、壁厚 $0.5mm$ 以下的薄壁管。

D 拉伸机

拉伸机有直线式和卷筒式两大类：

(1) 直线式拉伸机主要用于管、棒材的拉伸，拉伸力为 $5 \sim 750kN$，拉伸速度为 $20 \sim 100m/min$。其传动方式主要有链式、液压两种，通常采用链式传动，其中以直流传动的双链拉伸机操作最为简便；液压拉伸机传动平稳，适合于生产异型薄壁管。

(2) 卷筒拉伸机用于拉伸小直径管、棒材和线材，有卧式、立式、倒立式单卷筒拉伸机和卧式、立式多卷筒拉伸机等。卧式单卷筒拉伸机，结构简单，操作简便，但拉伸速度比较低，拉伸制品长度受卷筒长度的限制，多用于棒材、线材拉伸和卷曲 $\phi30mm$ 以下的直条管坯，同时进行一道拉伸。立式单卷筒拉伸机和立式非滑动多卷筒拉伸机，常用于线材的拉伸。倒立式单卷筒拉伸机，适用于生产 $\phi30mm$ 以下的软合金管材，其拉伸速度可达 $1000m/min$。卧式多卷筒拉伸机，常用于毛细管的拉伸。

E 热处理炉

热处理炉多采用电阻加热、空气强制循环的炉型。硬铝合金管、棒、型材的淬火多采用离线的立式淬火炉，淬火温度为 $470 \sim 505℃$，淬火水槽布置在炉体下方。时效多选用坑式或台车式室状炉，时效温度为 $165 \sim 210℃$。生产 6×××T5/T6 建筑型材一般采用在线精密水雾气淬火装置，其使用的时效炉也可采用火焰炉，这种炉子生产费用比较低，但炉温控制比较困难。管、棒材的退火常选用箱式炉。线材的淬火和退火多选用井式炉，当产量低时，淬火与退火可考虑共用一台炉子。

F 精整设备

用于铝管、棒、型、线材的矫直、整形、锯切和重卷。矫直机有张力矫直机、辊式矫直机、扭拧矫直机和压力矫直机四种。

(1) 张力矫直机。用于铝管、棒、型材坯料和成品的平直度矫直，其张力范围为 $0.15 \sim 60MN$，根据被矫直制品的截面面积和合金的屈服强度确定矫直机的张力。

(2) 辊式矫直机。有用于矫直铝管、棒材的双曲线多辊式矫直机和用于矫正型材的悬臂式对辊和多辊型材矫正机。

(3) 扭拧矫直机。用于矫正型材的扭曲度。小规格型材的扭拧度可在张力矫直机的扭拧头上矫直，大规格型材的扭拧度则选用专用的扭拧矫直机矫直。

(4) 压力矫直机。用于消除大断面制品的局部扭曲。

专门生产建筑铝型材的车间可只选用张力矫直机（附带扭拧头）。铝管、棒、型材的成品锯切多采用嵌尺圆锯，管材的坯料锯切也可选用带锯。

G　建筑铝型材挤压机列

建筑铝型材挤压机列由铸锭加热炉、挤压机及挤压机能力相配套的后部辅助机列组成。机列一般包括出料台、精密在线风（水）冷淬火装置、链板式运输机、牵引机、提升移料机、冷床、张力矫直机、贮料台、锯床及输出辊道、定尺台和手机装置等以及人工时效炉等，其典型布置如图 9-29 所示。

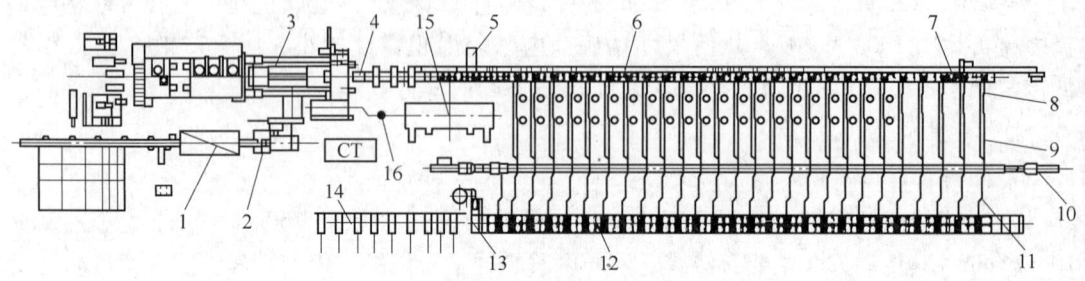

图 9-29　建筑铝型材挤压机列布置图

1—铸锭加热炉；2—热剪；3—挤压机；4—固定出料台（或水淬装置）；5—中断锯；
6—出料运输机；7—牵引机；8—提升移料机；9—冷床；10—张力矫直机；11—贮料台；
12—锯床辊道；13—成品锯；14—定尺台；15—模具加热炉；16—电动葫芦

9.3.1.3　现场布置

铝管材和型、棒材的生产线，一般分别布置在不同的跨间。当车间既生产软合金也生产硬合金时，也可按软、硬合金生产线分别配置。铝管材生产跨间常按挤压、轧管、拉伸、热处理和精整等性质不同的生产区域配置，以便管理。产品的检验包装设置在车间的后部。设有立式淬火炉的车间，淬火炉间均单独配置在副跨内。铝合金线材生产线可在单独的跨间或铝型、棒材生产跨内配置。建筑铝型材和焊管的生产设备已完全连续化，一般单独建厂房或布置在单独的跨间。铝管、棒、型材制品占地面积大，在设备的装卸料区域要画出制料存放场的位置，其面积根据设备生产能力、制品尺寸、贮料方式、存料时间和运输方式等条件确定。

9.3.2　铝及铝合金挤压主要生产设备——挤压机

9.3.2.1　挤压机分类

挤压机按结构形式、挤压方法、传动方式和用途分为多种类型，见表 9-17。对于某种挤压机，通常应说明其结构形式、挤压方法（反向、正反向、传动方式和用途），如卧式反向油压双动铝挤压机。

表 9-17　挤压机的分类及应用

分类方式	类　别	能力范围/MN	主要品种
按结构形式	立式	6.0~360.0	管材
	卧式	5.0~260.0	管、棒、型
按挤压方法	正向	5.0~200.0	管、棒、型
	反向	5.0~360.0	优质管、棒、型
	正、反向	15.0~140.0	管、棒、型

分类方式	类　别	能力范围/MN	主要品种
按传动方式	油压（油泵直接传动）	5.0~200.0	管、棒、型
	水压（水泵—蓄能器集中传动）	5.0~360.0	管、棒、型
	机械传动	小型	短小冲挤及挤压件
按用途	单动（不带穿孔系统）	5.0~100.0	型、棒
	双动（带穿孔系统）	5.0~200.0	管、棒、型

注：美国、俄罗斯、中国各有一台 360MN 立式反向挤压—模锻液压机，用于反向挤压 φ1500mm 以上的管材。

在较老的挤压厂，立式挤压机多用于生产小直径、同心度要求较高的管材。由于立式挤压机在布置上难于实现连续化生产，随着卧式挤压机的结构改进和检测技术的应用，已能生产出较高精度的管材。目前卧式挤压机已基本取代了立式挤压机。

国内外绝大多数挤压机为正向挤压，反向挤压机结构较复杂、设备投资较高。正向或反向挤压机的选择应根据所生产的产品来确定。对于普通民用材和工业材通常采用正向挤压机。反向挤压机一般用于要求尺寸精度高、组织性能均匀、无粗晶环（或浅粗晶环）的制品和挤压温度范围狭窄的硬铝合金管、棒、型、线材的挤压生产。静液挤压机适用于脆性材料的挤压，较常用于铝及铝合金的挤压。

水压传动在一些较老的有多台挤压机的挤压生产厂使用。水压传动由于有蓄能器的储备和平衡作用，特别适合挤压速度高、工作时间短、配有多台挤压机的情况下使用，总功率显著降低。但水压传动因工作液体的压力波动，挤压速度不易控制，直接影响产品的质量，且密封件使用寿命较短，维护工作量大，现已很少应用。现代铝挤压机普遍采用油压直接传动方式。本节主要介绍油压挤压机。

9.3.2.2　主要挤压设备

A　正向挤压机

a　立式挤压机

立式挤压机可以生产壁厚均匀的薄壁管材，其运动部件和出料方向与地面垂直，占地面积小，但要求建筑较高的厂房和很深的地坑，只适用于小型挤压机。立式挤压机按穿孔位置分为无独立穿孔装置和带独立穿孔装置的立式挤压机。带独立穿孔装置的立式挤压机由于结构和操作较复杂、调整困难，应用不广。无独立穿孔装置的立式挤压机挤压管材时采用随动针挤压方式，其结构如图 9-30 所示。目前，也有用立式反向挤压—模锻液压机来生产大径厚壁铝及铝合金管材的。如美国和中国都安装有 360MN 反向立式挤压—模锻液压机。

b　卧式挤压机

目前，管、棒、型材挤压普遍采用卧式油压挤压机。卧式挤压机按其用途分为单动卧式挤压机和双动

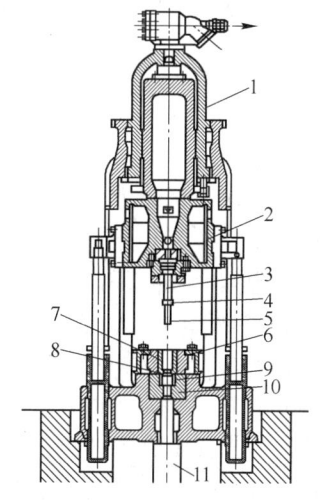

图 9-30　6MN 立式挤压机结构
简图（无独立穿孔装置）

1—主缸；2—活动梁；3—挤压轴；
4—挤压轴头；5—穿孔针；6—挤压筒外套；
7—挤压筒内衬；8—挤压模；9—模套；
10—模座；11—挤压制品护筒

卧式挤压机，其结构分别如图 9-31 和图 9-32 所示。单动卧式挤压机是国内外最普遍使用的铝挤压机。

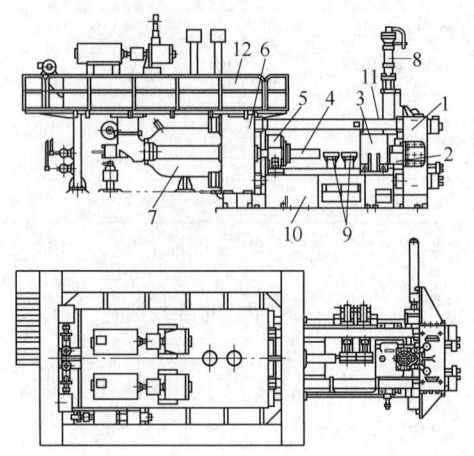

图 9-31　单动卧式挤压机结构示意图

1—前梁；2—滑动模架；3—挤压筒；4—挤压轴；5—活动横梁；6—后梁；
7—主缸；8—压余分离剪；9—供锭机构；10—机座；11—张力柱；12—油箱

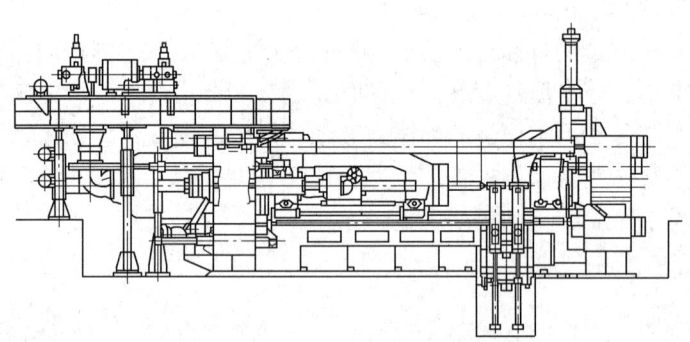

图 9-32　双动卧式挤压机结构示意图

　　短行程挤压机是近些年发展起来的一宗新型挤压机，其挤压轴行程短，缩短了空转时间，提高了生产率，同时也缩短了整机长度。普通挤压机（长行程）和短行程挤压机的区别是装锭方式不同，如图 9-33 所示。短行程挤压机主要有两种形式，一种是将铸锭供在挤压筒和模具之间，另一种供锭位置与普通挤压机相同，挤压轴位于供锭位置处，供锭时，挤压轴移开，这种挤压机挤压杆行程短，整机长度也短。短行程单动挤压机结构如图9-34 所示。

　　挤压机主要由机架（包括前、后梁和张力柱）、活动模座、压余分离剪、挤压垫输送装置、挤压筒座、活动横梁、穿孔活动梁、底座、供锭装置、液压系统和电控系统等组成。

　　c　挤压性能参数

　　挤压机按额定挤压力（吨位）的大小分为多个标准系列。挤压机的吨位一般根据所生产的合金、规格，按经验或通过挤压力计算选取。通常根据挤压制品外接圆直径和断面积选择合适的挤压筒。根据经验，正向挤压时，纯铝挤压成型所需最小单位挤压力为 100～200MPa，铝合金普通型材、棒材为 250～500MPa，铝合金壁板和空心型材为 500～

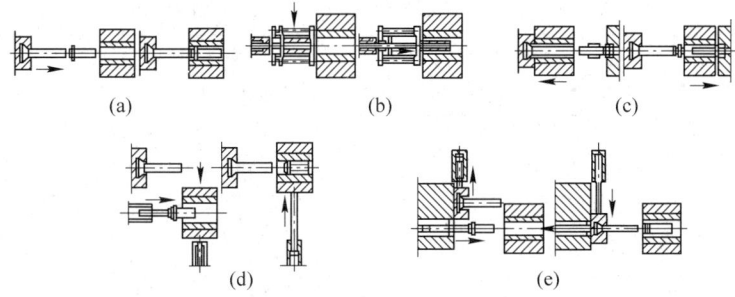

图 9-33　挤压机主柱塞行程长短与装锭方式

（a），（b）铸锭在挤压轴与挤压筒之间装入，为普通（长行程）挤压机；

（c）~（e）挤压筒或挤压轴移位后装锭，为短行程挤压机

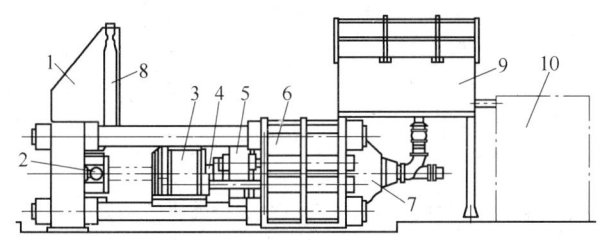

图 9-34　短行程单动挤压机结构示意图

1—前梁；2—滑动模架；3—挤压筒；4—挤压轴；5—活动横梁；6—后梁；

7—主缸；8—分离剪；9—油箱；10—泵站

1000MPa。反向挤压机的挤压力比正向挤压机减少 30%~40%。作用于挤压垫上的单位压力称为比压，比压值应大于挤压成型所需的单位压力，由此确定挤压机吨位。

我国目前主要的挤压机设计制造公司有 20 多家，其中生产 30MN 以上的大、中型铝、镁、铜合金正反向和单动、双动挤压机的主要是太原重型机械有限公司、西安重型机械研究所、上海重型机器厂等；生产 36MN 以下的中、小型铝挤压机（以单动、正向为主）的主要有无锡的源昌挤压机厂、锦绣重工公司、广东的业精挤压机厂和明晟挤压机厂等。中国台湾地区主要有梅瑞实业股份有限公司、建华机械股份有限公司等。国外挤压机制造厂主要有德国西马克公司（SMS Demag Aktiengesellschaft）、意大利达涅利公司（Danieli）和布莱塞士公司、日本宇部兴产（UBE）和神户制钢所（Kobel Steel Ltd.）等。部分制造厂挤压机系列和主要参数见表 9-18~表 9-22，大型挤压机参数见表 9-23。

表 9-18　太原重型机械有限公司挤压机主要参数

挤压机规格	8MN	8MN 双动	12.5MN	16MN	16MN 双动	25MN	36MN
额定挤压力/MN	8	8	12.5	16	16	25	36
工作压力/MPa	25	21	25	25	20	25	21
主柱塞压力/MN	7	6.95	11	14.5	14.45	22.9	32
侧缸挤压力/MN	1	0.65	1.5	1.9	1.8	2.2	4
穿孔力/回程力/MN		3/1.3			2.5/1.25		
挤压筒锁紧/打开力/MN	0.88/0.56	0.95/1.1	1.27/0.88	1.57/1.0	1.2/1.3	2.07/1.4	3.0/2.16
主剪切力/MN	0.38	0.35	0.44	0.5	0.5	0.78	1.69

挤压机规格	8MN	8MN 双动	12.5MN	16MN	16MN 双动	25MN	36MN
主柱塞行程/mm	1240	1250	1540	1850	1730	2000	2600
穿孔行程/mm		600			800		
挤压筒行程/mm	350	330	375	400	375	450	600
挤压速度/mm·s⁻¹	0.1~20	0.1~20	0.1~20	0.1~20	1~25	0.1~20	0.2~18
空程前进速度/mm·s⁻¹	200	200	200	200	300	200	173
回程速度/mm·s⁻¹	300	250	300	300	250	300	250
穿孔速度/mm·s⁻¹		75			60~180		
挤压筒尺寸/mm×mm	$\phi(100\sim150)\times560$	$\phi(100\sim150)\times560$	$\phi(130\sim170)\times700$	$\phi(152\sim200)\times750$	$\phi(160\sim210)\times750$	$\phi(210\sim250)\times900$	$\phi320\times1200$
穿孔针直径/mm		30/50/70					
主泵功率/kW							132×4
铸锭尺寸/mm×mm			$\phi152\times600$			$\phi229\times800$	
安装功率/kW						530	780
设备质量/t	约51	约85		约145	约163	约207	约360

表 9-19　西安重型机械研究所挤压机主要参数

挤压机规格	8MN	10MN	12.5MN	16.3MN	25MN
额定挤压力/MN	8	10	12.5	16.3	25
工作压力/MPa	22.5	25	25	23	25
侧缸挤压力/MN	0.6		1.13		3.08
挤压筒锁紧/打开力/MN	0.68/0.9	0.81/1.13	1.02/1.41	1.4/2.05	2.53/2.54
主剪切力/MN	0.27	0.33	0.41	0.5	0.55
主剪返回力/MN	0.13	0.2	0.22	0.26	
移动模架推力/MN	0.17/0.12	0.23	0.21	0.35/0.2	0.35
主柱塞行程/mm	1250	1250	1500	1700	1980
挤压筒行程/mm			300		450
移动模架行程/mm	670	670	700	950	
主剪行程/mm	650	600	630	780	
挤压速度/mm·s⁻¹	0.5~20	0.5~20	0.2~18.5	0.5~20	0.2~22
快速进/回程速度/mm·s⁻¹	300/295	300/250	250/227	250/135	300/300
挤压筒松开速度/mm·s⁻¹	110	100	91	83	
挤压筒锁紧速度/mm·s⁻¹	80	80	73	66	
主剪切速度/mm·s⁻¹	300/295	200	190	200	
主剪回速/mm·s⁻¹	350	300/250	280	250	
非挤压时间/s			14		16
挤压筒内径×长度/mm×mm			158×650		235×950
模组尺寸/mm×mm			$\phi335\times335$		$\phi475\times500$
主泵功率/kW	90×2	90×2	110×3	90×4	200×3
安装功率/kW			400		700

表 9-20 日本宇部兴产 (UBE) 挤压机主要参数

型　号		挤压力/MN	穿孔力/MN	铸锭尺寸/mm×mm	挤压筒直径/mm	比压/MPa	挤压速度/mm·s⁻¹	主泵台数(500mL/r)
单动挤压机	NPC1800	16.3		$\phi178\times750$	185	610	20	2
	NPC2000	18.2		$\phi178\times800$	185	660	21	2
	NPC2500	22.7		$\phi203\times865$	210	650	22	3
	NPC2750	25.0		$\phi229\times915$	236	570	23	3
	NPC3000	27.5		$\phi229\times916$	236	620	20	3
	NPC3600	32.8		$\phi254\times1016$	262	610	20	4
	NPC4000	36.2		$\phi279\times1118$	287	560	19.9	4
	NPC5000	45.4		$\phi305\times1270$	313	590	20.8	5
	NFC2500	22.7		$\phi203\times865$	210	650	14.5	2
	NFC2750	25.0		$\phi229\times915$	236	570	13.2	2
双动挤压机	UAD88	8.0	1.07	$\phi(127\sim152)\times500$		580~398	20	1
	UAD135	12.5	1.77	$\phi(152\sim178)\times560$		630~465	25	2
	UAD180	16.3	2.97	$\phi(178\sim203)\times750$		610~473	24/25	2
	UAD235	21.4	3.40	$\phi(203\sim228)\times800$		610~489	26	3
	UAD250	22.7	3.60	$\phi(203\sim228)\times800$		650~519	26	3
	UAD275	25.0	4.12	$\phi(228\sim254)\times900$		570~460	23/25	3
	UAD360	32.8	6.60	$\phi(254\sim279)\times1000$		610~503	24/25	4
	UAD400	36.2	8.30	$\phi(254\sim305)\times1000$		666~465	21/23	4
	UAD480	43.5	9.90	$\phi(279\sim355)\times1000$		663~416	22/24	5
	UAD520	47.5	11.90	$\phi(305\sim406)\times1200$		609~350	25	6

表 9-21 德国西马克公司 (SMS) 挤压机主要技术参数

挤压力(250MPa)/MN	12.5	16	20	22	25	28	31.5	35.5	40
突破力(270MPa)/MN	13.5	17.4	21.8	23.9	27.1	30.4	34.9	38.5	44.1
标准铸锭/mm×mm	$\phi157\times670$	$\phi178\times750$	$\phi203\times850$	$\phi203\times900$	$\phi229\times950$	$\phi229\times1000$	$\phi254\times1060$	$\phi279\times1120$	$\phi279\times1180$
型材最大外接圆/mm	$\phi160$	$\phi180$	$\phi200$	$\phi212$	$\phi225$	$\phi235$	$\phi250$	$\phi265$	$\phi280$
型材最大宽度/mm	220	250	280	300	315	335	355	375	400
模组尺寸/mm×mm	$\phi335\times355$	$\phi375\times400$	$\phi425\times450$	$\phi425\times450$	$\phi475\times500$	$\phi475\times500$	$\phi530\times560$	$\phi530\times560$	$\phi600\times630$
非挤压时间/s	10.5	11.5	12	12.5	13	13.5	14	14	15
挤压速度/mm·s⁻¹	25	24	23.5	23	23.5	24	24.5	24	24
主泵功率/kW	160×2	200×2	160×3	160×3	200×3	160×4	200×4	160×5	200×5

表 9-22 意大利达涅利公司 (Danieli) 挤压机系列主要参数

挤压力/MN	标准铸锭长度/mm×mm	比压/MPa	挤压力/MN	标准铸锭长度/mm×mm	比压/MPa
11	$\phi140\times600$	648	30	$\phi254\times1150$	557
13.5	$\phi152\times750$	680	32.5	$\phi254\times1250$	603
16	$\phi178\times800$	596	40	$\phi305\times1400$	520
18	$\phi178\times850$	670	44	$\phi330\times1400$	491
22	$\phi203\times1000$	635	50	$\phi356\times1500$	481
25	$\phi229\times1050$	567	55	$\phi356\times1500$	526
27	$\phi229\times1250$	612	60	$\phi381\times1550$	494
30	$\phi229\times1250$	680	75	$\phi432\times1600$	491

表 9-23　集中大型挤压机主要技术参数

挤压机能力/MN	50	55	65	65/70	75	75	80/95	95	90/100	90/100	125	120/130	200	140
型式	单动水压	紧凑式单动	短行程单动	单动油压	单动油压	单动油压	双动油压	油压单动	双动油压	双动油压	双动油压	正反双动	双动水压	双动水压
额定挤压力/MN	50			64.99/69.86	75/81	75.8	80/95	95	90/100	90/100	55/70/125	120/130	70/140/200	140
回程力/MN				3.93	4.87/5.26	4			8	6	8	9	14	8
穿孔力/MN							15	15	30	30	31.5	35	70	30
工作压力/MPa	32		25	25/27	25/27	25.5	31.5	31.5	31.5	30	32	31.5	32	32
挤压筒锁紧/打开/MN	3.70/2.17			8.04/	9.82/7.36	9.8/6.6		9.5/	9.51	9.4/8	6.4/10	10/	12.8/7.4	6.4/10
主剪切力/MN	1.85		2.11	2.14	3.14	3.2		4.0	5.0	3.2	5.0	6.8	6.0	5.0
主柱塞行程/mm	1520			3725	3350	3500		3255		4200	2500	2500	2550	2500
穿孔行程/mm				1950				1400		1850	1650/4150		4750	4500
挤压筒行程/mm	1520				2050	2500				1000	2500		2550	
挤压速度/mm·s⁻¹	1~60	0.25~27	0~17	约25	约20	0.2~20	0.1~19.8	0~21.2	0~20	0.2~20	0~30	0~75	0~30	0~30
穿孔速度/mm·s⁻¹									80	70	100		0~30	100
非挤压时间/s		19.8	23	20.5					25					

续表 9-23

挤压筒尺寸/mm×mm 或 mm×mm×mm	φ(290,350,405,485)×1000	φ(325~400)×1500×1500	φ(457~500)×1500×1500	φ(315~450)×1500	φ(310~500,665)×240×1620	φ′450,(650)×250×1550	φ(420,500,580,670)×270×1600	φ(430,500,600,700)×280×1800	φ(420,460,580,680)×280×1900	φ(460,560)×1900	φ(500,650,800,850)×320×2000	φ(450,550,650)×2100	φ(650,800,1100,300)×1100×2100	φ(500,650,800,850)×250×2000
模组尺寸(外径×长度)/mm×mm			889×914	750×800	900×950	900×960	1040×	1000×	1000×	1000×	1300×1050			1300×
前梁开口(φ×W)/mm×mm	460×700				450×800		800×600			1000×600				
主泵功率/整机功率/kW	/1600	/1488(泵)		160×8	250×6+110×2/	160×8/1912		200×8/		250×8/泵2464				
外形尺寸/m（长×宽/地面上高度）	35×12.4/5.7	20×9/7.1		6.0				24×6.3			约45×16/7.03		46×26.3/6.1	
设备质量/t		610									2950		4270	
制造厂		Davy Clecim	意大利 Danieli	德国 SMS	德国 SMS	中国太原重型机械公司	波兰 Zamet 改造	德国 SMS，日石川岛	德国 SMS	中国西安重型机械研究所	中国沈阳重型机械厂	德国 SMS	俄罗斯乌拉尔重机厂	曼勒托曼
使用厂	中国东北轻合金加工厂	荷兰 Nedal Aluminium	美国 Delair	挪威 Kautoss Automotive	瑞士	中国辽源麦达斯铝业公司	中国西南铝加工厂	日本 KOK 公司	德国 UAW	中国山东丛林集团	中国西南铝加工厂	意大利	古比雪夫铝厂	美国铝业公司
投产年份	1956	1988	1990	1996	1980	2002	2001	1970	1999	2003	1970	2001	1950	1950

B 反向挤压机

反向挤压机挤压力多为 25~100MN 之间，绝大多数为卧式单动或双动反向挤压机。目前，世界上最大吨位的卧式反向挤压机是美国铝业公司的 150MN 反向挤压机。为了生产大直径厚壁铝及铝合金管材，还有少数的立式反向挤压—模锻液压机，如美国的 360MN 立式反向挤压—模锻液压机。本节主要讨论卧式反向挤压机。

我国目前有反向挤压机 40 余台。20 世纪 80 年代中期我国从日本引进了两台反向挤压机，一台为 25MN 双动反向挤压机，另一台为 23MN 单动反向挤压机。20 世纪末又从德国引进了一台 45MN 双动反向挤压机。近年来，从 SMS 引进的先进的单动与双动反向挤压机有十余台。

反向挤压机列主要包括铸锭加热炉、铸锭热剥皮机、反向挤压机和机后辅机。铸锭加热炉和机后辅机与正向挤压机配备相同。反向机列和正向挤压机列的平面配置大同小异。

反向挤压机按挤压方法分为正、反两用和专用反向两种形式，每种又可分为单动（不带独立穿孔装置）和双动（带独立穿孔装置）两种。反向挤压机按其本结构大致可分为三大类：挤压筒剪切式、中间框架式和后拉式。

现代反向挤压机采用预应力张力柱结构，普遍采用快速更换挤压轴和模具装置、挤压筒座 X 形导向、模轴移动滑架快速锁紧装置、挤压筒清理装置、内置式穿孔针、穿孔针清理装置以及模环清理装置。

a 挤压筒剪切式

如图 9-35 和图 9-36 所示，挤压筒剪切式的特点是前梁和后梁固定，通过四根张力柱连成一个整体。在挤压筒移位架（也称挤压筒座）上，设有压余剪切装置。这种结构仅应用于反向挤压机。

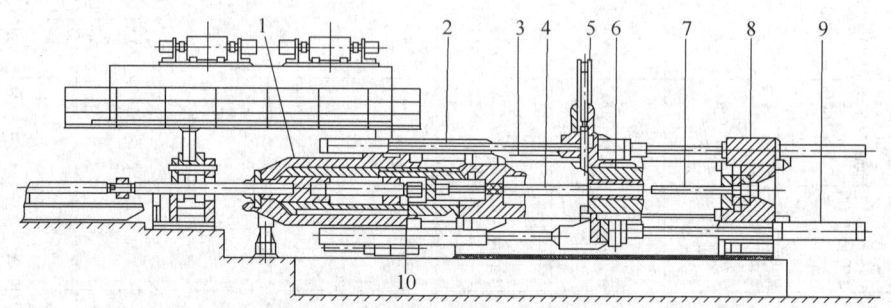

图 9-35 挤压筒剪切式双动反向挤压机

1—主缸；2—液压连接缸；3—张力柱；4—挤压轴；5—压余分离剪；
6—挤压筒；7—模轴；8—前梁；9—挤压筒移动缸；10—穿孔大针

b 中间框架式

如图 9-37 所示，中间框架式用于正反两用挤压机，其特点是前梁和后梁固定，通过四根张力柱连成一个整体。在前梁和挤压筒移动梁之间设有压余剪切用的活动框架，剪刀就设置在活动框架上。图 9-37 为反向挤压机正在进行压余剪切时的状况。当进行正向挤压时，卸下模轴，把挤压筒移到紧靠前梁直至同一般正向挤压机一样进行正向挤压。

c 后拉式

如图 9-38 所示，后拉式结构特点是：中间梁固定，前后梁是通过四根张力柱连成一

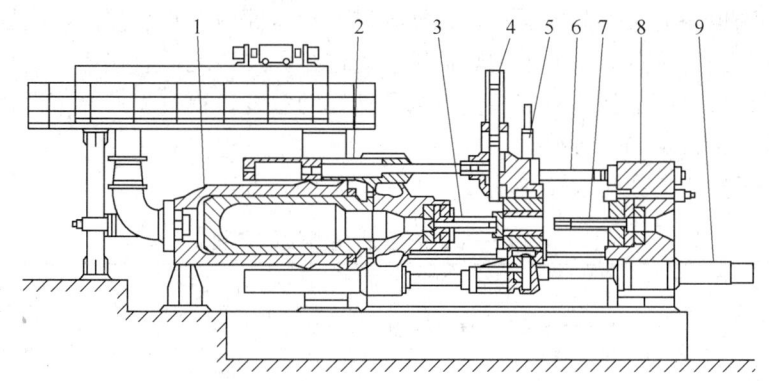

图 9-36 挤压筒剪切式单动反向挤压机

1—主缸；2—液压连接缸；3—张力柱；4—挤压轴；5—压余分离剪；

6—挤压筒；7—模轴；8—前梁；9—挤压筒移动缸

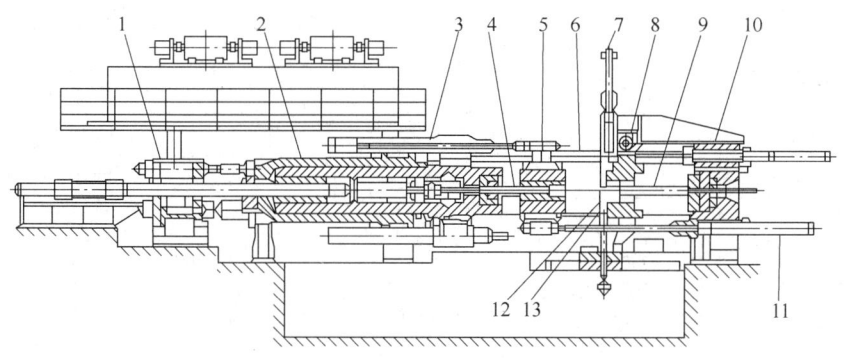

图 9-37 中间框架式正反两用挤压机

1—穿孔针锁紧；2—主缸；3—液压连接缸；4—挤压轴；5—挤压筒；6—张力柱；

7—压余剪；8—中间框架；9—模轴；10—前梁；11—挤压筒移动缸；12—垫片；13—压余

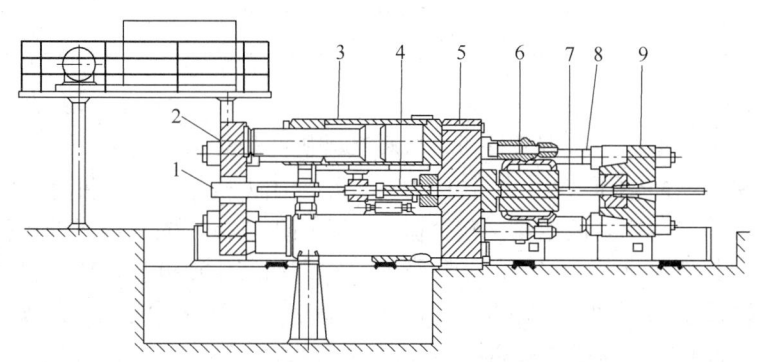

图 9-38 后拉式反向挤压机

1—剥皮缸；2—后移动梁；3—主缸；4—铸锭；5—固定梁；

6—挤压筒；7—模轴；8—张力柱；9—前移动梁

个整体的活动梁框架。图 9-38 所示位置为该反向挤压机正在挤压时的状况。挤压时，挤压筒靠紧中间固定梁，在主缸压力作用下，主柱塞向后拉，带动前、后梁向后移动。固定在前梁上的模轴也随前梁一起向后移动，逐渐进入挤压筒内进行反挤压。在固定梁和后梁之间设有热铸锭剥皮装置。挤压前的热铸锭在此进行剥皮，之后直接送入挤压筒内。这种剥皮方式可以最大限度地保持铸锭表面清洁和铸锭的温度，提高生产效率。该结构仅适用于单动式的型、棒材反向挤压机。

反向挤压机性能参数见表9-24。

表 9-24　反向挤压机主要性能参数

挤压机规格	25MN		45MN	
额定挤压力/MN	27.5（主缸+挤压筒缸）		45.5	
工作压力/MPa	21		28.5	
主柱塞压力/MN	22		40.8	
侧缸前进/回程力/MN			4.06/2.4	
穿孔力/回程力/MN	5.93		15.8/15	
挤压筒前进/回程力/MN			4.32/2.04	
主剪切力/MN	0.82		2.65	
主柱塞行程/mm	1600		2150	
穿孔行程/mm	1160		1350	
挤压筒行程/mm	1250		3990	
挤压速度/m·s^{-1}	0~23		0.2~24	
挤压筒尺寸/mm×mm	ϕ240×1150	ϕ260×1150	320	420
穿针孔直径/mm	ϕ60、ϕ75	ϕ60、ϕ75、ϕ100	ϕ95、ϕ130、ϕ160	ϕ95、ϕ130、ϕ160、ϕ200、ϕ250
主泵功率/kW	160×3+90×1		250×7	
铸锭尺寸/mm×mm	实心锭ϕ234，252×（350~1000）空心锭外径ϕ234，254×（360~700）		实心锭ϕ314，412×（500~1500）空心锭外径ϕ314，412×（500~1000）	
安装功率/kW			约2170	
制造商	日本 UBE		德国 SWS	

C　冷挤压机

冷挤压常用的典型压力机有机械压力机和液压机两种类型。

机械压力机包括曲轴压力机、肘杆压力机、顶锻压力机等；液压机有水压和油压机。

铝合金冷挤压采用立式液压机比较合适。一般用于热挤压的水压或油压挤压机也可以用于冷挤压，但其满足不了冷挤压的各种特殊要求，如挤压速度慢、辅助时间长、刚度和精度不够、抗高压液频繁冲击性差等，因此应采用专门的冷挤压液压较合适。

9.3.2.3　挤压机主要配套设备——机前机后辅机

A　模具加热炉

模具加热炉是挤压生产中不可缺少的一项工序。模具加热炉要求操作方便，温度容易控制。所以模具加热炉一般都采用电阻加热。模具加热炉分台式（又称抽屉式）和井式两种。根据炉膛数目的多少又可分为单膛模具加热炉、双膛模具加热炉和多膛模具加热炉。双膛和多膛模具加热炉又称组合式模具加热炉。抽屉式模具加热炉的主要技术参数见表

9-25，组合式模具加热炉的主要技术参数见表9-26。

表9-25　抽屉式模具加热炉的主要技术参数

挤压机规格/MN	14.6	12.5	11.0	8.0
铸模具规格/mm×mm	$\phi280\times150$	$\phi230\times140$	$\phi200\times120$	$\phi180\times120$
最高加热温度/℃	550	550	550	550
从室温加热至500℃的时间/h	3~4	3~4	3~4	3~4
加热形式	电加热	电加热	电加热	电加热
工作室的功率/kW	45	24	18	18
工作室放模具数量/套	12	12	12	12
工作室数量/个	1	1	1	1
风机功率/kW	2.2	1.5	1.5	1.5
装机容量/kW	48	26	20	20
空炉升温时间/h	≤1	≤1	≤1	≤1
炉子形式	小车式	小车式	小车式	小车式
炉门开口形式	气动或手动	气动或手动	气动或手动	气动或手动

表9-26　组合式模具加热炉的主要技术参数

挤压机规格/MN	36.0	25.0	20.0	18.0	14.6	12.5	11.0
铸模具规格/mm×mm	$\phi500\times350$	$\phi430\times1280$	$\phi360\times250$	$\phi330\times220$	$\phi280\times150$	$\phi230\times140$	$\phi200\times120$
最高加热温度/℃	550	550	550	550	550	550	550
从室温加热至500℃的时间/h	3~4	3~4	3~4	3~4	3~4	3~4	3~4
工作室的功率/kW	42	35	27	24	12	9	9
工作室放模具数量/套	3	3	3	3	3	3	3
工作室数量/个	4	4	4	4	4	4	4
风机功率/kW	1.5	1.5	1.1	1.1	1.1	1.1	1.1
装机容量/kW	174	126	113	101	53	41	41
空炉升温时间/h	≤1	≤1	≤1	≤1	≤1	≤1	≤1
炉子形式	顶开门方炉	顶开门方炉	顶开门方炉	顶开门方炉	顶开门方炉	顶开门方炉	顶开门方炉
炉门开口形式	气动	气动	气动	气动	气动	气动	气动

B　铸锭加热炉

挤压铸锭的加热炉按其加热方式分为电加热炉和燃料加热炉两大类；电加热炉又分为电阻加热炉和感应加热炉。铸锭加热炉按其加热铸锭的长度分为普通铸锭加热炉和长锭加热炉。铸锭加热炉的加热能力应与挤压机的生产能力相配套。

a　燃料加热炉

燃料加热炉的主要优点是加热效率高、生产成本低，缺点是炉温不易调整控制、生产环境较差，这类加热炉多用于中、小型挤压机的铸锭加热。

燃料加热炉多按各厂的具体情况进行设计，其炉型和结构与电阻加热炉相似，炉子为通过式，带强制热风循环，铸锭输送有链条传动式、导轨推进或辊道推动式，其结构如图9-39所示。

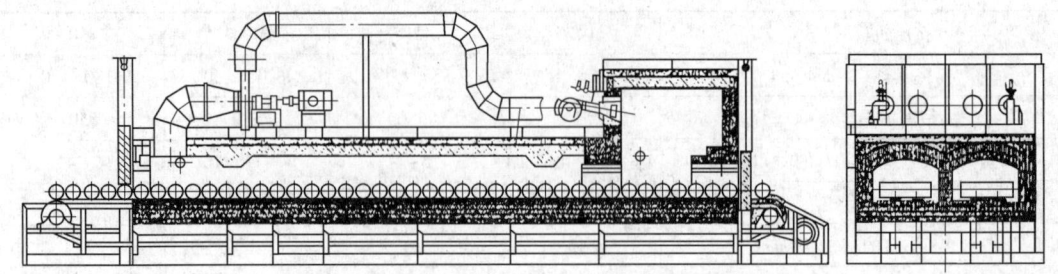

图9-39　21.3MN挤压机用铸锭燃料加热炉结构示意图

列出部分铸锭燃料加热炉的主要技术参数见表9-27。

表9-27　几种铸锭燃料加热炉的主要技术参数

参　数	挤压机能力/MN					
	5.0	8.0	12.5	8.0	21.3	55.0
燃料		天然气	天然气	0号柴油	天然气	天然气
加热能力/t·h⁻¹				0.55	1.85	7.0
燃料最大用量/m³·h⁻¹	15	21	33	35	85	325
铸锭尺寸/mm×mm	φ76×356	φ114×508	φ152×660	φ125×550	φ222×800	φ(325、356)× 1500
额定工作温度/℃	600	600	600	600	600	550
炉膛尺寸（长×宽×高） /mm×mm×mm	8000× 600×400	9000× 700×400	9000×1500× 460	7500×550× 220		预热区长 8385mm， 加热区长 7615mm
铸锭排放方式	单排	单排	双排	单排	双排	
制造厂	使用厂：方舟铝业公司			中色公司苏州新长光 工业炉公司		使用厂：荷兰 Nedal Aluminium

b　电阻加热炉

电阻加热炉是铝合金型、棒材挤压生产中经常采用的一种加热炉，它与燃料炉相比，主要优点是炉温易于调整控制、加热质量好、劳动条件较好等；其主要缺点是生产成本高，加热速度不如燃料炉快等。

电阻加热炉大多采用带强制循环空气的炉型。加热元件通常置于炉膛顶部，炉子一侧或炉顶装置循环风机，其结构如图9-40所示。几种电阻加热炉的主要技术参数见表9-28。

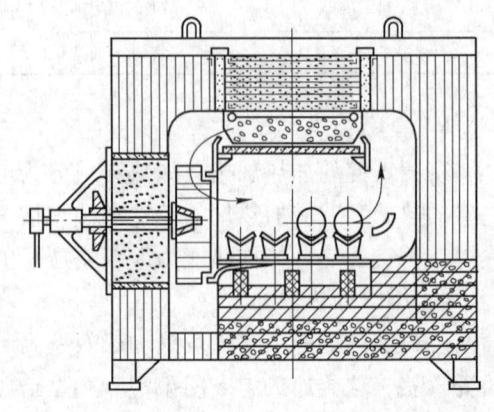

图9-40　铸锭电阻加热炉（剖面）结构示意图

表 9-28　几种铸锭电阻加热炉的主要技术参数

参　数	挤压机能力/MN			
	5.0	8.0	12.5	50.0
加热功率/kW	120	165	360	1050
铸锭直径/mm	ϕ105	ϕ125	ϕ152	ϕ290~485
铸锭长度/mm	300~400	400~500	300~600	500~1050
额定工作温度/℃	600	600	600	550
加热能力/t·h^{-1}	0.3	0.55	1	3.5
炉膛尺寸（长×宽×高）/mm×mm×mm	6240×400×300	7500×500×300		19300×1600×700
外形尺寸（长×宽×高）/m×m×m	9.20×1.77×2.21	10.9×1.77×2.26		29.28×4.99×2.58
铸锭排放方式	单排	单排	双排	
制造厂	中色科技股份有限公司苏州新长光工业炉公司			

c　感应加热炉

感应加热炉是现代化挤压车间日益广泛采用的一种加热设备，它的主要特点是加热速度快、体积小、生产灵活性好，便于实现机械化自动化控制。感应加热炉可分成几个加热区，通过改变各区的电压，调节各区的加热功率，从而实现梯度加热，温度梯度通常在每100mm 0~50℃。

感应加热时，通过铸锭的电流密度分布不均匀，通常铸坯外层先热，而中心层主要是靠热传导加热，当加热速度快时，铸锭径向温差较大。

感应加热时炉电源频率通常在 50~500Hz 之间，频率越高，最大电流密度越靠近铸锭表层，频率的选择与铸锭直径、加热速度有关。目前国内对于直径大于 130mm 的铸锭通常采用工频（50Hz）感应加热炉，对于直径小于 130mm 的铸锭采用中频感应加热炉。

感应加热炉有三相电源和单项电源，采用单项电源，则设有三相平衡装置。感应线圈有单层结构和多层结构，多层感应线圈较单层感应线圈耗能少。

工频感应加热炉包括炉体，进、出料机构，功率因数补偿装置，三相平衡装置（单相时），电控装置。中频感应炉包括炉体，进、出料结构，变频柜，电控装置。感应加热炉组成如图 9-41 所示。

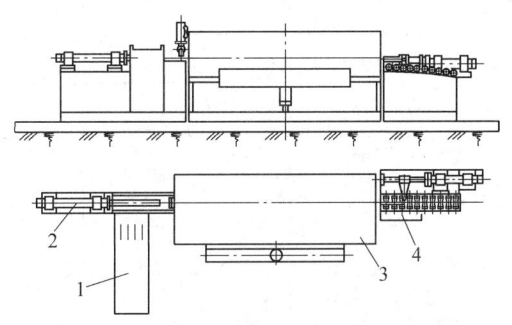

图 9-41　感应加热炉组成及平面布置图
1—铸锭贮台；2—推锭机构；3—炉体；4—出料辊道

国内感应加热炉生产厂家主要有西安电炉研究所、西安重型电炉厂和苏州华福电炉厂、洛阳有色金属加工设计院实验工厂（中频炉）等。几种铸锭感应加热炉的主要技术参数见表 9-29。

表 9-29　几种铸锭感应加热炉的主要技术参数

参数	挤压机能力/MN													
	5	8	12.5	12.5	16.3	20.0	25	50	55	75	22	16.2	25(反向)	80
加热频率	中频			工频										
加热功率/kW	105	160	240	370	500	600	800	900	900×2	1200×2	850	550	675	1400
铸锭直径/mm	φ80~85	φ120~127	φ150~175	φ145	φ178	φ203		φ155×550	φ380	φ(450,650)×250	φ203	φ178	φ244,264	φ(485,560,655)×255
铸锭长度/mm	250~300	400~500	450~650					300×1000	1200	1550	800	750	1000	
工作温度/℃	420~550	420~500	420~500	500	500	520	450	500			465~520	450~550	450	
加热能力/t·h⁻¹	约0.2	约0.48	约0.75	0.73	1.5	2.0	2.8	3		5.0	2.8	18.1	2.27	
温度梯度/℃·mm⁻¹													100	
使用厂										辽源麦达斯	华加日铝业公司		西北铝业	
制造厂	洛阳有色院实验工厂			西安重型电炉厂					西安电炉研究院		日本 UBE			波兰 Zamet

d　长锭加热炉

长锭加热炉也有燃料加热炉、电阻加热炉和感应加热炉。几种长锭加热炉主要参数见表 9-30。

表 9-30　几种长锭加热炉性能参数

参　数	挤压机能力/MN			
	22.7	16.0	27.0	16.0
加热形式	天然气	电感应	电感应	0 号柴油
加热功率/kW	40m³/h	550+75	900+150	125kg/h
铸锭直径/mm	φ203	φ185	φ212	φ178
铸锭长度/mm	6000	6000	6000	6000
额定工作温度/℃		520	520	
加热能力/t·h⁻¹		2	4	
使用厂	方舟铝业公司	南平铝厂	南平铝厂	广东有色金属加工厂

C　热剪机

热剪机用于将加热后的长锭按要求剪切成定尺短锭。几种长锭热剪机的主要参数见表 9-31。

表 9-31 长锭热剪机主要参数

参 数	挤压机能力/MN			
	22.7	8.0~16.0	16.0	27.0
锭坯直径/mm	ϕ203	ϕ127~203	ϕ203	ϕ254
锭坯长度/mm		350~760	350~800	300~1200
剪切力/MN	0.7	1.02	0.9	1.74
剪切行程/mm		368		
剪切速度/m·min^{-1}		2.286		
铸锭推出力/MN	0.44	0.1		
长锭返回力/MN	0.44	0.1		
使用厂	方舟铝业公司	广东有色金属加工厂	南平铝厂	南平铝厂

D 铸锭热剥皮机

用于反向挤压前，需将已加热好的铸锭表皮剥去，剥皮厚度3~8mm。热剥皮与机械车皮相比，碎屑重熔费用低，回收率高，铝锭表面能保持最佳状态。铸锭热剥皮机通常用于实心锭的剥皮。空心铸锭剥皮机应有精确的铸锭对中装置，否则剥皮后的铸锭偏心很严重，难以满足生产要求。一般空心铸锭剥皮后的壁厚偏差应不大于1.0mm，对要求高的管材应不大于0.5mm。空心锭常采用车皮方式除去表皮。几种铸锭热剥皮机技术参数见表9-32。

表 9-32 铸锭热剥皮机主要技术参数

配套挤压机规格/MN		25	58.8	49	22.54	35.28
剥皮力/MN		1.5	7.35	4.41	1.95	1.176
剥皮最大速度/mm·s^{-1}		76	55	58	50	50
剥皮厚度/mm		6				
铸锭外径/mm	剥皮前	ϕ264，244	ϕ400.5~469.9		ϕ248	ϕ289
	剥皮后	ϕ254，234	ϕ381~450.8		ϕ242	ϕ284
铸锭长度/mm		1000	635~2286	500~1500	400~1100	500~1200
主泵功率/kW		55				
制造商		日本 UBE	日本神户制钢			
使用厂		西北铝加工厂				

E 挤压机机后辅机

挤压机机后辅机包括淬火装置、中断锯、牵引机、固定出料台、出料运输机、提升移料机、冷床、张力矫直机、张力矫直输送装置、贮料台、锯床输送辊道、成品锯、定尺台、检查台等。

几种挤压机机后辅机主要性能参数见表9-33和表9-34。

表 9-33 国外几种挤压机机后辅机主要性能参数

规 格	挤压机能力/MN					
	16.2	22	16	27	36	65
输送型材长度/m	46	51.5	45	54	55	61.2
挤压—矫直中心距/m	6.34	6.45	4.5	5.5	5.7	

续表9-33

规　格		挤压机能力/MN					
		16.2	22	16	27	36	65
矫直—锯切中心距/m		4.01	3.60	3.2	3.3	2.5	
型材断面尺寸（长×宽）/mm×mm		180×150	300×180	200×150	360×220	440×200	635×381
输送形式		皮带输送式		皮带输送式			
中断锯	形式		移动式	固定式	固定式	在牵引机上	移动式
	锯片直径/mm			φ600	φ600	φ720	φ1150
冷却装置	水淬火长度/m	6	2	9	10	5	7.5
	风机台数/台	50	50	80			
牵引机	牵引力/N	200～1200	1800	3000	500～4000	双牵引 250～3000	双牵引 250～6800
	牵引速度/m·min⁻¹	10～100	100（最大）	0～120	0～120	0.5～60	1.8～60
出料运输机	输送速度/m·min⁻¹	10～100	10～100	0～90	0～90		
冷床形式		皮带式	步进梁式	皮带式	步进梁式	皮带式	步进梁式
张力矫直机	拉伸力/kN	200	300	350	500	1000	2500
	拉伸行程/mm	1500	1500	1500	1600	2500	
贮料台形式		尼龙带式	皮带式	皮带式	皮带式	皮带式	皮带式
锯床辊道形式		辊道式	辊道式	辊道式	辊道式	辊道式	
成品锯	锯片直径/mm	φ610		φ600	φ650/φ700	φ720	φ1150
	锯切规格/mm×mm	160×800	180×800	200×1000	220×1000	200×1200	(100～381)×(1270～787)
定尺台	定尺范围/m	1.5～7.5		2.0～8.5	2.0～9.0	2.0×14.0	2.0×24
制造厂		日本 UBE		意大利达涅利		德国 SMS	意大利 OMAV
使用厂		华加日铝业公司		南平铝厂			美国 Delair

　　a　牵引机

　　牵引机用于将挤压后的制品牵引前进，防止因挤压制品弯曲而在冷床上被划伤。牵引机一般采用直流电动机驱动，变频调速，PLC 可编程序控制。通过译码器译码并传送，可在挤压机操作台上显示牵引速度、小车行程、故障检测等数据，可与挤压机实现联动运行。牵引机有单牵引和双牵引，单牵引应用较广，其自动化程度较低。双牵引结构复杂，应用在自动化程度高的挤压机上，可实现牵引、热锯、张力矫直、制品切头尾、产品堆垛一次完成。

　　b　在线淬火装置

　　在线淬火装置主要用于将淬火温度较宽的可热处理强化铝合金在较高的挤压温度下快速冷却，达到淬火目的；也可以对不可热处理的合金进行快速冷却，减少对冷床等设备的损坏，同时提高了生产效率。在线淬火装置主要有水冷式、风冷式、气-水雾式。水冷式在线淬火装置冷却强度大，可对大断面的棒材、管材进行冷却。风冷式在线淬火装置冷却强度较低，主要用于薄壁及小规格管材等小断面制品的冷却。气-水雾式在线淬火装置为风冷和水雾联合作用，对大截面制品，利用铝的良好导热性，采用快速冷却方法，降低截

表9-34　国产挤压机后辅机主要性能参数

规 格		挤压机能力/MN										
		6.3	8	12.5	16	25.0	12.5	25	36	75	80/95	100
输送型材长度/m		26	26	39	38	45	39	45	30	54	36	60
设备宽度/m		5.5	6	6	7	45	6.85	8	30	14.7	16	
型材断面尺寸(宽×高)/mm×mm		80×70		130×120		200×170			480×200	700×400		820×300
固定出料台	形式	四级毛毡带	四级毛毡带	四级毛毡带	四级毛毡带	四级毛毡带	四级毛毡带	四级毛毡带	步进式			
	尺寸(长×宽)/mm×mm	7000×500	7000×500	7000×500	7000×500	7000×500	7000×500	7000×500				
	辊面材质	石墨滚筒	石墨滚筒	石墨滚筒	石墨滚筒	耐550℃毡	耐550℃毡	耐550℃毡				
中断锯	形式	移动手动锯	移动手动锯	移动手动锯	移动手动锯	移动手动锯				随动锯	随动锯	随动锯
	锯片直径/mm	φ355	φ406	φ405	φ500	φ405	φ405	φ510	φ630			
风冷装置	风量×台数/m³·min⁻¹·台	126×3	126×4	126×6	126×6	126×6	122×4	122×6	4000	8000	8000	8000
	(淬火)					水淬火	风,水淬火	风,水淬火	水淬火	水淬火	水雾淬火	水淬火
牵引机	牵引机/N	0~800		0~1200	0~1200	0~1800	0~1200	0~1800	约40	0~50	6~240	0.9~90
	牵引速度/m·min⁻¹·台	0~60		0~60	0~60	0~60	0~100	0~100		0~50		
出料运输机	输送速度/m·min⁻¹·台	0~60		0~60	0~60	0~60	0~100	0~100				
	辊面材质	耐450℃毡	耐450℃毡	耐450℃毡	耐450℃毡	耐450℃毡	耐450℃毡	耐450℃毡	耐热毛毡			
移动装置	皮带材质	耐450℃毡	耐450℃毡	耐450℃毡	耐450℃毡	耐450℃毡	耐450℃毡	耐450℃毡				
冷床	皮带材质	耐450℃毡	耐450℃毡	耐450℃毡	耐450℃毡	耐450℃毡	耐450℃毡	耐450℃毡				
张力矫直机	拉伸力/kN	100	200	200	500	400	200	500	1200	3500	3600	3600
	拉伸行程/mm	1050		1250	1650		1600	1600	1600	2500		
矫直输送带	材质	耐250℃毡	耐250℃毡	耐250℃毡	耐250℃毡	耐250℃毡	耐250℃毡	耐250℃毡				
贮料台	材质	耐250℃毡	耐250℃毡	耐250℃毡	耐250℃毡	耐250℃毡	耐250℃毡	耐250℃毡				
锯床辊道	辊子材质	PVC	PVC	PVC	PVC	PVC	PVC	橡胶辊	橡胶辊			
成品锯	锯片直径/mm	φ355	φ406	φ405	φ500	φ457	φ406	φ510	φ630			
	锯切规格/mm×mm	125×450		125×500	200×550				200×480	380×700		
定尺台	定尺范围/m	1~7	1~7	1~7	1~7	1~7	1~7	1~7	1~12	6~26	6~26	6~28
制造厂		金达机械厂					洛阳有色金属加工设计院		大原重机	辽源麦达斯	陕西压延厂	西安重型机研究所
使用厂							宜兴天力				西铝	山东丛林

面温度场的分布不均，减少了淬火后的制品变形。如西安重型机械研究所生产的 100MN 双动铝挤压机的淬火装置分成宽 1200mm，长 3800mm 两段，水量：1500L/min。淬火装置的三种不同冷却方式，其热交换效率大约为：风冷淬火 6.28kJ/(℃·m·min)；水雾淬火 18.9kJ/(℃·m·min)，是风冷淬火强度的三倍；强喷水淬火 50.4kJ/(℃·m·min)，是风冷淬火强度的八倍。

c　冷床

冷床的作用是将挤压后的制品输送到张力矫直机上，同时在该装置下安装冷却风机，以便将制品冷却到室温。冷床主要承载制品，根据挤压机的生产能力，一般冷床的长度较长，以 20~40m 居多。冷床的结构简单，负荷较轻，在安装时尽量保证在同一水平面上。为防止制品表面产生划伤，应在冷床上铺设耐高温毛毡。冷床分为步进梁式和履带传动式，铝挤压机采用履带传动式的冷床较为普遍，但在使用中需经常调整张紧力，否则用一段时间后传送带会松懈而影响使用。对于挤压吨位较大的大型挤压机，一般采用步进式冷床较多，驱动方式有偏心轮式和链轮式，链轮式运动平稳，实用性强。

d　冷却装置

为适应高速挤压，提高模具寿命，减小因变形热而导致模具温度升高，模孔尺寸变化，而造成制品尺寸变化，设有模具液氮冷却系统。一般在挤压机前梁处设液氮和气氮管路的孔洞，氮气通过管路和模具内的通路冷却模具，使模具均匀冷却。

e　锯床装置

挤压后的制品经张力矫直后，须经锯床切头尾或切定尺、检测试样。锯床一般选用圆锯或带锯两种。圆锯床的圆锯片做旋转的切削运动，同时随锯刀箱做进给运动。圆锯床锯切力量大，运行速度快，生产效率高，适用于较大的制品。但圆锯床也有不足之处，即圆锯片的厚度较厚，为 5~14mm，金属消耗较大；采用镶齿锯片，锯齿容易损坏；锯片在高速锯切、高切削力的条件下容易产生锯片变形而报废，生产费用较高。带锯床是环形锯条张紧在两个锯轮上，并由锯轮驱动带锯进行切割。采用带锯锯切，可以得到较好的锯切断面；锯片薄（0.9~1.2mm），金属消耗少；带锯条价格低，生产成本低；带锯的不足之处是切削力小，吃刀量小，生产效率低。

9.3.2.4　挤压设备的维护

挤压设备维护与调整的目的是使经过长期运行而使精度降低的设备，或在运行过程中发生故障而造成个别零部件损坏的设备，恢复原有精度和技术性能。挤压设备出现的故障大致可分为三种类型：安装初期故障、偶发故障、磨损故障。

（1）安装初期故障。一般发生在设备投产的前半年，故障的主要原因是设计或安装方面的缺陷。

（2）偶发故障。这种偶然发生的故障，一般与工人误操作、设备润滑不良、运行过程中的设备过载及零件内部缺陷有关。

（3）磨损故障。这种故障的特点是设备已经严重磨损，超出了允许的偏差范围（在有相对运动的部位），精度明显降低，处于待检修阶段。

挤压设备状况是否完好，决定了挤压产品质量是否稳定，生产效率是否提高，检修周期是否延长，备品备件消耗是否较低，因此对设备进行保养、维护和检修是企业必不可少的一项十分重要的活动。企业根据设备生产能力及运行状态，一般制定有设备检修周期，主要考虑生产的性质是三班生产还是一班生产，挤压速度的快慢，变形抗力的大小，设备结构等等因素。生产中按检修的内容不同，可分为小修、中修、大修。

（1）小修。清洗并检查液压控制及动力系统；调整并维修电控系统及连锁信号装置；修复或更换液压缸、阀体的密封及部分衬套；排除液压、润滑及风动系统的泄漏；调整动梁、前梁的滑板；调整挤压中心线；紧固各部位螺栓、螺钉及管道卡子；更换或处理有磨损及生产中有严重缺陷的零件。

（2）中修。小修全部内容；清洗、更换工作液压油；更换液体分配器及填充阀等阀体；更换全部滑板及衬套；调整、紧固张力柱螺母，并在必要时对张力柱进行探伤检查；检查安装精度，并进行必要的调整。

（3）大修。中修全部内容；检查并修复基础；检查安装精度、调整坐标；更换发现有缺陷的所有零部件；检查高、低压管路；清洗高、低压罐，并进行内部防腐处理。

挤压机在繁重的工作环境中，常常发生挤压机中心失调现象，致使管材的壁厚偏差不符合技术要求。即使是挤压棒材，由于多孔棒材的中心与挤压筒中心不一致，金属流动速度不同，造成挤压棒材长短不一致，增加了几何废料，需要及时对设备进行调整。中心失调产生的原因如下：

（1）设备基体在强大张力作用下产生弹性变形。

（2）运动部件在巨大的自重作用下，由于频繁上下往复运动，使接触面磨损。

（3）在挤压过程中，由于挤压筒与高温铸锭直接接触和挤压筒的加热装置将热量传给挤压支架和机架等邻近部件，使它们发生热变形。

（4）穿孔针的弯曲与拉细。

为防止中心失调现象发生，一般从两方面采取措施。一方面是设计本体结构在各种因素影响下有自动调心的功能；另一方面是人为地控制和调整。具体解决措施有：

（1）防止弹性变形而产生失调的措施。挤压轴及穿孔针的活动横梁、挤压筒支架和前梁等零部件的底部不采用螺栓与地脚板连接，而是自由地放在地脚板上。当立柱被拉伸变形时，前梁可沿地脚板自由滑动，从而保证了挤压工具位于挤压中心线上。

（2）防止部件热变形而产生失调的措施。在挤压过程中，挤压筒和前横梁随着温度升高，其轴心也将升高，这样会使挤压轴，特别是穿孔针的轴线不同心。解决的办法是将前梁安放在带有斜面的地脚板（或平支撑面）上，使两个斜面与挤压中心相交，这样，前梁受热就以轴为中心向四面膨胀，而原中心保持不变。挤压筒采用四边键块，与挤压筒支架构成滑块连接。当温度升高时，以挤压轴为中心向四周辐射膨胀，使其原轴心仍保证不变，保证了自动定心。

（3）防止运动部件因磨损失调的措施。活动横梁和挤压筒支架支撑在地上的棱柱形导轨上，在活动横梁和挤压筒支架的磨损面上安放有楔形的青铜滑块。通过拧动调节螺丝就可改变楔形件的位置，使这些部件在一定范围内实现上下（两边楔形件调整量相同）、左右（两边楔形件调整量不同）移动，以达到调整的目的。

9.4　铝及铝合金管、棒、型材热处理与精整矫直设备

9.4.1　淬火炉

淬火炉主要用于对热处理可强化的合金进行淬火强化处理，或对热处理不可强化的合

金进行控制晶粒度退火处理。淬火炉的结构形式主要有立式、井式及其他形式的淬火装置等。立式淬火炉比较高大，主要用于管材、棒材的淬火或退火处理。井式淬火炉较小，用于线材的淬火和退火处理。卧式淬火炉是一种箱型结构的炉子，用于管、棒、线材的淬火处理。淬火炉的加热方式主要采用电阻加热方式，也可采用燃油或燃气加热方式，目前主要以电阻炉加热方式为主。铝合金用淬火炉的作业方式为间歇式，即制品成批装出炉，在炉内固定位置上周期地完成一个加热过程。

9.4.1.1　立式淬火炉

立式淬火炉用于管材、棒材的热处理，为减少挤压材中断，提高生产效率和成品率，一般炉子高度与挤压制品长度相配套。考虑到挤压制品后续的拉伸矫直工艺、制品吊起与落下、挤压制品的长度等各种因素，一般将淬火炉的高度控制在 5 ~ 24m 之内。立式淬火炉由炉子本体、加热元件、空气循环风机、风帽、风向导向板、淬火水井、淬火介质、摇臂式挂料架、炉内和炉外用的卷扬吊料机构等组成。淬火介质选择用水，为防止铝材腐蚀，需配备淬火用水处理系统，降低水中的钠、镁等金属离子含量。水井内应配备搅拌系统，使水温保持均匀，一般选择喷射式搅拌或螺旋桨搅拌方式。配备有水冷却系统，将冷却水温及时降下来，以保证水温符合工艺要求。

淬火炉加热时，由鼓风机将加热的热空气通过加热室输送到炉子顶端，通过风帽将热风吹到炉膛内，用于加热制品。由于风向是单向的，热风通过制品被吸热，使温度下降，造成炉膛下部温度低于上部。金属加热速度和温度不均匀，影响制品组织性能的一致性。目前采用带风向导向板的方式，即通过程序控制，热风从炉顶吹入炉膛一定时间后，风向导向板翻转，使热风从炉子底部向上吹入加热室，提高了炉膛底部温度，保证了炉膛温度的均匀，有利于金属组织性能的一致性。

立式淬火炉的炉体支撑在淬火水井的上方，水井的一部分露出炉体。工作时，炉外的吊料机构将制品吊起，放入井内，由摇臂式挂料架将制品接住，并移动到炉膛下方，炉内吊料机构将制品吊入炉膛内，关闭炉门，启动加热元件。完成加热周期后，打开炉门，将加热好的制品由吊料机构快速放入淬火水井内，实现淬火过程，然后由摇臂式挂料架将制品移送到炉外吊料机构下，将制品吊出并放到地面小车上，完成淬火全过程。

立式淬火炉占地面积小，但需要较高的厂房和较深的水井，施工难度大，设备建设费用高。图 9-42 所示为立式淬火炉炉体结构示意图。表 9-35 列出了淬火炉的主要技术参数。

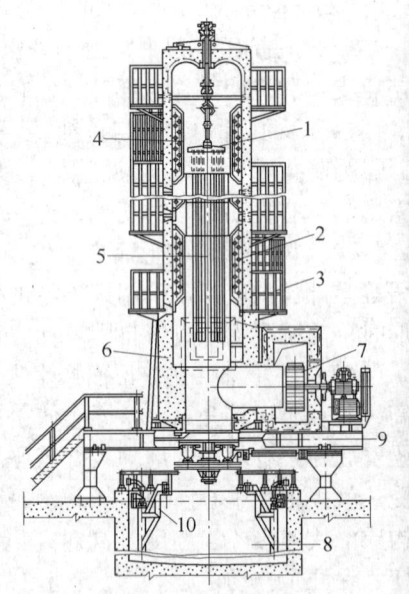

图 9-42　立式空气淬火炉
炉体结构示意图

1—吊料装置；2—加热元件；

3—炉子走梯；4—隔热板；

5—被加热制品；6—炉墙；

7—风机；8—淬火水槽；

9—活动炉底；10—摇臂式挂料架

表 9-35 立式淬火炉主要技术参数

立式淬火炉名称	7m 淬火炉	9m 淬火炉	22m 淬火炉	24m 淬火炉
加热方式	电阻	电阻	电阻	电阻
最大装炉量/kg·炉⁻¹	1000	2000	1200	1500
制品最大长度/mm	7000	10000		
制品加热温度/℃	500±4	500	530	530
炉子最高温度/℃	600	600		
加热总功率/kW	300	525	750	850
循环风机功率/kW	42/30	42/30	115	115
循环风机风量/m³·h⁻¹	10000	10000		
炉膛有效尺寸/mm×mm	φ1600×10000	φ1600×11000	φ1250×12000	φ1250×14000
外形尺寸/mm×mm×mm 或 mm	14680（高）	7007×4660×17680（高）	24000	26300（高）
淬火水井尺寸/mm×mm	φ4000×11325	φ4000×14325		

9.4.1.2 井式淬火炉

井式淬火炉用于线材淬火的加热，主要由炉体、加热元件、风机、淬火水槽、吊料装置等组成。炉体与淬火水槽分为两体，工作时，由吊料装置将料盘连同线材一起吊入炉内，启动风机和加热元件，当完成加热周期后，将料盘及线材快速吊出并放入淬火水槽内，完成淬火过程。井式淬火炉体积较小，风机装在炉门上，从上方向下吹入空气，形成上下循环。由于炉内线材较满，空间小，空气循环稍差，加热温度精度较差。井式淬火炉如图 9-43 所示。

9.4.1.3 其他淬火装置——卧式淬火炉

卧式淬火炉是一种箱型结构的炉子，用于管、棒、线材的淬火处理，如图 9-44 所示。炉子由送料和出料传动装置、炉体和淬火装置三部分组成，空气循环风机安装在炉子进口端顶部。淬火处理的操作过程是：先把需淬火的

图 9-43 井式淬火炉

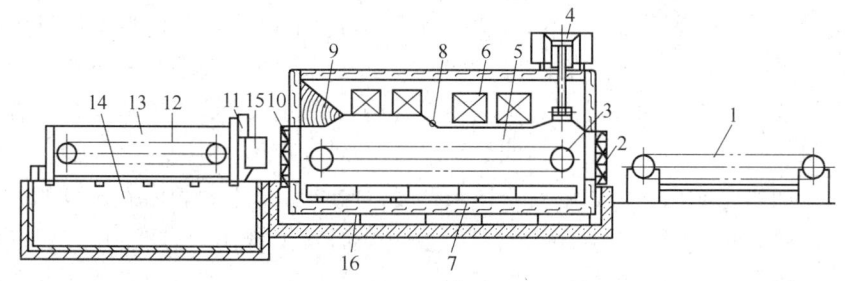

图 9-44 卧式淬火炉结构示意图

1—进出料传动装置；2—进料炉门；3—炉内传动链；4—风机；5—炉膛；6—加热器；
7—炉下室；8—调节风阀；9—导风装置；10—出料炉门；11—水封喷头；
12—出料传动链；13—淬火水槽；14—循环水池；15—回水漏斗；16—下部隔墙

制品放在进料传送链上，传送链把制品送入炉内进行加热。需淬火时，淬火水槽的水位上升，靠水封喷头将水封住，达到设定水位后，多余的水经回水漏斗流回循环水池，打开出口炉门，传送链即可把制品送入水槽中淬火。卧式淬火炉也可用于退火和时效处理，只要把水槽中的水位降至传送链以下即可。

卧式淬火炉不需要高厂房和深水槽，但其占地面积相对较大。最大的缺点是由于制品淬火时沿横截面的冷却不均匀而造成变形很大，因此卧式淬火炉在挤压材中很少被采用。

9.4.1.4　在线精度水、雾、气淬火系统

在线精度水、雾、气淬火系统安装在距出模口 1~3m 的地方，由一个宽 300~800mm。长 6~11m 的水槽以及多排喷水（气）的喷嘴和管道组成（见图 9-45）。喷嘴的排数、列数以及水、气、雾的流量、压力、速度、温度和喷嘴的开闭等均由计算机根据铝材的品种、形状和尺寸规格等自动控制，以保证铝材经淬火后既能获得所需的性能，又不至于产生过大的扭曲变形。

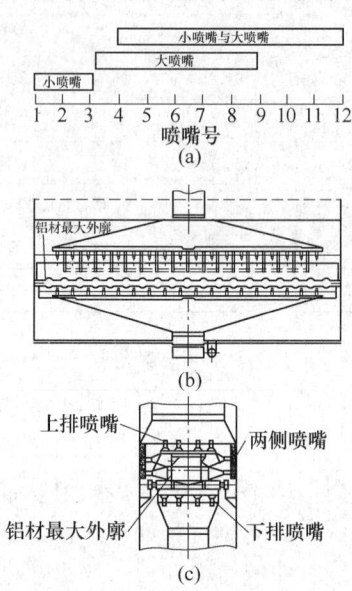

图 9-45　WSP 科美塔尔公司 20MN 挤压机的精密水、雾、气冷却布置示意图

（a）喷嘴数目及其分布位置；
（b）总体结构简图；（c）俯视图

9.4.2　退火、时效炉

铝及铝合金用退火炉、时效炉为同一炉体，选择好温度控制系统即可满足两者的需求。炉子的常用结构形式有台车式、箱式、井式等，作业方式有连续式、间歇式，加热方式有电阻加热、燃油或燃气加热、电磁感应加热等，空气循环方式有强制空气循环方式、热辐射等方式。

9.4.2.1　台车式退火、时效炉

台车式退火、时效炉是一种箱式结构的炉子，在炉子长方向的一端或两端设有炉门，炉子底部设有轨道，轨道上放有台车，台车由牵引装置驱动沿轨道进入或移出炉膛。台车式退火炉由炉体、炉门及提升机构、风机、加热装置、台车及牵引装置、轨道等组成，如图 9-46 所示。新型结构的炉子不再采用耐火砖结构，炉膛由壁板拼装而成，壁板内层为耐高温的钢板，外层为普通钢板，钢板中间填充具有良好隔热和保温性能的纤维毡、矿渣棉等轻质材料。空气循环风机设在炉膛一端或炉子顶部，空气循环风道设在炉膛上方，加热装置设在风道中。炉门由电动提升机构控制开启与关闭。单炉门炉体由牵引装置将台车拉出后再卸料、装料，而两端有炉门的炉子，台车从一端炉门出来，另一辆台车从另一炉门进入炉内，加热完成后，炉内的台车出来，另一端的台车进入炉内。两者相比，双炉门比单炉门生产效率高，而且不会因为制品温度过高而发生烫伤，另外制品及时进入炉内，可减少能源消耗。但双炉门的炉子占地面积大，投资大。

9.4.2.2　箱式退火、时效炉

箱式退火炉由钢制外壳、耐火砖、隔热材料、耐热钢板制成的内壳等组成，上顶为可移动的炉盖，电加热装置安装在炉壁两侧或炉顶，炉子一端装有离心式风机，通过强制空

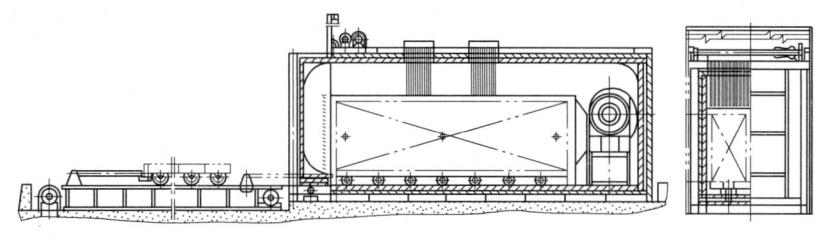

图 9-46　台车式退火炉结构示意图

气循环提高炉内温度的均匀性。制品装入料框中，采用吊料装置将料框与制品吊入、吊出炉膛，受炉膛限制及吊车起重能力的影响，一般炉膛尺寸较小，装炉量都比较少。

　　还有一种箱式退火炉是由箱体、传送装置、加热元件等组成，炉子两端开有炉门。制品放在传送装置上，由传送装置将制品输送到炉内，炉顶为电加热器，通过辐射传递热量。传送装置连续运行，将加热后的制品及时传送到炉外，降低加热时间，可防止制品加热时产生晶粒粗大。由于制品加热时间短，这种退火炉只适用于壁厚较薄的薄壁管材退火使用。

9.4.2.3　井式退火、时效炉

　　井式退火、时效炉用于线材的生产。炉子由炉体、炉盖、风机、加热装置等组成，炉体为圆筒形钢结构和耐火材料构成，顶部为上开盖的炉门。电阻加热装置安装在炉壁四周，辐射热直接对着炉膛内，风机安装在炉子底部或炉盖上，如图 9-47 所示。表 9-36 列出了井式电阻炉主要技术参数。

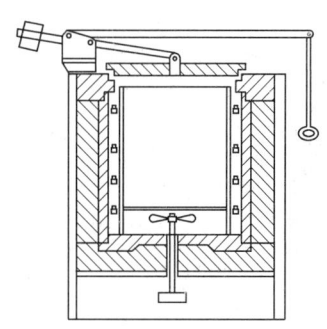

图 9-47　井式电阻炉结构示意图

表 9-36　井式电阻炉主要技术参数

型　号	加热功率/kW	电压/V	相数	最高工作温度/℃	炉膛尺寸/mm×mm
RJJ-36-6	36	380	3	650	$\phi500×650$
RJJ-55-6	55	380	3	650	$\phi700×950$
RJJ-75-6	75	380	3	650	$\phi950×1200$

9.4.2.4　中频感应退火炉

　　中频感应退火炉属于快速加热式退火炉，主要用于 3A21、5A02 等合金管材快速退火的专用设备，防止管材退火时产生晶粒粗大。炉子由感应加热线圈、送料轨道、出料轨道、喷水冷却装置等组成。管材单根或成小捆由送料轨道送入感应线圈内并进行快速加热，出感应线圈后即喷水冷却。

9.4.2.5　专用型材时效炉

　　时效炉是热处理可强化铝合金制品进行淬火后人工时效必需的设备。其结构与退火炉基本相同，只是所用的温度区间不同。铝合金制品中间退火和成品退火的温度为 320 ~ 450℃，而时效温度较低，为 120 ~ 220℃。时效炉对炉子温差要求较严，一般应不高于 ±5℃。

　　时效炉一般采用电阻加热、燃气和燃油加热。按其结构形式可分为箱式、台车式和井

式。对于铝合金挤压制品主要采用箱式和台车式时效炉。铝合金线材采用井式时效炉进行人工时效。按其炉门开启和操作方法不同，又分单门开启单向操作时效炉和双门开启双向操作时效炉。单向操作时效炉占用车间面积小，进出料没有双向操作时效炉方便。车间面积较大的一般采用双向操作的时效炉，进出料时间短，热损失少。

对于建筑型材用的时效炉，由于型材的定尺多为 6m，所以时效炉的长度多为 7~8m，采用两个定尺长度的最大时效炉也不过 14m 长。但对于工业用的大型型材而言，如一些车辆型材要求交货长度为 26~30m，使时效炉朝专业化、大型化方向发展。业已设计制作了分若干区加热的大型时效炉，可以对 30m 长的型材进行人工时效，装炉量可超过 20t，采用自动控温，炉子温差不超过 ±5℃。

电阻加热时效炉主要技术参数见表 9-37，燃气时效炉主要技术参数见表 9-38，燃油时效炉主要技术参数见表 9-39。

表 9-37　电阻加热时效炉技术参数

型　号	最高温度 /℃	加热功率 /kW	炉温均匀性/℃	装载量/t	炉膛尺寸（$L \times W \times H$） /m×m×m	控制方式	备　注
CGL3D-2260	250	130	±4	2	6.0×1.4×1.4	ON-OFF	电动炉门，手动料车
CGL3D-2160	250	130	±4	2	6.0×1.4×1.3	ON-OFF	电动炉门，手或电动料车
CGL3D-2165	250	130	±4	2	6.5×1.4×1.3	ON-OFF	电动炉门，手或电动料车
CGL3D-3165	250	180	±4	3	6.5×2.1×1.3	一半 ON-OFF 一半 PID	电动炉门，手动料车
CGL3D-4270	250	360	±4	4	7.0×2.0×1.5	一半 ON-OFF 一半 PID	电动双炉门，电动料车
CGL3D-5165	250	300	±4	5	6.5×1.8×1.8	一半 ON-OFF 一半 PID	电动炉门，电动料车

表 9-38　燃气加热时效炉技术参数

型　号	最高温度 /℃	加热功率 /kJ·h⁻¹	炉温均匀性/℃	装载量 /t	炉膛尺寸（$L \times W \times H$） /m×m×m	控制方式	备　注
CGL3Y-2165	250	752.4	±2	2	6.5×1.4×1.3	ON-OFF	电动炉门，手动料车
CGL3Q-2160	250	543.4	±4	2	6.0×1.4×1.3	PID	电动炉门，手或电动料车
CGL3Q-2165	250	543.4	±4	2	6.5×1.4×1.3	PID	电动炉门，手或电动料车
CGL3Q-3265	250	1254	±4	3	6.5×1.2×1.85	PID	电动炉门，手动料车
CGL3Y-5165	250	1463	±4	5	6.5×1.8×1.8	两段火	电动炉门，电动料车
CGL3Y-5265	250	1463	±4	5	6.5×1.8×1.8	两段火	电动双炉门，电动料车

表 9-39　燃油加热时效炉技术参数

炉子规格/m	7	13	19	25
使用燃料	柴油	柴油	柴油	柴油
最大燃烧量/kg·h⁻¹	17	34	50	68
最高使用温度/℃	250	250	250	250
保温温差/℃	+4	+4	+4	+4
升温时间/h	1.5	1.5	1.5	1.5
最大装炉量/kg	3	6	9	18

电器最大装机容量/kW	45	55	90	110
料框尺寸（$L×W×H$）/mm×mm×mm	6000×800×700	6000×800×700	6000×800×700	6000×800×700
工作室尺寸（$L×W×H$）/mm×mm×mm	7000×2000×1900	13000×2000×1900	19000×2000×1900	25000×2000×1900
炉子外形尺寸（$L×W×H$）/mm×mm×mm	10500×2400×3120	16500×2400×3120	21000×2400×4120	27000×2400×4120

9.4.3　精整矫直设备

9.4.3.1　张力矫直机

张力矫直机是通过拉伸和扭转变形消除制品的弯曲和扭拧缺陷，主要适用于型材非圆形制品、棒材及消除内应力的制品。拉伸矫直机一端为静夹头（固定夹头），其机头固定不动；另一端为动夹头（移动夹头）。拉伸力是由动夹头内的液压缸产生，拉伸所需的拉伸矫直力取决于制品的断面积和屈服强度，即 $P = R_{eL}F$（F 为被矫直材料的断面积，R_{eL} 为被矫直材料的屈服强度，P 为拉伸矫直力），根据设备吨位的不同，选择不同直径的液压缸，一般矫直机的吨位为 0.1~30MN。根据生产工艺流程，张力矫直机可配置在挤压机列中，作为在线拉伸机；也可单独配置，自成体系。

张力矫直机的机头有两种结构形式，一种为拉伸夹头带扭拧装置，即钳口可以旋转任意角度，这种矫直机对制品不但可以进行矫直，而且可以消除扭拧缺陷。另一种为拉伸夹头不带扭拧装置，制品在进行张力矫直前先在专门的扭拧机上进行扭拧，然后再进行矫直。

张力矫直机多为床身式结构，电动夹头、静夹头（带扭拧装置）、床身、液压传动装置、上下料装置、控制系统等组成。静夹头根据拉伸制品长度的不同，通过电动机驱动或手动移到所需位置，进行拉伸时固定不动；动夹头由液压缸带动，通过液压缸施加给制品一个拉伸力，使制品产生 1%~3% 的冷变形。床身式结构张力矫直机的结构如图 9-48 所示。

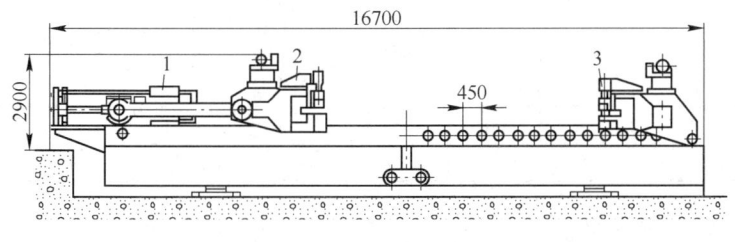

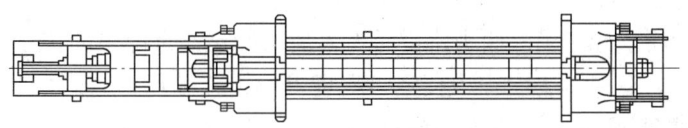

图 9-48　床身式结构张力矫直机结构示意图

1—液压缸；2—动夹头；3—静夹头（带扭动装置）

　　张力矫直机也有采用柱子式结构的，主要由机架、导柱、动夹头、静夹头（带扭拧装置）、液压系统、上下料结构、控制系统等组成，如图 9-49 所示。几种张力矫直机主要技术参数见表 9-40。

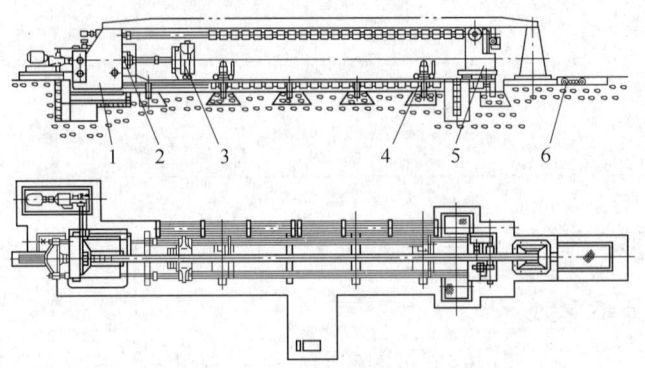

图 9-49　柱子式结构张力矫直机示意图
1—机架；2—工作缸；3—动夹头；4—升降料小车；
5—静夹头（带扭拧装置）；6—静夹头移动装置

表 9-40　几种张力矫直机主要技术参数

参 数 名 称		矫直张力/kN							
		150	250	300	1000	2500	4000	8000	15000
液体压力/MPa		13.5	9.75	20	20	20	20	25	20
钳口开度/mm			0~150	160	170~240	160~200	310~360	40~400	1000~1200
制品长度/m		4~31	4.6~44	15~41	4.5~13.48	2.6~5.2	6~12	3~14	3.5~36
最大拉伸行程/mm		1250	1600	1200	1500	1500	1500	2000	3000
拉伸速度/mm·s^{-1}		0~56	0~55	18	15	25	15	5~20	8.5
最大扭矩/kN			2.33	6	7.5	5	15	200	350
扭拧转速/r·min^{-1}			6.2	3	6	0.4	5.2	1.5	1~1.4
扭拧角度/(°)							360	360	360
回程力/kN					75	510	1050		1500
主电动机功率/kW		11	18.5		20	17	75	75×2	75×2
扭拧电动机功率/kW			1.5	2.2	7.5	4.4	22	37	30×4
设备外形尺寸 /m	长	0.56	1.35	49.69	24.88	32.38	37.42		30.42
	宽	1.17	2.42	1.22	1.76	6.15	7.75		2.00
	高	5.92	11.89	1.57	20.6	2.95	3.05		2.76
设备总重/t		5.92	11.89	17	36.8	133.8	128.7		107.67

9.4.3.2　辊式矫直机

A　型材辊式矫直机

　　型材辊式矫直机用于消除张力矫直后尚未消除的不符合要求的角度、扩口等缺陷，矫直机多为悬臂式，有多对装配式矫直辊，矫直辊由辊轴和可拆卸的带有孔槽的辊圈组成，型材在矫直辊孔槽并与其断面相应的孔型中进行矫直。几种型材辊式矫直机性能见表 9-41。

表 9-41　型材辊式矫直机主要技术性能

设备名称	被矫型材			矫直速度/m·min⁻¹	矫直辊/mm					主电动机功率	设备外形尺寸/m			设备质量/t
	屈服强度/MPa	宽/mm	高/mm	壁厚/mm		辊径	辊中心距	辊调整量		辊工作长度	辊轴直径		长	宽	高	
								上	下							

设备名称	屈服强度/MPa	宽/mm	高/mm	壁厚/mm	矫直速度/m·min⁻¹	辊径	辊中心距	上	下	辊工作长度	辊轴直径	主电动机功率	长	宽	高	设备质量/t
12辊	≤400	800	150		7/14	300~360	350	150	50			28	6.81	3.73	2.37	
12辊	≤400	600	200		4/8	500~600	700	200	100			45	9.08	6.55	3.94	
10辊	≤450	100	100		6.8/13.6/27.2	200	350	100	50	200	70	5.5				13.5
8辊		60×60×80（角型材）			7/5/25		450	150	150			36.75				10.5
6辊		350	250		0~100		350			450	70					
	≤350	650	300	2~12	5~50		340~700			100~750		约30				

B　管、棒、线材辊式矫机

辊式矫直是圆管材、棒材、线材应用较广泛的一种方法。工作辊以不同的方式排列，制品在工作辊之间运行，并受到工作辊施予的压力，受压后产生反复弯曲变形，从而达到矫直的目的。常用的辊式矫直机有斜辊式矫直机、辊压式矫直机和正弦矫直机三种。

a　斜辊式矫直机

斜辊式矫直机即工作辊的轴线与制品的运行方向呈一定夹角。其工作原理是：制品沿着两排工作辊之间向前运行，当工作辊旋转时，在工作辊施加给制品的压力作用下，产生向前运动和旋转运动的摩擦力，使制品既向前做直线运动，同时又沿着制品轴线做旋转运动。另外，在工作辊的作用下，被矫直的制品在工作辊之间反复弯曲，不断地改变方向，使其弯曲度减小直至消失，从而完成矫直过程。

斜辊式矫直机按辊子数目分为二辊、三辊、五辊、六辊、七辊、九辊、十一辊，一般多采用七辊。随着对制品质量要求的提高，九辊和十一辊也被广泛使用。斜辊式矫直机按辊子排列方式区分，分为立式和卧式两种。辊子可单独调整位移及角度，也可联动调整，通过计算机控制，实现矫直自动化。表 9-42 列出了几种斜辊式矫直机的主要技术参数。

表 9-42　几种斜辊式管棒矫直机主要技术参数

设备名称	矫直范围				矫直速度/m·min⁻¹	制品弯曲度/mm·m⁻¹		主电动机功率/kW	外形尺寸/m			设备质量/t	制造厂
	屈服强度/MPa	管材外径/mm	管材最大壁厚/mm	最小长度/m		矫直前	矫直后		长	宽	高		
卧式七辊矫直机	≤340	10~40	5	2.5	30~60	≤30	≤1	7.5	1.6	1.2	1.2	2.4	太原矿山机器厂
卧式七辊矫直机	≤280	25~75	7.5	2.5	14.6~29.6	≤30	≤1	20	2.3	2.7	1.1	6.44	
卧式七辊矫直机	≤280	60~160	7	2	14.7~33.4	≤30	≤1	40	3.5	2.3	1.5	12.32	
立式管材矫直机	≤400	5~20	6		32	≤30	≤1	1.5×2	1.68	0.81	1.32	1.06	
立式七辊管材矫直机	≤350	15~60	4.5		30~70			22×2	3.23	2.22	1.56	5.88	
立式六辊矫直机	≤400	20~80	12.5		60/90/120/180			40×2	5.96	3.34	2.86	15.67	

设备名称	矫直范围				矫直速度 /m·min⁻¹	制品弯曲度 /mm·m⁻¹		主电动机功率 /kW	外形尺寸 /m			设备质量 /t	制造厂
	屈服强度 /MPa	管材外径 /mm	管材最大壁厚 /mm	最小长度 /m		矫直前	矫直后		长	宽	高		
卧式七辊管材矫直机	≤340	6~40	5		30~60			7.5				2.4	洛阳矿山机器厂
立式六辊管材矫直机	≤490	30~70	15		60			22×2	7.2	2.7	2.9	16.2	
立式六辊管材矫直机	≤300	20~159	25		30~72			55×2	2.4	1.5	2.8	33	
高精度管材矫直机	≤400	80~220	32.5	3	14~18 30~35	≤30	≤0.5	110×2	35.9	8.87	3.825	125	西安重型机械研究所
高精度管材矫直机	≤450	25~120		2	14~33	≤10		30×2					
高精度管材矫直机	≤340	60~250	1.5 (最小)	3.5	25~40	≤0.5						10	

　　b　辊压式矫直机

　　辊压式矫直机通常用来矫直方形、矩形、多边形管材和棒材。辊压式矫直机通常为立式，矫直辊交错排列，矫直辊的辊型与制品的截面相符。一般矫直辊多制成悬臂式结构，辊子的数量在 7~12 之间。上面的矫直辊为主动辊，可以上下单独手动或电动调整，也可以联动。矫直辊不可调整角度，故矫直过程中制品不可做旋转运动，只能做直线运动。矫直时，电动机通过带动主动辊旋转，来带动制品向前运行，通过反向弯曲的方式，使弯曲的制品向反方向弯曲，以消除弯曲，达到矫直目的。一般矫直机工作辊数量越多，制品反复弯曲的次数越多，矫直的效果越好。由于矫直采用反弯曲方式，没有扭拧方向的变形，故只能矫直弯曲，无法消除扭拧缺陷。

　　c　正弦矫直机

　　正弦矫直机通常也称回转式矫直机，适用于小规格薄壁盘管和线材的矫直。正弦矫直机由送料辊、旋转套筒、模孔、引料辊和皮带构成，如图 9-50 所示。盘管或线材在送料辊 1 的作用下向前运动，从旋转套筒 2 中间的模孔 3 中穿过，引料辊 4 将矫直后的制品拉出矫直机并向前运动。引料辊的前端安装有一剪刀，按一定长度剪切矫直后的制品。旋转套筒中的模孔通过调整螺丝，使模孔偏离套筒的轴线，从而组成类似于正弦曲线的状态。制品在模孔的作用下来回弯曲变形，达到矫直目的。

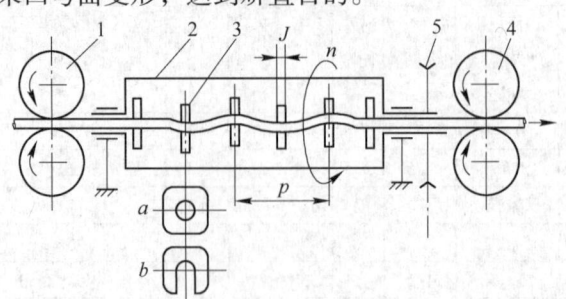

图 9-50　正弦矫直机结构示意图

1—送料辊；2—带工作辊旋转套筒；3—模孔；4—引料辊；5—皮带轮

9.4.3.3　立式压力矫机

立式压力矫直机主要是消除一些大断面制品经过张力矫直仍未能消除或因设备所限不能进行矫直的局部弯曲。压力矫直是在立式压力机上进行的，其工作原理就是将制品放在支撑架上，在重负荷的作用下，压于制品的凸起面上，使其产生变形以达到矫直目的。

目前，多将液压机作为压力机。常用的液压传动矫直机有单柱式和四柱式两种，其公称吨位有 630kN、1000kN、1600kN、3150kN 等几种。立式压力矫直机技术参数见表 9-43。矫直机多采用立式液压机，常用的有单柱式和四柱式两种液压机。图 9-51 所示为四柱式液压矫直机简图。

表 9-43　几种立式压力矫直机的性能参数

参　数		矫直机公称吨位/kN			
		630	1000	1600	3150
柱塞行程/mm		400	450	500	650
工作台面尺寸（长×宽）/mm×mm		2500×400	2400~460	3000×500	3500×900
压头到工作台距离/mm		550	600	750	900
柱塞速度/mm·s^{-1}	空程	50		45	26.4
	负载	1.5		1.58	1.5
	返回	22		40	23.8
	管材	$\phi50~150$		$\phi80~200$	最大高度 600
	棒材	$\phi30~120$		$\phi60~160$	
制造厂		合肥锻压机床厂	合肥锻压机床厂	天津锻压机床厂	
使用厂		西南铝加工厂			西南铝加工厂

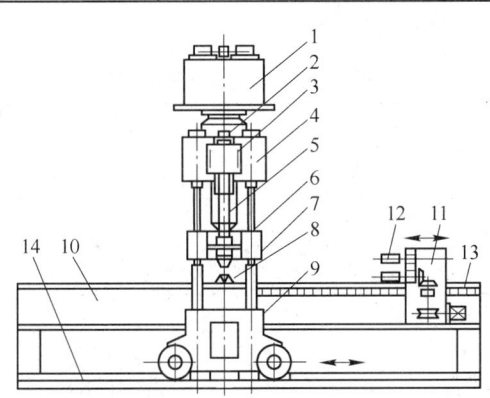

图 9-51　立式液压矫直机简图

1—液压站；2—工作缸；3—提升缸；4—上横梁；5—工作柱塞；6—立柱（4根）；7—活动横梁；8—砧台；
9—下横梁；10—工作台；11—翻料小车；12—翻料辊；13—小车行走齿条；14—矫直行走轨道

9.4.3.4　锯切设备

锯切主要是对制品进行下料、切头、切尾、取试样料和切成品。锯切设备一般有带锯机、简易圆盘锯、杠杆式圆锯切机和滑座式锯切机（圆锯床）等。

A　圆锯床

圆锯床用于锯切直径较大的厚壁管，主要由锯切机构、送进机构、压紧机构和工作台等部分组成，其技术性能参数见表 9-44。目前用于铝及铝合金半成品及成品锯切的圆锯床已被高速圆锯代替，锯片转速已达到每分钟几千转。

表 9-44　圆锯床主要性能参数

主要参数		型　号		
		G607	G601	G6014
锯片直径/mm		710	1010	1430
最大锯切规格（高×宽）mm		$\phi240$	$\phi350$	$\phi500$
		方材 220×220		方材 350×350
主轴转速/r·min^{-1}		4.75/6.75/9.5/13.5	2/3.15/5/8.112.4/20	1.52/2.47/4.21/9.7/16.55
进给速度/mm·min^{-1}		25~400	12~400	12~400
主电动机功率/kW		5.5	13	14
外形尺寸/mm	长	2350	2980	3675
	宽	1300	1600	1940
	高	1800	2100	2356
设备质量/t		3.6	6.2	10

B　简易圆盘锯

简易圆盘锯适用于锯切直径在 50mm 以下的管材。简易圆盘锯由锯片、皮带、电动机和工作台组成，这种锯的优点是切断后的断面垂直于管材轴线，而且设备结构简单，使用寿命比带锯长。其主要技术参数见表 9-45。

表 9-45　简易圆盘锯主要技术参数

项　目	参　数	项　目	参　数
锯片直径/mm	250~300	锯片转速/r·min^{-1}	5000
锯片厚度/mm	0.5~1.5	电动机功率/kW	3~4
锯片齿数/个	125~150	电动机转速/r·min^{-1}	2900

C　杠杆式圆锯切机

杠杆式圆锯切机结构简单，适用于小断面挤压管材的热锯切和小断面半成品制品的锯切，由带锯片的摆动架、摆动轴和电动机组成。锯片的送进和返回是通过扳动摆动架上的手柄，使摆动架绕摆动周来实现的。杠杆式圆锯切机一般作为临时性的设备使用。其结构如图 9-52 所示。

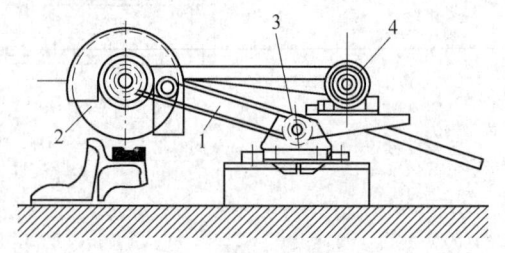

图 9-52　杠杆式圆锯切机简图

1—摆动框架；2—锯片；3—摆动轴；4—电动机

D　带锯机

带锯机有立式带锯机和卧式带锯机。卧式带锯机通常用于制品的切断，立式带锯机通常用于制品端头的锯切。带锯机用于管材锯切具有锯切速度快、锯缝小的优点，但由于带锯条的使用寿命不如圆锯长，因而使用范围不广泛。

一般锯条全长 7~8m，锯条的宽度为 35mm，厚度为 0.75~1.25mm，每 100mm 长度上有 15~30 个锯齿。为了使锯切口清洁，应根据制品的尺寸选择锯齿的大小。锯齿大小取决于每 100mm 锯条长度内的齿条。因此，锯切管材时，每 100mm 锯条长度内的锯齿数必须与制品的壁厚和管材的直径相适应，见表 9-46。

表 9-46　选择带锯条齿数参考值

管材壁厚/mm	每 100mm 锯条长度内锯齿数/个
1.5 以下	30
1.6~3.0	24
3.0 以上	15~18

E　液压成品锯

液压成品锯主要用于成品切定尺。成品锯品质的好坏对切成品的精度和端头断面的美观非常重要。成品锯按其锯片的运行方向可分为上行和下行两种。一般都采用下行锯。按其导轨形式可分为圆柱导轨、平面导轨和直线导轨。通常直线导轨的精度比较高。表 9-47 为液压下行成品锯的主要技术参数。

表 9-47　液压下行成品锯主要技术参数

参　数	圆柱导轨	圆柱导轨	平面导轨	平面导轨	直线导轨
总功率/kW	4.5	4.5	4.5	4.5	4.5
最大行程/mm	450	450	600	600	600
最大切削尺寸/mm	90	120	140	160	180
进给速度/mm·s^{-1}	10~125	10~125	10~125	10~1	10~125
后退速度/mm·s^{-1}	125	125	125	125	125
主轴转速/r·min^{-1}	3200	3200	3200	3200	3200
电源电压/V	380±10%	380±10%	380±10%	380±10%	380±10%
频率/Hz	50~60	50~60	50~60	50~60	50~60
锯片电动机转速/r·min^{-1}	2800	2800	2800	2800	2800
油泵电动机转速/r·min^{-1}	1400	1400	1400	1400	1400
锯片直径/mm	ϕ355	ϕ355	ϕ405	ϕ457	ϕ508
切削精度/mm	0.02	0.025	0.01	0.02	0.01
锯切垂直度/(°)	0.25	0.25	0.25	0.25	0.25
工作面材料	金属台面	环氯板台面	金属台面	环氯板台面	金属台面

第三篇

铝及铝合金挤压材深加工技术

10 铝合金挤压材表面处理技术

10.1 铝材表面腐蚀的特点及处理方法

10.1.1 铝材表面腐蚀的特点

铝是一种电负性金属，其电极电位为 $-0.5 \sim -3.0V$，99.99%铝在 5.3%NaCl+0.3%H_2O_2 中对甘汞参比电极的电位为（$-0.87+0.01$）V。虽然从热力学上看，铝是最活泼的工业金属之一。但是，在许多氧化性介质、水、大气、部分中性溶液及许多弱酸性介质和强氧化性介质中，铝有相当高的稳定性。这是因为在上述介质中，铝能在其表面上形成一层致密的连续氧化物膜，其摩尔体积比铝的大约30%，这层氧化膜处于正压力作用下，当它遭到破坏后又会立即生成，起到很好的保护作用。

通常，氧化膜在 pH 值为 4.0~9.0 的溶液中是稳定的，而且在浓硝酸（pH 值为 1）和浓氢氧化钠（pH 值 13）中也是稳定的。铝的电极电位很大程度上决定于氧化膜的绝缘性能。因此，凡是能改善氧化膜致密性、增加氧化膜厚度、提高氧化膜绝缘性能的因素，都有助于抗蚀性能的提升。反之，凡是降低氧化膜有效保护能力的任何因素，不管是机械的，还是化学的，都会使铝的抗蚀性急剧下降。

一般来说，铝及铝合金腐蚀的基本类型有：点腐蚀，电偶腐蚀，缝隙腐蚀，晶间腐蚀，应力腐蚀，剥落腐蚀，疲劳腐蚀，丝状腐蚀等。在此，仅介绍几种建筑铝挤压材在生产和使用中常见的腐蚀现象。

10.1.1.1 点腐蚀

点腐蚀又称为孔腐蚀，是在金属上产生针尖状、点状、孔状的一种极为局部的腐蚀形态。点腐蚀是阳极反应的一种独特形式，是一种自催化过程。铝在大气、淡水、海水以及中性水溶液中都会发生点腐蚀，严重的还可以导致穿孔，不过腐蚀孔最终可能停止发展，腐蚀量保持一个极限值。点腐蚀的极限程度与介质及合金有关，图 10-1 所示为 6063 合金及 6351 合金挤压材在不同大气条件下的腐蚀程度与时间的关系。试验表明：铝合金点腐蚀的介质中必须存在破坏局部钝态的阴离子，如氯离子、氟离子等。此外，还必须存在促进阴极反应的物质，如水溶液中的溶解氧、铜离子等。从铝合金系来看，高纯铝一般难以发生点腐蚀，含铜的铝合金点腐蚀最明显，而铝-锰系和铝-镁系合金耐点腐蚀性能较好。

10.1.1.2 电偶腐蚀

电偶腐蚀也是铝的特征性的腐蚀形态，铝的自然电位很负，当铝与其他金属接触（或电接触）时，铝总是处于阳极而使其腐蚀加速。电偶腐蚀又称为双金属腐蚀，其腐蚀的严重程度是由两种金属在电位序中的相对位置决定的。电位差越大，则电偶腐蚀越严重，几乎所有铝合金都不能避免电偶腐蚀。

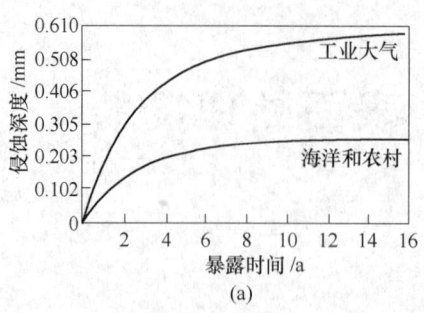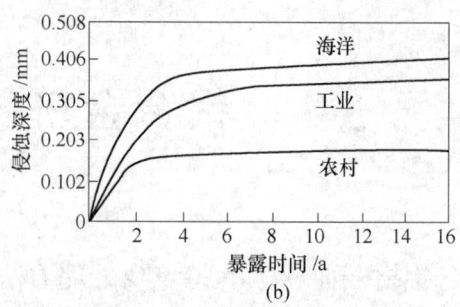

图 10-1　6063 合金及 6351 合金挤压材在不同大气条件下的腐蚀程度与时间的关系

(a) 6063 合金；(b) 6351 合金

10.1.1.3　缝隙腐蚀

铝本身或铝与其他材料的两个表面接触存在缝隙，由于差异充气电池作用，缝隙内腐蚀加速，而缝隙外没有影响。缝隙腐蚀与合金类型关系不大，即使非常耐蚀的合金也会发生缝隙腐蚀。近年来，对于缝隙腐蚀的机理有了更深入的研究，缝隙顶端酸性环境是腐蚀的原动力。沉积物（垢）下腐蚀是缝隙腐蚀的一种形式，6063 铝合金挤压材，表面灰浆下腐蚀是垢下腐蚀的一个实例。

10.1.1.4　晶间腐蚀

纯铝不发生晶间腐蚀，铝-铜系、铝-铜-镁系和铝-锌-镁系合金有晶间腐蚀敏感性，晶间腐蚀的原因，一般与热处理不当有关系。合金化元素或金属间化合物沿晶界沉淀析出，相对于晶粒是阳极，构成腐蚀电池，引起晶界腐蚀加速。

10.1.1.5　丝状腐蚀

丝状腐蚀是一种膜下腐蚀，呈蠕虫状在膜下发展，这种膜可以是漆膜，也可以是其他涂层，一般不发生在阳极氧化膜下面。丝状腐蚀最早在航空器的涂层下发现，与合金成分、涂层前预处理和环境因素有关，环境因素有湿度、温度、氯化物等。

10.1.2　铝材表面处理的主要方法

铝合金挤压材表面处理的目的是要解决或提高材料防腐性、装饰性和功能性三方面的问题。铝的腐蚀电位较负，腐蚀比较严重，特别是在与其他金属接触时，铝的电偶腐蚀问题极其突出。因此，通过阳极氧化膜和涂覆有机聚合物涂层等表面处理手段防止材料腐蚀，以提高材料的防腐性。装饰性主要从美观出发，提高材料的外观品质。功能性是指赋予金属表面的某些化学或物理特性，如增加硬度，提高耐磨损性、电绝缘性、亲水性或赋予材料新的功能（电磁功能、光电功能等）。在实际应用中，单独解决某一方面的情况比较少见，往往需要综合兼顾考虑。对于建筑用铝合金挤压材，由于其要求耐蚀、耐候、耐磨、外观装饰好和使用寿命长等综合性能，必须进行后续的表面处理以赋予表面保护层和装饰层。

铝材表面处理方法可以分为：表面机械处理、表面化学处理、表面电化学处理、喷涂高聚物（物理处理）和其他物理方法处理。

（1）表面机械处理。表面机械处理通常作为预处理手段，包括喷砂、喷丸、扫纹或抛光。为进一步表面处理提供均匀、平滑、光洁或有纹路，甚至有光泽的表面，一般不是表面处理的最终措施。

（2）表面化学处理。一般有化学预处理和化学转化处理。前者也不是最终的表面处理措施，如脱脂、碱洗、酸洗、化学抛光等，使金属表面获得洁净、无氧化膜或光亮的表面状态，以保证和提高后续表面处理（如阳极氧化）的质量。而化学转化处理，如铬化、磷铬化、无铬化学转化等，既可是此后喷涂层的底层，也可是一种最终表面处理手段。

（3）表面电化学处理。表面电化学处理中的阳极氧化膜应用最广泛的方法，是解决铝材保护、装饰和功能的重要方法。电镀是铝工件作为阴极的一种电化学处理过程，被镀金属以电化学还原方式，在铝的表面沉积形成电镀层。近年兴起的微弧氧化，也称火花阳极氧化、微等离子体氧化，是电化学过程与物理放电过程共同作用的结果。阳极氧化膜一般是非晶态的氧化铝，而微弧氧化膜则含有相当数量的晶态氧化铝，这是一个硬度很高的高温相，因此微弧氧化膜的硬度特别高，耐磨性能特别好。

（4）喷涂处理。喷涂有机聚合物涂层在建筑铝挤压材表面处理方面迅速发展，几乎与阳极氧化平分秋色。目前工业上广泛采用的有机聚合物是聚丙烯酸树脂（电泳涂层）、聚酯（粉末涂料）、聚偏二氟乙烯（氟碳涂料）等。聚酯粉末是静电粉末喷涂的主要成分，一般在铝材的化学转化膜上喷涂，当前在铝挤压材上已经大量应用。聚丙烯酸树脂的水溶性涂料作为电泳涂层也已使用多年，溶剂型丙烯酸涂料也可以用静电液体喷涂成膜。氟碳涂料也采用静电液体喷涂，现在认为是耐候性最佳的涂层。但溶剂型涂料不可避免有毒的挥发性有机化合物（VOC）造成大气污染，并存在着火的危险。欧洲已经开发出耐候性接近氟碳涂料的新一代高耐用粉末，并列入欧洲涂层规范（Qualicoat），称之为"二类粉末"。此外，氟碳粉末也已经问世，国外已进入商品市场。

阳极氧化着色处理（包括电泳涂漆）工艺生产的产品，目前约占建筑铝挤压材市场的一半。电泳漆仍以透明的有光漆为主，消光漆和彩色漆也已经开始采用。近年来粉末喷涂铝挤压材生产发展很快，目前在全国大约占到50%以上的市场。在经济发达的长三角地区和珠三角地区，粉末喷涂挤压材的市场份额估计还会更高一些，有超过60%以上的趋势。

经过20余年的发展，中国铝建筑挤压材表面处理的生产工艺已经涵盖世界上所有先进技术，包括阳极氧化、聚丙烯酸电泳涂漆、聚酯粉末喷涂、PVDF或聚丙烯酸液相喷涂等，技术门类齐全，花色品种丰富多彩。生产的技术装备和工艺水平，产品质量和品种类型都已经达到或接近国际先进水平。

10.2　铝合金挤压材阳极氧化着色技术

铝挤压材的表面处理方法很多，但目前仍普遍采用阳极氧化着色技术。阳极氧化的种类很多，氧化效果也比较好。较常用的有硫酸法，此外还有硝酸、铬酸、硬质、瓷质法等。为提高表面性能及耐蚀性能，常用的着色方法有电解着色法、化学着色法、自然着色法等。采用阳极氧化着色处理的铝材，最后工序是封孔处理。封孔处理方法有沸水封孔、低温水合反应封孔（25~40℃）、中温封孔和涂层封孔等。为了使铝材更美观耐用，表面处理前的预处理也显得越来越重要。目前，比较先进的预处理方法，除必要的除油、脱酸和酸、碱洗外，还增加了机械抛光、磨光或哑光砂面工序等，此外，化学抛光和电化学抛光技术也得到了广泛应用。

10.2.1　铝挤压材的预处理

铝合金挤压材在生产过程中表面黏附的油脂、污染和天然氧化物，在阳极氧化之前必须清理干净，使其露出洁净的铝基体。传统的化学预处理工艺流程为：脱脂—水洗—碱洗—水洗—中和—水洗。近年来，我国预处理工艺有了较大的变化，表 10-1 列出十几种不同的工艺。

表 10-1　铝合金挤压材表面预处理工艺

工序	工艺流程种类															
	1	2	3	4	5	6	7	8	9	10	11	12	13	14	15	16
化学抛光														↓		
电解抛光															↓	
机械抛光																↓
机械喷砂				↓	↓	↓										
机械扫纹								↓	↓				↓			
碱性脱脂					↓			↓	↓	↓	↓	↓				
酸性脱脂	↓	↓	↓	↓				↓								
水洗	↓	↓	↓	↓	↓			↓	↓	↓	↓	↓				
三合一洗						↓	↓						↓			
酸性磨砂																
水洗		↓				↓	↓					↓	↓	↓	↓	
碱洗	↓			↓				↓								
碱洗磨砂			↓								↓					
两次水洗	↓	↓	↓	↓				↓								↓
中和	↓	↓	↓	↓				↓	↓	↓	↓			↓	↓	↓
水洗	↓	↓	↓	↓				↓	↓	↓	↓			↓	↓	↓

注：比较常用的流程是 1~8 类。

10.2.2　阳极氧化原理

10.2.2.1　铝阳极氧化过程机理

以铝和铝合金制品为阳极置于电解质溶液中，利用电解质作用，使其表面形成氧化膜的过程，称之为铝和铝合金制品阳极氧化处理。氧化膜的成长过程包含着相辅相成的两个方面：膜的电化学生成过程；膜的化学溶解过程。两者缺一不可，而且必须使膜的生成速度恒大于溶解速度，这样才能获得较厚的氧化膜。因此，所选择的电解液性质及工艺规范都必须具备这些条件。

在阳极氧化过程中，由于电位差的作用，带电质点相对于固体壁发生电渗液流。电渗液流的存在，是阳极氧化膜得以增长的一个必要条件。

铝及铝合金在硫酸溶液内阳极氧化时，氧化膜形成的机理如下：

通电以后，阳极和阴极上便发生如下式的反应：

$$2H^+ + 2e^- \longrightarrow H_2 \uparrow \tag{10-1}$$

$$4OH^- + 4e^- \longrightarrow 2H_2O + O_2 \uparrow \tag{10-2}$$

$$2Al^{3+} + 3O^{2-} \longrightarrow Al_2O_3 + 热量 \tag{10-3}$$

于是，作为阳极的铝或铝合金中的铝元素被阳极反应生成的氧所氧化，形成氧化铝膜（应该指出，这里所指的氧化不仅指分子态的（O_2），还包括原子氧（O）以及离子氧（O^{2-}））。通常，在反应式中都以分子氧为代表。在阳极上生成的氧，不是全部都与铝作用生成氧化膜，还有一部分以气体形式从阳极逸出。

按反应式开始在铝表面形成了一层薄而致密的氧化膜后（这过程实际上可认为是在通电的几秒钟内就完成了），一部分膜由于和硫酸起反应而发生溶解：

$$Al_2O_3 + 3H_2SO_4 \longrightarrow Al_2(SO_4)_3 + 3H_2O \tag{10-4}$$

于是，使致密的氧化膜变得多孔。随之电解液又渗入到空隙（针孔）中同露出的铝作用生成一层新的氧化膜，使整个氧化膜好像得到了修补一样，又成为完整了。接着，新的、完整的氧化膜又发生溶解，出现了新的空隙（针孔），被暴露出的金属铝又被电解溶液氧化成氧化铝而得到"修补"。如此循环，不断地靠金属表面处生成新的氧化膜，也不断地创造出多孔的外层膜，结果生成了由厚而多孔的外层和薄而致密的内层所组成的氧化膜。氧化处理过程中，内层膜（完整的膜也称阻挡层、活性层、介电层）的厚度差不多是随着时间而改变的，总保持在 $14 \sim 50\mu m$，而多孔外层膜在一定的处理时间内则是随着时间而加厚的。阳极氧化膜的成长归纳如下：

（1）新膜是在旧膜下面的金属表面上直接生长起来。

（2）孔隙是氧化膜生长中心，孔隙的存在对氧化膜生长具有决定的意义。

（3）在一系列彼此孤立的孔隙内，新生成的氧化膜向四面八方扩展，彼此汇合，最后便生成了一层厚度均匀的覆盖层。

10.2.2.2　阳极氧化膜的结构

阳极氧化膜的结构如图 10-2 所示。

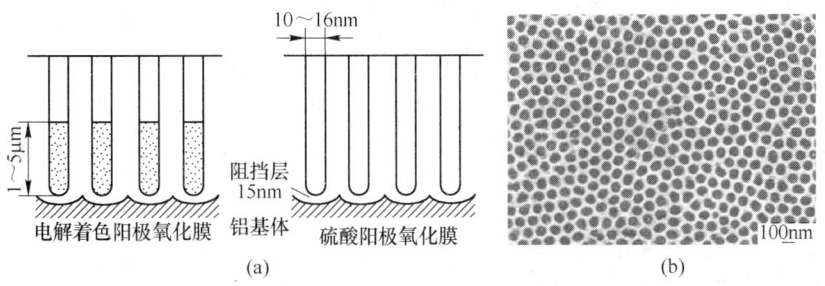

图 10-2　氧化膜结构示意图和显微照片

（a）氧化膜结构示意图；（b）显微照片

阳极氧化膜由两层组成，多孔的厚外层是在具有介电性质的致密的内层上成长起来的，后者称为阻挡层（也称活性层）。用电子显微镜观察研究，膜层的纵横面几乎全部呈现与金属表面垂直的管状孔，它们贯穿膜外层直至氧化膜与金属界面的阻挡层。以各孔隙为主轴周围是致密的氧化铝构成的一个蜂窝六棱体，称为晶胞，整个膜层由无数个这样的晶胞组成。阻挡层是由无水的氧化铝所组成，薄而致密，具有高的硬度和阻止电流通过的作用。氧化膜多孔的外层主要是由非晶型的氧化铝 Al_2O_3 及少量水合氧化铝 $\gamma\text{-}Al_2O_3 \cdot H_2O$ 所组成。此外，还含有电解液的阳离子。当电解液为硫酸时，膜层中硫酸盐含量在正常情况下为 13%~17%。氧化膜的大部分优良特征都是由多孔外层的厚度及孔隙率所决定的，它们都与阳极氧化条件密切相关。多孔层结构的厚度取决于通电的电量。

氧化膜层的晶胞是以针孔为中心的密实六棱柱蜂窝结构。针孔（孔隙）的直径为 10~50nm，由一个孔形成的一个氧化膜柱体可以称为一个"细胞"。随着氧化膜柱体的不断变化（生长）电阻也逐渐增大，当膜的生长速度等于膜的溶解速度时，膜厚也就不变了。最大膜厚将取决于所采用的电解液成分及电解工艺条件。氧化膜的结构尺寸见表 10-2。

表 10-2　多孔氧化膜的结构尺寸表

电解液	浓度/%	温度/℃	阻挡层厚度/nm · V^{-1}	孔壁厚/nm · V^{-1}	孔径/nm
磷酸	4	24	1.19	1.1	33
草酸	2	24	1.18	0.97	17
铬酸	3	38	1.25	1.09	24
硫酸	15	10	1.00	0.8	12

活性层是在电解一开始约 25s 之内就形成的。活性层的厚度和蜂窝六棱体壁厚主要取决于电压大小（在一定的电解液条件下）。即其厚度只与阳极氧化电压有关。据测定，在硫酸电解条件下活性层厚度为 1nm/V，六棱柱体壁厚为 0.8nm/V。例如，用 15V 电压进行硫酸阳极氧化，活性层厚度 = 1nm/V ×15V = 15nm。多孔质层针孔（孔隙）的直径和数量，取决于电解质的性质和浓度，这也是决定了氧化膜的气孔率。在硫酸、草酸和铬酸溶液中生成的总气孔率均在 12%~30% 范围内（硫酸的取上限）。一般针孔的密度为 4 亿~5 亿个/mm^2。多孔膜还渗入了溶液的阴离子，对硫酸的阳极氧化膜成分的测定结果见表 10-3。

表 10-3　硫酸氧化膜成分表　　　　　　　　（%）

成　分	未封孔氧化膜	水合封孔氧化膜
Al_2O_3	78.9	61.7
$Al_2O_3 \cdot H_2O$	0.5	7.6
$Al_2(SO_4)_3$	20.2	17.9
H_2O	0.4	2.8

10.2.2.3　阳极氧化膜的性质

阳极氧化膜的性质主要包括：

（1）阳极氧化膜为透明的非晶态氧化物，其折射率为 1.6~1.65。

（2）氧化膜为非导电体，其比电阻在 1000V 时约为 $10M\Omega \cdot cm$。

（3）阳极氧化膜硬度 HV 约为 230。

（4）在 70℃ 以上的水溶液中，氧化膜吸收结晶水，体积膨胀，生成 1 份到 3 份结晶水的氧化物。

10.2.2.4　合金成分对氧化过程的影响

不同的铝合金的阳极氧化膜有着不同的色彩，纯铝上的膜无色透明，使金属的光泽完全保持下来。高纯铝添加少量的镁，膜色不会因氧化时间的延长而改变；当镁的含量超过2%，镁变暗浊色。铝硅合金阳极氧化时，硅不会被氧化或溶解，部分进入膜层使膜呈现暗灰色；含硅量大时，阳极氧化前先用氢氟酸浸泡，膜色会有所好转；一般含硅5%以上的合金不适合做光亮着色制品，含量达13%就难于进行阳极氧化处理。含铜的合金，当含量较少时，膜呈绿色；随铜含量的增加，膜薄，色调深暗。某些铝合金的阳极氧化处理效果见表10-4和表10-5。

表10-4　铝合金阳极氧化处理效果表

铝合金成分含量/%	适用于保护性阳极氧化	适用于阳极氧化着色	适用于光亮阳极氧化
99.99Al	1	1	1
99.8Al	1	1	1
99.5Al	1	2	2
99.0Al	2	2	3
1.25Mn	3	3	4
2.25Mg	2	2	3
3.5Mg	2	2	3
5Mg	3	3	4
7Mg	4	4	4
0.5Mg、0.5Si	1	2	3
1.0Si、0.7Mg	2	3	4
1.5Cu、1Si、1Mg	3	3	4
2Cu、1Ni、0.9Mg、0.85Si	4	6	5
4.25Cu、0.625Mn、0.625Mg	4	6	5
4Cu、2Ni、1.5Mg	4	6	5
2.25Cu、1.5Mg、1.25Ni	4	4	5
1Mg、0.625Si、0.25Cu、0.25Cr	4	4	5
	2	3	4
1Si、0.625Mg、0.5Mn	3	3	4
5Si	3	6	5

注：1为最好，依次变差。

表10-5　不同铝合金对于阳极氧化的适应性

合金	保护阳极氧化	阳极氧化和着色	光亮阳极氧化	硬质阳极氧化
1080	极好	极好	极好	极好
1060	极好	很好	很好	极好
1200	很好	很好	很好	极好
2011	中-好	中-好	不可	好
2014	中	中	不可	好
2031	中	中	不可	好

合金	保护阳极氧化	阳极氧化和着色	光亮阳极氧化	硬质阳极氧化
3103	好	好	中	好
3105	好	好	中	好
4043	好	中	不可	好
5005	极好	很好	好	极好
5056	好	好	中	极好
5083	好	好	中	好
5154	很好	很好	好	极好
5251	很好	很好	好	极好
5454	很好	很好	好	极好
6061	很好	好	中	很好
6063	极好	很好	好	极好
6082	好	好	中	好
6463	很好	很好	好	很好
7020	好	好	中	好

10.2.3　阳极氧化方法

10.2.3.1　硫酸阳极氧化

A　硫酸阳极氧化工艺参数

典型直流、交流阳极氧化和硬质阳极氧化工艺见表 10-6。

表 10-6　典型的硫酸阳极氧化工艺参数表

名　称	电解液组成	电流密度 /A·dm^{-2}	电压/V	温度/℃	时间/min	颜色	膜厚/μm	备　注
Alumilite（美）	硫酸，10%~20%	DCl~2	10~20	20±2	10~30	透明	5~25	易着色，耐蚀
硫酸交流法	硫酸，12%~15%	AC3~4.5	17~28	13~25	20~40	透明	10~25	作油漆底层
硫酸硬质法	硫酸，10%~20%	BC2~4.5	23~10	0±2	60 以上	灰色	34~150	耐磨隔热

直流阳极氧化的工艺操作参数见表 10-7 和表 10-8。

表 10-7　直流阳极氧化的工艺参数表

工 艺 项 目	指标范围	备　注
氧化电压/V	12~18	
电流密度/A·dm^{-2}	1~1.6	AA10 银白 1.15~1.3；着色 1.3~1.5；AA15 银白可取 1.6
槽液温度/℃	18~22	过低氧化膜易封闭，过高易产生起粉
硫酸浓度/g·L^{-1}	15~200	±5g/L
铝离子浓度/g·L^{-1}	<20	光亮氧化<12g/L
氧化时间/min	20~30	

表 10-8 直流阳极氧化操作参数

色 别	膜 厚	上料面积/m²	电流密度/A·dm⁻²	总电流/A	氧化时间/min
银白	AA10	74	1.25	9100~9600	38~32
银白	AA15	58	1.6	9100~9600	50~45
古铜、钛金、香槟	AA10	44	1.4	6000~6500	30~25
古铜、钛金、香槟	AA15	44	1.4	6000~6500	40~35

各种阳极氧化条件变化对膜层性质的影响见表 10-9。

表 10-9 阳极氧化条件变化对膜层性质的影响

条 件 的 变 化	膜厚极限	硬度	附着与吸附能力	耐蚀性	铝的溶解性	孔隙率	电压
增加溶液温度	↓	↓	↑	→	↑	↑	↓
增加电流密度	↑	↑	↓	→	↓	↓	↑
减少处理时间	—	↑	↓	↓	↓	↓	↑
降低溶液浓度	↑	↑	↓	→	↓	↓	↑
使用交流电	↓	↓	↓	↓	↑	↑	↓
增加合金的均匀性	↑	↑	↓	↑	↓	↓	↑
采用浸蚀性较小的电解液	↑	↑	↓	→	↓	↓	↑

B 影响硫酸阳极氧化的因素

a 硫酸浓度

氧化膜的成长速度与电解液中硫酸浓度有密切关系。膜的增厚过程取决于膜的溶解和生长速度比，通常随着硫酸浓度的增高，氧化膜的溶解速度也增大；反之，浓度降低溶解速度也减小。

实践证明，当使用浓度较高的硫酸溶液进行氧化时，初始阶段由于氧化膜的成长速度较大，氧化膜的孔隙率高，因此容易染色，但膜的硬度、耐磨性均较差。而在稀硫酸溶液中所获得阳极氧化膜，坚硬而耐磨，反光性能好，但孔隙率较低，适用于染成各种较浅的淡色，见表 10-10。

表 10-10 硫酸浓度对耐蚀性、耐磨性的影响

硫酸浓度/g·L⁻¹	105	135	165	180	200	225	290
阳极氧化电压/V	18.5	16.6	15.5	14.9	14.5	13.0	12.1
膜厚/μm	13.8	12.5	12.9	13.7	13.9	13.5	12.0
耐蚀性/s	53	71	75	73	62	53	50
比耐蚀性/s·μm⁻¹	3.8	5.7	5.8	5.3	4.5	4.4	4.2
落砂量/g	8110	7020	6570	6790	6630	5260	5300
耐磨性/g·μm⁻¹	587.7	561.6	509.3	495.6	477.0	438.3	441.7

b 铝离子浓度

Al^{3+} 杂质来自铝制品本身在阳极的溶解，使电解液 Al^{3+} 含量逐渐升高。当 Al^{3+} 含量小

于 20g/L 时，氧化膜表面品质没有显著影响（若在 1～12g/L 范围内，反而对阳极氧化的速度和膜层表面品质起有利作用），当 Al^{3+} 含量超过 20g/L 后，形成的胶态离子吸附在膜表面，使铝制件表面呈现出白点或块状白斑，氧化膜的吸附性能下降，造成染色困难。Al^{3+} 过多时，Al^{3+} 会发生水解，溶液的导电能力下降，影响膜的继续生成。Al^{3+} 一般控制在 3～20g/L。铝离子浓度对氧化膜品质的影响见表 10-11。

表 10-11　铝离子浓度对耐蚀性、耐磨性的影响

铝离子浓度/g·L^{-1}	0	1	5	10	15	20	25
阳极氧化电压/V	15.0	14.5	14.3	14.1	13.8	13.6	13.5
膜厚/μm	12.8	11.8	11.8	12.2	12.2	12.7	12.2
耐蚀性/s	49	66	71	65	50	38	34
比耐蚀性/s·$μm^{-1}$	3.8	5.6	6.0	5.3	4.1	3.0	2.8
落砂量/g	5890	5988	6020	6158	5680	5863	5600
耐磨性/g·$μm^{-1}$	460.2	507.5	510.2	504.8	465.6	401.7	459.0

如果氧化槽中 SO_4^{2-} 的含量偏低，Al^{3+} 的含量偏高的话，且随着使用时间的延长，Al^{3+} 增加的速度比 SO_4^{2-} 快。在氧化过程中，溶液的导电性降低，从而使膜变得疏松，同时 Al^{3+} 水解生成的 $Al(OH)_3$ 沉淀在膜表面，容易形成粉霜。

c　电流密度与电流分布

电流密度过高，会导致制品各部分的膜厚不同。而且会使氧化膜的膜孔增大，从而导致着色工序时颜色不均匀，并且封孔效果也差；如果在 $50A/m^2$ 的低电流密度下长时间进行电解，膜的耐蚀性和耐磨性均降低。适当的电流密度范围是 100～150A/m²，可使膜厚变化保持在最小值。对于厚膜料的氧化（如 15～25μm），电流密度要取上限，并减少绑料面积，有利于膜的生长。电流密度对耐蚀性、耐磨性的影响见表 10-12。

表 10-12　电流密度对耐蚀性、耐磨性的影响（膜厚相同，时间不同）

电流密度/A·dm^{-2}	0.8	1.0	1.2	1.6	2.0
氧化时间/min	60	48	40	30	24
阳极氧化电压/V	12.1	13.6	14.3	15.3	16.2
膜厚/μm	12.3	12.2	12.4	11.9	13.1
耐蚀性/s	42	44	73	74	84
比耐蚀性/s·$μm^{-1}$	3.4	3.6	5.9	6.2	6.4
落砂量/g	6126	6500	6830	7400	8720
耐磨性/g·$μm^{-1}$	502.1	532.8	550.8	621.8	665.6

d　氧化电压

阳极氧化的氧化电压决定氧化膜孔径大小，低压生成的膜孔径小，孔数多；而高电压使膜孔径增大，孔数少。在一定范围内，高电压有利于生成致密、均匀的膜。不同酸溶液中，各种电压下，孔密度数见表 10-13。

表 10-13　四种不同酸溶液中的各种电压下，阳极氧化膜的孔数

阳 极 氧 化 溶 液	外 加 电 压 /V	孔数/cm^{-2}
15%的硫酸溶液，10℃	15	76×10^9
	20	52×10^9
	30	28×10^9
2%的草酸溶液，25℃	20	35×10^9
	42	11×10^9
	60	6×10^9
3%的铬酸溶液，50℃	20	22×10^9
	40	8×10^9
	60	4×10^9
4%的磷酸溶液，25℃	20	19×10^9
	40	8×10^9
	60	4×10^9

e　槽液温度和槽液的循环搅拌

温度对氧化膜结构、孔径和厚度影响大。氧化膜生成时产生 22897J/mol 的生成热。电解时，通过高电阻的阻挡层和孔内电解液产生焦耳热，由此导致电解液温升很快，膜溶解加剧，品质恶劣，耐蚀性和膜生产率下降。为使产生于膜层表面的热量迅速扩展，防止局部过热，一定要进行强制冷却和搅拌电解液。

一般温度控制在 18~20℃时获得的氧化膜多孔、吸附性能好、富有弹性、抗蚀性能较好，但耐磨性能一般。阳极氧化温度对膜品质的影响见表 10-14。

表 10-14　阳极氧化温度对耐蚀性、耐磨性的影响表

温度/℃	10	15	18	20	22	25	30
阳极氧化电压/V	16.5	15.3	14.3	13.6	12.6	11.2	9.6
膜厚/μm	12.2	11.8	12.4	12.0	12.0	11.8	11.2
耐蚀性/s	60	71	73	78	65	47	42
比耐蚀性/s·μm^{-1}	4.9	6.0	5.9	6.5	5.4	4.0	3.8
落砂量/g	8370	7500	6830	6100	5403	3300	2296
耐磨性/g·μm^{-1}	686.1	635.6	550.8	508.3	450.3	279.7	205.0

f　氧化时间与膜厚

在一定温度下，氧化膜厚度取决于电流密度和氧化时间。在一定时间内，厚度与氧化膜时间成正比。阳极氧化生成的氧化膜厚度从理论上可以按法拉第第二定律推导的公式进行计算：

$$\sigma = Kit \qquad\qquad (10-5)$$

式中　σ——阳极氧化膜厚度，μm；

　　　i——电流密度，A/dm^2；

　　　t——氧化时间，min；

　　　K——系数。

为了使 K 值更切合实际，应将电流效率和在这种工艺条件下所生成膜的密度或孔隙度考虑在内，即：

$$K = 1.57\eta/\gamma \tag{10-6}$$

式中　η——电流效率（电极上实际析出的物质量与总电量换算出的析出物质量之比）。

K 实值各国取值大小各异，美国有时取 0.328、0.285、0.355，日本有时取 0.352、0.364、0.25，中国、俄罗斯取 0.25。

　　g　杂质含量

阳极氧化时，电解液的浑浊度对氧化膜表面光亮度影响极大。多孔状的氧化膜具有极大的吸附性能，铝和铝合金正是利用这一特点对表面进行各种色彩图案花纹的装饰。通常，硫酸氧化膜是透明的，若电解液中含有各种不透明的固态浑浊物，也将被吸附填充到膜孔去，使氧化膜透明度下降，膜层的反光率受到阻挡，从而影响氧化膜的光亮度。

　　h　膜厚的均匀性

改善氧化槽液的循环方式，使槽液温度和浓度均匀，有助于膜厚均匀。同挂料的两端膜厚不同，是槽液两端的温度不同造成；同挂料上下之间膜厚不同，是氧化槽液上下温度不同造成。增大槽液循环量，合理设计槽液进出方式，可以克服散射膜厚不均匀现象。

控制氧化槽液温度和浓度的波动范围，控制好每挂氧化表面积。挂与挂之间膜厚不同，是因工艺条件波动太大，或挂与挂料面积相差太大。要根据工艺电流密度计算好绑料支数，根据挂料面积给定总电流。

绑料支数＝工艺挂料面积/（型材截面外周长×型材长度）

总电流＝实际挂料面积×工艺电流密度

实际挂料面积＝型材截面外周长×型材长度×绑料支数

型材到两边与阴极间距要相等；增大阴极面积，使阴极面积大于工艺挂料面积。

10.2.3.2　宽温快速阳极氧化

　　A　宽温快速阳极氧化的特点

宽温快速阳极氧化的特点有：

（1）拓宽氧化温度区间。可在 20~40℃ 区间内工作，减少冷冻机的制冷量，甚至用自来水冷却即可。

（2）提高电流工作上限。氧化电流可在 1.0~2.0A/dm² 区间内工作。

（3）提高氧化液老化上限。能提高 Al^{3+}、Cu^{2+}、Fe^{3+} 允许含量的一倍。

（4）提高氧化速度。因降低了氧化膜的溶解速度，本工艺能使氧化速度提高 0.4~1.0$\mu m/min$。

（5）氧化膜孔隙率大，封孔难度较大，有时失重不容易达标。

与传统的氧化相比，宽温快速阳极氧化有如下优势，见表 10-15。

表 10-15　宽温快速阳极氧化与传统的氧化性能比较表

项　目	性　能　指　标	
	普通（传统）氧化	宽温快速氧化
氧化速度/$\mu m \cdot min^{-1}$	0.2~0.35	0.4~1.0
氧化温度/℃	15~25	20~40
最佳温度/℃	20±2	32±2
氧化电流/$A \cdot dm^{-2}$	1.0~1.5	1.5~2.5
最佳电流/$A \cdot dm^{-2}$	1.3±0.2	2.0±0.2
槽电压/V	15~20	10~15
氧化时间（标准膜）/min	25~35	15~25
效率提高		20%~100%
Al^{3+}上限/$g \cdot L^{-1}$	20	30
Cu^{2+}上限/$g \cdot L^{-1}$	0.02	0.05
Fe^{3+}上限/$g \cdot L^{-1}$	0.2	0.6
Cl^{-}上限/$g \cdot L^{-1}$	0.2	0.5
吨材制冷耗电量/$kW \cdot h \cdot t^{-1}$	120~250	0~100
吨材氧化耗电/$kW \cdot h \cdot t^{-1}$	450~550	250~350
吨材节电/$kW \cdot h \cdot t^{-1}$		200~300
投资成本	制冷剂、场地购买安装、费用很大	添加剂开槽、投资较少
氧化膜外观	无色透明	无色透明
氧化膜孔隙率/%	10%~15%	16%~20%

B　工艺规范

配方 1：文献报道的宽温快速阳极化工艺配方及工艺参数。

H_2SO_4(d=1.84g/mL)/$g \cdot L^{-1}$	140~180
草酸/$g \cdot L^{-1}$	5~8
乳酸/$g \cdot L^{-1}$	5~10
丙三醇/$g \cdot L^{-1}$	3~15
$NiSO_4$/$g \cdot L^{-1}$	5~10
Al^{3+}/$g \cdot L^{-1}$	<20
温度/℃	10~40
阳极电流密度/$A \cdot dm^{-2}$	1~2
阴板与阳极面积比	1:2
搅拌方式	槽液冷却循环，可采用压缩空气搅拌

配方 2：厂商提供的宽温快速阳极化工艺配方及工艺参数。

H_2SO_4/$g \cdot L^{-1}$	120~130
添加剂/$g \cdot L^{-1}$	35±5
电流密度/$A \cdot dm^{-2}$	1.5~2.0
电压/V	12~15
温度/℃	35±2
消耗	标准膜下，添加剂的消耗不大于2kg/t，膜厚增加，消耗相应增加

C　使用方法

使用方法为:

(1) 开槽。按添加剂 35g/L 直接加入氧化槽即可。

(2) 添加。按 H_2SO_4:添加剂=25:1 添加;添加剂为白色粉末固体,通常由缓冲剂、促进剂、渗透剂、抑灰剂、润湿剂、导电剂等多种成分配制而成。含碱土金属硫酸盐、有机酸、有机醇等物质。

当使用较高电流密度时,因发热量大,槽液要加强搅拌,以使槽液温度均匀。电流密度与成膜速度关系见表 10-16。

表 10-16　电流密度与成膜速度关系

电流密度/$A \cdot dm^{-2}$	1.3	1.5	2.0	2.5	3.0
成膜速度/$\mu m \cdot min^{-1}$	0.45	0.52	0.65	0.85	1.05

10.2.3.3　草酸阳极氧化

对硫酸阳极氧化影响的大部分因素也适用于草酸阳极氧化,草酸阳极氧化可采用直流电、交流电或交直流电叠加。用交流电比直流电在相同条件下获得膜层软、弹性较小;用直流电氧化易出现孔蚀,采用交流电氧化则可防止,随着交流成分的增加,膜的抗蚀性提高,但颜色加深,着色比硫酸膜差。草酸阳极氧化工艺参数见表 10-17。

草酸膜层的厚度及颜色依合金成分而不同,纯铝的膜厚呈淡黄或银白色,合金则膜薄色深如黄色、黄铜色。氧化后膜层经清洗,若不染色可用 3.43×10^4 Pa 压力的蒸汽封孔 30~60min。

表 10-17　草酸阳极氧化方法和工艺参数表

名　　　称	电解液组成	电流密度/$A \cdot dm^{-2}$	电压/V	温度/℃	时间/min	颜色	膜厚/μm	备　　注
英美法	草酸 5%~10%	DCl~1.5	50~65	30	10~30	半透明	15	
氧化铝膜 (日)	草酸 5%~10%	AC1~2	80~120	20~29	20~60	黄褐色	6~18	日用品装饰、耐磨耐蚀
		DC0.5~1	25~30			半透明		
Eloxal Gxh (德)	草酸 3%~5%	DC1~2	40~60	18~20	40~60	黄色	10~20	用于纯铝,耐磨
Eloxal Gxh (德)		DC1~2	30~45	35	20~30	几乎无色	6~10	膜薄、软,易着色
Eloxal Wx (德)		AC2~3	40~60	25~35	40~60	淡黄色	10~20	适用于铝线
Eloxal WGx (德)		AC2~3	30~60	20~30	15~30	淡黄色	6~20	Al-Mn 合金
		DC1~2	40~60					
硬质厚膜	草酸	AC1~20	80~200	3~5	60 以上	黄褐色	约 20 以上	较硫酸膜厚,约在 600μm 下,高耐磨

10.2.3.4　铬酸阳极氧化

A　铬酸阳极氧化的特点

用 3%~10%的铬酸电解液,通以直流电,在一定的工作条件下进行铝及铝合金的阳极氧化处理,所得到的铬酸氧化膜比硫酸氧化膜和草酸氧化膜要薄得多,一般厚度只有

2~5μm，能保持原来零件的精度和表面粗糙度。膜层质软、弹性高，基本上不降低原材料的疲劳强度。但耐磨性不如硫酸阳极氧化膜。膜层不透明，颜色由灰白色到深灰色或彩虹色。由于铬酸几乎没有空穴，一般不易染色。膜层不需要封闭就可使用，在同样厚度情况下它的耐蚀能力要比不封闭的硫酸氧化膜高。铬酸氧化膜与有机物的结合力良好，是油漆的良好底层。由于铬酸对铝的溶解度比在其他电解液中小，所以该工艺适用于机械加工件、钣金件，适用于硫酸法难以加工的松孔度较大的铸件、铆接件、电焊件以及尺寸允许差小和表面粗糙度低的铝制件。含铜量大于4%的铝合金一般不适用铬酸阳极氧化。

B 铬酸阳极氧化工艺流程

铬酸阳极氧化工艺流程为：

铝件→机械抛光→除油→碱浸蚀→出光→清洗→铬酸阳极氧化→清洗→干燥→成品。

C 铬酸阳极氧化工艺规范（直流电源）

两种不同配方的铬酸阳极氧化工艺规范见表10-18。

表 10-18 两种不同配方的铬酸阳极氧化工艺规范

成分及工艺参数	配方 1	配方 2
铬酸酐 $CrO_3/g \cdot L^{-1}$	0~35	95~100
温度/℃	40±2	37±2
氧化时间/min	60	35
阴极材料	铅板或石墨	铅板或石墨
阳极电流密度/$A \cdot dm^{-2}$	0.2~0.6	0.3~0.5
电压/V	0~40	0~40
pH 值	0.65~0.8	<0.8
阴阳极面积比	3:1	
适用范围	适用于尺寸允许差小的抛光零件的阳极氧化处理	适用于一般零件、焊接件或油漆底层的表面氧化处理

D 电解液配制方法

计算槽的容积和所需的铬酸酐，全部加入槽内，然后加 4/5 容积的蒸馏水或去离子水，剧烈搅拌，待铬酸酐全部溶解后，最后加蒸馏水至工作液面。经分析、调试合格后，即可使用。氧化过程中应经常进行浓度分析，适时添加铬酸酐。

E 有害杂质的影响及排除

电解液中常有的有害杂质为 SO_4^{2-}，Cl^-，Cr^{3+} 等离子，SO_4^{2-} 含量大于 0.5g/L，Cl^- 大于 0.2 g/L 时氧化膜变粗糙。此外，由于在氧化过程中六价铬还原成三价铬，Cl^{3+} 增多，会使氧化膜变暗无光，抗蚀性能降低。

溶液中的三价铬可采用电解法除去。用铅制阳极、钢制阴极，其阳极电流密度为 0.25 A/dm^2，阴极电流密度为 $10A/dm^2$，使 Cr^{3+} 在阳极氧化成 Cr^{6+}。

溶液中 SO_4^{2-} 含量过高阳极氧化效果不好，硫酸盐含量超过 0.5%时，可添加 0.2~0.3g/L 的 $Ba(OH)_2$ 或 $BaCO_3$，通过化学沉淀法使其生成硫酸钡沉淀除去。

溶液中氯化物含量不应超过 0.2g/L，溶液中 Cl^- 含量过高时，必须稀释或更换溶液。

F 电解液的维护和调整

由于氧化过程中铝的溶解，使溶液中铬酸铝 $[Al_2(CrO_4)_3]$ 及碱性铬酸铝

$[Al_2(40H)CrO_4]$的量逐渐增多，而游离铬酸含量减少，使电解液的氧化能力降低，因此，要对电解液做定期分析，适时地添加铬酸酐。也可用测量电解液的单位导电度或 pH 值的方法来调整电解液。

G　工艺操作要点

开始氧化的 15min 内，电压控制在 25V 左右，随后将电压逐步调整到 40V，持续 45min，断电，取出铝件。随着氧化过程的进行，电流有下降现象，为了保持一定的电流密度，必须经常调整电压，并严格控制 pH 值在规定范围内。

10.2.3.5　硬质厚膜阳极氧化

A　特点

硬质阳极氧化是铝及铝合金表面生成一种厚而坚硬氧化膜的一种工艺方法，所获得的膜层具有以下的特点：

（1）色泽。膜层的外观有褐色、深褐色、灰色到黑色，一般是随铝材和采用工艺的差异而有所区别，膜层越厚，电解温度越低，颜色越深。

（2）厚度。膜层厚度可达 250μm 左右，因此硬质阳极氧化又称为厚膜阳极氧化。

（3）硬度。氧化膜的硬度非常高，在铝合金上可达 400～600HV，在纯铝上可达 1500HV；其氧化膜硬度内层比外层高。不仅硬度高，而且耐磨性能极好。由于膜层具有大量的微小孔隙可吸附各种润滑剂，故还可进一步提高减摩能力。ISO10074—1994 规定的硬质阳极氧化膜性能标准见表 10-19。

表 10-19　硬质阳极氧化膜 ISO10074—1994 规定的性能最小合格值

铝　合　金	表面密度/A·dm^{-2}	TABER 耐磨性能/mg	显微硬度 HV0.05
2000 系以外的铝合金	1100	15	400
2000 系铝合金	950	35	250
镁含量 2%的 5000、7000 系铝合金	950	25	300
铜含量 2%或硅含量 8%的铸造铝合金	950		250
其他铸造铝合金	合同规定		合同规定

（4）抗热。硬质阳极氧化膜的熔点高达 2500℃，导热系数低至 60kW/(m·K)，是极好的耐热材料。

（5）硬质阳极氧化膜的绝缘电阻率极大，氧化膜 35～55μm 时绝缘阻值可达 1000kΩ，击穿电压值最小 450V，特别经封闭处理（浸绝缘漆或石蜡）后，其击穿电压可高达 2000V，正常氧化膜的击穿电压见表 10-20。

表 10-20　正常氧化膜的击穿电压表

电解液	电流	平均比击穿电压/V·μm^{-1}
硫酸	直流	35
	交流	25
草酸	直流	10～20
	交流	5～8

（6）耐蚀膜层在大气中，具有较高的抗蚀能力。在3%NaCl盐雾气氛中，能经受数千小时而不腐蚀。

（7）结合力膜层与基体金属具有牢固的结合力。

B 硬质厚膜阳极氧化工艺分析

获得硬质阳极氧化膜的溶液很多，如硫酸、多种有机酸（如草酸、丙二酸、苹果酸、磺基水杨酸等）的混合溶液。所用电源，有直流电、交流电、交直流叠加以及各种脉冲电流。目前，应用较广的有下列两种类型：硫酸硬质阳极氧化脉冲电流法和混合酸硬质阳极氧化交直流叠加法。脉冲阳极氧化的主要优点是：对于各种铝合金，可以用较高电流密度操作而不至于发生烧损。如2000系铝合金可在电流密度为3A/dm²时生成硬质膜。常用的硬质阳极氧化工艺见表10-21。

表 10-21　硬质阳极氧化法和工艺参数表

序号	电解液	温度/℃	电流密度/A·dm^{-2}	始电压/V	末电压/V	时间/min	膜厚/μm
1	15%硫酸	+4.4~+14	2~2.1	26	120	90	50
2	15%硼酸	+60~+70	0.4~0.6	100	300	240	200
3	4%Na$_2$HC$_6$H$_5$O$_7$	+10	250W/dm²	15~25	80	60	10~130
4	10%硫酸	−1~+4.5	2~2.5	25~30	40~60	60~240	28~150
5	15%硝酸，10%硫酸	+8~+10		25	60	60	25~60
6	10%~15%硫酸	0~+4	5	交流 10~24	60~70	240	100
7	·6%~8%二水合草酸	条件视合金而改变		中插直流 20~24	120~140		
8	6%~7%硫酸 +3%~6%有机添加剂	+4.5~+18	1.3~2	10	150	40	65
9	10%~20%硫酸	−6~+10		30	280	160	115~150
10	10%~15%硫酸	+8	4	20~24	60	60	55~80
11	5.5甲酸，8%二水合草酸	+15~+25	3~6	45	90		100~250

C 脉冲阳极氧化原理和特点

脉冲氧化时，当硅整流器给出脉冲电压，其电流的变化如图10-3所示。

普通阳极氧化与脉冲阳极氧化的比较，见表10-22。硬质氧化脉冲波形如图10-4所示。

表 10-22　普通阳极氧化与脉冲阳极氧化的比较

项　　目	普通阳极氧化	脉冲阳极氧化
硬度试验（HV）	300（20℃）	650（20℃），450（20℃）
CASS试验，达到9级的时间/h	8	>48
落砂耐磨试验/S	250	>1500
弯曲试验	取决于材料	好

项　目		普 通 阳 极 氧 化	脉 冲 阳 极 氧 化
破裂电压/V		300（不大于）	1200（100μm）
厚度均匀性/%		25（100μm，22℃）	12（100μm，20~25℃）
电源成本比较		1	1.3
形成硬质氧化膜的电能消耗		大	小
槽液冷却大小比较	一般氧化膜	1（20~25℃）	1（25~30℃）
	硬质氧化膜	5~10（0~5℃）	1.5（20~25℃）
单位时间的生成率比较		1	3
销售价格比较		1	1.3~2.0

注：溶液为草酸、硫酸，铝合金材为 1080、5052、6063。

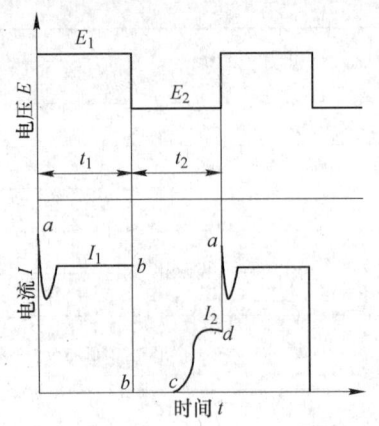

图 10-3　脉冲氧化的电流回复效应图

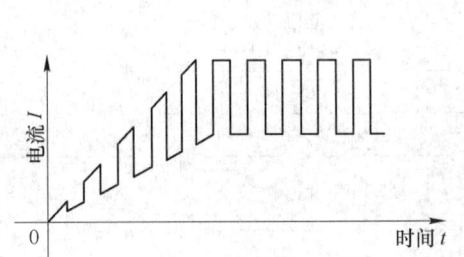

图 10-4　硬质氧化脉冲波形图

　　双脉冲电源是一种新型电源（波形如图 10-5 所示），在脉冲电源的硬质氧化过程中，短时间的反向脉冲电流在工作表面带来大量的氢离子，释放出的氢气带走大量的焦耳热，使氧化膜温度降低，降低氧化膜烧伤及氧化膜溶剂变小，孔隙率变小，从而提高氧化膜硬度及光亮性，提高产品合格率，并且氧化膜均匀性也得到改善。

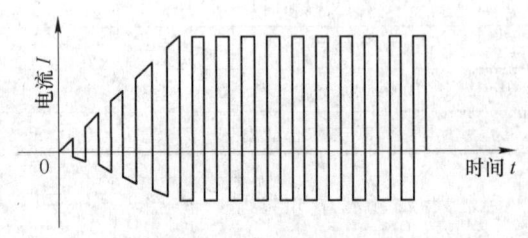

图 10-5　硬质氧化双脉冲波形图

可以在较高槽温（如 7~14℃）下进行氧化，制冷量将减小 40%~60%。反向脉冲电流带来大量的氢离子，使氧化膜电阻变小，提高氧化膜成膜速度 2~3 倍，并可以在较低电压（22~28V）下进行氧化（常规硬质氧化电压为 44~50V）。故在电源方面节省电费（30%~60%），因此采用双脉冲硬质氧化将使硬质氧化的整体成本降低 40%~70%。以下是 3003 铝合金进行硬质氧化的性能比较：常规：硬质 350~450HV（-5~5℃），平均电压 44~50V；双脉冲：硬质 500~600HV（7~14℃），平均电压 22~28V。

10.2.3.6　硫酸硬质阳极氧化

　　如果硫酸或草酸电解液中加入适量的有机酸，如丙二酸、乳酸、苹果酸、磺基水杨酸、柠檬酸等，就允许提高硬质氧化温度。这对便于生产、降低成本和提高膜层质量都有一定好处。

A　硫酸硬质阳极氧化工艺流程

硫酸硬质阳极氧化工艺流程为：

铝件—化学除油—清洗—中和—清洗—硬质阳极氧化—清洗—封闭—成品检验。

B　各种因素的影响

各种因素的影响有：

（1）电解液浓度。用硫酸电解液进行阳极氧化时，一般用10%～20%的浓度范围。浓度低时，膜层硬度高。特别对纯铝，更为明显，但对含铜量高的铝合金（2A12）例外。

（2）温度。电解液的温度对膜层的硬度和耐磨性影响极大。通常，温度下降，硬度和耐磨性增强。为了获得较高的硬度和耐磨性能，电解液应控制在较低温度，并以±2℃温差为宜。

（3）阳极电流密度。提高电流密度氧化膜生成速度加快，氧化时间缩短，膜层受到硫酸化学溶解的时间相应减少，膜层硬度和耐磨性也相应提高。

（4）合金成分。合金元素和杂质对铝合金硬质阳极氧化膜的品质有很大影响，它影响膜层的均匀性和完整性等。

C　使用硬质氧化添加剂工艺举例

（1）生成2～25μm硬质膜。

添加剂浓度	3%～5%（体积）
硫酸浓度	120～200g/L（见表10-23注）
温度	15～22℃
电流密度	1.9～2.6A/dm² （见表10-24注）
电压	20～24V
时间	5～45min（见表10-24注）

（2）生成50μm硬质膜。

添加剂浓度	3%～5%（体积）
硫酸浓度	170～190g/L（见表10-23注）
温度	13～15℃
电流密度	2.6～3.9A/dm² （见表10-24注）
电压	28～32V
时间	根据硬度需要而定（见表10-24注）

（3）生成100μm硬质膜。

添加剂浓度	3%～5%（体积）
硫酸浓度	180～210g/L（见表10-23注）
温度	3～6℃
电流密度	5.2～6.5A/dm² （见表10-24注）
电压	50～60V，需要脉冲整流器
时间	50～65min（见表10-24注）

表 10-23　硫酸浓度与温度的关系表

硫酸浓度 g/L	180~200	165~185	150~170	135~155	120~140
槽液温度/℃	21~24	21~24	24~27	24~27	27~29

注：随着温度的提高，根据表降低硫酸浓度。

表 10-24　膜厚与氧化时间电流密度关系表

膜厚/μm	大致时间/min		
	$1.9A/dm^2$	$2.3A/dm^2$	$2.6A/dm^2$
5	9	8	7
13	23	20	17
18	32	28	24
25	45	40	35

注：膜厚的增长受到处理时间和电流密度共同影响，可用来估算膜厚。

10.2.3.7　瓷质阳极氧化

A　概述

铝及铝合金在草酸、柠檬酸和硼酸的钛盐、锆盐或钍盐溶液中阳极氧化，溶液中盐类金属的氢氧化物进入氧化膜孔隙中，从而使制品表面显示出与不透明而致密的搪瓷类似，或具有特殊光泽的类似塑料外观。瓷质阳极氧化处理工艺流程与常规硫酸阳极氧化基本一致，不同的是瓷质阳极氧化是在高的直流电压（115~125V）和较高的溶液温度（50~60℃）下进行的，而且需经常搅拌电解液、调节 pH 值，使之处于 1.6~2 范围内。

瓷质阳极氧化的电解液，目前配方很多（见表 10-25）。

表 10-25　瓷质阳极氧化方法及工艺参数

配方名称	电解液成分	工艺参数				氧化膜厚度与颜色
		电流密度 /A·dm⁻²	电压 /V	时间 /min	温度 /℃	
草酸钛钾、硼酸法（pH 值为 1.6~2.6)	草酸钛钾 TiO($K_2C_2O_4$)·$2H_2O$ 40g/L 硼酸　　　8g/L 柠檬酸　　1.2g/L 草酸　　　1.2g/L	（开始用）3 → （终止用） 1.0	115~125	30~40	55~60	10~16μm 灰白色
铬硼酸法	铬酐　　　30g/L 硼酸　　　1~2g/L	0.3~1.0	40~80	60	45~50	11~15μm 灰色
混合酸法	铬酐　　　30g/L 草酸　　　0.5~1.0g/L 柠檬酸　　3g/L 硼酸　　　15~20g/L	10~20	120	60	45~60	12~20μm 灰暗色
硫酸锆法	硫酸锆 5%（按氧化锆算） 硫酸　　　7.5%	1.5~1.2	16~20	40~60	34~36	15~25μm 白色

B 瓷质阳极氧化工艺流程

瓷质阳极氧化工艺流程为：

铝制件→轻微机械抛光→化学除油→热水清洗→冷水清洗→HNO₃中和光泽处理→冷水清洗→瓷质阳极氧化→冷水清洗→蒸馏水洗（pH 值 5~6、沸水）→封孔→干燥→轻机械抛光→成品。

C 溶液配制（以配方 1 为例）

根据容积计算好所需要的化学药品：首先将草酸钛钾溶解在 $50~60{}^\circ\text{C}$ 的蒸馏水中，倒入槽内，然后加入草酸、硼酸、柠檬酸，最后加蒸馏水至工作液面，搅拌均匀。用草酸调节 pH 值达到 1.8~2.0，经调试氧化合格后，即可使用。

D 瓷质阳极氧化溶液成分对氧化膜性能的影响

配方 1 的影响包括：

（1）草酸钛钾的影响。铝在草酸钛钾溶液中阳极氧化得到陶瓷般不透明的白色膜层。草酸钛钾在溶液中含量不足时，所得氧化膜是疏松的甚至是粉末状的；因此，含量必须控制在工艺范围内，使膜层致密、耐磨和耐腐蚀。

（2）草酸的影响。草酸能促进氧化膜的正常成长，含量过低，膜层变薄；含量过高，会出现溶液对膜层的溶解速度过快，使氧化膜疏松，降低膜层的硬度和耐磨性。

（3）柠檬酸和硼酸对膜层的光泽和乳白色有明显的影响，还能对溶液起缓冲作用，提高溶液的稳定性，适当提高含量可提高氧化膜的硬度和耐磨性。

配方 2、3 的影响包括：

（1）铬酸的影响。在电解液中，除了影响溶液的电导和氧化膜生成速度外，还在很大程度上影响膜层的颜色。在相同的工作条件下，如不添加铬酸酐，则膜层呈现半透明状，随着铬酸酐添加量的逐步增加，膜层的透明度随之而降低，并向灰色转化，仿瓷质效果提高。当铬酸酐含量在工艺范围内时，仿釉效果下降，并且会出现过腐蚀现象。

（2）草酸的影响。在电解液中，随着草酸含量的增加，膜层的仿釉色泽逐步加深。但当其含量过高时，膜层的透明度又重新增加反而使产品的外观类似普通黄色的氧化膜，故草酸含量应控制在工艺规范之内。

（3）硼酸的影响。在草酸、铬酸混合液中，硼酸含量增加，能显著地改善氧化膜的成长速度，同时膜层向乳白色转化。但含量过高氧化速度反而降低，同时膜层一般向雾状透明转化。

在瓷质阳极氧化电解液中，铬酸的增长使仿釉膜层的颜色向不透明的灰色方向转化；草酸含量的增加会使膜层向黄色方向转化，而硼酸含量的增加，膜层向乳白色方向转化。

总之，电解液成分的适当配比对瓷质氧化膜色泽起着决定性的作用。

E 瓷质阳极氧化工艺条件对氧化膜性能的影响

瓷质阳极氧化工艺条件对氧化膜性能的影响包括：

（1）时间的影响。关于配方 2、3 的氧化时间对仿釉氧化膜成长速度，当膜层厚度达到 $16\mu\text{m}$ 以后，其成长速度极为缓慢，从氧化 60min 至 100min 之间布膜厚只增加了 $2\mu\text{m}$ 左右。说明其膜层的厚度与铬酸阳极氧化法具有相同之处，是很低的。

（2）温度的影响。电解液的温度升高，膜层的成长速度增加，但温度过高，其膜层的厚度反而下降，膜层的透明度也随之提高，表面粗糙而无光泽。在恒定的电压条件下，电流密度随温度的提高而自动增大，因此氧化膜的透明度及光泽变化可以认为是温度和电流密度相互影响的综合结果，其中起主导作用的应该是温度的变化。

（3）电压的影响。电压对仿釉瓷质氧化膜的主要影响是膜层的色泽，在过低的电压下膜层薄而透明。过高时，膜层由灰色转变为深灰色，不能达到装饰的目的。

综上所述，瓷质阳极氧化膜的色泽，在特定的电解液中，可以通过变更工作条件来控制。一般采用以下方法：

（1）恒定电压、温度，变动氧化时间。

（2）恒定电压、时间，变动氧化温度。

（3）恒定温度、时间，变动氧化电压。

从效果和操作方便来看，以方法（3）为佳。但为了控制色泽，也可采用方法（1），在氧化过程中，可以从中途将零件取出，随时校对膜层色泽，若不合要求还可继续进行氧化。

F　工艺操作要点

a　配方 1 工艺操作要点

氧化开始以 $2 \sim 3 A/dm^2$ 的阳极电流密度，在 $5 \sim 10 min$ 内调节电压到 $90 \sim 120 V$ 进行氧化，然后保持电压恒定，电流随着膜层增厚、电阻变大而自然下降，经过一段时间，电流密度便达到一个稳定值（ $1 \sim 1.5 A/dm^2$ ），直至氧化结束，到规定时间后断电取出零件。

氧化过程中，溶液会变成棕色。这是由于生成偏钛酸的缘故。氧化结束后，溶液的颜色又会消失，这种变化对氧化过程没有影响。溶液中适当通过柠檬酸与草酸含量，使 pH 值降为 $1 \sim 1.3$ ，可提高氧化膜硬度和耐磨性。

b　配方 2、3 工艺操作要点

氧化开始后，将电压由零逐步调节到 $20 \sim 40 V$ 范围内的某一定值，直至氧化结束，到规定时间，断电取出零件。

溶液中杂质最大允许含量：Al^{3+} 为 $30 g/L$，Cl^- 为 $0.03 \sim 0.04 g/L$，Cu^{2+} 为 $1 g/L$。超过含量，需稀释或更换溶液。

10.2.4　阳极氧化膜的电解着色

10.2.4.1　电解着色的基本原理

A　概述

电解着色，首先是将铝制件在硫酸电解液中制出洁净的透明多孔的阳极氧化膜，第二步转移到酸性的金属盐溶液中施以交流电解处理，将金属微粒不可逆的电沉积在氧化膜孔隙的底部（见图 10-2）。凡能够由水溶液中电沉积出来的金属，大部分都可以用在电解着色上。但其中只有几种金属盐具有实用价值，如锡、镍、锰、银盐和硒盐等。其着色原理和整体发色法有相同之处，是借金属微粒对入射的吸收和散射而产生颜色。因此，铜盐单独使用呈红色，锰、银盐和硒盐呈黄色系，其他金属的色调范围大多是由青铜色到黑色。在特定的介质下，色泽的深浅由金属离子沉积量来决定，而与氧化膜的厚度无关。一般采用的氧化膜厚度为 $8 \sim 20 \mu m$。除了含铜量较高的铝合金和含硅量高的铝合金外，大多数建筑铝型材都可适用此工艺;而整体发射法所着的颜色与铝材的组成和合金状态有很大的关系外,电解着色法与整体发射法相比的另一个很大优点是成本低得多。它所需要的电能只是整体发射法的2/5。这就是电解着色法至今仍在欧洲、日本和国内广泛应用的原因。

电解着色的表面具有与硫酸阳极氧化膜相同的硬度和耐磨性能;膜层具有特别好的耐紫外线照射性能,耐热性能好,有很好的耐蚀性等优点。

B 电解着色的原理

前已述及,铝在硫酸溶液中进行阳极氧化处理之后,在制品表面上生成一层人工氧化膜,这层氧化膜的最外表,是多孔的。称多孔质层,而氧化膜的底层与铝基体相连接触,则是致密的氧化膜薄层,也称为活性层或阻挡层。把这种带有阳极氧化膜的铝材浸入某种金属盐的电解液中,并作为一个电极(因用交流电),而另一极可以用与电解液所含金属盐相同的纯金属板或石墨、不锈钢板等。当两极同时通以交流电时,(一般在低电压和低电流密度的条件下),铝制品就自动地变成阴极,而且从其上面释放出氢气,同时金属溶液中的金属离子在铝制品附近形成强烈的离子浓度差,并通过多孔质层深入到活化层上,交替地承受剧烈的还原作用和缓慢的氧化作用,也即活性层强烈地吸引金属离子,并与在那里产生的负静电荷反复发生放电和析出金属微粒或金属氧化物,并沉积在氧化膜微细孔的底部 $3 \sim 6 \mu m$ 处,金属微粒析出量约为 $0.01 g/dm^2$。这些微粒通常呈毛发状、球状或粒状,其直径为 $10 \sim 15 nm$,长度为数微米,在光线作用下这些金属微粒发生衍射,就使氧化膜呈现各种颜色。

实际上,用交流的可能性是因为在交流电较强的负半波下,电流波发生偏移。在较弱的正半波时,铝制品呈阳极,这时不沉积金属微粒,并且由于电解液的扩散作用,膜层外附近的金属粒子浓度得到回复,从而避免了不均匀的沉积,同时又可能发生金属微粒的缓慢氧化,故沉积物可能是纯金属、氧化物或氢氧化物(因为还有氢气析出现象)。电解着色法加封孔处理的要比只做封孔处理的铝材更耐腐蚀。各种金属盐电解着色工艺汇总见表10-26。

表 10-26 各种金属盐电解着色基本参数表

着色盐种类	电解液成分 /g·L⁻¹	pH 值	电压/V	温度/℃	电流密度 /A·dm⁻²	时间/min	对极材料	颜 色
锡盐	SnSO₄ 7±1 H₂SO₄ 15±2 (NH₄)₂SO₄ 8±2 柠檬酸 10±2	1~1.3	13~15	21±2	AC 0.4~0.8	2~10	锡 不锈钢	青铜色 黑色
锡盐	SnSO₄ 20 H₂SO₄ 10 H₃BO₃ 10	1~2	6~9	15~25	AC 0.2~0.8	5~10	锡 不锈钢	青铜色
锡盐	SnSO₄ 15 (NH₄)₂SO₄ 10 柠檬酸 12	1.3	13~20	20	AC 0.2~0.8	5~8	锡 不锈钢	青铜色

着色盐种类	电解液成分 /g·L⁻¹		pH 值	电压/V	温度/℃	电流密度 /A·dm⁻²	时间/min	对极材料	颜 色
锡铜盐	$SnSO_4$ $Cu_2SO_4·5H_2O$ H_2SO_4 柠檬酸	15 7.5 10 10	1.3	6~14	20	AC 0.1~1.5	1~8	石墨	红褐色 ↓ 黑色
镍盐	$NiSO_4·7H_2O$ $MgSO_4·7H_2O$ $(NH_4)_2SO_4$ H_3BO_3	25 20 15 25	4.4	7~15	20	AC 0.1~0.4	2~15	镍	青铜色
镍钴盐	$NiSO_4·7H_2O$ $CoSO_4$ H_3BO_3 磺基水杨酸	50 50 40 10	4.2	8~15	20	AC 0.5~1.0	1~15	石墨	青铜色 ↓ 黑色
铜盐	$CuSO_4·5H_2O$ $MgSO_4·5H_2O$ H_2SO_4	35 20 5	1~1.3	10	30	AC 0.2~0.8	5~20	石墨	赤紫色
钴盐	$CoSO_4$ $(NH_4)_2SO_4$ H_3BO_3	25 15 25	4~4.5	17	20	AC 0.2~0.8	18	铝	黑色
银盐	$AgNO_3$ H_2SO_4	0.5 5	1	10	20	AC 0.5~0.8	3	石墨	金绿色
硒酸盐	$NaSeO_3$ H_2SO_4	5 10	2	8	20	AC 0.5~0.8	8	石墨	浅黄色
锰酸盐	$KMnO_4$ H_2SO_4	20 20	1.6	10~15	20	AC 0.5~0.8	5	石墨	芥末色
金盐	盐酸金 甘氨酸	1.5 15	4~5	10~12	20	AC 0.5	1~5	石墨	粉红→ 淡紫色
镍盐	$NiSO_4·7H_2O$ H_2BO_4	50 30	3~5	13~17	20	AC 0.3~0.5	1~5	镍	浅青铜→ 深青铜色

10.2.4.2　电解着色方法

A　锡盐电解着色

a　着色工艺

纯锡盐或镍-锡混合盐电解着色液具有良好的着色分散性，形成的色膜色泽均匀、高雅华贵，具有良好的耐晒性、抗腐蚀性和耐磨性，而且着色本身具有较强的抗污能力，但锡盐或镍-锡混盐电解着色体系中的亚锡粒子极不稳定。所以控制的重点主要是保证亚锡离子的稳定，另外是色调的控制。锡盐电解着色常见方法见表 10-27。

表 10-27　锡盐电解着色方法

项　目		色　素			
		真黑色系	青铜色系	仿不锈钢色系	单锡盐工艺
含量/g·L⁻¹	硫酸镍	30~40	20~30	—	—
	硼酸	25~30	20~25	10	—
	硫酸	20~25	15~20	20	20~25
	着色稳定剂	15~20	10~15	—	15~20
	着色添加剂	—	—	15	—
	硫酸亚锡	10~12	4~8	2~4	10~15
	交流电压	14~15	9~12	7~9	10~15
极板		不锈钢 316L	不锈钢 316L	不锈钢 316L	不锈钢 316L
温度/℃		20~25	20~25	15~40	20~30
时间/min		9~12	3~8	2~5	3~10

　　b　镍-锡混合盐着色的工艺影响因素

　　镍锡混合盐除有青铜色系之外，也可着仿不锈钢色、香槟色和纯黑色。

　　(1) 镍盐和亚锡盐的影响。锡盐为主，两者共存时由于竞争还原提高了着色速度和均匀性。亚锡盐比单锡盐用量少且更稳定，色调黄中透红更好看。镍盐以 20~25g/L 为宜，太高色偏暗，但是纯黑色时宜升至 45g/L。一般亚锡盐 6~8g/L 为宜。夏季取下限，冬季取上限，着纯黑色需升至 10~12g/L。

　　(2) 着色添加剂。添加剂起着提高着色速度、均匀性和防止亚锡水解等三大作用。着色槽不经常使用时亚锡照样会氧化水解，故也需适当补加。

　　(3) 硫酸。起着防止锡盐水解和提高电导的双重作用，游离硫酸控制在 15~20g/L 为宜。硫酸偏低光泽性好些，但亚锡稳定性下降；酸太高着色速度和光泽下降。只有着纯黑色才升至 25g/L，以防止表面产生氢氧化物。

　　(4) 硼酸。有些镍-锡混合盐着色液添加硼酸，它在孔内起缓冲作用，有些镍电沉积，提供均匀性和改善色感，以 20~25g/L 为宜，太高色偏暗。

　　(5) 色调控制。用户对色调要求不同，需要在同槽中着出不同色调和色感。对于浅色系为主时，各成分含量限下限，着色电压用 15V，例如着仿不锈钢色，宜控制在 60s 左右。着香槟色 90s 左右，这样着色色调好控制。倘若又要着纯黑色，同时又要着浅色调，各成分采用了上限浓度，实际生产中可采用着色后自溶法来控制。例如为获得仿不锈钢色，先着成香槟色或浅青铜色，不取出在槽中断电，让其在电解液中自溶褪去一部分色再提出，也可获得良好的浅色调。

　　对于着青铜古铜色，也可通过微调达到预想效果。提高亚锡和流离硫量，色调由正黄向黄橙偏移；缓慢升压偏橙黄，升压快得亚黄色；电压太低或太高均偏青黄；提高硼酸或添加酒石酸、氨基磺酸色调偏黄橙色，用户特别喜欢这种色感。但含铁杂质大于 0.25% 的铝材均带青黄，随含铁量增加而偏乌暗，难以得到漂亮的色调。有关参数对色调影响的试验见表 10-28。为获得某一要求的色调必须固定电压、温度和着色时间等三要素。

表 10-28　色调参数试验表

项　　目	工　艺　参　数　和　结　果			
着色电压/V	<13	13~16	>16	
色调	浅红色	红底	暗红底	
亚锡稳定剂/g·L⁻¹	10.5	21	31.5	
色调	青	黄	红	
着色添加剂/g·L⁻¹	<0.5	5.0~10.0	>10.0	
色调	青	黄	红	
硫酸亚锡；硫酸/g·L⁻¹	10；10	10；15	15；15	20；20
色调	色淡，红底不明显	红底不明显	红底较好	红底较好
温度/℃	16	22		
色调	绿	红		

c　着色稳定剂

Sn^{2+}易被一切氧化剂所氧化，然后水解成胶状的 $Sn(OH)_2$ 和 $Sn(OH)_4$ 沉淀于槽底或悬浮在溶液之内。在着色过程中由槽液搅拌引起的氧化，电解反应时腐蚀的氧化和水解等情况，都会促成氧化和水解，引起 Sn^{2+} 的不稳定。

Sn^{2+} 是不稳定的，它形成的沉淀物却是很稳定的。选择具有综合性能的、好的着色添加剂，对一个工厂的着色材生成来说是非常重要的。好的添加剂应该具有一定的综合能力，有防止 Sn^{2+} 离子沉淀水解，还要加速离子化，提高分散能力的作用。否则，着色过程中络合与离子化动态平衡协调不好，Sn^{2+} 离子在孔内沉淀条件不好，会影响着色效果和着色色调。

d　着色电流与电压

电解着色大都采用正弦波交电流，电压在 8~20V，以 15~18V 为宜，太低和太高色调均偏青黄。为获得一定的色调必须保持恒定的电压。着色开始时，冲击电流很大，几分钟后开始稳定。电流密度在 $0.2~0.8A/dm^2$ 之间，理论上增大电压可以加速着色速度（见表 10-29），但电压太高时并不完全是这样。

表 10-29　着色电压对着色速度的影响

序　号	着色电压/V	着色时间/min	温　度/℃	色　调
1	<8	5	23	不着色
2	10	5	23	香槟
3	12	5	23	浅棕色
4	14	5	23	中棕色
5	15	5	23	深棕色

随着电压和着色时间的不同，将会使着色的色调发生变化。因此，通常是控制电压和时间来控制着色的色调。表 10-30 是以锡盐为基的电解液，在不同着色电压和着色时间下，色调的变化情况。

表 10-30 电压、时间与色调关系

交流着色电压/V	着色时间/min	色 调
9	3	香槟色
9	5	青铜
10	3	青铜
10	5	深青色
11	5	咖啡色
11	7~8	古铜色
12	4	咖啡色
12	5	古铜色
12	8	黑褐色

着色时型材应先在着色槽液中浸泡 1min 后，软起动电压，在 30~60s 内升至额定电压。

着色开始的电流密度很高，这是阻挡层的充电电流，随时间而逐渐衰减，一般稳定值在 $0.2~0.3A/dm^2$。

e 槽液温度

电解液温度在 15~25℃ 范围内，对所着色影响不明显。当温度从 16℃ 升至 22℃ 的变化时，所着的色从绿古铜变为红古铜色。为在规定的电压和时间下得到同一色调，着色液的温度也必须严格控制。

f 杂质对槽液的污染

各种杂质对着色的影响见表 10-31。

表 10-31 杂质对着色效率的影响表

杂质	最高浓度/g·L^{-1}	影响浓度/g·L^{-1}	附 注
NH_4^+	27	5	微褪色
B_2O_3	18	7	微褪色
Ca^{2+}	2.5	2.5	沉淀
Mg^{2+}	10.1	10.1	
草酸	50	2	沉淀
Cr^{3+}	0.8	0.8	
SiO_2	10	5	微褪色
Cl^-	2	1	剥落
K^+	2		
Na^+	2		
NO^{3-}	1.5	0.2	不上色

g 浅色系生成的工艺操作

为了取得香槟色系铝材颜色的均匀性，要求氧化膜的厚度趋于一致，偏差越小越好，

最好控制在 $12\mu m$，因此，需要严格控制阳极氧化槽的工艺参数。

（1）时间和温度。着色时间延长，氧化膜中的 Sn 含量增加，氧化膜颜色也逐渐变深。氧化膜中的 Sn 含量随着时间（t）延长呈线性增加，关系式为：

$$W = 4.4 + 2.5t(1 \leqslant t \leqslant 5)$$

电解着色槽液温度可规定为（20~25）$\pm 2℃$。当着色槽液温度升高时，着色液电导率增大，且 Ca^{2+} 沉淀反应速度加快。因此，着色液温度升高不利于 Ca^{2+} 的稳定。Ca^{2+} 的氧化反应速度随着着色液的浊度升高而加快。因此，为了保证香槟色电泳涂漆铝型材颜色的一致性，要控制好色槽液温度，波动范围越小越好。

（2）pH 值。着色槽液 pH 值在 1.0 左右时，着色速度基本不变。当 pH 值大于 1.1 时，着色速度很快，难以控制；如果 pH 值太小，又影响着色膜耐蚀性。因此，pH 值为 0.8~1.0 是生成香槟色铝型材均匀的颜色的重要因素。

（3）电压。着色液电压控制在 14~16V（不锈钢色 10~13V），电流密度是 0.6~0.8A/dm²，零压保持 1~1.5min。升压控制很重要，约每隔 3s 升高电压 1V。电压小于 14V 或大于 16V 时对着色速度的影响是很大的。

（4）水洗。阳极氧化后在第一道水洗中不准停放，在第二道水洗槽中停放时间不超过 2min，即进入着色以避免水槽中硫酸对氧化膜的不良影响。第二道水洗槽要求 pH 值不小于 3。着色计时完毕后，应立即起吊转入下道水洗槽再对色，不可在着色槽中停留，严格控制空中起吊转移时间。着色后的水洗槽也要求 pH 值不小于 3。在水洗过程中，膜孔中的着色金属盐极易受到水中物质的浸蚀，导致褪色。

（5）光源照明。检查香槟电泳涂漆铝型材的光源照明要达到标准照明度 D65。如果照明度欠佳，则检查铝材表面颜色非常困难。此外，准确计算铝材面积、清除型材表面和导电杆上的赃物、预防赃物对槽液的污染等也是相当重要的。

B　镍盐直流反向电解着色

直流反向电解着色工艺采用高浓度的单镍盐和硼酸作为电解溶液，利用专用整流器高速转换电源极性（使极性发生高速转换，正通电和逆通电相互交换），改变型材阳极氧化膜的电极性，使金属镍离子在阳极氧化膜上均匀的形成电沉积层，从而获得均匀性、重现性较好的仿不锈钢色-古铜色-真黑系列的装饰铝材。使用高浓度的单镍盐作为直流反向电解装饰主盐，以改变传统单镍盐着色的槽液分散能力差、着色不均匀等缺点。

纯镍盐不需要添加剂，着色均匀，色调容易，但成本高。

单镍盐着色工艺流程为：阳极氧化→水洗→水洗→纯水洗→电解着色→溢流水水洗→透过水水洗→冷封孔。

着色工艺范围见表 10-32。其成分参数的作用如下：

（1）镍盐（$NiSO_4 \cdot 6H_2O$）是着色主盐，提供被电沉积的金属离子。金属离子浓度增大，着色效果加快。

（2）硼酸（H_3BO_3）是缓冲剂、促进剂。

（3）pH 值。当 pH 值小于 3 时，负通电过程全部转成析氢反应，无金属电沉积层形成；如果 pH 值太高，负通电过程中阳极氧化膜界面的 pH 值迅速升高至能使金属镍盐水解的范围内，形成氢氧化镍沉淀而阻塞膜孔。着色标准波形图如图 10-6 所示。

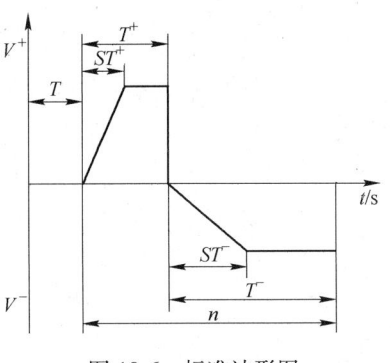

图 10-6　标准波形图

表 10-32　着色槽技术参数

硫酸镍（NiSO₄·6H₂O）	硼酸（H₃BO₃）	pH 值
140~150g/L	36~42g/L	3.6~4.5

着色标准波形关系：T 表示浸泡时间，V^- 表示通电负电压，V^+ 表示通电正电压，T^+ 表示正电维持时间，ST^- 表示负电压软启动时间，T^- 表示通负电电压通电维持时间。生产中采用的波形参数通电方式举例见表 10-33、表 10-34。

表 10-33　标准工作波形参数

T/s	ST^+/s	T^+/s	V^+/V	ST^-/s	T^-/s	V^-/V	n
30	4	6	23.0	30	56	21.0	1

表 10-34　电解着色通电方式

着色要求	参数设定	说　明
古铜色、浅色系	$n=1$，浅色系可缩短 T-时间	正电压使着色液的 H₃BO₃ 分解，BO₃⁻ 流向正极氧化膜阻挡层，对阻挡层厚度高速活化，使阻挡层厚度均匀一致；在负电压的作用下，使分解的 Ni²⁺ 流向阻挡层，达到后还原显色
深色系、黑色	$n>1$	重复标准波形可达十多次
褪色	$V^+ \geq$ 标准设定值；$V^-=0$；$T=0$；$n=1$	单纯使用正电压通电，可将着色过浓的部分进行脱色处理。使在膜孔中已经还原的金属[Ni]被氧化成离子状态，然后与膜孔分离，达到脱色的目的
补色	$V^+ \leq$ 标准设定值；$V^-=$ 标准设定值	$T=0$；$n=1$

C　其他金属盐电解着色

a　锰盐电解着色

锰盐电解着色可获得类似芥末黄的颜色。工艺规范见表 10-35。

表 10-35　锰盐的电解着色工艺规范

项　　目	锰盐的成分含量	
	范　围	最佳值
高锰酸钾/g·L⁻¹	7~12	10
H₂SO₄（$d=1.84$）	25~35	30
着色添加剂/g·L⁻¹	15~25	20
温度/℃	15~40	25
交流电压/V	7~10	8
着色时间/min	2~4	3
对极	石墨	石墨

b　银盐电解着色

银盐电解着色可获得近似 18K 金的色彩，也着成金绿色、黄绿色。而且着色液性能十分稳定，着色膜综合性能好，具有防晒、耐磨、耐热的特点。虽然银盐价格较高，但其使用浓度低，所以银盐着色法具有较高的技术推广价值。银盐电解着色的工艺规范见表10-36。

表 10-36　银盐着色工艺规范表

组 成 物	允许范围	最佳参数
$AgNO_3/g \cdot L^{-1}$	0.5~1.2	1.0
稳定剂/$g \cdot L^{-1}$	15~25	20
$H_2SO_4/g \cdot L^{-1}$	15~25	15
温度/℃	15~40	25±5
交流电压/V	5~9	6
着色时间/s	40~80	80
对极	不锈钢	不锈钢

（1）硝酸银的影响。硝酸银 $AgNO_3$ 为着色主盐，提供被沉积的银离子。其浓度对着色膜颜色的影响见表 10-37。由表 10-37 可知，随硝酸银浓度升高，色调明显加深。要想获得理想的金黄色，其最佳浓度为 1g/L。

表 10-37　硝酸银浓度的影响（6V，60s）

$AgNO_3/g \cdot L^{-1}$	色 调	表 观
0.5	金绿色	均匀
1.0	金黄色	均匀
1.5	深金色	均匀
2.0	深金色	带红底
2.5	深金色	带红底
3.0	红金色	明显红底

（2）稳定剂的影响。稳定剂起维持着色液的稳定性和提高着色速度和均匀性，防止出现红色条纹和边缘效应等作用。其他条件不变时，试验结果见表 10-38。

表 10-38　稳定剂浓度的影响

稳定剂/$g \cdot L^{-1}$	色 调	表 现
0	金黄偏浅绿	不均匀
5	金黄偏浅绿	均匀
10	金黄偏浅	均匀
15	金黄色	均匀
20	金黄色	均匀
25	金黄色	均匀
30	较深金黄色	均匀

（3）硫酸的影响。硫酸起维持着色液的稳定性和提高着色液导电性等作用。增加了硫酸含量提高了电导率，增加了着色电流，银沉积量增加，则色调加深，绿底减少，实验表明硫酸用量以 $5\sim25g/L$ 为宜。

（4）电压的影响。$5\sim8V$ 是金黄色的着色电压范围，金属沉积量较多；电压为 $9\sim25V$，随电压升高，着色电流剧增，金属沉积量增加，故色调逐渐加深；同时，有析氢反应，$18V$ 着色趋向不均匀；$27V$ 发生阻挡层击穿，膜层剥落，着色膜稍带绿色。着色电压升高，绿色加重。

（5）着色液温度的影响。银盐着色温度可在 $10\sim50℃$ 范围变化，随温度升高，电导率提高。

（6）着色时间。着色时间延长，色调加深。在 $5.5\sim6.5V$ 下，着色 $1min$ 可获得最好色调的金黄色。

（7）着色的对极和极距。对极呈栅栏式分布，其总面积至少要等于着色件总面积之和，极距以 $200\sim250mm$ 为宜。

（8）阳极氧化电流密度的影响。一般阳极氧化电流密度高，孔隙多、孔径大的氧化膜不易变绿。

（9）着色液中杂质的影响。银盐着色最忌讳的是 Cl^-，$2\times10^{-3}\%$ 的 Cl^- 就会引起着色液浑浊；其次是有机物，将导致金属银离子还原，造成银盐的非生产消耗。

c 硝酸盐（钛金色）电解着色

浅钛金色着色工艺流程为：阳极氧化→两次水洗→钛金着色→两次水洗→常温封孔→水洗。

深钛金着色工艺流程为：阳极氧化→两次水洗→活化→两次水洗→钛金着色→两次水洗→常温封孔→水洗。

钛金色着色工艺条件（例一）：钛金色着色剂 $100mL/L$，H_2SO_4 $10g/L$，pH 值 $1.5\sim2$，温度 $15\sim25℃$，时间 $1\sim6min$，电压 $8\sim10V$。预浸泡时间不大于 $20s$。

活化处理工艺条件（例二，可以不用活化处理）：硫酸（96%化学纯）$5mL/L$，钛金色着色剂 $20g/L$，温度 $25\sim35℃$，电压（AC）$7\sim15V$，时间 $3\sim8min$，用纯水配制。预浸泡时间 $1\sim3min$。

D 三次电解着色

在一般的电解着色工艺上，可生产出的颜色是从浅香槟至古铜色到黑色不等。而光干涉电解着色工艺是采用先进全电脑操作的三次电解着色工艺，该工艺的特点是生产出各种耐光、极耐热的颜色：灰、蓝、绿、黄及紫等。

a 传统三次电解着色工艺

传统的三次电解着色是硫酸氧化法。

光学衍射原理（氧化膜扩孔）为：通常采用 $10g/L$ 的磷酸溶液，$10V$ 交流电，数分钟的时间经磷酸扩孔三次电解氧化膜模型，如图10-7所示。

传统的电解着色法，一般采用镍盐为基础的电解溶液产生出一系列的颜色：灰、蓝、绿、黄及紫等，其缺点是产品表面产生出幻彩的效果。

采用以上工艺的其他缺点还有，氧化膜层不能有效的封闭，是因为残留在氧化膜表面的磷酸阻止封孔工序的开始。解决以上的问题需要采用硫酸清洗法把氧化扩孔后的铝合金

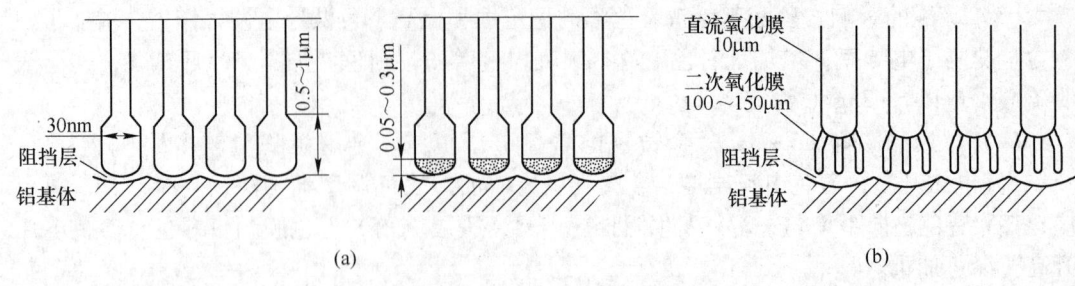

图 10-7　三次电解氧化膜模型图

（a）磷酸二次扩孔氧化膜模型；（b）硫酸二次扩孔氧化膜模型

工件清洗一次，再进行传统的电解着色法。由于本工艺本身难于控制及需要增加最少四个槽子，因此未得到推广。

b　现代三次电解着色工艺

现代新的以光学衍射原理（氧化膜扩孔）生产的多色化铝合金，不再是采用磷酸作为二次氧化的槽液，而是采用硫酸及单金属盐添加剂（见图 10-7（b））。二次扩孔后再经过传统的镍盐或锡盐电解着色法产生多彩的效果，理论上二次氧化扩孔后的氧化膜层是可电解出所有在可见光谱内的颜色。三次电解着色有以下工艺特点：

（1）在一般的硫酸氧化工艺上，氧化膜的厚度需达到铝材的国家标准。

（2）二次氧化扩孔工序需采用稀硫酸及指定的添加剂。氧化是经过一部全电脑控制的整流器，其输出电流程式通过直流及交流电的不同组合而改变氧化孔的形状，最后达到不同颜色的效果。

（3）采用硫酸亚锡电解着色工艺电解出特定的颜色。

（4）采用一般的常温封孔法封闭氧化膜表层。

c　光干涉与古铜氧化

光干涉与古铜氧化都是采用传统的电解着色法把锡盐沉到氧化孔的底部。而光干涉可生产出多颜色的原因大概是沉在氧化孔内的锡盐在不同的扩孔条件下的光学衍射效果。实践证明光干涉着色产生出的颜色系列与电解着色的时间没有多大关系。颜色主要取决于二次氧化的工艺条件（时间和电流的组合）。实验同时证明电解着色时的较大波伏（超出1~2min，超出 1~2V）不会对最终的颜色有任何的改变。

（1）阳极氧化控制条件实例：

硫酸浓度　　　　（(160~200)±5)g/L

铝离子　　　　　5~12g/L

温度　　　　　　((16~25)±5)℃

电流密度　　　　((1.2~1.8)±0.5)A/dm²

氧化膜厚度　　　((10~20)±1.5)μm

（2）二次氧化控制条件实例：

硫酸　　　　　　(30+0.2)g/L

着色添加剂　　　(40±1.0)g/L

温度　　　　　　(19±0.1)℃

整流器　　　Italtecno Tecnocolour

电流密度　　≤0.5A/dm^2

扩孔时间　　10~20min

（3）电解着色控制条件实例：

硫酸亚锡　　　　12~18g/L，控制±1g/L

硫酸浓度　　　　20g/L，控制±1g/L

电解着色稳定剂　25g/L

温度　　　　　　20℃，控制±1℃

电极　　　　　　不锈钢

整流器　　　　　Italtecno Tecnocolour

静候时间　　　　30s

通电等候时间　　30s

着色时间　　　　1~10min

电压（交流电）　((9~15)±0.5)V

　　二次扩孔槽的体积应与阳极氧化槽及电解着色槽相当，二次氧化扩孔槽槽体的材料与电解着色槽也是一样的，阴极也是采用 AISI316L 不锈钢物料。在开始时，阳极氧化及电解着色的工艺条件必须选定，但选择的工艺条件不是最重要的一环，最重要的是控制其波伏范围。在二次扩孔槽内必须安装精密温控系统，配槽液和添加槽液需混合指定的硫酸浓度及 40g/L 的 ColourmixIMI 的着色添加剂。二次扩孔槽设备见表 10-39。

表 10-39　二次扩孔槽装置表

序号	设备名称	数量	说　明
1	全电脑控制整流器	1套	Tecnocolour 整流器
2	不锈钢电极	1套	316L 材料，包括中间和两边电极
3	槽液循环系统	1套	包含不锈钢钢泵、槽液分配器、管道及配件
4	温度控制系统	1套	包含不锈钢钢泵、热交换器、加热装置、温控器、冷却分配电控器
5	槽体	1套	
6	着色添加剂	2000kg	

　　阳极氧化的温度可自由选择在 16~25℃，可配合快速氧化剂同时使用。但氧化温度的波动必须控制在±0.5℃之内。氧化温度对氧化膜的疏松度及硬度有绝对性的影响。氧化温度上的波动对所得颜色的稳定性影响很大，如果所有氧化温度不一样，二次氧化扩孔的效果就不一样。

　　氧化槽内的硫酸的浓度可选择在 160~200g/L，但其变化控制在±5g/L。其理由与温度波动的理由相同。

　　阳极氧化时的电流密度可选择在 1.2~1.8A/dm^2。当选定电流密度后，其波动对所得的颜色稳定性影响不大（氧化膜的厚度均等的条件）。但稳定的电流密度有利于产生出平均的氧化膜。

　　电解着色槽内的槽液浓度必须保持在工艺指标范围内。如硫酸浓度及电解着色稳定剂浓度等。其他的有关电动机组件整流器等需运行正常，如任何组件在电解着色工艺上运行不正常，都会影响最终颜色的稳定性。

　　d　Tecnocolour 整流器

　　Tecnocolour 是一种多功能的整流单元，整流器可输出：直流电、交流电、不同频率的交流电、在不同频率下的直流电与交流电的组合。

　　整流器的记忆体已储存超过一百个以上的各种电流或其电流组合程序。记忆体能有效地控制电脑的主体输出及记录每次的电流组合程序和使用的电压及处理时间。

　　整流器同时具备以下的多种功能：

　　(1) 生产氧化膜（采用直流或交流电）。

　　(2) 采用锡盐为基础的电解着色法，在低硫酸亚锡的浓度下，可在 10min 内达到全黑的效果。

　　(3) 采用镍盐为基础的电解着色法，可在 10min 内达到全黑的效果。

　　(4) 无论以钴单/复盐，硒单/复盐或银单/复盐为基础的电解着色液法，都能节省30%的电解时间（与同颜色比较）。

10.2.5　阳极氧化膜的封孔

10.2.5.1　封孔的分类

　　铝合金阳极氧化膜呈多孔层结构，有较强的吸附能力和化学活性，尤其处在腐蚀性环境中，腐蚀介质容易渗透膜孔引起基体腐蚀。因此，经阳极氧化后的皮膜不管着色与否，需进行封闭处理，以提高氧化膜的抗蚀、绝缘和耐磨等性能以及减弱它对杂质或油污的吸附。

　　氧化膜封闭的方法很多，有热水封闭法、蒸汽封闭法、盐溶液封闭法和有机涂层封闭法等。下面介绍三种经常用的高温封孔、冷封孔和中温封孔处理法。

10.2.5.2　封孔方法

　　A　水合封孔的原理

　　铝的阳极氧化膜在水中有两种形式的反应：一是在 80℃ 以下，pH 值小于 4 的水中，与水结合成拜耳体三水合氧化铝，这种结合仅是物理结合，过程是可逆的。另一种是在 80℃ 以上的中性水中，氧化铝与水化合成波米体型的一水合氧化铝，这就是通常所指的水合封孔的反应过程：

$$Al_2O_3 + H_2O \longrightarrow 2AlO(OH) \longrightarrow Al_2O_3 \cdot H_2O$$

　　由于一水合氧化铝的密度（3014kg/m³）比氧化铝（3420kg/m³）的小，体积增大33%左右，堵塞了氧化膜的孔隙。

　　高温水合封孔包括沸水封孔和常压、加压蒸汽封孔。蒸汽封孔所处理的氧化膜抗蚀性、耐蚀性与蒸汽压力和封孔时间有关，一般随压力升高，时间延长，抗蚀性提高，耐蚀性降低。

　　B　高温水合封孔

　　a　高温封孔的工艺及影响因素

　　沸水封孔、蒸汽封孔工艺见表 10-40。通常，蒸汽（常压、加压）封孔的效果比沸水封孔好，需用高压容器或专用蒸箱，成本较高。因此蒸汽封孔特别是加压蒸汽封孔只能用于小型制品的处理。

表 10-40 沸水、蒸汽封孔工艺参数

表 10-40 沸水、蒸汽封孔工艺参数

项 目	加压蒸汽	常压蒸汽	沸纯水
压力/MPa	0.4~0.5	—	—
时间	20~30min	4~5min/μm	20~30min
温度/℃	常温	100~110	95~98
pH 值	—	—	6±0.5（用醋酸调节）

影响沸水封孔的因素及工艺操作要点有：

（1）槽液 pH 值。在 pH 值为 5.5~6.5 的封孔液中封孔，膜层不但有良好的抗蚀性而且耐磨性最好。当 pH 值小于 4.5 时，封孔效果明显下降，氧化膜会受到浸蚀；而 pH 值大于 7.5 时，也会影响封孔质量。这是由于铝氧化物属于两性化合物的原因，在偏酸或偏碱性封孔液中，氧化铝都能微溶于水中。pH 值过高，封孔液中易产生氢氧化合物絮状沉淀物，容易在制品表面产生"粉霜"。

如果溶液的 pH 值总是向碱性增加方向变化，控制办法可采用添加缓冲剂，例如在封孔液中加入磷酸氢二铵 0.003~0.03g/L+硫酸 0.006~0.015mL/L。

（2）入槽封孔的制品必须清洗干净，为避免氧化膜产生裂纹，封孔前的清洗可使用温水。

（3）封孔制品应与槽体金属绝缘，为防止封孔液的大量蒸发，可用 φ50~70mm 的耐温尼龙塑料球覆盖液面。

（4）时间、温度。在其他条件相对一致的前提下，随封孔时间的延长，膜层结合水量增加，抗蚀性提高（见图 10-8）；随封孔温度的升高，水化程度提高，抗蚀性增强。

如果封孔温度低于 78℃ 时，γ-Al_2O_3 与水反应生成铝胶，即 $Al(OH)_3$（拜耳石），这种化合物达不到封孔的目的。所以在大多数情况下，封孔温度一般控制在 95~98℃。温度过高易产生"粉霜"，在沸点时，水的损耗太大，能耗也大。

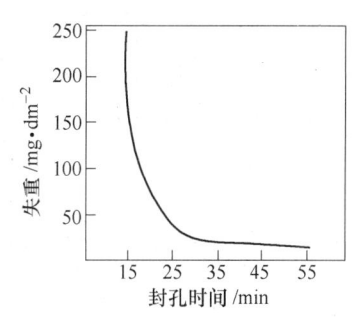

图 10-8 封孔时间与耐蚀性关系

（5）添加剂。在沸水中加入某些添加剂如无水碳酸钠、氨、醋酸镍、醋酸钠、硫酸、三乙醇胺等，可增强封孔效果，提高膜层的抗蚀性，甚至相当或超过蒸汽封孔。其工艺见表 10-41。

表 10-41 有添加剂的封孔处理方法及工艺参数表

方法	处理溶液成分/g·L⁻¹		pH 值	温度/℃	时间/min	特 点
醋酸镍法	醋酸镍	4.5±0.5	5.5~6	93~100	20~30	常规工艺
	硫酸	0.7~2.05				
	醋酸镍	5	5.5~6	75~80	55	
	硼酸	5				
	醋酸镍	5~5.8	5~6	70~90	15~20	有机染料着色制品的封孔稳定性好
	醋酸钴	1				
	硼酸	8				

方法	处理溶液成分/g·L⁻¹	pH 值	温度/℃	时间/min	特　点
重铬酸法	重铬酸　　15 碳酸钠　　4	6.5~7.5	90~95	2~10	适合于 2000 系列铝合金，黄色的氧化膜
	重铬酸钾　10%	6.5~7.5	90 以上	10~20	
硅酸钠法	硅酸钠（Na₂O：SiO₂=1.3：3.3）5%	8~9	90~100	20~30	Na₂O：SiO₂=1.3：3.3 时耐碱性能良好
磷酸钠法	磷酸氢二铵　　0.02 硫酸　　0.02mL/L	5~7	90 以上	15~25	适用于大型铝材
钼酸盐法	酸钠或钼酸铵　0.1%~2%	6~8	90 以上	20	
醋酸钠法	醋酸钠　1%	5~6	90 以上	15	可用自来水封孔

（6）有添加剂的沸水封孔工艺的操作要点。开始时使用纯水 SO_4^{2-} 含量要控制下限，因为在使用过程中，有硫酸带入会引起 SO_4^{2-} 增加；在生产过程中封孔槽液的醋酸镍和硫酸浓度要保持稳定，才能保证封孔质量；封孔温度最低不得低于 93℃，就是不生产时也要注意保温，以防止出现添加剂沉淀；封孔的 pH 值对着色铝材控制在 5.5~6.0 之间最好，而对银白色铝材最好控制在 6.5~7.0，小于 5.5 时，封孔品质下降；pH 值过高，添加剂可能发生沉淀（如镍的沉淀），如果氧化槽的 H_2SO_4 带入封孔槽中，pH 值会逐渐下降。

如果醋酸钠为封孔添加剂时，SO_4^{2-} 可放宽到小于 500mg/L。当用其他方法封孔不合格时，可添加 1% 的醋酸钠进行再封孔处理 15min，可以使封孔合格。

　　b　水中杂质的影响及控制

随着纯水封孔液使用时间延长，难免有杂质带入或产生沉淀，在这种情况下，需进行过滤或更换新的纯水，以保证封孔质量。杂质含量要求见表 10-42。

表 10-42　水中的杂质含量控制值

杂质离子	控制的含量/mg·kg⁻¹	杂质影响
硫酸根离子	<250	有害
氯离子	<100	降低耐蚀性
硅酸根离子	<10	抑制封孔
磷酸根离子	<5	抑制封孔
氟离子	<5	有害，抑制封孔
硝酸根离子	<50	
镁离子	<1000	
钾离子	<1000	
钠离子	<1000	
钙离子	<1000	容易产生斑痕
铁离子	<60	有沉淀
锡离子	<400	槽液浑浊，有沉淀
铝离子	<100	槽液浑浊，有沉淀，产生白灰
草酸	<1000	

c 粉霜控制

热封孔粉霜产生的机理为：热水封闭氧化膜时，发生反应如下：

$$Al_2O_3+H_2O \longrightarrow 2AlO(OH) \longrightarrow Al_2O_3 \cdot H_2O \qquad (10\text{-}7)$$

无晶形的氧化铝与 H_2O 发生水化作用生成晶形水合物，体积膨胀，封闭或减小膜孔，因而改善了膜层性能。去离子水含杂质少，封闭温度较高，膜孔内外同时进行水化作用，大量的水合物很快填满膜孔，造成孔外膜表面部分水合物呈粉状堆积，形成粉霜。这种物质表面积很大又很疏松。

为了避免封闭"粉霜"的产生，可在封闭液中加入适量的"粉霜"抑制剂，"粉霜"抑制剂都具有活性，能吸附在一水软铝石晶核的生长中心，抑制了晶体在某一方向的继续长大。作为"粉霜"抑制剂的物质有多羟基羧盐、芳香族羧酸盐、膦酸盐等。

理想的"粉霜"抑制剂除了有很好的热稳定性外，应该是大分子物质，使其能在氧化膜表面起作用，而不能进入氧化膜孔中。

某些有机酚醚类高分子化合物，分子中含有水中不解离的羟基，可与水分子形成氢键，也具有相同作用。

C 冷封孔

a 冷封孔原理

冷封孔原理包括以下几个方面：

（1）水合反应作用。低温封孔是在水溶液中进行的，与高温封孔一样，会发生水合作用。由于温度低水合反应很慢，但低温封孔剂中含有一些如 F^-、Ni^{2+} 等金属离子，这些金属离子有促进水合反应的作用。

（2）氟离子与氧化膜的化学反应作用。氟离子（F^-）是一种表面活性很强的阴离子，易在氧化膜与溶液界发生特别吸附，并与氧化膜反应生成具有封孔作用的氟铝化物。其反应可用下列公式来表示：

$$Al_2O_3+12F^-+3H_2O \longrightarrow 2AlF_6^{3-}+6OH^- \qquad (10\text{-}8)$$

$$AlF_6^{3-}+Al_2O_3+3H_2O \longrightarrow Al_3(OH) \cdot F_6 \downarrow +3OH^- \qquad (10\text{-}9)$$

（3）镍离子水解生成氢氧化物堵塞氧化膜针孔的作用。由于 F^- 的特性吸附，以及上述反应生成的 AlF_6^{3-}、OH^- 改变了电荷分布，使氧化膜呈负电性，促使 Ni^{2+} 向孔中扩散，并与 OH^- 作用生成 $Ni(OH)_2$ 沉淀填塞膜孔，从而实现封孔。其反应可用化学反应式（10-10）来表示：

$$Ni^{2+}+2OH^- \longrightarrow Ni(OH)_2 \downarrow \qquad (10\text{-}10)$$

组成低温封孔剂的物质不同，上述三种作用有所差异，但一般认为 $Ni(OH)_2$ 的沉淀起主要作用。

b 冷封孔的优点

冷封孔的优点为：

（1）节省能源。低温封孔的工作温度只有 $25 \sim 35 ℃$，可大大降低能源消耗。

（2）改善工作环境。低温封孔工艺是在常温下进行的。

（3）提高封孔效率。热水封孔工艺的封孔速度约为 $3min/\mu m$，而低温封孔工艺的封孔速度可达 $1min/\mu m$，大大提高了生产效率，减少了封孔槽数量。

（4）消除封孔制品表面挂灰现象。低温封孔工艺可以通过控制和调整封孔剂中各物质的浓度及 pH 值，使沉淀反应只在氧化膜中进行，减少了封孔制品表面挂灰现象。

（5）提高型材表面硬度和耐磨性。热水封孔工艺是通过生成波米体氧化铝（$Al_2O_3 \cdot H_2O$）实现封孔，由于 $Al_2O_3 \cdot H_2O$ 的硬度不如 Al_2O_3，所以封孔后会造成氧化膜硬度下降。而低温封孔工艺形成的氧化膜硬度会增加，针对氧化膜厚度 $12\sim13\mu m$ 的试样进行显微硬度实验表明，未经封孔的氧化膜硬度为 $340\sim360HV$，热水封孔后的氧化膜硬度为 $280\sim300HV$，低温封孔后的氧化膜硬度为 $540\sim560HV$。

c　冷封孔的缺点

冷封孔的缺点包括：

（1）药品消耗量大，控制因素多。与热水封孔相比，低温封孔机理复杂，参入反应的化学物质大大增加，不仅药品消耗量增加，而且需控制的因素也增多了。特别是槽液中 F^- 比 Ni^{2+} 消耗快，使 F^- 浓度降低，以及封孔过程中产生的 OH^- 造成槽液 pH 值升高，需要频繁分析，调整槽液，给生产管理带来困难。另外，氟化物引起环境污染，值得关注。

（2）厚膜处理困难。在生产中经常发现低温封孔后氧化膜厚度大于 $25\mu m$ 的制品，有时在使用中会出现氧化膜爆裂、剥落现象。普遍认为这是因为低温封孔使氧化膜的硬度增高，虽然增加了氧化膜的耐磨性，也增加了氧化膜的脆性，使氧化膜容易爆裂、剥落。氧化膜越厚，问题越明显。所以，对于氧化膜厚度大于 $25\mu m$ 的制品，一般采用热水封孔或中温封孔工艺。

d　冷封孔工艺

冷封孔的工艺实例见表 10-43。

表 10-43　冷封孔工艺参数

参　数		配　　方		
		配方一	配方二（青绿色）	配方三
含量 /g·L⁻¹	常温快速封闭剂	4~5		5
	常温封闭剂（绿）		6~6.5	
	Ni^{2+}	1.0~1.3	1.3~1.8（建槽时 1.2~1.3）	1~1.4
	F^-	0.2~0.6		0.3~0.7
温度/℃		23~30	23~30	25~30
时间/min		10~15（视氧化膜厚而定）	10~20（视氧化膜厚而定）	8~12
pH 值		5.5~6.5（新槽液 pH 值在 5.2~5.5 之间）	6.0~6.8（建槽时 5.8~6.0）	5.8~6.2

D　中温封孔

所谓中温封孔是指这类封孔剂的封孔温度通常在 $60\sim80℃$。中温封孔克服了高温、低温封孔的许多缺点，仍然存在能耗和槽液挥发等缺点。中温封孔速度快，温度不高，满足了染色的要求，中温封孔工艺见表 10-44。

表 10-44　中温封孔工艺参数

参　数		配　　方			
		配方一	配方二	配方三	配方四
含量 /g·L⁻¹	中温封闭剂	5	5.5	5	5
	醋酸镍	4.5		有	
	Ni^{2+}	1.0~1.3		1~1.4	1~1.5
	F^-	不含			不含

参　数	配　　　方			
	配方一	配方二	配方三	配方四
温度/℃	38~52	40~55	60~80	50~70
封孔时间/min	12~30（厚膜）	10~15（1mm/min）	10~20	10~30（厚膜）
pH 值	5.8~6.5		5.5~6.0	6.0~7.0

中温封孔是一种较理想的封孔方法，具有如下特点：

（1）中温封孔剂。通常是一种以醋酸镍为主的封孔剂，中温封孔剂不容易在工件表面上产生灰垢。

（2）封孔温度。封孔温度通常在 60~80℃，中低温的封孔温度只有 40~60℃。

（3）封孔速度快。1~3μm/min，比高温封孔快得多，降低了染料分子扩散的概率。

（4）不含氟，满足了环保要求，减少了封孔过程中化学反应褪色的问题，适合染色铝材封闭处理。

（5）适合于厚膜。低温封孔中氢氧化镍与氧化铝膨胀差别而引起裂膜，而中温封孔的封孔机理主要为水合封孔，所以中温封孔比较适合厚膜封孔，如幕墙和工业型材等。

（6）封孔品质好。封孔质量符合 ISO-3210 规定：38℃磷-铬酸腐蚀 15min 失重小于 30mg/dm^2。

（7）较宽的工艺范围，槽液易于控制，稳定性好。

中温封孔生产工艺操作要点为：生产中应注意温度的波动，温度低于工艺规定温度封闭时，产品产量一般不易合格，温度高于规定温度，型材表面易出现"粉霜"。生产中一般用氨水或冰醋酸调整 pH 值。

10.2.6 阳极氧化着色生产线

10.2.6.1 阳极氧化着色生产线的工艺流程

铝合金型材阳极氧化着色生产线分立式和卧式，年产规模一般在 3000~30000t/a 之间，生产能力在 8000t/a 以下时一般设计成卧式生产线，年生产能力大于 8000t/a 的一般采用立式生产线。在任何情况下，铝合金挤压材阳极氧化着色的生产工艺流程（含预处理）是基本相同的，图 10-9 列出了铝合金型材阳极氧化着色生产线（立式和卧式）的工艺流程图。

10.2.6.2 生产线组成及氧化着色车间的布置

以广东凤铝铝业的年产 30000t/a 生产线为例，铝合金型材立式阳极氧化生产线布置如图 10-10 所示，卧式阳极氧化生产线布置如图 10-11 所示，铝合金型材阳极氧化车间平面布置如图 10-12 所示。

10.2.6.3 主要设备的选择与技术性能

A　阳极氧化硅整流电源

阳极氧化硅整流电源的选择与技术性能包括以下内容：

（1）主变压器。它是铝材阳极氧化电源的关键部分，功率大，重量占整台设备 50%

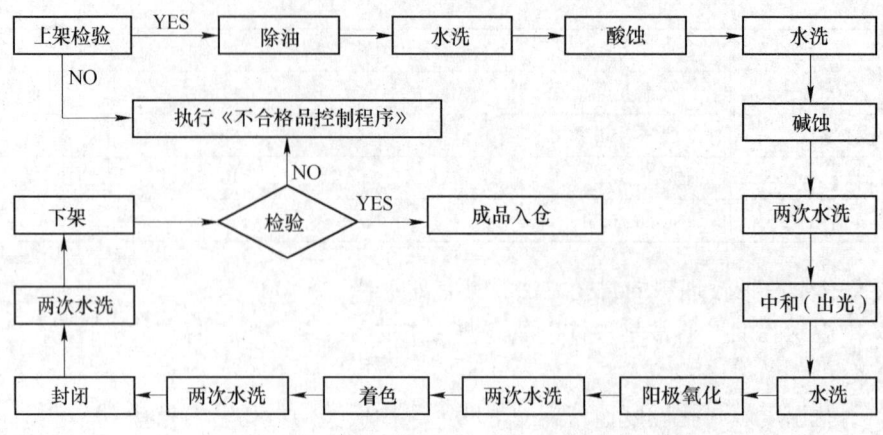

图 10-9　铝合金型材阳极氧化着色生产工艺流程图

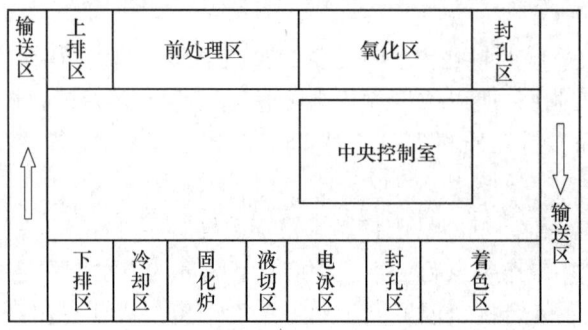

图 10-10　30000t/a 立式阳极氧化生产线布置图

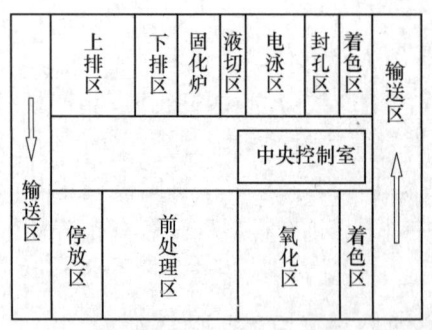

图 10-11　30000t/a 卧式阳极氧化生产线布置图

以上，是节能的主体。国外，特别是日本的大小功率表面处理电源，都采用三相五芯柱风冷的节能和特殊式结构。近年来，我国也突破了特殊变压器的理论问题，改进绕组方式，用小并联、多绕组有效地解决了大电流氧化电源的整流元件均流技术，实现了国产化，为全风冷结构创造了条件。

（2）整流形式。由于全风冷式结构受到大功率半导体元件风冷散热器的限制，整流元件必须用小容量并联。因半导体器件的生产技术、工艺条件所限，国内难于采用电流容量

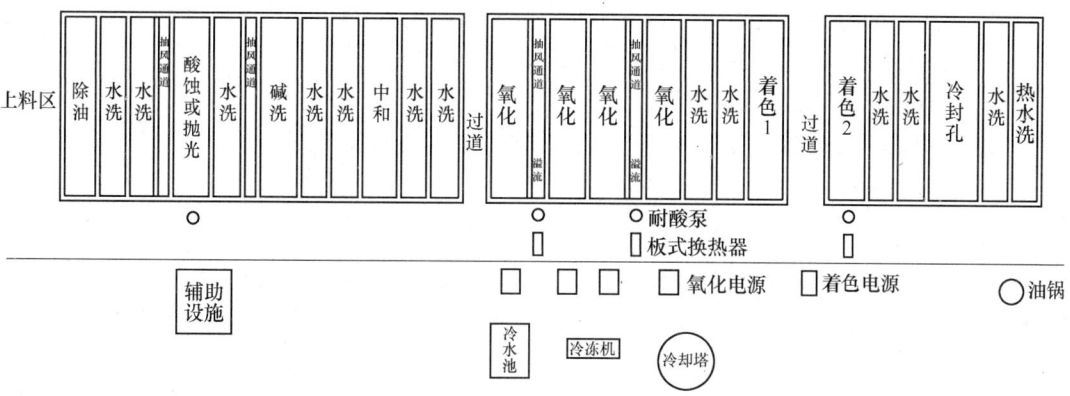

图 10-12　铝合金型材阳极氧化车间平面布置图

更小的螺旋式二极管多个并联。目前，用主变压器多绕组均流和平板型硅元件安装专用散热器小并联技术，成功地解决了大电流氧化电源全风形式的难题。

（3）控制电路。氧化电源的控制电路灵敏准确与否直接影响氧化电源的性能。集成电路技术的应用，大大简化了控制线路板结构，整台设备所有控制功能集中一块电路板上，电路板的互换性好，维修极为方便。

（4）防腐蚀技术。由于主变压器为风冷结构，空气中有腐蚀性气体高速流过时主变压器耐蚀性得到了加强。对主变压器采取真空浸漆的特殊方式，即使有腐蚀性介质吸附在变压器表面，也不可能对变压器产生腐蚀。另外，控制电路采用密封方式，防止了外界空气对控制电路的腐蚀。结构外壳也都采用了相应的防腐蚀措施。

（5）氧化电源的选择要求有：

1）电源设备的输出参数（如电压、电流、波形）和控制（工作程序）应符合生产优质铝材的要求。

2）设备可靠性高，各种保护齐全，防腐性好。控制功能应具有自动稳压、稳流、有线遥控；输出波形为可控硅调压的六相半波或经 3~13.3Hz 的脉冲调制的可控硅六相半波电流波形；保护功能应具备可自动恢复输出短路、输入缺相、输出过载、整机超温等保护功能。

3）设备应是节能型的，整机功率高。

4）体积小、质量轻、易维修、价格合理。

（6）阳极氧化整流电源参数举例：输入电压为 3P 380V±10%，频率：50Hz；输出电压为 DC18V、20V、24V 可选；输出电流为 DC 3000A~25000A 可选；输出波形为六相半波。

（7）氧化电源的技术特点有：

1）采用五柱芯节能变压器，噪声低，温升少，负载能力强。

2）配置输出稳压、稳流选择，电压、电流连续可调。

3）配置精密电子稳压控制，输出电压稳定。

4）配置软启动输出（0~180s）可调。

5）配置精密时间控制（0~99h 可调），远程控制箱。

6）氧化时间可调，到时自动停止输出。

7）具有缺相、过流、短路保护，并输出声音报警。

8）特有锁死式输出短路保护。

9）采用轴流式风机，强迫抽风冷却，使机内温度迅速降低。

B　着色电源

着色电源的类型和特点为：

（1）有极（分档）单相式。利用单相变压器有级调压输出、进线可控硅元件，实现慢起动功能和开关作用，上升时间可调。是一种简单实用、可靠性高的着色电源；缺点是输出电压易受到电网电压波动的影响。

（2）三相合成式。目前较为广泛使用的电源，其缺点是：三相合成 T 型变压器不可能解决三相进线电流不平衡问题，理论上三相不平衡比例系数为：3.75：2.00：1.00，工艺制造上的偏差不平衡系数还要大；由于三相电流不平衡，三相感应调压器与 T 型合成变压器配合作用后，输出波形在着色过程中畸形变大；普通感应调压器采用恒速电动机调节，着色上升时间不可调（大于 1min），不利于着色的稳定性。

（3）单相带调压器式。该类电源的输出波形比前两种要好，着色的适应性、稳定性也较好，是一种较为实用、符合工艺要求的着色电源。

（4）直流-交流式。这种电源整机控制性能优越、自动化程度及可靠性高，也是一种结构简单的着色电源（与带调压器的纯交流着色电源相当），只是增加了 3 套可控硅实现直流、交流转换，采用可编程控制器（PLC），实现工艺过程自动运行。

着色电源的选择要求有：

（1）主线路为相输入经合成变压器合成，再经调压变压输出成单相交流电，在任何电压和电流下都应为纯正弦波，无毛刺、缺陷。

（2）自动稳压（精度±2%），应具有软起动、缺相过载保护、数字显示、时间控制等功能。

（3）应具有瞬间升压的补色和控制功能。

（4）控制电路要有可靠的防腐措施及有线遥控。目前，国内外先进的着色电源是直流交流联合电源，对着不锈钢色、香槟色等浅色调特别有效，而对着深色或青铜色系则无太多优势。

着色电源参数举例：输入电压为 3P 380V±10%；频率为 50Hz；输出电压为 AC 0~24V 可调；输出电流为 AC 0~3000A，4000A，5000A，6000A 可选；输出波形为交流对称正弦波（不对称正弦波、直流另选）；控制程序为（自动）可执行程序曲线①或②，如图 10-13 所示。预浸泡时间 T_0 为 0~120s 可调；着色施压时间 T_1 为 0~99h（数显）；补色施压时间 T_2 为 0~99h（数显）。

技术特点包括：

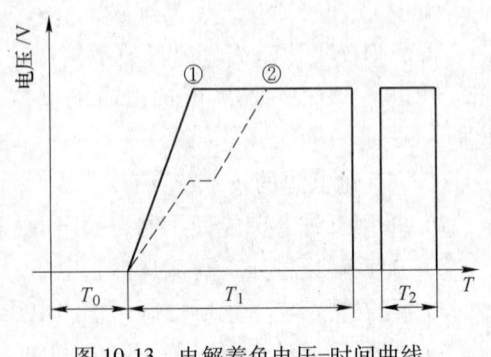

图 10-13　电解着色电压-时间曲线

（1）采用特殊型芯节能变压器，噪声小，负载能力强。

（2）配置精密线路板控制，输出电压稳定，输出对称正弦波（不对称正弦波、正负半波、直流电压可调另选）。

（3）配置精密时间控制（0~99h可调），远程控制箱。

（4）配置软启动输出。

（5）预浸泡时间、直流时间、着色时间、补色时间可调。

10.3　铝合金型材电泳涂漆技术

10.3.1　电泳涂漆的特点及原理

10.3.1.1　电泳涂漆的特点

电泳涂装较之传统溶剂型的涂装有无可比拟的优越性。电泳漆液以水作为分散介质，仅含少量的助溶剂，因此没有发生火灾的危险，对空气的污染大为减少。电泳涂料在水中溶解后，即发生离解生成带电微粒，在外电场的作用下向反极性方向的工件运动，而沉积于工件表面。对工件的边缘、内腔及焊缝等具有很好的泳透性，覆盖能力强。因此，涂层致密、均匀，整体防腐能力强。涂层外观质量好、无流痕，湿膜含水量很低，烘烤时不会产生流挂现象，也不存在溶剂蒸气冷凝液对涂层的再溶解作用。目前采用RO闭路循环回收系统，使电泳涂料利用率在98%以上，无含涂料的废水排出。解决了产品电泳后水洗的污水处理问题，使电泳涂装在防止环境污染方面取得突破性进展；同时，降低了电泳涂料的耗损，进一步完善了电泳涂装工艺。因此，近年来电泳涂装工艺得到迅速推广和普及，广泛应用于铝合金建筑型材的表面处理上。

10.3.1.2　电泳涂漆的原理

阳极电泳涂装用的水溶性树脂是一种高酸价的羧酸胺盐，当溶解于水中后，即在水中发生离解反应：$RCOONH_4 \rightleftharpoons RCOO^- + NH_4^+$。在直流电场的作用下，带电离子向反向电极移动，带正电荷的NH_4^+阳离子向阴极移动，并在阴极上吸收电子还原成氨（氨气）；同时，带负电荷的水溶性树脂$RCOO^-$阴离子向作为阳极的被涂工件移动，并与在阳极上电解生成的H^+产生中和反应而沉积于阳极，从而在工件表面形成一层均匀的疏水性涂膜。这一过程是相当复杂的电化学过程，主要包括电泳、电解、电沉积和电渗四个同时进行的过程。

A　电泳

在电泳漆这种胶体溶液中，分散在水介质中的带电胶体粒子在直流电场作用下，向着异种电荷的电极方向移动，由于胶体粒子在运动过程中受到水介质的阻力相对于真溶液在电场中离子迁移的阻力要大得多，故而其移动速度较慢，犹如在水介质中泳动，因而称之为电泳，其胶粒模型如图10-14所示。

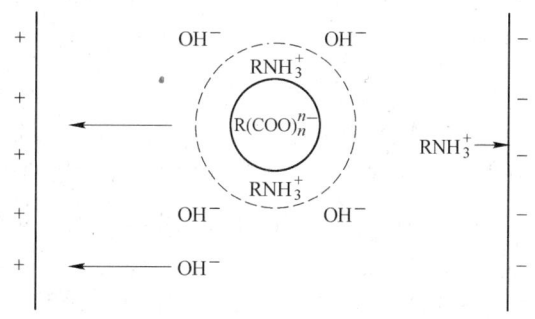

图10-14　阳极电泳涂料胶粒模型

从图中可以看出$R(COO)_n^{n-}$带负电荷树脂表面吸附RNH_3^+形成吸附层，吸附层带有电荷，它又吸附水介质中的 OH^- 负离子形成扩散层而呈双电层结构，其泳动的速度公式为：

$$V = \frac{E\xi\varepsilon}{k\pi\eta} \tag{10-11}$$

式中　V——泳动速度；

　　　E——电场强度；

　　　ξ——双电层界面电位；

　　　ε——分散介质介电常数；

　　　η——体系黏度；

　　　k——胶粒形状系数，当胶粒为圆柱状时，$k=4$；当胶粒为球状时，$k=6$。

由式（10-11）可看出，带电胶体粒子的泳动速度与电场强度、双电层界面电位、分散介质的介电常数成正比，与体系的黏度成反比。这些都是电泳漆的外部条件，可通过选择设备和溶液介质来调整，如溶液介质选用高纯水可增加其泳动速度。对电泳漆而言，其胶粒的电泳速度取决于树脂分散时的双电层结构特性。

B　电解

当直流电场施于含电解质水溶液时，在阳极区析出氧气，在阴极区析出氢气：

$$H_2O == H^+ + OH^- \tag{10-12}$$

$$2OH^- == O_2\uparrow + 2H^+ + 4e\text{（在阳极的反应）} \tag{10-13}$$

$$2H^+ + 2e == H_2\uparrow\text{（在阴极的反应）} \tag{10-14}$$

这一过程包括水的电解，OH^- 的放电反应及 H^+ 氧化反应。电泳涂装体系中杂质离子含量越高，即体系的电导率越高，水的电解作用越剧烈，过于剧烈的电解反应将导致大量氧气在作为阳极的工件表面逸出，会导致涂层产生针孔以及表面粗糙等缺陷。因此，应尽量防止杂质离子进入电泳液中，以保持电泳液的洁净。

C　电沉积

在阳极电泳涂装中，因水的电解产生的氢氧根离子在阳极产生放电反应：

$$2OH^- - 4e == O_2\uparrow + 2H^+ \tag{10-15}$$

反应的结果使工件周围 H^+ 积聚，局部 pH 值降低，而带负电荷的水溶性树脂粒子在电场作用下也到达作为阳极的工件上，H^+ 即与 $RCOO^-$ 产生中和反应，使树脂析出而沉积在工件上，这一过程称为电沉积，其化学过程为：

$$RCOO^- + H^+ == RCOOH\downarrow \tag{10-16}$$

D　电渗

分散介质向着电泳粒子泳动相反方向运动的现象称为电渗。在电泳涂装过程中，电渗作用是由于吸附于阳极上涂层中的水化正离子，在阳极电场的作用下，产生向负极运动的内渗力，使其穿透沉积的涂层中的含水量显著减少，可直接进行烘烤而得到结构致密、平整光滑的涂层。

在电泳涂装过程中，由于直流电的存在，除上述电化学反应外，还伴随着阳极氧化膜厚阻挡层的生成反应。如电泳涂装是在电解着色膜上进行，还会发生着色膜孔中沉积金属的阳极溶解反应，将导致着色膜的颜色变浅，须引起注意。

综上所述，电泳涂装过程的电泳膜形成机制可以描述为下：

（1）阳极氧化膜厚阻挡层的生成反应。

（2）在氧化膜孔中发生的水的电解反应。

（3）$RCOO^-$ 与 H^+ 的中和反应。

（4）如果电泳涂装是在电解着色膜上进行，则还会发生着色膜孔中沉积金属的阳极溶解反应。

虽然，电泳膜是通过在阳极施加了电压而形成，但电泳膜不是由阳极反应，而是由中和反应形成的，尽管其形成过程与阳极反应有关。

10.3.2　电泳涂漆的工艺流程及主要参数

电泳涂装与常规涂装工艺一样，在涂装前必须对被涂工件进行表面预处理，以除去工件表面油污并形成致密的转化膜，以提高涂层的防腐蚀性和结合力。然后，进行电泳涂装，在工件表面沉积一层均匀的无缺陷的电泳涂层，经烘烤即可完成电泳涂装过程。在铝合金材料表面的阳极电泳涂装中，其表面预处理一般采用阳极氧化。

10.3.2.1　常用的电泳涂装工艺流程

铝合金型材的电泳涂装方法和工艺很多。可选用不同的设备组成不同的生产线，生产不同的产品，但都要经有效的预处理，工艺流程基本相同，如图 10-15 所示。

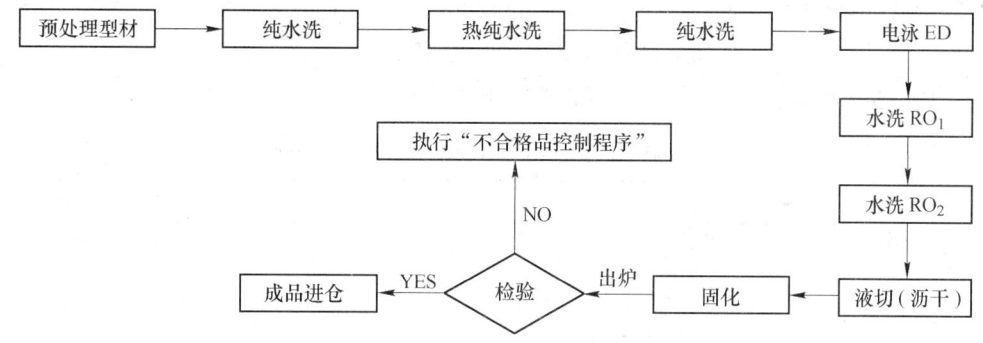

图 10-15　铝合金型材电泳涂装生产工艺流程图

一般将热纯水洗之前的工序划分为电泳涂装的预处理工艺，热纯水洗之后（含热纯水洗）工序为电泳涂装工艺。当采用有光透明电泳涂料时，由于其涂膜光亮透明，对底材缺陷有放大作用，因而对工件的表面预处理要求高，不能在预处理中出现影响外观质量的缺陷。

10.3.2.2　电泳涂装主要工序及参数控制

热纯水洗的主要作用是使铝合金材料的阳极氧化膜扩张以利于彻底清洗工件，避免预处理工艺中杂质离子尤其是硫酸根离子污染电泳槽液，同时对阳极氧化膜有一定的封闭作用，以提高工件的耐腐蚀性能。本工序需要控制的主要参数有：温度、电导率、pH 值、机械杂质。

纯水洗的目的是继续对工件进行清洗，预防杂质进入电泳槽，同时使工件温度恢复到室温，避免工件以高温状态进入电泳槽，而加速电泳槽液的老化。本工序控制参数主要有：电导率、pH 值、机械杂质。

　　以上两道工序的工艺参数控制方法为：pH 值可用 pH 值调整剂进行调整；机械杂质由过滤设备滤除；槽液温度利用外部热能调剂；电导率用流动纯水清洗或更换槽液控制。

　　电泳工序是电泳涂装工艺过程的核心，是决定涂装质量的关键工序。需要控制的参数主要有：槽液固体份、pH 值、电导率、温度、电泳电压、电泳时间等。RO 循环水洗是指利用 RO（反渗透）回收系统，把电泳槽液中的部分水分离出来作为经过电泳后工件的清洗用水，并通过液位差使水洗水重新溢流回电泳槽以达到电泳漆回收的目的，保证电泳后水洗水的有关参数符合工艺要求，其系统原理如图 10-16 所示。

　　RO 循环水洗槽控制参数主要有 pH 值和电导率。从图 10-16 可以看出，由于电泳槽和 RO 循环水洗槽形成一个封闭的系统，其槽液参数主要由工件带出液和透过液共同决定，一般无需做特别调整。在工件带出液不变的条件下，回收设备透过液的参数（固体份、电导率、pH 值）则决定了 RO 循环水洗槽的参数。

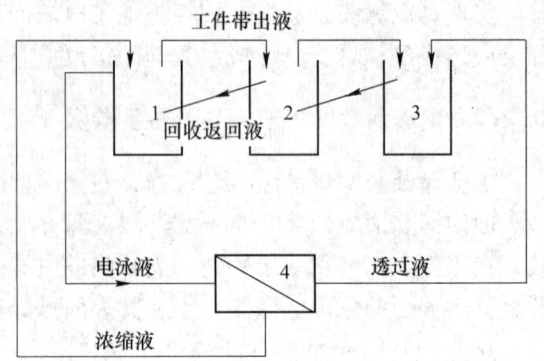

图 10-16　RO 循环水洗系统原理
1—电泳槽；2—RO 循环水洗 1 槽；
3—RO 循环水洗 2 槽；4—回收设备

10.3.2.3　丙烯酸系铝型材阳极电泳的工艺实例

丙烯酸系铝型材阳极电泳的工艺实例见表 10-45。

表 10-45　丙烯酸系铝型材阳极电泳工艺参数

工艺参数	A 涂料	B 涂料	C 涂料	D 涂料
固体份/%	7.5~8.5	7~9	6~8	5~7
温度/℃	20~26	21~25	18~22	20~22
pH 值	7.6~8.2	7.8~8.2	7.5~8.1	7.5~8.0
电导率/$\mu S \cdot cm^{-1}$	400~800	300~700	600~1200	600~1100
酸值 KOH mg/g-R	22~28	—	—	40~60
胺值	17~19	—	—	15~25
胺克分子比	0.68~0.75	—	—	—
异丙醇 IPA/%	2.5~3.5	2~4	1~3	1.5~2.5
乙二醇单丁醚 BC/%	1.5~2.5	2~4	1~3	0.5~1.5
SO_4^{2-} 浓度	<20×10^{-6}	—	—	—
Cl^- 浓度	<5×10^{-6}	—	—	—
电压/V	100~180	110~160	80~160	90~150
电流密度/A·m^{-2}	—	—	—	10~15
通电时间/min	2~3	1~2	2~3	1~3
预浸泡时间/min	1	1	1	—
断电后浸泡时间/s	30	—	—	—

10.3.2.4 电泳涂装的生产线现场布置

电泳涂装的生产线是由电泳槽组、搅拌装置、涂料过滤装置、温度调节装置、涂料管理装置、直流电源装置、电泳涂装后的水洗装置、精制回收装置、烘烤装置、纯水设备等组成。电泳车间最好与氧化车间隔离，以防止酸碱污染。根据生产规模可分为卧式生产线和立式生产线，某企业的电泳涂装生产线平面布置如图 10-17 所示；涂装系统如图 10-18 所示。

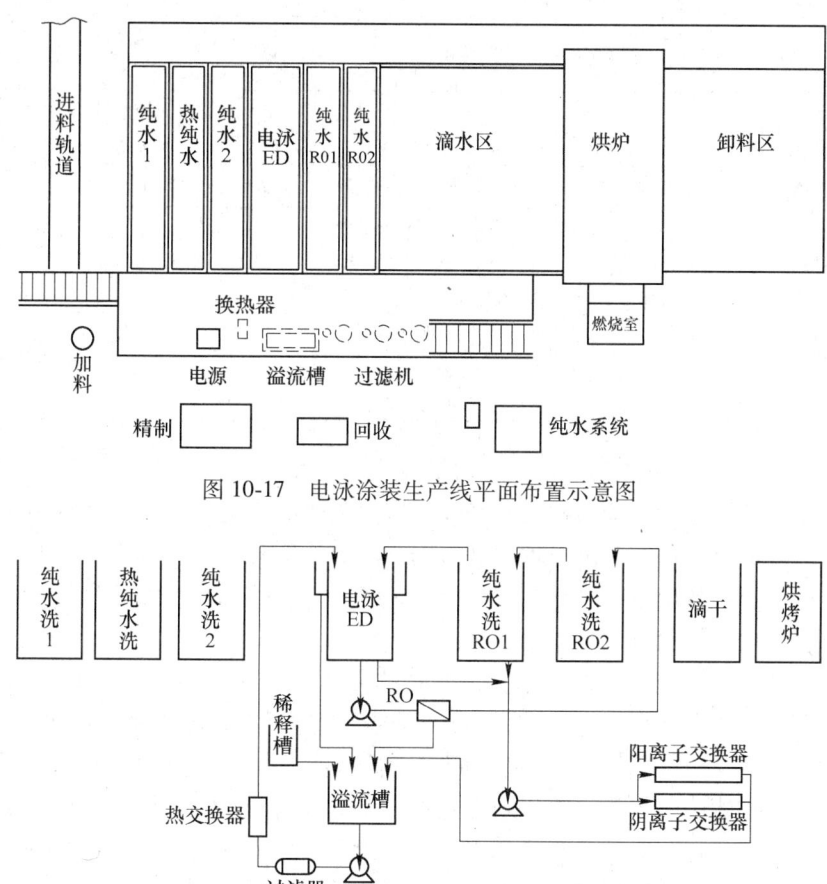

图 10-17 电泳涂装生产线平面布置示意图

图 10-18 电泳涂装系统示意图

10.3.3 槽液控制与涂装质量分析

10.3.3.1 现场检验管理

现场检验管理包括以下内容：

（1）每挂都要抽查氧化膜、ED 膜、复合膜的厚度及 ED 膜的均一性，确认是否符合规定的条件。

（2）每挂都要查看漆膜外观，不应有划伤、针孔、流痕、麻面、粗糙、橘皮等缺陷存在。

（3）附着力、铅笔硬度每天抽查两次，发现问题及时处理。

（4）定期送检抽查漆膜性能，如测定耐蚀性、耐磨性、耐候性及耐沸水性等。

10.3.3.2　槽液检测的控制

槽液检测的控制见表10-46。

表10-46　槽液检测的控制

序号	项目	检测仪器	检查点	频次
1	温度	0~100玻璃酒精温度计		
2	pH值	pH计、复合电极	热纯水洗槽、纯水洗槽、ED槽、RO1、RO2槽	每天1次
3	电导率	电导率仪、铂黑电极	热纯水洗槽、纯水洗槽、ED槽、RO1、RO2槽	每天1次
4	固体分	分析天平、铝箔容器、干燥皿、恒温烤箱	ED槽、RO1、RO2槽	2~4天1次
5	酸值	pH计、10mL碱式滴定管、带有电磁搅拌棒的滴定台架、乙二醇丁醚、移液管、100mL量筒、0.1N KOH乙醇溶液	ED槽	每周1次
6	胺值	pH计、10mL酸式滴定管、带有电磁搅拌器及搅拌的滴定台架、烧杯、移液管、100mL量筒、去离子水、乙二醇丁醚	ED槽	每周1次

10.3.3.3　维护操作实例

要得到优质、美观的电泳涂层，必须要进行全方位的质量管理。工艺参数控制的准确性，以及前面各工序的控制程度，都会直接影响漆膜特性直至漆膜品质。因此，必须精心维护槽液，严格控制各项工艺指标，严抓生产现场的日常管理，才能取得优质电泳膜。现将生产电泳料时需严格管理的要点分述如下：

（1）装料上架。控制好装料，可保证漆膜品质。如果绑料不紧，松动，导电不良，会造成氧化膜薄，出现色差、白条、白头，漆膜不均，甚至无膜无光泽。如果倾斜度不够，会出现水印、泡沫、ED堆积。料与料之间的距离太密，易产生重叠、气泡、阴阳面、局部烧伤、着色不均漆膜不均等。所以要注意检查型材绑料的距离，倾斜度要控制在规定范围内，面积一定要经过计算。如果面积大，电流密度下降、膜薄。各个吊挂的绑料面积要基本一致，相差小于1m²。用过的导电杆都有很厚的绝缘膜，要彻底打磨，以保证导电正常。

（2）电泳前的检查。检查纯水洗的pH值、电导率及杂质离子含量，严格控制热水槽温度。如果发现纯水槽的pH值、电导率异常，要立即调整或更换纯水。

（3）电泳槽液的管理，包括：

1）注意电泳液的搅拌，循环；为防止沉淀，不涂装时也要经常开泵循环。

2）注意槽液温度，应控制在工艺范围内，电泳液的冷热交换器要常开。

3）经常查看过滤器，及时更换滤芯，防止尘埃、机械杂质混入。

4）检测固体份含量，及时而适度地补加涂料和水。

5）槽液中含有杂质离子，易对漆膜造成缺陷。根据电导率、pH值的检测结果，定期启动ED精制，除掉杂质离子。

6）每挂料都要检查电压、电流、时间，复核电流密度，如与工艺要求不符时，要检测固体分、pH 值、温度、电阻率是否正常。再检查涂料是否变质。

7）定期检测一定条件下的泳透力。并检查在运作过程中的变化。

8）电泳后的两道水洗很重要，型材从电泳槽吊出时附有浮漆。如果洗不干净，电沉积层易出现花斑、粗糙、流痕等缺陷。两道水洗的水质、电阻率、固体分含量、助溶剂、pH 值都要进行控制。

（4）电泳漆的烘烤。注意烘烤的时间及温度。电泳漆的烘烤时间一般为 30min。要经常检查温度，使之符合工艺要求：温度过高膜发脆、色发黄；温度过低，漆膜烘烤不透，膜发黏。要特别注意烘烤炉的清洁度，如果有灰尘黏附在涂膜上会影响膜层外观。

注意：涂装工厂空气中，若含有过量杂质，会使涂膜产生火山口及煽不掉的污点，这些杂质（如空气中的灰尘）必须用空气净化系统予以去除，另外可能存在碱槽所产生碱雾，这些雾粒不但造成涂膜缺陷，更会落入电泳槽中污染漆液而导致漆液结块及影响铝材外观。

（5）纯水槽的补给，包括：

1）热纯水洗槽液的补给。因在生产过程中，热纯水洗槽液的 pH 值会呈下降的趋势。当 pH 值低于工艺控制值时，要进行部分排放或大部分排放，然后注入纯水。此时若温度不达要求的，应暂停生产。

2）纯水洗槽液的补给。纯水槽也会因 pH 值和电导率的问题，而需部分或大部分的排放，然后注入纯水。

3）RO1、RO2 槽液的补给。RO1 槽液的补给也是经过 RO2 来进行，而 RO2 槽液的补给则直接注入纯水即可。

（6）电泳槽液的补给，包括：

1）ED 槽纯水的补给。在电泳生产过程中，会因带出和消耗 ED 槽的槽液也会逐渐减少。此时切勿直接对 ED 槽注入纯水，应在 RO2 槽注入，让其通过 RO1 回流至 ED 槽。这样既可达到回收，又添加了槽液。在对 RO2 槽注入纯水时，应密切关注 ED 槽的液面，否则会造成溢出和回流。

2）溶剂量的补给。由于溶剂 IPA、BC 均为易挥发的有机物。因此，不论生产与否，其都会因挥发而减少。为保证槽液的正常功能，应及时对 ED 槽、RO1 槽、RO2 槽补加 IPA 和 BC。当涂膜的速率慢或涂膜的厚度不均匀，以及涂膜的光泽不够好时，则补加一定量的 BC，若涂膜外观发生轻微橘皮时，应少加或不加 BC；当槽液在循环的状态下有小气泡，或涂膜外观发生些小的针孔、水渍干燥痕时，则应加 IPA；平时所加溶剂应以 IPA 为主，检查溶剂的简单方法，即为用手捧起一些槽液来嗅一嗅，若溶剂气味较淡时，就是溶剂缺少或不够了。

10.3.4　电泳涂漆生产线的主要设备

10.3.4.1　电泳槽体

根据电泳工艺的特殊要求，电泳漆槽一般由以下几个部分组成：主槽、溢流槽、连续环过滤装置、隔离的电极区和热交换装置。电泳槽槽体内一般用 PVC、PP 硬聚氯乙烯塑料或环氧玻璃钢衬里。溢流槽的作用是控制电泳槽内漆液高度，排除漆液表面的泡沫。其容量通常取泳槽容量的 1/5～1/3。搅拌循环系统的主要作用是保证漆液成分和浓度均匀，温度均匀，排除悬浮物杂质，排除气泡，其循环泵的流量应保证能使整个电泳槽的漆液在一小时内循环 3~6 次。

10.3.4.2　电极

电极主要包括：

（1）极板。通常采用 316 不锈钢。应注意的是阳极面积必须小于阴极极板的两倍，为保险起见一般取面积比为 1∶1。

（2）极罩。主要用于收集阴极上反应所生成的 H_2。可使用聚丙烯材料制作，也可采用半透膜 1 号工业帆布用环氧黏结剂制成袋。其作用除收集 H_2 外，还可调节槽内的 pH 值。其使用时，在其中注满去离子水，电泳涂装时产生的 NH_2^- 离子，在电场作用下通过半透膜进入袋中，定期排除，以保持其 pH 值在一定的范围。当然，还具有一部分除杂质离子的作用。但是，这种体系并不能代替精制装置。

10.3.4.3　直流电源装置

铝型材表面电泳涂漆电源的特点是电压高、电流小、直流，结构要比氧化电源简单，一般都采用三相桥整流方式。要消除脉冲直流对漆膜产生的影响，还需加上平波电抗器和滤波电容。由于电泳涂漆时间短（一般在 3min 之内），整台设备的容量可小一些。

一般来讲，其纹波因素小于 6%，如需要还可以做成小于 3% 和小于 1% 的。方法一般可用定电压或定电流两种电源装置。

10.3.4.4　精制设备

一般情况下，随着电泳涂装的进行，电泳涂料中的胺会被游离出来，从而使 ED 槽 pH 值上升，电导率也会同时上升。另外，也会因前工序带入的不净物，如硫酸根离子，或金属离子等，使电泳槽液的性能慢慢恶化。作为对策，需进行离子交换处理，以除去阳离子成分（如胺和金属离子）和阴离子成分（如硫酸根离子等）。电泳涂装生产线上精制过程如图 10-19 所示。

离子交换法是以圆球形树脂（离子交换树脂）过滤电泳涂料，漆液中的杂质离子会与固定在树脂上的离子交换。常见的两种离子交换方法分别是硬水软化和去离子法。硬水软化主要是用在反渗透（RO）处理之前，先将水质硬度降低的一种前处理程序。软化机里面的球状树脂，以两个钠离子交换一个钙离子或镁离子的方式来软化水质。

水质处理的离子交换树脂利用氢离子交换阳离子，而以氢氧根离子交换阴离子；以

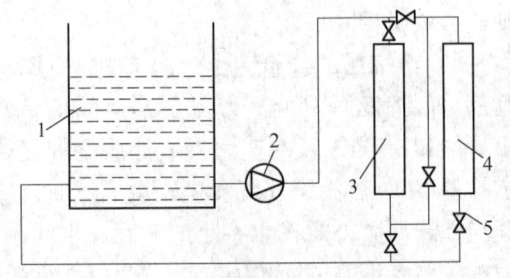

图 10-19　精制过程流程示意
1—槽液；2—输送泵；3—阴离子交换塔；
4—阳离子交换塔；5—阀门

包含磺酸根的苯乙烯和二乙烯苯制成的阳离子交换树脂会以氢离子交换碰到的各种阳离子（例如 Na^+、Ca^{2+}、Al^{3+} 等）。同样的，以包含季铵盐的苯乙烯制成的阴离子交换树脂会以氢氧根离子交换碰到的各种阴离子（如 Cl^-、SO_4^{2-} 等），从阳离子交换树脂释出的氢离子与从阴离子交换树脂释出的氢氧根离子相结合后生成纯水。原理如图 10-20 所示。

ED 用的阴阳离子交换树脂分别是强碱性、弱酸性大孔丙烯酸架构树脂，阴阳离子交

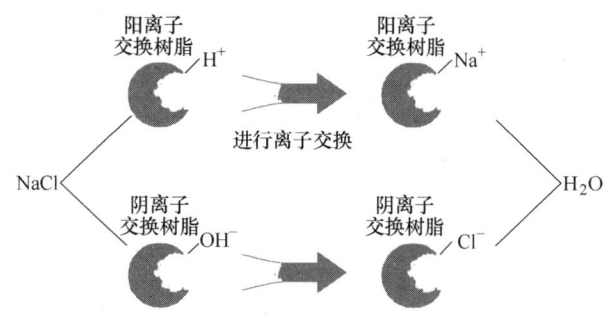

图 10-20 离子交换原理图

换树脂可被分别包装在不同的离子交换床中，分成所谓的阴离子交换塔和阴离交换塔。

若将离子交换法与其他纯化水质方法（例如反渗透法、超滤法）组合应用时，则离子交换法在整个纯化系统中，将是非常重要的一个部分。

另外，在精制树脂的再生过程中，必须注意再生剂的质量，尽量避免再生剂本身的杂质离子影响到离子交换树脂的使用寿命以及污染电泳槽液。

10.3.4.5 回收设备

回收的目的是为了减少电泳涂料的消耗，把带出的以及在泳后两个水洗槽中溶解的电泳涂料通过回收装置与回路，把它们再汇集到 ED 槽来。这样，既可以提高电泳涂料的使用效率，又可以提高涂膜的产品品质。回收膜的分类见表 10-47。

表 10-47 回收膜的分类和用途表

膜的种类	膜的功能	分离驱动力	透过物质	被截流物质
微滤	多孔膜、溶液的微滤、脱微粒子	压力差	水、溶剂和溶解物	悬浮物、细菌类、微粒子、大分子有机物
超滤	脱除溶液中的胶体、各类大分子	压力差	溶剂、离子和小分子	蛋白质、各类酶、细菌、病毒、胶体、微粒子
反渗透和纳滤	脱除溶液中的盐类及低分子物质	压力差	水和溶剂	无机盐、糖类、氨基酸、有机物等
透析	脱除溶液中的盐类及低分子物质	浓度差	离子、低分子物、酸、碱	无机盐、糖类、氨基酸、有机物等

微滤 MF 是一种低压的滤膜方法，从供给水中分离悬浮固体。水、盐和宏观大分子可通过半渗透薄膜而悬浮固体物则滞留并逐渐浓集。

超滤 UF 是一种低压的滤膜方法，从供给水中分离大分子。水、盐和相对分子质量小的分子可通过半渗透薄膜，而大分子和悬浮固体则滞留并增浓。

纳滤 NF 是一种介于超滤和反渗透之间的滤膜方法。它能让大部分或全部的盐分和水通过半渗透薄膜。

反渗透 RO 是一种高压的分离方法，从供给水中分离低相对分子质量的分子。水通过半渗透膜，而盐和大分子则滞留并增浓。

电泳涂料的回收一般采用超滤或反渗透，但是其工作原理是根本不同的，使用工艺也有多种。

10.3.4.6　添加搅拌系统

槽液补给和离子交换控制如图 10-21 所示。

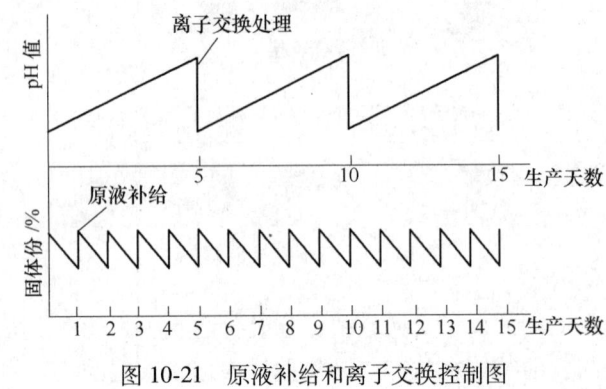

图 10-21　原液补给和离子交换控制图

在电泳涂漆过程中，漆含量不断被消耗，当 ED 槽的固体分下降，或临近工艺参数控制值的下限时，就要进行电泳涂料原液的补给。补充必须定时，漆液浓度的确定，应根据原漆的品种、性质及工件形状和工艺条件等而定。

配制漆液一般可按下式进行：

$$加漆量\ W = \frac{A \times B}{C} \tag{10-17}$$

$$加水量 = A - W \tag{10-18}$$

式中　A——预计用水稀释后漆液总重，kg；

　　　B——预计用水稀释后漆液固体分；

　　　C——原漆的固体分，%（通常按 50% 计）；

　　　W——加漆量，即需加入的原漆量，kg。

ED 槽固体分的补给量按如下方式计算：

$$补给量 = ED\ 槽（含副槽）的总含量×不足的含量÷50\%$$

10.3.4.7　烘烤设备

炉的加热方式一般分为三种：对流加热、红外线加热、远红外线辐射加热，而目前国内外绝大部分均用对流加热。炉内的各点温差应不超过 ±5℃，且炉膛内应洁净。同时升温要符合一定的时间要求。此外，对于保温材料的选择，循环风量的设计，循环风口的位置，热风过滤的位置，炉门的开启方式都应有严格的要求。

10.4　铝合金型材粉末静电喷涂技术

10.4.1　静电粉末涂装的特点及工作原理

10.4.1.1　静电粉末涂装的特点

粉末涂装以其色彩丰富易控、使用环境广泛、生态环境优良等特点，近年在铝合金型材表面处理中得到广泛应用和发展。

与普通液体涂层相比，粉末涂层具有如下的特点：

（1）坚固耐用。粉末涂料可以利用常温不溶于溶剂的树脂或不易溶解而无法液体化的高分子树脂来制造各种功能的高性能涂层。生产时没有溶剂加入和放出，不易形成贯通涂层的针孔，可以得到致密的坚固耐用的涂层。

（2）耐化学介质性能好。粉末涂料用的树脂相对分子质量比溶剂型涂料树脂相对分子质量大，涂层的耐化学介质性能好。

（3）厚度容易控制。粉末涂装一次就能得到 $50 \sim 300 \mu m$ 厚的涂层，可减少涂装道数，提高劳动生产率，节约能耗。而且不易产生液体涂料厚涂时的滴垂或积滞，不易产生针孔和厚层涂装的缺陷。

（4）花色品种多。易于调节颜色，满足不同用户的要求。

（5）对基材表面质量和预处理质量没有阳极氧化着色和电泳涂装那么严格。

10.4.1.2　静电粉末涂装的工作原理

A　高压静电喷涂的工作原理

高压静电粉末喷涂是由于一定场强度的电晕放电及空气动力作用，使粉末涂料粒子荷电或极化，而吸附于工件表面的涂装方法。它是建立在静电感应、尖端放电、电晕放电和电极化等物理学原理基础上的。在高压静电喷涂中，高压静电是由外设或内置的高压静电发生器供给的。工件喷涂时先接地，在净化的压缩空气作用下，粉末涂料由供粉器通过输粉管进入静电喷粉枪。喷粉枪头部装有金属环或极针作为电极，金属环的端部边缘呈尖锐状，当电极接通高压静电后，尖端产生电晕放电，在电极附近产生了密集的负电荷，粉末从静电喷枪头喷出时，捕获电荷成为带电粉末，在气流和电场作用下飞向接地工件，并吸附在工件表面上。

粉末静电喷涂过程中，粉末所受到的力可分为粉末自重、压缩空气的推力、静电场的引力和偶极力。粉末借助空气的推力和静电场的引力及偶极力，克服自身的重力，吸附于工件的表面，经固化后形成固态的膜层，如图 10-22 所示。

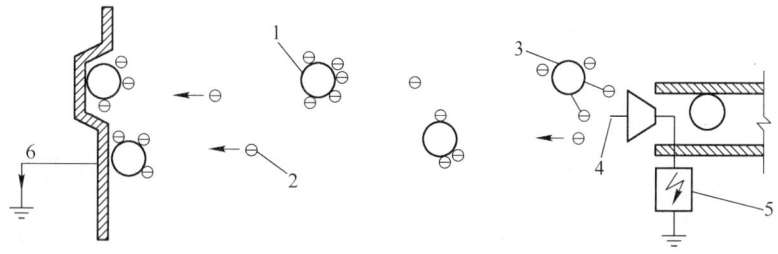

图 10-22　高压静电粉末喷涂原理图

1—带电良好的涂料；2—负离子；3—离子附着中的涂料；
4—电晕放电针；5—高电压电源；6—离子和粉末附着电流

从静电粉末吸附情况看，大体上可以分为三个阶段：第一阶段，即带负电荷的粉末在静电场中沿着电力线方向飞向工件，粉末均匀的吸附于正极的工件表面；第二阶段，即工件对粉末的吸引力大于粉末之间相互排斥的力，于是粉末密集地堆积，形成一定厚度的粉层，此时，由于粉末是绝缘体（$10^{14} \sim 10^{15} \Omega$），粉末所带的负电荷难以漏掉，它与工件所带的正电荷互相中和的仅是一小部分（形成的电流密度约 $1 \mu A$），而大部分负电荷储存在沉积的粉末中，使与工件间形成静电引力，可使粉末较长时间的吸附于工件表面；第三阶段，即随着粉末沉积层的不断加厚，粉层对飞来的粉粒的排斥力不断增大，当工件对粉末的吸引力与粉层对粉末的排斥力相等时，继续飞来的粉末就不再被工件吸附了，这称为粉末的自限效应。这一效应使工件上易喷部位粉末层达到一定厚度后便不再增加，而难喷部位可以继续吸附粉末，从而使工件获得厚度均一的涂层。但是，应该指出，在第三阶段，当涂层中的负电荷越积越多，电场强度越来越大，直至升高到空气被击穿的强度时，即会产生反电离现象（见图 10-23）。此时，涂层被破坏，加热固化后将出现凹凸不平的涂膜，形成橘皮、蜂窝和针孔等缺陷。所以，应严格控制工艺参数以避免此类缺陷的出现。

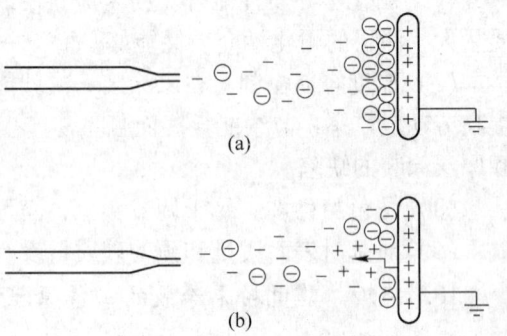

图 10-23　反电离现象的基本原理图
(a) 第一、第二阶段；(b) 第三阶段

  B　摩擦静电喷涂原理

  选用恰当的材料作为喷枪枪体。喷涂时，粉末在压缩空气的推动下与枪体内壁以及输粉管内壁发生摩擦而带电，带电粉末粒子离开枪体，飞向工件，在接近工件时，由于粉末涂料自身所带电荷的作用，产生局部电场并被吸附于带相反电荷的工件表面上，如图10-24 所示。在摩擦静电系统中，枪体通常使用电阴性材料。两物体摩擦时，电阴性较弱的材料产生正电，电阴性较强的材料则产生负电。喷涂时，由于粉末粒子之间的碰撞以及粉末与用强电阴性材料制作的枪体之间的摩擦使粉末粒子带上正电荷，而枪体内壁则产生负电荷，此负电荷通过接地电缆引入大地。带正电荷的粉末粒子在气流的作用下飞向工件并被吸附在工件表面，经固化后形成膜层，从而达到涂装的目的。

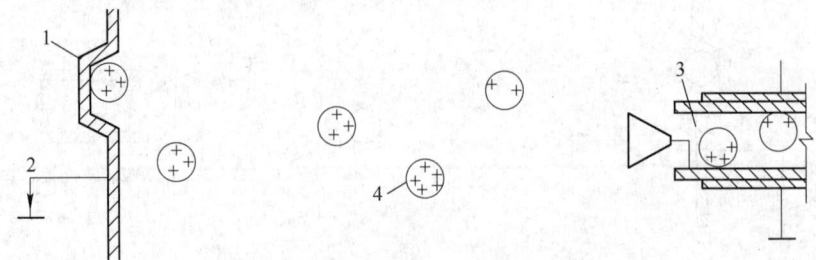

图 10-24　摩擦静电喷涂原理示意图
1—工件；2—粉末附着电流；
3—与喷枪内壁相接触带电的涂料；4—带电良好的涂料

10.4.1.3　粉末涂料固化成膜过程

  粉末涂料的固化成膜是建立在涂料流变学和表面化学基础上的。粉末涂料一般以粉末状态存在，必须熔融后才能附着在工件上，流平后固化成膜。对于热塑性粉末涂料，只需要熔融流平；对热固性粉末涂料而言，熔融流平后，还必须经过交联固化成膜过程。差热分析（DTA）结果表明，热固性粉末涂料进行加热时，要经过下面几个过程，如图 10-25

所示。

（1）玻璃化转变过程。当从室温加热时，粉末涂料要经过玻璃化转变过程，使树脂从玻璃态转变成高弹态，A 点温度是玻璃化温度。

（2）熔融过程。温度继续升高时，树脂便开始熔融，并从高弹态转变成黏流态，B 点温度是树脂熔融温度。在这一过程中，粉末涂料中的树脂在熔融时要吸收热量，形成了吸热峰 B。

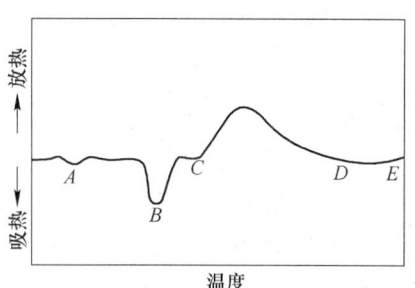

图 10-25　热固性粉末涂料差热分析图

（3）固化过程。再继续升温时，树脂和固化剂就从 C 点开始进行化学反应，放出反应热，温度升高，在 C 和 D 点之间形成放热峰，然后温度开始回落，这种反应一直进行到 D 点，交联固化才结束。GB/T 5237.4—2000 是针对用于建筑行业的热固性饱和聚酯粉末涂料的，这种树脂，当采用 TGIC（异氰脲酸三缩水甘油酯）作固化剂时，聚酯树脂中的羧基与 TGIC 中的缩水甘油基（环氧基）发生开环加成反应完成固化成膜过程。

（4）分解过程。如果还继续升温，涂膜就从 E 点开始分解，并吸收热量。这里应着重说明几点：

1）玻璃化温度是影响粉末涂料储存稳定性的重要因素。在储存期间，如果温度高于玻璃化温度，则粉末涂料就容易结团。因此，粉末涂料最好是在低于玻璃化温度20℃以下的条件下储存和使用。粉末涂料的玻璃化温度和储存稳定性决定于粉末涂料用树脂的软化点、相对分子质量、树脂的结构。同时也与固化剂的熔点、吸湿性以及颜料和填料的用量，助剂的状态和用量有关。TGIC 固化用聚酯树脂的玻璃化温度大多在 53～67℃ 之间，固化剂比例 6%～10%，其储存温度最好不要超过 35℃。

2）粉末涂料用树脂的熔融温度和粉末涂料开始固化反应温度间的温差大小是影响粉末涂料熔融流平性的重要参数。如果这个温差大，粉末涂料在交联固化反应开始以前，有足够的时间充分熔融流平，则涂膜外观的平整性好。常用聚酯树脂的软化范围为 100～120℃，粉末涂料的开始固化反应温度在 145℃ 左右。

3）热固性粉末涂料的熔融交联固化特性曲线如图 10-26 所示。当粉末涂料未进行交联固化反应时，熔融体的黏度随加热时间的延长而一直下降；当固化反应开始时，随加热时间的延长，熔融体的黏度下降速度减缓；当交联固化反应到一定时间后，熔融体的黏度反而逐步上升，同时树脂和固化剂的固化反应率也上升。粉末涂料从开始熔融至部分交联，但树脂还可以流动的最高黏度区间的时间越长，其面积 S 越大，则越有利于粉末涂料涂膜的流平性。粉末涂料粒子熔融流平所需时间 T 可用式（10-19）表示：

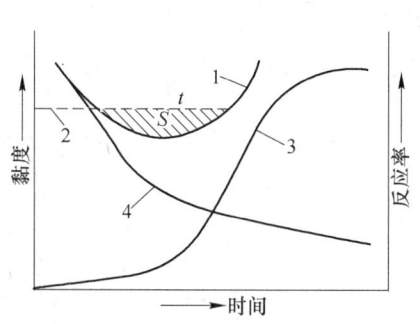

图 10-26　粉末涂料的熔融和交联固化特性曲线
1—固化反应黏度曲线；2—树脂能流动的最高度；
3—反应率曲线；4—未进行固化反应时的黏度曲线

$$T = 9.3 \times 10^{-3} \times f^4 D\eta/\delta n^3 \tag{10-19}$$

式中　f——假设粉末粒子为球形时，正弦波型涂面的平均波长弯曲系数；

　　　D——粉末粒子平均直径；

　　　η——熔融黏度；

　　　δ——表面张力；

　　　n——粉末粒子平均涂着层数（可理解为膜厚）。

　　由式（10-19）可知，涂层流平所需的时间与粉末粒子直径、熔融黏度、涂面平均波长弯曲系数的 4 次方成正比；而与表面张力、粉末粒子平均涂着层数（即膜厚）成反比。这就是说，要得到流平性好的涂层，粉末涂料的粒径要小、树脂的熔融黏度要低，而表面张力要高、涂层厚度要厚。当然，在不产生流痕的前提下，流平时间长一些好。常用 TGIC 固化聚酯粉末涂料的粒子直径为 $15\sim90\mu m$，平均直径为 $30\sim35\mu m$，国内标准要求 180 目（$83\mu m$）筛余物不大于 0.5%；荷兰 UCB 公司生产的不同牌号的 TGIC 固化用聚酯树脂的黏度在 $5000\sim12000 mPa\cdot s$ 之间，而 Primid XL552 固化用聚酯树脂的黏度在 $3000\sim5700 mPa\cdot s$ 之间；聚酯树脂的表面张力按资料介绍为 $43 dyn/cm$。

　　4）固化时的加热速度是影响热固性粉末涂料流平性的另一个重要因素。图 10-27 反映粉末涂料固化过程中三种不同加热速度对粉末涂料熔融黏度的影响。由图可见，随升温速度的加快，粉末涂料的最低熔融黏度降低；而熔融黏度越低，则越有利于涂膜的流平性。图 10-28 反映了粉末涂料固化过程中升温速度对开始反应温度的影响。由图可见，随升温速度的加快，开始反应温度提高，相应的熔融温度也低，有利于涂膜的流平性。生产中，人们常利用此特性，通过提高固化温度来缩短固化时间。

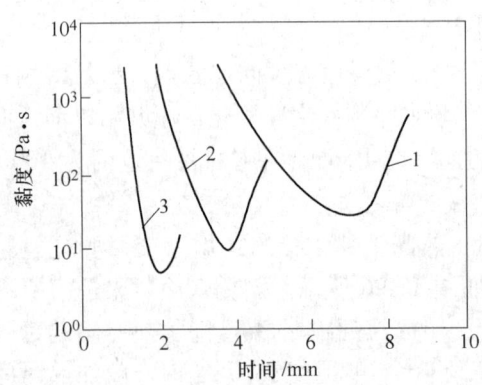 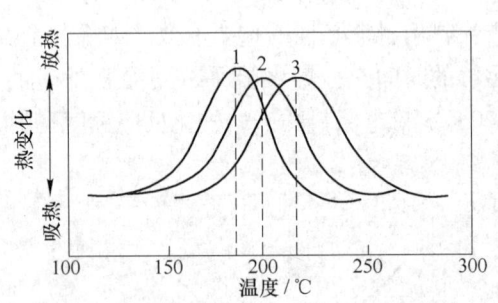

图 10-27　加热速度对粉末涂料熔融黏度的影响　　图 10-28　加热速度对粉末涂料开始固化温度的影响

1—20℃/min；2—40℃/min；3—80℃/min　　　　　1—20℃/min；2—40℃/min；3—80℃/min

10.4.2　静电粉末喷涂生产线及主要设备

10.4.2.1　粉末喷涂工艺流程

　　无论采用哪一种生产线类型，铝合金型材的静电粉末喷涂生产工艺流程基本相同，如图 10-29 所示。

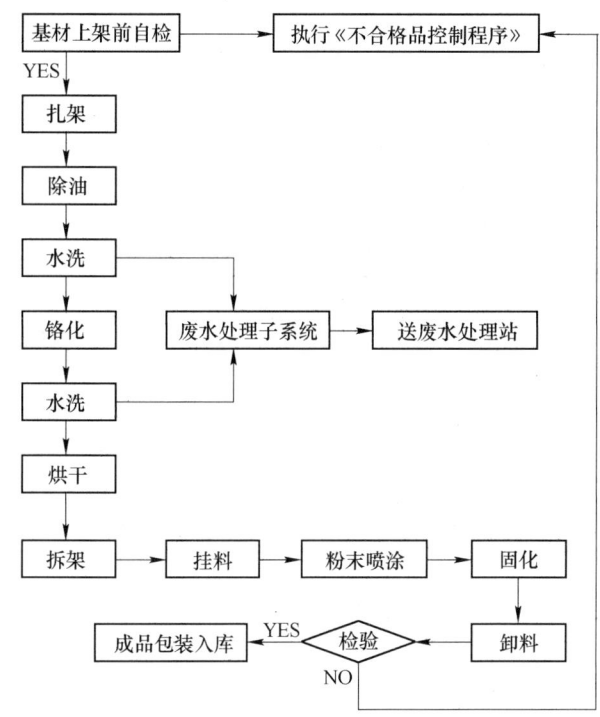

图 10-29　铝型材静电喷涂生产工艺流程

10.4.2.2　静电粉末喷涂主要设备及性能

A　静电粉末喷涂设备的总体要求

对静电粉末喷涂设备的总体要求有：

（1）静电粉末喷涂设备的设计、制造与出厂应符合 GB 7691—1987"涂装作业安全规程劳动安全和劳动卫生管理"中 4.1 和 4.2 的规定。

（2）喷粉区内安全卫生、防火防爆及噪声和所有设备（含工件、悬链）的接地应符合 GB 15607—1995"涂装作业安全规程粉末静电喷涂工艺安全"中第四章的有关规定。

（3）喷粉区内各设备和管线的布置应整齐、美观，并应符合使用、维护和安全的要求。

（4）在喷粉换色频繁的使用场合，静电粉末喷涂设备的平均换色时间不宜大于 45min。

（5）静电喷粉室、回收装置和管道之间的连接应密封良好，无粉末外溢。

（6）静电喷粉室、供粉装置和筛粉装置应采用非燃或阻燃材料制造；回收装置壳体应采用导电材料制造；当采用普通钢铁制造上述设备时，组装前应按 GB/T 6807 的要求进行磷化处理，并涂覆防护装饰性涂层，涂层附着力应达到 GB/T 9286 规定的 1~2 级（划格法），涂层硬度应不低于 GB/T 6739 规定的 2H（铅笔硬度），涂层厚度应不小于 50μm。

（7）静电粉末喷涂设备应在下列使用条件下正常工作：

1）环境温度 0~40℃。

2）相对湿度不大于 85%。

3）海拔高度不大于 1000m。

4）电源电压：单相交流（220±22）V，三相交流（380±38）V。

5）电源频率：50Hz。

6）压缩空气：压力不小于 0.6MPa；含水量不大于 1.3g/m³；含油量不大于 0.01mg/m³。

7）喷粉室附近干扰气流横向速度不大于 0.3m/s。

8）进入喷粉室工件表面温度不大于 50℃。

9）工作地点无腐蚀金属和破坏绝缘的气体或液体，无剧烈震动和冲击。

B　静电喷粉室

a　静电喷粉室的分类

静电喷粉室是指封闭或半封闭的、不易积聚粉末的、具有良好机械通风而不外逸粉末的，并能有效地将末涂着粉末导入回收装置的专门用于粉末静电喷涂的室体或维护结构。静电喷粉室的类型如图 10-30 所示。

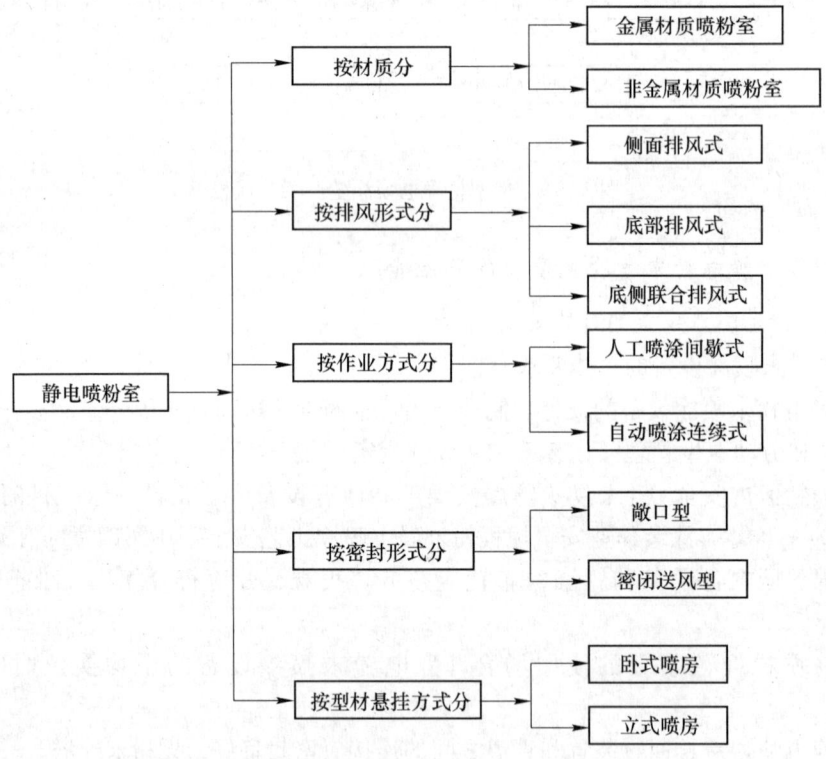

图 10-30　静电喷粉室的分类图

b　静电喷粉室的主要功能

静电喷粉室最好都采用干室，它应具备下列功能：

（1）涂料粉尘不应向喷粉室外飞溅。

（2）涂料粉尘不应落在作业人员和涂装机上。

（3）喷粉室内的气流不应有损涂着效率。

（4）喷粉室内的风量不能吹掉涂覆在工件上的粉末。

（5）应从喷粉室的构造上，保证过量的粉末涂料不残留在喷粉室内。

（6）喷粉室内的粉尘浓度应保持在爆炸下限浓度以下。

因此，无论何种类型的静电喷粉室，在进行设计时，都应达到下面的技术要求：

（1）静电喷粉室的安全卫生指标必须符合有关规定，除喷枪出口等局部区域外，喷粉室内悬浮粉末平均浓度（即喷粉室出口排风管内浓度）必须低于该粉末最低爆炸浓度值，其最高浓度不允许超过 $15g/m^3$；喷枪一次点释放能量应小于 5mJ；位于操作者呼吸带空气粉末最高允许浓度为 $10mg/m^3$。

（2）静电喷粉室开口面风速应为 0.5~0.6m/s，通风净化应符合 GB 6515 "涂装作业安全规程涂漆工艺通风净化" 第四、第七、第八章中的规定。

（3）喷粉室的排风量应按第（1）条和第（2）条的规定，从安全和卫生两方面计算和换算，并应在喷粉室的铭牌上标明额定最低排风量。

（4）静电喷粉室内应采用防尘型冷光源灯具照明。

（5）静电喷粉室各拼接处应无缝隙，内壁应光滑平整无死角，易清理，易回收。

（6）静电粉末喷涂室内气流应分布合理，空气能携带粉末及时流向回收装置，避免产生紊流。

（7）在满足工作条件下，应尽量减少静电喷涂室的开口尺寸。

（8）在正常工作条件下，静电喷粉室各开口处应无粉末外溢。

（9）静电喷粉室内喷枪电极至工件和喷粉室室壁的距离分别不宜小于 150mm 和 250mm。

（10）静电喷粉室应采取相应措施，防止悬链和一次吊具处粉末积聚。

常用的静电喷粉室有侧面排风式、底部排风式和侧面排风的立式喷房等类型，各有优缺点，应根据具体情况选用。

铝合金型材的静电喷粉作业中，喷粉室可以采用钢板、不锈钢板、有机玻璃板、聚氯乙烯板、聚丙烯板、聚碳酸酯板、氟树脂板等材料制作。

C 静电粉末喷枪

a 高压静电喷枪

高压静电喷枪分为外置式、内置式两大类。外置式高压静电喷枪其高压静电部分由喷枪外的高压静电发生器产生，通过高压电缆与喷枪相连，把高压静电送至喷枪口，使枪口间形成电晕空间，粉末经过电晕空间而带上电荷。内置式高压静电喷枪是把高压静电发生模块直接置于喷枪内形成一个整体，取消了高压输送电缆，使喷枪的安全性能、粉末的充电效率提高而且操作方便，这些优点使内置式静电喷枪的应用越来越广。

高压静电发生器要求安全、稳定、可靠、使用寿命长、输出电压高而电流低，并带防漏电、防短路保护装置。按采用的电器元件不同可分为晶体管式和电子管式两种，均装有击穿保护装置，当产生打火放电时能自动切断高压，保证人身安全。目前国内使用较多的是电子管式的。电子管性能可靠，输出电压稳定，能耐超载。晶体管式的体积较小，耗电少。也有二者结合的，它集中了二者的优点，但结构上不太紧凑。静电喷枪的带电结构示意图如图 10-31 所示。

静电喷枪的扩散结构是使粉末分散均匀，而且能根据工件的表面形状改变喷涂图形和

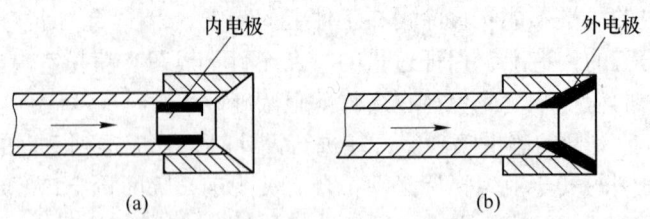

图 10-31　静电喷枪的带电结构示意

（a）内带电式；（b）外带电式

面积，并能减慢粉末的喷出速度以防粉末在工件上产生反弹。扩散机构根据其扩散机理的不同可分为冲撞分散法、空气分散法、旋转分散法和搅拌分散法等，其结构如图 10-32 所示。具体应用时，必须根据工件的表面形状、喷粉量、喷涂面积、粉末喷出直径要求而灵活选用。

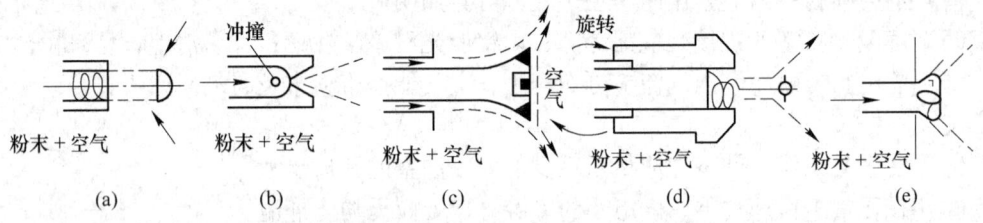

图 10-32　静电喷枪的粉末扩散结构示意图

（a）冲撞分散式；（b）冲撞分散式；（c）空气分散式；

（d）旋转分散式；（e）搅拌分散式

　　b　摩擦静电喷枪

　　摩擦静电喷枪的基本原理是：涂装时，粉末在压缩空气的推动下，与枪体内壁发生摩擦而使粉末带上静电，带电粉末离开枪体，飞向工件而吸附于工件表面，因此使用摩擦静电喷枪喷涂时不需要高压静电发生装置。摩擦静电喷涂原理如图 10-33 所示。

　　高压静电喷枪和摩擦静电喷枪的综合性能比较见表 10-48。

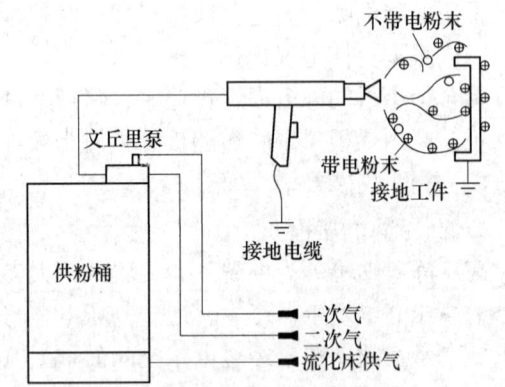

图 10-33　摩擦静电喷枪喷涂原理

表 10-48　高压静电喷枪和摩擦静电喷枪综合性能比较

项　目	高压静电喷枪		摩擦静电喷枪	项　目	高压静电喷枪		摩擦静电喷枪
	外带电式	内带电式			外带电式	内带电式	
粉末涂料涂装效率	优	良	良	涂层外观	良	优	优
凹部涂装效果	一般	优	优	涂料适应性	良	优	一般
平面板涂装效果	优	良	优	使用安全性	良	良	优

c　旋杯式静电喷枪

旋杯式静电喷枪的结构原理如图 10-34 所示。

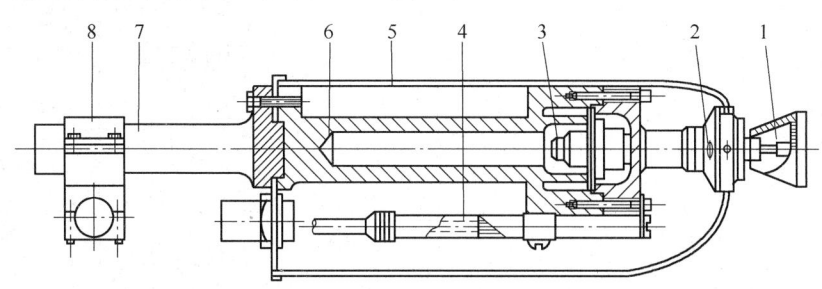

图 10-34　旋杯式静电喷枪结构原理图
1—旋杯；2—涂料入口；3—空气马达；4—高压电缆；
5—绝缘罩壳；6—绝缘支架；7—旋臂；8—支座

当高压电源施于旋杯时，其表面的电荷分布与表面曲率有关，旋杯表面曲率越大，则电荷密度越高，因此旋杯一般都是锐边型的。旋杯的转速一般在 2000r/min 以上，最高可达 60000r/min。旋杯的驱动形式有电动式的，其转速较低；新型旋杯多采用气动马达驱动，其转速较高，更有利于漆液的雾化。

D　粉末回收装置

粉末回收装置直接关系到粉末涂料的利用率和环境保护问题，因而设计高效率的粉末回收设备十分重要。粉末回收装置应具备以下条件：回收效率高；回收的粉末能再利用，连续作业性好；占地面积小；噪声小；安全可靠，备有防爆措施。

粉末回收设备按回收机理的不同可分为旋风式回收设备及过滤式回收设备两种，旋风式回收的原理是含粉气流受进气口导流板的作用强制旋转，含粉气流在高速旋转时通过离心力的作用把粉末与气体分离，粉末沿着外壁落入接料斗，净化气体经出口排出。这种设备的优点是设备尺寸小，占地面积小，粉末浓度的高低、粉末密度的大小及风量波动对回收率基本无影响，回收的粉末粒径较大，滤除杂质颗粒后，可直接加入供粉桶中使用，而且换色容易。其缺点是超细粉不能回收，净化后的气体不能直接排放，仍需进行过滤、净化，而且耗电大，噪声也较大。目前旋风式回收又可分为大旋风回收和小旋风回收。大旋风回收设备结构简单、造价低，但回收效率较低。小旋风回收设备结构复杂、造价高，但回收效率高。在大生产的应用上以小旋风回收为主。旋风式回收设备如图 10-35 所示。

过滤式回收设备是使含粉末空气吸入箱体内均匀分布至各布袋或滤芯内腔，经碰撞过滤，粉末附于滤袋、滤芯内壁或沉降于集粉斗中，附着于滤袋或滤芯的粉末应及时通过振动、逆气流或脉冲式空气喷射等方式使之落入回收斗中以免堵塞滤袋或滤芯。经过滤净化后的空气直接排放。过滤式回收设备如图 10-36 所示。过滤速度计算公式为：

$$V = \frac{Q}{A} \qquad (10\text{-}20)$$

式中　V——过滤速度，m/min，一般选用 1~4m/min；

　　　Q——处理风量，m^3/min；

　　　A——滤布、滤芯面积，m^2。

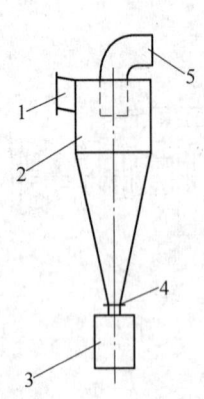

图 10-35　旋风式回收设备示意图
1—含粉气体入口；2—旋风体；3—接料斗；
4—连接板；5—净化气体出口

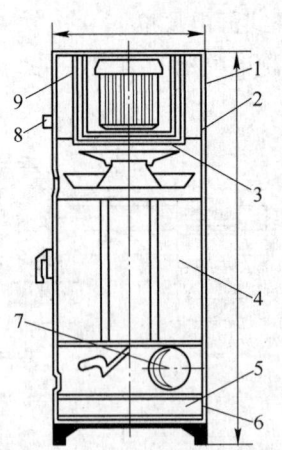

图 10-36　过滤式回收设备示意图
1—壳体；2—离心通风机；3—电动机；4—布袋或滤芯；
5—集粉斗；6—振动机构；7—吸气管；
8—电器装置；9—消声器

　　过滤式回收设备的优点是噪声小、质量轻、吸粉效率高（可达99.5%）、省电省投资。其缺点是换色时必须更换滤布、滤芯，操作费时，用过的滤布、滤芯保管困难。滤布、滤芯容易被堵塞造成报废（气候潮湿时更甚），运行成本高。而且由于其回收粉中含有大量超细粉末，需经过筛后才能回用，因此在操作上不太方便。

　　E　供粉装置

　　供粉装置是将粉末连续、均匀、定量地供给喷枪，是静电喷涂中取得高效率、高质量的关键部件之一。供粉装置按结构形式一般分为三种：压力式、抽吸式和机械式供粉装置。目前以流化抽吸式应用最为广泛。

　　流化抽吸式供粉装置由粉桶、流化板、均压板、文丘里粉泵等组成，其结构如图 10-37 所示。工作原理是：压缩空气从粉桶底部通过均压板进入均压腔中，使气体压力均匀，再经流化板，使粉末进行流化。流化的粉末被文丘里粉泵（动力为压缩空气）抽吸形成粉末气流经输送管送至喷枪。

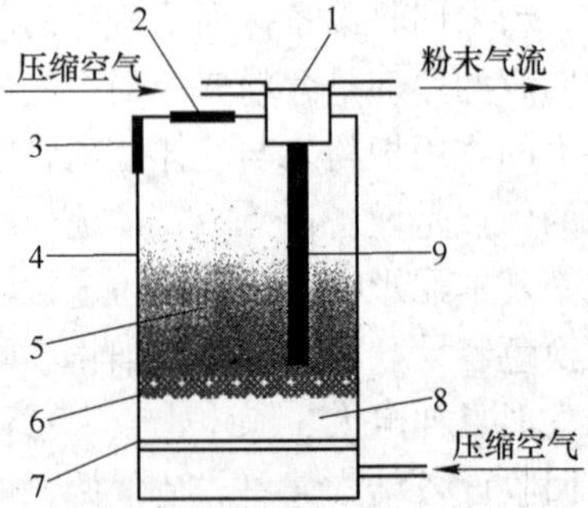

图 10-37　流化抽吸式供粉装置
结构示意图
1—文丘里粉泵；2—加粉口；3—粉桶盖；
4—粉桶；5—粉末；6—流化板；
7—均压板；8—均压腔；9—吸粉管

　　该供粉装置的优点为：结构简单，整机无运动部件，易于制作、维护；粉末流化效果好，粉桶内积粉少，便于清扫和换色，少量的粉末即可喷涂；加粉也方便；供粉量可通过改变供气压力来调节。

　　F　自动喷枪往复机

　　当选择自动喷涂时，自动喷枪必须安装在往复机上，往复机是保证涂膜均匀性的重要部件。往复机技术性能必须符合：运动速度可无级调节；行程可调；运动过程平稳、无颤抖；反向过程平稳、无抖动。

往复机根据动力源的不同可分为气动式和电动式两种。气动式利用压缩空气驱动气缸运动，通过调节气压来调节速度。电动式利用变频调速电动机驱动。

当一台往复机上安装多支喷枪时，其安装方式有两种：一种是喷枪排列方向与工件运动方向平行，其特点是工件表面涂层厚度均匀，但往复机行程大；另一种是喷枪排列方向与工件运动方向相垂直，其特点是往复机行程小，但容易造成工件表面涂层厚度不均匀。一般以第一种方式安装为好。

10.4.3　铝合金型材粉末静电涂装车间布置

目前，铝型材喷粉生产线大致有四种布置类型，其典型产量、占地面积和优缺点见表10-49。通常，按工厂的产量要求和车间允许的占地面积来选择生产线的类型。四种类型生产线的典型平面布置分别如图10-38~图10-41所示。

表 10-49　铝合金型材立式和卧式喷粉线优缺点比较表

生产线类型	卧式喷粉线		小巧型喷粉线	立式喷粉线
输送机	普通链	积放链	双翼式封闭轨悬挂链	封闭轨悬挂链
典型年产量/t	4000~8000	4000~8000	2000~3000	12000~30000
典型占地面积/m²	1200（不含预处理）	400（不含预处理）	150（不含预处理）	1200（含预处理）
优点	（1）运输链结构简单，维修方便；（2）吊架节距可根据型材长度灵活调节	运输机由牵引轨道和承载轨道组成，能将工件进行分枝、脱离、传递和储存，因此，使固化炉上、下料区的占地面积大	双翼运输机上下巡回运行，设备分上下两层配置，占地面积小，单位面积产量高	（1）前处理—喷粉—固化浑然一体，自动化程度高，在链速相同和占地面积大致相同的情况下，产量为卧式线的4~5倍；（2）前处理滴液性好，化学药剂和水耗少；（3）在喷房内，型材可4×90°旋转受粉
缺点	（1）占地面积大，单位面积产量低；（2）固化炉长，单位产量能耗高；（3）很难与前处理组成连续生产线，所需生产工人多；（4）产品膜厚差大，一般可达±20μm；（5）由于能耗、化学药剂消耗、粉耗、人工消耗比较大，因而，操作成本较高	（1）对运输机要求有较高的维护水平；（2）很难与前处理组成连续生产线，所需生产工人多；（3）产品膜厚差大，一般可达±20μm；（4）由于能耗、化学药剂消耗、粉耗、人工消耗比较大，因而，操作成本较高	年产量低	（1）设备初投资较大；（2）要求有较好的管理

生产线类型	卧式喷粉线		小巧型喷粉线	立式喷粉线
典型消耗（吨耗）	脱脂剂：6kg 铬化剂：4kg 水耗：10t 粉耗：45kg 油耗：80kg 电耗：180kW·h	脱脂剂：6kg 铬化剂：4kg 水耗：10t 粉耗：45kg 油耗：70kg 电耗：60kW·h	脱脂剂：6kg 铬化剂：4kg 水耗：10t 粉耗：45kg 油耗：50kg 电耗：50kW·h	脱脂剂：3kg 铬化剂：3kg 水耗：4t 粉耗：38~40kg 油耗：40~60kg 电耗：50~60kW·h（有的线达195）
主要生产商	广州美涂深圳开元达中山裕东等	意大利意德公司、香港瑞荣公司	意大利意德公司、香港瑞荣公司	意大利意德、戴维信、全顺特等

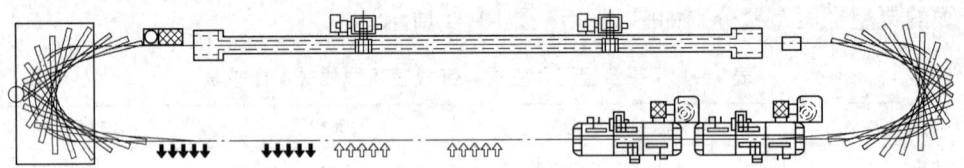

图 10-38　铝型材普通卧式喷粉线平面布置图

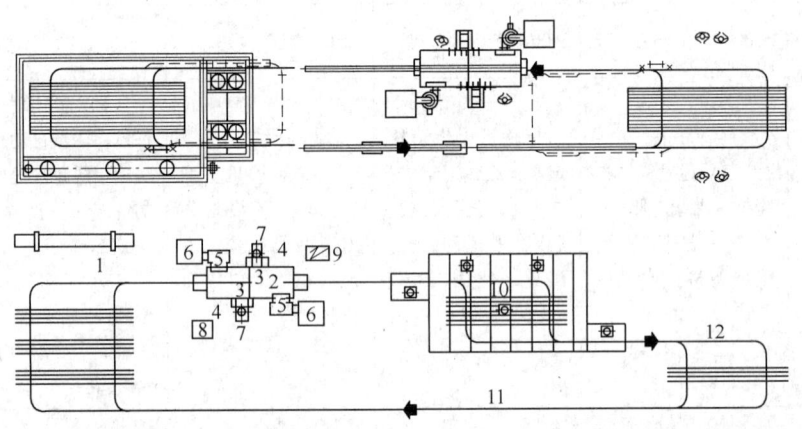

图 10-39　铝型材积放卧式喷粉线平面布置图

1—上料区；2—喷房；3—旋风回收机；4—过滤器；5—往复机；6—手喷口；
7—风幕；8—固化炉膛；9—燃烧及热交换室；10—驱动机；11—下料区；12—寄放式输送机

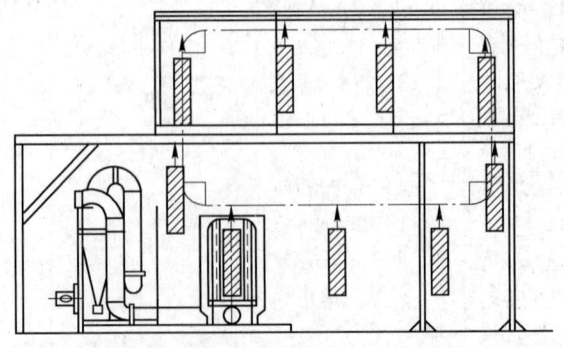

图 10-40　铝型材小巧型喷粉线立面布置图

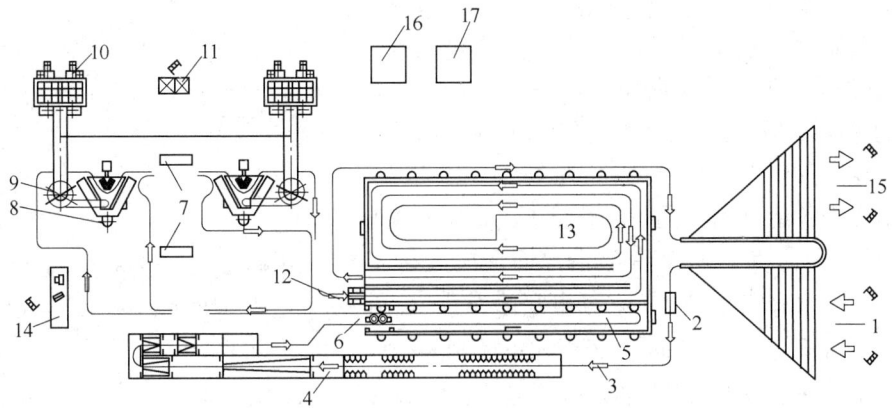

图 10-41 铝型材立式喷粉线平面布置图

1—上料区；2—驱动机；3—输送机；4—前处理隧道；
5—干燥炉膛；6—风幕；7—工件转轨器；8—立式喷房；9—旋风机；
10—过滤器；11—喷枪控制器；12—远红外加热炉；13—固化炉膛；
14—主控柜；15—下料区；16—空压机；17—冷冻干燥机

10.5　铝合金型材的液相静电喷涂技术

10.5.1　液相静电喷涂的特点、原理和方法

10.5.1.1　液相静电喷涂的特点

液相静电涂装具有喷涂效率高、涂层均匀、污染少等特点，并适应大规模自动化作业，已逐渐成为大生产中广泛采用的涂装工艺方法之一，普遍应用于汽车、仪器仪表、玩具、建筑门窗、家电产品、日用五金等工业领域。近年来，随着电子和微电子技术的发展，液相静电喷涂设备在可靠性和设备结构的轻型化方面取得显著成果，为液相静电涂装工艺的发展提供了广阔的空间。

液相静电涂料常用的有聚氨酯涂料、有机硅丙烯酸涂料、氟碳涂料。在铝合金建筑型材方面，随着我国经济的不断发展，作为高档的室外装饰手段的氟碳静电喷涂技术越来越受到各界的重视。氟碳涂层具有优异的抗褪色性、抗起霜性、抗酸雨侵蚀性、抗紫外光、抗裂性等。图 10-42 所示是几种耐候性面漆的老化试验结果。

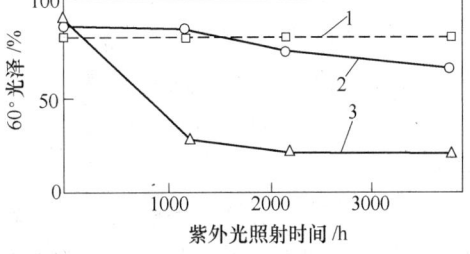

图 10-42　几种耐候性面漆的老化试验结果

1—氟碳面漆；2—有机硅丙烯酸面漆；3—聚氨酯面漆

10.5.1.2　液相静电喷涂的原理和方法

液相静电喷涂是对喷枪施加负高压，对被涂工件做接地处理，使之在工件与喷枪之间形成一高压静电场。当电场强度（E_0）足够高时，喷枪针尖端的电子便有足够的动能，它冲击枪口附近的空气，使空气分子电离产生新的离子和电子，空气的绝缘性产生局部破坏，离子化的空气在电场力的作用下产生电晕放电，当液相涂料粒子通过喷枪口时便带上

电荷变成带电粒子，在通过电晕放电区时，与离子化的空气结合而再次带电，带电的涂料液滴受同性相斥的作用被充分雾化，并在高压静电场的作用下，向极性相反的被涂工件方向运动并沉积于工件表面而形成均匀的涂层，如图 10-43 所示。

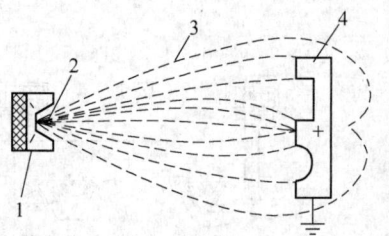

当电场强度继续增加超过极限（E_{max}）时，枪口与工件之间的空气层完全电离并被击穿而形成火花放电，这时很容易产生火灾。因此，在静电喷涂作业时，电场强度 E 应选择在 $E_0 \sim E_{max}$ 之间，在实际生产中，$E = 60 \sim$

图 10-43　液相静电涂装原理示意图
1—静电喷枪；2—负高压电极；
3—电力线；4—被涂工件

90kV。静电喷涂也可采用对喷枪施加正高压，即采用正极性电晕放电，但其电晕放电的起始电压比负极性电晕放电的起始电压要高，且电晕放电的电压范围较窄，容易击穿而产生火花放电，因此实际应用中多为负极性静电喷涂。

10.5.2　氟碳喷漆工艺

10.5.2.1　概述

三种液相静电涂料中，应用最广泛的是氟碳喷漆。氟碳喷涂常采用二涂系统，也有使用增加罩面清漆的三涂系统。采用三涂系统，由于罩面清漆 KYNAR500R 树脂相对含量最高，可以进一步提高整个涂层的耐候性、耐摩擦性和耐污染性，尤其适合高盐雾的海洋性气候或高污染地区。

金属闪光漆有着亮丽的光彩被广泛地采用。如果涂料选用大颗粒的金属颜料，因金属颗粒易被氧化，紫外线隔离也不彻底，必须增加罩面清漆。另外，需要在底漆之上增加隔离涂层或设法提高底漆的耐候性，从而采用三涂或四涂系统。

金属闪光漆的涂装难度较高，如果要达到类似的金属闪光效果也可采用二涂和耐候性光云母粉颜料涂料，以便降低材料和加工成本。

氟碳涂料适用于几乎所有的金属建材，如铝板、铝型材、镀铝锌板、不锈钢。

金属表面脏物、油漆、氧化层均应先除去。然后预处理形成一个无机转化层。例如：铝合金的铬化层，镀锌表面的锌磷化或氧化钴复合处理层。

底漆通常为一层很薄的有机涂层，主要作用是提高漆膜对基材的附着，提高基材的抗腐蚀性和牢度。

通常的底漆有溶剂型环氧底漆、溶剂型丙烯酸底漆、水型丙烯酸底漆。有时为提高与面漆的相容性加入少量的 KYNAR500R 树脂。底漆中通常选用一些钝化颜料用于保护切边和穿孔部位的防腐性。常见的各种氟碳涂装方式主要工艺参数列于表 10-50 中。

表 10-50　各种涂装方式的主要工艺参数

条　件	卷　涂	喷　涂	氟碳粉末喷涂
料温/℃	232~249	221~249	221~249
烘烤时间/min	30~60s	10~20	10~20

条 件	卷 涂	喷 涂	氟碳粉末喷涂
底漆厚度/μm	5~8	5~10	5~10（溶剂）20~25（粉末）
面漆厚度/μm	15~20	20~25	35~40

10.5.2.2 氟碳喷涂工艺流程及操作要求

A 氟碳喷涂工艺流程

氟碳喷涂工艺流程如图 10-44 所示。

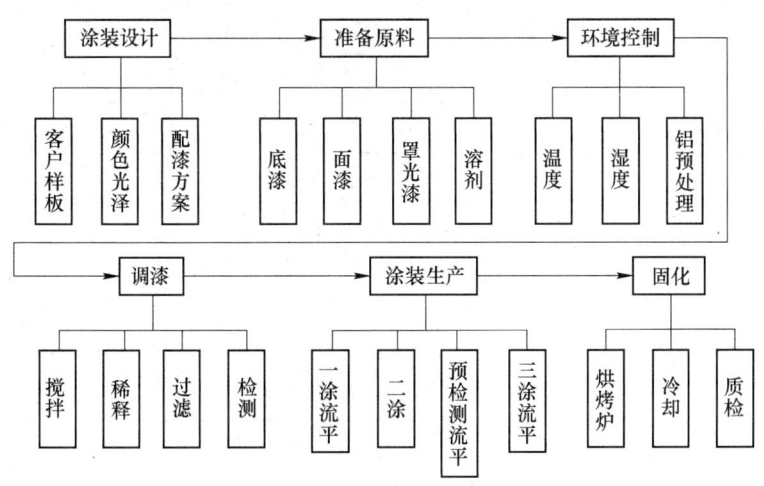

图 10-44　氟碳喷涂工艺流程

（1）二涂一烤：底漆→面漆→固化。一般不含金属闪光粉的氟碳涂料，且无其他特殊要求的，均采用底漆、面漆二涂一烤工艺。

（2）三涂一烤：底漆→面漆→罩光漆→固化。金属闪光氟碳涂料所含的金属闪光粉易受外界空气的氧化，为防止其氧化、变色，通常采用氟碳清漆罩光。三涂结构如图 10-45 所示。另外，对于某些严酷的腐蚀环境（如海滨、化工生产区等）也可以采用氟碳清漆罩光来提高氟碳涂料的耐候性，采用底漆、面漆、罩光漆三涂一烤工艺，流程实例为：上线（人工）→自动喷底漆（4min，往复机喷涂）→补漆（2min，人工）→流平（10min）→喷涂面漆（4min，往复机喷涂）→补漆（2min，人工）→流平（10min）→喷涂罩光漆（4min，往复机喷涂）→补漆（2min，人工）→流平（15min）→烘干（25min，热风对流）→强冷（8min，强风吹）→下线（人工）。

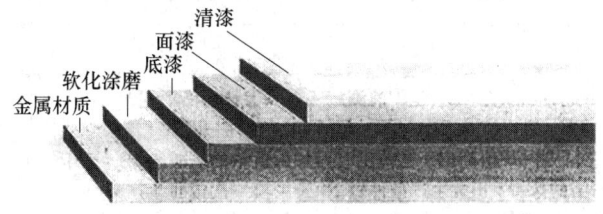

图 10-45　三涂结构示意图

（3）四涂二烤：底漆—隔离阻挡漆—固化—面漆—罩光漆—固化。一般涂装厂的生产线为二涂一烤或三涂一烤工艺，但对于颜色有特殊要求的氟碳涂料，在底漆与面漆之间增加一道隔离漆，以确保面漆有良好的遮盖力，满足无色差的要求。为此，采用底漆、隔离漆、面漆、罩光漆四涂二烤工艺。

B　喷涂漆膜厚度工艺要求

喷涂漆膜厚度工艺要求见表 10-51 和表 10-52。

表 10-51　漆膜厚度工艺要求

漆膜种类	二　涂	三　涂	四　涂
每层漆类	底漆+面漆	底漆+面漆+罩光清漆	底漆+阻挡漆+面漆+罩光清漆
总平均膜厚/μm	≥30	≥40	≥65
最小局部膜厚/μm	≥25	≥34	≥55
底漆膜厚/μm	7~10	7~10	7~10
面漆膜厚/μm	25~30	25~30	25~30
面漆种类	素色漆、云母漆	金属漆	金属漆
罩光漆膜厚/μm		10~15	10~15

表 10-52　涂料覆盖用量工艺实例

项　　目		底　漆	面　漆	罩　光　漆
外观		淡黄色或灰色分散液	各色彩色分散液	乳白色半透明分散液
细度/μm		≤20	≤20	≤20
黏度（涂-4 杯）/s		≥50	≥30	≥30
固含量/%		≥45	≥40	≥36
覆盖率 /m²·kg⁻¹	理论值	37.5 在 7.5μm 干膜条件下	10.2 在 25μm 干膜条件下	18 在 12μm 干膜条件下
	自动喷涂 （效率70%计）	26.2 在 7.5μm 干膜条件下	7.1 在 7.5μm 干膜条件下	7.6 在 7.5μm 干膜条件下
	手动喷涂 （效率40%计）	15 在 7.5μm 干膜条件下	4.1 在 7.5μm 干膜条件下	7.2 在 7.5μm 干膜条件下
稀释比（涂料/稀释剂）		1/1~3/1	3/1~5/1	3/1~5/1
喷涂黏度（涂-4 杯）/s		25℃下 15~18	25℃下 17~19	25℃下 17~18
流平时间/min		10	10~15	10~15
固化温度/℃		210~230	220~240	220~240

C　静电喷涂操作条件

以 CG8007 静电喷枪为例各涂层操作见表 10-53~表 10-56。

表 10-53 底漆喷涂技术参数表

温度/℃	高压/kV	升降机频率/Hz	枪距/mm	雾化气压/mm	扇形气压/MPa
10~20				0.07~0.10	0.12~0.15
20~30	60~80	50~80	220~350	0.06~0.09	0.10~0.15
30~38				0.06~0.07	0.085~0.15

表 10-54 金属面漆和非金属面漆的涂装技术参数表

温度/℃	高压/kV	升降机频率/Hz	枪距/mm	雾化气压/mm	扇形气压/MPa
13~20	金属漆 60		300~350	0.085~0.1	0.12~0.18
20~30	非金属漆 80	60~80	250~300	0.07~0.10	0.12~0.18
30~38			220~280	0.06~0.085	0.10~0.15

表 10-55 云母珠光面漆的涂装技术参数表

温度/℃	高压/kV	升降机频率/Hz	枪距/mm	雾化气压/mm	扇形气压/MPa
13~20			300~350	0.085~0.1	0.12~0.15
20~30	60~80	60~80	250~300	0.085~0.10	0.10~0.15
30~38			220~280	0.08~0.10	0.10~0.15

表 10-56 罩光清漆的涂装技术参数表

温度/℃	高压/kV	升降机频率/Hz	枪距/mm	雾化气压/mm	扇形气压/MPa
13~20			280~300	0.07~0.1	0.12~0.18
20~30	60~80	60~80	250~280	0.07~0.10	0.10~0.15
30~38			220~280	0.06~0.09	0.085~0.15

10.5.3 氟碳喷漆生产线的主要设备及配置

10.5.3.1 概述

氟碳涂料卧式涂装线理想的厂房约为 100m×20m×7.5m（长×宽×高），流水线按长环型布置。考虑到设备的安装和夏季通风，厂房的檐口标高应在 7.5m 以上，顶部要有一定数量的通风窗。车间必须采光良好、通风良好、净化良好、保温良好。在北方，还要增添适当的供暖设施。车间内洁净度对涂装作业至关重要，为防止顶部灰尘，重要区域要求吊顶。墙面可采用涂料处理，地面采用刷水泥地坪漆，也可用水磨石或地砖铺设，车间地面要经常用水清洗，应考虑供水和排水设施。

10.5.3.2 氟碳喷涂车间平面布置

以三涂一烤为例介绍氟碳喷涂车间平面布置。氟碳喷涂车间的工艺流程布置如图 10-46 所示。

生产线的主要工艺流程为：上件→喷底漆（干膜厚度 7~10μm）→流平（室温，环境洁净，10min）→喷面漆（干膜厚度 25~30μm）→流平（室温，环境洁净，10~15min）→喷罩光漆（干膜厚度 10~15μm）→流平（室温，环境洁净，10min）→固化烘干（(240±5)℃，20min）→自然冷却（降至室温）→检验（包括膜厚、色差、表面品质）→下件。

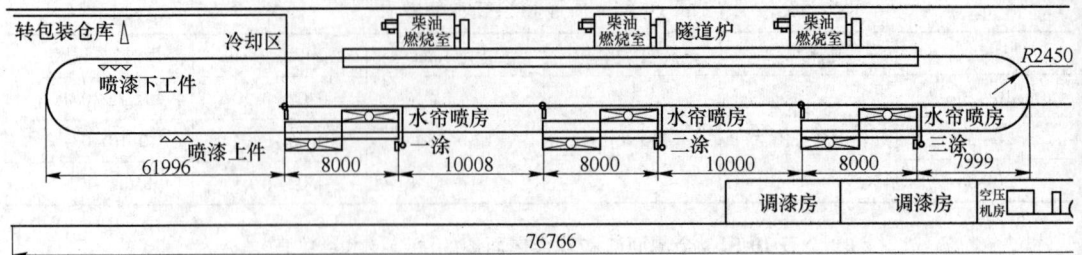

图 10-46　铝型材氟碳喷涂车间平面布置图

10.5.3.3　喷涂设备的主要组成

以卧式氟碳喷涂为例，喷涂的主要设备见表 10-57。

表 10-57　卧式氟碳喷涂设备实例

序号	设备名称	数量	设备组成	备　注
1	固化烘烤炉	1 套	隧道炉体长 32~40m； 燃油（燃气）热风机组 1~3 组； 炉进出口风幕系统（空气幕）	热能耗量：工作时 350000×4.18kJ/h，升温时 450000×4.18kJ/h，电力耗量 22kW
2	水帘水洗柜	6 套	（4000~6000）mm×2000mm×2700mm（长×宽×高）	以铝型材三涂双面喷涂计，耗电量 12kW，耗水量 0.5~1.0t/h，抽风量 23000m³/h
3	悬挂输送线	1 套	方轨悬挂输送链及附件支架	总长 140~180m
4	电动往复升降机	6 套	行程 1800mm max	采用伺服电动机
5	螺杆式空压机	1 台	37kW，容积流量 6m³/min	
6	冷冻式干燥机	1 台	额定处理量 6.5m³/min（标态）	
7	主路过滤器	1 台	7m³/min	
8	微雾分离过滤器	1 台	7m³/min	
9	超精密过滤器	1 台	7m³/min	
10	储气罐	1 个	1m³	
11	自动静电空气喷漆枪系统	按需要	自动静电空气喷漆枪（8 套）； 喷枪控制器及静电控制器； 气动油漆压力调节阀； 输漆管、空气管、连接附件	可用于喷底漆、罩光漆也可用于面漆
12	旋杯式静电喷漆枪系统	按需要	旋杯式静电喷漆枪； 气动油漆压力调节阀； 旋杯喷枪控制器及静电控制器； 转速显示器； 输漆管、空气管、连接附件	可用于喷面漆，也可用于罩光漆
13	手动静电空气喷漆枪系统	按需要	手动静电空气喷漆枪； 静电控制器； 输漆管、空气管、连接附件	用于手工补喷面漆、罩光漆

序号	设备名称	数量	设备组成	备　注
14	手动空气喷漆枪	按需要	手动空气喷漆枪； 输漆管、空气管、连接附件	用于手工补喷底漆
15	油漆供漆系统	3 套	往复泵或齿轮计量泵或双隔膜泵； 油漆过滤器； 油漆调压器及背压阀； 吸料回流装置； 加热器； 压力桶	以铝型材三涂计
16	防尘系统		铝合金玻璃隔断、铝合金天花板防尘网	含喷漆室、流平室
17	正压送风系统	3 套	低噪声风机； 空气过滤装置； 送风管道	喷漆室强制给风
18	电控柜	1 台		
19	副梁		长 6200mm	以型材 6m 定尺计

10.5.3.4　喷室的布置及喷涂装置

A　各喷室的布置

各喷室的布置如图 10-47 和图 10-48 所示。

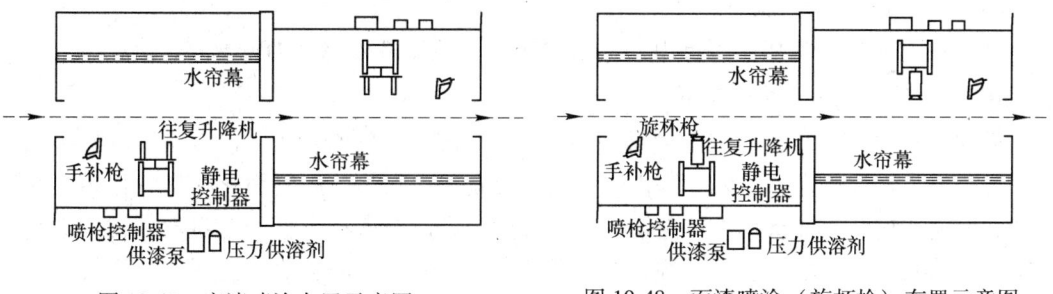

图 10-47　底漆喷涂布置示意图　　　　图 10-48　面漆喷涂（旋杯枪）布置示意图

B　旋杯式静电喷涂装置

旋杯式静电涂装设备包括旋杯式静电喷枪、高压静电发生器、静电喷涂室、供漆装置和工件输送装置等。

旋杯式静电喷枪的结构有多种，国内应用最广泛的是旋杯口径为 $\phi 25 \sim 100mm$，常用 $\phi 50mm$，旋杯旋转速度最高为 45000r/min，常用 20000r/min 左右，输漆量为 $20 \sim 1800mL/min$，常用的输漆量为 750mL/min。

通常根据工件的外形，旋杯式喷枪安装在工件的一侧或两侧。安装在一侧时，工件能自动回转；安装在两侧时，两喷枪之间的距离（沿工件运动方向）应大于 2000mm，以免静电场相互干扰。为了扩大喷涂面积，喷枪可安装在往复升降机构上，一般用气缸或电动马达作为升降机构的动力。

高压静电发生器作为静电喷涂的直流电压电源，主要技术参数为：输入电压 220V，输出直流电压 0~100kV（连续可调），输出电流 300mA，功率 185W，高频整流倍压级数为 8 级。

　　旋杯式静电喷漆室由室体、通风装置和照明装置等部分组成。室体是喷漆室的主体，一般为通过式，采用悬挂输送机运送工件，工件距地面的高度不小于 1000mm。室体分工作间和操作间。工作间放喷枪，操作间设置静电发生器、涂料输送装置等。通风装置在室体顶部，由风机、风管等组成。通风量较手工喷漆室小，可按门洞处空气流速为 0.3m/s 计算。室体内的照明装置必须采用防爆型。

C　空气静电枪喷涂设备配置实例

CG8007 静电喷枪：通常配备为底漆房 4 支、面漆房 8 支、清漆房 4 支。

技术性能：

（1）喷射枪采用 ASS·Y 气压喷嘴，供油系统采用 AC 齿轮定量泵。

（2）高压电系统电阻值 1MΩ 以上、高压电最大输入不超过 DC90K/3.7MA。

（3）雾化气体输入 0~0.7MPa，常规喷涂 0.08~0.11MPa。

（4）扇形气体输入 0~0.7MPa，常规喷涂 0.01~0.18MPa。

AEHL90F 静电涂装装置，底漆：两台套；面漆：两台套；清漆：两台套。

技术性能：

（1）电源：AC220V50/60Hz3 相。

（2）吐出量：正常涂装时 54~300mL/min。

（3）负荷：吸入时油管 3/8″，1.5m 流程。吐出时油管 1/4″，10m 流程。

（4）适应温度：5~40℃。

（5）驱动马达：耐压防爆型电动机 AC220V，3 相，0.4kW，4P，6~60Hz。

10.5.3.5　喷房的结构形式

　　卧式生产线的设计，喷房（喷漆室）采用多极水帘净化喷房。上部设置强制送风系统，经均压、过滤后送风进入喷房内。喷房底部全部为水池，起到净化喷房的作用，水池上铺放钢制格栅，方便操作人员走动。水中按要求定期放入一定量的涂料絮凝剂，漆雾由水帘净化器吸附在水中，经絮凝剂絮凝成漆渣。定期捕捞漆渣焚烧或掩埋。顶部要安装自动灭火装置。喷房的通风性、洁净度、温度、湿度对氟碳喷涂影响极大，应设计和控制好。

　　为了保证涂装品质，喷漆室一般要求温度为 15~22℃，相对湿度约为 65%，洁净度等级为 1000 级到 100000 级，见表 10-58。空气运动方向应保证逸散漆雾与溶剂蒸汽不污染涂膜。

表 10-58　空气洁净度等级表

等　　级	不大于 0.5μm 尘粒数/m³（L）空气	大于 0.5μm 尘粒数/m³（L）空气
100 级	≤35 ×100（3.5）	
1000 级	≤35 ×1000（35）	≤250（0.25）
10000 级	≤35 ×10000（350）	≤2500（2.5）
100000 级	≤35 ×100000（3500）	≤25000（25）

A   干式喷漆室

干式喷漆室由折流板、过滤材料、蜂窝过滤纸及排风装置和漆雾处理装置等组成，经过折流或过滤的空气一般可直接排放，被折流板或过滤材料留下的漆粒，经清理折流板和过滤材料后直接作为固态废料处理。由于处理过程不涉及液态物，故称为干式漆雾处理装置，其喷漆室也称为焚烧喷漆室。

干式喷漆室的室体一般为钢结构件，漆雾处理装置通过减慢流速及增加漆雾离子与折流板或过滤材料的接触机会来收集漆雾。折流板一般由金属板和厚纸板构成，过滤材料常采用纸纤维、玻璃纤维等，最近出现的蜂窝型和多孔帘式纸质漆雾过滤材料为专用漆雾过滤材料。

B   湿式喷漆室

湿式喷漆室一般以水捕集漆雾，具有效率高、安全、干净等优点，广泛用于各种喷漆作业中。但是运行费用较高，含漆雾的水需进行废水处理。

按喷漆室捕集漆雾的原理可分为过滤式、水帘式、文丘里式、水洗式和水旋式等。此外，还有敞开式喷漆室和移动式喷漆室。铝型材和铝板喷漆多采用水帘、水洗式喷漆房。普通水洗式喷漆室壁容易污染，喷嘴容易堵塞，处理漆雾的效果较差，现已逐渐被其他新型湿式喷漆室代替，如水帘-水洗组合式喷漆室等（见图10-49）。组合方式大致分为三种，即多极水帘或多级水洗式喷漆室；水帘、水洗多级组合式喷漆室；水帘、水洗多加曲形风道式喷漆室。

多级组合的基本原理是增加漆雾处理时间，使漆雾逸出工件至风机排出前经多次处理，确保处理充分；增加水粒与漆雾的接触机会，使漆雾充分相互凝聚，或使漆雾在液膜上附着或以粒子为核心产生露滴凝聚，以此提高漆雾处理效率；增加漆粒在重力、惯性力和离心力下抛向处理室或水面的机会，使大粒、重漆粒得到更好的收集和处理。

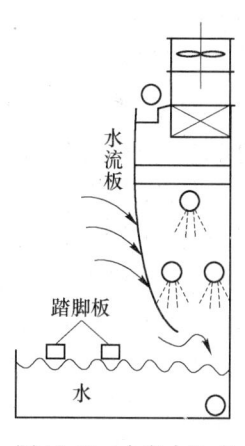

图 10-49   水帘水洗式
喷漆室示意图

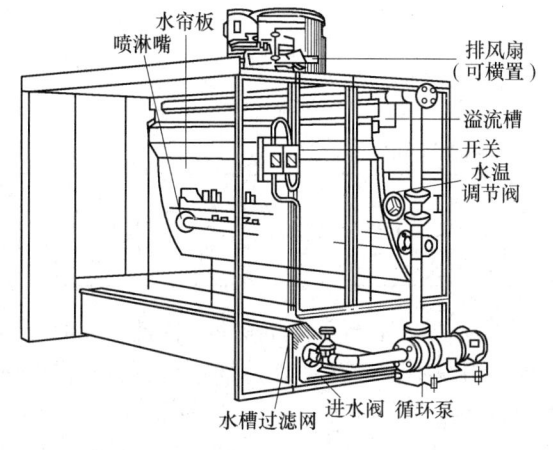

图 10-50   水帘水洗喷漆室

水帘水洗喷漆室，一般由全不锈钢拼板组合而成，正面是水帘装置，下面是水池，上部是低噪声风机和排风管，背部是水洗装置和多块阻隔板。喷涂时，未被铝材吸收的剩余漆雾，由风机产生的负压吸进下部入口，通过卷吸器形成卷形风，水池的水被卷入与漆雾混合，剩余部分经过阻隔板时被黏附，柜背部设有喷淋系统，洗去漆雾，在柜的上部设有物理过滤装置。照明采用防爆灯具如图 10-50 所示。在水帘-水洗式喷漆室中，常在水中加入凝聚剂，使水中的漆粒凝聚后浮起或下沉，作为废渣处理，减少水中的漆雾含量，提高水对空气中漆雾的收集效率，延长循环水的使用寿命。

10.5.3.6　烘漆固化炉的设计

热风循环固化设备由烘干室炉体、加热器、空气幕和温度控制系统等部分组成。

A　炉体的构成

烘干室炉体是由骨架（槽轨）和炉壁（护板）构成的箱式封闭空间结构。一般常见的有框架式和拼装式两种形式。

框架式采用型钢构成烘干室的矩形框架基本形状，具有足够的强度和刚度。室体的主要作用是隔绝烘干室的热空气，使之维持烘干室的热量，使室内温度维持在一定的工艺范围内。室体也是安装烘干室和其他部件的基础。

拼装式采用钢板沿烘干室长度折成槽轨形式，将保温板预先制作好，在安装现场拼插成烘干室。槽轨相当于烘干室的横梁，要求有一定的刚度和强度，槽轨的变形量与烘干室的支柱间距有关。

B　保温材料的选择

护板内保温层的作用是使室体密封和保温，减少烘干室的热量损失，提高热效率。保温层必须采用非燃材料制作。

保温材料是烘干室的重要组成部分，它对降低热能损耗、改善操作环境有着重要作用，应该从以下几方面对保温材料进行选择。

（1）保温材料的绝热性。保温材料的绝热性即隔热能力，通常用热导率 λ 表示。它与隔热损耗量 Q 的关系可由下式表示。

$$Q = \frac{\lambda F(t_{\mathrm{m}} - t_{\mathrm{b}})}{\delta} \tag{10-21}$$

式中　Q——单位小时内通过保温材料壁板损失的热损耗量，J/h；

　　　δ——保温材料的厚度，m；

　　　F——保温材料导热面积，m^2；

　　　t_{b}——车间环境温度，℃；

　　　t_{m}——烘干室工作温度，℃；

　　　λ——保温材料的导热率，J/(m·h·℃)。

岩棉传热系数见表 10-59。

表 10-59　传热系数（岩棉作芯材）表

厚度/mm	100	120	150	200
传热系数/W·(m²·K)⁻¹	0.411	0.327	0.268	0.210
热导率/J·(m·h·℃)⁻¹	1478	1176	963	758

（2）保温材料的耐热性。由于烘干室的保温层长期处于高温环境下，因此，它必须具有一定的耐热性。要求保温材料在受热后本身的组织不被破坏，绝热性不会降低；同时在升温和降温过程中能承受温度的变化。根据使用温度的不同，保温材料可分为高温（800℃以上）、中温（400～800℃）、低温（400℃以下）三种。涂装烘干室一般温度在200℃以下，属于低温加热设备。

（3）保温材料的力学性能。烘干室的保温材料主要是填充使用，要求其具有一定的弹性，收缩率小。

（4）保温材料的密度。密度是保温材料的主要性能指标之一。其计算公式如下：

$$\rho = \frac{G}{V_0} \tag{10-22}$$

式中　ρ——保温材料的密度，kg/m^3；

　　　G——保温材料的质量，kg；

　　　V_0——保温材料在自然状态下的体积，m^3。

保温材料的密度越小，保温材料的保温性能越好，因此应采用密度小的保温材料。这样既节约能源，又可减少烘干室的自重。

C　保温护板尺寸的确定

保温护板的厚度应考虑烘干室的工艺要求，操作环境，热能的使用，以及设备的投资，因此在选择保温护板的厚度时，需根据保温板的温差进行计算。其中保温护板外壁的放热系数可按下式进行计算：

$$\delta = \frac{\lambda(t_m - t_n)}{a_n(t_m - t_b)} \tag{10-23}$$

$$a_n = \sqrt{t_m - t_b} + 4.4\left[\frac{(273 + t_n)^4 - (273 + t_b)^4}{100(t_n - t_b)^4}\right] \tag{10-24}$$

式中　δ——保温材料的厚度，m；

　　　a_n——保温护板的放热系数，$J/(m^2 \cdot h \cdot ℃)$；

　　　t_b——车间环境温度，℃；

　　　t_m——保温护板内壁温度，℃；

　　　t_n——保温护板外壁温度，℃；

　　　λ——保温材料热导率，$J/(m \cdot h \cdot ℃)$。

保温护板的宽度尺寸见表 10-60 和表 10-61。

表 10-60　岩棉（玻璃棉）夹心护板最大跨距　　　　　　　　　（m）

载荷/kg·m⁻²	厚度/mm			
	75	100	120	200
50	3.6	4.2	4.8	5.5
100	3.1	3.7	4.3	5.2
150	2.7	3.3	3.8	4.6
200	2.4	3.0	3.7	4.3

表 10-61　岩棉（玻璃棉）夹心护板支撑最大间距（适用于墙板）　　　（m）

载荷/kg·m⁻²	厚度/mm				
	75	100	120	150	200
0.5	2.87	3.61	4.35	5.22	7.21
1.0	2.31	2.85	3.41	4.10	5.17
1.5	2.00	2.49	3.00	3.62	5.00

D　加热系统

热风循环烘干室的加热系统是加热空气的装置,它能将进入烘干室的空气加热至一定的温度范围,通过加热系统的风机将热空气引入烘干室,并在烘干室的有效加热区内形成热空气环流,连续加热工件,使涂层得到固化干燥。为保证烘干室内溶剂蒸汽浓度处于安全范围内,烘干室需要排除一部分有溶剂蒸汽的热空气,同时需要吸入一部分新鲜空气予以补充。

a　加热系统的分类

一般为燃油型的直接加热系统和热风循环烘干的间接加热系统。在燃油型或燃气型的加热系统中,燃烧后的高温气体直接与烘干室的空气循环。

间接加热系统是为满足热风循环烘干室各区段热风量的不同需要,可设置多个不同风量的相互独立的加热系统,也可仅设置一个加热系统。热风循环烘干室的加热系统,应根据工件室内各区段的不同要求,合理分配热量。

b　加热系统的组成

热风循环烘干室的加热系统一般由空气加热器、风机、调节阀、风管和空气过滤器等部件组成。

E　空气幕装置

对于连续式烘干室,一般工件连续通过,工件进出口门洞始终是敞开的。为了防止热空气从烘干室流出和外部空气流入,减小烘干室的热量损失,提高热效率,必须在烘干室进、出口门洞处设置空气幕装置,即以风机喷射高速气流形成的空气幕。

空气幕出口风速要求适宜,一般为 10~20m/s。对于烘干溶剂型涂层的烘干室应注意空气幕风机以及配套电动机的防爆问题。

F　温度控制系统

温度控制系统通过调节加热器热量输出的大小,使热风循环烘干室内的循环空气温度稳定在一定的工作范围内,应设置超温报警装置,确保烘干室安全运行。

G　炉体尺寸计算的依据

炉体尺寸计算的依据有:采用设备的类型;传热的形式;最大生产率(m^2/h 或 kg/h);挂件最大外形尺寸,长度(沿悬挂输送机移动方向,m)、吊挂间距(m)、高度(m);输送机的技术特性、型号、速度(m/min)、移动部分质量(包括挂具,kg/h);涂料及溶剂稀释剂的种类及进入烘干室的消耗量(kg/h);固化温度(℃);固化时间(min);车间温度(℃);热源种类等。

主要参数:如蒸汽压力,电压,燃油的燃烧值、密度等。

H　炉体尺寸的计算(以连续式单行程烘干室炉为例)

a　连续式单行程烘干室炉体长度计算

$$L = l_1 + l_2 + l_3 \tag{10-25}$$

$$l_1 = vt \tag{10-26}$$

式中　L——连续式烘干室的炉体长度,m;

　　　l_1——烘干区长度,m;

l_2——进口区长度，m；

l_3——出口区长度，m；

v——悬挂输送机速度，m/min；

t——固化时间，min。

当设备为直通式烘干室时，l_2、l_3一般为 2~4m。

b　连续式烘干室炉体宽度的计算

$$B = b + 2R(n - 1) + 2b_1 + 2b_2 + 2b_3 \qquad (10\text{-}27)$$

式中　B——连续式烘干室炉体宽度，m；

b——挂件的最大宽度，m；

n——烘干室的行程数（单行程时 $n=1$）；

R——悬挂输送机水平转弯轨道半径，m；

b_1——挂件与循环风管的间隙，m，应根据挂件的转向情况等因素确定；

b_2——风管宽度，m；

b_3——烘干室保温板厚度，m，一般取 0.15~0.3m。

c　连续式烘干室体截面高度的计算

$$H = h + h_1 + h_2 + h_3 + \delta_1 + \delta_2 \qquad (10\text{-}28)$$

式中　H——连续式烘干室的室体截面高度，m；

h——挂件的最大高度，m；

h_1——挂件顶部至烘干室顶部内壁的距离，m；

h_2——挂件底部至循环风管的距离，m，一般取 0.25~0.4m，当在高度方向上不设风管时，h_2 即为挂件底部至烘干室底部内壁的距离，一般取 0.5~0.6m；

h_3——循环风管截面高度，m，当在高度方向上不设置风管时，$h_3 = 0$；

δ_1——烘干室顶部保温层厚度，m，一般取 0.15~0.3m；

δ_2——烘干室底部保温层厚度，m，一般取 0.2m。

I　门洞尺寸的计算

$$b_0 = b + 2b_3 \qquad (10\text{-}29)$$

式中　b_0——工件通过处门洞的宽度（通常指烘干室门洞宽度），m；

b——工件的最大宽度，m；

b_3——工件与门洞侧边的间隙，一般取 0.1~0.3m。

副梁（吊挂）通过处门洞的宽度按下式计算：

$$b_0' = b' + 2b_3' \qquad (10\text{-}30)$$

式中　b_0'——副梁通过处门洞的宽度，m；

b'——副梁最大宽度，m；

b_3'——副梁与门洞侧边的间隙，m，一般取 0.1~0.15m。

工件通过处门洞的高度按下式计算：

$$h_0 = h + h_4 + h_5 \qquad (10\text{-}31)$$

式中　h_0——门洞的高度，m；

h——挂件的最大高度，m；

h_4——工件（或吊杆）底部至门洞底边的间隙，一般取 0.15~0.25m;

h_5——工件顶部至门洞顶边的间隙，一般取 0.1~0.12m。

设置空气幕的进、出口门洞应考虑空气幕管道的安装位置。

J　铝板和铝型材氟碳喷涂固化炉的选用要求

一般采用直通隧道式热风循环烘道，热源最好使用液化石油气或天然气。热风发生器最好用电脑控制的无级调火热风发生器。为防止热量损失，进、出口段设置隔热风幕，并根据工件尺寸的大小，选择调整门洞开口大小。循环送风系统为下送、上轴结构，以降低烘道的上、下自然温差。炉内空气通过燃烧室的热交换器交换，送到出风管。出风管布置在沿烘道长度方向上的烘道下部，出风口设有过滤网并且风量可调，即每间隔 500~700mm 对称设置调整风门，用来调整整个烘道的温度梯度，确保炉内空气干净、炉温曲线分布均匀。回风管设在烘道的上部或中上部，通过合理的风口布局，利用热空气自然的升力，烘道内形成自上而下的热流。并在热风发生器后端设置防尘、防火不锈钢过滤网。风道外部的循环风管及风机均需有 200mm 以上的保温层。

炉体一般采用拼板式结构，拼板外壁板用 1~5mm 冷轧钢板，拼板内壁用不锈钢板或镀锌钢板，由于烘道的工作温度高（250℃），要求保温层中间填放 200~300mm 厚的硅酸铝纤维毡或岩棉保温材料。为保证烘道的清洁度，烘道内壁板及循环送回管道最好使用不锈钢板。

10.5.3.7　流平室

流平通道应洁净，通风良好，通常为封闭结构。底部开一定数量的通风窗，窗口装有不锈钢过滤网。顶部有排风系统将工作散发的漆雾排出室外。流平室两侧需设置大面积采光玻璃，局部装照明灯，以方便检查人员观察喷涂表面质量。

$$流平通道长度\ L=悬挂输送机速度\ v×流平时间\ t \qquad (10\text{-}32)$$

10.5.3.8　供气系统

压缩空气是仅次于电力的第二动力能源，又是喷漆涂装的工艺气源。未经处理的压缩空气中含有相当数量的杂质，必须经过净化和过滤。

一般设计中，氟碳喷涂生产线用压缩空气的配置（设备连接见供气系统示意图 10-51）为：注油式螺杆空气压缩机 1 台，风冷式冷冻干燥机 1 台，储气罐（1~1.5m³）1 台，主管路过滤器（水分离）WS 1 台，高效管路过滤器（精密过滤）AO 1 台，超高效除油过滤器（精密过滤）AA 1 台。

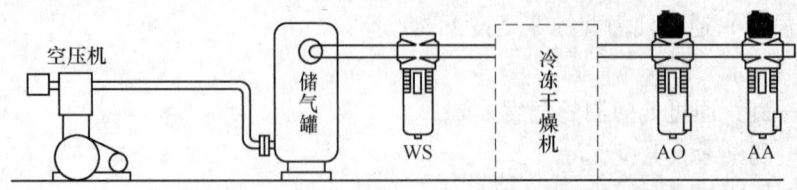

图 10-51　供气系统示意图

10.5.3.9　供漆系统

铝材喷涂供漆系统通常有压力桶式供漆、齿轮定量泵和往复泵供漆三种。

自流式供漆装置依靠重力供漆，即利用高位槽使漆自动流下，适应与小型工件的静电喷涂，常与小型喷涂室配套使用。压力桶式供漆装置直接采用涂料加压桶供漆，压力一般采用 0.1~0.3MPa，并可同时向 2~3 支静电喷涂枪供漆（见图 10-52）。铝型材氟碳喷涂生产线常用的供漆系统如图 10-53 所示。

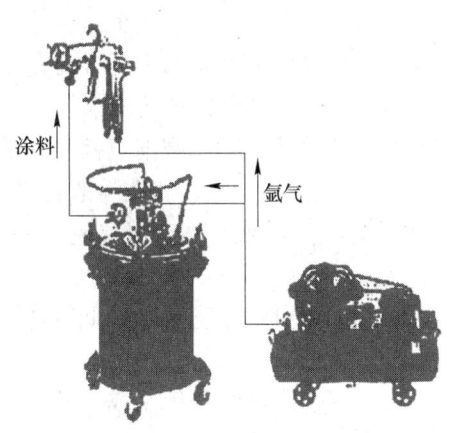

图 10-52 压力桶供漆示意图

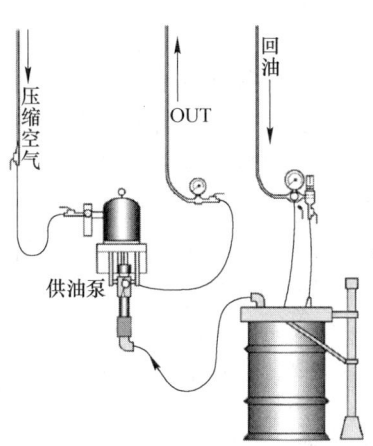

图 10-53 供漆系统示意图

10.6 铝合金型材的其他表面处理

10.6.1 表面机械处理

机械处理是铝型材表面预处理的主要方法之一。很多时候起着无可代替的作用。机械处理一般可分为：抛光（磨光、抛光、精抛或者镜面抛光）、喷砂（丸）、刷光、滚光等方法。使用哪一种方法，主要根据铝制品的类型、生产方法、表面初始状态以及所要求的精饰水平而定。铝件经过表面处理后，可达到如下的目的。

（1）提供良好的表观条件，提供表面精饰质量。铝型材在生产过程中往往会产生比较严重的外观缺陷，借助于机械处理，可以获得平整、光滑的表面，为以后的阳极氧化、化学氧化或其他表面处理提供了良好的表面条件，大大提高了表面精饰的质量。

（2）提高产品品级。虽然，挤压铝型材在生产过程中就已经形成了平滑的表面，这些制品在阳极氧化前一般不再进行机械预处理。但随着社会的进步，用户提出了更高的要求，纷纷钟情于抛光表面或"哑光""缎面"表面。挤压铝型材采用机械磨光或抛光，可以消除挤压纹等缺陷，甚至能获得如镜面般光亮的表面。若采用砂磨带、喷砂（丸）、刷光等方法处理，则形成消光磨砂的表面；经其他表面精饰处理后，极大地提高了产品的终极质量，初级产品可跃升为高级产品。

（3）减少焊接的影响。工业上大量使用铝制品焊接件，由于焊接时高温和焊料的影响，焊接处的显微金相组织往往发生变化，外观色泽不一，机械处理可减少焊接的影响。

（4）产生装饰效果。在铝制工艺品和家庭日常用品中，大多要求美观、精致。通过一些特殊的机械方法，如磨带砂磨、刷光等方法，在铝件上产生线条花纹等装饰效果。

（5）获得干净表面。经机械处理后，铝制品可获得无油污、无锈蚀、颜色光泽均匀一致，充分暴露铝基体的干净表面，可紧接着进行下道工序施工。

10.6.1.1　磨光

A　各种磨光的特性及适用范围

磨光和抛光实际上是同一种操作方法。在我国的工厂实践中，习惯上将布轮黏结磨料后的操作称为磨光，而将抛光膏涂抹于软布轮或黏轮后的操作称做抛光。机械磨光或抛光由于所用设备、操作方法、磨轮和磨料等不同，可以获得不同的表面状态。同样无论是磨光或抛光，经过适当的操作，都能使制品表面产生相同的效果，达到同样的要求。

磨光是借助粘有磨料的特制磨光轮的旋转，使工件与磨轮接触时，磨削工件表面的机械处理方法。目的在于去除工件表面的毛刺、划痕、腐蚀斑点、砂眼、气孔等表面缺陷。这些缺陷除了影响产品的表面质量外，还在以后的化学处理时易残留酸碱或黏附尘粒等，不利于随后的表面精饰。

磨光分粗磨、中磨、精磨几道工序。每下一道工序，采用更细的磨料并降低转速，可使制品表面的光洁度和亮度逐步增加。

磨光轮通常采用皮革、毛毡、棉布等各种纤维织物或高强度的纸张等制成，其中尤以布质磨光轮使用最为普遍。因为，布轮弹性好、适用性强。磨光轮的质地随所用布的层数和缝线密度的增加而逐渐变硬。根据工件外形状况和磨光的要求，可选用不同厚度或形状的磨光轮。

磨光轮用的磨料一般采用人造金刚砂、人造金刚玉、金刚砂和硅藻土等。其中人造金刚玉的韧性较小，粒子的棱面较多而尖锐，适用磨削较硬的表面，如硬铝。一般，铝件采用人造金刚砂和硅藻土为好。各种磨光材料的物理性能及适用范围见表 10-62。

表 10-62　各种磨光材料的物理性能及适用范围

磨料名称	成　分	物　理　性　能					用　途
		硬度	韧性	结构形状	粒度/目	外　观	
人造金刚砂（碳化硅）	SiC	9.2	脆	尖锐	24~320	紫黑闪光晶粒	脆性、低强度材料的磨光
刚玉	Al_2O_3	9.0	较韧	较圆	—	白色晶粒	脆性、高强度材料的磨光
金刚砂（杂刚玉）	Al_2O_3、Fe_2O_3 及杂质	7~8	韧	圆粒	24~240	灰红至黑色晶粒	各种金属的磨光
硅藻土	SiO_2	6~7	韧	较尖锐	240	白至灰红沙粒	磨光、抛光均适用
浮石	—	6	较脆	无定形	120~320	灰黄海绵状块或粉末	磨光、抛光均适用
石英砂	SiO_2	7	韧	较圆	24~320	白至黄沙粒	磨光、滚光、喷砂用
氧化铁红	Fe_2O_3	6~7			200	红色细粉	磨光、抛光均适用
绿铬粉	Cr_2O_3	7~8		尖锐	—	绿色粉末	磨光、抛光均适用
煅烧石灰	CaO	5~6		圆形		白色	磨光、抛光均适用

按国内标准，磨料的粒度由粗到细分为四级：即磨粒（8~80 号）、磨粉（100~280号）、微粉（W40~W5）、超精微粉（W3.5~W0.5）。磨料号数越大，则磨料越细。

磨料应粘在磨轮上才可用于磨光操作。黏合剂一般选用骨胶、皮胶和水玻璃等。黏结前先将胶浸泡在水中溶胀，再加入一定比例的水，水应预加热至 60~70℃下，蒸熬 1~3h，待其全部溶化成稀浆液状。黏合剂的浓度要适宜，趁热立即黏结磨料，以免冷却后失去黏性。粘好的轮子晾干或低温（30~40℃）烘干，放置 24h 后才可使用，磨轮平时应妥善保管在干燥、通风的地方。

B　磨光操作要求及要点

磨光操作的要求及要点有：

（1）根据工件材料的软硬程度、表面状况和质量要求等因素选择磨料的种类和粒度。一般工件越硬越粗糙，则越应选用较硬较粗的磨料。

（2）磨光应分多步操作。不能在一个磨轮上磨下量太大，工件压向磨轮的压力要适度，以免过热烧焦工件，同时使磨轮不致过量磨耗，延长使用寿命。

（3）新磨轮在黏结磨料前，应预先刮削使之平衡，安装在磨光机上试转平稳后，才能卸下黏结磨料。

（4）磨光轮经使用一段时间后，由于磨料脱落或棱角磨钝，磨光能力下降且效率低下时，应当更换新磨料。

（5）由于铝制品合金成分不同，磨光时显示的组织纹理也不一样；另一方面因为铝合金在热处理或冷作加工时硬化，比纯铝或较软的铝合金更难于磨光。如含高硅的合金，比起简单的铝-镁合金光亮度要差些。1100、3003、5005 铝板及较硬型材 6063 特别适用于磨、抛光。5357、5457 板及挤压型材 5357 和 6763 也适于磨、抛光。因此，应根据不同需要选择合金材料。

（6）磨轮的转速应控制在一定的范围内，过高时磨轮损耗快，使用寿命短；过低时生产效率低。在磨光铝制品时，一般控制在 10~14m/s 的范围。圆周速度的计算方法如下：

$$v = \frac{\pi d n}{60 \times 1000} \qquad (10\text{-}33)$$

式中　v——圆周速度，m/s；

　　　d——磨轮直径，mm；

　　　n——磨轮转速，r/min。

铝制品允许磨轮的转速见表 10-63。

表 10-63　铝制品允许磨轮的转速

磨轮直径/mm	200	250	300	350	400
允许转速/r·min⁻¹	1900	1530	1260	1090	960

（7）磨光效果主要取决于磨料、磨轮的刚性以及轮子的旋转速度、工件与磨轮的接触压力等因素。磨光操作没有一定的工艺规范可循，主要取决于工人的实践经验及熟练技巧。

10.6.1.2　抛光

A　概述

抛光一般在磨光的基础上进行，以便进一步清除工件表面上的细微不平，使其具有更高的光泽，直至达到镜面光泽。抛光过程与磨光不同，工件表面不存在明显的金属磨耗。

同磨光一样，抛光也可以分几步操作，分初抛、精抛、镜面抛光，以满足不同的精饰要求。很多时候，工件的初抛就是磨光操作。抛光表面的状态主要受所使用的磨料和抛光方法的影响。表 10-64 列举了专门用于铝的磨、抛光的典型氧化铝磨粒尺寸。

表 10-64　专门用于铝的磨、抛光的典型氧化铝磨粒尺寸

产　品	第一步①	第二步	第三步
铝-压铸件	—	180 目（0.088mm）	240 目（0.061mm）
铝-砂铸件	内表 40~60 目（0.3~0.45mm）	180 目（0.088mm）	—
	外表 90 目（0.17mm）	150 目（0.1mm）	240 目（0.061mm）
铝-机加件（去毛刺）	50~120 目（0.125~0.355mm）	180 目（0.088mm）	—
铝板、铝型材	120 目②（0.125mm）	180 目（0.088mm）	240 目②（0.061mm）
铝保险杆	—	180 目（0.088mm）（局部）	240 目②（0.061mm）
铝结构件	—	180 目（0.088mm）	240 目②（0.061mm）

① 进行多步联合操作时，根据表面粗糙度，第一步可不进行。

② 通常用油脂或润滑剂。许多抛光剂以它们组分中所使用的磨料来命名。另一些则按照它们常用于抛光的金属或其他功能来命名。

B　主要使用的抛光剂

主要使用的抛光剂有：

（1）硅藻土抛光剂。含有隐晶石英砂（SiO_2），其中 75% 为无定形或晶体的二氧化硅。它们一开始具有很强的磨削能力，随后被破碎成细小的粉末，形成更小的磨削作用和很高的镜面抛光作用，往往用于有色金属的抛光，特别是铜、锌、铝和黄铜。

（2）磨光剂。通常含有粗的砂子如石英砂。这种磨料比硅藻土硬和尖锐得多，主要用于磨抛挤压铝型材的挤压纹以及铝铸件的斑点、凹痕。

（3）磨抛剂。一般含有用于抛光有色金属的硅藻土和用于抛光碳钢或不锈钢的熔凝三氧化二铝磨料，磨料做软、硬搭配。

（4）磨光和镜面抛光剂。快速磨光和镜面抛光相结合，虽牺牲了大量的磨削性能，但可获得镜面抛光的高光泽度。根据被抛金属希望达到的磨光和镜面抛光要求来选择合适的磨料进行混配。

（5）镜面抛光剂。使用很细的、较软的磨料，可以获得最大的光泽，并抛掉了工件上的微细裂纹。根据被抛工件的不同类型，选择磨料硬度、抛光剂、抛轮圆周速度、抛光速率、接触压力和抛光时间。粗糙度按客户的要求。很细的三氧化二铝与作为润滑用的黏结剂做成抛光剂，采用很小的抛光压力，通常可以用来抛光铝、Sn-Pb 合金、热熔性塑料以及镁合金等。

（6）刚玉浆。用刚玉与油脂或牛油混合而成，主要用在刷光轮上刷除锈点或作刷光精饰用。

（7）不加油脂的抛光剂。这是一种特殊的抛光剂。磨料与水和胶混合，然后装在气密的容器中，如果暴露在空气中一段时间，会变得干燥并发硬。这种抛光剂黏结于布轮，干燥后即成磨光轮。改变磨料品种，会得到不同的磨光效果。可以抛成高光泽的镜面，也可以将表面抛成漫反射的砂面。一般用于松散的抛光布轮。

如果将该种抛光剂用于缝制布轮或黏轮时，磨削作用会增加。因为抛光剂中不含油脂、油或腊，工件磨前和磨后均不用清洗。但易于变质腐败，所以抛光剂储藏温度应在4～21℃之间为好。

（8）液体抛光剂。含有的磨料悬浮在一种液体黏合剂载体中，所用磨料与棒条状的抛光膏相同。可以通过高位自重流注、喷淋、刷或浸的方法，将液体抛光剂用于抛光轮或工件表面。这种抛光剂特别适用于大型工件在半自动或全自动抛光机上抛光。

C　抛光剂和抛光轮的选择

a　抛光剂的种类和选择

前面已经提到，磨光轮是将磨料利用黏合剂牢固地黏结在磨轮表面，但抛光轮一般不做牢固黏结。国内工厂抛光通常使用抛光膏，具有以下三种类型：

（1）白抛光膏。磨料用煅烧灰，按一定的比例与硬脂酸、石蜡、动植物油脂混合而成。

（2）红抛光膏。磨料用氧化铁红、长石粉，与动植物油脂、石蜡混合而成。

（3）绿抛光膏。磨料用铬绿（Cr_2O_3）与硬脂酸、油酸等调配。

三种抛光膏均做成棒条状。工厂也有用简易的方法自行配制的，如将磨料加入菜籽油中，搅拌成浆状，用毛刷蘸取少许涂抹在抛轮上。

国外在磨抛中广泛使用抛光剂，品种繁多、用法各异。抛光剂一般为下列物质：

（1）硅藻土和二氧化硅。适合抛光铝等有色金属及塑料制品。

（2）熔凝三氧化二铝。适合抛光钢铁、铝等有色金属。

（3）煅烧铝土。适合抛光钢铁和有色金属。

（4）氧化铁红粉。适于高光泽镜面抛光或黄铜制品。

（5）铬绿粉（Cr_2O_3）。适用于铝的高光泽镜面抛光或不锈钢和塑料制品。

这些磨料通常与油脂酸和表面活性剂制成液体状，并能在电镀或阳极氧化前处理时从工件表面消除干净。

大多数抛光剂都由磨料浸在黏结载体中，磨料是主要的磨削介质，而黏合剂作润滑用。它可将磨料黏附在轮子上，并能防止工件过热。黏合剂对金属表面不能造成化学溶解、腐蚀或损伤现象。任何一种抛光剂的抛光作用随磨料粒度的大小而变化，也随黏合剂中使用的油脂类型和数量而改变。现代的抛光剂有些使用水溶性的黏合剂。黏合剂中所用的油脂一般是矿物油、动物油脂，也有用植物油的。

选择何种抛光剂，主要根据被抛金属的类型、初始表面状态、抛光设备的类型和表面的抛光要求而定。被抛工件的尺寸和外形设计也影响抛光剂的选择，特别是工件的尺寸和外形直接决定了生产线上的抛光速度（有的工件会延长抛光时间）。

b　抛光轮的种类、制作和作用

带有磨料和抛光剂的抛光轮横向接触工件表面时产生磨光和抛光的作用。如果抛光轮选得不合适，不但抛好的表面不符合表面精饰的要求，而且会增加成本。所以选择合适的抛光轮非常重要。通常使用的抛光轮主要分为棘面轮、指宽轮、圆盘轮、拼合轮等，这些轮子的结构如图10-54所示。

（1）棘面轮。在自动抛光中，普遍使用棘面轮。轮的横截面通常13mm宽，中间用圆盘夹紧并打孔。空气可以通过这些孔循环而冷却轮子，防止抛光轮表面或与工件接触的部

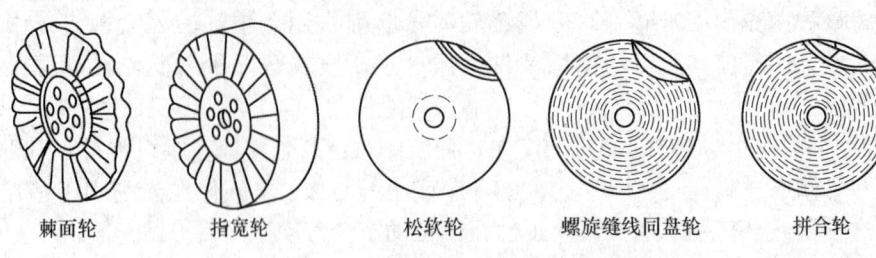

棘面轮　　　指宽轮　　　松软轮　　　螺旋缝线同盘轮　　　拼合轮

图 10-54　几种主要的抛光轮结构

位积聚热量。轮子表面的弹性可以用改变布的层数，增加或减少厚度，改变中心夹盘的直径，改变打褶的褶皱度等方法来调节。

粗抛操作要求抛光轮的布层和褶皱多些。越向轮子中心靠近，褶皱越多；这样，当抛光轮磨损或表面速度降低时，仍能保持良好的抛光能力。

将布轮缝后使用可提高抛光效率，容易留住抛光剂，增加轮子的刚性和抛磨性，还能延长轮子的磨损报废时间。一般缝线 12~13 圈/dm²，精抛轮缝线 10~11 圈/dm²，工件在棘面上抛光，使抛光时缝线不会被磨掉。棘面轮常装在设计有合适抛光轴的自动设备上，空气卷至轴下，再经轮缘排出，使被抛工件和抛轮得到冷却，延长了抛光轮的使用寿命。

棘面抛光轮往往用黏合剂黏上磨料，减少工件的抛光成本。这种抛光轮工作起来比较干净、寿命更长；增加金属的磨抛量；抛光剂使用少；而且磨速快，磨抛后工件表面粗糙度低；同时也能减少抛光压力和抛光时间。

（2）指宽轮。由多个棘面轮重叠装配成一个指宽轮。抛光工件时，工件压向轮子，这些棘面部位受压弯曲，可随工件的外形轮廓而自由挠曲起伏，适于抛光外形复杂的工件。可以采用改变每一片组合棘面轮的缝线线距，增加或减少每一片组合棘面轮的缝线圈数，改变组装的棘面轮片数，改变抛光轮轮毂直径等方法来改变指宽轮的密实性。

（3）圆盘抛光轮。这种轮由一片片剪成圆形的布叠在一起而组成。标准层数为 20 层，平均厚度为 6mm，要求做厚一些或薄一些都可以。如果将布片围绕轴孔简单的缝一圈线装订在一起就制成了松软的抛光轮，用于精抛光或镜面抛光。做其他应用时，如需要不同的松软度和挠曲度，可改变缝线的圈数，以控制抛光轮的硬度、挠曲度、弹性和存留抛光剂的能力。最广泛使用螺旋形缝线方法。缝线线距宽度一般软轮为 10mm，中等硬度轮为 6mm，硬轮为 3mm。

（4）拼合轮。这种轮用新的、不规则形状的零碎布料制成。这些零碎布料夹在外形为圆形的布片之间。然后在整个抛光轮圆截面上一圈圈地缝线。这种轮子主要用于磨削量大的磨光操作。

（5）法兰绒布和剑麻抛光轮。这种轮可用法兰绒布，也可用剑麻制造，因此它们比较柔软。法兰绒布抛光轮主要用于镜面抛光。

剑麻是细长而硬、绞成股状的植物纤维，坚牢而富有弹性。剑麻轮可用于磨削量大的磨光操作，也可以用作细磨料作抛光用，抛去工件表面的橘皮、抛光轮或磨带的粗磨磨痕和轻微的挤压纹。用于剑麻轮的抛光剂要求熔点低些，里边油脂的含量要比一般的高。操作时，剑麻轮圆周率为 38~50m/s，当速度降至 30m/s 以下时，抛光效率大大下降。

　　c　抛光机械及操作工艺

磨光和抛光机械形式多样、品种繁多。有简单的手工抛光或磨光机，也有特制的半自动磨光、抛光生产线。专用磨光和抛光设备及生产速度见表 10-65。抛光设备及其操作工艺条件见表 10-66。

表 10-65　专用磨光和抛光设备及生产速度

产　品	抛光要求	机器类型	抛光轮	生产速度/件·h⁻¹
挤压铝型材	光亮或砂面	往复运动直线式	剑麻或棉布抛光轮	①
汽车轮毂	光亮	单轴半自动抛光机②	布轮	40~60
电动工具零件压铸件③	光亮和镜面	通用直线型	布轮	300~600
	光亮和镜面	半自动抛光机	布轮	60~120
	光亮和镜面	连续旋转定位	布轮	300~600
闪光灯壳	光亮	四轴半自动抛光机	布轮	200~600
话筒	光亮	单轴半自动抛光机	布轮	100~120
炉头	光亮和镜面	旋转定位	剑麻和布轮④	300~600
冲压件	光亮	旋转定位	布轮	300

① 90~300m/h，挤压型材宽 45~100mm，四周抛光。
② 专门机械。
③ 摩托外壳、齿轮箱、手柄。
④ 棘面和圆盘布轮。

表 10-66　抛光设备及其操作工艺条件

工件和材料	前部操作	设　备	抛光剂	抛光轮		生产速度/件·h⁻¹	后续操作
				直径/mm	速度/r·min⁻¹		
汽车零件头灯聚光圈（铝制）	压　形	矩形直线抛光机①	液体硅藻土	405	1000~1400	1150~1200	阳极氧化
飞盘（铝）	旋转抛光	旋转定位	液体硅藻土	430	1750	450	电镀②

① 缝距 6mm 缝制轮和 4 号 13~14 圈/dm² 棘面轮。
② 镍铬装饰镀。

设计专用抛光机的类型取决于工件的形状和尺寸大小、待抛光表面的状况、抛光要求、生产速度等因素。

当然抛光设备的投资也是一个主要因素，希望价廉物美，抛光后大大提高产品的外观质量和均匀性，满足表面精饰的要求。

10.6.1.3　磨光、抛光处理中常出现的问题及对策

由于磨（抛）光轮、磨（抛）光料和抛光剂等选择不当，尤其是采用了太大的抛光压力或磨触时间太长时，工件表面易留下暗色的斑纹，通称为（烧焦）印。若浸入电解抛光液中取出观察，则更加清晰，显示出雾状乳白色的斑纹。这是由于工件与抛光轮磨触时过热而造成的。一旦发生，常采用下列办法解决。

（1）在稀碱溶液中进行轻微碱蚀。

（2）用温和的酸浸蚀，如铬酸-硫酸溶液，或者质量分数为 10% 的硫酸溶液加温后

使用。

（3）质量分数为3%的碳酸钠和2%的磷酸钠溶液，在40~50℃的温度下处理，时间为5min，严重的可延长至10~15min。

经上述清洗并干燥后，应立即用精抛轮或镜面抛光轮重新抛光。

（4）为了避免出现此类缺陷，操作时应注意下列事项：

1）选择合适的磨光轮或抛光轮。

2）选择适宜的抛光机。

3）适度掌握工件与抛光轮的接触时间。

在自动生产线上，要根据机器的类型、生产条件等因素进行计算，简单的可用下列公式计算：

$$磨触时间\ t = \frac{轮面宽度 \times 60}{传送速度} \tag{10-34}$$

10.6.1.4 其他机械处理方法

除了磨光和抛光外，为了使铝制品表面达到不同的精饰要求，或考虑到成本等情况，还常采用喷砂（丸）、刷光、滚光、磨痕装饰等机械处理方法。

A 喷砂（丸）

喷砂是用净化压缩空气将干燥砂流或其他磨粒喷到铝制品表面，从而去除表面缺陷，呈现出均匀一致无光砂面的一种操作方法。磨料一般采用金刚砂、氧化铝、颗粒、玻璃珠或不锈钢砂等。钢铁磨粒不太使用，因为容易嵌入铝基体中生锈腐蚀。喷砂后获得的表面状态取决于磨料的品种和粒度、空气压力、冲击角度、喷嘴与工件的距离、喷砂方法等。喷砂具有以下几个作用：

（1）去除工件表面的毛刺、铸件熔渣以及其他的缺陷和垢物。

（2）喷砂还有改善铝合金力学性能的重要作用。如在航空工业上，喷砂可强化金属表面，减少应力和疲劳。同时零件受冲击作用，可填塞表面可能存在的微小裂纹。

（3）工件经喷砂后呈现出均匀一致的消光表面，一般称为砂面。用石英砂喷吹得到浅灰色，而用碳化硅喷吹则得到深灰色。如果在喷砂前将铝表面的某些部位保护起来，使喷到的部位消光，而未保护的部位光亮，则会使铝制品表面呈现艺术图案，起到一定的装饰效果。

喷砂可用手工操作，也可以在半自动或自动喷砂机上进行。由于工件的外形和尺寸大不一样，因此，喷砂机也有很多种类型。一般在喷砂柜中操作。挤压铝型材喷砂往往设计成直线式的，固定喷嘴，型材沿轨道按一定传送速度前行。或者固定型材面，喷嘴与工件间保持一定的距离和角度往复运行。为了减少粉尘对环境的影响，可将细磨料悬浮在水中，与水一起强力喷击制品表面。喷砂后的工件必须立即进行下道工序操作，以免沾染油污和指印等污垢。

喷丸与喷砂相似，主要有两点不同。一是喷丸的磨粒往往比较大，常常使用钢丸。钢丸先经处理，去除表面的氧化皮。（大颗粒钢丸铝合金常用不锈钢丸）可产生敲击或锤击状消光外观，而小颗粒钢丸形成砾石状表面，呈现出浅灰色。另一个不同之处是采用的操作方法不同，喷丸可以采用喷砂一样的方法和机械来进行，但另外还可运用机械快速旋转的离心力，将钢丸抛向工件表面，这种方法也称为喷丸。铝合金型材的（喷砂）常采用离心力。

B　刷光

刷光操作类似于磨光或抛光，不过要采用特制的刷光轮。刷光主要有两个作用，一是借助刷光轮的旋转，与工件接触时刷除工件表面的污垢、毛刺、腐蚀产物或其他不需要的表面沉积物。对于铝制品，使用刷光的主要目的在于起到装饰的作用。刷光轮一般采用不锈钢丝组成。其他的金属丝易嵌入或黏着在铝基体上，在不利的条件下成为腐蚀中心。为了避免这种情况发生，也有使用尼龙丝的。

刷光轮圆周速度一般为 $1200 \sim 1500 m/min$，可用干法刷光，也可用湿法刷光。后者用水或抛光剂做润滑剂。用刷光轮做装饰使用时，可在平面状制品上刷出一条条一定长度和宽度的无光条纹，光亮镜面和砂面相同，起到很好的装饰效果，常用于炉具面板等制作。

C　滚光

滚光是将工件放于盛有磨料和化学溶液的滚筒中，借助滚筒的旋转使工件与磨料、工件与工件相互摩擦以达到清理工件并抛光的过程。这种方法用于小零件，可以大量生产。

为了防止工件相互碰撞产生凹痕、划伤和碰伤，装料时应放一层工件，再铺一层磨料，鼓形滚筒装载量为筒容积的 $1/2 \sim 2/3$，水平圆筒则装满。溶液液面高度应等于或大于装料高度。用滚筒抛光时，圆筒转速应大些，一般为 $75 \sim 100$ 圆周米/min。所谓圆周米，即圆周长与转速的乘积。

D　磨痕装饰机械处理

磨痕装饰机械处理主要采用鼓式磨光机或缸式磨光机等机械在工件表面产生磨痕装饰条纹。磨带一般采用布质或纸质的，表面附有碳化硅、金刚砂等磨料。选择不同的磨料类型和粒度，可以得到不同的磨砂效果。用手工或自动及半自动操作，有多种方法可以达到这一目的。如果采用软轮或软磨带，磨料粒度更细，使用抛光膏或无润滑油脂的液体状抛光剂，使砂面更细更柔和，被称为缎面精饰。

10.6.2　化学抛光与电解抛光

10.6.2.1　概述

所谓化学抛光就是把铝材浸入化学溶液中的抛光处理。铝的电化学抛光是指利用电化学原理，把铝材浸入到适当的电解质溶液中，在外加电流（包括直流电、脉冲电流等）的作用下，产生电解作用，达到光亮化目的的工艺过程。化学抛光和电化学抛光都可以使特殊铝材获得很光亮的表面。

光亮阳极氧化铝材的材质宜选用纯铝锭（Al99.70）乃至高纯度的精铝锭（Al99.99）为基来生产，尤其重要的是要控制铝材的制造工艺。另外，只有采用特殊的化学抛光处理和电化学抛光处理，才能保证在阳极氧化后有着高镜面的表面质量。

特殊铝材的选择应根据用户对光亮度的特殊要求，选择能满足光亮度的特殊铝合金牌号及其纯度级别。为了满足铝材纯度级别的要求，宜选择相应纯度级别为基来生产：高纯度的精铝锭（Al99.99）、精铝锭（Al99.95）、纯铝锭（Al99.85、Al99.80），最低也得使用纯铝锭（Al99.70）。铝材的纯度不同，对白光的反射率是不同的（见表10-67），如果铝材的纯度降低，它对白光的反射率随之降低。

表 10-67　不同纯度的铝材对白光的反射率　　　　　　（%）

铝材纯度	99.99	99.9	99.8	99.7	99.6	99.5
对白光的反射率	98	91	90	89	85	75

为了获得很高的光洁度，使用高纯度的精铝锭（Al99.99）为基，生产高纯度的特殊铝及铝合金材料。如 5605（Al99.98Mg1）、5A66、1A99.99（Al99.99）等。添加合金元素镁可以提高铝材的光洁度，因此，光亮用的特殊铝材中往往含有一定的镁。特殊铝材经过高标准光亮的精饰工艺后，其表面能获得显著的光亮度，能呈现出高镜面反射的特性。然而，这种高纯度的精铝锭（Al99.99），价格昂贵，只能使用在有限的特殊领域。添加0.4%~1.2%镁，来生产 5657 和 5457 铝材，或者添加少量的镁和少量的硅生产 6463 铝合金（用于挤压型材的生产），这样的铝材经过光亮的精饰工艺（如机械抛光、化学抛光）后，其表面能获得较高的光亮度。

高标准光亮的精饰工艺是获得光亮度至关重要的工艺。机械抛光重现性好，可以把不是很深的表面缺陷去掉，起到平整光滑和初具光亮的作用。化学抛光或电化学抛光可以去除机械抛光中形成的轻微的摩擦条痕和可能出现的热变形层和氧化膜层，进一步使表面平整光滑，获得很高的光洁度，能得到镜面光亮度。因此，根据市场对光亮度的具体要求和铝材表面的具体情况，选择适宜的光亮的精饰工艺，可以单独选择化学抛光或电化学抛光，也可以综合选择机械抛光加化学抛光或电化学抛光等。根据经验，相互综合的光亮的精饰工艺，可以起到互补的作用，使之具有更高的光亮度，呈现高的镜面反射的性能。

铝材进行化学抛光或电化学抛光后，其表面虽然可以得到很高的光洁度，但不能长期保持，极易在空气中自然氧化，表面变暗，极易黏附很轻微的污染物，甚至可能留有指纹。因此，必须配合相应的阳极氧化工艺，生成阳极氧化膜来加以保护。光亮的铝材表面因生成阳极氧化膜而导致一些光亮度的损失，其部分光线被氧化膜本身所吸收，但更主要的是被氧化膜内的金属间化合物、游离硅等质点所捕获吸收。未经特殊控制而生产的其他一些铝合金材料，诸如 5005、5052 及 6063 等，其表面经过机械抛光、化学抛光或电化学抛光后，虽然有可能具有相当好的光洁度，但经过阳极氧化生成氧化膜后，其表面光洁度的损失要比特殊控制生产的高纯度铝锭为基铝材的光洁度损失大。特别是为了保护业已获得的表面光洁度，阳极氧化膜厚度往往需要大于 $5\mu m$，这时未经特殊控制生产的铝材光亮度损失就更大。

化学抛光设备简单、操作方便，广泛地用于铝及铝合金材料表面光亮精饰的工艺，可满足大部分用户的要求。常使用的化学抛光工艺是以磷酸-硝酸混合溶液为基，并加入一些添加剂。也有使用硝酸-氢氟酸混合溶液为基的化学抛光工艺，为了使铝表面获得更高的光亮度，则选择高纯度铝合金进行化学抛光。

电化学抛光需要增加电源设备和导电系统。电化学抛光能除去工件表面微小的缺陷和粗糙，提高表面的光滑平整性，能使特殊的高纯度铝工件表面具有较高光亮度的镜面反射的性能。

光亮度是指物体表面对光的反射能力。表面反射率越高，它的光亮度越高。反射率是反射光与入射光之比。光线反射的反射的基本形式有全反射、镜面反射、散射反射，如图10-55 所示。

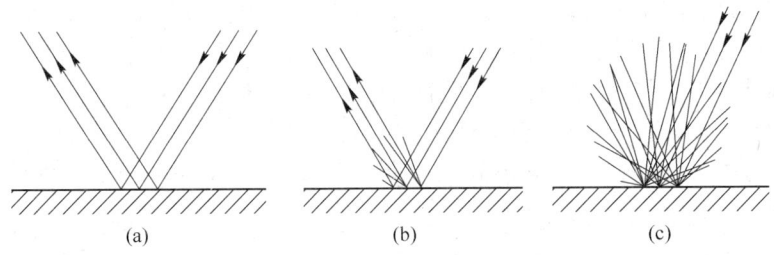

图 10-55 光亮度的三种反射形式示意图

(a) 完全镜面反射；(b) 高镜面反射；(c) 完全散射反射

完全镜面反射是理想的表面情况，光亮度极高。其全反射率等于全镜面反射率，散射反射率为 0，这样完成全镜面反射的表面通常是不能遇到的。高镜面反射存在两种不同类型的反射：高性能的镜面反射是大量的入射光线有规律地从表面直射反射出去；但要注意到一些光线的散射反射，这些光线向各个方向漫散射反射。一些高水平的完全散射反射的表面，和高水平的完全镜面反射的表面一样，在实际应用中是非常需要的。

化学抛光使铝材表面平整光滑，能除去铝材表面较轻微的模具痕迹和擦划伤条纹，能除去机械抛光中可能生成的摩擦条纹、热变形层、氧化膜层等，能使粗糙的表面趋于光滑。同时，可提高铝材表面的镜面反射性能，提高光洁度。这一作用能满足大部分市场对铝材光亮度表面的要求。

电化学抛光能满足铝合金金相显微组织试样的高度平整和高光洁度的同时要求。对于工业上及科技领域等有特殊表面质量要求的高光亮度和高镜面反射性能的铝材，如光学元件、装饰性铝材零部件及工艺品，电化学抛光可赋予铝材表面高"光亮"的效果并呈现出高镜面的反射性能。特别是经过机械抛光、化学抛光之后，再进行电化学抛光，作用更显著，可除去铝材表面轻微的粗糙痕迹，诸如轻微的机械抛光痕迹或轻微的擦划伤痕迹。这些痕迹可能是由电动机操作条件轻微的变化，或由软轮磨光的尼绒、磨光膏的粒径粗细轻微的变化，或由磨光时工件压紧程度轻微的变化而引起的。这些痕迹要比模具痕迹轻微得多。电化学抛光的生成成本要相应地提高：增加电源设备及导电控制系统；电化学抛光中增加的用电量是不小的，其电流密度要比磷酸阳极氧化的大几倍至十倍；操作时间要比化学抛光长一些，通常需要 2min 以上。总之，特殊加工的铝材采用电化学抛光可得到高的光亮度和高的镜面反射的表面。

10.6.2.2 化学抛光与电化学抛光的作用机理

A 化学抛光

铝材化学抛光机理可归纳为：铝的酸性浸蚀过程—钝化过程—黏滞性扩散层的扩散过程。

现以磷酸-硫酸-硝酸为基的化学抛光溶液进行机理描述：铝浸渍到热的浓酸（如磷酸或硫酸）中时，发生强烈的酸性浸蚀反应，并溶解除去铝材表面的一层铝。因此，要进行化学抛光，必须遏制其酸性浸蚀反应，该作用由硝酸来完成。由于硝酸的存在，铝材表面发生氧化反应，形成一层只有几十个原子层厚度的氧化铝的钝化膜覆盖在铝材表面上，产生钝化作用，铝表面暂时受到保护。而氧化膜不断地受到磷酸的溶解，然后由硝酸的钝化作用，再形成一层新的氧化铝的钝化膜。因此，硝酸的钝化作用遏制了铝表面的酸性浸蚀，特别是遏制了铝材表面凹陷处的酸性浸蚀，这对化学抛光起到了至关重要的作用。从图 10-56 可以看出，在化学抛光溶液中，随着硝酸含量的升高，金属铝的溶解速度随之降低，硝酸的钝化作用明显加强。硝酸含量在 6%~8% 时，铝的溶解速度最低，钝化作用最强。在硝酸溶液中铝的钝化作用与化学抛光溶液中的钝化作用是一致的。硝酸含量超过 6%~8% 以后，铝的溶解速度急剧上升，酸

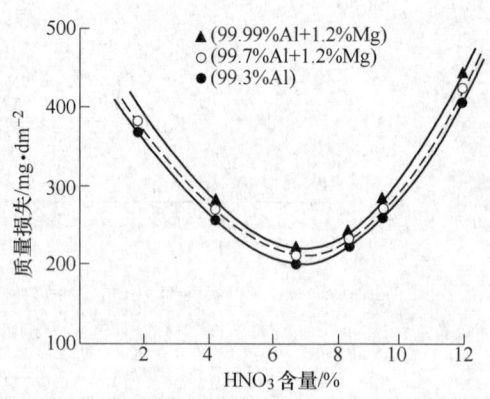

图 10-56　硝酸含量与三种铝材的质量损失关系

性浸蚀反应强烈。硝酸含量在 6%~8% 之间，铝的表面受钝化过程控制。随着硝酸含量的增加，铝的表面由钝化过程转化为酸性浸蚀过程的控制，铝表面出现过度酸性浸蚀的现象，使表面粗糙。

应该注意，添加硝酸有一个限定的量，在其范围内能对抛光效果产生促进作用。通常大多数生产线的存在中，该类化学抛光溶液最佳的硝酸含量控制在 2%~4% 之间。而硝酸含量在 6%~8% 之间，铝的溶解速度最低，是以钝化作用为主要的控制过程。虽仍在光亮区，显然不具有最佳的抛光效率，但也有的生产线仅为了控制住铝工件的精度而采用这一条件的。若硝酸含量大于 8%，酸性浸蚀溶解加剧，反应剧烈，化学抛光难于控制。而硝酸含量低于 2%，不在化学抛光的光亮区，酸性浸蚀为控制过程，且酸性浸蚀溶解激烈，完全不适宜进行化学抛光。总之，铝材的化学抛光过程，酸性的作用使铝材表面产生氧化膜，氧化膜的钝化作用遏制了铝材表面的酸性择优浸蚀，结果使铝材表面处于生成钝化膜和酸性溶解的平衡之中，于是产生微观的平整、光滑的表面，可以使铝材表面得到高光亮的反射性能。

磷酸在铝的化学抛光过程中主要起互补的作用。铝材在磷酸中进行化学反应，形成一层含有铝盐的黏滞性的扩散层覆盖在铝材表面上，铝离子从扩散层出来由扩散过程控制，其浓差扩散过程为主要的控制过程。图 10-57 所示，黏滞性的扩散层在铝表面凹陷处的厚度比突出处厚得多，凹陷处的铝受到黏滞性扩散层的保护，其溶解速度缓慢得多。总之，在粗糙表面突出处的铝能很迅速的溶解除去，产生宏观的平整光滑的作用。

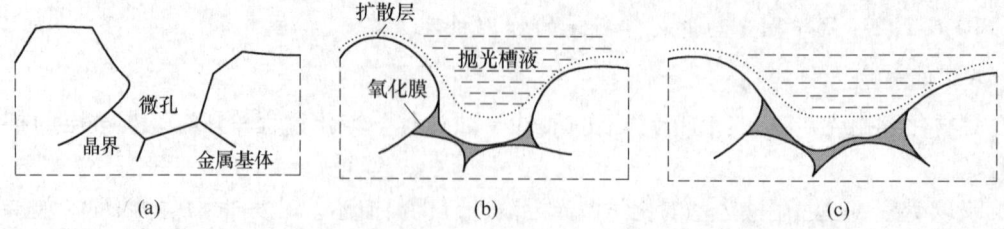

图 10-57　化学抛光机理模型（磷酸为基的化学抛光溶液中氧化膜和扩散层的作用）
(a) 抛光前铝材的表面状态；(b) 抛光进行时铝材的表面状态；(c) 抛光完成时铝材的表面状态

现在，通常使用的化学抛光溶液主要是磷酸-硝酸为基组成的。也常辅助添加其他一

些酸，常用的是硫酸，其作用与磷酸类似；另外，在相关文献中还论及一些其他的酸，如乙酸、硼酸、酒石酸等。工业上使用的大多数化学抛光溶液还添加少量的重金属盐，通常为铜盐。研究表明，过高的铜含量会使表面粗糙；而太低的铜含量，要满足同样的光亮度，则需要增加抛光时间。生成实践表明，在相等摩尔浓度的抛光溶液中，化学抛光的光亮度直接与添加到抛光溶液中的金属盐的电极电位相关。添加银盐最佳，铜盐次之；同时发现，等量添加阳极元素，如镁盐，它与铜盐共同作用，产生更佳的抛光效果。在这类化学抛光溶液中，最好添加一些烟雾抑制剂、缓蚀剂等。烟雾抑制剂的作用是抑制化学抛光过程中硝酸所产生的氮的氧化物气体或酸雾；缓蚀剂的作用是抑制铝材在转移过程中的酸性浸蚀。

B 电化学抛光

电化学抛光中有两个重要组成部分，一是电化学抛光的光亮的过程，主要是微观光亮的过程；二是电化学抛光的光滑平整过程，主要是产生宏观、均匀、致密、光滑平整的过程。这些是与化学抛光相类似的。不同之处是化学抛光中所需的电流是内部产生的，主要是由铜沉积在铝表面的过程中形成局部微电池所产生的；而电化学抛光中电流是由外部供给的。电化学抛光机理和化学抛光机理两者之间的相似之处为：两者的反应过程均是电化学反应过程控制的；反应产物铝离子通过扩散层，均是由扩散过程控制的；就是在非最佳条件下产生气体，主要是氢气，逸出过程也是相类似的。

使用阳极极化技术研究各电化学抛光的工艺，即硫酸-铬酸氟硼酸、磷酸-硫酸、铬酸和碳酸钠、磷酸三钠等电化学抛光工艺。也提出电化学抛光的微观光亮过程和电化学抛光的宏观平整光滑的过程，这两者之间精细的差别。可以从活化能上看出，如果活化能随着温度的增加而降低，在越过转变值时，则发生电化学抛光的微观光亮的过程，否则是电化学抛光的宏观平整光滑过程。

10.6.2.3 铝型材化学抛光与电化学抛光处理中常见缺陷及对策

A 化学抛光缺陷及对策

化学抛光缺陷及对策有：

(1) 光亮度不足。其原因可以从特殊铝材的生产工艺和化学抛光工艺这两方面分析。建议采用铝纯度99.70%及其以上级别的铝锭，来生产特殊铝材；铝材加工工艺中质量控制为化学抛光得到高光亮度表面奠定基础，例如，铝-镁合金5605（Al99.98Mg1）是用纯度为99.99%精铝锭生产而成的。化学抛光后，具有很高的光亮度。槽液控制中硝酸含量不足，会使表面光亮度不足，其表面可能过多的附着一层铜；硝酸含量太高，铝材表面形成彩虹膜，会使表面模糊或不透明，还引起光亮度不足；化学抛光时间不足，温度不够，搅拌不充分，槽液老化等也会使化学抛光表面光亮度不足。槽液的相对密度较大，铝材浮出抛光槽液的液面，致使上部铝材光亮度不足。水的影响造成光亮度不足，往往容易被忽视。最好用干燥的铝材进入化学抛光槽液，杜绝水分的带入。

(2) 白色附着物。该缺陷的形貌为化学抛光后的铝材表面上附着有一层白色的沉积物，且分布不均匀，附着物底部的铝材表面有可能被腐蚀。通常，该缺陷是因为化学抛光槽液中的溶铝量太高所致，如果化学抛光槽液的相对密度在1.80以上，可以得到进一步证实。则需采取措施调整槽液中的溶铝量，达到正常的范围内。

（3）表面粗糙。化学抛光后的铝材表面出现粗糙现象。该缺陷可能是在槽液中硝酸含量过高，酸性浸蚀造成的；若槽液中铜含量也高，则表面粗糙现象会更严重。通常，若槽液中硝酸含量过高，化学抛光反应剧烈，有"沸腾"的现象产生。若硝酸含量正常，铜含量偏高，则水洗后的铝材表面上附着有一层很明显的金属铜的特征颜色。如果铜的特征颜色很深，则表面槽液中的铜含量偏高，应采取措施调整硝酸与铜的含量达到正常的范围内。如果添加剂含铜量高，则应适当少加；如果槽液中的铜来自于含铜铝材的化学抛光，则采取措施添加不含铜的添加剂或调整槽液。如果铝材内部组织缺陷引起表面粗糙：铸造状态组织，如铸造或压铸的铝工件；铝材晶粒细化不充分及疏松、夹渣等缺陷；加工过程中变形量不充分、松枝状花纹等缺陷造成表面粗糙，则由提高铝材内部质量来防止。因此，铝材的生产工艺对提高化学抛光的表面质量显得尤为重要。

（4）转移性浸蚀。该缺陷发生在铝材化学抛光完成后转移到水洗的过程中，主要是由铝材转移迟缓造成的。对该缺陷进一步的确认，化学抛光后的铝材表面出现光亮度偏低，并带有一些浅蓝色。也有可能槽液中硫酸含量偏高协同所致。铝材从化学抛光槽液中提升出来，那么热的抛光槽液仍在表面起剧烈的反应，硝酸消耗最快；若转移迟缓，甚至水洗过程中搅拌不充分都会出现该缺陷。因此，铝材化学抛光完成后，应迅速转移到水洗槽中水洗，并充分搅拌水洗干净。

（5）点腐蚀。该类缺陷通常是在铝材表面上由气体累积，形成气穴，产生腐蚀；或因硝酸含量偏低或与铜含量偏低一起造成的。根据具体情况，确因气体累积所致，则应合理装料，增加工件倾斜度，加强搅拌尽快让气体逸出。夹具应选择正确位置夹紧，不能夹在装饰面上，不宜阻碍气体逸出。如果铝材表面化学清洗不充分，也会引起点腐蚀。如果铝材表面已经有浅表腐蚀缺陷或烤干的乳液斑痕，则会加剧该类缺陷的产生。应事先采取措施消除这样的缺陷并加强铝材表面质量的控制。如果确认硝酸含量偏低，则应及时补加到规定的范围内。

B　电化学抛光缺陷及对策

电化学抛光缺陷及对策有：

（1）电灼伤。该缺陷形貌与阳极氧化中的电灼伤形貌相似，通常是由于导电接触面积不足，接触不良，铝工件通电电压上升过快，电流密度瞬间过大，产生电灼伤所致。因为电化学抛光的电流密度要比阳极氧化的电流密度大几倍，甚至十几倍。因此，该类缺陷要比阳极氧化过程中更容易发生，更严重。特别要注意装料用夹具坚固，导电接触面积满足大电流密度通过的要求且接触良好，各处通电均匀，才能使电化学抛光正常进行。通电电压宜采用软启动的方式升压，不宜升压过快。大的铝工件要防止严重电灼伤，形成局部过热甚至产生弧光溶化铝，造成铝工件落入槽中。

（2）暗斑。该缺陷的形貌为电化学抛光后，铝工件表面上产生圆形或椭圆形的暗斑。该缺陷可能是由电流密度较低、电力线局部分布不均匀所致，严重时可能形成黑灰色的圆形或椭圆形斑痕。如果铝工件在槽子下方接近底部区域或工件远离阴极的那个面出现该类缺陷，则可能是在阴极电流主回路覆盖到的范围内，电流密度分布极不均匀所致。这要调整阴极极板的分布或采用屏蔽的方法，使电流密度分布均匀。按电流密度控制装料量，铝工件不宜装得太满，不能接近槽子底部区域。装料尽量避免电力线分布不到的死角区域。

（3）气体条纹。气体条纹缺陷在化学抛光和电化学抛光中均可能出现，它是由气体逸出造成的，气体沿着工件表面上升的过程中，气体连续不断地给表面搅拌加速其溶解所致。特别是水平放置的铝工件表面，气体沿着表面汇集到一处，不断上升产生明显的气体条纹。电化学抛光中电流密度较大，产生气体较多，形成气体条纹缺陷的倾向就多。该缺陷纠正要从装料着手，控制好电流密度，并用搅拌来解决。装料时要使所有工件的每个面都应该倾斜，装饰面最好垂直放置且朝向阴极。尽量设法避免产生气体聚集，铝工件表面上气体逸出通道尽可能短，控制电流密度达到规定范围内的最佳值。若搅拌不充分，阳极导电梁移动太慢，行程不够远，也有可能产生气体条纹比较多。这要调整移动搅拌装置的参数，满足电化学抛光的搅拌要求。

（4）冰晶状附着物。该缺陷的形貌是电化学抛光过程中铝材表面上沉积有冰晶状外观的附着物。该缺陷与磷酸铝沉积有关；槽液中溶铝量太高，则会出现附着物的缺陷。解决对策为降低槽液中的溶铝量，使之达到规定的范围内。如果确实因为磷酸含量太高，则应降低磷酸的含量使之达到正常的范围内。

10.6.3 阳极氧化膜的染色

10.6.3.1 概述

铝阳极氧化膜的化学染色是基于多孔膜层有如纺织纤维一样的吸附染料能力而得以进行的。吸附染料染色的氧化膜的基本条件是：有一定的孔隙率和吸附性；有适当的厚度；无色透明；晶相结构均匀无重大差别，如结晶粗大和偏析等。

铝型材硫酸氧化膜具备以上条件，容易染成各种鲜艳的色彩。一般用硫酸直流氧化法制备的阳极氧化膜的微孔平均直径为 $0.02\mu m$，而染料在水中分离为单分子，直径为 $0.0015\sim0.0030\mu m$，平均为 $0.0025\mu m$，着色时染料被吸附在孔隙表面上，并向孔内扩散、堆积，而且与氧化铝进行离子键-氢键结合，经封孔后染料被固定在孔隙内。草酸阳极氧化膜带黄色，也只能染成偏深色。铬酸阳极氧化膜孔隙少，膜本身呈灰色或深灰色，而且很薄，不易染色。

化学染色法工艺简单，效率高，成本低，投资少，着色色域宽，色泽鲜艳。但大面积制品易出现颜色不均，着色后清洗，封孔不当或受机械损伤时易脱色。此外，着色膜的耐光性较差，常用于室内装饰型材、日用的小型材的着色处理。

10.6.3.2 有机染料染色

A 染料的选择

有机染料品种繁多，依据不同用途和产品档次选用染料。对于铝制品染色的染料类别有酸性染料、酸性络合染料、酸性媒介染料、直接染料、弱酸性染料、分散染料、可溶性还原染料、活性染料、碱性染料、醇溶染料、油溶染料等。

B 有机染料着色工艺及控制

有机染料着色工艺及控制包括以下几个方面：

（1）单色染色。将经阳极氧化、用清水洗净的铝制品，浸入规定温度染液中浸泡，染色的时间依颜色深浅而定、染液量可控制在与制品体积之比为10∶1。

（2）多色染色。若在铝件上染两种和多种不同的颜色，如山水、花鸟、任务、文字等，多采用印花工艺来完成，印版可采用型版（锌版、纸版）和丝网版，可用直接印花法、涂料防染法、泡沫塑料扑染法等。一般做法是将第一种颜色染色后，对需留下颜色的部位用花版印上保护漆膜，剩余的颜色脱去，第二、三及更多的颜色依此类推即可。

（3）在电解着色的铝材上再染色。用金属盐电解着色法产生的着色膜可以用奥铝美铝染料或山拿度铝染料在其表面加染着色膜，从而获得一系列悦目而有特色的青铜和光亮的色调。这种结合工艺也可适用于耐候性的建筑铝型材。

C　影响染色品质的因素

影响染色品质的因素有：

（1）铝制件材质的影响。一般高纯铝、铝镁和铝锰合金经阳极氧化后，染色性能最佳，可染成各种颜色。含硅或铜量较高的铝合金，只能染成深色至黑色的单调的颜色。

（2）氧化膜品质的影响。氧化膜的品质主要是指膜层厚度、孔隙率和透明度等指标。如膜层具有足够的厚度（10μm 以上）和孔隙率以及最大的透明度，就能获得最佳染色品质。

如果氧化膜的孔径过大，易使制件表面粗糙，粗糙的膜层吸附能力差，得到色彩不鲜艳。孔隙率低的氧化膜吸附染料量少，得到的色浅，反之则深。

氧化膜厚与染色浓度和深度关系为：极浅色 3~4μm（室温着色），浅色 4~6μm，中色 8~10μm（红、棕绿、蓝色），深色 10~15μm（大红、深红、藏青、橄榄色），黑色 13~20μm。

同一种染料采用不同膜厚染色的时间也各异，原则是浅色时间短，深色时间长。浅色 0.5~1min，中色 2~5min，深色 5~15min。

（3）染色液浓度。浓度与所染色泽关系是：染浅色，浓度可低些，染深色，浓度可高些。通常，染极浅色调为 0.1~0.3g/L，染淡色调为 1g/L，染深色调为 3~5g/L，染浓厚的色调为 10~15g/L。浓度过高易造成色彩不均或浮色现象，在清洗及封闭处理时，易造成"流色"。为了增强染色牢度，往往用低浓度而延长染色时间，使染料分子充分渗透到氧化膜孔隙的深处，这样也有利于色调和牢度。

（4）染色液温度。染色分冷染（室温）和热染两种。冷染的时间长，但色调的均匀性易于控制。热染的时间虽短，但色调却较难控制。热染温度一般控制在 40~60℃，如温度过高（80~90℃），往往使染料分子还未完全渗透到膜孔深处却已封闭，从而大大降低染色牢度，并易使表面发花。

（5）染色液的 pH 值。大多数染料都要求在一定的 pH 值范围内，对氧化膜才有良好的亲和性和吸附作用。常用染色液的 pH 值控制在 4~5.5 之间（微酸性）。如 pH 值过高或过低，都会产生染料吸附不良，染色不牢，易流色、发花等，失去染料染色的作用。pH 值的偏离还会导致着色不良，色调不正，出现斑点，着色不匀。

（6）染色时间。染色时间太短，色浅并易于褪色；染色时间过长，色泽深暗，易发花。染色时间通常控制在 5~15min。

（7）染色溶液混浊度和杂质的影响。染色溶液的混浊度对铝件阳极氧化后的表面光亮度有很大的影响。只有当染料溶解十分完全，溶液十分纯净、透明时，所染得的铝件外观，不但色泽鲜艳，而且光亮度较好。如果透明度差（即混浊度高），染得的铝件光亮度就下降。

（8）染色槽材料的影响。染色槽材料的选择也很重要，因为有些染料与某些金属会发生化学反应（如铁、铜、铅）最合适的染槽材料应是铝、陶瓷及聚丙烯塑料。

（9）其他因素。为了提高氧化膜中染料分子与氧化铝的结合力，在染色前最好用 $1\% \sim 2\% NH_4OH$ 溶液中和氧化膜孔隙中的残留酸，并仔细清洗干净。染色后的制品经清洗后立即进行封闭处理，不宜久置于空气和清水中，以免氧化膜受到污染而降低膜层吸附能力和染料的渗透效果以至流色发花。

配制染色应使用软水或蒸馏水，以防止带入的碱土金属和重金属离子与染料生成络合物，而使染色液变质、混浊，降低色泽的鲜艳度。

D　槽液的更换

随着越来越多的染料被吸附到氧化膜上，染料浓度会逐渐下降；按照深度测试结果加入必需量染料可补偿这种效能的下降。但是，与此同时，由于带入妨碍染色的杂质以及从阳极化液带来的铝和硫酸盐都会妨碍染料吸附到所要求的深度。尽管添加染料到原始的浓度，留存在溶液中的染料的染色力还是下降了的。倘若这种染色力下降到了明显程度，就需要提高浓度至超过起始浓度来纠正。

如果为增强需要添加的染料量超过原始浓度的50%，或者没法达到标准的染色深度，则染色液必须部分更新或全部更换。

E　染色的辅助设备。

染色的辅助设备主要有染色液的加热装置和染色液的搅拌器等。

F　有机染色膜的封孔

有机染色膜的封闭是一大难题，采用沸水封闭和低温金属盐封闭技术，氧化膜表面性能都不易达到国际标准要求，还容易造成氧化膜中染料流出，造成脱色，影响外观。重铬酸盐封闭会导致染料的破坏和褪色，同时，经重铬酸盐封闭后的零件表面呈黄色，易造成色差。

a　中高温水解盐封闭法

水解盐封闭法，又称钝化处理。目前国内应用广泛，主要应用在染色后膜封闭，此法克服了沸水封孔的许多缺点，封孔品质达到了国家标准。

其封孔机理是易水解的钴盐与镍盐被氧化膜吸附后，在阳极氧化膜微细孔内发生水解，产生氢氧化物沉淀将孔封闭。在封闭处理过程中，发生的反应有：

（1）水合反应，水合反应产物将孔封住，其反应式如下：

$$Al_2O_3 + 3H_2O \longrightarrow 2Al(OH)_3 \longrightarrow Al_2O_3 \cdot H_2O \qquad (10\text{-}35)$$

（2）水解反应，溶液中的金属离子在氧化膜微孔内，发生水解产生氢氧化物沉淀，反应如下：

$$NiSO_4 + 2H_2O \longrightarrow Ni(OH)_2 \downarrow + H_2SO_4 \qquad (10\text{-}36)$$

（3）化学反应，金属与有机染料分子发生化学反应，形成金属络合物。

上述三个反应相互促进生成三种反应产物，共同将微孔封闭，由于少量的氢氧化镍和氢氧化钴几乎是无色透明的，因此它不会影响制品的原有色泽，而且它和有机染料还会形成络合物，从而增加了染料的耐晒性。

几种水解盐封闭配方及操作条件如下：

（1）$NiSO_4 \cdot 7H_2O$ 4~5g/L，$CoSO_4 \cdot 7H_2O$ 0.5~0.85g/L，H_3BO_3 4~5g/L，$NaAc \cdot 3H_2O$ 4~6g/L，pH 值 4~6，温度 80~85℃，时间 15~20min。

（2）$NiSO_4 \cdot 7H_2O$ 3~5g/L，$NaAc \cdot 3H_2O$ 3~5g/L，H_3BO_3 1~3g/L，pH 值 5~6，温度 70~80℃，时间 10~15min。

（3）$NiSO_4 \cdot 3H_2O$ 5.0~5.8g/L，$Co(Ac)_2 \cdot 4H_2O$ 1g/L，H_3BO_3 3~5g/L，pH 值 5~6，温度 70~90℃，时间 15~20min。

此封闭方法还可以采用两步封孔工艺；第一步在水解盐中预封孔 3~4min，以固定染料，控制颜色渗出；第二步用沸水最终封孔 11~12min。

b 固色剂封闭法

固色剂封闭法适用于铝阳极染色氧化膜，是一种较好的固色方法。固色剂 Y 液进行封闭时，离解的染料阴离子遇到带正电荷的阳离子固色剂，便互相结合生成较大的分子而沉淀在膜孔中，从而提高了铝染色氧化膜的坚牢度，反应通式如下：

$$D-SO-3Na^+ + 3Ar^+X^- \longrightarrow D-SO-3Ar^+ \downarrow + 3Na^+X^- \qquad (10-37)$$

固色剂 Y 是一种无色透明的液体，能在热水中溶解。固色配方操作条件：固色剂 Y 为 5~12g/L，温度 50~65℃，时间 20~30min。

10.6.3.3 无机染料染色

A 无机染料着色工艺及配方举例

无机染料染色不如有机染料染色的应用面广，这是由于无机颜料染色的色泽鲜艳度比有机染料染色差得多，而且往往因染料的颗粒度大，不易进入膜孔的深处，故难以染成较深色泽。此外，无机颜料的透明度较差，对氧化膜表面的光亮度有一定影响。但无机颜料的耐晒保色性能好，在建筑铝型材阳极氧化膜的染色上也获得一定程度的应用。无机颜料的染色过程及染色机理是：经阳极氧化后的铝制件，先浸入 1 号无机染色溶液中，在室温条件下浸渍 5~10min，然后取出清洗，再浸入 2 号染色液中，浸渍 5~10min，可得所需颜色。如果发现所染色泽不浓，则可经清洗后，重复在 1 号、2 号染色液中进行处理。染色完毕后，冷水洗净，最后在 60~80℃温度下烘干即可。无机染料着色工艺及配方举例见表 10-68。

表 10-68 无机染料着色工艺及配方例表

颜色	呈色化合物	无机盐名称	用量/g·L^{-1}	温度/℃	时间/min	备 注
红褐	亚铁氰化铜	硫酸铜	10~100	80~90	10~20	$2CuSO_4 + [Fe(CN)_6]K_4 \longrightarrow$
		亚铁氰化钾	10~50	80~90	10~20	$[Fe(CN)_6]Cu_2 + 2K_2SO_4$
褐色	铁氰化铜	硫酸铜	10~100	80~90	10~20	$3CuSO_4 + 2[Fe(CN)_6]K_3 \longrightarrow$
		铁氰化铜	10~50	80~90	10~20	$[Fe(CN)_6]Cu_3 + 3K_2SO_4$
	重铬酸银	硝酸银	50~100	75	5	$2AgNO_3 + K_2Cr_2O_7 \longrightarrow$
		重铬酸钾	10~50	75	10	$Ag_2Cr_2O_7 + 2kNO_3$
深褐色	硫化铅	醋酸铅	100~200	90	5	$PbAc_2 + (NH_4)_2S \longrightarrow$
		硫化铵	50~100	75	10	$PbS + 2NH_4Ac$

颜色	呈色化合物	无机盐名称	用量/g·L⁻¹	温度/℃	时间/min	备　注
黄色	重铬酸铅	醋酸铅	100~200	90	5	$PbAc_2+K_2Cr_2O_7\longrightarrow$
		重铬酸钾	50~100	90	10	$PbCr_2O_7+2KAc$
	铬酸铅	醋酸铅	100~200	90	5	$PbAc_2+K_2Cr_2O_4\longrightarrow$
		铬酸钾	50~100	75	10	$PbCr_2O_4+2KAc$
	硫化镉	醋酸镉	50~100	75	5	$CdAc_2+(NH_4)_2S\longrightarrow$
		硫化铵	50~100	75	10	$CdS+2NH_4Ac$
白色	硫酸铅	醋酸铅	10~50	50	15	$PbAc_2+Na_2SO_4\longrightarrow$
		硫酸钠	10~50	60	30	$PbSO_4+2NaAc$
	硫酸钡	硝酸钡	10~50	60	15	$Ba(NO_3)_2+Na_2SO_4\longrightarrow$
		硫酸钠	10~50	60	30	$BaSO_4+2NaNO_3$
黑色	硫化钴	醋酸钴	50~100	90~100	10~15	$CoAc_2+Na_2S\longrightarrow$
		硫化钠	50~100	90~100	20~30	$CoS+2NaAc$
	氧化钴二氧化锰	醋酸钴	50~100	90~100	10~15	$CoAc_2+2KMnO_4\longrightarrow2KAc+CoO+$
		高锰酸钾	15~25	90~100	20~30	$Mn_2O_3+2O_2\uparrow$
蓝色	普鲁士蓝	亚铁氰化钾	10~50	90~100	5~10	$Fe_2(SO_4)_3+3[Fe(CN)_6]K_4\longrightarrow$
		硫酸铁	10~100	90~100	10~20	$[Fe(CN)_6]Fe_4+6K_2SO_4$
	普鲁士蓝	亚铁氰化钾	10~50	90~100	5~10	$4FeCl_3+3[Fe(CN)_6]K_4\longrightarrow$
		氯化铁	10~100	90~100	10~20	$[Fe(CN)_6]Fe_4+12KCl$
金黄	三氧化二锰	硫代硫酸钠	10~50	90~100	5~10	
		高锰酸钾	10~50	90~100	5~10	
橙黄	铬酸银	铬酸钾	5~10	75	10	$PbAc_2+K_2Cr_2O_4\longrightarrow$
		硝酸银	50~100	75	5	$PbCr_2O_4+2KAc$

由于氧化膜具有多孔结构和强吸附能力，它在第 1 号染液中吸附的无机盐与第 2 号染液中吸附的无机盐起化学反应，生成具有一定色泽的新盐，沉淀于氧化膜的孔隙之中，从而达到染色目的。一些方法的反应式如下：

（1）红棕色。工件先浸入硫酸铜溶液，然后再浸入亚铁氰化钾溶液中：

$$2CuSO_4+K_4Fe(CN)_6\longrightarrow Cu_2Fe(CN)_6+2K_2SO_4 \tag{10-38}$$

（2）棕色。硝酸银和重铬酸钾或铬酸钾反应：

$$2AgNO_3+K_2Cr_2O_7\longrightarrow Ag_2Cr_2O_7+2KNO_3 \tag{10-39}$$

（3）棕褐色。醋酸铅和硫化铵反应：

$$Pb(Ac)_2+(NH_4)_2S\longrightarrow PbS+2NH_4Ac \tag{10-40}$$

或硝酸钴和双氧水在氨水溶液中反应：

$$2Co(NO_3)_2+3H_2O_2+4NH_4OH\longrightarrow 2Co(OH)_3+4NH_4NO_3 \tag{10-41}$$

（4）黄色。醋酸铅与重铬酸钾或铬钾反应：

$$PbAc_2+K_2Cr_2O_7\longrightarrow PbCr_2O_7+2KAc \tag{10-42}$$

或醋酸镉和硫化铵反应：

$$CdAc_2+(NH_4)_2S \longrightarrow CdS+2NH_4Ac \qquad (10\text{-}43)$$

（5）白色。醋酸铅和硫酸钠反应：

$$PbAc_2+Na_2SO_4 \longrightarrow PbSO_4+2NaAc \qquad (10\text{-}44)$$

（6）蓝色。亚铁氰化钾与硫酸铁或氯化铁反应：

$$2Fe_2(SO_4)_3+3K_4Fe(CN)_6 \longrightarrow Fe_4[Fe(CN)_6]_3+6K_2SO_4 \qquad (10\text{-}45)$$

（7）黑色。醋酸钴与硫化钠反应：

$$CoAc_2+Na_2S \longrightarrow CoS+2NaAc \qquad (10\text{-}46)$$

B　工艺操作要点分析

工艺操作要点有：

（1）配制染色溶液必须用软水或蒸馏水。

（2）铝制件在染槽内避免相互碰撞和贴合。

（3）应严格控制染色时间，加强铝制件在染色前、后的清洗处理。

交流电解的硫酸膜含有相当数量的游离硫，在某些稀盐溶液中，能与重金属化合而使膜层着色，见表 10-69。着色之前膜层用氨溶液清洗以除去孔隙中残存的硫酸，这样可使生成的硫化物溶解减少，膜层的色调因此加强。

表 10-69　交流电解硫酸膜在稀盐酸溶液中着色

盐溶液	颜色	盐溶液	颜色	盐溶液	颜色
1%硝酸银	橄榄棕	2%硫酸铜	绿	1%柠檬酸锐镀	棕
2.5%醋酸铅	深棕红	1%酒石酸锑钾	橙	1%硫酸亚锡	棕黄
1%醋酸镉	黄	1%硫酸亚铁镀	橄榄	1%过锰酸钾	浅黄
1%醋酸钴	黑	1%二氧化硒	金链雀黄	2%草酸铁镀	黑

10.6.4　微弧氧化工艺

10.6.4.1　概述

微弧氧化或微等离子体表面陶瓷化技术，是指在普通阳极氧化的基础上，利用弧光放电增强并激活在阳极上发生的反应，从而在以铝、钛、镁金属及其合金为材料的工件表面形成优质的强化陶瓷膜的方法，是通过用专用的微弧氧化电源在工件上施加电压，使工件表面的金属与电解质溶液相互作用，在工件表面形成微弧放电，在高温、电场等因素的作用下，金属表面形成陶瓷膜，达到工件表面强化的目的。

微弧氧化技术广泛应用于航天、航空、兵器、金属加工、机械、汽车、交通、石油化工、纺织、印刷、烟机、电子、轻工、医疗等行业。如铝合金材料和零部件的表面处理上。还可以应用于零部件的表面修复。

微弧氧化法首先是在铝的表面生成一层薄薄的氧化铝。由于氧化铝不均匀，在某些薄弱的环节，会被几百伏的高压击穿，击穿的这一区域内温度骤然增高，将液体气化，形成一个瞬间的高温高压等离子区。

铝在等离子区这个特殊的环境中仍然按部就班地与氧结合。但生成的氧化铝分子不再是东一个，西一个，随意地在空间抢占自己的位置了。每个氧化铝分子都被安排好了自己的位置，各个分子对号入座，形成了有序的空间结构。

在这个小区域内，重新生成的氧化铝，要比原来的氧化铝厚。于是，高压就会在其他更薄的地方击穿，发生相同的反应。最后整个零件被这层氧化膜包裹得严严实实。用显微镜观察氧化膜与铝的交界处，是呈锯齿状的。这说明氧化层已渗透到铝中，就像从铝材上"长"出来的一样。

微弧氧化陶瓷层主要技术指标特点为：

（1）高硬度、高耐磨。显微硬度 HV800~2500。

（2）耐腐蚀。盐雾实验耐 1000h 以上。

（3）耐高温。可耐 2500℃高温（2500℃高温冲击 20s 后，即使基本熔化，陶瓷层仍完好）。

（4）结合力强。与基体结合力达 250~300MPa。

（5）柔韧性强。陶瓷层厚 30μm 的铝片弯曲成 30°角，陶瓷层完好无损；陶瓷层厚 100μm 的铝片弯曲断裂后，陶瓷层不开裂、不脱落。

（6）绝缘性好。

（7）膜层最厚可达 200~300μm。

（8）抛光后表面粗糙度低。R_a 为 1.6~1.8μm 或更低。

2024 合金材料的微弧氧化性能参数见表 10-70。

表 10-70　2024 铝合金微弧氧化后所得膜层的性能参数表

性　　能	微 弧 氧 化 膜 层
显微硬度（HV）	1500~2000
孔隙相对面积/%	0~40
5%盐雾试验/h	$5×10^5$
最大厚度/μm	50~250
柔韧性	好
涂膜均匀性、致密度	内外表面均匀、致密
操作温度	常温
处理效率	10~30min（50μm）
处理工序	去油—微弧氧化—精磨
膜层的微观结构	可以很方便地调整（含 α-Al_2O_3、γ-Al_2O_3、α-AlO(OH) 等组织）
对材料的适应性	较宽：除铝合金及铝基复合材料外，还能应用于 Ti、Mg、Zr、Ta、Nb 等金属

10.6.4.2　铝合金材料微弧氧化的工艺特点与工艺流程

A　微弧氧化的工艺特点

微弧氧化的工艺特点为：

（1）无污染。工件除油污无须酸、碱；槽液符合生态环境标准；微弧氧化中只放出氢气、氧气。工艺过程中无任何污染，属环保型表面处理技术。

（2）工序简单。工件除油污后即可入槽进行微弧氧化，出槽经水洗即可使用，无须其他后处理工序。即仅三道工序：清洗油污、微弧氧化、水洗。

（3）陶瓷层可做成多种颜色，且着色牢固。

（4）处理铝及铝合金材料的覆盖面广。如同样能对阳极氧化难以处理的铝-铜、铝-硅合金进行微弧氧化处理，且色泽美观。

（5）陶瓷化处理的零部件使用寿命长。

（6）微弧氧化技术目前仍存在一些不足之处，如工艺参数和配套设备的研究需进一步完善。

（7）氧化电压较常规铝阳极氧化电压高得多，操作时要做好安全保护措施。

（8）电解液温度上升较快，需配备较大容量的制冷和热交换设备。

（9）生产效果。耗电量 $0.05 \sim 0.1 kW \cdot h/(\mu m \cdot dm^2)$，溶液使用周期 $4 \sim 20 h/m^3$，氧化膜生长速率 $50 \sim 150 \mu m/h$，每 100kW 加工面积约 $2m^2$。

B　微弧氧化的工艺流程

铝及铝合金材料的微弧氧化主要包括：铝基材料的预处理、微弧氧化、后处理三部分。其工艺流程为：铝基工件→化学除油→清洗→微弧氧化→清洗→后处理→产品检查。

C　微弧氧化电解液组成及工艺条件

电解液组成：K_2SiO_3 $5 \sim 10 g/L$，Na_2O_2 $4 \sim 6 g/L$，NaF $0.5 \sim 1 g/L$，CH_3COONa $2 \sim 3 g/L$，Na_3VO_3 $1 \sim 3 g/L$；溶液 pH 值为 $11 \sim 13$；温度为 $20 \sim 50 ℃$；阴极材料为不锈钢板；电解方式为先将电压迅速上升至 300V，并保持 $5 \sim 10 s$，然后将阳极氧化电压上升至 450V，电解 $5 \sim 10 min$。

两步电解法，第一步：将铝基工件在 $200 g/L$ 的 $K_2O \cdot nSiO_2$（钾水玻璃）水溶液中以 $1A/dm^2$ 的阳极电流氧化 5min；第二步：将经第一步微弧氧化后的铝基工件水洗后在 $70 g/L$ 的 $Na_3P_2O_7$ 水溶液中以 $1A/dm^2$ 的阳极电流氧化 15min。阴极材料为：不锈钢板；溶液温度为 $20 \sim 50 ℃$。

典型的微弧氧化溶液成分见表 10-71。

表 10-71　典型的微弧氧化溶液的成分　　　　　　　　　　　（g/L）

序号	氢氧化钠	硅酸钠	铝酸钠	六偏磷酸钠	磷酸三钠	硼酸
1	2.5	—	—	—	—	—
2	1.5~2.5	7~11	—	—	—	—
3	2.5	—	3	3	—	—
4	—	10	—	—	25	7
5	—	—	—	35	10	10.5

10.6.4.3　影响微弧氧化的主要因素

影响微弧氧化的主要因素有：

（1）合金材料及表面状态的影响。微弧氧化技术对铝基工件的合金成分要求不高，对一些普通阳极氧化难以处理的铝合金材料，如含铜、高硅铸铝合金的均可进行微弧氧化处理。对工件表面状态也要求不高，一般不需进行表面抛光处理。对于粗糙度较高的工件，经微弧氧化处理后表面得到修复变得更均匀平整；而对于粗糙度较低的工件，经微弧氧化后，表面粗糙度有所提高。

（2）电解质溶液及其组分的影响。微弧氧化电解液是获到合格膜层的技术关键。不同的电解液成分及氧化工艺参数，所得膜层的性质也不同。微弧氧化电解液多采用含有一定金属或非金属氧化物碱性盐溶液（如硅酸盐、磷酸盐、硼酸盐等），其在溶液中的存在形式最好是胶体状态。溶液的 pH 值范围一般在 9~13 之间。根据膜层性质的需要，可添加一些有机或无机盐类作为辅助添加剂。在相同的微弧电解电压下，电解质浓度越大，成膜速度就越快，溶液温度上升越慢。反之，成膜速度较慢，溶液温度上升较快。

（3）氧化电压及电流密度的影响。微弧氧化电压和电流密度的控制对获取合格膜层同样至关重要。不同的铝基材料和不同的氧化电解液，具有不同的微弧放电击穿电压（击穿电压：工件表面刚刚产生微弧放电的电解电压），微弧氧化电压一般控制在大于击穿电压几十至上百伏的条件进行。氧化电压不同，所形成的陶瓷膜性能、表面状态和膜厚不同，根据对膜层性能的要求和不同的工艺条件，微弧氧化电压可在 200~600V 范围内变化。微弧氧化可采用控制电压法或控制电流法进行，控制电压进行微弧氧化时，电压值一般分段控制，即先在一定的阳极电压下使铝基表面形成一定厚度的绝缘氧化膜层；然后增加电压至一定值进行微弧氧化。当微弧氧化电压刚刚达到控制值时，通过的氧化电流一般都较大，可达 10A/dm² 左右，随着氧化时间的延长，陶瓷氧化膜不断形成与完善，氧化电流逐渐减小，最后小于 1A/dm²。氧化电压的波形对膜层性能有一定影响，可采用直流、锯齿或方波等电压波形。采用控制电流法较控制电压法工艺操作上更为方便，控制电流法的电流密度一般为 2~8A/dm²。控制电流氧化时，氧化电压开始上升较快，达到微弧放电时，电压上升缓慢，随着膜的形成，氧化电压又较快上升，最后维持在一较高的电解电压下。

（4）温度与搅拌的影响。与常规的铝阳极氧化不同，微弧氧化电解液的温度允许范围较宽，可在 10~90℃ 条件下进行。温度越高，工件与溶液界面的水气化越厉害，膜的形成速度越快，但其粗糙度也随之增加。同时温度越高，电解液蒸发也越快，所以微弧氧化电解液的温度一般控制在 20~60℃ 范围。由于微弧氧化的大部分能量以热能的形式释放，其氧化液的温度上升较常规铝阳极氧化快，故微弧氧化过程须配备容量较大的热交换制冷系统以控制槽液温度。虽然微弧氧化过程工件表面有大量气体析出，对电解液有一定的搅拌作用，但为保证氧化温度和体系组分的均一，一般都配备机械装置或压缩空气对电解液进行搅拌。

（5）微弧氧化时间的影响。微弧氧化时间一般控制在 10~60min。氧化时间越长，膜的致密性越好，但其粗糙度也增加。

（6）阴极材料。微弧氧化的阴极材料采用不溶性金属材料。由于微弧氧化电解液多为碱性液，故阴极材料可采用碳钢，不锈钢或镍。其方式可采用悬挂或以上述材料制作的电解槽作为阴极。

（7）膜层的后处理。铝基工件经微弧氧化后可不经后处理直接使用，也可对氧化后的膜层进行封闭、电泳涂漆、机械抛光等后处理，以进一步提高膜的性能。

10.6.4.4　微弧氧化的设备

生产线设备包括专用电源、槽组、温控系统、冷却系统、搅拌系统、行车系统等；电源功率为 50~300kW。

（1）微弧氧化电源设备是一种高压大电流输出的特殊电源设备，输出电压范围一般为 0~600V；输出电流的容量视加工工件的表面积而定，一般要求 6~10A/dm²。电源要设置恒电压和恒电流控制装置，输出波形视工艺条件可为直流、方波、锯齿波等波形。

例如：频率为 15~9000Hz 连续可调，占空比为 5%~48% 连续可调，功率：正向工作电流/电压：400A/700V；反向工作电流/电压：200A/300V。脉冲：正负连续可调。全部数字化仪表，带波形显示。

（2）热交换和制冷设备。由于微弧氧化过程中工件表面具有较高的氧化电压并通过较大的电解电流，使产生的热量大部分集中于膜层界面处，而影响所形成膜层的品质，因此微弧氧化必须使用配套的热交换制冷设备，使电解液及时冷却，保证微弧氧化在设置的温度范围内进行。可将电解液采用循环对流冷却的方式进行，既能控制溶液温度，又达到了搅拌电解液的目的。

11　铝合金挤压材的接合技术

11.1　铝合金材料接合技术概述

铝合金连接技术的功能是根据结构或功能的需要，将小的、简单的或者是大型复杂的零（组）件连接成更大、更复杂的整体铝合金构件或组合件。

铝合金连接技术主要包括：焊接、胶接和机械连接三种。用这三种连接方法实现连接接头的机制及其在结构中承力方式有着明显的差别。焊接是在被连接材料之间产生冶金结合的连接接头；而胶接和机械连接接头则为非冶金连接，通过胶黏剂或紧固件将零（组）件的待连接部位连接在一起。胶接结构受力是通过胶黏剂与被黏金属表面的黏附力来传递，机械连接需要采用紧固件（铆钉或螺钉）。采用铆钉则称铆接；采用螺钉则称螺接，其结构受力的传递是通过紧固件与界面间的结合力来承受。由于连接机制上的不同，以及待连接铝合金材料的特性有别，在连接前对工件的准备，以及连接过程和连接后的处理均有很大的差异。表11-1和表11-2分别列出常用铝合金材料接合方法的分类、特点和技术特性比较。

表 11-1　常用的铝合金材料接合方法的分类及其特点

连接方法分类			特　点
焊接连接	电弧焊	手弧焊	接头质量差，应用较少，一般仅用于补焊修理
		气体保护焊	焊接在保护气氛中进行，能获得优良焊缝，是目前铝合金焊接应用最多的一种焊接方法，又分为不熔化极、熔化极气体保护焊和等离子焊
	电阻焊	点焊和滚焊	在压力下大电流通过电极和搭接工件，电阻加热形成焊点，航空、航天、汽车工业部门应用较多，一般用于板厚小于4mm薄板焊接
	高能束流	电子束焊	高能密度电子束起点轰击焊件，动能转化为热能熔化凝固形成焊接接头，焊接在真空室中进行，能量集中，高的深宽比，可获得优质焊接接头，焊件大小受真空室限制
		激光焊	高能密度激光束轰击焊件，动能转化为热能的熔化焊，可获得较高的深宽比的优质焊接接头，但铝件表面激光反射率高、能量有效利用低
	化学反应	气焊	用可燃气体燃烧的热量进行焊接（如氧-乙炔火焰），能量分散，焊缝中缺陷较多，接头质量差，但操作简单、价廉、易行，用于不重要结构件焊接
	机械能焊（摩擦焊）	搅拌摩擦焊	属固态焊接新技术，利用搅拌头插入对接处摩擦生热，塑态材料定向迁移，流动扩散形成焊缝，接头优良，不可焊以及异种铝合金的零件，有巨大的发展潜力
胶接连接	胶黏剂	室温固化胶接	室温下放置，自行固化，或借助其他条件实现非加热固化，工艺简便
		中温固化胶接	在120～130℃加热下固化，形成胶接接头，胶接变形小，对铝合金基体材料不会产生不利影响
		高温固化胶接	温度超过150℃加热固化的胶接接头（一般不超过175～180℃），固化温度和时间受到一定限制；有可能影响铝合金基体材料的性能

连接方法分类			特 点
机械连接	铆接	普通铆接	采用一般铝铆钉，对铆钉孔的加工没有特殊要求
		密封铆接	用于防渗漏，防腐蚀接头部位的连接，对铆钉和工艺有特殊要求（如涂密封剂等），以保证密封
		特种铆接	采用特种铆钉，在有特种要求的部位连接，以满足结构性能、功能要求
	螺接	螺栓连接	采用螺栓（螺钉）、螺母，用于零件与零件，组件与组件间，以及系统安装
		托板螺母连接	采用螺钉和托板螺母连接，连接前对安装孔有一定精度要求，用于经常拆卸的接头
		高锁螺栓连接	采用高锁螺栓和高锁螺母连接，有较高的自锁性和抗疲劳性能，用于重要部位的连接
		螺柱连接	螺柱一端直接与基体上的螺纹孔连接
		螺套连接	螺钉与嵌入安装孔的螺套相连，应用于易损的基体零件的固定

表 11-2　不同接合方法的技术特点

项目	焊接连接	机械连接	胶接连接
连接对象	因焊接方法而异，有不同的厚度范围，以同种材料为主	不同材料，但板厚受限制	不同厚度、不同材料
连接方式	可用于多种接头形式：对接、搭接、角接、丁字接等	一般用于搭接形式，需要紧固件	界面连接，主要采用搭接形式，无连接件
受载形式	无限制	无限制	宜承剪切力，或小承载拉伸力，剥离强度低，不宜承受集中载荷
应力和变形	易产生焊接残余应力和变形，需要在焊前、焊中和焊后采取措施	孔边应力集中，需调节铆接顺序控制变形	无孔边应力集中，高温固化不当会产生热应力并引起变形
疲劳寿命	受焊接热过程影响，接头性能有所降低	低，采用干涉连接可提高疲劳寿命	高
耐环境寿命	因焊接方法而异，焊接接头耐蚀性受到一定削弱	紧固件和连接缝需要加密封防护	对胶黏剂应有耐久性要求，胶缝需要加密封防护
工艺复杂程度	因焊接方法，承载要求而异，常规焊接操作简单，特种焊接，操作要求较高	一般较低	操作简单，但需严格控制
无损检测	较成熟，但固态连接检测尚待提高完善	常规检测易发现缺陷	尚待提高完善
质量控制	严格	一般	要求严格
制造成本	因焊接方法而异	低	中等

11.2　铝合金焊接技术

11.2.1　铝合金焊接的特点及方法分类

11.2.1.1　铝及铝合金焊接特点

铝及铝合金焊接特点为：

（1）铝与氧的亲和力很强，极易与空气中的氧结合生成难熔致密的 Al_2O_3 氧化膜。氧化膜妨碍焊缝的熔合及形成，并容易在熔敷金属中造成夹渣、气孔等缺陷。因此，铝及铝合金焊前必须严格清理焊件表面的氧化膜，并在焊接过程中采用惰性气体保护，防止熔池受到氧化。

（2）铝的导热系数高，使得焊接过程中大量的热被迅速导入基体金属内部，比热容大，因此，焊接同等厚度的铝及铝合金要比钢消耗更多的热量。焊接时，必须采用能量集中、功率大的热源，有时还需辅以预热等工艺措施。

（3）焊缝处易形成热裂纹。铝的线膨胀系数较大，凝固时体积收缩率达 6.6% 左右，造成焊接接头内的内应力较大、变形大和裂纹倾向大。常通过调整焊丝成分、液态金属的流动性来减缓裂纹的产生。

（4）焊缝内易产生气孔。铝及铝合金表面以及焊丝表面常吸附有水分，水在电弧高温下分解出［H］，溶入液体金属中。在焊接过程中溶池快速冷却凝固，［H］来不及逸出而滞留在焊缝中形成气孔。

（5）高温下，铝的强度和塑性很低，以致不能支撑住熔池液体金属，而使焊缝成型不良，甚至形成塌陷和烧穿缺陷。因此，一般情况下需要采用夹具和垫板。

（6）含有低沸点元素（如镁、锌等）的铝合金在焊接过程中，这些元素极易蒸发、烧损，从而改变焊缝金属的化学成分，降低焊接接头的性能。

（7）由于铝对辐射能的反射能力很强，铝及其合金在从低温至高温，从固态变成液态无明显的颜色变化，不易从色泽变化来判断焊接的加热状况，给焊接操作带来困难。

11.2.1.2　铝及铝合金的焊接方法分类及应用场合

铝及铝合金的焊接方法很多，各种方法有其各自的应用场合。焊接方法的选择需要根据母材合金成分、焊件厚度、接头形式、使用要求及经济性等因素合理选择。不同焊接方法对铝及其合金相对焊接性和力学性能的影响列于表 11-3。各种焊接方法适用的焊件厚度和接头形式分别见表 11-4 和表 11-5。

表 11-3　铝及铝合金焊接性和力学性能

合金类别	牌号	相对焊接性				状态	力学性能			熔化温度范围/℃
		气焊	电弧焊	电阻焊	钎焊		σ_b/MPa	$\sigma_{0.2}$/MPa	δ_5/%	
工业高纯铝	1A99	好	好	好	好	O	45	10	50	648~660
						F	115	110	5	
工业纯铝	1070A	好	好	好	好					646~657
防锈铝	5A02	尚可	好	好	较好	O	195	90	25	609~649
						F	270	255	7	
	5A05	尚可	好	好	尚可	O	310	160	24	568~638
						F	370	280	12	
	3A21	好	好	较好	好	O	110	25	30	643~654
						F	200	185	4	

合金类别	牌号	相对焊接性				状态	力学性能			熔化温度范围/℃
		气焊	电弧焊	电阻焊	钎焊		σ_b/MPa	$\sigma_{0.2}$/MPa	δ_5/%	
硬 铝	2A11	差	尚可	较好	差	T6	425	275	22	513~641
	2A12	差	尚可	较好	差	T6	475	395	10	502~638
						T8	480	450	6	
	2A16	差	尚可	较好	差	T6	415	290	10	543~643
						T8	475	390	10	
锻 铝	6A02	较好	较好	好	较好	T6	310	275	12	582~649
	2A70	差	尚可	好	差	T6				560~641
	2A90	差	尚可	好	差	T6				513~641
超硬铝	7A04	差	尚可	较好	差	T6	570	500	11	477~635
						T7	500	430	13	
特殊铝	4A01	好	好	好	较好	F				

注：O—退火态；F—冷作态；T6—固溶+人工时效；T7—固溶+稳定化；T8—固溶+冷作+人工时效。

表 11-4　铝材常用焊接方法特点及适用范围

焊接方法	焊接特点	适用范围
气焊	氧乙炔焰功率低、热量分散、热影响区及焊件变形大、生产效率低	用于厚度 0.5~10mm 的不重要结构，铸件焊补
手工电弧焊	电弧稳定性较差、飞溅大、接头质量较差	用于铸件焊补及一般焊件修复
钨极氩弧焊	电弧热量集中、电弧稳定、焊缝金属致密、接头强度和塑性高	广泛用于 0.5~25mm 的重要结构焊接
熔化极氩弧焊	电弧功率大、热量集中、热影响区及焊件变形小、生成效率高	用于不小于 3mm 中厚板材焊接
电子束焊	功率密度大、熔深大、焊缝洁净度高、热影响区及焊件变形极小、生产效率高、接头质量好	用于厚度 3~75mm 的板材焊接
电阻焊	靠工件内部电阻产生热量，焊缝在外压下凝固结晶，不需焊接材料，生产效率高	用于焊接厚 4mm 以下薄板
钎焊	靠液态钎料与固态焊件之间相互扩散而形成金属间牢固连接，应力变形小，接头强度低	用于厚不小于 0.15mm 薄板的搭接、套接

表 11-5　焊接方法适用的接头形式

焊接方法	接头形式					
	对接	角接	搭接	套接	T形接	焊补
气焊	√	√				
手工电弧焊	√	√				√
钨极氩弧焊	√	√	√		√	√
熔化极氩弧焊	√	√			√	
电子束焊	√		√		√	
电阻焊			√	√		
钎焊	√		√	√	√	

注：√表示适用。

11.2.2 焊接材料的分类及其选择

11.2.2.1 常用焊条和焊丝

铝及铝合金常用焊条牌号、成分及用途，见表 11-6；国、内外常用焊丝的牌号和成分见表 11-7 和表 11-8。

表 11-6 铝及铝合金焊条的牌号、成分及用途

牌号	国际	焊缝化学成分/%	用 途 及 特 性
A1109	TAl	Al≥99.0, Si≤0.5, Fe≤0.5	焊接铝板、纯铝容器，耐蚀性好，强度较低
A1209	TAlSi	Si 4.5~6.0, Fe≤0.8, Cu≤0.3, Al 余量	焊接铝板、铝硅铸件及除铝镁合金外的一般铝合金，抗裂性好
A1309	TAlMn	Mn 1.0~1.6, Si≤0.5, Fe≤0.5, Al 余量	焊接铝锰合金、纯铝及其他铝合金，强度高，耐蚀
A1409	TAlMg	Mg 3.0~5.5, Mn 0.2~0.6, Si≤0.5, Fe≤0.5, Al 余量	焊接铝镁合金和焊补铝镁合金铸件

注：焊条的药皮类型为盐基型，焊接电源极性采用直流反极性。

表 11-7 国内铝及铝合金焊丝的牌号及成分

类别	型号	化学成分/%							
		Si	Cu	Mn	Mg	Cr	Zn	Al	其 他
纯铝	SAl-1	Si+Fe<1.0	0.05	0.05	—	—	0.10	≥99.0	Ti <0.05
	SAl-2	0.20	0.40	0.03	0.03	—	0.04	≥99.7	Fe<0.25, Ti <0.03
	SAl-3	0.30	—	—	—	—	—	≥99.5	Fe<0.30
铝镁	SAlMg-1	0.25	0.10	0.5~1.0	2.4~3.0	0.05~0.20		余量	Fe<0.40, Ti 0.05~0.2
	SAlMg-2	Si+Fe<0.45	0.05	0.01	3.1~3.9	0.15~0.35	0.20	余量	Ti 0.05~0.15
	SAlMg-3	0.40	0.10	0.5~1.0	4.3~5.2	0.05~0.25	0.25	余量	Fe<0.4, Ti<0.15
	SAlMg-5	0.40	—	0.2~0.6	4.7~5.7	—		余量	Fe<0.4, Ti 0.05~0.2
铝铜	SAlCu	0.20	5.8~6.8	0.2~0.4	0.02		0.10	余量	Fe<0.3, Ti 0.1~0.205, V 0.05~0.15, Zr 0.10~0.25
铝锰	SAlMn	0.60		1.0~1.6				余量	Fe<0.70
铝硅	SAlSi-1	4.5~6.0	0.30	0.05	0.05		0.10	余量	Fe<0.80, Ti<0.20
	SAlSi-2	11.0~13.0	0.30	0.15	0.10		0.20	余量	Fe<0.80

注：除规定外，单个数值表示最大值，其他杂质小于 0.05%，其杂质总和小于 0.15%。

表 11-8 国外常用铝合金焊丝的牌号和成分

合金牌号		化学成分/%							
美国	前苏联	Si	Cu	Mn	Mg	Cr	Zn	Al	其 他[①]
1100		Si+Fe<0.95	0.05~0.2	0.05	—	—	0.10	99.00	
1188[②]		0.06	0.005	0.01	0.01	—	0.03	99.88	Fe<0.06, Ti<0.01, Ga<0.03, V<0.05
1199[③]		0.006	0.006	0.002	0.006	—	0.006	99.99	Fe<0.006, Ti<0.002, Ga<0.005

| 合金牌号 | | 化学成分/% | | | | | | | |
美国	前苏联	Si	Cu	Mn	Mg	Cr	Zn	Al	其他①
1350		0.10	0.05	0.01	—	0.01	0.05	99.50	Fe<0.40, Ti<0.02
2319		0.20	5.8~6.8	0.2~0.4	0.02		0.10	余量	Fe<0.3, Ti 0.1~0.2, V 0.05~0.15, Zr 0.1~0.25
4043	CBAK5	4.5~6.0	0.30	0.05	0.05		0.10	余量	Fe<0.80, Ti<0.20
4047④	CBAK12	11.0~13.0	0.30	0.15	0.10		0.20	余量	Fe<0.80
4145		9.3~10.7	3.3~4.7	0.15	0.15	0.15	0.20	余量	Fe<0.80
4643		3.6~4.6		0.05	0.1~0.3		0.10	余量	Fe<0.80, Ti<0.15
5039		0.10	0.03	0.3~0.5	3.3~4.3	0.10~0.20	2.4~3.2	余量	Fe<0.4, Ti<0.1
5183	CBAMГ4+Cr	0.40	0.10	0.5~1.0	4.3~5.2	0.05~0.25	0.25	余量	Fe<0.4, Ti<0.15
5356		Si+Fe<0.50	0.10	0.05~0.2	4.5~5.5	0.05~0.20	0.10	余量	Ti 0.06~0.20
5554		Si+Fe<0.40	0.10	0.5~1.0	2.4~3.0	0.05~0.20	0.25	余量	Ti 0.05~0.20
5556	CBAMГ5	Si+Fe<0.40	0.10	0.5~1.0	4.7~5.5	0.05~0.20	0.25	余量	Ti 0.05~0.20
5556A		0.25		0.6~1.0	5.0~5.5	0.05~0.20	0.20	余量	Ti 0.05~0.20
5654		Si+Fe<0.45	0.05	0.01	3.1~3.9	0.15~0.35	0.20	余量	Ti 0.05~0.15
357.0		6.5~7.5	0.15	0.03	0.45~0.60	—	0.05	余量	Fe<0.15, Ti<0.20
A356.0		6.5~7.5	0.20	0.25~0.45			0.10	余量	Fe<0.20, Ti<0.20
A357.2		6.5~7.5	0.12	0.05	0.45~0.70		0.05	余量	Fe<0.12, Ti 0.04~0.20, Be 0.04~0.07
C355.0		4.5~5.5	0.20	0.10	0.40~0.60		0.10	余量	Fe<0.20, Ti<0.20
	CBAMГ6	0.40	0.10	0.5~0.8	5.8~6.8	—	0.20	余量	Fe<0.4, Ti 0.1~0.2, Be 0.002~0.005
	B92C8	—		0.67	5.38		4.45	余量	Zr 0.22
	CBAMГ3	0.5~0.8	0.05	0.3~0.6	3.2~3.8		0.20	余量	Fe<0.5
	CBAMГ7	0.4	0.10	0.5~0.8	6.5~7.5		0.20	余量	Fe<0.4, Zr 0.2~0.4, Be 0.002~0.005

① 美国焊丝成分规定铍小于 0.0008%，其他杂质小于 0.05%，其杂质总和小于 0.1%。

② 单个杂质小于 0.01%。

③ 单个杂质小于 0.002%。

④ 硬钎焊料。

11.2.2.2　铝及铝合金焊接材料选择原则

铝及铝合金焊接材料选择主要根据母材的成分、稀释率、焊接裂纹倾向以及对接头强度、塑性、耐蚀性等使用性能的要求来综合选择。

一般来说，母材与焊丝的通常选配原则是：焊接纯铝时，应选用纯度与母材相近的焊丝；焊接铝锰合金时，应选用含锰量与母材相近的焊丝或铝硅焊丝；焊接铝镁合金时，为弥补焊接过程中镁的烧损，应选用含镁量比母材金属高 1%~2% 的焊丝；异种铝及铝合金焊接时，应选用和抗拉强度较高的母材相匹配的焊丝。

气焊通常选用 SAl-2、SAl-3、SAlSi-1 焊丝作为填充金属。相同牌号的铝及铝合金焊接时，按表 11-9 选用焊丝；而不同牌号的铝及铝合金焊接时，按表 11-10 选用焊丝。在缺乏标准型号焊丝时，可以从基体金属上切取狭条代替。对一般用途的焊接，各种母材组合推荐的填充金属，见表 11-11。

表 11-9 相同牌号的铝及铝合金焊接选用的填充金属

焊件 类别	牌号	填充金属
工业 高纯铝	1A93	1A97, 1A93
	1A97	1A97
工业纯铝	1070A	1070A, 1A93
	1060	1060, 1070A, SAl-2
	1050A	1060, 1050A, SAl-2, SAl-3
	1035	1050A, 1035, SAl-2, SAl-3
	1200	1050A, 1035, 1200, SAl-2, SAl-3
	8A06	1050A, 1035, 1200, 8A06, SAl-2, SAl-3
防锈铝	5A02	5A02, 5A03
	5A03	5A03, 5A05, SAlMg-5
	5A05	5A05, 5A06, 5A11, SAlMg-5
	5A06	5A06, 5A14①
	3A21	3A21, SAlMn, SAlSi-1
硬铝	2A11	2A11
	2A12	试用焊丝：(1) Cu 4~5%, Mg 2~3%, Ti 0.15~0.25%, Al 余量； (2) Cu 6~7%, Mg 1.6~1.7%, Ni 2~2.5%, Ti 0.3~0.5%, Mn 0.4~0.6%, Al 余量
	2A16	试用焊丝：Cu 6~7%, Mg 1.6~1.7%, Ni 2~2.5%, Ti 0.3~0.5%, Mn 0.4~0.6%, Al 余量
	2A17	试用焊丝：Cu 6~7%, Mg 1.6~1.7%, Ni 2~2.5%, Ti 0.3~0.5%, Mn 0.4~0.6%, Al 余量
超硬铝	7A04	试用焊丝：(1) Mg 6%, Zn 3%, Cu 1.5%, Mn 0.2%, Ti 0.2%, Cr 0.25%, Al 余量； (2) Mg 3%, Zn 6%, Ti 0.5~1%, Al 余量
锻铝	6A02	4A01, SAlSi-5
铸铝	Z1070A01	Z1070A01
	Z1070A04	Z1070A04

① 5A14 是在 5A06 中添加有合金元素钛（0.13%~0.24%）的焊丝。

表 11-10 不同牌号的铝及铝合金焊接用焊丝

母材	Z1070A01	Z1070A04	5A06	5A05，5A11	5A03	5A02	3A21	8A06	1050A~1200
1060	Z1070A01 SAlSi-1	Z1070A04 SAlSi-1	5A06	5A05	5A05 SAlSi-1	5A03 5A02	3A21 SAlSi-1	1060	1060
1050A~1200	Z1070A01 SAlSi-1	Z1070A04 SAlSi-1	5A06	5A05	5A05 SAlSi-1	5A03 5A02	3A21 SAlSi-1	1060	
8A06	Z1070A01 SAlSi-1	Z1070A04 SAlSi-1	5A06	5A05	Z1070A04 SAlSi-1	5A03 5A02	3A21 SAlSi-1		
3A21	Z1070A01 SAlSi-1	Z1070A04 SAlSi-1	5A06 3A21	5A05	5A05 SAlMg-5	5A03、5A02 SAlMn、AlMg-5			
5A02	Z1070A01 SAlSi-1	Z1070A04 SAlSi-1	5A06	5A05	5A05 SAlMg-5				
5A03			5A06	5A05					
5A05，5A11			5A06		5A05				

表 11-11　对一般用途的焊接各种母材组合所推荐的填充金属

母材	319.0, 333.0, 354.0, 355.0, C355.0	356.0, A356.0, A357.0, 359.0, 413.0, 433.0	514.0, A514.0, B514.0	7005, 7039, 7046, 7146, 710.0, 712.0	6070	6005, 6061, 6063, 6101, 6151, 6201, 6351, 6951	5456	5454	5154, 5254①	5086	5083	5052, 5652①	5005, 5050	3004, Alc.3004	2219	2014, 2024, 2036	1100, 3003, Alc.3003	1060, 1350
1060, 1350	4145	4043⑧⑥	4043⑤⑧	4043⑧	4043⑧	4043⑧	5356③	4043⑧	4043⑤⑧	5356③	5356③	4043⑧	1100③	4043	4145	4145	1100③	1100③
1100, 3003, Alcad 3003	4145③⑧	4043⑧⑥	4043⑤⑧	4043⑧	4043⑧	4043⑧	5356③	4043⑤⑧	4043⑤⑧	5356③	5356③	4043⑤⑧	4043⑤	4043⑤	4145	4145	1100③	
2014, 2024, 2036	4145⑦	4145	—	—	4145	4145	—	—	—	—	—	—	—	—	4145⑦	4145⑦		
2219	4145⑦③⑧	4145①③⑧	4043⑧	4043⑧	4043⑥⑧	4043⑥⑧	4043	4043⑧	4043⑧	4043	4043	4043⑧	4043	4043	2319①⑥⑧			
3004, Alcad 3004	4043⑧	4043⑧	5654②	5356⑤	4043⑤	4043⑧	5356③	5654②	5654②	5356③	5356③	4043⑤⑧	4043⑤	4043⑤				
5005, 5050	4043⑧	4043⑧	5654②	5356⑤	4043⑤	4043⑧	5356⑤	5654②	5654②	5356⑤	5356⑤	4043⑤⑧	4043④⑤					
5052, 5652①	4043⑧	4043②⑧	5654②	5356⑤	5356②③	5356②③	5356⑤	5654②	5654②	5356⑤	5356⑤	5654①②③						
5083	—	5356③⑤⑧	5356⑤	5183⑤	5356⑤	5356⑤	5356③	5356⑤	5356⑤	5356③	5183⑤							
5086	—	5356③⑤⑧	5356⑤	5356⑤	5356⑤	5356⑤	5183⑤	5356②	5356②	5356⑤								
5154, 5254①	4043⑧	4043②⑧	5654②	5356⑤	5356②③	5356②③	5356⑤	5654②	5654①②									
5454	4043⑧	4043②⑧	5654②	5356⑤	5356②③	5356②③	5356③	5554③⑤										
5456	4043⑧	5356③⑤⑧	5356⑤	5356⑤	5356⑤	5356⑤	5356⑤											
6005, 6061, 6063, 6101, 6151, 6201, 6351, 6951	4145③⑧	4043②⑧	5356②③	5356②③	4043②⑧	4043②⑧												
6070	4145⑤⑧	4043⑤⑧	5356②③	5356②③	4043⑤⑧													

续表 11-11

母材	319.0, 333.0, 355.0, 354.0, 355.0, C355.0	356.0, A356.0, A357.0, 359.0, 413.0, 433.0	514.0, A514.0, B514.0	7005, 7039, 7046, 7146, 710.0, 712.0	6070	6005, 6061, 6063, 6101, 6151, 6201, 6351, 6951	5456	5454	5154, 5254①	5086	5083	5052, 5652①	5005, 5050	3004, Alc. 3004	2219	2014, 2024, 2036	1100, 3003, Alc. 3003	1060, 1350
7005, 7039, 7046, 7146, 710.0, 712.0	4043⑧	4043②⑧	5356②	5039⑤														
514.0, A514.0, B514.0	—	4043②⑧	5654②④															
356.0, A356.0, A357.0, 359.0, 413.0, 443.0	4145③⑧	4043④⑧																
319.0, 333.0, 354.0, 335.0, C355.0	4145③④⑧																	

注: 1. 使用条件，如在淡水和盐溶液中浸泡。处于特殊的化学介质的化学介质或持续高温（高于 66℃），可能限制了填充金属的选择。对于持续高温的使用条件不推荐采用 ER5356、ER5183、ER5556 及 ER5654 填充金属。

2. 此表中的推荐内容适用于气体保护弧焊方法。用于气焊，原来使用的只有 ER1100、ER4043、ER4047 和 ER4145 填充金属。

3. 填充金属列入 AWS 规程 A 5.10—92《铝及铝合金裸填充丝及焊丝规程》中。

4. 表中没列出填充金属处，该母材组合不推荐用于焊接。

① 5254 和 5652 合金母材和用于过氧化氢场合，采用 ER5654 填充金属。采用 ER5556 和 ER5654 填充金属用于 66℃ 或更低的温度下工作。

②可以使用 ER5183、ER5356、ER5554、ER5556 和 ER5654 填充金属。在某些情况下，这些填充金属提供：（1）在阳极氧化处理后改善了颜色的匹配；（2）焊缝塑性最高；（3）对于某些用途可以使用 ER4043 填充金属。

③ 有时使用与母材成分相同的填充金属。

④ 可以使用 ER5183、ER5356 或 ER5556 填充金属。

⑤ 对于某些用途可以使用 ER4145 填充金属。

⑥ 焊缝强度较高，ER5554 填充金属适用于高温用途。

⑦ 对于某些用途可以使用 ER2319 填充金属。

⑧ 对于某些用途可以使用 ER4047 填充金属。

11.2.2.3　铝及铝合金焊丝制备工艺流程

以 ϕ1.6mm 的 5356 焊丝为例，其制备工艺流程通常为：合金成分设计→合金熔炼→半连续铸锭→均匀化退火→热加工（挤压成 ϕ8~10mm 的杆坯）→多道次粗拉（中间退火）至 ϕ3.0mm 的线坯→光亮退火→多道次精拉至 ϕ1.6mm 的成品丝→表面处理→真空包装。

近年来，国内实验成功了一种焊丝制备新工艺，其工艺流程为：焊丝合金熔化→精炼→连铸连拉（ϕ6~10mm 的杆坯）→多道次粗拉（含中间退火）至 ϕ3.0mm 的线坯→光亮退火→多道次精拉至 ϕ1.6mm 或 ϕ1.2mm 的成品丝→表面处理→真空包装。这种新工艺流程短，成本较低，适合于制备纯铝和铝镁系焊丝。

11.2.3　焊接工艺及实例分析

11.2.3.1　焊前的准备

焊前的准备工作包括：

（1）焊前表面清理。铝及铝合金焊接时，焊前要求严格清理焊口及焊丝表面的油污和氧化膜，生产中常用的清理方法有机械法和化学法两种，见表 11-12。

表 11-12　铝及铝合金焊件焊前清理工序流程

清理方法	清　理　工　序								
机械法	先用丙酮或汽油擦洗，然后用 ϕ0.15mm 铜丝轮或不锈钢丝轮或刮刀清理表面								
化学法	除油	碱洗清除氧化膜			冲洗	中和光化			冲洗	干燥
		溶　液	温　度	时　间		溶　液	温　度	时　间		
	丙酮或汽油	8~10% NaOH 溶液	40~50℃	10~15min	清水	30% HNO$_3$ 溶液	40~60℃	2~3min	清水	风干或低温干燥

注：清理后的焊件一般应在 24h 内焊完。

（2）衬垫。由铜或不锈钢板制成，用以控制焊缝根部形状和余高量。垫板表面开有圆弧形或方形槽，常用垫板及槽口尺寸如图 11-1 所示。

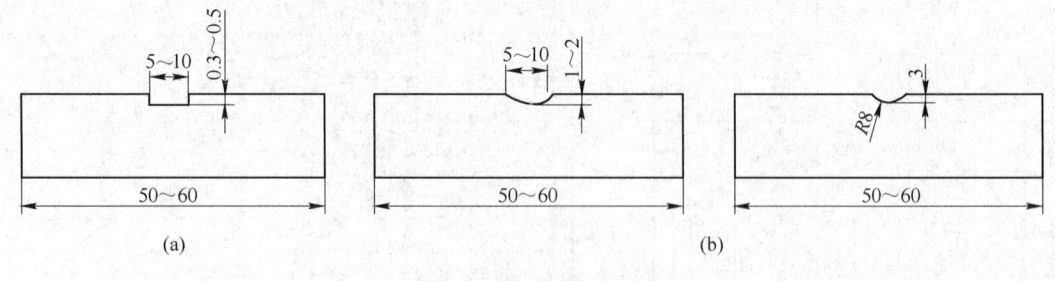

图 11-1　垫板及槽口尺寸

（a）方槽；（b）圆弧形槽

（3）焊前预热。厚度超过 8mm 的焊件，焊前要求预热，预热温度控制在 150~300℃。多层焊时，维持层间温度不低于预热温度。

11.2.3.2　几种焊接工艺的要点

A　气焊

铝及铝合金气焊常用铝或铝硅合金作填充金属，常用气焊熔剂见表 11-13，气焊规范见表 11-14。

表 11-13　铝及铝合金气焊熔剂配方　　　　　　　　　（%）

序号	铝冰晶石	NaF	CaC1060	NaCl	KCl	BeC1060	LiCl	硼砂	其 他	备 注
1	—	7.5~9	—	27~30	49.5~52	—	13.5~15	—	—	气剂 CJ401
2	—	—	4	19	29	48	—	—	—	
3	30	—	—	30	40	—	—	—	—	
4	20	—	—	—	40	40	—	—	—	
5	—	15	—	45	30	—	10	—	—	
6	—	—	—	27	18	—	—	14	KNO₃ 41	
7	—	20	—	20	40	20	—	—	—	
8	—	—	—	25	25	—	—	40	Na₂SO₄ 10	
9	4.8	—	14.8	—	—	33.3	19.5	MgCl₂ 2.8	MgF₂ 24.8	
10	—	LiCl 15	—	—	—	—	70	15	—	
11	—	—	—	9	3	—	—	40	K₂SO₄ 20	KNO₃ 28
12	45	—	—	40	15	—	—	—	—	
13	20	—	—	30	50	—	—	—	—	

表 11-14　铝及铝合金气焊的规范参数

板厚/mm	焊丝直径/mm	焊炬型号	焊嘴号数	焊嘴孔径/mm	乙炔流量/L·h⁻¹
1.0~1.5	1.5~2.0	H01-6	1~2	0.9	50~120
1.5~3.0	2.0~2.5	H01-6	2~3	0.9~1.0	150~300
3.0~5.0	2.5~3.0	H01-6	4~5	1.1~1.3	300~500
5.0~7.0	4.0~5.0	H01-12	2~3	1.4~1.8	500~1200
7.0~10.0	5.0~6.0	H01-12	4~5	1.6~2.0	1200~1800
10.0~20.0	5.0~6.0	H01-12	5	3.0~3.2	2000~2500

注：1. 采用中性焰或轻微还原焰。

　　2. 焊薄小件宜用左焊法。

　　3. 厚度超过 5mm 焊件，需预热，焊接层数不宜过多。

　　4. 尽可能一次焊完一条焊缝。

　　5. 焊后用热水洗净残渣。

　　6. 热处理强化铝合金要进行热处理。

铝及铝合金常用气焊熔剂（简称气剂），通常分为含氯化锂和不含氯化锂两类。含锂气剂的熔点低、黏度低、流动性好，能均匀展布在焊口，清除 Al_2O_3 氧化膜效果好；焊后容易脱渣，适用于薄件和全位置焊接，焊铝的最好气剂是 CJ401。表 11-13 中其他几种气剂均不含氯化锂，这些气剂熔点高、黏度大，流动性差，容易产生焊缝夹渣，适用于原件焊接。对于搭接接头、不熔透角焊缝往往不能完全清理残留在焊缝内的熔渣，建议选用 8 号气剂。含镁较高的铝镁合金用气剂，不宜含有钠的组成物，一般选用 9 号、10 号气剂。

B　手工电弧焊

一般限用于无氩弧焊、气焊的场合，焊接对质量要求不高的构件及焊补铸件。其特点是：焊件变形大、生产效率低，所得焊缝金属晶粒粗大，组织疏松，且容易产生 Al_2O_3 夹渣和裂纹等缺陷。常用焊丝见表 11-7，焊接规范见表 11-15。

表 11-15　铝及铝合金手工电弧焊规范参数

板厚/mm	焊丝直径/mm	焊接电流/A	焊接速度/mm·min^{-1}	坡口形式	预热温度/℃
2.0	3.2	60~80	420	I 形	不预热
3.0	3.2	80~110	370	I 形	不预热
4.0	4.0	110~150	350	I 形	100~200
5.0	4.0	110~150	330	I 形	100~200
6.0	5.0	150~200	300	V 形	200~300
12.0	5.0	150~200	300	V 形	200~300

注：电源采用直流反接。

C　钨极氩弧焊（TIG 焊）

钨极氩弧焊的电弧稳定，所得焊缝金属致密，焊接接头强度和塑性高，且不存在焊后残留熔剂腐蚀的问题。适用于 0.5~20mm 厚的板、管焊接及铸件焊补。

手工和自动钨极氩弧焊，采用的填充焊丝参照表 11-7 和表 11-8 所示，焊接规范按照表 11-16 和表 11-17。直流反极性具有熔深浅、净化作用强的特点，有利于铝合金薄板的焊接，其焊接规范参数见表 11-18。

表 11-16　铝及铝合金手工钨极氩弧焊规范参数

板厚/mm	坡口形式			钨极直径/mm	喷嘴直径/mm	焊丝直径/mm	焊接电流/A	氩气流量/L·min^{-1}	焊接层数（正/反）
	形状	间隙/mm	钝边/mm						
约 1	I	0.5~2	—	1.5	5~7	1.5~2.0	50~80	4~6	1
1.5	I	0.5~2	—	1.5	5~7	2.0	70~100	4~6	1
2	I	0.5~2	—	2	6~7	2.0~3.0	90~120	4~6	1
3	I	0.5~2	—	3	7~12	3.0	120~150	6~10	1
4	I	0.5~2	—	3	7~12	3.0~4.0	120~150	6~10	1/1
5	V	1~3	2	3~4	12~14	4.0	120~150	9~12	1~2/1
6	V	1~3	2	4	12~14	4.0	180~240	9~12	2/1
8	V	2~4	2	4~5	12~14	4.0~5.0	220~300	9~12	2~3/1
10	V	2~4	2	4~5	12~14	4.0~5.0	260~320	12~15	3~4/1~2
12	V	2~4	2	5~6	14~16	4.0~5.0	280~340	12~15	3~4/1~2
16	V	2~4	2	6	16~20	5.0	340~380	16~20	4~5/1~2
20	V	2~4	2	6	16~20	5.0	340~380	16~20	5~6/1~2

注：采用交流电。

表 11-17　铝合金自动钨极氩弧焊规范参数

板厚/mm	坡口形式	钨极直径/mm	焊丝直径/mm	焊接电流/A	焊接速度/m·h⁻¹	送丝速度/m·h⁻¹	氩气流量/L·min⁻¹	焊接层数
2	I	3~4	1.6~2.0	170~180	19	18~22	16~18	1
3	I	4~5	2	200~220	15	10~24	18~20	1
4	I	4~5	2	210~235	11	20~24	18~20	1
6	V (60°)	4~5	2	230~260	8	22~26	18~20	2
8~10	V (60°)	5~6	2	280~300	7~6	25~30	20~22	3~4

注：采用交流电。

表 11-18　铝合金薄板直流反极性钨极氩弧焊规范参数

板厚/mm	钨极直径/mm	焊丝直径/mm	焊接电流/A	氩气流量/L·min⁻¹
0.5	3~4	0.5	40~55	7~9
0.75	5	0.5~1.0	50~65	7~9
1.0	5	1.0	60~80	12~14
1.2	5	1.0~1.5	70~85	12~14

D　熔化极氩弧焊（MIG 焊）

MIG 焊分为半自动 MIG 焊和自动 MIG 焊，适用于不小于 3mm 中厚板材的焊接。其优点是电流密度大、电弧穿透力强、生产效率高。由于焊接电流密度大，焊接速度快，故而热影响区小，焊接变形小。焊前一般不需要预热。板厚较大时，也只需预热起弧部位，是目前焊接铝及铝合金最好的焊接方法。表 11-19 和表 11-20 列出了几种典型铝合金半自动和自动 MIG 的规范参数。

表 11-19　纯铝、铝镁合金半自动熔化极氩弧焊规范参数

板材牌号	板厚/mm	焊丝型号	焊丝直径/mm	基值电流/A	脉冲电流/A	电弧电压/V	脉冲频率/Hz	喷嘴孔径/mm	氩气流量/L·min⁻¹
1035	1.6	1035	1.0	20	110~130	18~19	50	16	18~20
1035	3.0	1035	1.2	20	140~160	19~20	50	16	20
5A03	1.8	5A03	1.0	20~25	120~140	18~19	50	16	20
5A03	4.0	5A05	1.2	20~25	160~180	19~20	50	16	20~22

表 11-20　纯铝、铝镁合金、硬铝的自动熔化极氩弧焊规范参数

板材牌号	板厚/mm	坡口形式	坡口尺寸			焊丝型号	焊丝直径/mm	喷嘴孔径/mm	氩气流量/L·min⁻¹	焊接电流/A	电弧电压/V	焊接速度/m·h⁻¹	备注
			钝边/mm	坡口角/(°)	间隙/mm								
5A05	5	—	—	—	—	SAlMg-5（HS331）	2.0	22	28	240	21~22	42	单面焊双面成型

板材牌号	板厚/mm	坡口形式	坡口尺寸			焊丝型号	焊丝直径/mm	喷嘴孔径/mm	氩气流量/L·min⁻¹	焊接电流/A	电弧电压/V	焊接速度/m·h⁻¹	备注
			钝边/mm	坡口角/(°)	间隙/mm								
1060, 1050A	6	—	—	—	0~0.5	SAl-3 (HS39)	2.5	22	30~35	230~260	26~27	25	正反面均焊一层
	8	V	4	100	0~0.5		2.5	22	30~35	300~320	26~27	24~28	
	10	V	6	100	0~1		3.0	28	30~35	310~330	27~28	18	
	12	V	8	100	0~1		3.0	28	30~35	320~340	28~29	15	
	14	V	10	100	0~1		4.0	28	40~45	380~400	29~31	18	
	16	V	12	100	0~1		4.0	28	40~45	380~420	29~31	17~20	
	20	V	16	100	0~1		4.0	28	50~60	450~500	29~31	17~19	
	25	V	21	100	0~1		4.0	28	50~60	490~550	29~31	—	
	28~30	双Y	16	100	0~1		4.0	28	50~60	560~570	29~31	13~15	
5A02, 5A03	12	V	8	120	0~1	SAlMn (HS321)	3.0	22	30~35	320~350	28~30	24	
	18	V	14	120	0~1		4.0	28	50~60	450~470	29~30	18.7	
	20	V	16	120	0~1		4.0	28	50~60	450~700	28~30	18	
	25	V	16	120	0~1		4.0	28	50~60	490~520	29~31	16~19	
2A11	50	双Y	6~8	75	0~0.5	SAlSi-1 (HS311)	4.2	28	50	450~500	24~27	15~18	也可采用双面U形坡口,钝边6~8mm

注:1. 正面焊完后必须铲除焊根,然后进行反面层的焊接。

　　2. 焊炬向前倾斜 10°~15°。

　　E　电子束焊接

　　电子束焊接方法需在真空室内进行,真空度不应低于 10^{-2} Pa。目前,只限于小尺寸、高要求的焊件。其优点是熔深大、热影响区小、焊缝洁净度高、焊接变形小,接头强度和塑性好。常用的接头形式有对接、搭接、T形接,要求接头边缘平直,接头装配间隙小于0.1mm。对于为 150~200mm 铝合金对接,可开 I 形坡口一次焊成。纯铝及铝合金典型的电子束焊接规范参数见表 11-21。

表 11-21　铝及铝合金电子束焊规范参数

板厚/mm	坡口形式	加速电压/kV	电子束电流/mA	焊接速度/m·h⁻¹
1.3	I	22	22	11
3.2	I	25	52	12
6.4	I	35	95	53
12.7	I	26	240	42
		40	150	61
19.1	I	40	180	61
25.4	I	29	250	12
		50	270	91
50.0	I	30	500	5.5
60.0	I	30	1000	6.5
152.0	I	30	1025	1.1

F 电阻焊

电阻点焊和缝焊在铝及铝合金薄板结构中应用很广，适用厚度为 0.04~4mm。

电阻焊的焊接要点为：表面清理干净，存放时间不得过长；电极一般选用 CdCu 合金，电极头工作端面一律采用球面形，并注意经常清理，电极应冷却良好；要求采用大电流、短时间、阶梯形或马鞍形压力的硬规范焊接。

因铝合金导热性好，不宜采用多脉冲规范，而宜采用单相交流点焊规范。为了最大限度地减小分流的影响，铝合金板的焊点最小间距一般不小于板厚的 8 倍。重要铝合金焊件宜采用步进缝焊。表 11-22 列出了几种典型铝合金单相交流点焊规范。

表 11-22 3A21、5A03、5A05、2A12、7A04 等铝合金在单相交流点焊机上的点焊规范

焊件厚度/mm	电极直径/mm	电极球面直径/mm	电极压力/N	焊接电流/kA	通电时间/s	熔核直径/mm
0.4+0.4	16	75	1470~1764	15~17	0.06	2.8
0.5+0.5	16	75	1764~2254	16~20	0.06~0.10	3.2
0.7+0.7	16	75	1960~2450	20~25	0.08~0.10	3.6
0.8+0.8	16	100	2254~2840	20~25	0.10~0.12	4.0
0.9+0.9	16	100	2646~2940	22~25	0.12~0.14	4.3
1.0+1.0	16	100	2646~3724	22~26	0.12~0.16	4.6
1.2+1.2	16	100	2944~3920	24~30	0.14~0.16	5.3
1.5+1.5	16	150	3920~4900	27~32	0.18~0.20	6.0
1.6+1.6	16	150	3920~5390	32~40	0.20~0.22	6.4
1.8+1.8	22	200	4018~6860	36~42	0.20~0.22	7.0
2.0+2.0	22	200	4900~6800	38~46	0.20~0.22	7.6
2.3+2.3	22	200	5300~7644	42~50	0.20~0.22	8.4
2.5+2.5	22	200	5300~7840	56~60	0.20~0.22	9.0

G 钎焊

铝及铝合金的钎焊方法可采用刮擦软钎焊、烙铁软钎焊、火焰钎焊、炉中钎焊和盐浴浸沾钎焊等。铝及铝合金钎焊的钎料见表 11-23，钎剂见表 11-24，钎料与钎剂的配用见表 11-25。去除残留钎剂的方法可用热水反复冲洗或煮沸，也可在 50~80℃ 的 2% 铬酐（Cr_2O_3）溶液中保持 15min 后再冲洗。

表 11-23 铝及铝合金钎焊用钎料

类别	牌号	化学成分/%							熔化温度/℃		性能与用途
		Si	Cu	Zn	Sn	Cd	Pb	Al	固相线	液相线	
铝基钎料	103500	11~13	—	—	—	—	—	余量	577	582	抗腐蚀性高。用于铝、铝锰合金的火焰、炉中、浸沾钎焊
	103501	4~7	25~30	—	—	—	—	余量	525	535	熔点较低，操作容易，抗腐蚀性差，钎料脆。用于火焰钎焊

续表 11-23

类别	牌号	化学成分/%							熔化温度/℃		性能与用途
		Si	Cu	Zn	Sn	Cd	Pb	Al	固相线	液相线	
铝基钎料	103502	9~11	3.3~4.7	—	—	—	—	余量	521	585	抗腐蚀性好、可填充不均匀间隙。用于5A21、5A02、6A02 等炉中、火焰、浸沾钎焊
	103503	9~11	3.3~4.7	9.0~11	—	—	—	余量	516	560	强度高。用于5A21、5A02、6A02 等炉中钎焊及盐浴浸沾钎焊
锌基钎料	120001	—	1.5~2.5	56~60	38~42	—	—	—	200	350	用于铝及铝合金的刮擦钎焊
	120002	—	—	58~62	—	38~42	—	—	266	335	润湿性好，可钎焊多种铝及铝合金
	120005	—	—	70~75	—	—	—	25~30	430	500	抗腐蚀性好。用于铝及铝合金钎焊
铅锡钎料	8A0607	—	—	8~10	30~32	8~10	50~52	—	150	210	钎焊铝芯电缆接头，接头抗腐蚀性差，表面须有保护措施

表 11-24　铝合金钎焊用钎剂

牌号	组分/%	钎焊温度/℃	用　途
QJ201	KCl 47~51, LiCl 31~35, ZnCl₂ 6~10, NaF 9~11	450~620	火焰钎焊、炉中钎焊
QJ202	KCl 27~29, LiCl 41~43, ZnCl₂ 23~25, NaF 5~7	420~620	
QJ203	ZnCl₂ 53~58, SnCl₂ 27~30, NH₄Br 13~15, NaF 1.7~2.3	270~380	软钎焊，主要用于电缆
QJ204	三乙醇胺 82.5, Cd (BF₄)₂ 10, Zn (BF₄)₂ 2, NH₄BF₄ 5	180~275	软钎焊，残渣腐蚀性较小
QJ206	SnCl 25, KCl 32, LiCl 25, LiF 10, ZnCl₂ 8	550~620	火焰钎焊、炉中钎焊
QJ207	KCl 43.5~47.5, NaCl 18~22, LiCl 25.5~29.5, ZnCl₂ 1.5~2.5, CaF₂ 1.5~2.5, LiF 2.5~4.0	560~620	火焰钎焊、炉中钎焊
1 号	KCl 51, LiCl 41, KF·AlF₃ 8	500~560	浸沾钎焊
2 号	KCl 44, LiCl 34, NaCl 12, KF·AlF₃ 10	550~620	
3 号	KCl 30~55, LiCl 15~30, NaCl 20~30, ZnCl₂ 7~10, AlF₃ 8~10	>500	

表 11-25　钎料与钎剂的配用

钎料牌号	配用的钎剂牌号	附　注
103500	QJ201，QJ206	
103501	QJ201，QJ206	
103502	QJ201，QJ206，QJ207	
103503	QJ201，QJ206，QJ207	（1）钎焊前必须仔细清除工件及焊料表面的油脂、氧化物等污物；
120001	刮擦法	（2）真空钎焊时不用钎剂；
120002	QJ203	（3）钎剂有腐蚀性，焊后必须彻底清除残留的钎剂
120005	QJ202	
8A0607	QJ204	
铝基钎料	浸沾钎焊配用 1 号、2 号、3 号钎剂	

11.2.3.3　焊接实例

国产地铁列车车体用 6005A 大型铝型材的焊接（坡焊）示意如图 11-2 所示。焊接母材及焊丝的主要成分见表 11-26。焊接工艺参数见表 11-27，焊接接头拉伸力学性能见表11-28。

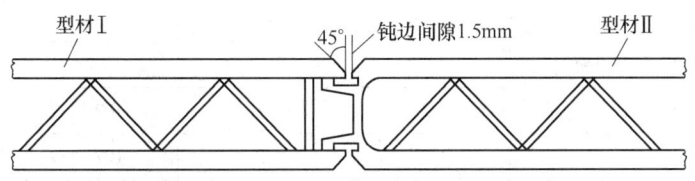

图 11-2　6005A 大型铝型材坡口焊示意图

表 11-26　焊接母材及焊丝的主要化学成分　　　　　　　　　（%）

材料名称	Mg	Mn	Cr	Ti	Si	Zn	Fe	Cu	Al
母材（6005A）	0.4~0.6	≤0.10	≤0.10	≤0.10	0.6~0.9	≤0.10	≤0.35	≤0.10	余量
ER5356 焊丝	4.5~5.5	0.05~0.20	0.05~0.20	0.06~0.20	≤0.25	≤0.10	≤0.40	≤0.10	余量
Al-Mg 焊丝	4.8~5.2	0.08~0.12	0.08~0.12	0.08~0.12	≤0.15	≤0.10	≤0.20	≤0.10	余量

表 11-27　6005A 大型铝型材自动脉冲 MIG 焊接工艺参数

焊丝型号	焊接电流/A	焊接电压/V	焊接速度 /cm·min^{-1}	送丝速度 /m·min^{-1}	氩气流量 /L·min^{-1}	焊炬高度/mm
ER5356	215	28.5	27	9.2	14	15
Al-Mg	242	29.3	24	9.0	14	15

表 11-28　6005A 大型铝型材及焊后焊接接头拉伸力学性能

型　号	σ_b/MPa	$\sigma_{0.2}$/MPa	δ_5/%	冷弯角/(°)	断裂部位
6005A 母材（横向）	308	278	12.1	—	
6005A/ER5356	197	142	13.3	120	热影响区
6005A/Al-Mg	199	143	12.8	120	热影响区

11.2.4　焊接接头的性能及检测方法

11.2.4.1　焊接接头性能

几种典型铝及铝合金熔焊焊接接头的力学性能列于表 11-29~表 11-31，点焊接头的力学性能列于表 11-32，钎焊接头强度列于表 11-33。

表 11-29　几种典型铝合金熔焊接头力学性能

板材牌号	板厚/mm	焊接材料	焊接方法	接头力学性能	
				抗拉强度/MPa	冷弯角/(°)
1070A		SAl-3	Ⅰ	68~78	180
1070A		SAl-3	Ⅱ	68~78	180
1070A		SAl-3	Ⅲ	≥63	180
1016	20	1060	Ⅰ-1	66~78	180
1016	8	1060	Ⅰ-2	78~79	180
1016	20	1060	Ⅰ-3	74~80	180
1050A	8	1050A	Ⅰ-1	82~83	180
1050A	12	1060	Ⅰ-2	75~76	180
1050A	15	1060	Ⅰ-3	78	180
3A21		3A21	Ⅰ	107~113	180
3A21		3A21	Ⅱ	107~112	180
3A21		SAlSi-1	Ⅱ	117~137	180
5A02	10	5A03	Ⅰ-1	178~179	151~154
5A02	12	5A03	Ⅰ-2	173~184	92~130
5A02	16	5A03	Ⅰ-3	174~183	150~180
5A03	20	5A05	Ⅰ-2	234~235	40~46
5A03	20	5A03	Ⅰ-3	234~235	33
5A05	16	SAlMg-5	Ⅰ-1	215~254	
5A05	16	SAlMg-5	Ⅱ	215~254	
5A06	18	SAlSi-1	Ⅰ-1	143~260	>140
5A06	18	5A06	Ⅰ-1	289~366	>140
5A06	18	5A06	Ⅰ-2	307~323	32~72
2A12		5A03	Ⅰ-1	205	14~30
2A12		SAlSi-1	Ⅰ-1	205	16~20
2A16			Ⅰ-1	168~176	60~75
7A04			Ⅰ-1	245	5

注：Ⅰ—氩弧焊；Ⅰ-1—手工钨极氩弧焊；Ⅰ-2—自动熔化极氩弧焊；Ⅰ-3—半自动熔化极氩弧焊；Ⅱ—气焊；Ⅲ—手工电弧焊。

表 11-30 典型不可热处理强化铝合金氩弧焊接头力学性能

母　材	填充金属	$(\sigma_b)_{平均}$/MPa	$(\sigma_b)_{min}$/MPa	$(\sigma_{0.2})_{平均}$/MPa	$(\sigma_{0.2})_{min}$/MPa	δ_5/%
1350	ER1188	69	62	28	28	29
1060	ER1188	69	62	35	35	29
1100	ER1100	90	76	41	41	29
3003	ER1100	110	97	48	48	24
5005	ER5356	110	97	62	55	15
5050	ER5356	159	110	83	69	18
5052	ER5356	193	173	97	90	19
5083	ER5183	297	276	152	124	16
5086	ER5356	269	242	131	117	17
5154	ER5654	228	207	124	110	17
5454	ER5554	242	214	110	97	17
5456	ER5556	317	290	159	138	14
6005	ER5356	210	195	145	133	13

表 11-31 典型可热处理强化铝合金氩弧焊力学性能

母　材	母材性能			焊丝	焊接接头			焊后热处理、时效		
	σ_b/MPa	$\sigma_{0.2}$/MPa	δ_5/%		σ_b/MPa	$\sigma_{0.2}$/MPa	δ_5/%	σ_b/MPa	$\sigma_{0.2}$/MPa	δ_5/%
2014-T6, T651	483	414	13	ER4043	235	193	4	345	—	2
2219-T81	455	345	10	ER2319	242	179	3	297	255	2
2219-T87	476	393	10	ER2319	242	179	3	297	255	2
2219-T6, T62	414	290	10	ER2319	242	179	3	345	262	7
6061-T4, T451	242	145	22	ER4043	186	124	8	242	—	8
6061-T6, T651	311	276	12	ER4043	186	124	8	304	276	5
6061-T6, T651	311	276	12	ER5356	207	131	11	—	—	—
6063-T4	173	90	22	ER4043	138	69	12	207	—	13
6063-T6	242	214	12	ER4043	138	83	8	207	—	13
6063-T6	242	214	12	ER5356	138	83	12	—	—	—
6070-T6	380	352	10	ER4643	207	—	—	345	—	—
7005-T53	393	345	15	ER5356	317	207	10	—	—	—
7005-T6, T63, T6351	373	317	12	ER5356	317	207	10	—	—	—
7039-T61	414	345	14	ER5183	324	221	10	—	—	—
7039-T61	414	345	14	ER5356	311	214	11	—	—	—
7039-T64	449	380	13	ER5183	311	179	12	145	—	—
7039-T64	449	380	13	ER5356	304	173	13	—	—	—

表 11-32 铝合金点焊接头力学性能（统计数据）

材料牌号	厚度/mm	焊核直径/mm	焊透率/%	单点剪力/N	单点静止拉力/N
5A03	1.0+1.0	4.5~5.4	33~66	1568~2215	
	1.0+1.8	5.2~5.3	30~67	2058~2538	
	1.5+1.8	6.7~6.9	50~80	3581~4606	
	1.5+3.0	6.4~6.6	30~68	3548~4782	
5A03	1.5+1.5	6.4~6.6	51~81	3332~5390	
	3.0+3.0	8.4~8.8		9457~14798	
2A12	0.8+0.8	3.1~3.6		1637	657
	1.0+1.0	4.0~4.5		2871	1176
	1.2+1.2	5.3~5.6		4616	1156
	1.5+1.5	6.0~6.5		6203	1842
	2.0+2.0	7.6~7.9		8957	2783
	2.5+2.5	8.2~8.8		11123	3851
2A12 （多排点焊， 点距 30mm， 排距 15mm）	0.8+0.8	$\dfrac{3.3}{2.7 \sim 3.9}$		$\dfrac{6968}{4410 \sim 8624}$	
	1.0+1.0	$\dfrac{4.3}{4.0 \sim 5.2}$		$\dfrac{12308}{9506 \sim 14504}$	
	1.2+1.2	$\dfrac{5.4}{5.2 \sim 5.5}$		$\dfrac{16915}{13916 \sim 19650}$	
	1.5+1.5	$\dfrac{6.0}{5.9 \sim 6.1}$		$\dfrac{21952}{17150 \sim 23324}$	
	2.0+2.0	$\dfrac{6.8}{6.7 \sim 7.0}$		$\dfrac{39670}{32536 \sim 44884}$	

注：$\dfrac{6968}{4410 \sim 8624}$ 表示为试验点的 $\dfrac{平均值}{最小值 \sim 最大值}$。

表 11-33 铝及铝合金钎焊接头强度

钎料牌号	抗剪强度/MPa			抗拉强度/MPa		
	1050A	3A21	6A02	1050A	3A21	6A02
103500	40	58		68	98	
103501	41	59		69	98	
103502	42	57	90	70	95	156
103503	42	60	91	68	96	155
120001	39	51		63	85	
120002	40	51		65	86	
120005	43	56	83	65	96	135

11.2.4.2 焊接检测方法

铝及铝合金常用的焊接检测方法可分为非破坏性检验和破坏性检验两大类，其详细分类如图 11-3 所示。

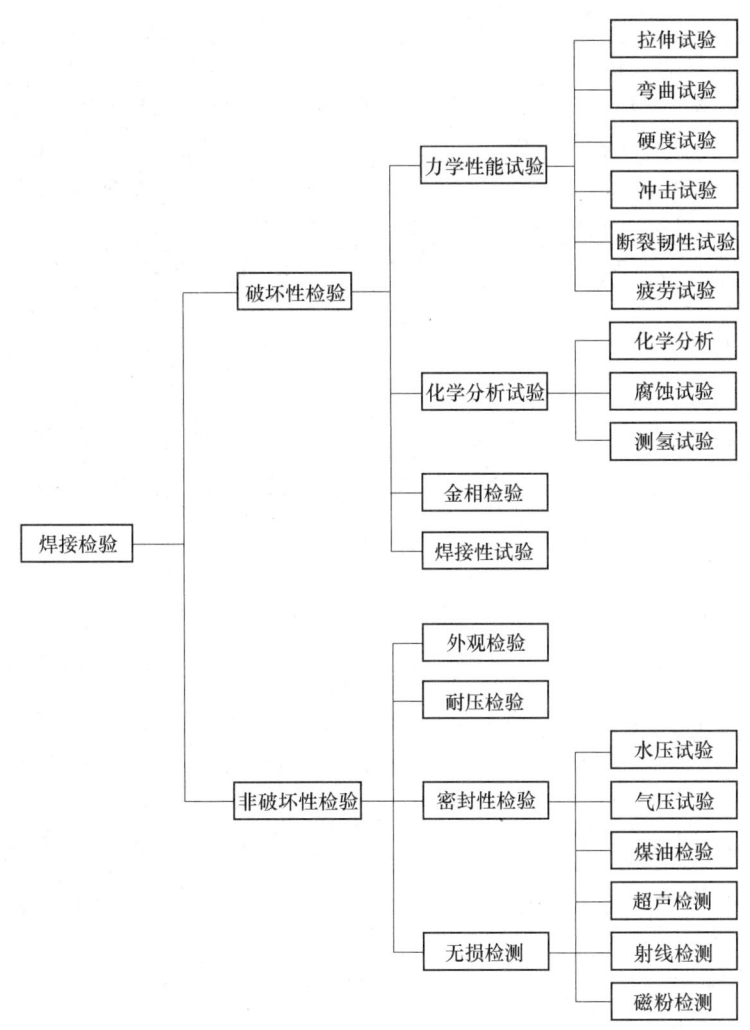

图 11-3　焊接检测方法的分类

11.2.5　常见焊接缺陷分析

铝及铝合金焊接常见缺陷、产生原因及防止措施见表 11-34。

表 11-34　铝及铝合金焊接常见缺陷的产生原因及防止措施

缺　陷	产　生　原　因	防　止　措　施
气　孔	氧化膜或焊丝、母材、焊丝盘、衬垫上油污引起的氢	将焊丝密封保存在低湿度的恒温房子里；焊前加强对焊件和焊丝的清理工作
	保护性气体中有水分或受到污染，流速不够	惰性气体保护瓶露点不应低于-70°F（-56.67℃）；增大流速；隔绝空气流
	熔池冷却速度过快	使用较高的焊接电流或较低的焊接速度；焊前预热母材

缺 陷	产 生 原 因	防 止 措 施
焊缝开裂	填充焊丝选择不当	选择合适的、低熔点和低凝固点的填充丝
	化学成分范围要求苛刻	熔池中应避免含有 0.5% ~ 2.0%（质量分数）的 Si 和 1.0% ~ 3.0%（质量分数）的 Mg；避免 MgSi 共晶问题（用 4××× 焊接 5××× 时）
	坡口加工或间隙不够	通过调大坡口角和间隙减小母材对焊缝的稀释作用
	焊接工艺不当	夹住焊件以减小应力；增加焊接速度减小热影响区；减小熔融金属的过热程度，控制晶粒尺寸；焊缝宽应合适，不宜过小；焊前预热板材
烧穿或送丝不顺畅	送丝速度过快	C.V. 功率输出使用较慢的送丝速度减小电流脉冲和焊嘴起弧
	送丝速度太慢	C.C. 功率输出增大送丝速度；C.V. 功率输出减小电弧电压
	电极太软或扭曲	和供应商联系
	柔软的导丝管太长或扭曲；导丝管内衬里破损或过脏	替换
	导丝管末端飞溅或内部锈蚀	将焊嘴磨光或替换
	衬垫或导丝管上的铝屑导致嵌入或击穿	使送丝辊的中心线和导丝管口在一条直线上，使用 U 形送丝辊，使用合适的张力防止打滑
	线路电压不稳	安装个线路稳压器
	导丝管内起弧	根据焊丝规格选用合适的导丝管；增加管长（8 ~ 10cm）
	焊枪过热	减少工作循环时间或使用水冷焊枪
	极性弄反了	更换极性
起弧困难	接地不当	重新接地
	电极氧化	除去电极氧化层
	没有保护性气氛	加以惰性气体保护
	极性弄反了	更换极性
焊缝有夹杂物	气体保护不充分	加大气体流量；将电弧罩起来；将气嘴靠近工件；替换破损的气嘴；减小焊枪角度；检查焊枪和导管气漏、水漏
	电极上有脏物	当焊丝盘固定在焊机上，将电极罩起来；联系供应商
	母材上有脏物	用化学法去除表面油污、油脂；用不锈钢丝刷除去表面杂物
	母材上有较厚的氧化膜或水渍	用圆盘打磨机或不锈钢丝刷去除氧化膜或锈蚀
焊接电弧不稳定	电路接触不良	检查电路连接
	接头区有脏物	清除接头区域的油污、油脂、润滑液、油漆等脏物
	断弧	不要在强电磁场下进行焊接；使用地线接线柱消除磁场的干扰
熔滴过宽	焊接电流过大；电弧移动过慢；电弧过长	调整焊接规范

缺 陷	产 生 原 因	防 止 措 施
未焊透	焊接电流太小	加大焊接电流
	焊接电弧移动速度过快	减小焊接电弧移动速度
	焊接电弧过长	通过增加送丝速度减小电弧长度
	焊接母材表面有脏物	用化学法去除表面油污、油脂；用不锈钢丝刷除去表面杂物
	坡口间隙不够	调整坡口间隙
	焊接母材或电极表面有氧化物	用圆盘打磨机或不锈钢丝刷去除氧化膜
	背底槽形状不合适或深度不够	增加背底槽的厚度，U 形槽较 V 形槽好
阳极氧化后颜色不匹配	合金选择不当	选择合适的母材和焊丝匹配；避免 4×××和 6×××配合；使用 5×××焊丝焊接 5×××和 6×××母材

11.3 铝合金型材搅拌摩擦焊（FSW）

搅拌摩擦焊（friction stir welding，FSW）是英国焊接研究所（The Welding Institute）于 1991 年发明的专利焊接技术。搅拌摩擦焊除了具有普通摩擦焊技术的优点外，还可以进行多种接头形式和不同焊接位置的连接。挪威已建立了世界上第一个搅拌摩擦焊商业设备，可焊接厚 3~15mm、尺寸 6mm×16mm 的 Al 船板；1998 年美国波音公司的空间和防御实验室引进了搅拌摩擦焊技术，用于焊接某些火箭部件；麦道公司也把这种技术用于制造 Delta 运载火箭的推进剂贮箱。

11.3.1 搅拌摩擦焊的原理及特点

11.3.1.1 搅拌摩擦焊原理

搅拌摩擦焊方法与常规摩擦焊一样。搅拌摩擦焊也是利用摩擦热与塑性变形热作为焊接热源。不同之处在于搅拌摩擦焊焊接过程是由一个圆柱体或其他形状（如带螺纹圆柱体）的搅拌针（welding pin）伸入工件的接缝处，通过焊头的高速旋转，使其与焊接工件材料摩擦，从而使连接部位的材料温度升高软化。同时，对材料进行搅拌摩擦来完成焊接的。焊接过程如图 11-4 所示。在焊接过程中工件要刚性固定在背垫上，焊头边高速旋转，边沿工件的接缝与工件相对移动。焊头的突出段伸进材料内部进行摩擦和搅拌，焊头的肩部与工件表面

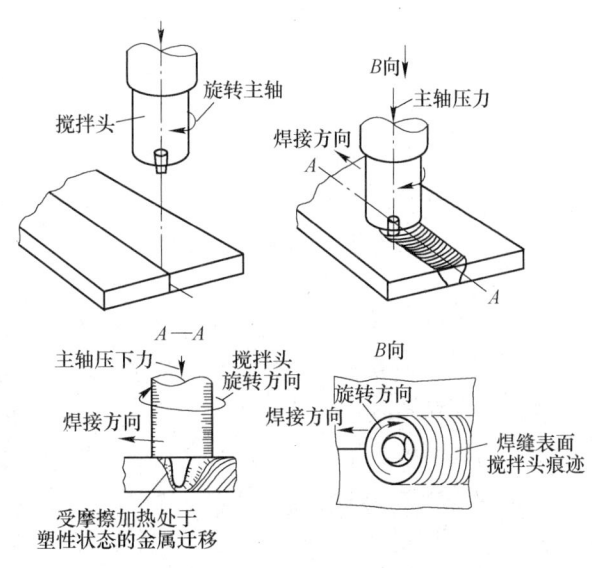

图 11-4 搅拌摩擦焊过程与原理示意图

摩擦生热，并用于防止塑性状态材料的溢出，同时可以起到清除表面氧化膜的作用。

在焊接过程中，搅拌针在旋转的同时伸入工件的接缝中，旋转搅拌头（主要是轴肩）与工件之间的摩擦热，使焊头前面的材料发生强烈塑性变形，然后随着焊头的移动，高度塑性变形的材料逐渐沉积在搅拌头的背后，从而形成搅拌摩擦焊焊缝。搅拌摩擦焊对设备的要求并不高，最基本的要求是焊头的旋转运动和工件的相对运动，即使一台铣床也可简单地达到小型平板对接焊的要求。但焊接设备及夹具的刚性是极端重要的。搅拌头一般采用工具钢制成，焊头的长度一般比要求焊接的深度稍短。应该指出，搅拌摩擦焊缝结束时在终端留下个匙孔。通常这个匙孔可以切除掉，也可以用其他焊接方法封焊住。针对匙孔问题，已有伸缩式搅拌头研发成功，焊后不会留下焊接匙孔。

11.3.1.2　搅拌摩擦焊技术的特点

搅拌摩擦焊技术的特点有：

（1）焊接过程中也不需要其他焊接消耗材料，如焊条、焊丝、焊剂及保护气体等。唯一消耗的是焊接搅拌头，但是焊接搅拌头的消耗是有限的，焊接搅拌头如 11-5 所示。搅拌头的功能是：摩擦生热，使待焊处局部材料呈塑性态；破碎铝合金表面氧化膜；完成材料围绕特形指棒由前向后及从其顶部向底部的迁移、挤压、扩散；焊接为机械化过程，有较大的轴向力和一定的径向力，不能手工焊接；不需要加填材料和特殊保护，成形焊缝-固态焊接接头。

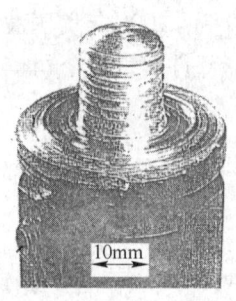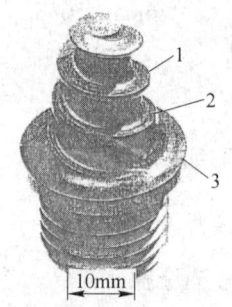

图 11-5　搅拌头
1—用于大厚度板的焊接；2—特形指棒（其高度由待焊板厚确定）；3—定向流动挤压肩

（2）由于搅拌摩擦焊接时的温度相对较低，因此焊接后结构的残余应力或变形也较熔化焊小得多。特别是 Al 合金薄板熔化焊接时，结构的平面外变形是非常明显的，无论是采用无变形焊接技术还是焊后冷、热矫形技术，都是很麻烦的，而且增加了结构的制造成本。

搅拌摩擦焊主要是应用在熔化温度较低的有色金属，能完成熔焊无法焊接的高强铝合金零件，如 2000、7000 系列铝合金等的焊接；并且焊接接头优质、力学性能好。这和搅拌头的材料选择及搅拌头的工作寿命有关。对于延性好、容易发生塑性变形的黑色材料，经辅助加热或利用其超塑性，也有可能实现搅拌摩擦焊。

（3）搅拌摩擦焊在有色金属的连接中已获得成功的应用，但由于焊接方法特点的限制，仅限于结构简单的构件，如平直的结构或圆筒形结构的焊接，而且在焊接过程中工件要有良好的支撑或衬垫。原则上，搅拌摩擦焊可进行多种位置焊接，如平焊，立焊，仰焊和俯焊，即具有能进行全位置焊接；可完成多种形式的焊接接头，如对接、角接和搭接接头，甚至厚度变化的结构和多层材料的连接，也可进行异种金属材料的焊接，如图 11-6 所示。

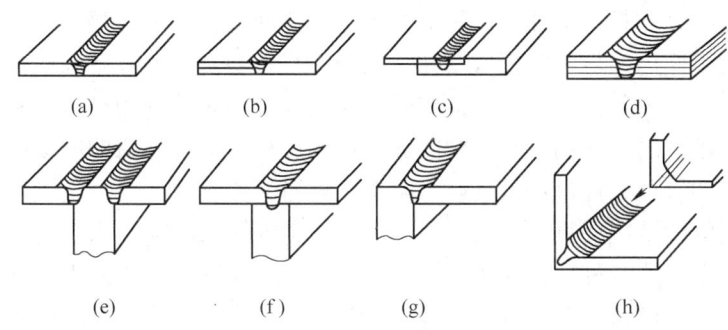

图 11-6　搅拌摩擦焊接头的形式

(a)，(b) 对接；(c)，(d) 搭接；(e)，(f) 丁字接头；(g)，(h) 角接

（4）搅拌摩擦焊作为一种固相焊接方法，焊接前及焊接过程中对环境的污染小；不出现熔焊易产生的气孔、裂纹等缺陷。焊前工件无需严格的表面清理准备要求，焊接过程中的摩擦和搅拌可以去除焊件表面的氧化膜，焊接过程中也无烟尘和飞溅，同时噪声低。由于搅拌摩擦焊仅仅是靠焊头旋转并移动，逐步实现整条焊缝的焊接，所以比熔化焊甚至常规摩擦焊更节省能源，即具有高效、低能耗。

（5）由于搅拌摩擦焊过程中，热输入相对于熔焊过程较小，接头部位不存在金属的熔化，是一种固态焊接过程，在合金中保持母材的冶金性能，可以焊接金属基复合材料、快速凝固材料等采用熔焊会有不良反应的材料。

（6）搅拌摩擦焊是材料在热、机联合作用下形成塑性连接接头，它的接头具有明显的金属塑性流动形貌，如图 11-7 所示。

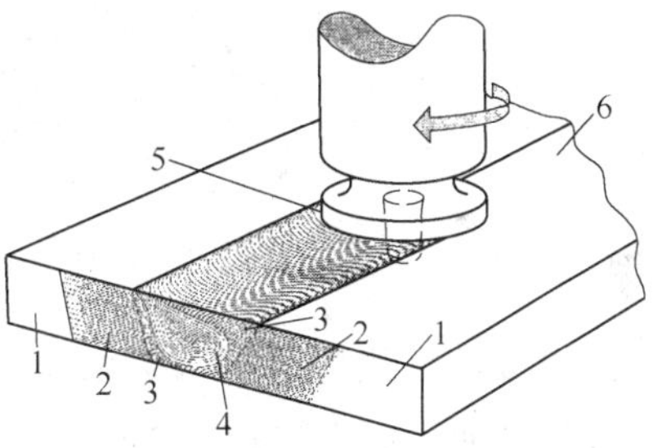

（7）搅拌摩擦焊可焊接对象为：

1）铝合金 1000、2000、3000、4000、5000、6000、7000、8000 所有系列的铝合金，即使熔焊

图 11-7　搅拌摩擦焊接形式的塑性连接接头

1—基体金属；2—热影响区；3—热机械影响区；

4—搅拌核心区；5—挤压肩；6—零件

时焊接性差，不可焊的铝合金，如 2000、7000 系列，采用 FSW 也可获得较好的焊接性。

2）异种铝合金之间焊接，如 2024 与 6061，2024 与 7075 等。

3）能完成小于 25mm 板厚的单道焊接。

4）各种状态的铝合金材料，如铸态、锻态；铝基复合材料。

11.3.2　铝合金型材搅拌摩擦焊接工艺及主要参数

11.3.2.1　铝合金搅拌摩擦焊接的基本工艺

搅拌摩擦焊接的基本工艺是：搅拌摩擦焊焊前准备（焊件表面清理+装配和固定）→焊接工艺参数确定及设备调整（搅拌头的倾角、搅拌头的旋转速度、搅拌头的插入深度、插入速度、焊接速度、焊接压力、回抽停留时间、回抽速度）→焊接（搅拌头的插入、停留、移动焊接、回抽停留）→回抽搅拌头→卸载焊接工件。

11.3.2.2　搅拌头的设计或选择

搅拌头的成功设计是把搅拌摩擦焊顺利进行的关键，合理的搅拌头设计和制造，能将搅拌摩擦焊接技术应用在更大范围（更多的材料和焊接更宽的厚度范围）的关键。

一般说来，搅拌头包括两部分：搅拌探头和轴肩。而搅拌头的材料通常都采用硬度远远高于被焊材料硬度的材料制成，这样能够在焊接过程中将搅拌头的磨损减至最小。在初期，搅拌头形状的合理设计是获得良好力学性能焊缝的关键。

关于搅拌头的发展主要集中在两个方面：一个是带螺纹的搅拌头，一个是带三个沟槽的搅拌头。本质上，这两种搅拌探头都设计成锥体，大大减少了相同半径圆柱体搅拌探头的材料卷出量，一般说来，带三沟槽的搅拌探头减小了 70%，而带螺纹的搅拌探头减小了 60%。如果使用一个确定的较小直径的搅拌探头，锥形搅拌探头比圆柱形搅拌探头更容易进入焊件而通过塑性材料，并且减小了搅拌头的应力集中和断裂可能性。图 11-8 所示是目前应用于铝合金搅拌摩擦焊接的几种搅拌头。

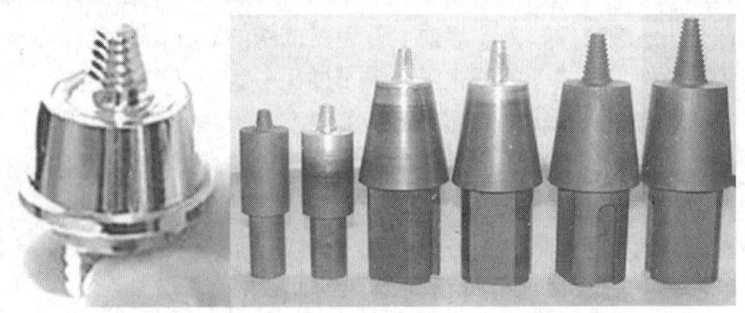

图 11-8　目前应用于铝合金搅拌摩擦焊接的几种搅拌头

11.3.2.3　搅拌摩擦焊焊前准备

搅拌摩擦的焊前准备工作有：

（1）焊前清理。搅拌摩擦焊前，不必做特殊清理，仅需除油，除尘。

（2）焊前装配。零件的装配间隙和错边一般在不大于零件板厚的 10% 范围内即可，均比熔焊时的要求更宽些。

（3）加工搅拌头插入的工艺孔。焊前在引入板（或工件）焊缝中心线上钻一个等于或略大于搅拌头特形指棒直径的工艺孔。

搅拌摩擦焊是在搅拌头高速旋转摩擦热和机械力的联合作用条件下施焊，待焊零件应安装，并压紧在专用夹具上。焊件承受着由材质及其板厚所确定的轴向压力和搅拌头运动的侧向力（对于铝合金，工件的压紧力应大于 2MPa）。

11.3.2.4　搅拌摩擦焊的主要工艺参数及影响

搅拌摩擦焊工艺参数主要有：搅拌头的倾角、搅拌头的旋转速度、搅拌头的插入深度、插入速度、插入停留时间、焊接速度、焊接压力、回抽停留时间、搅拌头的回抽速度等。

（1）搅拌头倾角。搅拌摩擦焊时，搅拌头通常会向前倾斜一定角度，以便焊接时搅拌头肩部的后沿能够对焊缝施加一定的焊接顶锻力。

搅拌头的倾角设计指标一般为±5°，对于薄板（厚度为1~6mm）搅拌头倾角采用小角度，通常为1°~2°，对于中厚板（厚度大于6mm），根据被焊接工件的结构和焊接压力的大小，搅拌头的倾角通常采用3°~5°。

（2）搅拌头的旋转速度。搅拌头的旋转速度与焊接速度相关，但通常由被焊接材料的特性决定。对于特定的材料，搅拌头的旋转速度一般对应着一个最佳工艺窗口。在此窗口内，旋转速度可以在一定的范围内波动，以便和焊接速度相匹配，实现高质量的焊接。

据搅拌头的旋转速度，搅拌摩擦焊接可以分为：冷规范、弱规范和强规范。各种铝合材料焊接规范分类见表11-35。

表 11-35 搅拌摩擦焊规范分类以及铝合金材料

规范类别	搅拌头旋转速度/r·min^{-1}	适合铝合金材料
冷规范	<300	2024、2214、2219、2519，2195、7005、7050、707
弱规范	300~600	2618、6082
强规范	>600	5083、6061、6063

（3）搅拌头插入深度。搅拌头的插入深度，一般指搅拌针插入被焊接材料的深度，但有时可以指搅拌肩的后沿低于板材表面的深度。对接焊时，焊接深度一般等于搅拌针的长度，由于搅拌针的顶端距离底部垫板之间保持一定间隙，搅拌针插入材料表面后还可以在一定范围内波动，所以焊接深度和搅拌针的长度又有较小的差别。考虑搅拌针的长度一般为固定值（可伸缩搅拌头除外），所以搅拌头的插入深度也可以用搅拌肩的后沿低于板材表面的深度来表示。

对于薄板材料，此深度一般为0.1~0.3mm之间，对于中厚板材料此深度一般不超过0.5mm。

（4）搅拌头插入速度。搅拌头的插入速度一般指搅拌针插入被焊接材料的速度，该参数数值主要和搅拌针的类型以及板材厚度有关。在搅拌针与被焊板材接触的瞬间，轴向力会陡增，若插入速度过快，在被焊板材尚未完全达到热塑性状态的情况下会对设备主轴造成极大损伤；若插入速度过慢，则会造成温度过热影响焊接质量。

（5）插入停留时间。插入停留时间指搅拌针插入被焊接材料到达预设插入深度后，搅拌头未开始横向移动的时间。插入停留时间数值主要与被焊材料和板材厚度有关。若停留时间过短，被焊板材尚未完全达到热塑性状态，焊缝温度场未达到平衡状态开始焊接，会在焊缝出现隧道形孔洞；若停留时间过长，被焊材料过热易于发生成分偏聚，会在焊缝表面出现渣状物，同时在焊缝内部也易出现"S"形黑线，影响焊缝质量。

该数值选取原则是：板材薄停留时间短；被焊材料易于塑性流动，停留时间短；被焊材料对热敏感，过热易于发生成分偏聚，停留时间短。

一般停留时间在5~20s之间选择。

（6）焊接速度。搅拌摩擦焊的焊接速度指搅拌头沿焊缝移动速度，或者被焊接板材相对于搅拌头的移动速度。

焊接速度的大小一般由被焊接材料的厚度来决定，另外考虑生产效率及搅拌摩擦焊工艺柔性等其他因素，搅拌摩擦焊的焊接速度可在一定范围内波动。

（7）焊接压力。搅拌摩擦焊的焊接压力是指焊接时搅拌头向焊缝施加的轴向顶锻压力。

　　焊接压力的大小与被焊接材料的强度、刚度等物理特性以及搅拌头的形状和焊接时的搅拌头压入被焊接材料的深度等有关。但对于特定厚度的材料和搅拌头，搅拌摩擦焊的焊接压力正常焊接时一般保持恒定。所以当工件和设备变形和饶度较大时，搅拌摩擦焊设备的控制方式一般采用恒压控制。

　　（8）回抽停留时间。回抽停留时间指搅拌头横向移动停止后，搅拌针尚未从被焊接材料中抽出的停留时间。

　　若回抽停留时间过短，被焊板材热塑性流动尚未完全达到平衡状态，会在焊缝"尾孔"附近出现孔洞；若停留时间过长，被焊材料过热易于发生成分偏聚，会影响焊缝质量。

　　（9）搅拌头的回抽速度。搅拌头的回抽速度一般指搅拌针从被焊接材料中抽出的速度，其数值主要和搅拌针的类型以及板材厚度有关。若回抽速度过快，被焊板材热塑性金属会随搅拌针的回抽造成的惯性向上运动，从而造成焊缝根部的金属缺失，出现孔洞。

　　总而言之，搅拌摩擦焊接头质量与搅拌头几何形状和尺寸以及工艺参数密切相关。当搅拌头几何形状和尺寸一定时，对工艺参数的调整，主要是搅拌头旋转速度和搅拌头的移动速度（焊接速度）的优选，不同搅拌头旋转速度对焊缝质量的影响如图 11-9 所示。低转速时在搅拌头后面的焊缝中会出现沟槽（见图 11-9（a）～（c）），随着转速的增加，沟槽由大到小，直至消失；转速继续增加到最佳值时（见图 11-9（d）），可焊出合格的焊缝；如转速再继续增加到（见图 11-9（e）），即在图 11-9（d）到图 11-9（e）的转速区间，沟槽虽已消失，但仍未达到接头的理想强度，称之为弱连接。如当旋转速度继续增加，摩擦搅拌区温度继续升高，将会给热处理强化的铝合金带来负面影响。即：在给定的工艺条件下，搅拌头旋转速度具有一个最佳的搅拌速度。

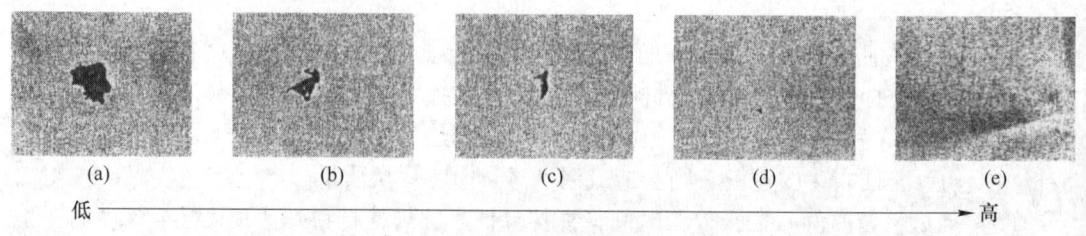

　　　(a)　　　　　　(b)　　　　　　(c)　　　　　　(d)　　　　　　(e)

低 ———————————————————————————————————————→ 高

图 11-9　搅拌头转速对焊缝的影响

11.3.2.5　搅拌摩擦焊焊接接头的组织与性能

A　搅拌摩擦焊焊接接头的组织

a　铝合金 FSW 焊接头宏观组织

　　搅拌摩擦焊接头宏观组织一般可分为四个区：焊核区（nugget），热机影响区（thermo-mechanically affected zone，TMAZ），热影响区（heat affected zone，HAZ）和母材区（BM），如图 11-10 所示。而 MIG 焊焊接头的宏观组织一般可分为三个区：焊核区（nugget），热影响区（heat affected zone，HAZ）和母材区（BM）。

b　铝合金 FSW 焊缝的微观组织

　　图 11-11 所示是 6082 铝合金搅拌摩擦焊各区的微观组织，母材区为典型轧制状组织，而母材焊核区的组织发生了显著变化，晶粒形状变成等轴状，且晶粒得到显著细化。在

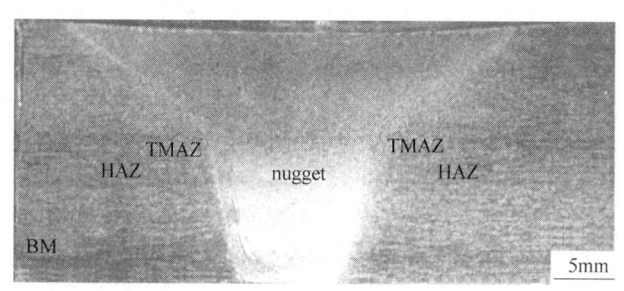

图 11-10　搅拌摩擦焊接头宏观形貌

FSW 过程中，焊核区受到搅拌头直接作用区域，通过轴肩与下方被焊材料接触摩擦产生的摩擦热进行加热，使材料发生软化。在搅拌头作用下，前方的材料在搅拌头进给运动下被挤压，在搅拌头的旋转运动下被剪切，使焊核区金属发生强烈塑性变形。焊核区加热较高，变形晶粒在 FSW 过程中发生动态再结晶，得到非常细小的等轴晶粒。邻近焊核区外围区域为热机影响区，此区金属在热机作用下发生不同程度的塑性变形和部分再结晶，形成拉长晶粒组成，如图 11-11（c）及图 11-11（d）所示。还可以从图中看出前进侧与后退侧热机影响区的显微组织有所不同，前进侧热机影响区分界更加明显。在热机影响区以外部分区域为热影响区，该区金属没有受到焊具的机械搅拌，只在摩擦热循环的作用下发生了晶粒长大现象，形成了粗晶的微观组织，导致晶粒大小与母材相当。

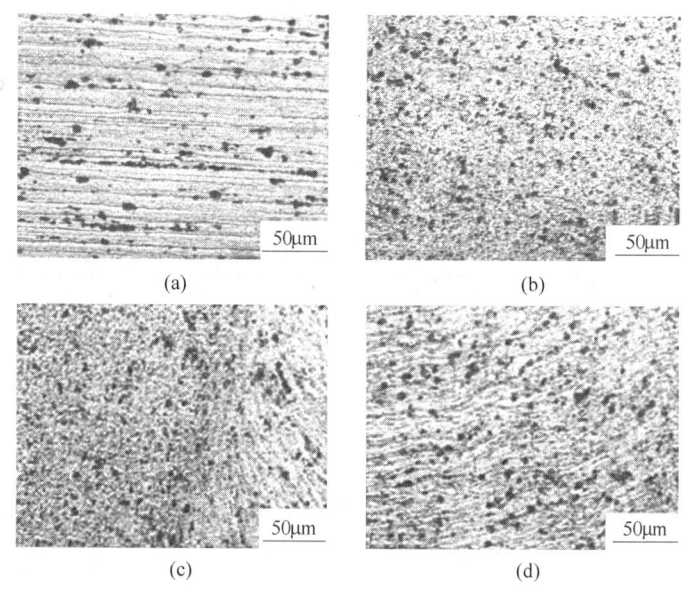

图 11-11　6082 铝合金拌摩擦焊各区的微观组织
（a）母材；（b）焊核区；（c）前进侧热机影响区；（d）后退侧热机影响区

B　搅拌摩擦焊焊接接头的力学性能

a　铝合金 FSW 焊接头的显微硬度分布

图 11-12 所示为 6082 T6 铝合金搅拌摩擦焊接头显微硬度，从图中可以看出：FSW 接头硬度分布呈现"W"形，焊缝硬度较母材有所降低，最低值出现在热影响区，而焊核区

硬度较之有所提高，同时随着焊缝深度的增加，焊核区硬度值有所降低且硬度最低点向焊缝中心靠近。

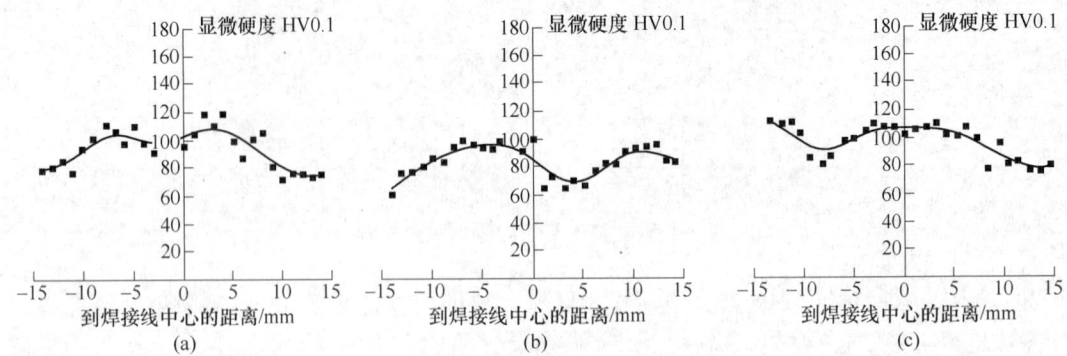

图 11-12　6082 铝合金搅拌摩擦焊接头显微硬度分布

b　铝合金 FSW 焊接头的力学性能

搅拌摩擦焊用于铝合金的焊接时，对不可热处理强化的铝合金其接头强度基本与基体金属强度相当；对可热处理强化的铝合金，焊后有一定软化，通过焊后处理，可提高到基体金属的 90% 左右；但两者焊后的延伸率皆有不同程度的下降。铝合金搅拌摩擦焊接头力学性能见表 11-36，几种铝合金搅拌摩擦焊接头的 CTOD 试验数据见表 11-37。

表 11-36　典型铝合金搅拌摩擦焊接头力学性能

材　料	$\sigma_{0.2}$/MPa	σ_b/MPa	δ/%	接头强度系数
5083（基体）	148	298	23.5	—
5083（FSW 焊后）	141	298	23.0	1.00
5083-H321（基体）	249	336	16.5	—
5083-H321（FSW 焊后）	153	305	22.5	0.91
6082-T6（基体）	286	301	10.4	—
6082-T6（FSW 焊后）	160	254	4.85	0.83
6082-T6（FSW+人工时效）	274	300	6.4	1.00
6082-T4（基体）	149	260	22.9	—
6082-T4（FSW 焊后）	138	244	18.8	0.93
6082-T4（FSW+人工时效）	285	310	9.9	1.19
7108-T79（基体）	295	370	14	—
7108-T79（FSW 焊后）	210	320	12	0.86
7108-T79（FSW+人工时效）	245	350	11	0.95

表 11-37　几种铝合金搅拌摩擦焊接头的 CTOD 试验数据

焊接合金	CTOD(δ_s)/m · mm^{-1}		
	母材	焊缝	塑性流动区及热影响区
5005 H14 （板厚，3mm）	0.43	1.62	1.47
	0.34	1.68	1.52
	0.29	1.41	1.20

焊接合金	$CTOD(\delta_s)/m \cdot mm^{-1}$		
	母材	焊缝	塑性流动区及热影响区
5005 H14 （板厚，3mm）	0.31	0.23	0.21
	0.29	0.23	0.18
	0.29	0.21	—
6001 H6 （板厚，5mm）	0.28	1.01	0.62
	0.31	0.95	0.66
	0.24	0.92	0.61
7020 T6 （板厚，5mm）	0.41	0.52	评价中
	0.39	0.44	
	0.39	—	

注：CTOD（crack-tip openiag displacement）是评定金属材料抗脆性断裂性能的指标。

11.3.2.6　城轨车厢侧墙板搅拌摩擦焊工艺设计及组装焊接(举例)

通常，城轨车辆墙板采用对 6005A 铝合金型材接焊组装工艺，其中主要采用对焊工艺。下面举例说明侧墙板的搅拌摩擦焊的焊接工艺。

A　搅拌摩擦焊焊接基本工艺参数

基本工艺参数包括以下方面：焊接倾角、搅拌头结构类型、主轴旋转速度、焊接速度、压入量和滞留时间。

（1）焊接倾角。焊接倾角保持为 2.5°。

（2）搅拌头选择。搅拌头轴肩：$\phi12mm$；搅拌针长：（4.75±0.05）mm；轴肩形式：外凸螺旋槽；搅拌针形式：锥形、带螺纹。

（3）焊接参数。主轴旋转方向：反转；主轴转速：1400r/min；焊接速度：600mm/min；压入量：0.2~0.4mm；起始滞留时间：10s；结束滞留时间：3s。

B　型材来料控制

检查确定侧墙板型材产品材料牌号、状态是否符合设计要求 6005A T6，型材外形尺寸必须严格满足相应图纸要求，按照图纸检查零件装配情况，如发现零件外形尺寸及装配与图纸不符，应及时对零件进行隔离处理。

C　设备控制

焊接设备采用北京赛福斯特有限公司提供的龙门式搅拌摩擦焊专用设备，应为完好、在有效状态。

D　工艺过程

工艺过程为：

（1）零件预装配检验。按照图纸对零件进行预装配，在无机械力作用下，用塞尺测量对接间隙，要求对接间隙小于 0.5mm，上下搭接间隙之和小于 0.4mm。

（2）夹具定位找正。安装夹具，以固定的侧顶板为基准，打表测量其直线度，要求直线度小于 0.1mm/全长。

（3）焊接区域打磨擦拭。机械打磨接头处的氧化皮，并用酒精或丙酮擦拭待焊区域。

（4）将 5 块型材按照图纸进行装配。

（5）检查装配情况。检查在压紧状态下，焊缝背面是否刚性支撑良好，侧顶及压紧力施加是否可靠。

（6）侧墙板平面焊接。焊接过程中注意观察焊缝表面成型，要求焊缝表面平整光亮。如出现表面沟槽等缺陷，应及时终止焊接操作，检查设备及夹具压紧情况，排除后补焊工艺进行补焊。

（7）焊缝外观质量检查。焊接结束后检查尾孔质量。记录检查结果，填写焊接记录。要求尾孔内无孔洞型缺陷，若出现孔洞型缺陷，清除后，按补焊工艺补焊。同一部位允许补焊的次数不超过两次。

（8）翻转侧墙板进行凸面焊接。

（9）焊缝外观质量检查。

（10）卸除零件。

（11）平面度检测。检测组焊后侧墙板的平面度，要求平面度不大于 2mm。

搅拌摩擦焊接的城轨车辆的铝合金侧墙板如图 11-13 所示，焊缝表面成型美观，焊后变形非常小，以 2.5m 的平尺及塞尺测量整个幅面内的平面度，各处的平面度大多可控制在 1mm，整个侧墙平面度不超过 2mm，完全达到设计的技术要求。

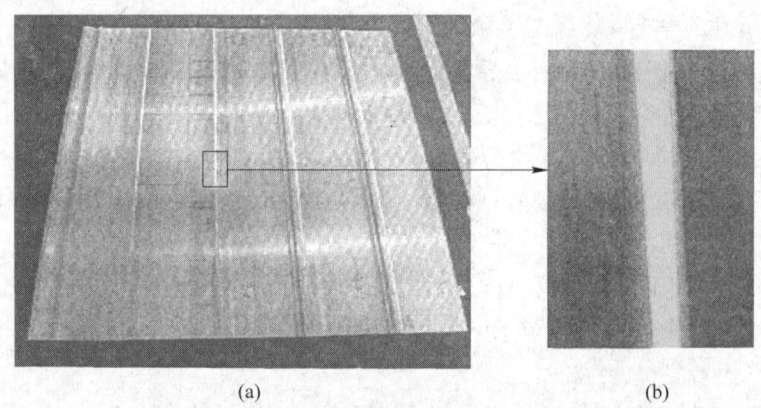

（a）　　　　　　　　　　　　　　　　　　（b）

图 11-13　搅拌摩擦焊接的城轨交通车辆铝合金侧墙板

（a）搅拌摩擦焊车辆车体侧墙板；（b）FSW 焊缝外观

11.3.2.7　搅拌摩擦焊接的主要缺陷

搅拌摩擦焊接缺陷主要分为内部和表面缺陷两大类。表面缺陷主要有飞边、匙孔、凹陷、毛刺、起皮、背部黏连及表面犁沟等；内部焊接缺陷主要包括假焊、孔洞及氧化物夹杂等。

（1）飞边。摩擦焊接后在焊缝一侧或两侧卷起的金属称为飞边，其产生原因为摩擦焊接搅拌头压入量过大。为了防止摩擦搅拌焊接飞边的产生，一方面要确保焊接母材厚度基本上保持一致；另一方面要保证搅拌针长度与焊接母材厚度相匹配。

（2）毛刺。正常搅拌摩擦焊接的焊缝表面呈均匀鱼鳞状纹路。如果焊接母材黏度较高，或者焊接热输入量过大，焊缝表面会出现毛刺。为了防止铝合金搅拌摩擦焊接过程中表面毛刺的产生，一是提高焊接母材表面光洁度，或者对焊接母材表面进行酸洗、酒精擦拭。此外，通过调整摩擦搅拌焊接的工艺参数，以确保焊接过程中热输入适中，以避免焊接毛刺的产生。

（3）起皮。搅拌摩擦焊接焊缝上表面所产生的鼓起的麸皮状缺陷，并伴有焊缝表面纹路不清现象，称之为起皮。这种现象与焊接过程中热输入及被焊接材料特性有关。防止该类焊接缺陷产生的措施有：尽量保证焊接过程中热输入量不要过大，降低摩擦针转速，减小摩擦头压入量，同时提高焊接材料材质，尽量采用没有夹杂、疏松的焊接材料。

（4）焊缝表面下陷。焊缝表面下陷是指焊缝表面比母材低，其主要原因是搅拌头压入量过大引起焊缝减薄。

（5）表面犁沟。搅拌摩擦焊接焊缝表面犁沟一般位于焊缝前进侧，该种缺陷由于焊接过程中热输量严重不足，导致焊接母材流动性不充分，应根据焊接材料选择合理的焊接工艺参数对搅拌摩擦焊接尤为重要。

（6）背部间隙。所谓背部间隙是指焊缝背面在焊接母材背面未焊合所导致的间隙。该焊接缺陷可严重影响焊缝的力学性能，导致该焊接缺陷的原因主要有搅拌针过短、搅拌针压下量不够、装配时焊接母材界面间隙过大等。

（7）内部孔洞。搅拌摩擦焊接焊缝组织内部通常存在虫状、隧道状等孔洞缺陷。隧道型孔洞主要是由于搅拌头外形尺寸不合理、焊接件装配不合格（如存在板厚差异、明显对接间隙等）或焊接工艺参数选择不当所造成。在焊接过程中搅拌头旋转速度过大或过小均可导致隧道型内部孔洞。

11.3.3 铝合金型材搅拌摩擦焊技术的应用

搅拌摩擦焊作为一种轻合金材料连接的优选焊接技术，已经从技术研发，迈向高层次的工程化和工业化应用阶段，形成了一个新的产业。搅拌摩擦焊设备的制造、搅拌摩擦焊产品的加工，如在美国的宇航制造工业、北欧的船舶制造工业、日本的高速列车制造等制造领域。近些年，我国在搅拌摩擦焊技术与装备上也发展迅速，已经将该技术应用于轨道交通、高速铁路车厢的生产和制造。

11.3.3.1 搅拌摩擦焊在船舶制造工业的应用

早在 1995 年，挪威 Hydro Marine Aluminium 公司就将 FSW 技术应用于船舶结构件的制造，采用搅拌摩擦焊技术将普通型材拼接，制造用于造船业的宽幅型材，如图 11-14 所示。

该焊接设备以及工艺已经获得 Det Norske Veritas 和 Germanischer Lloyd 的认可。从 1996~1999 年，已经成功焊接了 1700 块船舶面板。在造船领域，搅拌摩擦焊适用面很宽：船甲板、侧板、船头、壳体、船舱防水壁板和地板，船舶的上层铝合金建筑结构，直升机起降平台，离岸水上观测站，船舶码头，水下工具和海洋运输工具，帆船的桅杆及结构件，船上制冷设备用的中空挤压铝板等。

图 11-14　挪威采用搅拌摩擦焊技术
制造船用宽幅铝合金型板

11.3.3.2　搅拌摩擦焊在航空航天工业的应用

航空航天飞行器铝合金结构件，如飞机机翼壁板、运载火箭燃料储箱等，选材多采用高性能 2000 及 7000 系列铝合金材料；但是这些材料的熔焊焊接性较差。而搅拌摩擦焊可以实现将这些系列铝合金的优质连接。国外已经在飞机、火箭等宇航飞行器上得到应用。

采用搅拌摩擦焊提高了生产效率，降低了生产成本，对航空航天工业来说有着明显的经济效益。波音公司首先在加州的 Huntington Beach 工厂将搅拌摩擦焊应用于 Delta II 运载火箭 4.8m 高的中间舱段的制造（纵缝，厚度 22.22mm，2014 铝合金），该运载火箭于 1999 年 8 月 17 日成功发射升空。2001 年 4 月 7 日，"火星探索号" 发射升空，采用搅拌摩擦焊技术，压力贮箱焊缝接头强度提高了 30%，搅拌摩擦焊制造技术首次在压力结构件上得到可靠的应用。

波音公司在阿拉巴马州的 Decatur 工厂将搅拌摩擦焊技术用于制造 Delta Ⅳ 运载火箭中心助推器。Delian 运载火箭贮箱直径为 5m，材料改为 2219，T87 铝合金。到 2002 年 4 月为止，搅拌摩擦焊已成功焊接了 2100m 无缺陷焊缝应用于 Delta Ⅱ 火箭，1200m 无缺陷焊缝应用于 Delta Ⅳ 火箭。采用搅拌摩擦焊节约了 60% 的成本，制造周期由 23 天降低为 6 天。

欧洲 Fokker 宇航公司将搅拌摩擦焊技术用于 Ariane 5 发动机主承力框的制造，如图 11-15 所示，承力框的材料为 7075，T7351，主体结构由 12 块整体加工的带翼状加强的平板连接而成，结构制造中用搅拌摩擦焊代替了螺栓连接，为零件之间的连接和装配提供了较大的裕度，并可减轻结构重量，提高生产效率。

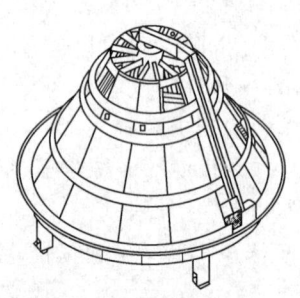

图 11-15　欧洲 Fokker Space 公司采用 FSW 制造 Ariane 5 发动机主承力框

目前，搅拌摩擦焊在飞机制造领域的开发和应用还处于验证阶段，主要利用 FSW 技术实现飞机蒙皮和桁梁、筋条、加强件之间的连接，框架之间的连接、飞机预成型件的安装、飞机壁板和地板的焊接、飞机结构件和蒙皮的在役修理等，这些方面的搅拌摩擦焊的制造技术，已经在军用和民用飞机上得到验证飞行和部分应用。另外波音公司还成功地实现了飞机起落架舱门复杂曲线的搅拌摩擦焊焊接。

美国 Eclipse 飞机制造公司斥资 3 亿美元用于搅拌摩擦焊的飞机制造计划，其制造的第一架搅拌摩擦焊商用喷气客机（Eclipse 500），如图 11-16 所示，于 2002 年 8 月在美国进行了首飞测试。其机身蒙皮、翼肋、弦状支撑、飞机地板以及结构件的装配等铆接工序均由搅拌摩擦焊替代，提高了生产效率、节约了制造成本并且减轻了机身重量。

11.3.3.3 搅拌摩擦焊在汽车工业中的应用

为了提高运载能力和速度，汽车制造呈现出材料多样化、轻量化、高强度化的发展趋势，铝合金、镁合金等轻质合金材料所占的比重越来越大，相应的结构以及接头形式都在设法改进。搅拌摩擦焊技术的发明恰好满足了这种新材料、新结构对新型连接技术的需求。挪威 Hydro 公司采用搅拌摩擦焊技术制造汽车轮毂，将铸造或锻造的中心零件与锻铝制造的辐条连接起来，以获得良好的载荷传递性能并减轻重量。

美国 Tower 汽车公司采用搅拌摩擦焊制造汽车用悬挂连接臂，取得了很大经济效益。

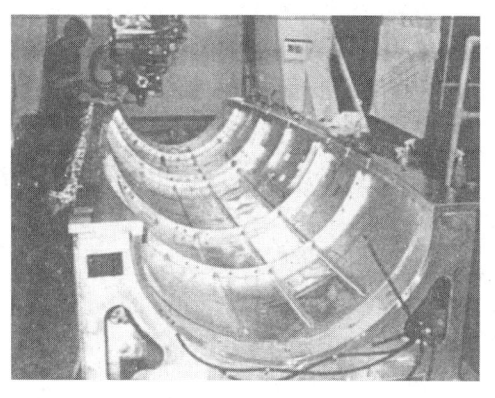

图 11-16　Eclipse 500 型商用喷气客机的搅拌摩擦焊焊接构件之一

另外，该公司还将搅拌摩擦焊技术用于缝合不等厚板坯料（tailored welded blanks）的制造；采用缝合坯料，在优化结构强度和刚度设计的同时，既大大减少了汽车制造中模具的数量，又缩短了工艺流程。

目前，搅拌摩擦焊在汽车制造工业中的应用主要为：发动机引擎和汽车底盘车身支架、汽车轮毂、液压成型管附件、汽车车门预成型件、轿车车体空间框架、卡车车体、载货车的尾部升降平台汽车起重器、汽车燃料箱、旅行车车体、摩托车和自行车框架、铝合金汽车修理、镁合金和铝合金的连接。

11.3.3.4 搅拌摩擦焊在城轨车辆上的应用

城轨车辆铝合金车体一般采用整体承载式全焊接结构，主要由底架、侧墙、端墙、车顶及附件等部件组成，其中底架由端部结构、底架边梁、地板等组成。主要结构材料均为大型铝合金中空挤压型材，挤压型材的材料主要为 6000 系列铝合金，结构部件的挤压件大多采用 6005A，在较高强度区域采用 6082 铝合金，低应力区域的非结构部件采用 6060；对于部分小部件，考虑到它们各自的强度要求，可采用 5083.H111（板材）或与其相似的材料。焊件厚度一般在 2~50mm 范围。

在轨道交通行业，随着列车速度的不断提高，对列车减轻自重，提高接头强度及结构安全性要求越来越高。由于搅拌摩擦焊的焊接头强度优于 MIG 焊焊接接头，并且缺陷率低，制造成本低，所以目前高速列车的制造，采用 FSW 技术已成为主流趋势。FSW 不产生 MIG 焊的堆高及背部余高。此外，与传统的 MIG 焊及 TIG 焊接相比，因为热变形引起的焊接变形少，故可省略外板侧焊道的精整工艺，可减少焊接变形的校正工时。

在国外，FSW 用于轨道列车的生产已经超过 10 年，焊接车型数十种，焊接车辆上千辆，技术稳定，工艺成熟。所有欧洲、日本的著名列车制造商都在采用 FSW 技术，包括 Alstom、Bombardier、日立、川崎重工、住友轻金属工业、日本车辆制造等。FSW 在列车中的应用广泛，涉及的焊接位置有：顶板、壁板、地板、列车底架以及最终组装。

11.3.3.5 我国在搅拌摩擦焊上的应用

2002 年，在中国航空工业集团，北京航空制造工程研究所与英国焊接研究所共同签署关于搅拌摩擦焊专利技术许可、技术研发及市场开拓等领域的合作协议的基础上，中国第一家专业化的搅拌摩擦焊技术授权公司——中国搅拌摩擦焊中心，即北京赛福斯特技术有限公司成立，标志着搅拌摩擦焊技术在中国市场的研发及工程应用工作的正式开启。

　　搅拌摩擦焊作为一种多学科交汇的新方法，可以发展出纵缝焊接、环缝焊接、无匙孔焊接、变截面焊接、自支撑双面焊接、空间 3D 曲线焊接、搅拌摩擦点焊、回填式点焊、搅拌摩擦焊表面改性处理、搅拌摩擦焊超塑性材料加工等多种连接加工方法和技术。

　　历经近十年的快速发展，赛福斯特公司已成功开发了 60 余套搅拌摩擦焊设备，将搅拌摩擦焊技术应用于我国航空、航天、船舶、列车、汽车、电子、电力等工业领域中，创造了可观的社会经济效益，为铝、镁、铜、钛、钢等金属材料提供了完美的技术解决方法，为国内外用户提供了不同类型、不同用途的搅拌摩擦焊工业产品加工，包括：航天筒体结构件、航空薄壁结构件、船舶宽幅带筋板、高速列车车体结构、大厚度雷达面板、汽车轮毂、集装箱型材壁板、各种结构散热器及热沉器等。图 11-17 所示是搅拌摩擦焊接大型带筋的铝合金板材，图 11-18 所示是搅拌摩擦焊接船用铝合金大板材，图 11-19 所示是搅拌摩擦焊接铝合金高速列车车厢底，图 11-20 所示是采用搅拌摩擦焊接的铝合金车厢。

图 11-17　搅拌摩擦焊接大型带筋的铝合金板

图 11-18　搅拌摩擦焊接船用铝合金大板

图 11-19　搅拌摩擦焊接铝合金高速列车车厢底板

图 11-20　采用搅拌摩擦焊接的铝合金高铁车厢

11.4　铝合金与其他金属的焊接

11.4.1　异种金属间焊接的特点

11.4.1.1　异种金属间焊接的复杂性

工程上常涉及到跨金属间母材的焊接。异种金属由于材料在物理性能上（如熔点、线膨胀系数等）、力学性能（如屈服强度、硬度及伸长率等）和化学性质（如热力学相容性、抗氧化能力等）的差异，导致焊接工艺的复杂性，其具体表现为：

（1）金属材料间熔点差异悬殊导致焊接过程中凝固的非一致性，低熔点母材一侧熔池发生过热、沸腾，甚至气化现象，高熔点母材甚至仍处于未熔化状态。

（2）两种金属材料线性膨胀系数相差越大，焊缝出现热裂纹概率越高。

（3）金属间粗大块状共晶组织的形成，导致焊接组织的脆性断裂。

（4）电磁性能的差异，导致异种金属常规电弧焊接工艺的困难。

（5）气、固态杂质元素在金属母材中溶解度的差异，导致焊缝组织中气泡或晶间杂质相的析出。

（6）焊接母材强度差异过大，导致低强度母材一侧发生局部变形或开裂。

（7）其中一种母材抗氧化能力较弱，导致焊缝界面结合强度低，或焊缝分布有氧化物颗粒。

（8）异种金属母材晶格类型、晶格常数差异较大，致使焊接母材热力学相容性较差，从而焊缝化学成分与力学性能表现出非连续性。

11.4.1.2　异种金属材料的焊缝结构

异种金属材料焊接方式通常分为母材 A 与母材 B 直接熔合或通过焊剂金属将母材 A 和 B 连接起来两种方式。母材 A 与母材 B 直接焊合时（如采用 TIG 等方法），焊缝只形成一个熔合区，即母材金属与焊缝化学成分过渡区；通过焊剂金属 C 将母材 A 与母材 B 焊接时，焊缝形成两个熔合区。焊缝化学成分变化及合金元素的分布直接影响焊缝组织形态及力学性能的均一性，异种金属母材焊缝会出现化学成分的稀释现象。

11.4.1.3　异种金属材料焊接的焊接性及其焊接质量

异种金属的焊接性能取决于焊接母材热力学与物理性质，金属母材间热力学相容性为焊接工艺性能的决定因素，如果两种母材相互固溶度较大或无限互溶，焊接时可形成较稳固的冶金结合；如果两种焊接母材互不相溶，或两者之间形成粗大金属间化合物或共晶组织，则两者金属焊接性能很差或无可焊性，此时需要借助第三种金属来进行过渡焊接。铝合金与其他金属的焊接可采用传统的电弧焊，可与铝合金进行电弧焊接的金属及合金有：锡青铜、钛合金、高合金钢、可伐合金和硬质合金等。铝合金与其他金属间电弧焊接的成功与否，主要依赖于焊条的选择及所采用焊接工艺正确与否；铝合金与钛合金、镍基合金及镁合金之间也可采用等离子弧焊接；铝合金的管、型材采用爆炸焊接工艺可与多种合金实现冶金连接，如铝合金与镁合金、钛合金、镍基合金及不锈钢等；如果要求较高质量的焊接质量与焊缝强度，可采用搅拌摩擦焊及真空电子束焊，如铝、镁合金的搅拌摩擦焊接可避免常规电弧焊工艺导致的气孔和焊接微裂纹等缺陷。

11.4.2　异种金属焊接的主要方法及应用

11.4.2.1　异种金属间的熔焊

常规熔焊工艺包括氧乙炔焊、电弧焊、气体保护电弧焊及电渣焊等。熔焊具有操作方便、设备简易、工艺简单、效率高及成本低等优势。异种金属的常规熔焊工艺主要应用于同类金属的不同牌号材料间的焊接（如不同系列铝合金之间的焊接），及那些具有良好的热力学相容性、物理和化学性质接近（如熔点、线膨胀系数、氧化趋势及电磁特性等）的跨金属材料间的焊接。同时，对那些物理、化学性质相差不是特别悬殊，且对焊缝质量与焊接强度要求不高的异种金属间连接也可酌情考虑采用此类焊接工艺。在一些场合下，铝合金与镁合金、铜合金（锡青铜）、钛合金、银金属等可采用常规熔焊工艺进行焊接。

11.4.2.2　异种金属间搅拌摩擦焊接

搅拌摩擦焊（FSW）是一种金属间固态结合技术，通过搅拌头高速旋转，使异种金属母材在界面产生塑性变形，从而发生扩散与再结晶而达到冶金结合的一种焊接技术。搅拌摩擦焊接头部分可分为四个不同区域，即母材区、热影响区、热机械影响区和搅拌区。热影响区组织基本没有受到机械搅拌作用，晶粒未发生变形，在热摩擦热影响下，其晶粒尺寸有所长大；热机械影响区位于热影响区与搅拌区的过渡区，在机械搅拌拉伸作用下，晶粒明显变形，呈流线拉长组织；而搅拌区组织在搅拌头的机械搅拌和摩擦热的作用下，发生动态再结晶，得到了细小的等轴晶组织。

11.4.2.3　异种金属间的电子束焊接

高能电子束焊接是在真空环境下采用经过聚焦的高速电子束对小面积区域进行轰击而达到快速加热、快速凝固目的。该种焊接方式具有加热面积小，热输入集中，焊接变形小，焊缝质量好，焊接强度高等优点。电子束焊接可焊材料范围广，适用于那些物理性能差异较大、尺寸形状不同的异种金属材料的焊接。电子束焊接常用接头方式有对接、角接、T形接、搭接及端接等。电子束焊斑点直径小，一般不需要添加焊料。电子束焊接最常用的接头方式为对接，对接异种母材时常需要安装夹具，带锁口的对接端口便于焊接母材的对齐；电子束焊接也常采用"T"形接头，采用单面T形焊接方式，有利于减少异种母材间的残余应力。熔透焊缝主要适用于壁厚小于0.2mm的异种焊接母材间的焊接，母材的壁厚大于1.5mm时采用搭接焊接方式。在焊接过程中，加大加速电压可使熔孔的深宽比提高，而增加电子束电流将导致熔宽、熔深均明显变大；电子束聚焦程度的提高可使熔孔孔深增大。铝合金熔点低，表面易氧化且在焊接过程中容易产生细微气孔，故在进行电子束焊接前需对焊接表面进行去氧化膜处理，同时为了防止气孔形成，改善焊缝质量，铝型材的焊接速度应不超过120mm/min。对于壁厚小于40mm的铝型材，焊接速度可高于60mm/min，壁厚大于40mm的铝型材，焊接速度应小于60mm/min。

11.4.2.4　异种金属材料爆炸复合焊接

爆炸复合焊接是利用炸药冲击波的能量使两种金属母材发生高速碰撞，以达到两种金属母材界面冶金结合的工艺。与传统焊接工艺相比，爆炸复合焊接可实现异种金属母材面的冶金结合，将熔点、强度、膨胀系数等性能差异悬殊金属母材结合在一起，并且具有良好的焊接强度。由于爆炸复合过程影响因素很多，且众参数影响十分复杂，因而爆炸复合工艺参数的精确控制存在一定困难。爆炸复合参数主要分为静态参数、动态参数和结合区参数三类，静态参数主要包括炸药的种类及组分、单位面积装药量以及覆板与基板面间距等；爆炸动态参数主要包括炸药爆轰速率（v_d）、焊接速度（v_{cp}）覆板冲击速度（v_p）及再入射流速度（v_f）等。

　　A　炸药主要参数

炸药的主要参数包括炸药的爆轰速率（v_d）、绝热指数（r）及装药密度（ρ_o）等。炸药的爆炸速度主要是指爆炸进入稳定状态时，爆炸波的传播速度，一般爆炸速度不要超过焊接母材声音传播速度的1.2倍。炸药的组分、炸药密度、炸药厚度、药包尺寸、炸药含水量及炸药组分颗粒大小等均会对炸药爆轰速度产生影响。

爆炸复合一般采用掺有稀释剂的低速炸药，常见的稀释剂有膨胀珍珠岩、食盐、木粉及玻璃微球等。在2号岩石硝氨炸药中分别加入不同比例食盐和膨胀珍珠岩后爆速与密度见表11-38和表11-39。在2号岩石硝氨炸药中同时加入不同比例食盐和膨胀珍珠岩后的爆速与密度见表11-40。

表 11-38　在 2 号岩石硝氨炸药中加入不同比例的食盐后爆速与密度一览表

食盐比例/%	5	10	15	20	25	30
密度/g·cm^{-3}	0.935	0.968	0.993	1.031	1.059	1.090
爆速/m·s^{-1}	3421	3198	3054	2947	2975	未爆

表 11-39　在 2 号岩石硝氨炸药中加入不同比例的膨胀珍珠岩后爆速与密度一览表

膨胀珍珠岩比例/%	5	10	15	20	25	30
密度/g·cm^{-3}	0.928	0.911	0.884	0.863	0.837	0.801
爆速/m·s^{-1}	3201	3054	2968	2811	2687	2516（引爆）

表 11-40　在 2 号岩石硝氨炸药中同时加入不同比例的食盐和膨胀珍珠岩后的爆速与密度一览表

炸药组分 （2 号岩石硝氨炸药：食盐：膨胀珍珠岩）	密度/g·cm^{-3}	平均爆速/m·s^{-1}
95.0∶2.5∶2.5	0.931	3042
92.5∶5.0∶2.5	0.929	2944
90.0∶5.0∶5.0	0.923	2810
87.5∶7.5∶5.0	0.825	2731
85.0∶7.5∶7.5	0.907	2609
82.5∶10.0∶7.5	0.909	2521
80.0∶10.0∶10.0	0.889	2406
77.5∶12.5∶10.0	0.884	2616
75.0∶12.5∶12.5	0.865	2247
72.5∶15.0∶12.5	0.866	2135
70.0∶15.0∶15.0	0.841	2408
60.0∶20.0∶20.0	0.817	1892（引爆）

乳化炸药中添加不同比例的食盐的爆炸速度见表 11-41。

表 11-41　乳化炸药中添加不同比例食盐的爆炸速度

序号	NaCl 比例/%	平均爆速/m · s^{-1}
1	5.0	2550
2	10.0	2350
3	20.0	2150
4	30.0	1950
5	40.0	1450
6	46.0	未起爆

B　覆板与基板的位置参数

为了保证覆板在爆炸作用下被加速到足够快的速度，覆板与基板之间需要设置一定的距离。覆板与基板的间距可用下面经验公式估算：

$$s = 0.2(\delta_1 + H) \tag{11-1}$$

式中　　δ_1——覆板厚度；

H——炸药厚度。

C　爆炸复合工艺窗口

异种金属母材通过爆炸复合时界面冶金结合成功与否，主要取决于爆炸碰撞时能否产生射流，焊接母材界面是否熔化并形成波形结合区。因而，合理选择爆炸速度参数至关重要。爆炸复合所产生的碰撞压力取决于覆板飞速，而覆板的运动速率又主要取决于炸药的种类和厚度。爆炸速度过小，不足以产生射流，无法实现异种金属母材的实质性冶金结合。当碰撞点速度小于一临界值时，将导致平直界面结合区。这一临界碰撞速度 v_{pmin} 可由式（11-2）求得：

$$v_{pmin} = \sqrt{\frac{2R_c(H_1 + H_2)}{\rho_1 + \rho_2}} \tag{11-2}$$

式中　　R_c——雷诺数，取值范围在 8~13 之间；

H_1，H_2——覆材与基材的维氏硬度；

ρ_1，ρ_2——覆材与基材的密度。

覆材碰撞速度过大，会导致金属母材界面熔化较严重，反而使界面结合强度大幅下降，因而覆材对基材的相对碰撞速度应小于 v_{pmax}，其值可由式（11-3）求得。

$$v_{pmax} = \frac{1}{N} \frac{(\sqrt{T_m}v_s)}{v_{cp}} \left(\frac{kcv_s}{\rho t_f}\right)^{\frac{1}{4}} \tag{11-3}$$

式中　　T_m——材料的熔点；

v_s——材料的体积声速；

v_{cp}——碰撞点移动速度；

k——热导率；

c——比热容；

ρ——密度；

t_f——覆板厚度；

N——量纲系数。

在爆炸焊接过程中，覆板与基板的压合过程中会产生所谓的边界效应，来自两侧的稀疏波使得覆板边缘一段距离内有效焊合。为了消除爆炸复合过程中的边界效应，通常采用减小覆板与基板面间距和安装角度、加大药包面积等措施。

11.4.2.5　异种金属母材的扩散焊接

扩散焊接是指两种金属母材在一定的温度和压力条件下，焊接母材在界面产生微塑性变形或局部熔融，导致母材间相互原子扩散，从而实现两种金属母材的冶金结合。扩散焊接具有焊接强度高、变形小、压接吨位小等优点，适合于异种金属母材或塑性较差材料的焊接。其缺点是生产效率低，焊接件尺寸受限制，焊接表面预处理工艺较复杂及设备投资大等。在扩散焊接工艺中有时需要在界面置放中间层材料，也称钎料，常以箔或涂层形式加入。钎料的成分与焊接母材相近，常含有能降低熔点又能在母材中迅速扩散的元素，如B、Si 和 Be 等元素。扩散焊接可在真空或保护气氛下进行，在条件许可或焊接母材及钎料中不含易挥发性元素情况下，可采用真空扩散焊接方式，否则需在保护气氛中进行（如惰性气体或还原性气体）。扩散焊接加压方式主要有机械加压、热胀差力加压、气体加压及热等静压加压等方式。机械加压设备简单、操作方便，但焊接面各点承压均匀性较差；利用保护气体对焊接面施加压力，可保证各点压力的均匀性，比较适合板材大面积的扩散焊接；而热等静压则是利用高压气体从四周对工件进行全方位均匀施压。扩散焊接的加热方式有电阻丝辐射加热、感应加热及界面电阻发热三种方式。

扩散焊接的工艺参数主要有温度、压力及保温时间，其中温度为扩散焊接最重要的工艺参数。对于固相扩散焊接，保温温度主要受焊接母材的相变、再结晶温度及夹具高温强度所限制，一般情况下，保温温度越高，原子扩散速度越快，焊接母材界面强度越高。大多数情况下，焊接母材的扩散焊接温度为 $0.6 \sim 0.8 T_m$（K）（T_m 为熔点）。液相扩散的温度要略高于共晶温度或金属母材的熔点。扩散焊接界面压力越大有助于焊接强度的提高，大的压力可导致界面较大的塑性变形，再结晶温度的降低，晶界迁移速度加快，同时还能减少甚至消除扩散过程中形成的孔洞。除了热等静压扩散焊接外，一般外加压力控制在 $0.5 \sim 50$MPa 之间。扩散焊接的保温时间是指原子在金属母材界面处的扩散时间，保温时间的选取应视扩散温度和压力大小而定。表 11-42 列举了铝及铝合金与铜及不锈钢的扩散焊接的工艺参数。

表 11-42　铝及铝合金与铜及不锈钢的扩散焊接的工艺参数

焊接母材	焊接温度/℃	焊接压力/MPa	保温时间/min
Al+Cu	500	9.8	10
5A06+不锈钢	550	13.7	15
Al+钢	460	1.9	15

11.4.2.6　异种金属母材的冷压焊接和热压焊接

A　冷压焊接

与扩散焊和搅拌摩擦焊不同，冷压焊过程中既无原子的扩散也无界面的再结晶现象。

冷压焊最大的优点是在焊接过程中不存在软化区、热影响区及熔化区，也没有粗大的金属间化合物颗粒的形成，异种金属母材的结合完全依靠变形导致界面金属原子的键合。在进行冷压焊之前，焊接母材界面必须将表面氧化膜清除掉。冷压焊的实现包括三个过程：一是界面氧化膜的破坏；二是塑性变形使杂质和氧化膜挤出界面；三是凸凹不平的接触面在变形下相互镶合，使焊接母材的原子在界面近距离键合。实现冷压焊所需的变形力不仅与焊接母材的力学性能与化学性能有关，而且还与焊接母材表面状态及焊接环境有关。一般情况下，冷压焊所需的压力由真空-保护气氛-大气环境依次加大。

冷压焊特别适合于在熔化焊过程中界面产生粗大脆性第二相的异种金属母材的焊接，尤其适合于变形铝合金与铜合金的焊接，这样不仅焊接强度高，而且对焊接母材的原始状态没有影响。冷压焊接头主要分为搭接与对接两种方式，厚度为 0.01~20mm 的箔材、带材和板材可用搭接方式进行冷压焊。断面面积为 0.5~500mm² 的型材、棒材及管材等均可用对接方式进行冷压焊接。铝与铜冷压焊中不同压力所对应的断面积见表 11-43。

表 11-43　铝与铜冷压焊中不同压力所对应的断面积

压力/kN	≤49	196	392	784	1176
截面积/mm²	0.5~20	20~120	20~250	50~600	100~1000

B　热压焊接

热压焊接原理与冷压焊接是一致，所不同的是焊接温度不同，热压焊温度较高，金属原子扩散能力提高，因而需要的焊接压力较小，焊接时间短。

热压焊的加热方式可分为工作台加热、压头加热及两者共同加热两种方式。采用工作台加热具有焊接温度精确可调、温度较稳定等优点，其缺点是加热时间比较长，消耗电能；采用压头加热结构紧凑、简单，但焊接温度较难精确控制。两者同时加热，设备结构比较复杂，但温度调节比较容易，且在较短时间内实现牢固的焊接。热压焊的压头可分为楔形压头（扁平焊点）、空心压头、槽形压头及带凸缘（轴肩）的压头四种。

11.4.3　铝合金与其他金属焊接实例

11.4.3.1　变形铝合金与镁合金的焊接工艺

镁在铝基体中具有较大固溶度，且两者熔点接近（镁熔点为 650℃，铝熔点为 660℃），但镁合金的化学性质较活泼，表面易氧化，且和铝合金易形成低熔点、粗大第二相 $Al_{17}Mg_{12}$（γ 相）与 Al_3Mg_2，常规的熔焊易导致焊缝强度过低或焊接缺陷。将镁合金 AM50 或 AZ31 与铝合金 6063 进行 MIG 焊接，分别采用纯 Al、Al-10%Sr、4043 铝合金及镁合金 AZ92 合金作为电极，均得到较低的焊缝强度，其原因为晶界粗大共晶相 $Al_{17}(MgZn)_{12}$ 的分布。真空电子束焊及扩散焊也未能大幅改善铝、镁合金的焊缝性能，铝合金由于反射率、散射率太高，导热率过大，激光焊接存在一定困难。工业纯铝、5456 合金与 AZ51 镁合金、MB8 镁合金（Mg-2.0%Mn+其他）之间进行爆炸焊接，可以得到与基板近乎等强度的焊接。

在物理性能匹配方面，镁合金较铝合金有着较大的线膨胀系数，因而在焊接过程中容易产生焊接裂纹，需在焊接前进行预热。表 11-44 为铝和镁的物理、化学性能的对比。目前，铝合金与镁合金的常规焊接存在以下三个挑战：一是铝和镁之间形成粗大金属间化合物相 $Al_{12}Mg_{17}$ 和 Al_3Mg_2 等，导致焊缝力学性能的急剧下降；二是镁合金化学性质尤为活泼，在焊接过程中极易发生氧化、燃烧现象，导致焊缝中形成夹杂、裂纹及未焊合等缺陷；三是镁合金携带较多的氢元素，导致焊缝凝固过程中富铝侧氢的析出而形成大量微孔。

表 11-44 铝和镁的物理、化学性能的对比

项目	熔点/℃	比热容/J·(kg·K)⁻¹	热导率/W·(m·K)⁻¹	线膨胀系数/℃	氢的最大溶解度与凝固溶解度之比	比电阻/Ω·cm⁻¹
铝	660	1.047	221.90	$24×10^{-6}$	61	$2.75×10^{-6}$
镁	650	0.921	159.10	$27×10^{-6}$	2.5	$4.5×10^{-6}$

5052 合金板材与 AZ31 镁合金板材的搅拌摩擦焊（FSW）焊接工艺。搅拌摩擦焊接通过两种金属在连接界面发生变形与再结晶，从而融为一体。由于焊接过程中不破坏焊接母材的原始组织形态，同时由于焊缝为变形再结晶组织，焊接组织的力学性能接近或超过母材的力学性能。采用搅拌摩擦焊（FSW）工艺来进行铝合金（5052）与镁合金（AZ31）的焊接，可得到较为理想焊接力学性能。5052 铝合金与 AZ31 镁合金的化学成分见表 11-45；5052 铝合金与 AZ31 镁合金摩擦焊接（FSW）工艺参数见表 11-46；搅拌摩擦焊接的焊缝与母材显微硬度对比如图 11-21 所示。

表 11-45 5052 铝合金与 AZ31 镁合金的化学成分（质量分数）   （%）

合金	Al	Zn	Si	Mn	Cu	Fe	Cr	Mg
AZ31	2.74	0.75	0.02	0.294	—	—	—	余量
5052	余量	0.01	0.1	0.03	0.02	0.24	0.15	2.46

表 11-46 5052 铝合金与 AZ31 镁合金摩擦焊接（FSW）工艺参数

前进侧	后退侧	旋转速度/r·min⁻¹	焊接速度/mm·min⁻¹	轴肩直径/mm	搅拌针直径/mm	搅拌针倾角/(°)
5052	AZ31	600	40	15	6	2

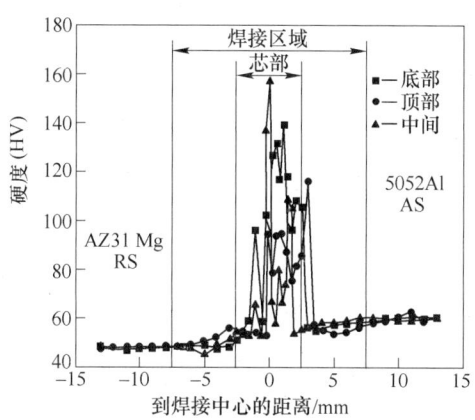

图 11-21 5052 铝合金与 AZ31 镁合金 FSW 焊接的焊缝与母材显微硬度对比

11.4.3.2　2A12 铝合金板材与 TA1 钛板的爆炸焊接工艺

试验采用爆炸焊接工艺将 2A12 铝合金板材与 TA1 钛板进行复合（焊接母材的化学成分见表 11-47），其工艺流程为：覆板与基板的表面清洁、去氧化皮—炸药、药盒、支撑物和保护层的准备—在沙基上进行工艺安装—起爆（边部起爆）—复合板进行内在及表观质量检查—退火。2A12/TA1 板材爆炸复合的工艺参数见表 11-48。

表 11-47　焊接母材的化学成分（质量分数）　　　　　　（%）

材料	Al	Mg	Mn	Si	Zn	Ni	Fe	Cu	Ti
2A12	余量	1.2~1.8	0.3~0.9	≤0.50	≤0.30	≤0.10	0.5	3.8~4.9	≤0.15
TA1				0.10			0.15		余量

表 11-48　2A12/TA1 板材爆炸复合工艺参数

名称	覆板材料	基板材料	炸药种类	爆速 v_d/m·s^{-1}	装药密度/kg·m^{-3}
参数	TA1	2A12	铵油混合	3000	600
名称	覆板厚度/mm	基板厚度/mm	装药厚度/mm	安装间隙/mm	热量/J·g^{-1}
参数	0.75	3.0	25~30	3~5	1600

通过爆炸复合手段形成的复合材料，可使材料达到最佳性能的配合及性价比，如铝合金板与钛板经爆炸复合后，不仅强度提高，而且大幅提高其瞬时耐高温能力。

11.4.3.3　变形铝合金与钢的焊接工艺

钢材与铝合金的熔点相差较大，且在高温下两者优先形成脆性金属间化合物，同时两者的物理性能诸如线膨胀系数、导热率相差悬殊，故采用常规熔化焊接较困难。铝合金 5083 与 Q235 钢在物理性能上相差较大（两种材料的化学成分（质量分数）参见表 11-49），两者进行爆炸焊接虽然存在一定困难，但选择合理的爆炸工艺参数依然会得到较好的焊接力学性能。5083 铝合金与 Q235 钢爆炸焊接工艺参数及界面剪切强度见表 11-50。

表 11-49　5083 铝合金与 Q235 化学成分（质量分数）　　　　（%）

合金	C	S	P	Si	Mn	Cu	Mg	Ti
Q235	0.17	0.023	0.032	0.30	0.46			
5083				0.50	0.42	0.10	5.24	0.15

表 11-50　5083 铝合金与 Q235 钢爆炸焊接工艺参数

炸药类型	装药密度/g·cm^{-3}	安装间隙/mm	安装方式	复合方式	界面剪切强度/MPa
2 号岩石硝铵	1.2~2.9	6.0~8.0	平行	端部起爆 3 层 2 次	43~79

11.4.4　铝合金与镁合金搅拌摩擦焊接的研究开发

11.4.4.1　研究开发异种轻合金摩擦搅拌焊的意义

镁的密度约为 1.74g/cm^3，镁在地球上分布广泛、含量丰富。镁合金的单位体积质量约为铝的 2/3，钢的 1/4。镁合金具有高的比强度、比刚度、减震性和导热性，较好的阻尼性和切削加工性能。其应用前景十分广泛。

针对这两种应用前景十分广阔的轻合金，实现两者的连接成为重要的研究课题。铝镁要实现结构性的连接最主要、最可靠的方法就是焊接，但由于两者特殊的物理化学性能，要形成可靠的焊接接头存在着诸多问题，而摩擦搅拌焊作为近些年来兴起的固相焊接技术，适合用于轻金属焊接，目前关于铝与镁合金异种接头摩擦搅拌焊的研究已成为热点，也具有重要的意义和广阔的应用前景。

11.4.4.2 铝与镁异种轻合金摩擦搅拌焊的主要问题

近些年来国内外关于铝与镁合金异种接头的摩擦搅拌焊的主要问题是焊缝成型质量差与接头强度低。而造成这两大问题的主要原因为铝与镁合金在摩擦搅拌焊工作温度范围内易生成二元共晶组织，该组织对于焊缝成型与焊后力学性能均产生重要的影响。

Banglong Fu 等人对 3mm 厚 6061-T6 铝合金与 AZ31B 镁合金进行摩擦搅拌焊时发现，对于铝与铝同种接头或镁与镁同种接头，很容易得到表面形貌平整，成型良好的焊缝。但进行铝与镁异种接头摩擦搅拌焊时，接头表面形貌很不平整，出现 Z 字形纹路并伴随裂纹、孔洞、隧道等缺陷，如图 11-22 所示。

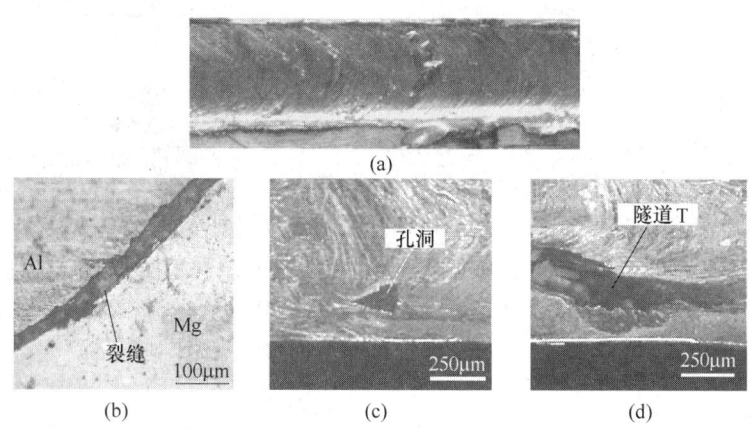

图 11-22 铝与镁异种金属摩擦搅拌焊接头出现的缺陷
（a）焊缝成型；（b）界面外裂纹；（c）孔洞缺陷；（d）隧道缺陷

而在焊缝力学性能测试中，当焊接参数为 700r/min，50mm/min 时得到最高抗拉强度为 175MPa，这仅为母材 AZ31B 的 70%，远远低于同种镁合金或同种铝合金焊接所得到的焊缝抗拉强度。

应该指出的是，Banglong Fu 及协助研究者得到的力学性能结果在近年的研究成果中属于比较优异的，Ichinori Shigematsu 等人研究了 2mm 厚 5052 铝合金与 AZ31 镁合金摩擦搅拌焊焊缝性能。当焊速为 300mm/min，转速为 1000r/min、1200r/min、1400r/min 时焊缝成型良好，无缺陷，所获得接头的最大抗拉强度为 132MPa，为铝合金最大抗拉强度的 66%，镁合金最大抗拉强度的 52%。除上述报道外，铝与镁合金异种接头摩擦搅拌焊接头强度都更低，多数在母材强度的 50% 以下，提高接头强度是研究人员需要解决的重要问题。

11.4.4.3 铝与镁异种轻合金摩擦搅拌焊成型特点与性能

围绕着摩擦搅拌焊的特点与焊缝的性能，可从四个方面评述铝与镁合金异种接头摩擦搅拌焊的研究现状与发展方向。

A　焊缝成型

摩擦搅拌焊中，母材相对于搅拌头位置的不同分为前进侧与后退侧。焊缝前进侧为受摩擦产热最大的区域，金属所受应力大，产生的流变明显，而后退侧相对于前进侧受热应力小、流变小。铝合金与镁合金在塑性流动性能上存在差异，镁合金较铝合金软，当其处于后退侧时，能够被搅拌头搅进后侧的空洞中。因此，当镁合金与铝合金分别位于焊缝的后退侧与前进侧时能够得到成型良好的焊缝，反之得到的焊缝缺陷多。

A. A. McLean 等人研究了 12mm 厚的 5083 铝合金板与 AZ31 镁合金板摩擦搅拌焊。研究指出：铝合金与镁合金异种接头摩擦搅拌焊的成型首先与铝合金、镁合金位于焊缝的位置有关，如图 11-23 所示。

当铝合金与镁合金分别位于焊缝的前进侧与后退侧时，能够得到成型良好的焊缝；相反，铝合金与镁合金分别位于后退侧与前进侧时焊缝缺陷多甚至难以成型。A. A. McLean 等人注重于前进侧与后退侧的选

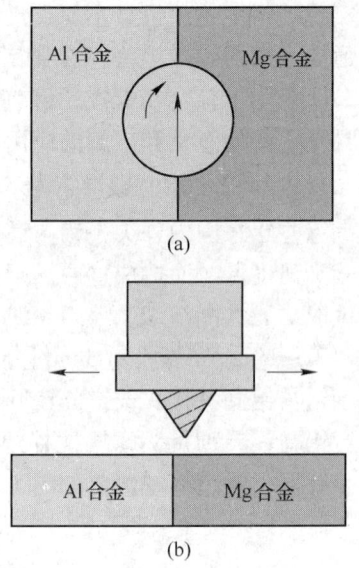

图 11-23　搅拌头旋转方向与相对位置
(a) 搅拌头旋转方向与前进方向的相对位置；
(b) 搅拌头相对焊缝中心位置

择，对于搅拌针偏移仅提出了因为镁合金有更好的流动性能，将搅拌头往镁合金母材一侧偏移焊缝中心线能够使焊缝成型改善的结论。但从铝-镁二元相图来看：在 450℃ 与 437℃，镁-铝发生共晶反应，反应式为 $L \rightarrow Al + Al_3Mg_2$ 与 $L \rightarrow Mg + Al_{12}Mg_{17}$。因此，若在焊接过程中使搅拌头偏向铝侧，或者偏向镁侧，都有可能会减少或者抑制金属间化合物的生成，获得优质焊缝。

Jiuchun Yan 等人进行了 4mm 厚的 AZ31 镁合金板与 1060 铝合金板焊接。研究者分别设计了搅拌头位于焊缝中心，搅拌头向铝侧偏移 4mm 与搅拌头向镁侧偏移 4mm 三种对比试验。发现当选择搅拌头偏移方式进行焊接时，焊缝成型要比搅拌头位于焊缝中心的更好。如图 11-24 所示，当搅拌头位于焊缝中心时，焊缝表面有一条明显的分界线，这会导致接头结合强度差，而当搅拌头偏向铝侧或者镁侧时，焊缝致密，界线消失。

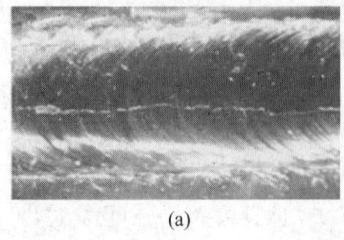
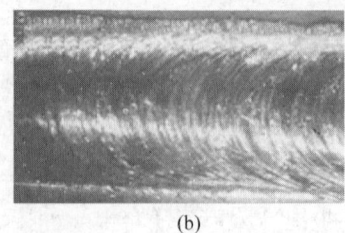
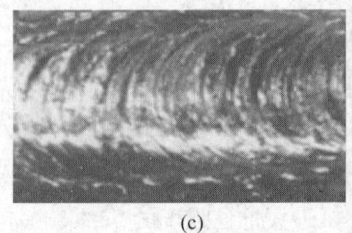

(a)　　　　　　　　　　　　(b)　　　　　　　　　　　　(c)

图 11-24　搅拌头位置
(a) 搅拌针头垂直于焊缝中心；(b) 搅拌针头偏离焊缝中心向镁侧 4mm；(c) 搅拌针头偏离焊缝中心向铝侧 4mm

通过对比多组试验结果，搅拌头偏向铝或偏向镁的方式并非是固定不变的，搅拌头偏移方式的选择与待焊母材的种类、状态、镁合金与铝合金的性能差异等因素密切相关。

纵观国内外近些年来关于铝合金与镁合金异质接头摩擦搅拌焊的文献，焊缝成型良好的例子中薄板占大多数，如 2mm、3mm、4.5mm 厚度板材等。而当更厚板焊接时，如6mm、12mm 等，焊接工艺参数范围则很窄，焊缝成型也差，出现黏刀现象。待焊板材的厚度在铝合金与镁合金异种接头焊接中是一个很重要的影响因素，对焊缝质量的影响主要有以下两方面：板的厚度影响焊接过程中散热的快慢，薄板散热快，厚板散热慢，热量的积蓄导致温度超过共晶点时即生成金属间化合物；厚板生成的金属间化合物量多，容易黏附于搅拌头上，对焊接过程十分不利。

B　焊缝显微组织

通过铝-镁二元相图的分析，铝合金与镁合金异种接头焊接焊缝显微组织应由铝镁相与基体相混合组成。在实际焊接中，焊接温度场是一个很复杂且不稳定的因素，而铝镁相的形成有一定的条件：发生组分液化现象对元素的成分范围确定在 $x(\mathrm{Al}) = 30\% \sim 40\%$ 与 $x(\mathrm{Mg}) = 70\% \sim 60\%$；温度要高过共晶点温度。只有在同时满足这两个条件时才有可能产生共晶反应，形成第二相。

Yutaka S. Sato 等人研究了 6mm 厚的 1050 铝合金与 AZ31 镁合金板材对接的摩擦搅拌焊。典型的铝与镁异种接头如图 11-25 所示，铝与镁在界面处出现了高度的交错混合现象，存在铝与镁的分界面或生成了第二相，这些区域往往为接头薄弱区。

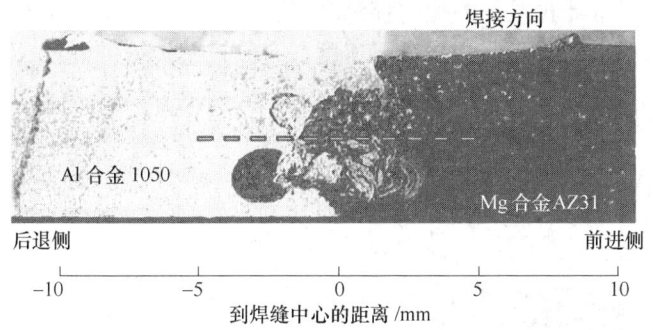

图 11-25　1050 铝合金与 AZ31 镁合金摩擦搅拌焊接头低倍图

接头显微组织如图 11-26 所示。对亮白色组织（A）与黑色组织（B）进行成分测定，获得两者的成分为 $w(\mathrm{Al}) = 39\%$ 和 $w(\mathrm{Mg}) = 61\%$ 以及 $w(\mathrm{Al}) = 11\%$ 和 $w(\mathrm{Mg}) = 89\%$。从二元相图分析可以推测黑白相间的共晶组织为 $\mathrm{Al}_{12}\mathrm{Mg}_{17} + \mathrm{Mg}$ 固溶体，将搅拌混合区域制成粉末样品并进行 XRD 分析证实了第二相的存在。

Y. J. Kwon 等人研究了 2mm 厚的 5052 铝合金与 AZ31 镁合金对接的摩擦搅拌焊组织形貌及力学性能。搅拌区由于搅拌头的搅拌作用，镁合金向另一

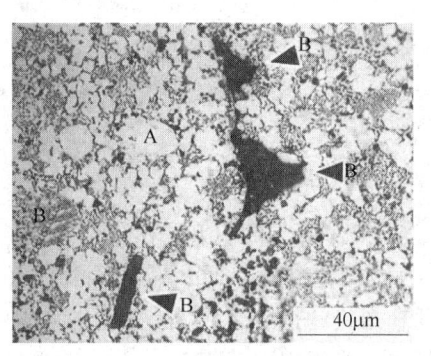

图 11-26　不规则区域显微照片

侧流动并与铝合金相互混合。搅拌区没有发现有共晶组织出现，而在多数的铝-镁合金摩擦搅拌焊试验中均有发现铝-镁共晶组织。

摩擦搅拌焊的工艺参数不同，对应不同的热输入，接头的显微组织差异较大。当热输入高时接头会出现液态组织，并且发生反应生成第二相；当热输入低到未达到共晶组织形成的温度时，就不会出现共晶相。因此，保证接头成型良好以及具有一定强度的前提下，要尽可能地降低热输入，减少接头金属间化合物的含量。

C　焊接过程温度测量与控制

金属间化合物形成的原因归根结底是焊接温度场，焊接温度场是一个复杂的不断变化的温度循环过程。焊接刚开始时，焊接温度低于共晶反应点时，不生成金属间化合物，随着搅拌头前移，焊缝温度逐渐升高，金属间化合物生成并聚集，对于焊接过程产生不利影响。因此，研究摩擦搅拌焊过程中的温度分布，合理地控制温度，对于铝合金与镁合金异种接头的焊接起到至关重要的作用。

焊接过程中产生的温度主要是由搅拌头与被焊板材的摩擦搅拌所致，因此，降低温度的一个方法即为减少搅拌头与板材之间的摩擦热。魏艳妮等人进行 1060 纯铝与 AZ31 镁合金摩擦搅拌焊的温度场研究，采用带有切削刃的搅拌针与凹面轴肩的搅拌头进行试验，搅拌针形貌如图 11-27 所示。

使用这样的搅拌针，能够使得焊核区域的形成温度较依靠摩擦变形时形成温度低，从而减少了脆性相形成。

在铝合金与镁合金异种接头摩擦搅拌焊时，除了使用特殊搅拌头降低摩擦因数，也可以通过外加冷却水的方法，降低焊缝升温速度，有效控制焊缝的温度，使其低于共晶点温度，从而获得优良焊缝。

M. A. Mofid 等人将热电偶安装到母材中用以测量焊接过程中温度的变化，如图 11-28 所示，T1、T2、T3、T4 四个热电偶对于焊缝中心两两对称，距离中心分别为 4mm 与 6mm，测量结果如图 11-29 所示。

图 11-27　搅拌针形貌

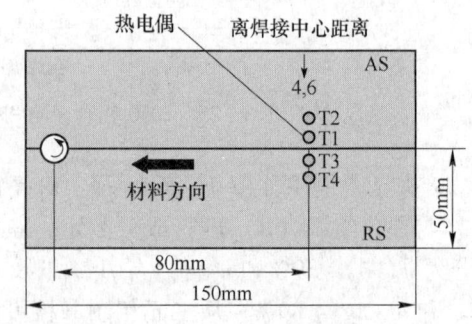

图 11-28　热电偶安装

由试验结果可以看出，水下焊接条件下，100s 之前温度几乎没有提高，温升梯度较在空气中焊接的小一些，最终测到的最高温度为 378℃，比在空气中直接焊接的低 25℃，因此在最终的接头金属间化合物检测中，水下焊接得到的接头所产生的金属间化合物数量明显比在空气中直接焊接所得的接头少，此外，由于低的峰值温度，晶粒长大也被抑制，这两个方面均使接头性能提高。

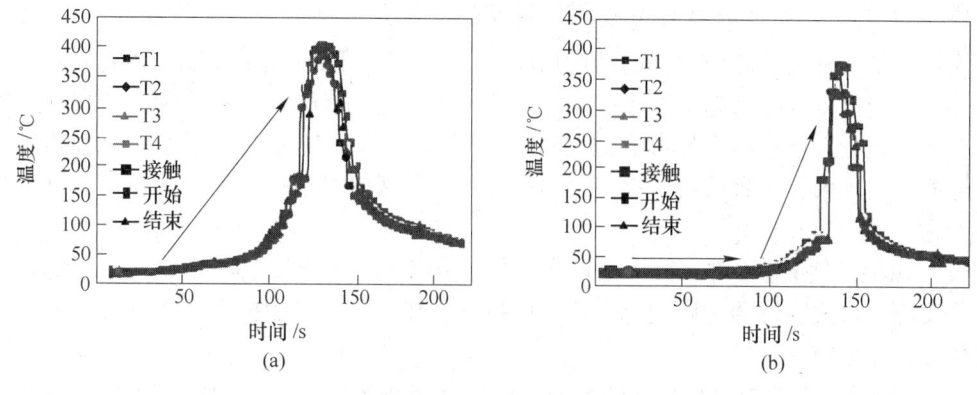

图 11-29 温度曲线

（a）空气中焊接，300r/min，50mm/min；（b）水下焊接，300r/min，50mm/min

D 接头性能及改善

异种材料焊接主要目的是减轻结构件的重量，提高经济效益，而最重要的是结构件要满足使用要求，因此，异种合金焊接的接头强度就成为评价接头性能的重要指标。由前述内容可知，铝合金与镁合金异种接头摩擦搅拌焊所得到的构件强度低、脆性大，而到目前为止，并未有研究人员完成这方面的工作。在查阅文献的基础上可得出结论：添加中间过渡层金属能够对提高接头强度有作用。

添加中间过渡层金属在熔焊领域已得到广泛研究，如：Fei Liu 等人在 6061 铝合金与 AZ31B 镁合金 TIG 焊对接接头中加 Zn 焊丝。焊缝由 $MgZn_2$、Zn 基固溶体和 Al 基固溶体组成，称为 MZAS 组元，MZAS 组元的存在，割裂了金属间化合物，使其不能连接成网，改善了接头的性能，抗拉强度由 28MPa 提高到 93MPa。Liming Liu，Xujing Liu 和 ShunhuaLiu 等人对 AZ31 镁合金与 6061 铝合金采用激光－TIG 复合热源加 Ce 中间层焊接。加中间层 Ce 后观察焊缝没有发现明显的裂纹，焊缝熔合区组织形貌变得明显，过渡更加平滑，晶粒变细。除此以外，有研究人员在熔焊时加入 Fe、Ti、Cu 等元素，对焊缝性能的提高起到了一定作用。

前面关于熔焊中添加中间过渡层的简介，对于摩擦搅拌焊添加中间过渡层的选择有一定的借鉴作用，但摩擦搅拌焊的特点与传统熔焊大为不同，这对于中间层的物化性能提出了一定的要求：

（1）在焊接过程中搅拌头所能提供的热输入情况下，中间过渡层要能够达到塑化状态，若中间过渡层的熔点很高，达到塑化状态所需要的温度很高，那么在摩擦搅拌焊接过程中中间层有可能会隔断镁合金、铝合金，造成焊不上。

（2）中间过渡层要能够很好地阻隔 Mg 与 Al 反应生成金属间化合物，这包括两个方面：其一是单纯的机械阻断；其二是中间过渡层与 Mg 或 Al 更容易反应生成其他的化合物。

（3）中间过渡层若与 Mg 或 Al 反应，就必须要求其物理化学性能与两者不能差别太大，能够生成比 Mg-Al 金属间化合物性能更好的化合物，对接头性能有提升。除此以外，中间层要容易获取，成本不能太高，焊接过程中中间层要加工成箔膜状，这就要求它好加工。

11.4.4.4　铝与镁异种轻合金摩擦搅拌焊的前景

镁合金是一种极具应用前景的结构功能一体化材料，随着应用领域的不断拓展，镁合金的焊接问题也得到越来越多的重视。综合目前的研究现状，铝与镁异种合金摩擦搅拌焊接存在的问题是焊接过程中易形成脆性的第二相 $Al_{12}Mg_{17}$，第二相的形态、分布和尺寸对接头性能影响较大。作者认为，提高铝与镁异种合金摩擦搅拌焊接头性能主要从以下几个方面考虑：

(1) 由铝-镁相图可知，当镁与铝含量的比例偏向镁侧时，易发生 $L \rightarrow Al_{12}Mg_{17} + Mg$ 的共晶反应，形成脆性的金属间化合物，而控制搅拌过程中镁的搅入量，可有效地控制第二相的数量和分布状态。

(2) 通常镁/铝搅拌过程会伴随着连续的层状组织形成，如果通过工艺措施，使金属间化合物由层状变成弥散的分布，就能够改善镁/铝接头的性能。

(3) 通过外加冷却如水冷，以及使用减低摩擦因数的特殊搅拌头，控制焊接过程中温度始终低于共晶点温度，能够有效减少或抑制 $Al_{12}Mg_{17}$ 的形成，改善焊缝成型与性能。

(4) 加入中间层金属，适当改变镁/铝搅拌区的元素含量比例来有效阻止 $Al_{12}Mg_{17}$ 的形成，优先形成有利于改善接头组织、性能的弥散相。

11.4.5　异种金属焊接的主要缺陷

异种金属母材搅拌摩擦焊接缺陷主要分为内部和表面缺陷两大类。表面缺陷主要有飞边、匙孔、凹陷、毛刺、起皮、背部黏连及表面犁沟等；内部焊接缺陷主要包括假焊、孔洞及氧化物夹杂等。

(1) 飞边。摩擦焊接后在焊缝一侧或两侧卷起的金属称为飞边，其产生原因为摩擦焊接搅拌头压入量过大。为了防止摩擦搅拌焊接飞边的产生，一方面要确保焊接母材厚度基本上保持一致；另一方面要保证搅拌针长度与焊接母材厚度相匹配。

(2) 毛刺。正常搅拌摩擦焊接的焊缝表面呈均匀鱼鳞状纹路。如果焊接母材黏度较高，或者焊接热输入量过大，焊缝表面会出现毛刺。为了防止铝合金搅拌摩擦焊接过程中表面毛刺的产生，一是提高焊接母材表面光洁度，或者对焊接母材表面进行酸洗、酒精擦拭。此外，通过调整摩擦搅拌焊接的工艺参数，以确保焊接过程中热输入适中，以避免焊接毛刺的产生。

(3) 起皮。搅拌摩擦焊接焊缝上表面所产生的鼓起的麸皮状缺陷，并伴有焊缝表面纹路不清现象，称之为起皮。这种现象与焊接过程中热输入及被焊接材料特性有关。防止该类焊接缺陷产生的措施有：尽量保证焊接过程中热输入量不要过大，降低摩擦针转速，减小摩擦头压入量，同时提高焊接材料材质，尽量采用没有夹杂、疏松的焊接材料。

(4) 焊缝表面下陷。焊缝表面下陷是指焊缝表面比母材低，其主要原因是搅拌头压入量过大引起焊缝减薄。

(5) 表面犁沟。搅拌摩擦焊接焊缝表面犁沟一般位于焊缝前进侧，该种缺陷由于焊接过程中热输量严重不足导致焊接母材流动性不充分，因而根据焊接材料选择合理的焊接工艺参数对搅拌摩擦焊接尤为重要。

(6) 背部间隙。所谓背部间隙是指焊缝背面在焊接母材背面未焊合所导致的间隙。该焊接缺陷可严重影响焊缝的力学性能，导致该焊接缺陷的原因主要有搅拌针过短、搅拌针压下量不够、装配时焊接母材界面间隙过大等。

（7）内部孔洞。搅拌摩擦焊接焊缝组织内部通常存在虫状、隧道状等孔洞缺陷。隧道型孔洞主要是由搅拌头外形尺寸不合理、焊接件装配不合格（如存在板厚差异、明显对接间隙等）或焊接工艺参数选择不当所造成。在焊接过程中搅拌头旋转速度过大或过小均可导致隧道型内部孔洞。

11.5 铝合金胶接技术

11.5.1 胶接连接分类及胶接常用材料

11.5.1.1 胶接连接分类

胶接连接可以根据不同原则进行分类，见表11-51。

表 11-51 胶接连接分类

分类原则	类型	特点	备注
按应用分类	一般胶接连接	以胶接技术替代其他方法来实现某些零、组件之间连接的一种应用场合。例如对薄铝板零件连接；对不同材料连接；对紧固件的胶接防松及密封等	这种应用普遍存在于日常生活或工程应用中，是常见和大量应用的
	胶接结构连接	利用胶接技术来实现产品结构的全部（或主要）连接，以进一步发挥轻结构应用铝合金的优势	常用于制造承受一定载荷的工程轻结构
	特殊应用连接	具有特殊功能或适用于特殊场合的胶接连接。例如：导电胶接；耐辐射胶接；水下胶接；油面胶接等	在工程中时有应用，缺之不可
按使用工作温度分类（一般结构胶黏剂在常温~55℃范围内大多适用）	常温使用的胶接连接	胶接接头不能耐受较高温度，而只能用于常温者	该"常温"即指室温，但一般能耐（60~80℃）使用的胶接，也常归于此类
	高温使用的胶接连接	胶接接头能耐受较高温度者。铝合金胶接以采用树脂胶黏剂居多，能耐受的工作温度不可能很高	对铝结构胶接而言，高温使用大致可分为150℃下长期使用、220℃下长期使用以及300℃下短期使用等几类
按固化工艺温度分类（胶黏剂的固化条件对胶接设备及工艺影响很大，按此分类有利于对其工艺条件的了解）	室温固化	毋需加热固化、在室温下放置一段时间后即可固化的胶接连接，另外如光敏固化、电子束流固化、厌氧胶接等均不需加热固化，也可归此	工艺简便，但一般连接强度不高。稍微加热，即在60℃下固化也常归入此类
	中温固化	在120~130℃下加热、经一段时间（2~3h）后即可固化的胶接连接	中温固化有利于节能及减小胶接变形，更不会对铝合金性能带来不利影响
	高温固化	需在150℃以上加热固化者。高性能的结构胶黏剂大多要求高温固化，国内常用的往往需在175~180℃下固化	高温固化的温度和保持时间不能超过一定限制，以免降低铝合金性能。聚酰亚胺型高温胶黏剂需要更高的固化温度

11.5.1.2　铝合金胶接常用材料

A　胶黏剂分类

（1）按树脂类型分类，见表 11-52。

表 11-52　胶黏剂按树脂类型分类

树脂类型	特　点	备　注
酚醛树脂	具有优良的耐热性，但较脆，常增韧改性使用	酚醛-聚乙烯醇缩醛胶黏剂早期曾广泛用作航空结构胶。其他还有酚醛-有机硅胶黏剂（可用于 200℃）、酚醛-橡胶胶黏剂（可在 -60～+120℃ 长期使用）等
环氧树脂	具有优良的黏接强度，工艺性能好，固化收缩率小。可配制室温固化胶黏剂，在日常生活中得到大量应用	对环氧树脂改性已研制成大量高性能胶黏剂，并成为当今结构胶的主要类型之一。如环氧-酚醛、环氧-聚砜胶黏剂等
聚氨酯树脂	能室温固化，具有较好的黏接性及韧性，剥离强度高，特别是能在超低温下使用。但耐热性差	广泛用于非结构胶接及非金属胶接
丙烯酸酯系树脂	可快速室温固化，使用方便。α-氰基丙烯酸酯胶黏剂适用于小面积、小间隙胶接，抗冲击强度低。以甲基丙烯酸酯为主体配制的厌氧胶黏剂特别适用于机械装配及密封维修	新型改性丙烯酸酯结构胶黏剂具有优良的综合胶接性能，发展快、前景好

（2）按用途分类，胶黏剂按用途分类及举例见表 11-53。

表 11-53　胶黏剂按用途分类及举例

胶　黏　剂		用　途	特　点	举　例
非结构胶黏剂		一般胶接目的使用。可用于铝本身及与非金属材料（塑料、陶瓷、皮革、橡胶、织物、木材等）的胶接	强度一般、工艺方便、成本低	101 聚氨酯胶（乌利当）、FH-303 或 XY401 氯丁-酚醛胶、GDS-4 室温硫化硅橡胶胶、J-18 环氧-缩醛胶、J-39 第 2 代丙烯酸酯胶、501 或 502 α-氰基丙烯酸酯胶等
板-板胶接用胶黏剂	面板胶	胶接结构中板与板胶接的主胶料	胶接强度高、韧性好、工艺方便	改性环氧胶 SY-24C、SJ-2B、SY-14C、J-47A、J-116B 等
	底胶	与上述面板胶配套使用的底层胶	胶层薄、提高胶接强度及耐久性	改性环氧胶 SY-D9、SJ-2C、SY-D8、J-47B、J-117 等
蜂窝芯胶接用胶黏剂	芯条胶	蜂窝芯的铝箔与铝箔胶接主胶料	胶层薄、剥离强度高	SY-13-2、J-123、J-71 等
	抑制腐蚀底胶	与芯条胶配套使用的底层胶	胶层薄、提高芯子耐蚀及耐久性	J-117 等

胶　黏　剂		用　　途	特　　点	举　　例
蜂窝结构胶接用胶黏剂	板-芯面板胶	蜂窝结构中板与芯胶接的主胶料	胶层厚、自动成瘤、固化挥发少	改性环氧胶 SY-24C、SJ-2A、 SY-14C、 J-47C、 J-116A 等
	底胶	与板-芯面板胶配套使用的底层胶	胶层薄、提高胶接强度及耐久性	改性环氧胶 SY-D9、SJ-2C、SY-D8、J-47B、J-117 等
	发泡胶	蜂窝芯子拼接、蜂窝芯与骨架零件胶接及蜂窝组件封边的胶料	胶接固化过程中发泡形成连接、泡之间不连通、胶层厚、密度小	SY-P9、SY-P1A、J-47D、J-118 等
特种用途胶黏剂	厌氧胶	提高机械连接强度及密封性	涂于机械连接件上，拧紧隔绝空气后即可自行室温固化	铁锚 350、GY-340 及 J-166 甲基丙烯酸酯胶、Y-150 甲基丙烯酸环氧酯胶等
	导电胶	导电性连接	胶黏剂中掺有金属粉末，固化后胶接接头具有导电性	301 及 DAD-3 酚醛-缩醛胶、DAD-24 及 HH-701 环氧胶等
	应变胶	制作与粘贴电阻应变片	能准确传递应变，胶接强度高	J-06-2 酚醛-环氧胶、J-25 聚酰亚胺-环氧胶、YJ-8 聚酰亚胺胶、P-129 硅氧化合物胶等
	耐超低温胶	适用于液氮、液氧等容器或航天空间飞行器的胶接或密封	能耐-100℃ 以下的工作温度，甚至-196℃ 剪切强度可达 20MPa	DW-3、E-6 及 H-01 环氧胶、ZW-3 环氧-聚氨酯胶等
	水下胶	可直接在水下粘接或修补	胶黏剂组分中含有吸水填料及能在水中固化的固化剂	EP2、EA-1、HY-831 及 XH-12 环氧胶等
	油面胶	可直接对带有机油的表面胶接	第 2 代丙烯酸酯胶、室温固化	J-39、KYY-1 及 KYY-2 丙烯酸酯胶等
	光敏胶	铝与光学透明材料胶接	紫外光辐射固化，固化快，适于自动化流水线生产	GM-924 环氧-丙烯酸酯胶及 GBN-503 光敏树脂胶等

B　胶黏剂选用

铝合金胶接的胶黏剂选用应针对具体制件的结构形式、使用环境及性能要求等统一考虑确定，应考虑的主要因素如下：

（1）胶黏剂应具有较好的综合力学性能，包括静、动强度，韧性和耐环境老化性能等。

（2）胶黏剂应具有较好的综合工艺性能，包括涂敷使用方便、固化及贮存条件简单等。

（3）尽量选用无毒（不得已时选低毒）、材料及工艺成本低、来源可靠稳定的胶黏剂。

（4）应满足胶接制件的特殊要求，如阻燃、导电等。

当前国产胶黏剂的研制生产已达到相当水平，可供铝合金胶接选用的胶黏剂多达数百种。

C　胶接辅助材料

胶接制件在装配固化过程中需使用很多种胶接辅助材料，包括清洁用料、预装配用料及固化封装用料等。特别是采用真空加压或热压罐法固化时，更会涉及众多配套的先进辅助材料，对保证胶接质量发挥了显著的积极作用。

(1) 清洁用料。包括擦拭胶接零件及模具表面用的擦拭材料（脱脂棉、绸布等）及溶剂（醋酸乙酯、丙酮、丁酮等），以及工人操作时戴用的绸布手套等。

(2) 预装配用料。主要是校验薄膜（印痕薄膜层片），或是其他代用品（滤纸、塑料膜等）用以模拟胶膜，在胶接预装配时反映胶接零件配合质量，如 J-137 校验工艺胶膜。

(3) 固化封装用料。这是最大宗的配套使用的胶接辅助材料，包括：在胶接固化时起隔离作用，防止模具与零件粘连的脱模材料（FG-1 非硅脱模剂、TFB 聚四氟乙烯玻璃布等）和有孔（或无孔）隔离膜（A4000P 等）；在胶接固化时放置在胶接制件周边，起限位防滑作用的边挡材料（铝材、耐热硬橡胶等）；用于构成真空密封袋、并在固化时能保证排出气体和传递压力的真空袋薄膜（IPPLON DP1000、C-190、ZMP 等）、密封腻子（GS-213、XM-37 等）、透气材料（A-3000、AIR WEAVE N-10 等聚酯纤维无纺毡）和压力传递材料（粗砂、金属弹丸、金属板、非硫化橡胶 AIRPAD 等）；以及定位固定用的压敏胶带（FLASHTAPE 1、HS8171-PS 等）等。

11.5.2　铝合金胶接技术

11.5.2.1　胶接工艺流程

制品投入胶接前应先做好被黏零件、胶接模（夹）具及胶黏剂的准备工作。铝合金结构胶接工艺的典型工艺流程如图 11-30 所示。

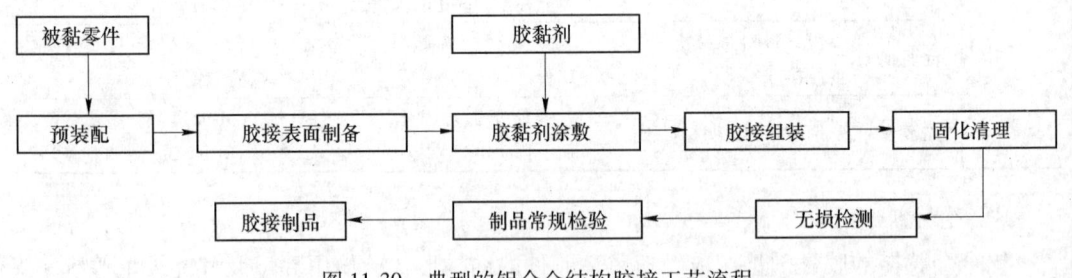

图 11-30　典型的铝合金结构胶接工艺流程

11.5.2.2　胶接工艺

A　预装配

胶接连接是面接合，要求被黏接零件之间的胶接面相互贴合良好并能保持较小的间隙。为此，对参与胶接的众多零件应按产品图纸及技术条件要求进行组合装配，以保证所有胶接接合面具有合理的配合间隙（一般应小于 0.15mm）和被黏骨架零件在高度方向的合理阶差（一般也应小于 0.15mm）。同时，还应检查被黏零件与模（夹）具的贴合质量，胶接制件的贴模面应与模（夹）具贴合良好。在预装配阶段发现配合不良时，允许对被黏零件的非关键部位进行有限的加工（如修锉）修配，但不能对模具的工作面进行任何加工。

B　胶接表面制备

胶接表面制备的要求是：彻底清除胶接表面的一切油脂和污染；清除铝表面自然氧化膜，生成有利于胶接的新氧化膜。该新氧化膜应与铝基体结合力强、具有较高的内聚强度、并能充分湿润胶黏剂和亲和力较强。

铝胶接表面常用的表面制备方法可见表 11-54。

表 11-54　铝胶接表面常用的表面制备方法

制备方法	处　理　工　艺	说　　明
有机溶剂脱脂	（1）利用汽油、丙酮、丁酮、乙酸乙酯等有机烃类溶剂在室温下擦拭脱脂； （2）三氯乙烷、三氯乙烯、三氟三氯乙烯等有机氯化烃类溶剂加温下脱脂	仅能达到清除表面污染的作用，不改变自然氧化膜，用于对胶接强度要求不高时。应注意防燃、防毒及环保
机械处理	（1）溶剂脱脂后用金刚砂纸打磨； （2）喷砂处理（干喷或湿喷）； （3）干喷铝粉（氧化铝），粒度（76~124）×10^{-4}mm	喷砂或铝粉可获得稳定、均匀的糙化效果，对胶接有利。手工打磨效果不够稳定。干喷铝粉用于要求中等胶接强度时
化学处理（FPL 法）	（1）氢氧化钠、碳酸钠等碱性浸蚀液，一般 pH 值为 9~11； （2）重铬酸钠-硫酸浸蚀液处理：浓硫酸 10 重量份；重铬酸钠 1 重量份；蒸馏水或去离子水 30 重量份；66~68℃下浸蚀 10min	碱蚀可有效除油，但胶接性能不佳，现仅用于预处理工序。酸蚀可用于次要结构胶接，但化学氧化膜过薄，无保护功能，胶接制件易腐蚀
阳极化处理（CAA 法、PAA 法）	（1）铬酸阳极化：CrO_3 35~40g/L，（40±2）℃，电压在 10mim 内由 0V 升至 40V，保持 40min； （2）磷酸阳极化：H_3PO_4（85%）120~140g/L，（25±5）℃，电压（10±1）V，（20±1）min	铬酸法生成的氧化膜耐蚀性尚可，但槽液污染严重。磷酸法生成的氧化膜耐水合，其胶接接头耐久性佳，但耐蚀、耐磨性差，需结合抑制腐蚀底胶使用
酸膏处理（无槽磷酸阳极化）	用上述磷酸阳极化配方的处理液，加入白炭黑调成膏状，敷在需处理的胶接表面上，再覆盖电极板通电处理，实现磷酸阳极化。（25±5）℃，电压（6±1）V，（10±1）min	适用于零件尺寸过大、或是外场胶接修理，无常规阳极化处理条件的场合

C　涂胶及贴胶膜

胶黏剂的供应状态可分液态胶（胶液）、膜状胶（胶膜）、粉状胶（胶粉、胶粒）和糊状胶（胶糊）等多种。重要的结构胶接常以胶膜及底胶液形式配合使用。胶糊是室温固化环氧胶的常见形式，一般用于日常生活中或零星的机械胶接及修补。胶粉仅用于少数胶种，如发泡胶。

一般情况下，铝结构胶接的胶接表面均需先涂底胶，然后再在其上涂敷胶液、胶膜或胶粉（粒）。

D　组合装配（含真空袋封装）

被胶接零件的胶接表面经涂胶及必要干燥后，应按产品图纸及技术条件进行组合装配，胶接组装在胶接夹具或固化模具上进行。除板料零件的耳片或裕量切除外，此时已不允许再有零件修配的情况出现。组装时在胶接零件与模具工作面之间要先放一层脱模材料（如无孔隔离膜），还应注意确保胶接表面（已涂敷胶黏剂）不被污染和裹入杂物，并确保表面制备前的预装配状态得以全面再现。

组合装配结束后，即可进入后续胶接固化工序。对于采用真空加压固化或是热压罐固化的胶接制件，在固化前需先完成真空袋的封装工作。

E　固化

铝合金胶接一般均采用热固性胶黏剂，除少量在室温下只需接触压力即可固化的胶黏剂外，大多都需要经过一个固化工序，即在加热加压条件下保持一段时间（使胶黏剂分子实现交联网状结构）后才能完成胶接，形成不可拆卸的连接，并具有一定的机械强度。固化参数（温度、压力、保持时间等）随所用胶黏剂而异。因此，胶接件组装后还应连同胶接模（夹）具送入胶接固化设备进行胶接固化工序。

常用胶接固化设备主要有加热炉、热压机和热压罐3类，见表11-55。

表 11-55　常用胶接固化设备

固化设备	固化加热方式	固化加压方式	备　　注
加热炉	蒸汽、油热、电热、远红外光等，以电热为主	机械加压或真空加压（需真空袋封装）	广泛适用于一般性胶接
热压机	蒸汽、油热、电热，以电热为主	机械加压	主要用于平板件胶接或形状简单、高度不大的构件胶接
热压罐	蒸汽、油热、电热，以电热为主	真空压＋高压气体（空气或氮气）	能提供较高的固化压力及适用于形状复杂的构件胶接，主要用于高性能的航空航天构件胶接

F　无损检测

国内当前工程使用的胶接质量无损检测方法及内容见表11-56。

表 11-56　胶接质量无损检测方法

检验方法	仪器设备	检　验　内　容	备　　注
声振法	SZY-Ⅲ型声阻探伤仪	板-板胶接、薄板-蜂窝芯胶接	检测胶层脱黏或疏松；面板厚度小于2mm；不需耦合剂
	JQJ-77型胶接强度检验仪	板-板胶接的内聚剪切强度、板-蜂窝芯胶接的内聚抗拉强度	要求胶接件的黏附强度大于内聚强度；需预先制作强度校准曲线
	DJJ-Ⅰ型多层胶接检验仪	多层板-板胶接、厚板-蜂窝芯胶接	检测多达9层的胶层脱黏及判别层次；检测总厚小于15mm；蜂窝结构的面板（含垫板）总厚小于2.8mm
	WLS-1型涡流-声检验仪	板-板胶接、板-蜂窝芯胶接	检测胶层脱黏或疏松；可判别3层结构脱黏
	ZJJ-1型智能胶接检验仪	板-板胶接、板-蜂窝芯胶接	除检测胶层脱黏或疏松外，还可检测间隙型缺陷及弱粘接

检验方法	仪器设备	检 验 内 容	备 注
X 射线 照相法	带铍窗口的软 X 射线检验装置	板-蜂窝芯胶接	检测蜂窝芯压瘪、脱黏、滑移、进水等缺陷
激光全息 照相法	激光全息 检验装置	板-蜂窝芯胶接	检测蜂窝芯脱黏、滑移等缺陷；对弱粘接的贴紧缺陷有剥离作用（采用表面真空吸附法加压）；对检测环境要求高

11.6 机械连接技术

11.6.1 铝合金结构的铆接技术

11.6.1.1 铆接的种类、特点及其应用

铆接是一种不可拆卸的连接方式，对铝合金结构铆接，一般使用塑性较好的铝合金如 2A12 作为铆钉材料。传统的铆接方法工艺过程简单，连接强度可靠，连接质量检查和排除故障容易，能适合较复杂结构件的连接。与其他连接形式相比，铆接结构疲劳性能较差，手工劳动量的比重大。由于新型铆钉、新的铆接方法和铆接机械化和自动化的不断发展，克服了传统铆接手工劳动强度大，质量不稳定以及疲劳强度低等弱点，使其在航空、航天和交通运输等行业的应用经久不衰。

铆接按用途可分为普通铆接、密封铆接和特种铆接。

A 普通铆接

普通铆接包括凸头铆钉铆接、沉头铆钉铆接和双面沉头铆接。在结构没有特殊要求的部位，采用半圆头铆钉、平锥头铆钉、沉头铆钉、大扁圆头铆钉等，形成标准镦头或 90°和 120°沉镦头的铆钉连接形式。

典型的普通铆接工艺过程为：零件的定位与夹紧→确定孔位→制孔（钻孔、冲孔、铰孔）→制窝（锪窝、压窝）→去毛刺和清除切屑→放铆钉→施铆。

施铆一般使用锤铆法或压铆法。

B 密封铆接

在结构要求防漏气、防漏油、防漏水和防腐蚀的部位，如飞机的气密座舱、整体油箱等部位，采用不同的密封方法进行密封铆接，防止气体或液体从铆接件内部泄漏。

密封铆接可在铆缝贴合面处附加密封剂或在铆钉处附加密封剂（如密封胶）、密封元件（如密封胶圈）后进行铆接，利用干涉铆接也可在铆钉处防止泄漏或海水进入舱内（水上飞机）。典型的密封铆接工艺过程为：预装配（零件的安装定位与夹紧）→钻孔和锪窝→分解和清理→涂敷密封剂→最后装配（按预装配的位置，用工艺螺栓固定，使零件贴紧）→放铆钉（放铆钉后擦去铆钉杆端头上的密封剂）→施铆→硫化（密封剂）。

C 特种铆接

在结构的主要承力或不开敞、封闭区等部位，采用不同于普通铆钉形式的特种铆钉，如环槽铆钉、高抗剪铆钉、螺纹空心铆钉、抽芯铆钉等进行铆接称特种铆接，如图 11-31 ~ 图 11-34 所示。

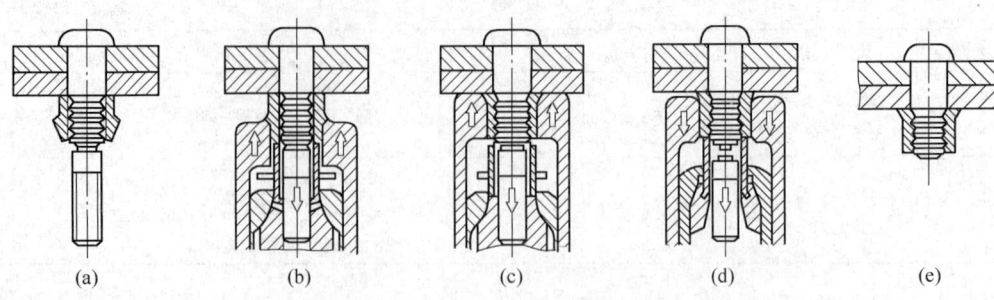

图 11-31　A 型环槽铆钉的拉铆过程

（a）安放铆钉和铆套；（b）对准拉枪；（c）拉铆成型；（d）拉断尾杆；（e）铆完

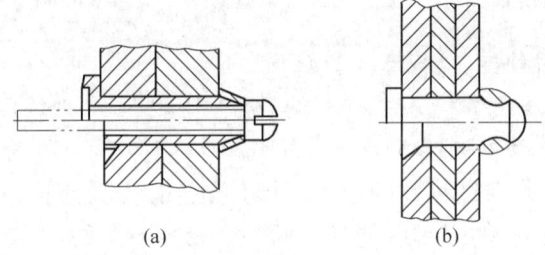

图 11-32　高抗剪铆钉连接形式

（a）螺纹抽芯高抗剪铆钉铆接；（b）镦铆型高抗剪铆钉

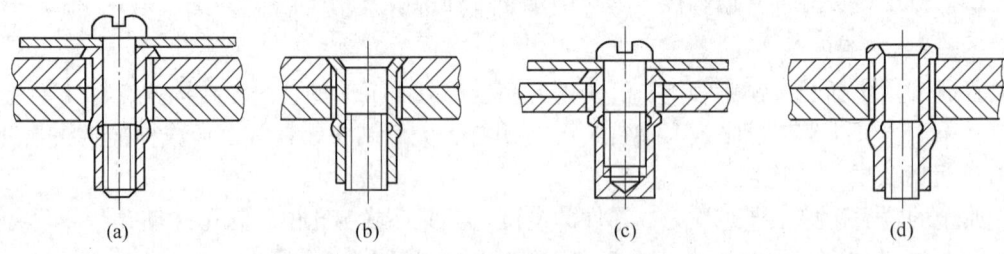

图 11-33　螺纹空心铆钉连接形式

（a）平锥头螺纹空心铆钉；（b）120°沉头螺纹空心铆钉；

（c）平锥头盲孔螺纹空心铆钉；（d）头部带 120°锥坑螺纹空心铆钉

11.6.1.2　铆接技术的发展

A　自动钻铆技术

自动钻铆技术是由钻铆机、托架系统、各种附件和相应的控制系统和软件组成。它能完成组合件的紧固件孔的坐标定位、钻孔（锪窝）、涂密封胶、测量工件夹层厚度、自动选钉、施铆和铣削钉头等工序。采用自动钻铆机能比手工铆接提高效率 7 倍以上；并能降低装配成本，改善劳动条件，提高和确保铆接质量，大大减少人为因素造成的缺陷。采用自动钻铆技术已成为改善飞机疲劳性能和提高飞机寿命的主要工艺措施之一。

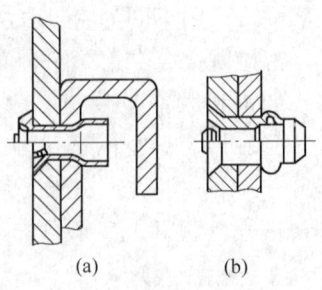

图 11-34　抽芯铆钉连接形式

（a）拉丝型抽芯铆钉；

（b）鼓包型抽芯铆钉

B 电磁铆接技术

电磁铆接也称应力波铆接，是电磁成型技术在机械连接领域的一种工程应用。电磁铆接利用高压脉冲电源对铆接器线圈放电，在线圈中产生冲击大电流，并形成一个强脉冲磁场，进而在次级线圈中感应产生涡流。涡流磁场与原脉冲磁场方向相反，两个磁场的相互作用产生强大的机械力，使应力波调节器的输入端获得一个强度高、历时短的应力波脉冲，此应力波输给铆钉使其变形。图 11-35 所示为波音公司使用低电压手提式电磁铆接设备。

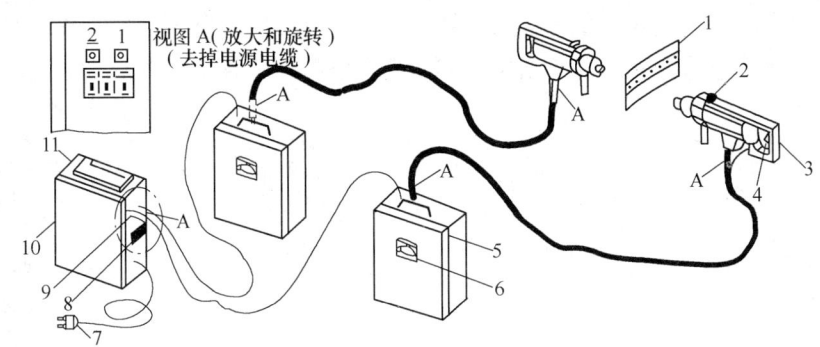

图 11-35　低电压手提式电磁铆接设备

1—铆接件；2—指示灯；3—电磁枪；4—起动器；5—电容器；6—电压表；7—电源插头；
8—熔断器；9—电源电缆；10—控制箱；11—控制器；A—缠彩色标号

C 干涉配合铆接

干涉配合即过盈配合，铆接前保证钉与孔之间有一定的间隙，铆接时应控制钉杆的镦粗量，使孔壁受挤压而胀大，铆接后形成一定的、比较均匀的干涉量。

干涉配合铆接接头疲劳寿命高，并能对钉孔起密封作用，从根本上提高了铆接质量。但铆钉孔精度要求高，铆接前钉与孔的配合间隙要求严。对于抗疲劳性能要求高，或有密封要求的组合件、部件选用干涉配合铆接。

干涉配合铆接包括：普通铆钉干涉配合铆接；无头铆钉干涉配合铆接；冠头铆钉干涉配合铆接。

11.6.2　铝合金结构的螺接技术

11.6.2.1　螺纹连接的形式、特点及其应用

A 螺栓连接

螺栓连接用螺栓（钉）和螺母连接，是最基本的、应用最广的螺纹连接形式。它结构简单、安装方便、能承受较大载荷。适用于组合件之间的连接、接头连接、部件对接以及设备、成品、系统的安装等。

B 托板螺母连接

用螺栓（钉）和托板螺母连接，如图 11-36 所示，托板螺母有双耳、单耳、角形、气密、游动等类型，双耳的受力较好，游动的安装方便。安装时要注意托板螺母的螺纹孔与被连接件的螺

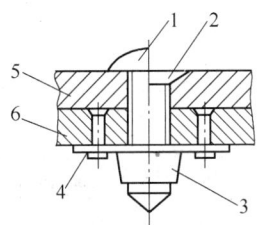

图 11-36　托板螺母连接
1—凸头螺栓；2—沉头螺栓；
3—托板螺母；4—铆钉；
5，6—夹层

栓孔的协调。适用于封闭、不开敞、经常拆卸处。

C　高锁螺栓连接

高锁螺栓连接是用高锁螺栓和高锁螺母连接，如图 11-37 所示，它比螺栓连接质量轻，疲劳性能好，自锁能力强，有较高而稳定的张紧力，可实现单面拧紧，一般用于较重要的连接。

D　螺柱连接

利用螺柱一端的螺纹与基体上的螺纹孔连接，如图 11-38 所示，适用于夹层厚度大的零件。洛桑型螺柱连接，利用洛桑型螺柱和锁环有防松自锁性能。

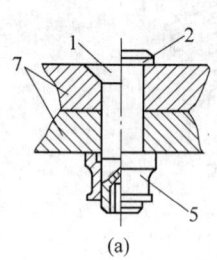 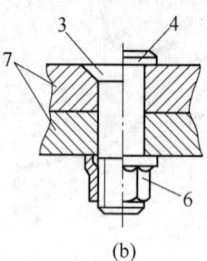

图 11-37　高锁螺栓连接
（a）形式 1；（b）形式 2
1~4—高锁螺栓；5，6—高锁螺母；7—夹层

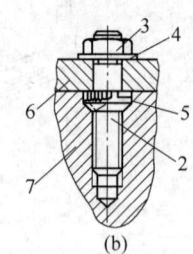

图 11-38　螺柱连接
（a）形式 1；（b）形式 2
1—螺栓；2—衬套；3—螺母；4—垫圈；
5—锁环；6，7—夹层

E　螺套连接

螺套连接是用螺钉（柱）和螺套连接，如图 11-39 所示。为了加强螺纹孔，将螺套嵌入孔中。主要用于强度较差、易损的基体零件上。

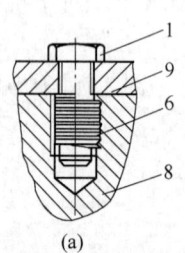 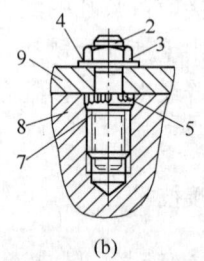

图 11-39　螺套连接
（a）形式 1；（b）形式 2
1—螺栓；2—螺柱；3—螺母；4—垫圈；5—锁环；
6—螺套；7—衬套；8，9—夹层

11.6.2.2　长寿命螺连接技术

螺接接头的寿命主要取决于连接孔的质量、螺接接头的干涉量和张紧力等。

A　干涉配合螺接

干涉配合螺接即过盈配合螺栓连接。利用特殊结构的过盈配合螺栓在螺栓与孔之间形成均匀的干涉量，能保证钉杆和孔壁间的密封，提高结构的疲劳寿命。根据螺栓的特点，分为直杆螺栓、锥杆螺栓、衬套螺栓干涉配合螺接。

B　高张紧力螺接

螺栓的张紧力引起的应力在承受外载时会减小连接处的应力集中、增加接头的刚度，并能增加接头接触面的摩擦力，使它承受一定量的外载荷，所有这些都提高了螺接接头的疲劳性能。

C　孔强化

孔强化是对经最终热处理构件上的孔进行孔周局部强化处理，产生弹塑性变形的工艺方法。孔强化的方法很多，有冷挤压、喷丸强化、孔角强化、沉头窝强化、孔周压印强化、孔压入衬套强化等方法。

第四篇

铝合金挤压材的开发与应用

12 铝挤压材在建筑业的开发与应用

12.1 概述

从应用领域来看，建筑行业仍然是铝型材应用的主要领域，远远超过其他领域消费量，消费量逐年增长。据相关数据报道：2009 年，建筑行业用铝材占总消费量的 63% 以上。分地区看，北美、欧洲等发达地区 2009 年铝型材在工业领域的消费平均比重已经超过 50%；而中国铝型材在工业领域的消费量仅 32%，工业领域的消费比例相对较低，但是，近些年，中国铝型材在工业领域的消费量迅速增长，其中在建筑行业领域的增长幅度最大。

12.1.1 铝挤压材在建筑业应用的意义

铝合金挤压材在建筑业中主要用于：各种设施和建筑物构架、屋面和墙面的围护结构、骨架、门窗、吊顶、饰面、遮阳等装饰与结构；公路、人行和铁路桥梁的跨式结构、护栏，特别是通行大型船的江河上的可分开式桥梁；市内立交桥和繁华市区横跨街道的天桥；建筑施工脚手架、踏板和水泥预制件模板等。

铝合金型材在建筑业上的应用，已有 100 多年的历史。早在 1896 年，加拿大蒙特利尔市的人寿保险大厦就装上铝制飞檐；1897 年和 1903 年，罗马的两座文化设施采用铝屋顶。铝合金受力结构件的第一次应用是 1933 年美国匹兹堡市内桥梁，由槽钢组成大梁，通道使用铝板，使用寿命长达 34 年。

第二次世界大战后，尤其是在 20 世纪 60 年代，第三次工业革命浪潮的冲击下，由于新理论、新技术、新材料、新工艺的日新月异，铝的消费由军事工业转向建筑及轻工等民用工业，铝建筑结构材料、附件不断完善，掀起了铝在建筑业上应用的高潮。

目前，在许多国家里，建筑业是铝材的三大用户（容器包装业、建筑业、交通运输业）之一。其用量占世界铝总消费量的 20% 以上。在我国，建筑也是铝消费的第一大领域。根据统计数据表明：2007~2015 年，我国建筑领域的铝消费占铝总能耗的比例，基本稳定在 30% 左右。根据报道：2009 年我国建筑铝型材和工业铝型材产量分别是 496 万吨和 233 万吨。2010 年我国铝型材产销量超过 1000 万吨，其中建筑铝型材消费量突破 600 万吨。近年来，我国快速增长的建筑及房地产业是最大的铝型材消费领域，约占国内铝型材消费总量的 68%。在建筑铝型材的分品种消费领域中，铝合金门、窗、幕墙型材又占其主体部分。

在住房与城乡建设部政策研究中心公布的《2020 年中国居民居住目标预测研究报告》中提到"2020 年我国城镇人均住房建筑面积预计 $35m^2$"（2005 年底，我国人均住宅建筑面积为 $26.11m^2$）。因此，未来较长时间内，每年都需要新增大量住宅。

按照 2011~2020 年共新增建筑面积 200 亿平方米计算（测算时按照门窗面积占房屋建筑面积 15%，我国门窗材质约有 55% 使用铝合金，每平方米门窗需要 8kg 铝建筑型材），则 2011~2020 年新增住宅对铝建筑型材的年均需求为 132 万吨。

在国家工业和信息化部 2016 年 9 月 28 日发布的《有色金属工业发展规划（2016 ~ 2020 年）》中明确提出，到 2020 年中国电解铝消费量预计将达到 4000 万吨，"十三五"年均增长率将达到 5.2%。

同时，旧有建筑更新、改造也对建筑铝型材有需求。从国际经验看，当一国人均住房面积大于 25 ~ 35m² 时，该国旧有建筑更新将进入高速增长阶段。我国从目前至 2020 年都将处于该阶段。以我国现有各类建筑面积 450 亿平方米为例，每年约有 10% 即 45 亿平方米的建筑需改造，大约折合 6.75 亿平方米的门窗，按 55% 的门窗材质为铝合金计算，每年约需建筑铝型材 297 万吨。

随着新农村和小城镇的大规模建设，建筑铝型材产业的规模效应显现，使得建筑铝型材价格逐渐降低，良好的性价比使得建筑铝型材在我国农村广泛应用。2015 年，我国新农村和小城镇新增建筑面积的比重将与城市新增建筑面积相当，达约 35 亿平方米，至少可为建筑铝型材带来约 100 万吨的新增市场空间。

建筑铝型材消费量仍将长期需求旺盛。受益城市化进程加快、旧有建筑改造更新，建筑铝型材消费量仍将保持快速增长。特别是国内二三线城市、小城镇和农村市场将逐渐成为铝型材消费的主要市场。预计未来几年，建筑铝型材还将保持较为平稳的增长。

特别值得提及的是：近些年，我国大力提倡建筑物的节能减排，隔热铝合金门窗也获得极大的推广和应用，特别在高档建筑物上的应用。这种铝门窗框配上中空双层玻璃，大大提高了门窗的保温性能，既节省能源，隔音效果又好。目前，与木质、钢质和塑料门窗相比，铝合金门窗仍占绝对优势。

建筑节能是中国节能的重点领域之一。铝材具有轻量化、结构性能优越、重复利用性好、低碳环保、价格合适等优点，同时可以大量减少木材等不可再生资源的使用。因此，推广铝在建筑及结构领域的应用，既可满足建筑行业节能环保的要求，又可化解目前电解铝产能过剩的局面。

总之，在建筑上采用铝合金结构件可以达到以下目的：

（1）可以减轻建筑结构的重量；

（2）减少运输费用和建筑安装的工作量；

（3）提高结构的使用寿命；

（4）可以改善高地震烈度地区的使用条件；

（5）扩大活动结构的使用范围；

（6）改善房屋的利用条件；

（7）保证高的建筑质量；

（8）提高低温结构工作的可靠性。

因此，国内外建筑师越来越广泛地采用铝合金作为建筑结构材料。

12.1.2　建筑业常用铝合金及门窗的主要结构

12.1.2.1　建筑业常用铝合金及状态

6061 和 6063 铝-镁-硅系合金，是当代建筑业广泛使用的铝合金。据统计，国外 6063 合金型材用于门、窗、玻璃幕墙占该系合金型材的 70%。此外，建筑铝结构用铝合金有：铝-镁系、铝-锰系、铝-铜-镁-锰系、铝-镁-硅-铜系、铝-锌-镁-铜系等多种系列铝合金。常见的建筑铝结构用铝合金牌号及状态见表 12-1。

表 12-1 建筑铝结构合金牌号及状态

结 构	合金性质		合金牌号、状态
	强度	耐蚀性	
围护设施	低	高	1035、1200、3A21、5A02M
	中	高	6061T6、6063T5、3A21M、5A02M
半承重结构	低	高	3A21M、5A02M、6A02T4
	中	高	3A21M、5A02M、6A02T6、6A02T4、6A02-1T4、6A02-2T4
	高	高	5A05M、5A06M、6A02-1T6、6A02-2T6
承重结构	中	中、高	2A11T4、5A05M、5A06M、6A02T6、2A14T6、6A02-1T6
	高	中、高	2A14T6、6A02-2T6、2A14T4、7A04T6、2A12T4

12.1.2.2 铝合金门窗的主要结构及类型

建筑铝结构有三种基本类型，即围护铝结构、半承重铝结构及承重铝结构。

（1）围护铝结构。指各种建筑物的门面和室内装饰广泛使用的铝结构。通常把门、窗、护墙、隔墙和天蓬吊顶等的框架称做围护结构中的线结构；把屋面、天花板、各类墙体、遮阳装置等称做围护结构中的面结构。线结构使用铝型材。面结构使用铝薄板，如平板、波纹板、压型板、蜂窝板和铝箔等。

（2）半承重铝结构。随着围护结构尺寸的扩大和负载的增加，该结构将起到围护和承重的双重作用，这类结构称为半承重结构。例如，跨度大于 6m 的屋顶盖板和整体墙板，无中间构架屋顶，盛各种液体的罐、池等。

（3）承重铝结构。从单层房屋的构架到大跨度屋盖都可使用铝结构做承重件。从安全和经济技术的合理性考虑，往往采用钢玄柱和铝横梁的混合结构。

12.1.2.3 围护铝结构型材的应用类型

窗、门、护墙、隔墙和天花板的框架和玻璃幕墙等线结构，所用铝材是挤压型材，型材断面形状和尺寸不仅应符合强度和刚度要求，还应满足镶装其他材料（如玻璃）的要求。薄铝板可以同型材一起使用，例如，做屋顶和带筋墙板、花纹板、压型板、波纹板、拉网板等。

围护铝结构所使用的铝合金型材一般是 Al-Mg-Si 系合金（6061、6063、6063-1、6063-2），目前，低合金化的 Al-Zn-Mg 系合金也得到推广使用。

大型薄壁空心型材的组装，应使用嵌块方式。嵌块可防止组装时型材外形的变形。模块镶入方式如图 12-1 所示。围护铝结构用挤压型材的典型断面如图 12-2 所示。

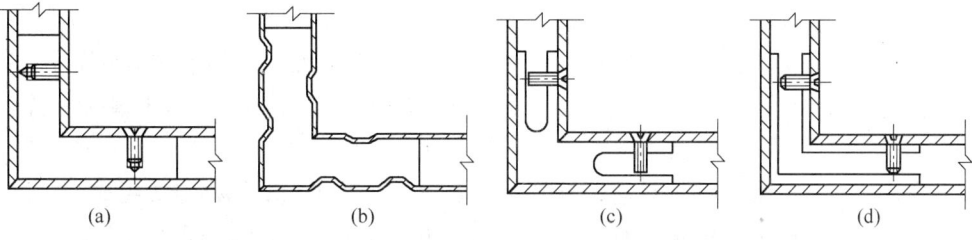

图 12-1 装有嵌块的空心型材角连接方式

（a）螺丝整体嵌块；（b）型材壁局部变形；（c）推力型嵌块；（d）推力型分片块

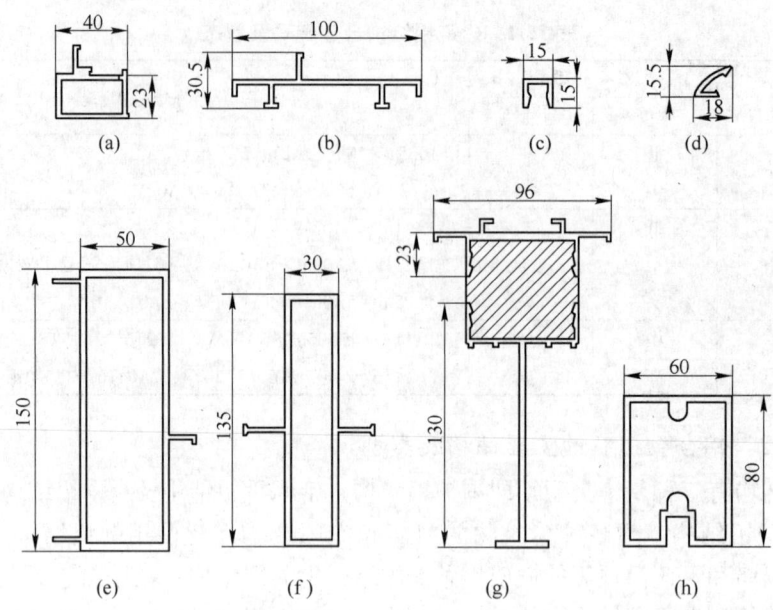

图 12-2　围护用挤压铝型材类型

(a) 窗扇梃；(b)，(c) 镶各种玻璃的框架立柱；(d) 镶双层玻璃的框架立柱；
(e) 隔墙玻璃的框架槛；(f)，(g) 固定玻璃和其他板件的压条；(h) 滚式门框

12.2　铝挤压材在门窗、幕墙的开发与应用

目前，在我国的建筑门窗产品市场上，铝门窗产品占据比例最大，约为 55%。铝材用于门窗起源于 20 世纪 50 年代初期的德国，在中国大量使用铝合金门窗，始于 20 世纪 80 年代改革开放之后，每年数以亿计平方米的建筑物拔地而起。据中国金属结构协会铝门窗委员会统计 2003 年我国的铝合金门窗产量为 2.8 亿平方米，2005 年为 3.2 亿平方米，2007 年为 3.65 亿平方米，2010 年为 4.5 亿平方米，中国是名副其实的门窗生产大国。门窗作为建筑物不可或缺的组成部分，得到了空前的发展。估计到 2020 年，我国的铝合金门窗需求将达到 10 亿平方米，节能型门窗将占 70% 以上。

12.2.1　铝合金门窗、幕墙的特点及发展历史

12.2.1.1　铝合金门窗的特点与其他门窗的比较

A　铝合金门窗的特点

铝合金门窗作为建筑门窗的一种，是工业与民用建筑重要的组成部分，围护作用是它们的基本功能。一般门窗面积约占整个建筑面积的 1/5 ~ 1/4，造价占建筑总造价的 12% ~ 15%。

铝合金门窗一般由门框、门扇、玻璃、五金件、密封件、填充材料等组成。铝合金门窗具有较强的防锈能力，特别具有使用寿命长、外形美观，及密封、防水等性能。随着近年来新技术的采用，困扰铝门窗技术性能的一些问题已得到较好的解决。如：采用断热型材，较好地解决了保温、隔热性；采用新表面镀膜技术（如氟碳喷涂），解决了铝门窗镀

膜、着色等问题。可以预见，随着经济发展，高档铝门窗必将会在建筑门窗中占据主流地位。这一点在发达国家中已很好的体现出来。如：日本高层建筑有 98% 采用铝合金门窗，建筑用铝占铝型材产量的 84%；美国建筑用铝占铝型材产量的 66%。

B 铝合金门窗与其他门窗的比较

目前，建筑市场主要采用以下几种门窗品种：木门窗、铝合金门窗、钢门窗、塑料门窗。其他品种有：钢木门窗、铝木门窗、镀锌彩板门窗、不锈钢门窗、玻璃钢门窗等，也在一定范围内被使用。表 12-2 列出几种应用较多的门窗的优缺点、适用范围及前景预测。

表 12-2 几种门窗的优缺点、适用范围及前景预测

门窗材料	优　点	缺　点	适用范围	前景预测
铝合金	质轻，强度高，密封性好，防水好，变形小，维修费用低，装饰效果好，便于工业化生产	一般门窗导热系数大，保温性能差；高档门窗性能优越，但造价较高	适用于各类档次较高的工业、民用建筑工程上	前景广阔
钢	强度大，刚性好，耐火程度高，断面小，采光好，价格低	导热系数大，保温性能差，焊接变形大，密封性差，易锈蚀，寿命短	多用于工业厂房，仓库及不高的民用建筑	市场份额逐渐降低
塑料	质轻，密封性好，保温，节能效果好，不腐蚀，不助燃，工艺性能好	易变形，抗老化性能差，不能回收，污染环境	民用建筑和地下工程	只有解决了老化、变形和环保问题后，才有使用前景

12.2.1.2 我国铝合金门窗的发展历史

回顾我国的铝合金门窗产业的发展历史，可以将发展过程分为以下三个阶段：

（1）第一代铝门窗：20 世纪 80~90 年代，拿来主义门窗。中国铝合金门窗的历史，起源于 20 世纪 80 年代，随着我国改革开放，80 年代初期，从日本、中国台湾、意大利、德国引进了一大批的挤压设备，连同铸锭熔炼、挤压、阳极氧化、门窗制造等一系列产品。门窗的图纸、类型、断面模具制造、加工设备、玻璃加工设备等，几乎全部进口。这些设备的引进主要装备国有企业。全国引进的铝型材门窗生产线主要是日本和德国。当时的产品，应该说走了很大的捷径。这一时期的门窗主要以 70、90 系列推拉窗为主。同时，还有 45 系列的平开窗，铝幕墙等。主要用于当时的建筑市场配套。这在过去钢窗时代而言，能够用上铝合金门窗，是非常荣耀的事情。

（2）第二代铝门窗：1990~1995 年，自主"改进"门窗。随着改革开放的一步步深入，90 年代初期，铝型材生产企业、门窗企业如雨后春笋一般大量地发展，不同所有制企业争先上马设备，导致竞争加剧，而国家在标准、法规的制定是在 1990 年以后，极其滞后。竞争的结果不是提高了产品质量，而是不顾产品质量而竞相减少单位面积铝材的使用量，以此降低成本。同时，与门窗相关的五金配件、密封胶条等附件的质量更是无法控制。很多的生产厂家就是不顾产品质量，努力降低成本。这样的恶果使门窗的最终质量没有保障，导致铝合金门窗的发展受到了塑料门窗的挑战。

（3）第三代铝门窗：新型节能铝门窗的开发利用。从 20 世纪 90 年代中期到末期，塑

料门窗在中国市场得到蓬勃发展。然而好景不长，塑料门窗由于本身的局限性，无法承担大面积使用的功能。如材料容易老化，结构的承载力不够，不能制作幕墙；颜色单一等。与此同时，新型节能型铝合金门窗的研发，弥补了门窗的节能性能。在表面处理的多样化。门窗的开启方式，耐用性能，系统的兼容性，应用范围不断扩大。由于国家建筑节能法规的实施，对门窗的隔热性能提出具体的要求。如北京地区要求门窗的综合隔热系数小于 $2.8W/(m^2 \cdot K)$。从 2000 年开始，以断桥隔热门窗为主的新型铝合金门窗被广泛用于大中城市的房地产开发项目中，以北京为例，2008 年，在所有商品房中，断桥隔热门窗已经占据 85% 的市场份额。

12.2.2　铝合金门窗的种类及主要技术要求

12.2.2.1　铝合金门窗常用种类

铝合金门窗简称铝门窗，按开启方式分类如下：

(1) 铝合金门。平开门，推拉门，弹簧门，折叠门，卷帘门，旋转门等。

(2) 铝合金窗。平开窗，推拉窗，固定窗，上悬窗，中转窗，立转窗等。

12.2.2.2　铝合金门窗的标记方法示例

A　标记方法

铝合金门窗的标记方法如图 12-3 所示。

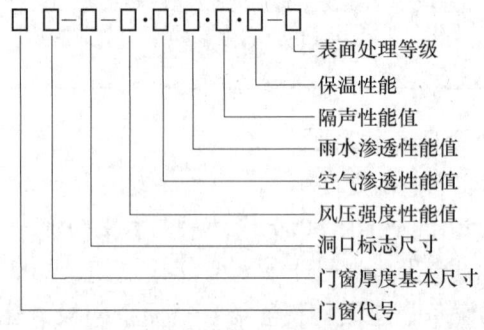

图 12-3　铝合金门窗标记方法

B　标注示例

PLC60-1821-3000 · 1.0 · 450 · 35 · 0.25-Ⅱ

其中　PLC——平开铝合金门；

　　　　60——窗的厚度基本尺寸为 60mm；

　　　1821——洞口宽度为 1800mm，洞口高度为 2100mm；

　　　3000——抗风压强度性能值为 3000Pa；

　　　　1.0——空气渗透性能值 $1.0m^3/(m \cdot h)$；

　　　　450——雨水渗透性能值 450Pa；

　　　　35——空气声计权隔声值 35dB；

　　　0.25——保温性能传热阻值 $0.25m^2 \cdot K/W$；

　　　　Ⅱ——阳极氧化膜厚度为Ⅱ级。

12.2.2.3 铝合金门窗的基本尺寸

A 厚度基本尺寸

铝合金门窗的系列主要以门窗厚度尺寸分类，如 70 系列推拉窗、100 系列铝合金门等，其基本尺寸见表 12-3。

表 12-3 铝合金门窗厚度基本尺寸（系列）

类别	厚度基本尺寸（系列）/mm
门	40、45、50、55、60、70、80、90、100
窗	40、45、50、55、60、65、70、80、90

注：市场中的铝门窗系列可能和表中不完全相符，如市场中有 53 系列平开窗，46 系列弹簧门等。

B 洞口尺寸的标注

门窗洞口的规格型号，由门窗洞口标志宽度和高度的千位、百位数字，按前后顺序排列组成的四位数字表示。如：当门窗洞口的宽度为 1000mm，高度 1800mm 时，其标志方式为 1018。

12.2.2.4 铝合金门窗的技术性能指标

（1）强度性能。铝合金门窗强度性能等级见表 12-4 中的 A 行。

（2）气密性。气密性是铝合金门窗空气渗透性能的简称，是指在 10Pa 压力差下的单位缝长空气渗透量，国标 GB 7107—86 中建筑外窗气密性分级见表 12-4 中的 B 行。

（3）水密性。水密性指外窗的雨水渗漏性能，是以门窗雨水渗漏时，内外压力差值来衡量的。性能分级及检测方法详见国标 GB 7108—86，水性分级见表 12-4 中的 C 行。

表 12-4 铝合金门窗抗风强度、空气渗透性能和雨水渗漏性能分级

	等 级	I	II	III	IV	V	VI
A	抗风强度 W_G/Pa	3500	3000	2500	2000	1500	1000
B	空气渗透性能/m³·(m·h)⁻¹	0.5	1.5	2.5	4.0	6.0	
C	雨水渗漏性能/Pa	500	350	250	150	100	50

（4）启闭力。安装完毕后，窗扇打开或关闭所需外力应不大于 50N。

（5）隔声性。一般铝合金窗隔声性约 25dB，高隔声性能的铝合金窗，隔声量在 30~45dB 之间。其分级及检测方法见国标 GB 8485—87。

（6）隔热性。一般用窗的热对流阻抗来表示隔热性能。国家标准 GB 8484—87 中建筑外窗保温性能分级见表 12-5。

表 12-5 铝合金门窗保温性能分级

等 级	传热系数/W·(m²·K)⁻¹	传热阻尼/m²·K·W⁻¹
I	≤2.0	≥0.5
II	2.0~3.0	0.333~0.5
III	3.0~4.0	0.25~0.333
IV	4.0~5.0	0.2~0.25
V	5.0~6.0	0.156~0.2

国内市场上，高档铝合金门窗隔热性能一般为Ⅲ级，国外高档门窗已经接近Ⅰ级水平，传热系数 K 值为 $2.0W/(m^2 \cdot K)$ 左右。

（7）主要附件耐久性。一般指锁、合页、铰链、导向轮等关键附件，其使用寿命应与铝门窗相适应。

12.2.2.5　铝合金门窗的主要结构

铝合金门窗主要是由铝合金型材、玻璃、密封材料和一些连接件组成。

（1）铝合金型材。铝合金建筑型材是铝合金门窗主材，目前使用的主要材料是6061、6063、6063A等铝合金，高温挤压成型，快速冷却并人工时效（T5 或 T6）状态的型材，表面经阳极氧化（着色）或电泳涂漆、粉末喷涂、氟碳喷涂处理。GB/T 5237—2000 对铝合金建筑型材的成分和质量做了详细规定。

（2）玻璃：

1）平板玻璃。主要有两种，普通平板玻璃和浮法玻璃。绝大多数铝门窗采用浮法玻璃，其特点是表面平整，无波纹，"不走像"。

2）钢化玻璃。钢化玻璃是将玻璃热处理，其抗冲击能力是普通玻璃的4倍左右，且破碎时成小颗粒，对安全影响小，是一种安全玻璃。一般公共场所、人员常出入的地方，规定都要采用钢化玻璃。

3）中空玻璃。中空玻璃是由两片或多片玻璃周边用间隔框（内含干燥剂）分开，并用密封胶密封，使玻璃层间形成有干燥气体的玻璃。其特点是保温、隔热、隔声性能大大提高，且冬季不结霜。高性能铝合金门窗都须采用中空玻璃。

4）其他。吸热玻璃、镀膜玻璃、夹丝玻璃以及夹层玻璃等玻璃品种也在铝合金门窗中广泛使用。

12.2.2.6　铝合金门窗的性能介绍

铝合金门窗的性能可以分为4部分：基本性能，中级性能，高级性能和智能化。

（1）基本性能。基本性能的门窗为满足国家基本三大性能指标的门窗，即抗风压性能、雨水渗透性能和气密性。这三大标准是国家推行的强制化标准，门窗必须满足这些设计标准。

（2）中级性能。中级性能的门窗在满足基本性能的基础上，必须满足门窗的隔声性能、隔热性能、防盗性能、防风性能、启闭力、装饰性及整体耐用性能。这些要求在业主与门窗供应商之间可以约定，也可以不约定，如果约定，即为强制性标准。

（3）高级性能。高级性能的门窗是在中级性能的基础上，满足舒适性要求的客户，如美誉度、艺术性、耐久性能、材料的环保性能、可回收再利用等。

（4）智能化。智能化门窗是在中高级性能的前提下，增加智能化电子控制器，如生物质能、电子控制、太阳能利用、电动开启、自动防风雨功能等。

此外，有的需要具有特殊性能，即门窗具有防弹防爆性能（主要用于使馆等特殊领域）。

12.2.3　铝合金玻璃幕墙的特点及分类

12.2.3.1　铝合金玻璃幕墙的特点

金属幕墙装饰作为一种极富有冲击力的建筑幕墙形式，备受青睐的主要原因有以下六点：

（1）铝合金属于轻量化的材质，减少了建筑结构和基础的负荷，为高层建筑外装提供了良好的选择条件。

（2）金属板的性能卓越，隔热、隔声、防水、防污、防蚀性能优良。

（3）无论加工、运输、安装、清洗等施工作业都较易实施。

（4）金属板具有优良的加工性能，色彩的多样化及良好的安全性，能完全适应各种复杂造型的设计，而且可以加工各种形式的曲线线条，给建筑师以巨大的发挥空间，扩展了幕墙设计师的设计空间。

（5）金属材料具有设计适应性强，根据不同的外观要求、性能要求和功能要求可设计与之适应的各种类型的金属幕墙装饰效果。

（6）性能价格比较高，维护成本非常低廉，使用寿命长。建筑工程百年大计，建筑外观耐久性、安全性尤为重要，使用幕墙必须选择设计、生产、安装实力强的施工单位进行设计制造加工和安装施工，以保证整个建筑物的整体质量，为人类增添美丽的景色，让建筑艺术历久长新。

12.2.3.2 铝合金玻璃幕墙的分类

通常把铝合金玻璃幕墙分为明框、隐框和半隐框三种类型。

（1）明框玻璃幕墙。明框玻璃幕墙的玻璃板块镶嵌在铝合金框内，成为四边有铝框的铝合金幕墙构件，幕墙构件镶嵌在横梁上，形成横梁、立柱均外露，铝框分格明显的立面（见图12-4）。明框铝合金玻璃幕墙是传统的幕墙形式，应用广泛，使用性能可靠，相对于隐框玻璃幕墙，容易满足施工技术要求。

（2）隐框玻璃幕墙。隐框玻璃幕墙是将玻璃用硅酮结构密封胶（简称结构胶）黏结在铝合金框上，大多数情况下不用金属连接件。因此，铝框全部隐蔽在玻璃后面，形成大面积全玻璃镜面（见图12-5）。隐框玻璃幕墙的玻璃与铝框之间完全靠结构胶粘接。结构胶要承受玻璃的自重、玻璃所承受的风载荷和地震作用，还有温度变化的影响，因此，结构胶是隐框铝合金玻璃幕墙安全性的关键环节。结构胶必须能有效地粘接与之接触的所有材料，包括玻璃、铝材、耐候胶、垫杆、垫条等，这称之为相溶性。在选用结构胶的厂家和牌号时，必须用已选定的幕墙材料进行相溶性试验，确认试验结果相溶后，才能在工程中应用。

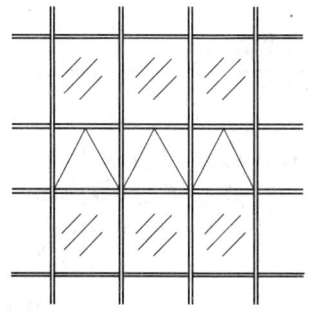

图 12-4 明框玻璃幕墙

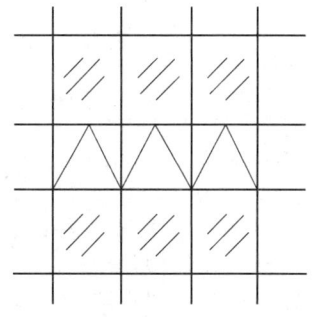

图 12-5 隐框玻璃幕墙

（3）半隐框玻璃幕墙。半隐框玻璃幕墙是将玻璃一对边镶嵌在铝框内，另一对边用结构胶黏结在铝框上，形成半隐框效果。立柱外露横梁隐蔽的半隐框玻璃幕墙如图 12-6 所示，横框外露、立框隐蔽的半隐框玻璃幕墙如图 12-7 所示。半隐、全隐框玻璃幕墙中空玻璃所用密封胶必须为同型号的硅酮结构胶。

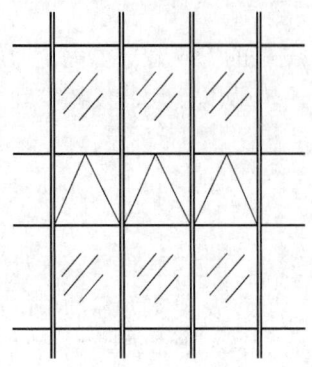

图 12-6　横隐竖露玻璃幕墙示意图

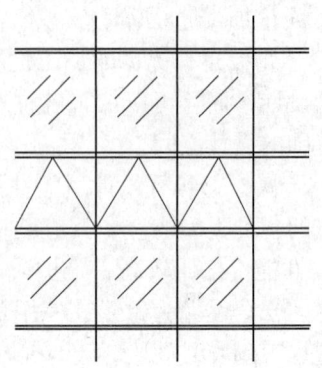

图 12-7　横露竖隐玻璃幕墙示意图

12.2.3.3　铝合金玻璃幕墙安全与质量管理

铝合金玻璃幕墙是悬挂或支承在主体结构上的外墙幕墙构件主要起围护作用，不作为主要抵抗外荷载作用的受力构件。幕墙在风荷载作用下或地震作用下损坏的例子是非常多的，因此，幕墙的合理设计对于防止灾害发生、减少经济损失、保障生命安全是至关重要的。

玻璃幕墙的刚度和承载力都较低，在强风和地震作用下，常常发生破坏和脱落，因此，玻璃幕墙无论是抗风设计和抗震设计都是很重要的问题。尤其近年来玻璃幕墙采用越来越大的玻璃板块，使抗风和抗震的要求更高。

为了确保玻璃幕墙的质量和安全，充分发挥其效益，各地有关部门都应采取一系列加强玻璃幕墙工程安全与质量管理的措施。

12.2.3.4　铝合金幕墙材料的标准

材料是保证幕墙质量和安全的物质基础。幕墙所使用的材料，概括起来，基本上有四大类型，即骨架材料、板材、密封填缝材料、结构粘接材料。这些材料都有国家标准或行业标准。表 12-6 列出幕墙主要材料及执行的国家标准。

表 12-6　铝合金幕墙主要材料及执行的国家标准

铝合金材料	碳素结构钢	不锈钢	五金件	玻璃
平开门　　　GB 8478—86	碳素结构钢　　　GB 700	不锈钢棒　　　GB 1200	地弹簧　　　GB 9296	钢化玻璃　　GB 7963
平开窗　　　GB 8479—86	优质碳素结构钢　GB 699	不锈钢冷加工棒 GB 4226	平开窗把手　GB 9298	夹层玻璃　　GB 9962
地弹簧门　　GB 8482—86	合金碳素结构钢　GB 3077	不锈钢热轧钢板 GB 3280	不锈钢滑撑　GB 9300	中空玻璃　　GB 11944
幕墙用型材　GB/T 5237—2000	低合金结构钢　　GB 1597	不锈钢热轧钢板 GB 4237		浮法玻璃　　GB 11614
（高精级标准）	热轧厚板及钢带　GB 3274	冷顶锻不锈钢丝 GB 4332		吸热玻璃　　JC/T 536
		GB 4232		夹丝玻璃　　JC 433

12.2.4　铝挤压材在门窗幕墙的应用

12.2.4.1　铝挤压材在门窗上的应用

各种形式的铝合金窗门窗如图 12-8 和图 12-9 所示。

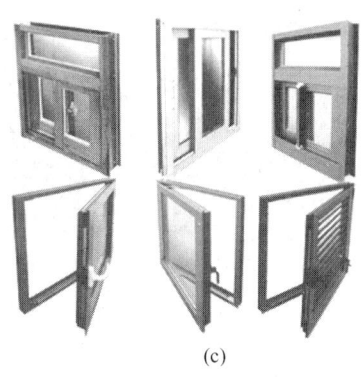

(a)　　　　　　　　　(b)　　　　　　　　　(c)

图 12-8　各种形式的铝合金窗

（a），（b）双扇平开窗；（c）推拉窗和单扇平开窗

(a)　　　　　　　　　　　　　(b)

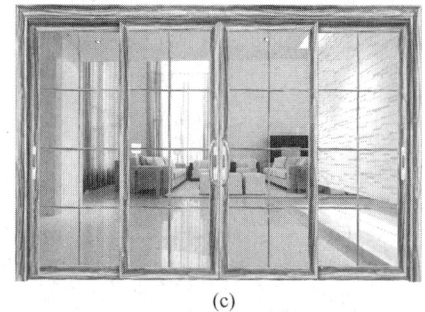

(c)　　　　　　　　　　　　　(d)

图 12-9　各种形式的铝合金门

（a），（b）双扇平开门；（c），（d）四扇对开推拉门

12.2.4.2　铝挤压材在幕墙上的应用

图 12-10 是南昌新地中心，总建筑面积 194675m²，工程设计高度为 236.5m；图 12-11 是六安市政务服务中心，总建筑面积 41092m²，大楼为 27 层高。外墙装修均采用的是 90

系列和 180 系列明框幕墙组装，铝合金型材是由广州华昌铝厂生产。

图 12-10　南昌新地中心　　　　　　　　　图 12-11　六安市政务服务中心

　　图 12-12 是上海金茂大厦又称金茂大楼，位于中国上海市浦东新区黄浦江畔的陆家嘴金融贸易区，楼高 420.5m，地上 88 层，地下 3 层，是世界著名的摩天大楼之一，高楼总建筑面积 29 万平方米，占地 2.3 万平方米，于 2007 年 5 月交付使用。外墙装修均采用的铝合金型材主要由广东凤铝铝业提供。

图 12-12　上海金茂大厦

12.2.5 铝合金门窗幕墙的发展方向

铝合金门窗具有性能好、质量轻、美观（具有金属光泽、可加工成各种造型和颜色）、采光好（框比较小）、经久耐用（不老化、耐大气腐蚀）、型材易回收和再利用率高、无环境污染等特点受到人们的喜爱。但其框材隔热性能差的特点影响了铝门窗的使用性能。据国家住建部估算，建筑能耗约占全社会总能耗的 25%，被门窗、幕墙等围护结构传热能耗则占了建筑能耗的 20%~50%。因此，具有优良节能效果的隔热铝合金产品应用空间广泛。2010~2015 年，以隔热铝合金型材产品为代表的节能铝型材产品将保持 30% 以上的年复合增长率。因此，提高其隔热和节能性能是铝合金门窗今后重点要解决的技术问题，也是铝门窗的发展方向。

12.2.5.1 改进结构形式，实现多样化系统设计

要提高现有门窗的性能和档次，必须改进结构设计，一改过去只追求省工、省料、低价格的低水平的结构，实现由以推拉窗为主向性能较好的平开窗为主过渡，实现单层、双层、三层及小开启大固定等多样化系统设计。

12.2.5.2 注重原材料的选择

（1）框材总的要求应该是强度好、隔热性能好、易制作成各种造型，又要易于回收和有利于环境保护。

（2）铝合金窗框材要改进其隔热性能，宜做成断桥或复合式的。图 12-13 所示是铝合金隔热门窗的示意图。

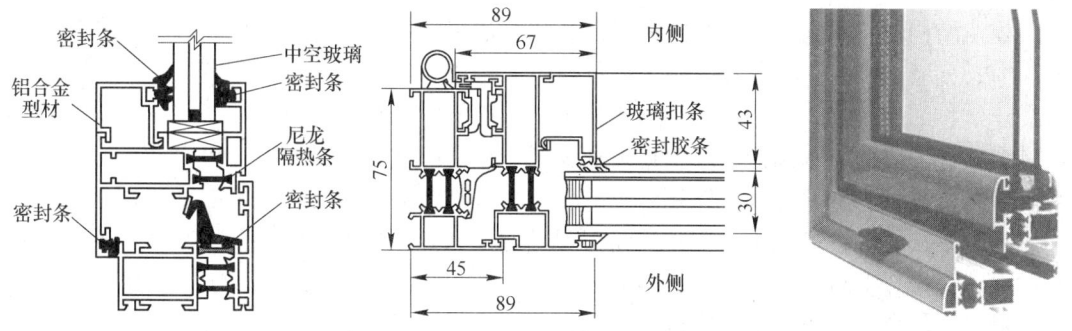

图 12-13　铝合金隔热门窗的局部截面及示意图

（3）玻璃应该推广使用中空玻璃，而且在北方应推广使用 low-E 型（低辐射）中空玻璃。在南方，以太阳辐射热为主的地区，应推广使用阳光镀膜玻璃。国外发达国家已基本不用单玻和白玻璃了，因为它们不利于节能和改善居住环境。

（4）推广使用双道密封和用聚硫中空玻璃胶制作的中空玻璃，中空玻璃间隔条应采用连续弯角式结构，如果用四角插接式的，在接头处必须用丁基胶做密封处理。单道密封中空玻璃不可用，用硅酮结构胶做二次密封的中空玻璃也不可取，因为它们的使用寿命均比较短。

（5）另外所谓的双玻也不可用。有些窗型为了降低传热系数，又要价格低，采用了双玻，即把两层玻璃隔开或用普通密封胶粘一下装在窗上，不用分子筛吸除潮气，仅是单道

密封。一般密封胶不耐老化，用不了多长时间就会进灰积尘，又无法擦拭，影响视线，极不雅观。即使采用聚硫中空玻璃胶制成的中空玻璃，如果仅用单道密封的话，密封寿命也仅有五年，是玻璃幕墙规范中明文规定不准使用的，何况用普通密封胶密封，其寿命就更短了。建筑工程最关键的一个方面就是使用寿命，即耐久性问题。用这种双玻只是一种临时的权宜之计，十分不可取。

（6）在楼房建筑门窗上不宜用5mm厚玻璃。因为5mm厚玻璃用在较大分格面积的窗上，安全也是令人担忧的一个问题。如果要用的话，也应经过强度计算后，在确保安全的前提下再用，切不可乱用。

（7）各种配件务求坚固耐用、使用方便和美观。配件对门窗性能有重要影响，同时又起着重要的装饰作用，决不可忽视。

12.2.5.3　铝合金门窗加工必须实现精品化

铝门窗行业必须树立精品意识，必须制止少数企业生产的低档劣质产品。只有这样，才能使其具有良好的使用性能和较好的环境美化作用。为提高产品的隔热、隔声性能，必须大量推广使用断热铝型材、中空玻璃和高质量的配件。同时，也要广泛采用多方面的系统设计开发出经济适用、符合我国国情的新型产品，使之成为我国21世纪铝门窗行业的主流。

12.3　铝合金挤压材在建筑结构中的开发与应用

12.3.1　铝合金挤压材在建筑结构中的应用与要求

建筑结构材料不同于建筑装饰材料，是整个建筑物的主要承力部件，而建筑装饰材料如门窗、幕墙、围栏、天花板、镶边等一般不承受压力，只需美观耐用就行。结构材料是整个建筑物的顶梁柱。以往，建筑结构材主要选用优质木材和钢材。为了绿化地球，森林不宜多砍伐，因此，木结构的应用越来越少了，在提倡低碳、节能、环保安全的今天，钢材由于自重量重、资源短缺、能耗大、不易回收、易腐蚀、污染环境及安全等原因，也逐渐感到力不从心，很难承担"绿色建筑"结构材的重任。因此，理想的绿色建筑铝合金结构材料正慢慢登上绿色建筑结构材料的舞台，大有以铝代木、以铝代钢成为"绿色建筑"结构材料主体之势。铝合金结构材料也有价格较高、加工技术含量高、生产难度大、各种性能难于合理匹配等特点，需要进行研究和产业化开发。

绿色建筑铝合金结构挤压材的特点和技术要求简述如下：

（1）产品品种多、规格范围广、外廓尺寸和断面积大、形状复杂、壁厚相差悬殊、难度系数大，大部分为特殊的异型空心型材，也有宽厚比大的实心型材，舌比大的半空心型材，以及异型的管材和棒材。

（2）为了提高建筑物的整体强度和刚度、便于现代化大跨度和薄壳结构设计，多采用整体组合结构型材，即由多块形状各异的中、小型型材拼成一块大型整体结构型材，有的宽度大于600mm，断面积大于$400cm^2$，壁厚差大于20mm，舌比大于8，需要采用7000t以上的大型挤压机，设计制造特殊结构的模具才能成型，技术难度大，批量生产困难。

（3）材料要求：高强度、高刚性及综合性能优良的材料，因此需要选用各种性能的合金和状态，一部分采用中强可焊、可冷弯成型、耐腐蚀的6×××和5×××合金（如6005T6、

6061T6、6082T6、5083H112、5052H112 等），但强度必须大于 300MPa，因此应对合金成分进行调整或开发新型合金；另一部分要求高强度、高韧性合金（如 2024T4、7075T6、5A06H112 等）并具有可焊性和冷成型性能，因此也应对合金成分进行优化。此外，为了保证结构材料的优良综合性能，需要对熔铸、挤压、热处理等工艺进行优化，设计制造特殊结构的工模具等，技术含量高、生产难度大、成品率和生产效率很难提高。

（4）为了运输、施工、维护、装卸方便，要求产品的尺寸公差和形位公差达到高精级或超高精级水平，这对模具质量和精密淬火工艺提出了很高的要求。

（5）要求产业化批量生产，因此对设备、铸锭质量、模具技术和质量，挤压和热处理工艺等提出很高的要求，特别是对模具结构与使用寿命提出了更高要求，较一般模具的使用寿命要求提高 2 倍以上，这对大型的特殊型材模具来说是很难做到的。

由此可见，以铝合金结构替代钢结构，可使建筑工程与施工绿色化、环保化，可大大省资源、能源和建筑施工与维护使用成本，具有重大的经济效益和明显的社会效益，加速我国的城市化进程。

12.3.2 铝合金挤压材在建筑结构中的应用实例

12.3.2.1 铝合金的主要优点

铝合金作为一种建筑材料，具有一系列其他建材不可替代的优点。铝合金结构稳定，可采用独特短程线结构专利设计，稳定性高、结构紧凑、净跨度大，最大跨度可达 300m，结构强度能适应各种不均衡风载、雪载等恶劣环境条件。

铝合金结构性价比高，耐腐蚀，无需要定期维修和防腐蚀处理，永久密封技术和独特的设计保证不漏水，良好的隔噪和吸噪效果，可承受较大的载荷，可直接吊装灯光、音响，无需附加装置。

铝合金在建造多功能体育场馆、溜冰场和各种配套商业设施及其他各种大型民用公共建筑工程中的应用也相当广泛。铝合金结构在建造游泳馆和溜冰场中可发挥其他材料不可比拟的优势。不同于其他体育馆场，在游泳馆中水气蒸发很严重，特别是池水中的消毒成分蒸发后会严重腐蚀馆内的其他金属材料，如果游泳馆采用钢结构，势必会影响整个场馆的稳定性。而铝合金结构耐腐蚀，可以很好地抵御水蒸气的侵蚀，保护场馆的结构不受损失，而且美观耐用。

铝合金空间结构现代感强，施工便捷，在体育、演艺、环保等大跨度标志性建筑中应用前景广阔。作为"轻量化材料与结构部件"重点推行的新型金属材料，轻量化铝合金材料可以替代传统的钢材和木材及其他建材，符合"节能环保型建材"要求，是未来绿色建筑的发展方向。

12.3.2.2 铝合金房屋结构的特点

在框架结构中，由于铝的弹性模量低，往往采用钢柱、铝横梁的混合结构。例如，英国一个飞机场的飞机库是全铝结构，由几个跨度为 66.14m 的双铰框架组成，朝阳面高13.5m，屋顶用铝板或型材，东墙整体全用铝板做成，西墙和南墙有可拉开的铝大门，尺寸为 61m×13.2m，铝用量为 27.5kg/m²。比利时的安特卫普一个库房的骨架是由钢-铝混合框架制作的，见图 12-14，采用铝件的原因，是严重的海洋性气候和地下土质松软，要求减小结构重量，铝型材尺寸为 250m×3m，由 14 个双铰格式框架组成横梁，立柱用钢铁的，框间距为 20m，跨度为 80m，用铝为 17kg/m²。

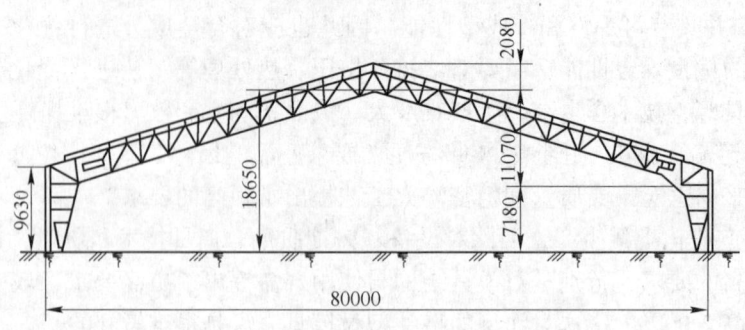

图 12-14　安特卫普的结构方式（横断面）

拱形结构上用铝很广泛。这种结构要求很高的刚度。铝拱形屋顶属于轻型屋顶，在多种形式的不同规格的建筑物上均有采用此种屋顶的。例如，匈牙利的提索河南部一个城市里，为保存粉状磷酸盐所建立的库房，采用拱形格式承重铝结构。跨度为 32m，占地面积 128.4m×3m，中心处最高为 21.3m。前苏联钢结构设计研究院为一所实验楼设计了拱形铝结构屋顶，跨度为 90m，以间距为 12m 配置拱架，屋顶用保温铝预制件，拱架断面呈三角形格式，边部为框架结构（见图 12-15）。

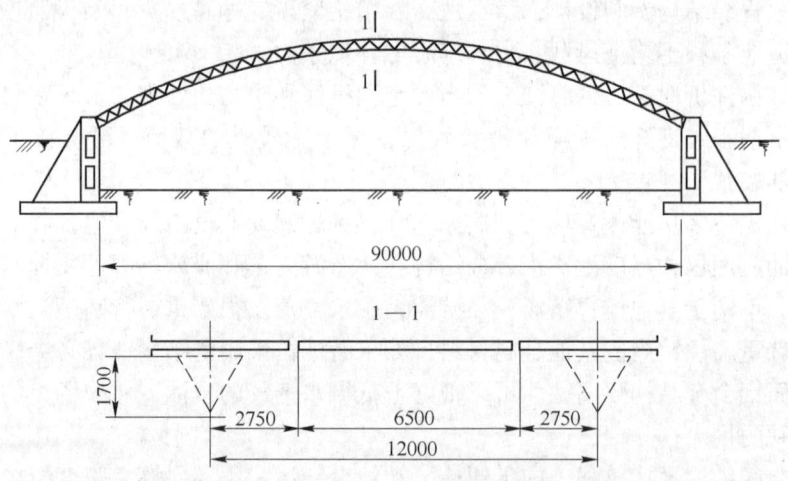

图 12-15　跨度为 90m 的实验大楼屋顶断面图

12.3.2.3　铝合金型材在大型建筑结构中的开发与应用

上海通用金属结构工程有限公司和上海通正工程金属有限公司在吸收国外先进技术的基础上，结合我国实际情况，转化开发了铝合金大跨度空间结构建筑的设计、制造和施工专有成套技术，该成套技术是结合轻量化合金的特点，采用超轻高强铝合金结构替代传统的钢结构。铝合金薄壳结构建筑的设计、制造和施工专有技术，主要在结构造型和节点设计、制造和施工方面体现了独特的特点，尤其在复杂空间曲面和大跨度结构方面具有很好的优势。该技术所涉及的铝合金结构设计和施工技术具有新颖性和先进性，铝合金薄壳结构是一种新型的节能环保建筑，具有其他建材不可替代的优点，经济效益和社会效益明显。

　　该公司先后采用该材料，完成了中国成都五项赛事中心游泳击剑馆、体育场、新闻中心铝网壳，武汉体育学院综合体育馆铝合金屋盖，世界非遗文化中心世纪舞标志塔外墙合金装饰网架工程等多项现代新型结构建筑工程的设计、加工和安装（EPC 交钥匙工程）施工，满足了设计和规范要求，不仅取得了良好的经济效益和社会效益，更为重要的是铝合金包括结构技术在工程实践中得到了进一步的提高和改善。各地铝合金型材大型建筑见图 12-16~图 12-18。

　　丹麦糖都有两座醒目的筒仓，高 50m、直径 30m。该筒形仓库经过一家著名的建筑设计院采用铝合金结构对内部和外部进行了全面的改造，改造以后成为了一座现代化的办公场所，如图 12-19 所示。

图 12-16　世界非遗文化中心
的世纪舞标志塔

图 12-17　中国成都五项赛事中心体育场（馆）

图 12-18　武汉体育学院综合体育馆

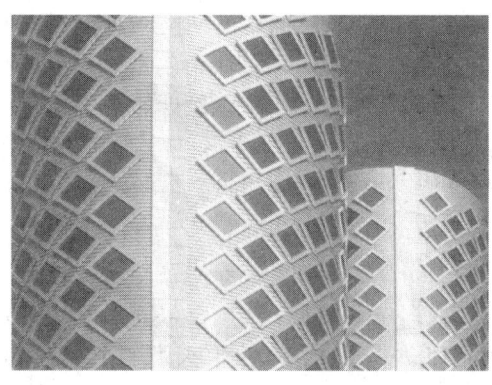

图 12-19　丹麦糖都的一座现代化的办公场所

12.4　铝合金挤压材在桥梁结构中的开发与应用

　　钢材是土木工程主要建筑材料之一，但不具有锈蚀耐久性。桥梁结构中铝材代替钢材，可减轻桥梁质量、延长使用年限、降低维护费用。铝桥使用期间几乎不需维护，钢桥隔段时间就需维护一次。

12.4.1　桥梁铝材的发展概况

挤压铝材在桥梁中的应用已有很长历史，但用量不大，发展速度较慢，主要因为铝合金强度还不够高，无法满足结构要求，及铝的价格比钢高，桥梁造价上升。近几年，铝在民用桥梁得到广泛应用，国内外兴建了大量的铝结构桥梁。此外，铝材在军事领域的应用已成为一种趋势，在军事桥梁和战备桥梁中，作为一种新型高性能材料表现出很高的优越性。铝桥梁在国外发展相当迅速，有关研究与应用在我国也逐步开展，并发展迅速。人行桥、公路汽车桥和铁路桥都可以使用铝合金结构。

20 世纪 30 年代前期，工程人员在固定桥的通行部位以铝代钢。1933 年秋，美国匹兹堡市横跨莫诺加黑拉河（Monongahela River）上的斯密斯菲尔德大桥进行大修，将木构件及钢地板系统全部换成铝桥面，采用美国铝业公司（Alcoa）生产的铝板材。该桥长 91m，正交各向异性桥体，用 2014-T6 铝合金薄板与厚板成型的型材铆接。该铝合金桥可允许有轨电车通行，保留原有双向汽车路线。此铝合金桥服役 34 年后还完好如初。1967 年，为提高桥通行能力进行翻修，将 5456-H321 铝合金厚板焊于 6012-T6 铝合金挤压型材上，以 5556 铝合金丝作焊料制成桥体，挤压型材与钢制桥梁上部结构螺连接。此后，全球建造了大约 350 多座各种大小铝合金桥，主要在北美、北欧和西欧等国家。中国到 90 年代末还无铝合金桥梁，主要是造价太高，而非技术原因。

1950 年，加拿大建造的铝桥有横跨阿尔维达市（Arvida）萨岗奈河（Saguenay River）的拱桥（桥长 88.4m）及 30.5m 长的单轨铁路桥，主要用轧制厚板铆接或焊接的型材建造，这两座桥的上部结构也是用铝材制造，至今仍在使用，未经维修。

20 世纪 50~60 年代，美国由于钢材紧俏，在修筑州际公路桥梁时选用铝材，主要为铝合金板材加工成型的型材。主要桥梁有：1958 年建造的伊利诺伊斯州德斯莫内斯（Des Moines）附近的双车道四跨焊接板梁公路高架桥，长 66mm，分 4 跨。1960 年建造的纽约州杰里科市（Jericho）的两座双车道铆接板梁桥。四座独一无二的铆接加固的三角板梁桥，设计中借鉴了"法尔奇尔德（Fairchild）"即"单应力（Unistress）"理念。

采用法尔奇尔德理念设计的铝桥还有：1961 年建设的匹兹堡市阿波马托克斯河（Appomattox River）36 号公路上桥；89.3m 长的 3 跨赛克斯维尔（Sykesville）大桥引桥，它是 32 号公路帕塔普斯科河（Patapsco River）上的一座桥，现在是马里兰历史名胜桥之一（Maryland Historic Bridge）；建于 1965 年的两座 6 车道 4 跨的桑利斯公路桥（Sunrise Highway），分别位于纽约州宁登豪斯特（Lindenhurst）与阿米迪维尔（Amityville）。

根据成本来看，法尔奇尔德采用薄板铆接三角型材建造桥梁是没有成本效率的，但依照其理念设计建造的桥梁坚固耐用，使用几十年仍如新建。阿波马托克斯河上的 36 号公路、宁登豪斯特、阿米迪维尔桥已服务 43 年。

欧洲铝合金建造桥梁约始于 1950 年，最早建造的是英国巴斯库尔市（Bascule）的两座活动桥，采用铝合金厚板铆接的。法国彻马里尔斯（Chamalierès）铝桥引起了人们的极大兴趣，桥体为铝桥梁系统，可以从 2 车道拓宽成 4 车道。1956 年，德国吕嫩建成腹杆主桁架桥，桥的跨度结构件是用 Al-Mg-Si 合金挤压型材铆接的，其质量为钢的 30%；1960

年，吉普汽车运输公司设计跨度 32.4mm 的公路桥，桥跨结构件为 2024 铝合金铆接的；1956 年，加拿大在寒根河上建造了拱式桥（见图 12-20），主跨为 2024 铝合金挤压型材，采用无铰拱跨式和铆接方式，外表未刷油漆，用铝合金型材 187t，桥总重量为钢结构桥的 50%。

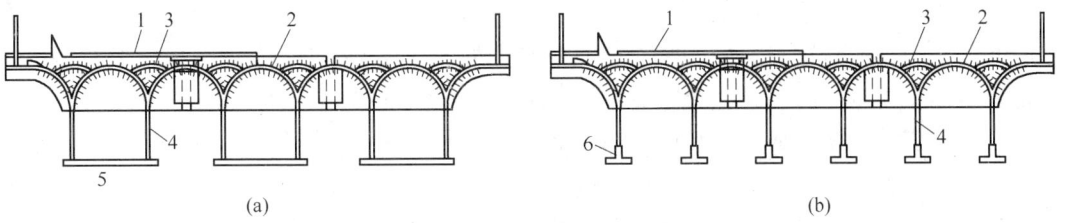

图 12-20　铝-混凝土桥梁跨式结构截面图
（a）水平板式结构；（b）基脚式结构
1—混凝土板；2—薄壳；3—小圆拱；4—立墙；5—水平板；6—基脚

根据现有文献资料，只有美国原雷诺兹金属公司在 20 世纪 90 年代中期开发出系列桥梁专用空心挤压铝材，在美国一批公路铝合金桥建造中获得应用。

中国拥有世界上最多的现代化铝材大油压机，具备了开发专用桥梁空心挤压型材的物质基础。生产桥梁空心挤压材的技术门槛并不高，至少不会比生产高速铁路车辆铝材难度大。中国具备了建设铝桥的经济与技术基础。铝材最适合于建造过街人行天桥与公路桥梁，以及翻修有历史价值的钢桥、混凝土桥与木桥，可充分发挥铝合金桥的一系列优势：自身质量轻，可承受大的车辆载荷；不需要维护保养，可终生保持亮丽外观；可在工厂预制与装配，便于运输，便于吊装与架设，可一次到位，对交通干扰可减至最低限度；可回收性强，服务期满后几乎可获得全部回收，损耗很少。

12.4.2　铝合金在桥梁结构中应用的特点

由于铝合金具有密度小、耐腐蚀、焊接性能好、维护费用低及可循环利用等诸多优点，在桥梁工矿中越来越引起人们的兴趣与重视，铝合金结构桥梁成为桥梁建设的一种发展趋势。铝合金在桥梁工程中除可用于桥梁主结构中，如桥面和主梁等承重件外，一些辅助零部件也可采用铝合金制造，如灯柱、指示牌等。

近年来，我国正兴起城市人行天桥的改造工程，需要建造上万座的人行天桥。

12.4.2.1　铝合金桥梁的特点

从国内外铝合金结构桥梁实例看，铝合金材料适合建造各种结构桥梁，但更适用于一些有特殊要求场合，如铝合金材料适用于建造公路矫、悬索桥、人行天桥、军用桥、浮桥和开启桥等桥梁，特别应用于军用战备桥梁、海洋气候和腐蚀环境下的桥梁等。主要是因为铝合金材料有如下特点：（1）重量轻、比强度高。铝合金密度约为钢材密度的 1/3，采用铝合金材料代替钢材或混凝土建造桥梁的上部结构，可以大大减少结构自重和下部支撑系统负荷，且易于搬动。铝桥面的单位质量是 $100kg/m^2$，而水泥桥面的单位质量一般在 $504kg/m^2$。一个 3m×12m 的铝桥面质量不到 4t。（2）耐腐蚀性能好、免维护。铝合金暴露在大气中，其表面能自然生成一层致密的氧化膜，可防止自然界有害因素对铝合金的腐蚀，从而起到很好的隔离保护作用，不必进行表面防护处理（但其与其他金属接触部位易腐蚀，需做专门处理）。（3）铝合金结构具有易回收、再处理成本低、回收剩余价值高、环境保护好的优点。容易挤压成型，可以得到任何形状的型材，满足结构的不同需要，设计师选择余地非常大。（4）铝合金结构易于机械化制造和运输、安装拆卸方便、施工周期短。所有构件均可在工厂加工预制、现场拼装，可减少运输费用和安装成本，缩短桥梁安装时间，对交通影响短暂。（5）铝合金具有特殊的光泽与质感，并可进行阳极氧化或电解着色，从而获得良好的观感。（6）优良的低温性能。在低温条件下，其强度和延性均有所提高，是理想的低温材料，不必规定铝合金结构桥梁的临界（低温）工作温度。

12.4.2.2 公路桥用铝合金材料及性能

在公路桥设计中，如果是单纯的结构件，如桥梁、支架、桥面等，更适宜采用锻造铝合金材料制造，一般采用 5××× 和 6××× 系列合金，锻造铝合金作为首选材料：5052、5083、5086、6005A、6061、6063 和 6082。因为它们具有较高的强度和耐蚀性，参见表12-7。

表 12-7　用于铝桥中的铝合金材料及性能

铝金及热处理状态	产品	温度范围/℃		最小强度/MPa			
		最小值	最大值	F_u	F_y	F_{wu}	F_{wy}
5052-H32	板材	0.4	50	215	160	170	65
5083-H116	板材	1.6	40	305	215	270	115
5086-H116	板材	1.6	50	275	195	240	95
5086-H321	板材	1.6	8	275	195	240	95
6005A-T61	挤压材	—	25	260	240	165	90
6063-T5	挤压材		12.5	150	110	115	55
6063-T6	挤压材		25	205	170	115	55
6061-T6、-T6510、-T6511	挤压材		—	260	240	165	105
6061-T6	板材	0.15	6.3	290	240	165	80/105
6061-T851	板材	6.3	100	290	240	165	105
6082-T6、-T6511	挤压材	5	150	310	250	190	110

铸造铝合金一般作为桥梁辅助结构，如一些连接件和标准件等。以下几种铸造铝合金作为步行（人行天桥）备选材料：356.0-T6、A356.0-T61 和 A357.0-T61。

12.4.2.3 铝合金桥梁的经济分析及问题

铝桥面原始成本（最初投资）比其他材料高，通常根据对比材料的不同要高 25%~100%，但是铝桥建造完后不需刷油漆，服役期不需定期维护。若把维护费用也加以考虑，则铝桥在整个服役期内总费用（投资费与维护费之和）低于其他材料。美国把建造投资与维护费分开计算，在做建筑概算与决定时不考虑后期的维修费用。可是，在其他国家与地区用大挤压铝材建造桥梁在增加。因大挤压铝型材的宽度比桥的宽度窄得多，必须把多块型材连接。连接是机械紧固或焊接，不足之处主要是接头疲劳强度比母材低，同时紧固与连接是劳动密集型工作，成本高。摩擦搅拌焊是一种比较新的连接工艺，优于传统的连接方法是一种有前途的连接工艺。

　　铝合金某些性能与钢性能具有一定差异。尽管铝合金在建筑与交通运输方面获得广泛应用，民用航空器结构材料约有 90% 是铝的，或铝零部件净重约占飞机自重的 60% 以上，飞机上的铝结构件承受着非常严峻的静载荷及动载荷，但铁路设计部门只有为数不多的工程师在桥梁中采用铝合金并充分发挥了它们的优点，铝材生产者在推广材料应用方面还有许多工作要做。钢结构与混凝土结构对桥梁工程师来说是轻车熟路，在设计铝结构时必须熟悉铝与钢性能的某些重大差异，如：铝弹性模量 72GPa，而钢的约为 210GPa，即铝材的弹性模量仅相当于钢材的 1/3，即铝工件的挠度比钢大得多；铝合金的疲劳强度约为钢的 1/3，需采用不同的疲劳设计；铝的热膨胀系数比钢及混凝土的大一倍，在连接铝工件时必须留出更大热胀冷缩量。设计时要综合考虑这三点，采用加厚铝合金结构元件。虽然铝密度相当于钢密度的 1/3 左右，但铝结构的平均质量却达到钢结构的 50% 左右。

12.4.3　国内外铝材在桥梁的应用实例

12.4.3.1　国外铝合金在民用桥梁的应用

　　截至 2013 年 6 月，国外已建造约 355 座铝合金桥，主要是公路桥与过街人行天桥，铁路桥很少。80 余年来无一座桥垮塌，也没有一座桥因铝材品质问题而发生安全事故。1970 年以前建造的铝合金公路桥见表 12-8。

表 12-8　国外早期建造的典型铝合金桥

地　点	形　式	用途	车道数	跨度/m	建设年度	桥面板	所用铝合金
美国，匹兹堡，斯密斯菲尔德街（Smithfield St.）	铆接正交桥面板	公路，电车	2+2 车道	约 100	1933 年	铝厚板	2014-T16
美国纽约州，马塞纳（Massena）市格拉斯（Grasse）河	铆接厚板梁	铁路	1	30.5	1946 年		Clad2014-T6，2117-T4 铆钉
加拿大，阿尔维达（Arvida）市萨岗奈（Saguenay）河	铆接拱形	公路	2	6.1，88，6.1	1949 年	混凝土	2014-T6Alc 厚板，挤压材，2117 铆钉
美国印第安纳州得梅因（Des Moines）市第 86 街	焊接厚板梁	公路		20	1958 年	混凝土	5083-113
美国纽约州，杰里科市（Jericho）	铆接厚板梁	公路	4（2 座桥）	23.5	1960 年	混凝土	6061-T6
美国弗吉尼亚州，彼得斯堡（Petersburg）市阿波马托克斯河（Appomattox River）	螺接三角箱式梁	公路	2	29.5	1961 年	混凝土	6061-T6
美国纽约州，阿米迪维尔市（Amityville）	铆接三角箱式梁	公路	6（2 座桥）	18	1963 年	混凝土	6061-T6
美国密歇根州赛克斯维尔市（Sykesville）帕塔普斯科（Patapsco）河	铆接三角箱式梁	公路	2	28，29，32	1963 年	混凝土	6061-T6

续表 12-8

地　点	形　式	用途	车道数	跨度/m	建设年度	桥面板	所用铝合金
美国，匹兹堡，斯密斯菲尔德街	新焊接正交桥面板	公路，电车	2+2	100	1967 年	铝厚板	5456-H321
英国亨顿船坞（Hendon Dock）	铆接双翼开启式（double leaf bascule）	公路、铁路	1+1	37	1948 年	铝厚板	2014-T66151-T6
苏格兰图梅尔（Tummel）河	铆接桁架	人行		21，52，21	1950 年	铝薄板	6151-T6
苏格兰阿伯丁市（Aberdee）	铆接双翼开启式	公路，铁路	1+1	30.5	1953 年	铝薄板，木材	2014-T6 6151-T6
德国杜塞尔多夫市（Dusseldorf）	双腹厚板，拱形肋	人行		55	1953 年		
德国吕嫩（Lunen）	铆接斜腹杆桁架	公路	1	44	1956 年	挤压铝型材	6351-T6
瑞士卢塞姆市（Luceme），2 座桥	悬架固梁	人行与运畜车		20，34	1956 年	木材	5052
南威尔士罗格斯顿市（Rogerstone）	焊接 W 形桁架，贯通横梁	人行		18	1957 年	波纹铝薄板	6351-T6
英国蒙茅斯郡（Monmouth shire）	焊接的	人行		18	1957 年	波纹铝薄板	6351-T6
英国班布里市（Banbury）	铆接桁架	公路	1	3	1959 年	波纹铝薄板	6351-T6
英国格洛斯特（Gloucester）	铆接桁架	公路	1	12	1962 年	挤压型材	6351-T6

（1）加拿大阿尔维达萨岗奈河桥。世界第一座全铝合金桥（见图 12-21），建于 1949 年，位于加拿大魁北克省阿尔维达（Arvida）萨岗奈河，全长 153m，宽 9.75m，主跨长 88.4m，拱高 14.5m，在主跨两侧有几跨 6.1m 的连接孔，整个结构用 2014-T6 铝合金制成，总质量 150t。到目前为止，该桥仍是世界上最长的铝桥之一。

（a）　　　　　　　　　　　　　　　　（b）

图 12-21　阿尔维达全铝公路桥（a）和人行桥（b）

（2）英国梅德韦河桥。英国梅德斯通跨越梅德韦河（Medway）的人行铝桥（见图 12-22）为跨度达 180m 的悬索桥，桥面板是薄铝结构，由挤压板单元放置并紧压在一起形成

宽铝板，挤压板用 6082-T6 铝合金制成，
其他部分用 6063-T5 铝合金制成。倾斜的
钢柱、纤细的铝面结构、碳纤维和不锈钢
栏杆，使该桥异常轻巧，对视觉形成强烈
的冲击，令人耳目一新。该桥荣获多项欧
洲设计奖。

（3）荷兰里克哈维河活动桥。荷兰阿
姆斯特丹里克哈维桥（见图 12-23）于
2003 年 3 月投入使用，为一座活动结构桥

图 12-22　英国梅德韦河桥

梁，有两孔，跨径分别为 10m、13m，上部结构包括由梯形断面挤压板制成的桥面板和板
材制成的主梁，主梁高 0.90m，跨间的铝结构无防腐保护，只有两岸的表面和栏杆为了审
美做阳极化处理。里克哈维桥于 2003 年赢得欧洲铝行业奖。

（4）北挪威福斯莫桥。北挪威诺兰县福斯莫全铝桥（见图 12-24）于 1995 年 9 月投入
使用，全是用铝合金挤压型材制造的，桥面板是用一块块大挤压铝合金型材纵焊而成，运
到工地一次吊装到位。

图 12-23　里克哈维河活动铝桥

图 12-24　诺兰县福斯莫公路桥

（5）早期的其他典型铝桥。挤压铝合
金型材桥板也用在不少桥梁建设上。采用
各种工艺将挤压铝合金板连接成一块大板
已用于制造飞机货舱地板、船的甲板、直
升机着陆平台。20 世纪 80～90 年代在翻
修桥梁时采用铝合金挤压型材及面板。例
如在瑞典斯文逊/皮特塞（Svensson/Pe-
tersen）设计的铝桥获得一定的推广，采
用纵向加固的 6063-T5 或 T6 态铝合金挤压
空心型材，用螺钉紧固组成桥体（见图
12-25），仅在斯德哥尔摩（Stockholm）一
地就建造了 36 座这样的桥。这种桥先在

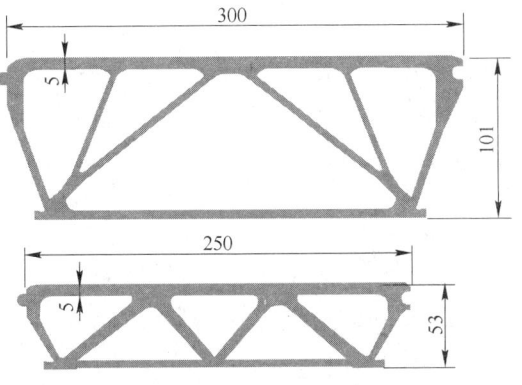

图 12-25　瑞典典型挤压桥梁铝型材截面图
（6063-T5/T6，单位：mm）

工厂预制好，运到工地趁晚上往来车辆稀少的时候在两三小时内组装完毕，对交通的影响

降至最低限度。

1996 年美国宾夕法尼亚州亨廷顿（Huntingdon，PA）附近的有历史保存价值的卡拜因（Corbin）桥，就是用上述方法以大挤压铝合金型材改造的。当时在设计讨论时选用铝合金的理由是：质量轻，比强度大，可在工厂加工。改造后的铝桥的有效承载能力增加了2 倍。

美国原雷诺兹金属公司 20 世纪 90 年代中期研发出几种可焊的桥梁铝合金挤压型材。其中之一在现代化改建亨廷顿市附近的久尼塔（Juniata）河上的卡拜因吊桥中得到应用，此桥长 97.5m、宽 3.8m，原为厚木板桥体，是为过往马拉拖车建造的，后来改为轻质钢桥体，终因钢桥体的自身质量大，限制最大通行负载为 7t，后来翻新时又改用高 133mm、宽 344mm 的多孔 6063-T6 铝合金空心挤压型材，将它们对焊起来。桥面挤压型材方向垂直于车辆前进方向，用机械方法将其紧固于 6061-T6 铝合金挤压 I 字梁上，I 字梁方向平行于车辆行进方向。经过这次现代化技术改造，除了桥体自重外，桥的有效负载允许达到 22t，并允许紧急车辆通行。

采用雷诺兹金属公司桥梁型材建造的第二座公路桥是美国弗吉尼亚州克拉克斯维尔市（Clarksville）附近的 58 号公路小布法洛克莱克河（Little Buffalo Creek）上的桥，此桥长16.7m、宽 9.75m，桥体是用宽 305mm、高 203mm 的 6063-T6 铝合金挤压型材金属氩弧焊接的，型材挤压方向平行于车辆前进方向，整块焊接铝合金板被置于 4 根长的钢桥梁上。这种桥体的突出优点就是上盖与下底是连续的，各向同性的，即纵向、横向性能相等。雷诺兹铝桥体表面有一层厚 9mm 的环氧树脂，其中含有填料，可以增加车辆行驶摩擦力，防止打滑。这种表面的功能与混凝土桥面的功能极为相似。

美国最近建造的挤压铝型材桥在肯塔基州克拉克县（Clark County，KY），这是一座乡村桥梁，主要来往车辆是学校与医院的，必须在很短时间安装完毕。桥体用雷诺兹桥梁空心型材（6063-T6 铝合金）焊接，在工厂预制，运到工地，不到 3h 架设完毕，将交通中断时间缩短到最低限度。

（6）近期建设的其他典型铝桥。2010年，加拿大魁北克省布洛萨德（Brossard）建的其国内最长的矮桁架铝合金行人桥，长 44.21m，护栏高 1.372m，自身质量17t，全部为 6061-T6 铝合金空心挤压型材制造（见图 12-26）。

图 12-26　加拿大最长的布洛萨德
铝合金矮桁架行人桥

12.4.3.2　我国的铝合金结构桥梁

我国铝合金结构桥的应用历史也有十几年，但由于相关研究不够，没有完整的设计规范，铝合金结构数量少，结构形式比较单一。比较著名的几个铝合金桥范例是 2007～2008年间建成的几座人行天桥。其中，首座铝合金桥是建于 2007 年 3 月的杭州庆春路中河人行天桥。

（1）杭州庆春路中河人行天桥。该桥（见图 12-27）是我国首座铝合金结构桥梁，2007 年 3 月建成，由外资公司承建，所有铝合金型材从德国进口，主材为 6082-T6 铝合金。整座人行天桥分为 5 个预制组件，呈"工"字形，主跨长度 39m，质量为 11t，其余辅桥跨度 15~25m，桥下机动车通行净空 4.8~5.3m，能满足现有无轨电车通行，天桥距离中河高架桥底 2.8~3.2m，完全满足行人通行。全桥的质量仅为同体积钢材的 34%。在天桥的 4 个脚上安装 4 对上下自动扶梯，是杭州市首次在人行天桥上安装自动扶梯。该天桥克服了通行净空无法满足使用要求这一技术难题，并解决了庆春路和中河路的交叉路口人车争道矛盾。

图 12-27 中国首座全铝合金结构城市人行过街天桥在杭州建成

（2）上海徐家汇人行天桥。上海徐家汇人行天桥（见图 12-28）是国内首座完全自主设计、自行生产、自行建造的铝合金结构桥梁，2007 年 9 月 29 日在徐家汇潜溪北路投入运行，总工期仅 37 天。该桥由同济大学沈祖炎院士负责桥梁设计，外形类似外滩白渡桥，连接徐家汇第六百货公司以及太平洋百货公司。主材为 6061-T6 铝合金，单跨 23m，宽度 6m，主桥高 2.6m，桥净高 4.6m。

图 12-28 上海徐家汇人行天桥

铝合金天桥自重仅 150kN，最大载质量可达 50t，远低于"地铁上面建设天桥总荷载不得超过 700kN"的规定，确保了该处地下地铁运行的安全。徐家汇人行天桥所用铝材全部为中国广东凤铝铝业有限公司三水公司生产。

（3）北京市西单商业区人行天桥。北京市西单商业区人行天桥（见图 12-29）是北京市迎奥运重点工程，于 2008 年 7 月 20 日投入试运行。铝合金上部结构为外资公司承建，主要铝合金型材均为国产，为 6082-T6 铝合金型材；铝合金步道板等附件从国外进口，为 6005-T6 铝合金。其中，一号天桥为"U"形天桥，连接汉光百货和君太百货商场，主跨 38.1m，桥面净宽 8m，主桥高 4.1m，净高 5.1m，总长 84m，总面积 1506m²，配置 8 部自动扶梯，一部无障碍升降平台，是目前世界上最大的高强度铝合金天桥。二号天桥为"Z"形天桥，连接西单商场和西单国际大厦，主跨 32.7m，桥面净宽 6m，净高 5.2m，总长 53.9m，总面积 952.2m²，配置 4 部自动扶梯。连廊连接君太百货商场与西单大悦城二层平台，总长 20.2m，净宽 5.8m，总面积 127.90m²。该天桥造型追求时代感、形式简约，在满足安全性、实用性的同时，兼顾标志性、美观性、舒适性，体现人文气息，堪称人行天桥的经典作品。

图 12-29　北京西单商业区人行天桥工程（铝合金过街天桥）

它成功解决了复杂环境下铝合金结构桁架吊装难题，并制订 JQB-198—2008《北京市西单商业区人行天桥工程铝合金上部结构施工质量验收标准》（北京市建设委员会备案），为今后铝合金结构桥梁施工验收提供了宝贵借鉴经验。该天桥与两侧建筑的二层平台构成安全、连续、通畅、美观、舒适的"S"形二层步行系统和高品质商业氛围，彻底解决了人流量分流不合理、人车混行、交通拥堵等难题。

（4）天津海河蚌埠桥铝合金人行桥面。天津海河桥人行桥面是用 6061-T6 铝合金挤压型材建造的（见图 12-30），全部为国产铝材。

图 12-30　天津海河蚌埠桥工程采用铝合金作人行桥面

（5）杭州西湖口字形过街天桥。杭州西湖附近的口字形过街人行铝合金天桥于 2013 年 4 月通行，是中国丛林铝业有限公司设计、制造与安装的（见图 12-31），全长 217m，宽 4.8m，承载能力 4.3kN/m²，所有铝材都是丛林铝业公司研发生产的。桥的桁架结构是用 6082-T6 铝合金挤压大型材制造的，四片主桁架及四片过渡桁架组成闭合环形人行天桥，呈口字形，其美观独特的结构成为杭州街头一道风景，被称为现代建筑中的艺术品。

原天桥（"解百"天桥）采用传统材料，平均每 2 年需进行防锈及其他相关维护，每次维护费用 11 万元左右，而铝合金桥免去了防锈维护，维护成本降低 90% 以上。此外，全铝天桥由于其他上部结构轻，会进一步降低基础费用和对地质条件的要求。丛林公司研发团队在设计时，不仅对于桥排水系统、电梯悬空搭载部位加强结构以及过渡连接装置等

图 12-31　杭州西湖附近的铝合金过街人行天桥

细节进行深入分析探索，而且带入人性化理念，在建有上下行电梯和楼梯的同时，还安装无障碍轮椅升降平台，美观实用、经济环保，是中国天桥领域的一次飞跃。

中国建成的铝合金桥梁都是过街人行天桥，还没有铝合金公路桥与铁路桥，可见在铝合金桥的设计、制造与安装方面与国外还有较大的差距。而所需要的桥梁铝合金及铝材现在我国都可以自行生产与提供。

12.4.3.3　军用铝桥

军事战备桥梁主要是指便桥，包括冲击桥、装配式桥等。战备桥梁是陆军遂行渡河工程保障的最主要装备。现代战争对军用桥梁有很高的技术要求，优良的装备应当具有快速的机动能力，广泛的适应能力和良好的操作性、可靠性、安全性及足够的抗毁伤能力。战备桥梁装备只有在快速机动的前提下，才能保证其强大的保障能力和广泛的适应能力得以充分发挥。因此，新一代军事战备桥梁装备对快速机动性能提出了更高的要求。

铝合金不仅应用于民用桥梁中，在军事上也得到了广泛运用。例如：美英联军在伊拉克战争中就投入了大量的渡河桥梁装备，其中有美军"狼灌"冲击桥、改进型带式舟桥，以及英军的中型析架桥、M3 自行舟桥等。

目前战备桥器材研制中广泛使用的仍然是传统的结构材料——钢材，如我国研制的六四式军用梁，八七型军用梁是国家战备抢修器材的主要储备器材。另外还有 ZB-200 型装配式公路钢桥、321 钢桥等。其具有明显的缺点：重量大、机动性差、克服和跨越障碍的潜力小、耐腐蚀性差、维修保养费用高等，很难适应未来高技术局部战争的要求。

而采用铝合金结构完全能够发挥轻质的优势，从而减少所需配套运输车辆的数量，降低油耗，降低作业强度和减少作业人员的数量。由于铝合金结构的重量轻，对地基基础的承载能力要求低，满足战备特殊荷载的要求。材料自身的强度高，相对钢桥来说具有承载力大、变形小、刚度大、稳定性好等优点，能更好地满足战备桥梁快速机动灵活的要求。铝合金质轻、架设速度快而且噪声小，可更好地适应瞬息万变的战场情况，发挥其良好的保障能力和广泛的适应能力。

另外，铝合金具有可挤压成型的优点，能采用最有效的截面形式和尺寸，而且具有良好的耐腐蚀性，减少了器材服役期中的维护保养工作量，有效降低了装备使用全寿命成本。如采用铝合金材料的美军"狼灌"冲击桥桥节每延米重量 4.6kN，比采用钢质材料的冲击桥每延米重量减轻约 35%，架桥作业效率提高约 36%。

铝合金材料的性能，特别是焊接性能与钢材相比有很大差别，铝合金（尤其是热处理铝合金）焊接后会造成材料在焊缝及热影响区力学性能的下降，同时铝合金的焊接变形也比钢材大得多，且容易产生焊接缺陷。又由于铝合金材料具有易于挤压成型的优点，因此，钢质结构大量采用焊接组合构件，而铝合金结构则应尽可能采用大型挤压型材以减少焊接量、控制焊接变形和焊接缺陷。与舟桥相比，多数战备便桥是架设在河流两岸的，水的浮力及水动性对其影响很小，因此与舟桥的受力及支承条件不同。战备桥梁的桥面板常采用扁宽薄壁大断面空心铝合金挤压型材夹芯板结构。

战备桥梁结构是典型的焊接结构，在使用中承受诸如坦克、火炮等重型移动载荷作用。5×××系合金用于战备桥梁结构时材料强度偏低，因此必须在6×××系和7×××系合金中选择合适的铝合金型号。在此两系合金中，6×××系铝合金的可焊性能较好，而且在施焊一段时间后，其力学性能可恢复到施焊前的80%左右（除伸长率外）。相对于6×××系合金，7005型铝合金具有更好的焊接性能和更高的焊接强度。此外，7A05型铝合金已成功地应用于轻型渡河桥梁中。

（1）铝合金装甲架桥系统。2000年春天，德国开始豹式Ⅱ型坦克计划时，原来使用装甲架桥（AVLB）系统的钢桥破坏了。随后进行的分析和计算表明：安全裕度低于以前的假设。显然，AVLB系统在使用性能和承载力方面都存在一定的缺陷。瑞典军方研发了一种新型装甲架桥系统——Kb71，如图12-32所示。桥梁由两个箱梁组成，桥跨总长

图 12-32　Kb71 型 20m 拼接坦克桥

20m，一个桥面板宽为1.4m，桥高为0.17m，桥的总宽为3.8m，如图12-33所示。该桥是由压制铝板焊接而成，其中一部分采用摩擦搅动焊接技术，另一部分则采用惰性气体保护焊接（MIG），最大可以承受豹式Ⅱ型坦克的负载及NATO标准中的70级军用荷载坦克的履带在箱梁的腹板内可顺利行进，而不像前民主德国的BLG60型AVLB系统，坦克的履带处于悬臂上。瑞典军方对该桥进行了荷载试验、疲劳试验，并在安装好的成桥上施

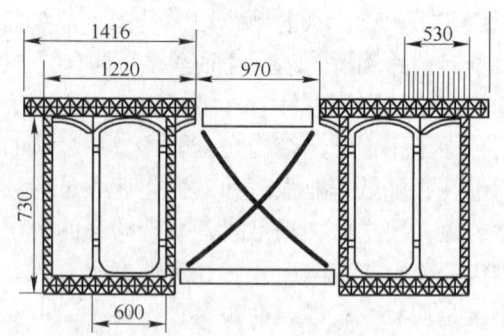

图 12-33　Kb71 桥和 BLG60 桥横截面

加不同类型的交通荷载（包括1000辆豹式Ⅱ型坦克的超限荷载）。试验结果显示，该设计满足瑞典武装部队规定的要求。

（2）铝合金舟桥。舟桥是用于在江河上架设浮桥或结构潜渡门桥的制式渡河保障装备。减轻舟桥结构重量，提高装备的机动性能，是国内外舟桥装备发展的重要趋势。在现

有的各类轻质高强材料中，铝合金是最适宜作为舟桥装备主体结构的材料。舟桥中最重要的结构是纵向承重结构，这种结构通常采用所谓的空心梁结构形式，空心梁的上翼板是车行部纵向构件和甲板，下翼缘是舟底的纵向构件和底板。舟桥舟体甲板不仅承受浮桥纵向、横向弯曲以及扭转，同时还要承受车辆荷载的直接作用，铝合金舟桥的甲板应采用专门设计的、符合其受力特点的大型多腔挤压型材。

铝合金在国外军用舟桥装备中已得到非常普遍的应用，装备性能也因此得到很大的提高。如美国的带式舟桥（见图12-34）、德国的 FSB 带式舟桥及日本的 92 式带式舟桥等。我国在轻型门桥、轻型伴随桥的桥跨结构中曾采用过铝合金材料，但在重型的带式舟桥装备中还未得到应用。目前我军逐渐开展了铝合金用于舟桥承重结构设计的研究工作并取得了显著成果。随着我国综合国力的提高，铝合金必定会在舟桥装备上得到越来越广的应用。

图 12-34　美军的先进舟桥系统

12.5　铝合金活动板房

12.5.1　铝合金活动板房的特点及基本组成

12.5.1.1　铝合金活动板房的特点

铝合金高级活动板房有许多优点，适用范围广，可作办公室、展厅、商店、饮食店、娱乐场所、公共服务设施和临时宿舍，档次多样，可根据不同的需要进行装潢和布置；机动灵活性好，可作永久性或半永久性建筑；因全部是组装件，搬运很方便。每幢板房长50m、宽10m、空间高2.5m，全部采用装配式构件。铝合金高级活动板房的结构分立柱、房架、门窗和其他附件，共四部分。

12.5.1.2　铝合金活动板房的基本组成

A　立柱

为确保安全，经强度计算与校核后，每幢板房在长向两边最外端每隔2m设一根立柱，即每一侧面设26根立柱，每幢房区设52根立柱，其空间内和宽向（跨度）都不设立柱。

为了加大强度和刚度，立柱采用铝-钢方管混合结构，内芯管为高频焊接的碳钢方管，外套为6063铝合金方管，铝方管阳极氧化成银白色。考虑到立柱中的钢管要与地平的地脚螺钉和房架的装配螺栓相固定，因此，铝套管长度比钢方管短一些。为了防止铝方管与钢方管之间串动和松动，它们之间用抽芯钉固定。

为将铝-钢方管混合结构的立柱牢固地竖立并与房架连接上，立柱两端焊在钢挡块上。钢挡块为正方形，钻有固定用的圆孔。正式安装时，将立柱下端钢挡块上的圆孔与地平的地脚螺钉相配插入，并用螺母拧紧；立柱上端钢挡块的圆孔与房架上相应的装配孔用螺栓和螺母连接并固紧。

为降低成本，板房宽向目前用内衬纤板外包铁皮再涂刷油漆的结构。为了增加美观性，也可在宽向设计铝-钢方管结构的立柱，以安装铝合金门窗。

B 门窗

板房长向两侧的门和窗全部采用铝合金门窗。每幢房安装的门数可根据服务设施需要而定。铝合金门目前为两米宽，即位于两根立柱之间，采用 6063 合金 90 或 42 系列推拉门，安装在铝方管上；也可安装弹簧门，该门上端与铝方管相连，下端与地基相连。除安装铝合金门外，每幢房长向两侧立柱之间全部安装铝合金窗，在立柱上半部的铝方管上安装 70 或 42 系列铝合金推拉窗，立柱下半部镶透明玻璃（如需要，也可采用茶色玻璃或花色半透明玻璃）。考虑到色彩的美观性、协调性和气候因素，板房的所有铝合金门窗与立柱的铝方管一样，经阳极氧化成银白色。

C 房架

根据结构上的需要、美观性和便于流淌雨水，房架呈"∧"形，实际上每一房架是 5m 长、各带一定坡度又相互对称的"右""左"两个构件组合而成，在组合点即"屋脊"处用螺栓和螺母固定，构成跨度为 10m 的房架。由于沿长向两侧每对立柱上架设一个房梁，故共架设 26 个房梁。

为了安全，房架采用桁架结构，主框架用尺寸较大的钢扁方管制作，其支架和斜架用尺寸较小的钢方管并焊接于主框架上，以起支撑和加固作用，在地面上再用螺栓和螺母接合成"∧"形，然后再架设在宽向彼此对应的立柱上，再用螺栓螺母连接和固定。

房架与立柱相固定时，应特别注意保证每根立柱的垂直度以及它们之间相互平行。否则整幢房会"变形"或"歪扭"而影响铝合金门窗的安装，或使结构处于不正常的预应力受力状态。为避免这种情况发生，它们的尺寸计算应准确，施工时按工艺要求保证公差。另外，因为组合件全都采用螺栓和螺母连接，故在安装时最好不用平垫片，而用弹簧垫片，以免螺母意外松动，必要时加固定插销钉；不言而喻，螺栓与连接孔的尺寸配合不能松动，以免剪切应力起作用。

D 其他附件

根据使用的需要，可以配置相关的附件，如橱柜、挂钩、线路、灯具、卫生设施等。

12.5.2 几种铝合金活动板房

随着人民生活水平的提高和旅游业的发展，我国的铝合金高级活动房的生产也在迅速扩大。目前常见的铝合金活动板房有如图 12-35 所示的铝合金阳光房，图 12-36 所示的两种铝合金活动板房。

图 12-35 常见的铝合金阳光房

图 12-36 铝合金活动板房

12.6 铝合金模板及脚手架的应用与开发

12.6.1 铝合金模板系统的发展及特点

12.6.1.1 铝合金模板系统的发展概况

建筑业一直是许多国家的第一支柱产业，对国民经济的发展、人民生活水平的提高以及社会文明程度的进步起着特别重要的作用。长期以来，建筑材料及建筑施工机械与材料，除了水泥、沙石砖块等基础材料外，主要是木材、塑料和钢铁等。近年来，"绿色建筑"概念的提出，各国政府、学术界和产业界都在寻找"绿色建筑"用施工机械、绿色建筑与装饰材料，进行了大量有效的研发工作，并取得了突破性进展。具有一系列优异特性的轻量化铝材是理想的"绿色建筑"材料，越来越受到建筑业的青睐，大有以铝代木、以铝代塑、以铝代钢的趋势。铝合金建筑门窗、幕墙、网栏等装饰材料已广泛使用，成为不争的事实。铝合金模板和脚手架作为绿色建筑施工机械器具与材料，替代木材和钢材在近些年也取得了重大发展，并被认为是未来绿色建筑的发展方向。

绿色建筑铝合金模板系统最早诞生于美国，该系统主要由模板系统、支撑系统、紧固系统、附件系统等构成，可广泛应用于钢筋混凝土建筑结构的各个领域。铝合金模板系统具有重量轻、拆装方便、刚度高、板面大、拼缝少、稳定性好、精度高、浇注的混凝土平整光洁、使用寿命长、周转次数多、经济性好、回收率高、施工进度快、施工效率高、施工现场安全、整洁、施工形象好、对机械依赖度低、应用范围广等特点。

经过几十年的发展和改进，绿色建筑铝合金模板系统技术已经基本成熟，应用也更加广泛。至今，在美国、加拿大、日本、韩国、迪拜、墨西哥、马来西亚、新加坡、巴西、印度等几十个国家已经普遍用于建筑施工中。20 世纪 70 年代初，我国建筑结构以砖混结构为主，建筑施工所用的模板以木模板为主；20 世纪 80 年代以来，在"以钢代木"方针的推动下，各种新结构体系不断出现，钢筋混凝土结构迅速增加，钢模板在建筑施工中开始盛行。

12.6.1.2 铝合金模板系统的特点及其优越性

A 铝合金模板系统的特点

铝合金模板是具有一系列优异特性的轻量化铝材，作为理想的"绿色建筑"材料越来越受到建筑业的青睐，是以铝代钢的新趋势，是未来绿色建筑的发展方向。

铝合金模板系统主要由模板系统、支撑系统、紧固系统、附件系统等构成，可广泛应用于钢筋混凝土建筑结构的各个领域。

B　铝合金模板系统的优越性

（1）绿色环保。施工现场文明施工程度高、安全性高，安装工地上不产生建筑垃圾，无一铁钉、无电锯残剩木片、木屑及其他施工杂物；施工现场环境安全、干净、整洁，不会像使用木模板那样产生大量的建筑垃圾，完全达到绿色建筑施工标准。

（2）质量轻。每平方米的质量仅为 20~25kg，下层往上层搬运不需要使用塔吊，人工转递即可，可节省机械费用。

（3）铝合金模板原材料是采用 6061-T6 铝合金整体挤压成型的，韧性好、强度高、耐腐蚀，重复使用次数多，可以反复周转使用 200 次以上，平均使用成本低。

（4）承载力高。铝合金模板系统的所有部件都是采用铝合金模板组装而成，组装完成后形成一个整体框架，稳定性好、承载力高，每平方米可达 30kN 以上（试验荷载每平方米 60kN 不破坏），运行成本核算低。

（5）适应性广。适用所有混凝土结构建筑物浇注的墙、柱、梁、顶板、阳台、飘窗、外装饰线条，可一次浇注成型，保证了建筑物的整体强度和使用寿命，可缩短工期。

（6）施工简便、工期短。使用铝模板可以缩短 1/3 的总工期时间；模板生产完成，试拼装时按分区、按顺序编号，正常施工时按顺序拼装即可，拼装简单规范；不依赖工人操作技术水平的高低，只要熟练工人（经过短期培训即可）；浇注混凝土后 24h 可拆除墙柱板，36h 可拆除墙侧板，48h 可拆除顶板，12 天后拆除支撑柱；施工效率高，熟练工人每工日可装拆 20~25m²，正常情况 4~5 天一层，如工期紧可以缩短 3 天一层，大大节约承建单位的管理成本。

（7）施工质量高，由于铝模板属于工具式模板，垂直误差可控制在 10mm 以内，优质工程可控制在 4~5mm 以内，几何尺寸精确，拆模后墙体平整光洁，能够达到或接近清水墙效果，施工效果好。可以减少或省去二次抹灰作业、降低建筑商的抹灰成本。

（8）铝合金模板系统支撑体系独特，采取"单管立式独立"支撑。平均间距 1.2m，无需横拉或斜拉助力支撑，施工人员在工地上搬运物料、行走都畅通无阻，单支撑的拆除轻松便利，设计时根据建筑结构强度要求配备模板，正常配套是 1 套模板、预板支撑配 3 套、梁支撑 4 套、悬梁支撑 6 套，可满足 4 天一层整个建筑的施工。

（9）综合管理成本费用低。铝合金模板系统全部配件均可以重复使用，施工安装及拆除完成后，无任何垃圾，无须处理。可减少垃圾外运、填埋处理费用，施工现场整洁，不会出现废旧木模板堆积如山的现象，实现工地的文明施工。表 12-9 列出了铝、钢与木模板系统的性价比。

表 12-9　铝、钢与木模板系统的性价比对照表

类　别	铝模板	钢模板	木模板
模板系统通用可使用的次数/次	150~200	100~150	5~8
模板系统造价（含所有配件）/元·m⁻²	1500	850	100
平均安装人工/元·m⁻²	25	29	24

类　　别	铝模板	钢模板	木模板
安装机械费用/元·m^{-2}	2	8	3
单栋高层比数（30 层）/元·m^{-2}	50	70	46
单栋高层比数（60 层）/元·m^{-2}	37	40	46
单栋高层比数（90 层）/元·m^{-2}	32	35	46
单栋高层比数（120 层）/元·m^{-2}	26	30	46

（10）回收价值高。铝合金材料可以一直循环利用，残值高，符合循环利用、低碳环保、绿色建筑材料的国家政策，可降低模板成本 200~400 元/m^2。

12.6.2　铝合金建筑模板的特点及生产流程

12.6.2.1　建筑模板的发展与分类

20 世纪 90 年代以来，我国建筑结构体系又有了很大的发展，伴随着大规模的基础设施建设，高速公路、铁路、城市轨道交通以及高层建筑、超高层建筑和大型公共建筑的建设，对模板、脚手架施工技术提出了新的要求。我国以组合式钢模板为主的格局已经打破，逐渐转变为多种模板并存的格局，新型模板发展的速度很快，主要有如下几种：

（1）木模板。用木材加工成的模板，常见的是杨木模板和松木模板。优点是质量相对较轻，价格相对便宜，使用时没有模数的局限，可以按要求进行加工。缺点是使用的次数较少，在加工过程中有一定损耗，对资源的破坏大。

（2）钢模板。用钢板压制成的模板。优点是强度大，周转次数多。缺点是质量重，使用不方便，易腐蚀，并且成本极高。

（3）塑料模板。利用 PE 废旧塑料和粉煤灰、碳酸钙及其他填充物挤出工艺生产的建筑模板。优点是表面光洁、不吸湿、不霉变、耐酸碱、不易开裂，成本相对钢板要便宜很多。缺点是强度和刚度都太小，其热膨胀系数较大，不能回收，污染环境。

（4）铝合金模板系统。利用铝板材或型材制作而成的新一代建筑模板，因质量轻、周转次数多、承载能力高、应用范围广、施工方便、回收价值高等特点，适用于钢筋混凝土建筑结构的各个领域。

12.6.2.2　铝合金建筑模板系统的特点

铝合金模板系统是采用不同形状与规格的 6061T6（或 6082、6005、7005、5052）等铝合金深加工成为不同用途（功能）的零部件或模块，然后按图纸组焊而成为一个体系。

铝模板主要用于墙体模板、水平楼板、柱子和梁等各类模板。适用于新建的群体公共与民用建筑，特别是超高层建筑。

12.6.2.3　模板用铝合金型材的特点

绿色建筑铝合金模板（及脚手架）主要用挤压法生产的型材（部分管材和棒材）制造，绿色建筑铝合金模板型材品种多、规格范围广、形状复杂、外廓尺寸和断面积大、壁厚相差悬殊，大部分为特殊的异型空心型材，也有宽厚比大的大型扁宽薄壁实心型材，舌比大的半空心型材以及要求特殊的管材和棒材，难度系数很大，技术含量很高，批量生产十分困难。表 12-10 为部分绿色建筑模板挤压产品的一览表。

表 12-10　我国生产的部分绿色建筑铝合金模板型材一览表

序号	合金状态	型材截面简图	型材截面积/cm²	序号	合金状态	型材截面简图	型材截面积/cm²
1	6063T5		13.31	12	6063T5		6.289
2	6063T5		10.814	13	6063T5		8.084
3	6063T5		19.61	14	6063T5		4.884
4	6063T5		18.115	15	6063T5		6.693
5	6063T5		21.112	16	6063T5		4.957
6	6063T5		12.737	17	6063T5		3.28
7	6063T5		11.737	18	6063T5		3.82
8	6063T5		10.737	19	6063T5		4.225
9	6063T5		23.241	20	6063T5		5.491
10	6063T5		14.032	21	6063T5		19.917
11	6063T5		15.062	22	6063T5		24.717

12.6.2.4　铝合金模板体系的生产流程

铝合金模板体系是根据工程建筑和结构施工图纸，经定型化设计和工业化加工定制完成所需要的标准尺寸模板构件及与实际工程配套使用的非标准构件。首先按图纸在工厂完成预拼装。满足工程要求后，对所有模板构件分区、分单元分类作相应标记，模板材料运至现场，按模板编号"对号入座"分别安装。安装就位后，利用可调斜支撑调整模板的垂直度、竖向可调支撑调整模板的水平标高，利用穿墙对拉螺杆机背楞，保证模板体系的刚度及整体稳定性。然后，浇注混凝土，在混凝土强度达到拆模强度后，保留竖向支撑，按顺序对墙模板、梁侧模及楼面模板进行拆除。然后，进行清理、准备，迅速进入下一层循环施工。主要生产操作流程如下：测量放线→墙柱钢筋绑扎→预留预埋→隐蔽工程验收→墙柱铝合金模板安装→梁板铝合金模板安装→铝合金模板矫正加固→梁板钢筋绑扎→预留预埋→隐蔽工程验收→混凝土浇筑并养护→铝合金模板拆除→铝合金模板倒运。

各种结构部件的铝合金模板安装示意图如图 12-37 和图 12-38 所示。

图 12-37　采用铝合金模板的生产现场安装图

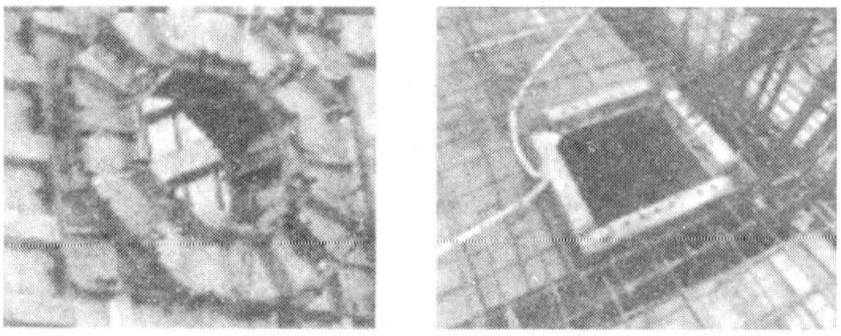

(a) 　　　　　　　　　　　　　　(b)

(c)

(d)

图 12-38　各种结构部件的铝合金模板安装图

（a）铝合金洞口模板；（b）楼梯模板；（c）外墙铝合金模板；（d）内墙铝合金模板

12.6.3 铝合金模板生产的关键技术

12.6.3.1 铝合金建筑模板体系的设计

A 铝合金建筑模板结构体系的设计

建筑模板由面板和支撑系统组成，面板是使混凝土成型的部分；支撑系统是稳固面板位置和承受上部荷载的结构部分。模板的质量关系到混凝土工程的质量，关键在于尺寸准确，组装牢固，拼缝严密，装拆方便等。应根据建筑结构的形式和特点选用恰当形式的模板，才能取得良好的技术经济效果。

传统的木模板体系、钢模板体系、塑料模板体系都有其各自的优缺点：木模板体系其强度低，不防水，易霉变腐烂，重复使用率低，需要消耗木材资源；钢模板体系质量过重，施工需机械设备协助，易生锈，且在混凝土浇注过程中易与混凝土黏合在一起，脱模困难；塑料模板体系刚性差，易变形，且成本高。

首先，按设计图纸在工厂完成定型制作并作预拼装，满足工程要求后，对所有模板构件分区、分单元分类作相应标记。模板材料运至现场，按模板编号分别安装。

铝合金模板安装中，可利用可调斜支撑调整模板的垂直度、竖向楼板支模采用可调独立钢支撑调整模板的水平标高；利用对拉螺杆及背楞保证模板体系的刚度及整体稳定性；模板之间用销钉连接，销钉采用弧形销片固定，可以保证模板之间接缝严密，混凝土结构表面平整光洁。采用铝模板体系可以保证在混凝土强度达到拆模强度后，按顺序对墙模板、梁侧模及楼面模进行拆除，迅速进入下一层循环施工。

铝合金模板体系既具有非标准性，同时也能进行一定程度的标准化设计。该技术请参考相关建筑设计资料。

B 铝合金建筑模板型材的设计

铝合金建筑模板型材的设计应考虑以下几点：

(1) 如图 12-39 所示，铝合金模板型材通常采用整体组合结构，形状各异的中小型材拼成一个大型整体结构型材，有的宽度大于 600mm，宽厚比大于 100，舌比大于 5，需要采用 7000t 以上大挤压机，设计制造特殊结构的模具才能成型。

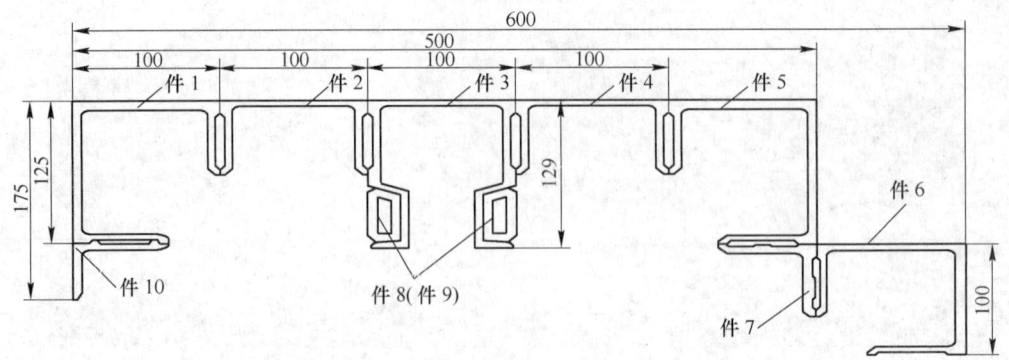

图 12-39 由多件组合的建筑铝合金模板型材断面示意图

(2) 铝合金模板型材要求要具有良好的综合性能，既有一定的强度（$\sigma_b \geqslant 300\text{MPa}$），又保证良好的可焊性、耐磨性和耐蚀性及冷冲性的良好匹配。因此，需优化合金成分、优化挤压和热处理工艺，改善和提高组织与性能才能满足要求。对合金成分、铸锭质量，模具设计与制作技术，挤压工艺和热处理工艺等提出了严格的要求，技术难度很大，需要做大量的研究和试验工作。

（3）铝合金模板需要多次重复使用，因此，要求型材尺寸精度和形位公差十分严格才能做到方便装卸。通常，要求型材的精度控制在超高精度级以上，这对模具质量、挤压与精密淬火工艺提出了很高要求。

（4）要求产业化大批量生产，因此对设备、铸锭质量、模具技术、挤压和热处理工艺提出了更高的要求，特别是对模具的使用寿命提出了高要求，要求较一般模具的寿命提高2~3倍。

（5）铝合金模板型材要求表面光洁、尺寸和形位精度高，因此需要采用高质量的模具钢及严格的模具热处理工艺、机加工全部实施 CNC 工艺规程，才能获得具有高强度、高韧性、高精度、低的表面粗糙度的优质模具。

12.6.3.2　模板用型材生产的基本流程

铝合金模板用型材生产的基本流程与一般铝合金型材的生产过程相同。

12.6.3.3　铝合金模板型材生产的关键技术

由于铝合金模板型材具有其特有的结构和性能特点，因此对它的生产和制造要求就高，下面以两种典型铝合金建筑模板生产特点来分析其技术关键。

A　两种典型铝合金建筑模板型材的特点

铝合金建筑模板型材品种多达几十种，规格范围广，有的型材是多块形状各异的中小型材拼成的一个大型整体材，外接圆直径大于 600mm。有空心型材、实心型材和半空心型材，成型难度大，尺寸和形位精度要求高，要求有高的力学性能，$\sigma_b \geqslant 300MPa$，优良的可焊性、耐磨、耐蚀等综合性能，而且要求产业化批量生产。因此，要求不同形式的特殊结构的模具，如特殊分流模、遮蔽式型材模、特种宽展模等才能保证不同型材的成型和尺寸精度，而且要求高的使用寿命，确保其批量生产。

以下选取两种典型的、难度较大的型材模具为例来讨论绿色建筑铝合金模板型材生产的技术关键，其中一种为宽度达 400mm，宽厚比大于 100 的带筋壁板型材（A 型），如图12-40 所示；另一种是舌比大于 5、尺寸和形位为超高级精度的半空心型材（B 型），如图12-41 所示。

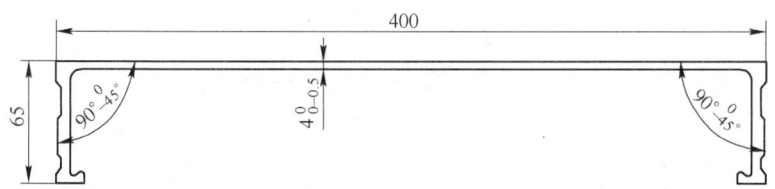

图 12-40　铝合金建筑模板用带筋壁板型材（A 型）尺寸示意图

B　带筋壁板型材（A 型）生产的技术关键

铝合金建筑模板用带筋壁板型材的合金状态为 6061-T6，挤压材经精密水、雾、气淬

火+人工时效后交货，要求型材的尺寸与形位
精度达到超高精级，并具有良好的力学性能、
耐磨、耐蚀、可焊等综合性能的合理匹配。A
型材属于扁宽薄壁型材，其特点是容易发生
严重的壁厚差和平面间隙，型材两端面因充
料不足而壁厚尺寸不够，其宽/厚比值高达
100，用普通平面模是达不到挤压型材技术要
求的，必须设计一种特殊的组合模才能保证
成型和达到精度要求。

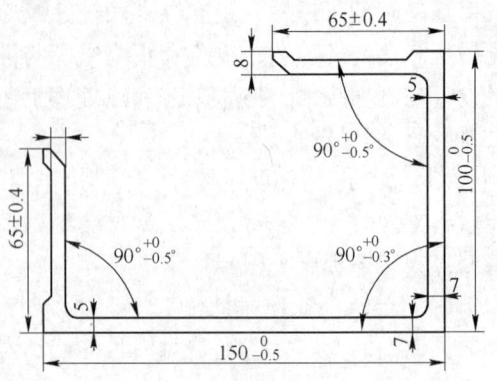

图 12-41　铝合金建筑模板用半空心型材
（B 型）尺寸示意图

　　A 型材外廓尺寸大，必须在 7000t 以上的
大挤压机生产，配套的挤压筒直径为 418mm，
型材宽度几乎与挤压筒直径相当，这就需要
设计制作一种特殊的多级宽展挤压模，才能保证型材成型及宽度精度与平面间隙。

　　为了确保模板顺利装卸和整体的平直度，A 型材的两个支承腿与壁板角度的形位公差值
已高于 GB 5237 高精级，需要反复计算与平衡金属流量的分配才能保证角度精度，并且要求
选择优良的模具材料，先进的热处理和表面处理工艺，确保模具的使用寿命提高 2~3 倍。

　　根据上述 A 型材的特点和技术要求选择宽展模与分流模相组合的特殊模具结构，如图
12-42 所示。

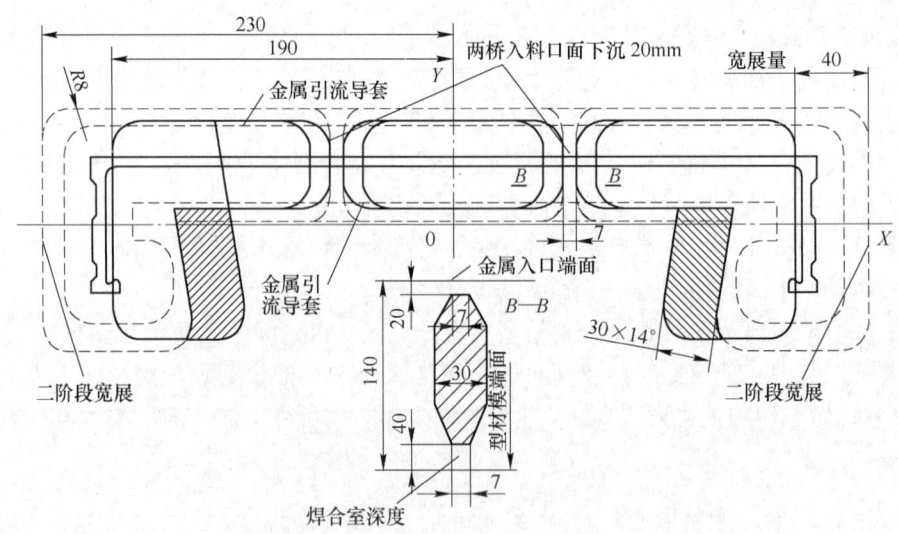

图 12-42　挤压 A 型材用特种分流宽展模示意图

　　这种特种分流宽展模的关键技术是：

　　（1）直接在宽展模孔内设计两个吊桥，形成三个分流孔，焊合室采用特殊形状并设有
4 个桥墩以平衡金属流量和提高模具的整体强度，从而使流动金属在焊合室内具有足够高
的静水压力。

　　（2）在模孔前面设有金属导流槽，按型材形状进行第一次金属分配，提高型材的成型
效果。

（3）宽展分流模的金属入口处下沉 20mm，可均衡金属流动并降低挤压力。

（4）宽展分流模的分流孔布置与型材形状相似，金属流经宽展分流孔的过程中逐渐由圆形铸锭变成与型材形状相似的金属流，合理控制了金属分配与调节了金属流速。

（5）两侧的分流孔向外成两级宽展角，宽展角分别为 25° 和 5°，以增大两端模孔处的金属流量和压力，便于填充。

此类模具结构复杂，模具的加工需要 CNC 数控加工中心来确保模具的加工质量。模具材料选用 H13 热作模具钢，电渣重熔钢坯经再锻造、退火后使用，模子热处理经 1035℃高温淬火+2 次回火，模体硬度 HRC 在 48~49，模具表面强化处理采用二阶段氮化工艺，确保模子表面硬度值 HV 在 950~1150，氮化层厚度为 100~160μm，从而提高模具使用寿命。

C　半空心型材（B型）生产的技术关键

铝合金建筑模板用半空心型材 B 是属于典型的高舌比半空心型材。该型材从形状来看是从三面包围，一面有一部分开口，被包围部分为空间面积。这类型材在挤压时模具的舌头悬臂面要承受很大的轴向正压力，当设计不恰当时，舌头悬臂会产生较大的弹性变形，甚至于会产生塑性变形，导致舌头断裂而失效。因此，这类型材的模具强度很难保证，而且也增大了制造的难度。为了减少作用在悬臂表面的正压力，提高悬臂的承受能力，挤压出合格的产品又能提高模具寿命，各国挤压工作者近年来开发研制了不少如下的新型模具：

（1）保护膜或遮蔽式模，如图 12-43 所示。这种模子的设计是用分流模的中心部位遮蔽或保护下模孔的悬臂部分，下模的悬臂部分向上突起其突起的部分与悬臂内边留有空刀量，悬臂突起部分的顶面与上模模面留有间隙，用来消除因上模中心压陷后对悬臂的压力，从而稳定了悬臂支撑边的对边壁厚的偏差，较好地保证了型材的质量。但由于悬臂突出部分相对增大了摩擦面积，悬臂承受的摩擦力增加仍有一定的压塌。

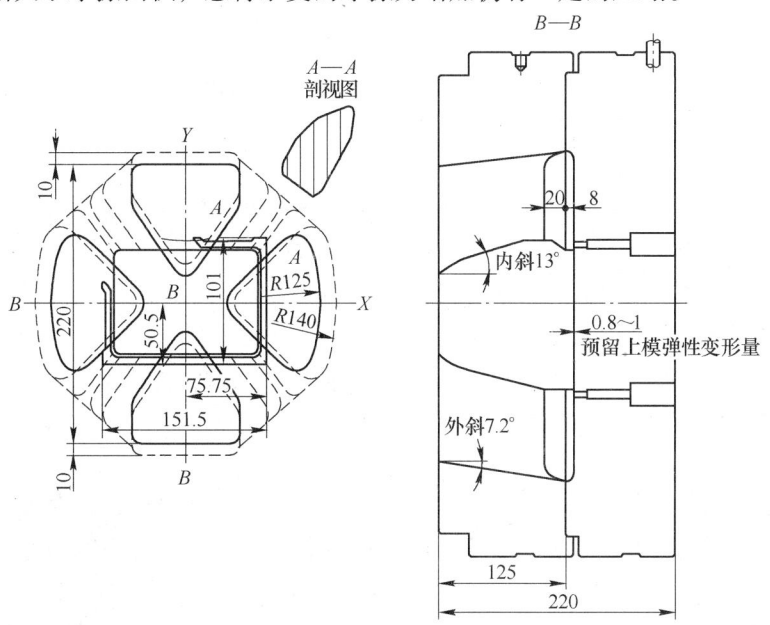

图 12-43　挤压半空心型材用遮蔽式模示意图

（2）镶嵌式结构模。这种模具结构是将上模舌头的中间部位挖空，而下悬臂相对的位置向上突起，镶嵌在舌头中空部分里。悬臂突起部分的顶面与上模舌头中空腔部分的顶面有空隙 a，其值与舌头的表面和下模空腔表面的间隙值相等，这样可消除因上模压陷而造成对下模悬臂的压迫。悬臂突起部分的垂直表面（相对于模面而言）与舌头空腔的垂直表面有间隙 c，两表面处于动配合。舌头低端与悬臂内边的空刀量为 b。这种结构的模具克服了上述遮蔽式分流模具的缺点，悬臂受力状况得到进一步改善，只要合理选取空刀量 b 和 a、c 值，便能获得合格的产品。

（3）替代式结构模具。这种结构完全将下模的悬臂取消，而以上模的舌头取而代之，在原悬臂的根部处，采用舌头与下模空腔表面互相搭接，完成悬臂的完整性，其形式与分流模完全相同。这种结构的模具加工简便，使用寿命高，更适合挤压那些"舌比"很大而用以上两种模具难以挤压的型材。

12.6.4　铝模板系统的施工工艺流程及施工举例

12.6.4.1　铝模板系统的施工工艺流程

测量放线→墙（柱）钢筋绑扎→预留预埋→隐蔽工程验收→墙（柱）铝模板安装→梁（楼板）铝模板安装→校正加固→梁（楼板）钢筋绑扎→预留预埋→隐蔽工程验收→混凝土浇筑及养护→模板拆除→模板倒运、进入下一层铝模板的施工。

12.6.4.2　铝模板系统的施工举例

以建筑一栋高层楼房为例。

（1）测量放线：

1）在楼层上弹好墙柱线及墙柱控制线、洞口线，其中墙柱控制线距墙边线 300mm，可检验模板是否偏位和方正；该控制线应保留长久，并用于控制砌体和砌体结构抹灰的质量。

2）在柱纵筋上标好楼层标高控制点，标高控制点为楼层+0.50m，墙柱的四角及转角处均设路，以便检查楼板面标高。

（2）墙柱铝模安装：

1）安装墙柱铝模前，根据标高控制点检查墙柱位置楼板标高是否符合要求，高出的凿除，低的垫上木楔，标高误差尽量控制在 5mm 以内。

2）在柱角墙边应植定位钢筋，防止柱铝模在加固时跑位；在墙柱内设置好同墙柱厚的水泥内撑条或钢筋内撑条，保证铝模在加固后墙柱的截面尺寸。

3）墙柱铝模拼装之前，必须对板面进行全面清理，涂刷脱模剂。脱模剂涂刷要薄而匀，不得漏刷；涂刷时，要注意周围环境，防止散落在建筑物、机具和人身衣物上，更不得刷在钢筋上。

4）按试拼装图纸编号依次拼装好墙柱铝模，封闭柱铝模之前，需在墙柱模紧固螺杆上预先外套 PVC 管；同时，要保证套管与墙两边模板面接触位置要准确，以便浇注后能收回对拉螺杆。

5）为了拆除方便，墙柱模与内角模连接时，销子的头部应尽可能的在内角模内部。墙柱铝模板之间连接销上的楔子要从上往下插，以免在混凝土浇筑时脱落。墙柱铝模端部及转角处连接，应采用螺栓连接，用销楔连接容易在混凝土浇筑时楔子脱落胀模。

6）为防止墙柱铝模下口跑浆，浇混凝土前半天按要求堵好砂浆，杜绝用水泥袋封堵板底，避免造成"烂根"现象。

（3）梁铝模安装。按试拼装图编号依次拼装好梁底模、梁侧模、梁顶角模及墙顶角模，用支撑杆调节梁底标高，以便模板间的连接，梁底的支撑杆应垂直、无松动。梁底模与底模间，底模与侧模间的连接也应采用螺栓连接，防止胀模。

（4）板铝模安装。安装完墙顶、梁顶角膜后，安装面板支撑梁，然后按试拼装图编号，从角部开始，依次拼装标准板模，直至铝模全部拼装完成。面板支撑梁底的支撑杆应垂直无松动。

（5）铝模加固。平板铝模拼装完成后，进行墙柱铝模的加固，即安装背楞及穿墙螺杆。安装背楞及穿墙螺杆应两人在墙柱的两侧同时进行，威令及穿墙螺栓安装必须紧固牢靠，用力得当，不得过紧或过松，过紧会引起威令弯曲变形，影响墙柱实测实量数据，过松在筑混凝土时会造成胀模。穿墙螺栓的卡头应竖直安装，不得倾斜。

（6）铝模实测实量校正：

1）墙柱实测实量的校正。墙柱铝模加固完成后，挂线坠检查墙柱的垂直度，并进行校正，在墙柱两侧的对应部位加顶斜支撑，外墙柱无法对称设置斜支撑时，可用手拉葫芦和斜支撑做到一拉一顶，斜撑一端固定在威令上，另一端用膨胀螺栓固定在楼面上，以保证墙柱垂直度在浇筑混凝土时不会偏移。墙柱垂直度偏差应控制在 5mm 范围内。

2）顶板实测实量的校正。根据楼层标高，用红外线先检查梁底是否水平，调节可调支撑杆至梁底水平，再用红外线检查顶板的水平极差，调节顶板的每一根支撑杆，直至顶板的水平极差符合要求。同一跨内顶板水平极差应控制在 5mm 范围内。

（7）加固收尾及验收：

1）待梁板钢筋绑扎完毕，安装降板及外墙线条位臵的沉箱，沉箱安装的位置应准确，紧固。

2）铝模加固及校正完后应进行自检，检查螺栓、销子。

3）现浇结构铝合金模板安装的允许偏差应符合表 12-11 的规定。

表 12-11 现浇结构铝合金模板安装的允许偏差

项 目	允许偏差值/mm	检 验 方 法
轴线位置	3	钢尺检查
底模上表面标高	±3	水准仪或拉线、钢尺
截面尺寸（柱、墙、梁）	±3	钢尺检查
层高垂直度（不大于5m）	3	经纬仪或吊线、钢尺
相邻两板表面高低差	2	钢尺检查
表面平整度	5	2m靠尺和塞尺检查

注：检查轴线位置时，应沿纵、横两个方向量测，并取其中最大值。

4）施工过程要严格执行三检制度，墙、柱模板必须检查校正加固后方可进行梁、板模的施工；混凝土浇筑前须检查吊模、飘板、楼梯、窗台等加固和封闭情况，墙、柱脚部的封堵是否严实，确保不漏浆、不胀模。

（8）混凝土浇筑期间的注意事项：

1）混凝土浇注期间至少要有两名操作工及一名实测实量管理人员待命，检查正在浇筑的墙柱两边铝模销子、楔子是否脱落，对拉螺栓连接是否完好。

2）检查墙柱的斜撑有无松动。

3）检查梁底和板底的支撑杆是否垂直，是否顶上力。

4）检查墙柱及梁板的实测实量数据有无变化。

（9）铝合金模板的拆除：

1）拆除条件：《混凝土工程施工质量验收规范》（GB 50204）中关于底模拆除时的混凝土强度必须符合以下要求：在铝模早拆体系中，当混凝土浇筑完成后强度达到设计强度的50%后即可拆除顶模，只留下支撑杆。支撑杆的拆除应根据留置的拆模试块来确定拆除时间。

2）拆除过程：

①拆除墙柱侧模。当混凝土强度达到 1.2MPa，即可拆除侧模，一般情况下混凝土浇筑完 12h 后可以拆除墙柱侧模。先拆除斜支撑，后松动、拆除穿墙螺栓；拆除穿墙螺栓时，用扳手松动螺母，取下垫片，除下威令，轻击螺栓一端，至螺栓退出混凝土。再拆除铝模连接的销子和楔子，用撬棍撬动模板下口，使模板和墙体脱离。拆下的模板和配件及时清理，并通过上料口搬运至上层结构。模板拆除时注意防止损伤结构的棱角部位。

②拆除顶模。根据铝模的早拆体系，当混凝土浇筑完成后强度达到设计强度的50%后方可拆除顶模，一般情况下 48h 以后可以拆除顶模。顶模拆除先从梁、板支撑杆连接的位置开始，拆除梁、板支撑杆、销子和与其相连的连接件。紧跟着拆除与其相邻梁、板的销子和楔子。然后可以拆除铝模板。每一列的第一块铝模被搁在墙顶边模支撑口上时，要先拆除邻近铝模，然后从需要拆除的铝模上拆除销子和楔子，利用拔模具把相邻铝模分离开来。拆除顶模时确保支撑杆保持原样，不得松动。

③拆除支撑杆。支撑杆的拆除应符合《混凝土工程施工质量验收规范》（GB 50204）关于底模拆除时的混凝土强度要求，根据留辂的拆模试块来确定支撑杆的拆除时间，一般情况下，10 天后拆除板底支撑，14 天后拆除梁底支撑，28 天后拆除悬臂底支撑。拆除每个支撑杆时，用一只手抓住支撑杆另一只手用锤松动方向锤击可调节支点，即可拆除支撑杆。

（10）质量保证措施：

1）做好施工技术交底和工人培训工作，工人进场由施工技术人员进行详实的技术交底，让每一位班组长和工人熟悉工艺和质量要求。

2）在生产过程中，施工技术人员和质检员必须坚守现场，对工程施工过程进行全过程监督和指导，发现问题及时进行整改处理，把好技术和质量关。

3）把好铝模出厂关，铝模在工厂里制造及试拼装时安排技术人员到工厂进行验收，尽量把现场拼装时会碰到的一些问题在工厂就解决掉。避免返厂加工，影响工期。

4）从严要求，严格检查验收。每个班组必须设定班组质检员，每一种构件模板工程施工完毕后，必须由班组自行检查，符合要求后，再由施工员进行逐个构件的全面复检，最后通知专职质检员进行模板工程验收，并做好记录。质量检查必须严格按照现行施工规范的要求进行。混凝土浇捣以前，必须经班组长、模板技术员、质检员签字认可。

5）施工过程中，应不断积累经验，开辟新的思路，只要是对工程质量、进度有益的新方法，在保证安全、经济合理的条件下，都应大胆的尝试，不断地改进施工工艺。

6）严格管理制度，对施工过程中违章作业，不按技术交底要求作业的班组，将予以重罚，对模板工程在混凝土浇捣过程中出现跑模、漏浆等较为严重情况，给予严厉的罚款。

7）对模板体系跟踪实测实量，模板安装好后，楼板模板安装的平整度，墙、柱模板安装的垂直度、方正度做一次实测实量，记录好实测实量数据。木工根据数据对安装不合格的模板进行调整。调整好后复测；最后在混凝土浇筑的过程中进行跟踪测量，发现不符合要求的及时调整，直至符合要求。

（11）施工安全措施：

1）工人进场必须进行安全交底和安全教育，提高安全意识。

2）作业人员进入施工现场必须正确配戴安全防护用品，禁止穿拖鞋、打赤膊，禁止抽烟。

3）正确使用电动机具，遵守机械操作规程，注意安全用电。

4）不准高空抛物，危险作业，不得酒后作业，严禁在架上嬉闹。

5）施工员和安全员必须对现场安全生产负责，施工班组长为班组安全生产第一责任人，负责对本班组安全施工作业的监督。

6）模板拆除前必须经过批准，有项目部施工技术人员签发的拆模通知单方可开始拆模，铝模拆除时注意安全，防止铝板坠落。

7）提倡文明施工，工完场清，遵守劳动纪律，严禁违章操作。

8）作业面临边洞口应及时防护，禁止把铝模板堆放在外脚手架上。

13　铝挤压材在交通运输中的应用与开发

13.1　概述

交通运输业的范围很广，主要包括：飞机客货、运输；高速铁道和双层客运、重载货运；地下铁道运输；汽车客、货运输；摩托车和自行车；船舶客货运输，机场、码头、车站以及桥梁、道路栏杆、跳板等基础设施和集装箱、冷装箱等包装搬运工具等。本章仅简要介绍铝材在轨道车辆、汽车、摩托车和自行车及船舶工业和集装箱与冷装箱上的应用与开发。

高速、节能、安全、舒适、环保是交通运输业的重要课题，而轻量化是实现上述目标的最有效途径。同时，铝合金有良好的成型性。因此，铝型材在交通运输制造业需要许多复杂结构断面材料中具有性价比优势，铝材应用范围和应用量不断扩大。

轻量化除了在设计上对设计结构、发动机等采用新的技术以外，在材料上选用铝合金材料则是主要的对策。经过多年的对比研究，设计师、强度师、工艺师、冶金师和经济师们得出一致结论：用铝材制作交通运输工具，特别是高速的现代化车辆和船舶，较之木材、塑料、复合材料、耐候钢和不锈钢等更具有科学性、先进性和经济性，因此，自1980年代以来，铝材在交通运输业上备受青睐。在工业发达国家里，交通运输业用铝量是铝总消费的30.0%以上，其中汽车用铝量约占16%。主要用于制造汽车、地铁车辆、市郊铁路客车和货车、高速客车和双层客车的车体结构件、车门窗和货架、发动机零件、汽缸体、汽缸盖、空调器、散热器、车身板、蒙皮板和轮毂等以及各种客船（如定期航线船、出租游艇、快艇、水翼艇）、渔船和各种业务船（如巡视船、渔业管理船、海关用艇和海港监督艇等）、专用船（如赛艇、海底电缆铺设船、海洋研究船和防灾船等）的上部结构、装板、隔板、蒙皮板、发动机部件等。此外，集装箱和冷装箱的框架与面板，码头的跳板，道路围栏等也大多用铝材。目前，日、德、美、法等工业发达国家已研制出了全铝汽车、全铝摩托车、自行车、全铝快艇和赛艇以及全铝的高速客车车厢和地铁车辆，全铝集装箱等，交通运输业已成为铝材最大用户。铝材正在部分替代钢铁，成为交通运输工业的基础材料。

近几年，我国有关企业通过一系列装备与工艺技术的更新完善，不断研发并生产交通运输领域用铝型材，已形成集装箱铝型材、厢式车铝型材、客车铝型材等系列铝合金挤压产品，实现了领域内铝型材的系列化规模生产与应用。

13.2　铝材在汽车业上的应用与开发

13.2.1　汽车工业的发展概况

13.2.1.1　世界汽车工业的发展概况

汽车工业早已成为发达国家和地区国民经济的支柱产业，并带动着冶金、石化、机械、电子、城建等许多相关地业的迅速发展。目前全世界汽车保有量已逾 10 亿辆，年产量 6000 万辆，其中 75%~80% 为轿车产品，见表 13-1。

表 13-1 世界汽车产量变化

年　份	汽车总产量/万辆	乘用车所占比例/%
1950 年	1057.7	77.3
1960 年	1648.8	77.9
1970 年	2926.7	77.7
1980 年	3849.5	74.2
1990 年	5037.5	75.2
2000 年	5754.0	70.8
2011 年	8006.4	74.9
2012 年	8414.0	75.0
2013 年	8725.0	74.9
2014 年	8975	75.2
2015 年	9068.3	75.6

汽车工业是世界上规模最大和最重要产业之一，汽车产业链几乎涉及国家国民经济所有部门，对上下游产业具有巨大辐射和拉动效应。汽车零部件工业是汽车工业的上游，是支撑汽车工业持续健康发展的必要因素。由于零部件除用于整车配套外，还需提供维修、改装等更换使用，相对于规模巨大的整车产业，汽车零部件行业的规模更为庞大。

产业信息网发布的《2015~2020 年中国汽车铝轮毂市场监测及投资战略研究报告》显示，除 2008 年、2009 年受金融危机影响全球汽车产量有所下滑以外，近十年全球汽车产量呈较为平稳的增长趋势，2005~2014 年全球汽车产量年均复合增长率为 3.39%。

13.2.1.2 我国汽车工业的发展概况

我国的汽车工业始于 1953 年（第一汽车制造厂破土兴建），1956 生产出第一批解放牌载重汽车，1957 年又研制出我国第一辆"东风"牌轿车，到 1992 年全国汽车产量才首次突破百万辆，达 106 万辆，其中轿车 16 万辆，1994 年增至 138 万辆，其中轿车 25 万辆，仅占 18.1%。2001 年，我国汽车年产量为 233.4 万辆，其中轿车、吉普车、面包车等达 120 万~150 万辆，占汽车总量的 50% 以上。

自 2000 年以来，为了振兴我国的汽车工业，促进国民经济的发展，确保我国汽车工业上规模，上水平，加速现代化发展，在国家和各企业的努力下，我国的汽车工业得到了迅速的发展。2005 年，我国汽车产能达到 450 万辆，其中轿车 250 万辆（占 50% 以上）；2010 年汽车产能达到 800 万辆，其中轿车 540 万辆（占 67%）；2016 年中国汽车（乘用车、商务车）产销总量再创历史新高，汽车产销分别完成 2811.9 万辆和 2802.8 万辆，分别累计增长 14.46% 和 13.65%，创全球历史新高，连续八年蝉联全球第一。

随着工业 4.0 时代到来，我国颁布了《中国制造 2025》战略规划，中国制造开始逐步向中国创造转型。汽车产业作为我国支柱产业，产业关联度大，对我国经济贡献大，拉动效应明显，加速推进汽车产业的转型升级，已成为我国新型工业化建设的重中之重。在工业 4.0 的大背景下，机遇和挑战并存，中国汽车产业必须抢抓机遇，实现由"大"到"强"的转变。

当然，汽车工业的持续发展，也面临着诸多挑战：能源环境、城市拥堵、交通安全问题日益凸显，节能减排的任务非常艰巨。从 2010 年开始，国务院将新能源汽车列为战略新兴产业，不断推出新措施。2012 年发布节能与新能源汽车产业发展规划。目前，新能源汽车的生产接近几十万辆。2011 年底至 2015 年，我国新能源汽车销量累计超过 44.8 万辆，有了初步基础，如图 13-1 所示。发展新能源汽车是我国汽

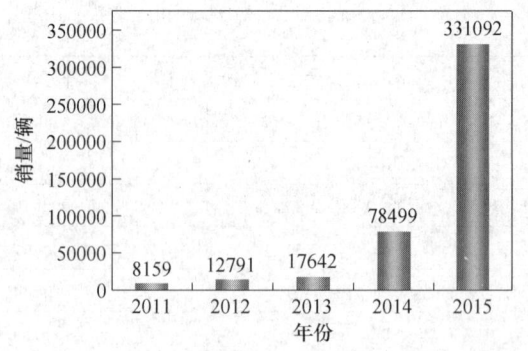

图 13-1　2011~2015 年中国新能源汽车销量

车产业创新驱动的一个重要方面。当然，汽车技术创新领域不仅是新能源汽车，还有包括高效的、先进的动力系统、智能化和车联网技术的应用、轻量化等是汽车下一代核心技术。

13.2.2　汽车工业的发展及对材料的要求

汽车工业的发展和应用的普及是与能源、环保和安全这三大问题息息相关的。虽然汽车作为社会发达与现代化的标志，带来了社会进步和繁荣，但是，同时也带来了能源、环保、交通、土地等一系列问题。无疑，这些都需要汽车工业自身和相关行业共同研究探索，以求得解决。为此，汽车行业多年来一直在从汽车产品自身结构设计、制造材料的选用和制造工艺等方面着手，努力开发研制现代型汽车，并特别注重节约能源和改善环境质量，把促进轻量化作为首要解决的问题。

汽车材料是汽车设计、品质及竞争力的基础。自 20 世纪 90 年代以来，汽车走上了轻量化的快速发展之路，100 多年的发展史表明，汽车总是与其材料同步发展、换代与升级。汽车材料不仅关系到其可靠性与安全性，还与节能减排密切相关。随着汽车工业的发展和进步，材料产业也带来了巨大发展机遇，制造汽车可选择的材料越来越多。随着材料研究的深入，选择材料的范围在不断扩大。未来汽车材料的发展将围绕着环保、节能、安全、舒适性、低成本这五个主题展开。当前，六类主要材料钢、铸铁、铝、橡胶、塑料、玻璃约占轿车质量的 90%，其余 10% 为其他材料，包括除铝以外的有色金属（铜、铅、锌、锡、镁等）、车中装备的液体（燃料、润滑剂、其他油品和水基液等）、油漆、纤维制品。例如富康轿车用料为：钢 55%、铸铁 12%、塑料 12%、铝 6%、橡胶 3%。在全球汽车用料中，钢用量占第一、铸铁占第二、铝占第三、塑料占第四。在今后汽车发展要求中，轻量化的要求最为突出，给铝及镁的发展提供了广阔的发展空间。

13.2.2.1　现代汽车的特征

从减少燃料油的消耗以节约能源，降低 CO_2、CO、NO_2 等有害物质的排放量，改善环境质量，以及满足人们对汽车产品的安全、可靠、舒适、美观等性能要求出发，人们提出了现代汽车（也有人称之为"21 世纪汽车""新概念汽车""全铝合金化汽车"等）的特

征要求，其主要特点可以归纳为以下几点：

（1）实现整车框架结构和车体蒙皮全铝合金化。

（2）与同种规格车型的钢结构相比，整车质量减轻了 30%~40%。

（3）整车结构可靠，可以确保达到抗冲撞、抗弯曲的标准试验要求，具有可靠的安全系数。

（4）其能耗仅为同种车型钢结构车的一半。

（5）具有良好的再回收性能，当整车报废以后，汽车铝合金结构框架和附件均可重新回收再生。

（6）由于这种车耗油省，废气排出量少，所以对城市空气污染程度大幅度降低。

根据以上要求，随着 21 世纪"新概念"汽车时代的到来，不难看到：抓紧研究和开发具有卓越性能的铝合金材料，增加品种，提高质量，降低成本，已成为铝加工行业和汽车行业迫在眉睫的新使命。

13.2.2.2　铝合金材料是促进汽车轻量化的最佳选择

铝合金及其加工材料具有一系列优良特性，诸如密度小、比强度和比刚度高、弹性好、抗冲击性能良好、耐腐蚀、耐磨、高导电、高导热、易表面着色、良好的加工成型性以及高的回收再生性等，因此，在工程领域内，铝一直被认为是"机会金属"或"希望金属"，铝工业一直被认为是"朝阳工业"。

早期，由于铝的价格昂贵，在汽油既充足又便宜的时代，它被排斥在汽车工业和其他相关制造行业之外。但是，到 1973 年，由于石油危机的影响，这种观点完全改变了。为了节约能源、减少汽车尾气对空气的污染和保护日趋恶化的臭氧层，铝合金材料才得以迅速地进入汽车领域。目前，汽车零部件的铝合金化程度正在与日俱增。

铝合金材料大量用于汽车工业，无论从汽车制造、汽车运营、废旧汽车回收等方面考虑，它都带来巨大的经济效益和社会效益，而且随着汽车产量和社会保有量的增加，这种效益将更加明显。汽车用铝合金材料量增加后带来的效益主要体现在以下几个方面：

（1）明显的减重效益。为了减轻汽车自重，一是改进汽车的结构和发动机的设计，二是选用轻质材料（如铝合金、镁合金、塑料等）。到目前为止，前者已无太大的余地，因而汽车行业普遍注重于利用新的高强度钢材或铝、镁等轻合金材料。在轻质材料中，由于聚合物类的塑料制品在回收中又存在环境污染问题，镁合金材料的价格和安全性也限制了它的广泛应用。而铝合金材料由于有丰富的资源，随着电力工业的发展和铝冶炼工艺的改进，将使铝的产量迅速增加，成本相应下降，铝合金材料更兼有质轻（钢铁、铝、镁、塑料的密度分别为 $7.8g/cm^3$、$2.7g/cm^3$、$1.74g/cm^3$、$1.1~1.2g/cm^3$）和良好的成型性、可焊接、抗蚀性、表面易着色性，而且铝合金材料是可最大限度地回收利用的材料，目前国外的回收率约为 80%，有 60% 的汽车用铝合金材料来自回收的废料。2010 年，汽车用铝合金材的回收率已提高到 90%。理论上铝制汽车可以比钢制汽车减轻质量达 40%。铝合金材料是汽车轻量化最理想的材料之一。

（2）良好、有效的节能效果。减少燃油消耗的途径一般为：提高发动机效率（从设计着手），减少行驶阻力，改善传动机构效率及减轻汽车自重等，其中最有效的措施是减轻汽车自重，铝合金材料的大量使用，正好满足这一点。据资料知，一般车重每减轻 1kg 则 1L 汽油可使汽车多行驶 0.011km，或者每运行 1 万千米就可节省汽油 0.7kg；若轿车用铝合金材料量达 50kg，那么每台轿车每年可节约汽油 85L。

（3）减少大气污染，改善环境质量。汽车减重的同时，也减少了二氧化碳排放量（车重减少 50%，CO_2 排放量减少 13%）。有人算了一笔账，如果美国的轿车质量减轻25%，每天将节油 75 万桶，全年可减少二氧化碳排放量也会相应减少，因而可大大地减少环境污染，提高环境质量。

（4）有助于提高汽车行驶的平稳性、乘客的舒适性和安全性。减轻车重可提高汽车的行驶性能，美国铝业协会提出，如果车重减轻 25%，就可使汽车加速到 100km 的时间从原来的 10s 减少到 6s；使用铝合金车轮，使震动变小，可以使用更轻的反弹缓冲器；由于使用铝合金材料是在不减少汽车容积的情况下减轻汽车自重，因而使汽车更稳定，乘客空间变大，在受到冲击时铝合金结构能吸收、分散更多的能量，因而是安全和舒适的。

13.2.3　铝合金材料在汽车工业上的应用

13.2.3.1　汽车用铝合金材料快速增长

材料对汽车国际市场竞争有举足轻重的作用。如图13-2 所示，材料消耗费用占汽车生产成本的 53%，因此，在相同条件下，汽车制造厂大力节约材料费用，降低汽车成本，就具有国际市场竞争实力。当代汽车发展方向的实现也是以新材料的应用为基础的。表 13-2 列出了世界汽车工业 1980 年、1990 年、2000 年、2010 年汽车用材的组成比例。

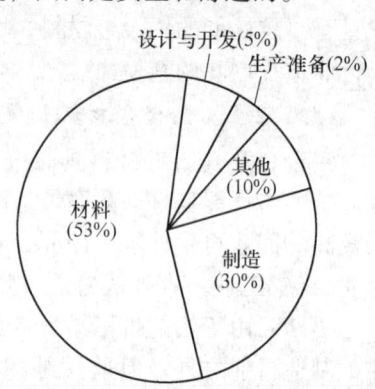

图 13-2　汽车制造成本结构分布

表 13-2　汽车材料组成的变化　　　　　　　　（%）

材　料	1980 年 （每辆车 1520kg）	1990 年 （每辆车重 1400kg）	2000 年 （每辆车重 1225kg）	2010 年 （每辆车重 1100kg）
钢铁	69	58	39	25
轻合金（铝材）	5（4）	10（8）	23（12.5）	27（25）
非金属	12	14	20	24
其他	14	18	18	24

由表 13-2 可见，钢铁、塑料和辅件的比例不断下降，而铝材比例由 1980 年的 4% 提高到 2000 年的 12.5%，而且还有上升的趋势，2010 年已达 25% 以上，将部分替代钢铁成为汽车工业的基础材料。

单台汽车的铝材用量也在不断增加，1977 年美、日、德单台汽车铝化率（铝材用量）分别为 2.5%（45kg）、2.6%（29kg）、3.0%（35kg），到 1989 年则分别增到 5%（71kg）、4.9%（58kg）、5%（50kg）。1992 年美国单台车用铝量达 79.8kg，1993 年平均达 80.3kg，个别车种铝材用量已达 295kg。日本 1995 年和 2000 年某些车型单台车用铝量（铝化率）分别达 130kg（11.8%）和 270kg（31.8%），汽车的质量也随之大幅减轻。表 13-3 列出了国外一辆汽车平均使用铝合金量。

表 13-3　1999~2010 年国外一辆汽车平均使用铝合金量　　（kg）

年　份	欧洲	北美	日本
1999 年	53	79	61
2000 年	73	120	90
2002 年	—	124（轿车与轻卡）	—
2003 年	—	127（轿车与轻卡）	—
2004 年	99	130	107
2008 年	156（轿车）	—	—
2009 年	—	156（轿车与轻卡）	—
2010 年	180（轿车）	—	—

13.2.3.2　汽车用铝合金材料的品种构成

世界各国工业用铝合金材料的品种结构虽然有一定差异，但大体是相同的。所用的铝合金材料基本上属两大类，即铸造铝合金和变形铝合金，前者用于生产各类铸件，后者用于生产各类加工材（如板、带、箔、型、管、棒、线）及锻件。各类加工材一般都需经过进一步加工才能成为汽车零部件。其品种构成：铸件占 80% 左右，锻件只占 1%~3%，其余为加工材。日、美、德三个国家汽车用铝合金材料的品种构成见表 13-4。

表 13-4　日、美、德汽车用铝合金材料的品种构成　　（%）

国家	铸件	加工材	锻造件
日本	84.0	15.1	0.9
美国	71.8	27.5	0.7
德国	79.0	17.8	3.2

率先用到汽车上的是各类铝合金铸件，主要是发动机上的部分零件（如活塞、缸盖等）以及变速箱、制动器、转向器等部件上的部分铝合金铸件。近年来，由于发动机缸体、变速箱壳体、轮毂等一批大型铝合金汽车零件的开发和应用，使得汽车用铸造铝合金材料获得了飞速的发展。

汽车工业为获得大的生产批量，高的生产效率，低的制造成本，选用铸造工艺生产铝合金零件较多，汽车用铝约 3/4 为铸造铝合金。据统计，近 20 年来，全球铝铸件的总产量平均每年以约 3% 的速度递增，而总产量中的 60%~70% 用于汽车制造，汽车用铸造铝合金的主要部件系统见表 13-5。

表 13-5　铸造铝合金应用于汽车的主要部件系统

部件系统	零件名称
发动机系	发动机缸体、缸盖、活塞、进气歧管、水泵壳、油泵壳、发电机壳、起动机壳、摇臂、摇臂盖、滤清器底座、发动机托架、正时链轮盖、发电机支架、分电器座、汽化器等
传动系	变速箱壳、离合器壳、连接过渡板、换挡拨叉、传动箱换挡端盖等
底盘行走系	横梁、上/下臂、转向机壳、制动总泵壳、制动分泵壳、制动钳、车轮、操纵叉等
其他系统部件	离合器踏板、刹车踏板、方向盘、转向节、发动机框架、ABS 系统部件等

汽车用铸造合金以 Al-Si 系合金为主，所用铝铸件多采用压力铸造、低压铸造和金属型重力铸造工艺生产，其中压铸件占 70%以上。当今世界轿车和轻型车几乎都装用铝合金缸盖和进气歧管，20 世纪 80 年代末，美国 50%的轿车发动机缸盖的 1/5 的缸体采用铝铸件，至 21 世纪初，北美轿车市场上铝质发动机占有率几乎接近 100%，铝合金缸盖和进气歧管，一般采用金属型重力铸造和低压铸造，选用合金如美国的 A319、A356、A360，中国的 ZL104、ZL106、ZL107；发动机活塞为金属型重力铸造产品，采用共晶或过共晶 Al-Si 合金，如美国的 A13320、A63320、A02220、A02420、A03280，中国的 ZL108、ZL109 等。目前，轿车发动机缸体多用压铸工艺生产，镶铸缸套，一般用共晶或亚共晶 Al-Si 合金，为取消缸套和提高耐磨性，选用了过共晶 Al-Si 合金，如美国 390 合金，该合金耐磨和耐热性能好，但铸造性能较差，机加工性能不如亚共晶 Al-Si 合金和铸铁，目前各公司均在研制开发和应用低硅和中硅的铝合金。

传动系、底盘行走系和发动机的薄壁壳体件多用压铸工艺生产，为获得好的铸造工艺性能，一般选 Al-Si 合金，如美国的 A356、A360、A380、A384、A390，中国的 ZL104、ZL107、Z202。铸造铝合金车轮采用低压铸造和挤压铸造工艺生产，选用 Al-Si 合金，如美国的 A356、A514，中国的 ZL101 等。

变形铝合金材料主要用在汽车的散热系统、车身、底盘等部位上。如汽车水箱、汽车空调器的蒸发器和冷凝器等主要是用复合带箔材及管材；车身各部位（如发动机罩、行李箱盖、车身顶板、车身侧板、挡泥板、地板等）以及底盘等则是多用板材、挤压型材。表13-6 列出了变形铝合金材料的主要应用部件。

表 13-6　变形铝合金应用于轿车的主要部件系统

部件系统	零件名称
车身系部件	发动机罩、车顶篷、车门、翼子板、行李箱盖、地板、车身骨架及覆盖件等
热交换器系部件	发动机散热器、机油散热器、中冷器、空调冷凝器和蒸发器等
其他系统部件	冲压车轮、座椅、保险杠、车厢底板及装饰件等

13.2.4　现代汽车铝化趋势

对于未来汽车，现在迫切需要研究的是环境污染、安全性和降低燃料消耗量等问题。与地球的温室化、大气污染相对应的轻量化技术被提高到相当高的位置。铝合金是促进汽车轻量化最重要的材料之一，研究表明，汽车每使用 1kg 铝，可降低自身质量 2.25kg，减重效应高达 125%。同时在汽车整个使用寿命期内，还可减少废气排放 20kg。即用铝的减重和排放效果比为 1：2.25：20。铝合金代替传统的钢铁制造汽车，可使整车质量减轻30%~40%，制造发动机可减重 30%，制造缸体和缸盖可减重 30%~40%，铝 6 缸发动机与同类铸铁缸体比，可减重 32%，V6 发动机可减重约 50%，大排量发动机是普及应用铝的重点领域。铝质散热器比相同的铜制品轻 20%~40%，轿车铝车身比原钢材制品轻 40%以上，铝合金代替铸铁和钢材制品件有显著的减重效果，汽车铝合金车轮减重效果可观（见表 13-7）。汽车自重降低，能耗必会下降（见图 13-3），使 CO_2、CO、NO_2 等有害物质排放减少，大幅度减轻对空气的污染（见图 13-4），改善人类生存环境，有极好的经济效益和社会效益。因此，铝合金材料对促进汽车轻量化，降低能源消耗和改善人类生存环境贡献很大，是现代汽车用材的方向。

表 13-7　铝合金代替铸铁和钢材零件的质量对比表

| 铝合金代替铸铁零件 | | | | 铝合金代替钢材零件 | | | |
零件名称	铸铁件/kg	铸铝件/g	质量比（铁：铝）	零件名称	钢件/kg	铝件/kg	质量比（钢：铝）
进气歧管	3.5~18	1.8~9	2:1	前/后上操纵杆	1.55	0.55	2.8:1
发动机缸体	80~120	13.5~32	(3.8~4.4):1	悬挂支架	1.85	0.7	2.6:1
发动机缸盖	18~27	6.8~11.4	(2.4~2.7):1	转向操纵杆	2.1	1.1	1.9:1
转向机壳	3.6~4.5	1.4~1.8	(2.5~2.6):1	万向节头	6.95	3.9	1.8:1
传动箱壳	13.5~23	5~8.2	(2.7~2.8):1	轿车车轮	7~9	5~6	1.4:1
制动鼓	5.0~9	1.8~3.6	(2.5~3.1):1	中型车车轮	约17	11~12	1.5:1
水泵壳	1.8~5.8	0.7~2.3	(2.4~2.6):1	重型车车轮	34~37	24~25	1.45:1
油泵机	1.4~2.3	0.5~0.9	(2.6~2.8):1	人客车车轮	约42	23~25	1.75:1

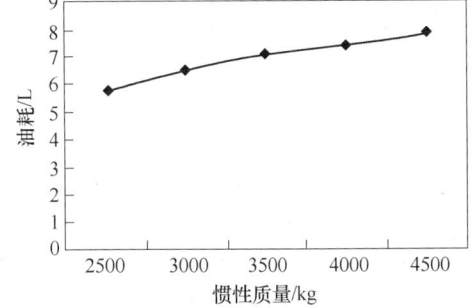

图 13-3　汽车惯性质量（每 100kg）与油耗
之间的关系

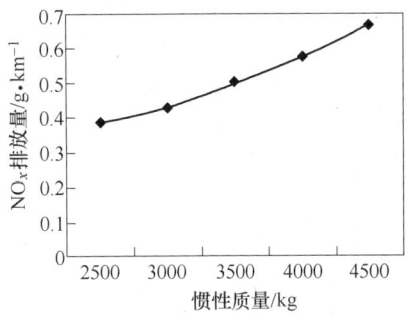

图 13-4　汽车惯性质量与 NO_x 排放量
之间的关系

　　但是，伴随着铝使用比例增加所产生的最大问题将是生产成本的大幅度提高。因此，未来汽车铝化的扩大，必将依靠对铝化的需求和生产成本的平衡来支配。据技术专家和经济专家的测评，当铝材与钢材的价格比为 5：1 或 4：1 以下时，汽车材料铝化率达到 60% 以上在经济上才是可取的。随着电力工业的发展，电价大幅下调，铝冶炼技术的进步等，铝材价格下调和普及化是必然趋势。最新研制出的 MSX 赛车上用铝比率已达 32%，仍有许多部件有待铝化。据此推测，未来汽车的铝化极限可达 30%~50% 或以上。

　　为了大幅度减轻车重，人们正急于研究对占车重比例大的车身（约 30%）、发动机（约 18%）、传动系（15%）、行走系（约 16%）、车轮（约 5%）等钢铁零件采用铝材。

13.2.4.1　车身板件的铝材化及铝合金空间框架结构车体

　　车身是形成汽车的最主要的部分，轿车的车身系统占汽车总质量 20%~30%，因此，车身用铝一直是汽车行业关注的问题。最近出现了从发动机罩、翼子板等部分车身铝外板发展为全部采用铝外板的汽车，获得了减轻车重 40%~50%（相对钢板而言）的效果。

　　目前，世界各国都在积极推进车身、车体主要部位的铝材化，采用铝材制造有特性的汽车。图 13-5 所示为近年来提出的铝概念车。在车体结构上大多数采取无骨架式结构和空间框架式结构，适用的材料有板材、挤压型材、钎焊蜂巢状夹层材料等。从设计的自由度（特性化）、成本、轻型化、安全性等方面考虑，制造小批量、多品种的汽车时，以铝挤压型材为主体的空间框架结构大有发展前途。这种铝空间框架结构特点见表 13-8。表 13-9 列出几种轿车全铝车间与空间结构用材情况。

图 13-5　由铝挤压件和内部连接铝压铸接头经自动焊接后所形成的车身空间框架

表 13-8　铝空间框架结构的特点

特　　点	优　　点
适于多品种小批量生产	
换型容易	车的多样化和特性化
不需要大型冲压设备	可省投资
减少零部件数量	可选任意断面型材
减少工时，缩短生产周期	选择合适的接合方法
降低总成本	可小批量生产
大幅度减重（与钢相比）40%~50%	节省燃料、提高性能、减少排放量

表 13-9　几种轿车全铝车身空间构架结构用材情况　　　　　　（%）

车　型	铝挤压型材	铝板	铝铸件
奥迪 A2 型轿车	18	60	22
本田 NSX 型轿车	12	88	
本田 Insight 牌轿车	30	57	13

用于车身板的铝合金主要有 Al-Cu-Mg 系（2000 系）、Al-Mg 系（5000 系）、Al-Mg-Si 系（6000 系）和 Al-Mg-Zn-Cu 系（7000 系）。其中 2000 系列、6000 系列及 7000 系列是热处理可强化的，而 5000 系是热处理不可强化合金，前者通过涂装烘干（170~200℃/20~30min）工序后强度得到提高，所以用于外板等要求高强度、高刚性的部位，后者成型性优良，用于内板等形状复杂的部位。美国 1970 年代研制了 6009 和 6010 汽车车身板铝合金，通过 T4 处理后强度分别比 5182-O 和 2036-T4 的低，但塑性较好，成型后喷漆烘烤过程中可实现人工时效，获得更高的强度。这两个合金既可以单独用来做内外层壁板，也可用 6009 合金制造内层壁板，而用 6010 合金制造外层壁板，两个合金的废料不需分离可以混合回收后自身使用，或做铸件的原料。

近年来，随着挤压技术的发展和新合金的研制成功，用特种的挤压工具与模具开发出了一系列大型整体的薄壁扁宽高精度复杂的空心与实心型材，并对直线形型材曲线化的挤压技术、弯曲加工技术和接合技术进行了系统研究，同时，技术专家与经济学家对无框架式车身材料的利用率及无框架式结构车身的刚性与生产效率的提高等进行了评估，结果表明，用整体型材无框架式结构车身替代板梁框架式结构车身是现代化汽车的发展趋势。

目前，车身和车架上使用的铝合金型材如图 13-6 所示。

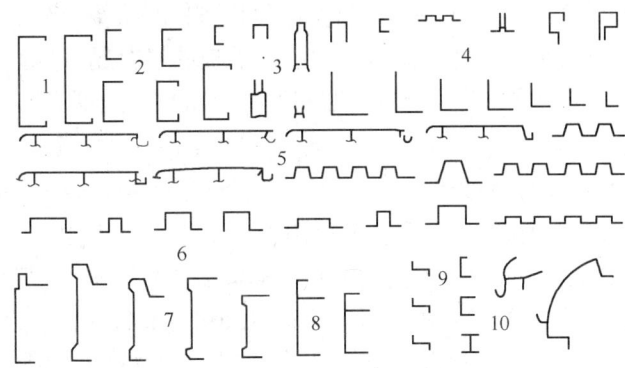

图 13-6 汽车结构用铝合金型材

1—汽车大梁型材，壁厚 4~6mm，高 10~165mm；2—大梁型材，壁厚 4mm，高 10~70mm；
3—装饰车身侧板用空心型材；4—建立汽车货厢板牢固结构的侧柱型材；5—货厢板壁型板；
6—货厢车板用带槽中可装硬木条、耐磨抗撞；7—车身构架型材；8—车身基础框架型材；
9—客车棚架型材；10—客车顶棚防水型材

国外汽车公司开发的轿车全铝车身，多为空间构架结构，由铝挤压型材、铝板和铝铸件组合而成。框架的大梁过去常用 2A11 和 6A02 铝合金，目前，广泛采用中强可焊 Al-Zn-Mg 系合金，如 7N01、7003、1915、1935 等合金。型材高度达 220~280mm、底宽 60~75mm、壁厚 8~10mm、底厚 18~28mm。采用全闭合空心型材比实心的能减重 45%~55%。由 5A03 和 5A05 合金直角型材做汽车大梁，它的端面要做闭合式焊接。

轻型汽车的车身和载重汽车的驾驶室也有用 3A21 型材和 Al-Mg 系合金板（0.8~1.2mm 厚）及 6A02 合金型材制作的，带篷汽车和客车的车体一般采用铆接，有时采用胶接进行组合和装配。

在冷藏汽车上应用铝合金是合适的。钢铁有低温脆性，木材和塑料有吸湿性，冷冻后容易变脆。铝材在低温下保持良好状态，干净又容易清洗，不吸收和散发气味。冷冻车的四壁为三层结构，两侧为铝合金板，中间为绝热材料。

运油、水和其他化学液体的罐车采用铝合金结构，除轻量化外，更主要的是铝不与所运送的液体发生化学反应。一般使用 5A03 和 5A05 合金板（3~6mm 厚），采用焊接方法制作。

自卸汽车的车身一般使用 3~6mm 厚的 5A03 和 5A05 合金板焊接而成，为增加车身的耐磨性，往往使用钢板做内衬。由于采用铝合金，同钢制的相比，汽车自重下降 50%。车的侧板厚 9~10mm，底板厚 12~18mm。

近几年来，变形铝合金在汽车结构上的应用发展很快。板件主要用 Al-Mg 合金、型材用 Al-Mg-Si 系合金。为了正确地选用铝合金，降低汽车的制造成本，俄罗斯扎哈洛夫对几种工业铝合金做了比较，对汽车用铝合金提出了合理化建议。俄罗斯的 1915、1925 和 1935 铝合金的自然时效状态和人工时效状态挤压型材的强度比 д31 合金的高，比 д16 和

B96 合金的低。д16 和 B95 合金抗腐蚀性能、焊接性能和工艺性能都低，不宜用在汽车结构上。而 1915、1925 和 1935 合金具有高的塑性和良好的抗腐蚀性能。1915 和 1935 合金又兼有优良的焊接性能，可成功地用于汽车承载结构上。

此外，在坦克、装甲车、运兵战车及其他各种军用和民用特种车上，采用大型铝合金型材制作整体中空车厢外壳、端板、盖板和甲板、隔板的情况越来越普遍，主要的品种有 6000、5000 和 7000 系的中强可焊空心和实心扁宽壁板型材，宽度一般为 150~500mm，高度 15~50mm，厚度 4~12mm。

13.2.4.2　热交换器的铝材化

从铝的特性看，热交换器是最适于用铝制造的部件。铝散热器的质量比铜的下降 37%~45%，而两者的加工费几乎相当。因此，日本和美国的汽车空调器完全采用铝材。散热器的铝化率，欧洲达到 90%~100%，美国达到 70%~85%，日本为 50%~60%。而我国大多数国产车仍用铜散热器，但近年来，铝制散热器发展很快，铝制内冷却器、油冷却器、加热器心部等也迅速普及。

根据轻量化、小型化、提高散热性、保证防蚀等需要，热交换器在结构上积极进行改进，从带有波纹的蛇型改为薄壁并流型、德朗杯型、单箱型等。在材料方面也在积极进行改进，例如为改善因薄壁化导致的强度降低，采用 Al-Cu-Mn-Cr-Zr 系合金和 Al-Mn-Si-Fe 系合金。根据牺牲阳极作用改进化学成分来进一步提高耐蚀性，开发了多层复合材料（Al-Mn 涂层结构）。用钎焊方法进行成分调整等达到防蚀目的，这些改进技术已达到实用阶段。

随着汽车用散热器向小型、轻量、高性能、低成本、耐用等方向发展，在铜和铝材的对抗中，铝质散热器已占优势，汽车用各类散热器已向铝制品转化。表 13-10 列出不同排量汽车铝散热器的质量。目前，汽车上各类散热器是变形铝合金用量最多的系统，如发动机散热器、机油散热器、中冷器、空调冷凝器和蒸发器等，主要耗用的铝材有各种规格的板、带、箔、复合带（箔）、挤制圆管、扁管和多孔扁管、焊接圆管和扁管，品种规格多，质量要求高。各种铝质散热器和中冷器结构形式及用材归纳在表 13-11 中。

表 13-10　不同规格汽车铝散热器质量

汽车排量/L	>2.5	1.8~2.5	1.0~1.6	<1.0
散热器质量/kg	10.7	8.4	5.6	3.3

表 13-11　各种铝质热交换器和中冷器结构形式及主要用材

结构形式		散热片		冷却水管	
		美国	中国	美国	中国
管带式结构	真空钎焊	1100、3003 3005、6063 5005、6951	1100、3003	双面复合带经高频缝焊制成扁管 4045/3003/7072 4045/3005/7072	双面复合带经高频缝焊制成扁管 4A17/3003/7A01 4A17/3005/7A01
	气体保护钎焊	3003 3003+Zn 3203+Zn 7072	3003、3A21 3003+Zn 3A21+Zn 7A01	双面复合带经高频缝焊制成扁管 4343+Zn/3003/7072 4045+Zn/3003/7072	双面复合带经高频缝焊制成扁管 4A13+Zn/3003/7A01 4A17+Zn/3003/7A01

结构形式	散热片		冷却水管	
	美国	中国	美国	中国
管片式结构（装配）	1050、1100 1145、3003 7072、8006 8007	1050、1100、 3A21、3003、 7A01	挤制或高频缝焊圆管 1050、1100、3003	挤制圆管 1100、1050A、3003 3A21、1050
波纹焊接式	1100、3003	1100、3003 3A21	挤制扁管或多孔扁管 1050、3003	挤制扁管或多孔扁管 1050、3003、3A21
板翅焊接式	1100、3003	1100、3003 3A21	冲压板翅 3003	冲压板翅 3003、3A21

13.2.4.3 行走系统部件的铝材化

A 铝合金车轮

近年来，铝车轮的尺寸有大型化的倾向，直径从 355.60mm 向 381～531.80mm 发展。此外，从防滑、制动装置的安装普及率等来看，为了减少非悬挂质量，正在加速安装铝合金车轮，目前的安装率为 80% 左右。

现在车轮主要采用重力铸造、低压铸造。但是，为了实现轻量化，将来要向薄型化、刚性优良的压力铸造、挤压铸造法转移。另外，为了进一步减轻质量，用铝板冲压加工、旋压加工做成整体车轮和两部分组合车轮，已在实际生产中采用。

美国鲍许公司用 Al-Mg-Si 合金板制造分离车轮，与铸造、锻造车轮相比，其质量轻25%，成本也减少了 20%。此外，美国的森特来因·图尔公司也用分离旋压法试制出整体板材（6061）车轮，比钢板冲压车轮质量减轻 50%，旋压加工所需时间不到 90s/个，不需要组装作业，适宜大批量生产。对这种车轮进行评价的结果表明，它具有和轧材同样的强度，和铸件同样的经济性。重型车的铝车轮一般用模锻法制造。近年来，用液态模锻法，半固态成型法生产汽车铝轮毂。锻造铝轮毂常用 6061 铝合金，而板材成型铝轮毂多用 5454 合金。

B 悬挂系零件的铝材化

减轻悬挂系质量时，要兼顾行驶性、乘坐舒适性等，其相应部件的轻量化、铝材化应和其机构的改进同时进行。例如，下臂、上臂、横梁、转向节类零件。还有盘式制动器卡爪等已用铝锻件（6061）、铝挤压铸造件（AC4C、AC4CH）等，质量比钢件轻 40%～50%；动力传动框架，发动机安装托架等已用板材（6061）使其轻量化；保险杠、套管等，已用薄壁、刚性高的双、三层空心挤压型材（7021、7003、7029 和 7129）；传动系中传动轴、半轴、差速器箱在采用铝材以轻量化和减少振动上，取得了很大进展，今后有进一步发展的倾向。

13.2.4.4 发动机部件的铝材化

A 铝合金发动机零件

占发动机质量 25% 的气缸体正在加速铝材化，据本田公司报道，用新压铸法（低压、中压铸造）成功地实现了 100% 的铝化。减少壁厚 10mm，相当于减轻质量 1～1.5kg。

过去已进行活塞、连杆、摇臂等发动机主要零件的铝材化工作，为了提高性能正在进行急冷凝固粉末合金、复合材料等的开发及实用化。此外，还在开发耐热强度高的 Ti-35%Al 合金，用来制造进、排气门和连杆等。例如，日本某汽车厂的 2.0L 级汽车，每台发动机用铝量约 26kg（发动机铝材化率约 17%），气缸体铝材化后，铝的使用量增加 0.8 倍，可减轻发动机质量 20%左右。

B　急冷凝固铝粉末合金（P/M）发动机零件

已开发出耐磨合金 Al-20%~25%Si 系、耐热耐磨合金 Al-20%~25%Si-(Fe-Ni) 系、耐热合金 Al-7%~10%Fe 系。前两者线膨胀系数为（16~17）×10⁻⁶/℃；后两者杨氏模量为 90160~103880MPa，显示出原熔炼铝合金（I/M）所不具备的特性。正在用它们制造活塞、连杆、气缸套、气门挺杆等发动机零件和汽车空调设备的压缩机叶片、转子等。

C　铝基复合材料（MMC）发动机零件

若用陶瓷纤维、晶须、微粒等增强铝合金，则比强度、比弹性模量、耐热性、耐磨性等可大幅度提高。例如 SiC 晶须强化的铝复合材料（基体为 6061 合金），随着强化体积百分率 V_f 增加，若干特性均提高。$V_f = 30\%$ 时，强度为 490MPa，弹性模量为 117600MPa，是 6061 合金的 1.6 倍左右，高温强度、疲劳强度也得到提高；$V_f = 20\%$ 时，线膨胀系数约降低 65%。柴油发动机用铝合金活塞头的顶角部分已采用复合材料，正在研究和试用的 Al/不锈钢连杆、Al/石墨活塞等都已得到工业生产应用。

13.2.4.5　转向机构及制动器部件的铝材化

转向机构和制动器是安全性要求极高的部件。因此，这类零部件大部分用锻造法生产。锻造铝合金的性能和零件质量较高，实验表明，铝锻件吸收碰撞能量比铝铸件高约 50%。据欧洲有关机构预测，21 世纪铝锻件在汽车上的用量将明显增加。

转向机构及制动器零部件由于形状的原因大多使用铝铸造产品。多数零部件必须能承受超过 10MPa（100atm）的压力并有良好的耐腐蚀性和强度，需要开发具有这种特性及铸造性的优秀合金。此外，考虑到制动器耐热的影响，要开发一种有良好铸造性能的 Al-Cu 系铸造合金。为了获得良好的综合性能以 Al-Si 为基础开发新的铸造和压铸铝合金材料也是一个新的方向。

13.2.4.6　防冲挡及车门的铝材化

从安全性的观点考虑，前后方向设置了防冲挡。侧面方向设有刚性加固梁的车门，为了轻量化，近年来增加了铝的用量，表 13-12 列出了防冲挡用铝合金的使用形式。

表 13-12　防冲挡用铝合金为代表的使用形式

合金名称	状态	形状	使用方法	使用车种类
5052	H32	板	平面（喷漆、阳极氧化处理）	载重汽车
5252	H32、H25	板	平面（光亮阳板氧化处理）	载重汽车
6061	T4、T6	板、型材	平面（喷漆、阳极氧化处理）、加固件	载重汽车、轿车
7003	T5	型板	平面（阳极氧经处理）、加固件	轿车
7016	T5	型材	平面（光亮阳极氧化处理）	轿车

合金名称	状态	形状	使用方法	使用车种类
7021	T61、T62	板、型材	平面（镀铬）、加固件	轿车
7029	T5、T6、T62	板、型材	平面（光亮阳极氧化处理）、镀铬	轿车
7129	T62	板、型材	平面（镀铬）、加固件	轿车
7046	T63	板、型材	平面（镀铬）、加固件	轿车
7146	T63	板	平面（镀铬）	轿车
7N01	T5、T6	板、型材	加固件	轿车

小轿车表面以树脂化为主流，辅助加强材料，采用铁质的刚性构件、纤维复合树脂和铝制等形式，因为铝具有轻量化、再生性等特点，所以，全铝化的趋势越来越明显。

13.2.4.7 铝-锂合金在汽车工业上的开发应用前景

铝-锂合金的密度比普通铝合金低 10%~15%，比强度高、高弹性模量以及基于低噪声，而且有优良的可焊性，是一种良好的轻量化材料，已在航空工业获得了广泛的应用。

开拓铝-锂合金在汽车工业中的应用是一个新课题。首先是设计适合于冲制轿车车身的新合金，其综合性能应优于现已在汽车工业中获得广泛应用的 5754 合金的，以使汽车车身的质量再降低约 10%。降低生产成本也是提高铝-锂合金与其他汽车材料竞争力的一个重要因素，以便具有更高的性能/价格比。

关于铝-锂合金在汽车工业中的应用才开始起步，目前主要的工作是，研制开发一种有优秀冲压成型性能的 Al-Mg-Li 合金，并有良好的点焊性能；二是开发新的加工工艺，以降低制造成本。

13.2.5 铝合金型材在汽车上的应用举例

13.2.5.1 铝合金型材在汽车车厢和关键零部件上的应用

（1）东风铝合金车身混合动力客车车厢。东风铝合金车身混合动力公交客车采用了多种合金牌号不同状态的铝合金型材及板材，最大化实现了零部件的轻量化和耐久性，与国内同类钢制车身相比，铝合金车身减重40%，同时其他部件也采用了轻量化技术，使整车质量较同类型常规混合动力客车减少15.2%，在燃油经济性能上较常规混合动力客车节油7.9%，参见图13-7。

图 13-7 混合动力客车

该车整车车身骨架全部采用变形铝合金材料，车身骨架连接采用铆接加粘接方式，车身采用整体贯通式顶盖弯角型材进行顶盖骨架与侧围骨架之间的连接，既保证了表面平整度，又提升了整体结构刚度。该车全部的座椅骨架均采用铝合金型材。

（2）全铝合金轿车车身框架。全铝合金轿车车身框架见图13-8，该框架是由十种不同形状和规格的铝合金型材组焊而成，材料为 6××× 铝合金，连接方式为 MIG 焊、FSW 焊、点焊及铆接。

（3）全铝合金公共汽车零部件及外形图见图13-9。

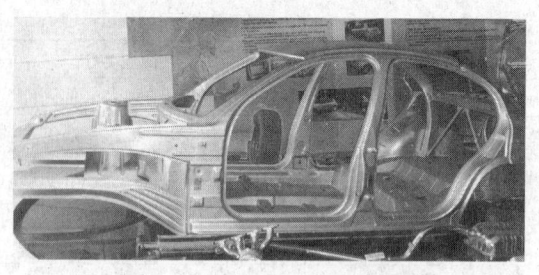

图 13-8　全铝合金轿车车身框架

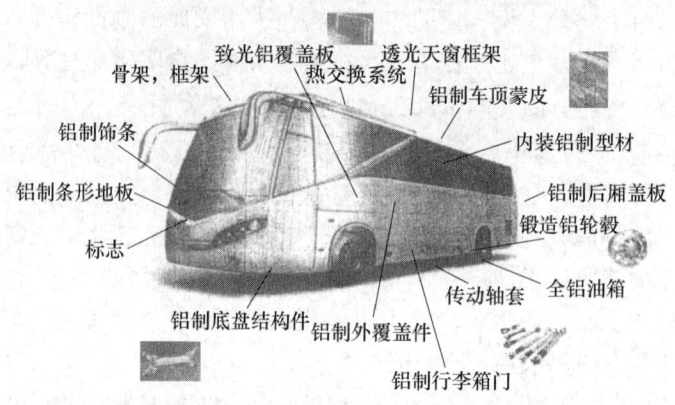

图 13-9　全铝合金公共汽车零部件及外形图

13.2.5.2　全铝合金挂车（拖车）

A　全铝合金拖车（挂车）的特点及优越性

以渝利挂车为例，其特点及优越性如下：

（1）质量轻，仅重 4.4t，较钢制挂车轻 3.5t。铝合金挂车的车厢、侧防护、后防护、牵引座板、悬挂、铰链、篷杆等上都结构全部用铝合金材料制造，仅车厢质量可减轻 3t。

（2）运输能力强，投资收益高。铝合金挂车比传统挂车轻 3.5t，意味着每次可以多装载 3.5t 货物，增加运输收益。

（3）吨千米成本低节油环保。自重轻，即使空载运行中也将大大节省油耗，有数据表明：车重每减轻 1kg，运行 1 万千米就可节省汽油 0.7kg，拉运相同质量的货物，铝合金挂车在油耗上低得多。

（4）低故障率延长使用寿命。常用盘式制动，刹车盘及轮辋散热效果好，可以频繁刹车，不易抱轴、不易烧毁轮胎，提高了车辆无故障率和使用效率，降低了使用成本。

（5）耐腐蚀，寿命长。铝合金挂车的耐腐蚀性远远高于钢制挂车，减少维护保养频率，降低运营成本。

（6）安全可靠、力学性能高。普通合金钢挂车比铝合金挂车的承载能力低 26%。而碳素钢挂车的承载能力比铝合金挂车至少低 44%。

B　铝合金挂车（拖车）的典型产品及主要技术参数

（1）苍栅式挂车。苍栅式挂车的主要参数及示意图，见表 13-13 及图 13-10。

表 13-13　苍栅式挂车的主要参数

外形尺寸 /mm×mm×mm	轴距 /mm	后悬 /mm	后轮距 /mm	自重 /kg	额定载重 /kg	弹簧片 数/片	轴数	轮胎数	轮胎 规格	牵引销
（11000～13000） ×2500×3420	6800+1350 +1350	2250	1840	4400	35300	10	3	12	12R22.5	90 号

图 13-10　苍栅式挂车的外形结构示意图

（2）厢式侧翻自卸半挂车。厢式侧翻自卸半挂车的主要参数及示意图，见表 13-14 及图 13-11。

表 13-14　厢式侧翻自卸半挂车的主要参数

外形尺寸 /mm×mm×mm	轴距 /mm	后悬 /mm	后轮距 /mm	自重 /kg	额定载重 /kg	弹簧片 数/片	轴数	轮胎数	轮胎 规格	牵引销
13000×2500 ×3420	6800+1350 +1350	2250	1840	5500	34500	10	3	12	12R22.5	90 号

图 13-11　厢式侧翻自卸半挂车的外形结构示意图

（3）高低板式挂车。高低板式挂车主要参数及示意图，见表 13-15 及图 13-12。

表 13-15　高低板式挂车的主要参数

外形尺寸 /mm×mm×mm	轴距 /mm	后悬 /mm	后轮距 /mm	自重 /kg	额定载重 /kg	弹簧片 数/片	轴数	轮胎数	轮胎 规格	牵引销
（11000～13000） ×2500×3420	6800+1350 +1350	2250	1840	4400	35200	10	3	12	12R22.5	90 号

图 13-12　高低板式挂车的外形结构示意图

（4）全铝合金小拖车。全铝合金小拖车的主要参数及示意图，见表 13-16 及图 13-13。

表 13-16　全铝合金小拖车的主要参数

外形尺寸/mm×mm×mm	轴距/mm	后悬/mm	轴数	轮胎数
4600×2050×1150	2220+1460+380	230	1	2

图 13-13　全铝合金小拖车的外形结构示意图

C　全铝合金挂车与传统钢结构挂车的性能比较

全铝合金挂车与传统钢结构挂车的性能比较见表 13-17。

表 13-17　全铝合金挂车与传统钢结构挂车的性能比较

钢制挂车及传统配置	铝合金挂车	优 势 比 较
车厢、侧防护、牵引座板等上部结构及悬挂全部采用钢材制造	全部采用铝合金制造	质量减轻 3.5t，强度优于钢，很强的耐腐蚀性
轮毂式制动	盘式制动	散热效果好，可以频繁刹车，减少爆胎和烧毁轮胎的几率，刹车更安全，减少维护时间，降低成本
钢制轮毂	铝合金轮毂	质量轻，12 只轮圈共减重 0.228t，外形美观
斜胶轮胎或子午线轮胎	真空轮胎	质量轻，全车减重 0.27t，减少了爆胎几率，降低了油耗，减震效果好
钢制车轴	轻质材料车轴	强度高，质量减轻
钢制支腿	铝合金支腿	强度高，质量减轻

13.2.5.3　铝合金房车（旅居车）

A　发展概况

全铝合金房车（旅居车）是一种健康的生活方式，一种文化观念。现代人们热爱旅游、追求自由、渴望回归自然，寻找生命原始的意义与快乐。房车露营活动符合社会提倡的绿色环保低碳生活新模式，也促进了家庭和谐和多元化市场的发展。铝合金房车结构简单，有轻量化等特点。

目前，国际房车市场已经十分成熟，美国汽车生产厂仅有 3 家，而房车生产企业超过 220 家，年产销量达 32 万辆，市场拥有量达到 960 万辆。欧盟的汽车生产厂有 28 家，房车生产企业 420 家，年产销量达 20 万辆，市场拥有量达到 640 万辆。澳大利亚汽车生产厂有 4 家，房车生产企业 31 家，年产销量达 3 万辆，市场拥有量达到 300 万辆。

我国的房车产业刚刚起步，但市场的潜力巨大。目前我有汽车生产厂 100 家，而房车生产企业只有 30 家，年产销量仅仅是 500 辆，市场拥有量仅仅 600 辆。随着生活水平的提高，人们的消费观念及生活态度发生了根本性转变，人们对休闲度假质量要求逐步提高，国家对新型旅游度假方式日渐关注、支持，中国房车产业终于迎来了商机，即将步入快速发展的初始阶段。

2013 年 2 月国务院办公厅印发《国民旅游休闲纲要（2013～2020 年)》，并通知要求贯彻执行。纲要提出，加强城市休闲公园、休闲街区、环城市游憩带、特色旅游村镇建设，营造居民休闲空间。发展家庭旅馆和经济型酒店，支持汽车旅馆，自驾车和房车营地、游轮、游艇、码头等旅游休闲基础设施建设。可以预计，我国的房车产业即将迎来一个崭新的春天。

B　全铝合金房车（旅居车）的特点及典型的主要技术参数与外形结构举例

全铝合金房车的外形必须美观大方有特色，内部装修应适合人的生活与休闲，如车架、车厢以及各关键的零部件设计与选材都应该环保舒适。图 13-14 是露丹 T014 型背驼式全铝合金房车（旅居车），长度为 3660mm，宽度为 2160mm，高度为 2040mm，床尺寸为 2000mm×1400mm，可居住 2 人，最大质量为 600kg。图 13-15 所示为全铝合金啤酒售货车外形图。图 13-16 所示为 MXT20 型铝合金房车外形及内部布置图。

图 13-14　露丹 T014 型背驼式全铝合金房车（旅居车）

图 13-15　全铝合金啤酒售货车外形图

图 13-16　MXT20 型铝合金房车外形及内部布置图

13.2.6　中国汽车工业和铝工业共同面临的机遇与挑战

　　国产汽车应加快轻量化进程，参与国际竞争。中国汽车用材与国外有一定的差距，尤以轿车最为突出。我国的轿车产品大都是引进国外 20 世纪 70 年代末~90 年代初期的产品或技术，所用材料构成基本与国外同期同车型一致，铝材用量低于当前国外各类汽车。受铝价及零部件生产技术水平所限，使一些引进车型原有的铝合金零件改用其他材料，制约了铝合金材料在国产汽车上的应用，直接影响到汽车的使用性能，这是在汽车零部件国产化过程中的暂时现象。随着世界汽车轻量化进程的加快，特别是加入 WTO 后，汽车市场竞争国际化并日趋剧烈，国产汽车用材应达到国外同类水平，国产汽车用铝增加是必然趋势。随着我国国民经济的发展，交通运输量的变化，人民生活水平的提高，私人车增加，必将促进轿车工业的发展。2002 年我国汽车产量突破 300 万辆，其中轿车、吉普车、面包车等为 150 万~180 万辆，铝合金材料的用量将随着各类汽车产量的上升而增加，特别是轿车产量上升而迅速增加，这种势头在我国开始出现，必将给我国铝工业提供广阔的市场，带来发展机遇。

　　中国已成为世界主要产铝大国，2001 年底，全国已形成氧化铝年生产能力 490 万吨，电解铝年生产能力 400 万吨，铝加工能力 450 万吨。2016 年我国电解铝有效产能 4219.5万吨。国产汽车应充分利用本国资源，扩大铸造铝合金在汽车上的应用范围；重视汽车行业与铝行业的联手合作，共同开展变形铝合金在汽车上的应用研究工作，在汽车热交换器材料已取得好成绩的基础上，开展车身用变形铝合金材料的开发研究工作，如铝合金冲压件、覆盖件、焊装结构件等所用的铝合金材料。目前，我国暂无汽车用变形铝合金材料体系，在汽车上应用刚起步，各种铝板和挤压型材的性能还不能满足汽车生产工艺的要求。同时，汽车工业和铝工业应共同关注国外轿车铝车身的最新动向，研究所用的铝合金材料，为变形铝合金在汽车上应用创造条件，促进国产汽车用铝达到世界水平，并开发面向世界汽车用铝合金材料，参与国际竞争，使中国铝业走向世界。

13.3　铝合金挤压材在轨道交通中的应用与开发

轨道交通车辆主要包括普通火车、动车组、高铁、轻轨、地铁等客车、货运车和磁悬浮列车等。为节能、降耗、环保、安全、高速、舒适，已经基本上实现了轻量化，不少车厢已铝化。本节主要讨论铝材在车体上的开发与应用。

13.3.1　轨道交通铝合金车辆的基本结构及性能

13.3.1.1　轨道交通铝合金车辆的基本结构

速度大于200km/h的动车和高速铁路、磁悬浮及中低速度磁悬浮车辆，如轻轨地铁等，车体结构都是用铝合金制造的，城市轨道车辆的车体结构也有50%以上是铝合金的，因为铝合金可以最大限度地减轻车体质量，同时能满足密封性、安全与乘坐舒适性方面的要求。

轨道车辆结构由车体、支承弹簧、转向架、车轴、轮、轴承、轴承弹簧、轴承箱等组成。车体通过支承弹簧（空气垫和螺旋弹簧）坐于转向架上，转向架又通过轴承弹簧坐落在轮轴端部的轴承箱上。轴承箱内有轴承，把支承弹簧、转向架、轴承弹簧、轴承箱、轴轮、传动电机、齿轮等的集成称为台车。

车体由底、侧墙、车顶、端墙组成，在其内装有座椅、空调系统、门窗、卫生设施、照明、电视、行李架、隔声隔热材料等。车体和台车都带有制动器和连接器。车辆质量就是这些零部件质量的总和。车体、座椅架、行李架、门窗、空调系统等都是用铝材制造。在所用的铝材中，挤压材约占80%、板材约占20%，压铸件与锻件的量还不到3%。

现代化的铝合金车体是用摩擦搅拌焊（FSW）与金属电极的惰性气体保护焊（MIG）连接，也有用激光焊焊接的。目前，我国主要采用MIG法焊接的，先进的FSW法技术及装备刚刚开始使用。铝材的焊接性能与钢材焊接有很大的差异，因此在选用铝材时应该注意。

（1）应考虑铝合金熔点低、热导率高、易焊凹、透等特点。

（2）尽量采用刚度高的挤压铝型材，如用箱式封闭截面梁柱，用空心带筋挤压壁板做地板（底架）、车顶（顶板）、侧墙、车顶端面（端墙）等；用矩形封闭截面取代工字形截面，既可以提高两轴的抗弯强度，又可以明显提高其抗拉强度。实践证明，闭口式型材的抗扭强度和刚度比相同形状与截面构件的开口式的大100倍。

（3）尽量采用挤压壁板以纵向焊缝连接，尽量减少或避免横向焊缝连接，不仅可提高静载强度，而且可显著提高结构的疲劳强度。

（4）构件截面筋或转角处、框架、纵架梁相交处应圆滑过渡，圆弧半径宜大一些。焊缝布置应合理，不可过分集中，以提高结构疲劳强度。

（5）根据各处的强度要求精心合理地选择合金、材料状态和尺寸。

13.3.1.2　轨道交通铝合金车辆的性能及特点

A　几种材料的车体性能比较

当前用于城市轨道车辆车体制造的材料有铝合金、不锈钢、含铜的耐磨铜钢（SS41、SPAC），不锈钢为 304，铝合金为 7005、6005A、7N01 等，它们的主要性能比较见表 13-18。

表 13-18　城市轨道车辆车体材料的主要性能比较

材　　料	铝合金	不锈钢	含铜的耐磨钢
抗拉强度/MPa	>350（7005），>230（6005A）	>530	>410（SS41），>460（SPAC）
密度/t·m⁻³	270	780	780
比强度	高	中等	低
自然振动频率/MPa	13~14	12~13	12
表面处理	无或氧化处理	无	涂油漆
制造工艺	挤压	轧制、压制	轧制、压制
可焊接性	可以	可以	可以
质量（18m）/kg	约4500	约6500	7000~8000
材料费	4.60	4.10	1.00
人工工时	1.00~1.10	1.00~1.10	1.00

B　铝合金车体的主要性能特点

（1）质量轻，有利于轻量化。用铝合金制造列车车体的最大优点是可以大幅度减轻其自身质量，而自身质量的减轻对车的运行起着至关重要的作用；同时能承受规定的拉伸、压缩、弯曲、垂直载荷与突发意外冲击、碰撞等作用力；抗震、耐火、耐电弧、耐磨、抗腐蚀、易加工成型及维护；价格合理等。由表 13-19 所列的性能可见，铝合金具有最好的综合性能。

表 13-19　不同车体材料的力学性能

性　能	抗拉强度/MPa	伸长率/%	弹性模量/GPa	比弹性模量	比强度
普通碳钢	255.0	24	2100	26.9	32.7
低合金铜钢 AC52	355.0	23	2100	26.9	45.5
不锈钢 301	510.0	38	1900	29.4	65.3
7005 铝合金	350.0	6	720	26.6	129.6
6005A 铝合金	235.0	8	750	27.7	100.0

铝合金的密度仅相当于钢的 1/3，此优势对城轨路线营运尤为突出，因为它们的开停频繁。另外，在牵引力同等条件下，可加挂车辆，不必加开列车。对于高速列车及双层客车，减轻自身质量可显著降低运行阻力，车体质量越大，行驶阻力也越大。因此，列车车辆轻量化是发展高速列车与双层客运列车最为关键的因素之一。

由表 13-19 可见，钢的弹性变形性能与伸长率比铝合金高得多，因而有高的抗冲撞性能与抗疲劳性能，然而由于新型铝合金与大型铝合金整体空心复杂截面壁板的挤压成功，从而很快顺利地设计与制成了新的铝合金高速列车辆，例如它的底架由 4 块外轮廓尺寸 700mm（宽）×20mm（高），壁厚 2~10mm 的空心蜂窝加筋壁板型材焊成，同样侧墙与车顶也可由此焊成。采用这类材料焊接的筒形车体结构，不仅质量轻，而且局部刚度、整体刚度、疲劳强度、抗应力腐蚀能力都全面显著提高，不亚于钢结构，甚至在某些方面还有所提高。同时，还大大简化了加工、制造、焊接工艺，特别是当采用摩擦搅拌焊接工艺时，可达到几乎无变形，基本解决了焊接变形和焊接残余应力调整等方面的问题。

（2）良好的物理化学性能。虽然铝的熔点（660℃）比铁（1536℃）低得多，但它的热导率（238W/（m·K））远比铁（78.2W/（m·K））高，有良好的散热性能，故有良好的耐火与耐电弧性能，是一种防火材料。

铝合金车体有很强的抗腐蚀性能，铝材还有良好的表面处理性能，不会生锈，不需要涂油漆，因而维护费用比碳钢及低合金钢低得多，使用期限也更长。运营期限满后，铝车体的废铝件可得到全部回收，有利于循环经济的建设与环境保护。

铝合金具有优秀的表面处理性能，可进行阳极氧化，也可喷涂油漆、电泳着色等，不仅可进一步提高铝车体的抗腐蚀性能，而且更加美观。

（3）铝合金车辆的经济性好。铝合金的价格比钢材高，但是经济分析时，除了考虑制造费外，还应综合多方面因素，从轨道线路运输的整体社会经济效益和最终成本通盘考虑。车体金属结构费用可按下式计算：

$$P = mn + c$$

式中　P——车体金属结构总费用；

　　　c——人工费；

　　　m——用材质量；

　　　n——材料单价。

三种材料价格及相对费用见表 13-20，以低合金钢的 c、m、n 值为 1，作为参照基准。由表中数据可见，不锈钢在车体材料中既无明显的质量减轻优势，又不能降低制造费，而且需要涂覆聚氨基甲酸酯涂料防腐。按单位价格计算铝合金车体价格很高，但其质量轻，造价又低，从而可在很大程度上弥补单位造价的高昂，同时由于铝材生产技术的提高，大型挤压铝材的相对价格还在不断下降。

表 13-20　不同材料车体的材料价格及造价比较

材　料	18m 长车体质量/kg	质量比	材料单位 n	材料费 m	造价 c	总制造费
低合金钢	8000	1	1	1	1	2
18-8 不锈钢	6500	0.810	4.80	3.88	0.88	4.76
6005A 铝合金	4500	0.560	6.20	4.01	0.97	4.98

由于车体结构形式在设计方面做了很大改进，以及摩擦搅拌焊接技术的应用，车体质量大幅度减轻，列车节能减排效果十分显著，社会效益大。

铝合金车辆的维修费用比钢车低得多，如以钢车为 100%，则铝合金车辆仅约为其 1/2；铝合金车辆报废后的回收价值为钢车的 4.8 倍。据统计，由于铝合金车辆的运营成本低，综合经济效益与社会效益显著。

13.3.2　铝合金车体制造的关键技术

经过十几年的发展，我国完全掌握了从铝合金材料生产到车体设计、制造、维修技术，并有许多新的独创，当前我国拥有高铁、城铁、磁悬浮列车铝合金车辆的自主知识产权，在此领域居世界领先水平。

铝合金车体关键技术归纳为：车体设计技术，自动焊接技术，焊接变形控制技术，厚铝板弯曲成型技术，大断面型材弯曲成型技术，部件分体装配技术，品质保证和检测技术。

13.3.2.1　车体设计技术

A　整体设计

铝合金型材设计是车体设计的关键环节。整体设计应在考虑车体的使用性能、整体布置的同时还要考虑到车体的生产、制造的可能性和经济性。如材料的性能、材料加工的可能性、加工设备的能力、部件组装的方式。

如部件采用插口与焊接组装：型材插口形式、宽度偏差、各部分的壁厚偏差、厚薄不均等都直接与焊接熔透性及部件装配后的尺寸偏差、焊接刚度休戚相关；插口槽尺寸偏差不对，大型材插接后又很难调整间隙，即使优化焊接工艺参数也不能保证焊接品质；若型材宽度偏差不对，焊接后会使整个部件变窄，一旦这样，几乎无法挽回，只得报废。

设计型材时应缜密考虑车体焊接、部件刚度和整体尺寸偏差。铝材企业提供的铝材不但应保证性能符合要求，而且材料各部分尺寸及其偏差必须严格符合要求，而且应尽可能地稳定。

B　部件设计

在设计铝合金部件时应充分考虑铝合金的加工可能性，同时也应该考虑到等强度设计原则，应尽量避免补焊。由于铝合金的焊接难度比焊接钢材大得多，任何不合理部位的补焊都会对品质产生无法挽救的损失与致命的隐患。因此，从单块、单根型材的设计到部件与整体设计都要精心考虑焊接技术、尺寸偏差综合控制、部件分体装配的可行性、各大部件接口的合理等问题。

13.3.2.2　焊接技术

A　自动焊接技术

焊接在车体制造中起着非常重要的作用，车体焊接分为大部分自动焊和总装组成自动焊，前者指顶板、地板、边梁、底架自动焊以及车顶和侧墙自动焊，而后者则指侧墙和车顶、侧墙和底架连接的自动焊接。在小部件焊接中，如枕梁等关键部件也宜用机械手自动焊接。在所有的金属与合金中，铝及铝合金是较难焊接的。因此，为保证焊件品质，对焊接全过程进行全方位管理，除建设现代化的自动焊接生产线外，必须对人员进行严格的培训。

我国的车体焊接生产线都采用 MIG 工艺，而铝合金最先进的焊接工艺是 FSW 法，它们的焊口不能兼容，必须建立新的自动焊接生产线。同时，我国的车体大铝型材的侧弯曲偏差过大，远远不能满足 FSW 焊的工艺条件，但必须改进此技术与装备是不容置疑的。

FSW 法在国外铝合金车体制造中的应用已有约 15 年的历史，技术与装备都很成熟，从当初的只焊接底架地板、车顶板、侧墙板发展到焊接车体几乎所有焊缝，甚至车体总装组成的焊接。设备也从当初的小型固定式发展成目前的大型多焊头龙门式工作站。

B 焊接变形控制

在自由状态下焊接的铝变形比钢大 2 倍，过大的焊接变形无法修整。因此，在铝合金焊接过程中，必须采用适当有效控制变形的手段。铝合金焊接变形的控制通常采用大部件整体反变形技术、压铁防变形技术、真空吸盘固定防变形技术、大刚度卡具防变形技术。这些防变形技术，在我国的车体制造厂都在采用。

C 焊接变形的调整

焊接变形无法避免，最佳的工艺措施只能使其变小，因此零部件在焊接后必须进行一次变形调修，通常采用的调修技术有机械加压法、火焰调修加压、铁配重法等，也可几种方法综合运用。

13.3.2.3 板材和型材的弯曲成型

与钢材相比，铝合金板材的伸长率小，硬度低，表面易擦伤与划伤，不但弯曲成型比钢困难，而且应小心翼翼。因此，在铝合金板材成型时需要特殊的模具，通常采用橡胶和钢座粘合结构模具。在弯折空心铝合金型材时需用专制的型芯保护弯曲部位，以防弯曲部位产生内陷等变形。

13.3.2.4 分块装配技术

铝合金的变形量大，如果采用整体装配部件，由于每道焊缝收缩量取决于焊缝周围刚度，无法计算焊接收缩量。因此，装配部件时，一般只留最后两道焊缝为焊接收缩计算单元，从而可以保证整体焊接后的偏差尺寸。

需强调引进 FSW 焊接技术及装备的必要性，与熔化焊相比它有如下的优点：焊缝强度高，与被焊铝材的强度相差无几；焊缝中不存在气孔、疏松，气密性与水密性显著提高；焊线流畅均匀；热变形显著减小；再现性与尺寸精度大为提高，全自动化操作，需要控制的参数（工具、进给速度、转速、工具位置）少，操作简便。

13.3.3 铝挤压材在轨道车上的应用及开发

13.3.3.1 应用概况

在铁道车辆上，铝合金主要用作车体结构，在铝合金车体上型材约占总重的 70%，板材约占 27%，铸锻件占 3% 左右。在日本，铁道车辆结构材料使用最多的是 Al-Zn-Mg 合金中的 7N01 合金，因为其挤压性能好，能挤压形状复杂的薄壁型材，焊接性能好，焊缝质量高，是最理想的中强焊接结构材料。而特别应注意耐腐蚀的部位，可选用 5083 合金。一般情况下，7003 合金大型挤压型材用于车体的上侧梁、檐梁和底车顶梁；5083 合金大型材用于下骨托梁；7N01 合金大型材用于端面梁、车端缓冲器、底座、门槛、侧面构件骨架、车架枕梁等。可用 7N01 合金和 5083 合金生产板材，铝合金板主要用作车体外板、车顶板和地板等。车内装饰板一般用 5005 合金和 3003 合金。7N01 合金锻件主要用作空气弹簧托架和车门拐角处的加强件。AC7A、AC2A 等铸件主要用作座椅、窗帘挂钩、拉门把手等。而 AD12 等压铸件则主要用作行李托架。

铝合金构件在地铁车辆上也获得了广泛的应用，不少国家都使用了半铝或全铝车体。此外，铝制敞车和铝货车也得到了发展。

13.3.3.2　铝合金在车体结构上的具体应用

（1）在传统结构车辆上的应用。最初批量生产的铝结构车辆是 1952 年的伦敦地铁电车，1962 年日本出现了山阳电气铁路的 2000 次铝电气。此后，山阳电铁、国铁和私营铁道都竞相使用铝合金车辆，到 1980 年代仅日本的铝结构车辆达 40 种，4000 余辆。目前全世界铝结构车辆已超过 50000 辆。这些车辆极有效地利用了铝合金原有的特性：质量轻、强度高、加工性好、可焊接、耐腐蚀、美观等，而基本的尺寸、形状和制造方法都按照传统的钢结构车辆。这种铝结构车辆的主要缺点是：质量减轻时刚性有所下降。

（2）在固定式新结构车辆上的应用。为适应铁道高速化，减少隧道中的压力变化和防止乘坐中心震动而开发了的固定式结构车辆，即日本新干线 200 次铝结构车体。与传统的车辆相比，其尺寸大致相似，而配置完全不同。

因为铝的密度和弹性模量都是钢的 1/3，因此要获得与传统车辆的相同尺寸和相同的弯曲刚性，就需要相同的质量。但是利用铝合金比强度大、加工性好这一特点，在侧面结构体的上下端配置结构件，可使其保持相同的刚性并使其质量减轻。

（3）在特殊车辆上的应用。特殊车辆，如磁垫式铁道车辆（MLU001、MLU002）、HSST 等未来式车辆，日本神户磁垫车等交通系统的车体大部分都采用铝合金结构件来制造。

（4）车体结构铝型材的应用。铝合金材料和大型挤压型材的发展为铁道车辆的结构现代化和轻量化铺平了道路，而铁道车辆的结构现代化和轻型化又为铝材的开发应用提出了新的课题和增加了动力。从材料方面看，铁道车辆对力学性能、加工成型性、抗腐蚀性、抗疲劳性和焊接性能等都有较高的要求，因此，应根据不同的构件，不同用途和不同部位分别选用 5000 系（如 5005、5052、5083 等）、6000 系（如 6061、6N01、6005A、6082、6063 等）、7000 系（如 7N01、7003、7005 等）合金。20 世纪 50~60 年代，铁道车辆通常采用 5083 合金的外面板、骨架和 7N01 的台架组焊而成，但近年来，由于铁道车辆的大型化（双层化）、高速化和轻量化、标准化以及简化施工和维修等要求，加之大型整体壁板和空心复杂薄壁型材的研制成功，促进了大型挤压型材在铁道车辆上的应用。

这些大型整体精密挤压型材采用电阻点焊、惰性气体保护电弧焊加以装配，从而大幅度节省人工工时和减轻质量，而且整体刚度和局部刚度及焊接部位的疲劳强度等指标都与钢结构相当。因此，这种理想的铝结构材料为铁道车辆的现代化创造了有利条件。图 13-17~图 13-19 为日本和德国轨道车辆使用的铝合金大型材的断面简图。

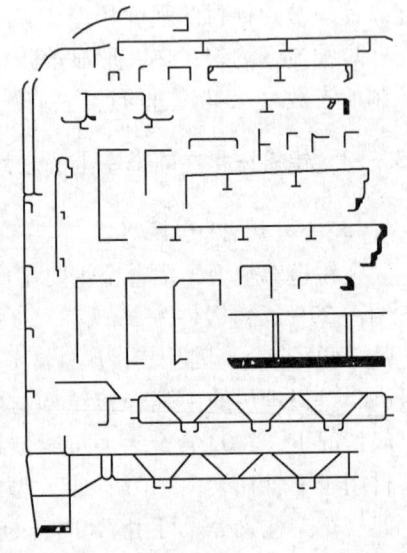

图 13-17　日本营团地铁银座线使用的型材

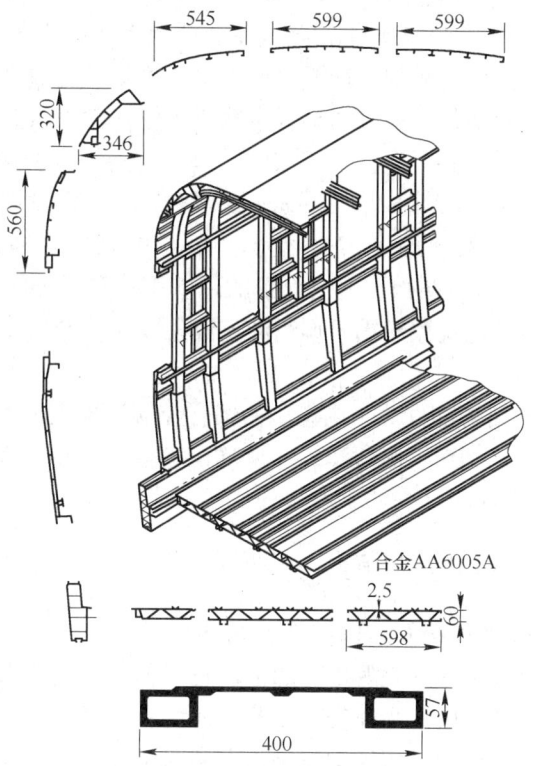

图 13-18 德国 IEC 高速列车车体用铝合金型材断面图

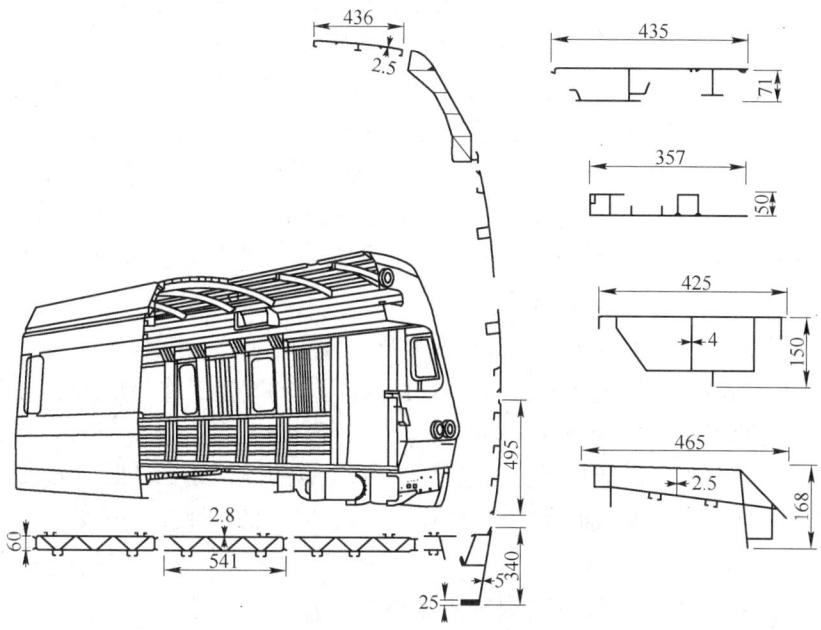

图 13-19 德国柏林地铁车厢用铝合金型材断面图

13.3.3.3　铝材在车体以外的其他部件上的应用

（1）在台车上的应用例子。1975年，日本在200型新干线车辆上采用大型挤压型材制作车体与台车间的支梁。使台车部件轻量化取得了令人瞩目的成就。美国的富浪西斯海湾沿岸铁道车辆上的轮心板部位上应用了铝合金轮心车轮，大大减轻了车辆质量。在其他应用方面，有铝合金轴承箱、齿轮箱、车架轴架（车体与台车的连接棒）。由于轻量化，每个轴承箱的质量由73kg减少到28kg。此外，在MLU001和MLU002磁垫式铁道车辆上，外面板采用了硬铝板材，后架采用了7N01型材，超导电磁的外槽也采用了结构铝合金5083和低电阻1100合金的组装结构，地上设置的磁垫用的和导向推进用的电气线圈也全都采用铝合金材料，对超导电现象起重要作用的氦液化冷冻器的热交换器采用多孔的铝合金空心壁板制作。

（2）车内设备及其他结构部件。车内使用的铝合金部件种类很多，其总质量是相当可观的。如内部装修件471kg，装饰板153kg，门和窗334kg，车内设备件153kg，通风道和调风板190kg，控制装置254kg等。

13.3.4　铝型材在轨道车辆上的应用前景

13.3.4.1　未来铁道车辆发展方向和选材新课题

随着科学技术的飞速进步，工农业生产的迅速发展和人民生活水平的日益提高，铁道运输车辆正向着轻量、大型双层、高速安全、节能环保、舒适美观、多功能、低成本、长寿命方向发展。近年来，半铝或全铝结构车辆、大型双层客车，时速达300km/h以上的高速新结构客车；高速磁垫式和气垫式铁道车辆；新型混合结构车辆等相继研制成功并投入使用，给铁道车辆用材特别是铝材提出了越来越高的要求和各种新的研究课题。因此，铁道车辆用铝材也正向着大型整体化、空心薄壁轻量化、通用标准化、高性能、多功能、节能、环保安全、降低成本、提高材料利用率和生产率等方向发展。近几年来，世界各国组织了大量人力、物力和财力在改进车辆结构的同时，对车辆用铝材的新合金材料；新的加工方法及相关技术进行研究，特别是挤压工艺和轧制工艺；材料的大型化、整体化、薄壁化和空心化；材料的各种特殊性能，如耐火耐热性，异种材料焊接性能；新的接合方法；消除应力方法；新型表面处理方法；多种材料混合搭配方法；铝基复合材料；压铸材料；简化工艺；缩短制造周期和降低成本等方面开展科技攻关和开发，并取得了初步成绩。

13.3.4.2　混合结构车体的开发

从安全观点出发，对部分车体结构有耐火及耐热性要求。为减轻车体质量，侧面及车顶等上部结构使用轻量化程度高的铝合金材料是最适合的，但是作为地面台架等结构则采用耐热不锈钢是有利的。对这种混合结构的车体，存在一个异种材料的接合方法的问题。目前，国外正在研制采用爆炸焊接包覆材料的方法。有的国家还在试验研究代替不锈钢的新型复合材料，此外，还需对混合结构车体的整体结构、整体强度和刚度以及成本等问题进行研究。

13.3.4.3　普通铁道客运和大型货车车体的铝化

目前正面临大量的普通客车提速（>180km/h），要求车体轻量化，需要开发一系列适应于客车改造而且价格低廉可大批量生产的新型铝合金材料。

运输矿石、煤炭、水泥、化学品和油品的货车，为了多装快跑急需轻量化。因此需要研制一组大型的高强度、耐腐蚀、耐磨损，易于加工制作的厚铝板、扁宽型材和大径管材，满足大型铝质货车轻量化的要求。

13.3.5　车体结构所用材料及加工装备

13.3.5.1　车体结构所用材料

20 世纪 60 年代以来，德国和日本一直是世界上铝合金轨道车的设计和制造最强的国家。后来，法国的力量也很强，经过二十多年的发展，我国的技术进步很快，目前已经成为世界第一流的铝合金轨道车生产大国。

A　国外铝合金车体用材料及性能

表 13-21 列出了德国地铁车厢用铝合金及型材长度，表 13-22 列出了日本本国及援建新加坡的铝合金车厢所用铝材及技术参数。表 13-23 给出了日本轨道车辆用铝材的性能。

表 13-21　德国地铁车厢用铝合金及型材长度

名　　称	合　　金	长度/m
侧板	6005A-T6	6，7，22
地板	6005A-T6	22.3，22.2
边梁	6005A-T6	22.4
枕梁	7005A-T6	4
顶板	6005A-T6	6，12.7，14.55，16.75

表 13-22　日本本国及援建新加坡铝合金车厢所用铝材及技术参数

车　种		山阳电铁 3000	营团地下铁 6000	札幌地下铁 6000	JR 新干线 200	山阳电铁 3050	新加坡 地下铁	营团地下铁 05	JR 新干线
制造年份		1964 年	1969 年	1975 年	1980 年	1981 年	1986 年	1988 年	1990 年
车体长/m		M18300	M19500	T17000	M24500	M18300	M22100	M19500	Tpw24500
车体宽/m		2768	2800	3030	3380	2780	3100	2800	3380
质量/kg		M3808	M4360	T3990	M7500	M4560	M8970	M4520	Tpw7122
单位长度质量/kg·m^{-1}		207.9	223.6	234.7	306.1	249.2	315.4	231.8	290.7
刚度/CN·m^2		M0.59	M0.87	T0.61	M3.00	M0.59	M0.99	M0.69	Tmwl.76
自然振动频率/Hz		M12.1	M12.0	T12.8	M13.2	M14.9	M11.9	M10.8	Tpw12.1
铝合金	底部	5083、 7N01	7N01	7N01	7N01	6N01、 7N01	6N01、 7N01	6N01、 7N01	6N01、 7N01
	侧板	5083	5083	7N01、 7003、 5083	7N01、 7003、 5083	6N01、 5083	6N01、 5083	6N01、 5083	6N01、 5083
	顶板	5052、 5005	5052、 5005	5083	5083	6N01、 5052	6N01、 6083	6N01、 6063	6N01、 7N01
	底部	5005	5005	5005	5083	—	—	—	6N01
车身表面处理		无涂装	无涂装	涂装	涂装	无涂装	无涂装	无涂装	涂装

表 13-23　日本轨道车辆用铝材的性能

合金及状态	材料形态	抗拉强度 /N·mm⁻²	屈服强度 /N·mm⁻²	伸长率/%	挤压性能	成型性	可焊性	抗腐蚀	用途
5005-0	P	108~147	≥34	≥21	○	◎	◎	◎	地板与顶板
5005-H14	P	137~177	≥108	≥3					
5005-H18	P	≥177	—	≥3					
5052-0	P	177~216	≥64	≥19	○	◎	◎	◎	顶板
5083-0	P	275~353	127~196	≥16					外板
5083-H12	S	≥275	≥108	≥12	△	○	◎	◎	骨架
6061-T6	P	≥294	>245	≥10					外板
6061-T6	S	≥265	>245	≥8	○	○	○	○	骨架
6M01-T5	S	≥245	≥206	≥8	○	○	○	◎	底架、骨架
6063-T5	S	≥157	>108	≥8	◎	○	◎	◎	顶板、窗框、装饰
7N01-T4	P	≥314	≥196	≥11	○	○	◎	○	底架、骨架
7N01-T4	S	≥324	≥245	≥10	○	○	◎	○	底架、骨架
7N01-T4	S	≥284	≥245	≥10	◎	○	◎	○	底架、骨架

注：P—板材；S—型材；◎—优；○—良；△—行。板材厚度约 2.5mm。

B　我国高铁与城轨车辆车体结构与材料

中国轨道车辆车体结构所用型材包括底板、侧墙、顶板、端墙等，还有内部设施及装饰，运行辅助型材（导电轨、汇流排、信号系统、受电装置等）。

高铁车辆车体用型材使用的合金有 6005A、6063、7005 及 Al-Zn4.5-Mg0.8。地铁车辆车体型材合金及状态为：6N01 S-T5、7N01 S-T5、6063 S-T5。

中国四方机车车辆股份有限公司设计制造的轨道车辆有几种车体型号。新一代 8 编动车组车体有 6 种不同断面的型材，16 编动车组车体由 8 种不同断面型材制成。车辆长度：头车不大于 28950mm，中间客车不大于 28600mm，车宽不大于 3380mm，车体高不大于 2790mm。采购铝材可按 10t/辆匡算。每推出一代新的车辆，型材的断面形状及其尺寸都可能有所改变。

目前，我国所开发的铝合金轨道车辆结构及外形如图 13-20 所示，内部结构如图 13-21 所示。

13.3.5.2　铝合金轨道车体制造所需要的关键装备

如前所述，为了大批量、高效、连续地制造优质的铝合金轨道车辆（普通火车、动车、高铁、轻轨、地铁等），必须解决一系列关键技术难题，而先进的现代化装备是解决这些技术难题的前提和基础。除了需要组建生产铝合金型材的大型自动化挤压机生产线外，精密高效的自动化机械加工和电加工设备（如 CNC 加工中心，数控车、铣、钻、镗床，数控电加工机床，热处理设备）；高精度连续化自动冲床以及高效连续自动化焊接设备；现代化的表面处理设备；大型组装设备；先进的监测和检验设备及仪器等。下面仅仅举例介绍几种典型的先进设备。

A　大型装配生产线

图 13-22 和图 13-23 所示为我国生产铝合金轨道车体的大型装配生产线。

图 13-20　我国目前所开发的铝合金轨道车辆外形

图 13-21　350km/h 高速车辆外形及内部结构图

图 13-22　辽宁忠旺的铝合金车体加工平台

B 大型 LGM 焊接机器人

焊接机器人的系统设计，优先考虑焊缝可达性，工件超长部分（的焊接），接缝处（可能有）的干涉，和在一个系统中使用工作范围重叠的多个机器人。再就是包括避免使用补偿性的滑动地轨系统，即用尽可能短的地轨系统。可节约空间，更小的占地面积从而也更低的投资费用。

机器人具有旋转底座可以±180°地旋转，工作范围内的任何位置都可以从不同的方位接近。当在一套系统中使用两台机器人时，这个添加的轴能够很容易地避免其相撞的危险。这就意味着

图 13-23 龙口丛林中德公司的
铝合金车体装配线

两台机器人能够焊接相邻很近的焊缝，或者说它们的工作范围可以重叠。比如说，其中一个机器人焊接 U 形工件内部的时候，另一个可以同时对其外部（同一道焊缝）进行焊接。

不同型号的 LGM 焊接机器人，其工作参数有所不同。RTE499 焊接机器人参见图 13-24，其主要特点：移动范围的直径达 5200mm；弯曲的旋转底座可以旋转至工件轮廓的外围，不与其干涉；所有的介质（动力电缆，冷却水管，焊丝管，传感器电缆，控制电缆）都可以穿过此旋转底座；旋转范围±180°；旋转底座完全整合成控制系统的第七轴。图 13-25 是从奥地利 LGM 公司进口的 120m 双机头龙门焊接机器人。图 13-26 是 120m 龙门焊接机器人正在焊接地铁车顶总成。

图 13-24 RTE499 焊接机器人

图 13-25 奥地利 LGM 公司的 120m 双机头
龙门焊接机器人

图 13-26 120m 龙门焊接机器人正在焊接地铁车顶总成

C　大型机械加工设备及中心

加工制造铝合金车体需要各种大型加工设备，如大型锯切机、大型折弯机、自动冲孔机、大型加工中心及相关设备，图 13-27~图 13-30 是几种典型的大型机械加工设备。

图 13-27　大型多轴 CNC 铝型材加工中心

图 13-28　NTP30/125 数控砖塔式自动冲床

图 13-29　德国 FOOKE 五轴数控龙门加工中心

图 13-30　轨道车用大型铝合金
部件三维折弯机

13.4　铝挤压材在货车车厢上的应用

13.4.1　铝材在专用汽车（厢式车）的应用

13.4.1.1　专用汽车的分类及特点

专用汽车（简称专用车）可分为通用厢式车（厢式货车）、专用运输车、冷藏车、土建车、环保车和不同用途的服务车等六大类。不同国家的分类方法也不尽相同，车的铝化率也不同，欧洲、北美与日本的铝化率高，中国专用车的铝化率总体来看很低，北美厢式车的铝化率达 92% 以上，冷藏车的铝化率几乎达到了 100%，中国专用车的铝化仍处于起步阶段，潜力很大。专用车的铝化蕴藏着巨大的节能、减排、环保潜力。专用车的厢体多是可以用通用铝板与挤压铝型材制造，其中板材的用量占 75% 以上；传动系统与发动机系统的许多零部件可用铸件与压铸件制造，悬挂系统还需要一些锻件。

通用厢式车通常有 8 种：翼形的，侧开门的，带起重设备的，升降式后开门的，带自动进货装置的，自卸式的，车身可脱离式的和平板式的。目前，通用厢式车的铝化率应达到 80%。

翼形厢式车是厢式货车的代表，占主导地位，它的两侧门打开时形如翅膀，故得此名。翼形厢式车打开车门的方式有：手动式、液压式与电动式。两侧车门可以同时打开，也可以分别开启。有的车门打开后两侧车门超过车顶，有的车门打开后几乎与车顶平齐。叉车一般可直接开入厢式车上作业。有的厢式车内部又分为两层或更多层的，其隔板有升降式的，也有拆卸式的。美国铝业公司（Alcoa）与约翰斯敦公司（Johnstown）制造了长27m 的双层乘人小轿车运输车，具有更长、更轻、更安全、装载量更多的特点，因为它的骨架结构完全是用高强度铝合金挤压材搭构的，用铝合金压铸件连接。中国也有这种多层汽车运输车，但是钢结构的，有待铝化，所需的铝材中国全部可以生产。

有的翼形厢式车不仅可向上开启车门，还可以向下开启两侧车门，既能让叉车开上去作业，又能用吊车吊取货物，这种车被称为 W 翼形厢式车。虽然大部分翼形厢式车都用铝和塑料制造，有的也只用一些铝合金挤压型材、管材杆支撑外罩篷布的，但可以像普通翼外厢式车一样，方便地将两侧车门即支架和篷布一起向上全部打开，不需要卸下篷布和支架，不影响装卸，不影响效率。

侧开门厢式车是一种相当普遍的车型，两侧车门通常是滑道式的，整个一侧由两块或三块门组成，可左右滑动，适合在低矮仓库和路边装卸货物。三块门开口较大，适合于装卸大的货物。在中国这种侧车门厢式车约占厢式货车总数的 65%，是城市特别是大城市市区货物运输的主要车型，可以全部铝化，中国现在还未看到全铝化的这种车。

美国克莱斯勒汽车公司经过两年半的潜心研发，采用 A356 铝合金铸造微型厢式车的前支撑横梁，比钢件的质量减轻 42%，并同时降低了车的噪声及震动。

13.4.1.2　铝材在专用运输车的应用

专用运输车是专门运输某类物资的车辆，大致可分为七种：集装箱运输车、液体运输车、散装粉粒物质运输车（自卸车）、乘用轿车运输车、工程机械运输车、大件运输车和其他专用车。后一类车由于运输货物不同而种类繁多，如：家具运输车、家畜运输车、饮料运输车、运钞车、美术品运输车、精密仪器运输车、防弹装甲车等。有些车厢采用了隔热材料，装有冷暖空调器，适合于运输贵重美术品、精密仪器、花卉等。有的运钞车外观同普通的旅行车一样，打开车门才能看到结实的金库与一排排保险箱。防弹装甲车有厚厚的铝合金装甲板，它们大多是卡车改装的，但与军队用的装甲运兵车有所不同。集装箱运输车实际上是一种平板大件运输车，它的铝化较为简单，只要把承载集装箱的钢底板换成铝合金的就行，就像高铁车厢的铝合金底板，可用厚 6~8mm 的 5083 铝合金挤压型材焊成。下面主要对液体运输车、冷藏车与液化天然气运输车的铝化作简要介绍。

A　液体运输车

实际上，液体运输车就是罐式车，通常根据运输的物资不同，确定罐的形状、构成和材料，但最关键的是材料与装的液体不发生化学反应，不腐蚀铝。通常选用不锈钢、纯铝或铝合金，有的罐内表面需经过镀钛、涂氟化树脂等处理。罐式车种类繁多，形状各异，大小不等，有的罐容积非常巨大，如运输液化天然气（LNG）船上的贮罐容积达 28000L，有的罐是真空的。在确定条件下底盘的质量是确定的，罐体质量就成为影响罐车质量的决定因素，为此，只要铝及铝合金对所运输物资品质无影响，就要用铝或铝合金板材焊制，以减轻车的质量，达到节能减排降耗环保的目的。

　　a　油罐车

运输航空汽油与喷气机煤油的油罐必须用铝合金焊接，因为即使用不锈钢罐，也会有极微量铁进入油内，这是不允许的。筒体截面为圆弧矩形，这是基于降低车的重心和在车辆外形尺寸范围内加大截面积的考虑，根据 GB18564，采用 5083 铝合金焊接，板厚 5~6mm，铝合金罐体截面如图 13-31 所示。日本三菱汽车公司开发的 16t 油罐车，除罐是用铝合金板焊接的之外，其车架（11210mm×940mm×300mm）是用铝合金型材制造的，比钢架的轻 320kg，整车减轻

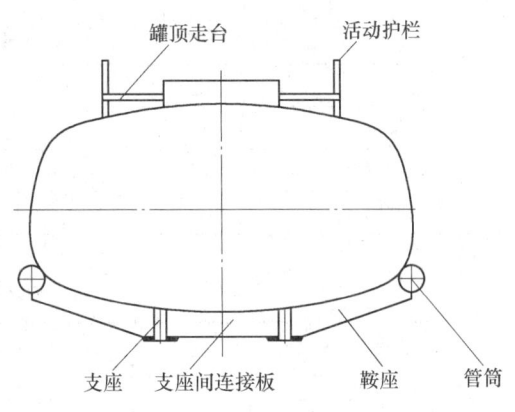

图 13-31　航空油品运输车罐体截面图

1.5t。有限元分析与试验测试表明，全铝合金油罐车有足够的刚度与强度。

　　防浪板、封头材料与罐体的相同，也为 5083 铝合金。封头壁厚等于或大于罐体板的，防浪板及加强板厚度比罐体的薄 1mm，罐体底部左右支座板厚 6~8mm，材料为 5A06 铝合金。罐顶有护栏和走台，走台采用花纹铝板或网板，护栏由铝管制成，其高度不小于罐顶功能装置的最大高度。为了减少罐体外侧面附件，改善外观整体性，顶部油气回收管、控制气管、导线及漏水管均从贯穿罐体上下壁的管道中通过。罐体两侧下部有一根铝管，过去用的是低碳钢管，因其内壁漆层易脱落与生锈，维护工作量大且不方便，改用铝管后，这些不足之处都得以消除，同时也有一些减重效果，也不能采用 PV 塑料管，因内壁易划伤、不耐磨、刚度低。铝管可用有缝焊接管，它可与罐体的铝合金鞍座焊成一体。油罐车所需的铝材中国现在都能批量生产。

　　中国在铝合金油罐汽车领域处于世界领先水平，2009 年 8 月中集车辆（山东）有限公司与美国铝业公司（以下简称美铝）签署了建立战略合作伙伴关系协议，为亚洲商业运输市场设计制造一款新型节能环保的铝合金油罐车。此车的自身质量比传统不锈钢车轻 30%，从而可大幅度增加有效载荷、提高燃油经济性和减少排放，在其生命周期可减少 CO_2 排放 90t，节能全铝油罐车项目的投资可在一年内回收。生产这种全铝油罐车的板材由美国铝业公司渤海铝业有限公司提供，Hack 牌紧固件由美铝紧固件系统（苏州）有限公司生产，而锻造铝合金车轮为 Dura Bright 牌的，来自美铝设在匈牙利的克非姆（Kfem）锻压厂。这实际上是一辆全铝油罐车，2009 年 10 月首台原型样车在济南和北京进行了路试，取得了圆满结果，达到了设计目标。这种轻量化的、环境友好型的高档油罐车不但在中国而且在亚洲都有着相当大的市场潜力。

　　还必须指出，油品、液化天然气、其他易燃易爆液态化学品在贮存和运输过程中易发生燃烧与爆炸，影响大，危害广，给人们生活和企业生产带来很大影响。因此，易燃、易爆气体、液体储存、运输的罐、槽、箱的防火、防爆是一个不容忽视的大问题。

　　20 世纪 80 年代以来国外在研发金属抑爆材料方面取得了巨大成就，往油品、液态化工产品等的贮存、运输罐等中加一定量的由 3003 铝合金箔制成的呈蜂窝形的网状或球状

抑爆材料，可以防止它们的燃烧与爆炸。这种抑爆网或球是用厚 0.05mm、宽 250mm 的 3003-H18（或 H24）铝合金箔制成的。3003 铝合金抑爆箔的主要技术性能见表 13-24，网状防爆材料装填量见表 13-25。

表 13-24　3003 铝合金抑爆箔的主要技术性能

品　种	装填密度/kg·m^{-3}	爆燃压力/MPa	占容积比/%
网装抑爆料	32	0.045	1±0.2
球状抑爆料	53	0.08	4±1
未装填	0	0.01	0

表 13-25　网状防爆材料装填量

油罐大小	容积/L	装填量/kg
5t 油罐车	6348	203
解放 8t 油罐车	5078	165
交通 8t 油罐车	10156	330
五十铃 10t 油罐车	12696	406
20L 油桶	20	49
15kg 家用液化气罐	约 18[①]	1%

① 约装填 0.45kg 铝箔球。

3003 铝合金箔网与球能有效预防罐内油品与液化气的燃烧与爆炸，在海湾战争期间美国直升机与战车油箱中都装填了防爆铝箔网，即使被枪弹击中也未起火，美国拉莫公司（RAMO）生产的轻型攻击型巡逻舰的 462L 油箱中装填了抑爆材料后，经受了 300 发曳光弹与穿甲燃烧弹的射击试验没有发生爆炸。不过它的主要不足之处是，在油品中浸泡 1 年或更长一些时间会发生腐蚀，不但腐蚀产物对油的品质有影响，而且箔的伸长率急剧下降，在外力如震动作用下会发生断裂失去抑爆效能。因此，研发新的抑爆铝材成为当务之急，我国在这方面做了许多工作，取得了可喜的成果，研发出性能优秀的 6×××系铝合金箔抑爆材料，但是至今未形成批量生产能力。各种食用油及工业用油的罐都可以用铝制造。

　　b　化工产品

按照石油化工产品及其他常用物质对 1×××系及 5×××系铝合金的腐蚀情况，可将它们分为三类：第一类是与铝不起化学作用的物质，即与铝接触时不发生腐蚀，可以用两系铝合金制造贮存容器；第二类是指那些轻微腐蚀铝的物质，如果对铝采取有效的防护措施，铝与它们接触是安全的；第三类物质是铝与它们接触时会发生严重的腐蚀。介质浓度、温度、压力与运动状态对铝的腐蚀有很大影响。浓度的影响一般是随浓度增加腐蚀速度加快，但是例外的情况也很多，因此，关于铝的腐蚀与介质的关系应针对具体情况讨论。腐蚀速度总是随着温度和压力的升高而升高。

大部分无水的无机盐、石油与石油产品、有机化合物不腐蚀铝，但其水溶液或含有少量水时腐蚀铝。也有的物质如乙二酸-烷基醚无水时腐蚀铝，有少量水时反而不腐蚀铝。

铝在浓硝酸和醋酸中具有良好的化学稳定性，但 100% 的醋酸及沸腾的 0.25%～95%

醋酸腐蚀铝。铝在稀硫酸和发烟硫酸中稳定，在中等和高浓度的硫酸中则不稳定，铝在硫酸溶液中稳定。

铝材在受力时或经弯曲、冲压及焊接后，都会在工件内产生一定的内应力，会加速铝的腐蚀，因此应采取消除残余应力的措施。铝材表面状态对其腐蚀也有影响。如表面上存在划痕、裂纹、孔穴等缺陷，易形成浓差电池，加速腐蚀。可用高纯铝制造浓硝酸（98%）、醋酸、福尔马林贮罐与罐车；工业纯铝制造浓硝酸、冰醋酸、醋酸、尿液贮罐与罐车；可用5052铝合金制造乙二醇贮罐与罐车。

B　冷藏车与液化气运输车

铝与钢在性能与温度关系方面的最大不同点在于钢有低温脆性，而铝及铝合金则没有，当温度降低时，铝及铝合金在强度性能增加的同时，塑性与韧性也随着温度的降低而上升，因此铝合金成为制造低温装备与设施的良好材料。常用汽车铝合金的低温性能见表13-26。运输液化天然气的罐车与贮存液化天然气的大罐可用5083-O铝合金板材焊接。考格尔（Kegel）公司生产的半冷藏车在使用了铝合金后，车的自身质量下降480kg。用铝合金板材、型材及其他材料制造冷藏运输车的另一优点是，铝是一种洁净、对人体无害、对环境友好的金属，易清洗，不吸收和散发气体。冷藏车的四壁为三层复合材料，上下层为铝合金薄板、中间为保温材料，具有很强的绝热保温性能。

表13-26　常用主要汽车变形铝合金的低温力学性能

合　金	温度/℃	R_m/MPa	$R_{p0.2}$/MPa	A_5/%
5052-O	-196	303	110	46
	-80	200	90	35
	-28	193	90	32
	24	193	90	30
	100	193	90	26
5052-H34	-196	379	248	28
	-80	276	221	21
	-28	262	214	18
	24	262	214	16
	100	262	214	18
5083-O	-196	379	131	46
	-80	369	117	35
	-28	262	117	32
	24	262	117	24
	100	262	117	100
6061-T6	-196	414	324	22
	-80	338	290	18
	-26	324	283	17
	24	310	276	17
	100	290	262	18

合　　金	温度/℃	R_m/MPa	$R_{p0.2}$/MPa	A_5/%
	−196	255	165	28
	−80	200	152	24
6063-T5	−26	193	152	23
	24	186	145	22
	100	165	138	18

C　铸造铝合金的应用

铸造铝合金作为连接件也是不可缺少的材料，在汽车中的用量逐年上升。

在汽车用的铝合金中，压铸及其他铸造合金约占 80%，加工铝材仅占 20%，随着车身铝板带用量的上升，铝材占的比例会逐年有所上升，但上升幅度不会很大。在汽车铝铸造件中，压铸件的产量约占 70%，所以压铸铝合金在汽车用铝中占到 55%，在各国用的铝中此比例不一样，但都在 54%~70%。

在全世界当前消费的再生铝合金中约 80% 用于生产各种压铸件及铸件，主要用于生产汽车、摩托车零件，它们要求合金具有良好的铸造性能，所以再生铝及铝合金多用于生产 YL1×× 及 ZL1×× 系铝合金（Al-Si 系合金）。

压铸铝合金用得最多的是 YL101、YL102、YL104、YL112、YL113、YL117 与 YL302 铝合金；在铸造铝合金中，汽车工业用得多的为 ZL101、ZL101A、ZL104、ZL105、ZL105A、ZL106、ZL108、ZL109、ZL110、ZL111、ZL114A、ZL115、ZL116 铝合金等。

13.4.2　铝材在运煤敞车（货运车）的应用

下面主要以国产 C80 型铝合金运煤敞车进行介绍。

C80 型铝合金运煤敞车车体为双浴盆式铆接结构，由底架、浴盆、侧墙、端墙和撑杆等组成。底架（中梁、枕梁、端梁）为全钢焊接结构，浴盆、侧墙和端墙均采用铝合金板材与铝合金挤压型材铆接结构，浴盆、侧墙、端墙与底架之间的连接采用铆接。

该车体侧墙板为 5083-H321（相当于 ASTM B209 的 5083-H32），下侧门板用 5083-O 合金板制造，侧柱、上侧梁、下侧梁、补助梁、角柱、端柱等主要零件用挤压 6061-T6 合金型材制造，它们的性能与各项尺寸指标均符合铁道部下发的运装货车技术条件的规定。由于运煤敞车采用铆接结构，故对板材、型材的尺寸偏差要求比客运车车体铝材的要求宽松一些。铝合金运煤敞车车体的结构如图 13-32 和图 13-33 所示。

中国运煤敞车以碳钢为主，铝合金车辆虽早在 2003 年就在齐齐哈尔车辆厂下线，但尚未得到普遍推广。车厢尺寸长 13m、宽 2.5m、高 2m，底板厚 8mm，四侧板厚 6mm，用材量：板材 1.85t/辆、型材 1.7t/辆。板宽 1350~1500mm，长 2000~4000mm。下完材料后用高速钻床钻出铆接孔，固定后铆接，用有绝缘涂层的低碳低合金钢铆钉拉铆。

中国双浴盆式运煤敞车的技术参数列于表 13-27，由所列数据可见，铝合金运煤敞车的优越性是不言而喻的，所用铝材中国全部可以生产，除齐齐哈尔机车车辆股份有限公司掌握了制造技术外，株洲电力机车车辆有限公司、北京二七机车车辆股份有限公司等也能制造，全国年生产能力可达 6000 辆。

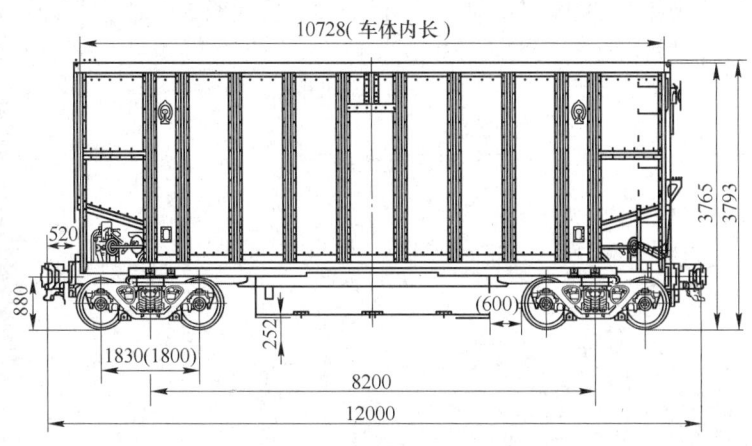
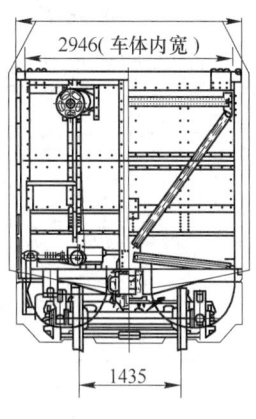

图 13-32　铝合金运煤敞车的外形尺寸

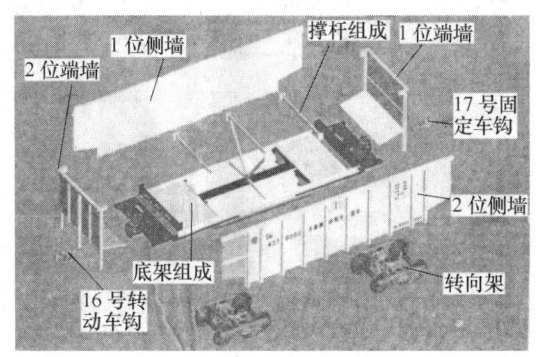

图 13-33　铝合金运煤敞车车体的结构

表 13-27　运煤敞车的技术参数

参　数	C80 铝合金敞车	C63A 碳钢敞车	C62B 碳钢敞车
载重/t	81	61	60
自重/t	18.3	22.5	22.3
轴重/t	25	21	21
容积/m³	76.05	70.7	71.6

13.4.3　铝制货车结构特点

（1）铝板厢式货车。铝板厢式货车主要采用 LF21 防锈铝板压成图 13-34 形式的三角筋。例如，日本三菱厢式货车属此类型（见图 13-35），利用分片铆接，最后总装配而成，能形成一定的批量，质量也可靠。而国内许多厂家采用矩形管制成骨架后进行外蒙铝合金板，可掩盖由于骨架不平整带来的缺陷，但其批量不易形成。此种款式主要体现在铝材质量轻，铆接后不易松动，因而整车自重减轻，提高了装载质量。其外观效果也较好，不易生锈，寿命长、价格适中，深受客户的欢迎。

（2）铝型材厢式货车。厢式货车除满足运输要求外，还体现在外观上，其外表装饰也引起各厂家的高度重视。目前较为高档的厢式货车是用铝合金型材分块组装而成，其外形较为饱满，增加视觉效果，这种结构刚度好（见图 13-36）。

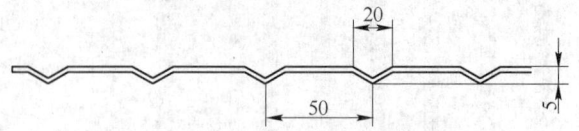

图 13-34　有骨架厢板的规格

图 13-35　日本三菱厢式货车

13.4.4　货车车厢铝化率趋势

铝合金材料具有一系列优点，对货运车具有明显的减重、节能和环保效果，有助于提高行驶的平稳性和安全性，是实现货运车轻量化、高速化和现代化的有效途径和理想材料。

不同国家的厢式货车的铝化率不同，欧洲、北美与日本的铝化率高，中国专用车的铝化率总体较低。北美厢式车铝化率达 92% 以上，冷藏车铝化率几乎达 100%。中国专用车铝化率仍处于起步阶段，潜力很大。

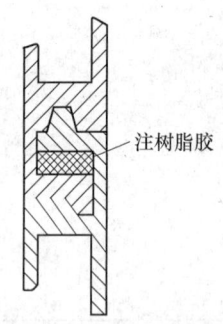

注树脂胶

图 13-36　铝型材
厢板结构

推广铝材在汽车车厢上的应用，铝加工企业与汽车制造企业宜加强合作，共同努力。首先铝企业必须加大科技投入，加强基础研究。可以看到跨国汽车公司的产品多，科技含量高，产品谱系更健全。这种局面是作为跨国巨头的显性外在特征，而在基础研究领域持续大额的投入是支撑其显性特征的根基。基础研究往往是最基层、最核心，同时也是最花成本，并且短期内无法看到效益的行为，但这是形成核心竞争力的基础。

13.5　铝挤压材在集装箱上的应用

13.5.1　集装箱产业的发展

13.5.1.1　集装箱产业发展概述

铝集装箱制造业最早发源于欧美，主要是航海运输业发达的丹麦、英国、美国等国家，是当时铝集装箱重要生产制造基地。20 世纪 80 年代初，因原材料价格和劳动力成本上升，这种劳动密集型加工制造行业转移至第三世界发展中国家。20 世纪 70 年代末到 80

年代生产中心从欧洲和日本转向韩国。到 90 年代，中国集装箱制造业呈持续快速发展趋势。从 1993 年开始，产销量一直保持世界首位。1993~2010 年全球及中国集装箱产量，见图 13-37。

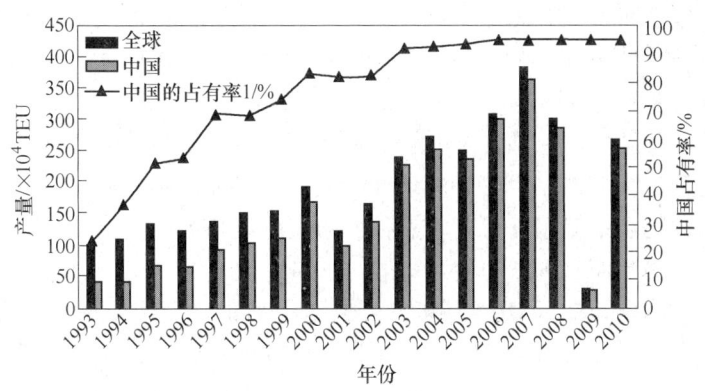

图 13-37 全球及中国集装箱（各种材质的）产量

目前，全球铝集装箱生产基地 90% 以上在中国。由于集装箱用户大都是国际性大海运集团，如中国 COSCO 和 CHINA SHIPPING、中国香港的 OOCL、中国台湾的 EVERGREEN、荷兰的 P&O、英国的 GESEACO、麦的 MAERSK、美国的 TRITON 和智利的 CSAV 等，生产出来的箱子多是停放在各大港口的堆场上，待盛放货物后再在全世界的海运或陆运上转运使用。因此，铝集装箱生产基地多集中在沿海城市的港口，可降低空箱运输成本。

当今，每年全球对铝集装箱的需求量约 6 万个 TEU（一个 20 英尺的标准箱叫一个 TEU，一个 40 英尺的集装箱按两个 TEU 计算），全球铝集装箱总产能达 8.2 万个 TEU，其中中国有 6.5 万多个 TEU 的产能。图 13-38 为标准铝合金集装箱。

中国集装箱产业发展经历如下历程：

（1）20 世纪 70 年代末至 80 年代末，维持经营、艰难求生存期。中国的集装箱制造业起步于 70 年代末，到 1982 年先后

图 13-38 标准铝合金集装箱

建成 4 家集装箱厂：广船集装箱厂、广东大旺集装箱厂、中国国际海运集装箱厂和上海船厂集装箱分厂。当时的年生产能力还不到 4 万标准箱（TEU），属于维持经营。

（2）20 世纪 90 年代，大规模并购重组、快速发展机遇期。80 年代末，是韩国集装箱行业最鼎盛时期，占世界市场总份额超过 60%。90 年代初韩国集装箱制造业迁移到中国。中集集团于 1996 年实现产销量 19.9 万标准箱，位居世界第一。到 1999 年，中国已形成布局合理、种类齐全、配套设施比较完善、现代化程度较高的集装箱生产运输体系，已拥有超过 30 家的集装箱厂，年产能已占全球集装箱总产能 200 万 TEU 的 80% 以上。当年中国的集装箱出口到全球 46 个国家和地区，仅出口量就占世界市场总份额的 42%，达到 64

万 TEU。

（3）21 世纪前十年，主导世界集装箱产业潮流的稳步发展时期。随着中国加入 WTO，加快了中国成为全球劳动密集型制造业世界性生产基地的步伐，使得在行业内已建立全球主导地位的中国集装箱产业，降低了进入国际市场的成本，在进入 21 世纪的短短几年内，中国集装箱制造业乘势迅速扩大地盘，目前已拥有了超过 40 家造箱厂、总产能 324.5 万TEU，世界其他地区的所有产能已仅存 35.5 万 TEU（约 10%）。

目前集装箱产品结构中，除传统的标准干货箱仍然占据主导品种外，冷藏集装箱、特种干货箱、罐式箱、区域性箱等特种集装箱所占比重也有明显提高，其中还包括托盘箱、铁路箱、内陆运输箱、油罐箱等许多新品种，为适应集装箱产品结构变化趋势，近两年我国新增了多家冷藏集装箱、罐式箱制造厂。

中国产业信息网发布的《2015～2022 年中国金属集装箱市场调查与产业投资分析报告》显示：2014 年我国金属集装箱产量为 13014.52 万立方米，与上一年相比增长26.69%。从近几年的统计数据来看，2014 年我国金属集装箱产量稳定增长，2014 年增速加快，增长率达到 26.69%，参见图 13-39。

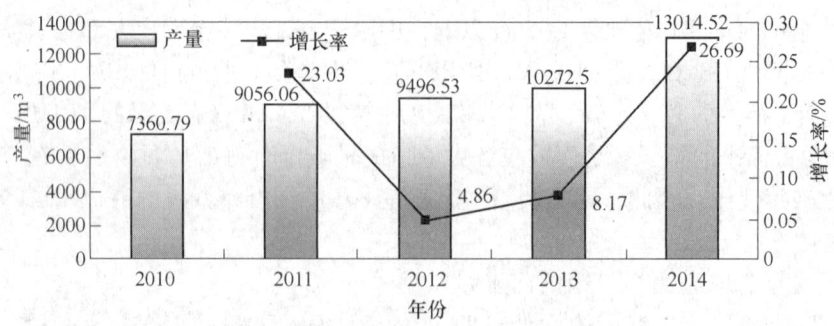

图 13-39　2014 年中国金属集装箱产量数据统计分析

集装箱产业规模与产品结构变化趋势。世界经济中国际化分工不断深化，尤其是美国等主要经济体逐步复苏，世界各国之间国际贸易将更加频繁，对集装箱的需求也随之增加。因此，集装箱制造业是一个极具发展潜力的高增长行业。根据德国不来梅海运经济与物流研究所（ISL）对全球集装箱运力的预测，预计未来世界集装箱船运力将增长 10%。此外，从与集装箱制造业相关的冶金（指钢铁与铝材）、造船、航运等上下游行业，目前也正处于复苏阶段。因此，主导世界产业发展的中国集装箱制造业，会有较好的发展预期。随着国际集装箱运输的高速发展，集装运输优势日显，各种因素都有力地推动集装箱产品结构朝着品种多样化、技术含量高的中高端产品等方面发展。

13.5.1.2　铝合金集装箱的应用概况

20 世纪 60～70 年代，集装箱所选择的材料有铝材、玻璃钢和钢材等，生产方式多样，但其构造通常由六个部件组成：底板、箱门、顶板、封闭的壁、两端的侧壁，由铝材等材料制作的集装箱当时得到不同客户的欢迎。后来，因美国 STICK 公司研制出的成本相对较低、强度高的全钢集装箱，使其成了后来的主流品种。

集装箱铝最早在 20 世纪 60 年代初开始应用，美国的 Fruehauf、Trailmobile 等公司生产类似于箱式半挂车的铝制集装箱，采用钢制框架，上面的平板铝材由挤压铝块加强，平板与铝块之间由铆钉和封闭扣件连接。因此，须库存铝制零件以备后期维修之用，制造成本相对较高，在提倡使用铝制集装箱的"Sea-Land"公司，最后也开始转向钢制集装箱生产。

随着对铝材轻量化、耐腐蚀性、易成型性、低温性能稳定性等性能的认识不断深入，以及铝材加工与焊接技术水平的提高，使得许多复杂断面的集装箱部件可采用挤压铝型材以简化制造工序、降低加工与维修费用。由于铝合金在低温下能保持良好性能（无低温脆性问题），且铝不与油、天然气及其他化学液体发生化学反应，在集装箱诸多应用领域，采用铝材性价比优势显现。铝型材、板材在制造冷藏集装箱应用量增多，且在需配置复杂通风槽的干货箱制造方面也具方便与轻量化（1TEU 自重比钢制集装箱轻 20%~25%）等多种优势。

目前，中国铝制集装箱年产量就已达 16 万 TEU，因用户要求及生产成本等因素，每个集装箱铝材应用量存不同，一个 20 英尺标准铝制集装箱的铝材应用量一般为型材 300~600kg、板材 200kg 左右。据不完全统计，国内铝制集装箱的铝材应用量中，铝型材约 8.0 万吨、铝板材 3.2 万吨左右。

铝制集装箱使用最多的是铝合金型材与板材。铝型材主要应用在箱内地板、连接件、叉车导轨、底支撑梁、侧面铝板的上下固定横梁、箱门框架等部位，主要采用 6061、6082、6063、6060 四种铝合金的 T6 状态型材。其中，超过 90% 的铝制集装箱采用 6061、6082 铝合金，对合金成分、尺寸精度、内部组织及性能都要求非常严格，以满足焊接与装配等方面要求。通常一种规格型号的集装箱，装配有 15~20 个不同断面规格的铝型材。目前，国内铝型材企业已开发出上百种集装箱用复杂铝型材结构件，可满足几十种箱型的装配需要。

铝制集装箱的侧板、顶板多采用具有良好焊接性能与耐腐蚀性的 5052 铝-镁合金板材。根据不同的箱型和性能要求选择铝板的厚度与宽度规格，常用的铝板厚度规格为 0.8mm、0.9mm、1.27mm、1.4mm、1.6mm 和 2mm，宽度规格分别为 1040mm、1250mm、2266mm、2340mm 和 2500mm。

13.5.2 铝材在集装箱上的应用

13.5.2.1 集装箱用铝型材

A 典型结构及主要型材截面

根据 ISO/TC 104 规定，国际联运集团集装箱主要箱型有四种（见表 13-28）。不同集装箱生产商要求的铝型材形状与规格不同，但共同点均日趋宽幅化、薄壁化，具备一定的承载能力与可焊接性能。铝合金型材不需表面处理，挤压型材 T6 状态即可使用。但对合金成分配比、型材尺寸精确度、型材内部组织和性能等要求非常高，一般技术水平和设备能力难以做到。

表 13-28 国际联运集装箱的主要箱型

形　式	尺寸/mm×mm×mm	总质量/t
1A	12192×2438×2438	80.28
1AA	12192×2438×2591	30.48
1B	9125×2438×2438	25.40
1BB	9125×2438×2591	25.40

在我国许多企业已开发生产 220 个左右不同断面的型材，满足国内集装箱产业的需求，且出口有关国家与地区，用于制作箱内地板、顶支撑梁、门槛、叉车导轨、连接件、底支撑梁、侧铝板上下固定横梁、箱内转角连接件、外装饰件、冷风门、箱门框架和箱门铰链等。图 13-40~图 13-42 为部分典型铝型材剖面示意图。

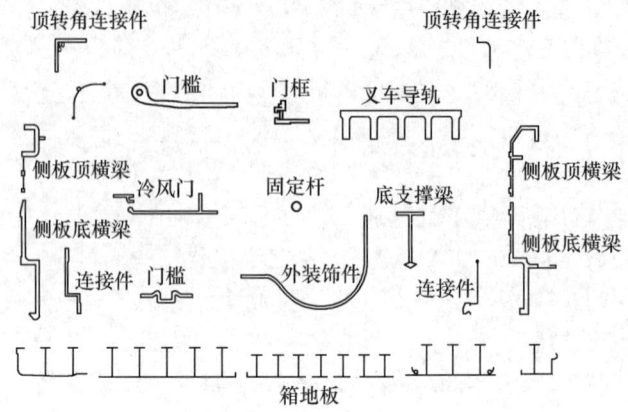

图 13-40　集装箱用典型铝型材剖面示意图

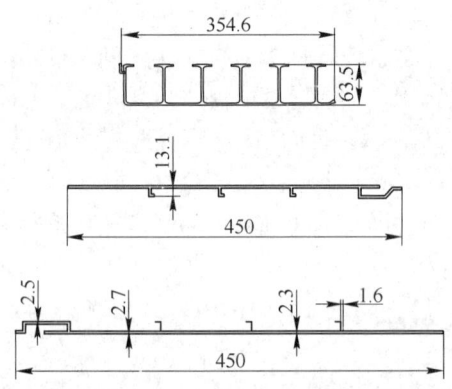

图 13-41　集装箱侧板型材断面图

B　集装箱用铝型材主要牌号及化学成分

铝集装箱用的铝型材主要有 6061、6082、6351、6005、6063 和 6060 合金，其中 6061 和 6082 合金用得最多，占使用量 90% 以上。两种合金各有优缺点，不同用户有不同偏好。亚洲和美国用户喜欢用 6061 合金，欧洲用户多用 6082 合金。

采用 6061、6082 铝合金进行 T6 状态热处理，可以满足其相应部件对力学性能、可焊接性能、耐腐蚀性等的要求。除 6061、6082 铝合金，有少部分非承载部件采用淬火敏感性低的、可挤压性好的 6063、6060 铝合金型材，有些零件还可用 6005、6351 合金型材制造。

C　集装箱用铝型材的性能

集装箱铝型材向着宽幅化、薄壁化方向发展，并有高的承载能力与良好的可焊接性能。为满足要求，应选择易实现挤压在线淬火热处理，满足对力学性能、可焊接性能要求

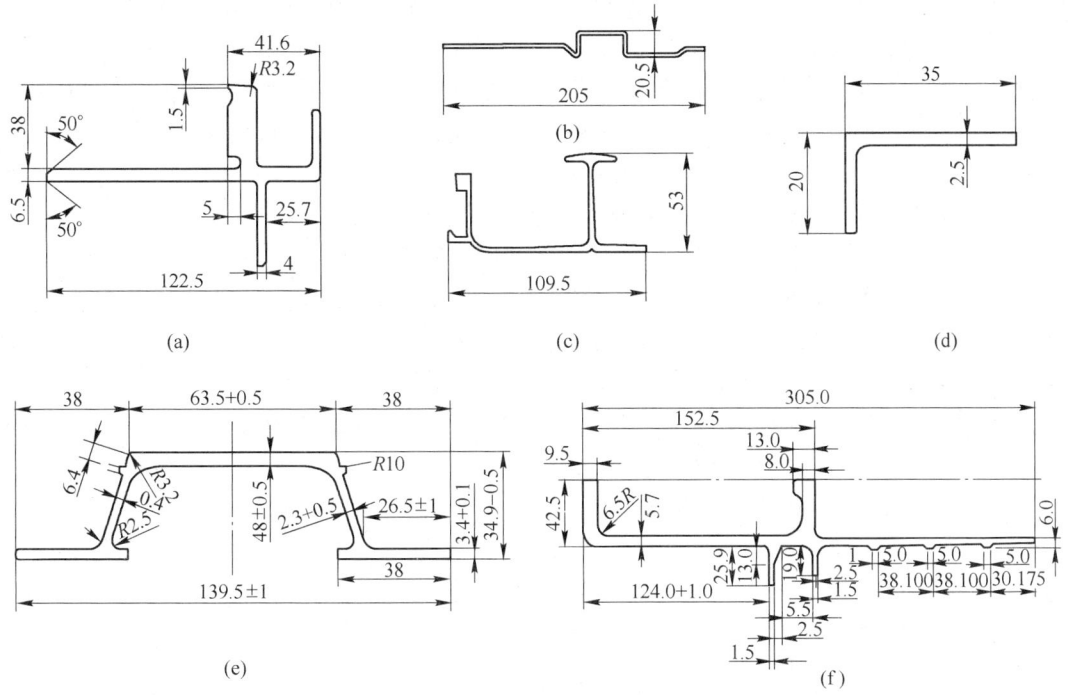

图 13-42　集装箱应用的铝型材断面

（a）顶部导轨；（b）边角过渡件用；（c）边角补偿件；（d）连接件用；（e）侧面支杆；（f）底部导轨

的铝合金材料。为解决集装箱铝型材断面呈现宽幅化、薄壁化要求，对其平面间隙、扭拧度等尺寸与形位偏差精度等几何尺寸进行严格控制，确保其焊接、装配的质量要求。应用于集装箱的主要铝合金的优缺点见表 13-29。

表 13-29　集装箱铝型材主要合金的优缺点

合金	优 点	缺 点	应 用
6082	强度高，防腐蚀性能好，使用 MIG 和 TIG 工艺焊接，并且 T4 状态下显示优越的可成型特点	需水淬，形状公差要求更高，与其他 6××× 系铝合金相比，限制适于生产厚度小、形状简单的产品	T 型地板
6061 6063	适于生产非结构性和建筑产品，因其能够挤压生产薄壁产品、好的成型特点，利于形状和平直度控制，防腐性能高，易氧化表面处理	强度不如 6082 合金	磨损垫，剖面结构部分，侧杆，边角，地板

集装箱铝型材属通用工业型材，有关其标定性能可参阅 GB/T 6892《一般工业用铝及铝合金挤压型材》，有关其尺寸偏差可查阅 GB/T 14846《铝及铝合金挤压型材尺寸偏差》。

13.5.2.2　集装箱用铝板材

铝集装箱用铝板材多为含 $w(Mg)$ = 2.2%~2.8% 和含 $w(Cr)$ = 0.15%~0.35% 的 5052 铝合金，使用状态是 H32 或 H34，抗拉强度分别为 310~380MPa 和 340~410MPa，屈服强度分别为 230MPa 和 260MPa 以上，伸长率根据不同厚度和要求为 7%~12%。

常用铝板厚度为 0.8mm、0.9mm、1.27mm、1.4mm、1.6mm 和 2mm，可根据不同箱型要求和性能要求来选择。宽度为 1040mm、1250mm、2266mm、2340mm 和 2500mm，性能要求越高则使用越宽的铝板。集装箱用铝板大部分要进行预涂油漆处理，即 PRIMER（涂底层）处理。中国极少有企业能生产这些宽硬预涂铝合金板，即使能生产，品质也不稳定，价格高。目前，国内集装箱生产企业使用的部分铝板仍要从国外进口。

一个 TEU 铝集装箱需要约 200kg 铝合金板材。截止到 2013 年年底，中国可轧制 2500mm 宽的铝及铝合金带材的企业只有西南铝业（集团）有限责任公司与南南铝加工有限公司。两家企业有 2800mm 冷轧机，前者为可逆式四辊国产的，后者从西马克公司（SMS Biemag）引进的 CVC-6plus，不可逆式，是全球唯一的可轧硬铝合金的冷轧机。集装箱铝板的生产工艺与通用铝合金板的几乎相同，仅最后多一道预涂底层涂料（底漆）工序。此外，西南铝业（集团）有限责任公司 1993 年从英国布朗克斯公司（Bronx）引进中国首条铝带彩色涂层连续生产线，可涂聚酯、氟碳等。

5052 铝合金与 5A02 铝合金相当，其 Mg 含量较低，不可热处理强化，强度不高，塑性高，冷变形可提高其强度，但塑性下降。退火状态的 5052 铝合金的强度与冷作硬化状态的 3003（3A21）铝合金的相当。5052 铝合金的耐腐蚀性与可焊性很好，适宜海洋性环境中使用。冷作硬化不降低它的耐腐蚀性与可焊性。退火状态可切削加工性能差，半冷作硬化材料尚可。

13.5.2.3　铝材在集装箱领域的应用前景

随着国际物流业集装箱化程度不断提高，引领世界集装箱发展潮流的中国集装箱制造业为回避行业景气可能出现的下滑风险，已将技术含量高的铝制冷藏集装箱和特种集装箱作为重要发展方向，集装箱用铝需求量将越来越大。2013 年中国铝制集装箱的产量已超过 16×10^4 TEU。2013 年中国铝制集装箱铝型材用量约 90kt、铝板材用量 35kt 左右。按目前的年平均 15%～20% 的增长趋势预计，2018 年国内铝制冷藏集装箱和特种集装箱的产量可超过 30 万 TEU，届时铝型材需求约 150kt、铝板材约 60kt。

目前，中国已成为铝及铝加工产品生产消费大国，但还不是强国，中国集装箱产业的迅速崛起与强大，既为中国铝加工业提供了发展机遇与经验借鉴，又是对铝加工业的一次挑战。中国铝加工业将抓住机遇迎接挑战，在国际化分工日益深化的新一轮全球经济格局中扮演更加积极的角色，加强新技术开发，尽一切努力全面满足市场前景广阔的集装箱等交通运输领域对铝材的应用需求。随着全球经济一体化和国际贸易的持续繁荣，铝集装箱这种现代化交通运输模式必将继续受到人们的推崇，铝集装箱应用前景方兴未艾，为降低整箱的质量和减少加工成本，在保证整体刚性的前提下，对铝材的要求将会更大型化、高强化和薄壁化，对集装箱用铝材质量要求越来越高。

13.6　铝挤压材在摩托车、自行车上的应用

13.6.1　铝材在摩托车、自行车业的应用概况

13.6.1.1　摩托车、自行车工业的发展

随着国家对节能减排要求不断提高，铝合金新用途正在摩托车、自行车行业快速发展。

A 摩托车

2013年全球有约1.25亿辆二轮摩托车，亚洲的中国、中国台湾省、印度、日本是生产摩托车多的地区，保有量也最多。日本曾在较长时间内一直是世界第一大摩托车生产与销售大国，1981年产量达到$741×10^4$辆的高峰后一路下滑，而中国1993年的摩托车产量飙升到$337×10^4$辆，超过日本，成为世界第一大国。2000~2016年中国摩托车的产量、出口量见表13-30。

表13-30 2000~2016年中国摩托车产量与出口量 （万辆）

年份	产量	出口量	年份	产量	出口量	年份	产量	出口量
2000年	1153.40	198.70	2006年	2144.35	640.30	2012年	2362.98	893.59
2001年	1236.00	289.00	2007年	2544.69	816.96	2013年	2305	
2002年	1292.13	343.95	2008年	2750.11	977.53	2014年	2129	
2003年	1 429.00	302.50	2009年	2542.77	628.60	2015年	1883.22	
2004年	1718.69	340.10	2010年	2669.43	841.60	2016年	1473.44	693.35
2005年	1776.72	722.40	2011年	2700.52	1074.47			

二轮摩托车按其大小、式样、性能、用途、排气量进行分类，通常多按排气量分类，见表13-31。从消费者方面考虑，则多按式样、用途、实用性、流行性、趣味性等功能分类，如分为公务车、家用车、微型、业余型、运动型等。

表13-31 二轮摩托车的分类（按大小区分）

日　本		国　际		图　例
类型	排气量/cm³	类型	排气量/cm³	
小一型	≤50	小微型	≤50	
小二型	50~125	轻便型	50~约125	
轻型	125~250	中型	约125~约650	
自动二轮型	>250	大型	>650	—

近30年来，中国摩托车产业迅速发展。到1993年，我国成为世界摩托车生产第一大国，出口150多个国家和地区。随着摩托车的日益普及和世界能源及环保等综合问题日趋

严重，消费者对摩托车综合性能要求更高，各国也制定相应的法规对摩托车综合性能要求更苛刻。摩托车工业的发展与摩托车材料和摩托车制造技术密切相关，是一个国家整体工业水平的反映。采用质量轻、力学性能高、吸震降噪的新型材料可降低摩托车油耗，减少废气排放，增加乘坐舒适性和安全性。

中国迫切需要制造适应未来时代要求的行驶安全可靠、环保、节能、低成本的新一代摩托车的相关材料及先进制造技术。

B　自行车

自行车以其简单易普及、环保健康、便利节省空间等特点，成为人们交通出行的重要交通工具和体育比赛及运动健身器材。自行车运动已成为大众体育锻炼和体育比赛重要项目之一。中国自行车协会发布的数据显示，2015 年中国自行车产量 8026 万辆，同比下降 3.36%，其中规模以上自行车企业产量为 5532.7 万辆；电动自行车产量 3257 万辆，同比下 8.28%。2015 年中国电动三轮车产量达到 1163 万辆，同比增长 9.1%；中国电动自行车出口达到 133.9 万辆，同比增长 20.4%，2015 年中国锂电车产量为 292 万辆，与 2014 年 301 万辆产量有所下降，见图 13-43。而据中商产业研究院数据显示，2015 年我国自行车出口量为 5781 万辆，同比下降 7.7%。

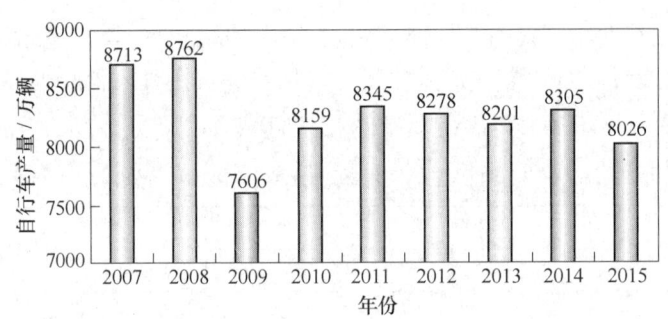

图 13-43　2007~2015 年中国自行车产量趋势图

近几年，随着产能过剩及欧美国家为保护自身产业而采取的贸易壁垒措施，中国大陆自行车业竞争呈白炽化的状态，材料供应商之间价格和技术竞争也愈演愈烈。展望未来，自行车、电动自行车行业应从大规模批量化生产向大规模个性化定制的方式转变，由传统的生产型企业向生产与服务并重转变。中国自行车行业要紧跟全球制造业最新发展趋势，运用互联网思维，将数字化、网络化、智能化贯穿于研发设计、生产制造、销售服务全过程，促进自行车、电动自行车制造转型升级。

从 2015 年开始，我国开始了共享单车模式，给公众提供自行车使用。该模式就是将传统自行车行业与数字化、网络化、智能化结合的很好方式，至少对传统自行车行业是利好。速途研究院研究报告表明，2016 年是我国资本市场低迷的一年，而共享单车领域却一枝独秀、屡获融资。作为共享经济的产物、主打最后一公里的单车租赁行业，在资本倾注下迅速在一二线城市蔓延，竞争激烈。2016 年 12 月 27 日，深圳市交通运输委公布了《关于鼓励规范互联网自行车的若干意见（征求意见稿）》，首次对共享单车行业提出了鼓励和规范要求。

当前，共享单车市场正处在初级阶段，产品、用户间问题频发，行业内部正在不断调整，同时更多创业者的入局也有利于行业发展。2015 年共享单车概念开始兴起，资本和巨头开始布局，2016 年可定为共享单车发展元年，除了原本定位在校园的共享单车开始在城市普及。从市场规模上看，2016 年市场规模将达到 0.49 亿元，较 2015 年翻了一番，2017年共享单车市场增速将会继续提升。速途研究院分析师团队根据市场公开的网络数据和监测数据，结合相关用户调查取样，对共享单车市场的现状和发展趋势进行了分析，见图13-44 和图 13-45。

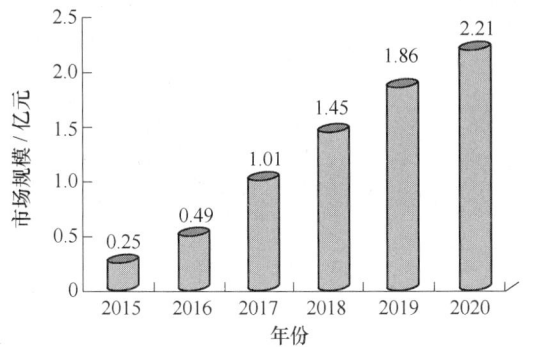

图 13-44　中国共享单车市场规模预测

图 13-45　中国共享单车用户规模预测

用户规模，2016 年共享单车用户 455.2 万人，其中用户主要以在校大学生、年轻的上班族为主，且主要在一二线等人口密集城市集中。学校、公交站、地铁站等附近的共享单车，给使用者提供了最快捷的"最后一公里"行程方案，不仅使用方便，而且对于城市来说，共享单车也有着绿色出行的好处，在城市内快速普及。2016 年全年，摩拜、ofo 领衔共享单车市场。图 13-46 为北京街道边的共享单车。

图 13-46　北京街道边的共享单车

13.6.1.2　铝材在摩托车和自行车的应用概况

A　摩托车工业

期初，摩托车多用钢与铸铁制造。1932 年，法国首次用铝合金制造了摩托车零件。用铝及铝合金替代钢、铸铁制造摩托车零部件最大问题是车价提高。摩托车发动机缸体、缸盖及一些外围零件用铝制造已有很长时间。本书所写的以铝代钢不含发动机零部件。1980年开始，运动型摩托车车轮、车架主体、脚踏零件、散热器等大型零部件用铝合金制造，目前已全部铝化。这些零部件要求坚固、安全、可靠、轻便、快捷等，价格不是首要问题。

　　2002 年日本二轮摩托车及小轿车的用材比例参见表 13-32，铝在二轮摩托车中的比例依据车型为 10%～36%。2013 年，用铝量最多的摩托车车型的比例也没超 42%，但比小轿车 26% 的平均铝化率高得多。日本对小型摩托车的成本很重视，铝化率就低一些，如登山、越野、宿营车的铝化率只有 10%～35%，加重运动型赛车的最大铝化率也不超过 42%。

表 13-32　2002 年日本二轮摩托车用各种材料比例

项　目	二轮摩托车					小轿车	
形式	轻便型	加重型带工具箱	加重比赛车	非加重比赛车	加重小比赛车	乘用小轿车	运动比赛车
排气量/cm³	50	400	1100	250	750	2000	3000
自身质量/kg	65	186	287	97	210	1270	1350
钢材/%	60.1	57.0	55.4	51.2	47.0	57.5	46.6
铝材/%	12.5	26.0	23.8	28.7	35.6	6.8	31.3
其他金属材料/%	4.4	3.0	2.6	1.2	3.0	2.0	2.6
塑料/%	15.3	6.5	10.9	6.4	7.0	8.5	8.9
橡胶/%	7.3	7.0	5.9	11.9	6.3	2.0	—
其他/%	0.4	0.5	1.4	0.6	1.1	23.2	10.6

　　在铝合金材质选择上，自行车管材在由低锰、铜含量的 6000 系合金向高锰铜合金转移，如 6013 等。虽然高锰-铜合金利于自行车轻量化，但因挤压性较差，能否被自行车业普遍使用，需要挤压技术的进一步发展。7000 系合金虽然抗张程度和硬度比 6000 系好，但加工成本较高，且在使用过程中存在不明原因的断裂等隐性危险。6000 系列无缝管能弥补 7000 系部分缺陷。因此，7000 系将逐渐被 6000 高锰铜无缝管所取代。日本汽车及摩托车行业铝需求量统计见表 13-33。

表 13-33　日本汽车及摩托车行业的铝需求量统计

铝材	2009 年 1~6 月需求量/t	2010 年 1~6 月需求量/t	2010/2009 年上半年同比/%
铸件	105441	176012	166.9
压铸件	249512	409022	163.9
锻件	9051	14715	162.6
轧制材	36719	74783	203.7
挤压材	33083	66431	200.8
总计	433806	740963	170.8

B　自行车工业

　　自行车材料在 200 年的时间内，经历了木制、碳钢、铬钼钢、铝合金、钛合金、镁合金、碳纤维等材料的应用。自行车的基本功能是代步作用，其速度和质量成反比，通常质量降低 10%，人力功效提高 70%。铝的密度是铁的 1/3，一部铁制车 30kg 左右，换成铝合金材料后只有 12kg 左右，功效大增。同时，铝合金车架因铝的柔软性而吸震性强，铝合金材料不易生锈，可回收，广受设计人员和消费者青睐，特别是用于山地车。自 20 世纪

90 年代，自行车用铝材进入飞速发展阶段。在中国台湾出口的整车中，铝合金零配件比例 1980 年为 4.7%，1993 年为 8.9%。1995~2001 年，从 10% 跃升到 70%，且整体呈成长趋势。中国大陆虽然铝合金自行车发展较迟，但近几年发展很快，配件的铝合金挤压成型不断增长。

我国自行车轻量化项目最早由台湾省企业引入，首先在深圳发展，主要做自行车分体曲柄。以后，我国车辆用铝合金件生产厂家在珠江、长江和海河等三角洲地区得到蓬勃发展，从业人员众多，厂家分布集中。另外，深圳、上海、天津、泰州、无锡、昆山、宁波、杭州、兰溪等地均有大量自行车铝合金配件生产企业，为我国自行车轻量化的发展奠定了基础。

目前，电动自行车也是我国大众化交通的主要工具之一。但它必须身背一只大电瓶用来充电，轻量化成为电动自行车行业能否生存和健康发展下去的关键问题。电动自行车的轻量化工作主要集中在轮毂以铝代钢上。

随着技术的发展，国内逐渐开展了对花毂、自行车架体等部分由铝代钢的轻量化过程，铝质自行车配件价格也将逐步降到人们能接受的程度，图 13-47 为宁波一家自行车配件企业生产的新型自行车花毂等配件，如车圈采用铝合金 6063 挤压材，轮毂由钢毂改用 6061 铝合金冷锻件，前叉、曲柄、折叠合页用 6061 或 7××× 系铝合金热锻制造，车骨架用 7020 铝合金挤压管材焊接等。

图 13-47　自行车棘轮和发电花毂

自行车花毂重约 100~180g，为 6××× 系铝合金锻造而成，车轴由 7××× 系铝合金加工而得，螺帽可用 5××× 系合金，包括上面的垫片、棘轮、齿盘、轮盘，也可由 7××× 等系铝合金制成。采用铝合金轻量化后，一辆比赛用车，整车减重 50% 以上。由于自行车采用铝合金轻量化，其车速可达 20~60km/h（赛车比赛约为 70km/h）。

总之，随着交通运输的发展和需要，一些新型材料如高强铝合金等不断涌现，作为传统轻质结构材料的铝合金用途会越来越广，一些铝合金加工的新工艺、新材料和新用途在不断涌现，铝合金在自行车方面的用途将越来越广。

13.6.2　摩托车用铝材

13.6.2.1　摩托车用铝概况

摩托车用铝材分变形铝合金和铸造铝合金。变形铝合金在摩托车制造中的应用不多，参见表 13-34，主要是锻件与管材，为减轻车自身质量，用铝管置换钢管焊接结构，如用

Al-Zn-Mg 系的 7N01 铝合金或 7003 铝合金管材焊接大梁，用 2×××系铝合金锻件替代钢件，降低车的自身质量，且零件强度与车载重量也得到保证。

表 13-34 变形铝合金在日本两轮摩托车中的应用

合 金 系	合 金 牌 号	应 用 实 例
1×××系	1050、1100	密封衬垫、标牌
2×××系	2011	衬套、针状阀门
	2014	下部拱架、手把支架
	2017	制动器踏板、变速器、手把
	2024	从动链轮
3×××系	3003	散热器（管、水室）
5×××系	5052	罐、车轮盘、发动机罩
	5454	车轮
	5083	托架、角撑板、架体
6×××系	6061	支架体、手把、箱体
	6063	消声器壳体
	6N01	管材、手把
7×××系	7003	管状架体、转动架体
	7N01	焊接小零件、轮缘
	7075	缓冲器支架、指示盘、排气管

13.6.2.2 摩托车应用的典型铝制零部件

二轮摩托车的典型铝合金零部件如图 13-48 所示。发动机零部件的工作环境非常严酷，这类零件有汽缸、汽缸盖、汽缸底座、外罩之类等多是铸造或锻造的，而活塞、凸轮轴、离合器等则约有 52%以上是用压铸、重力铸造、低压铸造工艺生产的。架体部分中的手把、制动块、制动板等为铝合金制造。加重运动型赛车在功能方面不但要求轻量化和操纵稳定性，且对外观要求也高。因此，车轮与操纵杆套管都是铝合金的。车轮、操纵杆底部横梁、摇臂或支架梁、操纵踏板等已全部采用高强度变形铝合金制造。车体部分既要有一定的强度，又要有高的刚度，主要用变形铝合金。

摇臂式支架梁是摩托车一个重要结构件，是支撑后轮和车主梁的连接件，过去用钢管或冲压钢板件焊接，随着技术进步与高强度铝合金的发展，现已全部实现铝化。用铝合金制的支架应能满足以下要求：材料应有高的抗扭刚度，以确保操纵的稳定性与可靠性；在车行驶过程中由于路面原因会产生复杂的反复负荷，材料应有一定的疲劳强度，能保证零件持久安全可靠；应有令人注目的外观、亮丽等。各种摇臂式支架梁见图 13-49，用各种材料制的车架主体见图 13-50。大多数摩托车采用双摇臂支架梁，赛车则采用单侧后轮支撑摇臂式支架梁，铝合金支架梁有整体铸造的，见图 13-49（b）；有全部用变形铝合金焊接的，见图 13-49（c）；也有混合型的，见图 13-49（d），主体部分为铸件，臂梁部分为挤压型材。

铝合金摇臂式支架梁比钢结构轻 20%以上，同时采用有限元法设计整体铸造梁，既保证强度高的要求，又满足质量减轻需要。1985 年开发出的混合型支架梁，有高的疲劳强度

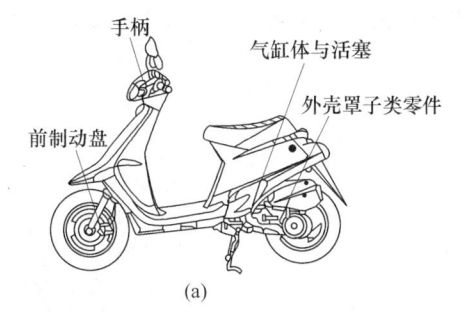

(a)

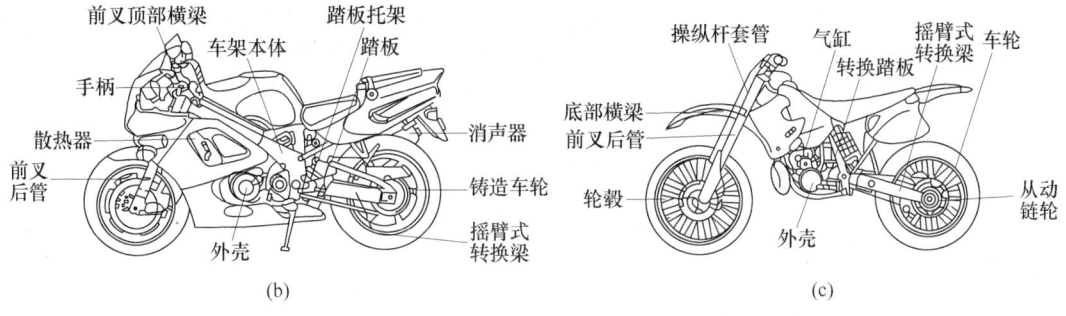

(b)　　　　　　　　　　　　　　　　(c)

图 13-48　二轮摩托车典型铝合金零部件

（a）微型车；（b）加重运动型赛车；（c）非加重型运动赛车

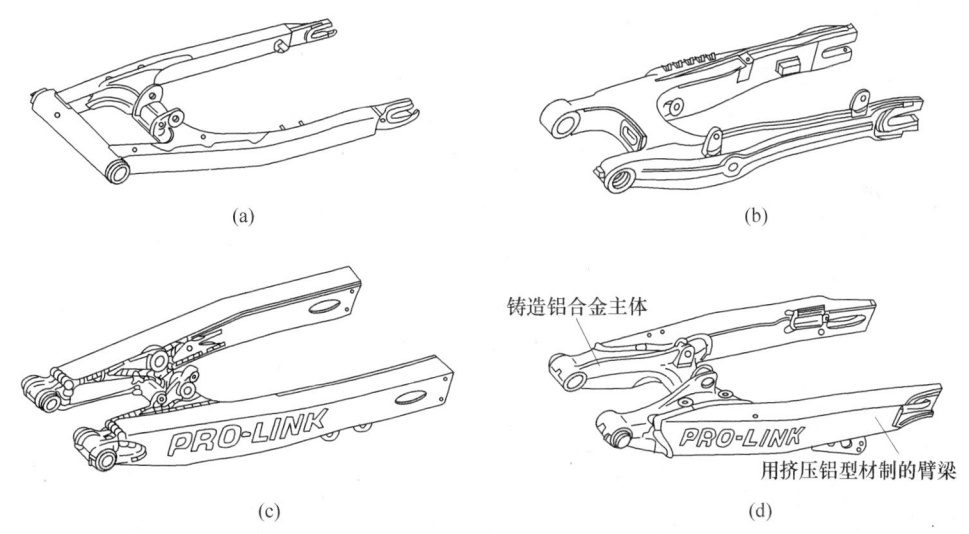

(a)　　　　　　　　　　　　　　　　(b)

(c)　　　　　　　　　　　　　　　　(d)

图 13-49　各种铝合金的摇臂式支架

（a）钢板制造的；（b）铝合金整体铸造的；（c）全部用挤压铝材制造的；（d）混合型的

与屈服强度，是用 7×××系铝合金（A7N01-T5A7003-T5）挤压型材制造的。铸造件用铸造性能优越的 Al-Si-Mg 合金（AC7A、AC4C）和适合于焊接的 Al-Mg 系合金（AC7A）制造。焊条采用 Al-Zn-Mg 系合金，也可采用裂缝敏感性低的 Al-Mg 系合金（A5356）。全部采用高强度挤压型材制造摇臂支架，虽然质量减轻，但制造成本却上升，混合型支架最可取。

车架本体又称车身主梁，简称主梁。20 世纪 80 年代以前，两轮摩托车主梁一直是用碳素钢管焊接，跟摇臂式支架梁一样，面临着轻量化、高刚性、高强度、高雅外观的挑战。日本从 1979 年开始生产与销售混合结构主梁，1983 年铝合金主梁 250℃ 两冲程加重赛车率先上市。当时主梁结构与钢管焊接结构相同（见图 13-50（a）），采用双摇臂式支架梁，为铝合金挤压型与锻件焊接结构。

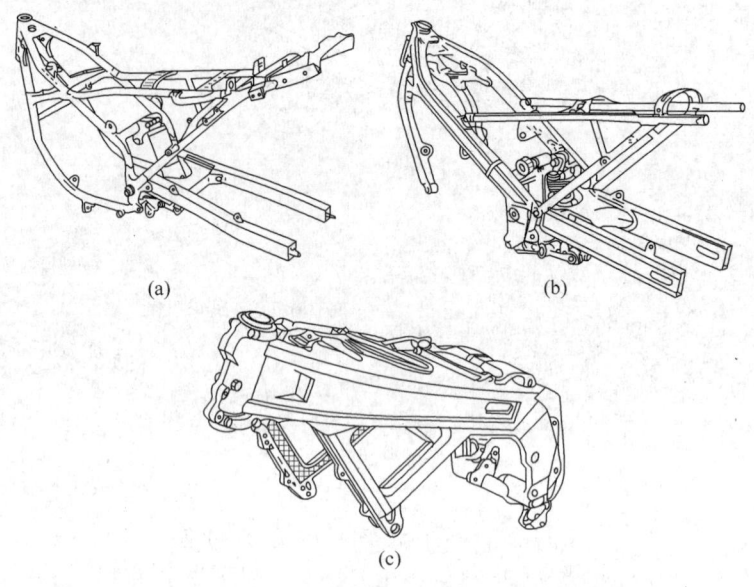

(a)　　　　　　　　　　　　　　(b)

(c)

图 13-50　各种铝合金车架主体简图
(a) 钢管制的；(b) 挤压铝合金管制的；(c) 压铸铝合金制的

　　日本两轮摩托车主梁基本上为铝合金挤压材与铝合金铸件焊接结构，安全可靠，外观亮丽流畅，而欧洲的小型两轮摩托车的车架主梁采用与 ADC3 铝合金相当的压铸件，以螺钉连接。各种形式车架主梁所用材料及制造工艺见表 13-35，管材用高强度可焊接性优良的 7003、A7M01 铝合金挤压，还有一部分管材是用 A5083 铝合金挤压，同样有良好的可焊性与高的力学性能。

表 13-35　铝合金主梁及制造工艺

主梁形式	车架上部主梁	转向支撑架	主管材	表面处理
后轮双摇臂式支架梁	A7N01 铝合金挤压型板+板材	A7N01 铝合金锻造	A7N01 铝合金挤压型材	阳极氧化
	Al-Zn-Mg 系合金重力金型铸造	Al-Zn-Mg 系合金重力金型铸造	A7003 铝合金挤压型材	阳极氧化
	AC7A 铝合金或加 Zn 的合金砂型铸造	AC7A 铝合金或加 Zn 的砂型铸造	A7N01 铝合金挤压	阳极氧化
金刚石型	A7003 铝合金挤压型材	Al-Mg-Zn 系合金锻造或重力金型铸造	A7003 铝合金挤压	涂装
	Al-Mg-Zn 系合金重力金型铸造	Al-Mg-Zn 系合金重力金型铸造	A7003 铝合金挤压	阳极氧化
双管型	AC7A 铝合金或加 Cu 的合金低压金型或砂型铸造	AC7A 铝合金或加 Cu 的低压金型或砂型铸造	A5083 铝合金压力焊接	阳极氧化
	Al-Mg-Zn 系合金砂型铸造	Al-Mg-Zn 系合金砂型铸造	A7003 铝合金挤压	涂装

焊接主梁的管材合金为 Al-Zn-Mg 系合金，有高的力学性能、良好的可焊性，焊缝与过渡区的强度与母材的相差不大，同时有良好的可挤压性能，可生产断面复杂的空心型材与管材；5083 铝合金也是这样的一种优秀变形铝合金。连接主梁与摇臂式支架梁的回转中心铸件必须有高的强度与外表观赏性。总之，制造主梁零件的铝合金应具备如下的性能：

（1）高的力学性能，特别是强度与韧性；

（2）不但有相当强的抗普通腐蚀的性能，而且应力腐蚀开裂敏感性应低；

（3）可阳极氧化处理性能好，氧化膜色调均匀一致，有相当强的金属质感；

（4）优越的可铸造性能；

（5）良好的可焊性。

铸造主梁铸件的铝合金有 Al-Mg 系的 AC7A 合金，以及 Al-Mg-Zn 系的、Al-Zn-Mg 系的、Al-Si-Mg 系的铝合金。AC4CH 铝合金是一种改良型的 Al-Si-Mg 系合金，有优越的可铸造性能，扩大了主梁设计自由度，合金的刚性高，可以铸造大铸件。但是合金硅含量不能过高，否则氧化膜呈黑色，硅含量控制为 $w(Si) = 4.5\% \sim 5.5\%$。此合金的开发成功对铝合金主梁的生产与推广起了相当大的作用。

图 13-51 所示为主梁铸造铝合金的疲劳强度与循环次数的关系。由图知，Al-Si-Mg 系与 Al-Zn-Mg 系合金的焊缝强度与基体合金基本相同，Al-Si-Mg 系合金焊缝强度虽有所下降，但也与 AC7A 铝合金相等。

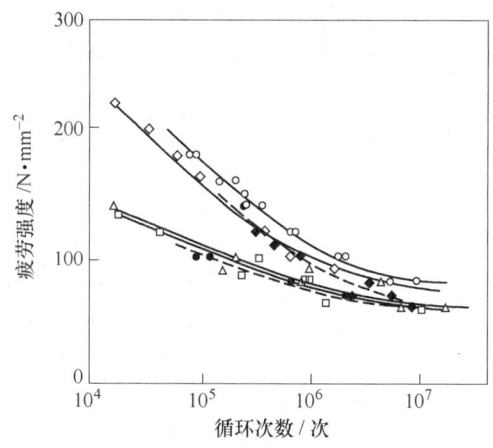

图 13-51　主梁铸造铝合金的疲劳强度与循环次数的关系（焊缝有余高）

13.6.2.3　越野摩托车车架结构

车架是越野摩托车主要受力部件之一，承受着各种最主要的冲击力，包括来自发动机、减震器、辅助结构、驾驶人员及路面的各种冲击载荷。特别是越野摩托车经常需要完成急冲锋、急刹车、急转弯及直立、腾空落地等极端动作，因此必须具有足够的强度和刚度，以确保安全性和可靠性。同时，越野摩托车质量应轻，以方便操作控制。

为满足越野摩托车特殊使用要求，出现全铝合金越野摩托车车架。世界一些著名越野摩托车制造商，如奥地利的 KTM、美国的 BBR 和 SDG 等公司，纷纷推出配装全铝合金车架的越野摩托车，其售价比传统钢制车架越野摩托车高一倍以上。在国内，江门市硕普公司与五邑大学摩托车技术研究中心合作，成功地掌握了全铝合金车架设计与制造的核心技术，产品畅销世界市场。

　　铝合金车架的出现实现了车辆轻量化，但全铝合金车架的强度和刚度通常比钢制的弱，尤其是越野摩托车在极限使用环境下很容易出现失效，故必须对其进行深入研究。首先，从结构上进行再设计，引入仿生设计，重新设计车架；其次，采用常规力学分析法分析车架在极限状态下受力状况、最大应力及危险截面出现的位置；最后，采用有限元方法进一步深入分析，指导该全铝合金越野摩托车的研发。

　　车架整体结构设计：原车架主要由杆、梁、板焊接而成，主体结构为主梁，其一端与前梁、减震器连接，另一端与坐垫（上平梁）、尾架（后弯梁）连接，属简单杆系结构。在危险路况及完成急转弯、腾跃等极限状态下常表现局部强度不足，出现应力集中、断裂等现象。因此必须对车架结构进行重新设计。从仿生学角度看，越野摩托车的结构和用途决定了它是一个非常适合借喻某些动物来传达设计思想的产品。经过考察，发现澳洲袋鼠非常符合仿生对象。澳洲袋鼠以后肢为支撑，骸骨非常发达，其跳跃、腾空和落地与越野摩托车工作状况非常相似，借鉴其功能及形象进行车架的仿生设计，如图 13-52 所示。

图 13-52　"袋鼠"仿生设计概念自行车

　　新车架相对原车架做了改进：加架主体仿照袋鼠身躯骨骼结构，用空心铝合金管焊接，其中分隔管采用三角形分布以加强刚度。与原车架相比，新型车架的主结构尺寸如截面宽度和截面高度大大增加，因此其抗弯模量大大提高；发动机安装支腿仿照袋鼠的两肢，在尾架与支腿之间设置撑杆，宛如袋鼠的尾巴、支腿和地面一样，构成三角形结构，以加强支腿的刚性与强度；为改善原车架局部强度不足、应力集中缺陷，新车架在前立管、集成连接、左右下侧支撑、后支架等的地方采用焊接薄板及实体的方式加强强度。

　　整个车架材料为 6061 铝合金，其性能：弹性模量 0.71×10^5 MPa，泊松比 0.33，密度 2.7×10^3 kg/m³，抗拉强度 412MPa。

13.6.3　自行车用铝材

13.6.3.1　铝合金制自行车零件

　　由铝合金制自行车零件一览表（表 13-36）可知，自行车业中最普遍使用的铝合金是 6000 系列，也有少量 2000 系列和 7000 系列合金。6000 系列中较多的为 6061、6063、6005 三种合金，7000 系列中为 7005 合金，因其焊接性良好现仍为铝车架主流材质。目前有逐渐被 6061 所取代趋势。7075 因其强度虽高但焊接性差而一般用于非焊接性之高强度构件。

表 13-36　铝合金制自行车零件一览表

零件名称	材　质	加工方式
车架	5086, 6061, 7005	热挤压
车把手	2024, 6061	热挤压
转向杆	2024, 2017, 6061	热挤压
立杆	2024, 6061	热挤压
轮圈	6061, 6063, 6N01, 7003	热挤压
花毂	2017, 6061	热挤压/锻造
齿轮曲柄	2014, 2017, 6061	锻造
踏板	AC4C	锻造
制动器	6061, 6151	热挤压

注：资料来源于日本铝技术便览/中国台湾金属中心整理。

自行车部件多使用挤压铝管，也有少部分的异型材。但截面大都比较简单，如作为自行车主要应力构件的车架，是用管材经过后续加工（如缩管、抽管和焊接）而形成的，花毂是挤压后再锻造而成。自行车业的铝管外径为 16~72mm，相应的挤压机也是 6~18MN，有用直接挤压生产的有焊缝管和无缝管，也有用间接挤压生产的无缝管，由其承受能力和后续工艺决定加工工艺的选择。

13.6.3.2　自行车部件对铝合金材质的选择

一般情况下，铝合金材质的选择要考虑：材质稳定性、热处理的经济性、材料比强度及材料价格。

A　车架

如表 13-36 所列，自行车车架材料有 6061 和 7005。

7000 系列以风冷淬火，因此其固溶处理时所产生的变形较小，但因时效时间较长（16~24h），且材质稳定性较差，在消费者使用过程中容易产生不明原因断裂，即所谓应力腐蚀开裂（SCC）；虽然美国 Alcoa 宣称不宜制作车架，但因生产技术易达成，故为早期自行车车架的主流材质，见图 13-53。

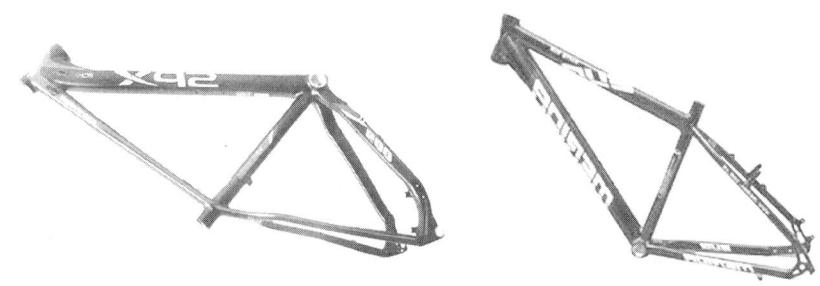

图 13-53　两种铝合金自行车车架

6000 系列合金经水淬后易变形，因后续加工过不易产生应力腐蚀龟裂，时效时间短，只需 4~8h，且材料价格比 7000 系便宜，因此成为后期主流材质。为躲避风险，现在企业多向 6000 系列无缝管转移，以减少最终消费时出现品质缺陷。目前，开发的 6000 系高强合金，抗张强度在 380MPa 以上，强度比 7005 更强，为日后自行车行业选材提供更多选择。

此外，焊接时 6000 系采用 4043 焊条，而 7000 系列需用 5356 焊条，因 5356 焊条经高温时效易产生应力腐蚀开裂（SCC），所以 7000 系列制成的车架普遍存在这种缺陷。但无论是 6000 系还是 7000 系，对焊接的热影响区都有软化现象，因此都需要在焊接完毕后进行固溶和时效，以增加其硬度与强度。

B　铝合金圈

轮圈选材时需考虑其强度、钢性、拉力与外观要求，目前普遍采用 6061、6063 及 6005。也有厂商在开发 7005，但因其挤压变形较差，没有普遍推广。铝合金轮圈因其表面比较光洁，摩擦性不好，对刹车有影响，现在有通过改变刹车片的材质来增加摩擦系数的。有一家中国台湾企业开发出铝合金的陶瓷轮圈，借陶瓷具有的洁、硬、不沾水等三大功能来增加止滑效果和提升抓着力。目前已在多项比赛中得到应用，铝合金自行车轮圈和轮圈型材截面图参见图 13-54 和图 13-55。

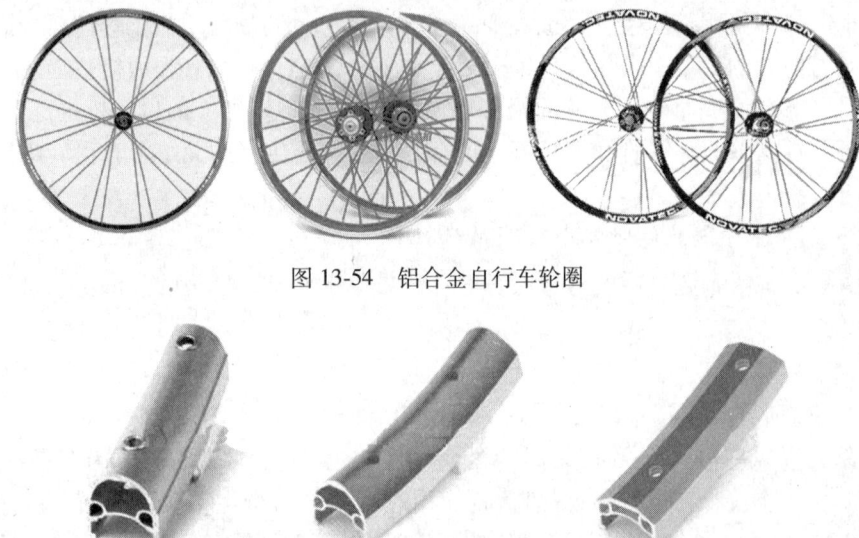

图 13-54　铝合金自行车轮圈

图 13-55　铝合金自行车轮圈型材截面图

C　其他零部件

除上述的主要零部件外，可用铝合金制造的其他零部件还有：前、后踏板，减震器，货架，变速挡，手把罩等，参见图 13-56。由于铝合金质量的减轻，自行车的操纵性提高。

13.6.3.3　自行车用铝型材加工存在的问题

自行车制造业属传统行业，但铝合金零配件加工却是一新兴工艺，很多配件厂是从以前的一般黑色金属加工向铝合金配件加工转移的，对铝合金特性不是非常了解，在车架或配件加工时会出现一些品质问题，主要体现以下方面：

（1）铝棒在铸造过程中因加入过多废料、过滤不够、静置时间不足，而含有过量杂质，如铁等。这些杂质在阳极加工，特别是化学抛光后进行光亮阳极后会产生斑点，甚至坑洞。

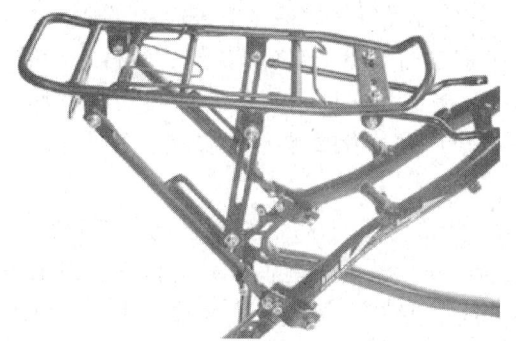

图 13-56 铝合金自行车后架

（2）不当的均质及挤压工艺（速度、温度等）易造成粗晶现象，在后续加工，如弯管、抽管、打料、打扁过程中会产生皱纹，俗称橘皮。

（3）在零件热处理时对温度控制不准确，易造成熔解（即共晶熔或俗称过烧），除造成外表起泡、氧化麻面外，材料性能也会严重劣化。

13.6.3.4 自行车车架用铝合金及其成型技术

A 车架用铝合金管

自行车架是自行车关键部件，目前基本上都是用热挤压管材焊接而成，其材质基本上都是 6061、6063 铝合金。这两种铝合金具有优异的挤压性能和焊接性能。但是，其强度较低，一般只有 320MPa。必须进一步提高其强度。

车架管铝合金的强化技术之一就是添加稀土元素。稀土元素的用途非常广泛，近年来许多研究结果表明，稀土元素能够改善铝合金的铸态组织、细化晶粒，提高其热变形能力，从而可以取消合金铸锭的均匀化处理工序，进行铸锭的直接挤压。不仅如此，在 6061 铝合金中添加 0.1%~0.3% 的混合稀土后，热挤压时的挤压突破压力、稳定压力和最低压力都有不同程度的降低，挤压时间有所缩短，使挤压效率提高。其中添加 0.1% 混合稀土后，强度和塑性都有一定提高，抗拉强度达到 345MPa 的同时，伸长率可达 10.7%。随着稀土元素加入量的增加，铝合金的强度、塑性均有所提高。这主要得益于稀土元素对合金组织的改善以及弥散的稀土化合物强烈的沉淀强化效应。添加稀土元素可以导致合金断裂过程中裂纹萌生位置与扩展途径发生改变，有利于合金的韧化。在 6063 合金中，稀土元素促使 Si 和 Fe 粗化，稀土相呈球状，使合金强度和硬度有所提高；稀土还能提高 6 系铝合金的耐蚀性和耐磨性，同时可以抑制 Mg 在合金表面析出，提高合金表面质量。除了添加混合稀土外，近年来开始研究添加纯稀土来改善铝合金性能的探索。将微量稀土元素 Er 添加到铝及其合金中，不仅可以细化铝及其合金的铸态晶粒，而且能够明显抑制再结晶，这是因为 Er 在铝及铝合金中形成了均匀弥散分布的细小 Al、Er 质点，这些质点对位错和亚晶界具有钉扎作用，因而可以有效抑制再结晶，将再结晶温度提高 50℃ 左右；在 6063 合金中添加 0.2%~0.5% 的 Er，可以使其焊接接头的拉伸强度、屈服强度和伸长率均升高：抗拉强度提高 30MPa 左右，屈服强度增加 65~71MPa，伸长率增加 1.2~2.1 个百分点。

6061 和 6063 铝合金车架管可以实现形变热处理，即在挤压的同时实现热处理。焊缝是车架的薄弱环节，焊后热处理可以使焊接接头拉伸强度和焊缝区的硬度有较大提高，拉伸时断裂位置从焊缝区转移到熔合区。6061 铝合金棒材进行 535℃×50min 固溶水淬后+180℃×6h 的时效处理后，合金棒材的抗拉强度、屈服强度和伸长率分别达到了 339MPa、309MPa 和 14.3%，具有显著的强韧化效果。目前，在高档自行车架生产中，普遍采用焊后整体热处理。

因此，随着自行车轻量化的发展，高强车架管的需求越来越多。科研人员正在探索 6066、7005 以及 7075 铝合金车架管的可能性。某自行车公司采用高强铝合金后，使车架管壁厚由 1.8mm 减至 1.2mm，具有显著的经济效益。计算可知，若车架管壁厚从 1.8mm 减为 1.2mm 而承载能力不降低，则要求车架铝合金的抗拉强度必须由现在的 290MPa 提高到 411~430MPa，而伸长率、焊接性能都不降低。这课题很具有挑战意义。

B　车架成型工艺

自行车车架铝合金管材的成型工艺主要是热挤压和冷胀形。热挤压工艺已非常成熟，但其出品率较低。为提高出品率，采用有效摩擦挤压技术进行自行车管的挤压成型是一重要方向。普通正挤压时，挤压力随着挤压筒和坯料之间的摩擦系数增大而增大；而形成有效摩擦时，挤压力随着摩擦系数的增大而减小。此时两者间摩擦不再是成型的阻碍。且由于挤压筒对坯料的摩擦力与挤压力同向，有助于挤压成型。形成有效摩擦时，减少了坯料在筒内流线紊乱及折叠的可能性，流动方式更合理；减少了力学性能和组织的不均匀性，有助于提高挤压件质量和模具寿命。但是，受挤压机限制，这种新工艺应用还不够普遍。

6061 铝合金退火态管材的热态胀形性能研究表明：随胀形温度升高，6061 铝合金胀形率先增加并在 425℃ 达到极大值，然后下降；胀破压力则单调下降；热态下胀形时发生微孔聚集型韧性断裂，温度过高时出现明显氧化及过烧组织；热态胀形过程中，初始细小的等轴晶粒发生明显长大，晶粒沿变形方向被拉长，晶粒取向明显，在 450℃ 出现纤维组织，晶界处有细小晶粒出现，晶粒内部产生大量不均匀分布的亚结构；热态胀形后，沿轴向靠近中间区域的硬度高于两侧位置，沿环向靠近断口部位的硬度要高于远离断口处；胀形温度对胀形后管材的硬度影响不明显。内高压胀形技术是发展方向。

C　车架管的焊接工艺

自行车架目前都是多接头焊接结构。铝合金焊接结构中 90% 断裂是由承受重复性载荷的焊接接头处疲劳破坏引起，因此铝合金车架焊接接头的疲劳性能已受到设计及使用单位的关注。目前，铝合金焊接应用最广泛的技术是熔化极惰性气体保护焊（MIG）和钨极惰性气体保护焊（TIG）。6061 铝合金母材及 TIG 焊接头、MIG 焊接头的静载力学性能的对比测试结果，见表 13-37。可见，焊缝性能明显低于母材；疲劳实验证明，MIG 焊接头的疲劳性能好于 TIG 焊接头；在较高应力条件下，MIG 焊接头的优越性更为突出；焊缝中气孔、夹杂和未焊透等缺陷及表面机械划伤可显著降低焊接接头的疲劳性能，并成为疲劳裂纹地源头。

为解决铝合金焊接接头性能低的问题，将超声波焊接方法用于 6061 铝合金的焊接。超声波焊接技术能够实现传统焊接方法难以焊接的镁合金、铝合金等低熔点材料的连接，具有节能、环保、操作简便等突出优点。采用超声波金属电焊机在焊接时间 120ms、焊接压力 17.5MPa、表面加乙醇处理的工艺条件下焊接 6061-T6 铝合金 0.3mm 薄片，接头的最大剥离力达到 136.478N，硬度 HV53.6，相比基体材料提高了 1.31 倍。

表 13-37 铝合金焊接接头与母材的性能对比

材　料	抗拉强度/MPa	屈服强度/MPa	伸长率/%
6061-T6 母材	312	286	15
MIG 焊缝	223	133	7.5
TIG 焊缝	188	128	7.2

13.6.3.5　自行车铸锻件用铝合金及其成型技术

A　自行车锻件

自行车主要锻件及其材质见表 13-38。该锻件单重较小，一般几十克至数百克。目前，采用锻造方法基本上都是最传统的热模锻。其工艺过程复杂，加工余量大，材料利用率低。特别是自行车曲柄，其模锻成型工艺包括了铝棒下料、毛坯加热、辊锻制坯、开式模锻、切边、冲大头和小头孔等 7 个工序。为缩短生产流程，早在 2000 年，就有人采用液态模锻技术制造自行车曲柄和车把接头，其成型过程一步完成，材料利用率达到了 95%，成本降低 30%~35%。但因当时液态模锻机造价过高，未实现产业化。2005 年又见前叉肩液态模锻的报道。2008 年，采用温挤压技术制备了自行车后花毂。这些锻造新技术为自行车锻件的成型提供了新的选择。

表 13-38 自行车锻件及其材质

锻件名称	材　质	锻造工艺	备　注
花毂	6061	热锻、温挤压	
轮毂	6061	冷锻	
链轮	2014	热模锻	
连杆	LD30 或 6061	热模锻、液态模锻	
前叉、曲柄、折叠合页	6 系或 7 系	热模锻、液态模锻	
前轴及其上面的垫片、棘轮、齿盘、轮盘	7 系	热模锻	
螺帽	5 系	热模锻	
钩片	6061	热模锻	需要与车架焊接，要求焊接性能好

B　自行车铸件用铝合金及其成型技术

自行车铸件较少，常见的铸件见表 13-39。可见，自行车用铝合金铸件的材质比较杂乱，既有变形铝合金，又有铸造铝合金。研究者将半固态压铸技术用于自行车铸件的生产，实现了 6061 铝合金压铸件气孔率的根本改善，热处理合格率达到 80%~90% 以上，力学性能达到了挤压材的性能水平。也有采用间接液态模锻技术生产前叉肩，每模四件，生产效率显著提高。这些技术的应用都改变了压铸件不能热处理的传统认识，实现了复杂零件的高效成型和高强化。

表 13-39　自行车铸件及其材质一览表

铸件名称	材　质	铸　造　工　艺
刹车钳	6061	压铸、半固态压铸
前叉肩	6061	模锻、液态模锻
前叉架	ADC12	压铸
电机端盖	ZL302	压铸

13.6.4　摩托车、自行车铝材应用趋势

13.6.4.1　摩托车

铝虽在摩托车中有着广泛的应用，但铝化率还有待提高。中国是摩托车生产和出口大国，2012 年的产量和出口量分别为 2362.98 万辆和 893.59 万辆，2013 年的产量超过 2300 万辆。如果每辆车多用 1kg 铝，铝的消费量就可多 23kt。摩托车的轻量化对于节能减排有着重要意义，对于改善空气质量、减少雾霾天数也有相当大的意义。在摩托车应用的铝中，再生铝用量占 48% 左右，推广铝在摩托车中的应用，无疑对建立循环经济与加强铝的再生利用也是有益的。

铝材在摩托车上的应用有如下特点：用量大，约为汽车的 7.5 倍。摩托车上的使用率高，例如飞机用变形铝合金为 10%；汽车用量最少，99% 为铸造材料；摩托车应用 40% 为变形铝合金。从变形铝合金材料质量来看，汽车使用多为 A6061 等中强度铝合金，而摩托车使用的多为 A2104、A2017、A5083、A7N01 等高强度铝合金。摩托车部分零件使用铸造材料多为过共晶硅铝镁系合金、高延展性压铸材料。因此，铝合金材料在摩托车上的使用率已近极限，所以需要进一步研究开发新型铝合金材料。

（1）压铸铝合金。各厂家都分别制定了自己的压铸材料标号。根据《摩托车技术》统计，ADC10、ADC12 铝合金使用量最多，约占 90% 以上。而像离合器等要求耐磨性较高的零部件则多使用 B390，要求韧性较高的零部件使用 ADC3，要求抗腐蚀性较高的则使用 ADC5 或 ADC6。摩托车用压铸材料的特点是，多使用早前开始应用的 B390 合金与 ADC3、5、6 等高延展性合金及在其基础上改进的合金。

（2）铝合金铸件。使用 JIS 标准铸造合金比较多。AC4B 和 AC4C 的使用量占总使用量的 80% 以上。AC4B 因其熔融液的流动性好，一般用于制造通用零部件。在强度要求较高的情况下，则使用 T6 热处理，其他情况下则使用 F 和 T2 热处理，有时也进行 Na 改性处理。AC4CH 是用于制造车轮，韧性较高的材料但必须用 T6 进行改性处理（Na、Sb）。AC2B、4D 与 4B 相比，其压延性、切削性较好，主要用于圆筒内表面需要多磨削的前叉外套筒上。摩托车材料另一特点是使用 AC7A 系，及 AC9A、9B 等过共晶硅材。AC7A 系自数年前用于铸造形变合金件以来，其使用量逐年增加。摩托车首先在焊接结构上大量采用铸件。以此为契机，今后急待开发铸造、焊接和强度等综合性能更加优良的新合金。

（3）变形合金。随着铝车架的出现，摩托车用变形合金使用量迅速扩大，其今后的发展方向是：降低成本，对材质和加工方法、部件制造方法进行预测，使用 A7075、A7050 等高强度合金。从现状来看，即使不考虑成本因素，仍有许多功能尚不完善。这不仅仅是材料方向问题，如上所述，主要是因为材料—加工—设计这一循环过程尚不完善，及未能

充分发挥材料潜在性能所致，而发动机材料尤其。材料性能基本都已达极限，未来是如何开发出新材料。

13.6.4.2　自行车

自行车轻量化材料利用之前，应用的材料有铁、碳钢和铬钼钢，其中铬钼钢已基本被铝合金所取代，而低档车因成本限制依然使用铁和碳钢作为主要材料。符合自行车轻量化趋势的材料，铝合金以外，还有钛合金、镁合金、碳纤维增强材料等。

未来10年内自行车材料的发展主流依然是铝合金。在中国台湾，自行车铝化率已达70%，其发展趋势会相对平稳。而中国大陆也呈现出高速增长趋势，未来至少有三成材料为铝合金。按中国大陆每年8000万辆，按每辆车使用4kg铝来计算，则每年至少要使用铝合金100kt，当然这包括挤压和压铸成型的。

在铝合金材质的选择上，自行车用铝合金已突破单一的6061局面，正向高强高韧铝合金方向发展。当前自行车管材在由低锰、铜含量的6000系合金向高锰铜合金转移，如6013等。虽然高锰-铜合金有利于自行车的轻量化，但由于其挤压性较差，因此这些材质能否被自行车业所普遍使用还要依赖于挤压技术的发展。7000系列合金虽然其抗张强度和硬度都比6000系要好，但其加工成本较高及在消费者使用过程中会存在不明原因断裂等隐性危险，而6000系列无缝管却能弥补7000系的部分缺陷，所以7000系在未来自行车中的应用将逐渐被6000系高锰铜无缝管所取代。自行车车架管正在向高强薄壁方向发展，内高压胀形技术和整体无焊缝车架将是今后的发展方向；自行车锻件的生产工艺也向多样化方向发展，液态模锻和温挤压等先进成型技术的应用将越来越多。自行车铸件的铸造技术正在向挤压铸造和高压真空压铸方向发展。

13.7　铝合金在船舶舰艇中的开发与应用

为减轻船的质量，铝材是制造船体、上层建筑及其他器具的首选材料，尤其是制造滑行艇、水翼艇、气垫船、冲翼艇的最佳材料。因其质量对航速尤为敏感，故减轻船体质量对提高航速非常有效。采用铝材制造中型舰艇的艇体、大型舰艇的上层建筑也同样有效，不过舰艇在中弹着火燃烧时，若波及的上层铝材建筑物得不到有效控制，长时间铝结构会垮塌，铝材不是一种高温材料。大中型舰艇在减轻艇体质量后，在等同主机功率下可以提高航速。现代舰艇航行仪器设备、武器装备的增加，使舰艇上部质量增加，稳定性减小。为确保稳定性，务必减轻上部质量，采用铝材制造上层建筑是最有效的措施。

采用铝材制造货船的船体及层建筑可以提高载货量或提高航速，从而降低运输成本。铝材的无磁性使其成为制造扫雷艇与特种用途船舰与装置的上乘材料。因铝材是一种良好的低温材料，使它成为制造液化天然气（LNG）船贮罐、极地作业考察船的良好材料。

13.7.1　铝合金在舰船上的应用

13.7.1.1　铝合金在舰船上的应用分类

通常，将铝合金在船舶舰艇（以下简称舰船）上的应用分为三类：

（1）第一类应用。第一类应用是指以强度为主要因素的受力结构件，如船体、大型舰船甲板室、舰船舰桥、导弹发射筒、电磁炮轨道与炮弹等。美国于2013年10月下水的世界上最大航空母舰"福特舰"已装上了电磁炮，其发射轨道为铝合金结构，炮弹也是用铝合金制造的。

（2）第二类应用。这类应用是指非受力构件或受力较小的构件，如各种栖装件、油箱、水箱、储藏柜、铝质水密门、窗、盖、船用普通矩形窗、船用弦窗、小快艇铝窗、铝天窗、铝百叶窗、各种舱口盖、矩形提窗、移动式铝门、船用风雨密单扇铝门、舱室空腹门、各类梯与跳板、乘客与驾驶座椅及沙发等，卫生设施，管道、通风、挡风板、支架、流线型罩壳和手把等。它们多是用 6063、6082、3003 等合金材料制造。

（3）第三类应用。这类应用主要用的是功能材料，用于制造船仓内部装饰件与绝热、隔声材料。铝及铝合金有良好的阳极氧化着色性能，经处理后有亮丽的外观与相当强的抗腐蚀性能。除用各种热处理不可强化铝合金材料外，铝-塑（-聚乙烯，Al-PE）复合板与泡沫铝材也获得了较多的应用，泡沫铝板是潜艇发动机室的良好隔声材料。复合板的芯层为塑料层，两侧或单侧为薄的 1100 或 3003 铝合金板（厚度 0.1~0.3mm）。铝板表面可进行防腐处理、轧花、涂装、印刷等深加工，其特点是质量轻，有适当的刚性，更好的减振隔声效果。一些国家的造船部门已批准将其作为船舶舰艇内部装饰，也可以作为门窗等材料。过去使用的玻璃钢和木材之类材料均可改用这类材料。

13.7.1.2　铝合金在船体上的应用

A　铝合金作为船体结构的应用

船体结构的形式可分三种：横骨架式、纵骨架式和混合骨架式。

铝合金小型渔船、内河船和大型船的首尾端结构常用横骨架式结构；油船和军舰的结构常采用纵骨架式结构。船壳上应用的铝合金材料主要是板材、型材和宽幅整体挤压壁板。图 13-57 是用铝合金板材做骨架和外板的 16t 网类渔船的船壳构造情况。图 13-58 是长50m 级铝合金旅客艇船壳使用型材和整体挤压壁板的实例。

图 13-57　建造 16t 铝合金网类
渔船的船壳

图 13-58　建造中的铝合金船

某长 60.8m，可运载 1160t 石油的油船船壳体使用铝材情况如下：该船用 9mm 厚波纹板做纵向密封舱壁，用 7mm 厚铝板做横向舱壁，形成 5 个独立货舱。船舷用 9mm 厚铝板制作，甲板用 12mm 厚的，雨盖板用 15mm 厚铝板制作。船体构架由挤压型材组成，尾柱是用 Al-12%Si 合金铸造，油船用铝 92t。

最近，日本又新研制出采用半铸造方法，生产铝合金壳船。这种船的船头、船尾长约

5.4m，采用真空铸造法铸制，中间直线部分用长约 2.4m 的板材，船壳由这三段焊接而成。船宽 2.4m，深 0.58m，船壳重约 2t，总重量 3.8t，与同等的 FRP 船相比，船壳质量减轻约 25%~30%。

用铝合金制造船壳体的最大优点是减轻质量，铝合金船与 FRP 船相比，在船长 15m 以内，二者船壳的质量相差不大，但船长超过 15m 时，铝制船壳的质量明显减轻。而 5083 合金艇与钢艇相比，船壳质量能减轻近一半。

B　铝合金作为船舶上层结构的应用

目前，各种类型船舶为上部结构和上部装置（桅杆、烟囱、炮舰的炮座、起吊装置等）都越来越倾向于使用铝合金材料。而上层结构中使用最多和最理想的铝材是大型宽幅挤压壁板。

前苏联在长 101.5m、排水量 2960t、载员 326 人和时速 30km 的"吉尔吉斯坦"号远洋客轮上，用铝合金建造上层结构，如驾驶舱、桅杆、烟囱、支索、天遮装置和水密门等。使用的铝材有 5.6mm 和 8mm 厚的 LF5 合金板，10mm 和 14mm 厚 LF6 合金板，LF6 合金的圆头扁铝，以及一些铝合金铸件。上层结构的安装是采用 LF5 合金铆钉铆接在钢甲板上，并采取了预防接触腐蚀的措施。这艘船的上层结构用了 100t 铝材，比钢制的轻 50%。全船用铝材 175t，船的总重量减轻 12%，定倾重心提高 15cm，明显地改善了方船的稳定性。

13.7.2　铝合金在舰艇上的应用

铝合金在舰艇上获得广泛应用，在建造航空母舰、巡洋舰、护卫舰、导弹驱逐舰、潜艇、快艇、炮艇、登陆艇等时，铝合金的应用实例很多，下面简要介绍一部分。

13.7.2.1　铝合金在航空母舰上的应用

航母是个庞然大物（见图 13-59），体积巨大，是一个机动性很强的作战平台，对减轻结构质量有极强的需要，减轻航母结构的质量、航母各种装置的质量，特别是减轻上层建筑的质量，对改善航母的战术技术性能至关重要。

图 13-59　中国首艘航母"辽宁舰"

凡排水量在 50kt 以上的航母的铝合金材料用量为 500~1000t。例如，美国"独立"号（CVA62）航母用了 1019t 铝合金；"企业"号核动力航母（CVA65）用了 450t 铝合金；

法国"福熙"号（R99）及"克里蒙梭"号（R98）航母各用了 1000 多吨铝合金。

铝合金对减轻航母结构质量，提高稳定性、适航性及各项性能等具有重要的意义。铝合金在航母上的应用部位，从飞机起飞和降落的部分甲板、巨大的升降机、大量管道到舷窗盖、吊灯架、门、舱室隔壁、舱室装饰、家具、厨房设备和部分辅机等。例如美国"企业"号航空母舰的四个巨大的升降机是用铝-镁合金焊接的。

13.7.2.2　铝合金在大型水面舰上的应用

大型水面舰指巡洋舰与驱逐舰等。为减轻上层建筑质量，以保持稳定性等而广泛采用铝合金结构。在许多驱逐舰等大型水面舰中，主甲板上的全部结构是用铝合金制造。据报道，美国海军不同级别的驱逐舰的甲板以上结构中用铝合金数量如下：护航驱逐舰（DE）用铝量 251.33t，导弹驱逐领舰（DLG）用铝量 811.20t，弹道导弹驱逐舰（DDG）用量 515.88t，弹道导弹核动力驱逐领舰（DLGN）用铝 930.35t。

美国海军每一艘弹道导弹驱逐舰如 USS"杜威"号（DLG14），上层建筑中应用的 811.30t 铝合金中大部分是 5456 铝合金厚板和 5086 铝合金薄板。铝构件代替钢后减轻了 150t 质量。铝的总用量中 20% 左右是 5456 和 5086 铝合金。另一些铝合金材料包括 6061 铝合金、5052 铝合金等用来制造甲板下面的所有柜、家具、床铺及有关设备。

铝材的耐热性有限，在 150℃ 以上会迅速变软，强度下降，在设计铝结构时应充分考虑。

2009 年美国爱达公司（AIDA）建筑的巡洋舰共有 12 块大的甲板，其中最上层的 2 块是铝合金的。上层甲板之所以用铝合金，是可以提高舰的稳定性，保持尽可能低的重心。这两块大甲板以及所用的 22000 个铝合金螺栓是用林德气体公司（LindeAC）的专利保护气体 Varigon He 30S MIG 法焊接的。Varigon He 30S 气体是含有 0.0003% 氧的氦气，氧的添加有助于稳定电弧和辅助设备点火，从而热影响区更为狭窄，焊接边缘也更为整齐，这对焊接缺口脆性合金极为有利，对于焊接厚的工件可避免孔隙出现和焊合不足等缺陷。

13.7.2.3　铝合金在潜艇与深潜器上的应用

铝材在潜艇与深潜器制造方面也有应用，泡沫铝材因有良好的隔声性能，可在潜水艇机房中获得应用，以降低发动机的声音，减少被敌方声呐发现的几率。1961 年，美国海军建造了一艘调查用的深潜器，名为"阿鲁米纳特（Aluminaut）"号，长 15m，直径 2.4m，排水量 75t，下潜深度 4500m，艇体为厚 165mm 的 7079-T6 铝合金锻件。7079 是一种强度很高的 Al-Zn-Mg-Cu 系合金，由于产量不多，美国铝业协会公司（AA）于 1989 年 3 月 22 日将其划为非常用变形铝合金。

13.7.2.4　铝合金在快艇及高速船上的应用

对于快艇艇体材料和高速船船体材料，一般要求在保证足够的强度和刚度的条件下，尽量减轻质量，并要求材料具有良好的耐海水腐蚀性能和可焊性。美国从 300 多吨的大型反潜水翼研究船、200 多吨的炮艇及导弹水翼艇，到 PTF 级快艇、LCM8 登陆艇等，大多采用 5××× 系铝合金焊接结构。

A　鱼雷快艇

1951~1956 年苏联建筑了 160~170 条 "P4" 铝壳鱼雷快艇，采用 2024 铝合金。1957 年，日本造了多艘 "PT7" 铝合金快艇，1962 年又建造了一些航速 40knot 的 "PT10" 鱼雷艇（1knot 为节，1 节＝1 海里/h，1 海里＝1852m）。铝合金的无磁性和低密度使它成为一类理想的鱼雷艇材料。

B 巡逻艇、炮艇

1958 年，英国建造了"勇敢级"高速巡逻艇，尖舷铝骨木壳，排水量 114t，航速 52knot；1964 年苏联建造了 25 条"普契拉"铝巡逻艇；排水量 70~80t，航速 50knot；1966~1971 年美国建造了 14 艘"阿希维尔"级（PGM-84）高速炮艇，是第一批全铝军用艇，标准排水量 225t，船长 50.2m，船宽 7.2m，吃水 2.9m，航速 40knot。主甲板、壳板为 5086-H32 铝合金，型材用 5086-H112 铝合金。主甲板及船底板厚 12.7mm，共用了 71t 铝合金，全部用氩弧焊焊接；加拿大制造了"勃拉道尔"（FHE400）级后潜巡逻艇，排水量 212t，总长 46m，艇宽 6.6m，水翼航速 60knot，广泛应用了具有纵桁的大型铝合金挤压板。

中国建造的导弹快艇的上层结构、围壁、发射筒、发射架外罩与炮座等大都用 2A12 铝合金建造的，材料状态为 T4。钢甲板中部的嵌补甲板、舱壁、平台也多用铝合金制造。在炮艇、猎潜艇上层结构与中型舰艇的舱壁、舱面属具等也广泛采用铝合金，其中很多为 5083 合金焊接结构，扫雷艇则是全铝。

现代航空母舰和驱逐舰要求更快速度、更好机动性、稳定性和适航性，为达目标而采取的措施是：主甲板以上的结构都用铝合金，其中驱逐舰使用铝合金具有相当大潜力。不同级别驱逐舰甲板以上结构使用的铝材量：护航驱逐舰（DE）52t，导弹驱逐领舰（DLG）167t，弹道导弹驱逐舰（DDG）106t，弹道导弹核动力驱逐领舰（DLGN）190t。建造一艘驱逐舰大约需要钢材 1900 多吨，如果用与钢壳驱逐舰等强度、等刚度设计的铝壳舰仅约用 980t 铝合金，质量减轻 48.42%，因而在同等主机功率下，铝壳舰的航行速度比钢壳舰的高得多。但是，由于铝合金熔点比钢的低很多，一旦舰上发生大火，上层建筑会迅速变软塌秧倒下，对这一点应予考虑。

中国山东丛林铝合金船舶有限公司设计制造的军用全铝船，参见图 13-60，具有灵活应变、快速打击敌人能力，船身分隔为 3 个水密舱，有很高的抗倾覆与防沉能力，具有掉头灵活、操作性强、装备齐全等特点，配有内置双喷水发动机，设计最大航速 43knot，船身涂有水域迷彩，有相当强的抗侦察力。军用全铝艇的基本技术参数：总长 8.6m，型宽 3.2m，型深 1.55m，吃水 0.7m，设计最大航速 43knot，发动机 261×2kW，定员 6 人。

图 13-60 丛林船舶公司制造的铝合金军用艇

C　水翼艇

1965 年，美国建造"普冷维尤"（AGEH-1）号水翼艇，它是美国最大的反潜试验水翼艇。采用钢制全浸式水翼，除水翼系统外，其他全部采用铝合金焊接结构，共用铝材 113t，其中大型挤压材 90.8t，挤压材为 5456-H311 铝合金，厚板用 5456-H321 铝合金。该船长 64.66m，宽 12.2m，吃水 1.83m，排水量 320t，航速 50knot。

20 世纪 70 年代美国海军建筑的 5 艘导弹水翼巡逻艇，称为"Pegasus"号的原型艇于 1974 年 11 月下水。在这条艇的壳体内部舱壁和甲板的板材和防挠材中，金属惰性气体保护焊焊缝的长度超过 33km。在建造时用一台牵引型的线焊机对铝板进行对接焊，制成了大的平面分段。防挠材在定位焊后再进行手工焊。为了制作工序更有效，设计了一种由计算机控制的自动焊操作台。

在美国海军和海岸警卫队中服役的"MarkⅡ"号水翼艇用 5456 铝合金作艇体材料，因为它具有高的焊接接头强度性能。采用 H116 和 H117 状态的板材，H111 状态的挤压件，采用有较高抗裂性的 5356 铝合金焊丝，采用金属极惰性气体保护脉冲电弧焊和射流电弧焊以及钨极惰性气体保护焊方法进行焊接。

波音公司建造了很多航速为 43knot 的 100t 级水翼艇，壳体和上层建筑是全铝焊结构，采用 5456-H116 或 H117 铝合金。对焊缝检验很严格，全部焊缝进行 X 射线、超声波检验和着色检验，着色前应对检查部位做侵蚀处理，以除去氧化膜。

中国用 5A01 铝合金板材、型材、锻件和焊丝建造了"飞鱼"号水翼艇，采用半自动熔化极脉冲氩弧焊和钢制回转胎架-拉马设备。

D　登陆艇

美国用铝合金建造"LARC-15"登陆艇，船长 13.7m，船宽 3.66m，载重量 15t，水中航速 10knot，陆上航速 30knot，材料是 5086-H112 铝合金，焊接结构，还用了一些 5083-H112 和 6061-T6 铝合金；用铝合金建造反潜和登陆用的气垫船"SKMR-1"，船体主要用 5456 铝合金挤压材。

20 世纪 60 年代初，中国成批建造了水翼快艇，艇体材料是 2A12-T4 铝合金。中国建造的导弹快艇，其上层建筑、围壁、发射筒和发射架外罩、炮座都用 2A12-T4 铝合金，钢质甲板中部的嵌补甲板以及仓内的仓壁、平台也应用铝合金。在炮艇、猎潜艇上层建筑以及中型舰艇的舱壁、舱面属具等也应用铝合金，有的还采用 Al-Mg 合金焊接结构。

E　气垫船

1976 年，由罗尔（Rohr）工业公司为美国海军建造的 3000t、80knot 表面效应船，该船是吨位最大的全焊铝壳船。5456-H116 或 H117 铝合金因力学性能、耐蚀性及成本三方面的优点而被作于主壳体结构的最佳材料，还用了 5456-H112 铝合金挤压材，因为 H112 状态材料的组织中没有会使其在海洋环境中出现剥落蚀敏感性的 β 相晶界连续网络。

前苏联用 AMr-61 铝合金建造了"火焰"号气垫船。英国建造了全焊的气垫船 AP1-88，铝壳体采用 Al-4.5%Mg 的 N8 铝合金，型材采用 Al-1%Mg-1%Si 的 H30 铝合金。采用深Ⅰ型材和长而宽的大型挤压件，以避免横向焊缝和减小邻近焊件的热影响。2004 年 3 月加拿大海岸警卫队向英国气垫船公司定购了一批 AP1-88 型气垫船。

前些年设计的气垫艇与早期的相比有很大变化，包括使用空冷柴油机取代燃气轮机和用焊接的铝结构取代较复杂的玻璃钢。AP1-88 和"虎"级气垫船就具有这些设计特征。最新的"虎-40"于 1986 年 4 月开始设计,同年 12 月开始试航。该艇总长 17.25m,总宽 7.625m,高 5.375m。除用作客船外,还可用作内河和海岸巡逻艇以及工作艇等。

二十世纪七八十年代中国用 7A19、5A30 铝合金等建造了全垫升气垫船和侧壁式气垫船,无论是全垫升还是侧壁式气垫船所用铝合金板材的厚度都比较薄,一般为 1~3mm。此外还用了多种规格的铝型材。由于板材较薄,多数铝质气垫船采用的是铆接连接,但也有全焊接气垫船。

F 双体船

2011~2014 年美国奥斯达尔公司(Austal)为美国海军建造 10 条全铝双体船,还将建造其他高速舰与商用船只,所用铝板及其他铝材由美国铝业公司提供,除用于制造舰船外,还用于建造栈桥及其他设施。2012 年该公司制造了一艘轻型滨海全铝舰,名为"科罗纳多"号(Coronado),长 127m,铝的用量约 469t,据称在全世界制造的这类舰艇中是用铝量最多的,其中用得最多的是 5083 铝合金,由美国铝业公司达文波特轧制厂(Davenport Works)提供。

英国麦克泰公司为英国海军设计建造了第一批装有升降舵的铝壳双体船,它们有很多引人注目特点:宽阔而稳定的甲板,极低航速时良好的机动性,良好的航向稳定性,阻力小。

法国梅泰罗工业系统公司设计的一种军用多用途铝壳双体船,总长 25m,宽 10m,吃水 0.7~1m,空船重 45t,载重量 18t,主机为两台 895kW 柴油机,喷水推进,最大航速 30knot。

在挪威和瑞典,用铝合金建造双体船很盛行,如挪威设计的 10 艘高速双体船全部采用对称船体,每艘可载 449 人,分别以 32knot 和 24knot 的航速横渡海峡。

日本用铝合金建造的"Marine Shuttle"号小水线面双体船长 41m,航速 34knot,是一艘 280 个客位的非对称船型高速双体船。

中国国内航线中使用了一些铝合金双体船,有进口的,也有国内建造的。

G 地效翼船

地效翼船是介于船舶与飞机之间的利用类似机翼的表面效应产生的气动升力,支撑艇重离开水面低飞,偶尔能浮水航行的高技术新型舰船。地效翼船的航速高,最快的可达 300knot,而且航行性能好,具有良好的两栖性,能在水上、陆上起降,在波浪上方低空飞行,受干扰少,又比较安全。且能跨越沼泽、冰层、雷区、障碍物,可广泛用于军事行动,是快速登陆的必备舰型,常与航母、两栖攻击舰配套,在登陆作战中极具突然性。此外,地效翼船的经济性好(油耗比常规飞机的少 30% 以上)。比飞机安全得多,造价也相对便宜,在经济和军事两个方面都有大的效益。

地效翼船要求艇体采用铝合金材料,并且采用焊接结构(在俄罗斯较大吨位地效翼船的船体主要使用可焊的铝合金材料)。而且要求艇体材料屈服强度大于 300MPa,抗拉强度达到 400MPa,同时要求材料具有良好的成型工艺性能,良好的耐腐蚀性能等。

H 美国新型铝合金无人水面艇

美国近年来在近海作战无人水面艇的发展上取得了一定的进展,居世界先进水平。图

13-61 为美国海军研发的全铝合金"海狐"无人水面舰艇，可执行后勤保障和再补给等任务；可用于水文调查、侦察和欺骗任务；可配备导弹对目标进行精确打击，协助陆军在内陆湖泊作战；可进行浅海反潜、反水雷、兵力保护、海岸巡逻、打击海盗等任务。现在的无人水面舰艇的长度为 7~15m，负载 1~3t，用柴油机驱动和喷水推进，功率 70~600kW，航速有低的，也有高的，10~35knot。

图 13-61　美国用铝合金制造的"海狐"无人水面舰艇

13.7.3　铝合金在民用船舶上的应用

1891 年瑞士首次建造了铝汽艇，以后其他国家相继建造了铝艇体。20 世纪 20 年代末冶金工业为造船工业提供了抗蚀性能较好的 Al-Mg 合金，因此铝合金在造船上的应用比较快地发展起来。下面仅列举一些铝合金在民用船舶上应用的实例。

13.7.3.1　在欧洲及北美洲

1958 年苏联建造的"拉克泰"号（Ракета）水翼客艇，载客 66 人，艇体材料为硬铝。1959 年建造了载客 130~150 人的"梅焦尔"号（Митеор）水翼客艇，船长 34.4m，最大航速 80km/h，艇体材料用硬铝铆接。后来建造的水翼艇采用 Al-Mg 合金焊接。1962 年建造的"旋风"号（Вихрь）沿海水翼艇采用了把加强筋与板材轧成一个整体的新型铝合金板材，从而减轻船体质量 10%~15%。该艇长 46.5m，宽 9.0m，吃水 3.0m，排水量 108t，动力 3181kW，航速 50knot。

1952 年美国建造的"联合国"（United States）号邮船上总共使用了 2000t 铝合金。该船长 305m，宽 37m，排水量 5914t，载客 2000 人。1960 年英国建造的"澳丽娜"（Oriana）号（排水量 40000t）和"堪培拉"（Canbeera）号船（排水量 48000t）使用铝合金材料均超过 1000t。

铝合金广泛用于建造油轮。英国建造的油轮，油舱内的衬板用 5054 铝合金，每艘 30000t 级的油轮用铝合金 1000t。1951 年英国建造的"红玫瑰"（Red Rose）号渔船，用铝 27t。1964 年匈牙利设计了一艘 100t 全铝渔船，主要是采用含 Mg2.5%~4% 的铝合金建造。铝合金在驳船上也广泛应用，美国在 1964 年建造一艘全铝驳船，应用 180 多吨铝材。板材和挤压件是 5083 铝合金，比钢质驳船提高载货量 14%。铝合金在拖船上应用也很广泛，美国"索特"（Sauter）号拖船应用 5083 和 5086 铝合金全焊接结构建造，比钢壳拖船的建造工时减少 30%。苏联建造的火车渡轮应用 AMr5B、AMr6T 等 Al-Mg 合金，采用焊接结构。1963 年英国建造两条沼气运输船，船上的 9 个沼气仓是由铝合金焊制的。

2013 年初意大利萨洛伦佐公司为阿拉伯联合酋长国制造一艘超级铝合金游艇，长 40m，艇身与上层结构都是用 5083 铝合金制造，达到了力学性能与抗蚀性最完美的结合，艇身用 2m×6m 板材焊接而成，上部结构骨架由此种尺寸厚板切割成的小厚板焊接。艇底板厚度 7mm，艇侧板厚度 5mm，上部结构板厚度 4~5mm，用的大部分挤压铝型材为 T 字形的。

13.7.3.2　在日本

日本在民用船舶制造中用较多的铝材。

A　客船

日本从 1950 年开始用铝合金制造民用船舶，从渔船、渡船、游船到大洋型游轮都有。图 13-62 为琵琶湖轮船公司的"平安卡"号铝合金客轮。

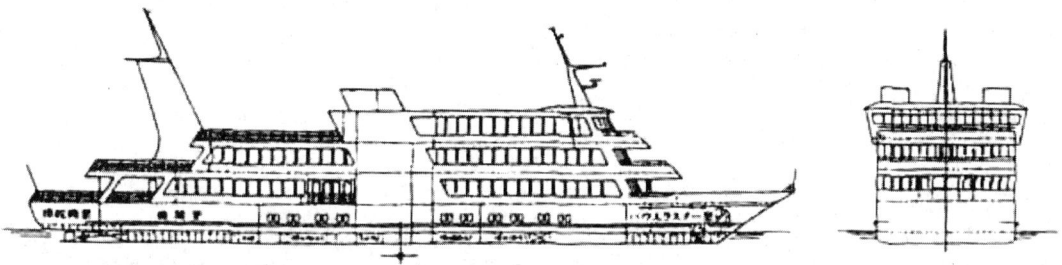

图 13-62　日本琵琶湖轮船公司的"平安卡"号铝合金客轮

20 世纪 60 年代日本造船厂制造了一批又一批的铝合金客船，这是日本制造铝合金客船的第一次高潮；20 世纪 80 年代以来，出现了建造铝合金船的第二次高潮。1995 年下水的九四威普毕阿莎型大型高速渡轮"隼鸟"号是此时期建成的有代表性的铝合金客轮（见图 13-63）。

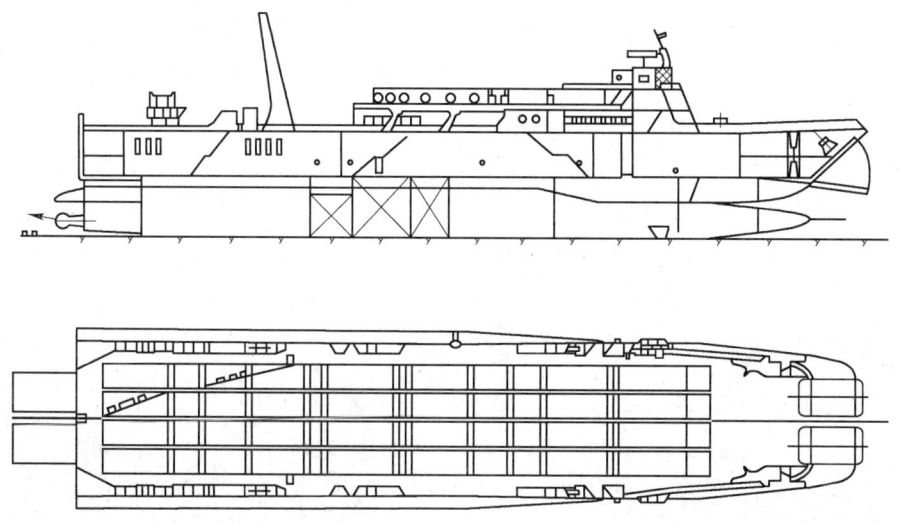

图 13-63　日本 1995 年下水的"隼鸟"号大型铝合金渡轮简明线条图

"隼鸟"号大型铝合金渡轮的技术参数：总长 100m，型线宽度 19.98m，型线深度 12.60m，最大吃水深度 3m，自身质量 640t，载客数 460 人，载车数 94 辆（乘人轿车），最大航速 35knot。

日本 21 世纪建造了高技术超级喷水铝合金班轮，分为上下两层；上部船体全长 72.0m、宽 37.0m；下部船体总长 85.0m；水轮翼推进时的吃水深度 9.6m，非喷水行驶时吃水深度 14.0m。此种客轮有两种：A 型全长 127m，宽 27.2m，为细长形设计；F 型扁宽形设计。这种高速超级班轮是全铝合金的。

铝合金船体的质量可比钢的轻 50% 左右。在日本 2013 年的约 2100 艘普通旅游船中，铝合金的约占 32%，在约 350 艘高速旅游船中，铝合金船占 74%，即约 259 艘。游船的发展趋势是高速化与大型化。

B　高速船艇

高速船艇速度定义在时速 22 海里以上，一般为时速 25 海里。高速船的类型分为滑行艇、水翼艇、飞翼艇、气垫船和排水量型船。目前，铝合金高速船艇发展得非常快。文献报道的最大船长 34m，时速 34 海里，下一代的双体船将达到长 48m，时速 40 海里。图 13-64 是日本江藤造船厂 1901 年 3 月建造的高速铝合金监视艇，该艇长 30.90m，宽 6.4m，深 3.20m，总吨位 83t，时速 28 海里。

图 13-64　30m 级高速铝合金监视艇

C　渔船

日本各县的渔业监理船多为高速铝船。日本 2013 年登记的 60 万艘渔船中，铝合金的只有 2520 艘，占总数的 0.42%，其中比较大的是 49GT 型拉网式渔轮。大部分铝合金渔轮是小型的，占 80% 以上，多为惯性的，以 V 型为基本。船体结构以横骨式为主体，纵向有小肋骨作为加强小隔板，以防船体铝板变形。渔轮可用板材也可以用挤压大型材建造。渔船的平均使用期限为 15 年。由于渔船以小型的为主，在日本铝合金渔船的平均铝材用量约 4t。

D　液化天然气（LNG）运输船贮罐

1960 年日本开始进口液化天然气，均用 LNG 船运输（见图 13-65 和图 13-66）。运输船上的 LNG 罐有摩司型（Moss）的，球形；隔板型棱柱罐（SPB）。球罐直径 41m，质量 900t，是用 5083 铝合金变断面厚板焊接的，板的最薄处 30mm，最厚处 170mm。

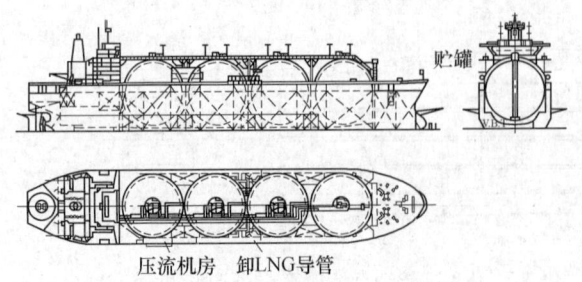

图 13-65　日本的 125km^3 的球形贮罐（摩司型）LNG 船

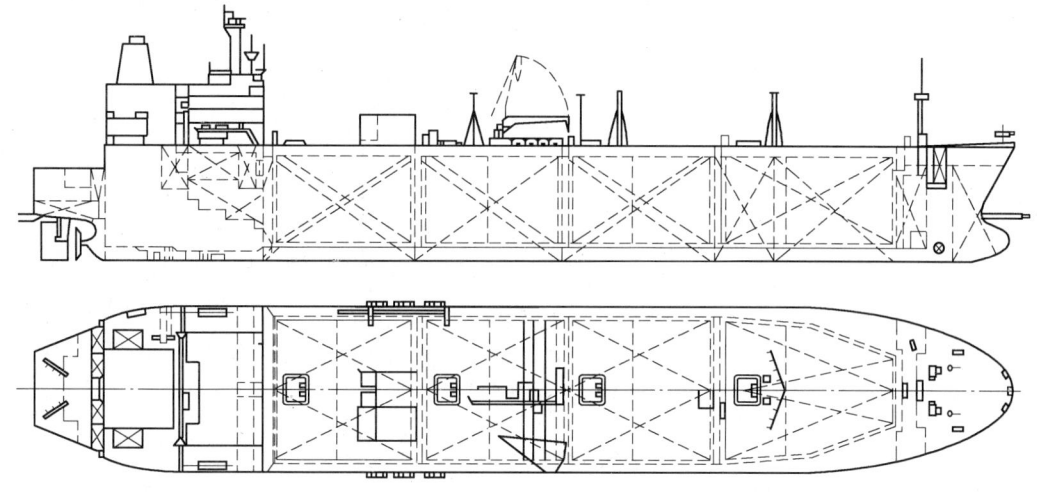

图 13-66 日本的 128km³ 方形贮罐（棱柱型）LNG 船

天然气的主成分为甲烷，在-163℃液化，液化后的体积仅为气态时的 1/600。每艘船上有 4 个罐，球罐的容积 31250m³，SPB 型方罐的容积 32000m³。罐的外表包以绝热性能很强的厚厚的保温层，每个球罐有 6000 块保温板，这是一种三层保温材料，中间为绝热板，表面为薄铝板，能确保罐内液化气的气化率不大于 0.1%/d 的世界最小等级。

LNG 的运输线路见图 13-67。陆地贮罐有地上式的（见图 13-68），也有地下式的（见图 13-69）。所用的低温材料有 5083 铝合金、含 9%Ni 的钢、不锈钢与铜等。8×104kL 贮罐的铝材用量见表 13-40。贮罐分内外两层，中间为保温层，地上式每个铝材用量 1100t，地下式的用量为 100t 左右。

图 13-67 液化天然气输送线路示意图

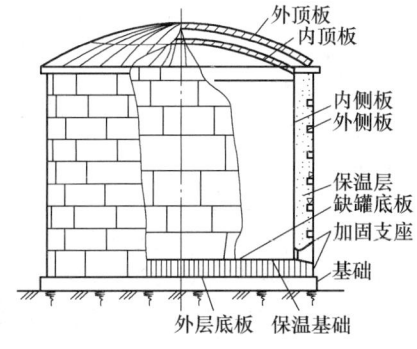

图 13-68 地上式铝合金双层液化天然气贮罐

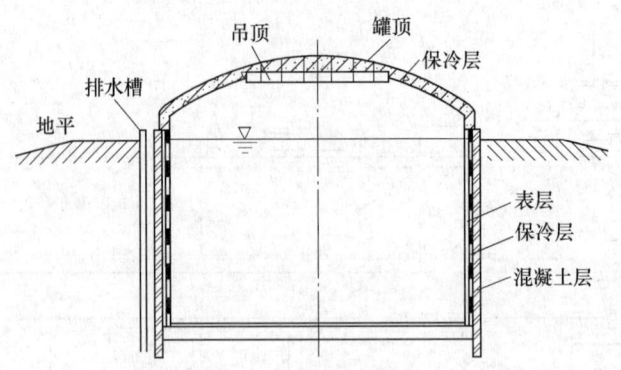

图 13-69　地下式铝合金液化天然气贮罐

表 13-40　液化天然气铝合金贮罐及铝材用量

形　式	部　位	品种、规格/mm	用量/t
地上式	内壳侧板	10~70	650
	内壳顶板	10~50	150
	内壳底板	6~25	100
	内壳顶骨架	型材	100
	零件及附件	焊接管、铸件、锻件	50
	合计		1100
地下式	板材	50~100	50
	其他	型材、锻件、铸件	50
	合计		100

13.7.3.3　在中国

中国从 1958 年开始建造小型铝合金（使用 2A12 铝合金）水翼船与快艇等，到 2013年可以建造各种中小型铝船艇到大型的 LNG 船、豪华旅游船。中国制造的部分铝船见表13-41。

表 13-41　中国建造的典型铝合金船艇

时间	船　名	制造公司	最大长度/m	最大宽度/m	船速/knot
1958 年	"长江水翼客艇" 1 号水翼艇				
1960 年	"昆仑" 号内河客轮				
20 世纪 60 年代	水翼快艇				
20 世纪 80 年代	海港工作艇 "龙门" 号		7	2	
1990 年	喷水推进自控水翼高速客船	求新造船厂			
1994 年	铝合金全焊接型高速客船	南辉高速船制造有限公司			
1992 年	双体气垫客船（迎宾 4 号）	广州黄埔造船厂			
1992 年	双体气垫船	江辉玻璃钢船厂			
2004 年	双体海洋勘探艇	镇江波威船舶工程设计有限公司	7	4	22

时间	船　名	制造公司	最大长度/m	最大宽度/m	船速/knot
2005 年	全铝豪华游艇	英辉南方船有限公司	38.6	8.08	
2009 年	铝合金豪华游艇	青岛北海船舶重工有限责任公司		5.12	
2009 年	铝合金穿浪双体试验船	武昌船舶重工有限责任公司	60	18	38
2009 年	铝制快速客渡船	英辉南方造船有限公司	85	21	22

图 13-70 所示为上海中华造船厂为香港建造的"东方皇后"号豪华长江旅游船,上层结构及舱内设施用了约 650t 铝材,2011 年中国首款按五星级标准打造的"总统旗舰"号于 4 月起航行三峡水库,是一艘万吨级涉外游轮,使用铝材约 550t,见图 13-71。

图 13-70　"东方皇后"号豪华游船　　　　　图 13-71　五星级标准的"总统旗舰"号

目前中国可生产铝合金游船的企业不少于 35 家,主要者见表 13-42。

表 13-42　中国可制造铝合金游船的主要企业

企　业	主　要　产　品
青岛北海船舶重工有限公责任公司游艇分厂	玻璃钢艇、铝合金艇及艇机艇架设计与制造、游艇建造
青岛华澳船舶制造有限公司	专业生产铝合金游艇
江西江新造船厂	玻璃钢豪华游艇、铝合金快速艇
江西罗伊尔游艇工业有限公司	生产 11~36m 的快艇、日光浴船、单舱艇等系列豪华游船
无锡东方高速艇发展公司	生产 50m 以内各类中小型船艇、中高档游艇
太阳岛游艇股份有限公司	游艇 15 个规格,40 种型号;商务艇(10~60m)18 个规格,55 种型号;特种艇(6~100m)16 种规格,30 种型号
武汉南华高速船舶工程股份有限公司	高速公务船、高速客船、超级游艇的设计、研发与制造
英辉南方造船(广州番禺)有限公司	大型铝合金高速客船
显利(珠海)造船有限公司	玻璃钢豪华游艇、铝合金质高速船
广州佛山宝达游艇有限公司	各类高速客船,水翼船,政府公务船,环保旅游观光船、玻璃钢金枪鱼延绳吊船、超高速巡逻艇、大、小型豪华游艇等金属和非金属船舶系列产品
深圳市海斯比船艇科技股份有限公司	产品涵盖了船长 25m 以内高速、高性能艇

企　业	主　要　产　品
杰腾造船股份有限公司	Selene 长距离巡航游艇，Artemis 系列游艇
佛山市南海珠峰造船有限公司	保洁船、执法船、海监船等
东莞市兴洋船舶制造有限公司	主要有各种豪华游艇、高速客船、环保旅游观光船、政府公务船、高速巡逻艇、海军工作艇、玻璃钢渔船、快艇等系列产品
东海船舶（中山）有限公司	钢质主体及铝合金上层建筑相结合的大型豪华游艇
广东江门船厂有限公司	游艇
北京远舟高速船发展有限公司	高速船

1960 年中国造的"昆仑"号内河客轮，首次采用铝合金作为上层建筑。该船总长 84m，最大宽度 16m，型深 5.8m，设计吃水 2.4m，排水量 1712t。该船上甲板以上各层甲板及围壁都用 3.5～6mm 厚的 2A12 铝合金板制成，共用 93t 铝合金。该船 1962 年出厂，1972 年改装，1979 年经过修理后，至 1985 年仍在营运中。在万吨级远洋货轮舾装及装饰件施工中也应用了铝合金。用铝合金材料制造水密门、舱口盖、油、水柜等已相当普及。

2012 年广东中山江龙船舶有限公司自行设计建造了国内首艘铝合金玻璃钢双体高速客船，船体用 5083 铝合金，上层建筑用玻璃钢，满载试航速度 25knot，具有良好的适航性、快速性和可操纵性。

广州番禺英辉南方造船有限公司与荷兰达门公司于 2013 年建造了一艘铝合金双体高速客船，总长 36.28m，型宽 9.7m，设计航速 27knot，可载客 195 人。英辉南方造船有限公司与达门公司建造的 10 艘铝合金客渡船已全部出口到迪拜道路交通局（RTR），用于旅游观光，2010 年及 2011 年各交付 5 艘。

海南省儋州市海渔集团修造船厂在建的百吨级铝合金渔政船于 2014 年秋建成下水，最高航速 16.7knot，比一般渔船的速度快得多。该船设计总长 38m，型宽 6.6m，高 8m，航速为 16.7knot，甲板为铝合金焊接结构，单底、单壳双机、双桨都用铝合金制造，具有良好的操纵性能和回转性能。

山东丛林集团有限公司下辖的丛林铝合金船舶有限公司是中国最大的小、中型铝合金船艇专业制造企业，与芬兰劳模水上工程公司通过技术合作，引进德国先进的铝合金焊接、加工设备，研发铝合金特种工程船、游艇、冲锋舟等，产品主要应用于江河湖海的油田开采、港口管理、水上清污作业以及旅游观光、休闲、抢险救灾、边防缉私、军队巡逻等领域。

丛林船舶有限公司生产的功能船已形成系列（见表 13-43，图 13-72）。此种多功能船适于水面运输、冲滩抢险、水域清污、河道港口等领域，有使用灵活方便、承载能力强等特点。

表 13-43　丛林铝合金船舶公司多功能铝合金的技术参数

类型	LC6500	LC7500	LC7500W	LC9000W	LC10500WSD
总长/m	6.5	7.5	7.5	9.0	10.5
总宽/m	2.2	2.5	2.5	3.0	3.3

类型	LC6500	LC7500	LC7500W	LC9000W	LC10500WSD
含发动机吃水线深/m	0.72	0.68	0.69	0.82	1.1
最大负载吃水深度/m	0.82	0.92	0.92	1.02	1.3
质量/kg	650	1030	1330	1900	5000~7000
含发动机质量/kg	750	1200	1500	2300	6000~8000
发动机功率/kW	63.4~10.4	67.1~111.9	82.1~111.9	104.4~335.7	167.9~335.7
负载/kg	700	2600	2300	4500	5500

图 13-72   丛林铝合金船舶公司生产的多功能铝合金船

丛林铝合金船舶公司生产的 16m 豪华商务游艇（见图 13-73），船体为 5083-O 铝合金焊接结构，内部装修豪华。其基本技术参数：总长 16.0m，型宽 3.57m，型深 1.60m，舷宽 2.90m，发动机功率 2×239kW，最大航速 46km/h。

图 13-73   丛林铝合金船舶公司生产的铝合金豪华商务游艇

丛林铝合金船舶制造的全铝休闲艇的设计航速高达135.2km/h，可在近海海上航行，是海水浴场休闲游玩和垂钓的理想工具，也是近海域营救的完美工具。全铝休闲艇的技术参数：总长 6.5m，型宽 2.3m，型深 1.2m，吃水 0.5m，最大航速 135.2km/h，定员 6 人。丛林铝合金船舶公司 2012 年向澳大利亚出口长 3.4m（质量 60kg）、3.9m（质量 110kg）的休闲艇 40 艘；同年 10 月初又与菲律宾一客户签订 8 艘铝合金休闲、抢险船销售合同。

丛林船舶公司生产的铝合金近海域消防船能够灵活快速做出反应，设计航速 61.1km/h，可迅速到达事故海域，基本技术参数：总长 7.5m，型宽 2.5m，吃水 0.6m，最大航速 61.1km/h，发动机功率 76.14~149.20kW，定员 4 人。

拖船是内河运输、港口作业和救助作业必需的工作船，丛林铝合金船舶有限公司制造的全铝拖船具有推拖能力强、工作灵活等特点，其基本技术参数：总长 18.35m，型宽 5.3m，甲板面积 3.5m×6m，吃水 2.55m，装载能力 5t，空航最大航速 12knot，发动机功率 242.45×2kW。

13.7.3.4　铝合金船配产品

船舶舰艇用的铝合金配件种类繁多，主要的有：普通矩形窗、舷窗、小块艇窗、天窗、百叶窗、提窗、舱口盖、移门、风雨密门、舱室空腹门、跳板、座椅、沙发、梯等。广东省番禺市桥联铝窗厂是中国较大的船舶铝配件生产企业之一。

13.7.4　船舶舰艇用铝合金的要求及品种

铝合金可分为变形铝合金和铸造铝合金两大类，其中变形铝合金在造船中应用更为广泛。

变形铝合金在各国造船中的应用，从大型水面舰船上层建筑，上千吨的全铝海洋研究船、远洋商船和客船的建造，到水翼艇、气垫船、旅客渡船、双体客船、交通艇、登陆艇等各类高速客船和军用快艇上都使用了一些变形铝合金。铸造铝合金主要用于泵、活塞、舾装件及鱼水雷壳体等部件。

13.7.4.1　船舰用铝合金的要求

目前，铝在船舶舰艇制造中的用量不多，就全世界来说，2013 年船舶舰艇制造中的用量仅占铝消费总量的 1.7% 左右。今后，铝在船舶舰艇中的用量会有较大增长，估计 2025 年前的年平均增长率在 7.5% 之内。

A　舰船铝合金的化学成分

最早应用于船舶上的铝合金为含 Ni 的 Al-Cu 系合金，继而采用的是 2××× 系铝合金，但这些合金主要的缺点是抗腐蚀性能差，因而也限制了在造船中的应用。

20 世纪 30 年代，采用 6061-T6 铝合金，并用铆接方法构造船体。40 年代，开发出了可焊、耐蚀的 5××× 系铝合金，50 年代开始采用 TIG 焊接技术，这一时期铝合金在造船上的应用进展很快。20 世纪 60 年代，美国海军先后开发出 5086-H32 和 5456-H321 铝合金板材、5086-H111 和 5456-H111 铝合金挤压型材，由于采用了 H116 和 H117 状态，消除了沿晶沉淀网膜，解决了它们的剥落腐蚀和晶间腐蚀问题，这是 60 年代船用铝合金的开发取得的重大进步。随后，由于需要屈服强度更高的材料，于是在造船中又广泛应用了耐海水腐蚀性能良好的 6××× 系铝合金，在较长的一段时间内，船体铝合金主要在 5××× 系铝合金和 6××× 系铝合金中选择。而前苏联则较多地选择 2××× 系铝合金作为快艇壳体材料。近些年来对中强可焊的 7××× 系铝合金的研究日益增多，并取得一些进展，已在造船中得到应用和发展。20 世纪 70 年代以后，船舶结构的合理化和轻量化越来越被重视，大型舰船的上层结构和舾装件开始大量使用铝合金。为此，这一时期开发出许多上层结构和舾装用铝合金，其中包括特种规格的挤压型材、大型宽幅挤压壁板和铸件等。

在日本主要用 5083、5086 及 6N01 铝合金，而结构上使用的几乎全为 5083 铝合金，但应控制镁的质量分数在 4.9% 以下，以防应力腐蚀开裂（SCC），但美国也用 5456 铝合金，其镁含量比 5083 铝合金的高，不过应采取防止应力腐蚀的热处理措施。

舰船用铝合金按用途可分为船体结构铝合金、舾装铝合金和焊接添加用铝合金，其 JIS 标准规定的化学成分见表 13-44。表 13-45 所列为船体和舾装铝合金的特性。表 13-46 为铝合金在船舶上的用途实例。

表 13-44　JIS 标准规定的船用铝合金化学成分（质量分数）　　　　　（%）

类别	合金	Si	Fe	Cu	Mn	Mg	Cr	Zn	Ti	Al
船体用	5051	≤0.25	≤0.40	≤0.10	≤0.10	2.2~2.8	0.15~0.25	≤0.10		余量
	5083	≤0.40	≤0.40	≤0.10	0.40~0.10	4.0~4.9	0.05~0.25	≤0.25	≤0.15	余量
	5086	≤0.40	≤0.50	≤0.10	0.20~0.70	3.5~4.5	0.05~0.25	≤0.25	≤0.15	余量
	5454[①]	≤0.25	≤0.40	≤0.10	0.50~1.0	2.4~3.0	0.05~0.20	≤0.25	≤0.20	余量
	5456[①]	≤0.25	≤0.40	≤0.10	0.50~1.0	4.7~5.5	0.05~0.20	≤0.25	≤0.20	余量
	6061	0.40~0.8	≤0.70	0.15~0.40	≤0.15	0.8~1.2	0.04~0.35	≤0.25	≤0.15	余量
	6N01	0.40~0.90	0.35	≤0.35	≤0.25	0.40~0.80	≤0.30	≤0.25	≤0.10	余量
	6082[①]	0.7~1.3	0.50	≤0.10	0.40~1.0	0.6~1.2	≤0.25		≤0.10	余量
舾装用	1050	≤0.25	0.40	≤0.05	≤0.05	≤0.05		≤0.05	≤0.03	余量
	1200[②]	Si+Fe≤1.0		≤0.05	≤0.05			≤0.05	≤0.05	余量
	3203[②]	≤0.6	≤0.70	≤0.05	1.0~1.5			≤0.10		余量
	6063	0.2~0.6	≤0.35	≤0.10	≤0.10	0.45~0.9	≤0.10	≤0.10	≤0.10	余量
	AC4A[③]	8.0~10.0	≤0.55	≤0.25	0.30~0.6	0.30~0.6	≤0.15	≤0.25	≤0.20	余量
	AC4C[③]	6.5~7.5	≤0.55	≤0.25	≤0.35	0.25~0.45	≤0.10	≤0.35	≤0.20	余量
	AC4CH[③]	6.5~7.5	≤0.20	≤0.25	≤0.10	0.20~0.40	≤0.05	≤0.10	≤0.20	余量
	AC7A[③]	≤0.20	≤0.30	≤0.10	≤0.6	3.5~5.5	≤0.15	≤0.15	≤0.20	余量
焊接添加用	4043	4.5~6.0	≤0.80	≤0.30	≤0.05	≤0.05		≤0.10	≤0.20	余量
	5356	≤0.25	≤0.40	≤0.10	0.05~0.20	4.5~5.5	0.05~0.20	≤0.10	≤0.05~0.20	余量
	5183	≤0.40	≤0.40	≤0.10	0.50~1.0	4.3~5.2	0.05~0.20	≤0.25	≤0.15	余量

注：舾装铝合金还包括 5052 铝合金。

① 5454、5456 和 6082 铝合金的化学成分为国际标准规定的。

② 1200 和 3203 铝合金中 Cu 的质量分数变为 0.05%~0.20% 时，即为 1100 和 3003 铝合金。

③ AC4A 和 AC4C 铝合金中，Ni 和 Pb 的质量分数在 0.10% 以下，Sn 的在 0.05% 以下；AC4CH 和 AC7A 铝合金中，Ni、Pb 和 Sn 的质量分数都在 0.05% 以下。

表 13-45　舰船用铝合金的特性和用途

类别	合金	品种和状态			特　性	用　途
		板材	型材	铸件		
船体	5052	O、H14、H34	H112、O		中等强度，耐腐蚀性和成型性好，有较高的疲劳强度	上层结构，辅助构件，小船船体

类别	合金	品种和状态			特　性	用　途
		板材	型材	铸件		
船体	5083	O、H32	H112、O		典型的焊接用铝合金，在非热处理型铝合金中，强度最高，焊接性、耐腐蚀性和低温性能好	船体主要结构
	5086	H32、H34	H112		焊接性和耐腐蚀性与5083铝合金的相同，强度稍低，挤出性有所改善	船体主要结构（薄壁宽幅挤压型材）
	5454	H32、H34	H112		强度比5052铝合金高22%，抗腐蚀性和焊接性好，成型性一般	船体结构，压力容器、管道等
	5456	O、H321	H116		类似5083铝合金，但强度稍高，有应力腐蚀敏感性	舱底和甲板
舾装	6061	T4、T6	T6		热处理可强化的耐蚀铝合金，强度高，但焊接缝强度低，主要用于不与海水接触的螺接、铆接结构	上层结构，隔板结构、框架等
			T5		中强挤压铝合金，强度比6061铝合金低，但耐腐蚀性和焊接性好	上层结构（薄壁宽幅挤压型材）
	1050、1200	H112、O、H12、H24	H112		强度低，加工性、焊接性和耐腐蚀性好，表面处理性高	内装
	3003、3203	H112、O、H12	H112		强度比1100铝合金的高10%，成型性、可焊接性和耐腐蚀性好	内装，液化石油气罐的顶板和侧板
	6063		T1、T5、T6		典型的挤压合金，强度低于6061铝合金，但挤压性能优良，可挤出截面形状复杂的薄壁型材，耐腐蚀性和表面处理性能好	容器结构、框架、桅杆等
	AC4A			F、T6	Al-Si-Mg系热处理可强化铸造合金，具有高强度和高韧性、铸造性、耐腐蚀性和可焊接性好	箱类和发动机部件

续表 13-45

类别	合金	品种和状态			特 性	用 途
		板材	型材	铸件		
舾装	AC4C、AC4CH			F、T5、T6、T61	Al-Si-Mg 系热处理可强化铸造合金，具有良好的强度和韧性、耐腐蚀性和可焊接性好	油压部件、箱类、发动机和电器部件
	AC7A			F	Al-Si 系铸造合金，有良好的耐腐蚀性和阳极氧化性能，有较高的强度和韧性，铸造性较差	舷窗，把手及其他船用部件
	AC8A			F、T5、T6	Al-Si-Cu-Ni-Mg 系铸造合金，具有良好和强度、耐热性、耐磨性和铸造性、热膨胀系数小	船用活塞

表 13-46　铝合金在船舶上的用途实例

用 途	合 金	产品类型
船侧、船底外板[①]	5083、5086、5456、5052	板、型材
龙骨	5083	板
肋板、隔壁	5083、6061	板
肋骨	5083	型板、板
发动机台座	5083	板
甲板[①]	5052[②]、5083、5086、5456、5454、7039	板、型材[③]
操纵室	5083、6N01、5052	板、型材
舷墙	5083	板、型材
烟筒	5083、5052	板
舷窗	5052、5083、6063、AC7A	型材、铸件
舷梯	5052、5083、6063、6061	型材
桅杆	5052、5083、6063、6061	管、棒、型材
海上容器结构材料	6063、6061、7003	型材
海上容器顶板和侧板	3003、3004、5052	板
发动机及其他船舶部件	AC4A、AC4C、AC4CH、AC8A	铸件

① 日本渔船协会规定，船长大于 12m，船外板和露天甲板只限使用 5××× 系铝合金。

② 渔船所使用的 A5052P-H112 铝合金花纹板。

③ 大型宽幅挤压型材。

中国浙江巨科铝业有限公司生产的 5××× 系船用铝合金板材的规格见表 13-47，而其性能则见表 13-48，由于该公司的轧机为 1850mm 系的，因此板材的最大宽度为 1700mm，所生产的板材分别于 2012 年 6 月及 9 月通过挪威船级社（DNV）和中国船级社（CCS）认证。

表 13-47　巨科铝业有限公司生产的舰船铝合金板材规格

合金	状态	厚度/mm	宽度/mm
5052	O	3~50	≤1700
	H32	3~8	≤1700
	H34	3~6	≤1700
5083	O	3~50	≤1700
	H112	3~17	≤1700
	H321	3~8	≤1700
	H34	3~6	≤1700
5754	O	3~50	1700
	H32	3~8	1700
	H34	3~6	1700

表 13-48　浙江巨科铝业有限公司主要船舶用铝合金的力学性能

合金状态	厚度/mm	抗拉强度/MPa		屈服强度/MPa		伸长率/%	
		标准值 GB/T 3880.2—2006	实测值	标准值 GB/T 3880.2—2006	实测值	标准值 GB/T 3880.2—2006	实测值
5052-O	50	170~215	188	≥70	104	≥18	26
5052-O	40	170~215	191	≥70	102	≥18	28.5
5052-H32	8.0	210~260	215	≥130	148	≥10	20.0
5052-H32	6.0	210~260	235	≥130	205	≥10	14.5
5052-H34	5.0	230~280	235	≥150	194	≥7	10.5
5052-H34	4.0	230~280	270	≥150	215	≥7	9.5
5754-O	50	190~240	235	≥80	133	≥17	25.0
5754-O	25	190~240	225	≥80	115	≥17	26.0
5754-H32	8.0	220~270	235	≥130	140	≥10	25.0
5754-H32	4.0	220~270	235	≥130	131	≥10	20.5
5754-H34	3.0	240~280	245	≥160	160	≥10	23.5
5083-O	60	275~350	295	≥125	141	≥14	22.0
5083-O	25	275~350	290	≥125	141	≥14	23.0
5083-H112	25	≥275	295	≥125	139	≥10	21.0
5083-H112	8.5	≥275	290	≥125	130	≥10	25.5
5083-H321	8.0	305~385	305	215~295	295	≥12	17.8
5083-H321	4.0	305~385	340	215~295	215	≥12	23.5
5083-H34	6.0	≥340	365	≥270	330	≥5	9.5
5083-H34	3.0	≥340	345	≥270	270	≥5	13.5

　　在舾装铝合金中，经阳极氧化处理的 6063-T5 铝合金挤压型材主要用于框架结构，H14、H24 的工业纯铝和 3203 铝合金等的板材主要用于舱室内壁等内装结构，铸造性能优

良的 AC4A 和 AC4C 铝合金铸件主要用于舾装件。AC7A 铝合金具有很强的抗腐蚀性能，可望在舰船中应用，但它的铸造性能较差，铸件成本很高，在船舶上的使用少。

中强 Al-Zn-Mg 系铝合金热处理后的强度和工艺性能比 Al-Mg 系铝合金的还优越，并且可焊和有一定的抗蚀性，受到造船业的青睐。例如舰艇的上层结构可以用 7004 和 7005 铝合金，装甲板可用 7039 铝合金。此外该系合金还可以用来制作涡轮、引导装置、容器的顶板和侧板等。但无铜的 Al-Zn-Mg 系合金的缺点是对 SCC 较为敏感，而且焊缝对 SCC、剥落腐蚀和存放裂纹也较为敏感。

目前，在船壳体结构上用的铝合金主要是 5083、5086 和 5456，它们的力学性能、耐腐蚀性和可焊接性能都很好。挪威船业协会规定使用 5454 铝合金其板材的抗拉强度与 5086 铝合金的相同。而美国则主要采用 5456 铝合金，但最近在高速艇上使用 5086-O 铝合金板材和 5086-H111 铝合金挤压型材。

Al-Mg-Si 系合金由于在海水中会发生晶间腐蚀，因此主要用于船舶的上部结构。日本在舰船的上部结构中使用 6N01-T5 铝合金，而美国则用 6061-T6 铝合金大型薄壁型材。

B 材料状态

铝合金的状态标志着材料的加工方法、内部组织和力学性能等，一般工程上根据用途不同而采用不同状态的材料。船体结构用的 5××× 系铝合金采用 O 和 H 状态，6××× 系铝合金采用 T 状态，AC 系铸造铝合金采用 F 和 T 状态。

13.7.4.2 舰船用铝材的主要品种与特点

A 舰船用铝合金主要品种

船用铝合金产品的主要品种是板材、型材、管材、棒材、锻件和铸件。

（1）板材。通常使用的板材有 1.6mm 以上的薄板和 30mm 以上的厚板。为减少焊缝，常使用 2.0m 宽的铝板，大型船则使用 2.5m 宽的铝板，长度一般是 6m，也有按造船厂合同使用一些特殊规格的板材。为防滑，甲板采用花纹板。

（2）型材。舰船用的型材有以下几种：

1）高 40~300mm 的对称圆头扁铝材；

2）高 40~200mm 的非对称圆头扁铝材；

3）厚 3~80mm，宽 7.5~250mm 的扁铝材；

4）高 70~400mm 的同向圆头角铝材；

5）高 35~120mm 的反向圆头角铝材；15mm×15mm~200mm×200mm 的等边角铝材；

6）20mm×15mm~200mm×120mm 的非等边角铝材；

7）凸缘 25mm×45mm，腹板 40mm×250mm 的槽铝材；

8）60×200×8/5，60×15×5/4 左右的 T 形铝材。

除上述的一些常规型材外，舰船也使用一些特殊型材，还使用把加强筋与板材轧制（或挤压）成一个整体壁板，它可以轧成平面形状或挤压成管状，管状可沿母线切开，然后拉成平面状。舰船使用的整体挤压壁板与飞机上用的相比，筋高、筋间距大，宽度 1~2m，长 4~6m，最长可达 15m。采用整体壁板，可以调整外板和纵梁上的厚度，使应力分布最合理，从而得到合理的结构，减轻质量，减少焊接缝数量和减小焊接后翘曲程度。

（3）管、棒及其他。在舰船上，通常用小直径铝合金管材制造管道，而大直径管材则用做船体、上层结构、桅杆的各种构件、梁柱（中空圆筒柱、中空角形柱）等。常用的管材外径 16~150mm，管壁厚 3~8mm。在对管路用管进行厚度选择时，既要考虑强度，又要注意腐蚀介质的影响程度。

棒材用直径 12~100mm 的 5052、5056 和 5083 铝合金棒。锻件和铸件在舰船上的用量相对较少。主要用做一些机器构件。

中国船用铝合金的研究 20 世纪 50 年代开始规划，60 年代以后形成船艇及装甲板用的铝合金系列，如 LF 系（相当于 5×××系）、LD30、LD31、919 铝合金、147 铝合金、北航研制的 4201 铝合金（与含 7%Mg 的 5090 铝合金相当）和东北轻合金加工厂研制的 180 铝合金（也称 2103 铝合金，与 5456 铝合金相当），这种合金轧制难度较大，成品率较低；21 世纪以来已与国际接轨，多采用 5083 铝合金。

B　舰船铝合金的特点

制造船舶舰艇使用铝合金要求对海水有相当强的抗腐蚀性；可焊性也须令人满意，特别是有优秀的摩擦搅拌焊接性能；良好的可成形性能；可以挤制形状复杂的中空薄壁型材与宽大壁板；无低温脆性，强度与伸长率随温度降低而均衡地上升；无磁性。

尽管铝合金有以上诸多优点，但在设计选材时应注意与充分考虑铝合金的以下事项：纵弹性模量仅约为钢的 1/3；热导率约为钢的 2 倍；热膨胀系数约比钢的大 1 倍；常规焊接时的变形大，但在摩擦搅拌焊接时，几乎不发生变形；电极电位低，在海水中如接触异种金属会发生电解腐蚀，必须采取严密的防腐蚀措施；硬度不高，表面易受损伤；疲劳强度低，应避免应力集中（见图 13-74）；熔点比钢的低得多，仅为钢的 1/2。

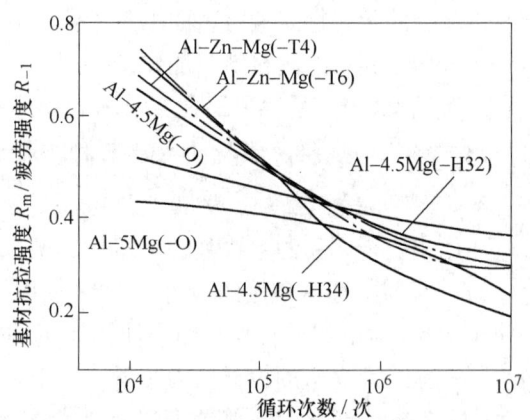

图 13-74　船艇铝合金的 R_m/R_{-1} 与循环次数的关系

由于铝的密度低，比强度大，在制造高速船艇方面有着独特的优势，与钢壳船艇相比，在强度相等情况下，以铝合金结构质量约为钢结构的 50% 为妥。据计算，在制造一艘长 30m、速度 56km/h 的船时，铝合金船的装机功率为 1671×2kW，玻璃钢（FRP）船的为 2014×2kW，而钢船的则高达 1641×3kW。

而且 FRP 与钢船的动力机舱室要比铝合金船的约大 12%~25%，也就是说在性能相同时，铝船的造船成本、燃料费、维护费用等都比 FRP 和钢船的低一些，同时铝船报废后的可回收性比它们的强得多，铝船对环境的友好性也比它们的强。

舰船铝合金的性能依成分、状态的不同而有较大差别，在设计选材与强度校核时表 13-49 所列的强度可供参考，也可以按有关标准进行。

表 13-49　铝合金船结构选材时的参考性能

铝合金	抗拉强度/MPa	屈服强度/MPa	焊接部位屈服强度/MPa
5083-O	277	127	127
5083-H112	277	108	127

铝合金	抗拉强度/MPa	屈服强度/MPa	焊接部位屈服强度/MPa
5083-H32	304	216	127
6N01-T6	245	206	98
5456-H116[①]	304	216	179

① 美国 ASTM 标准，其他的为日本 JIS 标准。

设计铝合金船时对铝合金疲劳强度较低与对应力集中敏感必须予以足够的注意。因为铝的应力扩展系数与其正弹性模量平方根成比例，其疲劳强度比钢的低。通过热处理改变铝合金的状态可以提高其抗拉强度与屈服强度，可是它的疲劳强度并未得到相应的提高。图 13-75 表示铝合金的疲劳强度与抗拉强度的关系。因此，对船体部位受负载次数多的部位的选材应予以充分考虑。

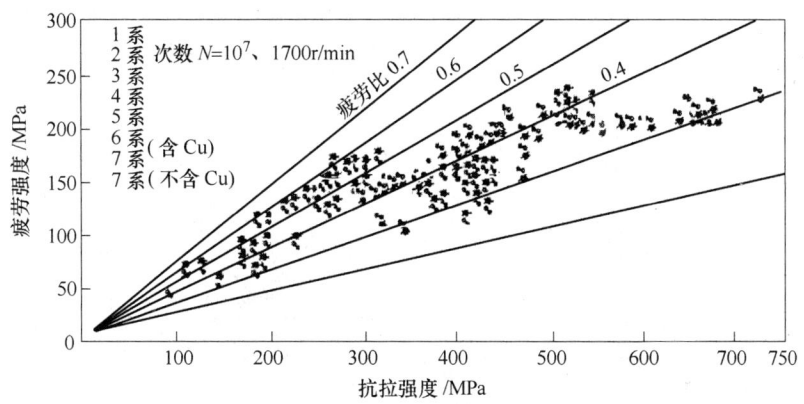

图 13-75　铝合金的疲劳强度与抗拉强度的关系（砂布抛光试样）

C　舰船常使用的铝合金挤压型材

6×××系的 6063、6N01、6082 铝合金等有着优秀的可挤压性能，可以挤制宽薄带肋壁板，可用于制造舰船外板、甲板等，可简化制造工艺与进一步减轻结构质量，同时可以减少焊接变形与易于组装。中国拥有世界上最多的大挤压机，2013 年底有 45~160MN 的大挤压机 86 台，其中有从德国西马克集团梅尔公司引进的 150MN 的（兖矿轻合金有限公司）与 160MN 的（利源铝业有限公司）各 1 台，可挤压宽度达 1100mm 的特大型材。我国正在制造 225MN 的超大挤压机，可挤压更宽的型材，用两三块这样的型材即可焊成一条小型舰船的壳体。太重锻压设备分公司于 2013 年年末在太重天津滨海基地制造的世界最大的 225MN 挤压机进入设备整合集成阶段。

日本挤压铝材产业挤出的Ⅱ形型舰船铝型材及其他型材断面如图 13-76~图 13-78 所示，造船产业利用这些型材精心设计，制造出结构合理的质量更轻的铝合金舰船。这种Ⅱ形型材的"底

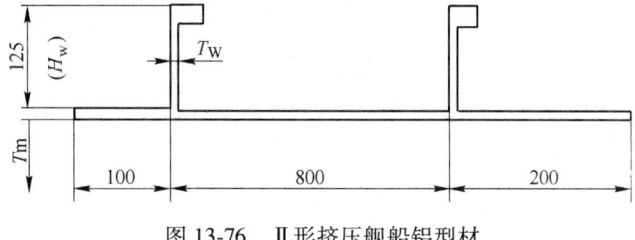

图 13-76　Ⅱ形挤压舰船铝型材

板"上有 2 个高的肋,"底板"是变断面的,中间部分薄一些,与肋(筋)连接部分增厚一些,因而应力分布均匀,实现质量最大轻量化。

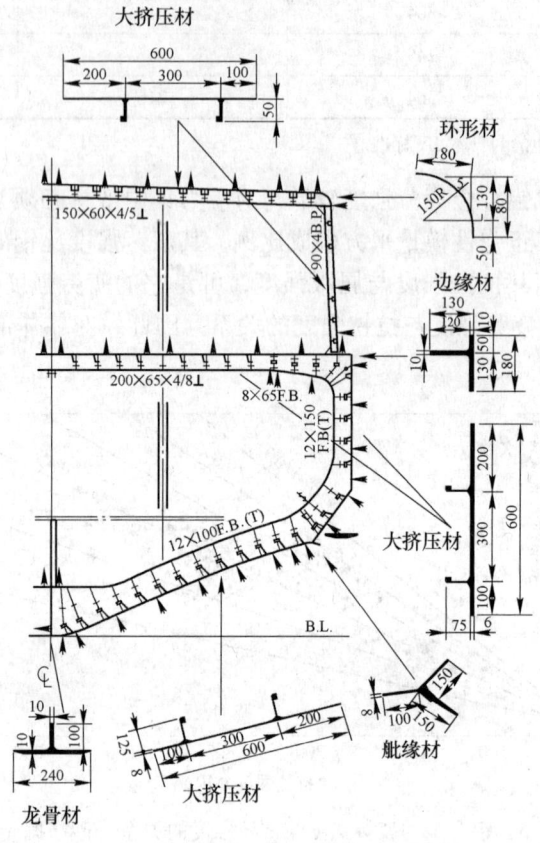

图 13-77　铝合金船体结构

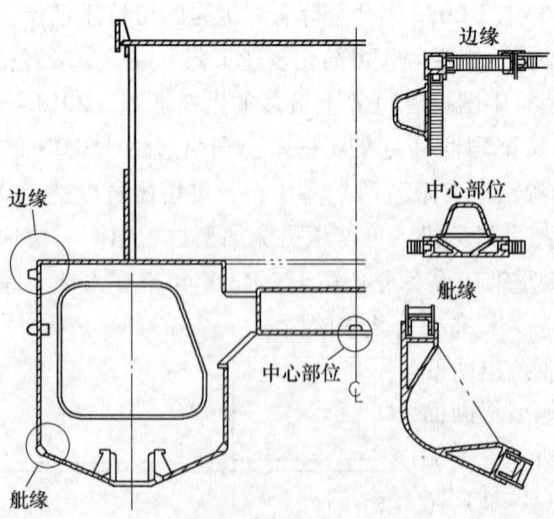

图 13-78　全铝拖网渔船野菊花Ⅶ号的中心横断面结构

日本在建造铝合金舰船时值得我们借鉴的经验，不是把眼睛盯在高强度材料上，而是采用结构合理的大型材，在结构质量与强度相等情况下，可以达到最大轻量化。他们在制造全长 66m，满载排水量 770t 的水翼船的船底时，原设计采用 5456-H116 铝合金（屈服强度为 167MPa），后改用易生产的价格较低的 5083-H112 铝合金（屈服强度为 110MPa）Ⅱ形型材，船底质量减轻 75%，同时制造工艺简单，维修方便，取得了可观的经济效益。

13.7.4.3　我国船舰铝合金的应用发展

我国船用铝合金的研究和应用起点较高，经过 60 多年的努力，经历了引进、仿制、自主研发等阶段，成功的应用于舰艇等装备和各类高性能的民船。

A　引进仿制

20 世纪 50 年代进入规划。50 年代中期，开始采用苏联硬铝合金建造大型潜艇等舰艇的上层建筑。1959 年，首次采用苏联硬铝合金建造了 1 艘长江水翼客艇的铆接艇体。1962~1966 年，沪东造船厂研制完工小型快艇，首次采用国产 LY12 硬铝合金板材铆接艇体和上层建筑。60 年代以后，形成船艇及装甲板用铝合金系列，如 LF 系、LD30、LD31、2103（与 5456 相当）、北航研制的 4201 合金（与含 7%Mg 的 5090 相当）和东北轻合金加工厂研制的 180 合金等。70 年代已建成铝合金鱼雷快艇多只。

B　自主研制

80 年代，我国研制成功的耐蚀、可焊船用铝合金 LF16（5A01）、LF15，其性能指标达到和超过国外同类产品的指标，均已列入国家军用标准，是我国铝合金焊接船建造推荐使用材料。80 年代初，洛阳 725 研究所研制出新型铸造铝合金 ZL115，为 $Al_2Si_2Mg_2Zn$ 系，是在 $Al_2Si_2Mg_2Cu$ 系铸造铝合金 ZL105 基础上发展起来的。改进型合金 ZL115A 已列入船标 CB1195288，并已在专用产品中应用。1982 年，七二五研究所与东北轻合金、西南铝合作研制成功较高屈服强度的耐蚀可焊铝-镁系 2101 合金及其配套焊丝（$SAlMg_6Zr$），并试用于深潜器浮力球等产品。

80 年代，我国制造出铝合金巡逻艇、铝合金舢板（广州约 50 只）和游艇（哈尔滨飞机制造公司制造数十只）。1992 年，东北轻合金加工厂在汕头经济特区成立东汕铝合金联合公司，生产多型号的铝合金游艇、小型运输艇和交通艇。但因对铝合金船缺乏系统认识，没系统安排和重点投资，我国的铝合金船仅仅作为暂时性产品，未能形成规模生产，其发展和推广进行得非常缓慢。

C　创新开发

现在，对船舰用铝合金研发重点集中于研究添加微量元素对铝镁合金腐蚀性能的影响。例如，单独加 Zr 能显著提高 Al-Mg-Mn 合金强度，改善合金强度和塑性的配合。Sc 和 Zr 的添加未引起合金耐剥蚀性能的明显下降，但能提高强度。文献中指出，模拟海水中 Al-6Mg-Zr 和 Al-6Mg-Zr-Sc 合金都会发生点蚀，添加 Sc 元素的 Al-6Mg-Zr-Sc 合金力学性能显著提高，且比 Al-6Mg-Zr 合金表现出更好耐蚀性。

我国沿海、沿江地区渔业和水上运输对小型船艇需求量巨大，10t 级船总需求量不少于每年 1 万只。此外，香港、新加坡、泰国和越南等东南亚沿海国家和地区需要的铝合金船数量也很大，其总数不会少于中国。因此，铝合金船在我国是有市场的，铝加工厂可和用户联合开发各种铝合金船，推广使用。

　　为满足造船工业对铝材的需求，普基铝业公司组建了船舶铝材公司（Pechiney Marine），提供游轮、液化天然气船、海岸巡逻艇、钓鱼船、快艇和石油平台制造所需的各种铝材。普基铝业公司是世界上最大的高速船铝材供应者，一条 100m 长的高速船需要 400t 高附加值铝材。

　　目前，中国已成为铝及铝加工产品生产消费大国，中国造船业的崛起与强大，为中国的铝加工提供了机遇与挑战，加强新技术的开发，满足市场前景广阔的舰船与高速艇等船舶工业对铝材的应用与需求，不断拓宽国际市场空间，是未来的发展方向。

14 铝挤压材在航空航天领域中的开发与应用

14.1 铝材在航天航空的应用概况

铝合金是飞机和航天器轻量化的首选材料，铝材在航天航空工业中应用十分广泛。目前，铝材在民用飞机结构上的用量为70%~80%，在军用飞机结构上的用量为40%~60%。在最新型的B777客机上，铝合金也占了机体结构质量的70%以上。表14-1列出了国外某些军用飞机的用材结构比例，表14-2为俄国民用飞机的铝材品种用量。表14-3是铝合金在民用客机上的应用实例；表14-4是变形铝合金在飞机各部位的典型应用；表14-5是波音777主要部位用材一览表。图14-1所示为铝材在民用飞机中的应用部位。

表14-1　某些军用飞机用材结构比例（质量分数）　（％）

机　种	钢	铝合金	钛合金	复合材料	购买件及其他
F-104	20.0	70.7	—	—	10.0
F-4E	17.0	54.0	6.0	3.0	20.0
F-14E	15.0	36.0	25.0	4.0	20.0
F-15E	4.4	35.8	26.9	2.0	20.9
飓风	15.0	46.5	15.5	3.0	20.0
F-16A	4.7	78.3	2.2	4.2	10.6
F-18A	13.0	50.9	12.0	12.0	12.1
AV-8B	—	47.7	—	26.3	
F-22	5	15	41	24	—
EF2000	—	43	12	43	2
F-15	5.2	37.3	25.8	1.2	30.2
L42	5	35	30	30	
S37		45	21	15	
苏27	—	64	18	—	18

表14-2　俄国民用飞机用铝材品种使用量比例（质量分数）　（％）

机　型	板材	型材	模锻件	壁板
AH-20	20	27	35	11
Nλ-18	55	22	14	1
TY-134	56	27	11	2

表 14-3　铝合金在民用客机上的应用实例

型　号	机　身		机　翼			尾　翼	
	蒙皮	桁条	部位	蒙皮	桁条	垂直尾翼蒙皮	水平尾翼蒙皮
L-1011	2024-T3	7075-T6	上	7075-T76	7075-T6	7075-T6	7075-T6
			下	7075-T76	7075-T6		
DC-3-80	2024-T3	7075-T6	上	7075-T6	7075-T6	7075-T6	7075-T6
			下	2024-T3	2024-T3		
DC-10	2024-T3	7075-T6	上	7075-T6	7075-T6	7075-T6	7075-T6
			下	2024-T3	7178-T6		
B-7373	2024-T3	7075-T6	上	7178-T6	7075-T6	7075-T6	7075-T6
			下	2024-T3	2024-T3		
B-727	2024-T3	7075-T6	下	7075-T6	7150-T6	7075-T6	7075-T6
			上	2024-T3	2024-T3		
B-747	2024-T3	7075-T6	上	7075-T6	7150-T6	7075-T6	7075-T6
			下	2024-T3	2024-T3		
B-757	2024-T3	7075-T6	上	7150-T6	7150-T6	7075-T6	2024-T3（上）
			下	2324-T39	2224-T3		7075-T6（下）
B-767	2024-T3	7075-T6	上	7150-T6	7150-T6	7075-T6	7075-T6
			下	2324-T39	2324-T39		
A300	2024-T3	7075-T6	上	7075-T6	7075-T6	7075-T6	7075-T6
			下	2024-T3	2024-T3		

表 14-4　变形铝合金在飞机各部位的典型应用

应　用　部　位	应　用　的　铝　合　金
机身蒙皮	2024-T3，7075-T6，7475-T6
机身桁条	7075-T6，7075-T73，7475-T76，7150-T77
机身框架和隔框	2024-T3，7075-T6，7050-T6
机翼上蒙皮	7075-T6，7150-T6，7055-T77
机翼上桁条	7075-T6，7150-T6，7055-T77，7150-T77
机翼下蒙皮	2024-T3，7475-T73
机翼下桁皮	2024-T3，7075-T6，2224-T39
机翼下壁板	2024-T3，7075-T6，7175-T73
翼肋和翼染	2024-T3，7010-T76，7175-T77
尾翼	2024-T3，7075-T6，7050-T76

表 14-5 波音 777 主要部位用材一览表

使用部位	使用的铝合金材料	使用部位	使用的铝合金材料
上翼面蒙皮	7055-T7751	尾翼翼盒	T800H/3900-2
翼梁弦	7150-T77511	起落架	高强度钢
机翼前缘壁板	玻璃-碳/环氧	起落架托架	Ti-10-23
锻件	7050-T7452	起落架舱门	玻璃-碳/环氧，混合复合材料
襟翼滑轨	Ti-10-2-3	轮胎	Michelin AIR×子午线轮胎
机身蒙皮	L-188-T3	尾喷管	β21S
长桁	7150-T77511	尾锥	β21S
龙骨	7150-T77511	后整流罩	β21S
座椅滑轨	7150-T77511	刹车块	C/C
地板梁	T800H/3900-2	雷达天线罩	S-2 玻璃环氧复合材料

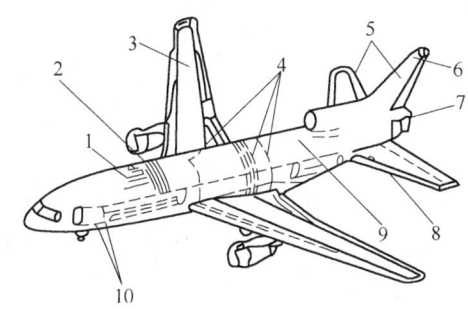

图 14-1 铝材在民用飞机中的应用部位示意图

1—桁条（7075-T6，包铝的）；2—骨架（7075-T6、7178 或包铝的 7178）；3—翼盒（上表面 7075-T76，
包铝的；下表面 7075-T6；翼梁帽 7075-T76）；4—主骨架（7075-T6 锻件，包铝的 7075-T6，
7075-T6 挤压型材）；5—升降舵与主向舵（包铝的 2024-T3）；6—垂直安定面、蒙皮与桁条
（包铝的 7075-T6）；7—中发动机支架（Ti6Al4V，包铝的 2024-T3，包铝的 2024-T81）；
8—水平安定面整体加强壁板（7075-T76，挤压的）；9—机身蒙皮（包铝的 2024-T3，
包铝的 7075-T76）；10—大梁（7075-T6 挤压型材）

铝材在火箭与航天器上主要用于制造燃料箱、助燃剂箱。在宇航开发初期，美国采用 2014 合金。后来，由于自动焊接技术的开发与成熟，改用 2219 合金。从应力腐蚀开裂性能来看，2219 合金比 2014 合金优越，后者短横向的应力腐蚀开裂应力为 53.9MPa。美国雷神（Thor-Delta）及土星-Ⅱ（Saturn S-Ⅱ）号火箭的燃料箱等都是用 2219 合金制造的。

2219 合金不但是一种耐热合金，而且它的低温性能（包括焊接头的韧性）也随着温度的降低而升高。因此，用 2219 合金制造液氧与液氢容器时，根据室温标准检测原则，就能保证在液氢温度下的可靠性。

可焊接的热处理强化铝合金除 Al-Cu 系合金外，还有 Al-Zn-Mg 系合金。欧洲共同体发射的雅利安火箭的燃料箱是用 Al-Zn-Mg 系合金制造的。

除燃料箱与助燃剂箱外，火箭与航天飞机的其他结构同飞机一样，大多采用 2024 与

7075 合金，也可采用 2219 合金。美国航天飞机的宇航员舱是用铝材制的（见图 14-2）。

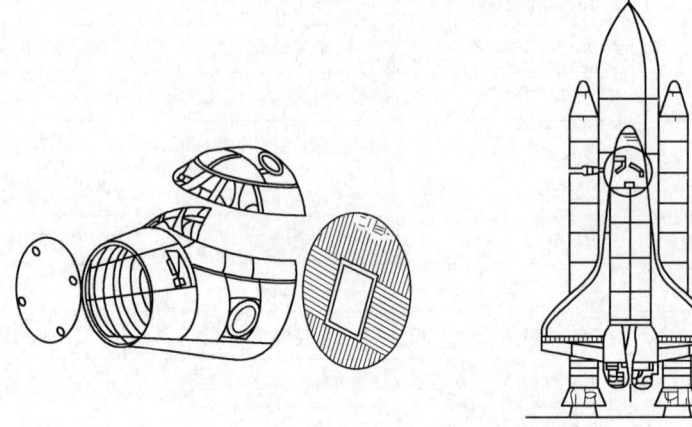

图 14-2　美国航天飞机铝制宇航员舱示意图

载人飞行器的骨架和操纵杆的大多数主要零部件都是用高强度铝合金 7075-T73 棒材切削制成的，又薄又轻，且具有高强度。其他部分如托架、压板折叠装置、防护板、门和蒙皮板、两个推进器的氮气缸等是用成型性能良好的中等强度合金 6061-T6 合金制造的。

14.2　航天航空用铝及铝合金

几乎全部铝合金都可在航空工业上应用，作为结构材料主要是 Al-Cu-Mg 系合金与 Al-Zn-Mg-Cu 系合金。我国航空工业用的铝合金的主要特性及用途举例见表 14-6。表 14-7 列举了航空铝合金的应力腐蚀开裂性能。

表 14-6　航空航天变形铝合金的主要特性及用途举例

牌 号	主 要 特 性	用 途 举 例
1060、1050A、1200	导电、导热性好，抗蚀性高，塑性高，强度低	铝箔用于制造蜂窝结构、电容器、导电体
1035、1100	抗蚀性较高，塑性、导电性、导热性良好，强度低，焊接性能好，切削性不良，易成型加工	飞机通风系统零件，电线、电缆保护管、散热片等
3A21	O 时塑性高，HX4 时塑性尚可，HX8 时塑性高，热处理不能强化，抗蚀性高，焊接性能良好，切削性不佳	副油箱、汽油、润滑油导管和用深拉法加工的低负荷零件、铆钉
5A02	O 时塑性高，HX4 时塑性尚可，HX8 时塑性低，热理不能强化，抗蚀性与 3A21 合金的相近，疲劳强度较高。接触焊和氢原子焊焊接性良好，氩弧焊时易形成热裂纹。焊缝气密性不高，焊缝强度为基体强度的 90%~95%，焊缝塑性高。抛光性能良好。O 时切削性能不良，HX4 时切削性能良好	焊接油箱，汽油、润滑油导管和其他中等载荷零件，铆钉线与焊丝
5A03	O 时塑性高，HX4 时塑性尚可，热处理不能强化，焊接性能好，焊缝气密性尚好，焊缝强度为基本的 90%~95%，塑性良好，O 时切削性能不良，HX4 时良好，抗蚀性高	中等强度的焊接结构件，冷冲压零件和框架等

牌　号	主　要　特　性	用　途　举　例
5A06	强度与抗蚀性较高，O 时塑性尚好，氩弧焊焊缝气密性尚好，焊缝塑性高，焊接头强度为基体的 90%~95%，切削性能良好	焊接容器、受力零件、蒙皮、骨架零件等
5B05	O 时塑性高，热处理不能强化，焊接性能尚好，焊缝塑性高，铆钉应阳极氧化处理	铆接铝合金与镁合金结构的铆钉
2A01	在热态下塑性高，冷态下塑性尚好，铆钉在固溶处理与时效处理后铆接，在铆接过程中不受热处理后的时间限制，铆钉须经阳极氧化处理和用重铬酸钾封孔	中等强度和工作温度不超过 100℃的结构用铆钉
2A02	热塑性高，挤压半成品有形成粗晶环倾向，可热处理强化，抗蚀性能比 2A70 及 2A80 合金高，有应力腐蚀破裂倾向，焊接性能略比 2A70 合金好，切削加工性好	工作温度为 200~300℃的涡轮喷气发动机轴向压气机叶片等
2A04	抗剪强度与耐热性较高，压力加工性能和切削性能与 2A12 合金相同，在退火和新淬火状态下塑性尚可，可热处理强化，普通腐蚀性能与 2A12 合金相同，在 150~250℃形成晶间腐蚀的倾向比 2A12 合金小。铆钉在新淬火状态下铆接：直径 1.6~5mm 的在淬火后 6h 内铆完；直径 5.5~6mm 的淬火后 2h 内铆完	用于铆接工作温度为 125~250℃的结构
2B11	抗剪强度中等，在退火、新淬火和热态下塑性好，可热处理强化，铆钉必须在淬火后 2h 内铆完	中等强度铆钉
2B12	在淬火状态下的铆接性能尚可，必须淬火后 20min 内铆完	铆钉
2A10	热塑性与 2A11 合金的相同，冷塑性尚可，可在时效后的任何时间内铆接，铆钉须经阳极氧化处理与用重铬酸钾封孔，抗蚀性与 2A01、2A11 合金的相同	用于制造强度较高的铆钉，温度超过 100℃有晶间腐蚀倾向，可代替 2A11、2A12、2A01 合金铆钉
2A11	在退火、新淬火和热态下的塑性尚好，可热处理强化，焊接性能不好，焊缝气密性合格，未热处理焊缝的强度为基体的 60%~70%，焊缝塑性低，包铝板材有良好的抗蚀性，温度超过 100℃时有晶间腐蚀倾向，阳极氧化处理与涂漆可显著提高挤压材与锻件的抗蚀性	中等强度的飞机结构件，如：骨架零件、连接模锻件、支柱、螺旋桨叶片、螺栓、铆钉
2A12	在退火和新淬火状态下塑性尚可，可热处理强化，焊接性能不好，未热处理焊缝的强度为基体的 60%~75%，焊缝塑性低，抗蚀性不高，有晶间腐蚀倾向，阳极氧化处理、涂漆与包铝可大大提高抗蚀能力	除模锻件外，可用作飞机的主要受力部件，如：骨架零件、蒙皮、隔框、翼肋、翼梁、铆钉，是一种最主要的航空合金
2A06	压力加工性能和切削性能与 2A12 合金的相同，在退火和新淬火状态下的塑性尚可，可热处理强化，抗蚀性不高。在 150~250℃有晶界腐蚀倾向，焊接性能不好	板材可用于 150~250℃工作的结构，在 200℃工作的时间不宜长于 100h
2A16	热塑性较高，无挤压效应，可热处理强化，焊接性能尚可，未热处理的焊缝强度为基体的 70%，抗蚀性不高，阳极氧化处理与涂漆可显著提高抗蚀性，切削加工性尚好	用于制造在 250~350℃工作的零件，如轴向压缩机叶轮圆盘。板材用于焊接室温和高温容器及气密座舱等

牌　号	主　要　特　性	用　途　举　例
6A02	热塑性高，T4 时塑性尚好，O 时的塑性也高，抗蚀性与 3A21 及 5A02 合金相当，但在人工时效状态下有晶间腐蚀倾向，铜含量小于 0.1% 的合金在人工时效状态下有良好的抗蚀性，O 时的切削性不高，淬火与时效后的切削性尚好	要求有高塑性和高抗蚀性的飞机与发动机零件，直升机桨叶，形状复杂的锻件与模锻件
2A50	热塑性高，可热处理强化，T6 状态材料的强度与硬铝的相近，工艺性能较好。有挤压效应，抗蚀性较好，但有晶间腐蚀倾向，切削性能良好，接触焊、点焊性能良好，电弧焊与气焊性能不好	形状复杂的中等强度的锻件和模锻件
2B50	热塑性比 2A50 合金还高，可热处理强化，焊接性能与 2A50 相似，抗蚀性与 2A50 相同，切削性良好	复杂形状零件，如压气机轮和风扇叶轮等
2A70	热塑性高，工艺性能比 2A80 合金稍好，可热处理强化，高温强度高，无挤压效应，接触焊、点焊和滚焊性能良好，电弧焊与气焊性能差	内燃机活塞和在高温下工作的复杂锻件，高温结构板材
2A80	热塑性颇好，可热处理强化，高温强度高，无挤压效应，焊接性能与 2A70 相同，抗蚀性尚好，但有应力腐蚀开裂倾向	压气机叶片、叶轮、圆盘、活塞及其他在高温下工作的发动机零件
2A14	热塑性尚好，有较高强度，切削加工性良好，接触焊、点焊和滚焊性能好，电弧焊和气焊性能差，可热处理强化，有挤压效应，抗蚀性不高，在人工时效状态下有晶间腐蚀与应力腐蚀开裂倾向	承受高负荷的飞机自由锻件与模锻件
7A03	在淬火与人工时效状态下塑性较高，可热处理强化，室温抗剪强度较高，抗蚀性能颇高	受力结构铆钉，当工作温度低于 125℃ 时，可取代 2A10 合金铆钉，热处理后可随时铆接
7A04	高强度合金，在退火与新淬火状态下塑性与 2A12 合金相近，在 T6 状态下用于飞机结构，强度高，塑性低，对应力集中敏感，点焊性能与切削性能良好，气焊性能差	主要受力结构件：大梁、桁条、加强框、蒙皮、翼肋、接头、起落架零件
7A05	强度较高，热塑性尚好，不易冷矫正，抗蚀性与 7A04 合金相同，切削加工性良好	高强度形状复杂锻件，如桨叶
7A09	强度高，在退火与新淬火状态下稍次于同状态 2A12 合金，稍优于 7A04 合金，在 T6 状态下塑性显著下降。7A09 合金板的静疲劳、缺口敏感性、应力腐蚀开裂性能稍优于 7A04 合金，棒材的这些性能与 7A04 合金相当	飞机蒙皮结构件和主要受力零件

表 14-7　航空航天铝合金的应力腐蚀开裂性能　　　　　　　　　（MPa）

合金及状态	试样方向	厚板	轧制棒	挤压型材		自由锻件
				6.4~25.4mm	25.4~50.8mm	
2014-T6	L	308.7	308.7	343	308.7	205.8
	LT	205.8	—	185.2	105.9	171.5
	ST	54.9	102.9	—	54.9	54.9
2219-T8	L	274.4	—	240.1	240.1	260.7
	LT	260.7	—	240.1	240.1	260.7
	ST	260.7	—		240.1	260.7

合金及状态	试样方向	厚板	轧制棒	挤压型材		自由锻件
				6.4~25.4mm	25.4~50.8mm	
2024-T3、T4	L	240.1	250.2	343	343	—
	LT	137.2	—	253.8	123.5	—
	S	54.9	68.6	—	54.9	—
2024-T8	L	343	322.4	411.6	411.9	294.9
	LT	343	—	343	343	294.9
	S	205.8	294.9	—	308.7	102.9
7075-T6	L	343	343	411.6	411.6	240.1
	LT	308.7	—	343	219.5	171.5
	S	54.9	102.9	—	54.9	54.9
7075-T76	L	336.1	—	356.7	—	—
	LT	336.1	—	336.1	—	—
	S	171.5	—	171.5	—	—
7075-73	L	343	343	370.4	363.6	343
	LT	329.3	329.3	329.4	329.4	329.4
	S	295	295	315.6	315.6	295
7079-T6	L	377.3	—	—	411.6	343
	LT	274.4	—	411.6	240.1	250.8
	S	54.9	—	343	54.9	54.9
7178-T7	L	377.3	—	445.9	445.9	—
	LT	260.7	—	308.7	171.5	—
	S	54.9	—	—	54.9	—
7178-T76	L	356.7	—	377.3	—	—
	LT	356.7	—	356.7	—	—
	S	171.5	—	171.5	—	—

14.3 航天航空新型铝合金材料

14.3.1 高强、高韧铝合金

飞机上广泛使用硬铝合金 2024（Al-4.4%Cu-1.5%Mg-0.6%Mn）、超硬铝合金 7075（Al-5.6%Zn-2.5%Mg-1.6%Cu-0.2%Cr）。但是 7075 合金，如在峰值强度下使用，长横向容易产生应力腐蚀裂纹。因此，一般在损失 10%~15%强度的过时效态下使用。当断裂韧性和抗疲劳裂纹扩展性能低时，使用过程中裂纹加速扩展会引起重大事故。另外，石油危机以来，为了节约燃料，更需机体轻量化。因此，在设计机体时着重安全性和轻量化。在安全性方面，力求提高断裂韧性、抗疲劳裂纹扩展性能和抗应力腐蚀性能。由于轻量化，就更要求提高强度。适应这一需要而开发出高纯新合金有 Al-Zn-Mg-Cu 系的 7450、7475、7150 合金；Al-Cu-Mg 系的 2124、2224 和 2324 合金等。为了提高断裂韧性，主要是在合金中减少 Fe、Si 等杂质含量。上述合金都比 7075 合金、2024 合金杂质要低。此外，调整 Zn、Mg、Cu 等主成分的添加量和质量比，还需控制对断裂韧性有不良影响的第二相质点。在强度方面，为了不降低耐应力腐蚀性能，在用合金化提高强度的同时，应选择最佳的时效制度以获得最好的综合性能。这类开发合金有 7475、7150（Al-6.4%Zn-2.4%Mg-2.2% Cu-0.1%Zr）。这类合金以 Zr 代 Cr，在提高抗应力腐蚀性能的同时，还改善了淬透性。因此，适合做厚板、型材、锻件等。表 14-8 ~ 表 14-11 分别列出了航空用高韧性铝合金的成分、静载强度及应力腐蚀开裂性能的比较和 K_{IC} 值。此外，目前各国正在研制开发 7055、7155、7068、B96μ$_8$ 系等强度更高的合金。这些合金的最高强度值可达 800MPa 左右。

表 14-8　航空航天高韧性合金的成分（质量分数）　　　　　（%）

国际牌号	注册日期	Si	Fe	Cu	Mn	Mg	Ni	Cr	Zn	其他成分元素	Ti	其他杂质元素	
												每个	总计
2124	1970-10-02	0.20	0.30	3.8~4.9	0.30~0.9	1.2~1.8	—	0.10	0.25	—	0.15	0.05	0.15
2224	1978-05-04	0.12	0.15	3.8~4.4	0.30~0.9	1.2~1.8	—	0.10	0.25	—	0.15	0.05	0.15
2324	1978-05-04	0.10	0.12	3.8~4.4	0.30~0.9	1.2~1.8	—	0.10	0.25	—	0.15	0.05	0.15
2048	1972-08-02	0.15	0.20	2.8~3.8	0.20~0.6	1.2~1.8	—	—	0.25	—	0.10	0.05	0.15
2419	1972-10-12	0.15	0.18	5.5~6.8	0.20~0.40	0.20	—	—	0.10	0.05~0.15V	0.02~0.1	0.05	0.15
7175	1957-11-08	0.15	0.20	1.2~2.0	0.10	2.1~2.9	—	0.18~0.28	5.1~6.1	0.10~0.25Zr	0.10	0.05	0.15
7475	1969-09-15	0.10	0.12	1.2~1.9	0.06	1.9~2.6	—	0.18~0.25	5.2~6.2	—	0.06	0.05	0.15
7050	1971-02-01	0.12	0.15	2.0~2.6	0.10	1.9~2.6	—	0.04	5.7~6.7	—	0.06	0.05	0.15
7150	1978-05-04	0.12	0.15	1.9~2.5	0.10	2.0~2.7	0.05	0.04	5.9~6.9	0.08~0.18Zr	0.06	0.05	0.15
7010	1975-09-10	0.12	0.15	1.5~2.0	0.10	2.1~2.6	—	0.05	5.7~6.7	0.08~0.15Zr	—	0.05	0.15
7049	1968-05-10	0.25	0.35	1.2~1.9	0.20	2.0~2.9	—	0.10~0.22	7.2~8.2	0.11~0.17Zr	0.10	0.05	0.15
7149	1975-10-20	0.15	0.20	1.2~1.9	0.20	2.0~2.9	—	0.10~0.22	7.2~8.2	—	0.10	0.05	0.15

表 14-9　航空航天高韧性铝合金的静载荷强度

材料	试样方向	厚度 75mm		厚约 150mm		标准号
		σ_b/MPa	$\sigma_{0.2}$/MPa	σ_b/MPa	$\sigma_{0.2}$/MPa	
2124T851 厚板（A）	L	445.9	391.0	432.2	370.4	QQ-A-250/29
	LT	445.9	391.0	432.2	370.4	
	ST	432.2	377.3	397.9	349.9	
2219-T851 厚板（A）	LT	425.3	308.7	391.0	288.1	QQ-A250/30
2618-T61 厚板（S）	L	391.0	351.6			QQ-A-367
	LT	377.3	288.1	—	—	
	ST	356.7	288.1			
7049-T73 自由锻件（S）	L	473.3	404.7			QQ-A-367
	LT	459.6	391.0	—	—	
	ST	459.6	384.2			

续表 14-9

材料	试样方向	厚度 75mm		厚约 150mm		标准号
		σ_b/MPa	$\sigma_{0.2}$/MPa	σ_b/MPa	$\sigma_{0.2}$/MPa	
7050-T73642 自由锻件（S）	L	493.9	425.3	473.3	404.7	AMS 4168
	LT	480.2	411.6	466.5	384.2	
	ST	459.6	377.3	452.8	363.6	
7075-T73 自由锻件（S）	L	452.8	384.2	418.5	349.9	MIL-A-22771
	LT	439.0	378.4	404.7	343	
	ST	418.5	356.7	391.0	336.1	
7175-T736 自由锻件（S）	L	500.8	432.2	445.9	370.4	AMS 4149
	LT	487.1	411.6	439.0	356.4	
	ST	473.3	411.6	432.2	356.7	
7475-T7351 厚板（S）	L	445.9	363.6	418.5	329.3	AMS 4202
	LT	445.9	363.6	418.5	329.3	
	ST	425.3	343	404.7	315.6	

注：A—平均值；S—标准值；L—纵向；LT—长横向；ST—短横向。

表 14-10　航空航天铝材的应力腐蚀开裂性能比较

材料	试样方向	厚板	棒材	挤压型材	锻件	材料	试样方向	厚板	棒材	挤压型材	锻件
2014-T6	L	A	A	A	B	7050-T76	L	A	A	A	
	LT	B	D	B	B		LT	A	B	A	
	ST	D	D	D	B		ST	C	B	C	
2024-T3	L		A		A	7075-T6	L	A	A	A	A
	LT		B		A		LT	B	D	B	B
	ST			B	D		ST	D	D	D	D
2024-T8	L	A	A	A	A	7075-T73	L	A	A	A	A
	LT	A	A	A	A		LT	A	A	A	A
	ST	B	A	B	C		ST	A	A	A	A
2124-T851	L	A				7075-T76	L	A		A	
	LT	A					LT	A		A	
	ST	B					ST	C		C	
2219-T3	L	A		A		7175-T736	L				A
	LT	B		B			LT				A
	ST	D		D			ST				B
2219-T6	L	A	A	A	A	7175-T73	L				A
	LT	A	A	A	A		LT				A
	ST	A	A	A	A		ST				A
2219-T8	L	A	A	A	A	7475-T6	L	A			
	LT	A	A	A	A		LT	B			
	ST	A	A	A	A		ST	D			
2419-T8, T87	L	A				7475-T73	L	A			
	LT	A					LT	A			
	ST	A					ST	A			
6061-T6	L	A	A	A	A	7475-T76	L	A			
	LT	A	A	A	A		LT	A			
	ST	A	A	A	A		ST	C			

材料	试样方向	厚板	棒材	挤压型材	锻件	材料	试样方向	厚板	棒材	挤压型材	锻件
7079-T73	L	A		A	A	7178-T6	L	A		A	
	LT	A		A	A		LT	B		B	
	ST	A		B	A		ST	D		D	
7079-T76	L			A		7178-T76	L	A		A	
	LT			A			LT	A		A	
	ST			C			ST	C		C	
7149-T73	L			A	A	7079-T6	L	A		A	A
	LT			A	A		LT	B		B	B
	ST			B	A		ST	D		D	D
7050-T736	L	A		A	A						
	LT	A		A	A						
	ST	B		B	B						

注：A—优，B—良，C—中，D—差。

表 14-11　航空航天铝合金的平面应力腐蚀断裂韧性平均值 K_{IC} （MPa·m$^{1/2}$）

材料	LT	TL	SL	材料	LT	TL	SL
2014-T6	24.2	23.1	19.8	7050-T73652	37.4	24.2	24.2
2024-T351	34.1	37.4	24.2	7050-T6	29.7	22.0	18.7
2024-T581	25.3	22.0	18.7	7075-73	35.2	25.3	24.2
2124-T851	30.8	26.4	24.2	7079-T652	30.8	25.3	19.8
2219-T851	37.4	33.0	23.1	7175-T736	—	29.7	24.2
2618-T651	31.9	—	17.6	7474-T7351	—	36.3	28.6
7049-T73	33.0	24.2	22.0	T	—	—	—

14.3.2　铝-锂合金

14.3.2.1　开发概况

由于不断强调减轻商品化飞机的自重，以及复合材料竞争的威胁，20 世纪 70 年代末和 80 年代初，全世界铝工业界对铝-锂合金重新产生了兴趣。减轻铝合金质量的最有效途径，就是减小其密度，利用低密度、高弹性模量的铝-锂合金，能将飞机的质量减轻 15%。

1994 年，美国国家航空航天局（NASA）选用 2195 铝-锂合金板材制造新的航天飞机的超轻燃料箱（SLWT）。该合金的密度比 2219 合金轻 5%，而其强度高 30%，美国国家航空航天局决定采用此合金制造国际空间站中的 25 次发射用的火箭液体燃料箱。为满足上述需要，雷诺兹金属公司（Reynolds Metal Co.，该公司 2000 年被美国铝业公司收购）投资 500 万元在麦库克轧制厂（McCook）又新建了一条铝-锂合金铸造生产线，使铸锭生产能力增加一倍。

1988 年，洛克希德马丁战斗机系统公司（Lockheed Martin Tactical Aircraft Systems）、洛克希德马丁航空器系统公司（Lockheed Martin Aeronautical Systems Company）与雷诺兹金属公共同制定了开发 2197 合金应用计划，用其厚板制造战斗机舱甲板。1996 年，美国空军 F-16 型飞机开始用此合金厚板制造后舱甲板及其他零部件。

除美国外，其他国家如俄罗斯、英国、法国等都在积极推广铝-锂合金在航空航天器上的应用：威斯特兰（Westland）EH101 型直升机的 25% 结构件是用 8090 合金制造的，其总质量下降约 15%；法国的第三代拉费尔（Rafele）战斗机计划用铝-锂合金制造其结构框架；俄国的雅克 YAK36 及米格 MIG-29 型战斗机都有相当量的零部件是用铝-锂合金制造。

美国麦克唐纳·道格拉斯公司（McDonnell Douglas）的 DC-XA "Clipper Graham" 火箭的液氧箱是用铝-锂合金焊接的。空中客车工业公司（Airbus Industries）、麦克唐纳·道格拉斯公司和波音飞机公司在制造 A330 和 A340 型、C-17 型、波音 777 型商用飞机方面使用了并将继续使用一定量的铝-锂合金。

现在，美国商品化飞机上所用的主要铝合金可分为三类：高强度合金、高抗腐蚀性合金和高耐破坏性合金（见表 14-12）。这三类合金也分别对应于高、中、低三种强度水平。表中还列出了四种产品（薄板、厚板、挤压制品和锻件）的不同状态。开发铝-锂合金的最初战略目的是为了研制能够——对应地替代传统合金的铝-锂合金。为此，美国铝业公司首先开发出了 2090 合金，以替代高强制品。加拿大铝业公司开发出 8090 中强合金。法国彼施涅公司则开发出了高耐破坏性的 2091 合金，主要用于制造飞机机身蒙皮板。目前，美国雷诺金属公司则开发出了高耐破坏性的 2091 合金，主要用于制造习机机身蒙皮板。目前，美国雷诺金属公司正在用马丁·马利塔公司研制的一种商品名为 "Weldalite" 的合金轧制板材。该合金将用于替换目前火箭推进器中所用的 2219 合金。表 14-12 还列出了铝-锂合金和制品的分组情况。

表 14-12　航空航天常用铝合金和铝-锂合金一览表（两组的相应合金不一定能直接替代）

设计标准	Al 合金组				Al-Li 合金组			
	薄板	厚板	锻件	挤压制品	薄板	厚板	锻件	挤压制品
高强度	7075-T6	7075-T651 7150-T651 7475-T651 7170-T7751	7075-T6 7175-T66 （7150-T77××） 7050-T76/T7652 7175-T74/7452 7149-T74/7452	7075-T6511 7175-T6511 7150-T6511 7050-T6511	8091-T8 2090-T83	Weldalite 8090-T851 2090-T81	8091-T625	Weldalite 8091-T8551 2090-T8641
中等强度 抗腐蚀性 耐破坏性	7075-T76 7075-T73 2214-T6 2014-T6	7010-T7651 2214-T651 2014-T651 7075-T7651 7070-T351 2124-T851 2219-T852	7075-T73/T7352 7050-T74/T7452 2014-T6/652 2024-T6/652 2219-T6/T87 7049-T73/T7352 7010-T74/T7452	7050-T3511 2224-T3511 2219-T8511 2024-T8511 2014-T8511 7075-T73511	8090-T8 2090-T8650	8090-T8251 8090-T8771 2090-T8650	2090-T85203 8090-T852 2091-T852	8090-T82551 8091-T8551
高耐破坏性	2024-T3	2324-T39 2124-T351 2024-T351	—	2024-T3511 2014-T4511	2091-CPHK 2091-T3 2091-T8 8090-T8151	2091-T351 2091-T851 8090-T8151	8090-T652	2091-T8151 8090-T81551

续表 14-12

设计标准	Al 合金组				Al-Li 合金组			
	薄板	厚板	锻件	挤压制品	薄板	厚板	锻件	挤压制品
可焊性 低温性能	—	2291 2519	2219-T6/T87 2519-T6 2419-T6/T87	2219 2519	Weldalite 2090	Weldalite 2090	2090-T652	2091-T8151 8090-T81551
超塑 成型能	7475	—	—	—	2090/8090	—	2090-T65203	Weldalite 2090

14.3.2.2　航天航空铝锂合金的化学成分

当前在航空航天工业中获得应用的铝-锂合金有：美国的 Weldalite 049、2090、2091、2094、2095、X2096、2197；欧洲铝业协会（EAA）的 8090；英国的 8091；法国的 8093；俄国的 ВАд23 等。表 14-13 列出了在美国铝业协会注册的工业铝-锂合金的成分。

表 14-13　在美国铝业协会注册的工业铝-锂合金的成分　　　　　　（%）

国际 牌号	Si	Fe	Cu	Mn	Mg	Cr	Zn	Li	Zr	Ti	Ag	其他杂质元素		Al
												每个	总和	
2090	0.10	0.12	2.4~3.0	0.05	0.25	0.05	0.10	1.9~2.6	0.08~0.15	0.15	—	0.05	0.15	其余
2091	0.20	0.30	1.8~2.5	0.10	1.1~1.9	0.10	0.25	1.7~2.3	0.04~0.16	0.10		0.05	0.15	其余
2094	0.12	0.15	4.4~5.2	0.25	0.25~0.8	—	0.25	0.7~1.4	0.04~0.18	0.10	0.25~0.6	0.05	0.15	其余
2095	0.12	0.15	3.9~4.6	0.25	0.25~0.8	—	0.25	0.7~1.5	0.08~0.16	0.10	0.25~0.6	0.05	0.15	其余
2195	0.12	0.15	3.7~4.3	0.25	0.25~0.8	—	0.25	0.8~1.5	0.08~0.16	0.10	0.25~0.6	0.05	0.15	其余
X2096	0.12	0.15	2.3~3.0	0.25	0.25~0.8	—	0.25	1.3~1.9	0.08~0.16	0.10	0.25~0.6	0.05	0.15	其余
2097	0.12	0.10	2.5~3.1	0.10~0.6	0.35	—	0.35	1.2~1.8	0.08~0.15	0.15		0.05	0.15	其余
2197	0.10	0.30	2.5~3.1	0.10~0.5	0.25	—	0.05	1.3~1.7	0.04~0.16	0.12		0.05	0.15	其余
8090	0.20	0.50	1.0~1.6	0.10	0.6~1.3	0.10	0.25	2.2~2.7	0.08~0.16	0.10		0.05	0.15	其余
8091	0.30	0.10	1.6~2.2	0.10	0.50~1.2	0.10	0.25	2.4~2.8	0.04~0.14	0.10		0.05	0.15	其余
8093	0.10	—	1.0~1.6	0.10	0.9~1.6	—	0.25	1.9~2.6				0.05	0.15	其余

14.3.2.3　航天航空铝-锂合金的典型性能

除了密度较小的优点外，铝-锂合金与目前所用的合金相比，还有下列不同之处；弹性模量较高；疲劳破坏时裂纹扩展速率较低；在可比屈服强度下韧性较低；离轴线强度较低；剪切强度和支承强度较低；抗腐蚀性能较低；热导率、电导率较低；时效处理前主要靠压力加工来提高其强度，在时效处理状态有足够的强度；所有工业热处理状态都是在欠时效的条件下进行的。此外，铝-锂合金的连接、成型、精整和切削等特性，也要求对现行工艺进行优化。

航空航天铝-锂合金（2090、2091、8090）的典型物理性能见表 14-14；2090 合金的力学性能见表 14-15；Weldalite 049 合金的平面应变断裂韧性 K_{IC} 见表 14-16；8090 合金的拉伸性能及断裂韧性见表 14-17；ВАд23 合金板材的力学性能列于表 14-18、表 14-19 中。

表 14-14　铝-锂合金的典型物理性能

性　　能	合　　金		
	2090	2091	8090
密度 ρ/kg·cm^{-3}	2.59	2.58	2.55
熔化温度/℃	560~650	560~670	600~655
电导率/%IACS	17~19	17~19	17~19
25℃时的热导率/W·(m·K)$^{-1}$	84~92.3	84	93.5
100℃时的比热容/J·(kg·K)$^{-1}$	1203	860	930
20~100℃的平均线膨胀系数/℃$^{-1}$	$23.6×10^{-6}$	$23.9×10^{-6}$	$21.4×10^{-6}$
固溶体电位[①]/mV	−740	−745	−742
弹性模量 E/GPa	76	75	77
泊松比	0.34	—	—

① 按 ASTMG60 测定,采用饱和甘汞电极。

表 14-15　2090 合金的力学性能

产品与状态	厚度/mm	标准	拉伸性能				韧性	
			方向[①]	$\sigma_{0.2}$/MPa	σ_b/MPa	δ(50mm)/%	方向[②]与 K_C 或 K_K[③]	K_C 或 K_K/MPa·m$^{1/2}$
T83 薄板	0.8~3.175	AMS4351	L	517 (517)	530 (550)	3 (6)	L-T (K_C)	(44)[④]
			LT	503	505	5	—	
			45°	440	440	—	—	
T83 薄板	3.2~6.32	AMS4351	L	483		4	—	
			LT	455		5	—	
			45°	385		—	—	
T84 薄板	0.8~6.32	AMS Draft D89	L	455 (470)	495 (525)	3 (5)	L-T (K_C)	49 (71)[④]
			LT	415	475	5	L-T (K_C)	49[④]
			45°	345	427	7		
T3 薄板[⑤]	—	[⑥]	LT	214min	317min	6min	—	—
O 薄板	—	[⑥]	LT	193max	231max	11max		
7075-T6 薄板			L	(517)	(570)	(11)	L-T (K_C)	(71)[④]
T86 挤压材[⑦]	0.0~3.15[⑧]	AMS Draft D88 BE	L	470	517	4	—	—
	3.175~6.32[⑧]		L	510	545	4	—	
	6.35~12.65[⑧]		LT	517	550	5	—	
				783	525	—		

续表 14-15

产品与状态	厚度/mm	标准	拉伸性能				韧性	
			方向[1]	$\sigma_{0.2}$/MPa	σ_b/MPa	δ(50mm)/%	方向[2]与K_C或K_K[3]	K_C或K_K/MPa·m$^{1/2}$
7075-T7厚板	13~38	AMS4346	L	(510)	(565)	(11)	L-T (K_C)	(27)
7075-T81厚板			L	483 (517)	517 (550)	4 (8)	L-T (K_C)	≥27 (11),
			LT	470	517	3	L-T (K_C)	≥22

① L—纵向，LT—横向。
② L-T(K_C)—裂纹平面与方向垂直于轧制或挤压方向。
③ K_C—平面应力断裂韧性，K_K—平面应变断裂韧性。
④ 405mm×1120mm 薄板的断裂韧性是根据有限的数据与典型值获得的。
⑤ T3 状态可时效到 T83 或 T84 状态。
⑥ 无最终用户规范。
⑦ 向美国铝业协会（AA）注册。
⑧ 标定直径或最小厚度（棒材、线材、型材）或标定壁厚（管材）。

表 14-16　Weldalite 049 合金的平面应变断裂性 K_{IC}

温度/℃	状态	方向[1][2]	K_{IC}/MPa·m$^{1/2}$	$\sigma_{0.2}$/MPa	σ_b/MPa
20	T3	L-T	36.9	405	530
21	T3	T-L	30.9	350	485
21	T3	T-L	29.8	350	485
21	F6E4	L-T	30	605	650
21	F6E4	L-T	29	605	650
−195	T3	T-L	31.8	455	615
−195	T3	T-L	30.9	455	615

① L-T—开裂平面垂直于挤压方向。
② T-L—开裂平面平行于挤压方向。

表 14-17　8090 合金的拉伸性能与断裂韧性

状态	产品	组织[1]	最低或典型拉伸性能				最低或典型断裂韧性	
			方向	$\sigma_{0.2}$/MPa	σ_b/MPa	δ(50mm)/%	断裂方向及韧性类型(K_C或K_K)[2][3]	断裂韧性/MPa·m$^{1/2}$
8090-T81（欠时效）	耐损伤未包括薄板<3.55mm	R	纵向	295，350	345，440	8~10typ	LT (K_C)	94，145
			横向	290，325	385，450	10，12	T-L (K_C)	85min
			45°方向	265~340	380~435	14typ	S-L (K_C)	—
8090-T8X（峰值时效）	中等强度薄板	UR	纵向	380~425	470~490	4~5	LT (K_C)	75typ
			横向	350~440	450~485	4~7	T-L (K_C)	—
			45°方向	305~345	380~415	4~11	S-L (K_C)	—
8090-T8X	中等强度薄板	R	纵向	325~385	420~455	4~8	LT (K_C)	—
			横向	325~360	420~440	4~8	T-L (K_C)	—
			45°方向	325~340	420~425	4~10	S-L (K_C)	—
8090-T8771>T651（峰值时效）	中等强度薄板	UR	纵向	380~450	460~515	4~6min	LT (K_C)	20~35
			横向	365min	435min	4min	T-L (K_C)	13~30
			45°方向	360typ	465typ	—	S-L (K_C)	16typ
				340min	420min	1~1.5min		—

状态	产品	组织①	最低或典型拉伸性能				最低或典型断裂韧性	
			方向	$\sigma_{0.2}$/MPa	σ_b/MPa	δ(50mm) /%	断裂方向及 韧性类型 (K_C 或 K_K)②③	断裂韧性 /MPa·$m^{1/2}$
8090-T8151 （欠时效）	耐损伤 厚板	UR	纵向 横向 45°方向	345~370 325min 275min	435~450 435min 425min	5min 5min 8min	LT（K_C） T-L（K_C） S-L（K_C）	35~49 30~44 25typ
8090-T852	经冷加工 的模锻件， 自由锻件	UR	纵向 横向 45°方向	340~415 325~395 305~395	425~495 405~475 405~450	4~8 3~6 2~6	LT（K_C） T-L（K_C） S-L（K_C）	30typ 20typ 15typ
8090-T8511 8090-T6511	挤压材	UR	纵向	395~450	460~510	3~6	—	—

① R—再结晶，UR—非再结晶。

② 除标有"min（最小的）"与"typ（典型的）"的值外，有两个数字的代表最小值与典型值。最小值供顾客用，并可视为国家标准值，但不代表注册值。

③ K_C—平面应力断裂韧性，K_K—平面应变断裂韧性。

表 14-18 ВАд23 合金板材的力学性能

产品	E/MPa	$\sigma_{0.2}$/MPa	σ_b/MPa	抗压弹性模量/MPa	冲击韧性/J·cm^{-2}	δ/%
包铝	73000	500	560	76000	1.47~2.94	5
未包铝	75000	550	590	80000	0.98~1.96	3
技术条件规定值	—	—	≥548.8	—	—	≤2

表 14-19 不同状态的 ВАд23 合金包铝板材的力学性能

状 态	$\sigma_{0.2}$/MPa	σ_b/MPa	δ/%
退火	98	215.6	20
新淬火	137.2	323.4	20
自然时效 2 个月	176.4	352.8	13
自然时效 1 年	225.4	362.6	17
自然时效 10 年	235.2	377.3	16
人工时效（160℃、10h）	490	539	5

14.3.2.4 铝-锂合金在航天航空领域中的应用

20 世纪 80 年代初期，发达国家的铝业公司与航空航天部门或军用飞机设计、制造企业合作，制订了研制铝-锂合金及其应用的雄心勃勃的计划，其目的是企图用这种低密度合金取代占飞机自身质量 40%~50% 的传统结构铝合金，以减轻航空航天器结构的质量。这一研究开发导致 12 个铝-锂合金在国际加工铝合金注册委员会注册。虽然这些合金不能直接取代传统高强度铝合金用于制造结构件，但在飞机特别是在军用飞机制造中获得了应用。到了 20 世纪 90 年代已用于焊接航天推进器的液氧与液氢燃料箱。

由于铝-锂合金的性能独特，因此其大多数应用在一些新的项目，这就限制了其市场开发。另外，铝-锂合金半成品的生产成本通常是传统高强度铝合金半成品的 3~5 倍，因此，仅应用在对自身质量要求特殊的项目。表 14-20 列出了铝-锂合金的主要应用。

表 14-20　铝-锂合金的主要应用

合金	应　用
2090	飞机的前缘和尾缘、襟翼、扰流片、底架梁、吊架、牵引连接配件、舱门、发动机舱体及整流装置、座位滑槽和挤压制品等
8090	机翼及机身蒙皮板、锻件、超塑成型部件及挤压制品等
2091	耐破坏性机身蒙皮板

14.3.2.5　铝-锂合金在航天航空领域的应用前景

铝-锂合金的主要优点是密度低、比模量高、优异的疲劳韧性与低温韧性，抗疲劳裂纹的扩展能力比常规高强度铝合金的优良。但是，在以压应力为主的变振幅疲劳试验中，铝-锂合金的这一优点不复存在。铝-锂合金的主要缺点是，在峰值强度时材料的短-横向塑性与断裂韧性低，各向异性严重，人工时效前需施加一定的冷加工量才能达到峰值性能，疲劳裂纹呈精细的显微水平时，扩展速度显著加快。

值得指出的是，随着设计人员和用户对这些新合金的性能特点越来越熟悉，将会出现更多的协作和应用。由于要求减轻新型飞机和现有飞机的重量。将继续推动铝-锂合金新用途的开发研究。可用铝-锂合金制造的民用客机与军用战斗机的零部件分别见图 14-3 和图 14-4。

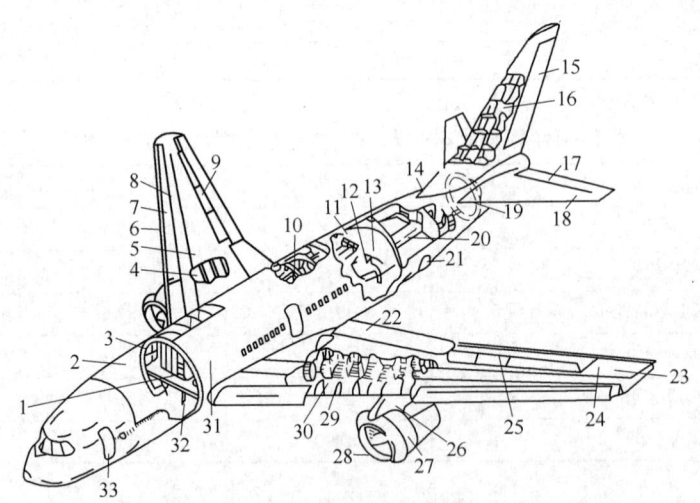

图 14-3　铝-锂合金在大型客机上可能应用的零部件示意图

1—过道 2090-T83；2—机身桁梁 8090-T8；3—机架 2091-T8，8090-T8；4—下桁条 2091-T84，8090-T8；5—上桁条 2090-T83；6—前缘 2090-T83、2090-T84；7—前缘缝翼 2090-T83、2090-T84；8—盖 2090-T83；9—阻流板 2090-T83、2090-T84；10—导管 2090-T86；11—座椅 2090-T62、8090-TSX、2091-T851；12—运货轨道 2090-T86、8090-T8；13—座椅轨道 2090-T86；14—厕所 2090-T83；15—方向舵 2090-T83；16—框架 2090-T83；17—升降舵 2090-T83；18—蒙皮 2090-T83；19—舱壁 2090-T84、2091-T84、8090-T8；20—上行李箱 2090-T83；21—便门 2090-T83、8090T8；22—副翼 2090-T83；23—下机翼 8090-T8；24—上机翼 2090-T83；25—阻力板 2090-T83、2090-T84、2091/8090-T8；26—吊架 2090-T83；27—发动机罩 2090-T83；28—前缘进气口 2090-T83；29—翼肋 8090-T8；30—翼梁 8090-T8；31—蒙皮 8091/8090-T8；32—地板 2090-T83；33—舱门 2091/8090-T8

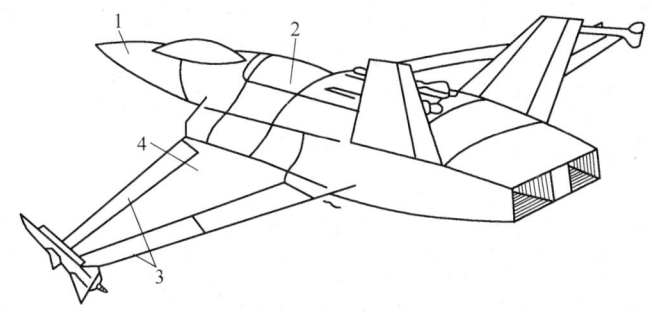

图 14-4　铝-锂合金与超塑成型（SPF）铝-锂合金在歼击机上的应用

1—前部机身：蒙皮 8090、2090、2091、8090，舱门 2090、8090、2091，基本结构 SPF 铝-锂合金；
2—中部机身：蒙皮 2090、2091、8090，隔板 8090，机架 SPF 铝-锂合金；3—操纵面：
蒙皮 2090、2091、8090，基本结构 2091、2090、8090，配件 8090 锻件；
4—上翼箱：蒙皮 8090、2090，翼梁为复合材料，翼肋为铝-锂合金

14.3.3　飞机抗压结构用铝合金

14.3.3.1　上翼结构在飞行过程中受压缩负荷

一般来说，大型运输机和民用飞机的上翼结构是按强度要求设计的。因此，要求选用的材料具有尽可能高的抗压强度/质量比。但是，材料还必须满足其他各种要求，包括成本、耐腐蚀性和损伤容限等。实际上某些合金/状态是靠牺牲一些强度来满足其他要求的，例如获得较高的断裂韧性和耐腐蚀性能。

图 14-5 示出了上翼结构用的一些铝合金及其状态的发展年代表。在该图中，以各种铝合金/状态第一次在飞机上应用作为它们的历史情况，用图解说明了这些历史情况与其厚板制品的典型屈服强度之间的关系。从该图中可以更加清楚地了解到上翼结构材料的发展。

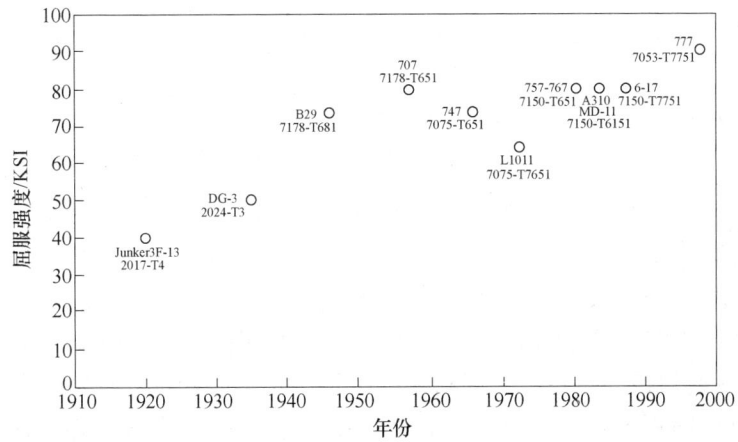

图 14-5　飞机上翼蒙皮板合金和状态的发展年代表（1KSI＝6.895MPa）

许多年来，这些合金一直是飞机上翼结构的选用材料。波音 757/767 飞机的研制促使人们去开发性能优于上述合金的新型铝合金。通过对 7075 铝合金（它是为厚截面用

途而研制的）成分的调整，开发出了 7150-T651 合金。该合金的强度与 7178-T651 相当，而断裂韧性却仍然符合要求。为了使耐腐蚀性比 7150-T651 稍好一些，又开发出了 T6151 状态。在该状态下，合金的强度仍保持在 T651 状态的水平。这种状态下的合金在空中客车（Airbus）A310 和麦道公司（McDonnell Douglas）的 MD11 型飞机的上翼结构上使用过。

人们已经认识到，过时效状态可以在牺牲材料一些强度的条件下改善其耐腐蚀性能，同时也找到了在不损失 7000 系合金峰值时效强度的前提下改善耐腐蚀情性能的一些方法。高性能 7150-T7751 厚板和 7150-T7751 挤压件研制成功，这两种材料在麦道公司生产 C-17 型军用飞机的上翼结构上首次获得应用。然后介绍针对 7150 合金研究开发的这种新状态，在美国铝业公司最新研制的高强 7000 系合金上的应用情况。该合金是专门为飞机的上翼等受压应力为主的结构件而开发的。这种新型合金的制成品为 7055-T7751 厚板和 7055-T7551 挤压件。它们已被定为波音 777 飞机的上翼结构选用材料。

14.3.3.2　7055 铝合金的开发与应用

增加 7000 系合金中的溶质含量会提高合金的强度，但同时也伴随着损伤容限的降低。按照美国铝业公司为 7150-T77 制品研究开发的专利处理工艺，人们可以制造出耐腐蚀性能和断裂韧性符合要求且强度更高的 7000 系铝合金。试验室研究结果表明，通过改进强度和耐腐蚀性的配比，可以试制出溶质含量更高的 7000 系合金，如图 14-6 所示。

通过这些研究，开发了牌号为 7055 的铝合金，并且已投入工业性生产。该合金已用于生产 T7751 状态的中厚板和 T7711 状态的挤压件。这些 7055 合金制品均属美国铝业公司的专利。下文介绍了 7055 厚板和挤压件的一

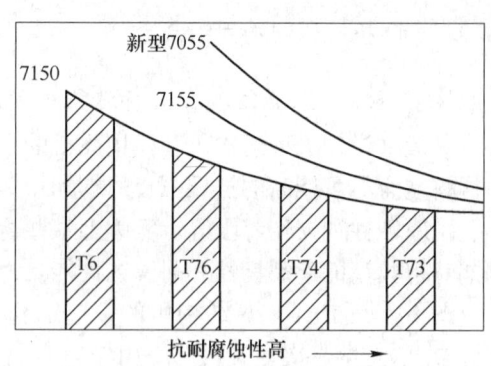

图 14-6　美铝的新型 7055 铝合金强度和耐腐蚀性能与 7150 对比

些典型性能，并且将这些性能指标与 7150-T6 和 T77 制品进行了对比。

表 14-21～表 14-23 分别列出了 25.4mm 的 7055 合金厚板和挤压件的典型抗拉及抗压和断裂韧性值。为了便于比较，同时列出了 7150-T6 和 T77 厚板及挤压件的典型性能数据。此外，还列出了材料的杨氏挤压件的典型性能数据。从这些数据可以看出，7055 合金制品的抗压强度和拉伸屈服强度比 7150-T6 和 T77 制品约高 10%。这可进一步转换为其强度比 7075-T6 约高 25%，比 7075-T76 约高 40%。

7055-T7751 和 T77511 制品的耐腐蚀性能介于 7150-T6 和 7150-T77 制品之间。对于按 EXCO 试验测得的抗剥落腐蚀性能来说，7055-T77 制品若按 ASTM G34 的图例分级标准评定，属于典型的 EB 级。但是，该合金采用该方法评定时，有很多困难，这是因为合金的试验溶液中有严重的均匀腐蚀。目前正在制定一种采用改进型 EXCO 溶液进行试验的新评定分级系列。新方法对该合金的在大气环境暴露下的剥落腐蚀行为能够更直观地评定。

表 14-21 三种 7000 系铝合金 25.4mm 厚板的典型性能值

力 学 性 能		7055-T7751	7150-T7651	7150-T7751
抗拉强度/MPa	纵向	648	606	606
	长横向	648	606	606
拉伸屈服强度/MPa	纵向	634	572	565
	长横向	620	572	565
压缩屈服强度/MPa	纵向	620	565	565
	长横向	655	599	599
伸长率/%	纵向	11	12	12
	长横向	10	12	11
拉伸弹性模量/GPa		70.3	71.0	71.7
压缩弹性模量/GPa		73.7	71.7	73.7
密度/g·cm^{-3}		2.85	2.82	2.82

表 14-22 三种 7000 系铝合金 25.4mm 挤压件的典型性能值

力 学 性 能		7055-T77511	7150-T76511	7150-T77511
抗拉强度/MPa	纵向	661	675	648
	长横向	620	606	599
拉伸屈服强度/MPa	纵向	641	634	613
	长横向	606	558	572
压缩屈服强度/MPa	纵向	655	634	634
	长横向	655	606	613
伸长率/%	纵向	10	12	12
	长横向	10	11	8
拉伸弹性模量/GPa		73.0	71.7	70.3
压缩弹性模量/GPa		75.1	75.8	75.1
密度/g·cm^{-3}		2.85	2.82	2.82

表 14-23 三种 7000 系铝合金合金 25.4mm 厚板和挤压件的断裂韧性典型数据

断裂韧性/MPa·m$^{1/2}$		7055-T7751	7150-T651	7150-T7751	制品类型
平面应变 K_{IC}	纵-横向	28.6	29.7	29.7	
	横-高向	26.4	26.4	26.4	
平面应力 K_{SC}	纵-横向	93.5	104.5	104.5	厚板
	横-高向	46.2	66	66	
平面应力 $K_{表观}$	纵-横向	82.5	88	88	
	横-高向	44	60.5	60.5	
平面应力 K_{IC}	纵-横向	33	31.9	29.7	挤压件
	横-高向	27.5	25.3	24.2	

在生产 7055-T7751 厚板和 7055-T77511 挤压件的过程中，已确定了暂行力学性能设计许用值（S 值）。目前该合金的产品类型仅限于厚板和挤压件。厚板目前现有规格为 9.53~31.75mm。挤压件目前仅限于厚度为 12.7~63.5mm 的产品，最大周边尺寸为 254mm。

7055 合金制品能显著减轻结构的重量，可用于要求抗压强度高、耐腐蚀性能良好的各种场合。在每一种具体应用中，还必须考虑其他设计参数，如 S-N（应力-循环次数）疲劳性、疲劳裂纹扩展、密度和弹性模量等。现有的一些应用实例有：民用运输机的上翼结构、水平尾翼、龙骨梁、座轨和货运滑轨等。

14.4　铝合金在航天航空领域应用的实例

14.4.1　铝合金型材在民用飞机上的应用

14.4.1.1　铝材在国外民用飞机上的应用

所有铝材（板、箔、管、棒、型、线、锻件、压铸件、铸件等）都在航空、航天器中获得应用，用得最多的是板材和型材。当前铝材是民用航空器的主导材料，铝合金在民用飞机上用量一般占民机用材总量的 70% 以上。随着科技的发展，铝材在民用飞机等所占比例将逐渐下降。

1935 年，世界上第一种成功应用的商业飞机 DC-3 的主体结构材料就是以当时先进的 2024-T3 铝合金为主。全球的铝合金生产企业常与大型飞机制造公司合作，联手进行铝合金材料改进和新材料研发，如美国铝业公司与波音公司联合研制出 2324、7150、2524、7055 等一系列高性能铝合金材料，并很快应用于飞机上。按民航客机的技术水平和选材特点，可把民航客机分为三代：（1）第一代客机，以美国 B707、B727、B737（-100，200）、B747（-100，200，300，SP），欧洲的 A300B，前苏联的图-104、图-154、伊尔-86 等为代表。这代飞机发展年代为从第二次世界大战后至 20 世纪 70 年代，多采用静强度和失效安全设计。（2）第二代客机，以美国的 B757、B767、B737（-300，400，500）、B747（-400），欧洲的 A320 和前苏联的图-204 为代表。这一代飞机提出耐久性和损伤容限设计需求，采用许多新型铝合金。（3）第三代干线客机，以美国的 B777、欧洲的 A330/A340 及俄罗斯的图-96 等为代表，这一代飞机设计上除满足第一、二代飞机要求外，还提出强度更高、耐蚀性和耐损伤性能更好、成本更低的要求。表 14-24 给出一些典型干线客机的主要用材情况。铝合金在国外飞机不同部位的应用发展情况见表 14-25。

表 14-24　一些典型干线客机的主要用材情况（质量分数）　　　　　（%）

飞机代别	机型	铝	钢	钛	复合材料
第一代	B737/B747	81	13	4	1
第一代	A300	76	13	4	5
第二代	B757	78	12	6	3
第二代	B767	80	14	2	3
第二代	A320	76.5	13.5	4.5	5.5
第三代	A340	75	8	6	8
第三代	B777	70	11	7	1

表 14-25 铝合金在国外飞机不同部位的应用发展情况

应用部位	20 世纪 40 年代	20 世纪 50 年代	20 世纪 60 年代	20 世纪 70 年代	20 世纪 80 年代	20 世纪 90 年代后
机身蒙皮	2024-T3	2024-T3	2024-T3	2024-T3	2024-T3	2524-T3
机身机头、桁条	7075-T6	7075-T6	7075-T73	7475-T76	7050-T74	7150-T77
机身框、梁、隔框	2024-T3 2124-T851	7075-T6 7050-T74	2024-T3 2124-T851	7075-T6 7050-T74	2024-T3 2197-T851	7075-T73 7150-T77
机翼上蒙皮	7075-T6	7075-T6	7075-T73	2024-T851 7050-T76	7050-T76 7150-T61	7055-T77
机翼上桁、弦条	7075-T6	7075-T6	7075-T73	7050-T74	7150-T61	7150-T77 7055-T77
机翼下蒙皮	2024-T3	2024-T3	2024-T3	7475-T73 2024-T3	2024-T3	2524-T3
机翼下桁、弦条	2024-T3	2024-T3	2024-T3	2024-T3 2224-T3511	2024-T3 2224-T3511	2524-T3 2224-T3511
翼梁、翼肋	7075-T6	7075-T6	7075-T73	7050-T74 7010-T74	7050-T74 7010-T74	7150-T77 7085-T74 7085-T6

20 世纪 70 年代前，民用客机铝材主要应用普通纯度的 2024、7075 铝合金。70 年代以后，开始研制目前批量生产的飞机用材，主要为高纯铝合金，包括 2124-T851、2324-T39、2224-T3511、7475-T73、7475-T76、7050-T7451、7050-T7452、7010-T74 和 7150-T61 等。20 世纪 90 年代以来，最先进的飞机上采用新研制的 2524-T3、7150-T7751、7055-T7751、7055-T77511、2197-T851、7085-T7452/T652 等铝合金。到 2012 年，民用飞机铝化率约 75%。在最新型的 B777 客机上，铝合金占机体结构质量约 70%。

A 波音 747 客机

波音 747（Boeing 747）客机是由美国波音公司在 20 世纪 60 年代末在美国空军的主导下推出的大型商用宽体客/货运输机，是世界上第一款宽体民用飞机。自 1970 年 B747 投入服务到空客 A380 投入服务前，波音 747 保持全世界载客量最高飞机的纪录长达 37 年。截至 2013 年 3 月，波音 747 共生产了 1464 架。波音 747 最新型号是 747-8，已在 2011 年正式投入服务。2016 年 7 月 27 日，波音公司在发布的一份监管文件中表示，可能会停止生产波音 747 飞机，从而结束这款飞机近半个世纪的生产史。图 14-7 为波音 747 客机。

波音 747 的机翼采用悬臂式下单翼，翼根部相对厚度 13.44%，外翼 8%，1/4 弦线后掠角 37°30′。铝合金双梁破损安全结构。外侧低速副翼、内侧高速副翼，三缝后缘襟翼，每侧机翼上表面有铝质蜂窝结构扰流片，每侧机翼前缘有前缘襟翼，机翼前缘靠翼根处有 3 段克鲁格襟翼。尾翼为悬臂式铝合金双路传力破损安全结构，全动水平尾翼。动力装置 4 台涡轮风扇喷气式发动机。由发动机带动 4 台交流发电机为飞机供电，辅助动力装置带发电机。4 套独立液压系统，还有一备用交流电液压泵。起落架为五支柱液压收放起落架。两轮前起落架向前收起，4 个四轮小车式主起落架：两个并列在机身下靠机翼前缘处，另两个装在机翼根部下面。波音 747 机身是普通半硬壳式结构，由铝合金蒙皮、纵向

图 14-7 波音 747 客机

加强件和圆形隔框组成。破损安全结构采用铆接、螺接和胶接工艺。波音 747 采用两层客舱的布局方案，驾驶室置于上层前方，之后是较短的上层客舱。驾驶舱带两个观察员座椅。公务舱在上层客舱，头等舱在主客舱前部，中部可设公务舱，经济舱在后部。客舱地板下货舱：前舱可容纳货盘或 LD-1 集装箱；后舱可容纳 LD-1 集装箱和散装货物。图 14-8 为铝材在波音 747 客机上的应用部位示意图。

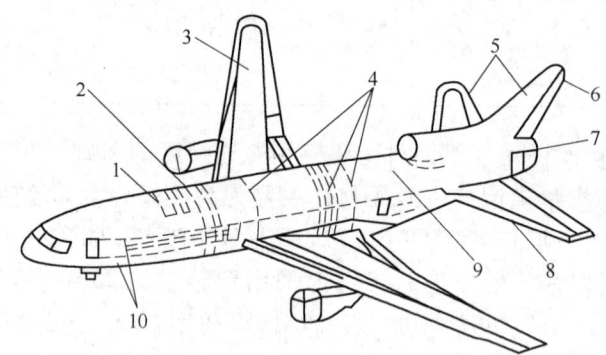

图 14-8 铝材在波音 747 客机上的应用部位示意图

1—桁条（7075-T6，包铝）；2—骨架（7075-T6、7178 或包铝 7178）；3—翼盒（上表面 7075-T76，
包铝；下表面 7075-T6；翼梁帽 7075-T76）；4—主骨架（7075-T6 锻件，包铝 7075-T6，7075-T6 挤压型材）；
5—升降舵与主向舵（包铝 2024-T3）；6—垂直安定面、蒙皮与桁条（包铝 7075-T6）；7—发动机支架
（Ti6Al4V，包铝 2024-T3，包铝 2024-T81）；8—水平安定面整体加强壁板（7075-T76，挤压）；
9—机身蒙皮（包铝 2024-T3，包铝 7075-T76）；10—大梁（4 个，7075-T6 挤压型材）

B 空客 A380 飞机

A380 是空中客车公司 2000 年 12 月发起的新项目，全球第一架 A380 飞机 2007 年 10 月在新加坡航空投入商业运营，空客 A380 客机，见图 14-9。目前，全球已有 2300 多万乘客乘坐了 A380 飞机。目前每天有 100 多个由 A380 执飞的航班，全球每 8min 就有一架 A380 飞机起降。截至 2016 年 12 月，空中客车已向全球 8 家客户交付了 77 架 A380 飞机。

A380 是当今全球最大、最高效的民用飞机（最大载客量 853 人），共有上下两层独立的全尺寸宽体客舱，为三级客舱布局，每架 A380 飞机由大约 400 万个独立部件组成，其中 250 万个部件由遍布全球 30 个国家和地区的 1500 个公司制造。据称，制造该机铝材采购量约 1000t，而铝制零部件的飞行质量约 100t。图 14-10 是美国铝业公司提供的一部分铝材的应用部位。

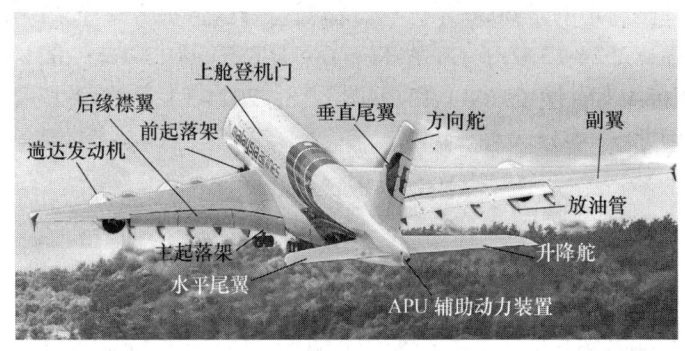

图 14-9 空客 A380 客机

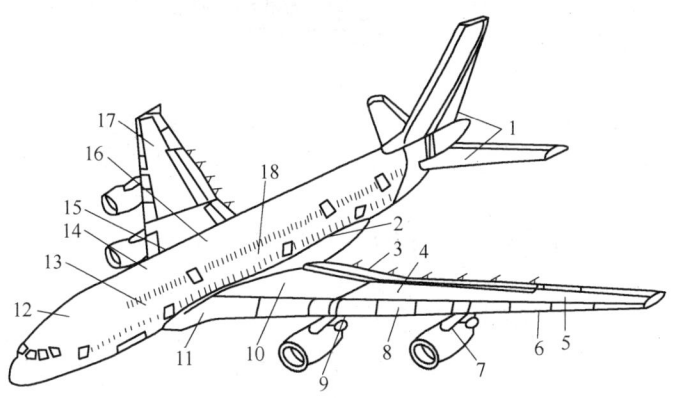

图 14-10 美国铝业公司为欧洲空客公司（A380）提供的铝材制造的零部件示意图

1—垂直稳定翼紧固件；2—地板梁；3—机翼齿轮肋及支撑配件；4—翼梁（厚板）；5—上翼蒙皮；
6—下翼蒙皮；7—发动机吊架紧固件；8—襟翼紧固件；9—发动机吊架支撑结构；
10—翼梁（锻件）；11—机翼、机身连接件；12—下机架及支撑锻件；
13—座位轨道；14—机身蒙皮；15—机身连接件；16—机身纵梁；
17—翼肋（厚板）；18—翼盒紧固件

在设计 A380 客机时，为尽可能降低最大起飞质量 MTOW（maximum take-off weight），最大限度地使用了铝合金材料，采用质量占材料总采购量的 78%，而起飞质量仍占 66%，并采用一些新合金，如 6113-T6、2524-T3、C68A-T3、C68A-T36 等铝合金；此外，大量采用激光焊接（LBW）代替古老的铆接工艺，对降低结构自身质量起很大作用。

激光焊用于 A380 下机身壁板与桁条的焊接，用来代替铆接。除通过减少大量铆钉（据说有几十公斤）实现减轻质量外，激光焊技术已发展成降低生产成本的技术。除激光焊接技术外，还需要开发可激光焊接的铝合金。这些合金有美国 Alcoa 公司开发的 6013 合金及法国 Pechiney 开发的 6056 合金，已用于最小型的空客飞机 A318 的某些机身壁板上。一块长 3.5m、宽 2m 的整体壁板（桁条用激光焊接的壁板），质量可减轻至少 5%，制造成本可减少 10%。壁板越大，制造成本降低越多。另一优点，是服役品质好，用激光焊接桁条可在很大程度上减少因采用机械紧固件带来的固有腐蚀风险。这种工艺的首次应用被批准用于 A380，航空公司将认可它的维修工艺。此外，激光焊的速度比铆接快，且有自动化的检验设备来保证焊接质量。不过，对 A380 客机，整体焊接壁板合金的最后选择尚未完全决定，尽管已选定的是 6000 系合金，但对合金的退火方式尚未确定。

断裂韧性方面，2524-T3 优于 C68A-T3、C68A-T36、6013-T6、2024-T3 铝合金；屈服强度方面则是，C68A-T36 优于 C68A-T3、6013-T6、2024-T3 及 2524-T3 铝合金。铝材在机身及机翼中的应用见图 14-11 及图 14-12。

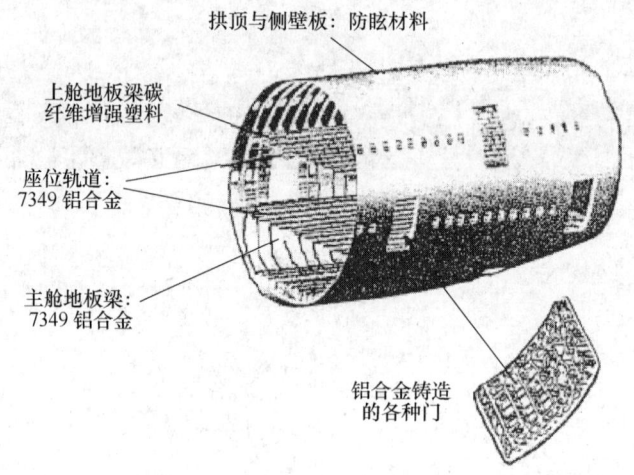

拱顶与侧壁板：防眩材料

上舱地板梁碳纤维增强塑料

座位轨道：7349 铝合金

主舱地板梁：7349 铝合金

铝合金铸造的各种门

图 14-11　铝合金在 A380 客机机身中的应用

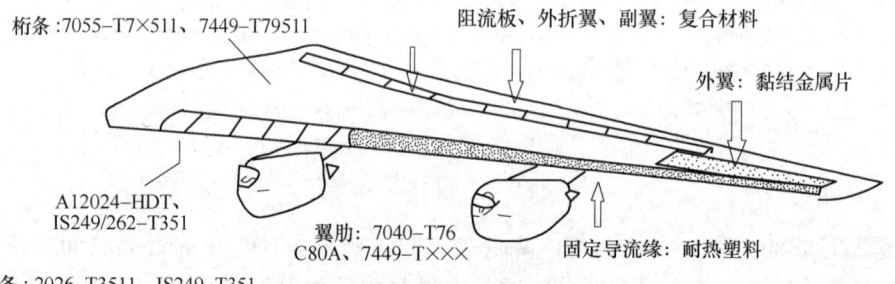

蒙皮：7055-T7×51 或其他相应状态，也可以用 7449-T7951 合金

翼梁：7040-T76 或 7010/7050-T7651 或 C80A

桁条：7055-T7×511、7449-T79511

阻流板、外折翼、副翼：复合材料

外翼：黏结金属片

A12024-HDT、IS249/262-T351

翼肋：7040-T76 C80A、7449-T×××

固定导流缘：耐热塑料

桁条：2026-T3511、IS249-T351

图 14-12　A380 客机机翼用材示意图

此外，在 6000-T6 合金的包铝与非包铝之间还须权衡。包铝合金耐蚀性好，但原料生产成本高；非包铝合金成本较低，但抗蚀性较差。据 Pechiney 提供的情况，T78 退火可将非包铝合金的抗蚀性改善到超过包铝合金的程度。

为减轻飞机质量，据报道，A380 上有可能像波音 777 那样采用 5254 铝合金。

C　波音 777 客机

波音 777 是一款由美国波音公司制造的长程双发动机宽体客机，是目前全球最大的双发动机宽体客机，三级舱布置的载客量由 283 人至 368 人，航程由 5235 海里至 9450 海里（9695~17500km）。波音 777 采用圆形机身设计，主起落架共有 12 个机轮，所采用的发动机直径也是所有客机之中最大的。图 14-13 为波音 777 客机。

图 14-13 波音 777 客机

一架波音 777 飞机上有 300 万个零部件，由来自全球 17 个国家的 900 多家供应商提供前舱、机翼、尾翼、发动机整流罩、机翼前缘组件、机翼活动面、起落架、天花板支撑架、鼻轮、舱门、鳍片和天线等，分别承包给世界各地的公司，如美国的罗克韦尔公司和巴西航空工业，日本的三菱重工业株式会社（机身表面）、川崎重工业株式会社（机身表面）、富士重工业株式会社（机翼中央部分）与及俄罗斯的伊留申飞机公司（与波音合作设计机舱行李架），而大韩航空也参与承包小部分零件，最后在波音的监管下，完成飞机组装，并执行试飞。波音公司与日本的三菱、川崎和富士重工签订了风险分担伙伴协议，日本方面组成"日本飞机发展公司"承担 777 结构工作的 20%。波音 777 具有左右两侧三轴六轮的小车式主起落架、完全圆形的机身横切面以及刀形机尾等外观特征。波音在 777 上采用了全数字式电传飞行控制系统、软件控制的飞行电子控制器、液晶显示飞行仪表板、大量使用复合物料、光纤飞行电子网络等多项新技术。

波音 777 客机采用了高强、高韧、耐蚀铝合金。飞机结构上，传统上在易发生损伤部位采用 2024 铝合金，强度要求高的部位采用 7075 铝合金。据波音公司报道，1943 年以来，7075 和 2024 铝合金应用之后，约有 20% 的新型结构铝合金在波音飞机上获得广泛应用。如 7050 铝合金，其成分与 7075 铝合金相比有较大不同，增加了 Zr、Cu 含量，而 Fe、Si 杂质大量降低，使该合金强度、断裂韧性和抗应力腐蚀性明显优于 7075 铝合金，尤其是其淬火敏感性低，很适于制造厚截面锻件。2324-T39 和 2224-T3511 铝合金也是在 2024 铝合金基础上改进的，其断裂韧性和抗应力腐蚀性能都有显著提高。从波音 737 到 767 飞机，使用铝合金材料最成功的经验是：上翼面采用 7150-T651X 铝合金，下翼面用 2324-T39 和 2224-T3511 铝合金为最好，而厚锻件则应考虑 7050 铝合金。但该经验的取得过程非常曲折，现以上翼面选材为例。

上翼面结构以受压为主，在选材时侧重于考虑其强度，为此波音 707 和 737 飞机采用 7178 高强度铝合金，由于加入含量更高的 Zn、Mg 和 Cu，强度虽有所提高，但断裂韧性降低，出于损伤容限方面考虑，研究强度较低、但可保证断裂韧性的 7075-T651 铝合金在波音 747 飞机上得以应用。同时 7×××系铝合金的强度提高也伴随着抗腐蚀能力的下降，特别是在峰值时效状态下更是如此，因此，这促进了抗腐蚀 T7651 状态的研究，7075-T7651 铝合金在洛克希德公司的 L1011 飞机上首次使用。同时，在波音 737 飞机上使用了 7079 铝合金制造的机身壁板、骨架、起落架梁等，其材料为 T61、T652 时效状态，以降低热处理应力，但因 7079 铝合金的抗应力腐蚀能力较差，与 7178 铝合金一起在新的波音飞机材料标准中被取消。波音 777 飞机主要部位的用材见表 14-26。

表 14-26　波音 777 飞机主要部位用材

部　位	材　料	部　位	材　料
上翼面蒙皮	7055-T7751	尾翼翼盒	T800H/3900-2
翼梁弦	7150-T77511	起落架	高强度钢
长桁	7055-T77511	起落架轮托架	Ti-10-2-3
机翼前缘壁板	玻璃-碳/环氧	起落架舱门	玻璃-碳/环氧 混杂复合材料
锻件	7150-T77	轮	Michelin AIR X 子午线轮
襟翼滑轨	Ti-10-2-3	尾喷管	β21S
机身蒙皮	C-188-T3	尾锥	β21S
长桁	7150-T77511	后整流罩	β21S
龙骨	7150-T77511	刹车块	C/C
座椅滑轨	7150-T77511	雷达天线罩	S-2 玻璃环氧复合材料
地板梁	T800H/3900-2		

　　到波音 757/767 飞机，又对上翼面的合金提出新的更严格要求，由 7150-T651 铝合金来满足，强度与 7178-T651 铝合金相当，还具备可接受的断裂韧性。此后，为提高抗应力腐蚀能力又开发了一种新的热处理状态 T6151，这种状态的 7150 铝合金在不降低强度前提下，抗腐蚀能力又有少量提高，用于空中客车公司的 A310 和麦·道公司的 MD-11 飞机的上翼面结构。

　　鉴于以往强度与抗蚀性、韧性不能兼顾，研究人员努力寻求一种既保持抗蚀性，又不牺牲强度的工艺，基于这种称为 T77 的热处理状态生产出了 7150-T7751 和 7150-T77511 铝合金材料，其强度与韧性和抗腐蚀性能结合良好，被选用于麦·道公司的 C-17 军用运输机。但这种合金强度仍不能满足需求，近年又研制出一种强度更高，同时具备可接受的断裂韧性和抗腐蚀能力的 7055-T77 铝合金材料，用于新型民航客机波音 777。

　　7055 铝合金的压缩屈服强度及拉伸屈服强度比 7150-T6 及 T77 铝合金高约 10%，强度比 7075-T6 提高约 25%，比 7075-T7 提高 40%。7055-T7751 和 T77511 铝合金的抗腐蚀能力处于 7150-T6 和 7150-T77 铝合金之间。7055-T7751 铝合金板材的平面应力断裂韧性值（K_C）比 7150-T6/T77 铝合金稍差，但二者平面应变断裂韧性值（K_{IC}）几乎相同。

　　可看出，调整合金成分及改进热处理状态是目前优化铝合金性能的重要途径。由于机身材料的断裂韧性是关键，因此除 7×××系改型铝合金外，波音公司在波音 777 机身上还采用 2×××-T3 铝合金，称为 C-188，特点是抗蚀性好，其成分及生产方法均属专利。它与候选的 2091-T3 及 8090-T81 铝-锂合金比较，长横向断裂韧性分别较之高 1/6 及 3/4。同等强度条件下，韧性及抗裂纹扩展能力均较 2024-T3 铝合金提高 20%，同时具备良好抗蚀性。

　　波音 777 飞机的上翼面原打算采用 Weldalite TMT8 铝-锂合金，但因铝-锂合金韧性不达标，改用 7055-T7751 铝合金，它韧性提高 1/3。与美国相反，空中客车公司在 A330/A340 飞机的次要结构用铝-锂合金制造，铝-锂合金在独联体民机上也得到广泛应用。

根据铝合金开发经验，强度、韧性及抗腐蚀能力不能同时兼顾，因此飞机用铝合金发展趋势是生产具有高强度同时又保证有可接受的断裂韧性及抗腐蚀性能的铝合金。

14.4.1.2 铝材在中国民用飞机上的应用

A 我国铝材在飞机上的应用情况

中国已生产的运输机主要有：运-5、运-7、运-8、运-10、运-11、运-1 及正在研制的 C919、ARJ21 等。运-8 飞机于 1969 年开始研制，1974 年 12 月首飞，是中国目前最大的军民两用中程、中型运输机。运-10 飞机是我国自行设计制造的第一架大型客机，与 B707 相当，最大起飞质量 110t，乘客数 140 人左右。ARJ21 飞机是中国研制的首架拥有完全自主知识产权的支线飞机，基本型为 72~79 座。运-8 飞机载重 20t，最大航程 5600km，具有空投、空降、空运、救生及海上作业等多种用途。运-8 原型机选材时立足国内，尽量考虑材料的国内正常供应水平和材料可继承性。运-8 原型机所用铝合金主要有 2A12、7A04 等。曾选用国产 2A12-CZYu 预拉伸板，随着飞机改进改型需要，改用了 2024 铝合金板材，也使用 2124、7050 等铝合金厚板。运-8 原型机上广泛使用了 2A50（LD5）、2A14（LD10）等铝合金锻件，用作飞机承力结构件。运-8 原型机还选用 ZL101、ZL104 等铸造铝合金材料，后来采用 ZL205A 铝合金制造承受较大负荷的中等复杂程度的构件，如接头、支撑杆等，以代替部分 2A50 铝合金锻件，降低了飞机制造成本。

我国铝材供应前景良好。截至 2012 年年底，国内只有 125MN 水压机，可挤压最大壁板宽度为 700mm，飞机制造公司使用过的壁板最大宽度为 600mm，随着兖矿轻合金有限公司引进的 160MN 油压机于 2012 年投产，从 2013 年起可生产型材的最大宽度 1100mm、最大长度 60m，可满足飞机制造公司对宽大壁板在规格方面要求；在预拉伸厚板方面，原来只有 2800mm 的热轧机，可供应的厚板尺寸：最大厚度 80mm、最大宽度 2500mm、最大长度 10m（受热处理炉尺寸限制）。随着西南铝业（集团）有限责任公司 4350mm 热轧机、东北轻合金有限责任公司的 3950mm 热轧机、爱励-鼎胜（镇江）铝业有限公司的 4064mm 热轧机，以及其他精整辅助设施的投产，中国可生产飞机所需各种规格的宽大厚板。主要大装备能力虽解决了，但 T77 状态材料的工业化生产设备、厚板深层应力的定量检测仪器等还有待建设，或引进高纯 2×××系及 7×××系大规格扁锭（厚度不小于 500mm）的熔炼铸造工艺有待研发。同时，对 7150-T7751、2324-T39、7055-T7751 铝合金壁板材料均只进行过预研，没有达到工业化生产水平，对 7449-T7951 铝合金材料国内还没有研究。因此，中国商用飞机有限责任公司决定，认证（获取适航证）首批大飞机与 ARJ21 支线客机的所用铝材全部进口，及 2018 年所用铝材国产化率达到 30% 的决策。

锻件生产方面，中国现有 300MN 模锻压机，450MN 模锻机也已投产，世界最大的 800MN 模锻机的投产，装备方面已经解决，但国内除批量生产 7A09 铝合金锻件外，还未批量生产其他高强度铝合金锻件，因此需对 7150、7085、7175 铝合金锻件进行工程化应用研究。

B 运-10 飞机

运-10（代号：Y-10，英文：Shanghai Y-10）客机，是 20 世纪 70 年代由中国上海飞机制造厂研制的四发大型喷气式客机，这是中国首次自行研制、自行制造的大型喷气式客机。运-10 飞机设计参考美国波音公司的波音 707 飞机，采用涡扇-8 发动机作为动力。因各种原因始终未正式投产，最终运-10只制成两架。

1970年8月，国家向上海飞机制造厂下达运-10研制任务，1972年审查通过飞机总体设计方案，1975年6月完成全部设计图纸，1980年9月26日运-10首次试飞成功。1982年起，有一段时间，运-10研制有所停顿。但是运-10飞机的试飞成功，填补了中国航空工业的空白。在设计技术上，运-10运输机在10个方面是中国国内首次突破；在制造技术上，有不少新工艺是国内首次在飞机上使用。由于当时历史条件限制，运-10飞机设计任务要求能"跨洋过海"，航程达7000km，致使飞机结构及载油重量增加，商载减少。图14-14和图14-15为我国产的运-10客机和该机的三维视图。

图 14-14　中国运-10（Y-10）大客机

● 几何数据

翼展：	42.24m	机翼面积：	244.46 m²
总长：	42.93m	总高：	13.42m
机身长度：	40.75m	客舱容积：	200.49m³
客舱长度：	30.40m	客舱宽度：	3.48m
最大客座数：	189	货舱容积：	36.01m³

● 质量数据

最大起飞质量：	110t	最大着陆质量：	83t
最大无油质量：	73t	使用空重：	58t
最大载油量：	51t	最大商载：	25t

● 飞行性能（安装JT3D发动机）

最大巡航速度：	974km/h
经济巡航速度：	917km/h
最大爬升率：	1200m/min
最大巡航高度：	12000m
起飞场长：	2318m
着陆场长：	2143m
15t 商载航程：	6400km
5t 商载航程：	8300km

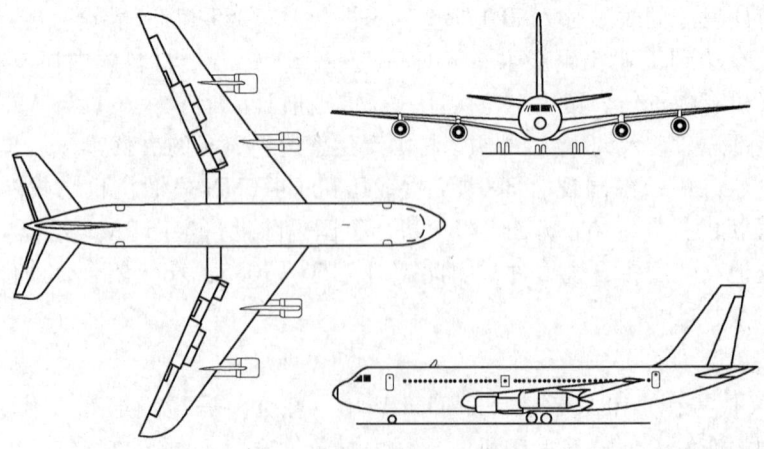

图 14-15　运-10 飞机三维视图

运-10 飞机参考美国联邦航空条例（FAR25 部分）及国际民航组织（ICAO）的相应要求，首次采用"破损安全"和"安全寿命"概念设计。运-10 飞机选材立足国内，其中铝合金用量最大，占结构质量 82%，结构钢和不锈钢占质量 14%，另外还有少量钛合金、复合材料和其他材料。运-10 机身、机翼、尾翼等主承力结构件大量采用了国产的 2A12 和 7A04 铝合金，还采用 6A02（LD2）、2A50 和 2A14 等铝合金锻件。运-10 飞机的大型铝锻件，如机翼与机身对接接头、31 框、42 框等，在 300MN 水压机上生产，都能保证冶金质量，性能满足要求。运-10 飞机首次使用国产大型铝合金预拉伸壁板。

C　ARJ21 飞机

ARJ21（Advanced Regional Jet for 21st Century）支线客机是中国按照国际标准研制的具有自主知识产权的飞机。ARJ21 包括基本型、货运型和公务机型等系列型号。2015 年 11 月 29 日，首架 ARJ21 支线客机飞抵成都，交付成都航空有限公司（成都航空），正式进入市场运营。2016 年 6 月 28 日，ARJ21-700 飞机搭载 70 名乘客从成都飞往上海，标志着 ARJ21 正式以成都为基地进入航线运营。图 14-16 为我国产的 ARJ21 客机。

图 14-16　我国产 ARJ21 客机

目前，ARJ21-700 客机选用的材料必须满足适航要求，也就是应立足于符合国际先进标准的材料，否则会影响民机在航线上使用，这是民机与军机最大的不同之处，为此，为获取适航证而制造的一些飞机的铝材全部从美国铝业公司等进口。该机的铝化率约达 75%（见图 14-17，表 14-27），共用 13 种变形铝合金。但是，今后该飞机采用的铝合金产品将逐步国产化。

新支线 ARJ21 飞机的选材以铝合金为主，达到 75%，结构钢和不锈钢占 10%，复合材料占 8%，钛合金占 2%，其他材料为 5%。ARJ21 飞机选用的铝合金基本与波音 777 飞机相同，在飞机主体结构件上选用了综合性能好的第四代高强耐损伤铝合金。机翼下壁板采用高损伤容限型 2524-T3 铝合金、2324-T39 铝合金，机翼上壁板采用高强耐蚀 7150-T7751、7055-T7751 预拉伸厚板。7150 铝合金还大量应用于机翼梁、机身桁条、机身框架、隔框、机翼上桁条、翼肋和翼梁等承力构件上。另外，ARJ21 飞机也选用了 7075、7050、2024 等铝合金，但用量不大。

14.4.2　铝合金在军用飞机上的应用

铝合金材在国外一些军机上的应用概况，见表 14-1，其中用铝最少的是 F-22 飞机，仅占总用材量的 15%。未来总的趋势是：随着军机更新换代，铝材用量也一代比一代减少。因此，研发综合性能良好，满足新型军机需要的一批新型铝合金，是铝合金企业面临的挑战。

A　美国 F-22 战斗机

F-22"猛禽"（F-22 Raptor）战斗机是由美国洛克希德·马丁和波音联合研制的单座

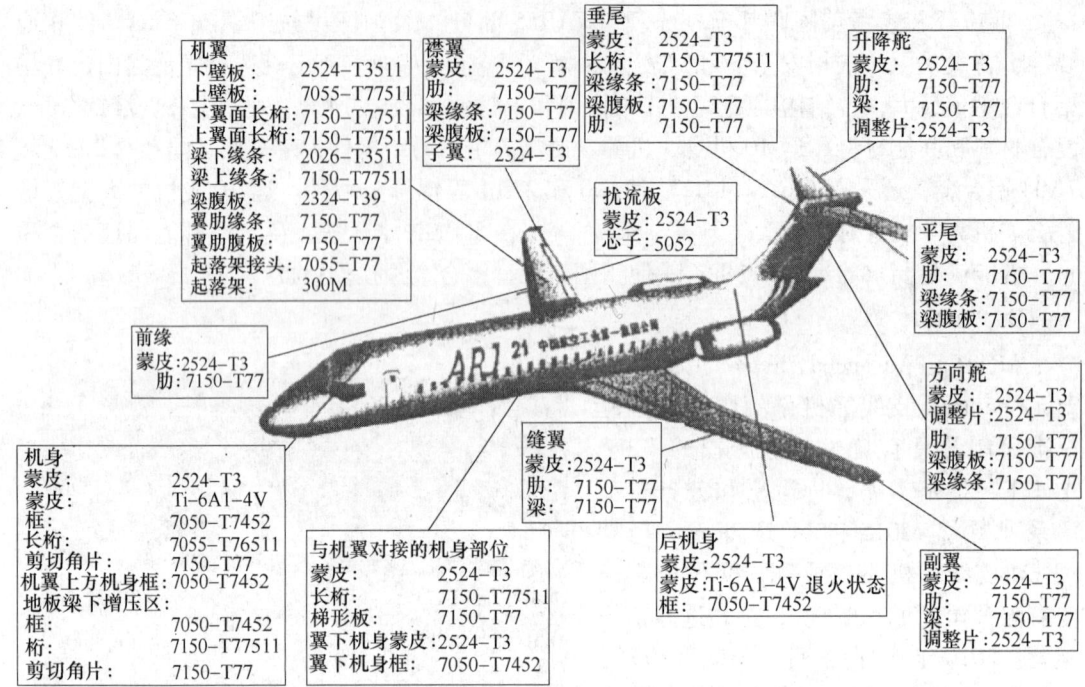

图 14-17　在 ARJ21 飞机上主要铝材分布图

表 14-27　铝合金材料在 ARJ21-700 支线客机中的应用

序号	合金牌号	技术标准	主要使用部位
1	2024	AMS-QQ-A-250/4	机身蒙皮、机翼下壁板
	2024（包铝）	AMS-QQ-A-250/5	
2	2124	AMS-QQ-A-250/29	中温下对强度和稳定性有要求的部位
3	2026	AMS4338	机翼下桁条
4	2324	（Alcoa 公司）	蒙皮、机翼下桁条、机翼下壁板
5	2524	AMS4296	机身蒙皮、机翼下壁板、机身框架、隔框
6	2219	AMS-QQ-A-250/30	发动机短舱零件
7	6061	AMS-QQ-A-250/11	要求有高塑性和高抗腐蚀性的飞机零件、飞机管件
8	7050（挤压件）	AMS54341	于截面受高载荷的主要结构件，如机翼上壁板、梁等
	7050（板材）	AMS4201	
	7050（板材）	AMS4050	
9	7055	AMS4206	飞机翼上壁板、机翼上桁条
10	7075	AMS-QQ-A-250/12	飞机结构的重要受力零件、接头等
	7075（包铝）	AMS-QQ-A-250/13	
11	7150（板材）	AMS4252	机翼上壁板、梁、机身桁条、机身框架、隔框、机翼上桁条、翼肋和翼梁
		AMS4345	
12	7175	AMS4344	飞机结构主要承力部件
13	7475	AMS4084	机翼蒙皮、机翼下壁板、梁和隔框等

双发高隐身性第五代战斗机。F-22 也是世界上第一种进入服役的第五代战斗机。F-22 于 21 世纪初期陆续进入美国空军服役，以取代第四代的主力机种 F-15 鹰式战斗机。洛克希德·马丁为主承包商，负责设计大部分机身、武器系统和 F-22 的最终组装。计划合作伙伴波音则提供机翼、后机身、航空电子综合系统和培训系统。洛克希德·马丁公司宣称，"猛禽"的隐身性能、灵敏性、精确度和态势感知能力结合，组合其空对空和空对地作战能力，使得它成为当今世界综合性能最佳的战斗机。

F-22 水平面上为高梯形机翼搭配一体化尾翼的综合气动力外形，包括彼此隔开很宽和并朝外倾斜的带方向舵型垂直尾翼，且水平安定面直接靠近机翼布置。图 14-18 为美国 F-22 战斗机。

按照技术标准（小反射外形、吸收无线电波材料、用无线电电子对抗器材和小辐射的机载无线电电子设备装备战斗机，其设计最小雷达反射面为 $0.005 \sim 0.01m^2$ 左右）。在机体上还广泛使用热加工塑胶（12%）和人造纤维（10%）的聚合复合材料（KM）。在量产机上使用复合材料

图 14-18　美国 F-22 战斗机

（KM）的比例（按质量）将达 35%。两侧翼下菱形截面发动机进气道为不可调节的进气发动机压气机冷壁进气道呈 S 形通道。发动机二维向量喷嘴，有固定的侧壁和调节喷管横截面积；及可俯仰 ±20° 的可动上下调节板以偏转推力方向。

在 F-22 的最初设计方案中，估计复合材料要占结构质量的一半，后来由于复合材料的性能发展未达到原来预计的要求，再加上成本较高，因此在实际设计中仍以金属材料为主，其中又以铝合金及钛合金占主导地位。

F-22 前机身采用了优质铝合金 7075-T7451、2124-T8151 等铆接结构，铝合金约占前机身结构质量的一半、中机身结构质量的 30%，占整个飞机结构质量的 15%。

B　美国联合攻击战斗机（JSF）

1993 年美国国防部启动了"联合先进攻击技术"JASF 验证机研究，且在 1994 年 1 月设立了 JASF 研究计划办公室，希望研制一种几个军种通用的轻型战斗攻击机系列，取代美空军的 F-15E、F-16、F-15C 和 F-117，海军的 F-14，海军陆战队的 AV-8B 等几个过时机种。

美国联合攻击战斗机（Joint Strike Fighter，JSF）是 20 世纪最后一个重大的军用飞机研制和采购项目。JSF 被定位为低成本的武器系统，这是因为目前先进战斗机，如 F-22 的成本不断高涨，美国及其他国家均感到，单纯依靠这样的高性能且高价格的战斗机组成战斗机部队，在财政上难以承受。因此美国各军种改变以往各自研制战斗机的传统，联合起来，共同研制一种用途广泛、性能先进而价格可承受的低档战斗机，这就是 JSF。随后英国看到了 JSF 的种种好处，也加入了进来。

JSF 的选材特别看重经济可承受性。在这一点上与早期的 F-16 有相似之处。X-35 项目（备注：X-35 战斗机其实就是 F-35 战斗机。X 表示是实验型飞机，尚未投入生产，见

图 14-19）负责人 Frank Cappuccioe 说：
"成本与性能一样重要"。JSF 的价格定位
在 2800 万～3800 万美元，只稍高于 F-
16C。在 F-16 研制时，就特别强调降低成
本，选材与当时 F-15 有很大不同，钛合
金和复合材料用得很少（复合材料的结构
质量只占 2%），主要采用了当时的一些先
进的铝合金如 7475、7175 等。

　　F-35 "闪电 Ⅱ" （F-35 Lightning Ⅱ）
联合攻击战斗机，是美国洛克希德·马丁
公司设计生产的单座、单发隐形战斗机。

图 14-19　X-35 战斗机

F-35 主要用于前线支援、目标轰炸、防空截击等多种任务，并发展出 3 种衍生版机型：常
规起降型 F-35A、短距/垂直起降型 F-35B、航母舰载型 F-35C，见图 14-20 及图 14-21。

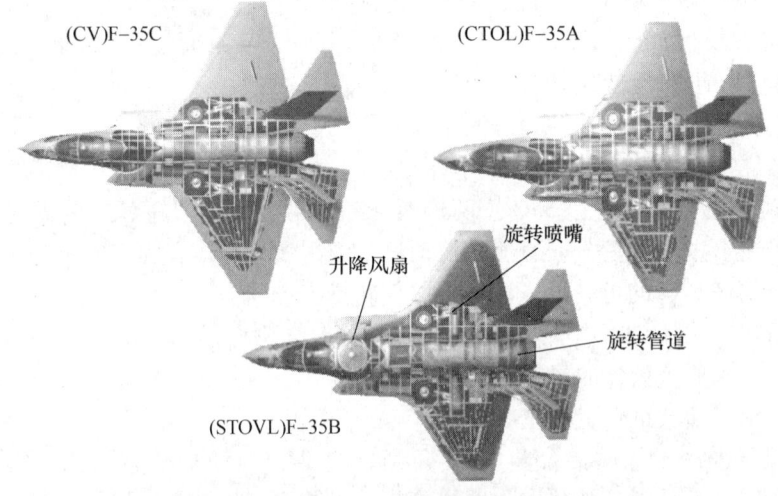

图 14-20　F-35 系列机型

图 14-21　F-35 战斗机

　　在 F-35 战机上，以往的机身蒙皮用铝合金，由于加工上的限制，板厚达 1.5mm，超
过实际工程需要，现在通过高速切削可以加工薄到 0.625～0.75mm，原要用复合材料作蒙

皮、舱门、壁板以及操纵面的，现在可以用铝合金代替，例如 7055 就是一种性能好的蒙皮合金，达到了与复合材料相同的减重效果。

应当指出，在发达国家应用铝–锂合金的成本还是相当高的（技术上不成熟是原因之一），如欧洲战斗机用铝–锂合金的用量就由 20% 降到 5%。因此，洛克希德·马丁公司将选材的经济可承受性重点放在复合材料上，由于复合材料中的纤维成本降低的空间不大，进一步将重点放在复合材料的成型上。同时尽可能减少复合材料的应用，例如对雷达隐身不起重要作用的部位仍用金属材料代替复合材料。

洛克希德·马丁公司希望在 X-35 战机中增加铝合金的使用比例，它与美国雷诺兹铝业公司及美国铝公司，成功开发了中等强度的 2197 及 2097-T861 铝–锂合金，用在 F-16 的后机身隔框、中机身大梁，进行验证试验以代替传统的 2124 铝合金，准备用于 X-35 战斗机。而波音公司与此相反，不准备多用铝合金，因考虑到铝合金与碳纤维复合材料之间有电偶腐蚀问题。不过 X-32 仍将 7055 铝合金用作水平安定面。

X-35 的初期设计采用了铝–锂合金作基准，用于 100mm 厚的机身隔框，与 F-16 类似。采用 2197 及 2097-T861 合金，经过重新设计，可将质量降低 5% ~ 10%。在机翼梁及隔框的研究中，疲劳性能相当于钛合金，而成本只是钛的 1/4。

洛克希德·马丁公司预计在 JSF 隔框上采用 100mm 的铝–锂合金厚板。据称，零件及试样的试验表明，其寿命高出 2124 合金 4 倍以上，密度降低 5%，采用新设计可使质量减少 5% ~ 10%，且在某些应用当中，如翼梁及隔框，其疲劳性能可与钛相当，而成本只是它的 1/4。其中，2197 成分为 2.8%Cu、1.5%Li、0.3%Mn、少量钛和锆，中等强度和中等疲劳强度，密度 2.66g/cm^3（0.096 磅/英寸^3），用于代替 2124-T851 及 7075-T745l 厚板。由于对疲劳裂纹不敏感，可代替 2124-T851，适用于易疲劳的关键部位；2097-T861 成分为 2.8%Cu、1.5%Li、0.3%Mn、0.1%Zr，在 F-16 上用于代替 2124-T851 隔框，合金韧性高出后者 32%，应力腐蚀强度高出 25%，被美国《研究与发展》杂志评为 1998 年的百项先进技术之一。

铝–锂合金的一些性能缺点如能得到克服，即可成功用于机身蒙皮，且用在机身上的效益将大于机翼。目前广泛研究的 8090-T81 再结晶板材的缺点：韧性低，高温长时间暴露下韧性降低。目前，正在开发一种时效工艺来改变该合金性能，英国宇航公司已在有关方面取得专利。英国宇航公司与英国国防评价研究中心正在合作开发新的铝–锂合金及其热处理工艺，用于机身蒙皮，以便实现一种接近全铝–锂合金的机身结构。米格-29 的前机身采用了全铝–锂合金结构。新的铝–锂合金与传统铝合金及铝–锂合金相比，具有优良的韧性及疲劳性能。

此外，铝–锂合金在 EF-2000 上有多处应用，包括机翼前缘主框架（外部为复合材料蒙皮）、垂尾的前后缘。法国的阵风试验机上也采用了铝–锂合金。

C　EH-101 飞机

EH-101 是一种多用途直升机，由英国阿古斯塔·韦斯特兰公司研制，1987 年 6 月成功首飞，具有全天候作战能力，可用于反潜、护航、搜索救援、空中预警和电子对抗。有军用型、海军型及民用型，可用作战术运输、后勤支援，能运 6t 货物，能在恶劣气候条件下在小型舰艇上起落。图 14-22 为正在执行任务的 EH-101 直升机。

与 NH-90 飞机不同，EH-101 飞机的选材特点是复合材料用量不特别多，占结构质量

图 14-22　EH-101 多用途直升机

24%，机身大量采用铝-锂合金。EH-101 飞机最初设计是在 20 世纪 80 年代，当时铝-锂合金在英国还不成熟。原型机用的仍是传统铝合金，但有质量超过 55kg 的问题，为此 1995 年开始在 EH-101 飞机上应用铝-锂合金，在西方国家实属首创。在机身中所用的铝-锂合金占铝合金中的 90%。

EH-101 飞机座舱后主机舱的侧框是用 AA8090 铝-锂合金模锻件切削加工而成，有金属蜂窝芯子。主升力框的元件原是用 100mm 以上 AA7010-T7451 铝合金厚板切削加工，后改用 AA8090 铝-锂合金冷冲压件。几个无法用冷冲压制造的 Al-Li 合金件改用 AA8091 Al-Mg-Li 合金锻件。

尾梁为传统的蒙皮桁条结构。桨毂为复合材料与金属多传力路径结构，采用弹性轴承。

阿古斯塔公司认为复合材料结构不一定比金属有利，认为要从整个寿命期来进行比较，复合材料有湿热性能不好、吸潮问题。如果比较 20 年的寿命，复合材料结构不一定在品质及成本上有利，这就是 EH-101 飞机不用那么多复合材料而用大量铝-锂合金的原因。

14.4.3　铝合金材在航天器中的应用

A　铝材在火箭上的应用

目前，从所有发射航天器的火箭到航天器上都用了铝材。图 14-23 为日本 H-1 型火箭的各部分构件的用材概况，用的都是 2×××系及 7×××系铝合金。

中国的长征一号火箭到长征四号火箭结构材料基本上也都是铝合金，多为金属板材和加强件组成的硬壳、半硬壳式结构，材料多为比强度和比刚度高的铝合金，也采用了一部分不锈钢、钛合金和非金属材料，铝合金占结构材料总质量 70% 以上。这些铝合金材料，除小部分进口外，其余的都由东北轻合金有限责任公司和西南铝业（集团）有限责任公司等提供。火箭与航天飞机的其他结构同飞机一样，大多采用

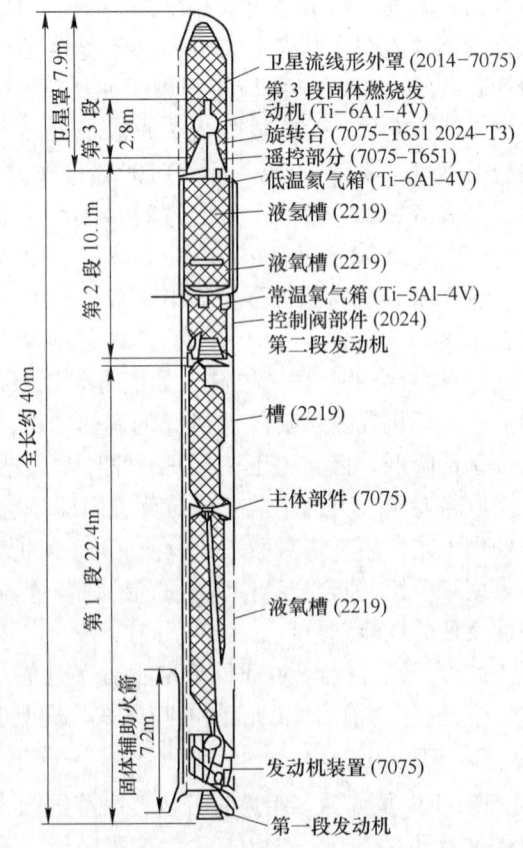

图 14-23　日本 H-1 型火箭用材部位

2024 与 7075 铝合金，也可采用 2219 铝合金。

B　铝材在航天器上的应用

航天器结构用铝材基本与飞机用铝材相同，载人飞行器的骨架和操纵杆上的大多数主要零部件是用 7075-T73 高强度铝合金棒材切削而成，又细又轻，且具有高强度。其他部分如托架、压板折叠装置、防护板、门和蒙皮板、两个推进器的氮气缸等是用成型性能良好的中等强度的 6061-T6 铝合金制造的。

铝箔在航空航天工业中也得到应用。蜂窝夹层结构通常称蜂窝结构如图 14-24 所示，是由两块面板和中间较薄的轻质蜂窝夹芯结合而成的。蜂窝结构又可分为重型和轻型两种：重型是指用高强合金板焊接而成，而轻型蜂窝结构是指面板为铝合金，芯子又是由很薄的铝箔或其他材料通过特殊的胶接后拉伸成型或波纹压型胶接而成的。所以，轻型蜂窝结构实际上是胶接结构。铝箔制造的蜂窝结构具有重量轻、强度高的特点，在航空器、航天器上得到应用。20 世纪 70 年代人类的月球登陆船的外层绝热材料也使用了铝箔。

奋进号航天飞机外贮箱使用了铝-锂合金。1998 年，美国发射奋进号航天飞机升空执行任务编号为 STS88 的首次国际空间站组装任务，这次飞行首次使用一种新型外贮箱，见图 14-25。由于质量比原有型号轻 3.4t，使航天飞机的有效载荷能力也相应提高 3.4 倍。新型外贮箱使用铝-锂合金，该合金同原来的铝合金材料相比，强度提高了 30%，密度低 5%。除因使用外贮箱而带来的 3.4t 的质量节省外，美国航宇局还在通过使用轻型座椅和减少应急用反推控制系统推进剂来争取实现另外 2.5t 的节省。

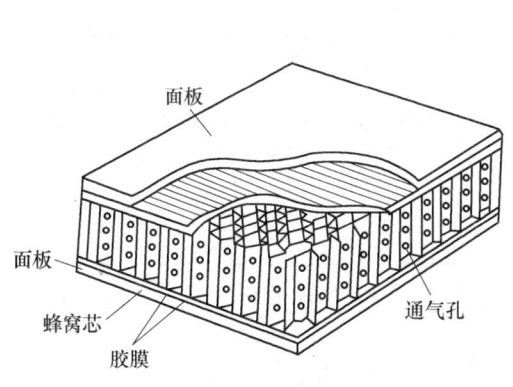

图 14-24　蜂窝夹层结构

图 14-25　美国奋进号航天飞机

15 铝挤压材在机械工业中的开发与应用

15.1 概述

在铝材与其他材料的竞争中，因其综合性能好，在机械行业方面获得了广泛的应用。所用铝材包括挤压材、铸件、压铸件及各种塑性加工材等。铝挤压材在铝材总消费中已占有一定的比重。据统计：机械制造、精密仪器、军工机械和光学器械等行业耗铝量为铝加工材产量的6%~7%。

总的来看，目前，机械工业部门中铝的消费量并不太大，而且正面临着传统的钢铁材料、新型工程塑料及陶瓷材料、钛及钛合金等材料的挑战和激烈竞争。但是，铝材有着质量轻、比强度高、耐蚀、好的耐低温性、易加工等卓越的性能，在高效节能，节能减排的政策推动下，将有更广泛的应用前景。尤其在军工机械、纺织机械、化工机械、医疗器械、光学及精密机械等方面的应用。另外，在食品加工机械、轻工机械、农用机械、甚至在冶金矿山机械中都已获得应用。表15-1是各系铝合金在机械部门中应用的大致情况。

表 15-1 机械工业中使用铝材的情况

合金系列	机械部门	用途举例
纯铝	化工、精仪、医疗	冷却器、加热器、管路、卷筒、装饰件
Al-Mn	化工、通用、轻工、农机	油容器、叶片、铆钉、各种零件
Al-Mg	石化、轻工、纺织、通用、农机	贮油容器、机筒、旋转叶片、精密机械零件、齿轮、喷灌管
Al-Mg-Si、Al-Cu-Mg-Si	通用、建筑、纺织	轴、结构框架、机械零件、装饰件
Al-Cu-Mg	纺织、通用	铆件、结构件、机械零件
Al-Cu-Mg-Fe-Ni	通用	活塞、涨圈、叶片、轮盘
Al-Cu-Mn	纺织、建筑	焊接结构件、高温工作零件、纺织筒
Al-Zn-Mg	化工、纺织	承载构件、皮带框架
Al-Zn-Mg-Cu	化工、轻工、农机	承载构件、铆钉、各种零件
Al-Cu-Li	通用、精仪	结构件、零部件

近些年来，我国机械制造业用铝的范围和数量在快速发展，特别是在武器装备、木工机械、纺织机械、排灌机械、化工机械等方面使用量增加很快。随着材料科学的发展，新技术、新工艺的采用，铝价的下降和铝合金新材料的研制及新产品的开发，铝材在机械工业的应用将会不断扩大。

15.2　铝挤压材在通用机械中的应用

15.2.1　在木工机械、造纸与印刷机械业的应用

木工机械已广泛使用大断面铝合金型材、管材和铸件制作支架，侧板和导轨、平台等重要零部件，使用的合金主要有 6063、6061 等。

在造纸和印刷业上，铝的一项有意义的应用是作为可返回的装运卷筒芯子。芯子可用钢制端头套筒加固，套筒本身也可构成纸厂机器的传动部件。加工作业用的芯子或卷取机芯子用铝合金制成。造纸机器用的长网或辊道也采用铝结构。

弧形铝薄板制成的印刷板可使印刷厂轮转机以较高的速度运转，并且因离心力降低而使不正确定位减小到最低程度。在机械精制和电压纹精制作业中，铝印刷薄板可提供优良的再现性。

在造纸、印刷、食品加工等轻工机械行业中铝普遍作为光和热的反射装置、干燥设备的部件、容器及壳体等。新近发展起来的泡沫铝也用作吸声装置、消音器、振动阻尼装置及吸收冲击能的部件。一些高强铝合金在轻工机械业中还大量用作结构材料。

15.2.2　在纺织机械中的应用

铝在纺织机械与设备中以挤压材、冲压件、管件、薄板、铸件和锻件等形式获得广泛应用。铝能抵御纺织厂和纱线生产中所遇到的许多腐蚀剂的侵蚀。它的高强度/重量比可减少高速机器部件的惯性。铝的质轻和持久的尺寸准确性可改善高速运转机器构件的动平衡状况，并减少振动，如挤压型材应用于纺织机的机梭。铝合金零件通常不需刷漆。有边筒子的轴头与轴心通常分别是永久模铸件及挤压或焊接管制造。

纺织机上用的 Z305 盘头是用整体铝合金模锻件来制造的，具有强度高，重量轻，外形美观等特点。纺织用的芯子管采用 6A02 合金挤压拉拔管制造，强度增加，不易机械损伤，几乎无破损，使用寿命明显提高。

剑杆织机的筘座专用铝合金型材在国外织机上已获得应用。最近国内在消化吸收进口样机的基础上已获得成功开发。筘子是织布机的主机件之一，它用来整理经线与上下交织。要求强度高，轻便耐用。目前我国采用高强度稀土铝合金挤压型材制成，已达到国外同类产品的水平。

此外，铝及铝合金型材在梳棉机上的帘板条、织布机的梭子匣上都得到应用。图 15-1 是应用于制造纺织机械零件的铝合金型材截面形状，材料为 6005、6061、6063 铝合金。

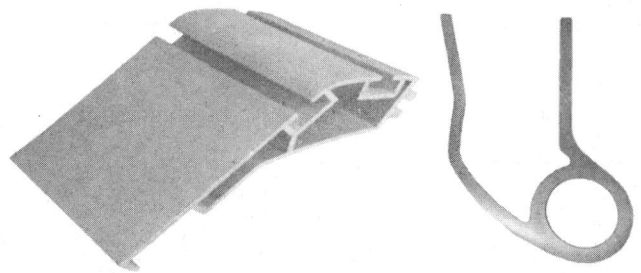

图 15-1　应用于纺织机械零件的两种铝合金型材截面形状

15.2.3　在各种标准零部件的应用

铝及铝合金已早被用来制作各种标准的机械和部件，如各种紧固件、焊接器材、设备与机床的零部件、建筑及日用五金件等。

在紧固件中，有各种标准的铝制螺栓、螺钉、螺柱、螺母及垫圈等。其品种、规格均与钢制标准紧固件相同。钢制零件往往与铝制零部件配用，以避免产生电化学腐蚀的危害。铝制通用紧固件可以使用各种铝合金来制造，抗剪强度要求较高的一般用 2A12 或 7A09 等铝合金。

铝铆钉也是一种通用的紧固件，它适用于两个薄壁零件铆接成一个整体的场合。用途十分广泛，使用也很方便。最常用的有实心或管状的一般铆钉、开口型或封闭型抽芯铆钉、击芯铆钉等种类。其他还有航空铆钉、双鼓型抽芯铆钉、环槽铆钉等新品种。

铝铆钉在使用时，除了一般铆钉需在工作的两侧同时工作外，抽芯和击芯铆钉只需单面工作。其中抽芯铆钉需与专用工具——拉铆枪配用，而击芯铆钉仅需手锤打击即可，使用十分简便，见图 15-2 和图 15-3。

图 15-2　抽芯铝铆钉

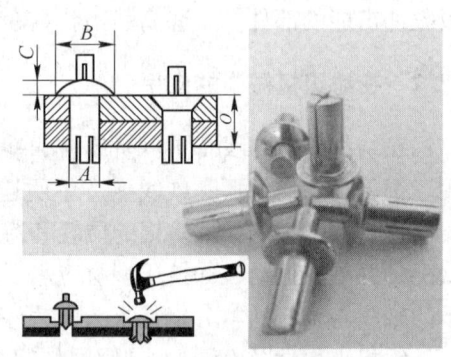

图 15-3　击芯铝铆钉

铝及铝合金的焊条、焊丝在机械制造部门中也是常用材料之一。前者主要用于手工电弧的焊接、焊补之用；后者主要用于氩弧焊、气焊铝制机械零件之用，使用时应配用熔剂。

铝及铝合金焊条一般运用直流电源。焊条尺寸为 3.2mm、4.5mm 两种，长度均为 350mm。焊条的化学成分有多种，应根据被焊铝合金的种类、厚度、焊接后的质量要求等因素来选用。通常，铝-硅合金焊条（含硅约为 5%）主要用来焊铝板、铝-硅铸件、锻铝和硬铝；铝-锰合金焊条（含锰约 1.3%）主要用于焊接铝-锰合金、纯铝等。

铝焊丝有高纯铝、纯铝、铝-硅、铝-锰、铝-镁等种类，焊丝直径在 1.5～5mm 范围内。气焊时应配用碱性熔剂（铝焊粉），以溶解和有效地除去铝表面的氧化膜，并兼有排除熔池中气体、杂质、改善熔融金属流动性的作用。但焊粉易吸潮失效，故必须密封瓶装，随用随取。在焊后必须清除干净。电弧焊时，使用惰性气体保护，如氩气等，其中又可以分为钨极惰性气体保护焊（TIG）和熔化极惰性气体保护焊（MIG）两种。焊接时要正确设计接头种类和坡口形状，正确选用工艺参数。另外，焊件和焊丝在焊接前的表面清理也十分重要。

用铝及铝合金来制作各种机械的零部件、五金件更是屡见不鲜了。例如，各种管路、管路附件、各种拉手、把手、旋钮、帘轨、合页等。某些高强铝合金，在克服了硬度低、表面易产生缺陷及变形、磨损等缺点后，还可以来制作各种轴、齿轮、弹簧等耐磨部件。

铝的板、箔产品被广泛用作产品的商标、名牌、表盘和各种刻度盘等。它与产品的造型、装潢结合，使科技和艺术统一。这些标牌的设计和制作，既与制版、印刷等技术有关，又与铝材的质量、氧化着色的工艺有密切关系。

铝-锡合金在中等载荷和重载汽车发动机和柴油发动机中用作连接杆和主轴承。铸造铝合金轴承或锻造铝合金轴承，可与钢制衬背、巴比特合金镀层或其他镀层覆盖物合并使用效果很好。

精密机加工至高表面光洁度与平整度的厚铸件或轧制铝板和棒材可用于工具与模具。铝板适用于液压模具、液压拉伸定型模具、夹具、卡具和其他工具。铝用于钻床夹具，并可作为大型夹具、刨削联合机底座和划线台的靠模、支肋和纵向加强肋。铸铝如用作标准工具可避免因环境温度变化引起不均匀膨胀而造成工具翘曲的问题。大规格铝棒已用来取代锌合金作为翼梁铣床的铣削夹具座，大型高强铝合金锻件和型材用来制作机床导轨、底座和横梁可减少质量达 2/3。铸铝在铸造工业中用作双面型板。近年来，在建筑工业中广泛使用铝合金建筑模板来代替笨重的混凝土和铸铁模板。

15.2.4 在换热器和冷却器中的应用

硝酸、醋酸、空气等装置广泛使用铝制换热器，型式与结构多种多样。主要有列管式换热器、盘管式换热器与空气冷却器等。我国较普通采用的是盘管式换热器，而空气装置又多采用列管式换热器。参见图 15-4。

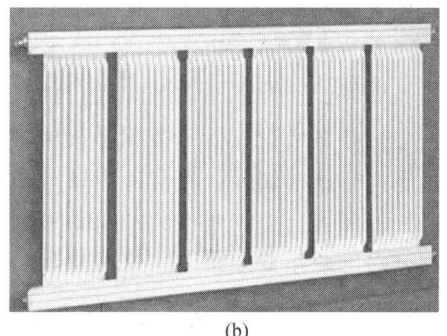

(a)　　　　　　　　　　　　　　(b)

图 15-4　管式铝合金散热器（a）及板管式铝合金散热器（b）

15.2.4.1 列管式换热器

这类换热器有固定板式、浮头式与 U 形管式三种，固定板式结构比较简单，适用于壳体与管子间温差较小的场合（如碳氨液）。若壳体与管子间的温度差、压力较大，则壳体应设膨胀节，以减少管板的温差热应力。壳体、管板与热交换管都是用工业纯铝制的。

15.2.4.2 盘管式换热器

盘管换热器在低温度液化与分离装置中获得广泛的应用，是重要的单元设备之一。它的结构比较紧凑，又有高的热效率，即使盘管长度达 50～60m，也不影响换热器的结构布置。盘管换热器还可制成多股流的，供多股流体在同一换热器进行热交换。由于盘管换热既能承受较高压力，又有一定的温差自动补偿能力，所以在低温装置中占有很重要的地位。现在液化天然气的大型盘管换热器可按处理流体量大小做任何形状。盘管式换热器的缺点是不易清洗与检修。

采用盘管式换热器进行气-液交换时，液侧（在管内）的放热系数往往比气侧（管外）的高 2～6 倍，为了有效地提高传热系数，一般增加气侧表面积（即采用翅片管），以减少气阀热阻。采用翅片管，强化了传热过程，使热交换器重量与体积可减少 20%～40%。通常当管内外介质的传热系数之比为 3∶1 或更大时，采用翅片管是经济的。

在设计盘管换器与冷凝器时，应注意管径的选择。若管径过大，单位体积管子的换热面积小，使换热器长度和重量都增加，不紧凑，不宜选用过大的管径。管径选得过小，虽可使结构紧凑，降低换热器重量，但管径过小不便加工制造，所以低温工程换热器常常选用外径为 ϕ10～25mm 的铝管，而其壁厚则决定于管内流体压力与加工制造工艺。

用于加工冷凝器与热交换器的拉伸无缝管有：1070A、3A21、包铝 3A21、5A02、5A03 及 6061 合金，热交换器铝管有耐大多数石油产品和大部分有机物及无机物腐蚀的能力。包铝 3A21 合金有耐 pH 值为 5～8 的盐水及自来水腐蚀的能力。

图 15-5 是铝合金管带式汽车换热器。铝合金管的截面形状是像口琴，称为口琴管。在使用过程中口琴管内充有冷却介质，在换热器中用作流体导管。通常根据需要口琴管被设计成 5～25 孔，壁厚为 0.6～1.0mm，高度为 5mm 左右。用户先将口琴管在专用胎具上盘成蛇状，再将双面包覆有钎料厚度为 0.15～0.20mm 的三层复合箔加工成波浪形的散热带，然后二者热装配，在惰性气体保护钎焊炉中加热焊接，制成换热器。

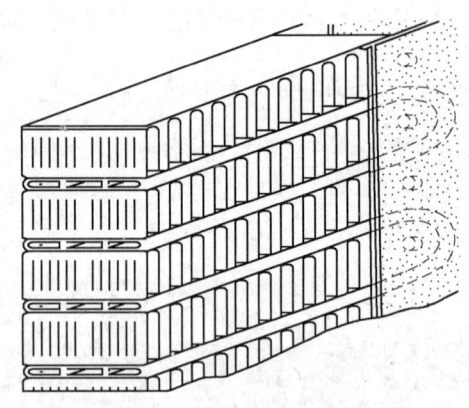

图 15-5　管带式汽车冷凝器

口琴管材料应选用塑性好、流动性强、强度适中、焊接性能好、耐蚀性优良的铝合金。目前国外大多采用 1×××系纯铝；国内多采用 1050、1070 纯铝。图 15-6 是"奥迪"轿车空调蒸发器的口琴管截面形状及尺寸。

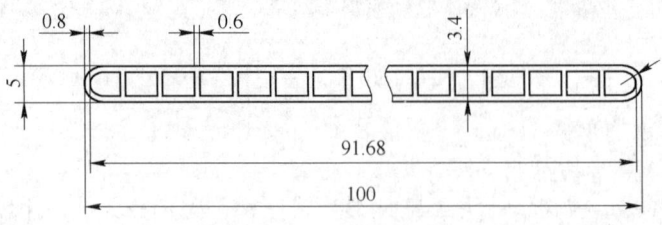

图 15-6　"奥迪"轿车空调蒸发器的口琴管

15.2.5　在仪器仪表与精密机械中的应用

在强度与尺寸稳定性相结合的基础上，铝合金可用于制造光学仪器、望远镜、航天导航装置及其他精密仪器。在制造和组装这类装置时为保证部件尺寸的准确性与稳定性，消除应力补充热处理有时在机加工阶段进行，或在焊接或机械组装之后进行。一些中等强度时效强化的锻铝在医疗器械中用来制造叶轮、冷冻部件壳体等，也用来制作相机的镜筒、拉深框等零部件。一些高强度粉末冶金产品由于形状精密、尺寸稳定、残余应力小，更可在精密仪器制造业中大显身手。在照相机、电影机、复印机、计算机和理化仪器等零器件制造中得到采用。某些非晶型铝合金的测试仪器、机器人中也得到了应用。低磁化率的合金在陀螺仪和加速度计中的音圈力矩动框等制品中采用。再如在理化仪器制造中也广为使用切削性能优越的铝合金。

15.3 在矿山机械的应用

15.3.1 通用矿山机械

近年来在矿山机械，特别是煤矿增加使用铝制的设备。铝的应用包括矿车、吊桶与箕斗、顶板支撑、移动式气腿和振动输送机。铝能经受露天采矿与深井采矿的腐蚀条件。铝具有自行保持表面洁净的能力，并可能受磨损、振动、劈裂与撕裂，有的铝合金还可阻燃，防止煤矿与天然气发生爆炸。

在各种矿山中，广泛使用全铝的筒型车厢来运输矿石和化学用品，7A09 和 2A12 等高强度合金被广泛用作矿山的钻探管。由于铝质量轻，可提高钻探能力 1 倍左右；更由于不需进行火花控制，钻探性能良好、安全。但也存在抗扭、抗剪能力低，耐摩擦和地热高温能力小等缺点。此外，铝合金在矿山中还用来制作液压支柱、矿井中升降罐笼和有轨矿道用车等等。

15.3.2 在矿井罐笼的应用

铝合金罐笼在国外早有应用，技术也颇成熟。例如，在英国、非洲等的一些老式煤矿，因开采年代较久，矿井深度已达 700~1000m，为了继续沿用旧有的竖井，纷纷采用铝合金罐笼以减轻矿井提升设备的自重，充分发挥旧矿井的潜力和提高煤矿的生产率。

我国是一个产煤大国，矿井多而深，铝合金罐笼的研制开发与应用也逐步在进行。铝合金罐笼的本体结构、罐挡、罐门和扶手都选用比重小、强度高、耐腐蚀和抗冲击的 157 铝合金。用 157 合金制造的煤矿用矿山液压支柱，早在唐山、阳泉、沈阳和山西省一些煤矿上应用。157 铝合金与几种钢材的典型力学性能示于表 15-2。

表 15-2 铝合金与几种钢材的典型力学性能

材　料	σ_b/MPa	$\sigma_{0.2}$/MPa	δ/%	HB
157 铝合金	530	431	12	140
40 号钢	568	333	19	217
16Mn 钢	510	351	21	217
18Mn-Si 钢	588	392	14	217

与钢罐笼相比，铝合金罐笼由于选用 157 铝合金作为主体结构用材，从而收到了明显减重的效果。罐笼自重大幅度下降，钢罐笼的本体结构罐挡、扶手、罐门四部分原重

4.92t，改为 157 铝合金后，仅重 2.26t，比钢轻了 2.66t，即减轻了 54%。157 铝合金的屈服强度显著高于钢，耐蚀性大大优越于钢材，即延长了使用寿命。实际上，由 157 铝合金制作的矿山液压支柱在煤矿中已安全使用多年，参见图 15-7 和图 15-8。157 铝合金不存在冷脆问题，耐磨性良好，显著优于 A3 钢。

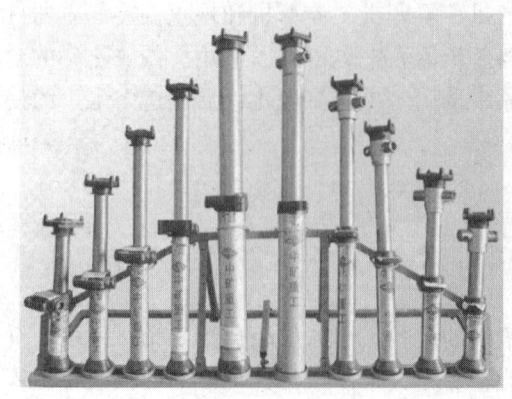

图 15-7　铝合金制作的矿山液压支柱　　　　　图 15-8　铝合金快速接头

为了延长罐笼的使用寿命、增强耐蚀性和耐磨性，对全部零部件都采取了防蚀措施：铝合金件进行阳极氧化处理；钢制件（螺栓、螺帽、垫圈、插销、加强板等）都进行电镀处理；钢件和铝件的接触部位都涂上绝缘底漆保护层和采取其他措施，以防止电化腐蚀；整体喷涂保护层等。

零部件连接部位不用冷铆，全采用铰制孔以螺栓连接，螺栓孔采取配钻、铰孔、动配合精度为 2 级，螺帽紧固后，用冲眼方法防松，使之形成刚体结构以保证连接部位的安全和可靠。

15.4　铝挤压材在石化机械中的应用

铝及铝合金材料在石油及化学工业中首先被用来制作各种化工容器、管道等，以贮存和输送那些与铝不发生化学作用或者只有轻微腐蚀，但不危及安全的化工物品。如液化天然气、浓硝酸、乙二醇冰醋酸、乙醛等。由于铝合金无低温冷脆性，更有利于贮运液态氧、氮等低温物质。

制作化工容器的铝合金有纯铝、防锈铝等耐蚀性较优的合金。在各种铝合金容器中，有卧式、立式之分，又有矩形、球形之别。其中球罐使用量最大，因为它比同体积的矩形罐能节省 40% 的材料，而承受外力的能力可大 1 倍左右。仅在我国估计每年需要制造 1 万多个，而铝合金约占 30%。据资料报道，世界上最大的铝合金容器用来贮存 -162℃ 下的液化天然气，容积达 12500m^3，需用 3500t 铝板。

铝材在化工设备中的分解塔、吸收塔、蒸馏塔、反应罐、热交换器等中有不少的应用。其中，化工用热交换器种类很多，诸如蒸发器、冷凝器、散热器等。这种热能交换器还分列管式、盘管式、翅片管式及其他形式。整体式螺旋形翅片管热交换器采用与螺纹轧制相似的变形方式，用三辊斜轧机对厚壁管外圆周部分作滚轧加工，形成翅片，使管内外面积比增大。整体式翅片管具有强度高、耐振动、耐温度、热交换能力大和抗腐蚀等优点。

在低温设备中，例如在采用液化空气法分离制取液态氧和氮的设备中，使用一种铝制钎焊板翅式换热器。它显示了铝及铝合金的无低温脆性、对热交换介质稳定、质量轻、成本低的卓越特点。这种换热器由隔板、翅片和封条三部分组成。全部采用 3A21 合金，其中隔板是用 3A21 合金作基材，与铝-硅（含硅约 7.5%）合金板经复合轧制而制成的。组装时在 600℃的盐浴炉中进行钎焊。要保证内外的冷热介质不发生窜流，并在 4MPa 的工作压力下能正常工作。

在化工及其他设备中还广泛使用一种铝制的牺牲阳极。它是由铝-锌-铟-锡组成的合金。牺牲阳极属于防蚀保护中的阴极保护法，使被保护的金属零件或结构免受腐蚀而延长使用寿命。

此外，铝材在化工行业中其他方面的应用还可以举出很多例子。如已实用化的油罐铝浮顶，能有效地减少轻质油的挥发；化工设备中的管路、管件、阀门等；塑料橡胶业中使用的铝制模具；大型化工设备中的人孔、观察孔；特殊条件下使用的各种衬铝设备等。总之，铝及铝合金材料在化工机械行业中有着广泛的应用，特别值得提及的是石油及天然气钻探开采与输送用铝挤压材，下面分别进行介绍。

15.4.1 在石油化工容器和塔器的应用

15.4.1.1 在石油化工容器的应用

典型的铝制石油化工容器有：液化天然气贮槽、液化石油气贮槽、浓硝酸贮槽、乙二醇贮槽、冰醋酸贮槽、醋酐贮槽、甲醛贮槽、福尔马林贮槽、吸硝塔、漂白塔、分解塔、苯甲酸精馏塔、混合罐、精馏锅。

上述容器的主体结构件大多是用工业纯铝、工业高纯铝及防锈铝-镁合金制成。由于设备的工作压力及温度不同，需选用不同的材料。例如工作压力较低（<30MPa）或常压的抗蚀容器宜用工业纯铝 1060 及 1050A 制造。而压力较高的常温或低温容器则多用防锈铝合金 5A02、5A03、5A06 合金制造。工作压力较高的大型容器，如单独采用上述铝材制造，由于其强度低，需用厚板，很不经济。因此，常用衬铝的碳钢或低合金钢板制造。

为了改善铝制容器的受力情况，防止变形，较大容器的内部及外部需用加强圈。加强圈应有一定的刚性，一般用角铝、工字铝及槽铝等。通常采用间断焊接，因为连续焊容易引起筒体变形。外加强圈的每侧间断焊总长不得短于容器壁厚的 12 倍。图 15-9 是一种用工业纯铝制造的浓硝酸罐，容积为 60m³，工作温度 30℃，压力为硝酸静压。铝制立式化工槽的直径与高度之比最好为 1：（1.2～1.5）。与卧式容器相比，立式占地少、单位容积的铝材量少、容积大等优点，条件许可时，应尽可能地采用立式容器。图 15-10 是一种 2m³ 的运输用的铝罐及其基本尺寸。用工业纯铝 1060 及 1050A 制的各式铝容器，它所受的压力不大于 200MPa，适用于运输腐蚀速度不大于 0.1mm/a 的介质。

15.4.1.2 在石油化工塔器的应用

石油化工用的铝制塔器的高度一般都不超过 20m，同时，大都安装于室内或置于框架内，以免风载影响。常见的有：炮塔、筛板塔及填料塔。我国化工厂的这类塔器都是用工业纯铝板与高纯工业铝板焊制的，运转情况良好，如吉林化肥厂的吸硝塔是用 1A05 铝板制作的，使用寿命达 50 年以上。

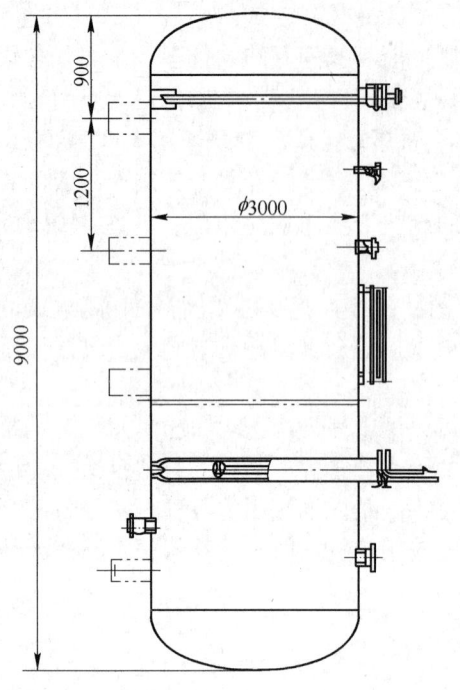

图 15-9   60m³ 铝制浓硝酸罐

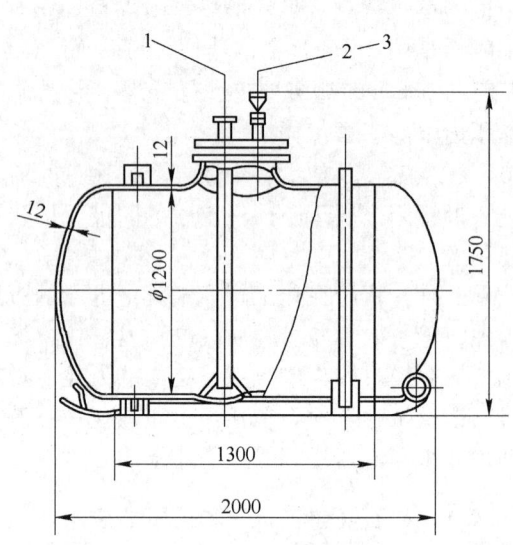

图 15-10   2m³ 的卧式铝罐
1—进料口（φ700mm）；2—排料口；
3—备用口（φ40mm）

15.4.1.3   衬铝设备

由于工业纯铝及防锈铝的强度较低，如用于制造压力高的容器，则需要相当厚的铝板，不经济。采用衬铝材料，则既可满足强度要求，又能满足抗蚀性要求。衬铝容器直径一般为 φ500~2000mm。直径过大，不易加工制造。

在计算衬铝设备的结构强度时，一般不考虑内层的强度，容器中的压力与设备负载都由外壳承受。衬铝层厚度一般为 1~3mm。薄于 1mm 时，不易焊接。可用机械法、粘接法或爆炸法把衬铝层固定于钢壳上。

15.4.1.4   其他铝制零部件

其他铝制的石油化工设备零部件有：工业纯铝制的常压人孔；常压块开人孔；常压盖人孔；榫槽面人孔；衬铝块开人孔；磁性浮子液面计；5A02 合金制的玻璃管液面计；1060 铝制视镜；工业纯铝及 5A02、5A05 合金法兰；3A21 及 5A05 合金制的肩垫及垫圈等等。

15.4.2   天然气与石油输送铝合金管

15.4.2.1   铝合金天然气与石油输送管的特点

美国早在 20 世纪 60 年代就已始采用铝合金 2014 合金管钻探石油与天然气。以铝合金管代替钢管有如下优点：

（1）质量轻，用同样的设备可以提升更长的钻杆，提升内燃料消耗可以减少15%～20%，每台设备运送的总长度可增加60%，钻机能力可以提高50%～100%；

（2）可靠性大，不会发生火花，在有腐蚀性的钻井中，比传统钻探钢管的还高；钻探性能良好，钻井深度可增加30%；

（3）耐热性强，可钻到8km，井底温度为204℃时，仍运转良好；

（4）低温性能好。

15.4.2.2　天然气与石油输送铝合金管的基本要求与结构形式

用于输送天然气与石油用的铝合金是挤压无缝管。合金有：1A70A、3A21、包铝的3A21、6061、6063。美国及其他国家还用5083、5086及6351合金管。美国用的标准天然气及石油输送管的尺寸与重量列于表15-3。

表15-3　天然气与石油输送管尺寸与质量

外径/mm	壁厚/mm	质量/kg·m⁻¹	外径/mm	壁厚/mm	质量/kg·m⁻¹
356	6.4	18.9	406	8.0	28.4
356	8.0	23.5	406	9.5	32.2
356	9.5	28.1	406	12.7	42.6
356	11.1	32.6	406	15.9	52.8
356	15.1	43.7	400	21.4	70.2
356	19.1	54.6	457.2	14.3	53.9
406	6.4	21.9	508.0	15.1	63.3

15.4.3　在海洋钻探及钻探管的应用

15.4.3.1　铝合金钻探管的特点及用途

铝合金钻探管具有密度小、质量轻、比强度和比刚度高、易搬运、节能、容易制造和维修、无磁性、可钻探深井和异型井、利于回收等一系列优良特性。因此，铝合金管在海洋钻探中具有重要的意义和应用，在各工业发达国家应用十分广泛。主要用于钻探3000～7000m以上的石油及天然气等深井和异形井，俄罗斯钻到12000m以上。钻井深度主要取决于钻探管的生产工艺技术与质量水平。因此，铝合金钻探管的生产仍属于高新技术范畴，目前世界上只有美国、俄罗斯、日本、法国等少数国家能批量生产。我国在铝合金钻探管的生产方面，尚属起步阶段。

15.4.3.2　铝合金钻探管的分类

铝合金钻探管可以按照按管材截面形状、按产品结构和按照材料强度三种方法进行分类：

（1）按管材截面形状可分为：

1）两端内部有加厚部分的变断面管，见图15-11；

2）两端内部有加厚部分和保护性加厚部分的变断面管，见图15-12。

（2）按产品结构可分为：

1）无车削螺纹的钻探管，见图15-11、图15-12；

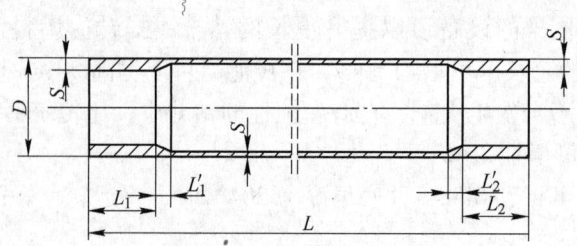

图 15-11　两端内部有加厚的变断面管

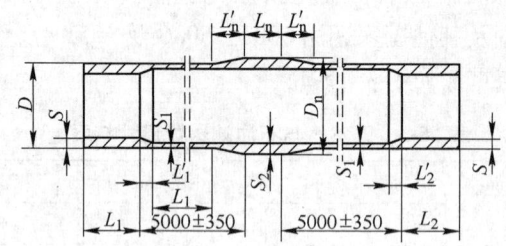

图 15-12　两端内部有加厚和保护性加厚的变断面管

2）有车削螺纹和拧上的钢接头的钻探管，见图 15-13。

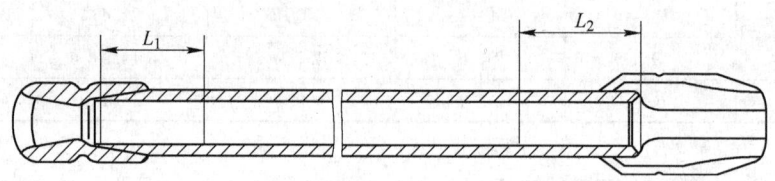

图 15-13　有车削螺纹和拧上的钢接头的钻探管

（3）按材料强度类型可分为：

1）标准强度钻探管；

2）高强度钻探管。

15.4.3.3　铝合金钻探管的品种规格与技术要求（按前苏联的国家标准 ГОСГ 23786—79）

A　主要合金品种

主要合金品种有 д16、B95 等（牌号对应我国的标准，请参考有关资料），通常生产应采用国家或国际标准。

B　形状与尺寸偏差要求

（1）两端内部有加厚部分的且无螺纹的管材的尺寸及允许偏差，见图 15-11 和表 15-4。

（2）两端内部有加厚部分和车削有螺纹和钢制接头的管材的尺寸及允许偏差，见表 15-4 和表 15-5。

（3）两端内部有加厚部分和保护加厚部分及有螺纹的管材的尺寸及允许偏差，见图 15-12 和表 15-6。

表 15-4　两端内部有加厚部分的且无螺纹的钻探管尺寸与允许偏差　（mm）

外径D 公称尺寸	外径D 允许偏差	端头加厚部分的壁厚S 公称尺寸	端头加厚部分的壁厚S 允许偏差	主截面壁厚S₁	主截面壁厚的允许偏差 标准精度	主截面壁厚的允许偏差 高精度	端头加厚部分的长度 L₁（允许偏差 +100/-50）	端头加厚部分的长度 L₂（允许偏差 +100/-50）
54	±0.6		+1.3	7.5	±0.7		150	150
64	+1.5 −0.5	13	+1.5 −1.0	8.0	±0.8		200	200
73		16	+2.0 −1.0				200	200
90						±0.4		
95	+1.5 −1.0	26	+2.5 −1.5	9.0	±0.9		740	880
103	+1.5 −1.0	15	+2.0 −1.0	8.0	±0.8		250	250
108		27	+2.5 −1.5				750	450

表 15-5　两端内部有加厚部分和车削有螺纹和钢制接头的钻探管尺寸与允许偏差　（mm）

外径D（允许偏差 +2.0/-1.0）	端头加厚部分的壁厚S 公称尺寸	端头加厚部分的壁厚S 允许偏差	主截面壁厚S₁	主截面壁厚的允许偏差 标准精度	主截面壁厚的允许偏差 高精度	端头加厚部分的长度 L₁（允许偏差 +200/-50）	端头加厚部分的长度 L₂（允许偏差 +100/-50）
114	15	+2.0 −1.0	10	±1.0	±0.5	1300	250
			9	±0.9	±0.4		
129	17	+2.5 −1.5	11	±1.1	±0.5		
	15	+2.0 −1.0	9	±0.9	±0.4		
	17	+2.5 −1.5	11	±1.1	±0.5		
147	20		13	±1.3	±0.5		
	22	+2.8 −1.7	15	±1.5	±0.5		
	24		17	±1.7	±0.5		

表 15-6　两端内部有加厚部分和保护性加厚部分及有螺纹和钢接头管尺寸与允许偏差　（mm）

外径D（允许偏差 +2.0/-1.0）	保护性加厚部分的直径Dn（允许偏差 +3.0/-2.8）	端头加厚部分的壁厚S（允许偏差 +2.5/-1.0）	主截面壁厚S₁	主截面壁厚的允许偏差 标准精度	主截面壁厚的允许偏差 高精度	保护性加厚部分的壁厚S₂（允许偏差 +0.1/-0.2）	端头加厚部分的长度 L₁（允许偏差 +200/-50）	端头加厚部分的长度 L₂（允许偏差 +100/-50）	保护性加厚部分的长度Ln（允许偏差 ±50）
114	134	15	10	±1.0		20	1300	250	300
129	150	17	11	±1.1	±0.5	21.5	1300	250	300
147	172					23.5			
170	197					24.5			
170	197		13	±1.3		26.5			

（4）允许按表 15-4 和表 15-5 中规定尺寸生产无螺纹和无接头的管材。

（5）允许按表 15-5 和表 15-6 中规定的内径、壁厚、两端加厚部分和保护性加厚部分长度的中间尺寸来生产的管材，此时外径和壁厚的允许偏差可取相关尺寸中的较小尺寸。

（6）无保护性加厚部分的管材的标准长度见表 15-7。

表 15-7　无保护性加厚部分的管材的标准长度

管材外径/mm	54	64	64~110	>110
管材长度/m	4.5	5.3	9.0	12.0

（7）管材长度尺寸的允许偏差不得超过 $^{+150}_{-200}$ mm。

C　交货状态

所有铝合金钻探管都应经淬火后自然时效（T4，2024-T4）或人工时效（T6，7075-T6）状态交货。

D　力学性能

标准强度管材的力学性能应符合表 15-8 的规定，高强度管材的力学性能应符合表 15-9 的规定。

表 15-8　标准强度管材的力学性能

外径/mm	д16T （2024-T4）			B95T1 （7075-T6）		
	σ_b/MPa	$\sigma_{0.2}$/MPa	δ/%	σ_b/MPa	$\sigma_{0.2}$/MPa	δ/%
$\phi54\sim120$	400	260	12	530	480	10
$\geq\phi120$	430	280	10	550	505	10

表 15-9　高强度管材的力学性能

外径/mm	д16T （2024-T4）			B95T1 （7075-T6）		
	σ_b/MPa	$\sigma_{0.2}$/MPa	δ/%	σ_b/MPa	$\sigma_{0.2}$/MPa	δ/%
$\phi54\sim120$	400	300	12	540	480	8.5
$>\phi120$	430	300	10	560	520	8.0

E　表面质量要求

管材内外表面应清洁，不允许有气孔、裂纹、分层、非金属夹杂和腐蚀斑点，不允许有超过允许壁厚负偏差的起皮、剥落、气泡、凹痕、划痕、划伤、压痕和压入等。

F　内部组织要求

（1）管材的低倍组织不得有裂纹、气孔、分层、缩尾、裂口和疏松、粗大晶粒。

（2）管材淬火后的显微组织不得有过烧痕迹。

G　对材料级别的要求

铝合金钻探管用材质必须符合表 15-10 的要求，钢制接头材料应符合表 15-11 要求。

表 15-10　铝合金钻探管对材料级别要求

材料组别	1	2	3
σ_b/MPa	≥530	≥345	≥390
$\sigma_{0.2}$/MPa	≥460	≥275	≥295
δ/%	≥8	≥10	≥12

注：1组—对腐蚀性无特殊要求，工作温度≥120℃；2组—要求耐腐蚀，工作温度≥120℃；3组—要求高的耐蚀性能，工作温度≥140℃。

表 15-11　对钢制接头材料的特性要求

性能指标	σ_b/MPa	$\sigma_{0.2}$/MPa	δ/%	ψ/%	A_k/J·m^{-2}	HB
最小值	880	735	12	45	680×10^3	280

15.4.3.4　铝合金钻探管的生产方法及工艺

A　生产方法

铝合金钻探管是一种内（外）有加厚部分的变断面管材（见图 15-11 和图 15-12），端头加厚是为了切螺纹时不致使端头部分的截面减弱。一般来说，一端由外接头螺纹连接，另一端由内接头螺纹连接，而在个别情况下也可不用接头连接。

为了生产这种特殊的断面变化的铝合金钻探管，对其合理的生产方法进行了大量的试验研究，结果表明，采用在卧式挤压机上用随动针或固定针进行正向穿孔挤压的方法是可行的、合理的，并已形成了先进的流水作业线，其主要的专用设备包括：铸锭熔铸炉组、均匀化炉、40~60MN 的卧式液压挤压机、卧式连续淬火装置、拉伸矫直机、管材辊矫机、切削车床、在线检测系统和螺纹切削机等，整个生产线借助冷却系统、储运系统和辊道联成流水作业，一道工序即可生产出用于钻探装置上，内部拧有钢制接头的铝合金钻探管。

B　生产工艺及主要参数

以 д16T（2024 T4）ϕ147mm×11mm 铝合金钻探管为例的生产工艺流程及主要工艺参数，见表 15-12。

表 15-12　д16T（2024 T4）ϕ147mm×11mm 铝合金钻探管生产工艺

序号	工艺流程	工艺参数
1	铸锭加热	加热温度 430℃，加热时间 8min（感应炉）
2	挤压	ϕ370 挤压筒、挤压筒温度 410℃，润滑挤压：润滑挤压筒、挤压针及挤压垫，挤压速度 5~6m/min
3	淬火	淬火温度 490℃，加热保温 100min，淬火转移时间≤30s，水淬、淬火水温<40℃
4	拉伸	拉伸率 3%，采用半圆形钢制拉伸夹垫
5	压力矫	用半圆形钢制矫直垫，消除局部弯曲
6	锯切	切头、尾 700mm 左右，切取高、低倍及性能试样
7	管坯检查	检查外形尺寸，用平衡测量仪检查管材同心度
8	车螺纹	管材两端分别车锥形左、右螺纹

序号	工艺流程	工　艺　参　数
9	连管接头	在管坯螺纹处涂环氧树脂加固化剂后连接钢接头，两端分别在旋紧床上进行，旋转力矩 1t·m
10	油纸封包端头	用油纸缠扎管材两端
11	交货	

15.4.3.5　铝合金钻探管大量应用存在的主要问题

目前，阻碍铝合金管在钻探中大量应用的主要因素：人们对其应用与性能还不熟悉；价格约比钢管的贵 50%。从 2013 年起美国铝业公司为俄罗斯大石油公司 OJSC Rusnao 生产钻探铝合金管，在萨马拉冶金（美铝）厂生产，其上涂有一层美国铝业公司新近研发的纳米级涂料，可在极端严峻的腐蚀条件下工作，使用寿命比没有涂层管的长 30%~40%。

至 2013 年中国还不能生产铝合金钻探管，但正在建设有关此产品的项目，可于 2014 年第 4 季度或 2015 年投产，但纳米级防腐涂料还不能生产。辽宁忠旺集团于 2013 年 12 月与墨西哥埃夫雅公司（EVYA）达成合作研发生产铝合金海上钻井平台、直升机停机台。

阻碍铝合金管在钻探中大量应用的主要因素：人们对其应用与性能还不熟悉；价格约比钢管的贵 50%。从 2013 年起美国铝业公司为俄罗斯大石油公司 OJSC Rusnao 生产钻探铝合金管，在萨马拉冶金（美铝）厂生产，其上涂有一层美国铝业公司新近研发的纳米级涂料，可在极端严峻的腐蚀条件下工作，使用寿命比没有涂层管的长 30%~40%。至 2013 年中国还不能生产铝合金钻探管，但正在建设有关此产品的项目，可于 2014 年第 4 季度或 2015 年投产，但纳米级防腐涂料还不能生产。

15.5　铝材在农业机械中的应用

15.5.1　喷灌机械

农业灌溉中，目前广泛用喷灌、滴灌新技术来代替沟灌、浸灌的传统方法。因为，喷灌、滴灌的淡水利用率高，有明显的增产效果，同时还有节约劳动力，能适应各种复杂地形等优点。这种灌溉技术在国外先进国家中广泛应用。据 1980 年统计，全世界实施喷灌面积已达 3 亿多亩。我国淡水资源分布不均，区域性缺水严重，正大力推广应用该节水型灌溉技术，并获得了很好的效果。此外，喷灌、滴灌在温室、大棚等农副业设施中也有应用。

整个喷灌机组是由喷灌机、主管路、支管路、立管、连接管件和喷头等部分组成。按平均计算，每个机组约需 600m 长输水管道与 400m 长的喷水管道。管路和各种连接管件的质量要占整个机组质量的 69%。

铝管由于质量轻、耐蚀好、使用寿命长，而得到推广和使用。其中，焊接薄壁铝管由于生产率高、产量大、成本低、耗用铝材少而受到用户青睐。

喷灌用铝管（GB 5896—86）品种较为简单，公称外径从 $\phi40~60mm$ 共 14 种，管长有 5m 和 6m 两种。技术条件中除对长度、外径、壁厚、圆度和直线度有一定的规定和公差外，喷灌用铝管还须进行耐水压试验，对其耐压性、密封性、自泄性、偏转角、沿程水头损失及压扁性也有一定的规定。

管件包括各种弯管、三通、四通、变径管、堵头、支架、快速接头等。这些管件也都由铝合金材料制成。

喷头以旋转式为主，其中又可分为单双喷嘴、高低喷射仰角及全圆或扇形喷洒等种类。几乎全部用铝材制造。总之，铝材广泛用于制造喷灌机械、移动式喷淋器与灌溉系统。

15.5.2　机械化粮仓

铝材可在粮食贮藏的设施上推广应用，这对我国来说，由于贮粮上普遍存在技术装备的不足，尤为必要。用它制成的粮仓能有效地减少粮食贮存时的损失。

大型的机械化铝粮仓采用螺旋状卷绕型压型铝板制成。据报道，1981年拉脱维亚用这种方法建成6个直径6m、高达11m的粮囤组，可贮1500t粮食。而且装仓、出仓及温度控制全部采用机械化、自动化。我国首座压型铝合金板筒粮仓在河南郑州建成。它由四列36座单仓组成，总容量多达12000多吨。若以每吨粮仓贮用铝材10~12kg计，该筒仓耗用铝达120~144t之多。

铝合金筒式粮仓具有很多的优点，如建仓速度快、建筑费用低、自重轻、强度高、坚固耐用、气密性好、贮存温度稳定、有利于杀虫、拆装方便等。

另外，我国有80%的粮食贮存于民，主要是在农村。据统计，由于保管不当，发生虫、霉、鼠害等造成的损失达6%~9%之多。因此，有必要推广小型家用铝合金压型粮仓，如图15-14所示。这种家庭粮囤容量不等，在4~100t之间。较大还可采用安装通风、密封熏蒸装置等。这样，有利于提高粮质，有益人民健康。

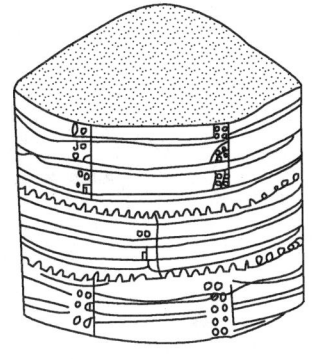

图 15-14　小型家用铝粮囤

15.5.3　拖拉机及其他农机用铝质水箱

由于铝合金有密度小，价格低、易成型和密封性等特点。因而，在继汽车工业后，拖拉机与其他农机的内燃机用水箱也逐渐由铝合金来代替，据资料介绍，使用特薄铝板和铝管制作的水箱具有良好的散热性能，约比铜质水箱的散热效率提高30%，并可节约铜材，而使用寿命却反而延长了。

这种铝质水箱是由芯子和铝翅片串装而成。芯子是冷却水管，采取胀管法与依靠橡胶垫的机械结合方式与板片连接。板片是散热叶片，由它和周围介质进行能量交换。这种铝板厚度只有0.1mm，尺寸精度严格。采用轧制方式加工。然后与冷却管相连。管和片的材质选用耐蚀性较好的纯铝或防锈铝合金制成。

15.5.4　铝材在食品加工业中的应用

铝合金管材、型材、锻件、板材和铸件广泛用于大米、麦面粉、油料及各种副食品加工业中用作导管、风管、漏斗、挡板、贮存工具以及机架，支架或机床底座和导轨等。

15.6　在军事工业中的应用

随着现代科学技术的发展，武器装备的技术密集程度越来越高，正在从机械化战争向信息化战争演变，武器装备向精确制导方向发展。因此，对军用材料提出了更高、更新的要求。由于铝合金具有质量轻、比强度高、耐腐蚀性能和加工性能好，一直是军事工业中应用最广泛的金属结构材料之一。

铝合金可制成各种截面的型材、管材、高筋板材等，以充分发挥材料的潜力，提高构件刚、强度。所以，铝合金是武器轻量化首选的轻质结构材料。

图 15-15 是世界著名的十大军用狙击步枪之一，部分零件是采用铝合金制造。

图 15-16 是以色列装备生产的 IMI SPB36 拆装式徒步桥。该桥专为步兵使用，全铝质的 SPB36 拆装式步兵桥运输时为 9 段 4m 长的桥节，由 3 名作业人员在 10min 内架设到位。它最初的产品为 SPB24，使用 6 段 4m 长的桥节。该桥可以接成任意长度，作为步兵浮桥需要的浮板和锚定装置。

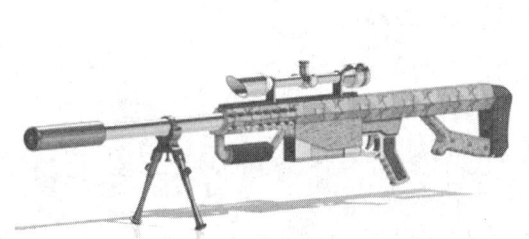

图 15-15　世界著名的十大军用狙击步枪之一　　　图 15-16　以色列生产的 IMI SPB36 拆装式徒步桥

IMI SPB36 拆装式徒步桥的每块 SPB36 桥节重 40kg，由两人借助可伸缩手柄搬运。架设的桥长 36m，一名步兵可用装在小框架上的滑轮渡过水障。桥的两侧有扶手，桥仅宽0.98m。横板可放在扶手上的双轮小车上，由一人推过桥。SPB36 曾由美军进行过测试，可将 6 块桥节在卡车或其他车辆上运输，包括吉普车牵引的两轮拖车平台。

图 15-17 MAN 豹 1 鼹蜥冲击桥，是 1995 年 12 月，挪威军需司令部授权 MAN 公司，与慕尼黑的 Krauss Maffei 公司联合承包将 9 辆豹 1 坦克底盘改为架桥车的合同。MAN 公司提供架桥设备，以及 13 座鼹蜥桥，每节桥长 26m，70 军用荷载级。桥上装有特殊的装置，使其可与门桥结合。Krauss Maffei 公司着手进行对底盘的改造，并使其与架桥设备的结合。第一辆样桥于 1997 年 12 月交付挪威军队。

MAN 豹 1 鼹蜥冲击桥以豹 1 主战坦克为底盘，其所有主要的部件没有改变。各种设备都进行了改进，并结合到冲击桥中。改造后的驾驶员舱没有变化，而指挥员的位置在主战坦克的炮塔内。密封时涉水深为 1.8m，三防，舱底排水泵与暖气设备与主战坦克一样，除了照明系统，它的大部分电气系统与主战坦克也一样。

铝合金在军事工业中的应用将会有更大的发展空间。同时，铝合金技术的进一步发展也是至关重要的。铝合金的发展趋势是追求高纯、高强、高韧和耐高温，在军事工业中应用的铝合金主要有铝-锂合金、铝-铜合金和铝-锌-镁合金。新型铝-锂合金应用于航空工

图 15-17　德国 MAN 豹 1 鼹蜥冲击桥

业中，预计飞机质量将下降 8%~15%；铝-锂合金同样也将成为航天飞行器和薄壁导弹壳体的候选结构材料。随着航空航天业的迅速发展，铝-锂合金的研究重点仍然是解决厚度方向的韧性差和降低成本的问题。

15.7　铝挤压材在机械制造行业中的应用前景

　　机械工业本身的飞速发展对材料工业提出了越来越高的要求。作为基础材料之一的铝及铝合金材料，一方面要适应机械工业的需要，另一方面也日益面临着其他代用材料的严重挑战和竞争。因此，铝行业必须加快研究，不断采用新工艺，研制和推出新合金、新产品和新材料，以提高其工艺性能和使用性能。其中包括：良好可焊性、高的淬透性、易切削性、可钎焊性、高耐蚀性、高耐热性、高强高韧性和优越的装饰性等。只有这样，才能在现有基础上继续拓展铝材应用的广度深度。

　　采用氧化铝、碳化硅、氮化硅、硼、石墨等高熔点化合物和铝基体复合，形成弥散强化、颗粒强化、纤维强化铝合金。这种复合材料具有高弹性模量（高达 700GPa）、高强度、低密度、而且尺寸稳定，具有滤波性、非磁性、介电性、不老化等特殊性能。该种采用无机纤维强化的铝合金除了能在航天航空工业中应用外，也可在机械制造业中大力推广应用。如各种发动机零件、活塞、轴承及精密仪器的零部件。随着这种材料的成本逐渐降低，可以预料其应用将日趋广泛。

　　另有一种铝基复合材料，它采用两块铝板夹有 0.01~0.5mm 厚的薄层粘弹性高分子材料制作而成，其中的有机层作为阻尼夹层和粘结剂。该材料对机械部件的轻量化十分有利，还可进行深加工成型，实用价值很高。也可用来制作振动外壳、本体、音响、电器等部件。

　　粉末冶金铝合金在上面已提及，这也是一种新型的有开发前途的铝材。它利用铝粉表面的天然氧化膜在粉碎压实、烧结和热加工过程中形成弥散强化。也可以通过预合金化、熔体快速凝固工艺、金属机械合金化工艺等，使合金铝具有晶粒细小、合金化元素含量高等特点。从而获得高强度、高弹性模量、高热强度、低膨胀系数及耐磨性能。现已用于高温工作的叶片、活塞齿轮及滑动部件、精密机械零件和化工设备中。

　　还有超塑性铝合金的研究和应用开发使铝材的应用扩大了范围。纯铝、铝-钙系、铝-铜系、铝-铜-镁-锆系、铝-镁-硅系等合金都已制得了工业应用的超塑性铝合金。它们都能显示特大的伸长率（达 500% 以上）。这种特殊性能主要通过调整金属组织以获得非常微细的晶粒来实现的。由于塑性高，变形阻力小，很容易进行大变形量的扭转、弯曲和深拉加工。因此，可以用来制备各种形状复杂和尺寸精确的部件，如电子仪表的外壳，通信和精密仪器的零部件等。

铝材的表面处理除通常所要达到的耐蚀性和装饰性的目的外，还可以赋予特殊功能的氧化膜，从而使它具备某种特殊的用途，这也是拓展铝材用途的一条途径。如果有光电性能的氧化膜，可用它来电致发光、发色，因而在仪表工业中用来制成指示元件，记录元件；具有红外和远红外线区的吸收性能的氧化膜，从而在太阳能热水器上获得应用；也可以赋予光敏感性来制成复印机的印像滚筒等。

值得一提的是我国有丰富的稀土资源，国内一些研究工作者已相继研究和开发了多种稀土铝合金，在国民经济的各个部门已获得了应用。如稀土铝合金活塞已用于坦克、拖拉机的发动机上，提高了铝材的高温强度和高温持久强度，使用寿命延长了 5~6 倍。一些稀土铝合金的铸件、挤压材已应用于机床导轨、压板和其他耐磨零件上。另外，含稀土的光亮铝合金由于大大提高了装饰性能而获广泛应用。

最后要提的是，金属铝作为铁基合金或其他材质的热浸镀和热喷材料也日益受到人们的关注。热喷涂和浸镀是一门高速发展的技术。在交通运输、机械机床、石油化工设备、电力电器、仪器制造以及包装行业中都能获得应用。因为它可以显著提高被镀件的耐热性、抗腐蚀性、光热反射性，并且成本低廉，经济效益显著。热喷涂铝时，铝在喷枪的火焰或电弧作用下，将熔化了的铝以雾状喷射到被涂物件上。热浸镀铝时，被镀件（钢铁件）要先进行表面处理，然后沉浸到熔化的铝液中，控制温度、时间等工艺参数，以形成一定的中间合金扩散层。这种热浸镀铝的材料目前已用于汽车排气系统的消音器、排气管、烘烤炉、食品烤箱、粮食烘干设备、烟筒和通风管道、冷藏设备及化工装置中。

综上所述，铝及铝合金材料只有进一步充分发挥它们的卓越综合性能优势，并且不断地迎接新的挑战，不断地开拓，它们在机械行业中的应用一定会日趋扩大，并日益受到重视。

16 铝挤压材在电子电器中的开发与应用

16.1 概述

由于铝及铝合金的密度比铜及铜合金低得多，而且价格比较稳定，尽管铝线的导电性比铜线低，但是在 20 世纪 60 年代北美已广泛采用钢芯铝绞线作架空输配电线，用铝代铜作为导电和输电载体已成为一种发展趋势。

美国 20 世纪 60 年代架空输电和配电系统的用铝量迅速增长以后，用铝量的增长速度开始下降，但近十多年来又开始增长，年增长速度最高达 7.5%，目前继续快速增长。

20 世纪 80 年代，巴西电力工业用铝量的年平均增长速度接近 15%，1980~1985 年印度电力工业用铝量以 60%的速度增长。台湾省电力工业的用铝量由 1975 年的 11750t 增加到 1980 年的 20000t。在工业化国家中，新输电系统将继续使用铝线和铝电缆。欧洲国家的每年增长速度达到 4%，意大利和日本的增长速度可能超过 9%。总的说来，发达国家电力工业用铝量的平均年增长速度大约为 5%。

我国煤矿和水力资源十分丰富，电力工业发展非常迅速。但是，我国的铜业资源比较贫乏，铝材成了电力（电气）工业的主要材料之一，平均年增长率达 10%以上。目前，我国电力工业年耗铝量达 60 万吨以上。

随着电子计算机的飞速发展与普及，电子化时代、信息化时代和知识化时代的来临，大大推动了铝材在电子工业上的应用，目前在邮电通信设备，电子仪器及其零部件、磁盘基板和壳体、各种电容器、光学器材、磁鼓以及家用电器等方面都广泛而大量地使用铝材，研制开发出了多种不同品种、不同功能和性能、不同用途的新型铝合金及其加工材料，同时也拓宽了铝材的应用领域和消费量。

16.2 铝挤压材在电力工业的开发与应用

16.2.1 铝挤压材在导电体上的应用

铝用作导体始于 1876 年，英国人柯利（W. L. E. Curley）在博尔顿架设了世界上第一根架空铝线。1908 年美国铝业公司的胡普斯（W. Hoopes）发明钢芯铝绞线，1909 年架设于尼亚加拉大瀑布上空。随后，架空高压输电线逐渐为钢芯铝绞线所取代。1955 年以后铝材广泛用作配电线。

目前，全世界生产的铝约 14%用作电工材料，其中电力导体几乎都是铝的，但室内导线用量仍有限。铝化率最高的是美国达 35%左右。我国电工部门的用铝量约占全国铝消耗量的 1/4，仅西南地区每年导电铝排的定货量就达 2000t 以上。由此可知，发展电工铝材，大力提倡以铝代铜具有很大的经济价值。但仍要对铝导线的蠕变强度、振动疲劳强度、切口敏感性和线膨胀系数进行更深入的研究。

16.2.1.1　电工用铝导线

最普通的导体合金（1350）所能提供的最小电导率也达到国际退火铜标准（IACS）的 61.8%，拉伸强度在 55~124MPa，具体应视尺寸而定。以质量而非体积为基础与 IACS 相比时，硬态拉制铝（1350）的最小电导率为标准的 204.6%。其他铝合金用于制作汇流母线及有线电视的电缆线路装置中。

通过挤压可以生产带有钢芯的铝导线。挤压时，电缆通过挤压模上的模孔，围绕钢芯周围的铝随钢芯一道被挤出，铝包裹在钢芯周围成型导线电缆，并挤压至最终尺寸。也可以用挤压制坯，再进一步拉拔成型，即将电缆穿进一根预制的尺寸较大一些的铝管，然后通过减径和拔模挤压该铝管至最终尺寸而成。

铝导体可以采用轧制、挤压、铸造或锻造方法生产。普通形状的铝导体为单线或多根线（绞合线、成束线或多层线绳）。每一种线均可用于架空线或其他张紧的用途以及非张紧的绝缘用途。

钢芯铝绞线（ACSR）由围绕高强度的镀锌或镀铝的钢芯导线作同心圆配置的一层或多层的绞合铝线组成，而钢芯导线本身可以是一根单线或一组作同心圆配置的绞合线。电阻由铝的横截面的大小决定，而抗拉强度则取决于复合的钢芯，它提供总机械强度的55%~60%。

ACSR 结构按机械强度使用。它的强度/重量比通常是具有相等直流电阻的铜线的两倍。使用 ACSR 电缆线容许配置较长的杆档及较少的和较矮的电杆或铁塔。

16.2.1.2　高压架空输电线用铝导线

高压架空输电线常用的三种导线价格与电阻见表 16-1。

表 16-1　质量相同三种导线的价格和电阻

材　料	相对电阻（设 Al = 100）	相对市价（设 Al = 100）
钢芯增强铝	108.7	70
铝合金	100	100
镉青铜	150	150

在相同质量下，铝导线的电阻和价格均比铜导线低很多。高压输电线用铝电缆性能见表 16-2。

表 16-2　高压输电线用铝电缆性能

材　料	比电阻/$\Omega \cdot mm^2 \cdot m^{-1}$	抗拉强度/MPa	温度特性/℃	
			标称温度	短路时允许温度
铝（硬状态）	0.0282	170~200	70	130
铝合金（Al-Mg-Si）	0.325	295	80	155
钢芯铝	0.230（钢）	1530（钢）	—	—
	0.0282（铝）	163~197（铝）		

纯铝线由于其强度较低，一般只在低压线路应用。高、中压线路多采用钢芯线（ASCR），较少用铝合金导线。采用镀锌以防止钢芯腐蚀。钢芯铝线适用于接地导线。

16.2.1.3 汇流母线导体

美国商用母线采用4种母线导体材料：矩形棒材、实心圆棒、管材与结构型材。近年来，为了提高导电强度，减轻材料质量，各种形状和断面铝合金管母线用量大大增加。铝合金管母线主要用于大型水力和火力电站做输电用，主要合金有纯铝，6063和6010等电工铝合金，管材外径为150mm到500mm不等，一般采用无缝铝管。

电解铝厂和再生铝厂的高电流母线也使用连续铸造的铝棒。高压开关中的管形电流夹板和导电部件，也采用铝的铸件或锻件。

16.2.1.4 地下电缆用铝导线

铠装铝电缆以工业规模获得应用是在实芯低压绝缘电缆问世之后。0.6~1kV实芯绝缘铝电缆的生产成本是唯一能够和由三股铝相电缆或作为中性线使用的铝护皮浸渍纸绝缘电缆相竞争的产品。如图16-1所示的4根导线同心布置的方法在技术和经济上都是可行的。图16-2是四芯系列的铝芯四芯电线电缆。

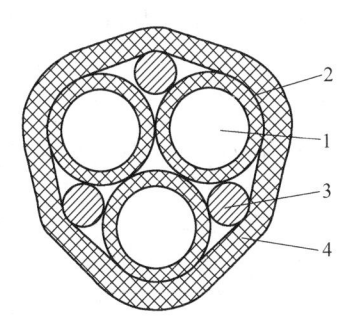

图16-1 带有三股铝中线的铝电缆截面图
1—实心铝导线；2—聚氯乙烯绝缘；
3—中线铝带缠绕的铝材；
4—黑色聚氯乙烯包皮

图16-2 铝芯四芯电线电缆

由99.5%铝的工业纯铝挤出95mm²、150mm²和240mm²截面实芯铝导线特别软，容易铺设。经应用证实，高压地下电缆不再需要采用绞合导线，可直接使用240mm²截面的实芯铝导线。

日本开发出称之为"气体绝缘"的地下输电系统。它采用直径$\phi100~350$mm的6063、5052、5005等合金的挤压管作导体，而采用$\phi340~700$mm的6063或5052挤压管作铠装。在铠装管中充入氟化硫（SF_6）气体作为绝缘体。

该系统是为满足大城市中具有大载流量（2000~12000A）、特高电压（275~525kV）地下输电系统而设计的，但该系统仍仅局限应用于变电所内部或其周围。

16.2.1.5 铝在通信电缆中的应用

铝合金通信电缆的出现拓宽了铝在通讯电缆中的应用范围，这种电缆通常用泡沫聚乙烯绝缘。线间间隙再用防水矿脂充填，以防电缆腐蚀。包皮为复聚乙烯的铝带和聚乙烯。某公司已开发出一种专用的Al-Mg-Fe合金作为导线材料。该合金线的力学性能与铜导线相近，但它具有较高生产率和容易连接等优点。

在电话、电视用的同轴电缆方面，采用铝带制造同轴电缆的情况也日益增多。一般采用宽 45~160mm、厚 0.6~1.8mm 的铝带（取决于电缆规格），用制缆机使铝带成型为管状护皮套在电缆上。采用 TTG 或感应焊接法纵向焊接护皮。电视电缆对包皮厚度要求特别严格。在轧制此种铝带时应尽可能避免由于支承辊和工作辊偏心所引起的厚度变化，因为这种变化产生的电振荡对电视传输来说是不允许的。

16.2.1.6　铝在室内配线及配件上的应用

铝在室内配线系统中的应用包括绝缘铝导线、母线通道、接头、配件和开关等。

采用先进的制造、连接及安全技术，如采用瑞典韦斯特罗城"ASEA"协会的镀铜方法，铝电线由于集肤效应作用，使其具有与铜一样良好的电导率，目前铝线路的连接已不再有什么问题了。

铝线已普遍用作一般电路装置的配线，但在一些安全操作指示器（如警告信号电路）和设备内部接线上应用铜导线。

通常用 99.5% 铝的工业纯铝制造导线。加入微量其他元素（主要是铁）可提高导线的柔软性。这些称之 Triple E 和 Super T 的导线材料已列入有关的技术标准中。

建筑中轻型结构的出现，相应要求采用配套的新型电缆通道。铝是一种比塑料等更好的电缆通道材料。铝具有极好的耐火性，这是塑料无法与其竞争的。

铝在电力设备配件上的应用更为普遍。在高压开关中的管形电流夹钳和其他一些元件，就是用铸铝或锻铝制成的。

另外，在发达国家里，已有建筑露天变电站的倾向，其所采用的 SF_6 绝缘开关设备，几乎全是用铝的挤压型材、薄板和铸件来制造。仅在少数情况下要用钢制外管或钢制内层导体。SF_6 绝缘开关设备的电气功能对制品圆度公差要求极严，得采用清洁的、表面粗糙度小的铝材。

在大功率电气设备上，随着电功率增加，要求迅速散发掉元件上产生的热量，从而开发高性能、有整体翅片的铝质散热器。

16.2.1.7　铝在照明用具上的应用

铝材作为白炽灯和荧光灯的灯座以及其他铝薄板材料作为装饰，已经成为常规的用途。挤压、铸造、冲压和旋压的铝部件经常用作台灯、立灯和其他灯具的艺术装饰品。铝反射镜用于荧光灯系统和其他灯光安装的系统已司空见惯。

铝可减轻灯具负荷，如露天运动场一根灯柱要挂 80 盏聚光灯，轻质的铝制灯具就显示出优点。室外的灯具要求使用期在 10 年以上，耐蚀性好的铝合金灯罩能达到此项要求。它们表面经阳极化后，不仅提高了硬度及耐磨性，还可经常擦洗，又能增加装饰效果。为了增加反射性，可使用 99.99% 高纯铝、再添加 0.5%~1% 镁合金化的 Al-Mg 合金。

为了减重和节能，运输车辆也有使用铝导线、铝线圈、铝电气零件等。目前已开发出柔性好、抗蠕变的铝合金和有效的低压（12V）电触材料。

16.2.2　铝挤压材在电机电器上的应用

16.2.2.1　在变压器上的应用

远在 1950 年前，铝绕组已在变压器（主要是配电变压器）中应用。绕组额定功率通常小于 2.5MW，额定电压为 3.6~36kV，作为油浸式或空冷式变压器使用。铝绕组同样可在非常小（几瓦）和较大（25～63MW）额定功率变压器上应用。目前设计的大功率变压器中，几种结构部件也是用铝制造的，包括夹线板、外壳、电磁屏蔽表面等，这样可降低附加损耗。

铝线圈广泛用于干式电力变压器，并适用于磁悬浮式恒流变压器的二次感应线圈。它的使用可减少重量，并使感应线圈浮动在电磁悬浮之上。与此密切联系的用途是，铝线材正在被人们用于保护变压器过载的电抗器实体装置。

铝材在变压器绕组中应用的经济性是由铝、铜绕组性价比来决定的。从制造费用考虑，如果铜绕组额定功率降低后的制造费用仍比相同额定功率的铝绕组变压器高，采用铝则较经济。铜绕组最经济的电流密度为 $2.5～3.5 A/mm^2$，铝绕组为 $1.5 A/mm^2$。

金属和能源价格各地不同，但有一定规律可循，对于小于 2.5MW 变压器，采用铝绕组较经济。这一点很重要，因为世界上 90% 的变压器小于这个值。对于大于 2.5MW 的变压器，由于铝绕组尺寸问题，采用铝是不合适的。

在空气冷却式变压器中，绕组占去了变压器空间的大部分，因此采用铝绕组是经济的，生产费用也低。

从载荷及尺寸角度出发，最好的铝绕组材料是半硬状态的线材，其电导率为 $35×10^6 S/m$，伸长率为 12%、抗拉强度为 110MPa，HB 为 200MPa。近来，额定功率达 4MW 的干式或油浸式变压器已采用铝箔绕组。其优点是：绕组中热散失性好、抗短路电流高，改善冲击电压引起的电压分布，且这种绕组制作易于自动化。

16.2.2.2 铝在电机制造业中的应用

铝材已经长时间用于铸造转子线圈和结构部件。转子环和冷却扇同穿过鼠笼式马达转子中叠片铁心的圆棒一起整体压铸。

铝结构部件，如定子底座和端罩等，可以经济地用压模铸造，电机外壳和支架可用铝合金挤压型材。铝结构部件的特定环境必须能耐蚀，例如在天然或人造纤维纺织用的马达的使用条件下，以及在飞机发动机（质轻对此类机械同等重要）的使用条件下。

其他的应用有直流电机的励磁线圈、电动机的定子线圈和变压器的线圈。

同步电机转子，由于铝的密度为铜的 1/3，因此铝绕组可大大减小转子离心力，运转中线圈夹承受的负载小，可减少其所占空间，留出更多的空间来安装线圈，故应用铝是有利的。

电机上用的线材包括圆线、扁线、漆包线和其他绝缘线。

铝、铜比价将决定两种材料中哪一种更为经济。许多电机制造厂开始使用铝转子线圈，由于铝线和绝缘较适合于它们特殊工艺要求，因此获得较好的技术和经济效益。

16.2.2.3 热传导（散热器）

铝合金具有良好的导电导热性，塑性非常好，可在冷热状态下压力加工成板、带、条、箔材、管、棒、型线材等各种热传导材料。

铝合金热传输挤压材的种类很多，分类方法也很多。各种分类方法都是相对的，是相互交叉的，一切分类方法可能是另一种分类方法的细分或延伸。

铝合金散热器在半导体上应用最为广泛。在过去几年中，半导体技术得到了蓬勃的发展，使功率不断加大。在传动技术方面，可控整流器不仅几乎完全取代了发电机，而且也取代了汞弧整流器。对于不可控制的整流器用于高压直流传输。损耗热通过由铜或铝合金制作的水冷元件或风冷元件排出，这种功能块同样可用于电流传导。在极个别情况下，也采用油冷却。为避免腐蚀，可将特种钢管铸在铝冷却器中。因此，取代了导热性差，生产费用高的特种钢管。冷却器是由挤压型材或模锻件组成的。对于强制通风的型材，其片间距和片高度的比便起着决定性作用。然而，冷却效果和可挤压性是相互制约的。当舌比为1：6~1：10时，可取得较好的冷却效果。铝合金热传输挤压材的种类很多，分类方法也很多。各种分类方法都是相对的，是相互交叉的，一切分类方法可能是另一种分类方法的细分或延伸。

（1）按传热方式可分为：散热片、取暖片、冷却器化油器、蒸发器等热传导挤压材，见图 16-3。

图 16-3　挤压铝合金型材加工制造的热传导产品

（2）按合金状态可分为：1×××F、O、H；3×××F、O、H；4×××F、O、H；5×××F、O、H；6×××F、O、H 等热传导挤压材。

（3）按表面处理可分为：不进行表面处理的，进行表面处理的。后类又可分为普通表面处理的（如氧化着色、电泳涂装、喷涂等）和特殊表面处理的热传导挤压材。

（4）按品种可分为管材、带翅片管材、内外螺旋翅片管材、大径薄壁管材、普通实心型材、异型型材和空心型材等。

（5）按形状可分为管状、翅片管状、带内外螺旋管状、放射状、单面梳状、树枝形、鱼骨形、异型等散热器型材和管材，见图 16-4。

（6）按用途可分为：

1）汽车用空调器、蒸发器、冷凝器、水箱、散热器等铝合金热传导挤压型材、圆管和口琴管材等；

2）大型建筑物、飞机场、体育馆、宾馆和文化娱乐场所、会议厅等大型集中空调器用大型散热器型材或异型管材；

3）飞机、轨道车辆、船舶等大型交通运输工具用空调散热器型材或异型管材；

4）冷藏箱、冰箱、冰库等制冷装置用散热器型材；

5）取暖器、采热器等散热片型材或管材；

6）电子电气、家用电器计算机等用散热器小型型材或管材；

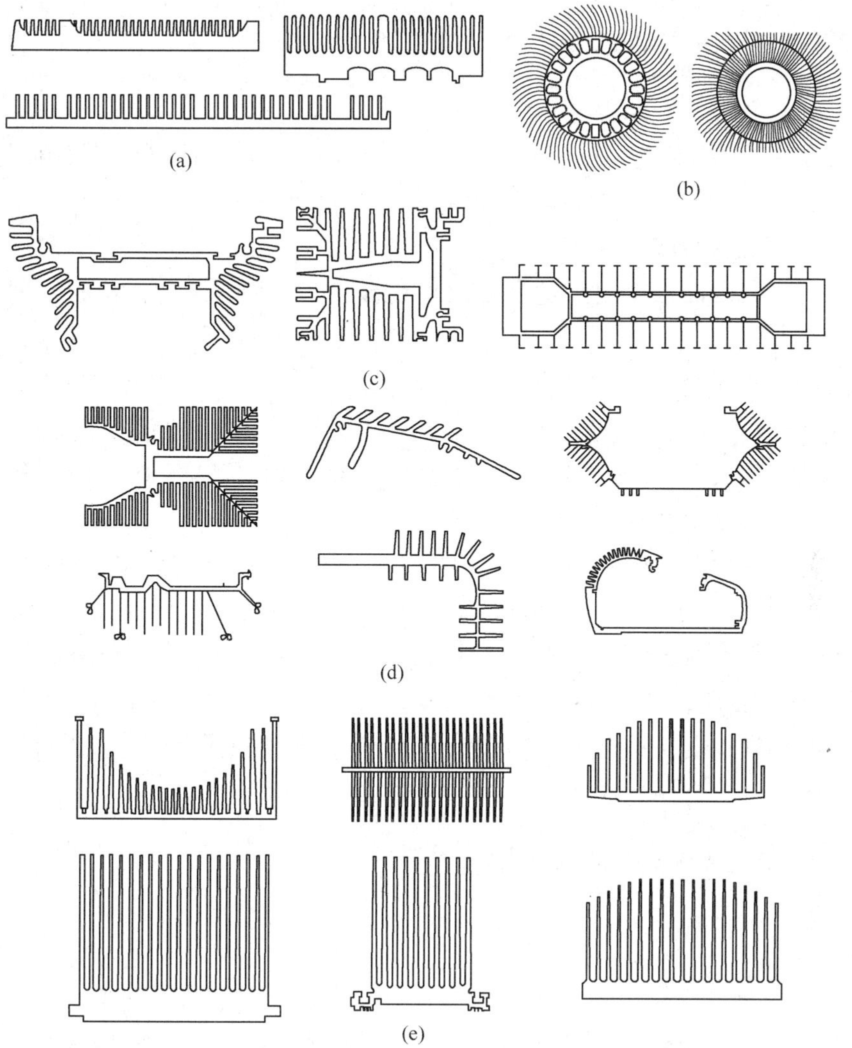

(a)

(b)

(c)

(d)

(e)

图 16-4 部分铝合金散热器型材和管材断面图
（a）实心的；（b）太阳花；（c）空心的；（d）异型的；（e）梳状的

7）精密机械、精密仪器、医疗器械等用微型散热器型材或管材；

8）其他特殊用途散热器型材或管材。

为了进一步提高散热器的性能，产生了用组合在一起的型材来制造冷却器。测量结果表明，组合型材与舌比为 1∶30 同样大小的型材相比，排出的热量多。这种组装在一起的型材易于挤压，且生产费用较低。当用水冷却时，可用组合空心型材或组合锻件。图 16-5 是一种组合结构的铝合金散热器，它由挤压型材和板料冲压、弯曲成型的铝合金薄板组装而成。

图 16-5 由挤压型材和板料冲压组装
而成的散热器

16.2.3 铝挤压材在家用电器上的应用

16.2.3.1 视频磁带录像机（VTR）

录像机传带用的圆筒需用热膨胀系数小，耐磨性好，易切削加工与无切削应变的铝材制造，为此，可选用4A11合金或2218合金。

16.2.3.2 盒式磁带录音机

录音机外壳的装饰板可用经过表面处理（预处理、阳极氧化、印刷）的1050A或HX4铝合金制作。

16.2.3.3 电饭煲

制造电饭煲可选用1100与3A21合金，制造电饭煲需用涂氯树脂铝板，在涂氯树脂之前，先用电化学法或化学法使铝板表面粗糙化，增加表面积，以增大与树脂的结合力。

16.2.3.4 冰箱与冷藏柜

冰箱与冷藏柜的内外壁板为铝板，色调柔和，抗蚀性高。铝板间绝热材料（氨基甲乙酸树脂发泡材料）增至铝板厚度的50~100倍时，壁板材料的热导率几乎不影响绝热性能。通常使用的铝板为3A21、3005、3105合金等。表面经阳极氧化与涂漆处理。

16.2.3.5 空调机

空调机的热交换器是用1050A、1100、1200等工业纯铝板制造的，板材厚度通常为0.12~0.15mm，还有进一步减薄的趋势，材料状态为O或HX4。

16.3 铝挤压材在电子工业的应用与开发

16.3.1 铝挤压材在通信设施中的应用

16.3.1.1 天线

随着信息时代的到来，全世界约发射了10000多颗广播卫星和气象卫星等，在地面接收这些卫星发回的电波，接收装置就是铝制抛物面天线，追踪人造地球卫星的抛物面天线，为通信卫星上的电话、电视、传真、数据处理、通信服务的通信卫星抛物面天线，为飞机导航的天线等多数是6063合金挤压型材与5A02合金板材制造的，主要是因这种合金抗蚀性好、导电性好与具有中等强度。通信装备是今后迅速发展的产业领域，铝材在这些方面的用量将会越来越多。

16.3.1.2 波导管

探索宇宙已有几十年的历史了，军用、民用和科学试验卫星不断升空。用通信卫星进行电视广播目前已普遍化，高清晰度方面的研究也卓有成效。电视广播和飞机均为微波带电波，需用波导管，通常制成矩形截面管。波导管需要良好导电性、耐蚀性、切削性、焊接性和尺寸精度，可用1050A、3A21、6063合金挤压，并进行铬酸阳极氧化处理或涂防蚀涂料。

波导管的生产工艺流程为：机械加工→脱脂处理→腐蚀→去污→电镀锌酸盐→电镀无氧电解铜→电镀焦磷酸铜→电镀表面保护金属→组装→调整。

16.3.2 铝挤压材在电子部件中的应用

近年来，铝在电子仪器及其零部件中的应用已普及，这种发展势头在很大程度上与磁的记忆装置、半导体和 IC 技术的科技进步紧密相关。电子仪器及其附件上用的铝，主要取决于各种材料的制造技术、精密加工方法和批量生产工艺技术的发展程度。

电子仪器及其部件的发展，目前已倾向于轻、薄、短、小化，为了达此目标，铝结构件将起重要作用。铝除具有密度低、电与热的良导体及耐蚀性好外，还具有非磁性、反射、电波性、阳极氧化性、良好的加工性和可切削性。这些综合性能，促使铝在电子工业中的应用将日益扩大。下面介绍几种铝在电子仪器里的应用例子。

16.3.2.1 磁盘基板

近代电子计算机用的材料中，铝材的用量约占 9.5%，其中：板材占 18%，管、棒、型材占 58%，铸件占 24%。

铝合金是制造大型计算机存储磁盘基板的良好材料。将带磁膜的磁盘安在数枚芯轴上，则外存储磁盘以 1400~3600r/min 高速旋转，浮动磁头在进行记录、再生和消去时磁头与磁盘间的浮动间隙仅为 2~3μm。在这样条件下工作的磁盘既要有足够的刚度与强度，又要有良好的尺寸稳定性及高的耐蚀性，同时还要求非磁性、密度低、耐热性及高表面精度。基板大多用 3%~5% Mg 与少量 Mn、Ti、Be 等元素的铝合金经高精度车削而成。为了使基板具有最好的综合性能，即最小的内应力、最高耐蚀性、车削后的垂直度偏差最小及良好的室温力学性能，退火组织应为细小等轴晶，因此退火温度不宜超过 450℃。铸造前，应加强熔体净化，尽量减少夹杂物与含氢量。为了减少金属间化合物的尺寸，除降低杂质元素含量等措施外，提高铸造冷却速度也是很有效的。表 16-3 列出了磁盘基板用的铝合金化学成分。

表 16-3　磁盘基板用铝合金化学成分（质量分数）　（%）

合金	Mg	Mn	Cr	Ti	Fe	Si	Cu	Al
AA5086	3.5~4.5	0.2~0.7	0.05~0.25	0.15	0.40	0.50	0.10	余量
NLM5086	3.5~4.5	0.2~0.3	0.05~0.10	0.03	0.08	0.05	0.03	余量
NLMM4M	3.7~4.7	—	—	—	Fe+S≤0.06		0.1~0.02	余量
NLMS3M	3.7~4.7	—	—		0.40	0.005	0.001	余量

计算机小型化、高密度化，磁盘将从 355.6mm 转至 215.9mm、88.9mm 和 76.2mm 直径方向发展。一般磁盘铝基片用 5086 合金，要求基体高纯化，严格处理熔体，控制 Mn、Cr 等微量元素和改善热处理条件，以消除粗大的金属间化合物和非金属夹渣。神户制钢开发的"新 AD"系列高密度磁盘用铝合金，它采用急冷新技术，使影响磁记录效果的金属化合物弥散。所以不使用高纯度材料也能得到相当于高纯度材料的记录特性。如果再使用高纯度材料，其记录特性会提高 3 倍。住友公司又提出开发新型铝合金方案，分别用作薄膜型和涂布型基片。

另外，激光磁盘已进入实用阶段，激光磁盘的基板主要采用铝，但工程塑料、陶瓷、玻璃也与铝竞争。

16.3.2.2　磁盘壳体

为保证磁盘外壳的精密度，要求所使用的铝材有良好的刚性、非磁性、导电性、加工性，密度小，价格和壳体内部温度的均匀分布，也要考虑其内部的散热，以达到降低壳体的温度。

16.3.2.3　感光磁鼓

电子照相复印机和激光印刷机用的感光磁鼓是铝制的，其支架也是采用铝合金管。感光磁鼓性能的好坏直接影响印刷与复印的质量，是复印机和激光印刷机的关键部件。

感光磁鼓是由高纯、高精、高表面感光的铝合金管材制造，是打印机、复印机、扫描仪等办公机械的核心部件——感光鼓的基体材料，近年来，世界上打印机、复印机等办公机械产业向数码化、彩色化、清晰化、轻量化、小型化、高速化、低成本等方向发展，用铝量倍增，如黑白机转化为彩色机，由单一成像变为四色成像，OPC（有机光导体）精密铝管材需求量将增加 4 倍。高速化、清晰化对铝管的尺寸精度和表面质量提出了更高的要求。

随着信息产业和电子产业的高速发展，激光打印机、复印机、扫描仪、电子和光学仪表等耗材业的发展进入快车道，处于高速增长期。目前，全球 OPC 感光鼓等用精密铝管材的年总需求量在 30 万吨左右，国内需求量为 5 万吨左右，且需求量的年均增长率都在 5%以上。

OPC 专用精密铝合金管材可用 6063 合金生产，也可用 3003 合金生产，但对材质的成分、纯度和杂质含量要求非常严格，对产品的内外组织和表面质量要求特别高，对尺寸公差也要求很严。因此，技术含量高，生产难度大，目前国外（如日本等）已有成熟的工艺，但仍不能大批量生产满足市场要求，国内的生产水平与国际先进水平相比仍有一定差距，急需加大力度研制开发，以满足我国国民经济的高速持续发展的要求。

磁鼓用的铝合金要求非金属夹杂物、金属间化合物和其他内部缺陷都很少，因为杂质将严重影响磁鼓的成像。由此可见，磁鼓材料和磁盘材料一样，熔体皆要进行严格处理，并用精密车床加工出要求的表面，或进行拉深加工制成所要求的磁鼓。据初步计算，一台印刷机按正常运转，每年需 7 个磁鼓，这样促使磁鼓市场的销售量激增，而磁鼓所用的铝材，其用量也必然随之增加。

日本神户制钢开发的“A40S”合金力学性能好，在搬运和运行时不会变形。OPC 涂敷性和镜面切削性好。金属间化合物是镜面切削产生微细凹凸的原因，凹凸会妨碍 OPC 涂敷性，导致复印画面缺陷。但是，“A40S”合金含氢量低、杂质少、晶粒细，因此便于涂敷。

16.3.2.4　铝合金光学多面体镜

光学多面体首先用在激光印刷机上，后来又用于计测及图像处理等方面，通常采用 8 面、10 面、12 面铝合金旋转多面体镜。作为光学多面超精密车削材料，已研制成高纯 Al-Mg 合金，其晶粒及晶界几乎不出现金属间化合物，基本是单相固溶体，有一定耐高速旋转的比强度，良好的加工性，可获得稳定的高质量镜面。随着技术的发展、加工成本的降低和使用量的增加，光学多面体使用铝合金的数量也将随之增加。

16.3.2.5　磁带录像机磁鼓用铝合金

过去磁带录像机一直使用 Al-Cu 系铸件和 Al-Si 系压铸件。日本住友公司开发出有精密切削性和耐蚀性的 Al-Cu-Ni-Mg 系的冷锻合金 2218 和含微量 Pb、Sn 的 Al-Si-Cu-Mg 合金 TS80。随着 8mm 录像磁带的小型化和轻量化以及对耐蚀性和切削性要求的提高，Al-8%Si 合金中添加 Cu、Mn、Mg 等元素而得到改性合金及过共晶硅合金的冷锻材料、急冷粉末烧结挤压材料等已得到应用。

16.3.2.6　铝材在其他电子设备上的新应用

挤压型材和冲压薄板用于雷达天线，挤压管和轧制管用于电视天线，轧制带材用于绕组线路陷波器，拉制或冲压的密封外套用于电容器与屏蔽，真空蒸发高纯度镀膜用于阴极射线管。

除磁性外，电性并非主要要求的应用实例是电子设备的底盘、飞机设备用的旋制压力容器、蚀刻铭牌，以及诸如螺栓、螺钉和螺母之类的金属器材。此外，翅形型材可用于电子组件以利于散热。

17 铝挤压材在其他领域的开发与应用

17.1 铝挤压材在日常用品中的应用

在日常生活，人们会时时处处接触到铝制日用品，如铝制的锅、碗、瓢、盆、盒、勺；铝质的清扫工具和五金器具以及铝制纽扣；服装与鞋具、雨具的附件；饰品和模型；模具等。日常用品的用铝量占全球总耗量的1%以上。人们正在研制各种新型的奇特的铝制日常用品和装饰品，以满足人们不断提高的生活水平的需要。

17.1.1 铝制家具

质量轻、低维护费用、抗蚀、经久耐用和美观是铝制家具的主要优点，桌子、柜子、沙发、椅子等底座、支座框架和扶手是由铸造、拉制或挤压的管材（圆形、正方形或矩形）、薄板或棒材制成的。这些部件经常在退火状态或不完全热处理状态下成形，然后再进行热处理和时效。家具设计一般以使用要求为根据，但是，时髦的设计经常显示出了过多的设计之处或无实用价值的部分。家具采用常规的制造方法，框架或外形由挤压型材（滚弯成型），通常用焊接或硬钎焊连接；装饰面采用不同的表面加工方法，如机械、阳极氧化、氧化上色、涂釉层或喷漆提高外观效果。

图17-1就是由铝合金制造的可折叠桌椅，整个框架由铝合金型材组装，桌面由铝合金板料冲压成型，主要放置在休闲度假和公用场所；图17-2是由铝合金型材制造的各种相片架。

图 17-1　可折叠铝合金桌椅

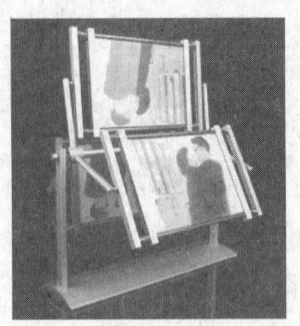

图 17-2　铝合金型材制造的各种相片架

17.1.2 铝材在家用耐用消费的应用

由于铝制品质量轻、外形美观、具有对各种形式加工的适应性以及便宜的制造加工费用，因此，铝材广泛应用于家用器具中。质量轻是它重要的特性，可适应于真空吸尘器、电熨斗、便携式洗碟机及食品加工机与搅拌器的要求。低廉的制造费用取决于几项特性，包括对压模铸造的适应性和易于进行表面精制。由于铝材具有自然美观的表面和良好的抗腐蚀性，因此不需要昂贵的表面精制。

铝材除了其令人满意的特性外，良好的可硬钎焊性对冰箱和冷冻机蒸发器而言是很有用的。管材放在浮凸薄板和带适量焊剂的硬钎焊合金条之上，将此组合件放在炉内进行硬钎焊。剩余焊剂可连续地用开水、硝酸和冷水洗去。这样就可制出一个具有高热导率、高效率、良好的抗腐蚀性和低廉的制造费用的蒸发器。

除了少数永久模制件以外，实际上电器的所有铝铸件都用压模铸造法生产。炊事用具可用铝铸造、拉制、旋压或拉制结合旋压法制成。手柄通常用铆接或点焊与用具连接。在有些用具中，铝制外表与不锈钢内衬相结合，另外一些用具的内壁用瓷料或衬以聚四氟乙烯。硅树脂、聚四氟乙烯或其他镀层可以增加受热的炊事用具的实用性。用具中很多压模件用作内部功能件，而不需表面精制。

各种形状的用具不少是用铝合金薄板、管材和线材制成的。图 17-3 是由铝合金制造的炊事用具，应用于烤制蛋糕等食品。

某些铝合金在阳极氧化后呈现的自然颜色对食品处理设备极为重要。这方面的应用包括冰箱的蔬菜盘、肉盘、制冰托盘的铝丝搁架。在制造铝丝搁架时，进行冷镦粗作业，铝挤压带即形成搁架的边框。

图 17-3　铝合金制造的炊事用具

17.2　铝挤压材在能源工业中的开发与应用

17.2.1　铝挤压材在核能源工业中的应用

17.2.1.1　堆用铝合金开发应用概况

由于铝具有以下特点：对热中子的吸收截面较小（$0.22 \times 10^{-24} \, cm^2$），仅比 Be、Mg、Zr 等金属的大，而比其他金属小得多；辐照感应放射能衰减快，高纯铝停止辐照后在一周内就急剧下降；反应堆壁溅蚀小；在 175℃ 以下空穴率小；耐辐照等，因而在核能工业上获得了广泛的应用。

在反应堆中，作为热交换介质的水所引起的腐蚀问题比热电站所遇到的腐蚀严重得多。一般说来，铝材在 50℃ 以下的水中发生点蚀，在 50~250℃ 中的水中以均匀腐蚀为主，在高于 300℃ 的水中则发生晶界腐蚀。

实践证明，选用耐点蚀的合金，提高合金纯度以免产生阳极性的夹杂物；提高堆用水纯度，严格控制水中有害离子含量，是防止点蚀的有效措施。此外，对铝材进行阳极氧化，也是提高耐蚀性的有效措施，但只有在 100℃ 以下的水中才有高的抗蚀能力。

作为工艺管的铝材，在加工运输与安装过程中，其表面都不可避免地会产生种种局部损伤，如划痕、碰伤、氧化膜缺陷等，它们加速阴极去极化反应，也易使电位比铝更正的重金属在该处沉积，从而加速铝阳极的离子溶解作用，加速腐蚀。但只要损伤深度不超过一定的值（低温水堆用铝材的容许安全值为 0.15~0.30mm），不会引起异常的加速腐蚀，在低温水堆的特定条件下，可安全使用。

中温水堆用的铝合金的最高使用温度及腐蚀速度列于表 17-1。

表 17-1　中温水堆铝合金与腐蚀速度

合金牌号	用途	在流速 6~8m/s 的水中最高使用温度/℃	腐蚀速度/mg·(dm²·d)⁻¹
LT27	元件包壳	<200	12.0~15.0
305	元件包壳	270	12.0~14.0
306	元件包壳	270	16.0~18.0
LT24	工艺管	130	0.14（基体），2.0（阳极氧化）
167	工艺管	185	4.7（基体），13.9（阳极氧化）
6A02T6	结构材料	200	4.0~5.3

对堆用铝材危害最大的是晶间腐蚀。是由晶界区与晶粒基本之间的电位差引起的。因此，凡是能降低这种电位差的措施，都能提高合金抗晶间腐蚀的能力。

防止铝材晶间腐蚀最有效的措施是向铝中添加一定量的 Fe 和 Ni，使之形成氢超电压较低的阴极相 $FeAl_3$、$NiAl_3$ 等。这就是中、高温堆用铝材大都含有一定量的 Ni 和 Fe 的缘故。在铝-镁-硅合金中添加一定量的铜，也能提高合金抗晶间腐蚀的能力。

合金的晶粒越细，抗晶间腐蚀的能力相应地增高。热处理条件也对合金晶间腐蚀有明显影响。高温退火往往使呈阴极的第二相沿晶界沉淀与晶粒长大，增加合金的晶间腐蚀敏感性。

对堆用铝合金，应考虑微量元素的热中子吸收截面（表 17-2）。例如天然硼的热中子吸收截面 $755×10^{-24}cm^2$，而 B^{10} 的竟高达 $3800×10^{-24}cm^2$，所以硼及含硼的合金是很好的屏蔽材料与控制材料，但对非屏蔽材料来说，却是一个有害的元素，应严加控制。美国规定 8001 铝合金的硼含量不得大于 0.001%。

锆的热中子吸收截面相当小，只有 $0.18×10^{-24}cm^2$，钛为 $5.6×10^{-24}cm^2$，可作为堆用材料的微量添加元素。

表 17-2　铝合金中常见元素的热中子吸收截面

元素	热中子吸收截面/cm²	元素	热中子吸收截面/cm²
O	$0.001×10^{-24}$	Mo	$2.4×10^{-24}$
Be	$0.009×10^{-24}$	Cr	$2.9×10^{-24}$
C	$0.0045×10^{-24}$	Cu	$3.6×10^{-24}$
Mg	$0.059×10^{-24}$	Ni	$4.5×10^{-24}$
Zr	$0.18×10^{-24}$	V	$4.7×10^{-24}$
Al	$0.22×10^{-24}$	Ti	$5.6×10^{-24}$
H	$0.32×10^{-24}$	Mn	$13×10^{-24}$
Na	$0.45×10^{-24}$	Li	$71×10^{-24}$
Nb	$1.1×10^{-24}$	B	$750×10^{-24}$
Fe	$2.4×10^{-24}$	Cd	$2400×10^{-24}$

17.2.1.2　核反应堆用铝材

反应堆铝材可分为两种：温度在 100~130℃ 以下的低温堆用元件包壳及结构材料，主要用的是工业纯铝与铝-镁-硅系合金、3A21 型合金及原苏联的 CAB 型合金；使用温度不超过 400℃ 的中温堆用材料，有铝-镍-铁系、铝-硅-镍系合金，其中典型的材料是美国的 8001 合金。我国堆用铝合金的成分及用途见表 17-3。

表 17-3　我国堆用铝合金的成分及用途

合金	成分(质量分数)/%					用　途	最高使用温度/℃
	Fe	Si	Mg	Cu	Al		
1060	≤0.25	≤0.20	—	≤0.01	≥99.6	元件包壳及结构材料	120
1050A	≤0.30	≤0.30	—	≤0.015	≥99.5	元件包壳及结构材料	120
1100	≤0.35	≤0.40	—	≤0.05	≥99.3	元件包壳及结构材料	120
LT26	0.08~0.18	0.04~0.16	—	—	其余	元件包壳材料	—
LT21	—	0.6~1.2	0.45~0.9	—	其余	结构材料	—
LT27	—	—	—	—	—	包壳材料	200
305	—	—	—	—	—	包壳材料	270
306	—	—	—	—	—	包壳材料	270
LT24	—	—	—	—	—	工艺管材料	130
167	—	—	—	—	—	工艺管材料	185
6A02T6	—	—	—	—	—	结构材料	200

在美国广泛采用工业纯铝 1100 作包壳材料，前苏联采用铝-镁-硅系合金 CAB-1（0.45%~0.90%Mg、0.7%~1.2%Si，其余为铝）作压水型 MP、NPT、BBP-M、BBP-Ц、MNP 型的结构材料与工艺管材料。但这些材料的最高工作温度为 100~130℃。如温度更高，则应采用其他铝材。

工作温度达 400℃ 的铝合金有我国的 Al-Si-Ni 系 306 合金，约含 7%Si 与 0.65%Ni，它的热中子吸收截面小，在中、高温水中的抗蚀性高，室温与高温力学性相当好，加工性能好，可作管状元件及板状元件的包壳材料。

国外采用 9%~12%Si、1%~1.5%Ni 的与 11%Si、1.0%Ni、0.5%Fe、0.8%Mg、0.1%Ti 的铝-硅-镍合金作元件的包壳材料，在高温水中有良好的抗蚀性。后一个合金在 260~300℃ 水中的抗蚀性比 8001 合金的高。

此外，Al-Fe-Ni 系合金也得到了应用，这类合金的成分范围为：1%~5%Ni、0.30%~1.5%Fe，以及少量的其他元素。其中典型的是美国的 8001 合金，它含 0.9%~1.3Ni、0.45%~0.7%Fe、≤0.17%Si、≤0.15%Cu、≤0.05%Zn、≤0.001%B、≤0.003%Cd、≤0.008%Li。在 BORAX-1、BORAX-N 及 EBWR 型堆中获得成功的应用。

此外，在某些特殊情况下，如果作为屏蔽材料的混凝土的质量与体积不能满足要求，或不便使用时，则除水以外，还可用一种所谓波拉尔（Boral）的铝板作屏蔽材料。这是一种含有碳化硼的铝。热轧 Boral 板时，在其表面包覆一层 1100 工艺纯铝。

17.2.1.3　核聚变铝材

当前，一些国家为了解决人类未来能源，正在开发核聚变反应堆。然而，为实现核聚变反应堆首要解决的是材料问题。

核聚变反应堆将氘（D）和氚（T）产生的高温等离子封闭起来，进行核聚变反应，反应堆应该用感应放射能衰减快的停堆后短时间人可以接近的、残留放射能少的材料制成。铝合金是一种低感应放射能材料，作为一种热核反应堆材料较为理想。

热核反应堆材料除要求感应放射能小外，在120℃时应有相当高的强度；由于磁场作用，会产生涡流，铝合金的电阻应大；还应有良好的成型加工性能、真空性能与导热性。

残余感应放射能低的材料是C、SiC与纯铝，但C、SiC的成型性能差，加工大的构件困难，现在日本的R计划、国际原子能机构的INTOR和美国的STARFIRE核聚变反应堆的研究都把铝合金作为开发的首选材料。

在周期表中，对14.1MeV中子引起的感应放射能低的元素只有Li、Be、C、Mg、Al、Si、V、Pb、Bi等。因此，热核聚变反应堆铝材的研究开发对象无疑当是以高纯铝为基的Al-Mg-Si系、Al-Mg系、Al-Si系、Al-V系、Al-V-Si系、Al-Mg-V系、Al-Mg-Li系合金及烧结合金（SAP）。在这类材料中，应严格控制铝合金的常用合金元素Fe、Cu、Cr等。

17.2.2　铝合金型材在太阳能发电中的应用

改善生态环境，寻找不释放温室气体的清洁能源已成为当务之急。大力推广太阳能、风能等可再生洁净能源是解决这两大难题最有效的方法之一。太阳能清洁、安全、取之不尽的可再生能源，充分开发利用太阳能是世界各国政府可持续发展能源战略的决策。利用太阳能发电可以解决特殊应用，作为常规能源的补充；远期将大规模应用，取代常规化石能源。

发展太阳能这种无污染的新能源，挤压铝材是制造太阳能发电装备最有竞争力的可选材料，电池板框架支柱，支撑杆，拉杆等都可以用铝合金制造。太阳能发电装备铝材可用6061、6063、6082合金挤压。目前，平均每兆瓦太阳能的发电装置需要铝材用量在45～55t之间。图17-4是太阳能发电装置及安装太阳能接收装置的铝合金型材架。

图17-4　太阳能发电装置及安装太阳能接收装置的铝合金型材架

17.2.3　铝合金挤压材在风力发电中的应用

风能是洁净的，可再生的，储量很大的低碳能源，为了缓解能源危机和供电压力，改善生存环境，在 20 世纪 70 年代中叶以后受到重视和开发利用。风力发电有很多独特的优点：施工周期短，投资灵活，实际占地少，对土地要求低等；同时，风力发电也存在一些瓶颈，如并网、输电、风机控制等方面，阻碍了风力发电的广泛应用。因此，需要有效的解决现有问题，使得风力发电成为电力行业的主要电力来源之一。其中风叶的制造也是一个重要的课题，采用铝合金材料来制造风叶，具有一系列优点，主要是质量轻、比强度高、耐腐蚀等。因此，铝合金是制造风力发电的重要材料。

图 17-5 供微波基站用电的风力发电装置及铝合金叶片。图 17-6 是中国华能特变达坂城 100MW 风电装置。

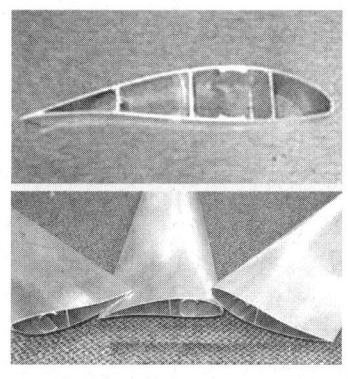

图 17-5 供微波基站用电的风力发电装置及铝合金叶片

图 17-6 达坂城 100MW 风电装置

17.3 铝合金挤压材在体育用品与设施上的开发与应用

由于体育器材向着质量轻、强度高与耐用方向发展，铝材受到重视。选材时将比强度（强度/密度）与比弹性模量（弹性模量/密度）列为主要目标，还必须耐冲击。例如，在设计高尔夫球棒时，质量轻是重要问题，但由于击球时冲击力达 1.47×10^4 N，所以，材料必须具有相当高的耐冲击的能力。

铝在体育器材上的应用始于 1926 年，近年来，铝材的应用取得了惊人的进展，几乎渗透到了体育器材的各个方面。铝材在体育器材方面的应用实例见表 17-4。

表 17-4　铝材在体育器材方面的应用

类别	零件名称	合　金	重量轻	强度	硬度	抗蚀性	耐磨性	加工性	外观
棒球	硬棒球棒	7001、7178	+	+	+	−	−	−	−
	软棒球棒	6061、7178	+	+	+	−	−	−	−
	球盒	6063、1050A	+	−	−	+	−	−	+
	投球位	1050A	+	−	−	+	−	−	+
网球 羽毛球	拍框（网球）	6061、2A12、7046	+	+	−	−	+	+	+
	拍把手铆钉（网球）	2A11	+	+	−	−	−	−	−
	网球拍框箍	1200	+	−	−	−	−	−	−
	羽毛球拍框	6063、2A12	+	+	−	−	+	+	+
	羽毛球拍接头	ADC12	+	−	−	−	−	+	+
滑雪板	滑雪板受力部件	7A09、7178	+	+	−	−	−	−	−
	滑雪板边	7A09、7178	+	+	−	−	−	−	−
	滑雪板后护板	6061	+	−	+	−	+	−	+
	滑雪板斜护板	7178	+	−	+	−	−	−	+
	滑雪板底护板	5A02	+	−	+	−	−	−	+
	各种带扣与套壳	ADC6、ADC12	+	+	−	−	+	+	−
	皮带结构件	ADC6、ADC12	+	+	−	−	−	+	−
滑雪杖	杖本身	6061、7001、7178	+	+	+	−	−	−	+
	扣环	6063	+	−	−	−	−	−	−
箭	杆、弓	2A12、7A09	+	−	−	−	−	−	+
田径	撑杆、支柱、横杆	6063、7A09	+	+	−	+	−	−	+
	栏架	6063、5A02	+	−	−	+	−	−	+
	标枪	2A12、7A09	+	+	−	−	−	+	+
	接力棒	1050A、5A02	+	−	−	+	−	−	+
	起跑器、信号枪	6063、ADC12	++	−	−	+	−	−	+
登山 旅行	炊具、食具、水壶	1060、3A21、5A02	+	−	−	+	−	−	+
	背包架、椅子	6063、7A09	+	+	−	−	−	−	+
高尔夫球	球棒	7A09	+	+	−	−	−	−	−
	伞柱	5A02	+	+	−	+	−	−	−
	球棒头	ADC10	+	−	−	−	+	−	−
	框	1060　1050A	+	−	−	−	−	−	−
击剑	面罩	2A11	+	+	−	−	−	−	−
冰球	拍杆	7A04、7178	+	+	−	−	−	−	−
鞋	跑鞋钉螺帽	2A11	+	+	−	−	−	−	−
	滑雪鞋侧面铆钉	2A11	+	+	−	−	−	−	−
	滑雪鞋皮带扣	6063	+	−	−	−	+	−	+
	橄榄球鞋螺栓	ADC12	+	−	−	−	+	−	+

续表17-4

类别	零件名称	合　金	重量轻	强度	硬度	抗蚀性	耐磨性	加工性	外观
自行车	各种零部件	2A14、2A11、2A12 5A02、6061、6063等	+	+	-	+	-	-	+
游泳池	侧板、底板	5A02	+	-	-	+	-	+	+
	管道	3A21、6A02、6063	+	-	-	+	-	+	+
	加固型材、支柱	6063	+	-	-	+	-	-	+
足球 水球 冰球 橄榄球	门、柱	6061、6063	+	+	-	-	+	-	+
其他设施	观众坐席、棚架、更衣室	6063及其他合金	+	-	-	-	+	-	+
赛艇	桅杆	7005	+	+	-	+	-	-	+

17.3.1　球棒

球棒过去是用小叶白蜡树、落叶乔木、桂树等高级木材制造。1971年，美国首先用铝材制造，接着日本于1972年批量生产。硬棒球棒用7001、7178合金制造，软棒球棒可用6061、7178合金制造。图17-7为几种常见的铝合金球棒。

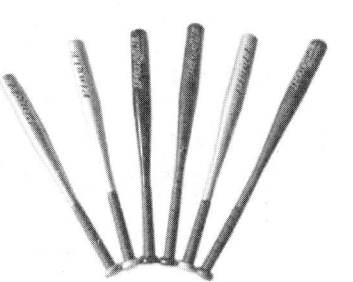

图17-7　几种常见的铝合金球棒

17.3.2　滑雪器具

图17-8为滑雪板结构示意图，目前，滑雪板几乎全是用铝合金制造的。铝制滑雪器材既轻便，又无低温脆性，安全可靠。图17-9是铝合金折叠雪橇或滑雪车；图17-10是SNOWPOWER铝镁合金滑雪手杖，双板雪杖长100~125cm。

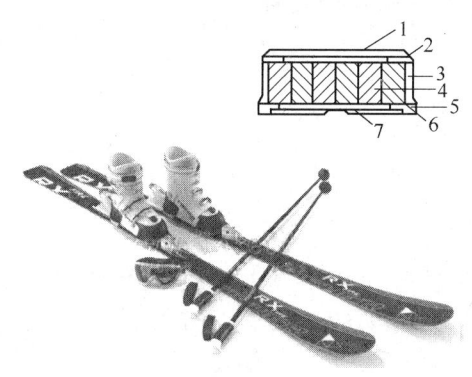

图17-8　铝合金滑雪板及标准横截面示意图

1—顶部；2—前端；3—斜护板；4—芯材；5—受力件；6—钢刃；7—滑行板

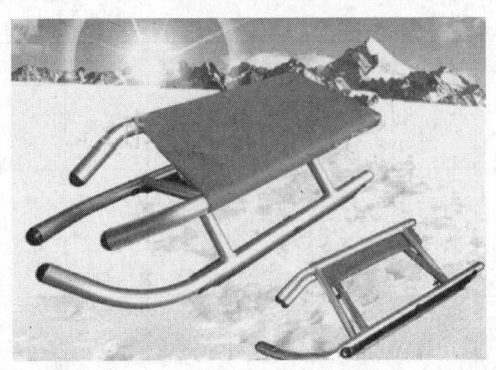

图 17-9　铝合金折叠雪橇　　　　　　　　图 17-10　滑雪手杖

17.3.3　网球及羽毛球拍

　　铝合金网球拍，最早用 6061 合金，现在多用 7046 合金，最近有用性能更好的玻璃纤维复合铝材制造。羽毛球拍要求质量轻，摆动速度快。现在，比赛用的羽毛球拍都用铝合金制造。

17.3.4　登山及野游旅游器材

　　登山、野游、旅游器材与用具要求轻和安全可靠，铝材获得广泛应用。饮具、食具与行李背架等几乎全用铝合金制造。图 17-11 中所示是由铝合金挤压管材制造的行李背架。

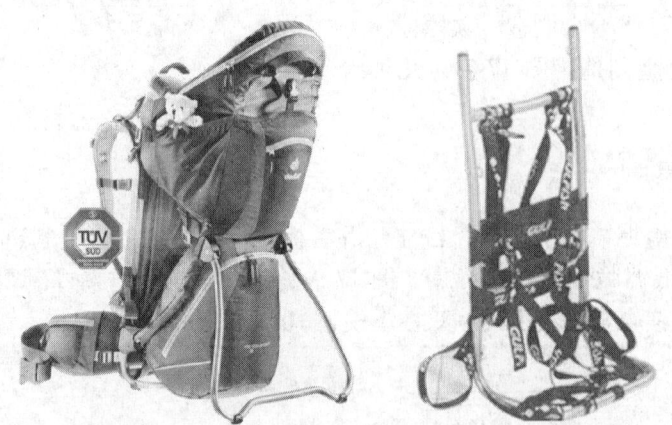

图 17-11　铝合金挤压管材制造的行李背架

17.3.5　赛艇桡杆

　　桡杆是赛艇的主要部件之一，每根 8m 长的桡杆价值超过 1000 美元。西南铝加工厂于 1984 年用 7005 合金挤压桡杆型材（见图 17-12）。7005T6 合金的力学性能如下：$\sigma_b =$ 442.96MPa，$\sigma_{0.2} = 405.7$MPa，$\delta = 11.3\%$。

　　7005 合金加工性能良好，断裂韧性高；焊接性能优良，弓形接头焊缝海港试验 4 年无一断裂；抗蚀性好，海水浸泡 4 年，表面无一处腐蚀斑点；桡杆弯曲度 ≤2mm/m；桡杆扭拧度≤1°/m。

17.3.6　游泳池及游泳器件

17.3.6.1　铝合金游泳池

用铝材建造游泳池采用大型挤压型材，易组装，建设工期短；外表美观，清洁感与卫生感强；耐腐蚀，不漏水，易维修。

游泳池铝材合金与规格如下：侧板、底板一般用5A02合金，侧板厚4mm，底板厚3mm；管道一般用5A02、6063、3A21合金；加固型材、支柱一般用6063合金。

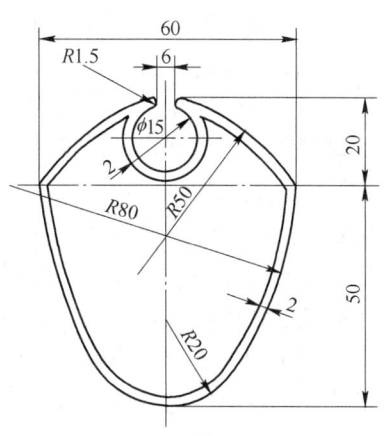

图17-12　桅杆型材截面图

17.3.6.2　铝合金高弹性跳水板

高弹性跳水板及跳水台一般是用6070-T6合金挤压型材和壁板制造，见图17-13和图17-14。目前，Durafex（杜尔福莱克斯）牌跳水器材被公认为当今世界上最好的跳水器材。它是由美国Durafex（杜尔福莱克斯）国际有限公司在美国生产。自1960年开始即被国际奥委会指定为奥林匹克运动会跳水比赛所使用的唯一跳水器材。它也用在2008年北京奥运会的跳水比赛中。B型跳水板：宽度49.8475cm（19.625in）；长度16ft=4.8768m；最前端厚度2.2225cm（0.875in）；中间厚度3.4925cm（1.375in）。

图17-13　跳水架及高弹性铝合金跳水板示意图

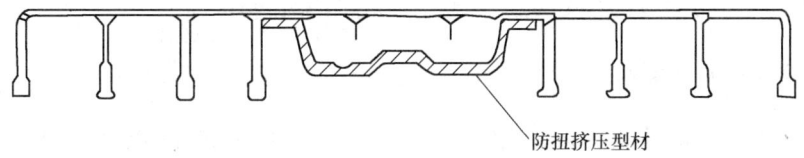

防扭挤压型材

图17-14　高弹性铝合金跳水板型板断面图

杜尔福莱克斯跳板是由6070-T6铝合金经过热挤压而成型，再经过热处理，达到高强度高弹性。铝合金跳水板经扭力盒挤压固定部分的端盖及顶端盖帽铆合部分，再在机器进行调整与装配以后，在跳水板表面涂抹水性彩色热固化环氧树脂。最外一层表面上需覆盖三个磨砂层和白色的 Al_2O_3，以实现防滑功能。跳水板的底面支点部位受到使用环氧胶粘剂粘贴在主板上的专门形成的橡胶垫层保护。

17.4　铝挤压材在复印机零件中的开发与应用

铝挤压材在复印机上的应用，最重要的零件之一是感光鼓，用 3A21 或 6063 合金拉伸管或挤压管机械加工而成，然后在其上沉积一层或涂覆一层光电性物质。因此，对管材的质量要求高，组织中应不含粗大的析出物、夹杂物及金属间化合物质点，对切削加工表面质量与尺寸精度要求也高，不得有较深的擦伤与划痕。

感光鼓使用的管材直径为 $\phi 80 \sim 125mm$，壁厚为 $3 \sim 5mm$，成品质量为 $0.5 \sim 2.5kg$，具体尺寸与质量决定于复印机型与生产厂家。感光鼓除用拉伸法与挤压法生产外，还可用减薄深拉法、冲锻法与其他方法生产。

复印机上各种固定辊是用 1100 与 6063 合金管材与型材制的，内部的一些功能零件与反射镜板是用 1100 板与 6063 型材制的。许多零件框架、显像管、光学机构装配及导向板都是用铝材加工的。

复印机铝制的典型零件名称及所用材料特性见表 17-5。

表 17-5　代表性零件所用材料及其特性

合金	材料种类	所用材料特性					零件举例
		强度	绝缘性、导电性，非磁性	抗蚀性耐溶剂性	反射率分光特性	密度，热膨胀系数	
工业纯铝	板	−	+	−	+	−	反射镜
1100	板	−	+	+	−	−	铭牌
3A21	管	−	+	+	−	+	磁鼓
5A02	板	−	+	+	−	+	托架、暗盒、导向板
1100	管	+	+	+	−	−	各种辊
6063	管	+	+	+	−	+	磁鼓及各种磁辊
6063	型	+	−	+	+	+	套筒，导向零件，结构件
铸造合金	铸件	−	+	+	−	+	磁鼓，基板，侧板等

注："+"表示被利用的性能，"−"表示没有被利用的性能。

17.5　铝合金型材在家装家具、橱柜、箱包中的应用

17.5.1　铝合金型材家装家具的特点

铝合金家具最大的特点当属绿色环保。目前，铝制家具生活中还不多见，随着环保意识的普及和科技的进步，很多行业都逐步向"绿色化"转型，但建筑家居行业却一直处于传统木材所制，甚至我们平日接触的家具多为人造板材制成，这些材料不仅浪费了树木，更重要的是材料里添加的化学成分对空气环境的污染和对人类身体的伤害无法避免。

目前，市场上家具的主要材料为密度板、颗粒板、实木复合等板材，虽价格方面各有差异，但消费者却无法真正分辨材料的优劣，是否真的环保健康、物有所值？那些有害的

化工原料如甲醛、苯等看不见、摸不到，而铝合金、冷轧钢板等金属材质的家具都是由矿产资源的一系列加工所得，可重复使用，且不会存在一般家具中的甲醛超标问题。此外，即使遭到淘汰，铝合金家具也不会对社会环境造成资源浪费及破坏生态环境。

铝合金家具具有铝合金优点，其具有一定强度，保证家具在使用过程当中不易变形。在密度及压力方面，都有很好的性能，可以有效地保证家具在户外苛刻的条件下很好地使用。

17.5.1.1 铝合金家具的主要优点

（1）用材环保：全铝家具用铝合金型材结构，绝对零甲醛，都是可以保价回收再用的材料。

（2）防水：全铝家具是全铝合金型材结构，不怕水不怕潮，可以直接用水冲洗和清洁卫生，永不腐烂。

（3）防火：全铝家具具有很强的耐热性能，试验表明能耐受200℃的温差不破坏。即使物体整支点燃后置于其上，经长时间灼烧亦无损其表面，克服了一般板材经不起灼烧的缺点。

（4）防虫蚁：全铝家具坚硬无比，不怕任何虫鼠，即使是白蚁也无奈何。

（5）耐撞击：全铝家具有很强的耐冲击性，实验证明能经受227g的钢球从3m处落下不损坏的试验，抗弯强度达150MPa。在正常的条件下使用，可用50年历久弥新。

（6）无异味：全铝家具由铝合金型材、塑钢连接件在洁净环境加工而成，产品没有异味。

（7）不变形：全铝家具用高强度铝合金型材，不吸潮且温度膨胀系数很小，所以不会产生变形。

（8）易清洗：全铝家具可用清洁剂及水洗，清理容易。

（9）封边牢固：全铝家具铝型材结构不会出现常见板门以粘贴或热复合封边的脱胶离层问题。

（10）耐用性佳：全铝家具经深度氧化、喷涂等表面处理后达到室外幕墙质量要求，表面硬度达韦氏10度以上，确保产品经久耐用达数10年不变。

17.5.1.2 铝合金家具市场推广存在的困扰

（1）尽管目前已有不少铝合金家具厂投身于全铝家具开发与制造销售中，但从目前的市场推广情况来看，大面积走进家庭仍需时间。

（2）全铝家具也存在着一些明显的缺点。首先就是观念问题，在不少中国人传统观念中，家具还是应该采用木制的，因此对金属家具还要有一个逐步认识的过程。

（3）目前，铝合金家具质感坚硬冰冷是不少人感觉不好的一点。因为一般金属家具所采用的原材质都是坚硬的金属板材一类，其物理特性决定铝合金家具的坚硬冰冷，所以很多时候人们就是因质感上的问题将其拒之门外。

（4）声响较大，色调单一，不能满足广大消费者对家具风格的要求与选择，也是铝合金家具的不足之处。

17.5.1.3 全铝家具与传统家具的比较

（1）全铝家具：用材环保、防水防火、防虫防蛀、耐撞击、无异味、不变形、易清理、封边牢固、耐用性佳；

（2）传统家具：组装慢、工序多、费时、有异味、不健康、伤身、工程大、收益少、揪心。

实木家具的美中不足：实木家具最主要的问题是含水率的变化使它易变形，所以不能让阳光直射，室内温度不能过高或过低，过于干燥和潮湿的环境对实木家具都是不合适的。另外，实木家具的部件结合通常采用榫结构和胶粘剂，成品一般不能拆卸，搬运时就很不方便。

而铝合金材料易加工、易回收再利用，且无污染不浪费的特点，越来越受到人们的喜爱，与其他材质相比，全铝家具科技含量高、资源消耗小、环境污染少，实现了家具行业的"绿色"转型。

17.5.2　铝合金型材家装家具的应用实例

17.5.2.1　铝合金橱柜

图 17-15 所示为铝合金制造的多格展示柜，图 17-16 所示为铝合金厨房橱柜，图 17-17 所示为铝合金书柜。

图 17-15　铝合金多格展示柜　　　　　　　　图 17-16　铝合金厨房橱柜

图 17-17　铝合金书柜

17.5.2.2 铝合金桌椅

图 17-18 所示为铝合金办公桌，图 17-19 所示为铝合金桌椅，图 17-20 所示为几种形式的铝合金折叠椅。

图 17-18 铝合金办公桌

图 17-19 铝合金桌椅

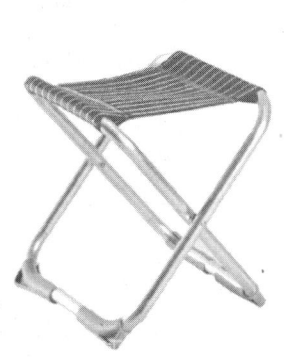

图 17-20 几种形式的铝合金折叠椅

17.5.2.3 组成铝合金橱柜的主要铝合金型材及部件

铝合金家具的另一个特点是它可以制定型材的标准系列，并组装成型系列标准部件，然后在现场组装，这样系列化具有高效、节能、节材等优点。图 17-21 是通常采用的铝合金家具型材及组装的部件图。

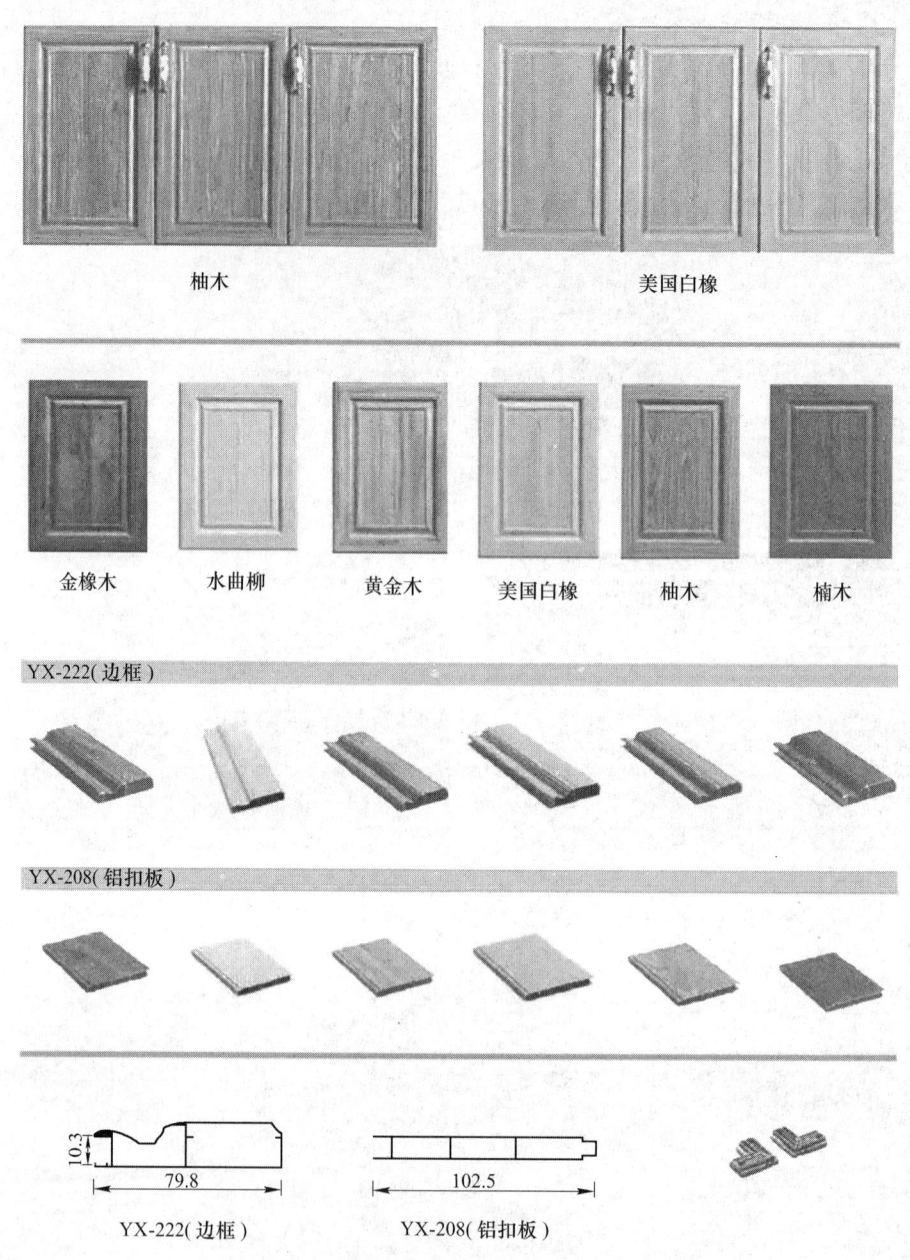

柚木　　　　　　　　　　　美国白橡

金橡木　　水曲柳　　黄金木　　美国白橡　　柚木　　楠木

YX-222(边框)

YX-208(铝扣板)

YX-222(边框)　　　　　　YX-208(铝扣板)

图 17-21　组装各种橱柜的铝合金型材及型材组装部件

17.6　铝合金型材在市政工程中的应用

　　铝合金具有环保、防水防火、防虫防蛀、耐撞击、无异味、不变形、易清理、封边牢固、耐用性佳，同时铝合金制品美观，因此是制作公用设施的最佳材料。目前，国内外已经广泛应用铝合金制作公共汽车站、室外花台、公园桌椅、垃圾箱、灯杆等。图 17-22 所示为各种铝合金灯杆，图 17-23 所示为铝合金公共汽车站亭，图 17-24 所示为公共场所的铝合金座椅，图 17-25 所示为铝合金花台。

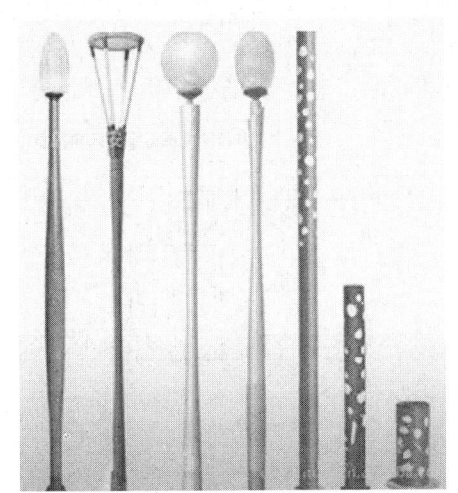

图 17-22 各种铝合金灯杆

图 17-23 成都阳光铝业生产的铝合金公交站亭

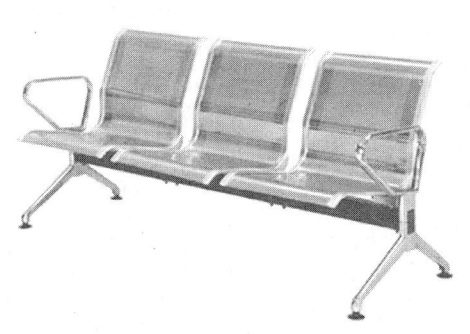

图 17-24 成都阳光铝业生产的铝合金座椅 图 17-25 成都阳光铝业生产的铝合金花台

17.7 铝合金型材在飞机场跑道中的应用

铝合金临时活动机场较固定的水泥机场具有质量轻、可移动，可建在沙滩、海滩、山区和沼泽地，机动性强，修建和装卸时间短，可回收，可多次使用等一系列优点。因此，在美国、俄国等军事强国获得广泛应用。修理一个能起落 B52 等巨型轰炸机和波音 767 等重型运输机的临时机场，需要铝合金型材数千吨，加上与之配套的机场设施，共需各种铝合金型材上万吨。我国在 20 世纪 70 年代末也成功研制了临时机场用的铝合金跑道板型材（见图 17-26），并修建了一段铝合金临时跑道。

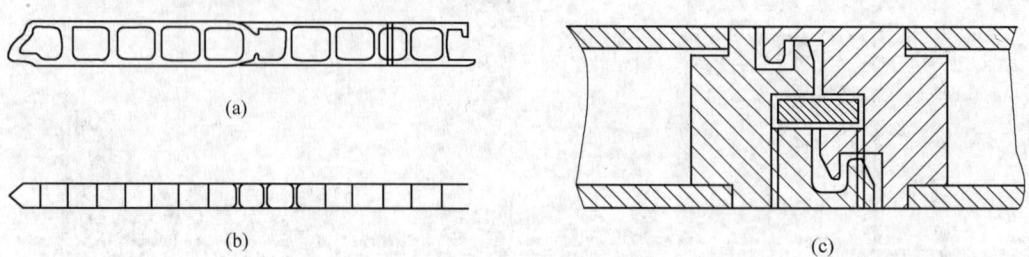

图 17-26　铝合金跑道板型材

第五篇

产品质量控制、缺陷分析及技术标准

18 铝挤压材的产品检验

18.1 铝挤压材的质量要求

产品质量要求就是所提供的合格产品要全面地、合理地满足产品的使用性能和用户的要求。即从原、辅材料选用，工艺装备和工模具的精心设计，生产方法与工艺操作规范的精心编制与实施，以及产品在生产过程中的精确检测等方面严格把关，最终全方位（包括产品的材质成分、外观和内在质量，组织与性能以及尺寸与形位精度等）地达到技术标准或供需双方正式签订的技术质量协议对技术质量指标的要求。铝挤压材与绝大多数其他产品一样，其质量指标应包括以下几方面：

（1）化学成分。包括合金的主成分元素及其配比，微量元素添加量以及杂质元素的含量等均应符合相关技术标准或技术协议的要求。

（2）内部组织。主要包括晶粒的大小、形貌及分布；第二相的多少、大小及分布；金属与非金属夹杂的多少、大小及分布；疏松及气体含量与分布；内部裂纹及其他不连续性缺陷（如缩尾、折叠、氧化膜等）；金属流纹与流线等均应符合技术标准或技术协议的要求。

（3）内外表面质量。按技术标准的要求，内外表面应光洁、光滑、色泽调和，达到一定光洁度、不应有裂纹、擦伤、划伤和腐蚀痕，不应有气泡、气孔、黑白斑点、麻纹和波浪等。

（4）性能。根据技术标准或用户的使用要求，应达到合理的物理、化学性能，耐腐蚀性能、力学性能，加工性能或其他的特殊性能指标。

（5）尺寸公差和形位精度。包括断面的尺寸公差和产品的形位精度（如弯曲度、平面间隙、扭拧、扩口、并口、板形、波浪等），都应符合技术标准和使用要求。

要保证产品质量全面地满足使用性能和用户要求，就必须严格的对产品进行检测和管理。

18.2 现场测试技术

18.2.1 测温技术

温度测量方式可分为接触式和非接触式两种。

18.2.1.1 接触式测温技术（热电偶）

接触法测量温度的传感器，多采用热电偶或热电阻。热电偶结构简单、测温范围宽、测量端小、价格便宜、使用方便。因此，在铝挤压加工测温中应用很广。该方法是将两种不同材料的导体焊接成一个闭合回路即构成热电偶。通常这两段导体为金属线或合金丝，称为热电偶丝或热电极。当两个接头的温度不同时回路中就会产生电流。其中放置在温度待测的介质中的接头称测量端或热接点；另一接头称参考端或冷接点。实际测量时参考端并不焊接而是接入测量仪表，参考端是某个已知的恒定温度。回路中的电动势称为热电势，它由接触电势和温差电势两部分组成。测出不同温差下对应的热电势，即可作出热电偶的定标曲线。根据定标曲线，由测得的热电势及参考端温度便可确定待测温度，图 18-1 所示是热电偶测温原理。

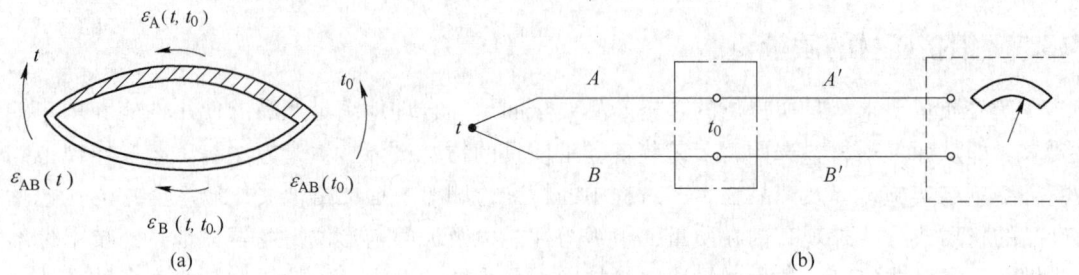

图 18-1　热电偶测温原理
（a）热电势；（b）热电偶基本测温回路

　　由两种均质热电极组成的热电偶，其热电势与热电极的直径、长度及沿热电极的温度分布无关，只与热电极材料和两端温度有关。如果两端温度相等，则热电势为 0；如果热电极材质不均匀，则当热电极上温度不均匀时，将产生附加热电势造成测温误差，此即均质定律。因此热电极材料的均匀性是热电偶的重要质量指标之一。

　　在热电偶回路中接入中间导体后，只要中间导体两端温度相同，就对热电偶回路的总热电势没有影响。这就是中间导体定律。据此，只要接入热电偶回路的显示仪表和导线的两接入端温度相等，则它们对热电偶产生的热电势就没有影响。

　　热电偶测量端常常离参考端或显示仪表很远。由于热电偶丝成本较高，在温度不太高的中温区和参考端之间可接入廉价的补偿导线（即延长导线），补偿导线在 0℃ 至几百度的中等温度范围内具有与热电偶相同的热电性质，它使热电偶延长而不影响热电偶的热电势。热电偶其他重要部件包括保护热电偶丝的密封保护管，将热电偶丝之间、热电偶丝与保护管之间分离开的绝缘材料，连接端子，接头，显示仪表或执行机构等。

　　根据热电偶正、负热电极丝的材质不同，可将热电偶划分为廉金属热电偶、贵金属热电偶、难熔金属热电偶和非金属热电偶。根据其长期使用的温度范围，可分为低温热电偶、中温热电偶和高温热电偶。根据热电偶的结构形式、用途或安装方法的不同，可分为可拆卸的工业热电偶、铠装热电偶、表面热电偶、多点式热电偶、快速微型热电偶、薄膜热电偶、总温热电偶、升速热电偶等。

　　标准热电偶是指生产工艺成熟、成批生产、性能优良并已列入工业标准文件中的热电偶。这类热电偶发展早、性能稳定、应用广泛，具有统一的分度表，可以互换，并有与其配套的显示仪表可供使用，十分方便。非标准型热电偶，没有列入工业标准，通常也没有统一的分度表和与其配套的显示仪表，其应用范围及生产规模也不如标准型热电偶。但在某些特殊场合，如在超高温、低温或核辐照条件下，具有特殊性能。我国标准化热电偶等级和允许偏差见表 18-1。

表 18-1 我国标准化热电偶等级和允许偏差

热电偶型号	等级	使用温度范围/℃	允许偏差	标准号
B	II	600~1700	±0.25% t	GB 2902—82
	III	600~800	±4℃	
		800~1700	±0.5%t	
R	I	0~1100	±1℃	GB 1598—86
		1100~1600	±[1+(t-1100)×0.003]℃	
	II	0~600	±1.5℃	
		1100~1600	±0.25%t	
S	I	0~1100	±1℃	GB 3772—83
		1100~1600	±[1+(t-1100)×0.003]℃	
	II	0~600	±1.5℃	
		600~1600	±0.25% t	
K 或 N	I	−40~1100	±1.5℃ 或±0.4% t	GB 2614—85 ZBN 05004—88
	II	−40~1300	±2.5℃ 或±0.75% t	
	III	−200~40	±2.5℃ 或±1.5% t	
E	I	−40~800	±1.5℃ 或±0.4% t	GB 4993—85
	II	−40~900	±2.5℃ 或±0.75% t	
	III	−200~40	±2.5℃ 或±1.5% t	
J	I	−40~750	±1.5℃ 或±0.4% t	GB 4994—85
	II	−40~750	±2.5℃ 或±0.75% t	
T	I	−40~350	±0.5℃ 或±0.4% t	GB 2903—82
	II	−40~350	±1℃ 或±0.75% t	
	III	−200~40	±1℃ 或±1.5% t	

标准化热电偶中，B 型材质为铂铑 30-铂铑 6，是一种贵金属热电偶，它具备铂铑 10-铂热电偶（或 R 型）的优点，同时，测温上限又比较高，它适宜于 0~1800℃ 的氧化性和惰性气氛中，也可短时用于真空中，但它不适用于还原气氛或含有金属或非金属蒸气的气氛中（用密封性非金属保护管保护下者例外）；R 型材质为铂铑 13-铂，是一种贵金属热电偶，它不仅比 S 型热电偶稳定，而且复现性好；S 型为铂铑 10-铂，在热电偶中准确度最高，常用于科学研究和测量准确度要求比较高的生产过程中；K 型材质为镍铬-镍硅，它是一种使用十分广泛的贱金属热电偶，年产量在我国几乎占全部贱金属热电偶的一半，这种热电偶的测量范围很宽，线性度好，使得显示仪表的刻度均匀，热电势率比较大，灵敏度比较高，稳定性和均匀性很好，抗氧化性能比其他贱金属热电偶好；N 型为镍铬硅-镍硅，是一种比 K 型热电偶更好、很有发展潜力的标准化的镍基合金热电偶，它是一种最新的字母标志的热电偶，在 250~500℃ 范围内的短期热循环稳定性好；E 型材质为镍铬-铜镍合金（康铜），是一种比较普遍的贱金属热电偶，对高湿度气氛的腐蚀敏感，适宜于我国南方地区使用或湿度较高的场合使用；J 型材质为铁-铜镍合金（康铜），是工业中应用最广、价格低廉的一种贱金属热电偶；T 型材质为铜-铜镍合金（康铜），是最广泛用于测温的工具，其性能稳定，特别在 −200~0℃ 下使用，稳定性更好。

N 表示某类型热电偶的负电极；P 表示某类型热电偶的正电极。

热电偶的刻度是在冷端保持 0℃ 的条件下进行制备的。但在使用时，如果参考端温度不为 0℃，甚至是波动的，则应采取措施，使参考端温度恒定，或对其变化引起的热电势变化加以补偿。可采用冰点槽法、计算法、仪表机械零位调整法、补偿电桥法、补偿热电偶法等进行补偿。

热电偶在长期使用中，由于受到周围环境、气氛、使用温度及保护管和绝缘材料等影响，会使热电特性发生变化，必须定期进行检定或校验，以确定热电偶的可靠性，稳定性及灵敏度是否合乎要求。

热电偶测铝液温度的关键是保护管。按材质保护管可分为金属、非金属、金属陶瓷三类。金属材料坚韧但易受腐蚀不能承受高温，非金属材料相反，金属陶瓷则兼有二者的优点。铝液连续测温用保护管有金属，Si_3N_4。金属管的强度高，但寿命短；Si_3N_4 管耐腐蚀但强度低。

用接触法测量固体表面的温度，多采用热电偶或热电阻。由于热电偶具有测温范围宽、测量端小、价格便宜、使用方便的优点，在表面测温中应用很广。此外，国内也开发了便携式浸入测温仪对铝液进行间断测温。使用温度范围可达 0~1200℃。

18.2.1.2　非接触式测温

非接触式测温是利用热光学原理，通过非接触式温度传感器测定金属（工件）表面的光谱辐射亮度、辐射强度、反射光波的波长度等物理的变化来测量金属（工件）表面的温度。

将环境认为是黑体的条件下，根据 Plank 定律可得到：

$$L_{\lambda_i} = \frac{c_1}{\pi \lambda_i^5}\left(\frac{\varepsilon_{\lambda_i}}{e^{\frac{c_2}{\lambda_i T_0}} - 1} + \frac{1 - \varepsilon_{\lambda_i}}{e^{\frac{c_2}{\lambda_i T_a}} - 1} \right) \tag{18-1}$$

式中　L_{λ_i}——波长 λ_i 的光谱辐射亮度；

ε_{λ_i}——被测物体在波长 λ_i 的光谱发射率，又称为发射本领；

c_1——第一辐射常数，$c_1 = 2\pi hc^2 = 3.7418 \times 10^{-12} W \cdot cm^2$；

c_2——第二辐射常数，$c_2 = hc/k = 1.4888 cm \cdot K$；

T_0——被测物体真实温度；

T_a——环境温度。

根据 ε_{λ_i} 的数值和其对 λ_i 的依赖情况，可分为 3 种情况：

（1）黑体。ε_{λ_i} 是固定的，且大致等于 1。

（2）灰体。ε_{λ_i} 与波长无关，但与物体表面有关，$\varepsilon_{\lambda_i} = 0.2 \sim 1$。

（3）非灰体。ε_{λ_i} 与被测物体表面和波长都有关，$\varepsilon_{\lambda_i} = 0.05 \sim 0.5$。

对于第（1）和第（2）种情况，只要被测物温度远高于环境温度，则公式中第二项便可以忽略。

对于第（1）种情况，可采用全辐射高温计和只在一个波长测量辐射功率的光谱辐射高温计进行测温。

对于第（2）种情况采用比色高温计，此时 ε_{λ_i} 数值虽不知道，但对所涉及的波长范围，ε_{λ_i} 是恒定不变的。在波长 λ_1 和 λ_2 测得的辐射功率 P_1 和 P_2 的比值与光谱发射率无关，取决于目标物体的真实温度。

第三种情况的温度测量需要较高的技巧。而铝加工过程中高温铝材的温度测量便属于这种情况。实际采用或可以采用的方法如下。

（1）把在两个波长上测得的辐射功率进行综合考虑。测得在波长 λ_1、λ_2 的辐射功率，P_1、P_2 利用比色高温计的原理估算出温度 T_R，再根据 P_1 采用光谱辐射高温计原理估算出温度 T_{RD} 目标物体的真实温度。

$$T = kT_R + (1 - k)T_R \qquad (18\text{-}2)$$

式中，k 必须通过试验确定，根据这一原理工作的高温计已投入使用。

（2）利用 ε_{λ_1} 与 ε_{λ_2} 之间的关系确定温度。实验确定 ε_{λ_1} 与 ε_{λ_2} 之间的关系，对三个未知量 ε_{λ_1}、ε_{λ_2}、T_0 列出三个方程，可解得目标温度。尽管根据 ε_{λ_1} = 常数·ε_{λ_2} 已获得理想的结果，但该常数必须通过试验确定。目前这一方法尚未投入商业应用中。

（3）使用 4 个波长上的辐射功率。用 4 套元件测出在 4 个波长 λ_1、λ_2、λ_3、λ_4 上的辐射功率。

$$P_i = P_i\,(T_0,\ T_a,\ \varepsilon_{\lambda_i}) \qquad i = 1,\ 2,\ 3,\ 4 \qquad (18\text{-}3)$$

式中，ε_{λ_i} 之间存在一定关系。目标温度：

$$T_0 = T_0\,(P_1,\ P_2,\ P_3,\ P_4) \qquad (18\text{-}4)$$

试验建立 $(P_1,\ P_2,\ P_3,\ P_4)$ 与目标温度的查询表，实际测时利用查询表根据 P_1，P_2，P_3，P_4 即可确定目标温度。

此外有利用更多波长（6 个或 10 个）的辐射功率测量温度的方法，但由于商业应用的可能性很小，在此不予介绍。

非接触式光学测温计的应用比较广泛，影响其测量精度的主要原因是铝材的比辐射率随被测铝料的表面状态、组织、合金类型和温度的变化而变化，且铝的发射率与反射率的比值很低，增大了测量结果误差的可能。传感器与被测物间介质的吸收率 $\tau(\lambda)$ 也给测温带来影响。铝加工用非接触式光学测温计是用两个或两个以上高温计元件在不同波段上测量光谱辐射亮度，然后将其输出值进行综合处理，计算出温度。

现已经有多种非接触式仪器投入实际应用。如以色列 3T（True Temperature Technologys）公司的 3T 测温仪、英国 land Infrared 公司的红外测温仪 ABTS（Alminium Billet Thermometer System）、AETS（The Aluminium Extrusion Thermometer System）、ASTS（Aluminium Strip Thermometer System）、美国 Ircon 公司的测温仪等。

18.2.2 尺寸测量技术

挤压材的尺寸精度检测是质量控制的重要内容之一。目前，应用的新技术包括计算机层析 X 射线摄影技术（CT）、全数字线扫描摄像技术和视频 CAD 技术。

18.2.2.1 工业 CT

工业计算机层析照相或称工业计算机断层扫描成像（简称工业 CT 或 ICT），从 20 世纪 80 年代开始发展十分迅速。它图像清晰，与一般透视照相法相比不存在影像重叠与模糊，图像对比、灵敏度都比透视照相高出两个数量级。它可用于缺陷检测、尺寸测量和密度分布表征。

　　CT 技术的物理原理是基于射线与物质的相互作用。辐射源多为 X 射线或 γ 射线源。目前在工业无损检测中，广泛应用的是透射层析成像技术（ICT）。以 X 射线或 γ 射线作为辐射源的工业 CT 的基本原理也是射线检测原理。

　　为了获得断层图像重建所需的数据，必须对被测物进行扫描，按扫描获取数据的方式可将 CT 技术的发展分为 5 个阶段（见图 18-2）。

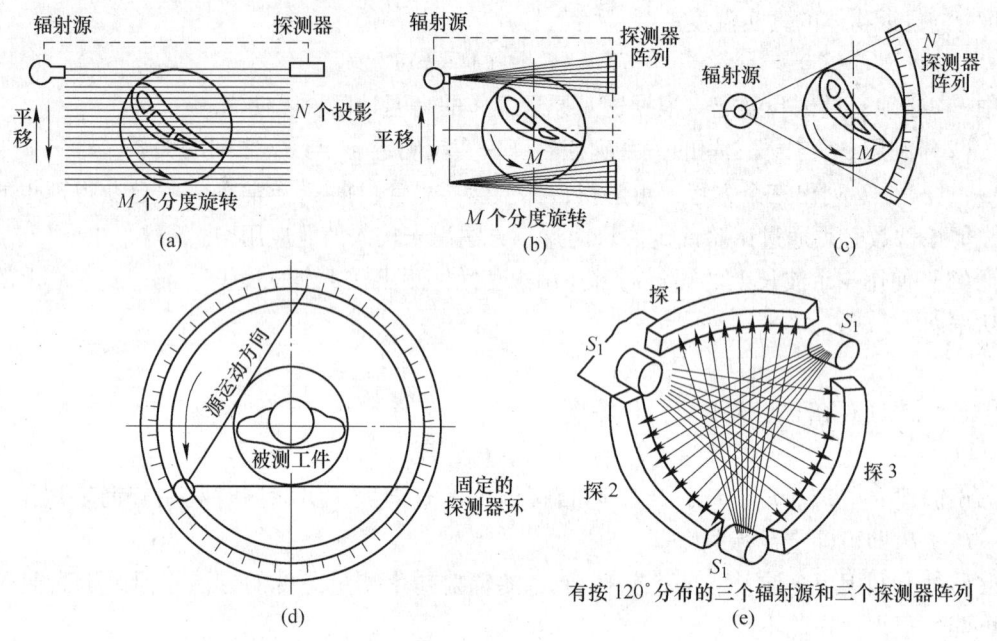

图 18-2　5 种不同的扫描方式

（a）第一代 CT 扫描方式；（b）第二代 CT 扫描方式；（c）第三代 CT 扫描方式；

（d）第四代 CT 扫描方式；（e）第五代 CT 扫描方式

　　（1）第一代 CT。使用单源单探测器系统，系统相对被测物做平行步进式移动获得 N 个投影值，然后被测物按 M 个分度做旋转运动。每转动一次，获得 N 个投影值，转动 M 次共获得 $M×N$ 个投影值。这种扫描方式被检物仅需转动 180° 即可。第一代 CT 因检测效率低，在工业 CT 中已很少采用。

　　（2）第二代 CT。采用单源小角度扇形线束多探头布局。因射线扇束角小，不能全包容被测断层，所以系统仍需相对被测物做平移运动，被测物仍需做 M 个分度旋转。

　　（3）第三代 CT。采用的单射线源具有大扇角，宽扇束，全包容被检断面。对应宽射线扇束有 N 个探测器，系统相对被测物无需移动便可获得 N 个投影值。仅需被测物做 M 个分度旋转运动。理论上被检物只需旋转一周即可测一个断面。

　　（4）第四代 CT 辐射源也是大扇角、全包容被测断面，但它有相当多的探测器形成固定圆环，仅由辐射源转动实现扫描。其特点是扫描速度快，但成本高。

　　（5）第五代 CT 是多源多探测器，用于实时检测与生产控制。其特点是工件与辐射源探测器都不做转动，仅需工件沿轴向做快速分层运动。

　　工业 CT 由射线源，射线准在器、机械扫描系统，探测器系统计算机系统，屏蔽设施等组成。

Romidot 有限公司开发了一项新的型材几何尺寸检测技术。这种新的检测线称做 Romi Shapel DX。DX 系统采用计算机层析 X 射线摄影技术（CT）。通过虚拟切割产生空心或实心型材的横断面图像。其精度水平很高。该系统易于安装在现有设备上，已应用于欧洲和北美多家铝型材厂。

18.2.2.2 机器视像系统

机器视像系统是一种高速、高精度的检测系统。它采用摄像头将被摄取目标转换成图像信号，传送给图像处理系统，根据像素分布和亮度、颜色等信息，转变成数字化信号；图像系统对这些信号进行各种运算来抽取目标的特征，如：面积、长度、数量、位置等；根据预设的容许度和其他条件输出结果，如：尺寸、角度、偏移量、个数、合格/不合格、有/无等。摄像头有面扫描摄像头和线扫描摄像头。

VISI 500 全数字线扫描摄像仪，可用于加工车间无接触测量和质量控制。采用 2592 像素时线扫描速度可达 2000 线/s。它可用来识别物体是否存在，测量其尺寸；用于宽度、形状、直径的测量；用于带材和薄板坯的边部导引，对中及测量系统；用于光透射性测量；用于计数和识别。该摄像仪像素允许曝光过度而不明显影响清晰度，这为高反射率材料（如铝合金）的检测提供了可能。专门开发的软件包括有输入程序，诊断程序以及可选基本应用程序库或用于存储处理检测结果的程序。

Video CAD（视频 CAD）的开发是为了检测各种型材的断面，测量轮廓并产生可文件化的数字图像。该仪器主要包括一个配有摄像机、远心物镜、照明装置的系统及处理测定值和显示结果的计算机系统，其核心部件是配有远心广角物镜转换头的高清晰度摄像仪。摄像机能在 2.9s 内录制 4536×3486 个像点。它采用细光栅扫描技术，由于其扫描宽度周期性地小步移动，同时检测出传感器信号，使光学扫描器的分辨率得到提高。与传统的 CCD 传感器相比，在一定限度内，通过选择细光栅扫描的步宽可设定更高的分辨率。目前的 CCD 是一个由许多单独的光敏元组成的方格栅，光敏元间距为 $11\mu m$，总光敏元数量为 $756×582$ 个。摄像仪的高稳定单片细光栅扫描器配有在 X 轴和 Y 轴独立定位的传感器。两个位置路径电路保证准确到达和稳定地保持限定的位置，精度可达 $0.2\mu m$。

为了精确测量图像，必须将影像的尺寸与一个相关物体坐标系准确对应起来。为了达到微米精确度，采用对整个图像不变的比例尺是不够的，必须考虑局部比例尺的变化。为此开发了一种特殊的技术用简单的办法将单独的比例因子插入每个像点之间。该技术采用了一个蒸汽沉积铬结构的玻璃圆盘做样板，其上圆圈相对于零点的位置是已知的。在用样板校准过程中确定影像与物体坐标系间的转换矩阵便可得到平均影像比例尺和校正矩阵，矩阵中对每个成像圆圈都有一个校正矢量。根据这些矢量通过对影像坐标系中任意一点的插值运算便可获得物体上的相应点。

不过只有在测量平面内（即校对时确定的平面）影像与物体坐标系间的尺寸联系才是准确有效的，对于离开那个平面的点必须采用不同的比例尺。解决这一问题办法是采用远心镜片，由于物镜平行的光线路径，这种系统消除了比例尺误差。

Video CAD 的软件使测量结果的加工处理十分方便，具有各种测量功能：距离测定，角的计算，半径测量，点或线的对称，平直度测量，型材各处壁厚的计算，最高点计算，全部或局部轮廓的最佳配合。

测量结果包括：实际几何尺寸与名义几何尺寸的相对偏差，旋转角度，最大偏差，以及所有点是否在给定的误差范围内等信息。

18.2.3　测速技术

通常，挤压测速是采用位移传感器来测定挤压柱塞的移动速度，再计算出挤压型材的流出速度。如采用激光测速就十分优越，不存在各种影响因素，如挤压比、填充量等。不足之处是设备较贵，操作者的劳动保护也是个麻烦。所以国外已经开发了白光测速仪，其成本根据用途不同，约为激光测速仪的 10%～30%。

18.2.3.1　激光测速

激光是电磁波和声波一样也存在多普勒效应。与声波不同的是，激光速度远远大于声波速度。运用相对论的知识，对静止光源来说，运动的观察者接收到的光波频率为：

$$f = \frac{1 \pm \dfrac{U}{c}}{\sqrt{1 - \dfrac{U^2}{c^2}}} f_o \tag{18-5}$$

式中　U——观察者运动速度，观察者背离光源运动时取负号；

　　　c——光速；

　　　f_o——光波频率。

当一束单色激光（频率为 f_o）照射到运动速度为 U 的物体上时，运动物体接收到的光波频率 f_p 不等于 f_o。用一个静止的光检测器，如光电倍增管来接收运动物体的散射光，则光检测器接收到的散射光频率 f_s 也不等于 f_p，这中间经过了两次多普勒效应，如图 18-3 所示。

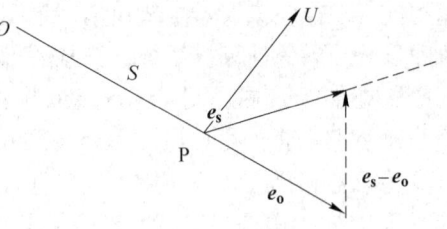

图 18-3　静止光源、运动物体和
静止的光检测器

根据相对论公式，用矢量式表示物体 P 接收到的静止激光源光波频率 f_p 为：

$$f_p = f_o \frac{c - U \boldsymbol{e}_o}{\sqrt{c^2 - (U \boldsymbol{e}_o)^2}} \tag{18-6}$$

$U \ll c$ 时，得到近似值为：

$$f_p = f_o \left(1 - \frac{U \boldsymbol{e}_o}{c} \right) \tag{18-7}$$

式中　$\boldsymbol{e}_o$——入射光方向的单位矢量；

　　　c——介质中的光速。

同样，静止的光检测器接收到的物体散射光频率 f_s 为：

$$f_s = f_p \left(1 + \frac{U \boldsymbol{e}_s}{c} \right) \tag{18-8}$$

式中　$\boldsymbol{e}_s$——物体散射光指向光检测器方向的单位矢量。

由于 $\boldsymbol{e}_s$ 方向是由物体指向光检测器，故 $U \cdot \boldsymbol{e}_s / c$ 取正号。

将 f_p 的表达式代入 f_s 的表达式中，整理后略去高阶小量得到：

$$f_\mathrm{s} = f_\mathrm{o}\left[1 + \frac{U(\boldsymbol{e}_\mathrm{s} - \boldsymbol{e}_\mathrm{o})}{c}\right] \tag{18-9}$$

光检测器接收到的光波频率与入射光频率之差称为多普勒频移 f_D：

$$f_\mathrm{D} = f_\mathrm{s} - f_\mathrm{o} = f_\mathrm{o}\frac{U(\boldsymbol{e}_\mathrm{s} - \boldsymbol{e}_\mathrm{o})}{c} \tag{18-10}$$

用波长表示成：

$$f_\mathrm{D} = \frac{1}{\lambda}\left|\,U(\boldsymbol{e}_\mathrm{s} - \boldsymbol{e}_\mathrm{o})\,\right| \tag{18-11}$$

式中　λ——入射光的波长。

挤压过程中，通常 U 的方向，$\boldsymbol{e}_\mathrm{s}$、$\boldsymbol{e}_\mathrm{o}$ 是已知的，所以测出 f_D 即可确定 U 的大小。

激光多普勒测速多采用双光束系统，测量两束入射光 $\boldsymbol{e}_\mathrm{o1}$、$\boldsymbol{e}_\mathrm{o2}$ 的散射光之间的外差，又称双光束型光路或差动光路。激光器发出的光束被声光调制器（AOM）分成两束等强度的光，对其中的一束光采用一定的频率进行调制，使其频率为 $f_\mathrm{o} + f_\mathrm{R}$，这样可使测速仪测到 0 速，并可判别物体的运动方向。两光束聚焦在测量体上。

设接收方向的单位矢量是 $\boldsymbol{e}_\mathrm{s}$，光检测器接收到的两束散射光频率 f_s1、f_s2 分别可用式（18-12）和式（18-13）求得：

$$f_\mathrm{s1} = (f_\mathrm{o} + f_\mathrm{R})\left[1 + \frac{U(\boldsymbol{e}_\mathrm{s} - \boldsymbol{e}_\mathrm{o1})}{c}\right] \tag{18-12}$$

$$f_\mathrm{s2} = f_\mathrm{o}\left[1 + \frac{U(\boldsymbol{e}_\mathrm{s} - \boldsymbol{e}_\mathrm{o2})}{c}\right] \tag{18-13}$$

式中　U——物体运动速度；

　$\boldsymbol{e}_\mathrm{o1}$，$\boldsymbol{e}_\mathrm{o2}$——两束入射光方向的单位矢量；

　　f_o——入射光频率；

　　c——光速。

测速仪的光电检测器件接收频率分别为 f_s1、f_s2 的两束散射光，在光电检测器进行混频，检测出频率低于其截止频率的两束散射光的差频 $f_\mathrm{s1} - f_\mathrm{s2}$，频差 f_H 为：

$$f_\mathrm{H} = f_\mathrm{s1} - f_\mathrm{s2} = f_\mathrm{R} + f_\mathrm{o}\frac{U(\boldsymbol{e}_\mathrm{o2} - \boldsymbol{e}_\mathrm{o1})}{c} = f_\mathrm{R} + \frac{U(\boldsymbol{e}_\mathrm{o2} - \boldsymbol{e}_\mathrm{o1})}{\lambda} \tag{18-14}$$

由此式可见双光束系统的多普勒频差与接收方向无关。这是双光束系统的突出优点。设两束入射光的夹角之半为 φ，如果将两光束相对挤压型材表面的布置方式如图 18-4 那样，使 U 的方向与 $\boldsymbol{e}_\mathrm{o2} - \boldsymbol{e}_\mathrm{o1}$ 的方向平行，则上式可简化为：

$$f_\mathrm{H} = f_\mathrm{R} + \frac{U(\boldsymbol{e}_\mathrm{o2} - \boldsymbol{e}_\mathrm{o1})}{\lambda} \tag{18-15}$$

$$U = (f_\mathrm{H} - f_\mathrm{R})\lambda / (2\sin\varphi) \tag{18-16}$$

激光多普勒测速的基本光路包括 5 部分：光源、分光系统、聚焦发射系统、收集和光检测系统、机械系统。为进一步改进效果还

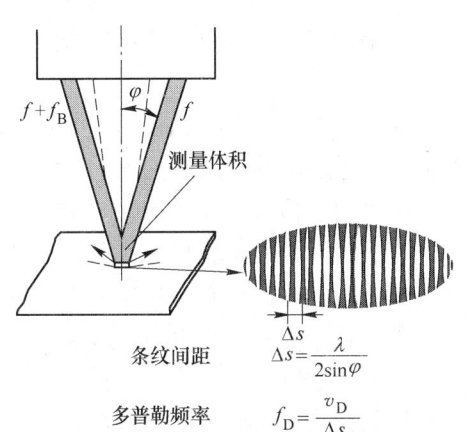

条纹间距　　　$\Delta s = \dfrac{\lambda}{2\sin\varphi}$

多普勒频率　　$f_\mathrm{D} = \dfrac{v_\mathrm{D}}{\Delta s}$

图 18-4　两光束相对挤压型材表面的布置方式

可加某些附件，如频移装置。

通常激光测速仪的误差小于 0.1%（进行长度测量时为 0.05%）。可用于挤压过程和连续铸造设备的控制。

18.2.3.2　白光测速

由 Astech 公司开发的新一代非接触式速度传感器采用白光测速，其结构比传统的激光传感器更为紧凑。该系统核心是 CCD 器件，CCD 通过栅极调制产生频率正比于被测物速度的电信号。这种测速仪应用于反射率很高的高速挤压，优于传统的激光传感器；利用白光代替激光，同时意味着不再需要光辐射保护装置。

18.2.4　无损探伤技术

18.2.4.1　超声探伤

铝合金常用探伤方法是超声探伤。自动超声探测设备包括直线型设备，螺旋探伤设备等。

产品探伤前，必须合理的确定最佳探伤参数。探伤仪的灵敏度设置的太高太低都不好。同时，显示出的每种类型缺陷的评定应由专门探伤人员进行。因此，超声探伤中操作者的专业技巧是十分重要的因素。

近年来，国外公司陆续开发了多功能超声波探测仪，用于探测材料缺陷、测量工件壁厚和膜层测量。可用来进行铝铸锭和铝质大锻件的检测，焊缝和折叠都可被检测出来。并可以多种方式对数据存储进行管理。

超声导波进行无损检测的工作也正在研究中。其原因是纤维增强型复合材料的损伤与缺陷较难用超声反射方法探测到，导波有望成为单面检测这类材料与结构的良好手段；用常规超声扫查方式检测大型结构件相当费时费力，导波成为一种快速有效的无损检测技术。

18.2.4.2　涡流检测

由于涡流渗透深度有限，在涡流渗透深度以外的缺陷不能被检出，因此涡流探伤适用于管、棒、型、线材的表面缺陷探伤或薄壁管材的探伤。该法是一种将自然伤与人为加工的伤进行比较的检测法。仪器必须通过人工标样进行校准，选择最佳探伤参数。人工标样选材应与被测铝材的成分、热处理状态、规格等完全相同，且无干扰人工缺陷检验的自然缺陷和本底噪声。

涡流检测能即时测定材料的电导率、磁导率、尺寸、涂层厚度和不连续性（如裂纹），而根据电导率与其他性能的关系，可以间接确定金属纯度，热处理状态，硬度等指标。它可用于生产线上检测快速移动的棒材、管材、型材、片材和其他对称零件。

涡流检测对受检材料靠近检测线圈的表层和近表层区域具有最高的检测灵敏度。在某些情况下，由于集肤效应，涡流很难或不可能渗透到较厚样品的中心。由于涡流倾向于仅在垂直于激励场的平行于表面的路径上流动，所以对平行于这一表面的层状不连续不能做出响应。

常用的比较典型的涡流仪有两种。一种是常用于管、棒、型、线材探伤的涡流仪，其原理如图 18-5 所示。

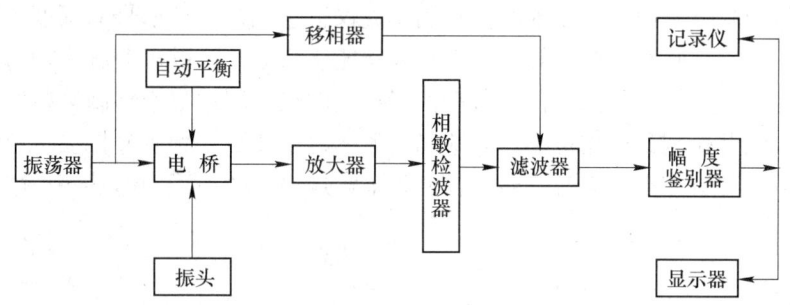

图 18-5   管、棒、型、线材涡流检测模式图

振荡器产生交变信号供给电桥，探头线圈构成电桥的一个臂，一般在电桥的对应位置有一个参考线圈构成另一桥臂。因为两个线圈的阻抗不可能完全平衡，所以一般采用电桥来消除两个线圈间的电压差。电桥平衡后，如工件出现缺陷，则电桥不平衡产生一个微小信号输出，经放大，相敏检波和滤波，除掉干扰信号，最后经幅度鉴别器进一步除掉噪声以取得所要显示和记录的信号。

另一类仪器（见图 18-6）是以阻抗的全面分析为基础，所以又称为阻抗分析。电桥平衡后，如果缺陷出现在一个线圈的下面，则产生一个很小的不平衡信号。这个信号被放大，经相敏检波和滤波变成一个包含有线圈阻抗变化的相位和幅度特征的直流信号。随后将这个信号分解成 X 和 Y 两个相互垂直的分量，在 X-Y 两个相互垂直的分量，在 X-Y 监视器上进行显示。信号的两个分量能同时旋转。因此可选择任意的参考相位对信号进行相位和幅度分析。

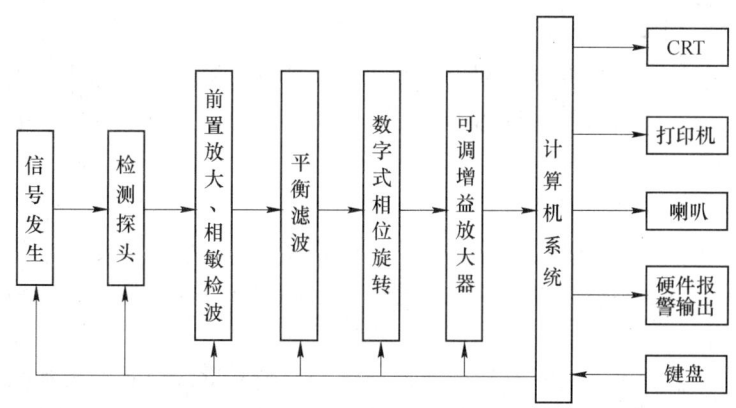

图 18-6   涡流阻抗平面分析系统模式

涡流检测要对工件自动进行高效检测，通常还需要一些辅助设备：进给装置、报警装置、耦合装置等。涡流检测中各种检测参数的设定、检测结果的分析处理是一项比较繁琐的工作。随着电脑技术的发展，涡流仪的智能化程度提高，能自动设定诸如仪器频率、增益相位、采样速率等仪器参数。

从仪器设备的发展水平来看，涡流检测仪可分为四代：第一代是以分立元件为主构成的涡流仪，它仅显示相关信号（如缺陷、材质变化等）的一维信息，这类产品由于价格低廉，能解决特定范围内的无损检测问题，目前仍拥有一定市场。第二代产品是以电脑为主体的、采用涡流阻抗平面分析技术的多功能涡流仪，它能把涡流信号的幅度、相位信息实时显示在屏幕上，并具有分析、储存、打印等功能。第三代是以多频涡流技术为基础的智能化仪器，它除具有第二代涡流仪的所有性能外，能在检测过程中抑制某些干扰噪声，提高检测的可靠性并拓宽其应用范围。第四代是数字电子技术、频谱分析技术及图像处理技术有机结合的一种智能多频涡流仪器，它突破了常规涡流仪使用中的某些局限，大大强化了仪器的功能。

18.2.5　膜厚测量

涡流膜厚测厚仪，用于测量铝型材表面氧化膜或绝缘涂层厚度。这种测厚仪轻便，操作简单，性能稳定，适用于铝型材膜厚现场检测，精度±3%。

红外膜厚传感器专用于金属板带表面漆膜厚度连续检测。测量系统根据涂层的红外能量吸收原理和漆膜下的金属表面反射回的能量来测出膜厚。可测量铝容器，密封盖，饮料罐的涂层厚度测量，测量误差小于 50mg/m^2。工厂预先校准功能可使测量系统可以方便而又迅速地投入使用。

18.3　化学成分分析

18.3.1　化学分析法

化学分析是合金成分分析的基本方法。具有分析准确度高，不受试样状态影响，设备比较简单等优点。铝及铝合金中不同元素的化学分析法，请参见有关标准。

18.3.2　光谱化学分析法

光谱化学分析法是采用仪器，利用光谱的特性进行分析的一种方法，该方法分析速度快，分析过程简单。根据分析原理的不同，可分为发射光谱分析法，原子吸收光谱法和荧光 X 射线光谱分析法。

18.3.2.1　发射光谱分析法

发射光谱分析法具有分析准确程度高、灵敏度高、速度快、操作简单等优点。在铝合金的日常分析检验中，尤其是在炉前快速分析中获得非常广泛的应用，特别是在炉前成分分析中应用最广泛。

发射光谱分析法是基于每一种原子所发出的一系列光谱线，其波长和强度都是各不相同的。因此，检验各元素特有的一定波长的光谱线是否出现，可以做出元素的定性分析；进一步研究出现的谱线强度，可以做出元素的定量分析，这就是原子发射光谱分析法。根据谱线测量方法不同，该法主要分为摄谱法和光电直读法。

根据材料的不同发射光谱分析系统可采用几种不同的激发源，最常见的是电弧/火花源。1990 年前后，激发源的改进，改进的电弧/火花激发源具有更高的精度，可分析的元素浓度从不足 10^{-4}% 到主合金元素含量的程度。几乎铝加工企业都采用该技术，用于生产中成分分析。

瑞士 ARL 公司是著名的光谱仪公司。ARL4460 金属分析仪采用了两种新的技术——CCS（current controlled source）和 TRS（time resolved spectroscopy），其元素检测限可达到

很低的水平，精度提高。在不到 1min 的时间内，化验员可检测出 60 种元素的含量。发射光谱仪可以采用工厂校准来代替研究试验室校准。

法国 Jobin Yvon 公司生产的分光计 Ultima C 适用于数量大、速度快、又需要在复杂基体中达到最低检测极限的成分分析场合。它采用伴随金属分析器，能同时分析所有元素。仪器的检测极限很低，如 Pb、As、Se 为 $1.5×10^{-9}$，Cl、Br（远紫外线任选）为 $200×10^{-9}$，Cd 为 $0.09×10^{-9}$。

德国斯派克公司生产各类不同用途的系列光谱仪，其中废金属分类用手持式分光计"spectrosort"无需电源插座和保护气体，无放射源，适于金属鉴定，进口货物检测，金属废料分类以及金属加工过程中许多其他工作。这种金属分析器可在 4s 内给出准确可靠的测试结果。

YSI 公司的 ARC-MET930SP 是可用于铝合金成分分析的便携式分光计，采用氩弧为激发源，分析速度和精度很高。ARC-MET930SP 有一个由 2048 个光电二极管阵列构成的探测器，可探测 178～340nm 范围的全部波谱。铝合金元素的校准范围：Si, 0～16%；Mg, 0～10%；Cu, 0～7%；Mn, 0～2%；Zn, 0～8%；Ni, 0～2%。铝合金中的其他元素如 Fe、Pb、Bi、Cr、Ti、Sn、V、Ca、Be 等也可分析。

18.3.2.2 原子吸收光谱法

原子吸收光谱法的基本原理是在待测元素的特定和独有波长上，测量试样产生的原子蒸气对辐射的吸收值以确定待测元素含量。在铝、镁合金成分分析中多用于微量元素的测定。该法是绝对分析方法，无需标准样品，分析准确度高。

原子吸收分光光度计的光源一般为空心阴极灯。我国研制的高性能空心阴极灯发光强度比普通灯增加数倍至数十倍，由于消除了自吸收使测定灵敏度提高，标准曲线的线性也更加明显。

目前，绝大多数商品原子吸收分光光度计都是单道型仪器。这类仪器只有一个单色器和一个检测器，工作时只使用一只空心灯，不能同时测定两种或两种以上的元素。

单道型仪器又分为单光束型和双光束型两种。

原子化器的原子化方式主要有火焰原子化和石墨炉原子化，后者的检测灵敏度比前者高得多，石墨炉法的检测限一般为 $10^{-14}～10^{-10}$ g。

18.3.2.3 荧光 X 射线法

荧光 X 射线法基本原理：当样品受到一定波长的 X 射线幅照时，试样中各个组分的原子就会吸收一部分入射 X 射线的能量，从而处于激发状态。激发态原子向稳态过渡时，这部分能量就会以荧光 X 射线的形式释放。所辐射的 X 射线波长是由元素的原子序数所决定的，故又称为特征辐射线，其强度与试样中该元素的浓度成正比。

荧光 X 射线法的优点是：

（1）分析速度快，准确度高。

（2）设备自动化程度高，操作容易。

（3）属于一种非破坏性分析方法，同一样品可以进行重复测定。

（4）光谱简单，易于鉴别元素，对化学分离比较困难的元素，更显出优越性。

（5）可同时分析多种元素。

（6）测定成分范围宽。

这个方法的主要缺点是制备标样困难，设备比较昂贵，一次投资高。而且，这个方法无法分析材料中 H、He、Li、Be、O 元素，对 C、N 等轻元素分析误差也比较大。荧光 X 射线法无法确定各个组成相或矿物的结构。新的 X 射线分析仪将 X 射线荧光光谱仪同 X 射线衍射法仪组合在一起，用 X 射线荧光光谱仪进行成分检测，用 X 射线衍射法仪进行物相的结构测定。

由于定量分析是依靠标准样品预先制成工作曲线，然后对待测样品进行对比分析。为了保证结果准确可靠，样品要有足够的厚度，同时样品内部应无偏析、气孔等冶金缺陷。总之，应尽量使被测样品的各种条件同标样条件相一致，以提高定量分析精度。

近年来，设备生产厂家针对样品状态问题进行了大量试验，先后推出不同修正方法并测出修正曲线，以解决由于待测样品同标样状态差异所带来的测量结果误差。目前，X 射线荧光光谱仪可以采用固态、液态及粉末样品，也可以控制分析层厚度以进行薄膜样品分析，不要求特殊的样品处理，是所有化学分析方法中对样品制备要求最低的。

通常用来分析铝合金中各种元素含量，对于铝合金中常存的各种元素，如铜、锌、硅、镍、镁、铁、锆、钛、钒及稀土元素，效果相当好。

X 射线荧光光谱仪的另一个主要功能是氧化物分析，但是对氧的含量并不能进行直接测量，而是将氧作为平衡元素进行分析计算。这对于铝合金的分析则会带来误差，应该结合 X 射线衍射方法进行。通常是先进行物相的结构测定，确定氧化物类型，然后再利用 X 射线荧光光谱仪进行氧化物分析和含量测定。

18.4　组织分析与检验

18.4.1　光学金相检验

18.4.1.1　样品的制备

样品的制备工作包括：

（1）样品切取。铸锭样品，根据种类、规格和试验目的，选取有代表性的横截面。加工制品，根据有关标准或技术协议及制品的种类、热处理方法、使用要求，选取有代表性的部位。

（2）样品加工。铝合金的金相制样步骤同一般金属材料相同，包括机械加工、研磨、抛光，抛光方法可分为机械抛光、电解抛光和化学抛光三种。

（3）样品浸蚀。根据合金成分、材料状态及检验目的，选择适当的浸蚀剂。浸蚀方式及时间应根据浸蚀剂特点、用途及合金状态而定，不同铝合金适用的浸蚀剂成分及用途见国标 GB/T 3246.1—2000。低倍检验样品经过粗磨后即可进行浸蚀。

18.4.1.2　宏观组织检查

宏观组织检查是大范围的成分、形貌和密度不均匀性的详细评价。宏观组织检查包括宏观晶粒度测定及各类缺陷检查。在铝合金中，常见的组织缺陷有疏松、金属和非金属夹杂、氧化膜、化合物、羽毛状晶、光亮晶粒、气孔、冷隔、裂纹、缩尾、成层、粗晶环、焊合不良、压折、流纹不顺、裂口等。准确定义、图谱及检测规定见国标 GB/T 3246.2。

断口分析也是宏观组织检查的重要内容。铝合金在加工或服役过程中发生断裂，通过断口分析可以了解合金的断裂原因，从而对其性能进行评价。扫描电镜是断口分析的最常用设备。

18.4.1.3　金相组织分析

金相组织观察是材料研究、质量检测、失效分析中必不可少的部分。金相组织分析可观察铝合金的晶粒尺寸和形状，第二相质点的性质、尺寸、形状、数量和分布，各种显微组织缺陷的存在程度，从而了解其性能。对铝合金，金相组织分析要求的内容大致为相鉴别、组织均匀性评价、常见显微组织缺陷分析等。

18.4.2　电子显微分析

光学显微镜虽然已经成为材料分析的最常用工具，并发挥了巨大作用。但由于光学显微镜的分辨本领受波长限制，无法分辨组织中小于 $0.2\mu m$ 的细节。

电子显微镜采用电子束作为照明源。目前扫描电镜的分辨本领可达 1nm 左右，透射电镜的分辨本领可达 0.2nm 左右。而 X 射线微区成分分析仪可以在原位进行微区成分分析，俄歇谱仪、离子探针和 X 射线光电子能谱仪可以进行表面分析。因而扫描电镜、透射电镜、电子探针、能谱仪等现代分析仪器作为揭示材料组织结构的强有力手段，在铝合金的研究中得到广泛应用。

18.4.2.1　扫描电子显微分析

A　特点及工作方式

同光学显微镜相比，扫描电镜用于表面形貌成像，放大倍数 10~200000 倍，分辨率1~6nm，而且图像具有很大的景深，比光学显微镜提高 300 倍左右。因此，用于金相观察和断口检测，都有着十分突出的特点。近几年来发展的扫描电镜多为复合型，将扫描电镜和波谱仪、能谱仪等组合在一起，成为一台用途广泛的多功能仪器。

扫描电子束照射到固体样品表面后，会激发产生各种物理信号，它们是样品表面形貌、成分和晶体取向特征的反映。其中二次电子、背散射电子、吸收电子、透射电子是扫描电镜利用的主要信号。为此，扫描电镜设计了不同的工作方式。

（1）发射方式。该方式所收集的信号为样品发射的二次电子信号。二次电子能量大致在 0~30eV 之间，多数来自于样品表面层下部 0.5~5nm 深度之间。其特点是对表面状态敏感，具有高的点分辨率和空间。发射方式是扫描电镜的最常用方式，尤其适于表面形貌观察。扫描电镜的分辨率就是二次电子的分辨率。

（2）反射方式。该方式所收集的是背反射电子。这种电子能量较高，多数与入射电子能量相近。背反射电子来自表面层几个微米深度，因此所携带的信息具有块状材料特性。反射方式除了可以表示表面形貌外，还可以用来显示元素分布以及不同相成分区域的轮廓。

（3）吸收方式。吸收方式是用吸收电子作为信号的。它是入射电子射入样品后，经多次非弹性散射后能量消耗殆尽而形成的。这时如果在样品和地之间接入毫微安计并进行放大，就可以检测出吸收电子所产生的电流。吸收电子像也可以用来显示样品表面元素分布状态和样品表面形貌。

（4）透射方式。如果样品适当的薄，入射电子照射时，就会有一部分电子透过样品。

所谓透射方式就是指用透射电子成像的一种工作方式。

B　金相观察

金相观察包括以下内容：

（1）样品要求。扫描电镜对样品的基本要求是导电。其尺寸取决于扫描电镜类型，一般为长 150~200mm，高 10mm 以下，样品的观察范围为 40~80mm。对一般的铝合金，标准的金相抛光和浸蚀技术就足够了。如果要进行二次电子像观察，要求浸蚀的程度应明显重于一般光学显微镜观察用的金相样品。对于不导电的样品，需要在表面喷镀上一层碳或金，样品相对于底座必须接地，粉末样品要分散到导电的薄片或膜上。

（2）特点及局限性。扫描电镜的分辨率指标为纳米数量级，而这并不意味着对组织中大于纳米的细节都能观测到。例如，铝合金中的时效析出相及弥散相尺寸一般为纳米或亚微数量级。但是，由于二次电子像的衬度来源是样品表面的凸凹不平，目前的制样方法还无法使金相样品中这样的细节被观察到。对金相样品，在 400 倍以下，图像质量一般比光学显微镜差。

（3）主要应用。用二次电子成像观察金相法制备的样品，基本观察内容同光学显微镜相同，但是有效放大倍数比光学显微镜大得多。用背散射电子和吸收电子成像，除了可以显示表面形貌外，还可以用来显示元素分布状态以及不同相成分区域的轮廓。

C　断口观察

断口观察包括以下内容：

（1）样品要求。扫描电镜对样品的基本要求是导电。对于断口样品，希望尽可能新鲜。不要用手触摸断口表面或匹配对接以免产生人为的损伤。如果断口由于各种原因被污染或腐蚀，应该进行断口清洗。可采用丙酮、酒精或甲醇等有机溶剂进行超声波清洗。如果没有超声波清洗机可用毛刷蘸上有机溶剂清洗。对在腐蚀环境下断裂的样品，一般先用 X 射线或能谱仪分析腐蚀产物结构和成分后，再进行断口清洗。

（2）特点及局限性。扫描电镜是断口分析最有力的设备。随着扫描电镜的分辨率的不断提高，可用放大倍数范围日益变宽。目前，光学显微镜断口观察的比例大大下降，透射电镜复型断口观察基本已不再应用。

（3）断口分析步骤：

1）宏观分析。宏观分析指用肉眼、放大镜或低倍光学显微镜观察分析断口。通过宏观分析可以确定断裂的性质、受力状态、裂纹源位置、裂纹扩展方向。

根据断口表面粗糙程度及反光情况可以大致判断断裂性质。脆性断口表面光滑平整，断口颜色光亮有金属光泽。韧性断口表面粗糙不平，表面颜色灰暗。疲劳断口通常有海滩状花样，疲劳源处光滑细腻。

另外，还要观察断口表面是否有氧化色及有无腐蚀的痕迹，据此判断零件工作温度、工作环境。

2）扫描电镜断口分析。分析内容包括断口的表面形貌；配有能谱的扫描电镜可以进行断口上夹杂物、第二相或微区成分分析；在配有动态拉伸台的扫描电镜上，可以观察拉伸样品的裂纹萌生、扩展直至断裂全过程；利用位向腐蚀坑技术，可以确定断裂面的晶体学位向。铝合金的常见断口类型包括韧窝断口、沿晶断口、解理断口、疲劳断口等。

18.4.2.2 透射电子显微分析

A 特点及工作方式

常规的光学显微镜及扫描电镜无法观察到铝合金组织中的细小第二相、位错、孪晶等。而透射电子显微镜就成为组织分析的最有力手段。

透射电镜是以波长极短的电子束作照明源，用电磁透镜聚焦成像的电子光学仪器。最常用的透射电镜加速电压为 100~200kV，而常用的扫描电镜加速电压为 20~25kV。因而透射电镜具有高的分辨本领，高能量的电子束可以穿透一定厚度的薄膜样品，对材料内部的显微组织进行观察和研究。

透射电镜的分辨率比扫描电镜高一个数量级。由灯丝产生的电子束经过加速、会聚后照射到薄膜样品，靠物镜成像、中间镜和投影镜放大，最终形成可在荧光屏观察和用胶片记录的图像。

与扫描电镜不同，透射电镜可以对同一微小区域进行高倍组织形貌观察、确定微观组织的晶体结构与取向，又由于近年来生产的透射电镜多配备有能谱仪等成分分析附件，所以目前的透射电镜也称为分析型电镜，可以对材料的同一微区进行组织形貌观察、结构测定和成分分析。而且，该设备还可以配备不同的样品台，在样品室中对薄膜样品进行加热、冷却、拉伸形变，并进行动态观察，研究材料在变温过程中相变的形核和长大过程，以及位错等晶体缺陷在应力下的变化过程。

透射电镜的不足之处是：包括样品制备复杂，在制备、夹持和操作过程中容易发生样品的变形和损坏，从而得出不正确的结果。此外，对图像及衍射花样的分析要求有较高的专业理论知识及一定实践经验。

B 样品制备

电子束对金属薄膜的穿透能力与材料的原子序数及加速电压有关。良好的铝合金薄膜样品，除了满足厚度要求外，还应该具有保持同大块材料相同的组织结构，较大的透明面积，一定的强度和刚度。

铝合金的薄膜样品制备方法及步骤包括：用线切割或电火花切割方法从大块材料上切下 0.2~0.3mm 厚的薄片，在砂纸上用手工机械减薄或用化学方法减薄到几十微米。最后，采用电解双喷设备或离子减薄仪进行最终减薄。

C 组织观察及结构分析

铝合金薄晶体的透射电子显微分析工作是研究者最有成就的领域之一。通过透射电镜组织观察及结构分析，人们对铝合金中不同第二相、位错和其他组织形态及结构进行了卓有成效的研究，获得了大量数据。对时效强化铝合金的时效过程、G.P. 区和其他时效强化相的形成、长大及尺寸结构变化，对铝合金的结晶过程及产物、组织均匀化、形变、再结晶过程、组织状态变化都进行了系统的研究。

铝合金铸造成型后，其组织过去多用光学金相方法加以鉴别，对结晶产物的微观形态和性质的认识都很不全面。而透射电镜分析大大丰富了人们的结晶过程和产物的认识，对生产工艺的进步起到了巨大作用。

在均匀化过程中，发生原子扩散使非平衡相溶解、晶内偏析消除和弥散相析出。对非平衡相的溶解和弥散相的析出情况，只有透射电镜分析才能给出本质性的解释。

　　铝合金在冷、热加工过程中，组织发生明显变化。透射电镜可以观察到组织中的位错、亚晶、细小的晶粒组织等。

　　铝合金的时效过程研究，最初是通过其硬度变化发现的。透射电镜的应用使得研究者对这个过程中各个阶段产物的形态、结构、同基体的位向关系有了充分的了解。

　　铝合金在拉伸、疲劳、腐蚀及应力腐蚀过程中的组织变化也是透射电子显微分析的重要内容。

　　由于各种条件所限，在铝材的生产和加工过程及检验中，一般都不进行透射电镜分析。但是，在新合金开发和失效分析中，透射电镜组织分析都是必不可少的。

18.4.2.3　X 射线微区成分分析

A　特点及工作方式

　　电子束照射到固体样品表面，不但能够激发各种电子信号，还能够激发特征 X 射线。通过分析 X 射线的能量和波长，可以直接分析样品微区内的化学成分。

　　用来激发 X 射线的电子束很细，由于具有电子显微镜一样的机能，因此可知道所测区域是样品的哪一部位，使对样品所含元素的分析与其形态相对应起来。这种方法的优点还在于不像化学分析那样把样品溶解，可以进行无损检测。

　　通过分析 X 射线的波长或能量，都可以获取微区的化学成分信息。分析 X 射线波长的仪器称为波长分散谱仪，分析 X 射线能量称为能量分散谱仪。其相对灵敏度为万分之一到万分之五，分析元素范围是从原子序数 4 以上的元素。

B　波长分散谱仪和能量分散谱仪

　　波长分散谱仪简称波谱仪，也称为电子探针。由于它具有与扫描电镜相似结构，目前已发展成为兼有扫描电镜功能的综合仪器。由于高精度微区成分分析和高分辨显微像观察两者对设备要求不同，现在还不能做到在一台仪器中两者皆优。所以，波谱仪是以成分分析精度高为特点，显微像观察为辅助的手段使用。

　　能量分散谱仪简称能谱仪。通常是作为扫描电镜附件来应用的。

　　波谱仪采用分光晶体对样品上激发的特征 X 射线进行反射，通过测定其波长可以定出样品所含元素，通过测定其强度可以进行定量分析。能谱分析不需要分光晶体，而直接将探测器接收的信号加以放大并进行脉冲分析。通过选择不同脉冲幅度以确定特征 X 射线能量，从而达到成分分析目的。

　　能谱仪具有分析速度快、检测效率高、可一次进行全谱检测、对样品没有特殊要求，适合于做快速定性和定点分析。而波谱仪具有分析精度高，检测极限优等特点。适合于定量分析。

　　由于上述特点，能谱仪和波谱仪彼此不能取代。将两个谱仪结合使用，可以快速、准确地进行材料组织、结构和成分等资料的分析。

　　分析前要根据实验目的制备样品。要求表面要清洁。用波谱仪分析，要求样品平整。样品表面抛光时，应选择同被分析材料化学成分不同的抛光物质，以免造成分析误差。

　　根据仪器设计和测试要求，可进行定性分析及定量分析。定量分析的区域大小及准确程度不仅取决于谱仪本身的分辨本领，还同谱仪配备的观察主机有关。例如，采用扫描电镜配合能谱仪或波谱仪可以分析的区域为微米数量级。而采用分析型电镜配合能谱仪分析的区域可达纳米数量级。

C　波谱仪和能谱仪分析技术在铝合金中的应用

铝合金中存在许多不同尺寸的第二相。包括在铸造时及后续加工后形成的各种相组成、各种夹杂物相、弥散相、时效析出相等。

采用光学显微镜只能对铝合金中较大尺寸的第二相进行形态观察。尽管可以根据金相图谱，按其形态给予分类和鉴别，但是这要求研究者具有一定的经验，且误差率较高。而采用能谱和波谱可以方便地测定出各种第二相的成分，根据测得的成分及含量，可以较准确地确定合金中存在的相。

例如，铸造铝合金中的组成相比较复杂，铸造条件不仅影响共晶相形态，而且影响其不同组分的比例及成分。采用能谱和波谱相结合，可以对共晶组织进行细致的形貌观察和准确的定量分析，这是传统的化学分析及光学金相方法无法实现的。

在各种铝合金的断裂过程中，第二相对裂纹的萌生和扩展起着相当重要的作用。采用配备有能谱仪的扫描电镜，能对各种断口进行形貌观察及成分分析。确定断裂原因及影响因素，从而得到预防或改进措施。

在高强铝合金的性能研究中发现，大尺寸夹杂物和热加工未消除的大尺寸金属间化合物对合金的断裂韧性有着十分不利的影响。结合微区形貌观察和成分分析，研究者可以了解不同组成相及夹杂物对性能的影响程度，进而通过调整合金成分、热加工工艺达到改善合金性能的目的。

疲劳断裂是工程上最常见、最危险的断裂形式。同材料的静态性能不同，微区组织对铝合金的疲劳性能影响更为显著。在疲劳载荷条件下，疲劳裂纹的萌生及扩展决定了材料或工件的疲劳寿命。在这方面，微区分析技术为疲劳断裂机理的研究起着巨大的推进作用。确定疲劳裂纹的萌生条件，对于材料尤其是工件的失效分析，往往起着决定性作用。而裂纹前端区域的组织及成分变化、组织均匀性对铝合金疲劳裂纹的扩展情况，也具有决定性影响。事实上，材料的断裂分析、尤其是疲劳断裂分析，必须依赖先进的微区分析技术。

采用微区分析技术进行铝合金的断裂分析，主要是了解显微组织对裂纹的萌生和扩展的影响。由于裂纹的萌生和扩展同组织中各种缺陷，如夹杂、孔洞、晶界等有关，因而判定缺陷性质尤为重要。

能谱和波谱技术可以对合金成分进行点分析、线分析和面分析，从而可明确合金元素的分布特征。

用能谱和波谱技术可以确定基体材料中合金元素在包铝层的扩散情况。

用能谱和波谱技术还可以研究铝合金在加热过程中合金元素烧损情况，尤其是含镁铝合金表面在加热过程中的镁元素贫化问题进行研究分析。

18.4.2.4　表面分析

目前，有很多表面分析方法，各具特点，可以弥补 X 射线微区分析技术的不足。其中在铝合金比较常用的方法，包括俄歇电子能谱技术和离子探针技术。

A　俄歇电子能谱技术

入射电子与固体样品发生交互作用时，样品原子的内壳层电子受入射电子激发而留下空位，外层较高能级的电子将自发地向低能级空位跃迁，多余能量或以 X 光子的形式辐射出来，或引起另一外壳层电子电离，从而发射具有一定能量的电子，这就是俄歇电子。俄歇电子具有特征能量，其产额随原子序数增加而降低。

俄歇电子能谱具有两大特点：第一是当原子序数小于 14 时，相应元素的俄歇电子产额都很高。对于分析轻元素而言，俄歇电子信息分析的灵敏度高于特征 X 射线；第二是由于俄歇电子能量较低，能够逸出表面的俄歇电子仅限于表面以下 0~3nm 以内深度，相当于几个原子层厚。因此，特别适合于做表面化学成分分析。

俄歇谱仪要求分析的样品保持十分清洁，只要有单原子吸附层，就会得出错误的结论。因此不但需在高真空的样品室进行能量测量，而且要能在样品室进行低温处理和打断口，以得到新鲜的断口表面。对无法在样品室制造的表面，需在分析前在样品室内用溅射离子枪进行清洗，以清除附着在表面的污物。离子枪还可以对样品进行离子蚀刻，以进行化学成分的深层测定。

俄歇谱仪可以进行铝合金的沿晶断裂分析，测定晶界表面的化学成分和表层元素的偏聚。近年来，对 Al-Mg、Al-Zn-Mg、Al-Mg-Si 等合金的沿晶断口分析都发现合金元素在晶界的富集。结合扫描电镜和透射电镜分析，得到沿晶开裂与时效析出相在晶界优先析出有关的结果。

对铝合金的氧化腐蚀、表面改性以及铝基复合材料的界面成分分析也得到许多有益的结果。

目前，俄歇能谱技术只是发展的初级阶段，主要结果多为定性或半定量的。发展俄歇参考谱以简化分析尚需进行大量工作。同 X 射线微区分析技术比较，其采样体积和被检的原子数较小，这就限制了这种方法的灵敏度，对大多数元素的检测灵敏度为千分之一到万分之一。尽管如此，它仍是一个富有巨大潜力的表面分析手段。

B   离子探针技术

X 射线微区分析技术对轻元素检测困难，对 H、He 和 Li 元素则无法检测。而离子探针可以分析从 1 号元素 H 到 92 号元素 U 的全部元素，而其检测灵敏度在百万分之几到十亿分之几，比电子探针和俄歇谱仪高几个数量级。也是唯一能够分析 H 元素的表面分析技术。

当用一定能量的离子束轰击固体样品表面时，可以激发各种物理信号。其中，入射离子与样品原子碰撞时，可以将样品中的原子击出。被击出的原子可以是离子状态。也可以是原子状态，甚至是分子离子。被入射离子激发的这些离子，统称为二次离子。在离子探针分析中，应用二次离子作为检测信号。二次离子被激发后，首先由静电场进行偏转使能量相同的离子按同样的偏转半径聚焦在一起。再由扇形磁场进行第二次偏转，使能量和质量都相同的离子在同一地点聚焦。通过选择狭缝到达检测器，它可以将离子按质荷比，即离子所具有的质量和电荷，进行分类和记录。由于不同元素或化合物的离子具有不同的质荷比，从而进行成分分析。

用离子探针进行表面分析，可分析深度为 5~10nm。

离子探针分析的一个明显特点是数据量大，分析过程复杂，目前只能进行定性分析。而且分析是破坏性的。尽管如此，其独特的优点是其他分析方法所无法取代的。近年来，人们正在尝试离子探针的定量分析，并取得很大进展。

离子探针可以分析铝合金中微量元素的分布状态、鉴别合金表面薄膜的性质、研究晶界对材料脆性断裂的影响。如在 $1.8×10^{-4}\%$ Na 含量的 Al-5Mg 高纯合金的高温脆性断口表面发现 Na 的偏聚，从而证实的 Na 的脆化作用。

铝合金的应力腐蚀及氢脆和氢致开裂等现象已经引起人们的高度重视。但是用一般分析仪器无法对氢进行定性和定量分析，离子探针则是进行材料微区氢分析的有效手段。

18.5 力学性能测试方法与技术

18.5.1 拉伸试验

拉力试验是沿试样轴向施以平稳增加的单向静拉力，以测定其强度和塑性性能，显示金属材料在弹性和塑性变形时应力和应变关系的一种最普遍而又简单迅速的力学试验方法。通过一次拉力试验可以得到一系列拉伸性能数据：断后伸长率 A、断裂总伸长率 A_t、最大力总伸长率 A_{gt}、最大力非比例伸长率 A_g、屈服点延伸率 A_e、断面收缩率 Z、规定非比例延伸强度 R_P、规定总延伸强度 R_t、规定残余延伸强度 R_r、抗拉强度 R_m、弹性模量 E 等，这些数据对设计和材料研究具有很重要的价值。因此，拉力试验是材质检验的重要手段。

金属材料进入屈服阶段后，会呈现出典型的黏弹性性态。而材料的黏弹性行为依赖于时间，并取决于应变速率。因此，金属拉伸试验时必须控制应力速度及应变速率。

18.5.1.1 试验原理

试验是用拉伸力将试样拉伸，一般拉至断裂以便测定力学性能。

光滑试样在拉力作用下的拉伸曲线，如果把纵坐标力换成 $R=F/S_o$，把横坐标伸长 ΔL 换成应变 $\varepsilon=\Delta L/L_o$，即得到应力-应变曲线图，如图 18-7 所示。同种材料的力-伸长曲线和应力-应变曲线的形状是相似的。试样在拉伸过程中可分为下述几个阶段：

（1）弹性变形阶段（图 18-7 中 Ob 段）。在弹性变形阶段，变形完全是弹性的。卸力与施力路线完全一致。在 Oa 段力与伸长成比例。ab 段力与伸长不成比例，但变形仍然是弹性的。

（2）屈服阶段（图 18-7 中 cd 段）。屈服阶段的特点是，在力不增加或增加很少或略有降低的情况下，伸长急剧增加，出现所谓屈服平台，或者缓慢过渡，产生大量塑性变形。其实 bc 段已发生塑性变形，只是变形很小。

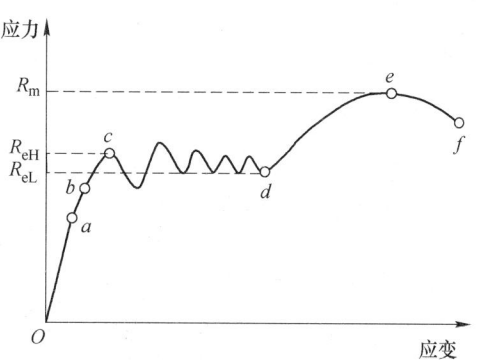

图 18-7 应力-应变曲线

（3）均匀塑性变形阶段（图 18-7 中 de 段）。在该阶段，试样标距内任一断面，形变强化使其所能承受的外力的增加大于断面收缩使其所能承受的外力的减少。试样在标距长度内产生均匀塑性变形，要继续变形必须增大载荷。

（4）缩颈阶段（图 18-7 中 ef 段）。在缩颈阶段力随着伸长的增大而下降，发生大量不均匀的塑性变形，且塑性变形集中在缩颈处。实际上从 e 点开始，试样内部就形成了显微孔洞，随着缩颈的进行，显微孔洞聚集形成裂纹源，裂纹长大直至最后断裂。

在后 3 个阶段变形是不能恢复的，卸力与施力路线不一致。

在铝合金中，只有少数几种合金（如 5A03-0、5A05-0）的拉伸曲线有时可以分出上面几个阶段，而大部分铝合金没有明显的屈服阶段，其弹性阶段、屈服阶段和均匀塑性变形阶段从曲线上看是圆滑过渡的。

18.5.1.2　试样

试样的形状与尺寸取决于被试验的金属产品的形状与尺寸。具有恒定截面的产品和铸造试样可以不经机加工而进行试验。这种全截面试样适用于管、棒、线、型材。机加工的试样一般有圆形和矩形（横截面）两种。管材试样有全壁厚纵向弧形试样，管段试样（全截面试样），全壁厚横向试样，或从管壁厚度机加工的圆形横截面试样。常用比例试样如图 18-8 所示。

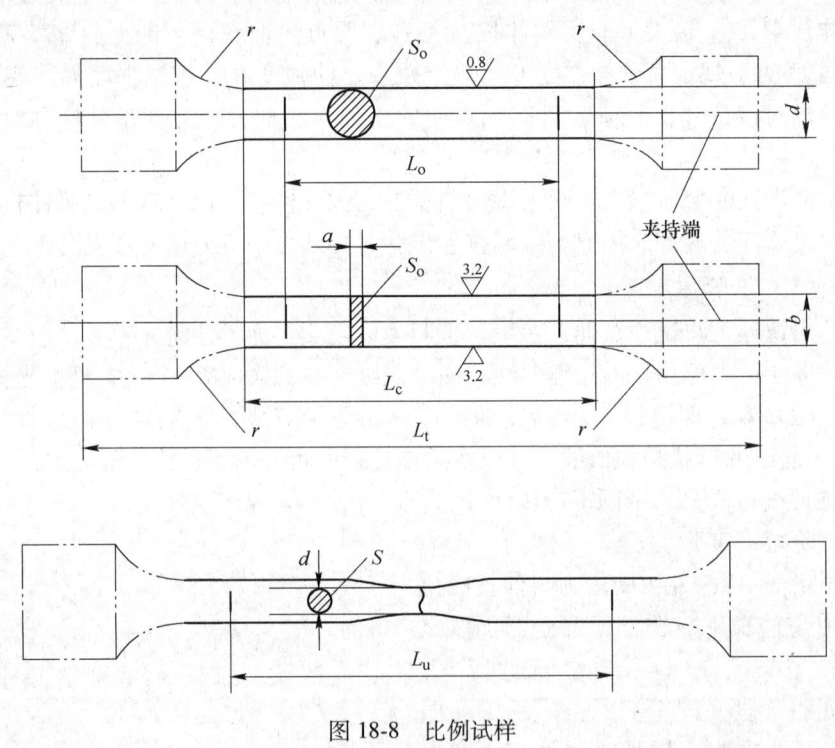

图 18-8　比例试样

试样原始标距 L_o 与原始横截面积 S_o，存在 $L_o = k\sqrt{S_o}$ 关系，称为比例试样。通常取 $k=5.65$，原始标距应不小于 15mm。当 $k=5.65$，$L_o < 15$mm 时，可取 $k=11.3$，或采用非比例试样。机加工试样的夹持端与平行长度部分的宽度不同，他们之间应以过渡弧连接，过渡弧的半径 r 可能很重要。试样平行长度 L_c 或试样不具有过渡弧时夹头间的自由长度应大于原始标距 L_o。

18.5.1.3　拉力试验所测定的各项拉伸性能

A　断面收缩率（Z）的测定

断面收缩率是断裂后试样横截面积的最大减缩量（$S_o - S_u$）与原始横截面积之比的百

分率。断裂后最小横截面积 S_u 的测定应准确到±2%。

测量时，如需要，将试样断裂部分仔细地配接在一起，使其轴线处于同一直线上。对于圆形横截面试样，在缩颈最小处相互垂直方向测量直径，取其算术平均值计算最小横截面积；对于矩形横截面试样，测量缩颈处的最大宽度 b_u 和最小厚度 a_u（见图18-9），两者乘积为断后最小横截面积。

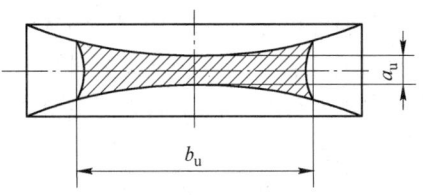

图18-9　矩形横截面试样缩颈处
最大宽度和最小厚度

薄板和薄带试样、管材全截面试样、圆管纵向弧形试样其他复杂横截面试样及直径小于3mm试样，一般不测定断面收缩率。

B　断后伸长率 A 和断裂总伸长率 A_t 的测定

断后伸长率 A 是断后标距的残余伸长与原始标距之比。对于比例试样，若原始标距不为 $5.65\sqrt{S_o}$（S_o 为平行长度的原始横截面积），符号 A 应附以下角说明所使用的比例系数，例如，$A_{11.3}$ 表示原始标距为 $11.3\sqrt{S_o}$ 的断后伸长率。对于非比例试样，符号 A 应附以下角说明所使用的原始标距，以 mm 表示，例如 A_{80mm} 表示原始标距为80mm的断后伸长率。

断裂总伸长率 A_t 是断裂时刻原始标距的总伸长（塑性伸长加弹性伸长）与原始标距之比，如图18-10所示。

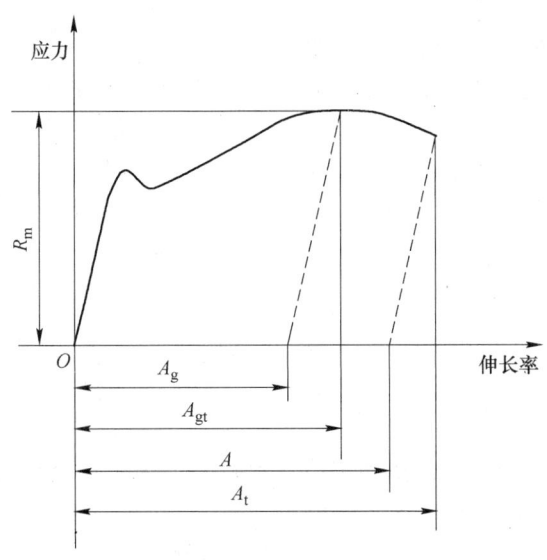

图18-10　4种伸长率的定义

试样拉断后，将两部分紧密对接在一起，使其轴线位于一条直线上，测量试样断后标距 L_u。原则上拉断处到最邻近标距端点的距离不小于 $L_o/3$ 试验方有效。但如果断后伸长率不小于规定值则不管断裂位置处于何处测量均为有效。当拉断处到最邻近标距端点的距离小于 $L_o/3$ 时，为避免试样报废，可以用移位法测量 L_u。如规定的断后伸长率小于5%宜采用特殊方法（见 GB/T 228—2002　金属材料　室温拉伸试验方法中的附录E）测量，断后伸长率为：

$$A = \frac{L_{u} - L_{o}}{L_{o}} \times 100 \tag{18-17}$$

引伸计标距（L_e）应等于试样原始标距（L_o）。以断裂时的总延伸作为伸长测量时，为了得到断后伸长率应从总延伸中扣除弹性延伸部分。断裂时刻原始标距的总伸长（弹性伸长加塑性伸长）与试样原始标距之比为断裂总伸长率 A_t。

C　最大力下的总伸长率 A_{gt} 和最大非比例伸长率 A_g 的测定

最大力伸长率是最大力时，原始标距的伸长与原始标距之比。最大力下的总伸长率 A_{gt} 包含弹性伸长，而最大非比例伸长率 A_g 不包含弹性伸长。

在用引伸计得到的力-延伸曲线图上测定最大力时的总延伸 ΔL_m。最大力总伸长率 A_{gt} 为：

$$A_{gt} = 100 \Delta L_m / L_e \tag{18-18}$$

从最大力时的总延伸中扣除弹性延伸部分，即得到最大力时的非比例延伸，将其除以引伸计标距得到最大力非比例伸长率。

有些材料在最大力时呈现一平台。当出现这种情况，取平台中点的最大力对应的总伸长率（见图 18-10）。

如试验是在计算机控制的具有数据采集系统的试验机上进行，直接在最大力点测定总伸长率和相应的非比例伸长率，可以不绘制力-延伸曲线图。

D　屈服点伸长率 A_e 的测定

呈现明显屈服现象的金属材料，屈服开始至均匀加工硬化开始之间引伸计标距的延伸与引伸计标距之比称做屈服点伸长率。根据力-延伸曲线图测定屈服点伸长率，试验时记录力-延伸曲线，直至达到均匀加工硬化阶段。在曲线图上，经过屈服阶段结束点划一条平行于曲线的弹性直线段的平行线，此平行线在曲线图上的延伸轴上的截距即为屈服点延伸，屈服点延伸除以引伸计标距得到屈服点伸长率，如图 18-11 所示。

可以使用自动装置（例如微处理机等）或自动测试系统测定屈服点伸长率，可以不绘制力-延伸曲线图。

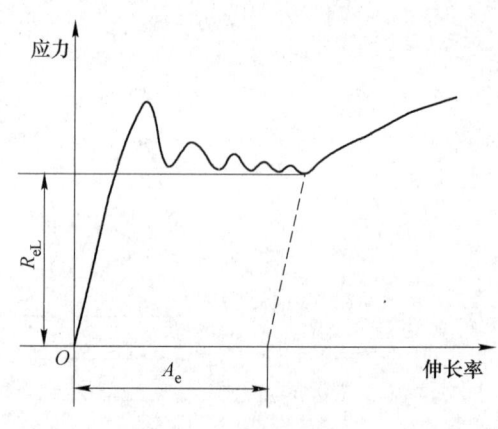

图 18-11　屈服点伸长率

E　规定非比例延伸强度 R_p 的测定

规定非比例延伸强度 R_p 是指非比例伸长率达到规定的引伸计标距百分率时的应力。表示此应力的符号应附以下角注说明规定的百分率，例如 $R_{p0.2}$ 表示规定非比例伸长率为 0.2% 时的应力。

a　图解法

根据力-延伸曲线图测定规定非比例延伸强度。在曲线图上，划一条与曲线的弹性直线段部分平行，且在延伸轴上与此直线段的距离等效于规定非比例伸长率，例如 0.2% 的直线。此平行线与曲线的交接点给出相应于所求规定非比例延伸强度的力。此力除以试样原始横截面积得到规定非比例延伸强度（见图18-12（a））。

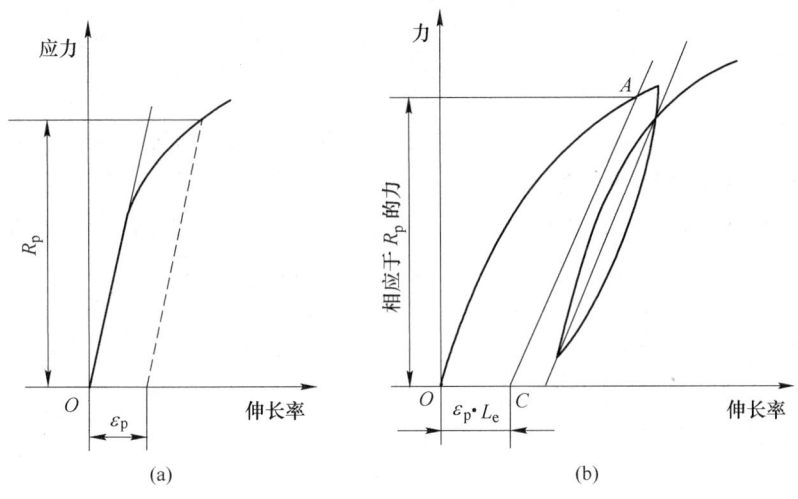

图 18-12　规定非比例延伸强度 R_p

（a）图解法；（b）滞后环法

b　滞后环法

如力-延伸曲线图的弹性直线部分不能明确地确定，以致不能以足够的准确度划出这一平行线，推荐采用该法。

试验时，当已超过预期的规定非比例延伸强度后，将力降至约为已达到的力的10%。然后再施加力直至超过原已达到的力。正常情况将绘出一个滞后环。为了测定规定非比例延伸强度，过滞后环划一直线。然后经过横轴上与曲线原点的距离等效于所规定的非比例伸长率的点，作平行于此直线的平行线。平行线与曲线的交截点给出相应于规定非比例延伸强度的力。此力除以试样原始横截面积得到规定非比例延伸强度（见图18-12（b））。

有时还采用逐步逼近法来确定规定非比例延伸强度 R_p。

F　抗拉强度的测定

抗拉强度为试样在屈服阶段之后所能抵抗的最大力（没有明显的屈服阶段的金属材料为试验期间的最大力）除以试样原始横截面积之商。

采用图解方法或指针方法测定抗拉强度，对于呈现明显屈服（不连续屈服）现象的金属材料，从记录的力-延伸或力-位移曲线图，或从测力度盘，读取过了屈服阶段之后的最大力（见图18-13）；对于呈现无明显屈服（连续屈服）现象的金属材料，从记录的力-延伸或力-位移曲线图，或从测力度盘，读取

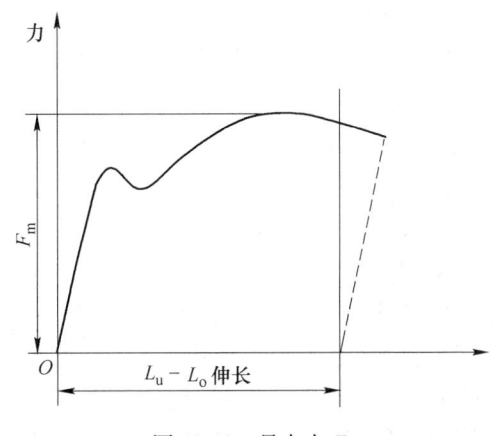

图 18-13　最大力 F_m

试验过程中的最大力。最大力除以试样原始横截面积得到抗拉强度。

可以使用自动装置（例如微处理机等）或自动测试系统测定抗拉强度，可以不绘拉伸曲线图。

18.5.2　硬度测试

硬度是材料的一种综合性的力学性能指标，它是材料软硬程度的度量。由于试验的方法不同，硬度的分类和具体定义也不相同。硬度可分为两大类：压入硬度和划痕硬度。在压入硬度中，根据载荷速度的不同，又可分为静载压入硬度（即通常所用的布氏、洛氏和维氏硬度）和动载压入硬度（如肖氏硬度和锤击式布氏硬度）两种。

对具体的每一种硬度，其定义和物理含义又不一样。例如，划痕硬度主要是反映金属对切断破坏的抗力；肖氏硬度是表征金属弹性变形能力的大小；常用的布氏、洛氏和维氏硬度实际上是反映了压痕附近局部体积内金属的弹性变形、微量塑性变形、形变强化以及大量塑性变形能力的指标。

一般来说，硬度试验具有设备简单、操作迅速方便、压痕小不破坏零件以及便于现场操作等特点。

18.5.2.1　布氏硬度

布氏硬度测量是用一定直径 $D(\mathrm{mm})$ 的淬火钢球或硬质合金球，以一定大小的试验力 $F(\mathrm{kgf}\ \text{或}\ \mathrm{N})$，压入试样表面，经规定保持时间 $t(\mathrm{s})$ 后，卸除试验力，试样表面将留下一个压痕，测量压痕的直径 $d(\mathrm{mm})$ 以计算压痕球形表面积 $S(\mathrm{mm}^2)$，布氏硬度的定义即为试验力 F 除以压痕球形表面积 S 所得的商。其计算公式为：

当 F 单位为 kgf 时，有：

$$\text{布氏硬度值} = \frac{2F}{\pi D(D - \sqrt{D^2 - d^2})} \tag{18-19}$$

当 F 单位为 N 时，有：

$$\text{布氏硬度值} = 0.102 \times \frac{2F}{\pi D(D - \sqrt{D^2 - d^2})} \tag{18-20}$$

布氏硬度通常不标出单位，它只是表示材料在上述规定条件下的相对数值大小。

同一材料在不同的条件下，测得的布氏硬度值会有差别。要保证测得的布氏硬度值相同，必须使载荷与钢球直径平方比值及压入角相同。

在国家标准 GB 231—84 中规定球径分 5 种：10、5、2.5、2 和 1mm。在选定了球径后，根据 $F = KD^2$，来确定 F 的大小。标准规定 K（常数）有 7 种：30、15、10、5、2.5、1.25 和 1。材料硬的要选较大的 K 值，材料软的要选较小的 K 值。对于轻金属及其合金，当其布氏硬度小于 35 时，K 值取为 2.5（或 1.25）；布氏硬度在 35~80 范围内时，K 值取为 10（或者 5、15）；布氏硬度大于 80 时，K 值取 10（或 15）。

试样的最小厚度应大于或等于压痕深度的 10 倍，试样表面粗糙度 Ra 不大于 $0.8\mu\mathrm{m}$，压痕直径在 $0.24D \sim 0.6D$ 之间，否则测量结果无效。应重新选 K 值进行测量。

布氏硬度的书写方法为：当压头为钢球时，以符号 HBS 表示；当压头为硬质合金球时，用符号 HBW 表示。在该符号前加上试验结果（数值），符号后注上试验条件：即钢球直径（mm）/试验载荷（以 kgf 表示）/试验力保持时间（用 s 表示，一般 10~15s 的可略去）。例如：120HBS10/1000/30，即表示用 10mm 直径的钢球，施加 1000kgf 的力，保持载荷 30s，得到材料的布氏硬度值为 120。又如：500HBW5/750，表示用硬质合金直径为 5mm 的球，加上 750kgf 的载荷，保持 10~15s 所得的硬度值为 500。

18.5.2.2 维氏硬度

维氏硬度也是根据压痕单位面积所承受的试验力来计算硬度值。但是维氏硬度所采用的压头不是球体，而是两相对面间夹角为 136° 的金刚石正四棱锥体。其试验原理是，在选定的载荷 F 作用下，压头压入试样表面，经规定保持时间后，卸除载荷，在试样表面留下一个正四棱锥形的压痕，测量压痕对角线长度 d（一般取 d_1 和 d_2 的平均值），用其计算压痕表面积 S，则维氏硬度 HV 的公式如下：

当采用工程单位制，即力的单位是 kgf 时：

$$HV = F/S = 1.8544F/d^2 \tag{18-21}$$

当采用法定单位制，即力的单位是 N 时：

$$HV = 0.102 \times 1.8544F/d^2 = 0.1891F/d^2 \tag{18-22}$$

与布氏硬度值一样，维氏硬度值也不标注单位。

由于维氏硬度压头设计的合理性，所以其压痕总是相似的，这就给载荷 F 的选择带来方便，从而使维氏硬度检测方法可以测试从很软到很硬的材料，另外在中、低硬度范围内，对同一均匀材料维氏和布氏两种检测方法所得的硬度值很接近。GB/T 4340 根据检测力范围规定测定金属维氏硬度的方法见表 18-2 和表 18-3。

表 18-2　不同维氏硬度试验所对应的试验力范围

试验力范围/N	硬度符号	试验名称
$F \geq 49.03$	$\geq$ HV5	维氏硬度试验
$1.961 \leq F < 49.03$	HV0.2~HV5	小负荷维氏硬度试验
$0.09807 \leq F < 1.961$	HV0.01~HV0.2	显微维氏硬度试验

表 18-3　维氏硬度试验应选用的试验力

维氏硬度试验		小负荷维氏硬度试验		显微维氏硬度试验	
硬度符号	试验力/N	硬度符号	试验力/N	硬度符号	试验力/N
HV5	49.03	HV0.2	1.961	HV0.01	0.09807
HV10	98.07	HV0.3	2.942	HV0.015	0.1471
HV20	196.1	HV0.5	4.903	HV0.02	0.1961
HV30	294.2	HV1	9.807	HV0.025	0.2452
HV50	490.3	HV2	19.61	HV0.05	0.4903
HV100	980.7	HV3	29.42	HV0.1	0.9807

注：1. 维氏硬度试验可使用大于 980.7N 的试验力。

　　2. 显微维氏硬度试验的试验力为推荐值。

试样厚的 F 要选大一点，以便提高压痕对角线的测量精度；材料硬度高的应选择小一点的 F，以免损伤压头。试验力的加载时间一般为 2~8s，对有色金属保持时间为 30s。

维氏硬度试验要求试样表面粗糙度 Ra 不大于 $0.4\mu m$，小负荷维氏硬度试验要求试样表面粗糙度 Ra 不大于 $0.2\mu m$，显微维氏硬度试验要求试样表面粗糙度 Ra 不大于 $0.1\mu m$。试样最小厚度应大于等于压痕深度的 10 倍（不小于压痕直径的 1.43 倍）。

维氏硬度的表示方法是：在 HV 前面写硬度值，HV 后面按顺序写试验力（用 kgf 表示）和试验力保持时间（用 s 表示），一般保持时间为 $10 \sim 15s$ 的，可不注明时间。例如：640HV30 表示在试验力为 294.2N（30kgf）下保持 $10 \sim 15s$ 测定的维氏硬度值为 640。640HV30/20 表示在试验力为 294.2N 下保持 20s 测定的维氏硬度值为 640。

18.5.2.3　洛氏硬度

洛氏硬度是用压痕的深度表示材料的硬度。洛氏硬度所用压头有两种，一是金刚石圆锥体，另一种是淬硬钢球。其试验的原理是：先加初载荷 F_0，使压头压入试样表面一定深度 h_0。以此作为测量压痕深度的基线，然后加上主载荷 F_1，此时压痕深度为 h_1，在 h_1 中包括弹性变形和塑性变形两部分，经规定保持时间后，卸去主载荷 F_1，保留初载荷 F_0，则 h_1 中弹性部分即行恢复，只剩下塑性部分，记为 h。洛氏硬度的高低，就以 h 来衡量，h 越大就表明硬度越低，反之则表示硬度越高。

为了把压痕深度 h 计量成洛氏硬度值，可按式（18-23）计算：

$$HR = K - \frac{h}{0.002} \qquad (18\text{-}23)$$

式中，K 是与压头有关的常数，当压头为金刚石时，$K = 100$；当压头为淬火钢球时，$K = 130$。式（18-23）中，h 除以 0.002 表示每 0.002mm 的深度作为洛氏硬度一度。

洛氏硬度标尺有 HRA、HRB、HRC、HRD、HRE、HRF、HRG、HRH、HRK，铝镁合金检测采用的是 B、F、E 和 H 标尺。其技术参数见表 18-4。

表 18-4　铝合金用洛氏硬度试验条件及适用范围

表面洛氏硬度标尺	表面洛氏硬度符号	压头类型	初始试验力 F_0/N	主试验力 F_1/N	总试验力 F/N	适用范围
B	HRB	1.5875mm 钢球	98.07	882.6	980.7	20 ~ 100HRB
F	HRF	1.5875mm 钢球	98.07	490.3	588.4	60 ~ 100HRF
E	HRE	3.175mm 钢球	98.07	882.6	980.7	70 ~ 100HRE
H	HRH	3.175mm 钢球	98.07	490.3	588.4	80 ~ 100HRH

洛氏硬度检测要求试样厚度不小于压痕深度的 10 倍，试样试验面粗糙度 Ra 不大于 $0.8\mu m$。

表面洛氏硬度。表面洛氏硬度试验专门用来测定极薄的工件及硬化层和金属镀层的硬度，其原理和试验方法完全与洛氏硬度一样，表面洛氏硬度标尺有 15N、30N、45N、15T、30T、45T 等。前 3 种采用金刚石压头，后 3 种采用淬硬钢球压头。其中 30T 标尺适用于铝合金，其试验条件和适用范围见表 18-5。

表 18-5　金属表面洛氏硬度 HR30T 试验条件及适用范围

表面洛氏硬度标尺	表面洛氏硬度符号	压头类型	初始试验力 F_0/N	主试验力 F_1/N	总试验力 F/N	适用范围
30T	HR30T	ϕ1.588mm 钢球	29.42	264.8	294.2	29 ~ 82 HR30T

表面洛氏硬度计算公式为：

$$HR = 100 - \frac{h}{0.001} \qquad (18-24)$$

表面洛氏硬度检测要求试样或检测层厚度不小于压痕深度的 10 倍。检测后背面不得有变形痕迹。

18.5.2.4　肖氏硬度

肖氏硬度试验是一种动载试验法。其原理是将规定的金刚石冲头从固定的高度落在试样的表面上，冲头弹起一定高度 h，用 h 与 h_0 的比值计算肖氏硬度值。

$$HS = K\frac{h}{h_0} \qquad (18-25)$$

肖氏硬度有 3 种：C 型和 D 型是以回跳高度来衡量硬度的大小，其 K 值分别为 153 和 140；E 型是以回跳速度（冲头回跳通过线圈时感应出与速度成正比的电压，经过硬度计配置的计算机处理得出其硬度值）来衡量硬度的大小。

试样的试验面一般为平面，对于曲面试样，其试验面的曲率半径不应小于 32mm。试样的质量，至少应在 0.1kgf（0.98N）以上。试样的厚度应在 10mm 以上。试样的试验面面积应尽可能大，其粗糙度 Ra 不大于 1.6μm，试样不应带磁性，表面应无油脂等污染。试验时，一定要保持计测筒处于垂直状态，任意倾斜都会使冲头受到摩擦力从而使结果不准确。计测筒应压紧在试验面上，相邻两压痕距离不应小于 2mm，压痕中心距试样边缘应不小于 4mm，一般读数至 0.5 单位，应测 5 点取平均值表示该试样（材料）的肖氏硬度值。

表示方法为：25HSC 表示用 C 型（目测型）硬度计测得的肖氏硬度值为 25。51HSD 表示用 D 型（指示型）硬度计测得的肖氏硬度值为 51。

18.5.2.5　里氏硬度

用规定质量的冲击体在弹力作用下以一定速度冲击试样表面，用冲头在距试样表面 1mm 处的回弹速度与冲击速度的比值计算硬度值。

里氏硬度定义为冲击体反弹速度与冲击速度之比乘以 1000：

$$HL = 1000 V_R / V_A \qquad (18-26)$$

式中　HL——里氏硬度；

　　　V_R——冲击体反弹速度；

　　　V_A——冲击体冲击速度。

18.5.2.6　韦氏硬度

韦氏硬度计的基本原理是采用一定形状的淬火压针，在标准弹簧检测力作用下压入试样表面，定义 0.01mm 的压入深度为一个韦氏硬度单位。压入越浅硬度越高，压入越深硬度越低。

$$HW = 20 - 100L \qquad (18-27)$$

式中　HW——韦氏硬度；

　　　L——压针伸出长度，即压入试样深度，mm。

国内生产的铝合金韦氏硬度计有 3 种：W-20、W-20A、W-20B，测量的合金范围从

1×××到 7×××系，硬度测量范围相当于 42～98HRE，或 42～120HBS。W-20 型要求试样厚度为 1～6mm，W-20A 型要求试样厚度为 6～13mm。试样被检测面应光滑、洁净、无机械损伤，如有涂层应彻底清除。测量时压针应与检测面垂直。

18.5.2.7　巴氏硬度

巴氏硬度计的基本原理是采用特定压头，在标准弹簧压力作用下压入试样表面，以压痕的深度表示材料的硬度。巴氏硬度计有 100 个分度，每分度单位代表压入深度 0.0076mm。压入越浅硬度越高，压入越深硬度越低。

$$Hba = 100 - L/0.0076 \tag{18-28}$$

式中　Hba——巴氏硬度；

　　　L——压针伸出长度，即压入试样深度，mm。

巴氏硬度计适于测量超大、超重、异型的铝合金工件及装配件，也可用于测量铝合金板、带、型及各种锻件。试样被检测面应光洁、无机械损伤，厚度应大于 1.5mm。在大件上检测时压针刺入的部位也应光洁、无机械损伤。硬度计的支脚必须与压针尖端在同一平面上，保证针尖与检测面垂直，必要时可加垫或支撑来实现。

19 铝挤压材的主要缺陷与质量控制

19.1　铝合金型材的主要缺陷

挤压是在一个高温、高压、高摩擦近似密闭的容器内的变形过程，加之品种繁多、规格范围广、形状复杂、工序多、技术要求高。因此，在生产过程中，不可避免地会出现一些缺陷，甚至废品。据生产统计，铝合金管、棒、型、线材在挤压过程中常出现的缺陷（废品）共有 30 多种。这些缺陷，按使用要求可分为致命的、严重的、一般的、次要的，其中可修复的缺陷，不影响使用；而不可修复的缺陷就是绝对报废，即废品。按生产过程可分为：在熔铸过程、挤压过程、热处理精整过程、表面处理过程及储运包装过程产生的缺陷。按技术要求可分为：化学成分、冶金质量与内部组织、力学性能、尺寸与形状精度、内外表面等方面的缺陷。按产生的原因可分为：原辅材料不合格、铸锭缺陷遗留、工艺装备不良、工模具设计制作不佳、生产工艺不合理、运输包装不好和生产管理不严等造成的缺陷。对建筑装饰材，人们往往看重其表面质量和尺寸与形位精度；对于工业材，特别是军工材，则除了表面和尺寸形状外还着重要求产品的化学成分、内部组织和力学性能。关于铝在挤压变形过程（包括填充挤压阶段、稳定挤压阶段和终了挤压阶段）所出现的主要缺陷，诸如气泡、起皮、裂纹、黏结、模纹、显微条纹、扭拧、弯曲、波浪、尺寸偏差、性能不均以及挤压缩尾和粗晶环等。下面仅就实际生产中常遇到的主要缺陷的产生原因和消除方法进行分析和讨论。

19.1.1　表面缺陷的产生原因及消除方法

19.1.1.1　成层

A　缺陷的特点

挤压成层缺陷的特点是，在金属流动较均匀时，铸锭表面沿模具和前端弹性区界面流入制品而形成的一种表皮分层缺陷。在横向低倍试片上，表现为在截面边缘部有不合层的缺陷，如图 19-1 所示。

B　主要的产生原因

表面缺陷的主要产生原因为：

（1）铸锭表面有尘垢或铸锭有较大的偏析聚集物而不车皮，金属瘤等易产生成层。

（2）毛坯表面有毛刺或粘有油污、锯屑等脏物，挤压前没有清理干净。

（3）挤压工具磨损严重或挤压筒衬套内有脏物清理不干净，且不及时更换。

（4）模孔位置不合理，靠近挤压筒边缘。

（5）挤压垫直径差过大。

（6）挤压筒温度比铸锭温度高得太多。

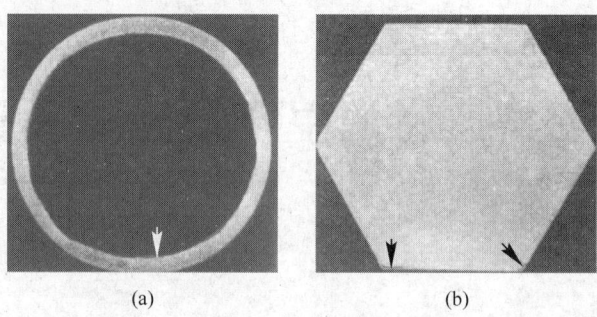

(a)　　　　　　　　　　　(b)

图 19-1　铝合金挤压制品中的成层

(a) 管材内壁成层；(b) 六角棒材棱角处成层

C　消除方法

表面缺陷的消除方法有：

(1) 提高铸锭表面的清洁度。

(2) 提高挤压筒和模具表面光洁度，及时更换严重磨损超差的挤压筒和挤压垫。

(3) 改进模具设计，模孔位置尽可能离挤压筒边缘远一点。

(4) 减少挤压垫直径与挤压筒内径差，可以减少挤压筒内衬中残留的脏污金属。

(5) 保持挤压筒内衬完好，或用垫片及时清理内衬。

(6) 剪切残料后，应清理干净，不得粘润滑油。

19.1.1.2　气泡或起皮

A　缺陷的特点

局部表皮金属与基体金属呈连续或非连续分离或局部脱落的现象，表现为圆形单个或条状空腔凸起的泡，常见于头、尾部，完整的称为气泡，已破裂的称为起皮。在挤压方向多呈线状方式排列，肉眼可以判定。多出现在软合金制品的头尾端。主要原因是铸锭内部组织有疏松、气孔、内裂等缺陷，或填充阶段挤压速度太快，排气不好，将空气卷入金属中所造成。当铸锭长度与直径之比大于 4 时，填充时会产生双鼓变形，在挤压筒的中部产生一个封闭空间，随着填充的进行，此空间体积减小，气体压力增大，而进入铸锭表面的微裂纹中，这些裂纹通过模子时被焊合，则在制品表面形成气泡，或者未能焊合出模孔后形成起皮，气泡缺陷如图 19-2 (a) 所示，起皮缺陷如图 19-2 (b) 所示。

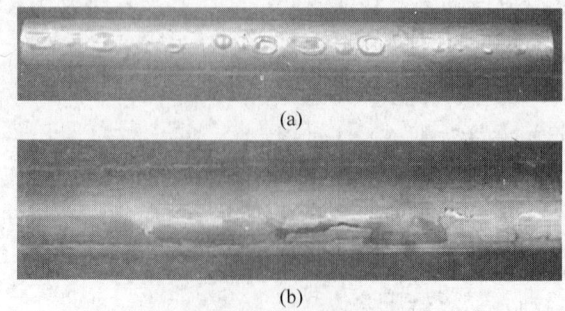

(a)

(b)

图 19-2　气泡和起皮缺陷

(a) 气泡缺陷；(b) 起皮缺陷

B 产生气泡或起皮的原因

产生气泡或起皮的原因有：

（1）挤压筒、挤压垫磨损超差，挤压筒和挤压垫尺寸配合不当，同时使用的两个垫片的直径差超过允许值。

（2）挤压筒和挤压垫太脏，粘有油污、水分、石墨等。

（3）铸锭表面铲槽太多，过深；铸锭表面有气孔、砂眼，组织疏松、油污，铸锭的氢含量较高等。

（4）更换合金时，筒内未清理干净。

（5）挤压筒温度和挤压铸锭温度过高。

（6）铸锭温度尺寸超过允许负偏差。

（7）铸锭过长，填充太快，铸锭温度不均，引起非鼓形填充，因而筒内排气不完全，或操作不当，未执行排气工序。

（8）模孔设计不合理，或切残料不当，分流孔和导流孔中的残料被部分带出，挤压时空隙中的气体进入表面。

C 消除方法

气泡和起皮的消除方法有：

（1）提高精炼除气、铸造的水平，防止铸锭产生气孔，疏松、裂纹等缺陷。

（2）合理设计挤压筒和挤压垫片的配合尺寸；经常检查工具尺寸，保证符合要求，挤压筒出现大肚时，要及时修理或更换磨损超差的挤压筒内衬。

（3）挤压垫尺寸不能超差。

（4）更换合金时，应彻底清筒。

（5）减慢挤压填充阶段的速度。

（6）工具、铸锭表面保持清洁、光滑和干燥，减少对挤压垫和模具的润滑。

（7）严格操作，正确剪切残料和完全排气。

（8）采用铸锭梯度加热法，即使铸锭头部温度高，尾部温度低，填充时头部先变形，而筒内的气体通过垫片与挤压筒壁之间的间隙逐渐排出。

（9）经常检查设备和仪器，防止温度过高、速度过快。

（10）合理设计、制造工模具，导流孔和分流孔设计成 $1° \sim 3°$ 内斜度。

19.1.1.3 挤压裂纹

A 缺陷的特点及产生的原因

型材挤压时，常在型材棱角或厚度差较大的台阶附近产生间断性裂口（即通常所说的裂边），严重的成锯齿状开裂或撕裂，并深入金属内部，严重破坏金属连续性。一般硬铝合金较易出现（见图19-3）。

裂纹的产生与金属在挤压过程中的受力与流动情况有关，以表面周期性裂纹为例，由于模子形状的约束和接触摩擦的作用而使坯料表面的流动受到了阻碍，使制品中心部位的流速大于外层金属流速，从而使外层金属受到了附加拉应力作用，中心受到了附加压应力作用，附加应力的产生改变了变形区内的基本应力状态，使表面层轴向工作应力（基本应力与附加应力的迭加）有可能成为拉应力，当这种拉应力达到金属的实际断裂强度极限

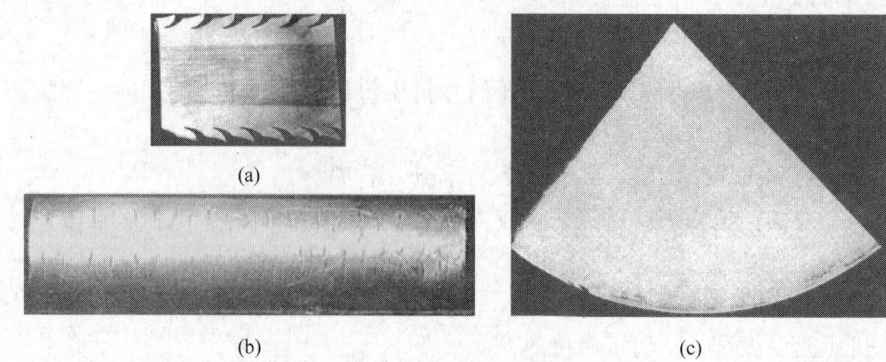

图 19-3　挤压裂纹
（a）棒材纵向低倍上的挤压裂纹；（b）棒材挤压裂纹表面形貌；
（c）棒材横向低倍上的挤压裂纹（未扩展到表面）

时，在表面就会出现向内扩展的裂纹，其形状与金属通过变形区域的速度有关。裂纹的产生使局部附加拉应力降低，当裂纹扩展到一定位置时，裂纹尖端处的工作应力降低到断裂强度极限以下，第一个裂纹不再向内部扩展，随着金属变形不断的进行，制品又会由于附加拉应力的增长，其表面层工作应力超过金属的断裂强度极限，从而出现第二个裂纹，如此往复，在制品表面就会形成周期性裂纹。

由于越接近模子出口内外层金属的流速差越大，附加拉应力的数值也越大，因此表面周期性裂纹通常在模子出口处形成，硬铝合金在生产中最易出现表面周期性裂纹。

与表面周期裂纹的形成原因相反，中心周期性裂纹的产生是由于挤压时中心流动慢，表层流动快，而在中心形成了附加拉应力。当附加拉应力使中心工作应力成为拉应力且达到了金属的实际断裂强度时，便形成了裂纹，实际生产时，由于加热不透形成内生外熟，或者因为挤压比太小，变形不深入，都可能会使金属的中心流速小于表面流速而产生中心周期裂纹。一般铸锭加热温度太高，在热脆温度范围内，塑性明显下降，断裂强度降低或挤压速度太快，内外层流速差增大，都易产生裂纹。有的在挤压后期由于速度失控，突然加快，使制品尾端产生裂纹。另外由于铝合金铸锭杂质含量超标，热塑性下降，即使正常的挤压速度也会产生开裂现象。

B　消除方法

挤压裂纹消除方法有：

（1）确保合金成分符合规定要求，提高铸锭品质，尽可能减少铸锭中会引起塑性下降的杂质含量，在高镁合金中尽量减少钠含量。

（2）严格执行各项加热和挤压规范，根据制品的合金和特点，合理的控制挤压温度和速度。

（3）改进模具设计，适当增大模子定径带长度和断面棱角部分适当增加圆角半径，特别是模桥、焊合室和棱角半径等处的设计要合理。

（4）提高铸锭的均匀化效果，改善合金的塑性和均匀性。

（5）在允许条件下采用润滑挤压、锥模挤压等措施来减少不均匀变形。

（6）经常巡回检测仪表和设备，以保证正常运行。

19.1.1.4　橘皮

A　缺陷的特点及产生的原因

挤压制品表面产生类似橘皮状的凹凸表面（见图 19-4），影响制品的美观，产生的主要原因是制品内部组织晶粒粗大。一般晶粒越粗大越明显，特别是拉伸率较大时，更易出现这种橘子皮缺陷。

B　主要措施

防止橘子皮缺陷的产生，主要靠选择适当的挤压温度和挤压速度，控制拉伸率。改善铸锭的内部组织，防止粗大晶粒。

19.1.1.5　黑斑

A　缺陷的特点及产生的原因

厚壁型材由于停放在出料台上冷却速度不同，型材与耐热毡或石墨条接触面的地方冷却后出现如黑云状的暗黑色斑纹，如图 19-5 所示。

图 19-4　橘皮缺陷

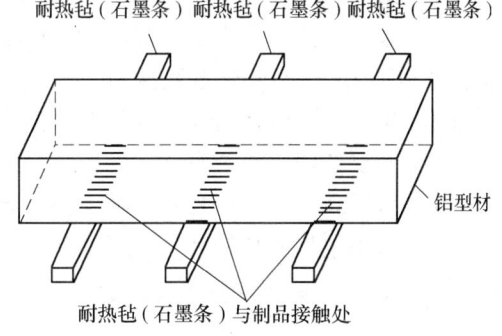

图 19-5　黑斑形成的位置

产生黑斑的主要原因是型材厚壁部分与耐热毡（或石墨条）接触处冷却速度小很多，固溶浓度显著比其他地方小，因此内部组织不同而表现在外观上显示出发暗的颜色。

B　消除方法

黑斑的消除主要是出料台要加强冷却，到滑出台和冷床上时不能停止在一个地方，让制品在不同位置与耐热毡接触，改善不均匀冷却条件。

19.1.1.6　组织条纹

A　缺陷的特点及产生的原因

组织条纹是由于挤压件的组织及成分的不均，制品出现在挤压方向的带状纹。一般多出现在壁厚变化部位，如图 19-6 所示。经过腐蚀或阳极氧化处理可以判明。当改变腐蚀温度时，带状纹有时可能消失或者宽度和形状发生变化。其产生原因是由于铸锭的宏观或微观组织不均匀，铸锭的均匀化处理不充分或挤压制品加工的加热制度不正确所造成。

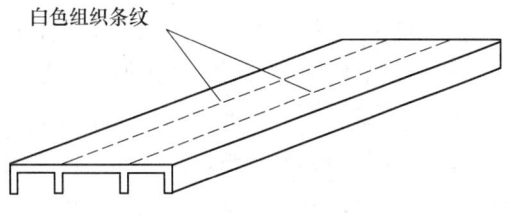

图 19-6　组织条纹出现部位示意图

B　消除方法

组织条纹的消除方法有：

（1）铸锭要进行晶粒细化处理，避免使用粗晶粒的铸锭。

（2）进行模具改进，选择适当的导流腔形状，修整导流腔或模具定径带。

19.1.1.7　纵向焊合线

A　缺陷的特点及产生的原因

制品用分流组合模生产时，沿挤压方向在金属的汇流位置，使制品的装饰面上出现条状或线状缺陷或没有完全焊合的缺陷。其深度是从表面到背面贯通整个厚度，通过腐蚀和阳极氧化可以发现。用肉眼观察类似于组织条纹。合流处呈条状花纹，对照模具构造即可区分。主要是金属在挤压模具内，金属流的焊合部分与其他部分的组织差别所造成；或者是挤压时，模具焊合腔内铝的供给量不足所造成。

B　消除方法

纵向焊合线的消除方法有：

（1）改进分流组合模的桥部结构和焊合腔的设计，如调整分流比（分流孔的面积和挤压制品面积之比）和焊合腔深度。

（2）保证一定的挤压比，注意挤压温度和挤压速度之间的平衡。

（3）不要使用表面带有油污的铸锭，避免焊合处混入润滑剂和异物。

（4）挤压筒、挤压垫片不涂油，保持干净。

（5）适当增加残料长度。

19.1.1.8　横向焊合线或停止痕

A　缺陷的特点及产生的原因

在连续挤压过程中，相连坯锭之间接缝处的边界线，在横跨挤压方向上出现的条状或带状花纹，与挤压方向垂直，肉眼可见。有的通过腐蚀或阳极氧化以后明显可见。其产生的主要原因是在连续挤压时，模具内的金属与新加入坯锭前端金属焊合不良所造成。图19-7所示为停车痕照片。

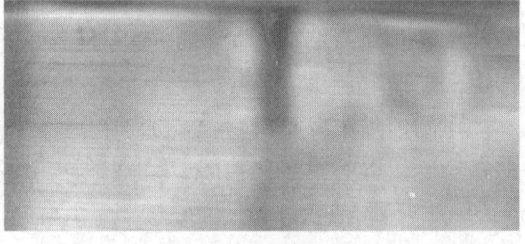

图 19-7　停车痕

B　消除方法

横向焊合线或停止痕的消除方法有：

（1）将切残料的剪刀刃磨快，并调平直。

（2）清洁坯锭端面，防止润滑油异物混入。

（3）适当提高挤压温度，慢速均匀挤压。

（4）合理设计和选择工模具、模具的材料、尺寸配合、强度与硬度。

19.1.1.9　划伤、划痕

A　缺陷的特点及产生的原因

制品从模孔流出过程中，表面与模子工作带、出口带或其他工具的不良接触，而产生可用手触及的可见的擦伤、划伤和连续条纹。从表面凹进去的划伤多是由于模具粘有异物；或空刀处加工粗糙产生的。还有一种是在制品的转角处出现的凸起划痕，是由于挤压模具裂纹所产生。横向划伤或划痕主要是由于制品从滑出台横向运至成品锯切台时，冷床上有坚硬物突出将制品划伤，也有的是在装料、搬运中产生的划伤，如图 19-8 所示。

图 19-8　划伤

B　消除方法

划伤、划痕的消除方法有：

（1）模具定径带应加工光洁平滑，模具空刀也应加工平滑。

（2）装模时应认真检查，防止有细小裂纹的模具被使用。模具设计时应注意圆角半径。

（3）及时检查和抛光模子工作带，模子硬度应均匀。

（4）经常检查冷床、成品储放台，应光滑，防止有坚硬突出物划伤制品。可适当润滑导路。

（5）装料时应放置比制品软的隔条，运输、吊运都应平稳、细心操作。

19.1.1.10　擦伤

A　缺陷的特点

由于制品表面与其他物体的棱或面接触后发生相对滑动或错动而在制品表面造成的成束（或组）分布的伤痕称为擦伤。典型照片如图 19-9 所示。

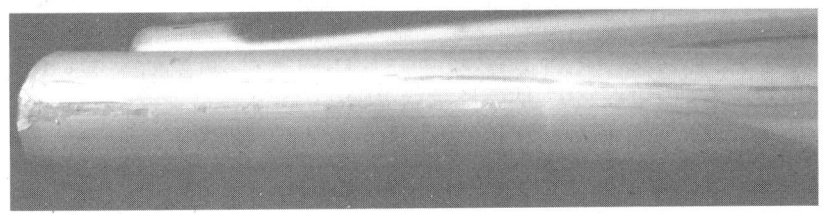

图 19-9　擦伤

B　主要的产生原因

擦伤的主要产生原因为：

（1）模具磨损严重。

（2）因铸锭温度过高，模孔粘铝或模孔工作带损坏。

（3）挤压筒内落入石墨及油等脏物。

（4）制品相互串动，使表面擦伤。

（5）挤压流速不均，造成制品不按直线流动，致使料与料或料与导路、工作台擦伤。

C　防止方法

擦伤的防止方法有：

（1）及时检查更换不合格的模具。

（2）控制毛料加热温度。

（3）保证挤压筒和毛料表面清洁干燥。

（4）控制好挤压速度，保证速度均匀。

19.1.1.11　金属压入

A　缺陷的特点

挤压时，将金属碎屑压入制品的表面，称为金属压入。典型照片如图 19-10 所示。

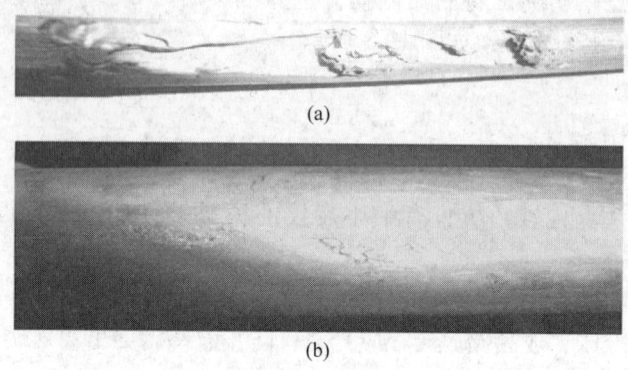

图 19-10　金属压入

（a）外来金属压入；（b）自身金属压入

B　主要的产生原因

金属压入主要的产生原因为：

（1）毛料端头有毛刺。

（2）毛料内表面粘有金属或润滑油内含有金属碎屑等脏物。

（3）孔型、芯头上粘有金属。

（4）挤压筒未清理干净，有其他金属杂物。

（5）在模具空刀位置产生的氧化铝渣黏附在挤压制品上。

（6）流入出料台或滑出台被辊子压入挤压材表面。

（7）铸锭硌入其他金属异物。

C　消除方法

金属压入的消除方法有：

（1）保持定径带光滑，适当缩短定径带的长度。

（2）调节定径带的空刀。

（3）改变模孔的布置，尽量避免制品平面放在下面的辊子上，以避免氧化铝渣被压入。

（4）铸锭表面、端头清洗干净，润滑油中避免有金属屑。

19.1.1.12　模痕

A　缺陷特点及产生原因

挤压制品表面纵向凸凹不平的痕迹，所有挤压制品都存在程度不同的模痕。主要的产生原因是模具工作带无法达到绝对的光滑，典型照片如图 19-11 所示。

B 防止措施

模痕的防止措施有：

（1）尽量地提高模具制造水平，保证模具定径带的高精度、高光洁度。

（2）提高挤压过程的稳定性，如保持挤压速度的稳定。

图 19-11 模痕

19.1.1.13 麻面（表面粗糙）

A 主要特征

挤压制品表面呈细小的凸凹不平的连续的片状、点状的擦伤、麻点、金属豆。因呈大片的金属豆（毛刺）、小划道而使制品表面不光滑，每个金属豆（挤压方向）的前面有一个小划道，划道的末端积累成金属豆。典型照片如图 19-12 所示。

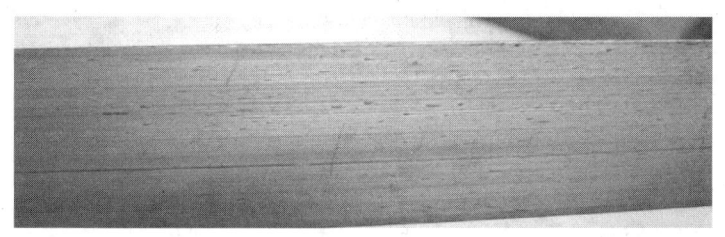

图 19-12 麻面

B 主要的产生原因

麻面主要的产生原因为：

（1）工具硬度不够或软硬不均。

（2）挤压温度过高。

（3）挤压速度过快。

（4）模子工作带过长、粗糙或粘有金属。

（5）挤压毛料太长。

C 防止方法

麻面的防止方法有：

（1）提高模具工作带硬度和硬度均匀性。

（2）按规程加热挤压筒和铸锭，采用适当的挤压速度。

（3）合理设计模具，提高工作带表面粗糙度，加强表面检查、修理和抛光。

（4）采用合理的铸锭长度。

19.1.1.14 振纹

A 缺陷的特征

挤压制品表面横向的周期性条纹缺陷为振纹。其特征为制品表面横向连续周期性条纹，条纹曲线与模具工作带形状相吻合，严重时有明显凹凸手感。典型照片如图 19-13 所示。

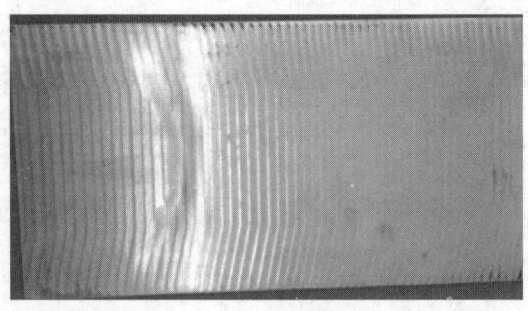

图 19-13　振纹

B　产生原因

振纹的产生原因为:

(1) 因设备原因造成挤压轴前进抖动, 导致金属流出模孔时抖动。

(2) 因模具原因造成金属流出模孔的抖动。

(3) 模具支撑垫不合适, 模具刚度不佳, 在挤压力波动时产生抖动。

C　防止方法

振纹的防止方法有:

(1) 采用合格的模具。

(2) 模具安装时要采用合适的支撑垫。

19.1.1.15　内表面擦伤

A　缺陷的特征

制品内表面在挤压或拉伸过程中产生的擦伤称为内表面擦伤。典型照片如图 19-14 所示。

B　主要的产生原因

内表面擦伤主要的产生原因为:

(1) 挤压针粘有金属。

(2) 挤压针温度低。

(3) 挤压针表面质量差, 有磕碰伤。

(4) 挤压温度、速度控制不好。

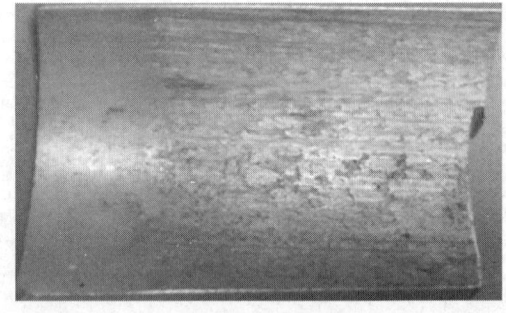

图 19-14　内表面擦伤

(5) 挤压润滑剂配比不当。

(6) 抹油不均。

(7) 拉伸芯头、模子、芯杆损坏。

(8) 拉伸润滑油有脏物。

C　防止方法

内表面擦伤的防止方法有:

(1) 提高挤压温度。

(2) 加强润滑油过滤, 经常检查或更换废油。

（3）保持毛料表面洁净。

（4）及时更换不合格的模具。

19.1.1.16　夹杂

A　缺陷特征及产生原因

由于挤压坯料带有金属或非金属夹杂，在上道工序未被发现，在挤压后残留在制品表面或内部。典型照片如图19-15所示。

图19-15　夹杂

B　防止方法

夹杂的防止方法有：

（1）提高坯料的质量，杜绝坯料存在金属或非金属夹杂。

（2）加强对原材料的管理，杜绝加工过程的夹杂物带入进入制品。

19.1.1.17　水痕

A　主要特征

水痕为挤压制品表面浅白色或浅黑色不规则的水线痕迹。

B　产生原因

水痕产生的原因为：

（1）清洗后烘干不好，制品表面残留水分。

（2）淋雨等原因造成制品表面残留水分，未及时处理干净。

（3）时效炉的燃料含水，水分在制品时效后的冷却中凝结在制品表面上。

（4）时效炉的燃料不干净，制品表面被燃烧后的二氧化硫腐蚀或被灰尘污染。

C　防止方法

水痕的防止方法有：

（1）保持制品表面干燥、清洁。

（2）控制好时效炉燃料的含水量和清洁程度。

19.1.1.18　壁厚不均

A　主要特征

挤压制品同一截面上壁厚有薄、有厚，这种现象称为壁厚不均。典型照片如图19-16所示。

B　产生原因

壁厚不均的产生原因为：

（1）挤压筒与挤压针不在同一中心线，形成偏心。

（2）挤压筒的内衬磨损过大，模具不能牢固地固定好，形成偏心。

（3）铸锭或毛坯本身壁厚不均，在一次和二次挤压后，仍不能消除。

（4）润滑油涂抹不均，使金属流动不均。

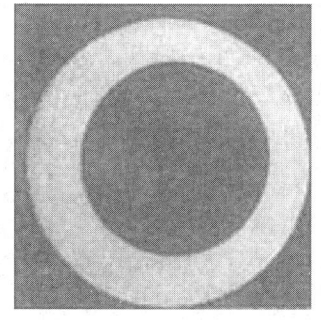

图19-16　壁厚不均

C　防止方法

壁厚不均的防止方法有：

（1）调整孔型间隙。

（2）选用合格的毛料。

（3）选择合格模具。

19.1.1.19　其他表面缺陷

其他表面缺陷主要是指小黑点、小白点、小针孔、雪花斑等。

A　产生原因

其他表面缺陷的产生原因为：

（1）熔铸过程中产生的原因。化学成分不均，有金属夹杂、气孔、非金属夹杂、氧化膜、金属组织内部不均匀。

（2）挤压过程中产生原因。温度、变形不均匀，挤压速度太快，冷却不均匀，与石墨、油污接触处产生组织不均匀。

（3）工模具方面的原因。模具设计不合理；模子尖角过渡不平滑；空刀过小，擦伤金属；工模加工不良，有毛刺不光洁；氧化处理不好，表面硬度不均匀；模具工作带不平滑。

（4）表面处理的原因。槽液浓度、温度、电流密度不合理；酸腐蚀或碱腐蚀处理工艺不当。

B　消除方法

其他表面缺陷的消除方法有：

（1）控制化学成分、优化熔铸工艺、加强净化、细化处理。

（2）铸锭均匀化处理后，要快速冷却。

（3）合理控制挤压温度、速度，使变形均匀，并采用合理铸锭长度。

（4）改善模具的设计和制造方法，提高模具工作带硬度和表面光洁度。

（5）优化氧化处理工艺。

（6）严格控制表面处理工艺，防止酸腐蚀或碱腐蚀过程中对表面的二次伤害或污染。

19.1.2　组织缺陷及消除方法

19.1.2.1　过烧

铝合金挤压制品发生严重过烧时表面颜色发暗或发黑，或在表面出现气泡、细小的球状析出物（小泡）或裂纹等。在金相显微组织中出现晶界粗化，晶粒交界处有三角形复溶区，晶粒内部产生复溶球。如图 19-17 所示，表现在力学性能方面为强度和伸长率下降。

过烧产生的主要原因是加热温度太高，超出了热处理工艺允许的加热温度范围。或者由于加热不均匀，炉子温差太大，仪表失灵等原因，使制品局部地方达到低熔点共晶体的熔化温度产生局部过烧。

过烧主要采用金相显微检查方法来确定。用力学性能变化检查不准确，因为较轻微的过烧使力学性能的变化不大，有时甚至还会略有提高，但对耐腐蚀有严重影响。因此，产品过烧是绝对废品。严格控制加热温度是防止过烧的热处理制度保证，加强设备维护，确保加热炉的温差不超过±5℃，是防止过烧的设备保证。

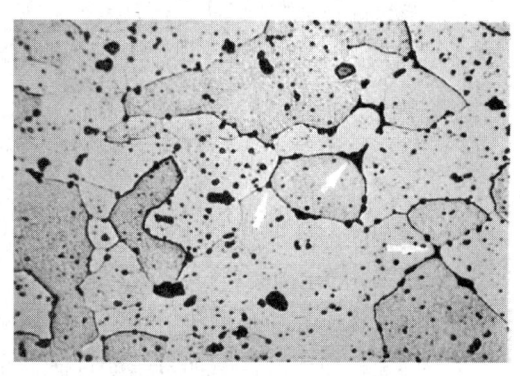

图 19-17 7A04 合金过烧时的显微组织图

19.1.2.2 粗晶环

A 缺陷的特点

制品固溶处理后的低倍试片上，沿制品周边所形成的粗大再结晶晶粒组织区称做粗晶环。由于制品外形和加工方式不同可形成环状、弧状及其他形状的粗晶环（见图19-18）。粗晶环的深度由尾端向前端逐渐减小以至完全消失。其形成机理是由热挤压后在制品表层形成的亚晶粒区，加热固溶处理后形成粗大的再结晶晶粒区。

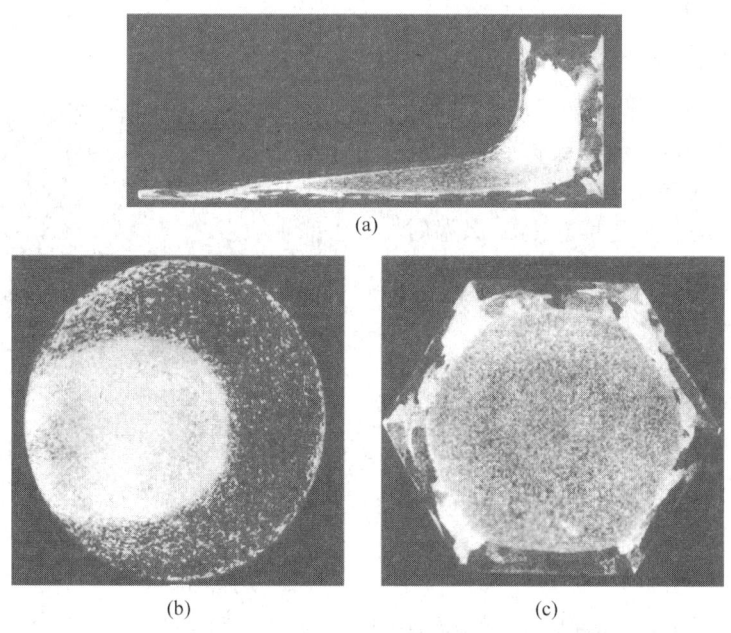

图 19-18 铝合金挤压制品中的粗晶环
（a）型材；（b）多孔挤压棒材；（c）单孔挤压六角棒材

B 主要的产生原因

粗晶环主要的产生原因为：

（1）挤压变形不均匀。

（2）热处理温度高，保温时间长，使晶粒长大。

（3）合金化学成分不合理。

（4）一般的可热处理强化合金经热处理后都有粗晶环产生，尤其是 6A02、2A50 等合金的型棒材最为严重，不能消除，只能控制在一定范围内。

（5）挤压变形小。

C　防止方法

粗晶环的防止方法有：

（1）挤压筒内壁光洁，形成完整的铝套，减少挤压时的摩擦力。

（2）变形尽可能均匀（控制温度、速度等）。

（3）避免固溶处理温度过高。

（4）用多孔模挤压。

（5）用反挤压和静挤压法挤压，使金属变形均匀，不易形成粗晶环。

（6）调整合金成分，增加再结晶抑制元素，如添加少量的锰、铁、钛可减少或消除粗晶环。

（7）采用较高的温度挤压，使合金处于单相区内可减少粗晶环深度。

（8）某些合金铸锭不均匀化处理，在挤压时粗晶环较浅。

（9）适当增大挤压残料，避免残料中非金属夹杂物质流入制品尾端。

19.1.2.3　粗大晶粒

A　主要特征及产生原因

制品出现粗大晶粒，力学性能下降，冷变形时易出现裂纹，表面粗糙（呈橘皮状），低倍组织观察晶粒粗大（见图 19-19）。主要原因是加热温度过高，保温时间太长，或加热速度太慢，冷变形金属变形量太小或在临界变形度下退火。

B　防止粗大晶粒方法

合理选择热处理的加热温度和保温时间。提高加热速度。对于需要冷变形金属，应提高冷变形程度，尽量避免在临界变形度下退火。

图 19-19　粗大晶粒组织图

19.1.2.4　缩尾

A　主要特征

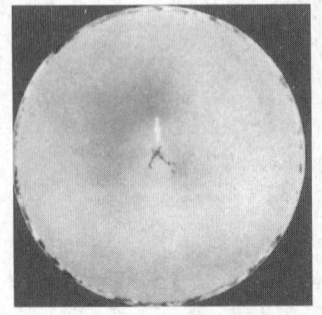

图 19-20　铝合金挤压棒材
中的一次缩尾

缩尾是挤压生产中一种特有的废品。在挤压制品的尾端，经低倍检查，在截面的中间部位有不合层形似喇叭状现象，称为缩尾。可以见到一次缩尾或二次缩尾两种的情况。一次缩尾位于制品的中心部位，呈皱褶状裂缝或漏斗状孔洞（见图 19-20）。二次缩尾位于制品半径 1/2 区域，呈环状或月牙状裂缝（见图 19-21）。

一般正向挤压制品的缩尾比反向挤压的长，软合金比硬合金长。正向挤压制品的缩尾多表现为环形不合层，反向挤压制品的缩尾多表现为中心漏斗（空穴）状。

金属挤压到后端，堆积在挤压筒死角或垫片上的铸锭表

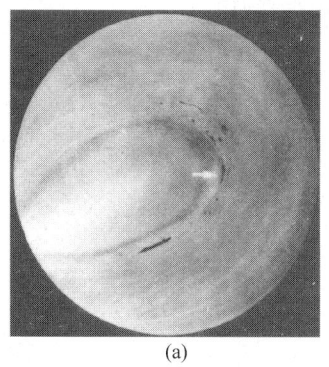 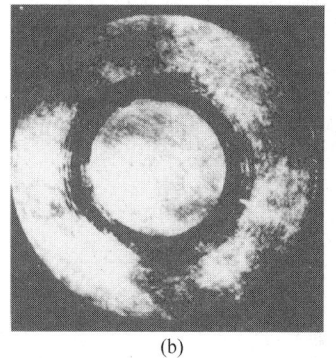

(a)　　　　　　　　　　　　(b)

图 19-21　铝合金挤压棒材中的二次缩尾

(a) 多孔挤压棒材；(b) 单孔挤压棒材

皮和外来夹杂物流入制品中形成二次缩尾；当残料留得过短，制品中心补缩不足，则形成一次缩尾。从尾端向前，缩尾逐渐变轻以致完全消失。在试片上常出现发亮的环状条纹，并未开裂称为缩尾痕迹（见图 19-22），这种情况不认为是缺陷。

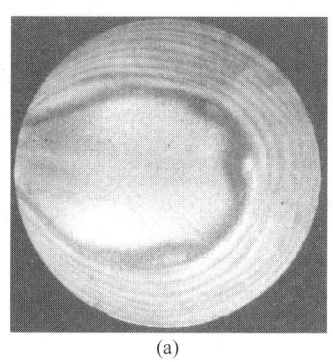 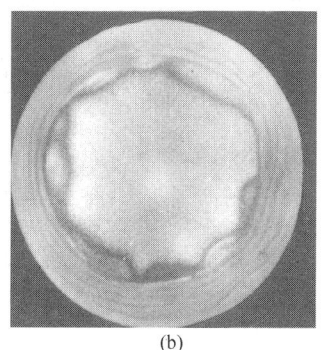

(a)　　　　　　　　　　　　(b)

图 19-22　铝合金挤压棒材中的缩尾痕迹

(a) 多孔挤压棒材；(b) 单孔挤压棒材

B　缩尾产生的原因

缩尾产生的原因为：

（1）残料留得过短或制品切尾长度不符合规定。

（2）挤压垫不清洁，有油污。

（3）挤压后期，挤压速度过快或突然增大。

（4）使用已变形的挤压垫（中间凸起的垫）。

（5）挤压筒温度过高。

（6）挤压筒和挤压轴不对中。

（7）铸锭表面不清洁，有油污，未车去偏析瘤和折叠等缺陷。

（8）挤压筒内套不光洁或变形，未及时用清理垫清理内衬。

C　防止缩尾的主要措施

防止缩尾的主要措施有：

（1）减少铝锭温度与工具温度差，或采用低温挤压。

（2）保证铸锭表面干净、加热均匀。

（3）除特殊情况外，禁止在挤压垫片上抹油或用油布擦挤压垫。

（4）提高模具和挤压筒的表面光洁度，及时清理挤压筒并经常检查挤压筒尺寸，及时更换不合格的工具。

（5）合理控制挤压温度和速度，平稳挤压，挤压过程快结束时降低挤压速度。

（6）采用反向挤压。

（7）按规定留残料和切尾，或适当增大残料厚度。

（8）垫片适当冷却。

19.1.2.5　夹渣

A　主要特征及产生原因

在金属的组织中含有非金属夹杂物，在低倍试样中用肉眼可见，有时会露出金属制品的表面，肉眼可见或用手触摸制品也可以感觉到。

B　产生夹渣的主要原因

一是，来源于铸锭，由于熔铸工艺中的精炼除渣和过滤环节没有完全将非金属夹杂物截住，因而残留在金属制品的组织中。二是，来源于铸锭外表的非金属夹杂物带到挤压筒内，没有及时清理挤压筒，因而流入金属制品的组织中。前者多存在制品内部，后者多出现在制品的表面。

C　消除夹渣的主要方法

加强精炼，保证有足够的静止时间，采用高质量的陶瓷过滤板，确保铸锭金属组织的纯洁。其次定时清理挤压筒周边的污染金属层，当挤压筒工作部分超差时，要及时更换挤压筒内套。

19.1.3　外形尺寸不合格的废品及消除方法

19.1.3.1　波浪

A　主要特征及产生原因

在挤压制品表面沿挤压方向，有局部的连续起伏不平的现象，如同水浪一样，通常称波浪（见图 19-23）。一般在薄壁宽面的型材制品中容易产生。主要原因是挤压金属从模具流出时的温度分布不均或冷却速度不均；也可能是挤压机运行不稳定，产生较大的抖动，

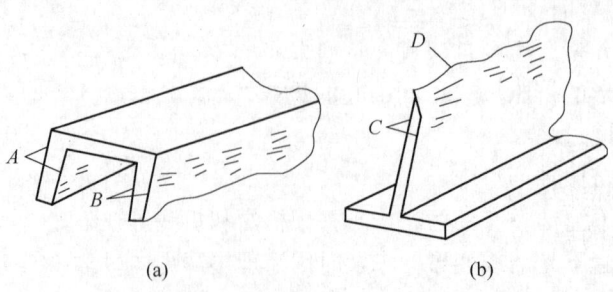

(a)　　　　　　　　　　(b)

图 19-23　波浪

使金属不平衡流过模腔；或模具设计不合理，工作带设计有问题使金属流动不均而引起制品产生波浪。

B 预防措施

预防波浪的措施有：

（1）维修好挤压机，使其工作平稳无抖动，调整挤压机、挤压筒和模具中心，使其三者同心度符合规定要求。

（2）修正模具定径带长度，确保金属流动均匀。

（3）适当降低挤压温度和挤压速度。

19.1.3.2 扭拧、弯曲

A 主要特征

挤压制品横截面沿纵向发生角度偏转的现象称为扭拧，典型照片如图 19-24（a）所示。制品沿纵向呈现弧形或刀形不平直的现象称为弯曲，如图 19-24（b）所示。

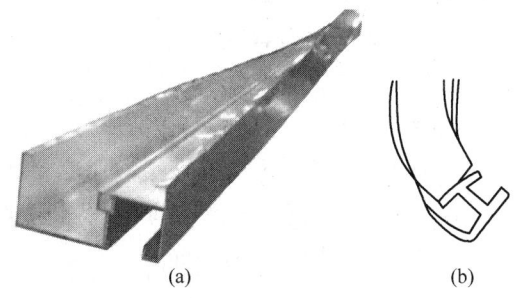

(a)   (b)

图 19-24　扭拧、弯曲、波浪

（a）扭拧；（b）弯曲

B 主要的产生原因

扭拧、弯曲主要的产生原因为：

（1）模孔设计排列不好，或工作带尺寸分配不合理。

（2）模孔加工精度差。

（3）未安装合适的导路。

（4）修模不当。

（5）挤压温度和速度控制不当。

（6）制品固溶处理前未进行预先矫直。

C 消除方法

扭拧、弯曲的消除方法有：

（1）提高模具设计制造水平，如对空心模具合理设计分流孔和桥部结构。

（2）修正模具定径带的长度，使金属流动均匀。

（3）安装合适的导路，牵引挤压，使制品出口平稳前进。

（4）用局部润滑、修模加导流或改变分流孔设计等来调节金属流速。

（5）合理调整挤压温度和速度使变形更均匀。

（6）适当降低固溶处理温度或提高固溶处理用的水温。

19.1.3.3　弯曲和硬弯

A　主要特征

制品沿纵向呈现不平直现象称为弯曲。沿纵向呈现均匀的弯曲称均匀弯曲；在制品某处突然弯曲称硬弯（死弯缺陷）。沿宽度方向（侧向）的弯曲称刀形弯。

B　主要原因

硬弯通常是模具设计工作带或制品流出模孔后前端突然受到某处的阻力，立即产生弯曲而成的，如挤压过程中操作人员用手突然搬动型材，或挤压机工作台面不平，或挤压速度突变，中间停车。弯曲通常是制品流出模孔后，冷却速度大，各处收缩不平衡而引起的。

C　消除方法

弯曲和硬弯的消除方法有：

（1）修理模具工作带，确保金属流动均匀。

（2）安装合适的导路，从出料台到滑出台各处要保持平滑，不能有任何阻止制品前进的障碍。

（3）适当增大拉伸率，将制品拉直为止。

（4）适当控制挤压速度，冷却风要均匀，避免从一边吹风冷却制品。

（5）保证挤压速度均匀一致，不要随便停车或突然改变挤压速度。

（6）挤压过程不得硬性搬动制品，可用木板慢慢导直。

19.1.3.4　平面间隙

A　主要特征及产生原因

挤压制面某一面呈现向上凸和向下凹的现象，用直尺放置该面，其间有一定的缝隙称为平面间隙（见图 19-25）。其产生的主要原因是型材壁的两面金属流动不均或精正矫直配辊不当。

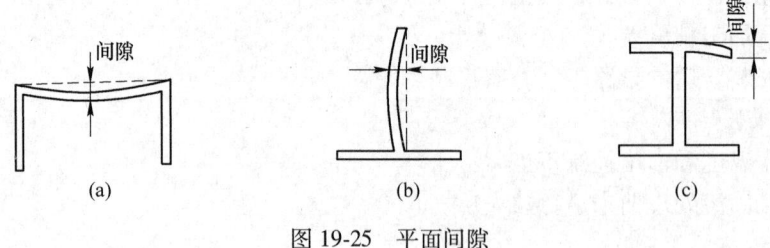

图 19-25　平面间隙

B　消除方法

消除平面间隙的方法有：

（1）修正模具工作带长度，确保金属流动均匀。

（2）精整矫直时，适当配好上、下辊，可以校正平面间隙。

（3）合理控制挤压参数。

（4）提高挤压操作水平和模具的设计能力。

19.1.3.5 尺寸超差

A 主要特征及产生原因

制品断面的几何尺寸不符合图纸标准的公差要求称尺寸超差。通常的尺寸超差有：壁厚超差、角度超差，开口尺寸超差等。多数是模具设计时尺寸预留不合理，或模具挤压时产生变形，或模具使用时间太长，或挤压时铸锭温度升得太高，挤压速度变化太快，或拉伸矫直时拉伸率控制不当等因素造成的。

B 消除方法

消除尺寸超差的方法有：

（1）建立模具档案，对于模具变形、使用时间长、壁厚已超差的模具应及时报废。改进模具设计和模具制造工艺。

（2）对于角度超差、开口尺寸超差的应修正模具工作带，确保金属流动均匀。

（3）拉伸矫直时，适当控制拉伸量。对有开口的型材，夹头时在开口处放上适当的垫块，可以防止拉伸时收口。

（4）严格控制挤压温度和挤压速度。

（5）认真进行定尺型材铸锭长度计算，并且要考虑制品正偏差系数，精确锯切。

19.1.4 力学性能不合格废品及消除方法

19.1.4.1 T5 或 T6 状态的制品力学性能强度指标不合格

A 主要原因和产生原因

合金的化学成分不符合国家标准或企业内控标准。使合金强化相含量达不到规定要求。其次是违反热处理工艺，挤压温度或淬火温度太低；冷却速度太慢或转移时间太长；可能是人工时效温度偏低或保温时间不够，也可能是人工时效温度偏高、保温时间太长，发生过时效等。

B 消除方法

T5 或 T6 状态制品力学性能强度指标不合格的消除方法有：

（1）应首先保证铸锭的化学成分符合国标或企业内控标准。

（2）按国家质量检测中心的要求，化学成分不符合国家标准的制品即为废品。

（3）应严格执行挤压操作工艺规程和每个工序的热处理工艺。

19.1.4.2 退火制品的强度过高或塑性大低的不合格品

A 产生原因

一般都是退火温度过低或保温时间过短所致。对于热处理强化的铝合金，也可能是退火后的冷却速度太快，产生了淬火效应。

B 消除方法

防止这类不合格品的产生，主要是选择正确的退火温度和恰当的保温时间。对于热处理可强化的铝合金，退火后一般要以不大于 30℃/h 的速度冷却至 260℃ 以下才能出炉空冷。对于 7A04 合金要冷至 150℃ 以下才能出炉在空气中冷却。

19.2　铝合金型材的检测与质量控制

铝合金型材的检测与质量控制可分原辅材料进厂检验、过程检验、成品检验。检验与质量控制的项目主要有化学成分、内部组织、力学性能、表面质量、形状及尺寸。进厂检验及成品检验一般由专职检查人员进行，过程检验可采用操作工人自检、互检和专职检查人员检验相结合的方式进行。化学成分、内部组织、力学性能目前基本上是随机取样进行理化检验，随着检测技术的发展，特殊情况下也可采用无损检测技术百分之百检查内部缺陷。表面质量、形状及尺寸要按工艺质量控制要求进行首料检查、中间抽检、尾料检查。成品检查时，则要按技术标准要求进行全数检查。

19.2.1　挤压工序检验与质量控制

19.2.1.1　表面质量

型材表面不允许有裂纹、粗擦伤、严重表面粗糙及腐蚀斑点存在，允许有深度不超过尺寸负偏差之半的划伤、表面粗糙及个别擦伤。对按 GBn222—84 交货的型材，在 1m 长度内所允许缺陷的总面积不得超过表面积的 4%，对于装饰型材，其装饰面按相应的技术标准严格控制。对于进行机械加工的型材，其加工部位的表面缺陷允许深度按专业技术条件规定；无规定者一般不超过尺寸允许负偏差之半。

19.2.1.2　挤压尺寸偏差

非标准规格制品按相邻小的标准规格偏差检查，超出标准规格最大范围的制品，根据技术标准和技术协议的要求进行控制。

（1）对不进行拉伸矫直的型材，其挤压尺寸偏差应符合成品尺寸偏差要求。

（2）对需拉伸矫直的型材，其挤压尺寸偏差一般控制原则是：上限偏差只考虑最小拉伸余量；下限偏差应考虑工艺余量（如流速差、模孔弹性变形、拉伸率和不超过负偏差与负偏差之半的各种可能缺陷等）。型材允许的偏差见表 19-1。

表 19-1　型材挤压偏差允许值　　　　　　　　　　　　　（mm）

型材公称尺寸	标准规定偏差	厚度尺寸			外形尺寸		
		挤压偏差	拉伸余量	工艺余量	挤压偏差	拉伸余量	工艺余量
≤1.49	+0.20 -0.10	+0.21 -0.00	0.01	0.10	—	—	—
1.50~2.90	±0.20	+0.22 -0.05	0.02	0.15	—	—	—
3.00~3.50	±0.25	+0.28 -0.06	0.03	0.19	—	—	—
3.60~6.00	±0.30	+0.34 -0.08	0.04	0.22	—	—	—
6.10~12.00	±0.35	+0.40 -0.10	0.05	0.25	+0.45 +0.05	0.10	0.40

型材公称尺寸	标准规定偏差	厚度尺寸			外形尺寸		
		挤压偏差	拉伸余量	工艺余量	挤压偏差	拉伸余量	工艺余量
12.10~25.00	±0.45	+0.50 -0.10	0.05	0.35	+0.57 +0.10	0.12	0.55
25.10~50.00	±0.60	+0.65 -0.15	0.05	0.45	+0.75 +0.20	0.15	0.80
50.10~75.00	±0.70	+0.75 -0.20	0.05	0.50	+1.00 +0.30	0.30	1.00
75.10~100.00	±0.85	+0.90 -0.30	0.05	0.55	+1.20 +0.40	0.35	1.25
100.10~125.00	±1.00	+1.00 -0.45	0.00	0.55	+1.40 +0.50	0.40	1.50
125.10~150.00	±1.10	+1.10 -0.50	0.00	0.60	+1.70 +0.55	0.60	1.65
150.10~175.00	±1.20	—	—	—	+1.90 +0.60	0.70	1.80
175.10~200.00	±1.30	—	—	—	+2.00 +0.65	0.70	1.95
200.10~225.00	±1.50	—	—	—	+2.30 +0.75	0.80	2.25
225.10~250.00	±1.60	—	—	—	+2.50 +0.90	0.90	2.50
250.10~275.00	±1.70	—	—	—	+2.80 +1.00	1.10	2.70
275.10~300.00	±1.90	—	—	—	+3.10 +1.00	1.10	2.90
300.10~325.00	±2.00	—	—	—	+3.10 +1.00	1.10	3.00

19.2.1.3　型材的圆角半径偏差

挤压型材的圆角半径的允许偏差应符合图纸规定，如图纸上未注偏差时，见表 19-2。

表 19-2　挤压型材的圆角半径的允许偏差

圆角半径/mm	允许偏差/mm
≤1.0	不检查
1.1~3.0	±0.5
3.1~10.0	±1.0
10.1~25	±1.5

19.2.1.4　纵向弯曲度超差

允许的纵向弯曲度见表 19-3。

表 19-3　允许的纵向弯曲度　　　　　　　（mm）

外接圆直径	型材最小公称壁厚	全长 L（m）上的纵向弯曲度最大值，不大于		
		普通级	高精级	超高精级
≤38	≤2.5	不检验	4×L	2×L
	>2.5	2×L	1×L	0.6×L
>38~300	—	2×L	1×L	0.6×L
>300~1000	—	2.5×L	1.5×L	—

19.2.1.5　纵向波浪度（或硬弯）

允许的纵向波浪度（或硬弯）见表 19-4。

表 19-4　允许的纵向波浪度（或硬弯）

外接圆直径/mm	型材最小公称壁厚/mm	300mm 长度上的波浪高度/mm	普通级	高精级	超高精级
≤38	≤2.5	≤1.0	不检验	允许	允许
		>1.0~1.3	不检验	允许	不允许
		>1.3	不检验	不允许	不允许
	>2.5	≤0.3	允许	允许	允许
		>0.3~0.5	允许	允许	每2m最多1处
		>0.5	不允许	不允许	不允许
>38~1000	—	≤0.3	允许	允许	允许
		>0.3~0.5	允许	允许	每2m最多1处
		>0.5~1.0	允许	每米最多1处	不允许
		>1.0~2.0	每米最多1处	不允许	不允许
		>2.0	不允许	不允许	不允许

19.2.1.6　纵向侧弯度（或刀弯）

楔形型材和带圆头的型材，其纵向侧弯度在每米长度上不超过 4mm，在全长 L(m) 上不超过 4×L(mm)。

19.2.1.7　扭拧度

允许的扭拧度见表 19-5。

表 19-5　允许扭拧度　　　　　　　（mm）

公称宽度	下列长度上的扭拧度，不大于								
	普通级			高精级			超高精级		
	<1m	1~6m	>6m	<1m	1~6m	>6m	<1m	1~6m	>6m
≤30	2.0	5.0	5.5	1.2	2.5	3.0	1.0	2.0	2.5
>30~50	2.5	5.0	6.5	1.5	3.0	4.0	1.0	2.0	3.5
>50~100	4.0	6.5	13	2.0	3.5	5.0	1.0	2.5	4.2
>100~200	4.5	12	15	2.5	5.0	7.0	1.2	3.5	5.8

续表 19-5

公称宽度	下列长度上的扭拧度，不大于								
	普通级			高精级			超高精级		
	<1m	1~6m	>6m	<1m	1~6m	>6m	<1m	1~6m	>6m
>200~300	6.0	14	21	2.5	6.0	8.0	1.8	4.5	6.7
>300~450	8.0	21	31	3.0	8.0	1.5×L	2.5	6.5	1.2×L
>450~600	12.0	31	40	3.5	9.0		3.0	7.5	
>600~1000	16.0	40	50	4.0	10.0		3.5	8.3	

19.2.1.8 平面间隙

平面间隙按相应技术标准执行，具体要求见表 19-6。

表 19-6 平面间隙允许偏差 （mm）

型材公称宽度	普通级	高精级			超高精级
		空心型材		其他型材	
		壁厚≤5	壁厚>5		
≤30	0.50	0.30	0.20	0.20	0.20
>30~60	0.80	0.40	0.30	0.30	0.30
>60~100	1.20	0.60	0.40	0.40	0.40
>100~150	1.50	0.90	0.60	0.60	0.50
>150~200	2.30	1.20	0.80	0.80	0.70
>200~250	3.00	1.80	1.20	1.20	0.85
>250~300	3.80	2.00	1.40	1.40	1.00
>300~400	4.50	2.40	1.60	1.60	1.30
>400~500	6.00	3.00	2.00	2.00	1.70
>500~600	7.00	3.60	2.40	2.40	2.00
>600~1000	8.00	4.00	3.00	3.00	2.50
宽度大于100mm时在任意100宽度上	1.50	0.70	0.60	0.60	0.50

19.2.1.9 曲面间隙

曲面间隙按相应技术标准执行，具体要求见表 19-7。

表 19-7 允许的曲面间隙 （mm）

曲面弧长	型材的曲面间隙值 X，不大于	曲面弧长	型材的曲面间隙值 X，不大于
≤30	0.30	>200~250	2.0
>30~60	0.50	>250~300	2.5
>60~90	0.70	>300~400	3.0
>90~120	1.0	>400~500	3.5
>120~150	1.2	>500~1000	4.0
>150~200	1.5		

19.2.1.10　横截面角度允许偏差

横截面角度允许偏差按相应技术标准执行，见表19-8。

表19-8　横截面的角度允许偏差

型材类别	普通级	高精级	超高精级
Ⅰ类（软合金）	±2°	±1°	±0.5°
Ⅱ类（硬合金）	±3°	±2°	±1°

19.2.1.11　切斜度

切斜度允许偏差按相应技术标准执行，见表19-9。

表19-9　切斜度允许偏差

项　目	普通级	高精级	超高精级
端部切斜度	≤5°	≤3°	≤1°

19.2.1.12　长度允许偏差

一般，定尺型材的长度允许偏差为+20mm。

19.2.2　型材组织性能检验取样规定与审查处理

型材取样应以批为准，如果一批分几炉热处理时，则以炉为准。型材的检验项目及具体取样数量应按照有关标准或技术协议要求执行。主要检验项目及取样数量见表19-10。

表19-10　铝合金型材检验项目及取样数量

技术条件	合　金	状态	规格	力学性能		高倍		低倍	
				%	不少于/个	%	不少于/个	%	不少于/个
GBn 222—84	2A06、2A11、2A12、2A16、7A04、7A09	T4、T6	所有	5	3	2	2	5	2
		F 或 H112		5	3	—	—		
	2A11、2A12、7A04、7A09	0		5	4				
	2A16	0		5	3	—	—		
	6A02、2A14、6061	T4、T6		2	3	2	2		
	1035、5A02、5A03、5A05、5A06、3A21、8A06	H112、0		2	3	—			
GJB 2054—94	5A02、5A03、5A05、5A06、3A21	H112、0	所有按投料（炉）批根数取样	≤50		2		备注：性能、高倍、低倍数量一样，要求高温持久性能的每批取两个试样	
	2A11、2A12	H112、T4		>50～90		3			
	2A02、2A16			>90～150		5			
	2A70、2A80			>150～280		8			
	6A02、2A50、2A14、7A04、7A09	H112、T6		>280～500		13			
				>500～1200		20			

续表 19-10

技术条件	合　金	状态	规格	力学性能		高倍		低倍	
				%	不少于/个	%	不少于/个	%	不少于/个
GJB 2056—94	2A12	T4	所有	大头型材		大头		大头	
	7A04、7A09	T6		10	3	2	2	5	3
				过渡区的性能、低倍各一个					
GJB 2507—95	2A06、2A11、2A12、2A16、7A04、7A09	T4、T6	所有	5	3	2	2	5	2
		F 或 H112				—	—		
	2A11、2A12、7A04、7A09	0		5	4				
	2A16	0		5	3	—	—		
	5A02、5A03、5A05、5A06、3A21、2A14	H112、0		2	3				
	6A02、6061	T4、T6		2	3	2	2		
		F 或 H112				—	—		
GB/T 6892—2006	2A11、2A12、2017、2024、7A04、7075、6A02	T4、T6	所有	2	2	—	2	2	2
	2A11、2A12、2017、2024、5A06、6A02、7A04、7075	H112、0		2	2	—	—	2	2
	6005、6060	H112、T5		2	2	—	—	—	—
	6061、6082	T4、T6		2	2	—	2	—	2
		H112、0		2	2	—	—	—	—
	6063、6063A	T4、T6		2	2	—	2	—	2
		H112、0、T5		2	2	—	—	—	—
	5A03、5A05、5052	H112、0		—	2	—	—	—	2
	1060、1100、3A21、3003、5A02	H112、0		如合同中未注明一般不检查这些项目					
GB 5237.1—2004	6061	T4、T6	所有	—	2				
	6063、6063A	T5、T6		—	2				
GB 5237.2—2008	6061	T4、T6	所有按投料（炉）批的根数取样	1~10	100%	备注：氧化膜厚度按此表执行；力学性能取样数按 GB/T 5237.1 执行；封孔质量每批取两个；要求耐腐蚀性、耐磨性和耐候性检验数量为每批取两个			
				11~200	10				
				201~300	15				
	6063、6063A	T5、T6		301~500	20				
				501~800	30				
				>800	40				

19.2.2.1　显微组织（高倍组织）

取样部位为：在挤压前端（淬火上端）切取。

高倍试样数量见表 19-10，试样长度一般为 20~30mm。

审查处理工作为：高倍组织检验报告单上，如发现过烧，则整炉热处理制品全部报废，未过烧时则视为合格，可交货。

19.2.2.2　低倍组织

取样部位为：一般在挤压制品尾端切尾 300mm 后切取。需检查其焊缝质量的制品，低倍试样在挤压前端切取。

取样数量见表 19-10，试样长度为 25~30mm。

审查与处理工作为：

（1）如果低倍检查报告为合格，则判制品为合格交货。

（2）如在低倍发现有裂纹、夹渣、气孔、疏松、金属间化合物及其他破坏金属连续性的缺陷时，则判该根制品报废，从其余制品中另取双倍数量试样进行二次复验。双倍合格则认为该批合格；如双倍不合格，则全批报废或 100% 取样检验，不合格根报废，合格根交货。

（3）如低倍发现缩尾时，应从制品尾端向前切取低倍试片检验，切下部分报废，无缩尾部分交货。

（4）型材不允许有成层存在，但对经机械加工的型材，允许有深度不超过加工余量之半的成层存在。如超过应继续从尾部开始切取，切至合格为止。

（5）对控制粗晶环的制品，如果超过技术标准或合同规定时，则应从制品尾部开始切至合格为止。

（6）当在低倍试片上发现有表面挤压裂纹时，按表面裂纹处理。

19.2.2.3　力学性能

取样部位为力学性能试样一般在挤压前端切取。

取样数量见表 19-10，试样长度应满足表 19-11 和表 19-12 的规定。

表 19-11　型材标准圆力学性能试样长度　　　　　　　　　　（mm）

型 材		试样长度
壁　厚	有效宽度	
6.0~6.5	6.0~32	65^{+10}
6.6~8.5	6.6~32	90^{+10}
8.6~10.0	8.6~32	90^{+10}

表 19-12　型材扁平力学性能试样长度　　　　　　　　　　（mm）

壁　厚	有效宽度	试样长度	试样种类
0.8~4.0	≥26	210^{+10}	标准
4.1~8.0	≥32	280^{+10}	标准
8.1~12.0	≥33	340^{+10}	标准
>12.0	—	118^{+10}	标准
1.0~5.0	<8.5	150^{+10}	非标准
1.0~5.0	8.5~13.0	150^{+10}	非标准
1.0~5.0	13.1~16.0	150^{+10}	非标准
1.0~5.0	16.1~25.0	175^{+10}	非标准

审查与处理工作为：力学性能试验后制品是否合格，应根据技术标准、合同要求来判别，出现不合格试样时，允许进行如下处理，从该批（炉）制品中另取双倍数量的试样进行复验。双倍合格，认为全批合格。如仍不合格，则该批报废或100%取样检验，合格后交货。对不合格的本根制品，允许本根双倍复验，本根双倍合格，则该根制品可以交货。对力学性能不合格的制品可进行重复热处理，重复热处理后的取样数量仍按原标准规定。力学性能试样上发现有成层、夹渣、裂纹等缺陷时，按试样有缺陷处理，该根制品报废，另取同等数量的试样进行检验。力学性能试样断头、断标点时，如性能合格可以不重取，如不合格时，应重取试样检验，合格者交货。

19.2.2.4　物理工艺性能

按技术标准、合同要求进行取样、检验、审查与处理，具体方法与力学性能处理方法相同。光谱定性分析试样从型材任一端切取。

19.2.3　挤压材成品检查与质量控制

挤压材成品检查主要包括制品的化学成分、组织、性能、尺寸和形状、表面及标识等项目，按批进行检查验收，检查程序如下：

（1）对提交检查验收制品的批号、合金、状态、规格与加工生产卡片对照是否相符。然后按合同订货规定的技术标准进行逐项检查。

（2）审查组织、性能等各项理化检查报告是否齐全、清楚，逐项审查合格后方可进行尺寸、表面检查，对不合格项要进行处理。

（3）进行尺寸外形及表面质量检查，检查质量标准要严格执行成品技术标准、图纸的相应规定。检查应在专门的检查平台、检查架上，用量具或专用样板进行，其量具精度应达到规定精度，尺寸外形检查按相应技术标准来检查厚度、外形尺寸、空心部分尺寸、平面间隙、扭拧度、波浪、弯曲度及定尺长度等。表面质量检查，目前绝大部分制品仍靠目视进行100%检查，其检查项目主要是挤压裂纹、起皮、碰伤、擦划伤、气泡、金属及非金属压入、腐蚀斑点等，特殊要求的型材在成品检验时，应进行100%超声波探伤检验。

19.2.4　铝型材尺寸、外形、表面质量的具体测量技术

19.2.4.1　量具的精度与使用

量具是用来测量各种产品尺寸、形状、角度的所有工、卡、量具的统称。

精度表示产品尺寸在制造过程中的精确程度。精度用公差大小来表示，公差越小精度越高。生产中常用量具有卡尺、千分尺、深度卡尺（或高度卡尺）、角度规（游标量角器和万能角度规）、圆弧规（又称R规）、样板、平尺、塞尺（又称厚薄规）、块规等。

量具的选用原则为：产品的形状和部位；产品的尺寸大小；量具的精度应满足产品技术标准中"检验方法"的相关要求。

19.2.4.2　各种被测项目所使用的量具名称、精度和用法

A　千分尺

测量壁厚的量具为千分尺，其精度不应低于0.01mm。使用时的注意事项：

（1）使用前必须有校检合格证。校尺对零位，确保精度。

（2）测量时不能用力过大、拧得过紧，当尺的测量面接触产品时要用棘轮，当棘轮发响 2~3 下时方可读数。

（3）绝对禁止利用弓架旋转的方式来调正千分尺。

（4）严禁在高温、旋转或正在加工状态的产品上测量。

（5）用后不能乱扔、乱摔，要擦净，放在干燥处妥善保管，长期不用时要涂上防锈油。

测量方法及注意事项为：量杆轴线应与型材测量面相垂直。在测量曲面型材壁厚时，应使用圆头或尖头千分尺。

B　游标卡尺

测量宽度和高度用游标卡尺（或千分尺），其精度为 0.02mm。

使用时的注意事项为：使用时与千分尺相同的注意事项是第（1）和第（4）、第（5）条，不同的是：零位相对后主副尺的内外卡爪的间隙应不透光并呈绿色为合格；使用时不要用力过猛把制品夹得太紧。

测量方法及注意事项为：被测的距离应与卡尺的主尺平行，与卡爪垂直。读尺时眼睛的视线不能偏斜。

C　深度尺

测量深度或高度用深度尺或带测深尺的卡尺，其精度为 0.05mm 以上。

测量方法及注意事项为：基尺平面应与该深度垂直或主尺（测量杆）与深度平行。

D　游标量角器、万能角度规或样板

测量角度用游标量角器、万能角度规和样板都可以，其精度为 ±2′。

测量方法及注意事项为：样板在无间隙型材角度大于其样板下限，小于其上限为合格，反之为不合格。在型材有间隙（但间隙合格）时，测型材角度应由型材角顶到边缘的直线为准，此时样板（或角尺）边长必须大于型材壁宽。用样板测量有下凹间隙型材的角度时方法同上。用样板测量上凸间隙型材时，合格与否可以大于 1/2 型材壁宽的角度为准；如果有 1/2 以上型材壁符合样板，则为合格；如有 1/2 以下型材壁符合样板，则不合格。万能量角器的测量方法：先移动游标尺，使张开的角度比要测量的角稍大，然后轻轻靠近被测量制品，使量角器的测量面与被测量角的接触面靠近到不透光为止。按读数规则，读出测量数值。

E　样板或 R 规

测量圆角半径 R 用样板或 R 规。

测量方法为：实际的圆角半径应不小于下限 R 规或样板，而不大于上限 R 规或样板则认为合格。反之不合格。

F　平尺或块规和塞尺

测量平面间隙用平尺或块规和塞尺。塞尺最小厚度为 0.01mm。

测量方法为：用平尺搭在被测面上，然后用塞尺试测，直到某片（或若干薄片相叠加）不松不紧恰好塞进，该片的厚度（或薄片叠加之和）为所测的间隙值。看其值是否满足相应标准要求，满足则合格，否则不合格。

20　铝挤压材相关技术标准汇集

标准是供需双方签订合同、议定产品和价格、判定产品合格与否的仲裁依据，是供、需双方必须共同遵守的法律准则。同时，标准也是一种科技成果，它反映了当代产品的工艺技术水平，是科技、生产与实践工作经验的结晶。随着铝材产品市场的国际化，只有高质量的产品，才能在国内、外市场上畅销和赢得足够的市场份额，过时的产品、质量水平低下的产品必将被市场所淘汰。而高质量的产品，离不开高水平的标准。对铝加工挤压材而言，目前高水平的国内、国外先进标准主要有：国际标准、欧洲标准、美国标准、日本标准和俄罗斯标准。

20.1　有关铝材的国际标准化组织、区域性标准化组织和部分国家标准化组织及代号

（1）国际标准化组织及代号。

国际标准化组织　　　　　　ISO

（2）区域标准化组织及代号。

欧洲标准化委员会　　　　　EN
欧洲标准　　　　　　　　　EN

（3）中华人民共和国国家及行业标准的代号。

国家标准　　　　　　　　　GB
国家军用标准　　　　　　　GJB
有色金属行业　　　　　　　YS

（4）美国标准化组织的代号。

美国国家标准　　　　　　　　　　　　　　　　ANSI
美国机动工程师学会航天材料规格　　　　　　　AMS
美国宇宙航空材料标准　　　　　　　　　　　　AMS
美国机械工程师协会锅炉压力容器规范　　　　　ASME
美国材料与试验协会　　　　　　　　　　　　　ASTM
美国军用规格　　　　　　　　　　　　　　　　MIL
美国军用标准　　　　　　　　　　　　　　　　MS

20.2　中国有关铝挤压材的标准汇总

20.2.1　铝及铝合金材料性能标准

铝及铝合金材料性能标准见表20-1。

表 20-1　铝及铝合金材料性能标准

序号	标准号	标准名称	国家/行业
1	GB/T 3251—1982	铝及铝合金管材压缩试验方法	国家标准
2	GB/T 5871—1986	铝及铝合金摄谱光谱分析方法	国家标准
3	GB/T 8005—1987	铝及铝合金术语	国家标准
4	GB/T 7998—1987	铝合金晶间腐蚀测定方法	国家标准
5	GB/T 7999—1987	铝及铝合金光电光谱分析方法	国家标准
6	GB/T 13586—1992	铝及铝合金废料、废件分类和技术条件	国家标准
7	GB/T 1173—1995	铸造铝合金	国家标准
8	GB/T 3199—1996	铝及铝合金加工产品包装、标志、运输、贮存	国家标准
9	GB/T 3190—1996	变形铝及铝合金化学成分	国家标准
10	GB/T 16474—1996	变形铝及铝合金牌号表示方法	国家标准
11	GB/T 16475—1996	变形铝及铝合金状态代号	国家标准
12	GB/T 16865—1997	变形铝、镁及其合金加工制品拉伸试验用试样	国家标准
13	GB/T 17432—1998	变形铝及铝合金化学成分分析取样方法	国家标准
14	GB/T 8733—2000	铸造铝合金锭	国家标准
15	GB/T 6987.1~32—2001	铝及铝合金化学分析方法	国家标准
16	GB/T 3246.1—2000	变形铝及铝合金制品显微组织检验方法	国家标准
17	GB/T 3246.2—2000	变形铝及铝合金制品低倍组织检验方法	国家标准
18	GB/T 6519—2000	变形铝合金产品超声波检验方法	国家标准
19	GB/T 7999—2000	铝及铝合金光电光谱分析方法	国家标准
20	GJB 1057—90	LC9铝合金过时效	国家军用标准
21	GJB 1694—93	变形铝合金热处理规范	国家军用标准
22	GJB 2894—97	铝合金电导率和硬度要求	国家军用标准
23	YS/T 417.1—1999	变形铝及铝合金铸锭及其加工产品缺陷第 1 部分 变形铝及铝合金铸锭缺陷	行业标准
24	YS/T 282—2000	铝中间合金锭	行业标准

20.2.2　各种铝挤压材的标准

20.2.2.1　铝及铝合金管棒材标准

铝及铝合金管棒材标准见表 20-2。

表 20-2　铝及铝合金管棒材标准

序号	标准号	标准名称	代替标号	国家/行业
1	GB/T 4436—1995	铝及铝合金管材外形尺寸及允许偏差		国家标准
2	GB/T 3191—1998	铝及铝合金挤压棒材	GB/T 3191—1982	国家标准
3	GB/T 4437.1—2000	铝及铝合金热挤压无缝管第一部分，无缝管材	GB/T 4437—1984	国家标准
4	GB/T 3954—2001	电工圆铝杆	GB/T 3954—1983	国家标准
5	GB/T 5126—2001	铝及铝合金冷拉薄壁管材涡流探伤方法		国家标准
6	GB/T 4437.1—2000	铝及铝合金热挤压管第 1 部分，无缝管材		国家标准

序号	标准号	标准名称	代替标号	国家/行业
7	GB/T 4437.2—2003	铝及铝合金热挤压管 第2部分：有缝管		国家标准
8	GB/T 20250—2006	铝及铝合金连续挤压管		国家标准
9	GJB 1137—91	LY19铝合金圆棒规范		国家军用标准
10	GJB 1745—93	航天用LD10铝合金热挤压管材规范		国家军用标准
11	GJB 2054—94	航空航天用铝合金棒材规范		国家军用标准
12	GJB 2381—95	航空航天用铝及铝合金挤压管材规范		国家军用标准
13	GJB 2920—97	2214、2014、2024及2017A铝合金棒材规范		国家军用标准
14	GJB 3239—98	铝合金四筋管材规范		国家军用标准
15	GJB 3538—99	变形铝合金棒材超声波检验方法		国家军用标准
16	GJB 3539—99	锻件用铝合金棒材规范		国家军用标准
17	YS 67—1993	LD30、LD31铝合金挤压用圆铸锭		行业标准
18	YS/T 97—1997	凿岩机用铝合金管材		行业标准
19	YS/T 417.5—2000	变形铝及铝合金铸锭及其加工产品缺陷第5部分　管、棒、型、线缺陷		行业标准
20	YS/T 439—2001	铝及铝合金挤压扁棒		行业标准
21	YS/T 454—2003	铝及铝合金导体		行业标准
22	YS/T 589—2006	煤矿支柱用铝合金棒材		行业标准

20.2.2.2　铝及铝合金型材标准

铝及铝合金型材标准见表20-3。

表20-3　铝及铝合金型材标准

序号	标准号	标准名称	代替标号	国家/行业
1	GB/T 8478—1987	平开铝合金门		国家标准
2	GB/T 8479—1987	平开铝合金窗		国家标准
3	GB/T 8480—1987	推拉铝合金门		国家标准
4	GB/T 8481—1987	推拉铝合金窗		国家标准
5	GB/T 8482—1987	铝合金地弹簧门		国家标准
6	GB/T 14846—1993	铝及铝合金挤压型材尺寸偏差		国家标准
7	GB/T 6892—2000	工业用铝及铝合金热挤压型材		国家标准
8	GB/T 5237.6—2012	铝合金建筑型材第6部分 隔热型材		国家标准
9	GB/T 5237.5—2008	铝合金建筑型材第5部分 氟碳漆喷涂型材	GB/T 5237.5—2000	国家标准
10	GB/T 5237.4—2008	铝合金建筑型材第4部分 粉末喷涂型材	GB/T 5237.4—2000	国家标准
11	GB/T 5237.3—2008	铝合金建筑型材第3部分 电泳涂漆型材	GB/T 5237.3—2000	国家标准
12	GB/T 5237.2—2008	铝合金建筑型材第2部分 阳极氧化、着色型材	GB/T 5237.2—2000	国家标准
13	GB/T 5237.1—2008	铝合金建筑型材第1部分 基材	GB/T 5237.1—2000	国家标准
14	GJB 1537—92	LC19铝合金挤压型材规范		国家军用标准
15	GJB 1743—93	航天用LY19铝合金型材规范		国家军用标准
16	GJB 1833—93	舰用LF15、LF16铝合金挤压型材规范		国家军用标准
17	GJB 2506—95	装甲用铝合金型材规范		国家军用标准
18	GJB 2507—95	航空航天用铝合金挤压型材规范		国家军用标准
19	GJB 2663—96	航空用铝合金大规格型材规范		国家军用标准

序号	标准号	标准名称	代替标号	国家/行业
20	GJB/Z 125—99	军用铝合金、镁合金挤压型材截面手册		国家军用标准
21	YS/T 86—1994	船用焊接铝合金型材尺寸和截面特性		行业标准
22	YS/T 459—2003	有色电泳涂漆铝合金建筑型材		行业标准
23	YS/T 680—2008	铝合金建筑型材用粉末涂料		行业标准

20.2.2.3　铝及铝合金材表面处理标准

铝及铝合金材表面处理标准见表 20-4。

表 20-4　铝及铝合金材表面处理标准

序号	标准号	标 准 名 称	国家/行业
1	GB/T 6808—1986	铝及铝合金阳极氧化着色氧极氧化膜耐晒度的人造光加速试验	国家标准
2	GB/T 8013—1987	铝及铝合金阳极氧化-阳极氧化膜的总规范	国家标准
3	GB/T 8014—1987	铝及铝合金阳极氧化-阳极氧化厚度的定义和有关测量厚度的规定	国家标准
4	GB/T 8015.1—1987	铝及铝合金阳极氧化膜厚度的试验 重量法	国家标准
5	GB/T 8015.2—1987	铝及铝合金阳极氧化膜厚度的试验 分光束显微法	国家标准
6	GB/T 8752—1988	铝及铝合金阳极氧化 薄阳极氧化膜连续性的检验——硫酸铜试验	国家标准
7	GB/T 8753—1988	铝及铝合金阳极氧化 薄阳极氧膜封闭后吸附能力的损失评定酸处理后的染色斑点试验	国家标准
8	GB/T 8754—1988	铝及铝合金阳极氧化 应用击穿电位测定法检验绝缘性	国家标准
9	GB/T 11109—1989	铝及铝合金阳极氧化 术语	国家标准
10	GB/T 11110—1989	铝及铝合金阳极氧化 阳极氧化膜的封孔质量的测定方法——导纳法	国家标准
11	GB/T 11112—1989	有色金属大气腐蚀试验方法	国家标准
12	GB/T 12966—1991	铝合金电导率涡流测试方法	国家标准
13	GB/T 12967.1—1991	铝及铝合金阳极氧化 用喷磨试验仪测定阳极氧化膜的平均耐磨性	国家标准
14	GB/T 12967.2—1991	铝及铝合金阳极氧化 用轮式磨损试验仪测定阳极氧化膜的耐磨性和磨损系数	国家标准
15	GB/T 12967.3—1991	铝及铝合金阳极氧化 氧化膜的铜加速醋酸盐雾试验（CASS 试验）	国家标准
16	GB/T 12967.4—1991	铝及铝合金阳极氧化 着色阳极氧化膜耐紫外光性能的测定	国家标准
17	GB/T 12967.5—1991	铝及铝合金阳极氧化 用变形法评定阳极氧化膜的抗破裂性	国家标准
18	GB/T 14952.1—1994	铝及铝合金阳极氧化 阳极氧化膜的封孔质量评定 磷-铬酸法	国家标准
19	GB/T 14952.2—1994	铝及铝合金阳极氧化 阳极氧化膜的封孔质量评定 酸浸法	国家标准
20	GB/T 14952.3—1994	铝及铝合金阳极氧化 着色阳极氧化膜色差和外观质量检验方法 目视观察法	国家标准
21	GB/T 14953.3—1994	铝及铝合金阳极氧化 着色阳极氧化膜色差和外观质量检验方法 目视观察法	国家标准
22	GB/T 16259—1996	彩色建筑材料人工气候加速颜色老化试验方法	国家标准
23	GB/T 9796—1997	热喷涂铝及铝合金涂层试验方法	国家标准

20.3 国外铝及铝合金材料标准汇总

20.3.1 国际标准的标准目录

国际有关铝挤压材的标准见表 20-5。

表 20-5 国际有关铝挤压材的标准

序号	标准号	标准名称
1	ISO 6362.1—1986	铝及铝合金挤压线材、棒材、管材和型材第 1 部分 验收和交货条件
2	ISO 6362.2—1987	铝及铝合金挤压线材、棒材、管材和型材第 2 部分 力学性能
3	ISO 6362.3—1990	铝及铝合金挤压线材、棒材、管材和型材第 3 部分 挤压扁棒的尺寸及偏差
4	ISO 6362.4—1988	铝及铝合金挤压线材、棒材、管材和型材第 4 部分 挤压型材的尺寸及偏差
5	ISO 6362.5—1991	铝及铝合金挤压线材、棒材、管材和型材第 5 部分 挤压圆棒、正方形棒和正六角形棒的尺寸及偏差
6	ISO 7273—1981	铝及铝合金挤压圆棒的尺寸及偏差

20.3.2 欧共体（EN）标准目录

欧共体有关铝挤压材的标准见表 20-6。

表 20-6 欧共体有关铝挤压材的标准

序号	标准号	标准名称
1	EN 755.1—1997	铝及铝合金挤压棒材、管材和型材第 1 部分 检查和交货的技术条件
2	EN 755.2—1997	铝及铝合金挤压棒材、管材和型材第 2 部分 力学性能
3	EN 755.3—1995	铝及铝合金挤压棒材、管材和型材第 3 部分 圆棒的尺寸及偏差
4	EN 755.4—1995	铝及铝合金挤压棒材、管材和型材第 4 部分 方棒的尺寸及偏差
5	EN 755.5—1995	铝及铝合金挤压棒材、管材和型材第 5 部分 矩形棒材的尺寸及偏差
6	EN 755.6—1995	铝及铝合金挤压棒材、管材和型材第 6 部分 六角棒材的尺寸及偏差
7	EN 755.7—1995	铝及铝合金挤压棒材、管材和型材第 7 部分 无缝管材的尺寸及偏差
8	EN 755.8—1995	铝及铝合金挤压棒材、管材和型材第 8 部分 有缝管材的尺寸及偏差
9	EN 755.9—1995	铝及铝合金挤压棒材、管材和型材第 9 部分 型材的尺寸及偏差
10	EN 1202.1—1995	铝及铝合金挤压精密型材（ENAW-6060 和 ENAW-6063）第 1 部分 检查和交货的技术条件
11	EN 1202.2—1995	铝及铝合金挤压精密型材（ENAW-6060 和 ENAW-6063）第 2 部分 尺寸及偏差

20.3.3 美国国家标准（ANSI）及美国材料试验协会标准（ASTM）的标准目录

美国国家标准（ANSI）及美国材料试验协会标准（ASTM）有关铝挤压材的标准见表 20-7。

表 20-7　美国国家标准（ANSI）及美国材料试验协会标准（ASTM）有关铝挤压材的标准

序号	标准号	标准名称
1	ANSIH35.1M—1993	铝及铝合金牌号和状态命名法
2	ANSIH35.2M—1993	铝加工产品的尺寸及偏差
3	ASTME8M—98	金属材料拉伸试验方法
4	ASTME10—96	金属材料布氏硬度试验方法
5	ASTME18—97a	金属材料洛氏硬度和洛氏表面硬度试验方法
6	ASTME34—94	铝及铝合金化学分析方法
7	ASTMG34—72	7×××系中含铜铝合金的剥落腐蚀试验方法（EXCO 试验）
8	ASTMG44—94	在 3.5%氯化钠溶液中对交替浸渍金属及其合金抗应力腐蚀裂纹的评定
9	ASTMG47—98	高强度铝合金制品对应力腐蚀裂纹敏感性测试方法
10	ASTME55—91	加工有色金属及其合金测定化学成分的取样方法
11	ASTME103—84	金属材料快速压痕硬度试验方法
12	ASTME215—87	铝合金无缝管电磁检验用标准仪
13	ASTMB221M—96	铝及铝合金挤压管材、棒材、型材和线材
14	ASTMB241M—96	铝及铝合金无缝管和挤压无缝管
15	ASTMB308M—96	铝合金 6061-T6 挤压标准结构型材
16	ASTMB316M—96	铝及铝合金铆钉和冷镦用线材及棒材
17	ASTMB317—96	导电用铝及铝合金挤压棒材、管材和结构型材（汇流排）
18	ASTMB345M—96	输气、输油和分配管系统用铝及铝合金无缝管和挤压无缝管
19	ASTMB404M—95	冷凝器及热交换器散热用铝及铝合金无缝管
20	ASTMB429—95	铝合金挤压结构管
21	ASTMB491M—95	一般用铝及铝合金挤压圆管
22	ASTMB548—90	压力容器用铝合金板超声波检验方法
23	ASTMB557M—94	变形及铸造铝合金和镁合金拉伸试验方法
24	ASTMB597—92	铝合金热处理
25	ASTMB645—95	铝合金表面应力断裂韧性试验方法
26	ASTMB646—97	铝合金断裂韧性试验方法
27	ASTMB660—96	铝、镁产品的打包/包装方法
28	ASTMB666M—96	铝、镁产品的标记及标志
29	ASTME716—94	铝及铝合金光谱化学分析试样的取样
30	ASTMB745M—97	排水管道用波纹铝管
31	ASTMB769—94	铝合金剪切试验方法

20.3.4　日本国家标准的标准目录

日本国家标准有关铝挤压材的标准见表 20-8。

表 20-8　日本国家标准有关铝挤压材的标准

序号	标准号	标准名称
1	JISH0001—88	铝及铝合金状态代号
2	JISH0201—87	铝表面处理术语
3	JISH0321—73	有色金属材料检验通则
4	JISH2102—68	铝锭
5	JISH2103—65	再生铝锭
6	JISH2111—68	精制铝锭
7	JISH2119—84	铝及铝合金废料分类标准
8	JISZ2201—80	金属材料拉伸试样
9	JISZ2204—71	金属材料弯曲试样
10	JISZ2241—80	金属材料拉伸试验方法
11	JISZ2243—86	布氏硬度试验方法
12	JISZ2244—86	维氏硬度试验方法
13	JISZ2248—75	金属材料弯曲试验方法
14	JISZ2343—82	浸透探伤试验方法及缺陷指示图样的等级分类
15	JISZ2344—87	金属材料的脉冲反射超声波探伤试验方法通则
16	JISZ2355—87	超声波脉冲反射厚度测定方法
17	JISH4040—88	铝及铝合金棒材及线材
18	JISH4080—88	铝及铝合金无缝管
19	JISH4100—88	铝及铝合金挤压型材
20	JISH4120—76	铆钉用铝及铝合金棒材

20.3.5　俄罗斯国家标准的标准目录

俄罗斯国家标准有关铝挤压材的标准见表 20-9。

表 20-9　俄罗斯国家标准有关铝挤压材的标准

序号	标准号	标准名称
1	OCT190009—76	ВД17 铝合金挤压扁条材
2	OCT190020—71	铸造铝和镁合金热脆性测定方法
3	OCT190026—80	高纯度变形铝合金牌号
4	OCT190033—71	铝合金在海水和氯化钠溶液中的耐腐蚀试验方法
5	OCT190038—88	铝合金航空管材技术条件
6	OCT190048—90	变形铝合金牌号
7	OCT190113—86	铝合金挤压型材技术条件
8	OCT190177—75	铝合金挤压壁板
9	OCT190250—77	无损检验。用于航空技术装备的半成品和零件的超声检验。对检验方法内容和编制一般要求

序号	标准号	标 准 名 称
10	OCT190262—81	01420 铝合金挤压型材
11	OCT190395—91	铝合金挤压棒材技术条件
12	OCT192067—78	铝合金空心挤压型材
13	OCT192093—83	铝合金环形挤压型材品种
14	OCT192096—83	铝合金冷变形无缝管技术条件
15	Ty1-2-361—79	AK4 和 AK4-1 铝合金优质挤压管材
16	Ty1-92-155—89	冷镦用铝合金挤压棒材
17	ГOCT4784—74	变形铝及铝合金牌号
18	ГOCT8617—81	铝和铝合金挤压型材技术条件
19	ГOCT13616—78	铝及铝合金矩形带状截面挤压型材品种
20	ГOCT13617—82	铝和铝合金角形截面圆头挤压型材品种
21	ГOCT13619—81	铝和铝合金异型 Z 形截面矩形挤压型材品种
22	ГOCT13621—90	铝合金及镁合金矩形等翼缘工字形截面挤压型材品种
23	ГOCT13624—90	铝和镁合金槽形截面翻边矩形挤压型材品种
24	ГOCT13737—90	铝和镁合金矩形等臂角形截面挤压型材品种
25	ГOCT13738—91	铝和镁合金矩形不等臂角形截面挤压型材品种
26	ГOCT24231—80	有色金属及合金化学分析用试样的取样和制作的一般要求

注：上述目录中，ГOCT 代号为俄罗斯国家标准，OCT1 为俄罗斯航空工业标准，Ty1 为航空工业技术条件。

附　录

附录一

中国变形铝合金的化学成分

序号	牌号	化学成分 /%											其他		Al	备注
		Si	Fe	Cu	Mn	Mg	Cr	Ni	Zn		Ti	Zr	单个	合计		
1	1A99	0.003	0.003	0.005									0.002		99.99	LG5
2	1A97	0.015	0.015	0.005									0.005		99.97	LG4
3	1A95	0.030	0.030	0.010									0.005		99.95	LG3
4	1A93	0.040	0.040	0.010									0.007		99.93	LG2
5	1A90	0.060	0.060	0.010									0.01		99.90	LG1
6	1A85	0.08	0.10	0.01									0.01		99.85	
7	1A80	0.15	0.15	0.03	0.02	0.02			0.03	Ca 0.03, V 0.05	0.03		0.02		99.80	
8	1A80A	0.15	0.15	0.03	0.02	0.02			0.06	Ca 0.03	0.02		0.02		99.80	
9	1070	0.20	0.25	0.04	0.03	0.03			0.04	V 0.05	0.03		0.03		99.70	
10	1070A	0.20	0.25	0.03	0.03	0.03			0.07		0.03		0.03		99.70	
11	1370	0.10	0.25	0.02	0.01	0.02	0.01		0.04	Ca 0.03, V+Ti 0.02, B 0.02			0.02	0.10	99.70	
12	1060	0.25	0.35	0.05	0.03	0.03			0.05	V 0.05	0.03		0.03		99.60	
13	1050	0.25	0.40	0.05	0.05	0.05			0.05	V 0.05	0.03		0.03		99.50	
14	1050A	0.25	0.40	0.05	0.05	0.05		0.01	0.07		0.05		0.03		99.50	
15	1A50	0.30	0.30	0.01	0.05				0.03	Fe+Si 0.45			0.03		99.50	LB2
16	1350	0.10	0.40	0.05	0.01		0.01		0.05	Ca 0.03, V+Ti 0.02, B 0.05			0.03	0.10	99.50	
17	1145	Si+Fe 0.55		0.05	0.05	0.05			0.05	V 0.05	0.03		0.03		99.45	
18	1035	0.35	0.60	0.10	0.05	0.05			0.10	V 0.05	0.03		0.03		99.35	
19	1A30	0.10~0.20	0.15~0.30	0.05	0.01	0.01		0.01	0.02		0.02		0.03		99.30	L4-1
20	1100	Si+Fe 0.95		0.05~0.20	0.05				0.10	①			0.05	0.15	99.00	
21	1200	Si+Fe 1.00		0.05	0.05				0.10		0.05		0.05	0.15	99.00	
22	1235	Si+Fe 0.65		0.05	0.05	0.05			0.10	V 0.05	0.06		0.03		99.35	

续附录一

序号	牌号	化学成分 /%											其他		Al	备注
		Si	Fe	Cu	Mn	Mg	Cr	Ni	Zn		Ti	Zr	单个	合计		
23	2A01	0.50	0.50	2.2~3.0	0.20	0.20~0.50			0.10		0.15		0.05	0.10	余量	LY1
24	2A02	0.30	0.30	2.6~3.2	0.45~0.70	2.0~2.4			0.10		0.15		0.05	0.10	余量	LY2
25	2A04	0.30	0.30	3.2~3.7	0.50~0.80	2.1~2.6			0.10	Be 0.001~0.010	0.05~0.40		0.05	0.10	余量	LY4
26	2A06	0.50	0.50	3.8~4.3	0.50~1.0	1.7~2.3			0.10	Be 0.001~0.005	0.03~0.15		0.05	0.10	余量	LY6
27	2A10	0.25	0.20	3.9~4.5	0.30~0.50	0.15~0.30			0.10		0.15		0.05	0.10	余量	LY10
28	2A11	0.70	0.70	3.8~4.8	0.40~0.8	0.40~0.80		0.10	0.30	Fe + Ni 0.70	0.15		0.05	0.10	余量	LY11
29	2B11	0.50	0.50	3.8~4.5	0.40~0.8	0.40~0.80			0.10		0.15		0.05	0.10	余量	LY8
30	2A12	0.50	0.50	3.8~4.9	0.30~0.9	1.2~1.8		0.10	0.30	Fe + Ni 0.50	0.15		0.05	0.10	余量	LY12
31	2B12	0.50	0.50	3.8~4.5	0.30~0.7	1.2~1.6			0.10		0.15		0.05	0.10	余量	LY9
32	2A13	0.7	0.60	4.0~5.0		0.30~0.50			0.6		0.15		0.05	0.10	余量	LY13
33	2A14	0.6~1.2	0.70	3.9~4.8	0.40~1.0	0.40~0.80		0.10	0.30		0.15		0.05	0.10	余量	LD10
34	2A16	0.30	0.30	6.0~7.0	0.40~0.8	0.05			0.10		0.10~0.20	0.20	0.05	0.10	余量	LY16
35	2B16	0.25	0.30	5.8~6.8	0.20~0.40	0.05				V 0.05~0.15	0.08~0.20	0.10~0.25	0.05	0.10	余量	
36	2A17	0.30	0.30	6.0~7.0	0.40~0.8	0.25~0.45			0.10		0.10~0.20		0.05	0.10	余量	LY17
37	2A20	0.20	0.30	5.8~6.8		0.02			0.10	V 0.05~0.15 B 0.001~0.01	0.07~0.16	0.10~0.25	0.05	0.15	余量	LY20
38	2A21	0.20	0.20~0.60	3.0~4.0	0.05	0.8~1.2		1.8~2.3	0.20		0.05		0.05	0.15	余量	
39	2A25	0.06	0.06	3.6~4.2	0.50~0.7	1.0~1.5		0.06					0.05	0.10	余量	
40	2A49	0.25	0.8~1.2	3.2~3.8	0.30~0.6	1.8~2.2		0.8~1.2			0.08~0.12		0.05	0.15	余量	
41	2A50	0.7~1.2	0.7	1.8~2.6	0.40~0.8	0.40~0.8		0.10	0.30	Fe+Ni 0.7	0.15		0.05	0.10	余量	LD5
42	2B50	0.7~1.2	0.7	1.8~2.6	0.40~0.8	0.40~0.8	0.01~0.20	0.10	0.30	Fe+Ni 0.7	0.02~0.10		0.05	0.10	余量	LD6
43	2A70	0.35	0.9~1.5	1.9~2.5	0.20	1.4~1.8		0.9~1.5	0.30		0.02~0.10		0.05	0.10	余量	LD7

续附录一

序号	牌号	Si	Fe	Cu	Mn	Mg	Cr	Ni	Zn	其他元素	Ti	Zr	其他单个	其他合计	Al	备注
44	2B70	0.25	0.9~1.4	1.8~2.7	0.20	1.2~1.8		0.8~1.4	0.15	Pb 0.05,Sn 0.05 Ti+Zr 0.20	0.10		0.05	0.15	余量	
45	2A80	0.50~1.2	1.0~1.6	1.9~2.5	0.20	1.4~1.8		0.9~1.5	0.30		0.15		0.05	0.10	余量	LD8
46	2A90	0.50~1.0	0.50~1.0	3.5~4.5	0.20	0.40~0.8		1.8~2.3	0.30		0.15		0.05	0.10	余量	LD9
47	2004	0.20	0.20	5.5~6.5	0.10	0.50			0.10		0.05	0.30~0.50	0.05	0.15	余量	
48	2011	0.40	0.7	5.0~6.0					0.30	Bi 0.20~0.6 Pb 0.20~0.6			0.05	0.15	余量	
49	2014	0.50~1.2	0.7	3.9~5.0	0.40~1.2	0.20~0.8	0.10		0.25	③	0.15		0.05	0.15	余量	
50	2014A	0.50~0.9	0.50	3.9~5.0	0.40~1.2	0.20~0.8	0.10	0.10	0.25	Ti+Zr 0.20	0.15		0.05	0.15	余量	
51	2214	0.50~1.2	0.30	3.9~5.0	0.40~1.2	0.20~0.8	0.10		0.25	③	0.15		0.05	0.15	余量	
52	2017	0.20~0.8	0.7	3.5~4.5	0.40~1.0	0.40~0.8	0.10		0.25	③	0.15		0.05	0.15	余量	
53	2017A	0.20~0.8	0.7	3.5~4.5	0.40~1.0	0.40~1.0	0.10		0.25	Ti+Zr 0.25			0.05	0.15	余量	
54	2117	0.8	0.7	2.2~3.0	0.20	0.20~0.50	0.10		0.25				0.05	0.15	余量	
55	2218	0.9	1.0	3.5~4.5	0.20	1.2~1.8	0.10	1.7~2.3	0.25				0.05	0.15	余量	
56	2618	0.10~0.25	0.9~1.3	1.9~2.7		1.3~1.8		0.9~1.2	0.10		0.04~0.10		0.05	0.15	余量	
57	2219	0.20	0.30	5.8~6.8	0.20~0.40	0.02			0.10	V 0.05~0.15	0.02~0.10	0.10~0.25	0.05	0.15	余量	LY19
58	2024	0.50	0.50	3.8~4.9	0.30~0.9	1.2~1.8	0.10		0.25	③	0.15		0.05	0.15	余量	
59	2124	0.20	0.30	3.8~4.9	0.30~0.9	1.2~1.8	0.10		0.25	③	0.15		0.05	0.15	余量	
60	3A21	0.6	0.7	0.2	1.0~1.6	0.05			0.10④		0.15		0.05	0.10	余量	LF21
61	3003	0.6	0.7	0.05~0.20	1.0~1.5				0.10				0.05	0.15	余量	
62	3103	0.50	0.7	0.10	0.9~1.5	0.30	0.10		0.20	Ti+Zr 0.10			0.05	0.15	余量	
63	3004	0.30	0.7	0.25	1.0~1.5	0.8~1.3			0.25				0.05	0.15	余量	
64	3005	0.6	0.7	0.30	1.0~1.5	0.20~0.6	0.10		0.25		0.10		0.05	0.15	余量	

续附录一

序号	牌号	化学成分 /%											其他		Al	备注
		Si	Fe	Cu	Mn	Mg	Cr	Ni	Zn		Ti	Zr	单个	合计		
65	3105	0.6	0.7	0.30	0.30~0.8	0.20~0.8	0.20		0.40		0.10		0.05	0.15	余量	
66	4A01	4.5~6.0	0.6	0.20					Zn+Sn 0.10		0.15		0.05	0.15	余量	LT1
67	4A11	11.5~13.5	1.0	0.50~1.3	0.20	0.8~1.3	0.10	0.50~1.3	0.25		0.15		0.05	0.15	余量	LD11
68	4A13	6.8~8.2	0.50	Cu+Zn 0.15	0.50	0.05				Ca 0.10	0.15		0.05	0.15	余量	LT13
69	4A17	11.0~12.5	0.50	Cu+Zn 0.15	0.50	0.05				Ca 0.10	0.15		0.05	0.15	余量	LT17
70	4004	9.0~10.5	0.8	0.25	0.10	1.0~2.0			0.20				0.05	0.15	余量	
71	4032	11.0~13.5	1.0	0.50~1.3		0.8~1.3	0.10	0.50~1.3	0.25				0.05	0.15	余量	
72	4043	4.5~6.0	0.8	0.30	0.05	0.05			0.10	①	0.20		0.05	0.15	余量	
73	4043A	4.5~6.0	0.6	0.30	0.15	0.20			0.10	①	0.15		0.05	0.15	余量	
74	4047	11.0~13.0	0.8	0.30	0.15	0.10			0.20	①			0.05	0.15	余量	
75	4047A	11.0~13.0	0.6	0.30	0.15	0.10			0.20	①	0.15		0.05	0.15	余量	
76	5A01	Si+Fe 0.40	0.10	0.30~0.7	6.0~7.0 或Cr 0.15~0.40	0.10~0.20		0.25	0.15		0.10~0.20	0.05	0.15	余量	余量	LF15
77	5A02	0.40	0.40	0.10	0.15~0.40	2.0~2.8			0.20	Si+Fe 0.6	0.15		0.05	0.15	余量	LF2
78	5A03	0.50~0.80	0.50	0.10	0.30~0.6	3.2~3.8					0.15		0.05	0.10	余量	LF3
79	5A05	0.50	0.40	0.10	0.30~0.6	4.8~5.5			0.20				0.05	0.10	余量	LF5
80	5B05	0.40	0.40	0.20	0.20~0.6	4.7~5.7				Si+Fe 0.6	0.15		0.05	0.10	余量	LF10
81	5A06	0.40	0.40	0.10	0.50~0.8	5.8~6.8			0.20	Be 0.0001~0.005②	0.02~0.10		0.05	0.10	余量	LF6
82	5B06	0.40	0.40	0.10	0.50~0.8	5.8~6.8			0.20	Be 0.0001~0.005②	0.10~0.30		0.05	0.10	余量	LF14
83	5A12	0.30	0.30	0.05	0.40~0.8	8.3~9.6		0.10	0.20	Be 0.005 Sb 0.004~0.05	0.05~0.15		0.05	0.10	余量	LF12
84	5A13	0.30	0.30	0.05	0.40~0.80	9.2~10.5		0.10	0,20	Be 0.005 Sb 0.004~0.05	0.05~0.15		0.05	0.10	余量	LF13

续附录一

序号	牌号	化学成分/%											其他		Al	备注
		Si	Fe	Cu	Mn	Mg	Cr	Ni	Zn	其他元素	Ti	Zr	单个	合计		
85	5A30	Si+Fe 0.40		0.10	0.50~1.0	4.7~5.5			0.25	Cr 0.05~0.20	0.03~0.15		0.05	0.10	余量	LF16
86	5A33	0.35	0.35	0.10	0.10	6.0~7.5			0.50~1.5	Be0.0005~0.005②	0.05~0.15	0.10~0.30②	0.05	0.10	余量	LF33
87	5A41	0.40	0.40	0.10	0.30~0.6	6.0~7.0			0.20		0.02~0.10		0.05	0.10	余量	LT41
88	5A43	0.40	0.40	0.10	0.15~0.40	0.6~1.4					0.15		0.05	0.15	余量	LF43
89	5A66	0.005	0.01	0.005		1.5~2.0							0.005	0.01	余量	LT66
90	5005	0.30	0.7	0.20	0.20	0.50~1.1	0.10		0.25				0.05	0.15	余量	
91	5019	0.40	0.50	0.10	0.10~0.6	4.5~5.6	0.20		0.20	Mo+Cr 0.1~0.6	0.20		0.05	0.15	余量	
92	5050	0.40	0.7	0.20	0.10	1.1~1.8	0.10		0.25				0.05	0.15	余量	
93	5251	0.40	0.50	0.15	0.10~0.50	1.7~2.4	0.15		0.15		0.15		0.05	0.15	余量	
94	5052	0.25	0.40	0.10	0.10	2.2~2.8	0.15~0.35		0.10				0.05	0.15	余量	
95	5154	0.25	0.40	0.10	0.10	3.1~3.9	0.15~0.35		0.20	①	0.20		0.05	0.15	余量	
96	5154A	0.50	0.50	0.10	0.50	3.1~3.9	0.25		0.20	①	0.20		0.05	0.15	余量	
97	5454	0.25	0.40	0.10	0.50~1.0	2.4~3.0	0.05~0.20		0.25		0.20		0.05	0.15	余量	
98	5554	0.25	0.40	0.10	0.50~1.0	2.4~3.0	0.05~0.20		0.25	①	0.05~0.20		0.05	0.15	余量	
99	5754	0.40	0.40	0.10	0.50	2.6~3.6	0.30		0.20	Mn+Cr 0.10~0.60	0.15		0.05	0.15	余量	
100	5056	0.30	0.40	0.10	0.05~0.20	4.5~5.5	0.05~0.20		0.10				0.05	0.15	余量	
101	5356	0.25	0.40	0.10	0.05~0.20	4.5~5.5	0.05~0.20		0.10	①	0.06~0.20		0.05	0.15	余量	
102	5456	0.25	0.40	0.10	0.50~1.0	4.7~5.5	0.05~0.20		0.25		0.20		0.05	0.15	余量	LF5-1
103	5082	0.20	0.35	0.15	0.15	4.0~5.0	0.15		0.25		0.10		0.05	0.15	余量	
104	5182	0.20	0.35	0.15	0.20~0.50	4.0~5.0	0.10		0.25		0.10		0.05	0.15	余量	
105	5083	0.40	0.40	1.0		4.0~4.9	0.05~0.25		0.25		0.15		0.05	0.15	余量	LF4

续附录一

序号	牌号	化学成分 /%											其他		Al	备注
		Si	Fe	Cu	Mn	Mg	Cr	Ni	Zn		Ti	Zr	单个	合计		
106	5183	0.40	0.40	0.10	0.50~1.0	4.3~5.2	0.05~0.25		0.25	①	0.15		0.05	0.15	余量	
107	5086	0.40	0.50	0.10	0.20~0.7	3.5~4.5	0.05~0.25		0.25		0.15		0.05	0.15	余量	
108	6A02	0.50~1.2	0.50	0.20~0.6	或 Cr 0.15~0.35	0.45~0.9			0.20		0.15		0.05	0.10	余量	LD2
109	6B02	0.7~1.1	0.40	0.10~0.40	0.10~0.30	0.40~0.8			0.15		0.01~0.04		0.05	0.10	余量	LD2-1
110	6A51	0.50~0.7	0.50	0.15~0.35		0.45~0.6			0.25	Sn 0.15~0.35	0.01~0.04		0.05	0.15	余量	
111	6101	0.30~0.7	0.50	0.10	0.03	0.35~0.8	0.03		0.10	B 0.06			0.03	0.10	余量	
112	6101A	0.30~0.7	0.40	0.05		0.40~0.9							0.03	0.10	余量	
113	6005	0.6~0.9	0.35	0.10	0.10	0.40~0.6	0.10		0.10		0.10		0.05	0.15	余量	
114	6005A	0.50~0.9	0.35	0.30	0.50	0.40~0.7	0.30		0.20	Mn+Cr 0.12~0.50	0.10		0.05	0.15	余量	
115	6351	0.7~1.3	0.50	0.10	0.40~0.8	0.40~0.8			0.20		0.20		0.05	0.15	余量	
116	6060	0.30~0.6	0.10~0.3	0.10	0.10	0.35~0.6	0.05		0.15		0.10		0.05	0.15	余量	
117	6061	0.40~0.8	0.7	0.15~0.40	0.15	0.8~1.2	0.04~0.35		0.25		0.15		0.05	0.15	余量	
118	6063	0.20~0.6	0.35	0.10	0.10	0.45~0.9	0.10		0.10		0.10		0.05	0.15	余量	LD31
119	6063A	0.30~0.6	0.15~0.35	0.10	0.15	0.6~0.9	0.05		0.15		0.10		0.05	0.15	余量	
120	6070	1.0~1.7	0.50	0.15~0.40	0.40~1.0	0.50~1.2	0.10		0.25		0.15		0.05	0.15	余量	LD2-2
121	6181	0.8~1.2	0.45	0.10	0.15	0.6~1.0	0.10		0.20		0.10		0.05	0.15	余量	
122	6082	0.7~1.3	0.50	0.10	0.40~1.0	0.6~1.2	0.25		0.20		0.10		0.05	0.15	余量	
123	7A01	0.30	0.30	0.01					0.9~1.3	Si+Fe 0.45			0.03		余量	LB1
124	7A03	0.20	0.20	1.8~2.4	0.10	1.2~1.6	0.05		6.0~6.7		0.02~0.08		0.05	0.10	余量	LC3
125	7A04	0.50	0.50	1.4~2.0	0.20~0.6	1.8~2.8	0.10~0.25		5.0~7.0		0.10		0.05	0.10	余量	LC4
126	7A05	0.25	0.25	0.20	0.15~0.40	1.1~1.7	0.05~0.15		4.4~5.0		0.02~0.06	0.10~0.25	0.05	0.15	余量	

续附录一

序号	牌号	化学成分 /%											其他		Al	备注
		Si	Fe	Cu	Mn	Mg	Cr	Ni	Zn		Ti	Zr	单个	合计		
127	7A09	0.50	0.50	1.2~2.0	0.15	2.0~3.0	0.16~0.30		5.1~6.1		0.10		0.05	0.10	余量	LC9
128	7A10	0.30	0.30	0.50~1.0	0.20~0.35	3.0~4.0	0.10~0.20		3.2~4.2		0.10		0.05	0.10	余量	LC10
129	7A15	0.50	0.50	0.50~1.0	0.10~0.40	2.4~3.0	0.10~0.30		4.4~5.4	Be 0.005~0.01	0.05~0.01		0.05	0.15	余量	LC15
130	7A19	0.30	0.40	0.08~0.30	0.30~0.50	1.3~1.9	0.10~0.20		1.5~5.3	Be 0.0001~0.004②		0.08~0.20	0.05	0.15	余量	LC19
131	7A31	0.30	0.6	0.10~0.40	0.20~0.40	2.5~3.3	0.10~0.20		3.6~4.5	Be 0.0001~0.0010		0.08~0.25	0.05	0.15	余量	
132	7A33	0.25	0.30	0.25~0.55	0.05	2.2~2.7	0.10~0.20		4.6~5.4		0.05		0.05	0.10	余量	
133	7A52	0.25	0.30	0.05~0.20	0.20~0.50	2.0~2.8	0.15~0.25		4.0~4.8		0.05~0.18	0.05~0.15	0.05	0.15	余量	LC52
134	7003	0.30	0.35	0.20	0.30	0.50~1.0	0.20		5.0~6.5		0.20	0.05~0.25	0.05	0.15	余量	LC12
135	7005	0.35	0.40	0.10	0.20~0.7	1.0~1.8	0.06~0.20		4.0~5.0	Zr+Ti 0.08~0.25	0.01~0.06	0.08~0.20	0.05	0.15	余量	
136	7020	0.35	0.40	0.20	0.05~0.50	1.0~1.4	0.10~0.35		4.0~5.0	Zr+Ti 0.20		0.08~0.20	0.05	0.15	余量	
137	7022	0.50	0.50	0.50~1.0	0.10~0.40	2.6~3.0	0.10~0.30		4.3~5.2				0.05	0.15	余量	
138	7050	0.12	0.15	2.0~2.6	0.10	1.9~2.6	0.04		5.7~6.7		0.06	0.08~0.15	0.05	0.15	余量	
139	7075	0.40	0.50	1.2~2.0	0.30	2.1~2.9	0.18~0.28		5.1~6.1	⑤	0.20		0.05	0.15	余量	
140	7475	0.10	0.12	1.2~1.9	0.06	1.9~2.6	0.18~0.25		5.2~6.2		0.06		0.05	0.15	余量	
141	8A06	0.55	0.50	0.10	0.10	0.10			0.10	Fe+Si 1.0			0.05	0.15	余量	L6
142	8011	0.50~0.9	0.6~1.16	0.10	0.20	0.05	0.05		0.10		0.08		0.05	0.15	余量	
143	8090	0.20	0.30	1.0~1.6	0.10	0.6~1.3	0.10		0.25	Li 2.2~2.7	0.10	0.04~0.16	0.05	0.15	余量	

①用于电焊条和焊带、焊丝时，铍含量不大于0.0008%。

②铍含量均按规定量加入，可不做分析。

③仅在供需双方商定时，对挤压和锻造产品规定Ti+Zr含量不大于0.20%。

④作铆钉线材的3A21合金的锌含量应不大于0.03%。

⑤仅在供需双方商定时，对挤压和锻造产品规定Ti+Zr含量不大于0.25%。

附录二　变形铝及铝合金国际注册牌号及化学成分

| 合金牌号 | | | 化学成分（质量分数）/% | | | | | | | | | | | 杂质 | | Al |
AA	UNS	ISO R209	Si	Fe	Cu	Mn	Mg	Cr	Ni	Zn	Ga	V	其他	Ti	单个	总和	最小
1035			0.35	0.6	0.1	0.05	0.05			0.1		0.05		0	0.03		
1040	A91040		0.3	0.5	0.1	0.05	0.05			0.1		0.05		0	0.03		99.4
1045	A91045		0.3	0.45	0.1	0.05	0.05			0.05		0.05		0	0.03		99.45
1050	A91050	Al99.5	0.25	0.4	0.05	0.05	0.05			0.05		0.05		0	0.03		99.5
1060	A91060	Al99.6	0.25	0.35	0.05	0.03	0.03			0.05		0.05		0	0.03		99.6
1065	A91065		0.25	0.3	0.05	0.03	0.03			0.05		0.05		0	0.03		99.65
1070	A91070	Al99.7	0.2	0.25	0.04	0.03	0.03			0.04		0.05		0	0.03		99.7
1080	A91080	Al99.8	0.15	0.15	0.03	0.02	0.02			0.03	0.03	0.05		0	0.02		99.8
1085	A91085		0.1	0.12	0.03	0.02	0.02			0.03	0.03	0.05		0	0.01		99.85
1090	A91090		0.07	0.07	0.02	0.01	0.01			0.03	0.03	0.05		0	0.01		99.9
1098			0.01	0.006	0.003					0.15				0	0		99.98
1100	A91100	Al99.0 Cu	0.95(Si+Fe)		0.05~0.20	0.05				0.1			(a)		0.05	0.15	99
1110			0.3	0.8	0.04	0.01	0.25	0.01					0.02B，0.03 （V+Ti）		0.03		99.1
1200	A91200	Al99.0	1.00(Si+Fe)		0.05	0.05				0.1				0.1	0.05	0.15	99
1120	A91120		0.1	0.4	0.05~0.35	0.01	0.2	0.01		0.05	0.03		0.05B，0.02 （V+Ti）		0.03	0.1	99.2
1230	A91230	Al99.3	0.70(Si+Fe)		0.1	0.05	0.05			0.1		0.05		0	0.03		99.3
1135	A91135		0.60(Si+Fe)		0.05~0.2	0.04	0.05			0.1		0.05		0	0.03		99.35
1235	A91235		0.65(Si+Fe)		0.05	0.05	0.05			0.1		0.05		0.1	0.03		99.35
1435	A91345		0.15	0.3~0.5	0.02	0.05	0.05			0.1		0.05		0	0.03		99.35
1145	A91145		0.55(Si+Fe)		0.05	0.05	0.05			0.05		0.05		0	0.03		99.45

续附录二

| 合金牌号 | | | 化学成分（质量分数）/% | | | | | | | | | | | | 杂质 | | Al |
AA	UNS	ISO R209	Si	Fe	Cu	Mn	Mg	Cr	Ni	Zn	Ga	V	其他	Ti	单个	总和	最小
1345	A91345		0.3	0.4	0.1	0.05	0.05			0.05		0.05		0	0.03		99.45
1445			0.50(Si+Fe)(b)	(b)	0.04(b)											0.05	99.45
1150			0.45(Si+Fe)	(Si+Fe)	0.05~0.20	0.05	0.05			0.05				0	0.03		99.5
1350	A91350	E-Al99.5	0.1	0.4	0.05	0.01		0		0.1	0.03		0.05 B,0.02(V+Ti)		0.03	0.1	99.5
1260	A91260	(c)	0.4(Si+Fe)	(Si+Fe)	0.04	0.01	0.03			0.1		0.05	(a)	0.03	0.03		99.6
1170	A91170		0.3(Si+Fe)	(Si+Fe)	0.03	0.03	0.02	0		0		0.05		0.03	0.03		99.7
1370		E-Al99.7	0.1	0.25	0.02	0.01	0.02	0		0	0.03	0.05	0.02 B,0.02(V+Ti)		0.02	0.1	99.7
1175	A91175		0.15(Si+Fe)	(Si+Fe)	0.1	0.02	0.02			0	0.03	0.05		0.02	0.02		99.75
1275			0.08	0.12	0.05~0.1	0.02	0.02			0	0.03	0.03		0.02	0.01		99.75
1180	A91180		0.09	0.09	0.01	0.02	0.02			0	0.03	0.05		0.02	0.02		99.8
1185	A91185		0.15(Si+Fe)	(Si+Fe)	0.01	0.01	0.02			0	0.03	0.05		0.02	0.01		99.85
1285	A91285		0.08(d)	0.08(d)	0.02	0.01	0.01			0	0.03	0.05		0.02	0.01		99.85
1385	A91385		0.05	0.12	0.02	0.01	0.02	0		0	0.03		0.02(V+Ti)(e)		0.01		99.85
1188	A91188		0.06	0.06	0.005	0.01	0.01			0	0.03	0.05	(a)	0.01	0.01		99.88
1190			0.05	0.07	0.01	0.01	0.01	0		0	0.02		0.01(V+Ti)(f)		0.01		99.9
1193	A91193	(c)	0.04	0.04	0.006	0.01	0.01			0	0.03	0.05		0.01	0.01		99.93
1199	A91199		0.006	0.006	0.006	0.002	0.006			0	0.01	0.01		0.002	0.002		99.99
2001			0.2	0.2	5.2~6.0	0.15~0.5	0.20~0.45			0.1			0.05Zr(g)	0.2	0.05	0.15	余量
2002			0.35~0.8	0.3	1.5~2.5	0.2	0.50~1.0			0.2				0.2	0.05	0.15	余量
2003			0.3	0.3	4.0~5.0	0.30~0.8	0.02			0.1		0.05~0.2	0.1~0.25Zr(h)	0.15	0.05	0.15	余量
2004			0.2	0.2	5.5~6.5	0.1	0.5			0.1			0.30~0.50Zr	0.05	0.05	0.15	余量
2005			0.8	0.7	3.5~5.0	1	0.20~1.0			0.5			0.20 Bi, 1.0~2.0Pb	0.2	0.05	0.15	余量

续附录二

| 合金牌号 | | | 化学成分（质量分数）/% | | | | | | | | | | | | 杂质 | | Al |
AA	UNS	ISO R209	Si	Fe	Cu	Mn	Mg	Cr	Ni	Zn	Ga	V	其他	Ti	单个	总和	最小
2006			0.8~1.3	0.7	1.0~2.0	0.6~1.0	0.50~1.4	0	0	0.2				0.3	0.05	0.15	余量
2007			0.8	0.8	3.3~4.6	0.5~1.0	0.40~1.8			0.8			(i)	0.2	0.1	0.3	余量
2008			0.5~0.8	0.4	0.7~1.1	0.3	0.25~0.50	0		0.3		0.05		0.1	0.05	0.15	余量
2011	A92011	AlCu6BiPb	0.4	0.7	5.0~6.0					0.3			(j)		0.05	0.15	余量
2014	A92014	AlCu4SiMg	0.5~1.2	0.7	3.9~5.0	0.4~1.2	0.2~0.8	0		0.3			(k)	0.15	0.05	0.15	余量
2214	A92214	AlCu4SiMg	0.5~1.2	0.3	3.9~5.0	0.4~1.2	0.2~0.8	0		0.3			(k)	0.15	0.05	0.15	余量
2017	A92017	AlCu4MgSi	0.2~0.8	0.7	3.5~4.5	0.4~1.0	0.4~0.8	0		0.3			(k)	0.15	0.05	0.15	余量
2117	A92117	AlCu2.5Mg	0.2~0.8	0.7	3.5~4.5	0.4~1.0	0.4~1.0	0		0.3			0.25Zr+Ti		0.05	0.15	余量
		AlCu2Mg	0.8	0.7	2.2~3.0	0.2	0.2~0.5	0		0.3					0.05	0.15	余量
2018	A92018		0.9	1	3.5~4.5	0.2	0.45~0.9	0	1.7~2.3	0.3					0.05	0.15	余量
2218	A92218		0.9	1	3.5~4.5	0.2	1.2~1.8	0	1.7~2.3	0.3					0.05	0.15	余量
2618	A92618		0.1~0.25	0.9~1.3	1.9~2.7	0.2~0.4	1.3~1.8		0.9~1.2	0.1				0.04~0.10	0.05	0.15	余量
2219	A92219	AlCu6Mn	0.2	0.3	5.8~6.8	0.2~0.4	0.02			0.1		0.05~0.15	0.01~0.25Zr	0.02~0.10	0.05	0.15	余量
2319	A92319		0.2	0.3	5.8~6.8	0.2~0.4	0.02			0.1		0.05~0.15	0.10~0.25Zr(a)	0.10~0.20	0.05	0.15	余量
2419	A92419		0.15	0.18	5.8~6.8	0.1~0.5	0.02			0.1		0.05~0.15	0.10~0.25Zr(a)	0.02~0.10	0.05	0.15	余量
2519	A92519		0.25(1)	0.3(1)	5.3~6.4	0.2	0.05~0.4			0.1		0.05~0.15	0.10~0.25Zr(a)	0.02~0.10	0.05	0.15	余量
2021	A92021(c)		0.2	0.3	5.8~6.8	0.4	0.02			0.1		0.05~0.15	0.10~0.25Zr(m)	0.02~0.10	0.05	0.15	余量
2024	A92024	AlCu4Mg1	0.5	0.5	3.8~4.9	0.3~0.9	1.2~1.8	0		0.3			(k)	0.15	0.05	0.15	余量

续附录二

| 合金牌号 | | | 化学成分（质量分数）/% | | | | | | | | | | | | 杂质 | | Al |
AA	UNS	ISO R209	Si	Fe	Cu	Mn	Mg	Cr	Ni	Zn	Ga	V	其他	Ti	单个	总和	最小
2124	A92124		0.2	0.3	3.8~4.9	0.3~0.9	1.2~1.8	0		0.3			(k)	0.15	0.05	0.15	余量
2224	A92224		0.12	0.15	3.8~4.4	0.3~0.9	1.2~1.8	0		0.3				0.15	0.05	0.15	余量
2324	A92324		0.1	0.12	3.8~4.4	0.3~0.9	1.2~1.8	0		0.3				0.15	0.05	0.15	余量
2025	A92025		0.5~1.2	1	3.9~5.0	0.4~1.2	0.05	0		0.3				0.15	0.05	0.15	余量
2030		AlCu4PbMg	0.8	0.7	3.3~4.5	0.2~1.0	0.5~1.3	0		0.5			0.20Bi, 0.8~1.5Pb	0.2	0.1	0.3	余量
2031			0.5~1.3	0.6~1.2	1.8~2.8	0.5	0.6~1.2		0.6~1.4	0.2				0.2	0.05	0.15	余量
2034			0.1	0.12	4.2~4.8	0.8~1.3	1.3~1.9	1		0.2			0.08~0.15Zr	0.15	0.05	0.15	余量
2036	A92036		0.5	0.5	2.2~3.0	0.1~0.4	0.3~0.6	0		0.3				0.15	0.05	0.15	余量
2037	A92037		0.5	0.5	1.4~2.2	0.1~0.4	0.3~0.8	0		0.3		0.05		0.15	0.05	0.15	余量
2038	A92038		0.5~1.3	0.6	0.7~1.8	0.10~0.40	0.4~1.0	0		0.5		0.05		0.15	0.05	0.15	余量
2048	A92048		0.15	0.2	2.8~3.8	0.20~0.6	1.2~1.8	0		0.3	0.05			0.1	0.05	0.15	余量
2090	A92090		0.1	0.12	2.4~3.0	0.05	0.25	0		0.1			0.08~0.15Zr(n)	0.15	0.05	0.15	余量
2091			0.2	0.3	1.8~2.5	0.1	1.1~1.9	0		0.3			0.04~0.16Zr(o)	0.1	0.05	0.15	余量
3002	A93002		0.08	0.1	0.15	0.05~0.25	0.05~0.20			0.1		0.05		0.03	0.03	0.1	余量
3102	A93102		0.4	0.7	0.1	0.05~0.40				0.3				0.1	0.05	0.15	余量
3003	A93003	AlMn1Cu	0.6	0.7	0.05~0.2	1.0~1.5				0.1					0.05	0.15	余量
3103			0.5	0.7	0.1	0.9~1.5	0.3	0		0.2			0.10Zr+Ti		0.05	0.15	余量
3203			0.6	0.7	0.05	1.0~1.5				0.1			(a)		0.05	0.15	余量
3303	A93303	AlMn1	0.6	0.7	0.05~0.2	1.0~1.5				0.3					0.05	0.15	余量
3004	A93004	AlMn1Mg1	0.3	0.7	0.25	1.0~1.5	0.8~1.3			0.3					0.05	0.15	余量
3104	A93104		0.6	0.8	0.05~0.25	0.8~1.4	0.8~1.3			0.3	0.05	0.05		0.1	0.05	0.15	余量

续附录二

化学成分（质量分数）/%

| 合金牌号 | | | Si | Fe | Cu | Mn | Mg | Cr | Ni | Zn | Ga | V | 其他 | Ti | 杂质 | | Al |
AA	UNS	ISO R209													单个	总和	最小
3005	A93005	AlMn1Mg10.5	0.6	0.7	0.3	1.0~1.5	0.20~0.6	0		0.3				0.1	0.05	0.15	余量
3105	A93105	AlMn0.5Mg0.5	0.6	0.7	0.3	0.30~0.8	0.20~0.8	0		0.4				0.1	0.05	0.15	余量
3006	A93006		0.5	0.7	0.1~0.3	0.5~0.8	0.30~0.6	0			0.15~0.40			0.1	0.05	0.15	余量
3007	A93007		0.5	0.7	0.05~0.3	0.30~0.8	0.6	0		0.4				0.1	0.05	0.15	余量
3107	A93107		0.6	0.7	0.05~0.15	0.4~0.9				0.2				0.1	0.05	0.15	余量
3207			0.3	0.45	0.1	0.40~0.8	0.1			0.1					0.05	0.1	余量
3307			0.6	0.8	0.3	0.8~0.9	0.3			0.3				0.1	0.05	0.15	余量
3008			0.4	0.7	0.1	1.2~1.8	0.01	0		0.1			0.10~0.05Zr	0.1	0.05	0.15	余量
3009	A93009		1.0~1.8	0.7	0.1	1.2~1.8	0.1	0		0.1			0.10Zr	0.1	0.05	0.15	余量
3010	A93010		0.1	0.2	0.03	0.2~0.98		0.05~0.40	0	0.1		0.05		0.05	0.03	0.1	余量
3011	A93011		0.4	0.7	0.05~0.20	0.8~1.2		0.10~0.40	0	0.1			0.10~0.30Zr	0.1	0.05	0.15	余量
3012			0.6	0.7	0.1	0.5~1.1	0.1	0		0.1				0.1	0.05	0.15	余量
3013			0.6	1	0.5	0.9~1.4	0.2~0.8				0.50~1.0				0.05	0.15	余量
3014			0.6	1	0.5	1.0~1.5	0.1				0.50~1.0			0.1	0.05	0.15	余量
3015			0.6	0.8	0.3	0.5~0.9	0.2~0.7			0.25				0.1	0.05	0.15	余量
3016			0.6	0.8	0.3	0.5~0.9	0.5~0.8			0.25				0.1	0.05	0.15	余量
4004	A94004		9.0~10.5	0.8	0.25	0.1	1.0~2.0			0.2			0.02~0.20 Bi		0.03	0.15	余量
4104	A94104		9.0~10.5	0.8	0.25	0.1	1.0~2.0			0.2					0.05	0.15	余量
4006			0.8~1.2	0.50~0.8	0.05	0.3		0.2		0.05					0.05	0.15	余量
4007			1.0~1.7	0.4~1.0	0.2	0.8~1.5	0.01	0.05~0.25	0.15~0.7	0.1			0.05Co	0.1	0.05	0.15	余量
4008	A94008		6.5~7.5	0.09	0.05	0.05	0.2			0.05			(a)	0.04~0.15	0.05	0.15	余量
4009			4.5~5.5	0.2	1.0~1.5	0.1	0.3~0.45			0.1			(a)	0.2	0.05	0.15	余量
4010			6.5~7.5	0.2	0.2	0.1	0.45~0.6			0.1			(a)	0.2	0.05	0.15	余量

续附录二

| 合金牌号 | | | 化学成分（质量分数）/% | | | | | | | | | | | | 杂质 | | Al |
AA	UNS	ISO R209	Si	Fe	Cu	Mn	Mg	Cr	Ni	Zn	Ga	V	其他	Ti	单个	总和	最小
4011			6.5~7.5	0.2	0.2	0.1	0.3~0.45			0.1			0.04~0.07 Be	0.04~0.2	0.05	0.15	余量
4013			3.5~4.5	0.35	0.05~0.20	0.03	0.45~0.7			0.05			(p)	0.02	0.05	0.15	余量
4032	A94032		11.0~13.5	1	0.50~1.3		0.05~0.20	0.1	0.50~1.30	0.25						0.15	余量
4043	A94043	AlSi5	4.5~6.0	0.8	0.3	0.05	0.8~1.3			0.1			(a)	0.02	0.05	0.15	余量
4343	A94343		6.8~8.2	0.8	0.25	0.1	0.05			0.2					0.05	0.15	余量
4543	A94543		5.0~7.0	0.5	0.1	0.05		0.05		0.1				0.1	0.05	0.15	余量
4643	A94643		3.6~4.6	0.8	0.1	0.05	0.10~0.40			0.1			(a)	0.15	0.05	0.15	余量
4044	A94044		7.8~9.2	0.8	0.25	0.1	0.10~0.30			0.2					0.05	0.15	余量
4045	A94045		9.0~11.0	0.8	0.3	0.05	0.05			0.1				0.2	0.05	0.15	余量
4145	A94145		9.3~10.7	0.8	3.3~4.7	0.15	0.15	0.15		0.2			(a)	0.2	0.05	0.15	余量
4047	A94047	AlSi12	11.0~13.0	0.8	0.3	0.15	0.1			0.2			(a)		0.05	0.15	余量
5005	A95005	AlMg1	0.3	0.7	0.2	0.2	0.50~1.1	0.1		0.25					0.05	0.15	余量
5205		AlMg1(b)	0.15	0.7	0.03~0.10	0.1	0.6~1.0	0.1		0.05					0.05	0.15	余量
5006	A95006		0.4	0.8	0.1	0.4~0.8	0.8~1.3	0.1		0.25				0.1	0.05	0.15	余量
5010	A95010		0.4	0.7	0.25	0.1~0.3	0.2~0.6	0.15		0.3				0.1	0.05	0.15	余量
5013			0.2	0.25	0.03	0.3~0.5	3.2~3.8	0.03	0.03	0.1			0.05Zr(g)	0.1	0.05	0.15	余量
5014			0.4	0.4	0.2	0.2~0.9	4.0~5.5	0.2		0.7~1.5				0.2	0.05	0.15	余量
5016	A95016		0.25	0.6	0.2	0.4~0.7	1.4~1.9	0.1		0.15				0.05	0.05	0.15	余量
5017			0.4	0.7	0.18~0.28	0.6~0.8	1.9~2.2							0.09	0.15	0.15	余量
5040	A95040		0.3	0.7	0.25	0.9~1.4	1.0~1.5	0.1~0.03		0.25					0.05	0.15	余量
5042	A95042		0.2	0.35	0.15	0.2~0.5	3.0~4.0	0.1		0.25				0.1	0.05	0.15	余量
5043	A95043		0.4	0.7	0.05~0.35	0.7~1.2	0.7~1.3	0.05		0.25	0.05	0.05		0.1	0.05	0.15	余量
5049			0.4	0.5	0.1	0.5~1.1	1.6~2.5	0.3		0.2				0.1	0.05	0.15	余量

续附录二

| 合金牌号 | | | 化学成分（质量分数）/% | | | | | | | | | | | | 杂质 | | Al |
AA	UNS	ISO R209	Si	Fe	Cu	Mn	Mg	Cr	Ni	Zn	Ga	V	其他	Ti	单个	总和	最小
5050	A95050	AlMg1.5 (c)AlMg1.5	0.4	0.7	0.2	0.1	1.1~1.8	0.1		0.25					0.05	0.15	余量
5150			0.08	0.1	0.1	0.03	1.3~1.7			0.1				0.06	0.03	0.1	余量
5250	A95250		0.08	0.1	0.1	0.05~0.15	1.3~1.8			0.05	0.03	0.05			0.03	0.1	余量
5051	A95051	AlMg2	0.4	0.7	0.25	0.2	1.7~2.2	0.1		0.25				0.1	0.05	0.15	余量
5151	A95151		0.2	0.35	0.15		1.5~2.1	0.1		0.15				0.1	0.05	0.15	余量
5251		AlMg2	0.4	0.5	0.15	0.1~0.5	1.7~2.4	0.15		0.15				0.15	0.05	0.15	余量
5351	A95351		0.08	0.1	0.1	0.1	1.6~2.2			0.05		0.05			0.03	0.1	余量
5451	A95451	AlMg3.5	0.25	0.4	0.1	0.1	1.8~2.4	0.15~0.35	0.05	0.1				0.05	0.05	0.15	余量
5052	A95052	AlMg2.5	0.25	0.4	0.1	0.1	2.2~2.8	0.15~0.35		0.1					0.05	0.15	余量
5252	A95252		0.08	0.1	0.1	0.1	2.2~2.8			0.05		0.05			0.03	0.1	余量
5352	A95352		0.45(Si+Fe)		0.1	0.1	2.2~2.8	0.1		0.1				0.1	0.05	0.15	余量
5552	A95552		0.04	0.05	0.04	0.1	2.2~2.8			0.05		0.05			0.03	0.1	余量
5652	A95652		0.4(Si+Fe)		0.04	0.01	2.2~2.8	0.15~0.35		0.1					0.05	0.15	余量
5154		AlMg3.5	0.25	0.4	0.1	0.1	3.1~3.9	0.15~0.35		0.2			(a)	0.2	0.05	0.15	余量
5254	A95254		0.45(Si+Fe)		0.05	0.01	3.1~3.9	0.15~0.35		0.2				0.05	0.05	0.15	余量
5454	A95454	AlMg3Mn	0.25	0.4	0.1	0.50~1.0	2.4~3.0	0.05~0.20		0.25				0.2	0.05	0.15	余量
5554	A95554	AlMg3Nb(a)	0.25	0.4	0.1	0.50~1.0	2.4~3.0	0.05~0.2		0.25			(a)	0.05~0.20	0.05	0.15	余量
5654	A95654		0.45(Si+Fe)		0.05	0.01	3.1~3.9	0.15~0.35		0.2			(a)	0.05~0.15	0.05	0.15	余量
5754	A95754	AlMg3	0.4	0.4	0.1	0.5	2.6~3.6	0.3		0.2			0.1~0.6 (Mn+Cr)	0.15	0.05	0.15	余量
5854			0.45(Si+Fe)		0.1	0.1~0.5	3.1~3.9	0.15~0.35		0.2				0.2	0.05	0.15	余量
5056	A95056	AlMg5 AlMg5Cr	0.3	0.4	0.1	0.05~0.2	4.6~4.6	0.05~0.20		0.1					0.05	0.15	余量

续附录二

| 合金牌号 | | | 化学成分（质量分数）/% | | | | | | | | | | | | 杂质 | | Al |
AA	UNS	ISO R209	Si	Fe	Cu	Mn	Mg	Cr	Ni	Zn	Ga	V	其他	Ti	单个	总和	最小
5356	A95356	AlMg5Cr(a)	0.25	0.4	0.1	0.05~0.2	4.5~5.5	0.05~0.20		0.1			(a)	0.06~0.2	0.05	0.15	余量
5456	A95456	AlMg5Mn1	0.25	0.4	0.1	0.5~1.0	4.7~5.5	0.05~0.20		0.25				0.2	0.05	0.15	余量
5556	A95556		0.25	0.4	0.1	0.5~1.0	4.7~5.5	0.05~0.20		0.25			(a)	0.05~0.2	0.05	0.15	余量
5357	A95357		0.12	0.17	0.2	0.15~0.45	0.8~1.2			0.05					0.05	0.15	余量
5457	A95457		0.08	0.1	0.2	0.15~0.45	0.8~1.2					0.05			0.03	0.1	余量
5557	A95557		0.1	0.12	0.15	0.10~0.40	0.4~0.8					0.05			0.03	0.1	余量
5657	A95657		0.08	0.1	0.1	0.03	0.6~1.0			0.05	0.03	0.05			0.02	0.05	余量
5280			0.35(Si+Fe)		0.1	0.2~0.7	3.5~4.5	0.05~0.25		1.5~2.8			(b)		0.05	0.15	余量
5082	A95082		0.2	0.35	0.15	0.15	4.0~5.0	0.15		0.25				0.1	0.05	0.15	余量
5182	A95182		0.2	0.35	0.15	0.2~0.5	4.0~5.0	0.1		0.25				0.1	0.05	0.15	余量
5083	A95083	AlMg4.5Mn	0.40~0.7	0.4	0.1	0.4~1.0	4.0~4.9	0.05~0.25		0.25				0.15	0.05	0.15	余量
5183	A95183	AlMg4.5Mn	0.40~0.7(a)	0.4	0.1	0.5~1.0	4.3~5.2	0.05~0.25		0.25			(a)	0.15	0.05	0.15	余量
5283			0.3	0.3	0.03	0.5~1.0	4.5~5.1	0.05	0.03	0.1			0.05Zr	0.03	0.05	0.15	余量
5086	A95086	AlMg4	0.4	0.5	0.1	0.2~0.7	3.5~4.5	0.05~0.25		0.25				0.15	0.05	0.15	余量
6101	A96101	E-AlMgSi	0.30~0.70	0.5	0.1	0.03	0.35~0.8	0.03		0.1			0.06B		0.03	0.1	余量
6201	A96201		0.50~0.9	0.5	0.1	0.03	0.6~0.9	0.03		0.1			0.06B		0.03	0.1	余量
6301	A96301		0.5~0.9	0.7	0.1	0.15	0.6~0.9	0.1	0.03	0.25				0.15	0.05	0.15	余量
6002			0.6~0.9	0.25	0.1~0.25	0.1~0.2	0.45~0.7	0.05					0.09~0.14Zr	0.08	0.05	0.15	余量
6003	A96003	AlMg1Si	0.35~1.0	0.6	0.1	0.8	0.8~1.5	0.35		0.2				0.1	0.05	0.15	余量
6103			0.35~1.0	0.6	0.2~0.3	0.8	0.8~1.5	0.35		0.2				0.1	0.05	0.15	余量
6004	A96004		0.30~0.6	0.1~0.3	0.1	0.20~0.6	0.4~0.6			0.05					0.05	0.15	余量
6005	A96005	AlSiMg	0.6~0.9	0.35	0.1	0.1	0.4~0.6	0.1		0.1				0.1	0.05	0.15	余量
6105	A96105		0.6~1.0	0.35	0.1	0.1	0.45~0.8	0.1		0.1				0.1	0.05	0.15	余量

续附录二

| 合金牌号 | | | 化学成分（质量分数）/% | | | | | | | | | | | | 杂质 | | Al |
AA	UNS	ISO R209	Si	Fe	Cu	Mn	Mg	Cr	Ni	Zn	Ga	V	其他	Ti	单个	总和	最小
6205	A96205		0.6~0.9	0.7	0.2	0.05~0.15	0.4~0.6	0.05~0.15	0.05~0.15	0.25			0.05~0.15Zr	0.15	0.03	0.15	余量
6006	A96006		0.2~0.6	0.35	0.15~0.3	0.15~0.20	0.45~0.9	0.1		0.1				0.1	0.05	0.15	余量
6106			0.3~0.6	0.35	0.25	0.05~0.20	0.4~0.8	0.2		0.1					0.05	0.15	余量
X6206			0.35~0.7	0.35	0.2~0.5	0.13~0.30	0.45~0.8	0.1		0.2				0.1	0.05	0.15	余量
6007	A96007		0.9~1.4	0.7	0.2	0.05~0.25	0.6~0.9	0.05~0.25	0.05~0.25	0.25			0.05~0.20Zr	0.15	0.05	0.15	余量
6008			0.5~0.9	0.35	0.3	0.3	0.4~0.7	0.3		0.2		0.05~0.20		0.1	0.05	0.15	余量
6009	A96009		0.6~1.0	0.5	0.15~0.6	0.20~0.8	0.4~0.8	0.1		0.25				0.1	0.05	0.15	余量
6010	A96010		0.8~1.2	0.5	0.15~0.6	0.20~0.8	0.6~1.0	0.1		0.25				0.1	0.05	0.15	余量
6110	A96110		0.7~1.5	0.8	0.2~0.7	0.20~0.7	0.5~1.1	0.04~0.25	0.04~0.25	0.3				0.15	0.05	0.15	余量
6011	A96011		0.6~1.2	1	0.4~0.9	0.8	0.6~1.2	0.3	0.2	1.5				0.2	0.05	0.15	余量
6111	A96111		0.7~1.1	0.4	0.5~0.9	0.15~0.45	0.5~1.0	0.1		0.15				0.1	0.05	0.15	余量
6012			0.6~1.4	0.5	0.1	0.4~1.0	0.6~1.2	0.3		0.3			0.7Bi, 0.40~2.0Pb	0.2	0.05	0.15	余量
X6013			0.6~1.0	0.5	0.6~1.1	0.20~0.8	0.8~1.2	0.1		0.25				0.1	0.05	0.15	余量
6014			0.3~0.6	0.35	0.25	0.05~0.20	0.4~0.8	0.2		0.1		0.05~0.5		0.1	0.05	0.15	余量
6015			0.2~0.4	0.10~0.30	0.10~0.25	0.1	0.8~1.1	0.1		0.1				0.1	0.05	0.15	余量
6016			1.0~1.5	0.5	0.2	0.2	0.25~0.6	0.1		0.2				0.15	0.05	0.15	余量
6017	A96017		0.55~0.7	0.15~0.30	0.05~0.2	0.1	0.45~0.6	0.1		0.05				0.05	0.05	0.15	余量
6151	A96151		0.6~1.2	1	0.35		0.45~0.8	0.15~0.35		0.25				0.15	0.05	0.15	余量
6351	A96351	AlSi1Mg0.5Mn	0.7~1.3	0.5	0.1	0.4~0.8	0.4~0.8			0.2				0.2	0.05	0.15	余量
6951	A96951		0.2~0.5	0.8	0.15~0.40	0.1	0.4~0.8			0.2					0.05	0.15	余量
6053	A96053		（r）	0.35	0.1		1.1~1.4	0.15~0.35		0.1					0.05	0.15	余量
6253	A96253		（r）	0.5	0.1		1.0~1.5	0.04~0.35	0.04~0.35	1.6~2.4					0.05	0.15	余量
6060	A96061	AlMgSi	0.3~0.6	0.1~0.3	0.1	0.1	0.35~0.6	0.05		0.15				0.1	0.05	0.15	余量

续附录二

| 合金牌号 | | | 化学成分（质量分数）/% | | | | | | | | | | | | 杂质 | | Al |
AA	UNS	ISO R209	Si	Fe	Cu	Mn	Mg	Cr	Ni	Zn	Ga	V	其他	Ti	单个	总和	最小
6061	A96061	AlMgSiCu	0.4~0.8	0.7	0.15~0.4	0.15	0.8~1.2	0.04~0.35		0.25				0.15	0.05	0.15	余量
6261	A96261		0.4~0.7	0.4	0.15~0.4	0.2~0.35	0.7~1.0	0.1		0.2				0.1	0.05	0.15	余量
6162			0.4~0.8	0.5	0.2	0.1	0.7~1.1	0.1		0.25				0.1	0.05	0.15	余量
6262	A96262	AlMg1SiPb	0.4~0.8	0.7	0.15~0.4	0.15	0.8~1.2	0.04~0.14		0.25			(s)	0.15	0.05	0.15	余量
6063	A96063	AlMg0.5Si	0.2~0.6	0.35	0.1	0.1	0.45~0.9	0.1		0.1				0.1	0.05	0.15	余量
6463	A96463	AlMg0.7Si	0.2~0.6	0.15	0.2	0.05	0.45~0.9			0.05					0.05	0.15	余量
6763	A96763		0.2~0.6	0.08	0.04~0.16	0.03	0.45~0.9			0.03		0.05			0.05	0.15	余量
6863			0.4~0.6	0.15	0.05~0.2	0.05	0.5~0.8	0.05		0.1				0.1	0.05	0.15	余量
6066	A96066		0.9~1.8	0.5	0.7~1.2	0.6~1.1	0.8~1.4	0.4		0.25				0.2	0.05	0.15	余量
6070	A96070		1.0~1.7	0.5	0.15~0.4	0.4~1.0	0.5~1.2	0.1		0.25				0.15	0.05	0.15	余量
6081			0.7~1.1	0.5	0.1	0.4~0.45	0.6~1.0	0.1		0.2					0.05	0.15	余量
6181		AlSiMg0.8	0.8~1.2	0.45	0.1	0.1	0.6~1.0	0.1		0.2				0.1	0.05	0.15	余量
6082			0.7~1.3	0.5	0.1	0.4~1.0	0.6~1.2	0.25		0.2				0.1	0.05	0.15	余量
7001	A97001		0.35	0.4	1.6~2.6	0.2	2.6~3.4	0.18~0.35		6.8~8.0			0.05~0.25Zr	0.2	0.05	0.15	余量
7003			0.3	0.35	0.2	0.3	0.5~1.0	0.2		5.0~6.5			0.10~0.20Zr	0.2	0.05	0.15	余量
7004	A97004		0.25	0.35	0.05	0.2~0.7	1.0~2.0	0.05		3.8~4.6			0.108~0.20Zr	0.05	0.05	0.15	余量
7005	A97005		0.35	0.4	0.1	0.2~0.7	1.0~1.8	0.06~0.20		4.0~5.0				0.01~0.06	0.05	0.15	余量
7008	A97008		0.1	0.1	0.05	0.05	0.7~1.4	0.12~0.25		4.5~5.5			0.12~0.25Zr	0.05	0.05	0.15	余量
7108	A97108		0.1	0.1	0.05	0.05	0.7~1.4			4.5~5.5			(t)	0.05	0.05	0.15	余量
7009			0.2	0.2	0.6~1.3	0.1	2.1~2.9	0.1~0.25		5.5~5.6			0.1~0.20Zr	0.2	0.05	0.15	余量
7109			0.1	0.15	0.8~1.3	0.1	2.2~2.7	0.04~0.08	0.05	5.8~6.5			(t)	0.1	0.05	0.15	余量
7010		AlZn6MgCu	0.12	0.15	1.5~2.0	0.1	2.1~2.6	0.05	0.05	5.7~6.7			0.1~0.16Zr	0.06	0.05	0.15	余量
7011	A97011(c)		0.15	0.2	0.05	0.1~0.3	1.0~1.6	0.05~0.20		4.0~5.5				0.05	0.05	0.15	余量
7012	A97012		0.15	0.25	0.8~1.2	0.08~0.15	1.8~2.2	0.04		5.8~6.5			0.10~0.18Zr	0.02~0.08	0.05	0.15	余量

续附录二

| 合金牌号 | | | 化学成分（质量分数）/% | | | | | | | | | | | | 杂质 | | Al |
AA	UNS	ISO R209	Si	Fe	Cu	Mn	Mg	Cr	Ni	Zn	Ga	V	其他	Ti	单个	总和	最小
7013			0.6	0.7	0.1	1.0~1.5				1.5~2.0					0.05	0.15	余量
7014			0.5	0.5	0.3~0.7	0.3~0.7	2.2~3.2		0.1	5.2~6.2			0.20(Ti+Zr)		0.05	0.15	余量
7015	A97015		0.52	0.3	0.06~0.15	0.1	1.3~2.1	0.15		4.6~5.2			0.10~0.20Zr	0.1	0.05	0.15	余量
7016			0.1	0.12	0.45~1.0	0.03	0.8~1.4			4.0~5.0		0.05		0.03	0.03	0.1	余量
7116			0.15	0.3	0.5~1.1	0.05	0.8~1.4			4.2~5.2	0.03	0.05		0.05	0.05	0.15	余量
7017			0.35	0.45	0.2	0.05~0.5	2.0~3.0	0.35	0.1	4.0~5.2			0.10~0.25Zr(u)	0.15	0.05	0.15	余量
7018			0.35	0.45	0.2	0.15~0.5	0.7~1.5	0.2	0.1	4.5~5.5			0.10~0.25Zr	0.15	0.05	0.15	余量
7019		AlZn4.5Mg1	0.35	0.45	0.2	0.15~0.5	1.5~2.5	0.2	0.1	3.5~4.5			0.10~0.25Zr	0.15	0.05	0.15	余量
7020	A97020		0.35	0.4	0.2	0.05~0.5	1.0~1.4	0.10~0.35		4.0~5.0			(v)		0.05	0.15	余量
7021			0.25	0.4	0.25	0.1	1.2~1.8	0.05		5.0~6.0			0.08~0.18Zr	0.1	0.05	0.15	余量
7022			0.5	0.5	0.5~1.0	0.1~0.4	2.6~3.7	0.10~0.30		4.3~5.2			0.20(Ti+Zr)		0.05	0.15	余量
7023			0.5	0.5	0.5~1.0	0.1~0.6	2.0~3.0	0.05~0.35		4.0~6.0				0.1	0.05	0.15	余量
7024			0.3	0.4	0.1	0.1~0.6	0.50~1.0	0.05~0.35		3.0~5.0				0.1	0.05	0.15	余量
7025			0.3	0.4	0.1	0.1~0.6	0.8~1.5	0.05~0.35		3.0~5.0				0.1	0.05	0.15	余量
7026			0.08	0.12	0.6~0.9	0.05~0.2	0.5~0.9			4.6~5.2			0.09~0.14Zr	0.05	0.05	0.15	余量
7027			0.25	0.4	0.1~0.3	0.1~0.4	0.7~1.1			3.5~4.5			0.05~0.30Zr	0.1	0.05	0.15	余量
7028			0.35	0.5	0.1~0.3	0.15~0.6	1.5~2.3	0.2		4.5~5.2		0.05	0.08~0.25(Ti+Zr)	0.05	0.05	0.15	余量
7029	A97029		0.1	0.12	0.5~0.9	0.03	1.3~2.0			4.2~5.2		0.05		0.05	0.03	0.1	余量
7129	A97129		0.15	0.3	0.5~0.9	0.1	1.3~2.0	0.1		4.2~5.2		0.05		0.05	0.05	0.15	余量
7229			0.06	0.08	0.5~0.9	0.03	1.3~2.0			4.2~5.2	0.03	0.05		0.05	0.05	0.15	余量
7030			0.2	0.3	0.2~0.4	0.05	1.0~1.5	0.4		4.8~5.9	0.03		0.03Zr	0.03	0.03	0.1	余量
7039	A97039		0.3	0.4	0.1	0.1~0.4	2.3~3.3	0.15~0.25		3.5~4.5				0.1	0.05	0.15	余量

续附录二

| 合金牌号 | | | 化学成分（质量分数）/% | | | | | | | | | | | | 杂质 | | Al |
AA	UNS	ISO R209	Si	Fe	Cu	Mn	Mg	Cr	Ni	Zn	Ga	V	其他	Ti	单个	总和	最小
7046	A97046		0.2	0.4	0.25	0.3	1.0~1.6	0.2		6.6~7.6			0.10~0.18Zr	0.06	0.05	0.15	余量
7146	A97146		0.2	0.4			1.0~1.6			6.6~7.6			0.10~0.18Zr	0.06	0.05	0.15	余量
7049	A97049		0.25	0.35	1.2~1.9	0.2	2.0~2.9	0.1~0.22		7.2~8.2				0.1	0.05	0.15	余量
7149	A97149		0.15	0.2	1.2~1.9	0.2	2.0~2.9	0.1~0.22		7.2~8.2				0.1	0.05	0.1	余量
7050	A97050	AlZn6CuMgZr	0.12	0.15	2.0~2.6	0.1	1.9~2.6	0.04		5.7~6.7			0.08~0.15Zr	0.06	0.05	0.15	余量
7150	A97150		0.12	0.15	1.9~2.5	0.1	2.0~2.7	0.04		5.9~6.9			0.08~0.15Zr	0.06	0.05	0.15	余量
7051			0.35	0.45	0.15	0.1~0.45	1.7~2.5	0.05~0.25		3.0~4.0				0.15	0.05	0.15	余量
7060			0.15	0.2	1.8~2.6	0.2	1.3~2.1	0.15~0.25		6.1~7.5			0.003Pb(w)	0.1	0.05	0.15	余量
X7064			0.12	0.15	1.8~2.4		1.9~2.9	0.06~0.25		6.8~8.0			0.10~0.50Zr—9(x)		0.05	0.15	余量
7072	A97072	AlZn1	0.7(Si+Fe)		0.1	0.1	0.1			0.8~1.3					0.05	0.15	余量
7472	A97472		0.25	0.6	0.05	0.05	0.9~1.5			1.3~1.9					0.05	0.15	余量
7075	A97075	AlZn5.5MgCu	0.4	0.5	1.2~2.0	0.3	2.1~2.9	0.18~0.28		5.1~6.1			(y)	0.2	0.05	0.15	余量
7175	A97175		0.15	0.2	1.2~2.0	0.1	2.1~2.9	0.18~0.28		5.1~6.1				0.1	0.05	0.15	余量
7475	A97475	AlZn5.5MgCu(a)	0.1	0.12	1.2~1.9	0.06	1.9~2.6	0.18~0.25		5.2~6.2				0.06	0.05	0.15	余量
7076	A97076		0.4	0.06	0.3~1.0	0.3~0.8	1.2~2.0			7.0~8.0				0.2	0.05	0.15	余量
7277	A97277		0.5	0.07	0.8~1.7		1.7~2.3	0.18~0.35		3.7~4.3				0.1	0.05	0.15	余量
7178	A97178		0.4	0.5	1.6~2.4	0.3	2.4~3.1	0.18~0.28		6.3~7.3				0.2	0.05	0.15	余量
7278			0.15	0.2	1.6~2.2	0.2	2.5~3.2	0.17~0.25		6.6~7.4	0.03	0.05		0.03	0.03	0.1	余量
7079	A97079		0.3	0.4	0.4~0.8	0.10~0.3	2.9~3.7	0.10~0.25		3.8~4.8				0.1	0.05	0.15	余量
7179	A97179		0.15	0.2	0.4~0.8	0.10~0.3	2.9~3.7	0.10~0.25		3.8~4.8				0.1	0.05	0.15	余量
7090	A97090		0.12	0.15	0.6~1.3		2.0~3.0			7.3~8.7			1.0~1.9Co(z)		0.05	0.1	余量

续附录二

| 合金牌号 | | | 化学成分（质量分数）/% | | | | | | | | | | | | 杂质 | | Al |
AA	UNS	ISO R209	Si	Fe	Cu	Mn	Mg	Cr	Ni	Zn	Ga	V	其他	Ti	单个	总和	最小
7091	A97091		0.12	0.15	1.1~1.8		2.0~3.0		0.9~1.3	5.8~7.1			0.20~0.6Co(z)		0.05	0.15	余量
8001	A98001		0.17	0.45~0.7	0.15					0.05			(aa)		0.05	0.15	余量
8004			0.15	0.15	0.03	0.02	0.02			0.03				0.3~0.7	0.02	0.15	余量
8005			0.20~0.50	0.4~0.8	0.05		0.05			0.05					0.05	0.15	余量
8006	A98006		0.4	1.2~2.0	0.3	0.30~1.0	0.1			0.1					0.05	0.15	余量
8007	A98007		0.4	1.2~2.0	0.1	0.3~1.0	0.1			0.8~1.8				0.1	0.05	0.15	余量
8008			0.6	0.9~1.6	0.2	0.5~1.0				0.1				0.1	0.05	0.15	余量
8010			0.4	0.35~0.7	0.1~0.3	0.1~0.8	0.1~0.5	0.2		0.4				0.08	0.05	0.15	余量
8011	A98011		0.5~0.9	0.6~1.0	0.1	0.2	0.05	0.05		0.1				0.08	0.05	0.15	余量
8111	A98111		0.3~1.1	0.4~1.0	0.1	0.1	0.05	0.05		0.1				0.2	0.05	0.15	余量
8112	A98112		1	1	0.4	0.6	0.7	0.2		1				0.1	0.05	0.15	余量
8014	A98014		0.3	1.2~1.6	0.2	0.20~0.6	0.1			0.1					0.05	0.15	余量
8017	A98017		0.1	0.55~0.8	0.1~0.2		0.01~0.05			0.05			0.04B、0.003Li		0.03	0.1	余量
8020	A98020		0.1	0.1	0.005	0.005				0.005		0.05	(bb)		0.03	0.1	余量
8030	A98030		0.1	0.3~0.8	0.15~0.3		0.05			0.05			0.001~0.04B		0.03	0.1	余量
8130	A98130		0.15(cc)	0.44~1.0(cc)	0.05~0.15					0.1					0.03	0.1	余量
8040	A98040		1.0(Si+Fe)		0.2					0.2			0.10~0.03Zr		0.05	0.15	余量
8076	A98076		0.1	0.6~0.9	0.04	0.05	0.08~0.22			0.05			0.04B		0.03	0.1	余量

续附录二

合金牌号			化学成分（质量分数）/%												杂质		Al
AA	UNS	ISO R209	Si	Fe	Cu	Mn	Mg	Cr	Ni	Zn	Ga	V	其他	Ti	单个	总和	最小
8176	A98176		0.03~0.15	0.4~1.0						0.1	0.03				0.05	0.15	余量
8276			0.25	0.5~0.8	0.035	0.01	0.02	0.01		0.05	0.03		0.03(V+Ti)(e)		0.03	0.1	余量
8077	A98077		0.1	0.1~0.4	0.05		0.10~0.30			0.05			0.05B(dd)		0.03	0.1	余量
8177	A98177		0.1	0.25~0.45	0.04		0.04~0.12			0.05			0.04B		0.03	0.1	余量
8079	A98079		0.05~0.3	0.7~1.3	0.05					0.1					0.05	0.15	余量
8280			1.0~2.0	0.7	0.7~1.3	0.1			0.2~0.7	0.05			5.5~7.0Sn	0.1	0.05	0.15	余量
8081			0.7	0.7	0.7~1.3	0.1				0.05			18.0~22.0Sn	0.1	0.05	0.15	余量
8090			0.2	0.3	1.0~1.6	0.1	0.6~1.3	0.1		0.05			0.04~0.16Zr(ee)	0.1	0.05	0.15	余量
8091			0.3	0.5	1.6~2.2	0.1	0.5~1.2	0.1		0.25			0.08~0.16Zr(ff)	0.1	0.05	0.15	余量
X8092			0.1	0.15	0.5~0.8	0.05	0.9~1.4	0.05		0.25			0.08~0.15Zr	0.15	0.05	0.15	余量
X8192			0.1	0.15	0.4~0.7	0.05	0.9~1.4	0.05		0.1			0.08~0.15Zr(hh)	0.15	0.05	0.15	余量

注: a—用于焊条和焊带、焊丝、铍丝，铍含量不大于0.0008%; b—(Si+Fe+Cu) 0.50% max; c—已不用; d—(Si+Fe) 0.14% max; e—B0.02% max; f—B0.01% max; g—Pb0.003% max; h—Cd0.02%~0.05%; i—Bi0.20%, Pb0.8%~1.5%, Sn0.20%; j—Bi0.20%~0.60%, Pb0.20%~0.60%, k—经制造者与用户同意, 使用挤压和锻造产品; l—(Si+Fe)0.4% max; m—Cd0.05%~0.2%, Sn0.03%~0.08%; n—Li1.9%~2.6%; o—Li1.7%~2.3%; p—Bi0.6%~1.45%, Cd0.05%; q—Be0.0008% max, Zr0.05%~0.25%; r—Mg45%~65%; s—Bi0.40%~0.7%, Pb0.40%~0.7%; t—Ag0.25%~0.40%; u—(Mn+Cr) 0.15% min; v—Zn0.08%~0.20% (Zn0.08%~0.20%; w—(Ti+Zr) 0.20% max; x—Co0.10%~0.40%, OO.05%~0.30%; y—用于挤压及锻造产品, (Zr+Ti) 0.25% max; z—0.20%~0.50%; aa—B0.001% max, Cd0.003% max, Co0.001% max, Li0.008% max; bb—Bi0.10%~0.50%, Sn0.10%~0.25%; cc—(Si+Fe) 1.0% max; dd—Zr0.02%~0.08%; ee—Li2.0%~2.7%; ff—Li2.1%~2.7%; hh—Li2.3%~2.9%。

附录三　　中国的变形铝合金牌号及与之近似对应的国外牌号

中国 （GB）	美国 （AA）	加拿大 （CSA）	法国 （NF）	英国 （BS）	德国 （DIN）	日本 （JIS）	俄罗斯 （ГОСТ）	欧洲铝业协会 （EAA）	国际 （ISO）
				1199					1199
1A99	1199	9999	A9	（S1）	Al99.98R	A1N99	（AB000）		Al99.90
（LG5）					3.0385				
1A97							（AB00）		
（LG4）									
1A95	1195								
1A93	1193						（AB0）		
（LG3）									
1A90	1090				Al99.9	（A1N90）	（AB1）		1090
（LG2）					3.0305				
1A85	1085		A8	1A	Al99.8	A1080	（AB2）		1080
（LG1）					3.0285	（Al×3）			Al99.80
1080	1080	9980	A8	1A	Al99.8	A1080			1080
					3.0285	（A1×3）			Al99.80
1080A			1080A					1080A	
1070	1070	1090	A7	2L48	Al99.7	A1070	（A00）		1070
					3.0275	（A1×0）			Al99.70
1070A			1070A		Al99.7		（A00）	1070A	1070
（L1）					3.0275				Al99.70（Zn）
1370			1370						
1060	1060				Al99.6	A1060	（A0）		1060
（L2）						（ABC×1）			
1050	1050	1050	A5	1B	Al99.5	A1050	1011		1050
		（995）			3.0255	（A1×1）	（АД0，A1）		Al99.50
1050A	1050	1050	1050A	1B	Al99.5	A1050	1011	1050A	1050
（L3）		（995）			3.0255	（A1×1）	（АД0，A1）		Al99.50（Zn）
1A50	1350								
1350	1350								
1145	1145								
1035	1035								
（L4）									
1A30						（1N30）	1013		
（L4-1）							（АД1）		
1100	1100	1100	A45	1200	Al99.0	A1100			1100
（L5-1）		（990C）		（1C）		A1×3			Al99.0Cu
1200	1200	1200	A4		Al99	A1200	（A2）		1200
（L5）		（990）			3.0205				Al99.00
1235	1235								
2A01	2117	2117	A-U2G		AlCu2.5Mg0.5	A2117	1180		2117

中国 （GB）	美国 （AA）	加拿大 （CSA）	法国 （NF）	英国 （BS）	德国 （DIN）	日本 （JIS）	俄罗斯 （ГОСТ）	欧洲铝业协会 （EAA）	国际 （ISO）
（LY1）		（CG30）			3.1305		（Д18）		AlCu2.5Mg
							1170		
2A02							（ВД17）		
（LY2）									
2A04							1191		
（LY4）							（Д19П）		
2A06							1190		
（LY6）							（Д19）		
2A10							1165		
（LY10）							（В65）		
2A11	2017	CM41	A-U4G	（H15）	AlCuMg1	A2017	1110		2017A
（LY11）					3.1325		（Д1）		AlCu4Mg1Si
2B11	2017	CM41	A-U4G				1111		
（LY8）							（Д1П）		
2A12	2024	2024	A-U4G1	GB-24S	AlCuMg2	A2024	1160		2024
（LY12）		（CG42）			3.1355	（A3×4）	（Д16）		AlCu4Mg1
2B12							1161		
（LY9）							（Д16П）		
2A13									
（LY13）									
2A14	2014	2014	A-U4SG	2014A	AlCuSiMn	A2014	1380		2014
（LD10）		（CS41N）		（H15）	3.1255		（AK8）		AlCu4SiMg
2A16									
（LY16）	2219		A-U6MT				（Д20）		AlCu6Mn
2B16									
（LY16-1）									
2A17							（Д21）		
（LY17）									
2A20									
（LY20）									
2A21									
（214）									
2A25									
（225）									
2A49									
（149）									
2A50							1360		
（LD5）							（AK6）		
2B50							（AK6-1）		
（LD6）									

续附录三

中国 (GB)	美国 (AA)	加拿大 (CSA)	法国 (NF)	英国 (BS)	德国 (DIN)	日本 (JIS)	俄罗斯 (ГОСТ)	欧洲铝业协会 (EAA)	国际 (ISO)
2A70	2618		A-U2GN	2618A		2N01	1141		2618
(LD7)				(H16)		(A4×3)	(AK4-1)		AlCu2MgNi
2B70									
(LD7-1)									
2A80							1140		
(LD8)							(AK4)		
2A90	2018	2018	A-U4N	6L25		A2018	1120		2018
(LD9)		(CN42)				(A4×1)	(AK2)		
2004				2004					
2011	2011	2011			AlCuSiPb	2011			
		(CB60)			3.1655				
2014	2014	2014	A-U4SG	2014A	AlCuSiMn	A2014			2014
		(CS41N)		(H15)	3.1255	(A3×1)			Al-Cu4SiMg
2014A									
2214	2214								
2017	2017	CM41	A-U4G	H14	AlCuMg1	A2017			
				5L37	3.1325	(A3×2)			
2017A								2017A	
2117	2117	2117	A-U2G	L86	AlCuMg0.5	A2117			2117
		(CG30)			3.1305	(A3×3)			Al-Cu2Mg
2218	2218		A-U4N	6L25		A2218			
						(A4×2)			
2618	2618		A-U2GN	H18		2N01			
				4L42		(2618)			
2219	2219								
(LY19, 147)									
2024	2024	2024	A-U4G1		AlCuMg2	A2024			2024
		(CG42)			3.1355	(A3×4)			Al-Cu4Mg1
2124	2124								
3A21	3003	M1	A-M1	3103	AlMnCu	A3003	1400		3103
(LF21)				(N3)	3.0515	(A2×3)	(AMц)		Al-Mn1
3003	3003	3003	A-M1	3103	AlMnCu	A3003			3003
		(MC10)		(N3)	3.0515	(A2×3)			Al-Mn1Cu
3103									3103
3004	3004		A-M1G						
3005	3005		A-MG05						
3105	3105								
4A01	4043	S5	A-S5	4043A	AlSi5	A4043	AK		4043
(LT1)				(N21)					(AlSi5)

续附录三

中国 (GB)	美国 (AA)	加拿大 (CSA)	法国 (NF)	英国 (BS)	德国 (DIN)	日本 (JIS)	俄罗斯 (ГОСТ)	欧洲铝业协会 (EAA)	国际 (ISO)
4A11	4032	SG121	A-S12UN	(38S)		A4032	1390		4032
(LD11)						(A4×5)	(AK9)		
4A13	4343					A4343			4343
(LT13)									
4A17	4047	S12	A-S12	4047A	AlSi12	A4047			4047
(LT17)				(N2)					(AlSi12)
4004	4004								
4032	4032	SG121	A-S12UN			A4032			
						(A4×5)			
4043	4043	S5		4043A	AlSi5	A4043			
				(N21)	3.2345				
4043A								4043A	
4047	4047	S12		4047A		A4047			
				(N2)					
4047A								4047A	
5A01									
(2101, LF15)									
5A02	5052	5052	A-G2C	5251	AlMg2.5	A5052	1520		5052
(LF2)		(GR20)		(N4)	3.3523	(A2×1)	(AMr2)		AlMg2.5
5A03	5154	GR40	A-G3M	5154A	AlMg3	A5154	1530		5154
(LF3)				(N5)	3.3535	(A2×9)	(AMr3)		AlMg3
5A05	5456	GM50R	A-G5	5556A	AlMg5	A5456	1550		5456
(LF5)				(N61)			(AMr5)		AlMg5Mn0.4
5B05							1551		
(LF10)							(AMr5П)		
5A06							1560		
(LF6)							(AMr6)		
5B06									
(LF14)									
5A12									
(LF12)									
5A13									
(LF13)									
5A30									
(2103, LF16)									
5A33									
(LF33)									
5A41									

中国 （GB）	美国 （AA）	加拿大 （CSA）	法国 （NF）	英国 （BS）	德国 （DIN）	日本 （JIS）	俄罗斯 （ГОСТ）	欧洲铝业协会 （EAA）	国际 （ISO）
（LT41）									
5A43	5457					A5457			5457
（LF43）									
5A66									
（LT66）									
5005	5005		A-G0. 6	5251	A1Mg1	A5005			
				（N4）	3. 3515	（A2×8）			
5019									5019
5050	5050		A-G1	3L44	AlMg1				
					3. 3515				
5251									5251
5052	5052	5052	A-G2	2L55	AlMg2	A5052			5251
		（GR20）		2L56, L80	3. 3515	（A2×1）			Al-Mg2
5154	5154	GR40	A-G3	L82	AlMg3	A5154			5154
					3. 3535	（A2×9）			Al-Mg3
5154A	5154A								
5454	5454								
5554	5554	GM31P				A5554			
5754	5754								
5056	5056	5056	A-G5	5056A	AlMg5	A5056			5056A
（LF5-1）		（GM50R）		（N6, 2L58）	3. 3555	（A2×2）			Al-Mg5
5356	5356	5356		5056A	AlMg5	A5356			
		（GM50P）		（N6, 2L58）	3. 3555				
5456	5456								
5082	5082								
5182	5182								
5083	5083	5083		5083	AlMg4. 5Mn	A5083	1540		5083
（LF4）		（GM41）		（N8）	3. 3547	（A2×7）	（AMr4）		Al-Mg4. 5Mn0. 7
5183	5183		A-G5	（N6）		A5183			Al-Mg5
5086	5086		A-G4MC						5086
Al-Mg4									
6A02	6151	（SG11P）				A6151	1340		6151
（LD2）						（A2×6）	（AB）		
6B02									
（LD2-1）									
6A51									
（651）									

中国 （GB）	美国 （AA）	加拿大 （CSA）	法国 （NF）	英国 （BS）	德国 （DIN）	日本 （JIS）	俄罗斯 （ГОСТ）	欧洲铝业协会 （EAA）	国际 （ISO）
6101	6101		A-GS/L	6101A	E-AlMgSi0.5	A6101			
				（91E）	3.2307	（ABC×2）			
6101A				6101A					
				（91E）					
6005	6005								
6005A			6005A						
6351	6351	6351	A-SGM	6082	AlMgSi1				6351
		（SG11R）		（H30）	3.2351				Al-Si1Mg
6060									6060
6061	6061	6061	A-GSUC	6061	AlMgSiCu	A6061	1330		6061
（LD30）		（GS11N）		（H20）	3.3211	（A2×4）	（АД33）		AlMg1SiCu
6063	6063	6063	A-GS	6063	AlMgSi0.5	A6063	1310		6063
（LD31）		（GS10）		（H19）	3.3205	（A2×5）	（АД31）		AlMg0.7Si
6063A				6063A					
6070	6070								
（LD2-2）									
6181									6181
6082									6082
7A01	7072				AlZn1	A7072			
（LB1）					3.4415				
7A03	7178						1940		AlZn7MgCu
（LC3）							（B94）		
7A04							1950		
（LC4）							（B95）		
7A05									
（705）									
7A09	7075	7075	A-ZSGU	L95	AlZnMgCu1.5	A7075			7075
（LC9）		（ZG62）			3.4365				AlZn5.5MgCu
7A10	7079				AlZnMgCu0.5	A7N11			
（LC10）					3.4345				
7A15									
（LC15, 157）									
7A19									
（919, LC19）									
7A31									
（183-1）									
7A33									
（LB733）									

中国 （GB）	美国 （AA）	加拿大 （CSA）	法国 （NF）	英国 （BS）	德国 （DIN）	日本 （JIS）	俄罗斯 （ГOCT）	欧洲铝业协会 （EAA）	国际 （ISO）
7A52									
（LC52， 5210）									
7003						A7003			
（LC12）									
7005	7005				7N11				
7020									7020
7022								7022	
7050	7050								
7075	7075	7075	A-Z5GU		AlZnMgCu1.5	A7075			
		（ZG62）			3.4365	（A3×6）			
7475	7475								
8A06							АД		
（L6）									
8011	8011								
（LT98）									
8090								8090	

注：1. GB—中国国家标准，AA—美国铝业协会，CSA—加拿大国家标准，NF—法国国家标准，BS—英国国家标准，DIN—德国工业标准，JIS—日本工业标准，ГOCT—俄罗斯国家标准，EAA—欧洲铝业协会，ISO—国际标准化组织标准。

2. 各国牌号中括号内的是旧牌号。

3. 德国工业标准和国际标准化组织的铝合金牌号有两种表示法，一种是用字母、元素符号与数字表示，另一种是完全用数字表示。

4. 表内列出的各国相关牌号只是近似对应的，仅供参考。

参 考 文 献

[1] 刘静安，谢水生. 铝合金材料应用与开发 [M]. 北京：冶金工业出版社，2011.

[2] 谢水生，刘静安，等. 铝及铝合金产品生产技术及装备 [M]. 长沙：中南大学出版社，2015.

[3] 谢水生，刘静安，等. 简明铝合金加工技术手册 [M]. 北京：冶金工业出版社，2016.

[4] 《中国航空材料手册》编委会. 中国航空材料手册 [M]. 北京：中国标准出版社，2002.

[5] 《轻金属材料加工手册》编写组. 轻金属材料加工手册 [M]. 北京：冶金工业出版社，1979.

[6] 谢水生，刘相华. 有色金属材料的控制加工 [M]. 长沙：中南大学出版社，2013.

[7] 谢水生，刘静安，等，铝加工技术问答 [M]. 北京：化学工业出版社，2013.

[8] 魏长传，付垚，等. 铝合金管、棒、线材生产技术 [M]. 北京；冶金工业出版社，2013.

[9] 李凤择，刘玉珍. 铝合金生产设备及使用维护技术 [M]. 北京：冶金工业出版社，2013.

[10] 刘静安，谢水生. 铝加工缺陷与对策问答 [M]. 北京：化学工业出版社，2012.

[11] 刘静安，张宏伟，谢水生. 铝合金锻造生产技术 [M]. 北京：冶金工业出版社，2012.

[12] 刘静安，单长智，等. 铝合金材料主要缺陷与质量控制技术 [M]. 北京：冶金工业出版社，2012.

[13] 刘静安，闫维刚，谢水生. 铝合金型材生产技术 [M]. 北京：冶金工业出版社，2012.

[14] 李学朝，邵尉田，刘静安，等. 铝合金材料组织与金相图谱，[M]. 北京：冶金工业出版社，2010.

[15] 刘静安、黄凯. 铝合金挤压工模具技术 [M]. 北京：冶金工业出版社，2009.

[16] 唐剑，王德满，刘静安，等. 铝合金熔炼与铸造技术 [M]. 北京：冶金工业出版社，2009.

[17] 吴小源，刘志铭，刘静安. 铝合金型材表面处理技术 [M]. 北京：冶金工业出版社，2009.

[18] 李建湘，刘静安，等. 铝合金特种管型材生产技术 [M]. 北京：冶金工业出版社，2008.

[19] 王祝堂，田荣璋. 铝合金及其加工手册 [M]. 3 版. 长沙：中南大学出版社，2005.

[20] 刘静安. 轻合金挤压工模具手册 [M]. 北京：冶金工业出版社，2012.

[21] 谢水生，李雷. 金属塑性成型的有限元模拟技术及应用 [M]. 北京：科学出版社，2008.

[22] 谢水生，刘静安，等. 铝加工生产技术 500 问 [M]. 北京：化学工业出版社，2006.

[23] 刘静安，谢水生. 铝合金材料的应用与技术开发 [M]. 北京：冶金工业出版社，2004.

[24] 刘静安，赵云路. 铝材生产关键技术 [M]. 重庆：重庆大学出版社，1997.

[25] 刘静安. 轻合金挤压工具与模具（上册）[M]. 北京：冶金工业出版社，1990.

[26] 蔡其刚. 铝合金在汽车车体上的应用现状及发展趋势探讨 [J]. 金属材料，2009（25）.

[27] 娄燕雄、刘贵材. 有色金属线材生产 [M]. 长沙：中南工业大学出版社，1999.

[28] 马怀宪. 金属塑性加工学：挤压拉拔与管材冷轧 [M]. 北京：冶金工业出版社，2006.

[29] 裘炽昌，柳桓伟，黄祖骧. 常用建筑材料手册 [M]. 2 版. 北京：中国建筑工业出版社，1997.

[30] 申俊明，等. 铝合金在汽车工业中的应用 [J]. 轻金属与高强材料焊接国际论坛论文集，2008.

[31] 石永久，等. 铝合金在建筑结构中的应用与研究 [J]. 建筑科学，2005（6）.

[32] 王祝堂，张新华. 汽车用铝合金 [J]. 轻合金加工技术，2011（2）.

[33] 魏军. 有色金属挤压车间机械设备 [M]. 北京：冶金工业出版社，1988.

[34] 温景林，丁桦，曹富荣. 有色金属挤压与拉拔技术 [M]. 北京：化学工业出版社，2007.

[35] 李江岩，李之毅. 节能门窗-铝门窗框的断热冷桥技术 [J]. 中国建筑金属结构杂志，2000（6）.

[36] 刘鹏，谢水生，等. 导流室设计对薄壁铝型材挤压出口速度的影响 [J]. 塑性工程学报，2010，17（4）.

[37] 程磊，谢水生，等. 空心铝型材蝶形模挤压技术的应用 [J]. 锻压技术，2011（1）.

[38] 刘鹏，谢水生，等. 薄壁铝合金型材稳态挤压模拟分析和实验验证 [J]. 烟台大学学报（自然科学与工程版），2010，23（3）：247~250.

［39］黄国杰，程磊，谢水生，等. 空心铝型材分流模挤压的复合数值模拟［J］. 金属加工，2010（23）.

［40］程磊，谢水生，等. 多孔薄壁铝型材分流模挤压过程中的模具应力分析［C］. 第四届铝型材技术国际论坛，广州，2010.

［41］和优锋，谢水生，等. 大型复杂截面铝型材挤压过程数值模拟及模具结构优化［C］. 第四届铝型材技术国际论坛，广州，2010.

［42］程磊，谢水生，等. 蝶形模在空心铝型材挤压中的应用［C］. 第四届塑性工程学会青年学术会议，北京.

［43］Liu P, Xie S S, et al. Numerical simulation and die optimal design of a large diameter thin-walled aluminum profile extrusion［C］The Second International Conference on Information and Computing Science, Manchester, 2009.

［44］程磊，谢水生，等. 空心铝合金型材挤压焊合质量的研究［C］. 第十三届材料科学与合金加工学术年会，北海，2009.

［45］刘鹏，谢水生，等. 薄壁实心铝合金型材挤压的 HyperXtrude 模拟分析和实验验证［C］. 中国有色金属学会第十三届材料科学与合金加工学术年会，北海，2009.

［46］程磊，谢水生，等. 分流组合模挤压铝合金口琴管的数值模拟［J］. 塑性工程学报，2008，15（4）：131~136.

［47］程磊，谢水生，黄国杰，等. 焊合室高度对分流组合模挤压成形过程的影响［J］. 稀有金属，2008，32（4）.

［48］Cheng L, Xie S S, et al. Non-steady Fe analysis in the porthole dies extrusion of aluminum harmonica-shaped tube［C］. Transactions of Nonferrous Metals Society of China, 2007.

［49］程磊，谢水生，等. 铝合金口琴管分流组合模挤压过程的数值模拟［C］. 第三届国际塑性加工研讨会论文集，2007.

［50］谢水生. 有色金属加工过程中的减量技术［J］. 有色金属再生与应用，2006（1）：12，13.

［51］梁世斌，刘静安. 铝合金挤压及热处理［M］. 长沙：中南大学出版社，2015.

［52］刘静安，邵莲芬. 铝型材挤压模具典型图册［M］. 北京：化学工业出版社，2012.

［53］谢建新，刘静安. 铝金属挤压理论与技术［M］. 北京：冶金工业出版社，2012.

［54］刘静安，周昆. 航空航天用铝合金材料的开发与应用趋势［J］. 铝加工，2010（6）.

［55］刘静安. 铝合金挤压的热力学条件与出模口的温度控制［J］. 铝加工，2011.

［56］刘静安，韩鹏展，等. 软合金考试挤压的特点与关键技术［J］. 铝加工，2015（4）.

［57］刘静安，刘佩成，等. 铝合金铸锭挤压前预处理技术的发展［J］. 铝加工，2015（1）.

［58］刘静安，唐性宇，等. 铝合金空心型材一模多孔挤压设计［J］. 铝加工，2015（4）.

［59］刘静安，刘拥彬，等. 几种中小型铝合金模锻件压力机模锻技术［J］. 铝加工，2014（2）.

［60］刘静安. 铝合金挤压及其新材料概述及应用前景［J］. 铝加工，2014（6）.

［61］刘静安，潘伟津，等. 铝合金锻件的主要缺陷特征及产生原因［J］. 铝加工，2013（3）.

［62］刘静安，冯杨明，等. 绿色建筑铝合金模板型材模具设计制造研究［J］. 铝加工，2013（5）.

［63］刘静安，盛春磊，等. 汽车热传输铝合金复合带（箔）生产工艺与装备［J］. 铝加工，2012（3）.

［64］刘静安，盛春磊，等. 汽车热传输铝合金复合材的生产工艺与装备［J］. 有色金属加工，2012（1）.

［65］刘静安，刘佩成，等. 铝合金铸锭挤压前预热处理的进展［J］. 有色金属加工，2015（1）.

［66］刘静安，盛春磊，等. 铝合金挤压在线淬火技术［J］. 轻合金加工技术，2010（2）.

［67］刘静安. 铝材在汽车上的应用开发应用及重点新材料的研发［J］. 轻合金加工技术，2012（10）.

［68］刘静安，刘煌，等. 现代铝合金挤压新材料的发展概况及市场分析［J］. 轻合金加工技术，2013（3）.

[69] 刘静安，盛春磊，等．几种中小型铝合金模锻件压力机模锻技术 [J]．轻合金加工技术，2013 (5)．

[70] 刘静安，刘伟萍，等．绿色建筑铝合金模板型材的特点及产业化重大意义 [J]．轻合金加工技术，2013 (12)．

[71] 刘静安，潘伟津，等．绿色结构建筑铝合金型材的研发及应用 [J]．轻合金加工技术，2013 (11)．

[72] 刘静安．建筑铝合金结构挤压材模具设计与制造 [J]．轻合金加工技术，2014 (11)．

[73] 刘静安，刘佩成，等．铝合金锭挤压前的预热用永磁加热技术 [J]．轻合金加工技术，2014 (12)．

[74] 刘静安，韩鹏展，等．几种典型的铝合金模锻件液压机模锻工艺 [J]．轻合金加工技术，2014 (4)．

[75] 刘静安．当代铝挤压新材料发展特点及市场分析 [J]．资源再生，2015 (3)．

[76] 刘静安．着眼未来瞄准铝合金反向挤压 [J]．中国金属通报，2015 (4)．

[77] 黄东男，等．焊合室深度及焊合角对方形管双孔挤压成型质量的影响 [J]．中国有色金属学报，2010，20 (5)：954~960．

[78] 黄东男，李静媛，等．方形管分流模双孔挤压过程中金属的流动行为 [J]．中国有色金属学报，2010，20 (3)：488~495．

[79] 黄志其，等．铝合金等温挤压技术与装备研究现状 [J]．材料研究与应用，2011，5 (3)：173~176．

[80] 黄东男，等．重构在铝合金空心型材分流模挤压过程数值模拟中的应用 [J]．锻压技术，2010，35 (6)：128~132．

[81] 饶茂，顾伟，李静媛．基于 DEFORM-3D 模拟的 7050 铝合金型材挤压过程的晶粒尺寸研究 [J]．铝加工，2011 (3)：30~32．

[82] 孟凡旺，李静媛，等．6063 铝合金型材挤压温升数学模型的研究 [J]．轻合金加工技术，2010，38 (9)：23~28．

[83] 吴海旭，杨丽，等．我国轨道交通车辆用铝型材发展现状 [J]．轻合金加工技术，2014 (1)．

[84] 祖城．建筑铝合金模板技术及应用，云南建工建材科技有限责任公司内部资料，2014．

[85] 王洁．铝合金模板施工管理．会议 ppt，2016．

[86] 王洁．绿色中庭建筑的设计探索 [M]．杭州：浙江大学出版社，2010．

[87] 李希勇，王惠，肖博玉．铝合金地铁车辆底架组装工艺 [J]．铁道机车车辆工人，2012 (5)．

[88] 邵有发．铝合金轨道客车车辆制造工艺，科技论坛（长春轨道客车股份有限公司内部资料）．

[89] 李刚卿，韩晓辉．轨道车辆不锈钢车体自动点焊装置的开发及工艺研究 [J] 电焊机，2010 (6)．

[90] 王惠岳，玉梅．铝合金地铁车辆车顶制造工艺改进 [J]．轨道交通装备与技术，2013 (2)．

[91] 成桂富，于红，等．动车组车体底架制造工艺 [J]．科技与企业，2013 (7)：323，324．

[92] 王忠平，李世涛，等．轨道车辆铝合金侧墙制造工艺分析 [J]．机车车辆工艺，2013 (2)．

[93] 邹侠铭，韩士宏，尹德猛．新型动车组铝合金车体底架制造工艺研究 [J]．轨道交通装备与技术，2013 (4)．

[94] 北京赛福斯特技术有限公司．搅拌摩擦焊工艺参数 [J]．现代焊接，2006 (9)．

[95] 史春元，于启湛．异种金属的焊接 [M]．北京：机械工业出版社，2012．

[96] 王国庆，赵衍华．铝合金的搅拌摩擦焊接 [M]．北京：中国宇航出版社，2010．

[97] 朱向东．铝合金搅拌摩擦焊工艺研究及其在城轨车辆车体上的应用 [D]．长沙：湖南大学，2011．

[98] 李键灵．浅析金属幕墙 [J]．建材发展导向，2015 (3)．

[99] 魏梅红，刘徽平．船舶用耐蚀铝合金的研究进展 [J]．轻合金加工技术，2006，34 (12)．

[100] 赵勇，李敬勇，严铿．铝合金在舰船制造中的应用与发展 [J]．中外船舶科技，2005．

[101] 罗畅，戚文军，等．铝与镁异种轻合金摩擦搅拌焊的研究现状 [J]．轻合金结构技术，2015，43 (10)．

[102] Fu B L, Qin G L, Li F, et al. Friction stir welding process of dissimilar metals of 6061-T6 aluminumalloy to AZ31B magnesium alloy [J]. Journal of Materials Processing Technology, 2015.

[103] Ichinori Shigematsu, Yong Jai Kwon, Naobumi Saito. Dissimilar friction stir welding for tailor-welded-blanks of aluminum and magnesium alloys [J]. Materials Transactions, 2009, 50 (1): 197~203.

[104] 李达, 孙明辉, 崔占全. 工艺参数对铝镁摩擦搅拌焊焊缝成型质量的影响 [J]. 焊接学报, 2011.

[105] 王大伟, 王祝堂. 铝在厢式车与专用运输车中的应用 [J]. 轻金属加工技术, 2016, 44 (4).

[106] 何则济. 交通运输领域铝型材生产与应用前景 [C]. 2008 年中国铝型材挤压模具开发与应用研讨会论文集, 2008: 61.

[107] 路洪洲, 马鸣图, 游江海. 铝合金汽车覆盖件的生产和相关技术进展 [J]. 世界有色金属, 2008 (5): 66~70.

[108] 任征宇. 浅析工业 4.0 下我国汽车产业的发展策略 [J]. 当代经济, 2016 (11): 32.

[109] 吴卫. 汽车工业是我国未来发展的战略产业. 2014 中国汽车高新技术发展国际论坛, 2014.

[110] 厢式车未来五年将大发展 [J]. 中国物流与采购, 2003 (10).

[111] 王传姝. 厢式货车厢体结构特点 [J]. 专用汽车, 2011.

[112] 孙宇, 何新宇, 王祝堂. 集装箱用铝材 [J]. 轻合金加工技术, 2014, 42 (12): 7~18.

[113] 吴锡坤. 铝集装箱的市场发展及对铝材的需求 [J]. 有色金属加工, 2003, 32 (2): 15~17.

[114] 徐军, 赵京松, 吴维治. 铝合金在自行车上的应用 [J]. 有色金属加工, 2012, 41 (4).

[115] 夏黾轶. 今年上半年日本铝需求大增 [J]. 世界有色金属, 2010.

[116] 丁茹, 王祝堂. 摩托车用铝材与铝铸件 [J]. 轻合金加工技术, 2015, 43 (5): 1~10.

[117] 陈喜娣. 全铝合金越野摩托车车架的结构设计与研究 [J]. 轻合金加工技术, 2010, 38 (11): 51~54.

[118] 涂季冰. 中国自行车用铝合金及其成形技术的现状和发展趋势 [C]. Lw 2013-第五届铝型材技术 (国际) 论坛文集, 2013.

[119] 涂季冰. 自行车用铝材的生产现状与市场前景 [J]. 中国金属通报 (0): 10, 11.

[120] 张太平, 熊计, 王均, 等. 稀土对 6061 铝合金组织和挤压性能的影响 [J]. 轻合金加工技术, 2010, 38 (6): 33~35.

[121] 吴鹏, 刘贵仲, 黄学锋. 稀土 Er 对 6063 铝合金焊接接头力学性能的影响 [J]. 热加工工艺, 2011, 40 (1): 140~144.

[122] 项胜前, 周春荣, 郭加林, 等. 固溶-时效对 6061 铝合金挤压棒材组织和性能的影响 [J]. 轻合金加工技术, 2011, 39 (4): 31~35.

[123] 何祝斌, 邵飞, 凡晓波, 等. 6061 铝合金管材热态气压胀形性能研究 [C]. 第十二届全国塑性工程学术年会暨第四届全球华人塑性加工技术研讨会, 2011.

[124] 齐军, 何祝斌, 苑世剑. 铝合金管材热态内高压成形研究 [J]. 航空材料学报, 2006, 26 (3): 99~103.

[125] 渊泽定克. 日本内高压成形技术进展 [J]. 塑性工程学报, 2007, 14 (5): 171~174.

[126] 李敬勇, 马建民. 焊接工艺方法对 6061-T6 铝合金焊接接头疲劳性能的影响 [J]. 航空材料学报, 2004, 24 (3): 52~56.

[127] 熊志林, 朱政强, 吴宗辉, 等. 6061 铝合金超声波焊接接头组织与性能研究 [J] 热加工工艺, 2011, 40 (17): 130~133.

[128] 田云, 李德元, 董晓强, 等. 等离子-MIG 焊接铝合金的规范优化及组织分析 [J] 沈阳工业大学学报, 2004, 26 (5): 501~505.

[129] 易能和, 金刚. 小口径铝合金管手工钨极氩弧焊焊接质量控制 [J] 焊接技术, 2009, 38 (3): 63~65.

[130] 范云波，侯立群，齐志望，等．自行车铝合金前叉肩挤压铸造模具设计［J］．特种铸造及有色合金，2005.

[131] 林新波，王艺，张质良，等．铝合金自行车后花毂锻件温挤压成形技术研究［J］．锻压技术，2008（4）.

[132] 涂季冰．自行车用铝材将成趋势［J］．中国有色金属报，2002：1~10.

[133] 何建伟，王祝堂．船舶舰艇用铝及铝合金（1）［J］．轻合金加工技术，2015，43（8）：1~11.

[134] 李念奎．铝在船舶上的应用（1）［J］．轻合金加工技术，1993，21（8）：1~7.

[135] 李念奎．铝在船舶上的应用（2）［J］．轻合金加工技术，1993，21（9）：1~8.

[136] 林肇琦．几种船用铝合金研究工作的进展，东北工学院内部资料，1981.

[137] 顾纪清．铝合金船体及上层建筑施工［M］．北京：国防工业出版社，1983.

[138] 张迎元．铝合金在舰船中的应用［C］．安泰科信息开发有限公司2005年中国交通用铝国际研讨会，2005.

[139] 龚益华，等．船舶概论［M］．北京：国防工业出版社，1978.

[140] 谭乃芬．2013年中国船舶工业运行情况及铝在船舶中的应用［C］．安泰科信息开发有限公司2013年中国国际交通用铝论坛，2013.

[141] 王珏．船舶用铝合金材料［J］．轻金属，1994（6）：58~64.

[142] 何建伟，王祝堂．船舶舰艇用铝及铝合金（2）［J］．轻合金加工技术，2015，43（9）：1~12.

[143] 小型船艇市场概析．东北轻合金加工厂情报信息办，内部资料，1992.

[144] 王祝堂．普基铝业公司组建船舶铝材公司［J］．轻合金加工技术，2003，31（5）：10.

[145] Subodhkdas, Gilbertkaufman, Randolphj. Opportunities for extruded aluminum alloy shapes in restoration of aging bridge decks［J］. Light Metal Age, 2008：12~17.

[146] 孙强，王大伟，王祝堂．铝桥及桥梁铝材［J］．轻合金加工技术，2014，42（6）：1~18.

[147] 高振中，王祝堂．桥梁铝材的进展与应用［J］．轻合金加工技术，2009，37（2）：1~4，32.

[148] Joseph C. Benedyk book review［J］. Light Metal Age, 2012：88.

[149] 姚常华，杨建国，吴利权．铝合金结构桥梁的应用现状、前景及发展建议［J］．钢结构，2009，24（7）：1~5.

[150] Torsten H, Lars N. Aluminium in bridge decks and in a new military bridge［J］. Structural Engineering International, 2006, 16（4）：348~351.

[151] 林铸明，孙文俊，刘建成，等．铝合金舟桥结构设计与甲板力学性能研究［J］．中国造船，2006，47（1）：19~25.

[152] Subodh K, Dasand J, Gibert K. Aluminum Alloys for Transportation, Packaging, Aeropace and OtherApplications［M］. TMS, 2007.

[153] 卢跃忠，我国铝合金门窗发展趋势探讨［J］．工程管理，2010（3）.

[154] 骞西昌，杨守杰，等．铝合金在运输机上的应用与发展［J］．轻合金加工技术，2005，33（10）：1~7.

[155] 陈亚莉．铝合金在航空领域中的应用［J］．有色金属加工，2003，32（2）：11~14，17~19.

[156] 王建国，王祝堂．航空航天变形铝合金的进展（2）［J］．轻合金加工技术，2013，41（9）：1~3.

[157] Sanders R E J. Technology innovation in aluminum products［J］. JOM, 2001（2）：21~25.

[158] 楼瑞祥．大飞机用铝合金的现状与发展趋势［C］．中国航空学会2007年学术年会，材料专题20，2007：1~8.

[159] 曹景竹，王祝堂．铝合金在航空航天器中的应用（2）［J］．轻合金加工技术，2013，41（3）.

[160] 陈亚莉．铝合金在航空领域中的应用［J］．有色金属加工，32（2）：12~17.

阳光铝业成都生产基地

彩牌  铝材 坚端  塑钢

—— 阳光铝业产品种类 ——

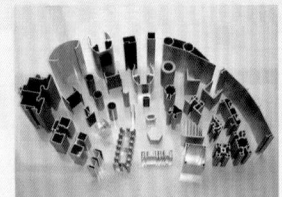

可定制截面最大尺寸：
400mm×150mm & φ360mm

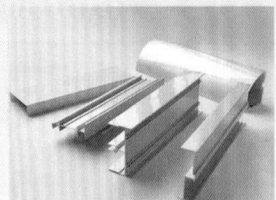

氧化型材

氟碳喷涂型材

电泳型材

断桥隔热型材

铝木型材

粉末喷涂型材

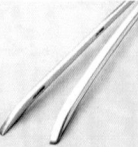

汽车行李架型材

太阳能发电板型材

阳光铝业

阳光铝业知名工程案例

成都新世纪环球中心

成都火车南站

成都中航国际交流中心

成都银泰中心

贵阳太升国际大厦

武汉御龙湾

成都绿地468

成都龙之梦大厦

欧盟中国总部

云南滇池时代广场

阳光铝业眉山生产基地

—— 阳光铝业生产设备 ——

大型挤压机

阳光铝业
SUNLIGHT ALUMINUM

氟碳生产线

立式喷涂生产线

卧式喷涂生产线

挤压生产线

熔铸生产线

氧化生产线